电子系统 EDA 新技术丛书

Xilinx FPGA 数字信号处理系统设计指南

从 HDL、Simulink 到 HLS 的实现

何　宾　张艳辉　编著

電子工業出版社
Publishing House of Electronics Industry
北京·BEIJING

内容简介

本书从硬件描述语言（VHDL和Verilog HDL）、Simulink环境下的模型构建以及Xilinx高级综合工具下的C/C++程序设计3个角度，对采用Xilinx FPGA平台构建数字信号处理系统的方法进行详细的介绍与说明。全书内容涵盖了数字信号处理的主要理论知识，其中包含通用数字信号处理、数字通信信号处理和数字图像处理等方面。全书共5篇21章，内容包括：信号处理理论基础，数字信号处理实现方法，数值的表示和运算，基于FPGA的数字信号处理的基本流程；CORDIC算法、离散傅里叶变换、快速傅里叶变换、离散余弦变换、FIR滤波器、IIR滤波器、重定时信号流图、多速率信号处理、串行和并行-串行FIR滤波器、多通道FIR滤波器以及其他常用数字滤波器的原理与实现；数控振荡器、通信信号处理和信号同步的原理与实现；递归结构信号流图的重定时，自适应信号处理的原理与实现；数字图像处理和动态视频拼接的原理与实现。

本书可作为高等学校相关专业开设高性能数字信号处理课程的本科和研究生的教学参考书，也可作为从事FPGA数字信号处理的相关教师、研究生和科技人员的自学参考书，以及Xilinx公司大学计划教师和学生培训用书。

图书在版编目（CIP）数据

Xilinx FPGA数字信号处理系统设计指南：从HDL、Simulink到HLS的实现/何宾，张艳辉编著．—北京：电子工业出版社，2019.1
（电子系统EDA新技术丛书）
ISBN 978-7-121-34747-4

Ⅰ.①X…　Ⅱ.①何…　②张…　Ⅲ.①可编程序逻辑阵列-应用-数字信号处理-指南　Ⅳ.①TN911.72-62

中国版本图书馆CIP数据核字（2018）第159795号

策划编辑：张　迪（zhangdi@phei.com.cn）
责任编辑：张　迪
印　　刷：三河市鑫金马印装有限公司
装　　订：三河市鑫金马印装有限公司
出版发行：电子工业出版社
　　　　　北京市海淀区万寿路173信箱　邮编　100036
开　　本：787×1 092　1/16　印张：51.5　字数：1318千字
版　　次：2019年1月第1版
印　　次：2024年5月第12次印刷
定　　价：188.00元

凡所购买电子工业出版社图书有缺损问题，请向购买书店调换。若书店售缺，请与本社发行部联系，联系及邮购电话：(010)88254888，88258888。

质量投诉请发邮件至zlts@phei.com.cn，盗版侵权举报请发邮件至dbqq@phei.com.cn。

本书咨询联系方式：(010) 88254469；zhangdi@phei.com.cn。

前　言

近年来，人工智能、大数据和云计算等新信息技术得到越来越多的应用，它们共同的特点就是需要对海量数据进行高性能的处理。与采用 CPU、DSP 和 GPU 实现数字信号处理（数据处理）系统相比，现场可编程门阵列（Field Programmable Gate Array，FPGA）具有天然并行处理能力以及整体功耗较低的优势，使得它成为这些新信息技术普及推广不可或缺的硬件处理平台，被越来越多地应用于这些新技术中。

一般而言，业界将 FPGA 归结为硬件（数字逻辑电路）范畴，而算法归结为软件范畴。在十年前，当采用 FPGA 作为数字信号处理平台时，设计者必须使用硬件描述语言来描述所构建的数字信号处理系统模型；而大多数的算法设计人员并不会使用硬件描述语言，这样就对他们使用 FPGA 实现数字信号处理算法造成了困难，从而限制了 FPGA 在这些新技术方面的应用普及和推广。当采用 FPGA 作为数字信号处理实现平台时，软件算法人员希望他们自己只关注算法本身，而通过一些其他工具将这些软件算法直接转换为 FPGA 硬件实现。

近年来，出现了新的建模工具，它们都是以软件算法人员的视角为出发点来构建数字信号处理系统的，这样显著降低了算法设计人员使用 FPGA 实现算法的难度，实现了软件和硬件的完美统一。本书将着重介绍 Xilinx 公司 Vivado 集成开发环境下提供的两种新的数字信号处理建模工具，即 System Generator 工具（它使用 MATLAB 环境下的 Simulink）和高级综合工具（High Level Synthesis，HLS）。这两个数字信号处理系统建模工具的出现，使得算法人员可以专注于研究算法本身；然后通过这些建模工具，将算法直接转换成寄存器传输级（Register Transfer Level，RTL）描述；最后下载到 FPGA 内进行算法实现。这样，当采用 Xilinx FPGA 作为数字信号处理硬件平台时，显著提高了系统的建模效率，并且可以在性能和实现成本之间进行权衡，以探索最佳的解决方案。

本书从传统的硬件描述语言、Simulink 模型设计和 C/C++高级综合 3 个角度，对基于 Xilinx 7 系列 FPGA 平台下的通用数字信号处理、通信信号处理和数字图像处理的建模与实现方法进行详细介绍。全书共 5 篇 21 章，主要内容包括：信号处理理论基础，数字信号处理实现方法，数值的表示和运算，基于 FPGA 的数字信号处理的基本流程；CORDIC 算法、离散傅里叶变换、快速傅里叶变换、离散余弦变换、FIR 滤波器、IIR 滤波器、重定时信号流图、多速率信号处理、串行 FIR 滤波器、并行-串行 FIR 滤波器、多通道 FIR 滤波器以及其他类型数字滤波器的原理与实现；数控振荡器、通信信号处理和信号同步的原理与实现；递归结构信号流图的重定时，自适应信号处理原理与实现；数字图像处理、动态视频拼接的原理与实现。

本书所介绍的内容反映了 Xilinx FPGA 在实现高性能数字信号处理（数据处理）系统时的最新研究成果；力图帮助读者在使用 FPGA 构建数字信号处理系统时，知道如何在实现性能和实现成本之间进行权衡，如何正确使用不同的数字信号处理系统建模工具和方法，更重要的是知道如何将软件算法转换成硬件实现。

在编写本书的过程中，得到了Xilinx公司大学计划的支持和帮助，提供了最新的Vivado 2017集成开发工具以及《DSP for FPGA Primer》等文档和材料。此外，也得到了Mathworks公司图书计划的支持和帮助，为作者提供了正版授权的MATLAB R2016b集成开发环境，以及相关设计所要使用的工具包。在此，向他们的支持和帮助表示衷心的感谢。在编写本书的过程中，仍然参考了已经毕业研究生张艳辉的研究成果，以及本科生汤宗美和刘仪参与本书教学资源的编写工作，在此向他们的辛勤劳动表示感谢。最后，向电子工业出版社编辑的辛勤工作表示感谢。

编著者

2018年12月于北京

学 习 说 明
Study Shows

1. 本书提供的教学视频、教学课件、设计文件、硬件原理图、使用说明下载地址

北京汇众新特科技有限公司技术支持网址：

http://www.edawiki.com

注意： 所有教学课件及工程文件仅限购买本书读者学习使用，不得以任何方式传播！

2. 本书作者联络方式

电子邮件：hb@gpnewtech.com

3. 购买硬件事宜由北京汇众新特科技有限公司负责

公司官网：http://www.gpnewtech.com

市场及服务支持热线：010-83139176，010-83139076

4. 何宾老师的微信公众号

目　　录

第一篇　数字信号处理系统的组成和实现方法

第四篇　自适应信号处理的理论和FPGA实现方法

第五篇 数字图像处理的理论和 FPGA 实现方法

第一篇　数字信号处理系统的组成和实现方法

本篇主要介绍了数字信号处理（Digital Signal Processing，DSP）系统的组成和实现数方法。本篇共包括4章内容，即信号处理理论基础、数字信号处理实现方法、数值的表示和运算，以及基于FPGA的数字信号处理的基本流程。

（1）在第1章信号处理理论基础中，主要介绍信号定义及分类，信号增益与衰减，信号失真与测量，噪声及处理方法，模拟信号及其处理方法，数字信号处理的关键问题和通信信号软件处理方法。

（2）在第2章数字信号处理实现方法中，主要介绍数字信号处理技术概念、基于DSP的数字信号处理实现方法、基于FPGA的数字信号处理实现方法、FPGA执行数字信号处理的一些关键问题，以及高性能信号处理的难点和技巧。

（3）在第3章数值的表示和运算中，主要介绍整数的表示方法、整数运算的HDL描述（包括加法、减法、乘法和除法运算）、定点数的表示方法、定点数运算的HDL描述（包括加法、减法、乘法和除法运算）、浮点数的表示方法和浮点数运算的HDL描述（主要是单精度浮点数的加法、减法、乘法和除法运算）。

（4）在第4章基于FPGA的数字信号处理的基本流程中，详细介绍了基于System Generator的数字信号处理系统建模和仿真过程，以及基于Xilinx Vivado HLS工具的数字信号处理系统建模和仿真过程。

第 1 章　信号处理理论基础

本章将介绍信号处理中所涉及的一些基本问题，其中包括：信号定义和分类，信号增益与衰减，信号失真与测量，噪声及其处理方法，模拟信号及其处理方法，数字信号处理关键问题，以及通信信号软件处理方法。

本章所介绍的内容是信号处理中最基本的概念。因此，读者需要深入理解并掌握这些内容，这样才能更好地理解本书后面的内容。

1.1　信号定义和分类

信号是指一个可测量的，能够以某种形式携带信息的，随时间变化的量。例如，语音是人们相互之间发送信息的声音信号；心跳信号（ECG）包含着一个心脏健康的信息（开/关状态）。

为了将一个真实的信号转换成一个合适的电压，或者从一个合适的电压转换成一个信号，要求在系统内必须包含传感器/驱动器及信号调理电路。例如，通过麦克风，将声音转为相对应的电信号；通过压电陶瓷砖，将压力化为相对应的电信号；通过光传感器，将光转化为相对应的电信号；通过加速度传感器，将振动转化为相对应的电信号。

电压是一个传感器的输出，它是一个由传感器感应得到的模拟信号。根据电子系统处理信号的要求，大部分信号被转换为模拟电压，该电压信号是对被测量信号所携带信息的编码。例如，通过一个电极感知心脏的跳动，该电极会产生一个很小的电压（量级为 10^{-6}V），然后通过模拟集成运算放大器将该微弱电压信号放大。

语音信号引起空气压力变得稀薄和收缩。通过一个麦克风来测量空气压力的变化，麦克风使用磁铁和线圈产生电压，这是对空气压力变化的真实反映，如图 1.1 所示。

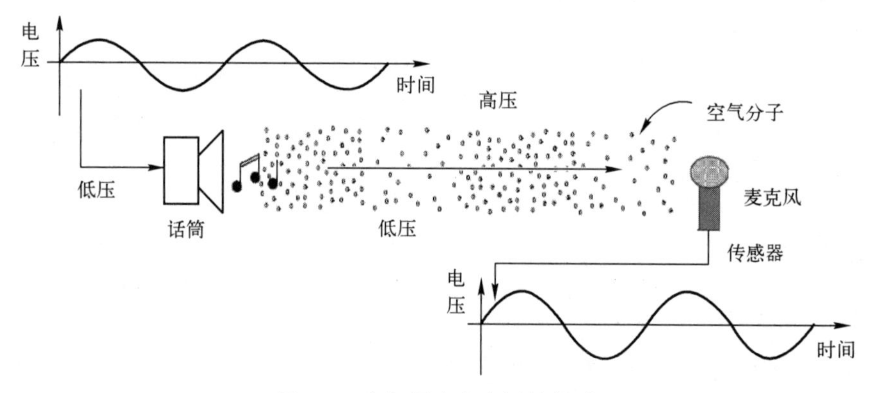

图 1.1　空气压力和电压的关系

从图 1.1 中可知，麦克风的振动膜连接到一个小磁铁上，当它移进或移出线圈时感应出电流。感应之后产生一个电压信号，或者使用某种形式的磁带记录器将电压记录下来。一旦感知了一个信号，随后就需要恢复这个信号。通过合适的驱动器和信号调理电路［如喇叭(声音)、发光二极管 LED（光）、机械调节器（振动）等］实现这个目的。

1.2　信号增益与衰减

信号传感器的电压幅度非常小，如麦克风产生的电压量级为 10^{-6}V。同样，ECG 传感器和振动传感器也存在非常类似的情况。

在记录信号或者对信号重构之前，应该将信号线性放大到一个合适的值，通常用 dB 表示这个值。例如，经过放大器将信号放大 1000 倍，则信号放大 60dB，其增益为 60dB ($20\log_{10}^{1000}=60$)。

一个系统，如果其输出 $y(t)$ 是输入 $x(t)$ 和系统冲激响应函数 $h(t)$ 的卷积，即

$$y(t)=x(t)*h(t)=\int_{-\infty}^{+\infty}x(\tau)h(t-\tau)\mathrm{d}\tau=\int_{-\infty}^{+\infty}h(\tau)x(t-\tau)\mathrm{d}\tau$$

则这个系统可以被视为线性系统。

> **注：** * 为卷积符号，而不是乘号。

通常对于一个线性系统，$y(t)=f[x(t)]$，如果：

$$y_1(t)=f[x_1(t)]$$

$$y_2(t)=f[x_2(t)]$$

则叠加后得到下面的关系：

$$y_1(t)+y_2(t)=f[x_1(t)+x_2(t)]$$

测量系统线性的一种最简单的方法就是输入一个单频正弦波，如果在所有的频率上，输出只是一个在输入频率上的正弦信号（没有谐波产生），则系统是纯线性的。

对于较大的线性动态范围，放大量通常被表示为功率放大比率（P_{out}/P_{in}）的对数值，因为功率（P）与电压的平方（V^2）呈正比关系，因此：

$$A_{dB}=10\log_{10}(P_{out}/P_{in})=10\log_{10}(V_{out}/V_{in})^2=20\log_{10}(V_{out}/V_{in})$$

因此，如果放大倍数 $A=1000$，则功率放大是 60dB。类似地，1000 倍的衰减（增益为 0.001）对应于−60dB 的增益或者 60dB 的衰减。

1.3　信号失真与测量

本节将介绍信号失真及测量，内容包括放大器失真、信号谐波失真和谐波失真测量。

1.3.1　放大器失真

如果一个输入信号在经过放大器后所产生的输出信号中包含其他频率分量的信号，就称为放大器的非线性。非线性是放大信号时最不希望看到的结果，由于非线性失真导致真实的信号所包含的信息发生了畸变，这将对后续的信号处理带来很大的困难。信号的失真表示，如图 1.2 所示。

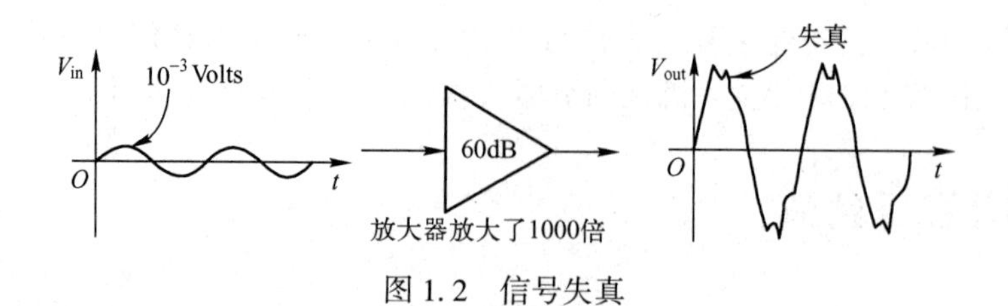

图 1.2　信号失真

从图 1.2 中可知，放大器是非线性的，实际的输出信号是输入信号与 3 次谐波信号的叠加，用下式表示

$$V_{out}=(1000\times V_{in})+10\times(V_{in})^3$$

与噪声不同，实际上是不可能消除失真的。因此，只能使用合适的器件将失真降到最低。

实际上，在大多数情况下很难准确确定放大器的非线性方程。如果知道了这个非线性方程，那么就可能消除或解决非线性问题。然而，即便是最简单的非线性，也很难消除。例如，考虑一个叠加 2 次谐波的系统：

$$V_{out}=V_{in}+0.04V_{in}^2$$

试着求解该方程，将 V_{in} 表示为 V_{out} 的函数。事实上，该方程没有一个唯一解。

非线性将会在数字信号处理中引起一系列的问题，如丢失或者屏蔽了想要的信号分量。在一定程度上，每个放大器都是非线性的。然而，如果在所感兴趣的信号频率范围内，非线性信号的功率非常小，则可以将放大器看作是线性的。在上面的例子里，非线性 2 次谐波分量占基波电压的 1/5（功率的 1/25），这是非常高的。因此，该放大器应看作是非线性的。根据系统的线性理论知识，也可以将系统划分为弱非线性、中度非线性或强非线性。

1.3.2　信号谐波失真

谐波失真是一种发生在输入信号频率谐波上的失真，其频率为输入信号频率的整数倍。如一个 1kHz 的语音，谐波频率为 2kHz，3kHz，4kHz，…

谐波产生的原因是由于器件的输入/输出电压特性呈现非线性特性，如它可以用二阶多项式表示：

$$V_{out}=aV_{in}^2+bV_{in}+c$$

谐波失真是由非线性的传递函数产生的，如果假定传递函数是平稳的，如不随时间变化，而且输入信号呈现周期性，则输出也将是一个周期信号。在本节将看到，在频域内周期信号的傅里叶级数由基波周期频率的谐波组成。因此，对于一个周期输入信号，无论 V_{in} 和 V_{out} 之间是怎样一种函数关系（只要不随时间变化），都没有出现非谐波失真。

对于输入信号：

$$V_{in}=\cos(2\pi ft)$$

$$V_{out}=a[\cos(2\pi ft)]^2+b\cos(2\pi ft)+c$$

$$=\frac{a}{2}\cos(2\pi 2ft)+b\cos(2\pi ft)+\left[c+\frac{a}{2}\right]$$

根据上式可以得到频率分量：

（1）$\cos(2\pi ft)$：基波频率。

（2）$\cos(2\pi 2ft)$：二次谐波。

V_{out} 和 V_{in} 之间更复杂的关系将导致更高次谐波，如那些大于两倍基频的频率。

1.3.3　谐波失真测量

对于放大器这样的器件，常用指标是总谐波失真（Total Harmonic Distortion，THD），如图 1.3 所示。THD 通常表示为谐波功率的和与基波功率之比，它是无量纲，用 dB 表示。

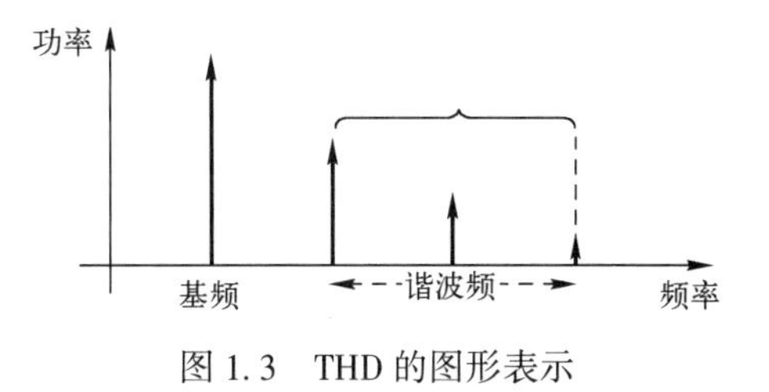

图 1.3　THD 的图形表示

THD 可以用下式表示：

$$\mathrm{THD}=\frac{\sqrt{H_2^2+H_3^2+H_4^2+\cdots}}{H_1}$$

式中，H_1表示基波功率，H_2表示 2 次谐波分量，H_3表示 3 次谐波分量……

> **注：**谐波的带宽选择是非常重要的，这是由于一些谐波序列可能有非常明显的高次谐波分量。

另一种常见的表示方法是 THD+N，总谐波失真加上噪声，此处考虑输出噪声。在这种情况下，计算 THD 时用谐波功率总和加上噪声功率再除以基波功率。噪声功率是在输入为 0 的条件下测量的。

1.4　噪声及其处理方法

本节将介绍噪声及其处理方法，内容包括噪声的定义及表示、固有噪声电平、噪声/失真链、信噪比定义及表示和信号的提取方法。

1.4.1　噪声的定义和表示

一般采集信号都含有噪声信号分量。信号处理技术经常被用来消除或者衰减噪声。在大多数情况下，将噪声看作是加性的（可叠加的），这样就可以通过线性滤波技术来处理噪声信号。数字信号处理的主要任务之一就是从采集的信号中将所感兴趣的信号分离出来。有些情况下，很容易滤除噪声，如信号加噪声与一些信号特征明显不同。如果语音信号被一种低隆隆声的信号频率混合，则可以直接滤除它。

在感兴趣的信号与噪声信号非常相似的情况下，就不能直接地滤除噪声了。例如，一种语音信号与另外一种语音信号混杂，则提取出想要的信号就非常困难。通常从一个信号中滤除噪声要求了解一些信号和噪声的基本特征，如频率范围、典型的功率电平等。

噪声和失真之间有着本质的区别。噪声通常是给干扰信号起的名字，在多数情况下是可加性噪声。使用信号处理技术可以处理这种噪声的影响，而且可以尝试使用线性滤波或其他技术来衰减噪声，进而提高信噪比；失真是由一些发生在信号获取或处理的非线性过程中所引起的，通常在失真发生之后没有办法处理。

下面对可加性噪声进行进一步的说明。考虑一个被麦克风接收的声音信号 $s(t)$ 与一个附近的声音噪声源 $n(t)$ 混杂，将这种接收机录制下来的合成信号表示为 $y(t)$，最简单的可加性噪声应该表示为

$$y(t)=s(t)+n(t)$$

稍微复杂一些的可加性噪声可以表示为

$$y(t)=s(t)+An(t)$$

这里由于声波传输路径，将噪声衰减了 A 倍。

更实际的可加性噪声可以表示为

$$y(t)=s(t)+An(t)+Bn(t-t_0)$$

该式表示噪声通过多个路径到达接收器。

在更通常的形式下，接受到的信号表示为

$$y(t)=s(t)+\int_0^{\infty} n(t)h(t-\tau)\mathrm{d}(\tau)$$

这里，$h(t)$ 是噪声源到接收机的声音通道的冲激响应。因此，尽管可以很准确地知道发射的噪声源，但是为了滤除噪声，仍然需要掌握声音传输路径的响应特性。

1.4.2　固有噪声电平

一个时域含有噪声的正弦波，如图 1.4（a）所示。在频域中可以认为这个信号具有一个固有噪声电平，如图 1.4（b）所示。

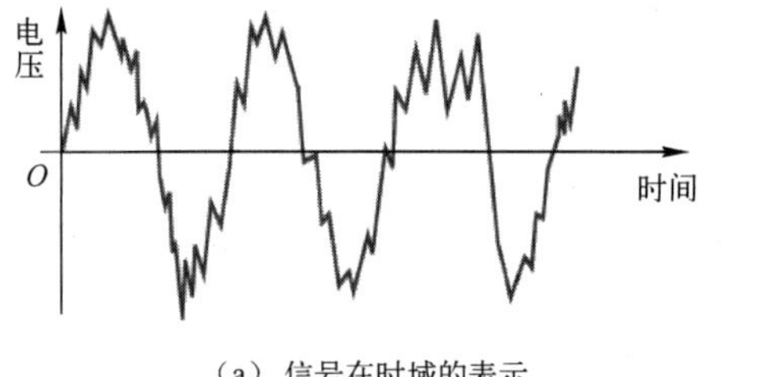

（a）信号在时域的表示

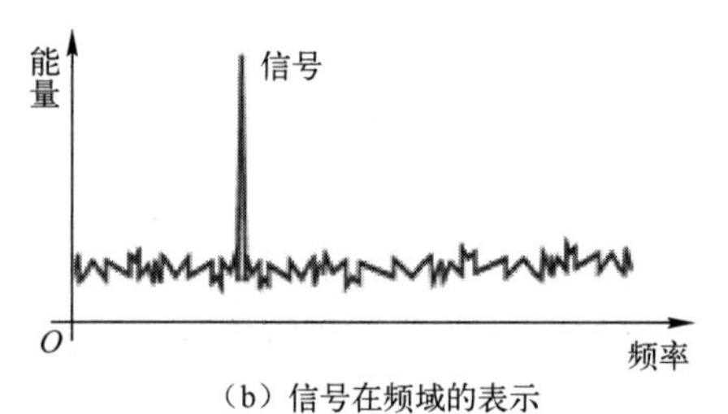

（b）信号在频域的表示

图 1.4　含有噪声的正弦信号

固有噪声电平限制了获取真实信号的能力。如果含有噪声的信号，其功率低于固有噪声电平的噪声功率，则很难观察到该信号。但这并不意味着不能通过信号处理恢复该信号。例如，频谱扩展接收机的输入可能有一个很明显的低于固有噪声电平的信号，但接收机解扩过程的噪声压缩技术将能够恢复信号。

1.4.3　噪声/失真链

一个数字移动通信的实现结构，如图 1.5 所示。从图 1.5 中可知，不同的噪声和失真叠加在这个系统中。数字信号处理的任务就是要将叠加在通信系统中的噪声/失真减少到最小，同时对其他源的衰减降到最低。下面给出该系统中噪声和失真的产生机理。

（1）环境噪声。来自车辆引擎的噪声和风噪声等。可以使用 DSP 算法、线性滤波或者自适应滤波器来处理麦克风的噪声。在接收机处，可以使用线性或自适应滤波器，以及有源噪声控制来提高信噪比。

（2）量化失真。量化失真或者噪声由 ADC 产生。为了提高信号质量，理论上应尽量使用位数较多的 ADC，但实际上需要使用尽量少位数的 ADC 来降低对带宽的要求。对于一个较低位数的 ADC 而言，为了改善信号质量，可以使用量化噪声成形技术，或者混响技术。

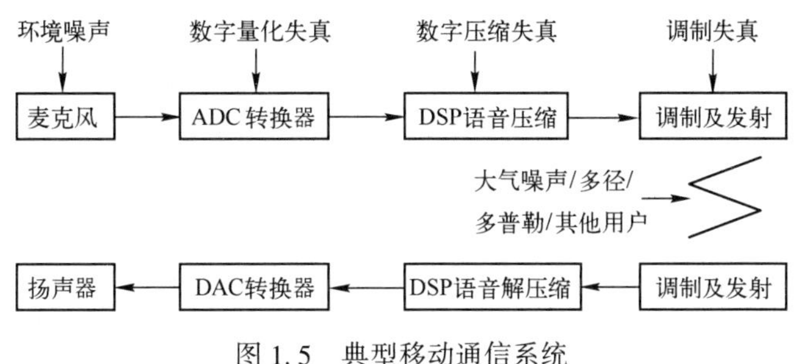

图 1.5　典型移动通信系统

（3）语音编码/压缩噪声。为了保持低的带宽需求，需要压缩语音信号。通过压缩语音信号，可保持信号的质量和信号的完整性，但需要接受某种程度的失真或保真度。

（4）调制。调制和解调过程将产生不同程度的噪声和失真，这取决于调制的方式，以及所用的滤波技术。

（5）大气/多路径噪声。当传输电磁波信号时，由于存在信号反射和其他用户的干扰等问题，将产生一定程度的噪声。因此，希望选择更好的数字编码方案来抑制噪声。

1.4.4　信噪比定义和表示

信噪比的计算方法是，取线性信号功率与噪声功率之比的对数，再乘以 10，其单位为分贝（dB）。信噪比（Signal-Noise Ratio，SNR）表示为

$$\mathrm{SNR}=10\lg\frac{P_{信号}}{P_{噪声}}=10\lg\frac{V_{信号}^2}{V_{噪声}^2}=20\log\frac{V_{信号}}{V_{噪声}}$$

对于一个低质量的电话线而言：

$$\mathrm{SNR}=10\mathrm{dB},\quad P_{信号}=10\times P_{噪声},\quad V_{信号}=\sqrt{10}\,V_{噪声}$$

对于一个磁带而言：

$$\mathrm{SNR}=60\mathrm{dB},\quad P_{信号}=1000000\times P_{噪声},\quad V_{信号}=1000\times V_{噪声}$$

分贝的表示形式有许多形式，并且每个形式都有特殊的定义。通常 dB 的含义是隐含的，而不是显式表示的。特别是对声音信号有很多种不同的定义，如 dBA、dBm、dB SPL 或 dB HL。

（1）dBm 单位表示相对于 1mW 的分贝数。dBm 和 W 之间的关系是 10lg（功率值/1mW）。对于 40W 的功率，按 dBm 单位进行折算后的值应为 10lg（40W/1mW）= 10lg（40000）= 10lg4+10lg10000 = 46dBm。

（2）分贝单位为 dB，加权后可以用 dBA 表示。以“A”加权声级度为例，在将低频率及高频率的声压级值加在一起之前，会根据公式降低声压级值。声压级值加在一起后所得数值的单位为分贝（A）。经常使用分贝（A）是因为这个指标更能准确地反映人类耳朵对频率的反应。量度声压级的仪器通常都带有加权网络，以提供分贝（A）的读数。

（3）dB SPL 是声音强度的物理单位即声音真实的强度级别，表示为

$$\mathrm{SPL}=10\lg\left(\frac{I}{I_{\mathrm{ref}}}\right)\mathrm{dB}$$

式中，I 表示以每平方米瓦特数（$\mathrm{W/m^2}$）作为单位的声音强度；I_{ref}是指 10～12$\mathrm{W/m^2}$的参考强度，可近似为 1000Hz 频率下所能听见声音的门限值。

此外（更直观地使用声“压”电平这个名字），SPL 可表示为测量得到的声音压强和参考压强的比率，即

$$\mathrm{SPL}=10\lg\left(\frac{I}{I_{\mathrm{ref}}}\right)=10\lg\left(\frac{P^2}{P_{\mathrm{ref}}^2}\right)=20\lg\frac{P}{P_{\mathrm{ref}}}\mathrm{dB}$$

式中：

$$P_{\mathrm{ref}}=2\times10^{-5}\mathrm{N/m^2}=20\mu\mathrm{Pa}$$

强度与压强的平方成正比，即用对数测量声音是由于人类听力高达的线性范围，也出于对听力对数特性的考虑。正是因为听力的对数特性，声压电平增加 6dB 实际上并不会使响度扩大两倍。例如，强度 110dB 和 116dB 之间的差别要比 40dB 和 46dB 之间的差别大得多。听力受损的门限值大约是 120dB。

值得注意的是，标准的大气压强在 101300N/m^{2}左右，一只小昆虫的腿施加的压强大约为 10N/m^2。所以，耳朵和其他声音测量设备用于测量极其微小的压强变化。

（4）dB HL 是听力学界广泛应用的声音强度单位。即

0dB HL＝7. 5dB SPL

1. 4. 5 信号的提取方法

处理模拟信号是为了提取出有用的信息，尽一切可能将噪声去除。对从电极得到的心跳信号（EGC）电压进行放大和滤波，然后滤除供电线路中 50Hz 的交流噪声。

可通过麦克风录制语音，通过设置低音和高音控制（低通和高通滤波器）去除噪声分量。

处理信号的主要目的是去除噪声，或者提高信噪比。这里理解噪声和失真的区别显得很重要。信号中的失真通常是由非线性引起的，并且没有直接的方法去除它们。解决失真问题的关键在于确保使用高质量的电子元器件。在信号处理中，将使用一系列的技术从信号中去除噪声，包括数字滤波、频域技术、自适应数字滤波检测理论和匹配滤波。

1. 5 模拟信号及其处理方法

本节将介绍模拟信号及其处理方法，内容包括模拟 I/O 信号的处理和模拟通信信号的处理。

1. 5. 1 模拟 I/O 信号的处理

在通常情况下，模拟信号处理系统的工作原理包括：感知信号并产生模拟电压，处理这个电压，并且重构这个信号的原始模拟形式。

模拟系统有更大的灵活性来完成信号放大和滤波处理。在低成本和高性能的 DSPs 产生之前，使用由模拟元器件所构成的模拟计算机来处理信号与系统。对于模拟计算机而言，最基本的线性单元是求和放大器、积分器和微分器。对于明确使用的电阻器和电容器值，以及适当的输入信号，模拟计算机可以被用来求解微分方程、指数并产生正弦波和控制系统传递函数。

模拟积分器的电路结构如图 1. 6（a）所示，模拟微分器的电路结构如图 1. 6（b）所示，模拟加法器的电路结构如图 1. 6（c）所示。

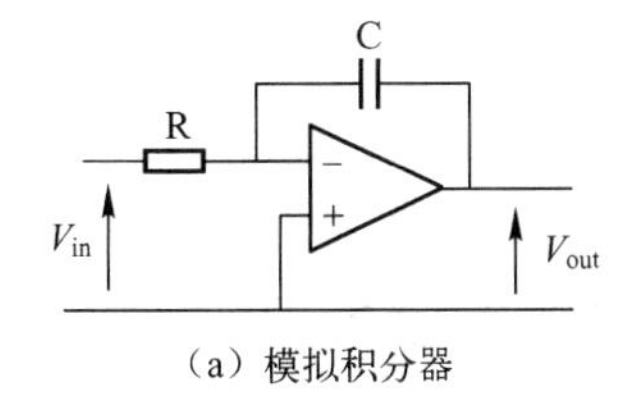

(a) 模拟积分器

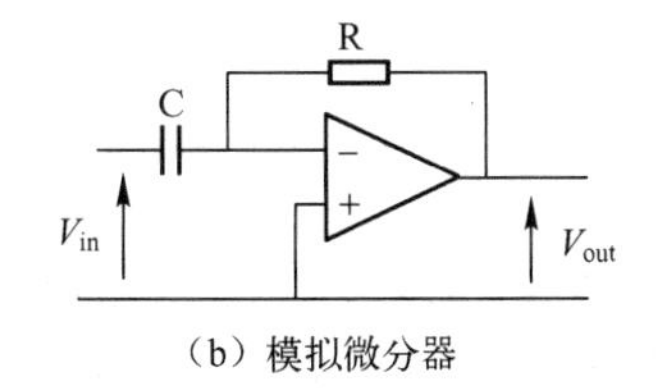

(b) 模拟微分器

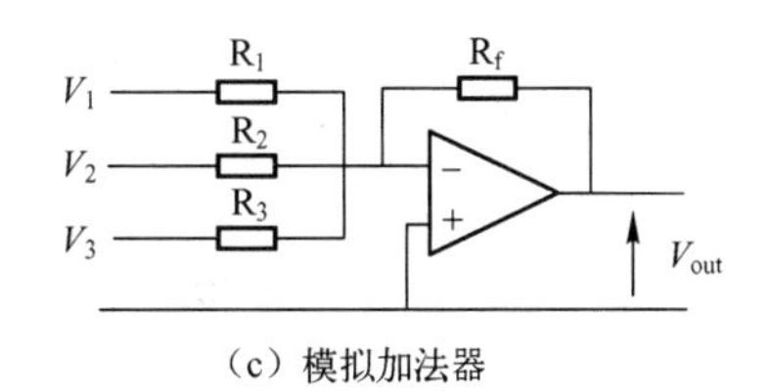

(c) 模拟加法器

图 1.6　模拟信号处理单元

模拟积分器可以表示为

$$V_{out}=-\frac{1}{RC}\int_0^t V_{in}\,dt$$

模拟微分器可以表示为

$$V_{out}=-RC\frac{dV_{in}}{dt}$$

模拟加法器可以表示为

$$V_{out}=-\left(\frac{R_f}{R_1}V_1+\frac{R_f}{R_2}V_2+\frac{R_f}{R_3}V_3\right)$$

1.5.2　模拟通信信号的处理

对于大多数基带通信而言，通过电缆传输电压信号。一个简单的例子是电话，将语音信号转换成电压之后直接通过双绞线传输，在远端接收该信号。

在电话系统中，电话线的接口是某种形式的驱动或者放大器，它们将语音模拟电压转换为信号，并以足够的功率通过发射机传输给接收机。

一般在模拟无线电通信系统中，对于使用无线电的模拟通信而言，要求调制器将电压信号转化为射频信号。

模拟通信的一个例子（单程）是一个 FM 广播站（调制到 100MHz 左右）或者第一代移动电话，它的语音通道只有 30kHz 的带宽。

1.6　数字信号处理的关键问题

本节将介绍数字信号处理的关键问题，内容包括数字信号处理系统结构、信号调理的方法、模数转换器 ADC 及量化效应、数模转换器 DAC 及信号重建，以及 SFDR 的定义及测量。

1.6.1　数字信号处理系统结构

单输入单输出语音数字信号处理系统的结构如图 1.7 所示，包括放大器、抗混叠滤波器、模数转换器 ADC、数字信号处理器、数模转换器 DAC、重构滤波器和放大器等单元。

数字信号处理系统中，模拟器件仍然扮演了非常重要的角色，来自真实世界的输入和到真实世界的输出都是模拟的。在数字信号处理系统中，应尽量简化模拟的设计要求和技术规格，取而代之的是采用更为复杂的数字处理方法，如过采样技术。在许多系统中，使用比实际需要高得多的采样率，其目的是为了减少使用模拟器件带来的复杂度。

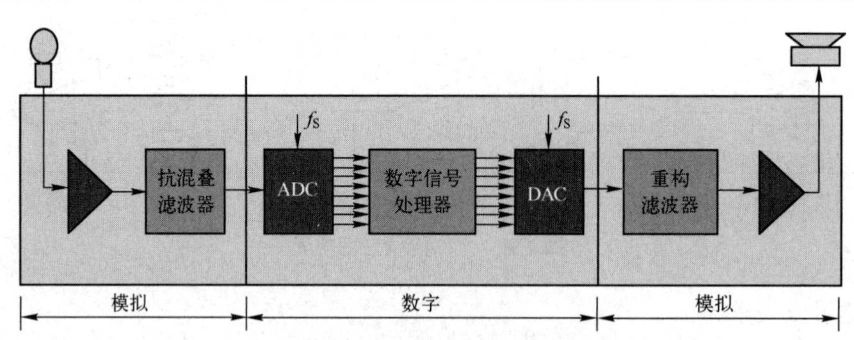

图1.7　单输入单输出语音数字信号处理系统的结构

数字信号处理系统可以分成三种类型，包括：

（1）实时输入/输出，如DSP通信链路；

（2）实时输入，如语音识别系统；

（3）实时输出，如CD音频重构系统。

模拟抗混叠滤波器在数字信号处理系统中非常重要，其目的是为了确保混叠失真不会被引入到数字信号处理系统中。重构滤波器在数字信号处理系统中也非常重要，它用来确保重构的高频噪声不会出现在输出信号中。

在一个数字信号处理系统中，真实世界的信号被转换为一个模拟电压，然后用二进制数值表示。数字信号处理系统使用二进制数，通常用二进制补码。数字信号处理方法很容易设计电子器件，使得两个离散值对应两个模拟电压值。使用数字信号处理算法，很容易实现二进制加法器、乘法器和存储器等，它们一起构成了执行高速算术运算的核心部件。DSPs、FPGA或ASIC都使用二进制规则来执行运算操作，大多数的DSPs使用二进制补码运算，它允许用一种非常方便的方式来表示负数，并且不会增加算术运算操作的开销。

1.6.2　信号调理的方法

本节将介绍信号调理的方法，内容包括抽样定理、抗混叠滤波和信号放大。

1. 抽样定理

在时域中，用时间函数$x(t)$表示一个信号，用频率函数$X(j\omega)$表示信号频谱分布。$x(t)$与$X(j\omega)$为一个傅里叶变换对。香农等人于1948年提出了抽样定理，用于说明$x(t)$的抽样序列$x(nT)$与$x(t)$之间的关系。

抽样定理描述为：设$x(t)$是一频带宽度有限的信号，即当$|\omega|>\omega_m$时，$X(j\omega)=0$。当以大于$2\omega_m$的抽样率ω_S（等于$2\pi/T$）对信号$x(t)$进行抽样时，得到的抽样序列$x(nT)$可以完全确定$x(t)$，其中$f_S=2\omega_m$的抽样频率也称为奈奎斯特频率。

抽样过程的结构如图1.8所示，连续信号$f(t)$抽样前后的表示如图1.9所示，连续信号$f(t)$抽样前后的频谱分布如图1.10所示。

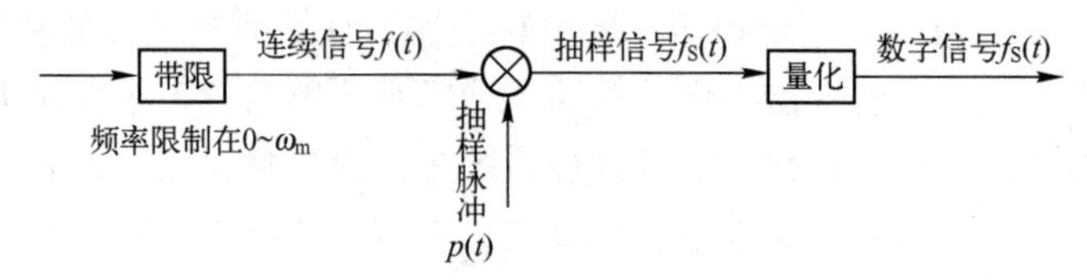

图1.8　抽样过程结构

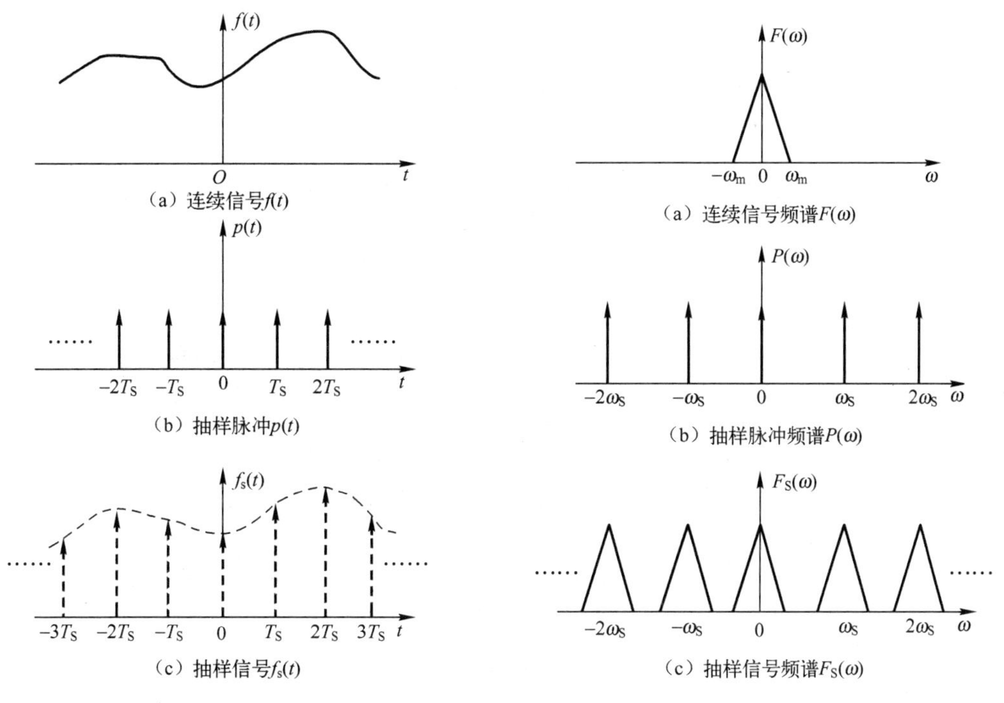

图 1.9　连续信号 $f(t)$ 抽样前后的表示

图 1.10　连续信号 $f(t)$ 抽样前后的频谱分布

当抽样脉冲 $p(t)$ 为理想抽样信号时，表示为

$$p(t) = \delta_{\mathrm{T}}(t) = \int_{n=-\infty}^{+\infty} \delta(t - nT_{\mathrm{S}})\mathrm{d}t$$

其中，T_{S}为采样的周期，且 $1/T_{\mathrm{S}} = f_{\mathrm{S}}$为采样频率；角频率 $\omega_{\mathrm{S}} = 2\pi/T_{\mathrm{S}}$

抽样信号 $f_{\mathrm{S}}(t)$ 可以表示为

$$f_{\mathrm{S}}(t) = f(t) \cdot \delta_{\mathrm{T}}(t)$$

根据卷积定理可知：

$$P(\omega) = \frac{1}{2\pi}F(\omega) * P(\omega)$$

又因为周期信号 $p(t)$ 的傅里叶变换可以表示为

$$P(\omega) = 2\pi \int_{n=-\infty}^{+\infty} F_n \delta(\omega - n\omega_{\mathrm{S}})\mathrm{d}\omega$$

又因为 F_n 可以表示为

$$\begin{aligned}
F_n &= \frac{1}{T_{\mathrm{S}}} \int_{-\frac{T_{\mathrm{S}}}{2}}^{\frac{T_{\mathrm{S}}}{2}} \delta_{\mathrm{T}}(t)\mathrm{e}^{-\mathrm{j}n\omega_{\mathrm{S}}t}\mathrm{d}t \\
&= \frac{1}{T_{\mathrm{S}}} \int_{-\frac{T_{\mathrm{S}}}{2}}^{\frac{T_{\mathrm{S}}}{2}} \int_{n=-\infty}^{+\infty} \delta(t - nT_{\mathrm{S}})\mathrm{e}^{-\mathrm{j}n\omega_{\mathrm{S}}t}\mathrm{d}t \\
&= \frac{1}{T_{\mathrm{S}}}
\end{aligned}$$

$$p(\omega) = \omega_{\mathrm{S}} \cdot \int_{n=-\infty}^{+\infty} \delta(\omega - n\omega_{\mathrm{S}})\mathrm{d}\omega$$

所以：

$$F_S(\omega) = \frac{1}{T_S}\int_{n=-\infty}^{+\infty} F(\omega - n\omega_S)\,d\omega$$

从图 1.10 可以看出：

（1）当采样频率 $\omega_S \geqslant 2\omega_m$（$\omega_m$为带限信号的最高频率，也就是说在该频率上有能量的分布）时，周期延拓的 $F(\omega)$的频谱不会互相重叠在一起。

（2）当采样频率 $\omega_S<2\omega_m$，周期延拓的 $F(\omega)$的频谱就会互相重叠。这样，就会在后续还原信号时造成信号的失真，使得无法恢复信号。

所以，奈奎斯特定理是保证在对连续信号进行采样时不会发生“混叠”的最基本条件。在实际应用中，如果要恢复完整的信号，采样频率应该为信号最高频率的 10 倍以上。

2. 抗混叠滤波

当在低于奈奎斯特率的频率下采样一个基带信号时，就会丢失信号的频谱信息，这就是通常所说的混叠现象。

如果一个信号存在大于$f_S/2$ 的频率分量，则将会发生混叠现象。混叠就意味着信号的失真，在没有抗混叠和重构滤波器的数字信号处理系统中，输入一个 6kHz 的正弦信号，而采样频率为 10kHz，采样后的信号为一个 4kHz 的正弦信号。很明显，这是一个非线性的系统。

> **注：**测试系统线性特性最简单的方法就是输入一个单频正弦信号，如果输出不是同频的正弦信号，也就是可能包含其他的谐波分量，则该系统是非线性的。

用 10kHz 的采样率采样一个 9kHz 的语音信号，如图 1.11 所示。很明显，这是一个高于$f_S/2=5$kHz 的信号，所以对 9kHz 的信号采样将发生频谱混叠。从图 1.11 中可以看出，当重构这个信号的时候，得到了一个 1kHz 的正弦波。

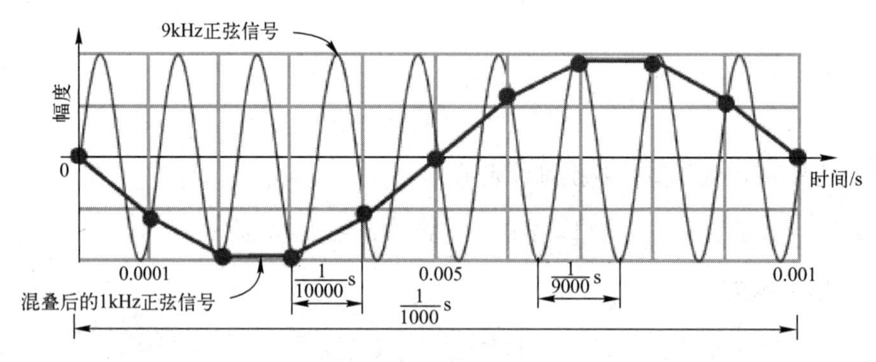

图 1.11　信号混叠

> **注：**信号的相位也发生变化，与输入 9kHz 频率的信号相比，相移 180°。

根据f_S和输入频率的知识，可以直接计算出大于$f_S/2$ 的输入信号混叠分量的频率。如果只观察经过采样又经过适当重构之后的输出信号，便无法确定哪个输入信号发生了混叠。

很显然，当对上面的系统使用 10kHz 频率采样时，最好将输入信号的频率限制到 5kHz 以内。

但是，当解调一个信号的时候，可以利用混叠现象，如图 1. 12 所示。当使用采样率为 20000sps，直接数字下变频可以被用来对 60 ~ 70kHz 带宽的信号解调，即可以发生向下混叠，将其混叠到 10kHz（ADC 的前端必须能够在相当于信号带宽的时间间隔内对信号积分）。

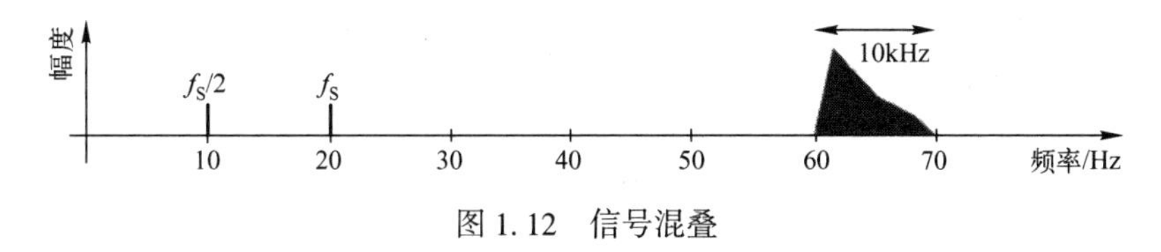

图 1. 12　信号混叠

如果带限信号，输出信号将会在基带频率处混叠出相同的形状，如图 1. 13 所示。

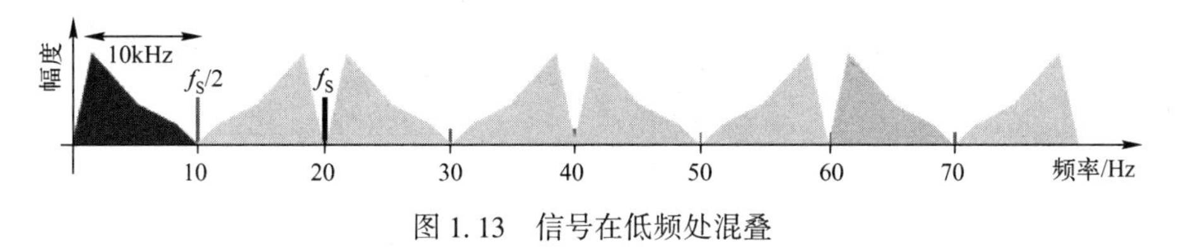

图 1. 13　信号在低频处混叠

频率混叠的具体分析如图 1. 14 所示。在设计中，采样频率为 $f_S = 1\text{kHz}$。

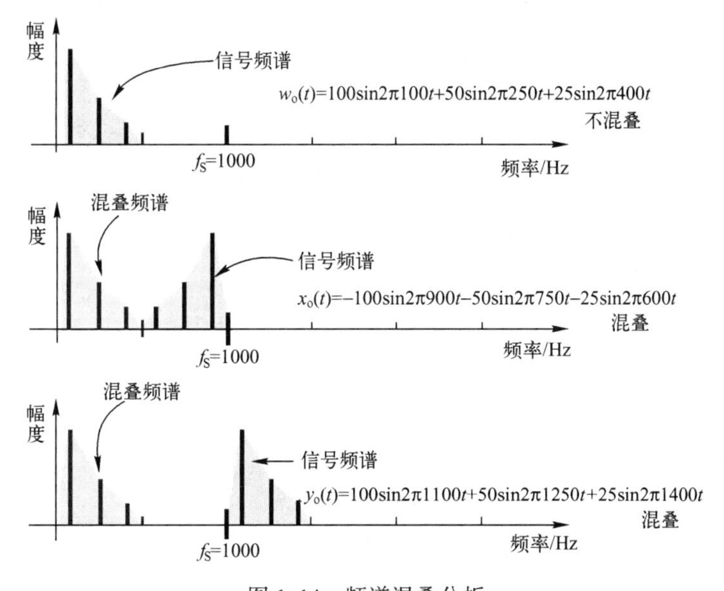

图 1. 14　频谱混叠分析

如果遵守奈奎斯特定律，以 1000Hz 采样所合成的正弦信号和 $\omega(t)$，就可以把将要采样的信号表示为一个简单的（正弦波幅度）频谱。

当然，如果已经采样了信号 $x(t)$，也就是说，以 1000Hz 采样 900Hz、750Hz 和 600Hz 信号，则由于不满足奈奎斯特定律，因此这些正弦波将会分别混叠到 100Hz、250Hz 和 400Hz 频率，也就是说，在这些频率点上存在着分量（能量分布）。

类似地，如果以 1000Hz 采样信号 $y_0(t)$ ，也就是说在 1100Hz、1250Hz 和 1400Hz 的正弦波，则由于不满足奈奎斯特定律，所有这些正弦波将会分别混叠到 100Hz、250Hz 和

400Hz 分量。

注意，频谱的混叠如图 1.15 所示。

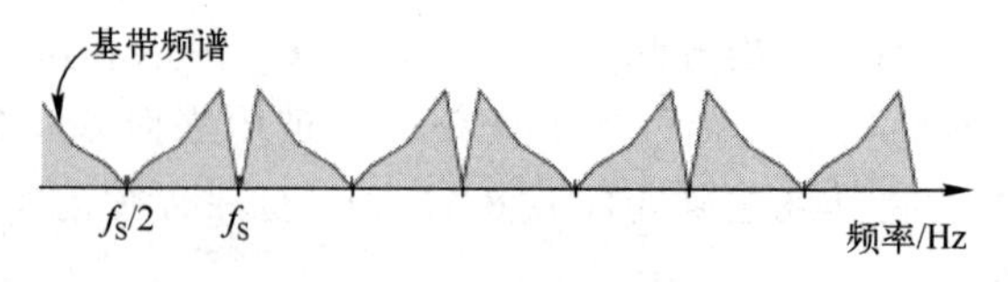

图 1.15 频谱图的混叠

为了避免在一般情况下出现频谱混叠，在将模拟量输入到模数转换器 ADC 之前，需要滤除所有高于 $f_S/2$ 的频率分量，如图 1.16 所示。抗混叠滤波器是一个模拟的理想的矩形滤波器，其截止频率为 $f_S/2$Hz。

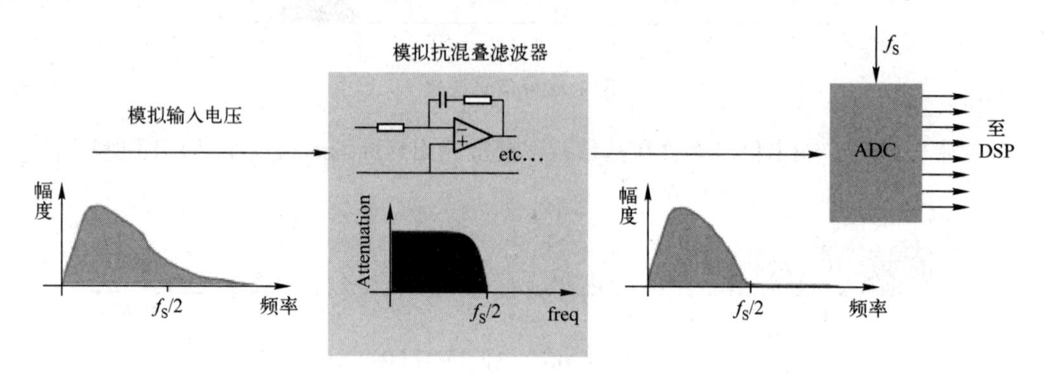

图 1.16 抗混叠滤波器

思考与练习 1-1：很明显，矩形滤波器是无法物理实现的，请说明原因。

在实际中，应该将理想的矩形滤波器转换为有足够滚降和衰减的非理想滤波器，如图 1.17 所示。同时，还应该保证所设计的滤波器具有理想的线性相位。因此，抗混叠滤波器的设计并不是一件容易的事情。图 1.17 中，0dB 对应的衰减为 1，$V_{out}=V_{in}$；-40dB 对应的衰减为 0.01，$V_{out}=0.01V_{in}$。

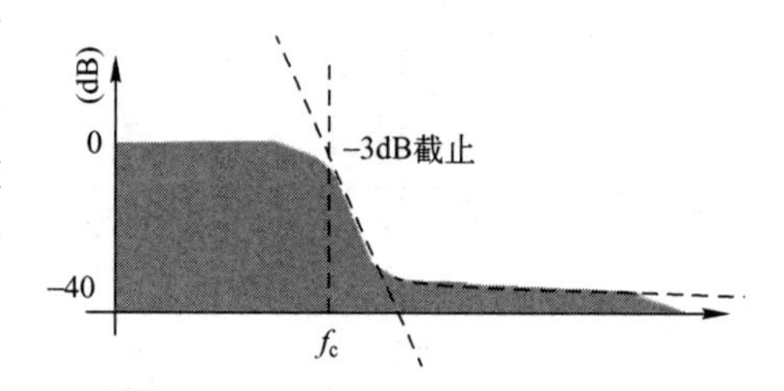

图 1.17 抗混叠滤波器特性

3. 信号放大

在模拟信号被输入到 ADC 之前，需要放大器对模拟信号进行放大，以确保模拟信号能够使用 ADC 的满量程电压输入范围，这个过程也被称为信号调理，如图 1.18 所示。

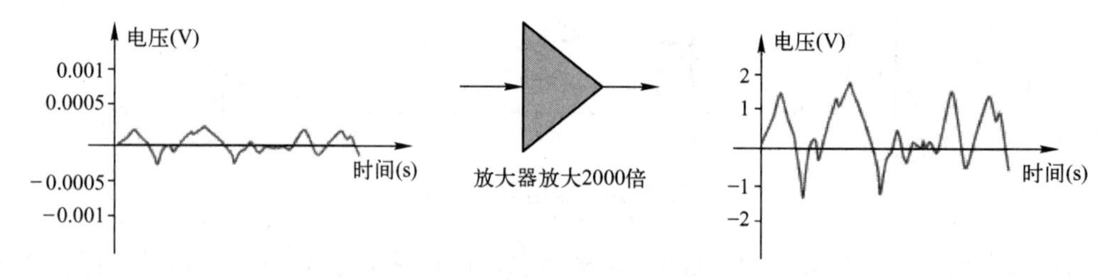

图 1.18 信号调理与方法

对于上面的 ADC，需要满量程输入电压的摆动范围为-2～+2V，所以需要将传感器的输出电压放大到-2～+2V 的摆动范围，使得放大器的输出电压和 ADC 的输入电压范围相匹配。

如果一个模拟信号的幅值变化范围大于 ADC 的允许输入范围，那么 ADC 将会对该信号进行限制，如图 1.19 所示，即去掉信号中任何大于或小于 ADC 输入范围的电压。这样，就会造成信息的丢失（损失）。换句话说，当对输入信号进行放大时，如果放大后的信号摆幅大于放大器的供电电压，放大器将出现剪切效应。

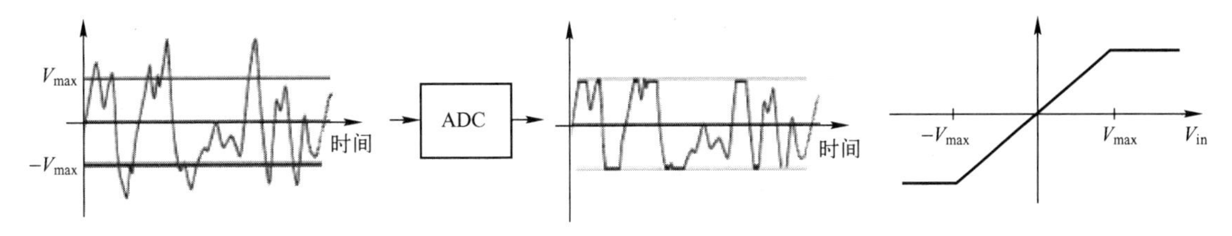

图 1.19　放大器剪切效应

> **注：**在设计模拟信号调理电路时，需要确保不会出现这种情况，至少在所感兴趣的信号范围内不要发生这种情况。

1.6.3　模数转换器（ADC）及量化效应

ADC 是一种根据其特定的输入/输出特性，将模拟电压信号转化成所对应二进制数的一种半导体物理器件。在数模混合系统中，ADC 是实现模拟信号数字化处理最重要的单元之一，也是在数字信号处理单元上实现数字信号处理算法最重要的基础。通常，ADC 的类型主要包括：

（1）Flash 型 ADC，即使用精确调整的电阻阶梯方法；

（2）逐次近似型 ADC，即内部使用 DAC 和比较器来决定电压值；

（3）双斜率型 ADC，即内部使用一个连接到参考电压的电容，由一个数字计数器来计算电容器的充电时间；

（4）Σ-Δ 型 ADC，即采用过采样单比特转换器方法。

实际的采样率取决于应用领域，如对于控制系统的采样率为几十赫兹；对于生物学应用的采样率为几百赫兹；对于音频应用的采样率为几千赫兹；对于数字无线电前端的采样率为几兆赫兹。

1. ADC 线性和非线性转换

ADC 最重要的一个指标就是采样率（Sample Per Second，SPS），即每秒所能转换的采样个数。

观察 ADC 器件的直线部分，经常称这种特性为线性，如图 1.20 所示。很明显，从图 1.20 中可知，由于出现离散台阶，因此该器件实际呈现非线性特性，并且器件本身限制了高于最大值或低于最小值电压的变化范围。然而，如果步长很小而台阶数目很大，则称该器件具有通常工作范围内的分段线性特性。

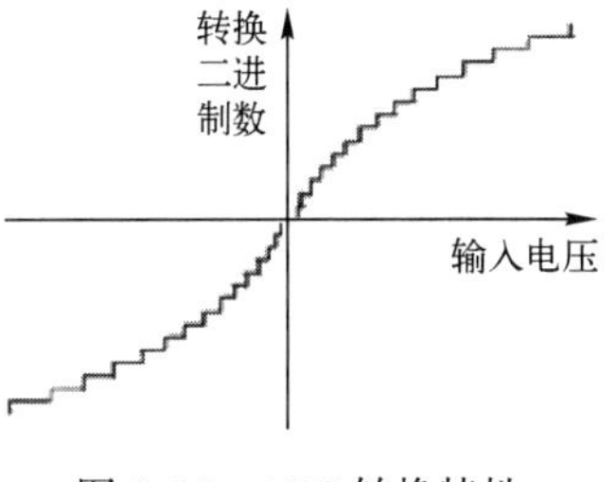

图 1.20　ADC 转换特性

> **注：**此处的台阶数与 ADC 的位数有关，该特性也决定了 ADC 的分辨率。

思考与练习 1-2：为什么说出现了台阶就说器件是非线性的？请根据线性系统理论知识解释原因。

ADC 并不一定必须具有线性特性，如在无线电通信中，经常使用定义好的标准非线性量化特性（A 律或 μ 律）。很明显，语音信号具有较大的动态范围，“oh”和“b”型的声音有很大的幅值，然而柔和的声音“sh”只有很小的幅值。如果采用均匀的量化方案，则可以表示响度大的声音，但是安静一点的声音将会降落到LSB门限值之下，因此将被量化到零，并且造成信息丢失。通过非线性量化器，使得低电平输入的量化电平比高电平输入小得多。通常用一个非线性电路连接一个均匀量化器来实现A律量化器。目前，广泛使用两种方案，即欧洲使用A律，美国和日本使用μ律。

类似地，DAC也可能有非线性的特性。

2. ADC零电平量化方法

ADC可能有或者也可能没有零输出电平。例如，一个ADC可以有一个中间水平（Mid-Tread）或中间升高（Mid-Rise）的特性。考虑一个3比特的中间水平和中间升高的ADC转换器，如图1.21所示。图1.21中，中间升高的ADC转换器没有零电平输出，然而中间水平的ADC则有零电平输出。但是，由于使用了二进制补码的表示方法，使得在零电平之上比在零点平之下有更多的电平梯度。

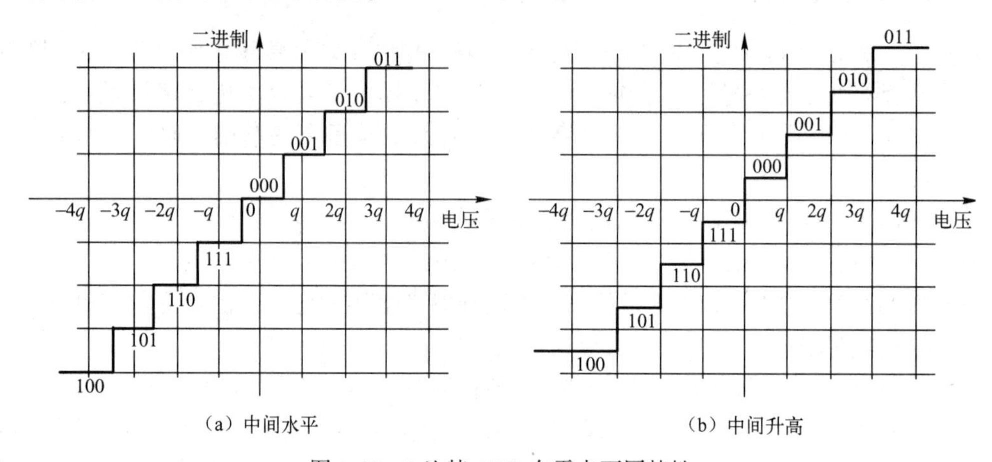

图1.21　3比特ADC在零点不同特性

对于一个位数很少的ADC而言，中间平坦和中间升高量化之间的区别是很明显的，特别是考虑量化噪声时。典型地，对于一个幅度非常小的正弦波而言，如其幅值是$q/10$，则输入到中间升高ADC后，输出为000；相同的波形输入到中间水平的ADC时，将产生一个与输入正弦频率相同的方波，该方波的电平为000和111。因此，中间水平ADC寄存了某些输入信号，但是中间升高ADC并没有该特征。

在信号调理之后，ADC对调理后信号进行采样，然后产生与输入电压值相对应的二进制数。由于ADC离散电平的个数由有限的ADC位数决定，因此ADC只具有有限的精度，或者称为分辨率。这样，那么每个采样都会存在一个很小的误差。

量化台阶的大小为0.0625V，如图1.22所示。如果使用一个5比特的ADC，则最大/最小的输入电压近似为0.0625×16=1V。

3. 量化误差及其计算

实际上，可以用一个采样器和一个量化器等效ADC，如图1.23所示。

如果线性ADC最小的步长为qV，则每个采样的误差最大为$q/2$V。q表示为

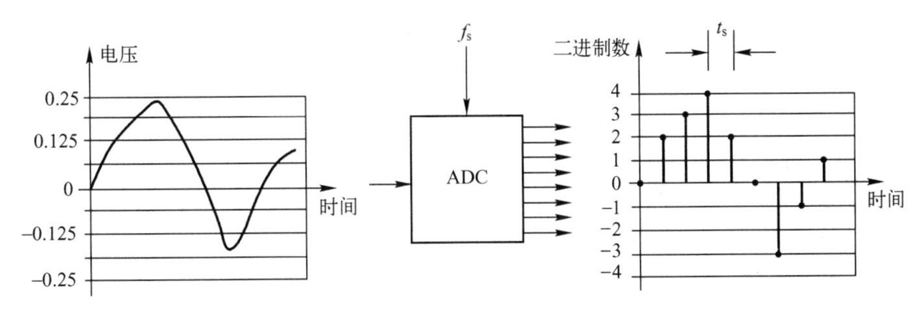

图 1.22　ADC 量化误差

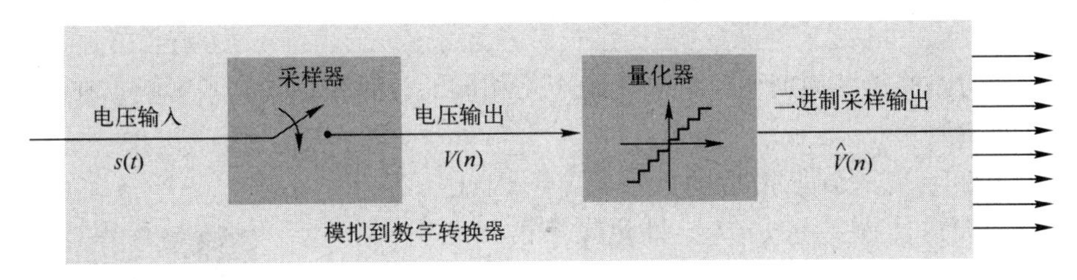

图 1.23　ADC 的组成

$$q=\frac{V_{\max}}{2^{N-1}}$$

式中，N 为 ADC 转换器的位数；$V_{\max}$ 为最大与最小输入电压差值。

通常使用 dB 表示 N 位 ADC 转换器的动态范围，即表示为

$$20\lg 2^N=20N\lg 2=6.02N$$

所以，8 位 ADC 转换器的动态范围大约为 48dB。

ADC 的输出可以等效为采样信号 $V(n)$ 加上量化误差 $e(n)$，即每个采样的量化误差范围为 $\pm q/2$，可以将量化器建模为一个线性可加性噪声源，如图 1.24 所示。

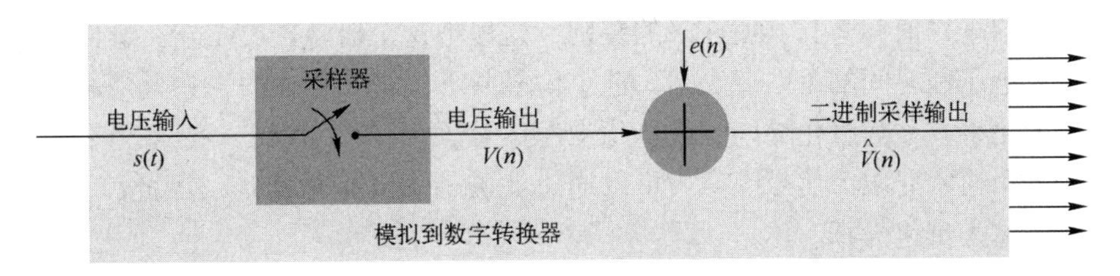

图 1.24　ADC 的等效描述

因此，量化器线性方程模型可以表示为

$$\hat{V}(n)=V(n)+e(n)$$

式中，$e(n)$ 是一个与输入信号 $V(n)$ 无关的白噪声源。

实际上，对一个量化器而言，是不可能用一组简单的数学方程式描述其输入和输出的。所以，量化噪声将会加上一个固有噪声电平。

注： 量化噪声并不是总是随机的。当输入信号为周期性正弦波的时候，量化噪声也是周期信号。

量化噪声是周期性的，如图 1.25 所示。量化噪声的频谱如图 1.26 所示。

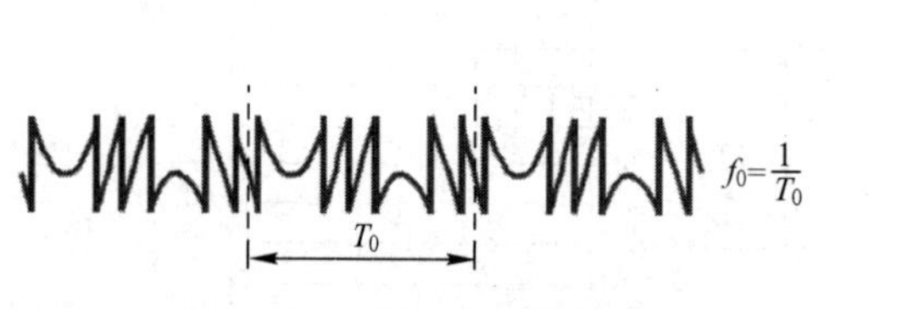

图 1.25　量化噪声的周期性

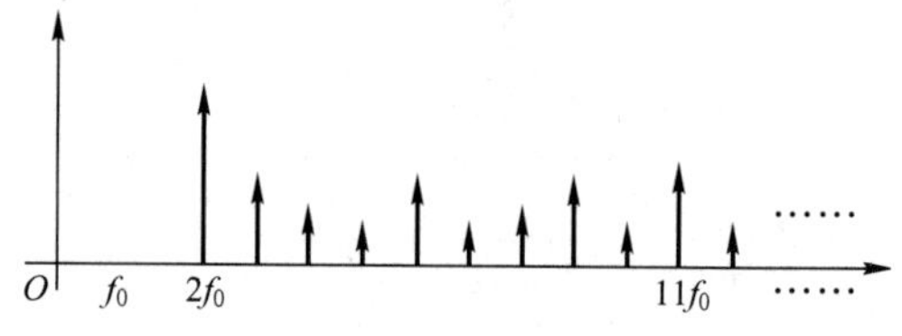

图 1.26　量化噪声的频谱

注：上面的频谱图只是量化噪声的频谱图，所以不存在基频分量 f_0。

对于每个初始的正弦周期而言，量化噪声是相同的，频域上受到了影响，在基频的谐波上获得一系列杂散。

假设 ADC 四舍五入到最接近的数字电平，因此任意一个采样值的最大可能误差是 $q/2$V，量化噪声的均匀分布，如图 1.27 所示。很明显，假定误差在 $-q/2\sim q/2$ 范围内服从均匀分布，则误差的概率密度函数是平坦的。实际上，量化误差与输入信号或多或少都有一些关联，特别是对低电平的周期信号。这个问题将在后面的章节中说明。

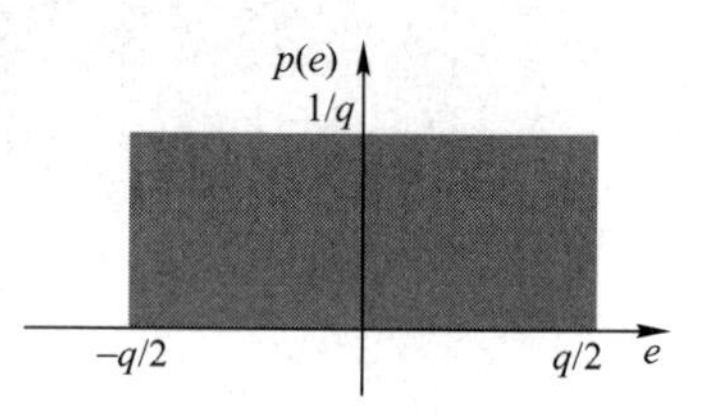

图 1.27　量化噪声的均匀分布

考虑量化误差信号的噪声功率或方差（在 1Hz 的采样频率下使用 1Ω 的电阻），可表示为

$$\int_{-\infty}^{\infty} e^2\rho(e)\,\mathrm{d}e = \int_{-q/2}^{q/2} e^2\rho(e)\,\mathrm{d}e = \frac{1}{3q}e^3\Big|_{-q/2}^{q/2} = q^2/12$$

量化误差 $e(f)$ 的频率范围为 $0\sim f_S/2$，即整个频带内都存在量化误差。

在数字信号处理领域，通常可以交替使用量化功率和量化误差的概念。严格地讲，量化误差是指量化的采样值和其真实值之间的差别。这里把这个概念扩展一下，量化误差信号是采样误差信号电压和时间的关系。当然，这个信号并不是真实存在的，它只是用于分析的目的。通常把量化误差称为量化噪声，或量化噪声信号。

噪声的概念通常局限为信号噪声，可以通过滤波器去除信号噪声。因此，更准确地说，量化噪声应该称为量化失真。

下面将给出量化噪声功率（时间平均-对比上述的统计平均）的定量计算方法。

在实际情况中，可以通过时间平均计算噪声信号功率。当取量化误差的 N 个采样（$N\to\infty$）时，平均功率表示为

$$P_{\text{噪声}} = \frac{W_{\text{噪声}}}{T} = \lim_{N\to\infty}\frac{1}{N}\sum_{n=0}^{N-1}e^2(k) \approx \frac{q^2}{12}$$

因此，量化噪声将覆盖真实信号频谱中所感兴趣的频率分量成分。

对于 N 位的信号，在最小量化值到最大量化值的范围内共有 2^N 个量化电平，可以通过下式来计算量化噪声功率的均方值：

$$Q_N = 10\lg\left(\frac{(2/2^N)^2}{12}\right) = 10\lg 2^{-2N} + 10\lg\frac{4}{12} \approx -6.02N - 4.77(\text{dB})$$

另一个有用的测量参数是信噪比（SNR）。对于要求输入电压在 -1～+1V 之间变化的 ADC 而言，如果输入信号为可能的最大值，即幅值为 1V 的正弦波，则平均输入信号功率表示为

$$E[\sin^2 2\pi ft] = 1/2$$

因此，最大 SNR 可表示为

$$\begin{aligned}\text{SNR} &= 10\lg\frac{P_{\text{信号}}}{P_{\text{噪声}}} = 10\lg\frac{0.5}{(2/2^N)^2/12}\\ &= 10\lg 2^{-2N} + 10\lg\frac{3}{2} \approx 6.02N + 1.76(\text{dB})\end{aligned}$$

类似地，对一个理想的 16 位 ADC 而言，最大的信噪比为 98.08dB。

4. 小幅干扰降低量化噪声

在输入到 ADC 之前，在音频信号 $x(t)$ 中添加一个功率为 $q^2/12$ 白噪声小幅干扰信号 $d(t)$，这样就破坏了信号的相关性，如图 1.28 所示。

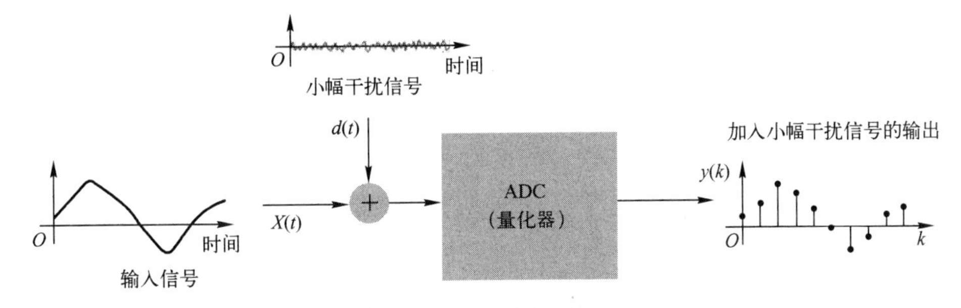

图 1.28　加入混响信号

小幅干扰加倍了数字信号中噪声的功率。在实际中，很难产生白噪声小幅干扰源。因此，经常使用伪随机二进制序列来代替。

混响是数字音频中的一个常用方法，这种方法是在信号上叠加一个小幅噪声信号，其目的就是使得量化后的信号与量化噪声之间不相关，从而提高音质。

将小幅干扰噪声叠加到信号上实际上减小了 SNR，也就是说，在原信号中增加了更多的噪声，如图 1.29 所示。通过破坏不同信号分量与量化误差之间的相关性就可以改善重构后的音频信号。如果没有添加小幅干扰，那么将以谐波或音调失真的形式出现量化噪声。

16 位 ADC 可表示的幅值个数为 32767，而前面例子中的正弦波幅值只有 2V。方波特征导致重构信号中出现了奇数谐波，这种谐波位于下面的频率点：

（1）1320（3×440）Hz。

（2）2200（5×440）Hz。

（3）400Hz 的奇次分量。

当播放低分辨率的正弦波时，可以清楚地听到量化噪声导致的谐波或者音调失真，这对于人类的耳朵而言是不舒服的。当加入小幅干扰时，量化噪声的电平仍然非常高，然而量化噪声和信号之间的相关性被打破了，且背景噪声是一个白噪声。比起音调噪声，白噪声还是可以接受的。

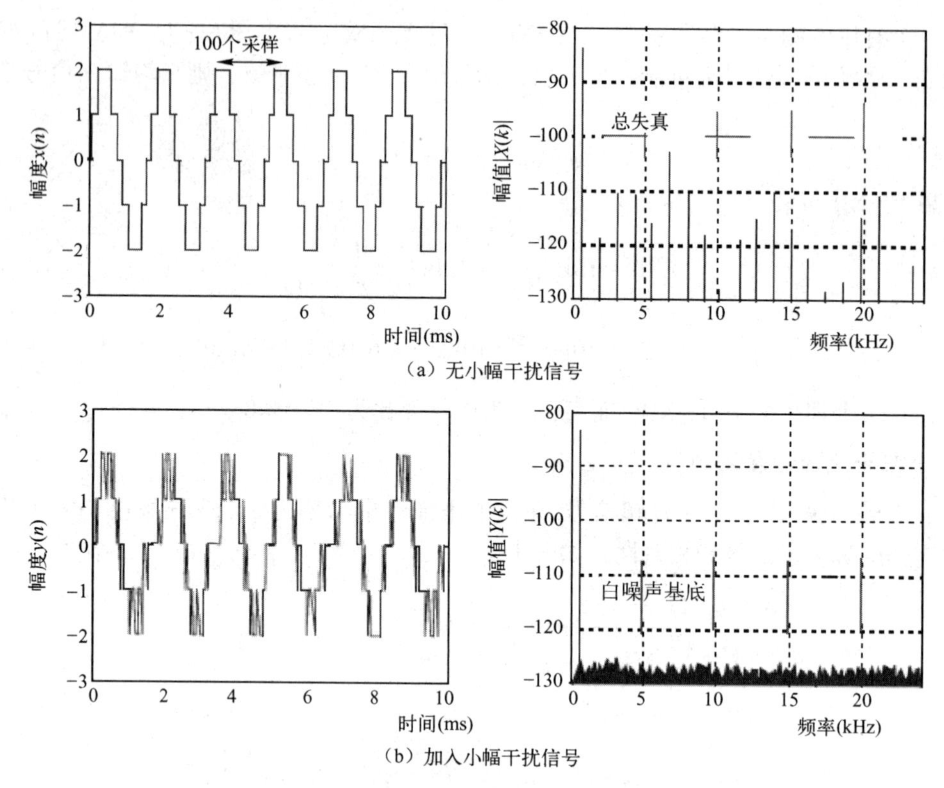

（a）无小幅干扰信号

（b）加入小幅干扰信号

图 1.29 比较加入小幅干扰的信号效果

1.6.4 数模转换器（DAC）及信号重建

本节将介绍数模转换器（DAC）的原理以及信号的重建方法。

1. 数模转换器（DAC）的原理

DAC 是一种能够按照其特定的输入输出特性，将二进制数据转换成所对应模拟电压的半导体器件。一个 8 位 DAC 转换的原理如图 1.30 所示。

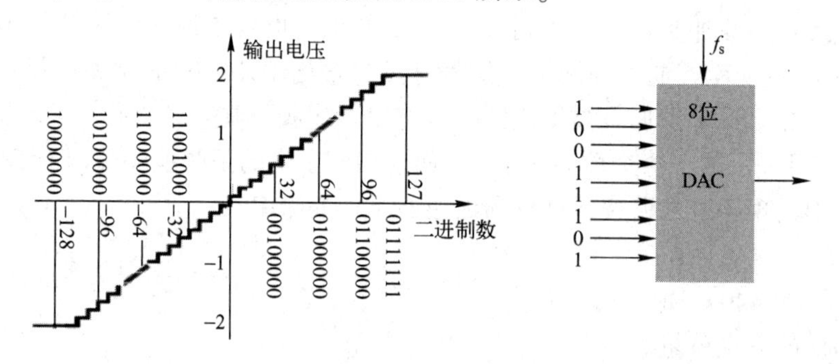

图 1.30 8 位 DAC 转换的原理

通常 DAC 的类型主要包括：

（1）乘法 DAC，即精确调整的电阻器通过求和放大器产生输出电压。

（2）Σ-ΔDAC，单比特过采样数据。

2. 模拟信号的重建

在对信号数字化处理完之后，正确地使用 DAC 就能够得到重构后的模拟信号，如图 1.31 所示。DAC 输出的信号带有一些小的台阶，这是由零阶保持特性引起的一种现象，可以通过一个重构滤波器或者一阶保持电路来消除它。

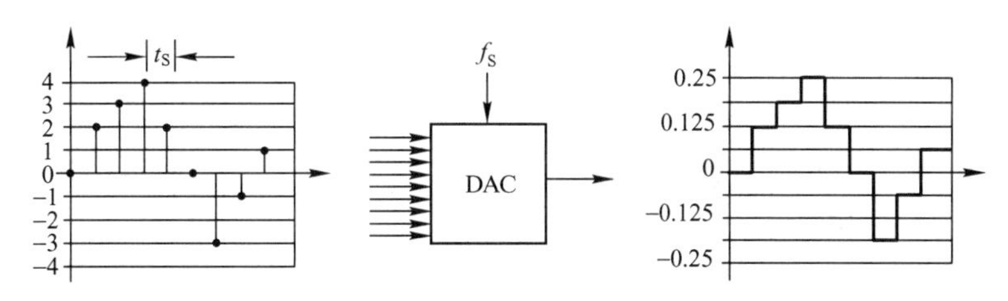

图 1.31　使用 DAC 重构信号

本质上，零阶保持电路是一个电容单元。在一个采样周期内，输入电压几乎为常数。因此，这是一个简单的低成本电路。

1）一阶保持电路

可以在 DAC 中使用一阶保持电路，将介于两个离散采样值之间的电压近似为一条直线。很明显，一阶保持电路使得重构的模拟信号更为精确。然而，实现执行插值目标的电路并不是必需的。

实际上，一阶保持电路的电压重构产生了一个信号。在均方误差的意义下，这个信号与原始信号很接近。然而，设计一个能够在任意两个输入电压之间产生一个线性增加电压的电路并不是一件简单的事情。因此，设计者更倾向于零阶保持电路。零阶保持电路的问题可以使用重构和一个 $\sin x/x$ 补偿滤波器加以修正。

2）模拟重构滤波器

模拟重构滤波器在 DAC 的输出信号中去除了基带信号中的高频分量，这个高频分量是以离散量化电平间的步长形式存在的，如图 1.32 所示。在时域上，真正的矩形滤波器的脉冲响应实际上是一个 sinc 函数，用下式表示：

$$\frac{\sin(\pi t/t_S)}{\pi t/t_S}$$

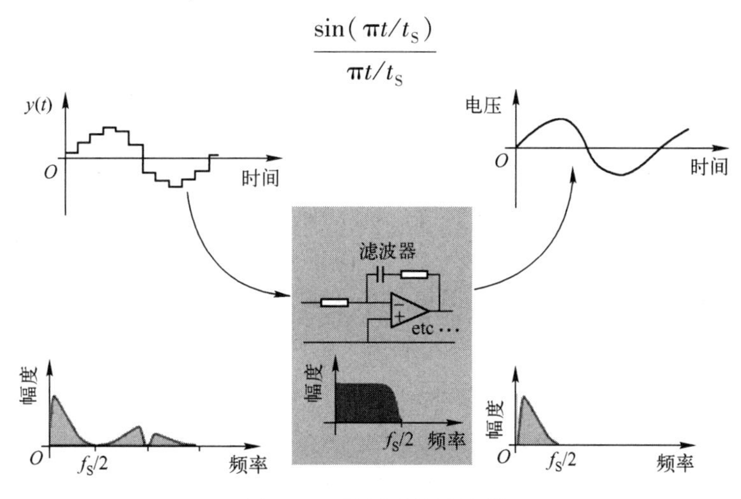

图 1.32　模拟重构滤波器

sinc 函数的时域和频域特性开始于 $t=-\infty$、结束于 $t=+\infty$，因此存在 sinc 插值的过程，如图 1.33 所示。

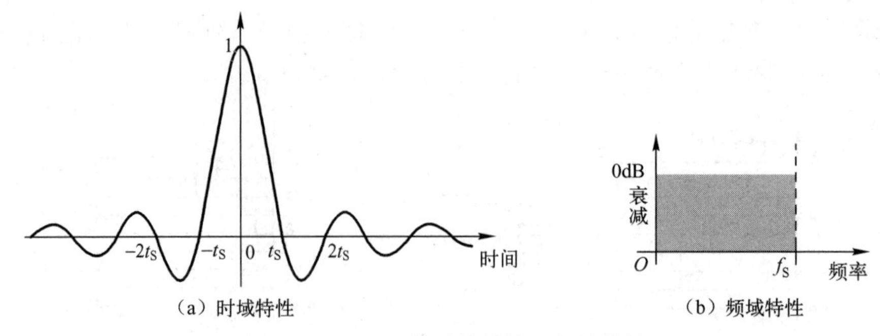

图 1.33　sinc 函数时域特性和频域特性

3）零阶保持滤波器

可以将零阶保持操作认为是一个简单的重构频率滤波操作，如图 1.34 所示。零阶保持器（Zero-Order Hold，ZOH）的频谱特性如图 1.35 所示。

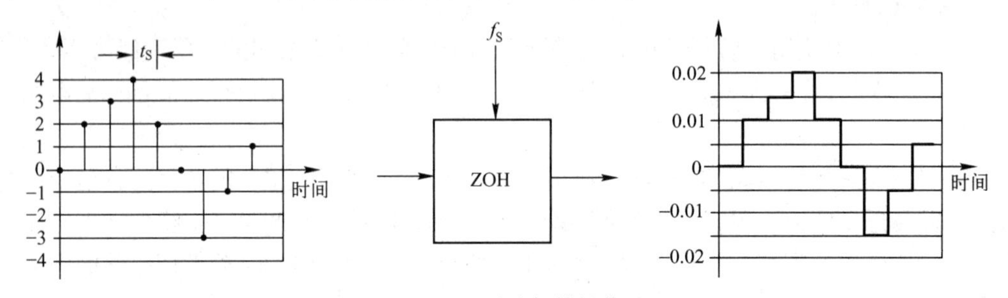

图 1.34　零阶保持操作

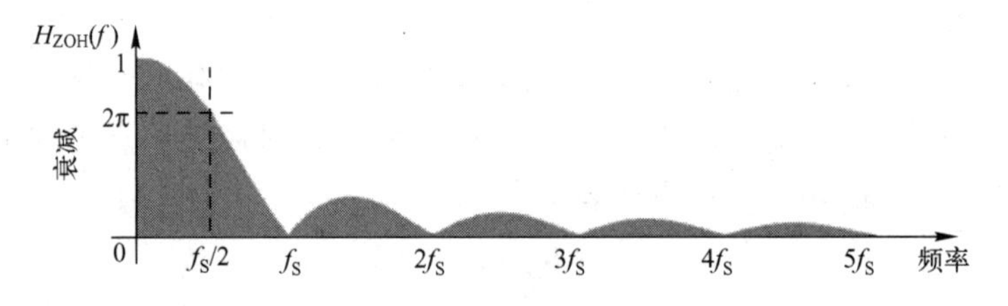

图 1.35　零阶保持器的频谱特性

步长重构导致了在 $f_S/2$ 处的衰减。零阶保持器的时域表示如图 1.36 所示。ZOH 电路的频率响应可以通过图 1.36 中的冲激响应来计算。通过傅里叶变换就可以得到频率响应，该响应特性表示为

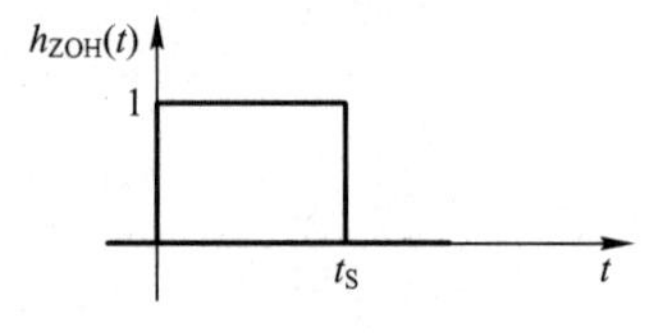

图 1.36　零阶保持器的时域表示

$$H_{ZOH}(f)=\int_0^{t_S}1\cdot e^{-j2\pi ft}dt=\frac{1}{j2\pi ft_S}[1-e^{-j2\pi ft_S}]$$

$$=\left[\frac{e^{j\pi ft_S}-e^{-j\pi ft_S}}{2j(\pi ft_S)}\right]e^{-j\pi ft_S}=\frac{\sin\pi ft_S}{\pi ft_S}e^{-j\pi ft_S}$$

因此，对于理想的重构滤波器而言，应该通过下面的因子对 $f_S/2$ 频率处的 $\sin x/x$ 衰减进行补偿：

$$2/\pi = 0.637 = 20\lg 0.637 = -3.92\text{dB}$$

所以，理想的重构（同样需要理想的线性相位）的幅频响应为在 $f_S/2$ 频率处得到了 1/0.637=1.569 增益补偿的滤波器；而高于此值的所有频率分量都将被衰减。实际上，这种模拟滤波器是无法实现的，只能尽可能地接近理想的矩形滤波器。

为了补偿衰减，可以在 DAC 之前引入一个数字滤波器，用于放大信号，它具有相反的衰减特性。在现代 DSP 系统中，通常使用过采样以降低模拟实现的难度。

1.6.5 SFDR 的定义和测量

无杂散动态范围（Spurious Free Dynamic Range，SFDR）用于对系统失真进行量化分析，它表示基本频率与杂波信号最大值的数量差。通常情况下，杂波产生于各谐波中，它用来表示器件输入和输出之间的非线性特性，偶次谐波中的杂波表示传递函数非对称失真。对于一个给定的输入信号而言，应该产生一个给定的对应输出。但是，由于系统非线性，实际输出并不等于预期值。当系统接收到大小相等、极性相反的信号时，得到的两个输出并不相等，这样的非线性就是非对称的。奇次谐波中的杂波表示系统传递函数的对称非线性，即给定的输入产生的输出失真对正负输入信号在数量上都是相等的。

在频域中，SFDR 是衡量线性特性的有效方法。如果将单音正弦信号输入系统中，则 SFDR 用于确定在一定的频率范围内的信号与第二大频率成分的功率差，如图 1.37 所示。在大多数的通信应用中，输入的信号是多音信号，由幅度、相位和频率不同的多个信号组成。

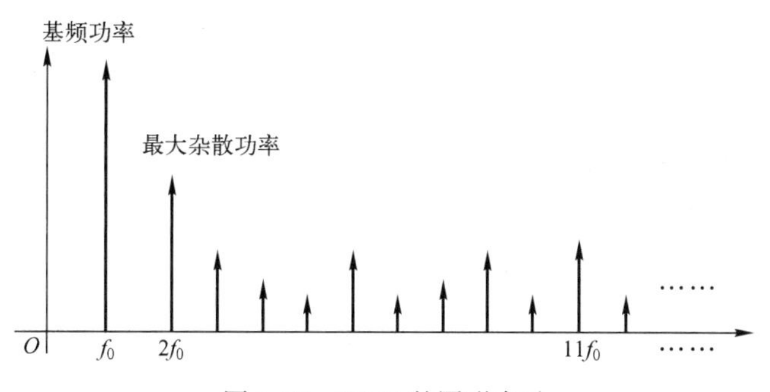

图 1.37　SFDR 的图形表示

测量 SFDR 时将引起一些混淆，更好的方法是通过多音功率比（Multi-tone Power Ratio，MTPR）进行测量，MTPR 定义为单音载波与失真的功率比。在多个频率处施加一定数量的、等幅但相位不同的信号，然后在某点测量该点的输出和该点失真的功率。

> **注**：有几个参数影响 MTPR，如单音幅度、挑选的单音频率和单音数量。在不同的情况下，得出的 MTPR 也不同。

1.7 通信信号软件处理方法

本节将介绍通信信号软件处理方法，内容包括软件无线电的定义、中频软件无线电实现、信道化处理、基站软件无线电接收机和软件无线电采样技术。

1.7.1　软件无线电的定义

近些年来，随着数字信号处理器和现场可编程门阵列器件性能的不断提高，移动通信系统越来越多地使用这些器件来增加系统的灵和活性和改善性能。软件无线电（Software Radio，SR）的关键技术包括：

（1）宽频段 DAC 和 ADC 转换器的使用，将数字化处理（数字/模拟转换和模拟/数字转换）部分尽量靠近天线。

（2）将尽可能多的功能定义到软件中（或者使用可编程硬件），用于代替传统的模拟电子元器件。

（3）在软件中实现中频（IF）、基带和比特流处理功能。

（4）在规范型的 SR 或者架构灵活的无线电中，硬件是简单的由软件定义的功能。

在移动设备和基站中，软件无线电技术都需要 1000MIPS 的运算性能。到目前为止，还没有实现真正意义下的软件无线电系统。而目前所采用的主要的策略是用数字信号处理代替模拟信号处理，以实现数字无线电的前端。在 SR 中，数字处理单元可以替换的两个最重要的模拟单元就是下变频（混频）器和信道滤波器。

SR 最主要的优点就是可编程性，通过从通信基站上下载合适的软件就可以使移动手机既可以工作于 GSM 也可以工作于 CDMA 模式。而在几年前，需要使用不同的模拟硬件来实现两种标准和天线接口。

显然现在的大多数手机都是数字化的，可是很多数字组件都是工作在基带，以实现如回声对消、语音编码和均衡等功能。因此，数字手机或者数字无线电都与 SR 不同。

1.7.2　中频软件无线电实现

IF 软件无线电的结构如图 1.38 所示。到目前为止，SR 只是将部分波段进行数字化实现，并不是将射频的全波段数字化，取而代之的是，将射频（RF）变频至 IF，并且在 IF 上使用数字化的 SR 处理方式来折中实现。

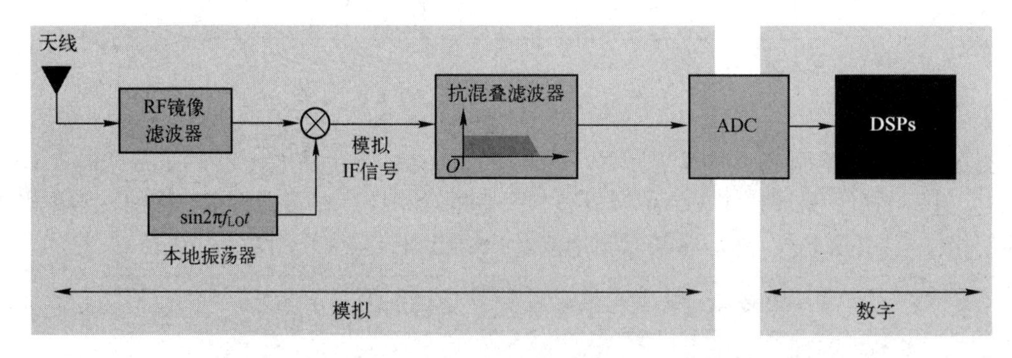

图 1.38　IF 软件无线电的结构

到目前为止，ADC 与 DAC 仍不能在保证低硬件开销的情况下实现对射频信号的采样。所以，目前大多是对 IF 采样而不是对 RF 采样。

使用传统的模拟混频技术产生 IF 信号，RF 镜像滤波器用来去除解调和/或下变频频段附近的镜像频率。将频率 f_{LO} 与 f_{GSM} 频段混频到 f_{IF}，即

$$f_{IF}=f_{LO}-f_{GSM}$$

同时，镜像频率 $f_{image}=f_{LO}+f_{GSM}$ 也会向下混频到 f_{IF}。

为了简化硬件设计和降低成本，希望以固定速率采样模拟信号。但是，沿通信信号处理链进一步向下，数字信号处理的各个处理过程、与符号速率相关的问题，以及芯片速率等都要求采用不同的采样率。因此，在 SR 系统中，可变频率采样也是一个非常重要的问题，通过自适应数字信号处理可以实现这种可变频率的采样策略。

1.7.3　信道化处理

信道化处理是选择所需信息传输通道的过程。信道化包括了所有产生基带信号的必要过程，如下变频、带通滤波和解扩频等。对于一个移动终端而言，要求只选择一个用户，而一个基站要求选择和解码多个用户的信息。

考虑一个能数字化 5MHz 带宽的数字前端，如图 1.39 所示。这将由 25 个 200kHz 的 GSM 信道，或者单个 5MHz 的 UMTS 信道组成。在每一个 200kHz 的 GSM 信道中，一个以上的用户将被基带处理过程选择。

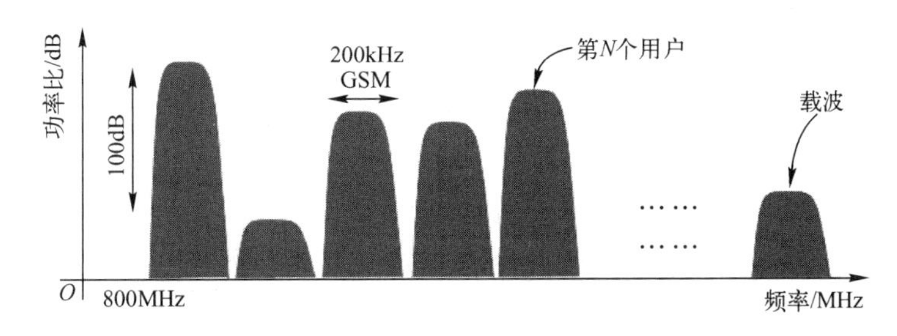

图 1.39　信道化处理

以 GSM 为例，按照上面的说明，不同的信道具有 100dB 甚至更大的动态范围。一个移动终端只要求抽取一个信道，因此一个 200kHz 带宽的数字前端就足够。另一方面，基站要求抽取所有的信道，因此需要 5MHz 的带宽，以及一组数字滤波器对每个 200kHz 的信道进行带通滤波，显然这要求快速的数字滤波器。对于多信道的情况，可能需要使用有效的滤波器组实现，如多相滤波器。

1.7.4　基站软件无线电接收机

基站软件无线电接收机的原理如图 1.40 所示。在基站 SR 接收机中，抽取多信道的过程是一个基本的要求。由于信道存在某些共性，因此就可以有效地建立数字信号处理过程，如通过多相子带滤波器就可以高效地实现滤波器组。

最后的阶段是提取（I 路和 Q 路）数据信号，并根据所使用的天线接口，执行各种 DSP 函数来完成对语音解码、解交叉和解扩等。显然，这个系统中的通道化是在数字域实现的。如果需要的话，可以进行重新配置。

ADC 是一个具有特定性能要求的宽带器件，阻塞信号和期望信号的频率分配如图 1.41 所示。GSM 标准对 ADC 的性能要求为：如果一个阻塞信号的功率为 P_b，一个期望信号的功率为 P_d，前者比后者高 85dB，当阻塞信号与期望信号在频带上的间隔为 0.8～1.6MHz 时，接收机应该有能力忽略这个阻塞信号，期望信号的带宽为 B_W。

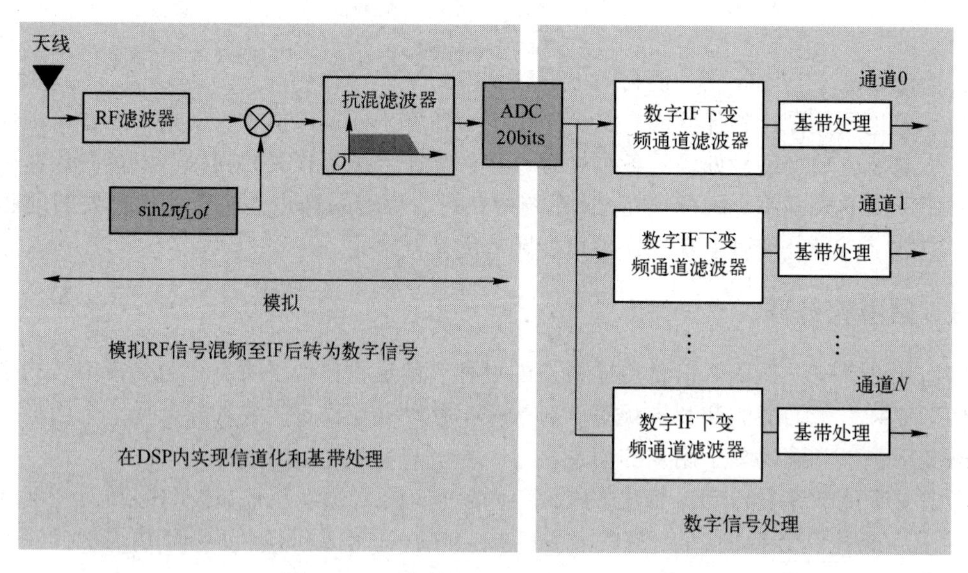

图 1.40　基带软件无线电接收机的原理

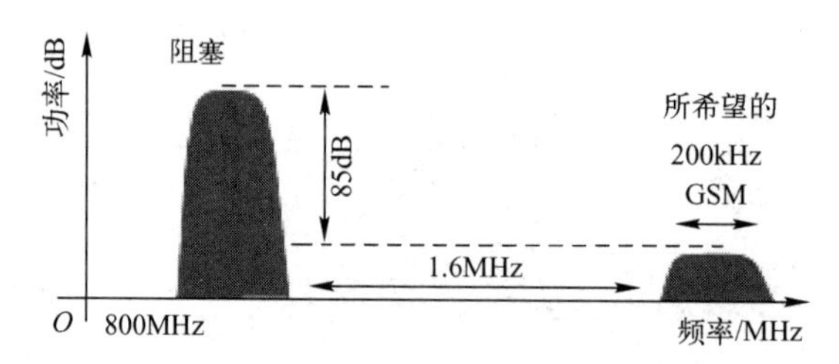

图 1.41　阻塞信号和期望信号的频率分配

变换器的满量程必须能够无删剪地转化高能量的信道。因此选择满量程的范围为

$$V_{\max}=4\sqrt{P_{\mathrm{B}}}$$

在这里假定信号是高斯信号，并且这种选择意味着它将剪掉5%的时间。ADC 的位数是 b，因此步长 $q=V_{\max}/2^{b-1}$。

期望带宽内量化噪声的功率为

$$Q_{\mathrm{N}}=\left(\frac{q^2}{12}\right)\left(\frac{B_{\mathrm{W}}}{f_{\mathrm{S}}/2}\right)=\left(\frac{(V_{\max}/2^{b-1})^2}{12}\right)\left(\frac{B_{\mathrm{W}}}{f_{\mathrm{S}}/2}\right)$$

选择 $V_{\max}=4\sqrt{P_{\mathrm{B}}}$，那么 $Q_{\mathrm{N}}=(32P_{\mathrm{B}}B_{\mathrm{W}})/(3f_{\mathrm{S}}2^{2b})$。代入下列参数，通道间隔 1.6MHz，采样频率 f_{S}为 6.4MHz，所要求的最小信道信噪比 20dB，因此可以知道需要 17 位分辨率的 ADC。一旦加入了非线性的影响和抖动等，所要求的分辨率更需要 19～20 位。目前流行的 ADC 是 15 位、$f_{\mathrm{S}}=10$MHz，或者 12 位、$f_{\mathrm{S}}=100$MHz。

1.7.5　SR 采样技术

基带采样定理要求 $f_{\mathrm{S}}>2f_{\max}$，$f_{\max}$为信号中最大的频率分量。下面给出几种采样方式下采样频率和信号频率的关系。

1. 过采样

$f_{\mathrm{ovs}}=Rf_{\mathrm{S}}$，即以 f_{S}的若干倍脉冲对信号采样，通过以数字方式执行部分抗混叠功能来降低模拟抗混叠的成本。

2. 正交采样

将信号分为两个信号，一个为同相位，另一个为正交相位，即 90°相移。然后使用两个采样器，它们工作在较低的采样频率 $f_S/2$ 上。此时，使用了两倍的硬件，但是采样速度减半。

3. 带通采样

满足 $f_S>2f_b$ 的要求，其中 $f_b=f_{high}-f_{low}$，且满足 $f_{max}=f_{high}$。

以低于 f_{max} 的速率采样，仍然允许精确的信号重构，这样的信号是带限信号，也就是说，信号的镜像允许向下混叠到基带上。通常，奈奎斯特定理适用于采样任何信号，与采样一个音频信号的方式完全相同。

因此，在 2000MHz 的载频信号上采样一个 5MHz 带宽的信号，如果采用基带策略，即 $f_S \geqslant 2f_{max}$，则要求 ADC 以高于 4000MHz 的速率采样。

> **注：** 带通采样定理，假定 5MHz 带宽落在 $N\times$5MHz 和 $(N+1)\times$5MHz 的范围内，就可以使用低到 10MHz 的采样频率；如果不是这样，则可以使用稍微高一点的采样频率。然而，为了避免使用昂贵的模拟 RF 滤波器，可能需要使用一些过采样技术，把采样频率提高到 2~8 倍之间。已经存在许多接近移动通信 RF 采样的实现方法。例如，以 MHz 频率和 14 位的分辨率进行采样。然而，这些系统非常昂贵，普遍使用多路复用技来达到这样高的采样频率。

1.7.6　直接数字下变频

考虑采样一个 60~70kHz 之间的带限信号，其采样频率为 $f_S=20$kHz，如图 1.42 所示。如果该信号具有合适的带限特性，则输出信号将在基带频率上混叠出相同的形状。

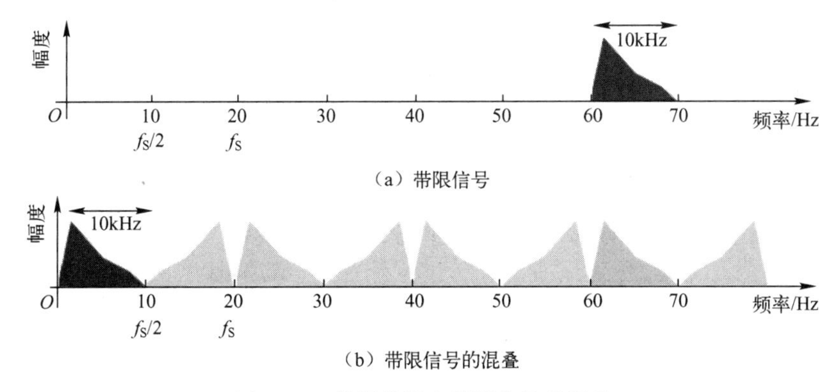

图 1.42　带限信号和带限信号的混叠

下变频到基带是通过选择复制基带混叠实现的。对于成功的带通滤波，很明显需要 $f_{low}\sim f_{high}$ 的频段落入下面的范围内：

$$k\left(\frac{f_S}{2}\right)\sim(k+1)\left(\frac{f_S}{2}\right)$$

此处 k 为一个整数，并且不跨过两个 $f_S/2$ 的混叠带，如图 1.43（a）的 10kHz 带宽信号。以 $f_S=20$kHz 采样上述信号，得到如图 1.43（b）所示的输出。

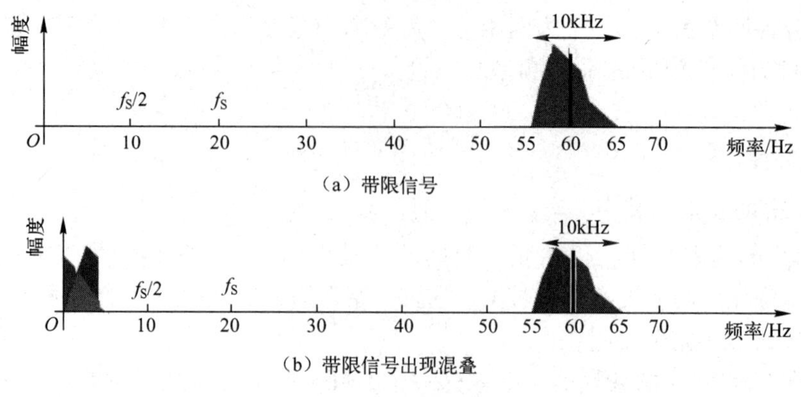

图 1.43　带限信号及其混叠

这次，60kHz 以下与以上的频率分量混叠到基带中相同的频率上，因此带通采样失败。

1.7.7　带通采样失败的解决

现在考虑采样一个介于 55～65kHz 之间的带限信号，以 $f_S=20$kHz 采样。如果这个信号具有合适的带限特性，那么输出信号将混叠，但是 55～60kHz 和 60～65kHz 的频谱都会出现在 0～5kHz 的范围内。

对于成功的带通滤波，如图 1.44 所示，很明显需要将 f_{low}～f_{high} 之间的频段落入下面的范围内：

$$k\left(\frac{f_S}{2}\right)\sim(k+1)\left(\frac{f_S}{2}\right)$$

此处 k 为一个整数，并且不跨越两个 $f_S/2$ 的混叠带。

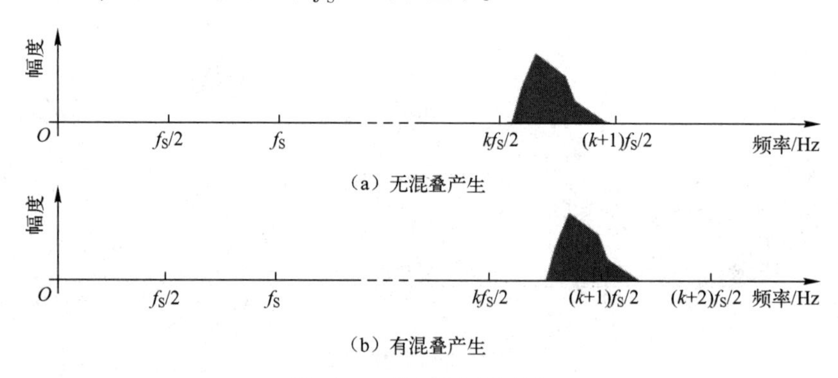

图 1.44　信号及混叠现象

下面给出带通采样频率的计算公式。为了确保带通采样将全部带通频率保留为基带上的特定频率，需要：

$$\frac{2f_{high}}{k}\leqslant f_S\leqslant\frac{2f_{low}}{k-1}$$

此处 k 为一个整数，且满足：

$$2 \leqslant k \leqslant \frac{f_{\text{high}}}{f_{\text{high}}-f_{\text{low}}},\quad \text{并且}(f_{\text{high}}-f_{\text{low}}) \leqslant f_{\text{low}}$$

带通采样可以用来将一个射频 RF 或中频 IF 的通带信号转换成基带信号，如图 1.45 所示，即

$$\frac{2\times 65}{k} \leqslant f_S \leqslant \frac{2\times 55}{k-1}$$

$$2 \leqslant k \leqslant \frac{65}{10} \Rightarrow 2 \leqslant k \leqslant 6.5$$

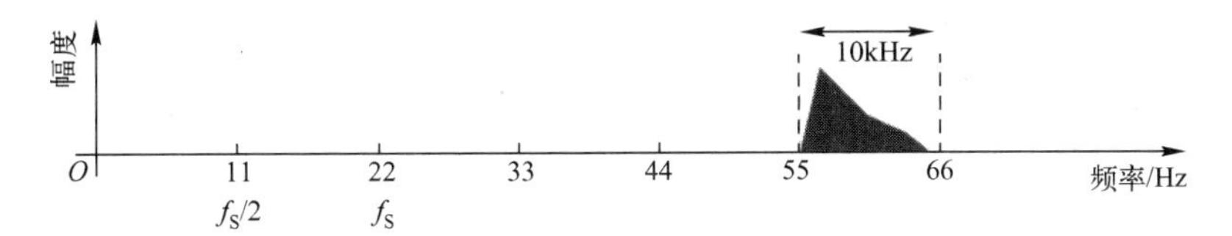

图 1.45　带限信号

如果选择最大的 k 以得到最低的采样频率值，即 $k=6$，则 f_S 的取值范围为 $21.67 \leqslant f_S \leqslant 22$，在此选择 $f_S=22$kHz，得到带限信号的频谱如图 1.46 所示。因此，采样率略微高于 $2f_b$。通常情况下，为了简化模拟带通滤波器，采样频率可以是 3 倍或者更高。

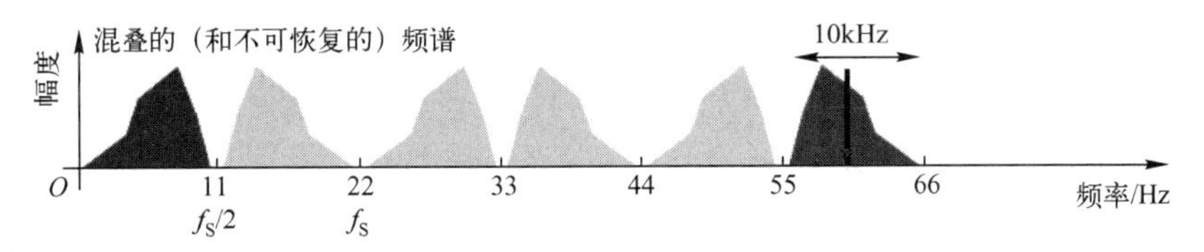

图 1.46　带限信号频谱

第 2 章　数字信号处理实现方法

数字信号处理（Digital Signal Processing，DSP）技术广泛地应用于通信与信息系统、信号与信息处理、自动控制、雷达、军事、航空航天、医疗、家用电器等许多领域。DSP 技术可以实现对所采集信号的量化、变换、滤波、估值、增强、压缩、识别等处理，以得到符合需要的信号形式。

本章将在介绍数字信号处理概念的基础上，对数字信号处理器（Digital Signal Processor，DSP）和现场可编程门阵列（Field Programmable Gate Array，FPGA）用于实现数字信号处理的原理和方法进行详细介绍，并对其进行比较。此外，还对 FPGA 执行数字信号处理的一些关键问题进行讨论。

通过比较，说明 FPGA 在数字信号处理，尤其在高性能复杂数字信号处理方面的巨大优势。

2.1　数字信号处理技术概念

本节将介绍数字信号处理技术的发展、数字信号处理算法的分类和数字信号处理实现方法。

2.1.1　数字信号处理技术的发展

20 世纪 80 年代，首次出现了专门用于数字信号处理的数字信号处理器（DSP）。随着半导体工艺的不断发展，DSP 的性能也不断提高，但价格不断降低。DSP 以其高可靠性、良好的可重复性以及可编程性（注：此处是指使用高级语言，如 C 语言，对 DSP 编程）已经在消费市场和工业市场中得到广泛使用。DSP 发展的趋势是结构多样化、集成单片化以及用户化。此外，其开发工具的功能更加完善，评价体系也更全面、更专业。

近些年来，随着 FPGA 制造工艺的不断发展，它已经从传统的数字逻辑设计领域扩展到数字信号处理和嵌入式系统应用领域。这就使得数字信号处理技术向着多元化实现的方向发展。

> **注：**（1）图像处理单元（Graphic Processing Unit，GPU）也被用于实现数字信号处理，但它不在本书所涉及的范围内。众所周知，在目前情况下，与 FPGA 相比，GPU 存在着功耗大、设计成本高以及设计实现较复杂等缺点。
>
> （2）术语“DSP”既表示数字信号处理（技术），又表示数字信号处理器。

数字信号处理技术主要应用于以下几个方面。

1. 数字音频

在 20 世纪 80 年代，DSP 系统（如 CD 音频）对数字信号的处理能力要求并不高。数字信号处理主要用于实现从 CD 读取数据，然后通过 DAC 输出。目前，CD 音频系统已经与音效系统、录制功用等结合在一起，但是对数字信号的处理能力要求仍然很低。

2. 调制解调器

20 世纪 90 年代，传真调制解调器开始被广泛应用；从 1990 年到 2000 年，调制解调器的数字传输速度从 2400b/s 提高到 57200b/s。在调制解调器中，使用了最小均方误差（Least Mean Square，LMS）的 DSP 算法。通过该算法，使消除回声和数据均衡成为可能，在带宽受限的电话信道内使用多种信号传输方法，并通过使用 DSP 来修正有可能在通道内出现的任何失真，这样数据传输速度就可以接近理论传输值。

3. 数字用户回路

在 20 世纪 90 年代的最后几年里，数字用户回路（Digital Subscriber Loop，DSL）技术的使用，使得通过传统的电话线就可以把上兆比特每秒的数据率带入千家万户。概括地说，DSL 使用 DSP 技术和双绞线的高频特性。在提出高速数据通信的要求之前，大多数电话线的带宽被限制在 300～3400Hz 的范围内，从而限制了数据通信——这就是语音带宽调制解调器在基于现有几千赫电信带宽的基础上，有一个可计算的带宽限制原因。将 DSL 设备引入电话交换系统将铜导线结构带入了一个新的发展阶段。

4. 移动多媒体应用

移动多媒体应用允许客户通过电话会议进行交流（音频和视频），用一个手持的通信器传输文件（电子邮件/传真）。音频/视频的编码/压缩算法以及 DSP 通信能力，则要求非常高水平的处理能力。第三代移动通信（3G）允许为手持无线设备（笔记本电脑和移动通信设备）提供高达 2Mbps 的数据传输速率。为了实现这种高速率，传输到基站数据和从基站得到的数据所要求的芯片速率为 5Mbps。为了实现这种高速率的数据传输，使用一个叫作码分多址（Code Division Multiple Access，CDMA）的调制方案。对脉冲形成、信道均衡、回声控制和语音压缩等采用 DSP 策略，将要求采用高性能的 DSP 芯片，其性能需要达到每秒百万级的指令运算速度。

5. 软件无线电的应用

理想的软件无线电（Software Radio，SR）接收机通过 DSP 直接从 RF 向下变频（典型值为吉赫级），如图 2.1 所示，并且最初的实现将工作在 IF 频率，即从吉赫级混降到兆赫级。

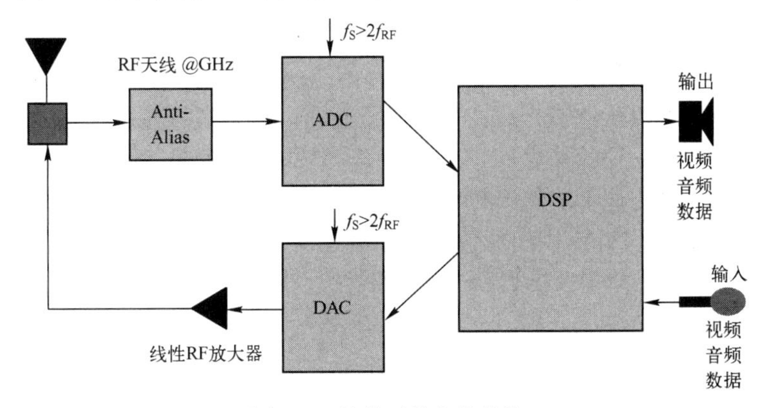

图 2.1　软件无线电的结构

对于接收到的信号，在宽带 ADC 采样之后完成所有的下变频/解调（称为零中频/零拍接收机）。与第二代移动通信一样，所有的基带处理过程（回声对消、语音编码、均衡、解扩、信道编码）均在 DSP 芯片内完成。

对于第二代移动通信技术而言，一个理想的 SR 可以工作在 800～900MHz 的频谱范围内，并且可以通过简单修改 DSP 内的软件代码来适应 AMP、GSM、DAMP、CT2 等。

下一代通用移动通信系统（Universal Mobile Telecommunications System，UMTS）遵循相互协作的国际标准，将成为 SR 方案的受益者。目前，多频带无线电（特别在美国）已经覆盖 900MHz 的全球移动通信系统（Global System for Mobile communication，GSM）和 1300MHz 的数字增强无绳通信系统（Digital Enhanced Cordless Telecommunications，DECT），只不过它是用分立元件实现的，而不是用 SR 结构。

对于下一代 5MHz 带宽的 CDMA 而言，如果 ADC 使用 4 倍的带宽采样，则要求高于 20MS/s（S/s：样值每秒）的采样频率和频宽范围高达 2GHz 的模拟前端，并要求至少 18 比特的分辨率。目前，满足这种要求的器件并不存在。DAC 将要求输出 20MS/s 的采样值，其数据宽度达到 18 比特，并且将其输入到一个线性射频放大器中。

SR（包括算法工具箱）的观点是：对于手机或移动终端保存的每个标准，都有相应的软件支持。或者有一个包含不同算法的工具箱（QPSK、均衡器等），根据所使用的实际标准（GSM、W-CDMA 等），通过选择正确的参数来调用这些算法。

还有空中下载的概念，通过移动终端可以将所需的软件下载到移动终端的通用硬件平台上。然而，这仍然需要进一步研究和完善。

2.1.2 数字信号处理算法的分类

数字信号处理算法主要包含以下几个方面。

1. 线性滤波

线性滤波主要用于从信号中去除高频背景噪声。该技术可用于任意一个应用，前提条件是两个信号可以通过它们所占用的频带加以区分。

2. 信号变换

信号变换用于信号分析和信号检测等。通过将一个信号从一个域变换到另一个域，读者可以更加方便地观察和分析这个信号。例如，变换到 s 域（拉普拉斯域）可以允许更直接的数学操作，而变换到频域则可以更容易观察不同频率的信号分量。

3. 非线性信号增强/滤波

通过中值滤波可去除脉冲噪声。在 2D 图像处理中，非线性滤波有着非常重要的应用。音频非线性滤波器用于处理脉冲噪声，因为该信号被一个脉冲干扰。由于脉冲信号基本上包含了所有的频率分量，因此不能使用频率或相位识别滤波器；但可以使用一个中值滤波器，把 N 个最近的采样排序，并将中间值选择出来。这样，如果 N 个样本的持续时间比冲激噪声的时间长一些，那么幅度非常大的脉冲就可能被过滤掉。

4. 信号分析/解释/分类

信号分析/解释/分类用于心电图、语音识别和图像识别等。将一个已知的图案与输入信号进行比较，从而识别输入信号，并输出某些参数化的信息。

5. 压缩/编码

压缩/编码用于高保真音频、移动通信、视频会议和 ECG 信号压缩等。压缩是目前音频和电信业务中的一个重要领域。在高保真音频市场，CD-ROM 已经被通过因特网购买的压缩格式的音乐产品（如 MP3）所取代。对于电信应用而言，将语音进行编码后占用尽可能少的带宽，同时又保持了原有的信号质量。对于每一个新型移动设备，更强的 DSP 处理能力在允许位速率减小的同时，仍然保持了很好的信号质量。例如，减小信号的带宽和存储需求。

6. 记录/复原（如 CD、CD-R、硬盘记录等）

该过程和压缩过程相反，其目的是提取并恢复原始的信息。

2.1.3 数字信号处理实现方法

对平台的选择取决于下面的因素：①所要实现的功能；②处理性能的要求（速度、精度等）；③可重复编程的能力；④生产成本；⑤可用的设计资源；⑥所需的设计时间等。

有许多因素决定了用于指定用途的平台种类。通常，在同一个系统设计中同时使用不同的平台，如 DSP+FPGA 的结构就是目前系统设计中经常使用的方法。每个平台实现不同的功能。设计人员需要决定在不同的平台之间如何划分功能。当需要选择一个实现平台时，一个主要的考虑因素是要实现哪一个功能，或者在速度、精度、功耗和实现成本等方面，哪一个平台更能满足设计要求。

目前，用于实现数字信号处理的方法有如下几种。

1. 专用集成电路（Application Specific Circuit，ASIC）

ASIC 为全定制数字（或者模数混合型）硬件，其优点主要有：①使用 ASIC 实现起来更加迅速、有效；②对于大批量生产，ASIC 的成本相对较低。但 ASIC 也有下面的缺点：①ASIC 流片时间长；②ASIC 设计过程复杂且昂贵；③由于不具备可重复编程的能力，ASIC 没有灵活性。

2. 现场可编程门阵列（Field Programmable Gate Array，FPGA）

FPGA 内提供了大量的可编程的逻辑资源、布线资源和 I/O 模块。近来，为了将 FPGA 应用于数字信号处理领域，在 FPGA 内也集成了大量专用的 DSP 切片（在 Xilinx FPGA 内称为 DSP48x）。

3. 数字信号处理器（Digital Signal Processor，DSP）

DSP 芯片是专门用于数字信号处理的处理器芯片，典型的有 TI 公司和 ADI 公司的 DSP 芯片，两者在性能、功耗和成本等方面各有千秋。

下面以一个长度为 N 的数字 FIR 滤波器的实现为例，说明不同实现方法所能达到的处理性能。

（1）使用 DSP。通过优化设计执行乘-累加（MAC）操作，N 个 MAC 操作中的每一个操作均需要按顺序执行，因此可达到的最高执行速度大约为 f_{clock}/N，其中 f_{clock} 为 DSP 的最高时钟频率（假定可以在单处理器周期内执行 1 个 MAC 操作）。

（2）使用 ASIC 或 FPGA，可以全并行地实现滤波器操作，其优势就是可以同时执行 N 个 MAC 操作。对于同样的 f_{clock}，滤波器的实现速度可以快 N 倍。

（3）大多数 DSP 提供了 32 位精度的累加器来存储 MAC 操作的结果。而对于 ASIC 与 FPGA 而言，它们理论上可以实现任意精度的操作，普通滤波器的数据宽度一般要求在 10~

16 比特的范围内，显然要达到更高的精度则需要消耗更多的逻辑资源。

（4）如果所实现的系统要求具备可重复编程的能力时（注：这里是指软件可重复编程和硬件可重复编程），就不能选择 ASIC。当设计人员希望所设计的系统能够符合最新的标准，或者只是简单地更新设计时，可以通过修改运行在 DSP 上的程序和修改 FPGA 芯片的内部实现结构来实现这个目的。

2.2　基于 DSP 的数字信号处理实现方法

传统上，ADI 和 TI 公司的 DSP 被业界广泛使用。其中 TI 公司的 DSP 分为 C2000、C5000 和 C6000 三个系列。对于 TI 公司的 C6000 而言，分为定点和浮点两种类型。一般，TMS320C64x 和 TMS320C62x 属于定点 DSP；TMS320C67x 属于浮点 DSP；TMS320C66x 同时包含定点和浮点处理单元，属于多核 DSP。

2.2.1　DSP 的结构和流水线

本节将以 TI 公司的 TMS320C64x 系列 DSP 为例，介绍 DSP 的架构和流水线。

1. DSP 的结构和单元

TI 公司的 TMS320C64x DSP 的内部结构如图 2.2 所示。尽管 DSP 的结构是固定的，但它是一个软件可编程（可以使用 C 语言对其编程）的结构，能够按顺序执行程序中的各种指令，但不允许并行实现。DSP 通常由下面的单元组成。

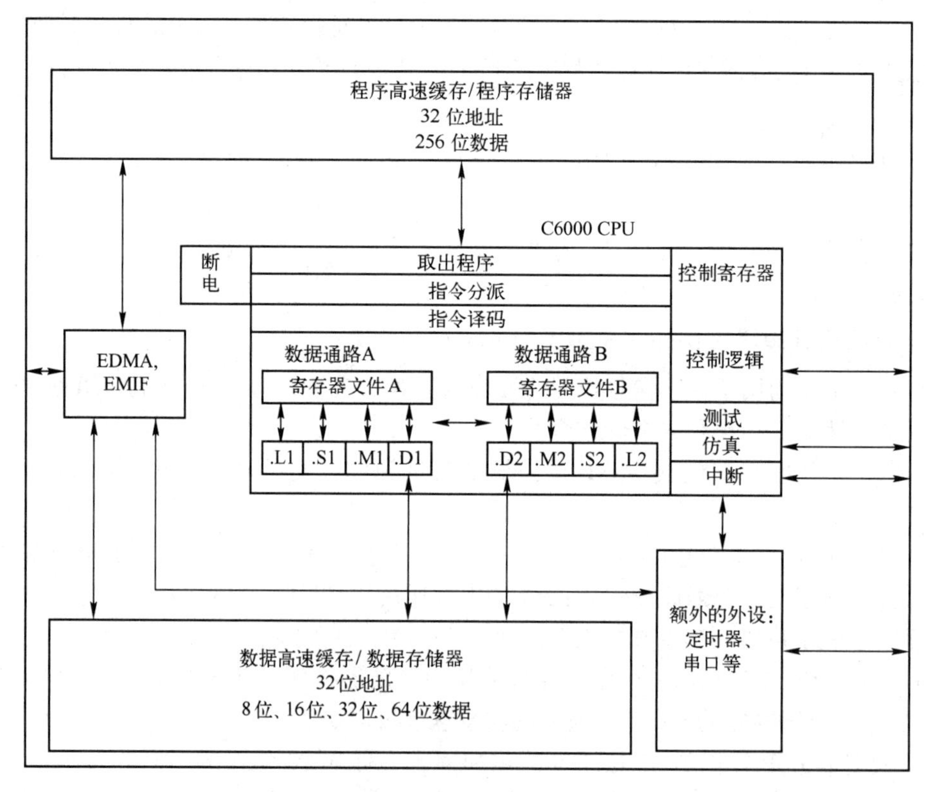

图 2.2　TMS320C64x DSP 的内部结构

1）CPU

DSP 的中央处理单元主要包含：①取出程序单元；②指令分派单元；③指令译码单元；④两个数据通道 A 和 B，每个通道包含 4 个功能单元（. L、. S、. M 和 . D）；⑤64 个 32 位寄存器，寄存器 A0～A31 属于寄存器文件 A，寄存器 B0～B31 属于寄存器文件 B；⑥控制寄存器；⑦控制逻辑；⑧测试、仿真和中断逻辑。

（1）在每个 CPU 时钟周期内，取出程序单元、指令分派单元和指令译码单元可以将最多 8 条 32 位的指令发送给功能单元。

（2）每个寄存器组有 4 个功能单元（分别用 . D1、. M1、. L1、. S1 和 . D2、. M2、. L2、. S2 表示），不同单元的具体功能如下。

① . D 单元。用于从存储器中加载或者将信息保存到存储器，并执行算术操作。该单元对存储器进行读写操作，并使用偏移量。此外，它也可执行 32 位的加减法运算。

② . M 单元。用于乘法操作，在 DSP 中有两个乘法器单元 . M1 和 . M2，可以实现 32×32 位的乘法运算。

③ . L 单元。用于逻辑和算术运算，该单元可以执行 32/40 位的算术运算、比较运算，以及 32 位的逻辑操作运算。

④ . S 单元。用于分支跳转、位操作和算术运算。它可执行 32 位算术逻辑运算、位域操作，以及 32/40 位移位操作。此外，它也用于处理分支指令。

2）总线

内部总线用于在 DSP 的不同功能单元之间传输数据和控制信息。内部总线提供了高度的并行性。对于 TI 公司的 C6xxx 系列而言，提供了 3 类总线：①指令总线；②数据总线；③直接存储器存取总线。这些总线的主要功能如下所示。

（1）一条用于提取指令的总线。

（2）两条用于分别从存储器中提取数据和滤波器系数的总线。

（3）用于在不同的外设和存储器之间进行直接存储器存取（Directive Memory Access，DMA）操作的总线。

3）内部存储器

C64x 系列的 DSP 提供 32 位可字节寻址的地址空间。内部（片上）存储器分为独立的数据和程序空间。当使用片外存储器时，通过外部存储器接口（External Memory Interface，EMIF），将外部存储器连接到 DSP。

C64x 系列的 DSP 提供了两个内部端口，用于访问内部数据存储器；提供了一个内部端口，用于访问内部程序存储器（取指宽度为 256 比特）。

4）存储器和外设选项

C6000 系列的 DSP 提供了不同的存储器和外设选项，包括：①大容量的片上 RAM，最大容量为 7Mb；②程序高速缓存；③两级高速缓存；④32 位外部存储器接口，支持 SDRAM、SBSRAM、SRAM，以及其他异步存储器。⑤扩展的直接存储器访问（Enhanced Direct Memory Access，EDMA）控制器；⑥以太网媒体访问控制器（Ethernet Media Access Controller，EMAC）和物理层设备管理数据输入/输出模块（Management Data Input/Output，MDIO）；⑦主机接口（Host Port Interface，HPI）；⑧内部集成电路总线（Inter-Integrated Circuit，I^2C）模块；⑨多通道音频串行端口（Multichannel Audio Serial Port，McASP）；

⑩多通道缓冲串行端口（Multichannel Buffered Serial Port，McBSP）；⑪外设部件互联（Peripheral Component Interconnect，PCI）端口；⑫32 位通用定时器等。

2. DSP 的流水线

DSP 内的 CPU 通过流水线，相互重叠地实现连续取指、译码和执行操作。TI 公司的 C6000 处理器使用超流水线结构，一个处理器周期由 8 个时钟周期组成，一个处理器周期不仅相互重叠地执行取指和译码，而且相互重叠地执行上一个和下一个指令。TI 公司 C6000 系列 DSP 的流水线操作如图 2.3 所示。

取指包	时钟周期 1	2	3	4	5	6	7	8	9	10	11	12	13
n	PG	PS	PW	PR	DP	DC	E1	E2	E3	E4	E5		
n+1		PG	PS	PW	PR	DP	DC	E1	E2	E3	E4	E5	
n+2			PG	PS	PW	PR	DP	DC	E1	E2	E3	E4	E5
n+3				PG	PS	PW	PR	DP	DC	E1	E2	E3	E4
n+4					PG	PS	PW	PR	DP	DC	E1	E2	E3
n+5						PG	PS	PW	PR	DP	DC	E1	E2
n+6							PG	PS	PW	PR	DP	DC	E1
n+7								PG	PS	PW	PR	DP	DC
n+8									PG	PS	PW	PR	DP
n+9										PG	PS	PW	PR
n+10											PG	PS	PW

图 2.3　C6000 系列 DSP 的流水线

注：（1）对于流水线的取指周期而言，细化为产生程序地址（Program Address Generate）PG、发送程序地址（Program Address Send）PS、程序访问准备等待（Program Access Ready Wait）PW 和接收程序取指包（Program Fetch Packet Receive）PR 阶段。

（2）对于指令的译码周期而言，细化为指令分派（Instruction Dispatch）DP 和指令译码（Instruction Decode）DC 阶段。

（3）对于指令的执行周期而言，细化为 5 个阶段，用 E1～E5 表示。

2.2.2　DSP 的运行代码和性能

本节将从数字 FIR 滤波器与 MAC 操作、循环缓冲单元以及代码效率和编码功能几个方面，介绍使用 DSP 进行数字信号处理的性能方面的问题。

1. 数字 FIR 滤波器与 MAC 操作

为了说明 DSP 对 FIR 滤波算法的处理过程，首先给出一个 N 抽头 FIR 滤波器的结构图，如图 2.4 所示。

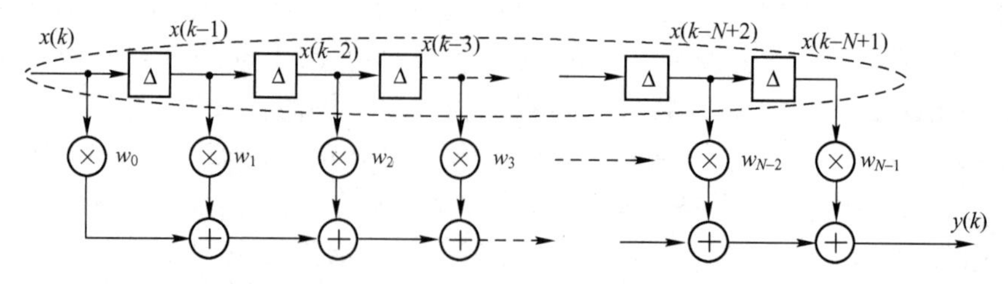

图 2.4　N 抽头 FIR 滤波器的结构图

在第 k 时刻，N 个权值 FIR 滤波器的输出可以表示为

$$y(k) = \boldsymbol{w}^{\mathrm{T}}\boldsymbol{X}_k = \sum_{n=0}^{N-1} w_n x(k-n)$$

其中：

$$\boldsymbol{w}^{\mathrm{T}} = [w_0, w_1, w_2, \cdots, w_{N-2}, w_{N-1}]$$

$$\boldsymbol{X}_k^{\mathrm{T}} = [x(k), x(k-1), x(k-2), \cdots, x(k-N+2), x(k-N+1)]$$

从上式可知，对于长度为 N 的 FIR 滤波算法，需要执行 N 次 MAC 操作。使用 DSP 实现 FIR 滤波器算法的处理流程如图 2.5 所示。

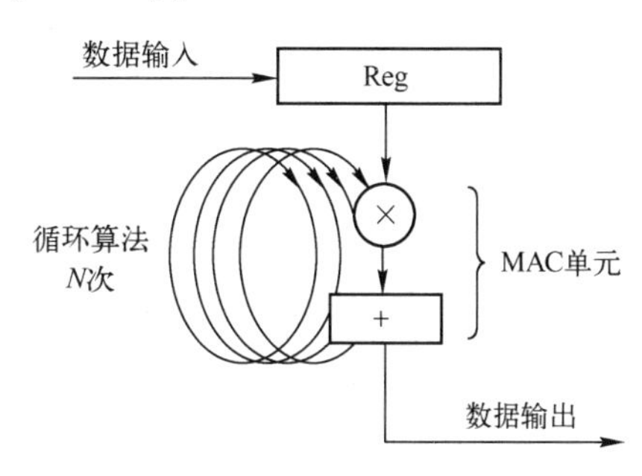

图 2.5　FIR 滤波器算法的原理

从图 2.5 中可知，该 FIR 滤波算法包含一系列乘法和加法操作。在实际实现时，可以使用 C 语言或者汇编语言编程实现该 FIR 滤波算法。下面首先介绍使用 C 语言实现 FIR 滤波器的功能。

（1）可以通过 C 语言用一个 for 循环来实现。下面给出使用 C 语言代码实现 FIR 滤波器算法的代码：

```
for(i=0;i<N;i++)
        y+= *(h_ptr++) * *(x_ptr++)
```

其中，h_ptr 指向权值参数 h，x_ptr 指向采样参数 x。

（2）通过指针或者数组，存取存储器中所保存的输入数据和滤波器系数。为了节约所使用 DSP 的存储器资源，一般采用动态分配存储空间的方法。下面给出使用汇编语言实现 FIR 滤波器算法的代码：

```
        MVKL   x_ptr, A5              //初始化 32 位指针
        MVKH   x_ptr,A5
        MVKL   h_ptr,A6
        MVKH   h_ptr,A6
        MVK    .S1   L,A0             //循环的次数
        ZERO   .L1   A4               //将加法器清零
Loop    LDH    .D1   *A5++,A1         //加载输入数据,并且指针加 1
        LDH    .D1   *A6++,A2         //加载权值系数,并且指针加 1
        MPY    .M1   A1,A2,A3         //将输入数据和权值相乘
        ADD    .L1   A4,A3,A4         //将结果加到累加器中
        SUB    .S1   A0,1,A0          //将循环次数减 1
[A0]    B      .S1   loop             //返回标号为 Loop 的地方(除非 A0=0)
        STH    .D    A4, *A7          //将结果写入存储器中
```

2. 循环缓冲单元

在 MAC 操作过程中，缓冲和更新数据的方法如图 2.6 所示。实现长度为 N 的 FIR 滤波器需要：

（1）每个采样周期，更新抽头延迟线 $x(k)$；

（2）不需要移动所有的数据，仅需要覆盖缓冲区中最早的数据。

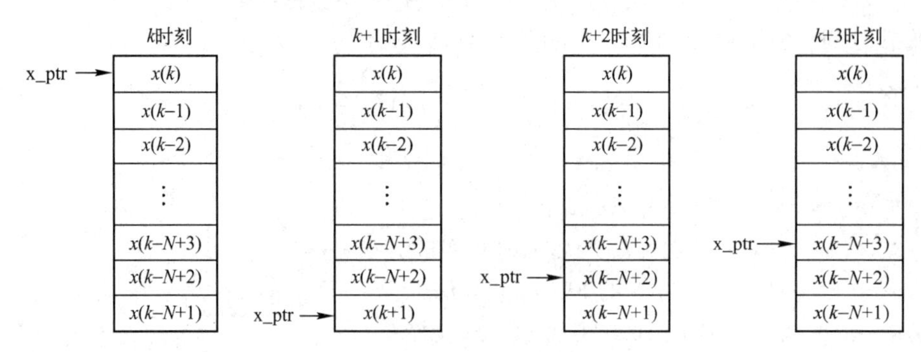

图 2.6　数据的更新

如果通过一个模 N 的操作实现指针 x_ptr 的增加或减少，则可以实现循环缓冲区，即指针循环到存储器阵列的任何一端。

循环缓冲区是一个非常有效的方法，它能够将存储器中需要移动的数据量最小化。当使用一个线性缓冲器时，加载一个新采样所需存储器移动操作的个数，如图 2.7 所示。

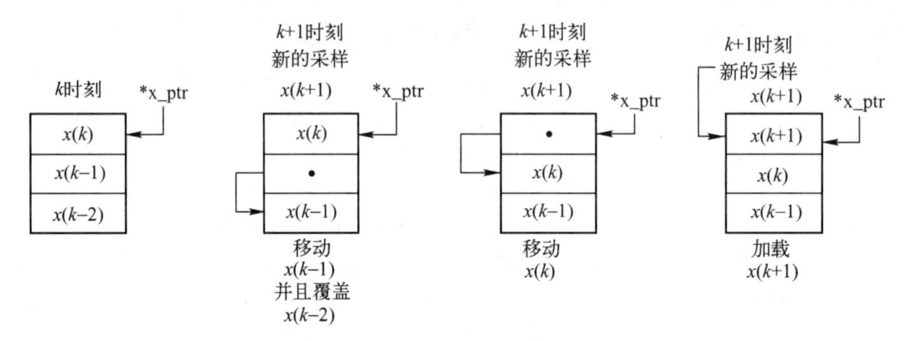

图 2.7　线性循环缓冲器的实现过程

如果使用循环缓冲区，则可以将存储器所需要移动操作的次数减少，如图 2.8 所示。

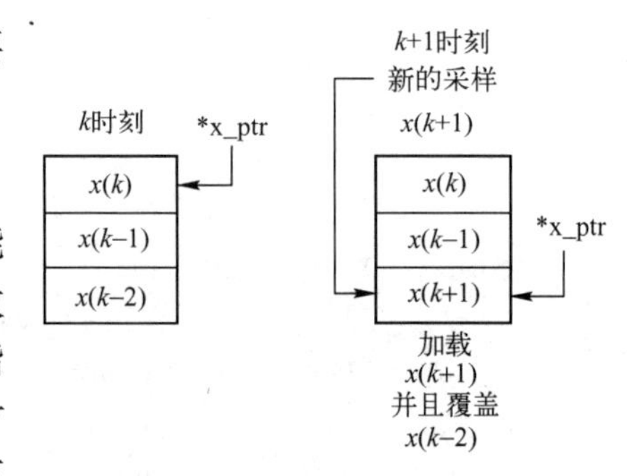

图 2.8　循环缓冲器的实现过程

3. 代码效率和编码功能

使用 DSP 完成 DSP 算法，除了要求使用高性能的 DSP 外，软件设计人员还必须在代码效率和有效代码上进行深入研究。一方面，使用尽可能少的指令或者尽可能少的时钟周期实现 DSP 算法；另一方面，需要权衡代码效率和代码功能。不同优化级下的代码效率如表 2.1 所示。

表 2.1　不同优化级下的代码效率

语　言	优化策略	代码效率
C 语言	编译器优化	50%～80%（低）
线性汇编语言	汇编器优化	80%～100%（中）
汇编语言	手工优化	100%（高）

使用汇编语言编写的程序具有最优的处理器性能，当然代码的编写也是一种艺术（这主要是因为它可以充分使用 DSP 的流水线和并行结构）。

传统上，直接对 C 语言代码执行交叉汇编，但是以前这种方法产生的代码要比直接使用汇编语言编写的代码效率低。

TI 开发工具内所集成的 C 编译器功能非常强大，并且针对 DSP 的内部结构进行了优化；与传统的使用最优汇编语言编写代码相比，可以达到 80%的优化率。此外，还可以通过对部分代码使用 C 编程或者部分代码使用汇编编程来进一步改善算法性能。

一般的编程功能都允许 C 语言和汇编语言的混合编程。所以，与实时性处理要求密切相关的代码部分可以使用汇编语言编写，然后与剩余的 C 语言代码进行正确链接。

实际上，为了分析一个算法的行为和功能，通常从 C 语言开始编写代码。TI 的 Code Composer Studio（简称 CCS）开发环境内集成了大量的分析工具，用于检查代码的时间要求和效率。通过使用这些工具，可以查找程序中耗时过多的代码，然后使用汇编来实现它。

2.3　基于 FPGA 的数字信号处理实现方法

从前面可知，本质上 DSP 所采用的是串行的处理方式，这种处理方式对数字信号的高性能处理产生了非常严重的瓶颈。在使用单核和多核 DSP 进行信号处理时：①当提高时钟速度的时候会提高采样率；②随着系数个数的增加，也就是算法复杂度增加的时候，采样率会显著降低。与采用单核 DSP 相比，采用双核 DSP 处理信号的性能并没有明显提高。此外，多核 DSP 的结构非常复杂（如图 2.9 所示），这对算法开发人员而言，也带来不小的难度。

思考与练习 2-1：近年来，TI 的 DSP 芯片采用多核 DSP 结构，其目的是什么？多核 DSP 的结构特点会导致什么不利的结果？

2.3.1　FPGA 原理

与前面所介绍的 DSP 相比，FPGA 内包含了大量可通过编程连接的逻辑门。因此，FPGA 提供了具有可变字长的、灵活的、具有潜在并行处理能力的架构。此外，在近些年来所推出的 FPGA 中还集成了 DSP 切片（DSP48x）来执行通用的 DSP 算法。使用 FPGA 执行 DSP 可以满足特定的处理速度和性能要求，同时兼备了低成本和低功耗的特点。

查找表（Look-up Tables，LUT）是 FPGA 内实现逻辑功能的基本单元。不同输入下所需要的 LUT 的资源如表 2.2 所示。查找表主要完成的功能如下所示。

（1）执行一个输入的组合功能（无反馈）。

（2）无论输入多么复杂，一个 4 输入/6 输入 LUT 总会执行输入数小于或等于 4 或 6 的函数功能。

（3）地址输入选择存储单元中的逻辑函数。

（4）LUT 的复杂度与输入端口的个数有关。输入端口越多，LUT 的复杂度越高。

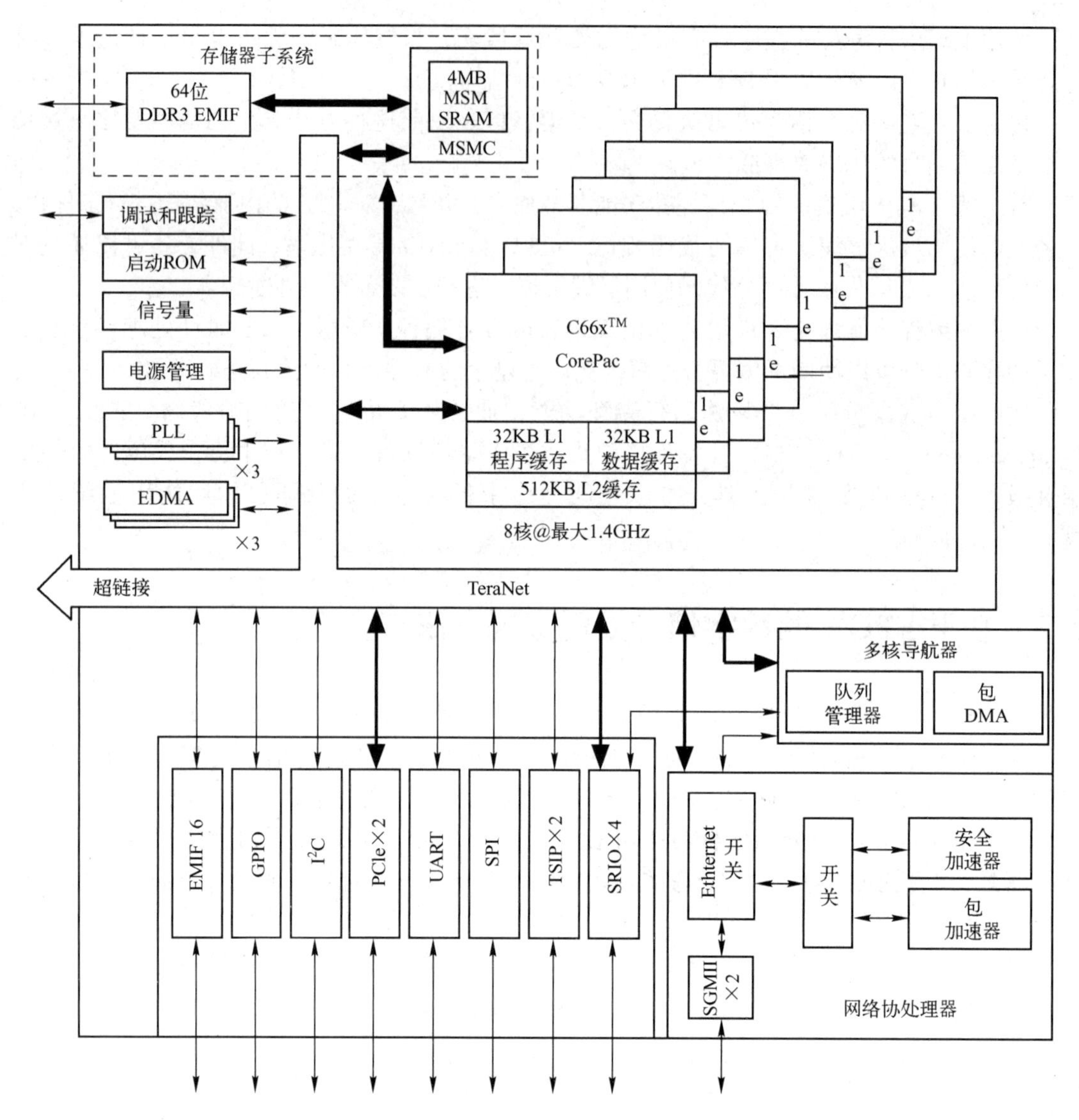

图 2.9　TI C6678 多核 DSP 的内部结构

表 2.2　不同输入下所需要的 LUT 资源

属　　性	通　　常	4 输入 LUT	6 输入 LUT
LUT 输入	n	4	6
所要求 PROM 的位	2^n	16	64
可能的功能	2^{2^n}	2^{16}	2^{64}

虽然 LUT 是 FPGA 器件内实现组合逻辑功能的基本单元，但是通过综合过程，设计者实际上并不需要知道逻辑功能具体实现的过程。但是对 LUT 结构的理解非常重要，这是因为 LUT 允许在 FPGA 中实现逻辑函数。LUT 实际上就是静态随机存取存储器（SRAM），它通过将 n 个输入的 2^n 个逻辑函数存储起来以实现 LUT 功能。在这种形式中，SRAM 的地址线被当作输入，而其输出提供了逻辑函数的值。

对于下面的一个逻辑表达式而言，有4个逻辑输入（A、B、C和D）和1个逻辑输出（Z）：

$$Z=B\overline{C}\,\overline{D}+A\overline{B}C\overline{D}$$

使用Verilog HDL语言描述它，如代码清单2-1所示。

代码清单2-1　top.v文件

```
module top(
    input a,
    input b,
    input c,
    input d,
    output z
    );
assign z=(b & (!c)& (!d)) | (a & (!b) & c &(!d));
endmodule
```

> **注：** 读者可以定位到本书提供资料的\fpga_dsp_example\four_input_logic\Project1\目录下，用Vivado 2017.2打开project_1。

没有化简前的逻辑结构如图2.10所示。很明显，传统数字逻辑使用逻辑与门、或门、非门实现逻辑表达式所要呈现的功能。

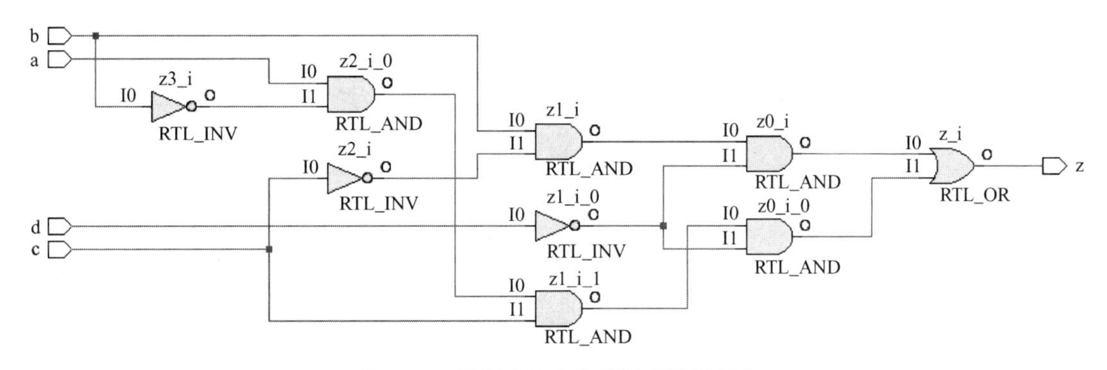

图2.10　逻辑表达式的等效逻辑门组合

使用Vivado工具对该设计综合后的逻辑结构如图2.11所示。从图2.11中可知，在FPGA内使用LUT来实现逻辑表达式所要呈现的功能。这种使用LUT实现组合逻辑功能的方法解决了传统实现方法所带来的实现复杂度和逻辑传输延迟不能确定的缺点，显著提高了逻辑功能的实现性能，其查找表的内部实现结构如图2.12所示。

思考与练习2-2： 请说明采用LUT实现逻辑功能的原理，并说明与传统使用逻辑门实现逻辑功能的优势。

思考与练习2-3： 读者知道使用C语言的按位逻辑运算也可以实现上述的逻辑功能，但是与使用底层硬件逻辑相比，两者的本质区别是什么？

SRAM单元中存储器的每个位都是一个D锁存器。SRAM单元按阵列构成并与控制逻辑结合在一起，构成一个完整的存储器件。除了专用的多路复用器以外，LUT也可配置为一个

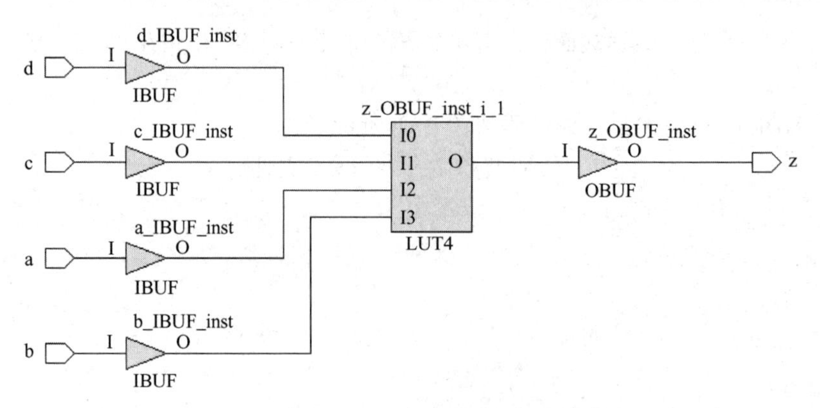

图 2. 11　使用 Vivado 工具综合后的逻辑结构

多用复用器。Xilinx Artix-7 系列 FPGA 内 6 输入查找表的结构如图 2. 13 所示。6 输入查找表可以看作带有公共输入的两个 5 输入查找表：①它可以有一个或者两个输出；②可以实现 6 个逻辑变量的任何函数，或者两个 5 变量的相互独立的任何函数。

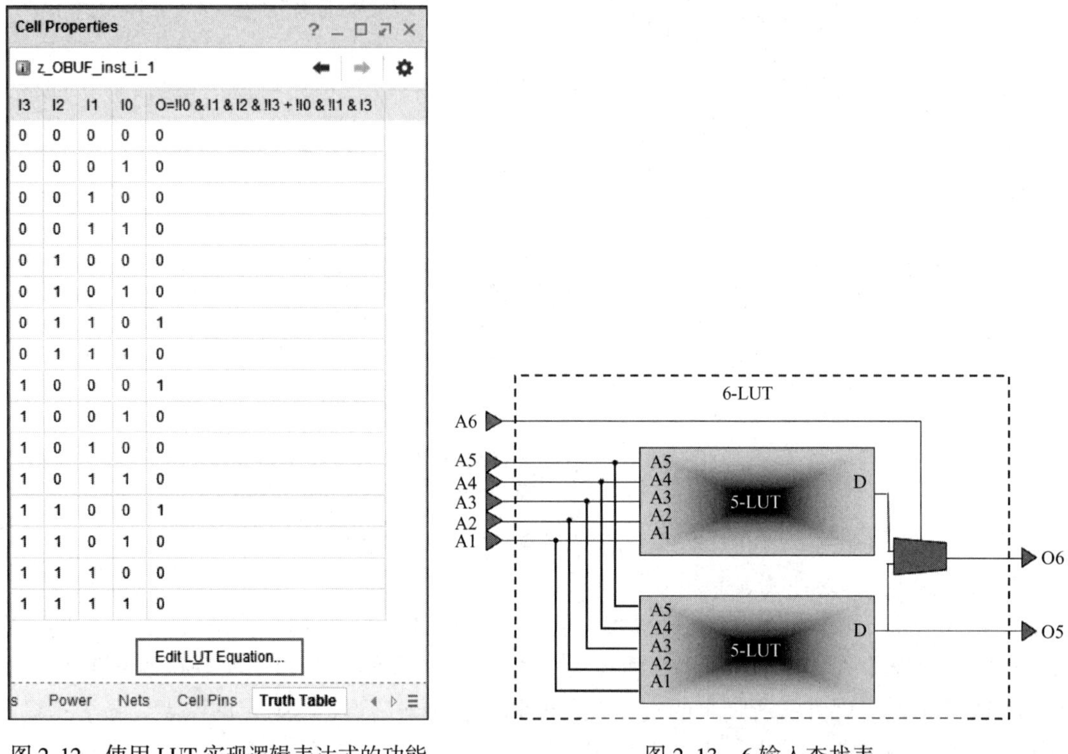
Cell Properties

z_OBUF_inst_i_1

I3	I2	I1	I0	O=!I0 & I1 & I2 & !I3 + !I0 & !I1 & I3
0	0	0	0	0
0	0	0	1	0
0	0	1	0	0
0	0	1	1	0
0	1	0	0	0
0	1	0	1	0
0	1	1	0	1
0	1	1	1	0
1	0	0	0	1
1	0	0	1	0
1	0	1	0	0
1	0	1	1	0
1	1	0	0	1
1	1	0	1	0
1	1	1	0	0
1	1	1	1	0

Edit LUT Equation...

s　Power　Nets　Cell Pins　Truth Table

图 2. 12　使用 LUT 实现逻辑表达式的功能

图 2. 13　6 输入查找表

2. 3. 2　FPGA 的逻辑资源

Xilinx Artix-7 系列 FPGA 的内部结构如图 2. 14 所示。所有的 FPGA 都包含下面几个相同的基本资源。

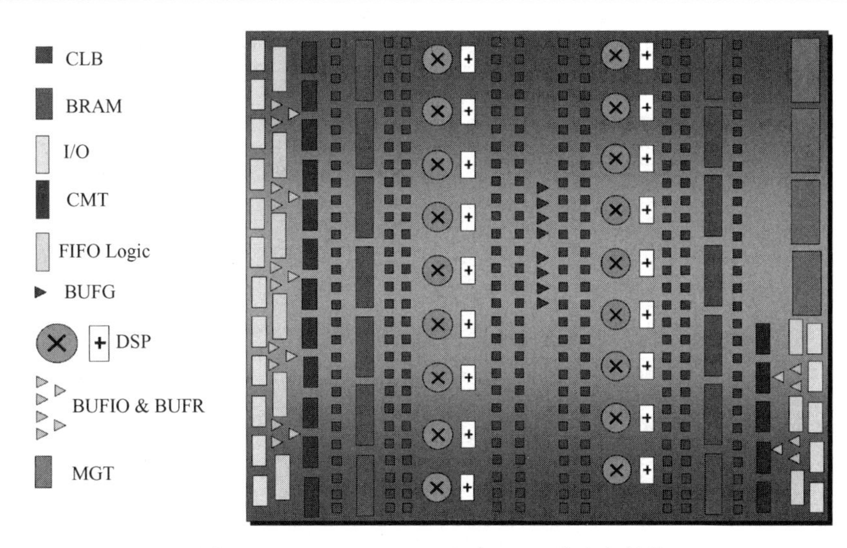

图2.14　Xilinx Artix-7系列FPGA的内部结构

（1）由Slice（切片）构成的可配置逻辑块（Configurable Logic Block，CLB）。CLB中提供组合逻辑和寄存器资源。

（2）I/O接口。它是FPGA和片外设备连接的接口。

（3）可编程的互连线资源。

（4）其他资源，包括存储器、乘法器、全局时钟缓冲区和边界扫描逻辑等。

1. 可配置逻辑块（CLB）

CLB是FPGA内最基本的逻辑设计资源，其内部结构如图2.15所示。从图2.15中可知，每个CLB内包含2个切片（Slice）。两个切片之间并没有直接进行连接，而是通过旁边的开关阵列（Switch Matrix）连接。并且，通过开关还可以与FPGA内其他CLB内的切片进行连接。在每个CLB内，快速进位链穿过所有的切片。

1）切片

为了在功耗、成本和性能之间进行权衡，CLB内提供了两种不同类型的切片（Slice），如图2.16所示。

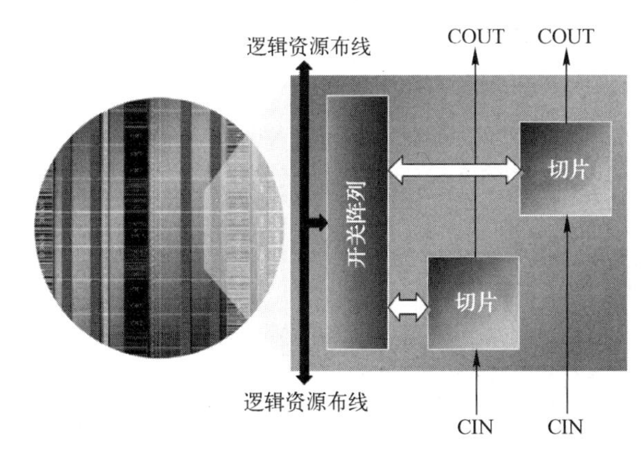

图2.15　CLB的内部结构

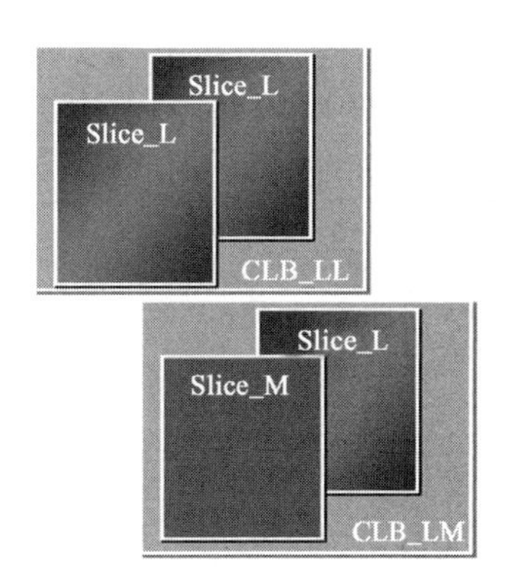

图2.16　CLB的Slice的类型

（1）Slice_M（M 是 Memory 的缩写）称为全功能切片，这是因为：

① 其内部的 LUT 可以用于逻辑和存储器/SRL。

② 有较宽的多路复用开关和进位链。

（2）Slice_L 只能用于逻辑和算术，除了不能用于存储器/SRL 外，其他功能和 Slice_M 相同。

Slice_M 内部的完整结构如图 2.17 所示。从图 2.17 中可知，一个 Slice_M 内部的所有资源包括：①4 个 6 输入的 LUT；②多路复用器；③进位链；④SRL；⑤8 个触发器/锁存器。

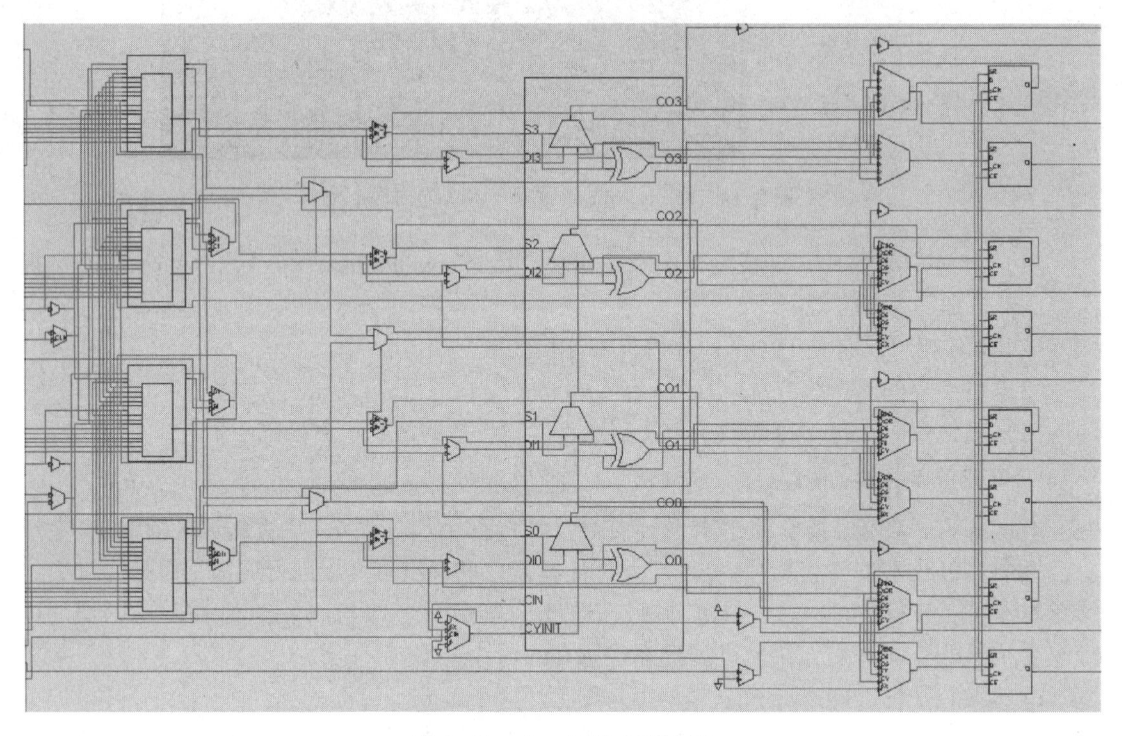

图 2.17　Slice_M 的内部结构

6 输入的 LUT 可以作为两个带有公共端的 5 输入 LUT，产生 1/2 个输出，因而可以实现 6 变量的任何组合函数或者 5 变量的两个函数，如图 2.18 所示。

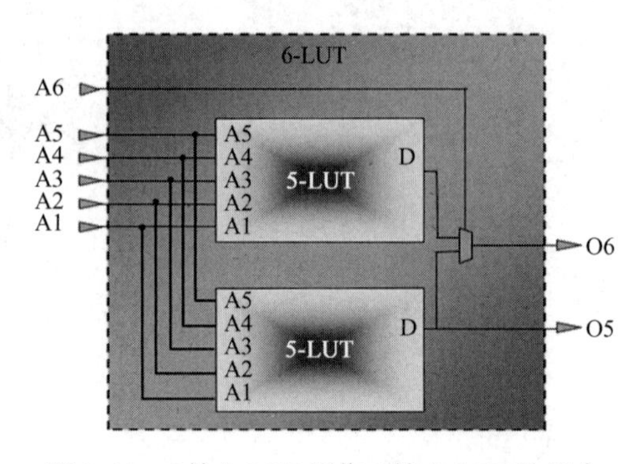

图 2.18　6 输入 LUT 用作 5 输入 LUT 的组合

2）多路复用器

在每个切片内部，含有不同功能的多路复用器，如图 2.19 所示。不同多路复用器的作用包括：

（1）每个 F7MUX 可以将两个 LUT 的输出组合在一起，其实现的功能包括：①能实现一个任意 7 输入函数；②能实现一个 8∶1 的多路复用器。

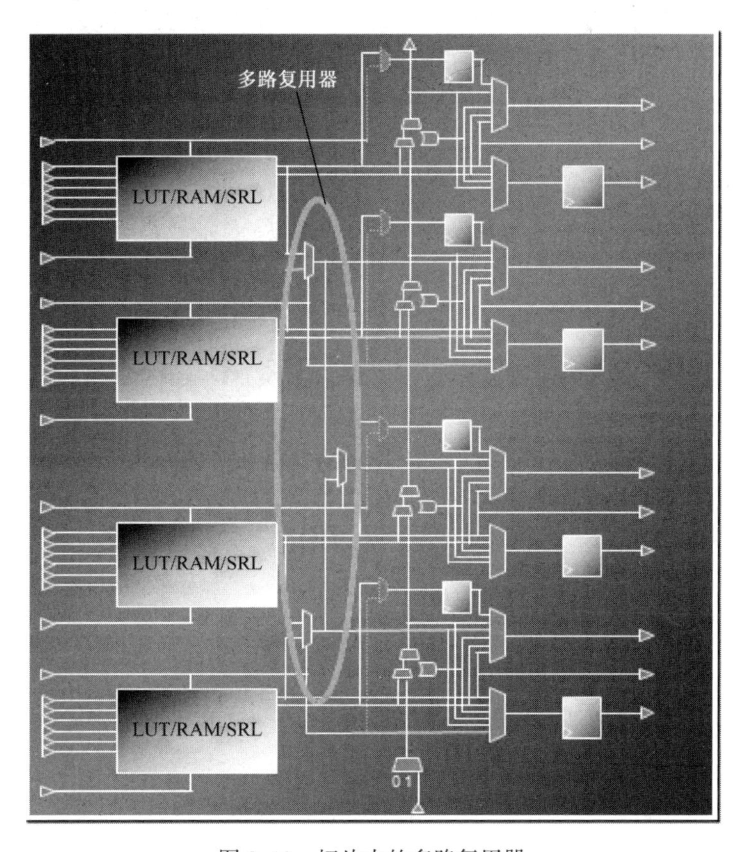

图 2.19　切片内的多路复用器

（2）每个 F8MUX 可以组合为两个 F7MUX 的输出，其实现的功能包括：①能实现一个任意 8 输入函数；②能实现一个 16∶1 的路复用器。

（3）多路选择器由 BX/CX/DX 切片输入控制。

（4）多路选择器可以用于驱动触发器/锁存器。

3）进位链

切片内的进位链用于实现快速的加法运算和减法运算，如图 2.20 所示。进位输出垂直通过一个切片的 4 个 LUT。进位链从一个切片的输出连接到一个 CLB 上面相同列的切片，并且使用超前进位链结构。

4）切片触发器和触发器/锁存器

切片内部触发器/锁存器的结构如图 2.21 所示。

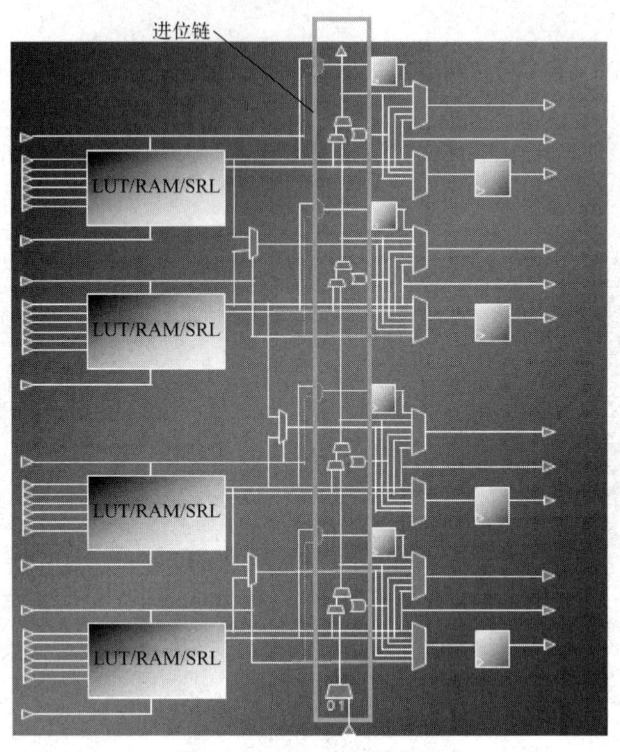

图 2.20　Slice 内的进位链

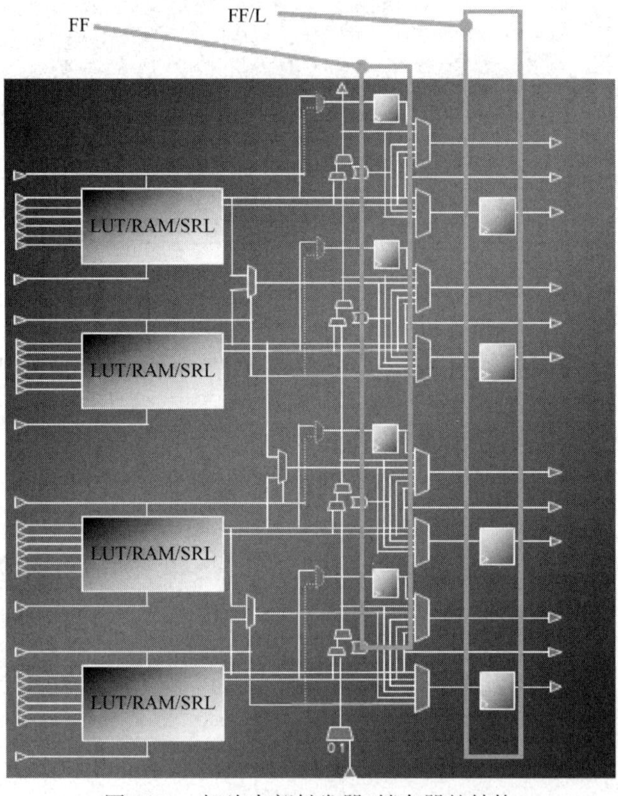

图 2.21　切片内部触发器/锁存器的结构

（1）每个切片有 4 个触发器/锁存器（FF/L），它们可以配置为触发器或锁存器。D 输入可以来自于 O6 LUT 输出、进位链、宽的多路复用器或者 AX/BX/CX/DX 的切片输入。

（2）每个切片有 4 个触发器（FF）。D 输入可以来自 O5 输出或者 AX/BX/CX/DX 的输入，它不能访问进位链、宽的多路选择器或者切片的输入。

注：如果任何一个 FF/L 被配置为锁存器，则 4 个 FF 则不可使用。

切片触发器的符号如图 2.22 所示，主要特点包括：

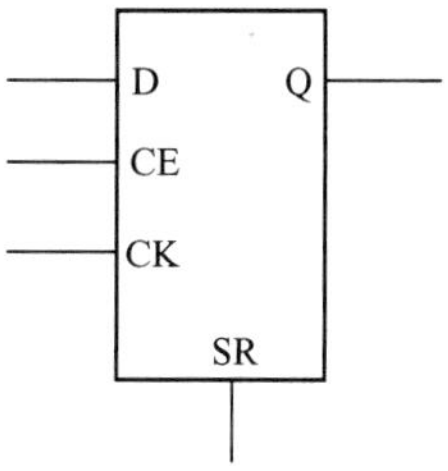

（1）都是 D 类型的触发器，带有 Q 输出。

（2）所有触发器都有一个时钟输入（CK），可以在切片的边界将时钟反相。

（3）所有触发器都有一个高有效的芯片使能信号 CE。

（4）所有触发器都有一个高有效的置位复位输入信号 SR。

① 该输入可以是同步的或者异步的，它由相应的配置位决定。

② 将触发器的值设为预置的状态，它由相应的配置位决定。

图 2.22　切片触发器的符号

切片内触发器/锁存器的控制集如图 2.23 所示。

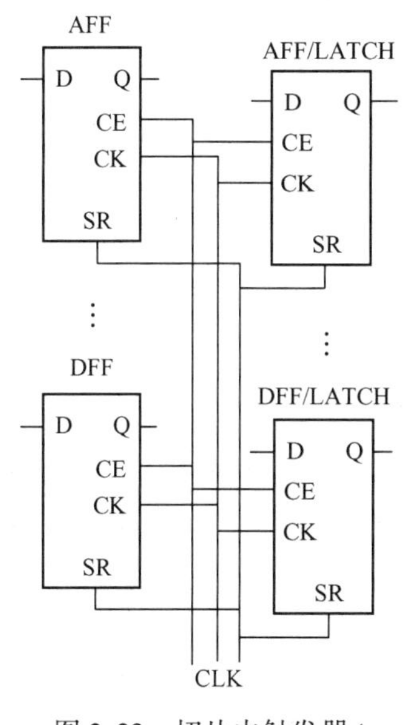

图 2.23　切片内触发器/锁存器的控制集

（1）所有的触发器和触发器/锁存器共享相同的 CLK、SR 和 CE 信号。

① 这些信号称为触发器的控制信号集。

② CE 和 SR 信号均为高有效。

③ 在切片边界可以对 CK 信号反相。

（2）如果任何一个触发器使用了 CE，则所有其他触发器也必须使用相同的 CE。

① 在切片的边界，CE 得到时钟；

② 降低功耗。

（3）如果任何一个触发器使用了 SR，则所有其他触发器也必须使用相同的 SR。每个触发器使用的复位值，由 SRVAL 属性设置。

5）分布式存储器结构

对于 Slice_M 而言，内部的触发器/锁存器元件可以用于保存逻辑信息，称为分布式存储器结构。

① 使用相同的存储结构，用于 LUT 功能。

② 使用同步写和异步读方式，可以通过使用切片内的触发器将其转换为同步读取方式。

分布式存储器的不同配置模式如表 2.3 所示。

表 2.3 分布式存储器的不同配置模式

单 端 口	双 端 口	简单双端口	四端口
32×2	32×2D	32×6SDP	32×2Q
32×4	32×4D	64×3SDP	64×1Q
32×6	64×1D		
32×8	64×2D		
64×1	128×1D		
64×2			
64×3			
64×4			
128×1			
128×2			
256×1			

分布式存储器可以配置成：

（1）单端口（Single Port，SP）模式。在该模式下，一个 6 端口 LUT 可以配置成 64×1 或者 32×2 比特容量的 RAM，并且可以级联配置成最多 256×1 比特的 RAM。

（2）双端口（Dual Port，DP）模式。在该模式下，可以配置成 1 个读/写端口和一个只读端口。

（3）简单双端口（Simple Dual Port，SDP）模式。在该模式下，分布式存储器可以配置为 1 个只写端口和一个只读端口。

（4）四端口 Slice_M（Quad Port，QP）模式。在该模式下，可以配置为一个读/写端口和 3 个只读端口。

6）Slice_M 配置成 SRL

Slice_M 可以用作 32 位的移位寄存器，即移位寄存器 LUT（Shift Register LUT，SRL），如图 2.24 所示。它可实现的功能包括：①可变长度的移位寄存器；②同步 FIFO；③内容可寻址存储器（Content Addressable Memory，CAM）；④模式生成器；⑤补偿延迟/时延。

对于由 LUT 构成的移位寄存器而言，其长度由地址决定。常数值给出了固定的延迟线，而动态寻址用于弹性缓冲区。在一个切片中，可以级联实现最多 128×1 的移位寄存器。

使用 LUT 并将其配置为移位寄存器。对于 SRL16 而言，最多可以实现 16 个延迟；对于 SRL32 而言，最多可以实现 32 个延迟。

使用 Verilog HDL 语言描述一个 16 位的移位寄存器，如代码清单 2-2 所示。

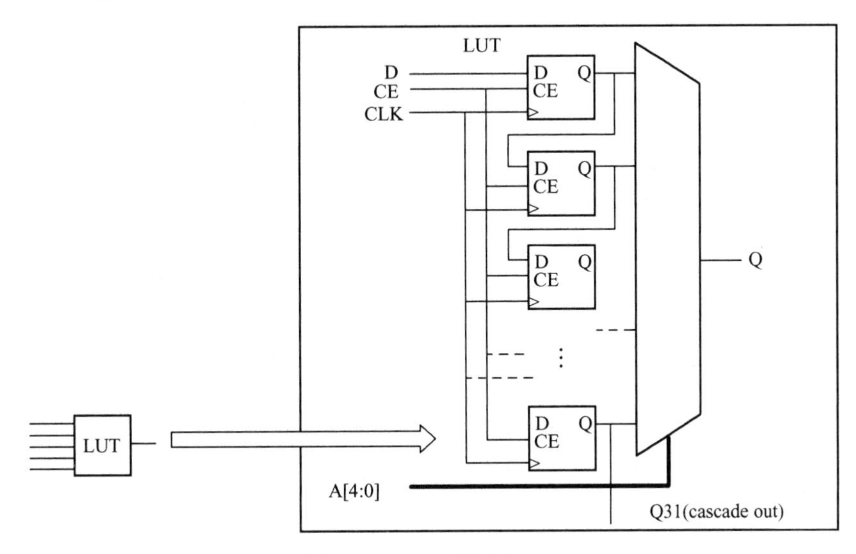

图 2.24　LUT 配置为 SRL

代码清单 2-2　top.v 文件

```
module top(
    input clk,
    input si,
    output so
    );
 reg[15:0] tmp;
 integer i;
 assign so=tmp[15];
always @ (posedge clk)
begin
  for(i=0;i<15;i=i+1)
    tmp[i+1]<=tmp[i];
    tmp[0]=si;
end
endmodule
```

注： 读者可以定位到本书提供资料的\fpga_dsp_example\SRL\Project1\目录下，用 Vivado 2017.2 打开 project_1.xpr 工程。

使用 Vivado 2017.2 对该设计执行综合后的结果如图 2.25 所示。从图 2.25 中可知，与使用触发器实现 16 位移位寄存器相比，成本明显降低。

注：（1）对于 SRL16 而言，一个 LUT 等效于 16 个触发器；对于 SRL32 而言，一个 LUT 等效于 32 个触发器。

（2）使用 SRL 唯一的限制是，不能对寄存器内的每个元素进行单独复位操作。

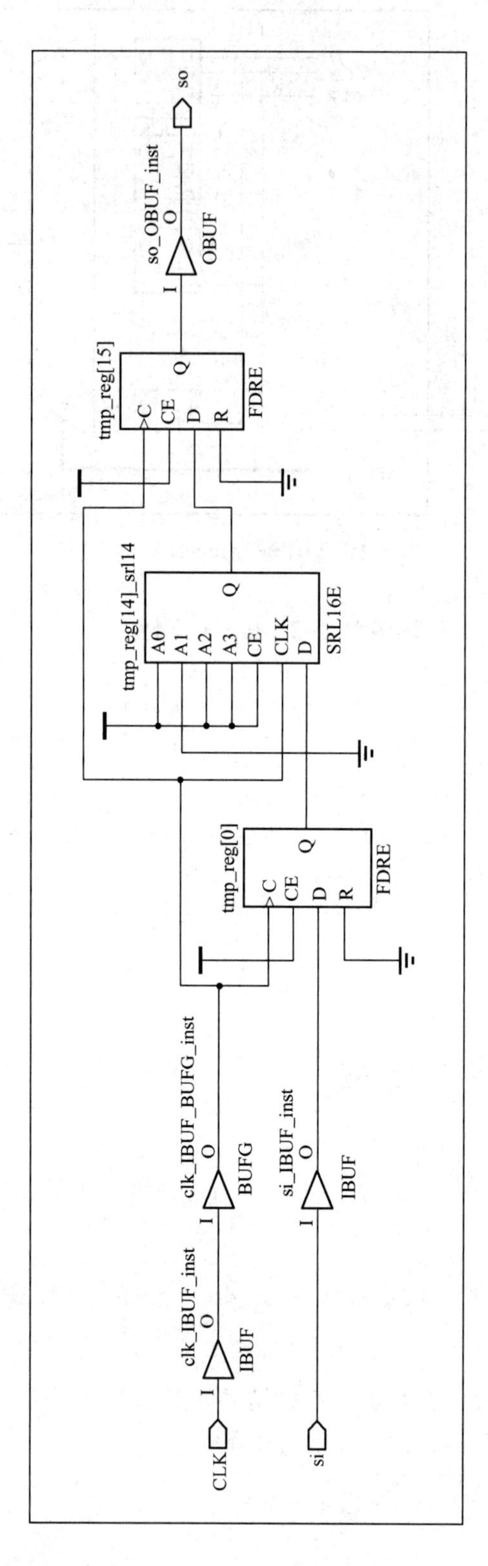

图2.25 使用SRL实现移位寄存器的功能

SRL16E 的内部结构如图 2.26 所示。从该结构可知，它可以实现可变长度的移位寄存器。在图 2.25 给出的结构中，SRL16E 的输入 A3A2A1A0 等于 1101，则读取从第 14 个寄存器的输出。

> **注**：(1) 第 14 个寄存器的索引为 1101，索引从 0000 开始。
> (2) 从图 2.25 可知，SRL16E 后的 FDRE 可以额外增加一个延迟。

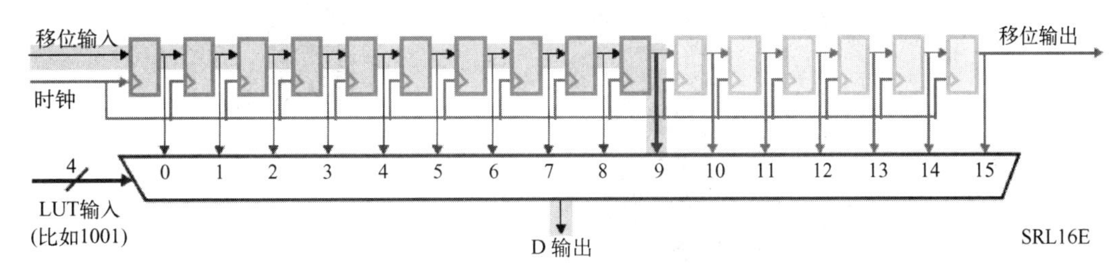

图 2.26　SRL16E 的内部结构

思考与练习 2-4：前面介绍移位寄存器（触发器）可以实现延迟的功能，读者可以给出用软件（比如 C 语言）模拟硬件延迟的实现方法，并说明这两种实现方法的本质区别。

2. I/O 块

目前，I/O 接口面临的挑战主要有：

(1) 保证信号完整性的高速操作。

① 源同步操作（时钟前向）；

② 系统同步操作（公共的系统时钟）；

③ 端接传输线，以避免信号反射。

(2) 在宽的并行总线上驱动和接收数据。

① 补偿总线抖动和时钟时序误差；

② 在串行和并行数据之间进行转换；

③ 达到非常高的比特速率（大于 1Gbps）。

(3) 单数据率（Single Data Rate，SDR）或者双数据率（Double Data Rate，DDR）接口。

(4) 与不同电气标准的设备连接，它们的电压不同，驱动强度和协议不同。

1) I/O 接口的内部结构

对于 Xilinx 7 系列的 FPGA 而言，I/O 接口的内部结构如图 2.27 所示，其特性主要包括：

(1) 宽电压操作范围，即 1.2~3.3V 之间。

(2) 支持宽范围的 I/O 标准，即单端和差分、参考电压输入、三态能力。

(3) 提供了高性能，即对于 LVDS 而言，最高速率可以达到 1600Mbps；对于 DDR3 而言，单端最高速率可以达到 1866Mbps。

(4) 提供了与存储器的接口，硬件支持 QDRII 和 DDR3 存储器。

(5) 提供了数字控制阻抗的能力（Digitally Controlled Impedance，DCI）。

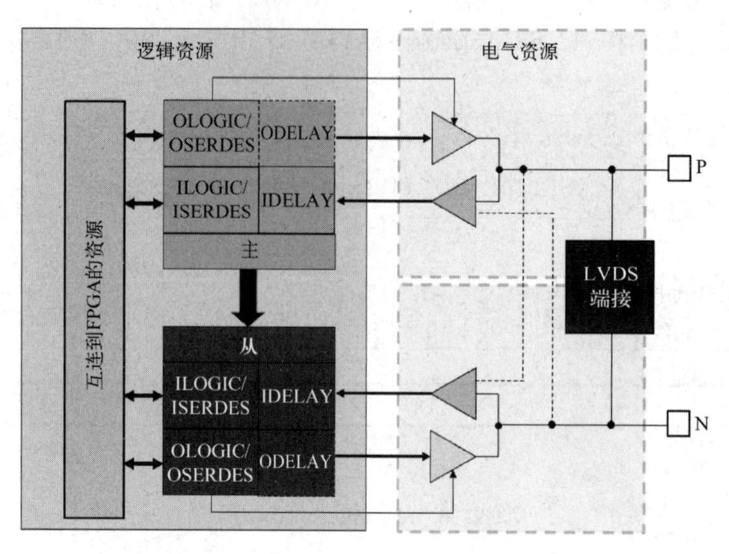

图 2.27 Xilinx 7 系列 FPGA 中 I/O 接口的内部结构

（6）提供了降低功耗的特性。

2）I/O 接口的类型

Xilinx 7 系列的 FPGA 内提供了两种不同类型的 I/O 接口，如表 2.4 所示，包括：

（1）宽范围（High Range，HR）。这种 I/O 接口的供电电压（V_{cco}）最高可以达到 3.3V。

（2）高性能（High Performance，HP）。这种 I/O 接口提供了最高性能以及 ODELAY 和 DCI 能力，其供电电压（V_{cco}）最高只能达到 1.8V。

表 2.4 Xilinx 7 系列的 FPGA 对不同类型的 I/O 接口的支持

I/O 接口的类型	Artix-7	Kintex-7	Virtex-7	Virtex-7 XT/HT
HR	全部	大部分	一些	无
HP	无	一些	大部分	全部

3）I/O 接口的电气资源

对于 Xilinx 7 系列的 FPGA 而言，I/O 接口的电气资源如图 2.28 所示，包括：

（1）P 引脚和 N 引脚可以单独配置为单端信号或者差分对。

（2）接收器可以作为标准的 CMOS 或者电压比较器。

① 作为标准的 CMOS。当接近地时，为逻辑 0（低电平）；当接近 V_{cco} 时，为逻辑 1（高电平）。

② 作为参考的 V_{REF}。当低于 V_{REF} 时，为逻辑 0（低电平）；当高于 V_{REF} 时，为逻辑 1（高电平）。

③ 作为差分。当 $V_P<V_N$ 时，为逻辑 0（低电平）；当 $V_P>V_N$ 时，为逻辑 1（高电平）。

注： V_P 为 P 引脚的电压，V_N 为 N 引脚的电压。

4）I/O 接口的逻辑资源

对于 Xilinx 7 系列的 FPGA 而言，I/O 接口的逻辑资源参见图 2.27，包含：

（1）两个 I/O 对有两个块，即主（Master）和从（Slave），它们可以独立操作或者连起来使用。

（2）每个块包含：①ILOGIC/ISERDES，实现 SDR、DDR 或者高速串行输入逻辑；②OLOGIC/OSERDES，实现 SDR、DDR 或者高速串行输出逻辑；③IDELAY，可选择的细粒度输入延迟；④ODELAY，可选择的细粒度输出延迟，只可用于 HP 类型的 I/O 接口。

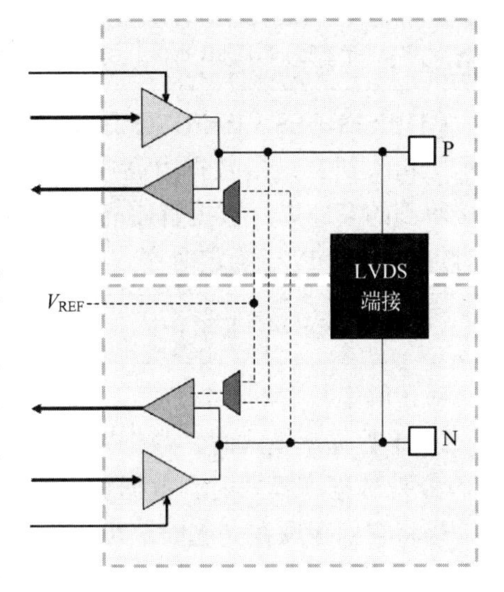

图 2.28　Xilinx 7 系列 FPGA 中 I/O 接口的电气资源

下面具体讲解每块的内容。

（1）ILOGIC。ILOGIC 实现输入 SDR 和 DDR 逻辑，其内部逻辑如图 2.29 所示。在 Xilinx 7 系列的 FPGA 内，提供了两种类型的 ILOGIC 块，即：ILOGIC2，用于高性能组；ILOGIC3，用于 HR 组（提供了零保持延迟的能力）。ILOGIC 的输入来自输入接收器（直接地或者间接地通过 IDELAY 块）。ILOGIC 的输出驱动 FPGA 内的逻辑资源和布线资源，即直接地（没有时序逻辑）或通过 IDDR（在 SDR 模式下使用时钟的上升/下降沿）在 DDR 模式下使用时钟的所有边沿。

（2）OLOGIC。OLOGIC 的内部逻辑如图 2.30 所示。OLOGIC 块也有两种类型，其中 OLOGIC2 用于 HP 组，OLOGIC3 用于 HR 组。OLOGIC 的输出直接连接到输出驱动器或者连接到 ODELAY 单元上（只有 HP 组可用）。来自 FPGA 内部的逻辑单元和布线资源可以直接驱动它，直接通过一个 SDR 触发器或者使用双沿的 ODDR。从图 2.30 中可知，每个 OLOGIC 块包含两个 ODDR，一个用于将所控制的数据送到输出驱动器，一个用于控制三态使能。

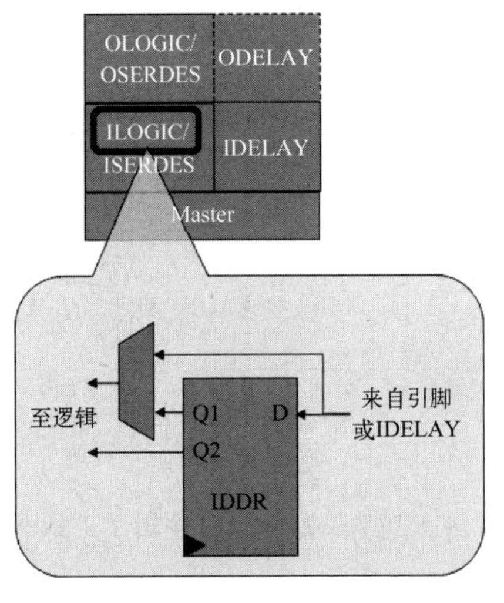

图 2.29　ILOGIC 的内部逻辑

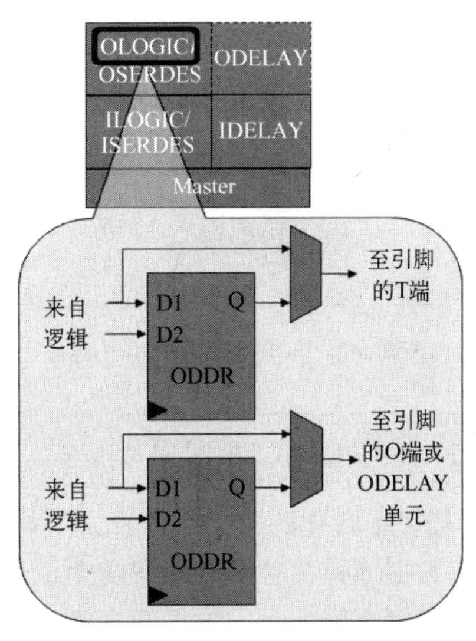

图 2.30　OLOGIC 的内部逻辑

注：所有的 ODDR 均有相同的时钟和复位驱动。

（3）ISERDES。ISERDES 用于将输入串行数据转换为并行数据，其内部结构如图 2.31 所示。输入到 D 端的数据由高速时钟（CLK）确定时序，可以是 SDR 或者 DDR。ISERDES 将接收到的高速串行数据解串行，然后送到 FPGA 的内部逻辑，并且 Q 端输出的数据由低速时钟（CLKDIV）确定时序。

注：CLK 和 CLKDIV 必须同相位。

对于解串行后的数据而言：

① 单数据率模式时，数据宽度为 2、3、4、5、6、7 或者 8。

② 双数据率模式时，数据宽度为 4、6 或 8。

当将它们级联在一起时，可以得到更宽的数据宽度。在双数据率模式时，数据宽度可以达到 10 或者 14。此外，提供了 BITSLIP 逻辑用于将并行数据成帧。

（4）OSERDES。OSERDES 用于把将要输出的数据串行化，送到引脚或者 ODELAY 单元，其内部结构如图 2.32 所示。输出到 Q 端的数据由高速时钟（CLK）确定时序，可以是 SDR 或者 DDR。送到 D 端的并行数据来自 FPGA 内的逻辑资源，并且 D 端输入的数据由低速时钟（CLKDIV）确定时序。

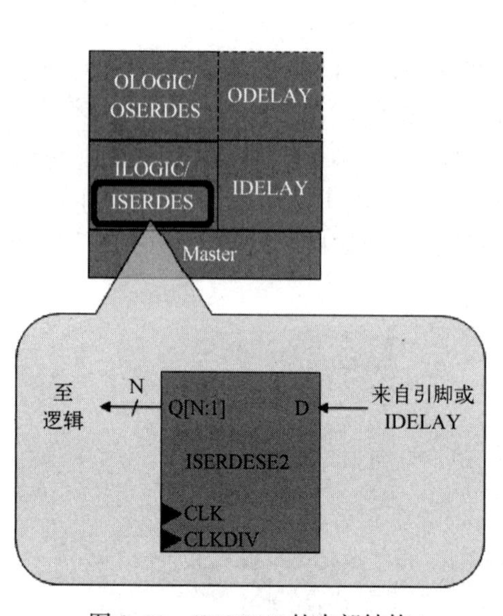

图 2.31　ISERDES 的内部结构

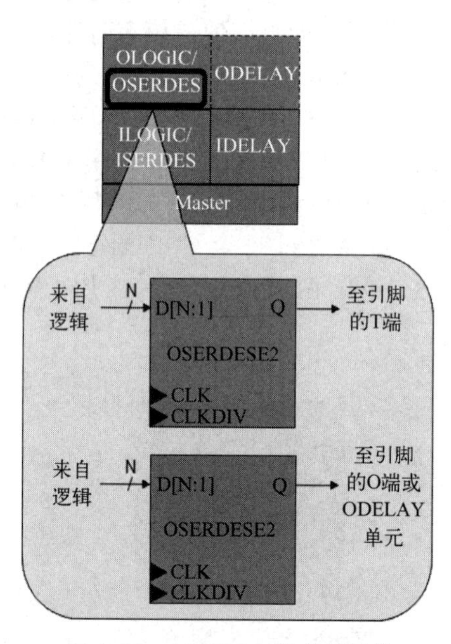

图 2.32　OSERDES 的内部结构

注：CLK 和 CLKDIV 必须同相位。

对于需要串行化的数据而言：

① 单数据率模式时，数据宽度为 2、3、4、5、6、7 或者 8。

② 双数据率模式时，数据宽度为 4、6 或 8。

当将它们级联在一起时，可以得到更宽的数据宽度。在双数据率模式时，数据宽度可以达到 10 或者 14。此外，当使用三态串行化器时，所有数据和三态宽度必须是 4。

(5) IDELAY 和 ODELAY。在 Xilinx 7 系列的 FPGA 内，提供了独立的 IDELAY 和 ODELAY 延迟线。对于 IDELAY 而言，HP 和 HR 组均提供该单元；对于 ODELAY 而言，只有 HP 组提供该单元。

通过 IDELAY 单元，可以对延迟线元件进行标定。对于 IDELAY 和 ODELAY 而言，它们的能力几乎相同，可以通过 FPGA 内的逻辑访问 IDELAY。对于 Xilinx 7 系列所有速度等级的 FPGA 而言，参考时钟频率可以达到 200MHz；对于最快速度等级的 FPGA 而言，参考时钟频率可以达到 300MHz。

3. 块存储器资源

在前面介绍了可以使用的分布式存储器资源。此外，在 FPGA 的内部还提供了专用的块存储资源（Block RAM，BRAM）和 FIFO 资源，如图 2.33 所示。对于 Xilinx 7 系列的 FPGA 而言，它们内部 BRAM/FIFO 的特性主要包括：

(1) Xilinx 所有 7 系列的 FPGA 都有相同的 BRAM/FIFO。

(2) 支持全同步操作，所有的操作都是同步的，所有的输出都被锁存。

(3) 内部提供可选的流水线寄存器，用于更高频率下的读写操作。

(4) 两个独立的端口用于访问数据，这两个端口有各自独立的地址、时钟、写使能和时钟使能信号，并且每个端口可以单独设置各自的数据宽度。

(5) 提供多个配置选项，包括真正的双端口、简单的双端口和单端口模式。

(6) 内部集成了级联的逻辑。

(7) 在较宽数据的配置中，提供了字节写使能信号。

(8) 集成了用于控制 FIFO 的逻辑，提高快速而高效的访问能力。

(9) 集成了 64/72 位的海明码纠错码。

(10) 为 BRAM 提供了单独的供电电源轨，用于保证 BRAM 的性能。

1) 配置为单端口模式

当 BRAM 配置为单端口模式时，其结构如图 2.34 所示。

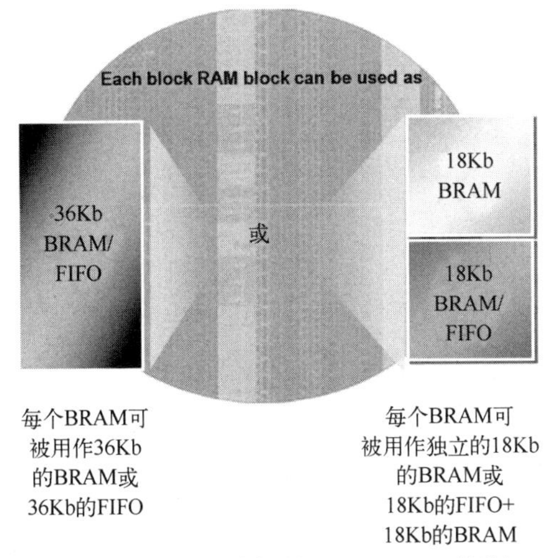

图 2.33　FPGA 内部的 BRAM/FIFO 资源

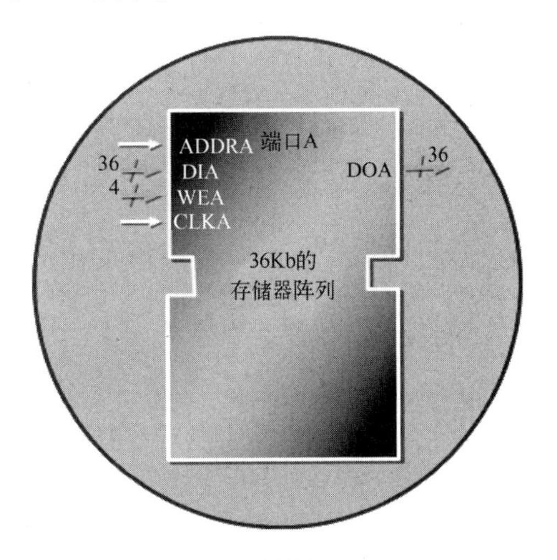

图 2.34　FPGA 内部的 BRAM/FIFO 资源配置成单端口模式时的结构

这种配置的特性主要包括：

（1）单个的读/写端口，包括：①时钟 CLKA；②地址 ADDRA；③写使能 WEA；④写数据 DIA；⑤读数据 DOA。

（2）36Kb 配置：32Kb×1、16Kb×2、8Kb×4、4Kb×9、2Kb×18、1Kb×36。

（3）18Kb 配置：16Kb×1、8Kb×2、4Kb×4、2Kb×9、1Kb×18、512b×36。

（4）可配置的写模式如下所示。

① WRITE_FIRST：写到 DIA 的数据可在 DOA 端口使用。

② READ_FIRST：在 ADDRA 位置上，RAM 以前的内容出现在 DOA 端口。

③ NO_CHANGE：DOA 保持它以前的值（降低功耗）。

（5）可选的寄存器用于最高的性能（DOA_REG=1）。

2）配置为双端口模式

当 BRAM 配置为双端口模式时，其结构如图 2.35 所示。这种配置的特性主要包括：

（1）两个独立的读/写端口。

① 每个端口都有独立的时钟、地址、数据输入、数据输出和写使能等。

> **注：** 两个端口的时钟是异步的。

② 两个端口允许有不同的宽度。

③ 两个端口可以有不同的写模式。

（2）当所有的端口访问相同的地址时，没有内容冲突，除非如果由相同的时钟驱动，写端口为 READ_FIRST，则读端口将捕获到以前的数据。

3）配置为简单双端口模式

当 BRAM 配置为简单双端口模式时，其结构如图 2.36 所示。

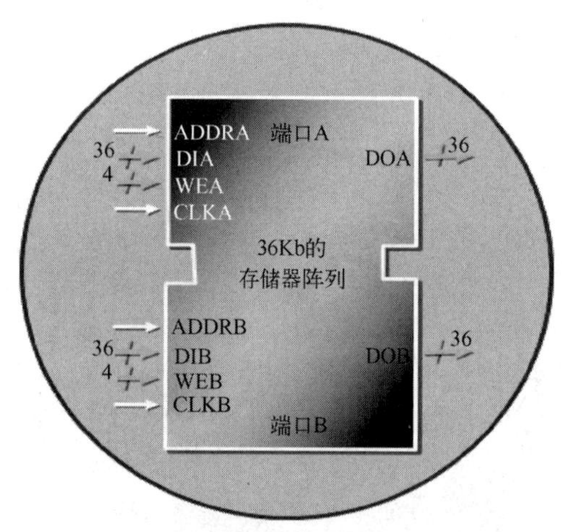

图 2.35　FPGA 内部的 BRAM/FIFO 资源配置成双端口模式时的结构

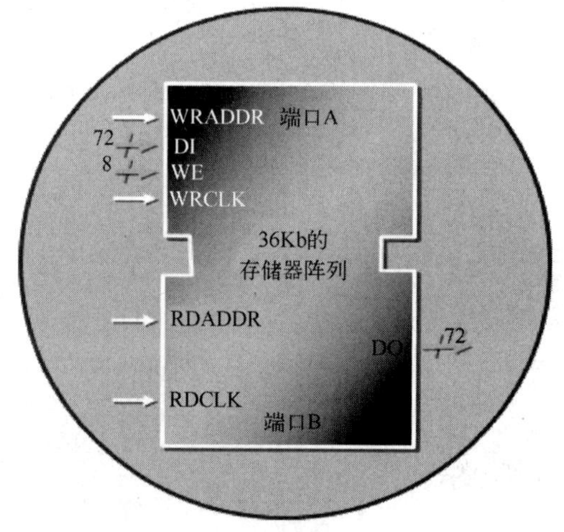

图 2.36　FPGA 内部的 BRAM/FIFO 资源配置成简单双端口模式时的结构

这种配置的特性主要包括：

（1）一个读端口和一个写端口，每个端口有独立的时钟和地址。

（2）在 36Kb 配置中，两个端口的其中一个必须是 72 位宽度，另一个端口可以是×1、

×2、×4、×9、×18、×36 或者×72。

（3）在 18Kb 配置中，两个端口的其中一个必须是 36 位宽度，另一个端口可以是×1、×2、×4、×9、×18 或者×36。

此外，可以将 BRAM 级联，Xilinx 7 系列的 FPGA 内建级联逻辑用于实现 64Kb×1 的存储器容量。它可以将两个垂直相邻的 32Kb×1 的 BRAM 级联在一起，而不需要使用额外的 CLB。通过这种方式，显著节约了资源，提高了大容量 BRAM 的访问速度，如图 2.37 所示。

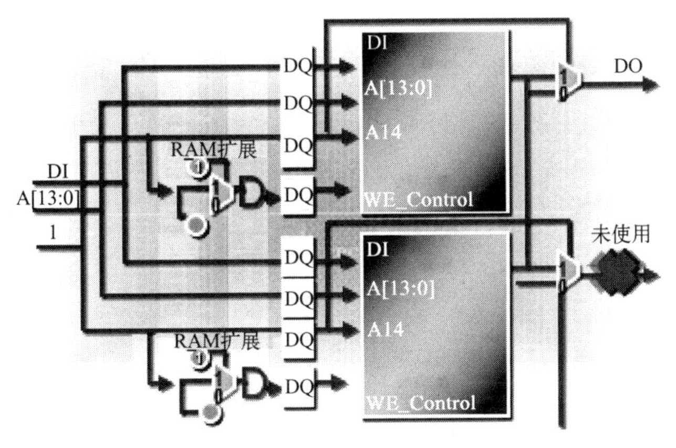

图 2.37　将两个垂直的 BRAM 级联在一起

通过更多的级联选项，可以用于构成更大容量的存储器，如图 2.38 所示。例如，可以构成 128Kb、256Kb、512Kb 等容量的存储器。通过使用额外的 CLB 逻辑，实现深度扩展。注意，这种方式不如级联 BRAM 速度快。此外，通过使用并行的 BRAM，可以实现宽度扩展。

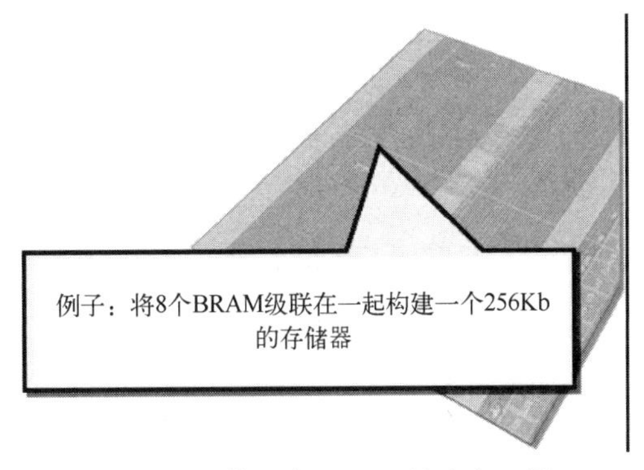

图 2.38　将 8 个 BRAM 级连在一起构建一个 256Kb 的存储器

在本节前面提到，在 Xilinx 7 系列的 FPGA 内部集成了先进先出的存储结构 FIFO，其结构如图 2.39 所示，特性主要包括：

（1）同步或者异步的读/写时钟。

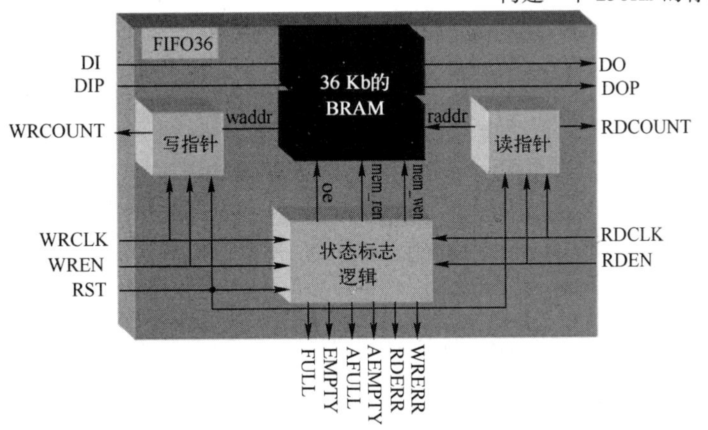

图 2.39　Xilinx 7 系列的 FPGA 内部集成的 FIFO 的内部结构

（2）提供了 4 个标志，即满、空、可编程的几乎满或空。

（3）可选的首字跌落（First Word Fall Through，FWFT）模式。

（4）FIFO 的配置如下所示。

① 任意 36Kb 容量的 BRAM：8Kb×4、4Kb×9、2Kb×18、1Kb×36、512b×72。

② 任意 18Kb 容量的 BRAM：4Kb×4、2Kb×9、1Kb×18、512b×36。

③ 写和读的宽度必须相同。

注：当使用 512b×72 宽度时，可以使用集成的纠错码。

4. 数字信号处理阵列

在 Xilinx 7 系列的 FPGA 内部集成了大量的 DSP48E1 切片，如图 2.40 所示。每个 DSP48E1 切片的内部结构如图 2.41 所示。

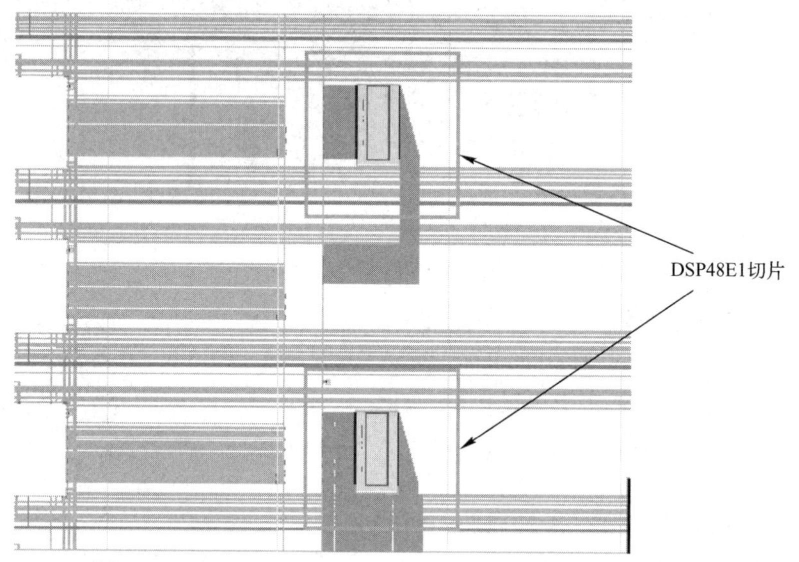

图 2.40　在 Xilinx 7 系列的 FPGA 内部集成的 DSP48E1 切片

DSP48E1 切片可实现的操作包括：①25×18 的有符号乘法器；②48 位加法器/减法器/累加器；③48 位的逻辑操作；④用于高速运算的流水线寄存器；⑤模式检测器；⑥SIMD 操作（12/24 位）；⑦用于更多功能的级联逻辑；⑧预加法器。

5. 时钟管理

在 Xilinx 7 系列的 FPGA 内部时钟管理的特性包括：

（1）全局时钟缓冲区，提供了高扇出的时钟分配缓冲区。

（2）低抖动时钟分配，提供了区域时钟布线功能。

（3）时钟区域的面积为 50 个 CLB 的高度和跨度。

（4）时钟管理单元。

① 在每个时钟内，包含一个混合模式时钟管理器（Mixed－Mode Clock Managers，MMCM）和一个锁相环（Phase Locked Loop，PLL）。

② 实现频率合成、时钟抖动和滤除抖动的功能。

③ 高输入频率范围。

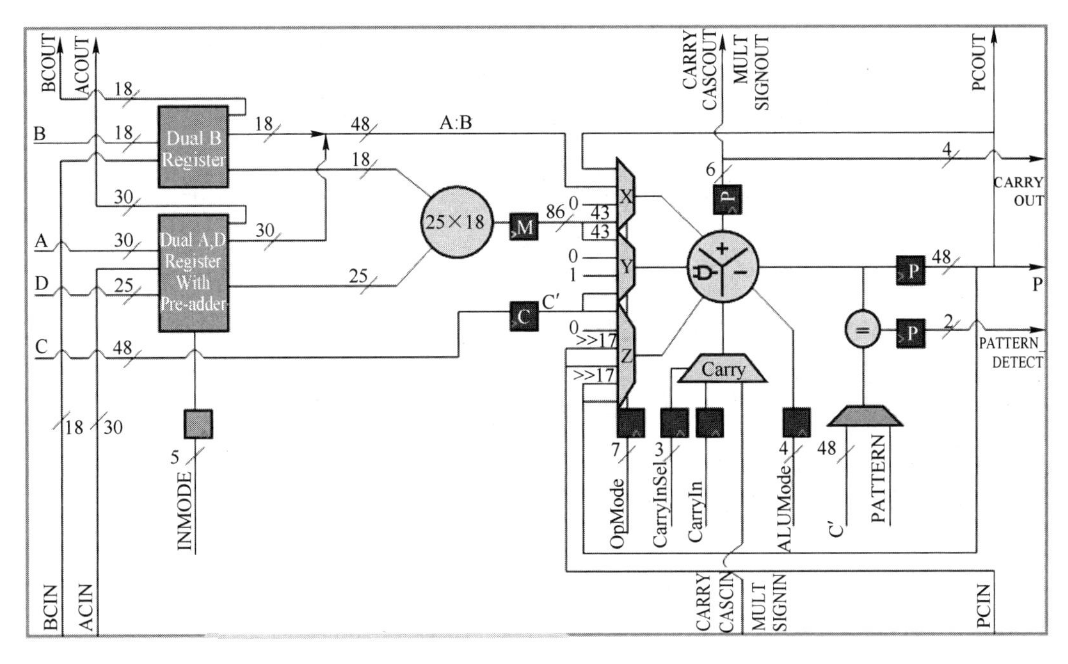

图 2.41　DSP48E1 切片的内部结构

（5）通过 Xilinx Vivado 工具提供的 IP 核设计向导 Clocking Wizard，使得读者很容易完成时钟设计。

1）时钟使能输入

所有的同步设计至少需要一个外部时钟作为参考，显然需要将这些时钟引入 FPGA 内。在 Xilinx 7 系列的 FPGA 内部，每个 I/O 组都提供了时钟使能输入引脚，如图 2.42 所示。

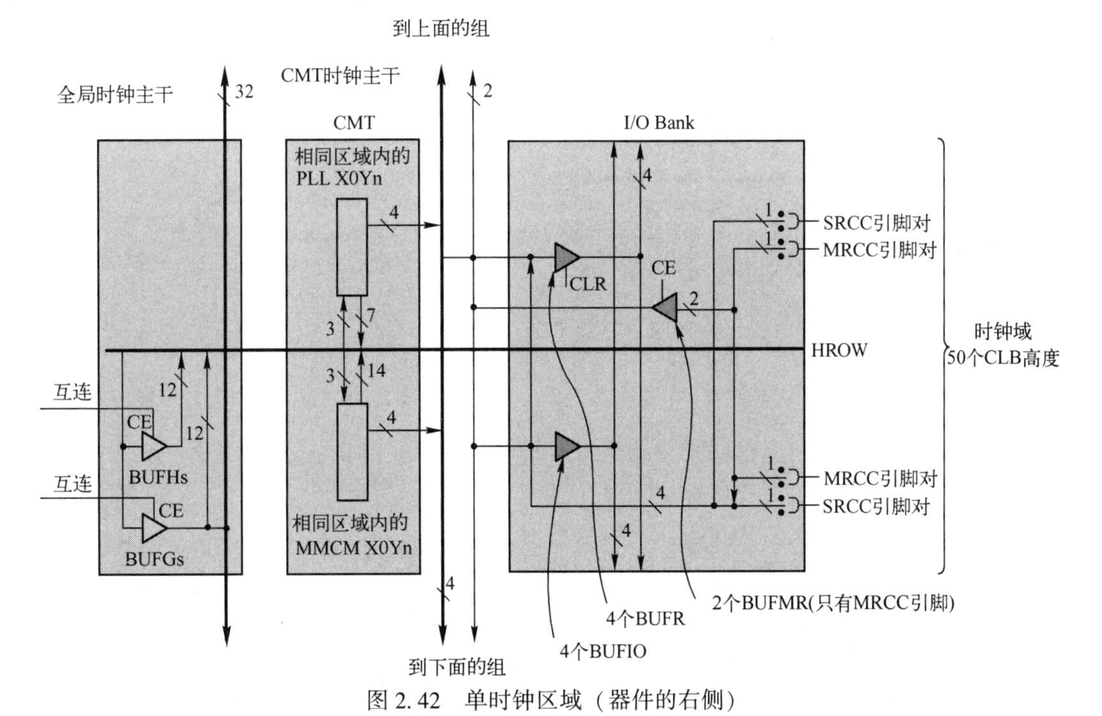

图 2.42　单时钟区域（器件的右侧）

（1）这些输入都是普通 I/O 引脚，有专用的布线资源将其连接到时钟资源。

（2）每个 I/O 组有 4 个时钟使能的引脚，包括：

① 两个多区域时钟使能（Multi-Region Clock Capable，MRCC）。

② 两个单区域时钟使能（Single-Region Clock Capable，SRCC）。

（3）每个时钟输入可以用作单端时钟输入，或者与相邻的引脚配对构成差分时钟输入。因此，每个组有 4 个单端或者 4 个差分输入时钟。

2）时钟域

与前一代 FPGA 相比，Xilinx 7 系列的 FPGA 提供了更大的时钟区域面积，如图 2.43 所示。其时钟域覆盖区域为：①50 个 CLB 高度，50 个 I/O 高度；②与 I/O 组有相同的大小；③半个器件的宽度；④2~24 个区域（根据器件规模大小）。

在每个时钟域内的资源包括：

（1）12 个全局时钟网络，它由 BUFH 驱动。

（2）4 个区域时钟网络，它由 BUFR 驱动。

（3）4 个时钟网络，它由 BUFIO 驱动。

3）全局时钟缓冲区

Xilinx 7 系列的 FPGA 的中心提供了 BUFGCTRL 或者 BUFG。

（1）BUFGCTRL 的符号如图 2.44 所示，其驱动源包括：

① 在相同半个域内的时钟使能 I/O（Clock Capable I/O，CCIO）。

② 在相同半个域内的时钟输出。

③ 在相同半个域内的吉比特收发时钟。

④ 其他 BUFG，互连或者 BUFR。

图 2.43　时钟域

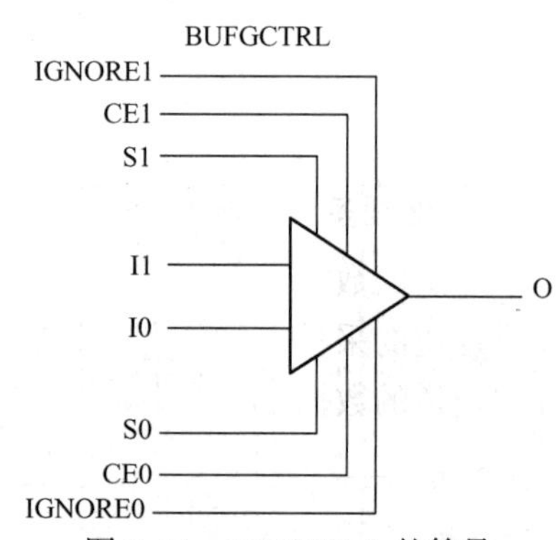

图 2.44　BUFGCTRL 的符号

（2）BUFGCTRL 的输出驱动垂直的全局时钟"主干"。

（3）BUFGCTRL 元件实现包括：

① 简单的时钟缓冲区（BUFG）。

② 带有时钟切换（BUFGMUX，或者 BUFGMUX_CTRL）的时钟缓冲区，其符号如图 2.45 所示。

③ 带有时钟使能的时钟缓冲区（BUFGCE），其符号如图 2.45（b）所示。

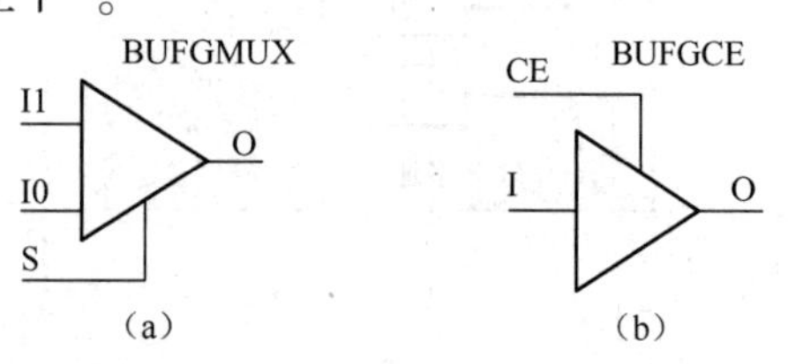

图 2.45　BUFGCE 和 BUFGMUX 的符号

2.3.3 FPGA 实现数字信号处理的优势

与传统的使用 DSP、CPU 或者 GPU 实现数字信号处理相比，FPGA 在实现高性能数字信号处理方面有着不可比拟的巨大优势，主要表现在如下几个方面。

1. FPGA 处理高运算量的负载

在 FPGA 和 DSP 内，都可以实现需要 10 个 MAC 的运算操作。可在 DSP 内以串行方式一个接一个地执行 10 个 MAC，很明显该操作需要 10 个时钟周期；如果使用 FPGA 以全并行方式执行，则只需要 1 个时钟周期。实际上，可以根据实际性能要求，选择在 5 个时钟周期中执行 10 个 MAC 操作，或者使用 2 个时钟周期执行 10 个 MAC 操作；而使用 DSP 就不会如此灵活地根据需求修改执行周期。

这种灵活性是根据面积和速度成反比的关系来确定的，如图 2.46 所示。如果必须快速执行 10 次 MAC 操作，则 FPGA 可在 1 个时钟周期内全并行地执行它们；但是这样会消耗大量的芯片资源（面积）。如果允许以低速度执行 10 次 MAC 操作，则 FPGA 可以串行执行它们。这样，FPGA 芯片内逻辑资源的使用量则可以减少为原来的 1/10，但需要 10 个时钟周期来执行 MAC 操作。因此，在 FPGA 内实可根据需求和技术指标灵活确定实现数字信号处理的策略。

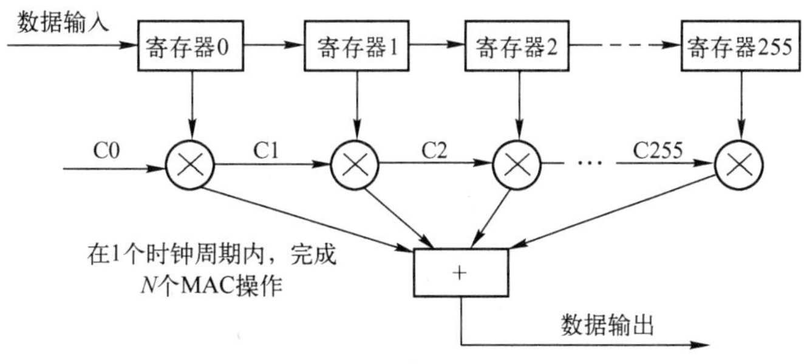

图 2.46　FPGA 信号处理的结构

2. FPGA 处理多通道数字信号

对于多通道的数字信号处理而言，FPGA 也显示出其巨大的优势。一种策略是以全并行方式对 4 个通道的采样数据进行同时处理，如图 2.47（a）所示；另一种策略是提高采样率，使 4 个通道的数据在一个多通道的滤波器上时分复用，如图 2.47（b）所示。

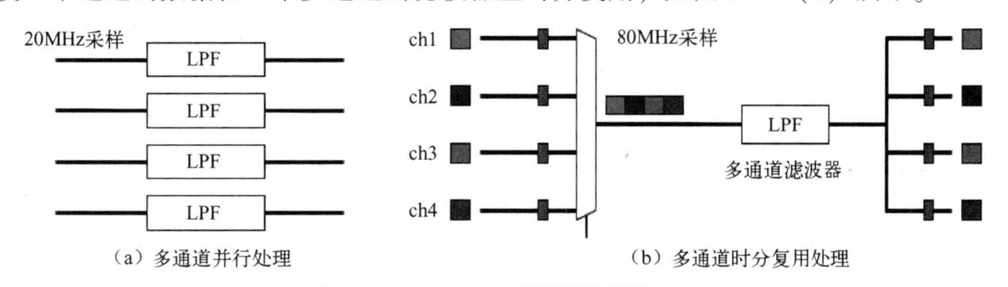

（a）多通道并行处理　（b）多通道时分复用处理

图 2.47　FPGA 对多通道数据处理

3. FPGA 定制数字信号处理结构

FPGA 可以根据成本和性能的要求，对设计策略进行权衡，以满足数字信号处理对硬件结构的要求，如图 2. 48 所示。当要求实现高性能数字信号处理时，使用全并行的结构；而当数字信号处理的性能要求并不非常苛刻时，可以采用部分并行结构甚至全串行结构。这样，可以通过在面积和速度之间进行权衡，以满足不同的数字信号处理需求。

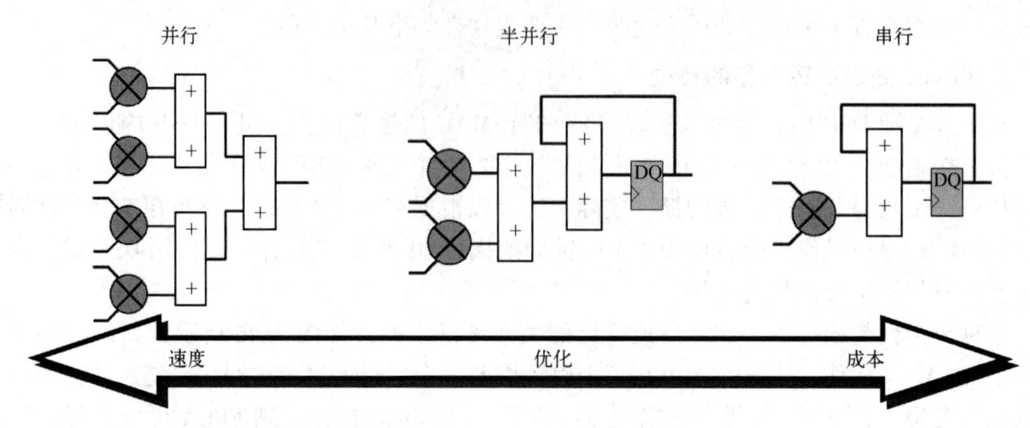

图 2. 48　不同结构满足成本和性能要求

4. FPGA 处理降低功耗

通过将大量的逻辑设计资源集成在单个芯片内，FPGA 显著降低了数字信号处理系统的整体功耗，这也是其优势的重要体现。

2. 3. 4　FPGA 的最新发展

在许多应用中，FPGA 被用作中央处理单元。这些应用包括消费电子、汽车电子、图像/视频处理、军事/空间、通信基站、网络/通信、超级计算和无线应用等。近年来，FPGA 芯片的性能不断发展，以适合未来高性能信号处理的要求，主要体现在：

（1）逻辑门数越来越大，运行速度越来越高。

（2）通过采用更小纳米的流片工艺来提高 FPGA 器件的密度。一旦密度增加，器件的逻辑门数将变大，速度将变得更快。

（3）新一代 FPGA 朝着在单个器件上实现整个系统的方向发展。

1. 全可编程器件 Zynq-7000

2009 年，Xilinx 可编程器件 Zynq-7000 的推出，为数字信号的高性能处理注入了新的活力。Zynq-7000 SoC 器件真正实现了软件和硬件的协同设计、协同仿真和协同调试。这样，使得设计者可以更加灵活地在成本和性能之间进行权衡。Zynq-7000 SoC 器件的内部结构如图 2. 49 所示，其结构特点体现在：

（1）集成 ARM 处理器系统。①双核 ARM Cortex-A9 MP 处理器；②集成外部存储器控制器和外设；③与片内可编程的逻辑资源实现充分连接。

（2）集成高密度大容量的可编程逻辑资源。①用于对处理器系统进行扩展；②提供了高性能的 ARM AXI 接口；③灵活选择逻辑资源和实现性能。

（3）灵活的 I/O 阵列。①满足不同电气标准的宽范围 I/O；②集成高性能的串行收发器；③提供与片内 ADC 连接的外部输入。

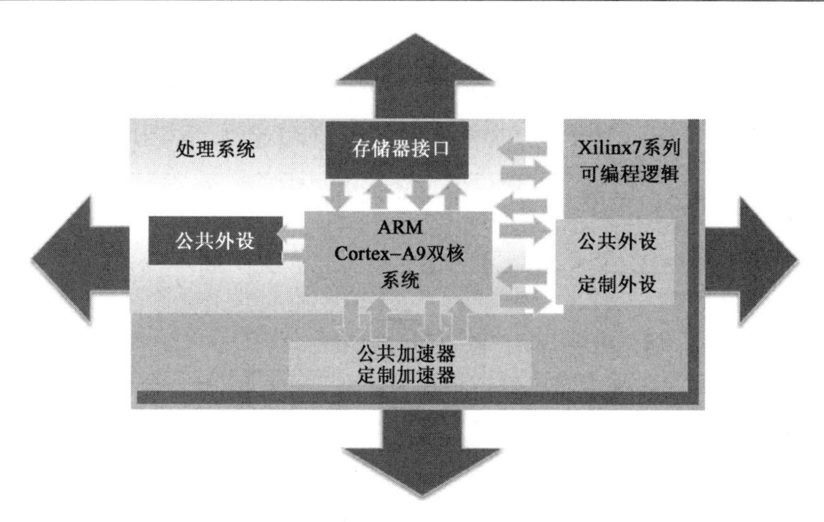

图 2.49　Zynq-7000 SoC 器件的内部结构

2. UltraScale 架构的 FPGA 器件

最近，Xilinx 推出了一种全新的 FPGA 结构，称为 UltraScale 架构。UltraScale 架构是业界首款采用最先进的 ASIC 架构优化的全可编程架构，该架构能从 20nm 平面的 FET 结构扩展至 16nm 鳍式的 FET 晶体管，同时还能从单芯片扩展到 3D IC。借助 Xilinx Vivado 设计套件提供的分析型协同优化能力，UltraScale 架构可以提供海量数据的路由功能，同时还能够智能地解决先进工艺节点上系统性能瓶颈的问题。这种协同设计可以在不降低性能的前提下实现超过 90%的器件利用率。

UltraScale 架构不仅能够解决系统总吞吐量扩展和时延方面的局限性，而且还能直接应对先进工艺节点上的头号系统性能瓶颈，即互连问题。UltraScale 新一代互连架构的推出体现了可编程逻辑布线技术的真正突破。赛灵思致力于满足从多吉字节智能包处理到多太字节数据路径等的新一代应用需求，即必须支持海量数据流。在实现宽总线逻辑模块（将总线宽度扩展至 512 位、1024 位甚至更高）的过程中，布线或互连拥塞问题一直是影响实现时序收敛和高质量结果的主要制约因素。如果逻辑设计过于复杂，则当使用 Xilinx 早期架构的 FPGA 器件时，无法在芯片内实现高质量的布线。即使 Xilinx 提供的开发工具能够对拥塞的设计进行布线，最终设计也经常需要在低于预期的时钟速率下运行。而 UltraScale 布线架构则能完全消除布线拥塞问题。

2.4　FPGA 执行数字信号处理的一些关键问题

本节将讨论在使用 FPGA 执行数字信号处理时所关心的一些问题。

2.4.1　关键路径

在一个逻辑变量从输入到输出的过程中，会存在逻辑延迟和布线延迟。在一个系统中，关键路径是指在两个由时钟驱动的寄存器中间最长的组合逻辑路径。这里的“最长”是指传播时间。关键路径延迟是指关键路径的时间延迟，如通过电路最长组合逻辑的传播延迟。例如，

图 2.50 中给出的关键路径，表示这条路径是寄存器 a 和寄存器 b 之间传播时间最长的路径。很明显，从寄存器 a 的逻辑输入，经过与非门、异或门和与门后，到寄存器 b。由于逻辑门的翻转延迟和布线的传输延迟，使得寄存器 a 的输入逻辑需要经过一段时间后才能到达寄存器 b。

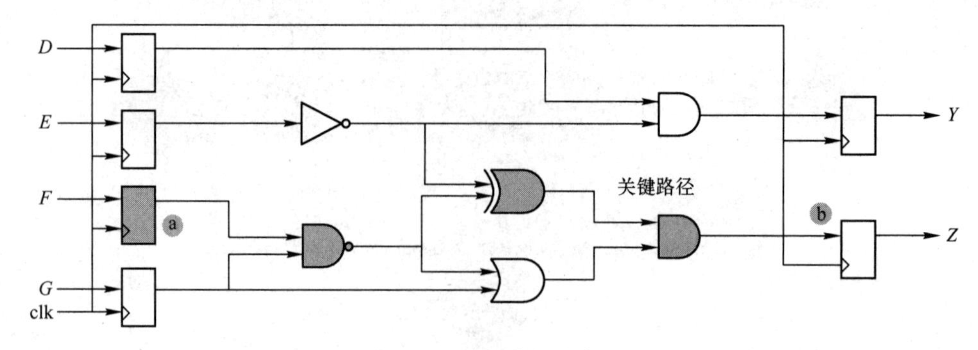

图 2.50　关键路径的定义

下面再举一个算术运算的过程，如图 2.51 所示。当考虑算术运算时，读者需要注意信号不是 1 比特宽度，而是由几比特构成的总线，这通常与算术运算的字长一致。运算结果的最后一位，即在加法和减法的最高有效位（Most Significant Bit，MSB）是不可用的，直到完成了计算为止。在计算的过程中，从最低有效位（Least Significant Bit，LSB）将进位传递到最高有效位。因此，就涉及较宽的字长和较长的关键路径。

假设图 2.51 中给出的两个逻辑输入 A 和 B，它们的字长均为 10 位，则 $A+B$ 的结果是 11 位的。显然，用于计算 $A+B+C$ 的第二个加法器的宽度为 11 位。因此，第二个加法器的传播延迟大于第一个加法器。

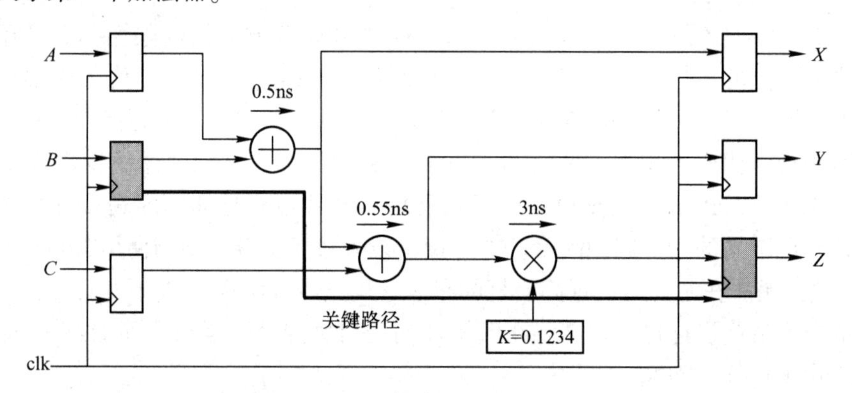

图 2.51　复杂算术运算的关键路径

很明显，乘法器的关键路径要长于类似字长的加法器，如图 2.51 所示。由于逻辑操作所产生的延迟远大于布线延迟，因此在后面将忽略布线延迟，这样可以使问题分析更加简单。

一个典型设计的关键路径如图 2.52 所示。将图 2.52 中的关键路径延迟表示为τ_{CPD}，它是一些逻辑延迟和布线延迟的总和，表示为

$$\begin{aligned}\tau_{CPD} &= \tau_{NAND}+\tau_{XOR}+\tau_{AND}+\tau_{routeA}+\tau_{routeB}+\tau_{routeC}+\tau_{routeD}\\ &=0.3ns+0.4ns+0.2ns+0.15ns+0.2ns+0.25ns+0.1ns\\ &=1.6ns\end{aligned}$$

其中，τ_{NAND}、τ_{XOR}和τ_{AND}为逻辑延迟；τ_{routeA}、τ_{routeB}、τ_{routeC}和τ_{routeD}为布线延迟。

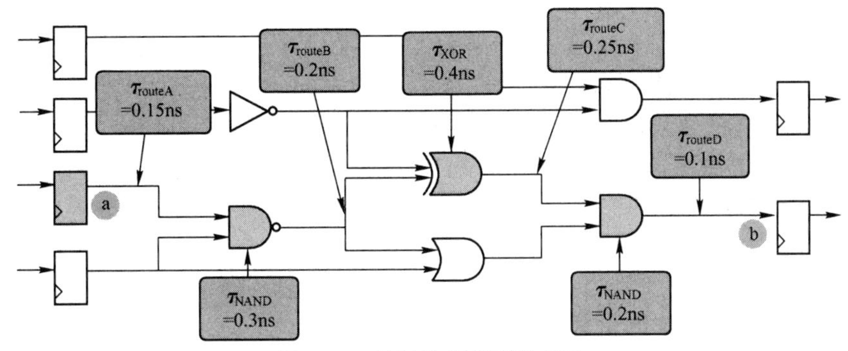

图 2.52　关键路径的延迟表示

一般情况下，逻辑延迟在总延迟中占有绝对的分量（注意：但不是绝对的）。因此，DSP 和 FPGA 设计工程师对逻辑延迟的关注更多。对于布线延迟而言，通常由设计工具（如 Xilinx 的 Vivado 布局和布线工具）或者人工高级干预的方式进行处理。

为什么关键路径非常重要？这是因为它限制了驱动该系统工作的最高时钟频率。对于设计而言，最高的时钟工作频率 $f_{clk(max)}$ 表示为

$$f_{clk(max)}=\frac{1}{\tau_{CPD}}=\frac{1}{1.6ns}=625MHz$$

如果时钟频率小于这个值，则信号可以在 1 个周期内从寄存器 a 的输出到达寄存器 b 的输入，这对于保证逻辑功能的正确性非常重要。如果时钟频率大于这个值，则不能保证这个逻辑电路的正常工作，不是逻辑门不能正常翻转，就是信号无法按时到达下一个逻辑门。

在基于 FPGA 的数字信号处理系统设计中，最高时钟频率 $f_{clk(max)}$ 是一个最关键的性能指标。$f_{clk(max)}$ 越大，表示设计性能越好。最小的时钟周期（最高时钟频率）由关键路径延迟限制，即 $T_{clk}>\tau_{CPD}$，如图 2.53 所示。

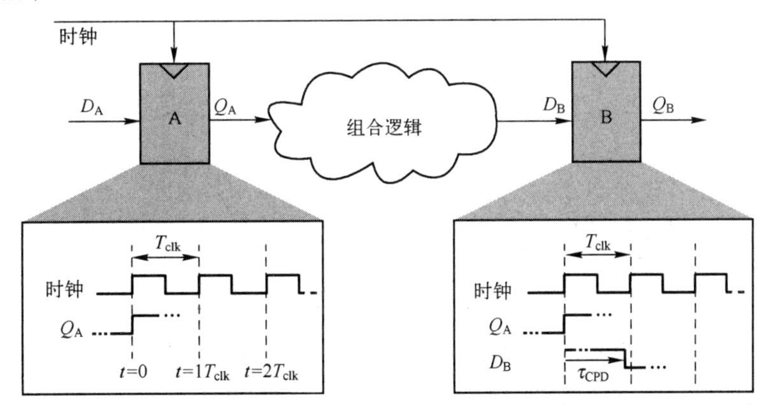

图 2.53　关键路径延迟对最小时钟周期的限制

很明显，为了使设计有效，在相同的时钟周期内，要求从组合逻辑的输出到作为输入时必须变成有效。如果不是这种情况，就好像组合逻辑包含了至少 1 个时钟周期的延迟。从数学的角度来说，这将从根本上改变所实现算法的功能，使得它所实现的算法功能出现。

此外，在设计的时候一定要尽量避免在寄存器的建立和保持时间内改变信号，如在活动时钟跳变的一个很短的时间范围内。因此，真正的最小时钟周期应该比关键路径的延迟要稍微长一些，即

$$T_{clk} > \tau_{CPD} + t_{setup} + t_{hold}$$

注：基于讨论的目的，在后面的讨论中将不考虑建立时间（t_{setup}）和保持时间（t_{hold}）。但是，Xilinx 的 Vivado 工具将会处理这个问题。

思考与练习 2-5：请说明关键路径的定义，以及关键路径对最高时钟频率的影响。

2.4.2 流水线

前面提到，时钟频率依赖于组合逻辑路径的长度。因此，可以考虑在组合逻辑中间插入一些寄存器来消除它们之间的依赖性，这种方法称为流水线。

继续考虑图 2.53 给出的例子，在寄存器 A 和 B 之间插入寄存器 P，将一个组合逻辑路径分为两个相同的部分，如图 2.54 所示。从图 2.54 中可知，增加额外流水线寄存器的好处就是将时钟的频率提高了 1 倍；但是，使得从 B 的输出延迟了 1 个时钟周期。

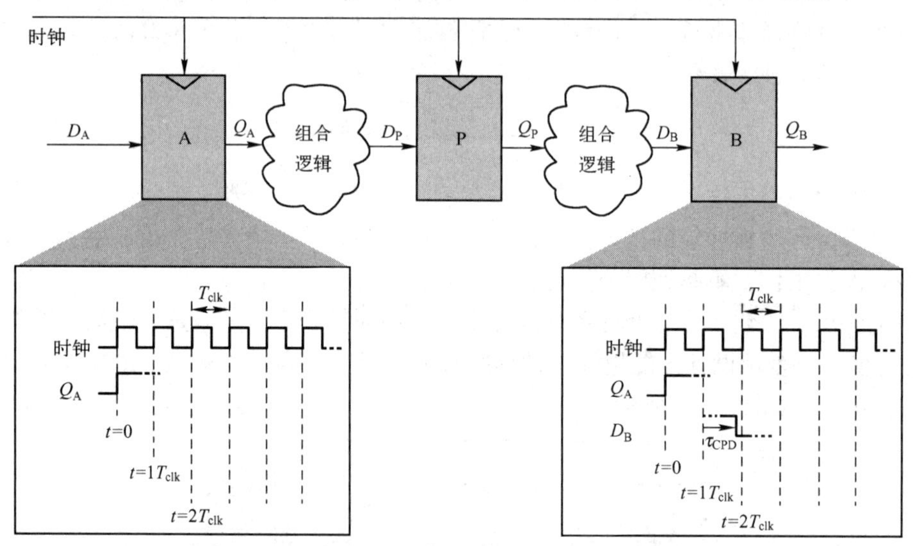

图 2.54 在寄存器 A 和寄存器 B 之间插入寄存器 P

在前面的例子中，$\tau_{CPD}=1.6\text{ns}$，因此最高的时钟频率可以达到 625MHz。由于插入了流水线寄存器，使得关键路径的延迟缩短为原来的 1/2。因此，最高时钟频率可以达到

$$f_{clk(max)} = \frac{1}{\tau_{CPD}} = \frac{1}{0.8\text{ns}} = 1250\text{MHz}$$

更进一步，可以插入更多的流水线寄存器来提高时钟的工作频率。当把最初设计的路径分割成 4 个相同的部分时，时钟的最高工作频率 $f_{clk(max)}$ 可以达到

$$f_{clk(max)} = \frac{1}{\tau_{CPD}} = \frac{1}{0.4\text{ns}} = 2500\text{MHz}$$

思考与练习 2-6：请说明在 FPGA 设计中，插入流水线寄存器的作用，以及它对改善性能的影响。

2.4.3 延迟

很明显，插入流水线寄存器会使得输入到输出出现额外的延迟。对于每个流水线寄存器

而言，延迟增加了 1 个时钟周期，如图 2.55 所示。

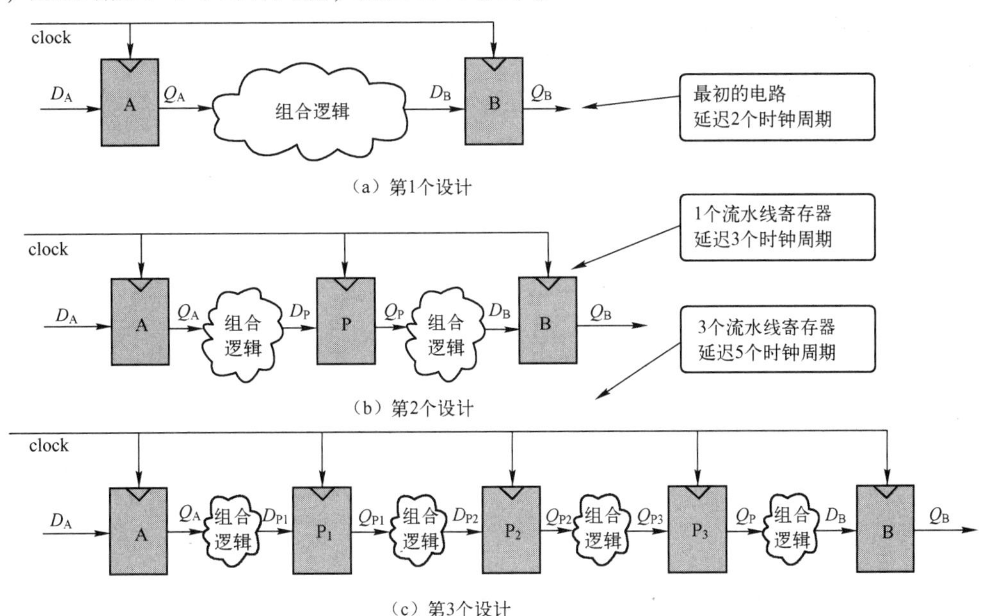

图 2.55　插入流水线寄存器增加额外的延迟

从图 2.55 中可知：

(1) 在第 1 个设计中，在 D_A输入 2 个时钟周期后在 Q_B观察到它的输出。因此，该设计的延迟是 2 个时钟周期。

(2) 在第 2 个设计中，通过添加寄存器 P，增加了 3 个时钟周期。

(3) 与第 1 个设计相比，在第 3 个设计中，增加了 3 个流水线寄存器 P_1、P_2和 P_3。因此，整个设计的延迟变成 2+3=5 个时钟周期。

在很多情况下，增加 1~2 个时钟周期来改善时序是可接受的结果。然而，一个例外的情况是反馈回路，这是因为在这个回路上每个新的计算结果不能开始，直到计算完最后一个结果为止。在这种情况下，对输出进行延迟则没有任何帮助。

注： 本书后面将通过介绍重定时信号流图来指导读者在保证不破坏所实现算法功能的基础上正确地插入流水线寄存器。

思考与练习 2-7： 请说明在 FPGA 设计中，插入流水线寄存器对设计的不利影响，以及使用时应注意的事项。

2.4.4　加法器

在后面的章节中，读者将进一步明白数字信号处理/大数据处理，乃至现在流行的人工智能（Artificial Intelligence，AI）本质上都是大量的乘法、加法、乘和累加的运算。因此，在本节中，通过对 FPGA 内的硬件加法器和乘法器的详细介绍，进一步说明为什么在未来 AI 或者大数据处理中，FPGA 将扮演更加重要的角色。

数字信号处理严重地依赖于算术运算，因此需要从本质上理解它们的实现方式。前面说过，大多数的数字信号处理算法，包括后面将介绍的有限冲激响应（Finite Impulse

Response，FIR）滤波器，只使用乘法和加法运算（很少使用除法和均方根等运算）。

从实现的最底层角度来看，所有的乘法和加法操作都由全加器完成。最简单的全加器可以实现两个1比特数据的相加，如图2.56所示。1位全加器的实现原理如表2.5所示。根据表2.5给出的逻辑关系，可以得到1位全加器的逻辑电路，如图2.57所示。

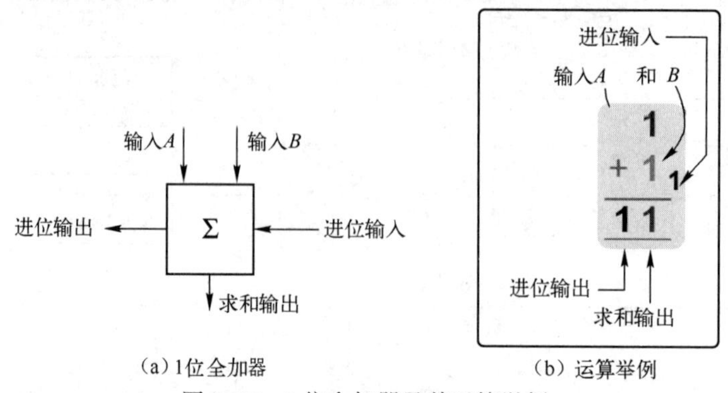

（a）1位全加器　　（b）运算举例

图2.56　1位全加器及其运算举例

表2.5　1位全加器的实现原理

A	B	C_{IN}	C_{OUT}	S
0	0	0	0	0　0+0+0=0
0	0	1	0	1　0+0+1=1
0	1	0	0	1　0+1+0=1
0	1	1	1	0　0+1+1=2
1	0	0	0	1　1+0+0=1
1	0	1	1	0　1+0+1=2
1	1	0	1	0　1+1+0=2
1	1	1	1	1　1+1+1=3

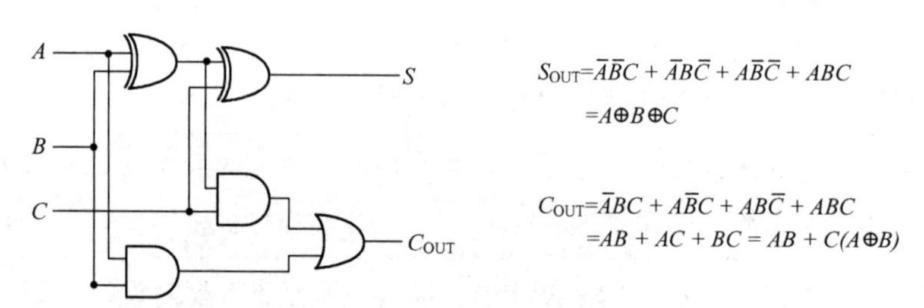

$$S_{OUT}=\bar{A}\bar{B}C+\bar{A}B\bar{C}+A\bar{B}\bar{C}+ABC=A\oplus B\oplus C$$

$$C_{OUT}=\bar{A}BC+A\bar{B}C+AB\bar{C}+ABC=AB+AC+BC=AB+C(A\oplus B)$$

图2.57　1位全加器的逻辑电路

对于1位全加器而言，可以实现两个1比特数据的相加。将1位全加器级联就可以构成多位的全加器，实现多个比特位的相加运算。4位全加器的结构如图2.58所示。对这个结构稍加修改，就可以扩展到任意位的加法运算。

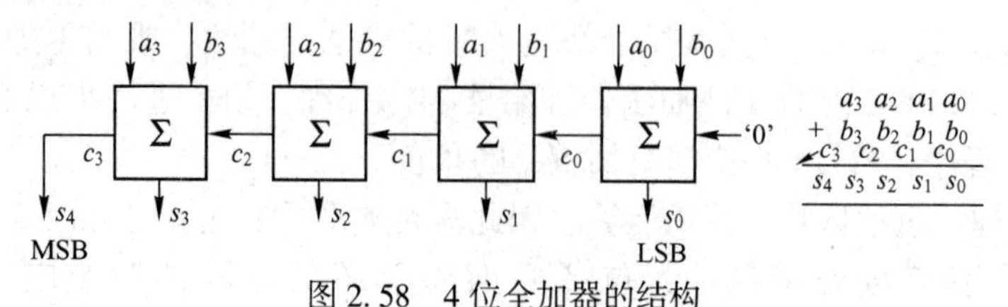

图2.58　4位全加器的结构

注：该结构的最后一个进位输出 C_3，构成了求和输出的 MSB。

很明显，修改这个结构就可以实现 4 位全减器的功能，如图 2.59 所示。从图 2.59 中可知，要实现 $A-B$ 的运算，B 的所有位取反，并且第一个全加器的进位输入设置为 1。

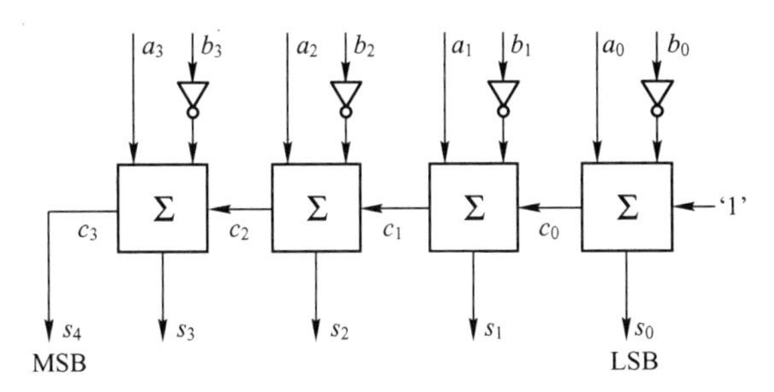

图 2.59　4 位全减器的结构

注：对于加法操作，将第一个全加器的进位输入设置为 0。

前面介绍了全加器和全减器的实现原理，下面介绍一下它们在 Xilinx FPGA 内的映射关系。

使用 Verilog HDL 描述 4 位全加器的功能，如代码清单 2-3 所示。

代码清单 2-3　top.v 文件

```
module top(
  input signed[3:0] a,
  input signed[3:0] b,
  output signed[3:0] sum,
  output carry
    );
  assign {carry,sum} =a+b;
endmodule
```

注：读者可以定位到本书提供资料的\fpga_dsp_example\four_adder_mapping\Project2\目录下，用 Vivado 2017.2 打开 project_2。

该 4 位全加器的电路结构如图 2.60 所示。

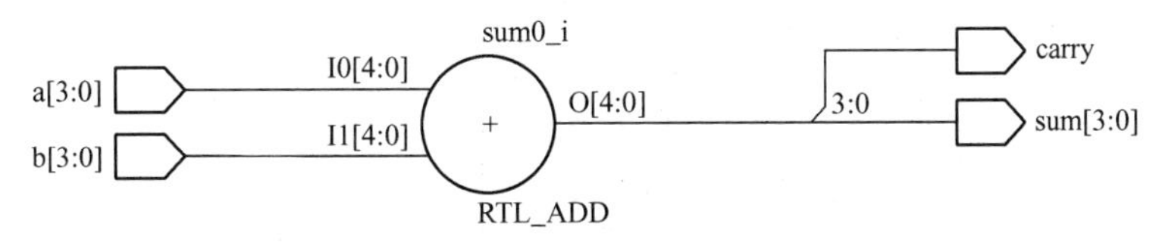

图 2.60　4 位全加器的电路结构

注：该结构由 Xilinx Vivado 2017.2 工具的 Elaborated Design 过程得到。

选定 Artix 7 系列的 FPGA，经过 Xilinx Vivado 2017.2 工具综合后，其真实的电路结构如图 2.61 所示。此时，可以看到已经转换成 Xilinx FPGA 内所提供逻辑资源的形式。

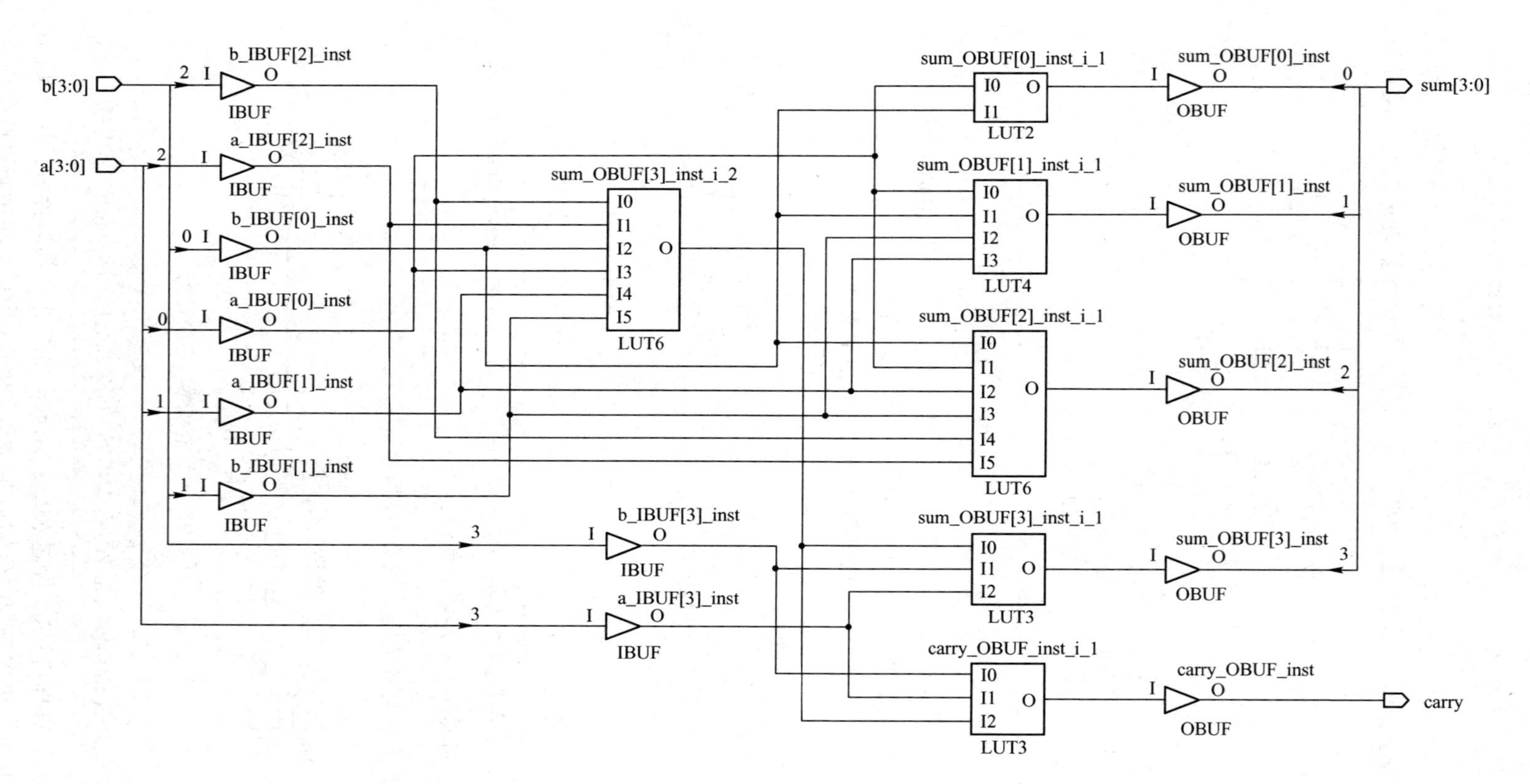

图2.61 4位全加器经描述综合后的电路表示

对图 2. 61 所给出的 4 位全加器综合后的电路进行布局布线后的结果如图 2. 62 所示。从图 2. 62 中可知，上面的电路映射到了 LUT 和进位链资源，并且通过 FPGA 内提供的互连线资源将它们连接在一起。

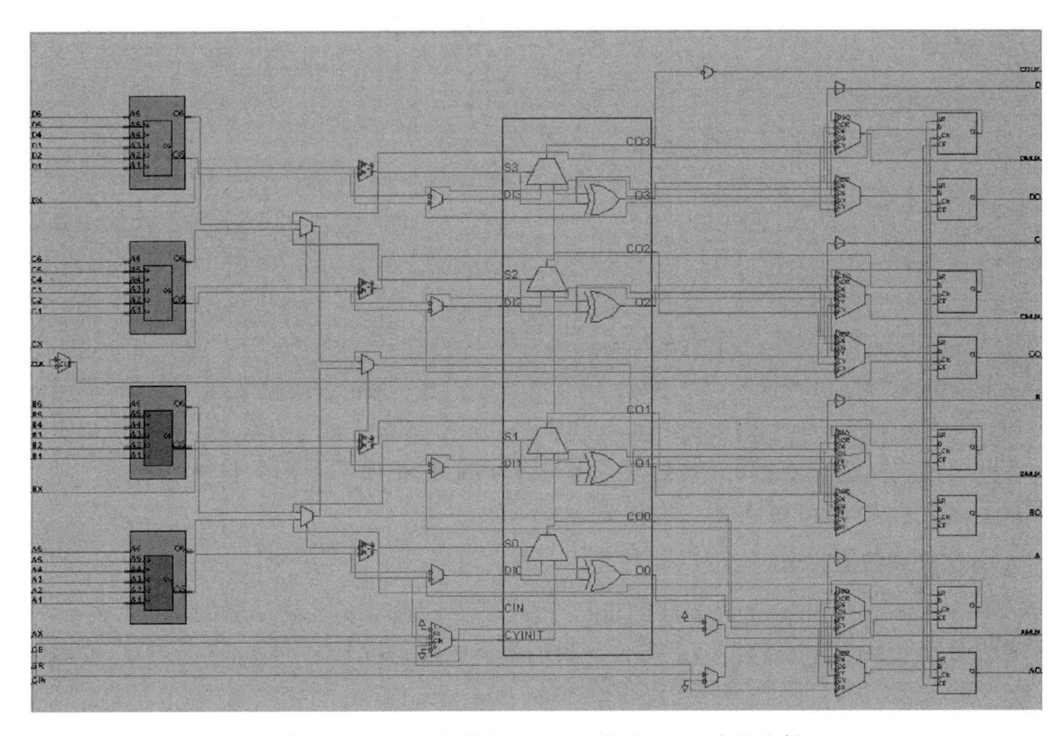

图 2. 62　4 位全加器在 Xilinx 7 系列 FPGA 内的映射

思考与练习 2-8：请说明全加器/全减器电路的实现原理，以及与 FPGA 内逻辑资源的对应关系。

思考与练习 2-9：众所周知，在 CPU 和 DSP 中通过使用 C 语言编写软件代码就可以实现 4 位宽度数据的全加操作。请比较使用 FPGA 实现加法功能与使用软件 C 语言代码实现加法功能的本质区别。

2. 4. 5　乘法器

对于一个乘数和被乘数为 4 位的乘法操作而言，要求 16 个乘/加单元，如图 2. 63 所示。

在 4 位乘法器的结构中，每个单元都由一个全加器（Full Adder，FA）和逻辑与门构成，通过连线将它们连接在一起。每个单元的内部结构如图 2. 64 所示，其逻辑关系表示为

$$a_{out}=a$$

$$b_{out}=b$$

$$z=a\cdot b$$

$$s_{out}=(s\oplus z)\oplus c$$

$$c_{out}=\bar{s}\bar{z}c+\bar{s}z\bar{c}+s\bar{z}\bar{c}+szc$$

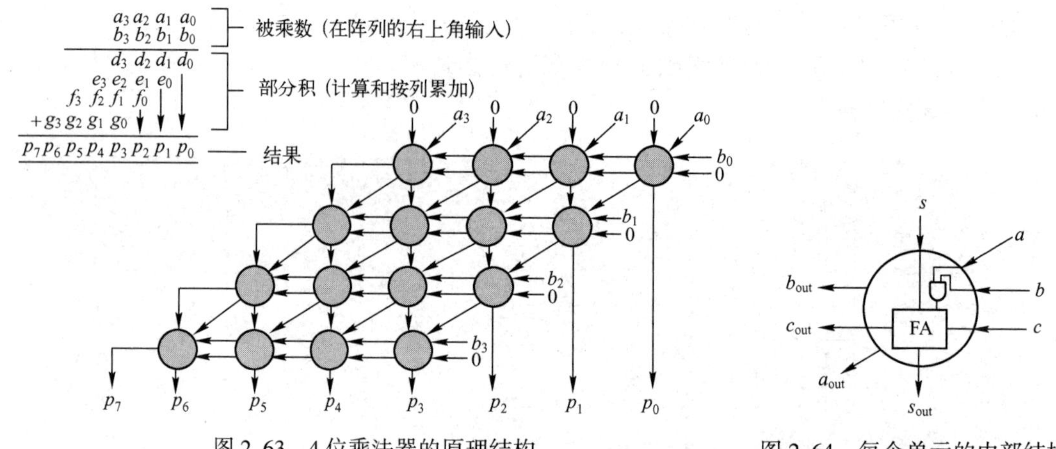

图 2.63　4 位乘法器的原理结构　　　　图 2.64　每个单元的内部结构

从上面的介绍可知，对于一个 $N \times N$ 的乘法而言，需要 N^2 个如图 2.64 所示的单元。例如，对于一个 8 位的乘法，需要$8^2=64$个这样的单元，是 4 位乘法所需单元总数的 4 倍。所以，乘法器将消耗大量的逻辑设计资源。当然，FPGA 内提供了专用的乘法器资源，可以实现乘法的运算，这也是 FPGA 的一大优势。

1. 分布式乘法器实现

分布式乘法器使用 FPGA 内的 LUT 等分布式逻辑资源来实现乘法器的功能。对于一个 4×4 的分布式乘法器实现而言，其 Verilog HDL 描述如代码清单 2-4 所示。

代码清单 2-4　top. v 文件

```
module top(
    input signed [3:0] a,
    input signed [3:0] b,
    output signed [7:0] c
    );
 assign c=a * b;
endmodule
```

使用 Xilinx Vivado 2017. 2 工具对设计进行综合后的结果如图 2. 65 所示。从图 2. 65 中可知，该 4 位乘法器消耗了 FPGA 内大量的逻辑设计资源。对该分布式乘法器执行完布局布线后的结果如图 2. 66 所示。

> **注：** 读者可以定位到本书提供资料的\fpga_dsp_example\multiplier_mapping_LUT\Project1\目录下，用 Vivado 2017. 2 打开 project_1。

2. 块乘法器实现

前面提到，FPGA 内提供了专用的数字信号处理切片 DSP48x，该切片内有专用的乘法器资源。因此，可以通过使用 DSP48x 实现两个数的乘法操作。与使用分布式结构实现乘法操作相比，使用 DSP48x 内的乘法器不会额外使用 FPGA 内的分布式逻辑资源。对于一个 4×4 位的乘法操作而言，使用 DSP48x 内专用乘法器的 Verilog HDL 描述它，如代码清单 2-5 所示。

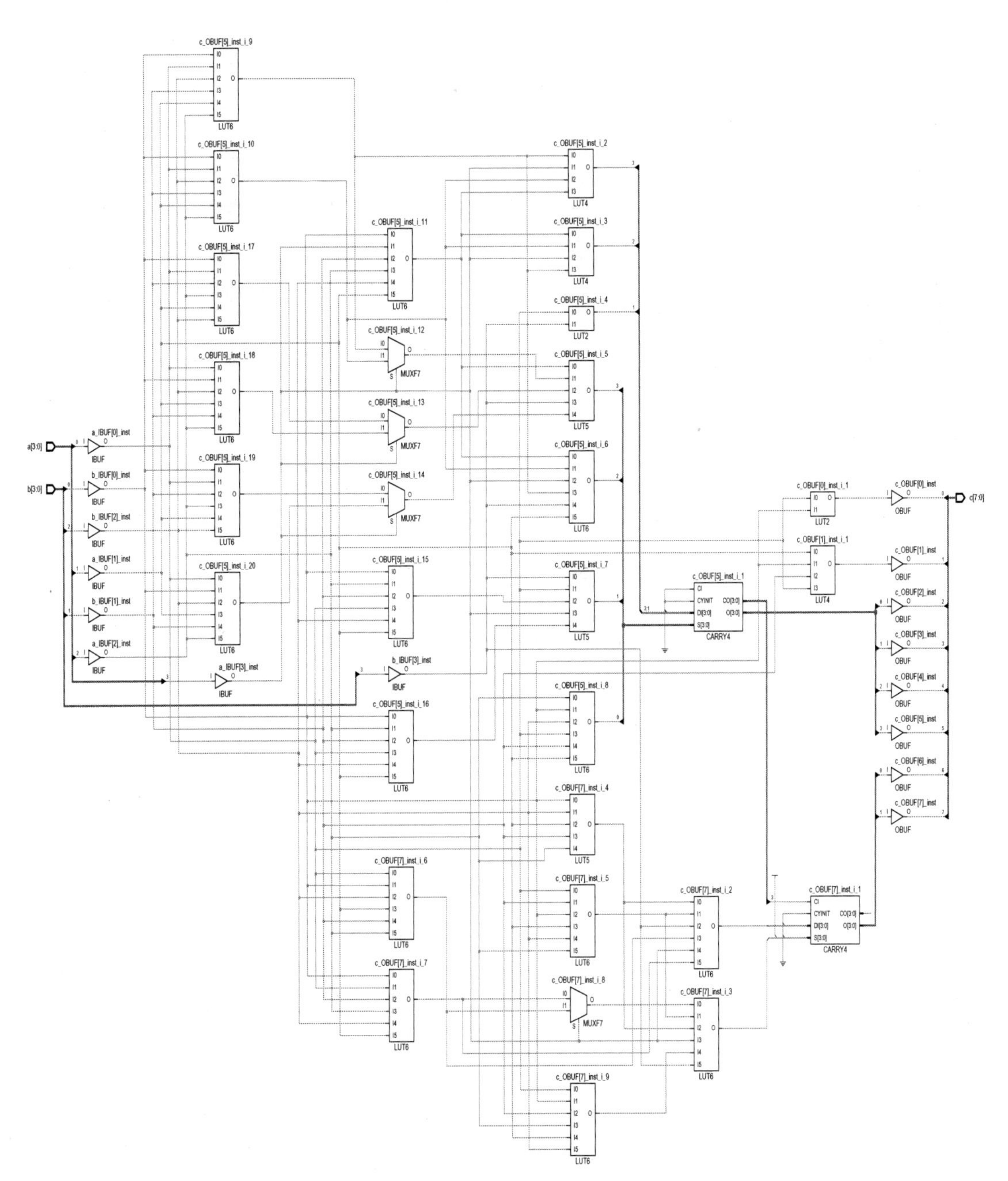

图 2.65 4位分布式乘法器综合后的结果

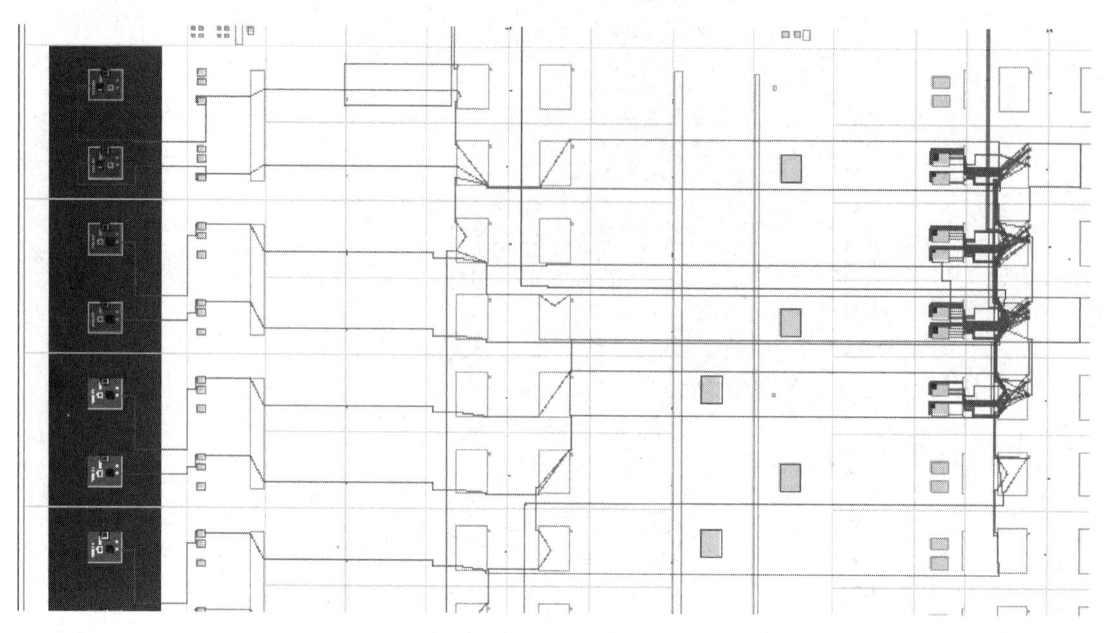

图 2.66 4 位分布式乘法器布局布线后的结果

代码清单 2-5 top. v 文件

```
( * use_dsp="yes" * ) module top(
      input signed [3:0] a,
      input signed [3:0] b,
      output signed [7:0] c
      );
  assign c=a * b;
endmodule
```

> **注：** 读者可以定位到本书提供资料的\fpga_dsp_example\multiplier_mapping_DSP\Project1\目录下，用 Vivado 2017.2 打开 project_1。

使用 Xilinx Vivado 2017.2 工具对该设计进行综合后的结果如图 2.67 所示。从图 2.67 中可知，该 4 位乘法器使用了 FPGA 内专用的 DSP48E1 切片，而不使用 FPGA 内的 LUT 等分布式资源。对该设计执行布局布线后的结果如图 2.68 所示。

对于 4 位分布式乘法器而言，其关键路径如图 2.69 所示。如果想让分布式乘法器的时钟频率更高，则可以在分布式乘法器的每个单元之间插入流水线寄存器，如图 2.70 所示。

从前面的介绍可知，不管是分布式乘法操还是块乘法器，它们的实现成本都很高。因此，很自然地想到，是否有一些方法可以替代乘法操作？答案是肯定的。根据所掌握的知识可知，对于 2 的幂运算可以通过简单的移位运算就可实现。因此，通过移位-相加的操作可以代替很多直接的乘法操作，如图 2.71 所示。

从图 2.71 可知，这些乘法运算简化成了移位或者移位-加法运算。一个移位操作在 FPGA 内消耗很少的逻辑资源，N 位加法操作只要求 N 个 LUT 资源，而 N 位乘法操作则要求 N^2 个 LUT 资源。因此，使用这种方法潜在地减少了实现乘法运算所要消耗的逻辑资源数量。

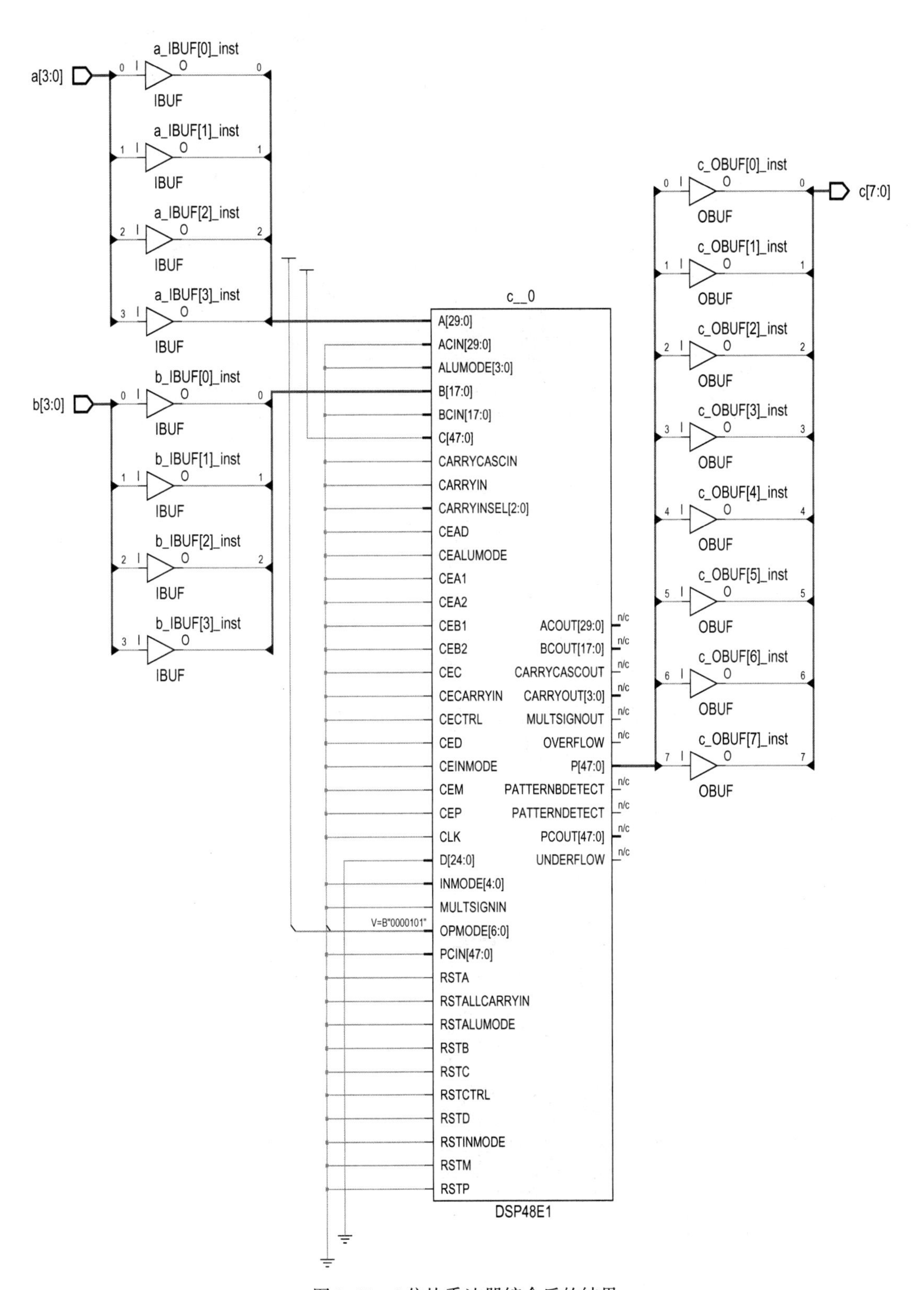

图 2.67　4 位块乘法器综合后的结果

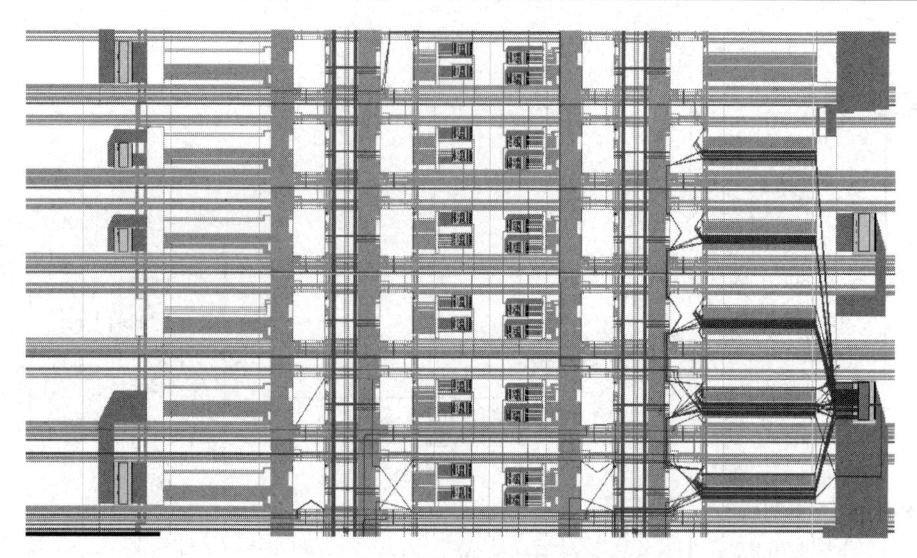

图 2.68　4 位块乘法器布局布线后的结果

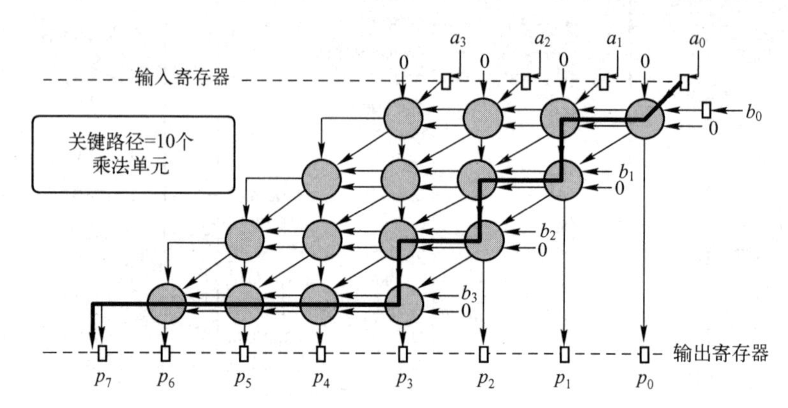

图 2.69　4 位分布式乘法器的关键路径

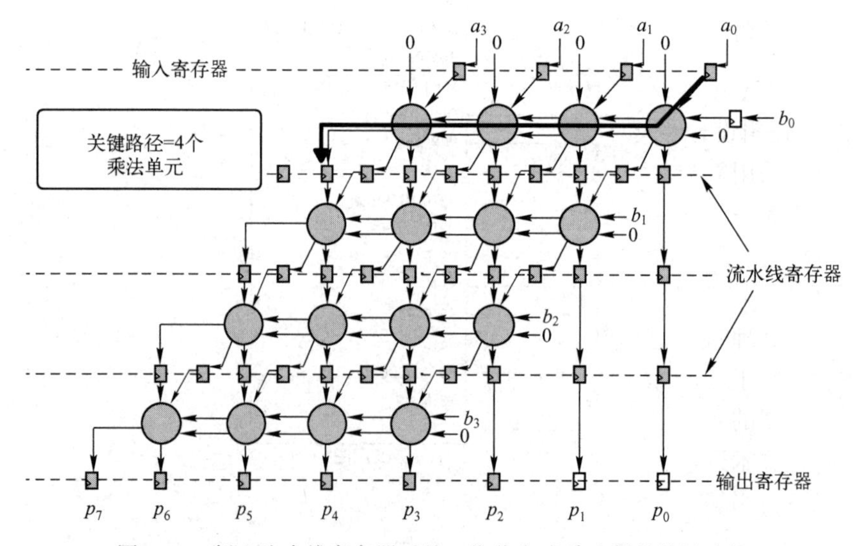

图 2.70　插入流水线寄存器后的 4 位分布式乘法器的关键路径

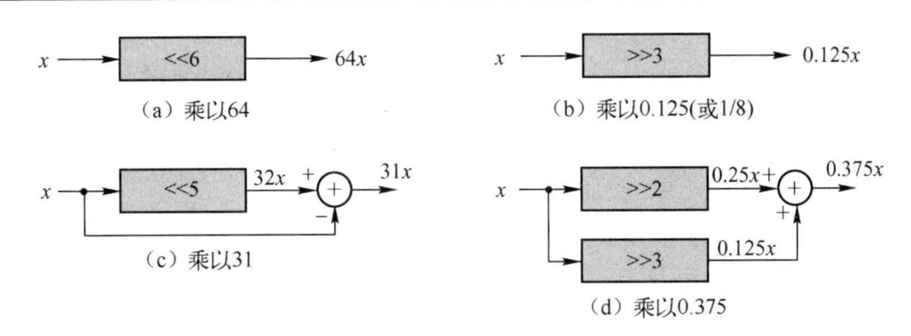

图 2.71　使用移位-相加操作实现乘法运算的功能

进一步扩展到多个权值，如 3 个或者 4 个分支。例如，对一个输入 x 使用 0.246459960937500 进行加权，并将其量化到 12 位，则可以通过移位-相加操作实现这个目的，如图 2.72 所示。

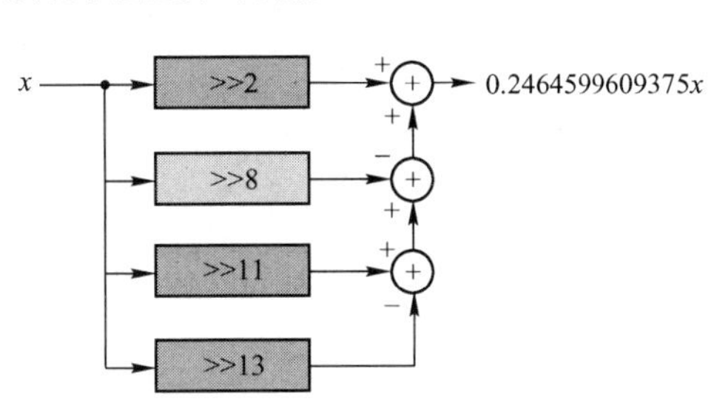

图 2.72　使用移位-相加操作实现对输入加权的操作

虽然这种方法可以显著减少乘法运算所消耗的逻辑资源，但是对于一个较长的滤波器设计而言，这会消耗大量的时间来选择合适的移位-相加实现所需的加权功能。因此，一般让 Vivado 工具对设计进行自动优化，只有在设计资源特别紧张的情况下才会考虑使用这种方法。

当然，如果修改权值能满足设计性能的要求，则可以通过修改权值来简化移位-相加操作的复杂度。

思考与练习 2-10：请说明分布式乘法器和块乘法器的实现原理，以及与 FPGA 内逻辑资源的对应关系。

思考与练习 2-11：众所周知，在 DSP 中使用 C 语言编写代码就可以实现 4 位数据相乘的操作，比较使用 FPGA 实现乘法操作与使用软件 C 语言代码实现乘法的本质区别（提示：FPGA 内有几十个甚至多达上千个 DSP 阵列）。

2.4.6　并行/串行

前面介绍 FPGA 在实现数字信号处理时所使用的是一种全并行处理结构，这是以消耗 FPGA 内大量的逻辑设计资源为代价的，因此可以达到很高的处理性能。当不需要很高的处理性能时，可以采用复用和资源共享的方式进行串行处理。因此，这也是 FPGA 的巨大优势，在本章 2.3.3 一节中已经进行过详细介绍。

2.4.7　溢出的处理

在进行信号处理时，溢出是一个非常棘手的问题。这里简单介绍一下，以引起读者的高度重视。例如，对于一个 8 位的有符号整数而言，其动态范围为-128～127。当数据的值太大而无法使用可用的数据格式表示时就会出现溢出。这种情况经常发生在模拟-数字转换的结果中，或者在算术运算的过程中。

通常情况下，当超过这个范围时，应该如何处理它？本节将对这个问题进行简单讨论。

1. 回卷

处理溢出的一种方法是回卷。由于二进制算术运算的处理机制，回卷是溢出很自然的一种处理方法。例如，当数字扩展超过了范围的顶端，它就回卷到范围的低端，反之亦然，如图 2.73 所示。对于 8 位无符号数而言，它可以表示的数值范围为 0～255。而数值 259 超过了可以表示的最大正数值 255，因此系统将其自动理解为数值 3。其实质是由于表示数字位数宽度的限制而引起的数字错误。这种问题也同样适用于二进制补码表示中。

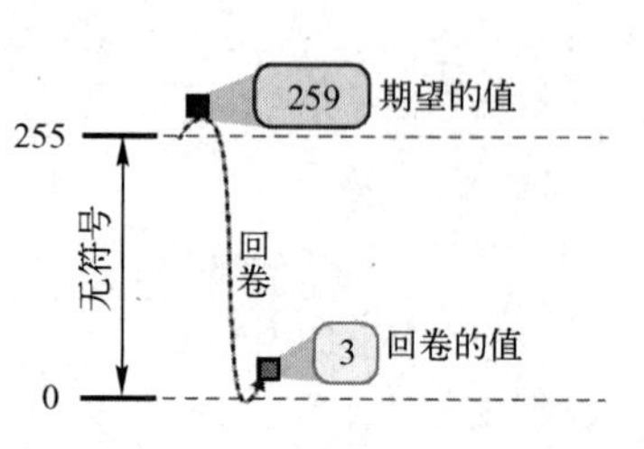

图 2.73　对溢出的处理（回卷）

一旦出现回卷，将出现严重的错误（如图 2.74 所示），即所表示的信号出现剧烈变化，人为地在原始信息中引入高频分量。

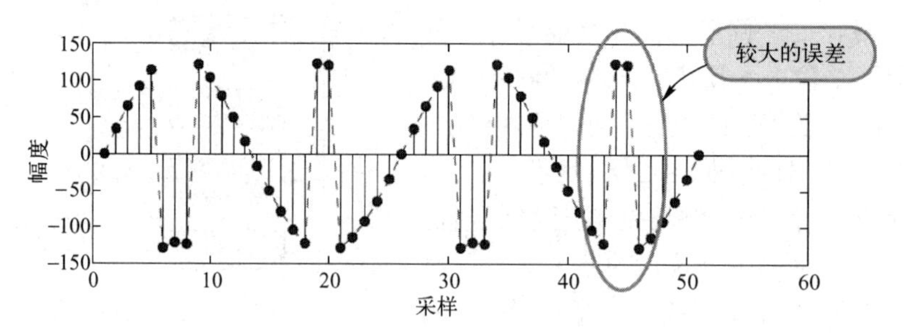

图 2.74　出现回卷时，将出现严重的错误

2. 饱和

处理溢出的另一种方法是饱和。对于饱和而言，问题不算很严重，如图 2.75 所示。从图 2.75 中可知，当采用饱和机制时，对于+132 而言，超过正数的最大值+127，将其饱和到+127；对于−131 而言，超过负数的最小值−128，将其饱和到−128。当然，结果会造成失真，因为此时有信息丢失（如图 2.76 所示）；但是，问题还不是特别严重。

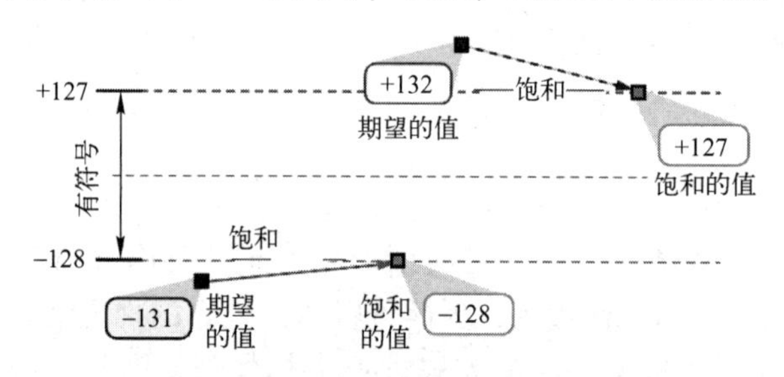

图 2.75　有符号数超出范围进行饱和处理（1）

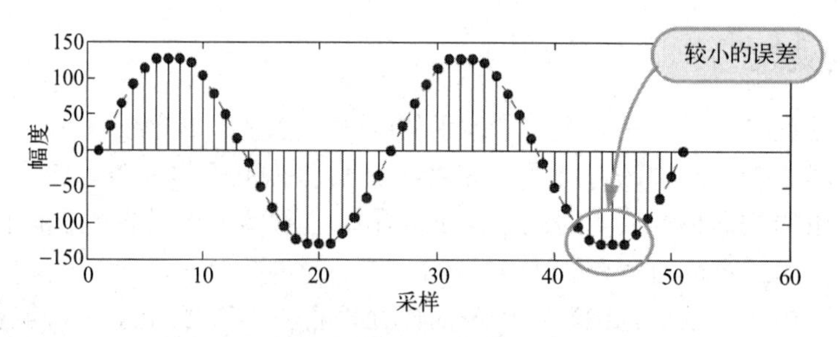

图 2.76　有符号数超出范围进行饱和处理（2）

2.5　高性能信号处理的难点和技巧

本节将通过一个滤波器组的设计任务说明在设计数字信号处理系统时，通过运用多个设计技巧来简化系统设计的复杂度，帮助读者理解本书后续章节的内容。通过思考这些问题，读者会发现高性能数字信号处理的实现远远比算法本身要难得多。

2.5.1　设计目标

本节给出的设计任务是设计一个滤波器组，用于建立 4 个独立的通道。在该设计中，输入信号的带宽是 100MHz。根据奈奎斯特采样定理，最低的采样频率是 200MHz。在该设计中，每个通道的带宽是 25MHz，如图 2.77 所示。滤波器组的输出是 4 个独立的通道，每个通道都包含原始信号频谱的一部分，如图 2.78 所示。

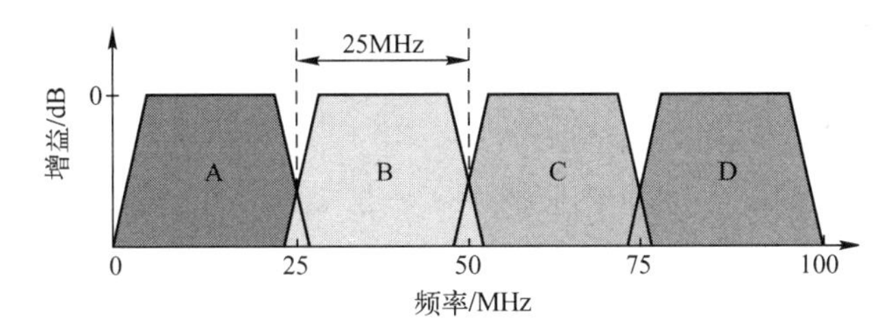

图 2.77　4 个滤波器组的频谱图

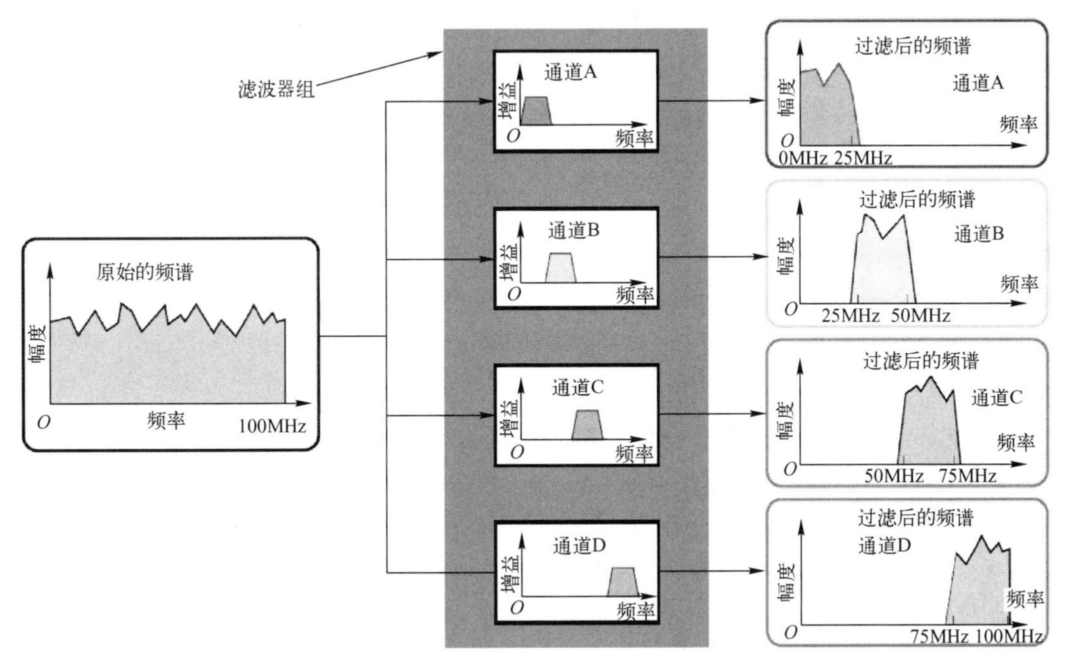

图 2.78　4 个滤波器组的结构

在滤波器组中，每个滤波器的特性为：

(1) 通道 A 滤波器。设计指标为：①低通滤波器；②截止（通带边沿）频率为 23MHz；

③过渡带为 4MHz。

(2) 通道 B 滤波器。设计指标为：①带通滤波器；②低截止（带通边沿）频率为 27MHz；③高截止（带通边沿）频率为 48MHz；④过渡带为 4MHz。

(3) 通道 C 滤波器。设计指标为：①带通滤波器；②低截止（带通边沿）频率为 52MHz；③高截止（带通边沿）频率为 73MHz；④过渡带为 4MHz。

(4) 通道 D 滤波器。设计指标为：①高通滤波器；②截止（通带边沿）频率为 77MHz。③过渡带为 4MHz。

在所有情况下，目标是阻带衰减达到-50dB（考虑了量化效应）。浮点设计工具可以提供-57dB 的衰减，并且通带纹波为 0.1dB。

2.5.2 实现成本

每个滤波器要求 133 个权值，表示为 133 个 MAC @ 200MHz。对于这个最初设计，计算成本为

$$(133+133+133+133)\times 200\text{MHz} = 106400\text{MMAC(百万 MAC)/s}$$

这是一个庞大的运算量。

根据实现这个要求的硬件，通常选择 16 位输入和 16 位权值。这样，可以估计一个 MAC 的操作成本为

$$\text{全加器} = \text{输入字长} \times \text{权值字长}$$

因此，对于 4 个通道滤波器而言，实现 532（133+133+133+133）个 MAC 操作，要求：

$$532\times 16\times 16 = 136192 \text{ 个全加器}$$

注：(1) 计算成本表示了执行 MAC 操作的速度。
(2) 资源成本表示了在 FPGA 内实现设计所要求的硬件成本，包括 LUT 和 FF 等。

很明显，计算成本和资源成本是相关的。如果计算速度不快，则可以使用串行滤波器，这将减少所消耗的硬件资源量。目前，考虑使用全并行的实现结构。

默认设计消耗 136192 个全加器（136192 个 LUT）。所要求的资源太多，因此不得不使用较大容量的 FPGA 器件。

2.5.3 设计优化

前面默认使用 16 位的系数，真是需要这么多吗？通过对量化滤波器设计的分析，发现 12 位系数足够，如图 2.79 所示。

因此，如果使用分布式乘法器，需要 16×12=192 个单元，而不是前面的 16×16=256 个单元。这样，显著降低了所需的逻辑资源量。

还有什么办法进一步进行设计优化？答案是肯定的。在这个子带结构中，对于所有的滤波器权值而言，通道 A（低通滤波器）和通道 D（高通滤波器）实际上有相同的幅度。不同之处在于每两个权值是相反的。这也可以用于通道 B 和通道 C，如图 2.80 所示。

因此，对通道 A 和通道 D 使用一个滤波器；对通道 B 和通道 D 使用一个滤波器，其结构如图 2.81 所示。很明显，优化后的滤波器结构，其资源成本降低了 50%。

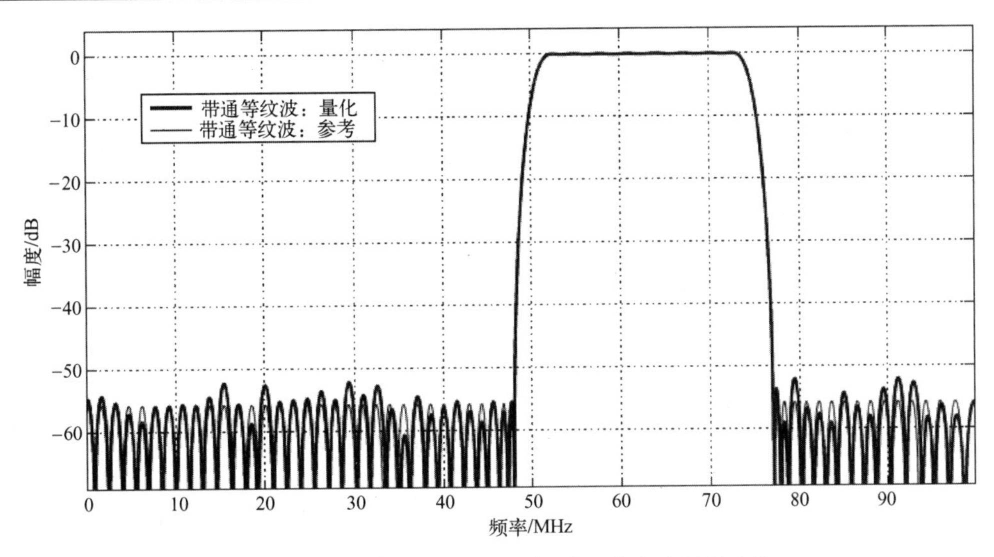

图 2.79　所设计滤波器的频谱要求：参考和量化比较

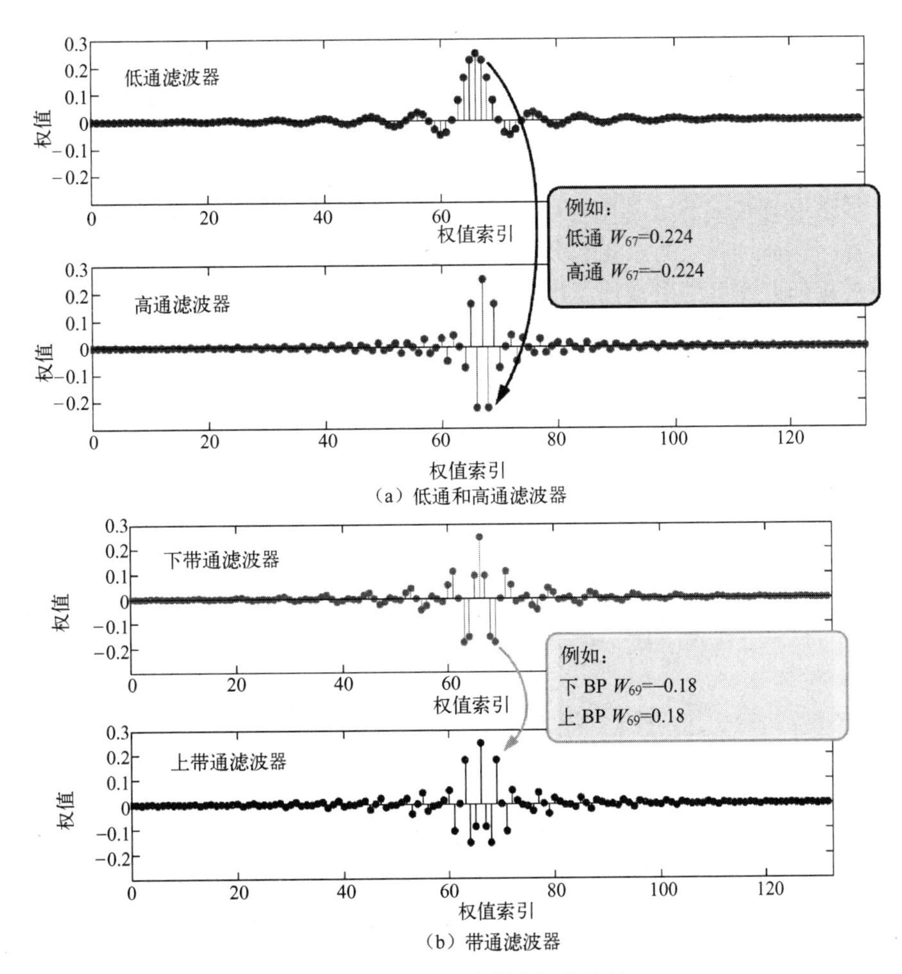

图 2.80　不同滤波器的权值特性

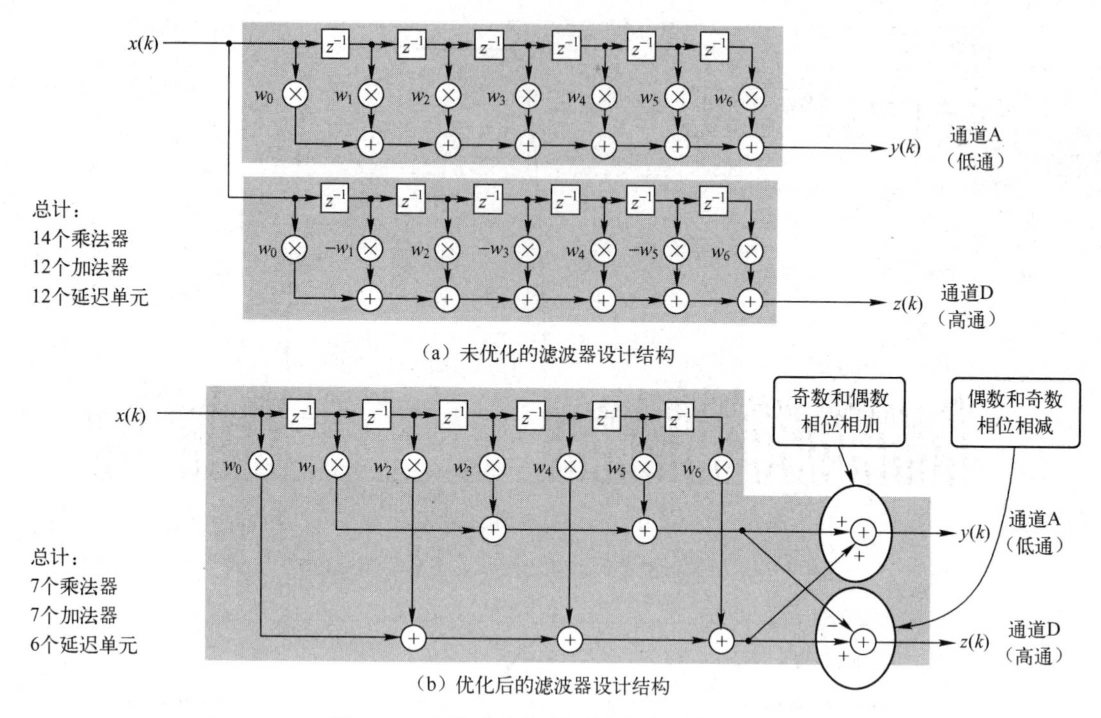

图 2.81　未优化和优化后的滤波器结构比较

进一步观察通道 C 的滤波器响应特性，它的系数是对称的。事实上，对于任意 FIR 滤波器设计而言，这都是成立的。在滤波器结构中，通常可以利用系数对称的特性。在该结构中，将一对来自延迟线上的采样预相加，然后乘以一个相同的权值，如图 2.82 所示。输入 $x(k)$ 和输出 $y(k)$ 之间表示为

$$y(k)=w_0[x(k)+x(k-6)]+w_1[x(k-1)+x(k-5)]+$$
$$w_2[x(k-2)+x(k-4)]+w_3x(k-3)$$

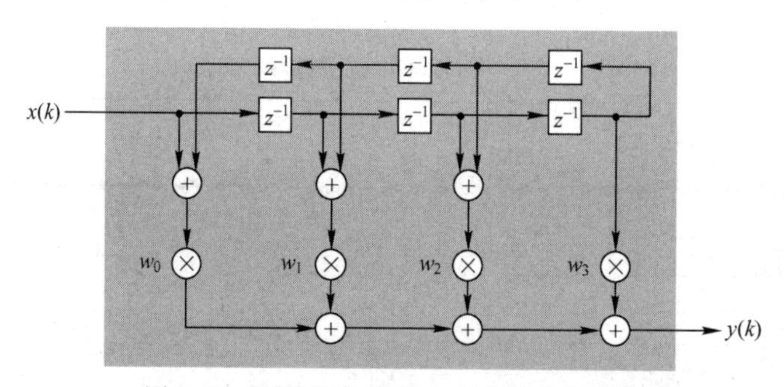

图 2.82　对称系数的 FIR 滤波器实现结构

前面提到，乘法器是整个运算中开销最大的部分。通过利用对称系数的性质，将所需乘法器的数量减半。将该方法应用于图 2.81 给出的通道 A 和通道 D 的滤波器设计中，如图 2.83 所示。很明显，该设计只消耗了 4 个乘法器。类似地，可以应用到通道 B 和通道 C 中。

对于被执行的信道化而言，可以创建 4 个通道，每处通道 25MHz。这样，信号的带宽被限制为 25MHz，所以就没有必要继续在 200MHz 频率进行处理。根据奈奎斯特采样定理，可以将采样率降低到 50MHz。在这种情况下，4 个独立通道的每个通道混叠结果的属性存在于

带宽 0~25MHz 内，如图 2.84 所示。

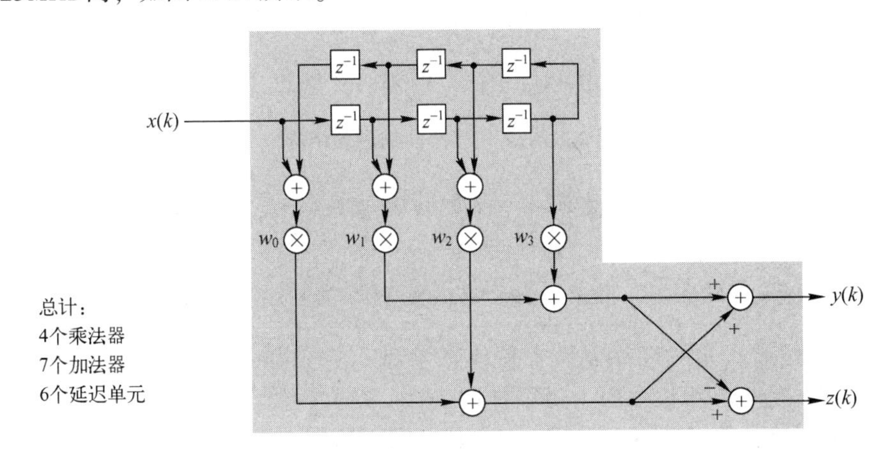

图 2.83　将对称系数用于通道 A 和通道 D 中

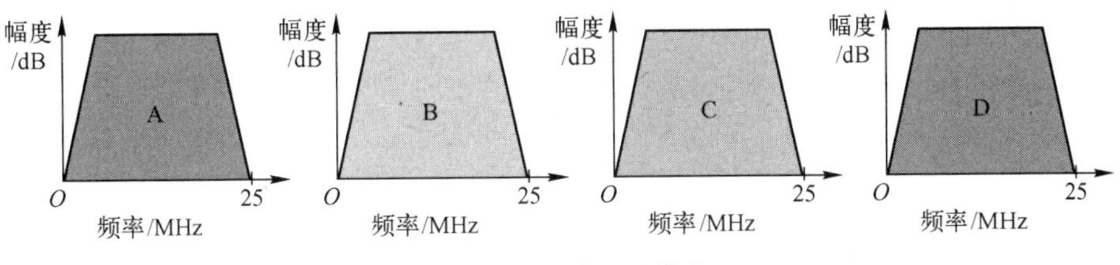

图 2.84　滤波器的带宽

现在对于每个通道的设计结构是用于滤波操作的，后面跟着降采样操作（因子为 4），从 200MHz 降低到 50MHz，如图 2.85 所示。从图 2.85 中可知，降采样率并没有减少计算成本和资源成本。

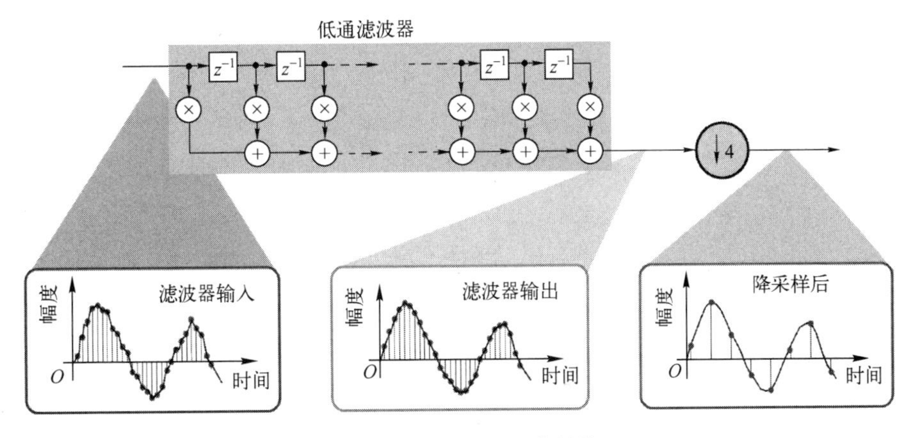

图 2.85　滤波器的整体结构

对于降比为 4 的降采样而言，就是在每 4 个采样中只取一个采样，而将其他采样丢弃。很明显，这样做非常浪费。在 DSP 中，只计算需要的数据。因此，在这种情况下，只计算每次得到的第 4 个采样值。通过使用多相技术实现高效滤波，使得滤波器的运行速率为输入数据速率的 1/4，其原理结构如图 2.86 所示。

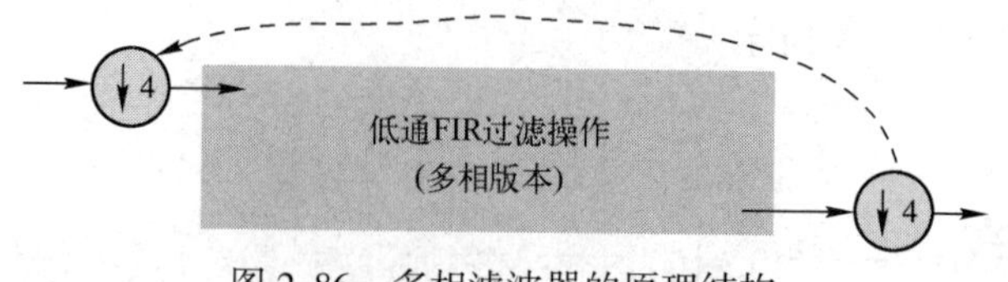

图 2.86　多相滤波器的原理结构

注：（1）要求相同的滤波器设计，只是将滤波器运行在 50MHz，而不是 200MHz，这样可以节省计算资源。

（2）在这种设计结构中，降采样器和滤波器的顺序进行了调换。

本质上，多相形式是对初始滤波器版本的修改，在该设计中将权值分组到几个相位（在这种情况下，是 4 个相位，因为降采样比为 4）。结果是 4 个子滤波器，前面是降采样器，如图 2.87 所示。采用多相形式后，权值数量减少为 17 个。

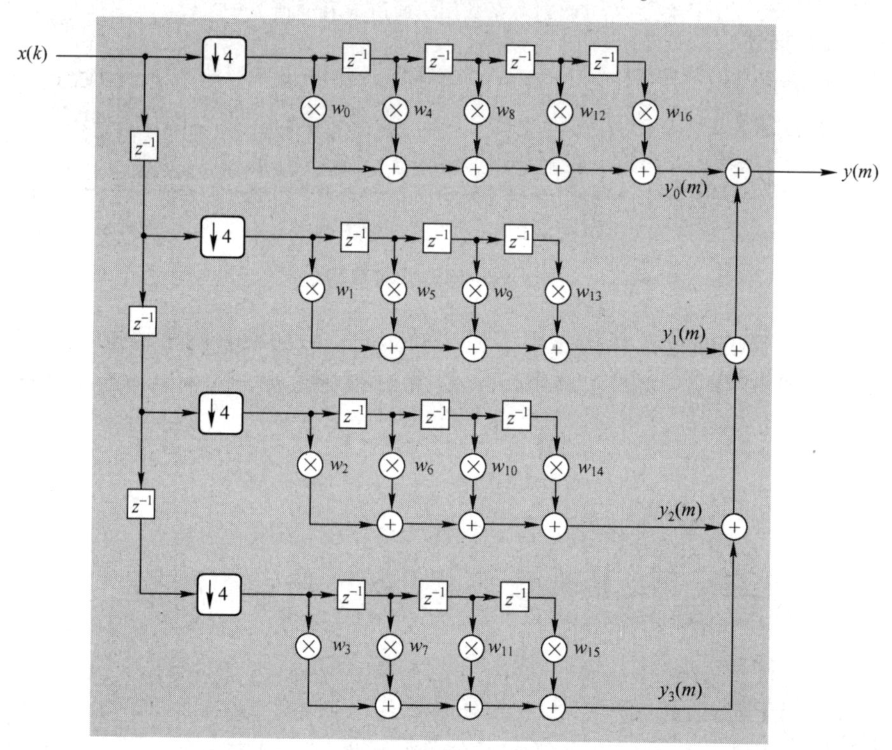

图 2.87　多相滤波器的具体结构

每个相位由来自最初滤波器权值的子集构成。现在，所有的相位以 50MHz 的速度采样。因此，可以通过这个较低的运算速率降低多相滤波器的硬件成本，降比可达到 4。实现方法包括：①将每相串行化处理；②在所有的 4 相之间共享时间。

左侧 4 个子滤波器用于通道 A，将其时分复用到单个滤波器上，如图 2.87 所示。同样地，对于通道 B、通道 C 和通道 D，可以做类似的行为。

上面的优化过程涉及滤波器的设计、多速率数字信号处理理论、系数对称、定点理论、算术实现，甚至是底层的乘法器优化。所以，正如作者在本节一开始提到的：要实现满足设计要求的高性能信号处理，远远要比在 MATLAB 上跑算法复杂得多。

第 3 章　数值的表示和运算

二进制数是任何数字系统的基础。由于数字信号处理需要将量化值用有限精度的数字表示，所以在实现数字信号处理时必须考虑数字的表示方法。一方面，数字的表示格式必须有足够的精度；另一方面，数字的表示格式必须尽可能少地消耗逻辑资源。

本章将主要介绍整数的表示方法、整数加法运算的 HDL 描述、整数减法运算的 HDL 描述、整数乘法运算的 HDL 描述、整数除法运算的 HDL 描述、定点数的表示方法、定点数加法运算的 HDL 描述、定点数减法运算的 HDL 描述、定点数乘法运算的 HDL 描述、定点数除法运算的 HDL 描述、浮点数的表示方法、浮点数运算的 HDL 描述。

通过本章内容的学习，读者将理解并掌握二进制系统数字的表示方法，以及使用 HDL 描述算术运算的方法，这些内容将帮助读者深入理解有限字长效应对数字信号处理精度和性能的影响。

3.1　整数的表示方法

在二进制系统中，整数可以分为两种类型，即无符号整数和有符号整数。无符号整数只包含正整数和零，而有符号整数还包含负整数。无符号整数和二进制数之间存在直接的一一对应的关系。但是，对于有符号整数而言，需要将负数转换为二进制补码形式。

在数学中，任意基数的负数都在最前面加上“-”符号来表示。然而，在计算机硬件中，数字都以无符号的二进制形式表示。因此，需要一种编码方式用于表示负数。目前，常用来表示有符号数的 3 种编码包括原码、反码和补码。

3.1.1　二进制原码格式

为了解决数字符号表示的问题，首要的处理方法是分配一个符号位来表示这个符号。通常，最高有效位用于表示符号。当该位为 0 时，表示一个正数；而当该位为 1 时，表示一个负数。其他位用于表示数值大小（也称为绝对值）。因此，一个字节只有 7 位用于表示数值大小，最高位用于表示符号位，其表示数值的范围为 0000000(0_{10})~1111111(127_{10})。

这样，当增加一个符号位（第 8 位）后，可以表示 $(-127)_{10}$~$(+127)_{10}$的数值。这种表示数值的方法所导致的结果就是有两种方式用于表示数值 0，即 00000000，表示+0；10000000，表示-0。十进制数 $(-43)_{10}$用 8 位二进制原码可以表示为 10101011。有符号整数和无符号整数的二进制原码表示如表 3.1 所示。

表 3.1　有符号数和无符号数的二进制原码表示

无符号整数	有符号整数	二进制原码表示
0	+0	00000000

续表

无符号整数	有符号整数	二进制原码表示
1	+1	00000001
……		
127	+127	01111111
128	-0	10000000
129	-1	10000001
……		
255	-127	11111111

3.1.2 二进制反码格式

可使用二进制反码描述正数和负数。对于正数而言，与原码形式一样，无须取反。而对于一个负二进制数而言，其反码形式为除符号位以外，对原码的其他位按位取反。同原码表示一样，0 的反码表示形式也有两种：00000000(+0) 与 11111111(-0)。

例如，原码 10101011(-43_{10}) 的反码形式为 11010100(-43_{10})。有符号数用反码表示的范围为$-(2^{N-1}-1)\sim(2^{N-1}-1)$，以及+0 和-0。对于 8 位二进制数而言，用反码表示时，其表示数的范围为 $(-127)_{10}\sim(+127)_{10}$，以及 00000000(+0) 或者 11111111(-0)，如表 3.2 所示。

表 3.2 无符号整数和有符号整数的反码表示

无符号整数	有符号整数	反码二进制数表示
0	+0	00000000
1	+1	00000001
……		
125	+125	01111101
126	+126	01111110
127	+127	01111111
128	-127	10000000
129	-126	10000001
130	-125	10000010
……		
254	-1	11111110
255	-0	11111111

3.1.3 二进制补码格式

补码解决了数值 0 有多种表示的问题，以及循环进位的需要。在补码表示中，负数表示为所对应正数的反码加 1。在补码表示中，只有一个 0（00000000）。二进制补码的表示方法如表 3.3 所示。

表 3.3　二进制补码的表示

无符号整数	有符号整数	补码二进制数表示
0	+0	00000000
1	+1	00000001
……		
125	+125	01111101
126	+126	01111110
127	+127	01111111
128	-128	10000000
129	-127	10000001
130	-126	10000010
……		
254	-2	11111110
255	-1	11111111

注： 用二进制补码可以表示-128，但不能表示+128。在对正值取反时，会发现需要用第 9 位表示负零。然而，如果简单地忽略这个第 9 位，那么这个负零与正零的表示将完全相同。

例如，对于 $(-97)_{10}$ 而言，假设字长为 8 位，其所对应的二进制补码为 $(10011111)_2$，如表 3.4 所示。

表 3.4　$(-97)_{10}$ 的二进制补码表示

权值	-2^7	2^6	2^5	2^4	2^3	2^2	2^1	2^0
权值	-128	64	32	16	8	4	2	1
商	1	0	0	1	1	1	1	1
余数	-97	31	31	15	7	3	1	0

对于一个 N 位字长的二进制补码而言，它可以表示的范围为

$$-2^{N-1} \sim 2^{N-1}-1$$

3.2　整数加法运算的 HDL 描述

本节将使用 VHDL 和 Verilog HDL 语言描述有符号整数和无符号整数的加法运算。整数加法运算块的符号如图 3.1 所示。

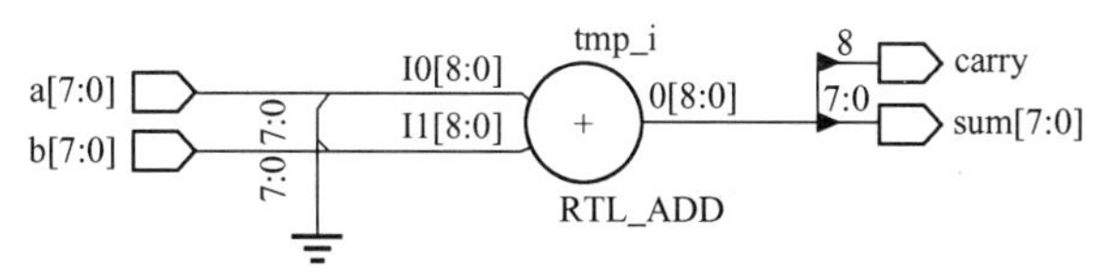

图 3.1　整数加法运算块的符号

3.2.1　无符号整数加法运算的 HDL 描述

本节将使用 VHDL 语言描述无符号整数的加法运算。在描述无符号整数的加法运算时，需要考虑进位标志位和加法运算的范围。

1. 无符号整数加法运算的 VHDL 描述

无符号整数加法运算的 VHDL 描述如代码清单 3-1 所示。

代码清单 3-1　无符号整数加法运算的 VHDL 描述

```
library IEEE;
use IEEE.STD_LOGIC_1164.ALL;
use IEEE.STD_LOGIC_ARITH.ALL;
use IEEE.STD_LOGIC_UNSIGNED.ALL;

entity top is
    Port (  a      :  in STD_LOGIC_VECTOR (7 downto 0);
            b      :  in STD_LOGIC_VECTOR (7 downto 0);
            sum    :  out STD_LOGIC_VECTOR (7 downto 0);
            carry  :  out STD_LOGIC);
end top;

architecture Behavioral of top is
signal tmp  :  std_logic_vector(8 downto 0);
begin
   sum<=tmp(7 downto 0);
   carry<=tmp(8);
   tmp<=conv_std_logic_vector((conv_integer(a)+conv_integer(b)),9);
end Behavioral;
```

注：读者可以定位到本书所提供资料的\fpga_dsp_example\integer_add_vhdl\unsigned_add 路径中，打开该设计。

2. 无符号整数加法运算的 Verilog HDL 描述

无符号整数加法运算的 Verilog HDL 描述如代码清单 3-2 所示。

代码清单 3-2　无符号整数加法运算的 Verilog HDL 描述

```
module top(
     input [7:0] a,
     input [7:0] b,
     output [7:0] sum,
     output carry
     );
 assign {carry,sum} =a+b;
endmodule
```

注：读者可以定位到本书所提供资料的\fpga_dsp_example\integer_add_verilog\unsigned_add 路径中，打开该设计。

无符号整数加法运算的仿真结果如图 3.2 所示。很明显，当两个 8 位的二进制数相加时，需要 9 位的二进制数保存运算结果。其中，最高位保存进位标志位，剩余的 8 位用于保存和。

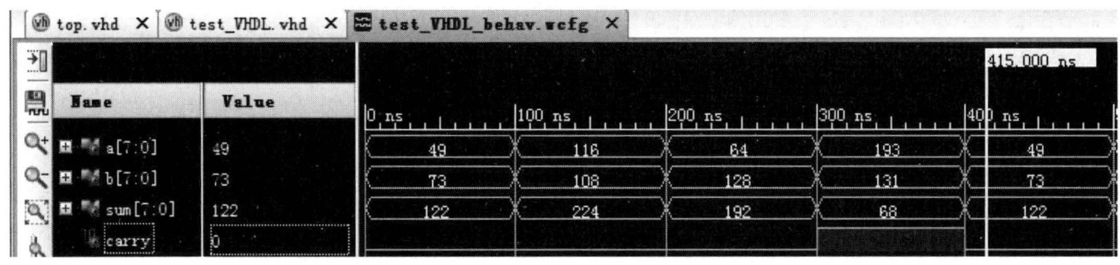

图 3.2　无符号整数加法运算的仿真结果

思考与练习 3-1：对无符号整数加法运算的仿真结果进行分析。

思考与练习 3-2：在 Vivado 2017.2 环境下，打开对无符号整数加法 HDL 描述综合后的 Schematic，查看所生成的逻辑结构，并对该结构进行分析（要注意 LUT 的作用）。

3.2.2　有符号整数加法运算的 HDL 描述

与无符号整数的加法运算相比，有符号整数的加法运算复杂一些。在实现上需要考虑下面 3 种情况：

（1）一个正数和一个负数相加，不会产生溢出。

（2）一个正数和一个正数相加，如果结果为负数，则产生溢出。

（3）一个负数和一个负数相加，如果结果为正数，则产生溢出。

1. 有符号整数加法运算的 VHDL 描述

有符号整数加法运算的 VHDL 描述如代码清单 3-3 所示。

代码清单 3-3　有符号整数加法运算的 VHDL 描述

```
library IEEE;
use IEEE.STD_LOGIC_1164.ALL;
use IEEE.STD_LOGIC_ARITH.ALL;
use IEEE.STD_LOGIC_SIGNED.ALL;

entity top is
    Port (a      :   in STD_LOGIC_VECTOR (7 downto 0);
          b      :   in STD_LOGIC_VECTOR (7 downto 0);
          sum    :   out STD_LOGIC_VECTOR (7 downto 0);
          carry  :   out STD_LOGIC);
end top;

architecture Behavioral of top is
signal tmp  :  std_logic_vector(8 downto 0);
begin
   sum<=tmp(7 downto 0);
   carry<=tmp(8);
   tmp<=conv_std_logic_vector((conv_integer(a)+conv_integer(b)),9);

end Behavioral;
```

> **注**：读者可以定位到本书所提供资料的\fpga_dsp_example\integer_add_vhdl\signed_add路径中，打开该设计。

2. 有符号整数加法运算的 Verilog HDL 描述

有符号整数加法运算的 Verilog HDL 描述如代码清单 3-4 所示。

代码清单 3-4　有符号整数加法运算的 Verilog HDL 描述

```
module top(
    input signed [7:0] a,
    input signed [7:0] b,
    output [7:0] sum,
    output carry
    );
 assign {carry,sum} =a+b;
endmodule
```

> **注**：读者可以定位到本书所提供资料的\fpga_dsp_example\integer_add_verilog\signed_add路径中，打开该设计。

有符号整数加法运算的仿真结果如图 3.3 所示。从图 3.3 中可知，测试向量给出了两个操作数都是正数、都是负数，以及一个操作数是正数，另一个操作数是负数的 4 种情况。

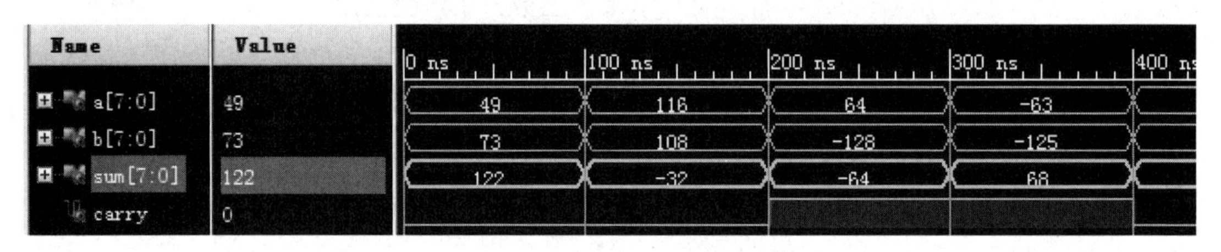

图 3.3　有符号整数加法运算的仿真结果

思考与练习 3-3：对有符号整数加法运算的仿真结果进行分析。

思考与练习 3-4：在 Vivado 2017.2 环境下，打开对有符号整数加法运算的 HDL 描述综合后的 Schematic，查看所生成的逻辑结构，并对该结构进行分析（注意 LUT 的作用）。

3.3　整数减法运算的 HDL 描述

本节将使用 VHDL 和 Verilog HDL 语言描述有符号整数和无符号整数的减法运算。整数减法运算块的符号如图 3.4 所示。

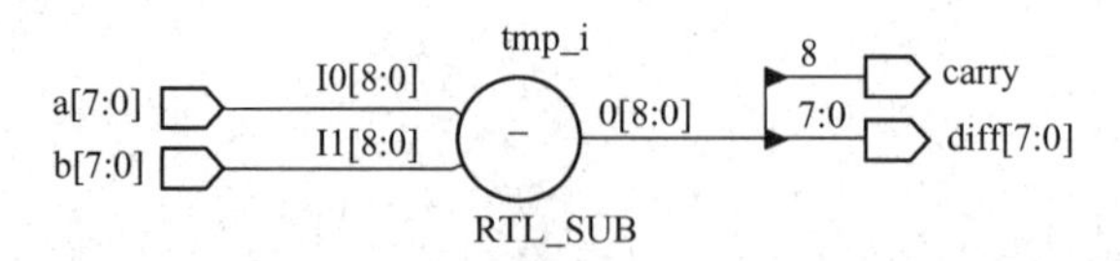

图 3.4　整数减法运算块的符号

3.3.1　无符号整数减法运算的 HDL 描述

本节将使用 HDL 语言描述无符号整数的减法运算。在描述无符号整数的减法运算时，需要考虑借位标志位和减法运算的范围。

1. 无符号整数减法运算的 VHDL 描述

无符号整数减法运算的 VHDL 描述如代码清单 3-5 所示。

代码清单 3-5　无符号整数减法运算的 VHDL 描述

```
library IEEE;
use IEEE.STD_LOGIC_1164.ALL;
use IEEE.STD_LOGIC_ARITH.ALL;
use IEEE.STD_LOGIC_UNSIGNED.ALL;

entity top is
    Port ( a        :   in STD_LOGIC_VECTOR (7 downto 0);
           b        :   in STD_LOGIC_VECTOR (7 downto 0);
           diff     :   out STD_LOGIC_VECTOR (7 downto 0);
           carry    :   out STD_LOGIC);
end top;

architecture Behavioral of top is
signal tmp   :   std_logic_vector(8 downto 0);
begin
   diff<=tmp(7 downto 0);
   carry<=tmp(8);
   tmp<=conv_std_logic_vector((conv_integer(a)-conv_integer(b)),9);
end Behavioral;
```

注：读者可以定位到本书所提供资料的\fpga_dsp_example\integer_sub_vhdl\unsigned_sub 路径中，打开该设计。

2. 无符号整数减法运算的 Verilog HDL 描述

无符号整数减法运算的 Verilog HDL 描述如代码清单 3-6 所示。

代码清单 3-6　无符号整数减法运算的 Verilog HDL 描述

```
module top(
    input [7:0] a,
    input [7:0] b,
    output [7:0]diff,
    output carry
    );
 assign {carry,diff} =a-b;
endmodule
```

注：读者可以定位到本书所提供资料的\fpga_dsp_example\integer_sub_verilog\unsigned_sub 路径中，打开该设计。

无符号整数减法运算的仿真结果如图 3.5 所示。

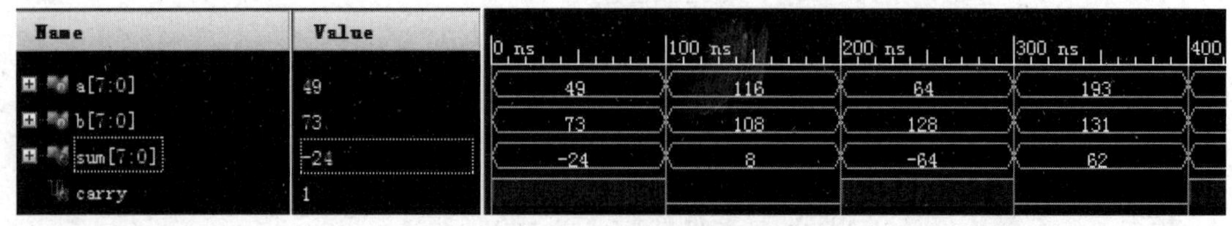

图 3.5　无符号整数减法运算的仿真结果

思考与练习 3-5：对无符号整数减法运算的仿真结果进行分析。

思考与练习 3-6：在 Vivado 2017.2 环境下，打开对无符号整数减法运算的 HDL 描述综合后的 Schematic，查看所生成的逻辑结构，并对该结构进行分析（要注意 LUT 的作用）。

3.3.2　有符号整数减法运算的 HDL 描述

与无符号整数的减法运算相比，有符号整数的减法运算复杂一些，在实现上需要考虑下面 4 种情况：

（1）一个负数和一个负数相减，不会产生溢出。

（2）一个正数和一个正数相减，不会产生溢出。

（2）一个正数和一个负数相减，如果结果为负数，则产生溢出。

（3）一个负数和一个正数相减，如果结果为正数，则产生溢出。

1. 有符号整数减法运算的 VHDL 描述

有符号整数减法运算的 VHDL 描述如代码清单 3-7 所示。

代码清单 3-7　有符号整数减法运算的 VHDL 描述

```
library IEEE;
use IEEE.STD_LOGIC_1164.ALL;
use IEEE.STD_LOGIC_ARITH.ALL;
use IEEE.STD_LOGIC_SIGNED.ALL;

entity top is
    Port ( a      :   in STD_LOGIC_VECTOR (7 downto 0);
           b      :   in STD_LOGIC_VECTOR (7 downto 0);
           diff   :   out STD_LOGIC_VECTOR (7 downto 0);
           carry  :   out STD_LOGIC);
end top;

architecture Behavioral of top is
signal tmp   :  std_logic_vector(8 downto 0);
begin
   diff<=tmp(7 downto 0);
   carry<=tmp(8);
   tmp<=conv_std_logic_vector((conv_integer(a)-conv_integer(b)),9);
end Behavioral;
```

注：读者可以定位到本书所提供资料的\fpga_dsp_example\integer_sub_vhdl\signed_sub 路径中，打开该设计。

2. 有符号整数减法运算的 Verilog HDL 描述

有符号整数减法运算的 Verilog HDL 描述如代码清单 3-8 所示。

代码清单 3-8　有符号整数减法运算的 Verilog HDL 描述

```
module top(
    input signed [7:0] a,
    input signed [7:0] b,
    output signed[7:0]diff,
    output carry
    );
  assign {carry,diff} =a-b;
endmodule
```

> **注**：读者可以定位到本书所提供资料的\fpga_dsp_example\integer_sub_verilog\signed_sub 路径中，打开该设计。

有符号整数减法运算的仿真结果如图 3.6 所示。

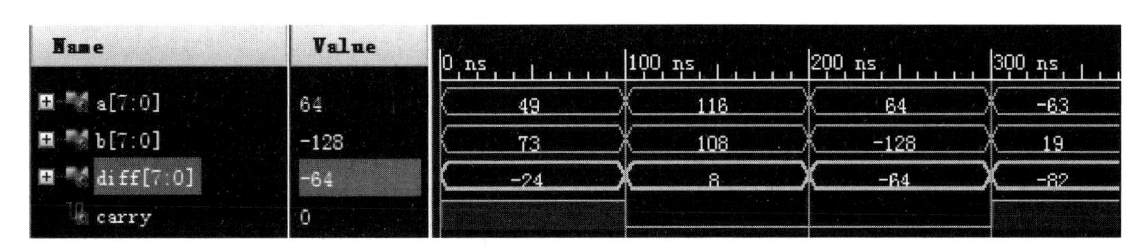

图 3.6　有符号整数减法运算的仿真结果

思考与练习 3-7：对有符号整数减法运算的仿真结果进行分析。

思考与练习 3-8：在 Vivado 2017.2 环境下，打开对有符号整数减法运算的 HDL 描述综合后的 Schematic，查看所生成的逻辑结构，并对该结构进行分析（要注意 LUT 的作用）。

3.4　整数乘法运算的 HDL 描述

本节将使用 VHDL 和 Verilog HDL 语言实现有符号整数和无符号整数的乘法运算。整数乘法运算块的符号如图 3.7 所示。

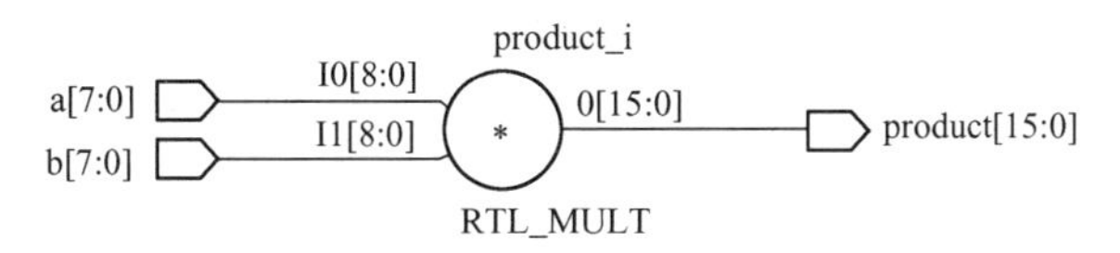

图 3.7　整数乘法运算块的符号

3.4.1　无符号整数乘法运算的 HDL 描述

4 位无符号整数$(1011)_2=(11)_{10}$和$(1001)_2=(9)_{10}$乘法运算的实现原理如图 3.8 所示。

本质上，乘法运算就是加法运算和移位操作的组合。本节将使用 HDL 语言描述无符号整数的乘法运算。

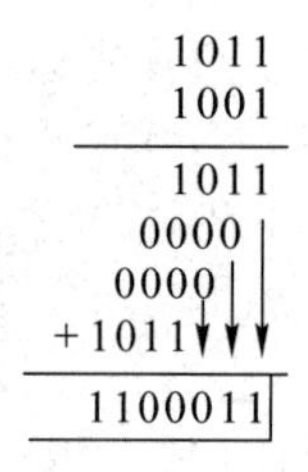

图 3.8　4 位无符号整数 $(1011)_2=(11)_{10}$和 $(1001)_2=(9)_{10}$乘法运算的实现原理

1. 无符号整数乘法运算的 VHDL 描述

无符号整数乘法运算的 VHDL 描述如代码清单 3-9 所示。

代码清单 3-9　无符号整数乘法运算的 VHDL 描述

```
library IEEE;
use IEEE.STD_LOGIC_1164.ALL;
use IEEE.STD_LOGIC_ARITH.ALL;
use IEEE.STD_LOGIC_UNSIGNED.ALL;

entity top is
    Port ( a        :  in STD_LOGIC_VECTOR (7 downto 0);
           b        :  in STD_LOGIC_VECTOR (7 downto 0);
           product  :  out STD_LOGIC_VECTOR (15 downto 0)
         );
end top;

architecture Behavioral of top is
begin
   product<=a * b;
end Behavioral;
```

注：读者可以定位到本书所提供资料的\fpga_dsp_example\integer_mul_vhdl\unsigned_mul 路径中，打开该设计。

2. 无符号整数乘法运算的 Verilog HDL 描述

无符号整数乘法运算的 Verilog HDL 描述如代码清单 3-10 所示。

代码清单 3-10　无符号整数乘法运算的 Verilog HDL 描述

```
module top(
    input [7:0] a,
    input [7:0] b,
    output [15:0] product
    );
 assign product=a * b;
endmodule
```

> **注**：读者可以定位到本书所提供资料的\fpga_dsp_example\integer_mul_verilog\unsigned_mul 路径中，打开该设计。

无符号整数乘法运算的仿真结果如图 3.9 所示。

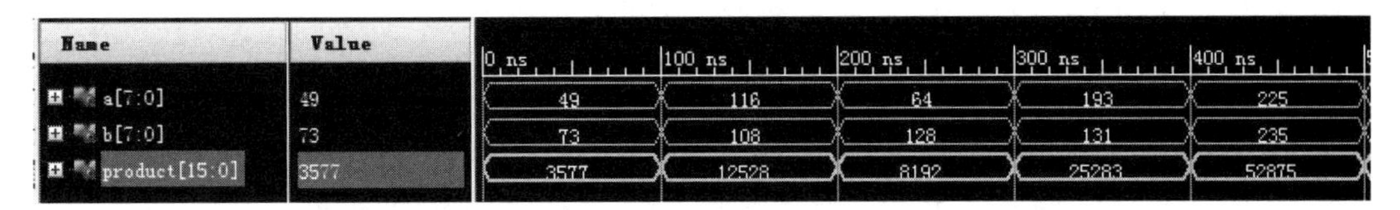

图 3.9　无符号整数乘法运算的仿真结果

思考与练习 3-9：对无符号整数乘法运算的仿真结果进行分析。

思考与练习 3-10：使用 HDL 语言描述无符号整数乘法运算的优势体现在哪些方面？

3.4.2　有符号整数乘法运算的 HDL 描述

对于有符号整数的乘法而言，情况比较复杂，下面分别进行讨论。

1. 对于操作数为一个正数和一个负数的相乘

操作数为一个正数和一个负数的乘法运算如图 3.10 所示，只需要进行符号扩展。

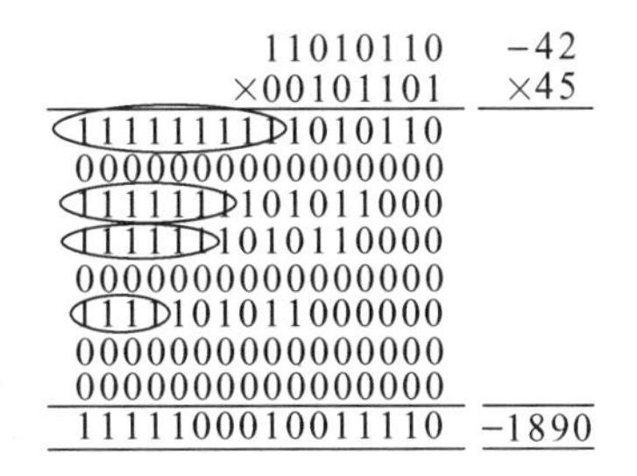

图 3.10　操作数为一个正数和一个负数的乘法运算

2. 对于操作数均为两个负数的相乘

操作数为两个负数的乘法运算如图 3.11 所示。从图 3.11 中可知，减去最后一部分积。具体实现时，可以将最后一部分积转成补码，然后进行相加运算。

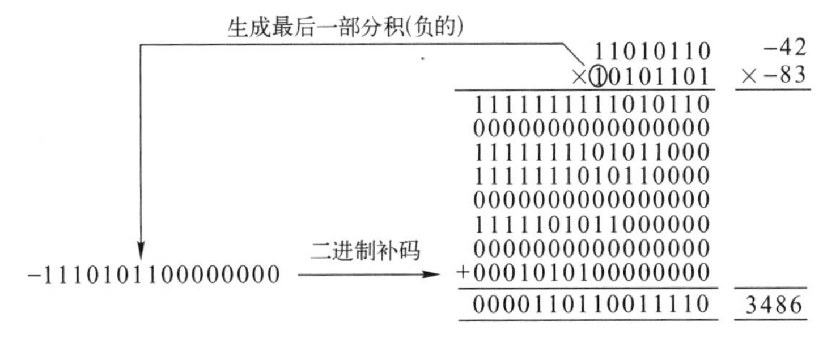

图 3.11　操作数为两个负数的乘法运算

注：(1) 很明显，两个操作数都为负数时，本质上它等效于两个无符号整数的乘法运算。

(2) 在使用 HDL 描述有符号整数的乘法运算时并不需要考虑上面的实现细节。

本节将使用 HDL 语言描述有符号整数乘法运算的实现过程。

1. 有符号整数乘法运算的 VHDL 描述

有符号整数乘法运算的 VHDL 描述如代码清单 3-11 所示。

代码清单 3-11 有符号整数乘法运算的 VHDL 描述

```
library IEEE;
use IEEE.STD_LOGIC_1164.ALL;
use IEEE.STD_LOGIC_ARITH.ALL;
use IEEE.STD_LOGIC_SIGNED.ALL;

entity top is
    Port ( a        :   in STD_LOGIC_VECTOR (7 downto 0);
           b        :   in STD_LOGIC_VECTOR (7 downto 0);
           product  :   out STD_LOGIC_VECTOR (15 downto 0)
           );
end top;

architecture Behavioral of top is
begin
   product<=a*b;
end Behavioral;
```

注：读者可以定位到本书所提供资料的\fpga_dsp_example\integer_mul_vhdl\signed_mul 路径中，打开该设计。

2. 有符号整数乘法运算的 Verilog HDL 描述

有符号整数乘法运算的 Verilog HDL 描述如代码清单 3-12 所示。

代码清单 3-12 有符号整数乘法运算的 Verilog HDL 描述

```
module top(
    input signed [7:0] a,
    input signed [7:0] b,
    output signed [15:0] product
    );
  assign product=a*b;
endmodule
```

注：读者可以定位到本书所提供资料的\fpga_dsp_example\integer_mul_verilog\signed_mul 路径中，打开该设计。

有符号整数乘法运算的仿真结果如图 3.12 所示。

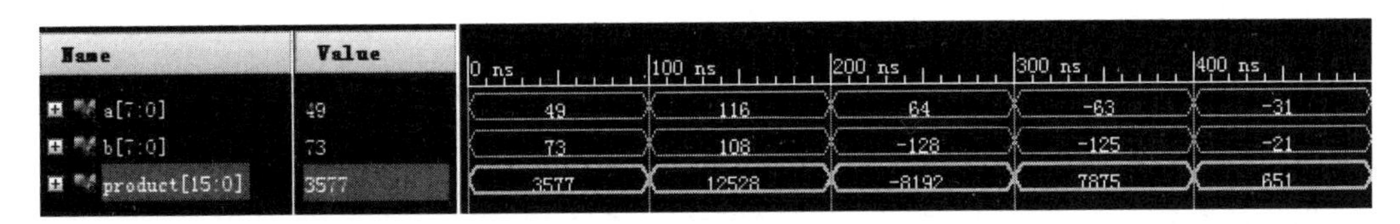

图 3.12　有符号整数乘法运算的仿真结果

思考与练习 3-11： 对有符号整数乘法运算的仿真结果进行分析。

思考与练习 3-12： 使用 HDL 语言描述有符号整数乘法运算的优势体现在哪些方面？

3.5　整数除法运算的 HDL 描述

本节将使用 VHDL 和 Verilog HDL 语言实现有符号整数和无符号整数的除法运算。

3.5.1　无符号整数除法运算的 HDL 描述

两个无符号二进制数$(11001)_2=(25)_{10}$和$(101)_2=(5)_{10}$执行除法运算的过程如图 3.13 所示。在执行完除法运算后，产生商和余数。本节将使用 HDL 语言描述无符号整数的除法运算。

```
         101
    ┌──────
 101│ 11001
      101
     ─────
        101
        101
```

图 3.13　两个无符号二进制数$(11001)_2=(25)_{10}$和$(101)_2=(5)_{10}$除法运算的过程

1. 无符号整数除法运算的 VHDL 描述

无符号整数除法运算的 VHDL 描述如代码清单 3-13 所示。

代码清单 3-13　无符号整数除法运算的 VHDL 描述

```
library IEEE;
use IEEE.STD_LOGIC_1164.ALL;
use IEEE.STD_LOGIC_ARITH.ALL;
use IEEE.STD_LOGIC_UNSIGNED.ALL;

entity top is
    Port ( a            :   in STD_LOGIC_VECTOR (7 downto 0);
           b            :   in STD_LOGIC_VECTOR (3 downto 0);
           quotient     :   out STD_LOGIC_VECTOR (7 downto 0);
           residue      :   out STD_LOGIC_VECTOR(3 downto 0)
         );
end top;

architecture Behavioral of top is
begin
process(a,b)
begin
   if(b/="0000") then
      quotient<=conv_std_logic_vector(conv_integer(a)/conv_integer(b),8);
      residue<=conv_std_logic_vector(conv_integer(a) rem conv_integer(b),4);
   else
      quotient<="00000000";
```

```
            residue<="0000";
        end if;
    end process;
    end Behavioral;
```

注：读者可以定位到本书所提供资料的\fpga_dsp_example\integer_div_vhdl\unsigned_div 路径中，打开该设计。

2. 无符号整数除法运算的 Verilog HDL 描述

无符号整数除法运算的 Verilog HDL 描述如代码清单 3-14 所示。

代码清单 3-14　无符号整数除法运算的 Verilog HDL 描述

```
module top(
    input [7:0] a,
    input [3:0] b,
    output [7:0] quotient,
    output [3:0] residue
    );
  assign quotient=a/b;
  assign residue=a % b;
endmodule
```

注：读者可以定位到本书所提供资料的\fpga_dsp_example\integer_div_verilog\unsigned_div 路径中，打开该设计。

无符号整数除法运算的仿真结果如图 3.14 所示。

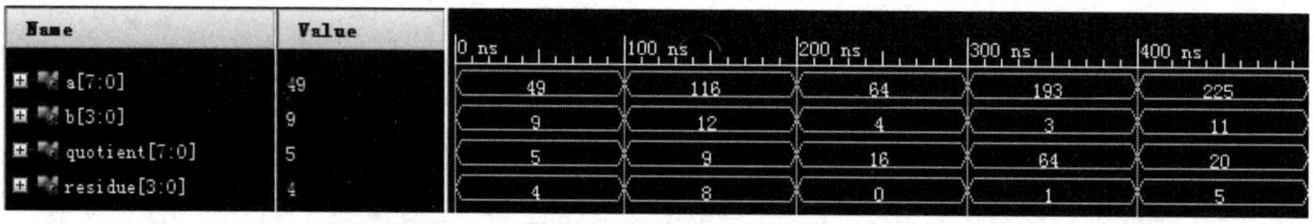

图 3.14　无符号整数除法运算的仿真结果

思考与练习 3-13：对无符号整数除法运算的仿真结果进行分析。

思考与练习 3-14：使用 HDL 语言描述无符号整数除法运算的优势体现在哪些方面？

思考与练习 3-15：在 Vivado 2017.2 环境下，打开对无符号整数除法运算的 HDL 描述综合后的 Schematic，查看所生成的逻辑结构，并对该结构进行分析。

3.5.2　有符号整数除法运算的 HDL 描述

本节将使用 HDL 语言描述有符号整数的除法运算。

1. 有符号整数除法运算的 VHDL 描述

有符号整数除法运算的 VHDL 描述如代码清单 3-15 所示。

代码清单 3-15　有符号整数除法运算的 VHDL 描述

```
library IEEE;
use IEEE.STD_LOGIC_1164.ALL;
use IEEE.STD_LOGIC_ARITH.ALL;
use IEEE.STD_LOGIC_SIGNED.ALL;

entity top is
    Port ( a          :   in STD_LOGIC_VECTOR (7 downto 0);
           b          :   in STD_LOGIC_VECTOR (4 downto 0);
           quotient   :   out STD_LOGIC_VECTOR (7 downto 0);
           residue    :   out STD_LOGIC_VECTOR(4 downto 0)
           );
end top;

architecture Behavioral of top is
begin
process(a,b)
begin
    if(b/="00000") then
      quotient<=conv_std_logic_vector(conv_integer(a)/conv_integer(b),8);
      residue<=conv_std_logic_vector(conv_integer(a) rem conv_integer(b),5);
    else
      quotient<="00000000";
      residue<="00000";
    end if;
end process;
end Behavioral;
```

> **注**：读者可以定位到本书所提供资料的\fpga_dsp_example\integer_div_vhdl\signed_div 路径中，打开该设计。

2. 有符号整数除法运算的 Verilog HDL

有符号整数除法运算的 Verilog HDL 描述如代码清单 3-16 所示。

代码清单 3-16　有符号整数除法运算的 Verilog HDL 描述

```
module top(
      input signed [7:0] a,
      input signed [4:0] b,
      output signed [7:0] quotient,
      output signed [4:0] residue
      );
  assign quotient=a/b;
  assign residue=a % b;
end module
```

注：（1）读者可以定位到本书所提供资料的\fpga_dsp_example\integer_div_verilog\signed_div 路径中，打开该设计。

（2）对于 VHDL 和 Verilog HDL 而言，“a%b”结果的符号由 a 的符号确定。

有符号整数除法运算的仿真结果如图 3.15 所示。

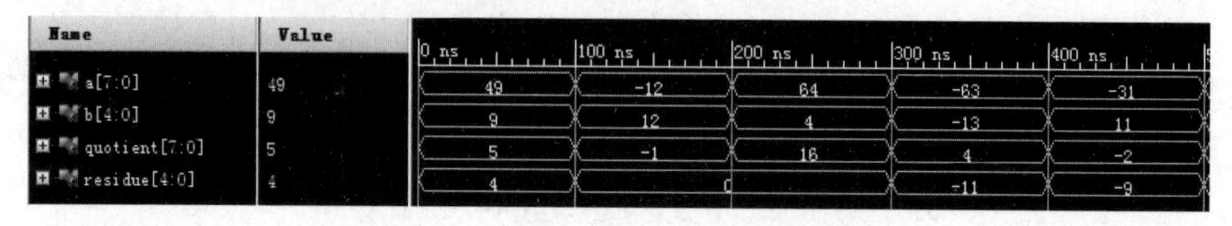

图 3.15　有符号整数除法运算的仿真结果

思考与练习 3-16： 对有符号整数除法运算的仿真结果进行分析。

思考与练习 3-17： 使用 HDL 语言描述有符号整数除法运算的优势体现在哪些方面？

思考与练习 3-18： 在 Vivado 2017.2 环境下，打开对有符号整数除法运算的 HDL 描述综合后的 Schematic，查看所生成的逻辑结构，并对该结构进行分析。

3.6　定点数的表示方法

在数字信号处理系统中，经常需要使用不同的数值对正弦波信号进行描述，如图 3.16 所示为正弦波信号的表示。

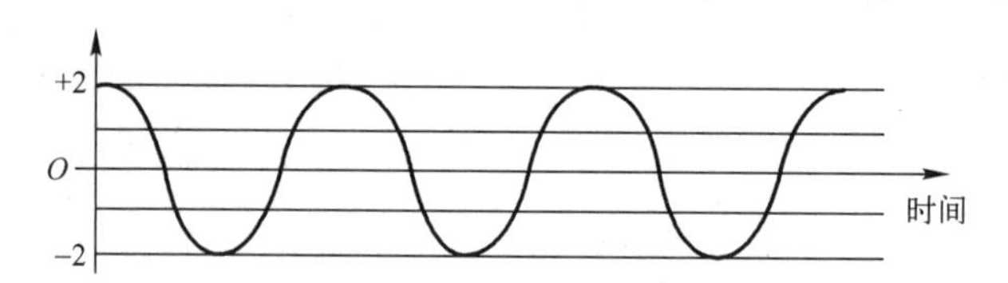

图 3.16　正弦波信号的表示

很显然，这需要对非整数数值进行处理。对这种非整数数值的处理方法是允许正弦波的幅度按比例增加，并使用整数形式来表示。如图 3.17 所示，二进制补码使用得并不多，如使用两个比特位表示所得到的值是 -2、-1、0 和 1，使得存在较大的量化误差。显然，需要处理非整数数值的情况。

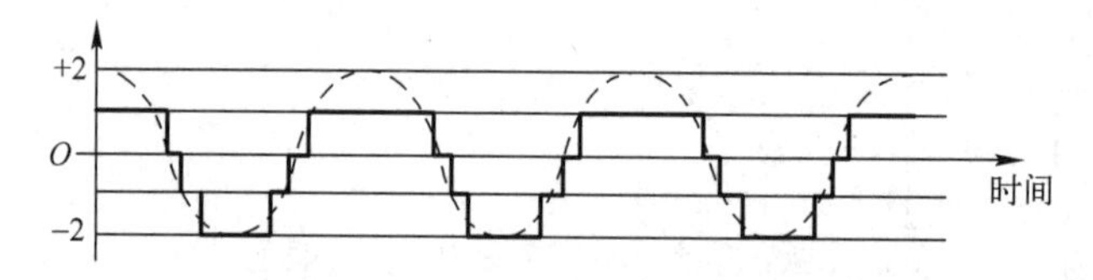

图 3.17　正弦波的整数量化表示

这种方法很常见，但在某些情况下，需要表示 0~1 之间的数值，也需要表示整数之间的数值。

用十进制表示小数很容易。通过引入十进制小数点来描述非整数的值，并在小数点的右边插入数字。例如：

$$12.34=1\times10^{1}+2\times10^{0}+3\times10^{-1}+4\times10^{-2}$$

3.6.1　定点数的格式

定点数就是二进制小数点在固定位置的数，将二进制小数点左边部分的位定义为整数位，而将该点右边部分的位定义为小数位。例如，对于定点数 $(101.01011)_2$ 而言，有 3 个二进制整数位 101，5 个二进制小数位 01011。通常，定点数表示为 $Qm.n$ 格式，即

$$b_{n+m}b_{n+m-1}\cdots b_n \cdot b_{n-1}\cdots b_1b_0$$

其中，（1）m 为整数部分二进制的位数。m 越大，表示数的动态范围越大；m 越小，表示数的范围越小。

（2）n 为小数部分二进制的位数。n 越大，表示数的精度越高；n 越小，表示数的精度就越低。

由于定点数的字长 $m+n$ 为定值，因此只能根据设计要求在动态范围和精度之间进行权衡。

例如，对于一个字长为 8 位的定点数：

① 11010.110（$m=5$，$n=3$）所表示的数为-5.25。

② 110.10110（$m=3$，$n=5$）所表示的数为-1.3125。

很明显，当 m 增加的时候，所表示数的范围就会增加，但是精度会降低；当 n 增加的时候，所表示数的精度就会增加，但是动态范围会降低。

有符号定点数的表示方法如表 3.5 所示。

表 3.5　有符号定点数的表示

比特位								十进制整数
2^2（符号位）	2^1	2^0	2^{-1}	2^{-2}	2^{-3}	2^{-4}	2^{-5}	
-4	2	1	0.5	0.25	0.125	0.0625	0.03125	
0	0	0	0	0	0	0	1	0.03125
0	0	0	0	0	0	1	0	0.0625
1	0	1	0	0	0	0	0	-3.0
1	1	0	0	0	1	1	1	-1.78125
1	1	1	1	1	1	1	1	-0.03125

对于下面给出的定点数表示格式：

1	1	0	0	0	1	1	0	1	0	1	1

（1）格式表示为<FIX_12_5>，即一共 12 个二进制比特位。其中，5 个二进制小数位，7 个（12-5=7）二进制整数位。

（2）所表示的十进制整数为

$$-29+2^{-2}+2^{-4}+2^{-5}=-29+0.34375=-28.65625$$

思考与练习 3-19： 若表示的最大值为 278、最小值为-138，使用 11 位二进制数表示

时，格式为什么？（<FIX_11_1>）

范围在-1~1之间的定点数的表示格式如表3.6所示。

表3.6　范围在-1~1之间的定点数的表示格式

比特位						十进制整数
-2^0	2^{-1}	2^{-2}	2^{-3}	2^{-4}	2^{-5}	
0	0	0	0	0	1	0.03125
0	0	0	0	1	0	0.0625
1	0	0	0	0	0	-1.0
0	0	0	1	1	1	0.96875
1	1	1	1	1	1	-0.03125

例如，Motorola StarCore 和 TI C62x DSP 处理器都使用只有一个整数位的定点表示法。这种格式可能是有问题的，因为它不能表示+1.0。实际上，任何定点格式都不能表示其负数最小值的相反数。所以，在使用定点数时要多加注意。一些 DSP 芯片允许通过扩展位对格式进行1个整数位的扩展（这些扩展位就是附加的整数位）。

思考与练习3-20：若表示的最大数为+1、最小数为-1，使用12位的二进制数表示，则表示格式为什么？（<FIX_12_10>）

思考与练习3-21：若表示的最大数为0.8，最小数为0.2，使用10位二进制数表示，则表示格式为什么？（<UFIX_10_10>）

3.6.2　定点量化

重新考虑数字的格式：

aaa.bbbbb

该格式表示有3个二进制整数位、5个二进制小数位，可以表示-4~+3.96785之间的数，数字之间的步长为0.03125。由于上面的表示格式中共有8位二进制数字，所以可表示$2^8=256$个不同的值。

> **注**：使用定点时的量化将有±1/2LSB（最低有效位）的误差。

量化就是使用有限位数来表示无限精度的数。在十进制中，已经知道定位数的十进制小数的处理方法。实数π可以表示为3.14159265…，该实数可以量化为带4个十进制位的小数3.1416。如果在这里使用四舍五入，则误差为

$$\Delta = 3.14159265\cdots - 3.1416 = 0.00000735$$

如果使用截断法，即第4位小数以后的位数被舍弃，则误差将变得更大：

$$\Delta = 3.14159265\cdots - 3.1415 = 0.00009265$$

很明显，四舍五入是比较合适的处理方法，该处理方法能够得到预期的精度。然而，该方法也会带来一些硬件开销。

当乘以小数时，需要对最后的结果进行处理以满足位数的要求，如两个十进制小数相乘，计算过程如下：

$$0.57 \times 0.43 = 0.2451$$

对最终计算结果的处理方法有两个，即将其四舍五入到 0.25，或者直接截断到 0.24。很显然，两个处理结果是不同的。

一旦开始在数字信号处理系统中执行上亿次的乘加运算，就不难发现这些微小的误差会因为累积效应而对最后的计算结果造成严重的影响，即最终得到错误的计算结果。

3.6.3　归一化处理

二进制小数使得算术运算变得容易，也易于处理字长。例如，考虑这样一个机器表示方法，它有 4 位十进制数和具有 4 个数字位的一个算术单元，其表示范围为-9999～+9999。两个这样的 4 位十进制数相乘将产生最多 8 个有效数字，范围为-99980001～+99980001。例如：

$$6787\times4198=28491826$$

如果想把这个数送到该机器的下一级，假设其算术运算具有 4 位的精度，那么需要按比例缩小 10000 倍，然后截断：

28491826/10000→2849.1826(标定)→2849(截断)

当送到下一级的时候，计算完后就需要扩大 10000 倍，即

$$2849\times1627=4635323$$

然后再扩大 10000，则最后结果变成 46353230000，这个结果接近下面的值：

$$6867\times4198\times1627=46902612582$$

但是，很明显出现截断误差。因此，需要进行校正。除了这个以外，主要问题就是需要跟踪标定，这非常不方便。那还有其他方便的方法吗？答案是：有的，即通过归一化进行处理。

将上面的整数归一化到范围-0.9999～+0.9999 中，然后再进行乘法运算，则得到：

$$0.6787\times0.4198=0.28491826$$

如果对运算结果进行截断，则结果为 0.2849。现在，截断到 4 位的操作变得相当容易。当然，两种结果严格一致，差别仅存在于如何执行截断和定标操作。

然而，对输入执行归一化操作，所有的输入值都在-1～+1 的范围内。可以注意到，该范围内任意两个数的乘积同样也在-1～+1 的范围内。

同样的归一化操作也适用于二进制运算，而且大多数数字信号处理系统也使用二进制。

下面考虑二进制补码中的 8 位数值，该数值的表示范围为 10000000($=-128_{10}$)～01111111($=+127_{10}$)。

如果将这些数归一化到-1～+1 的范围内，则需要除以 128，则二进制数的表示范围为 1.0000000(=-1)～0.1111111(=0.9921875)。其中：

$$127/128=0.9921875$$

这样，就把十进制乘法中归一化的概念应用到二进制系统中。

十进制乘法 36×97=3492 等价于二进制乘法：

$$0010,0100\times0110,0001=0000,1101,1010,010$$

在二进制中，将数值归一化就是计算 0.0100100×0.1100001=0.00110110100100。其等价于十进制：

$$0.28125\times0.7578125=0.213134765625$$

注：在数字信号处理系统中，二进制定点是存在的。然而，没有实际的连接或连线。这只是使得跟踪字长增长，以及使通过扔掉小数位来截断变得更加容易。当然，如果更愿意使用整数并且跟踪定标等也可以这样做。所得到的答案是一致的，并且硬件开销也是相同的。

3.6.4　小数部分截断

二进制中，截断就是简单地去掉比特位的过程。通常使用这种强制的方法将较宽的二进制字长变小。通常需要去掉最低有效位（LSB），该操作的影响是降低了数据的精度。

考虑将十进制数 7.8992 截断到 3 个有效位 7.89。当然，可以截断最低有效位，其结果是损失了精度，即分辨率，但它仍表示了最初的 5 位数。如果截断最高有效位（MSB）-992（或 0.0992），将导致出现不希望的结果，而且也失去了意义。

在二进制中，很少使用截断最高有效位的概念。在十进制的例子中，截断 MSB 会造成灾难性的后果。然而，在某些情况下，一系列的操作将导致整个数值范围的减小。所以去除 MSB 也是有好处的。

截断 MSB 通常发生在要截断的位为空的时候。当使用有符号的值时，由于丢失了符号位，截断 MSB 将会带来问题。

四舍五入是一种更准确的方法，但同时也需要更复杂的技术。该技术需要进行一个加法操作（通常是加 1/2 LSB），然后再直接截断。该过程等价于十进制的四舍五入，如对 7.89 而言，操作过程为 7.89+0.05=7.94，然后将其截断到 7.9，实现四舍五入到一个小数位。因此，简单的四舍五入操作需要一个加法操作。

3.6.5　一种不同的表示方法——Trounding

Trounding 是截断和四舍五入之间的一种折中方法。其特点有：

（1）和四舍五入一样，Trounding 保留了 LSB 以上的信息。

（2）不会影响新的 LSB 以上的任何位。

Trounding 的好处是它不需要全加器，可以通过或门得到比截断更好的性能，如图 3.18 所示。尽管是一个很小的优点，但这种成本上的节省，以及性能的改善还是有价值的。

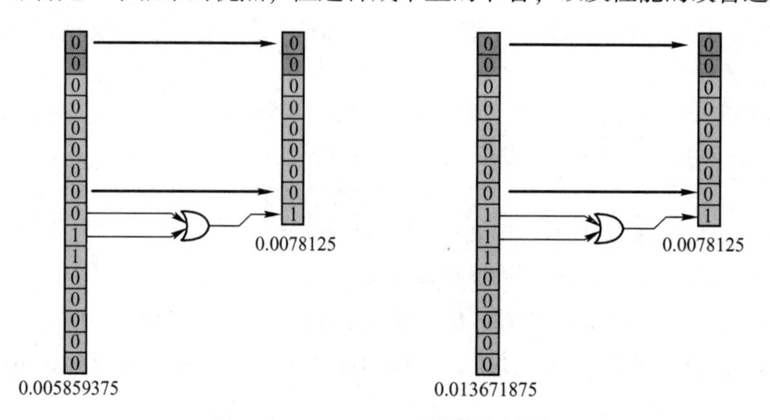

图 3.18　Trounding 对数据的处理

3.6.6　定点数运算的 HDL 描述库

VHDL 语言中提供了定点运算的库，这些库可用于实现定点数的各种不同运算。

> **注：**（1）对于其他更复杂的运算实现方式，读者可以参考下面的文档：
>
> Fixed point package user's guide By David Bishop(dbishop@vhdl.org)
>
> （2）VHDL 可以实现定点数行为级和 RTL 级的描述，但是 Verilog HDL 没有提供定点数 RTL 级描述的库。

对于定点数的运算而言，其数据宽度需要满足表 3.7 给出的条件。

表 3.7　定点数运算的宽度关系

操　作	结果的范围
A+B	Max(A'left, B'left)+1 downto Min(A'right, B'right)
A-B	Max(A'left, B'left)+1 downto Min(A'right, B'right)
A * B	A'left + B'left+1 downto A'right + B'right
A rem B	Min(A'left, B'left) downto Min(A'right, B'right)
Signed /	VA'left-B'right+1 downto A'right-B'left
Signed A mod B	Min(A'left, B'left) downto Min(A'right, B'right)
Signed Recoprocal(A)	-A'right downto-A'left-1
Abs(A)	A'left +1 downto A'right
-A	A'left +1 downto A'right
Unsigned /	A'left- B'right downto A'right-B'left -1
Unsigned A mod B	B'left downto Min(A'right, B'right)
Unsigned Reciprocal(A)	-A'right+1 downto-A'left

下面给出在 Vivado 2017.2 集成开发环境中使用 VHDL 描述定点运算时添加定点运算支持的详细步骤。

（1）定位到 Xilinx 的安装路径下（作者将其安装在 C:\xilinx 下），然后找到下面的路径：

```
C:\xilinx\vivado\2017.2\scripts\rt\data
```

在该目录下，找到 fixed_pkg_2008.vhd 文件，并将其复制到当前的工程设计目录中。

（2）在当前的设计工程中，将该文件添加到当前的设计工程中。

（3）在“Sources”窗口中，找到并单击“Libraries”标签。在该标签页下，单击 fixed_pkg_2008.vhd 文件。在下面的“Source File Properties”对话框中，找到并单击“Library:”右侧的按钮，出现“Set Library”对话框。

（4）在“Set Library”对话框的“Library name”右侧的文本框中输入“ieee”，将该文件编译到 ieee 库中。

（5）在“Sources”窗口中，找到并单击设计文件，如 top.vhd 文件。在下面的“Source File Properties”窗口中，找到并单击“Type:”右侧的按钮，出现“Set Type”对话框。

（6）在“Set Type”对话框“File type”右侧的下拉框中找到并选择“VHDL 2008”，将该文件设置为支持 VHDL 2008 语法标准。

（7）按照相同的方法，将仿真文件也设置为支持 VHDL 2008 语法标准。

> **注：**（1）对于综合而言，需要将定点运算库的声明语句设置为
> ```
> library ieee;
> use ieee. fixed_pkg. all;
> ```
> （2）对于仿真而言，需要将定点运算库的声明语句设置为
> ```
> library ieee_proposed;
> use ieee_proposed. fixed_pkg. all;
> ```

在使用 VHDL 语言实现定点运算的时候，需要声明定点数的小数位和整数位，如无符号定点数的格式声明为

```
a :  ufixed(5 downto -3);
```

其中：（1）（5 downto 0）表示定点数的整数部分，一共有 6 位。

（2）（-1 downto -3）表示定点数的小数部分，一共有 3 位。

> **注：**有符号定点数应该声明为 sfixed。

3.7　定点数加法运算的 HDL 描述

本节将使用 VDHL 语言描述无符号定点数的加法运算和有符号定点数的加法运算。

3.7.1　无符号定点数加法运算的 HDL 描述

十进制无符号定点数加法的计算方法和二进制无符号定点数加法的计算方法如图 3.19 所示。

```
  10.375            10.375
+  3.125          +  8.125
--------          --------
  13.500            18.500
```

（a）十进制无符号定点数加法的计算方法

```
  1010.011           1010.011
+ 0011.001         + 1000.001
----------         ----------
  1101.100          10010.100
```

（b）二进制无符号定点数加法的计算方法

图 3.19　十进制无符号定点数加法的计算方法和二进制无符号定点数加法的计算方法

无符号定点数加法运算的 VHDL 描述如代码清单 3-17 所示。

代码清单 3-17　无符号定点数加法运算的 VHDL 描述

```
library IEEE;
use IEEE. STD_LOGIC_1164. ALL;
```

```
use ieee. fixed_pkg. all;
entity top is
    Port (
            a: in   ufixed(4 downto 0);
            b: in   ufixed(3 downto-3);
            c: out ufixed(5 downto -3)
        );
end top;
architecture Behavioral of top is
begin
    c<=a+b;
end Behavioral;
```

注：(1) 读者可以定位到本书所提供资料的\fpga_dsp_example\fixed_point_add\unsigned_add 路径中，打开该设计的可综合文件。

(2) 读者可以定位到本书所提供资料的\fpga_dsp_example\fixed_point_add_sim\unsigned 路径中，打开该设计的仿真文件。

无符号定点数加法运算的仿真结果如图 3.20 所示。

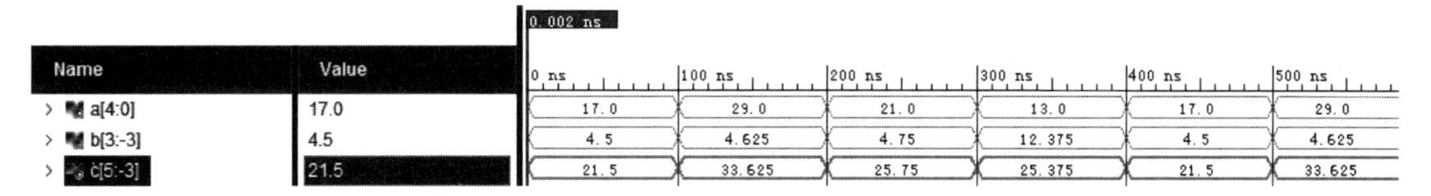

图 3.20　无符号定点数加法运算的仿真结果

思考与练习 3-22：请分析无符号定点数加法运算的仿真结果，验证设计的正确性。

3.7.2　有符号定点数加法运算的 HDL 描述

有符号定点数加法运算的 VHDL 描述如代码清单 3-18 所示。

代码清单 3-18　有符号定点数加法运算的 VHDL 描述

```
library IEEE;
use IEEE. STD_LOGIC_1164. ALL;
use ieee. fixed_pkg. all;
entity top is
    Port (
            a: in   sfixed(5 downto -1);
            b: in   sfixed(4 downto -3);
            c: out   sfixed(6 downto -3)
        );
end top;
architecture Behavioral of top is
begin
    c<=a+b;
end Behavioral;
```

注：（1）读者可以定位到本书所提供资料的\fpga_dsp_example\fixed_point_add\signed_add 路径中，打开该设计的可综合文件。

（2）读者可以定位到本书所提供资料的\fpga_dsp_example\fixed_point_add_sim\signed 路径中，打开该设计的仿真文件。

有符号定点数加法运算的仿真结果如图 3.21 所示。

480.000 ns

Name	Value	0 ns	100 ns	200 ns	300 ns	400 ns
a[5:-1]	-29.5	-29.5	-7.0	-10.5	26.0	-29.5
b[4:-3]	-11.5	-11.5	-3.375	-7.25	-15.625	-11.5
c[6:-3]	-41.0	-41.0	-10.375	-17.75	10.375	-41.0

图 3.21 有符号定点数加法运算的仿真结果

思考与练习 3-23：请分析有符号定点数加法运算的仿真结果，验证设计的正确性。

3.8 定点数减法运算的 HDL 描述

本节将使用 VDHL 语言描述无符号定点数的减法运算和有符号定点数的减法运算。

3.8.1 无符号定点数减法运算的 HDL 描述

无符号定点数减法运算的 VHDL 描述如代码清单 3-19 所示。

代码清单 3-19 无符号定点数减法运算的 VHDL 描述

```
library IEEE;
use IEEE.STD_LOGIC_1164.ALL;
use ieee.fixed_pkg.all;
entity top is
    Port (
            a: in   ufixed(4 downto 0);
            b: in   ufixed(3 downto-3);
            c: out  ufixed(5 downto-3)
        );
end top;
architecture Behavioral of top is
begin
        c<=a-b;
end Behavioral;
```

注：（1）读者可以定位到本书所提供资料的\fpga_dsp_example\fixed_point_sub\unsigned_sub 路径中，打开该设计的可综合文件。

（2）读者可以定位到本书所提供资料的\fpga_dsp_example\fixed_point_sub_sim\unsigned 路径中，打开该设计的仿真文件。

无符号定点数减法运算的仿真结果如图 3.22 所示。

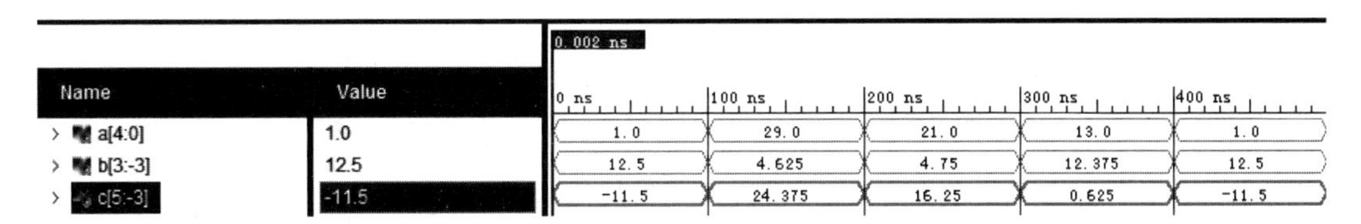

图 3.22　无符号定点数减法运算的仿真结果

思考与练习 3-24：请分析无符号定点数减法运算的仿真结果，验证设计的正确性。

3.8.2　有符号定点数减法运算的 HDL 描述

有符号定点数减法运算的 VHDL 描述如代码清单 3-20 所示。

代码清单 3-20　有符号定点数减法运算的 VHDL 描述

```
library IEEE;
use IEEE.STD_LOGIC_1164.ALL;
use ieee.fixed_pkg.all;
entity top is
    Port (
            a: in   sfixed(5 downto-1);
            b: in   sfixed(4 downto-3);
            c: out   sfixed(6 downto-3)
        );
end top;
architecture Behavioral of top is
begin
    c<=a-b;
end Behavioral;
```

注：（1）读者可以定位到本书所提供资料的\fpga_dsp_example\fixed_point_sub\signed_sub 路径中，打开该设计的可综合文件。

（2）读者可以定位到本书所提供资料的\fpga_dsp_example\fixed_point_sub_sim\signed 路径中，打开该设计的仿真文件。

有符号定点数减法运算的仿真结果如图 3.23 所示。

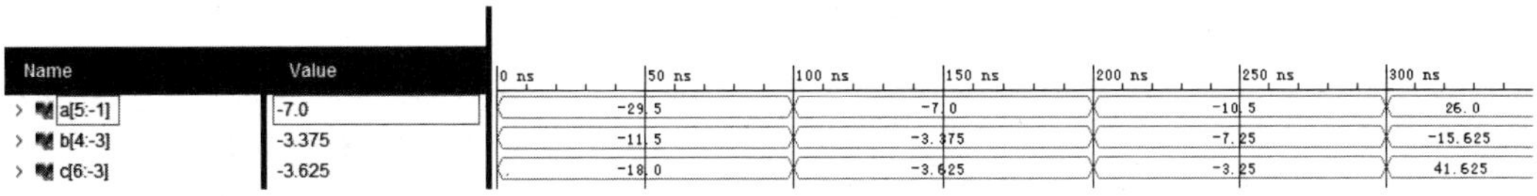

图 3.23　有符号定点数减法运算的仿真结果

思考与练习 3-25：请分析有符号定点数减法运算的仿真结果，验证设计的正确性。

3.9　定点数乘法运算的 HDL 描述

本节将使用 VDHL 语言描述无符号定点数的乘法运算和有符号定点数的乘法运算。

3.9.1　无符号定点数乘法运算的 HDL 描述

十进制无符号定点数乘法的计算方法和二进制无符号定点数乘法的计算方法如图 3.24 所示。

```
        11010.110
       ×00101.101
        11.010110
       000.000000
      1101.011000
     11010.110000
    000000.000000
   1101011.000000
  00000000.000000
 000000000.000000
 0010010110.011110
```

```
      26.750
     × 5.625
    0.133750
    0.535000
   16.050000
  133.750000
  150.468750
```

图 3.24　十进制无符号定点数乘法的计算方法和二进制无符号定点数乘法的计算方法

无符号定点数乘法运算的 VHDL 描述如代码清单 3-21 所示。

代码清单 3-21　无符号定点数乘法运算的 VHDL 描述

```
library IEEE;
use IEEE.STD_LOGIC_1164.ALL;
use ieee.fixed_pkg.all;
entity top is
    Port (
            a: in   ufixed(4 downto -1);
            b: in   ufixed(3 downto -3);
            c: out  ufixed(8 downto -4)
    );
end top;
architecture Behavioral of top is
begin
    c<=a*b;
end Behavioral;
```

注：(1) 读者可以定位到本书所提供资料的\fpga_dsp_example\fixed_point_mul\unsigned_mul 路径中，打开该设计的可综合文件。

(2) 读者可以定位到本书所提供资料的\fpga_dsp_example\fixed_point_mul_sim\unsigned 路径中，打开该设计的仿真文件。

无符号定点数乘法运算的仿真结果如图 3.25 所示。

思考与练习 3-26：请分析无符号定点数乘法运算的仿真结果，验证设计的正确性。

图 3. 25　无符号定点数乘法运算的仿真结果

3. 9. 2　有符号定点数乘法运算的 HDL 描述

有符号定点数乘法运算的 VHDL 描述如代码清单 3-22 所示。

代码清单 3-22　有符号定点数乘法运算的 VHDL 描述

```
library IEEE;
use IEEE. STD_LOGIC_1164. ALL;
use ieee. fixed_pkg. all;
entity top is
    Port (
            a: in   sfixed(4 downto -1);
            b: in   sfixed(3 downto -3);
            c: out   sfixed(8 downto -4)
        );
end top;
architecture Behavioral of top is
begin
    c<=a * b;
end Behavioral;
```

> **注：**（1）读者可以定位到本书所提供资料的\fpga_dsp_example\fixed_point_mul\signed_mul 路径中，打开该设计的可综合文件。
> （2）读者可以定位到本书所提供资料的\fpga_dsp_example\fixed_point_mul_sim\signed 路径中，打开该设计的仿真文件。

有符号定点数乘法运算的仿真结果如图 3. 26 所示。

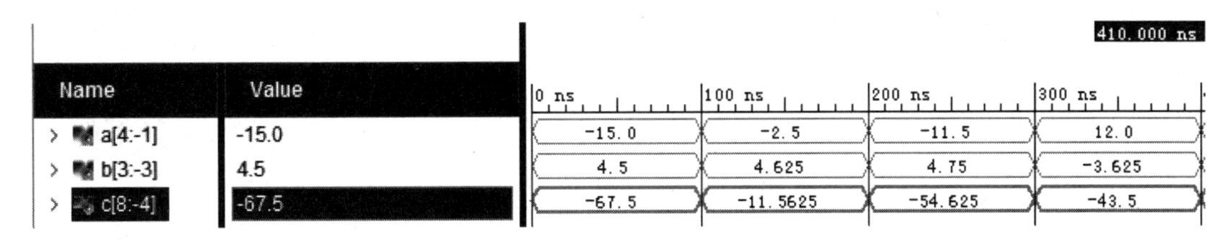

图 3. 26　有符号定点数乘法运算的仿真结果

思考与练习 3-27：请分析有符号定点数乘法运算的仿真结果，验证设计的正确性。

3. 10　定点数除法运算的 HDL 描述

本节将使用 VDHL 语言描述无符号定点数的除法运算和有符号定点数的除法运算。

3.10.1 无符号定点数除法运算的 HDL 描述

无符号定点数除法运算的计算过程如图 3.27 所示。

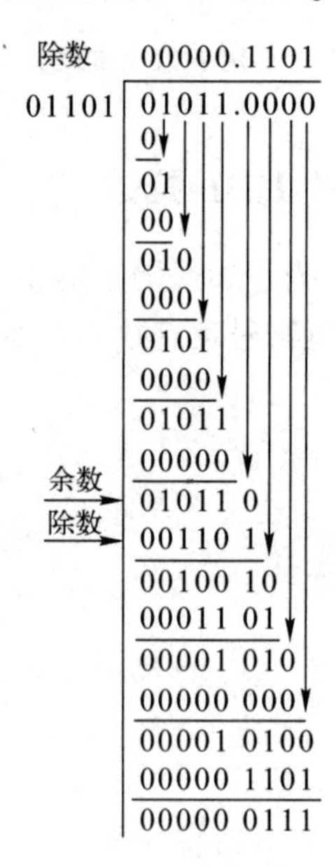

图 3.27 无符号定点数除法计算的计算过程

无符号定点数除法运算的 VHDL 描述如代码清单 3-23 所示。

代码清单 3-23 无符号定点数除法运算的 VHDL 描述

```
library IEEE;
use IEEE.STD_LOGIC_1164.ALL;
use ieee.fixed_pkg.all;
entity top is
    Port (
            a          : in  ufixed(4 downto -1);
            b          : in  ufixed(3 downto -3);
            quotient   : out ufixed(7 downto -5)
        );
end top;
architecture Behavioral of top is
begin
process(a,b)
begin
  if(b/="0000000") then
     quotient<=a/b;
  else
     quotient<="0000000000000";
  end if;
end process;
end Behavioral;
```

> **注**：(1) 读者可以定位到本书所提供资料的\fpga_dsp_example\fixed_point_div\unsigned_div 路径中，打开该设计的可综合文件。
> (2) 读者可以定位到本书所提供资料的\fpga_dsp_example\fixed_point_div_sim\unsigned 路径中，打开该设计的仿真文件。

无符号定点数除法运算的仿真结果如图 3.28 所示。

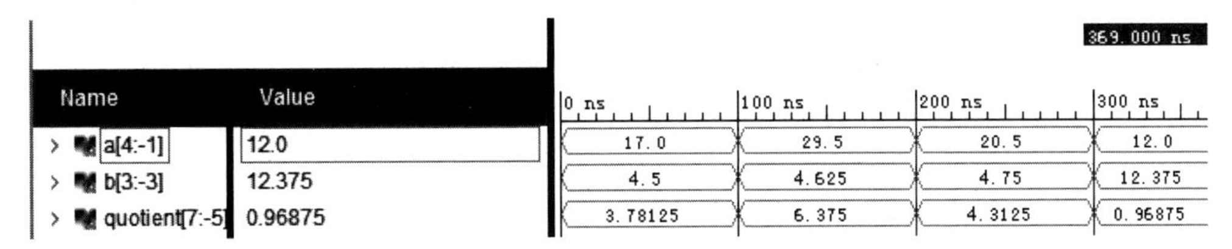

图 3.28　无符号定点数除法运算的仿真结果

思考与练习 3-28：请分析无符号定点数除法运算的仿真结果，验证设计的正确性。

3.10.2　有符号定点数除法运算的 HDL 描述

有符号定点数除法运算的 VHDL 描述如代码清单 3-24 所示。

代码清单 3-24　有符号定点数除法运算的 VHDL 描述

```
library IEEE;
use IEEE.STD_LOGIC_1164.ALL;
use ieee.fixed_pkg.all;
entity top is
    Port (
            a          : in   sfixed(4 downto -1);
            b          : in   sfixed(3 downto -3);
            quotient : out sfixed(8 downto -4)
        );
end top;
architecture Behavioral of top is
begin
process(a,b)
begin
  if(b/="0000000") then
     quotient<=a/b;
  else
     quotient<="0000000000000";
  end if;
end process;
end Behavioral;
```

> **注**：(1) 读者可以定位到本书所提供资料的\fpga_dsp_example\fixed_point_div\signed_div 路径中，打开该设计的可综合文件。

(2) 读者可以定位到本书所提供资料的\fpga_dsp_example\fixed_point_div_sim\signed路径中，打开该设计的仿真文件。

有符号定点数除法运算的仿真结果如图 3.29 所示。

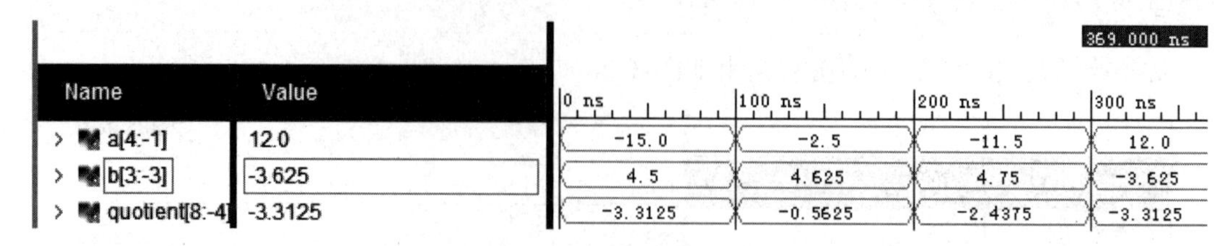

图 3.29 有符号定点数除法运算的仿真结果

思考与练习 3-29：请分析有符号定点数除法运算的仿真结果，验证设计的正确性。

3.11 浮点数的表示方法

本节将介绍浮点数的表示方法。许多具有专用浮点单元（Float-Point Unit，FPU）的DSP 广泛使用浮点处理单元。但是，在 FPGA 中不建议使用浮点处理，这是因为：

(1) 运算速度慢。

(2) 消耗大量的逻辑设计资源。

但是，某些情况下 FPU 是必不可少的，如需要一个很大的动态范围或者很高计算精度的应用场合。

此外，使用浮点数可能使得设计更加简单。这是因为在定点数设计中，需要关注可用的动态范围。但是，在浮点数设计中不需要考虑动态范围的限制。

3.11.1 浮点数的格式

浮点数可以在更大的动态范围内提供更高的分辨率。当定点数由于受其精度和动态范围所限不能精确表示数值时，浮点数能提供更好的解决方法。当然，在速度和复杂度方面带来了损失。大多数浮点数的表示方法都满足单精度/双精度 IEEE 浮点标准。标准的浮点数字长由符号位 s（1 比特位）、指数 e 和无符号（小数）的规格化尾数 m 构成，其格式如下：

s	指数 e	无符号尾数 m

因此，浮点数可以表示为

$$X=(-1)^s(1.m)\cdot 2^{e-\text{bias}}$$

其中，bias 为偏置。当浮点数为正数时，$s=0$；当浮点数为负数时，$s=1$。对于 IEEE-754 标准而言，还有下面的约定：

(1) 当指数 $e=0$，尾数 $m=0$ 时，表示 0。

(2) 当指数 $e=255$，尾数 $m=0$ 时，表示无穷大。

(3) 当指数 $e=255$，尾数 $m!=0$ 时，表示不是一个数（Not a Number，NaN）。

(4) 对于最接近于 0 的数，根据 IEEE754 的约定，为了扩大对 0 值附近数据的表示能力，

取指数 $e=-126$，尾数 $m=(0.00000000000000000000001)_2$。此时，该数的二进制表示为

0 00000000 00000000000000000000001

IEEE 的单精度和双精度浮点格式如表 3.8 所示。

表 3.8　IEEE 的单精度和双精度浮点格式

	单　精　度	双　精　度
字长	32	64
尾数	23	52
指数	8	11
偏置	127	1023
范围	2^{128}	2^{1024}

在浮点数乘法中，尾数部分可以像定点数一样相乘，而把指数部分相加。浮点数的减法复杂一些，因为首先需要将尾数归一化，就是将两个数都调整到较大的指数，然后将两个数的尾数相加。对于加法运算和乘法运算的混合运算而言，最终的归一化就是将结果尾数再统一乘小数“1. m”形式的表达式，这是非常必要的。

3.11.2　浮点数的短指数表示

简化浮点硬件的一种方法是创建一种短指数的浮点数据格式。浮点数的短指数表示格式如图 3.30 所示。

在这种表示格式中，有一个 4 位的指数和一个 11 位的尾数。因此可以表示−7~8 范围内的指数，其结果在动态范围内显著增加，而代价就是稍微降低了精度。定点数和短指数的性能比较如表 3.9 所示。

图 3.30　浮点数的短指数表示格式

表 3.9　定点数和短指数的性能比较

	16 位定点数（1 位整数，15 位小数）	16 位浮点数（4 位指数，11 位尾数）
最小值	2^{-15}	2^{-18}
最大值	$1-2^{-15}$	2^{8}
精度	2^{-15}	$2^{-18}-2^{-3}$
动态范围	2^{15}	2^{26}

不同浮点数的短指数表示格式如表 3.10 所示。

表 3.10　不同浮点数的短指数表示格式

数　值	符　号　位	共享的指数（4 位）	尾数（11 位）
16.5	0	1100	10000100000
12.25	0		01100010000
−7.75	1		00111110000
2.0625	0		00010000100

3.12 浮点数运算的 HDL 描述

在 IEEE-754 规范（32 位和 64 位）和 IEEE-854（可变宽度）规范中，都对浮点数进行了定义。很多年前，处理器和 IP 中就开始使用浮点数了。浮点格式是一种很容易理解的格式，它是一个符号幅度系统，其中对符号的处理不同于对幅度的处理。

下面给出在 Vivado 2017.2 中使用 VHDL 语言添加浮点支持的详细步骤。

（1）在“Sources”窗口中，找到并单击设计文件，如 top.vhd 文件。在下面的“Source File Properties”窗口中，找到并单击“Type:”右侧的 按钮，出现“Set Type”对话框。

（2）在“Set Type”对话框“File type”右侧的下拉框中找到并选择“VHDL 2008”，将该文件设置为支持 VHDL 2008 的语法标准。

> **注：**（1）对于综合而言，需要将浮点运算库的声明语句设置为
>
> ```
> library ieee;
> use ieee.float_pkg.all;
> ```
>
> （2）对于仿真而言，需要将浮点运算库的声明语句设置为
>
> ```
> library ieee_proposed;
> use ieee_proposed.float_pkg.all;
> ```

对于 VHDL 语言而言，不同精度的浮点数的范围表示为

（1）对于 32 位浮点数而言，范围为（8 downto -23），声明数据类型为 float32。其中：

① 8 表示符号位。

② 7 downto 0 表示指数部分，即 8 位宽度。

③ -1 downto -23 表示小数部分，即 23 位宽度。

（2）对于 64 位浮点数而言，范围为（11 downto -52），声明数据类型为 float64。其中：

① 11 表示符号位。

② 10 downto 0 表示指数部分，即 11 位宽度。

③ -1 downto -52 表示小数部分，即 52 位宽度。

（3）对于 128 位浮点数而言，范围为（15 downto -112），声明数据类型为 float128。其中：

① 15 表示符号位。

② 14 downto 0 表示指数部分，即 15 位宽度。

③ -1 downto -112 表示小数部分，即 112 位宽度。

（4）对于可变长度的浮点数而言，范围为（*m* downto *n*）。其中：

① *m* 为正整数，*n* 为负整数。

② *m* 表示符号位。

③ $m-1$ downto 0 表示指数部分，即 m 位宽度。

④ -1 downto n 表示小数部分，即 n 位宽度。

3.12.1　单精度浮点数加法运算的 HDL 描述

单精度浮点数加法运算的 VHDL 描述如代码清单 3-25 所示。

代码清单 3-25　单精度浮点数加法运算的 VHDL 描述

```
library IEEE;
use IEEE.STD_LOGIC_1164.ALL;
use ieee.float_pkg.all;
entity top is
    Port (
            a: in   float32;
            b: in   float32;
            c: out   float32
        );
end top;
architecture Behavioral of top is
begin
      c<=a+b;
end Behavioral;
```

> **注**：(1) 读者可以定位到本书所提供资料的\fpga_dsp_example\float_point_add 路径中，打开该设计的可综合文件。
>
> (2) 读者可以定位到本书所提供资料的\fpga_dsp_example\float_point_add_sim 路径中，打开该设计的仿真文件。

单精度浮点数加法运算的仿真结果如代码清单 3.31 所示。

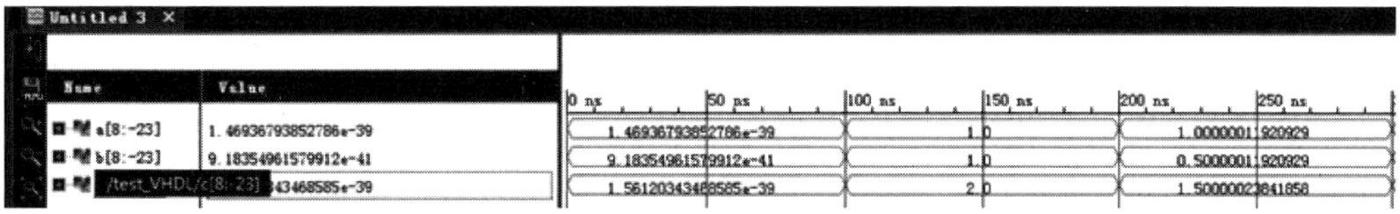

图 3.31　单精度浮点数加法运算的仿真结果

思考与练习 3-30：请分析单精度浮点数加法运算的仿真结果，验证设计的正确性。

3.12.2　单精度浮点数减法运算的 HDL 描述

单精度浮点数减法运算的 VHDL 描述如代码清单 3-26 所示。

代码清单 3-26　单精度浮点数减法运算的 VHDL 描述

```
library IEEE;
use IEEE.STD_LOGIC_1164.ALL;
use ieee.float_pkg.all;
entity top is
```

```
        Port (
                a: in   float32;
                b: in   float32;
                c: out   float32
        );
end top;
architecture Behavioral of top is
begin
        c<=a-b;
end Behavioral;
```

> **注**：(1) 读者可以定位到本书所提供资料的\fpga_dsp_example\float_point_sub 路径中，打开该设计的可综合文件。
>
> (2) 读者可以定位到本书所提供资料的\fpga_dsp_example\float_point_sub_sim 路径中，打开该设计的仿真文件。

单精度浮点数减法运算的仿真结果如图 3. 32 所示。

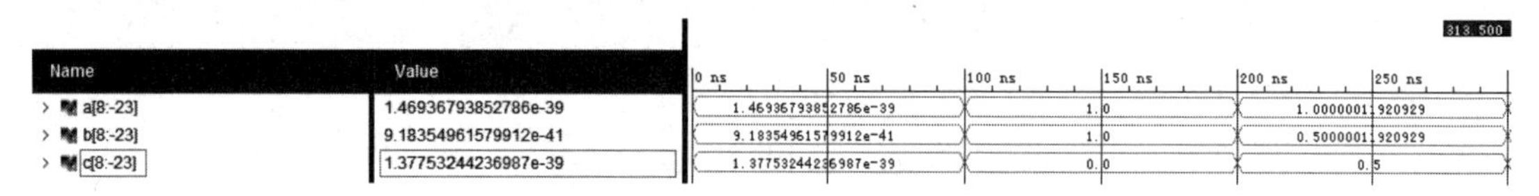

图 3. 32　单精度浮点数减法运算的仿真结果

思考与练习 3-31：请分析单精度浮点数减法运算的仿真结果，验证设计的正确性。

3. 12. 3　单精度浮点数乘法运算的 HDL 描述

单精度浮点数乘法运算的 VHDL 描述如代码清单 3-27 所示。

代码清单 3-27　单精度浮点数乘法运算的 VHDL 描述

```
library IEEE;
use IEEE. STD_LOGIC_1164. ALL;
use ieee. float_pkg. all;
entity top is
        Port (
                a: in   float32;
                b: in   float32;
                c: out   float32
        );
end top;
architecture Behavioral of top is
begin
        c<=a * b;
end Behavioral;
```

> **注**：(1) 读者可以定位到本书所提供资料的\fpga_dsp_example\float_point_mul 路径中，打开该设计的可综合文件。

（2）读者可以定位到本书所提供资料的\fpga_dsp_example\float_point_mul_sim 路径中，打开该设计的仿真文件。

单精度浮点数乘法运算的仿真结果如图 3.33 所示。

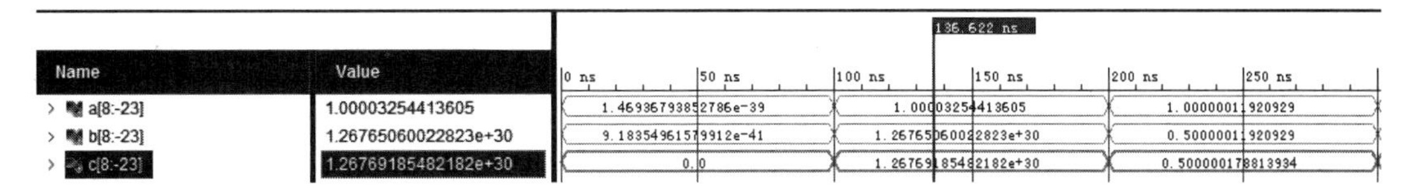

图 3.33　单精度浮点数乘法运算的仿真结果

思考与练习 3-32：请分析单精度浮点数乘法运算的仿真结果，验证设计的正确性。

3.12.4　单精度浮点数除法运算的 HDL 描述

单精度浮点数除法运算的 VHDL 描述如代码清单 3-28 所示。

代码清单 3-28　单精度浮点数除法运算的 VHDL 描述

```
library IEEE;
use IEEE.STD_LOGIC_1164.ALL;
use ieee.float_pkg.all;
entity top is
    Port (
            a: in   float32;
            b: in   float32;
            c: out   float32
    );
end top;
architecture Behavioral of top is
begin
    c<=a/b;
end Behavioral;
```

注：（1）读者可以定位到本书所提供资料的\fpga_dsp_example\float_point_div 路径中，打开该设计的可综合文件。

（2）读者可以定位到本书所提供资料的\fpga_dsp_example\float_point_div_sim 路径中，打开该设计的仿真文件。

单精度浮点数除法运算的仿真结果如图 3.34 所示。

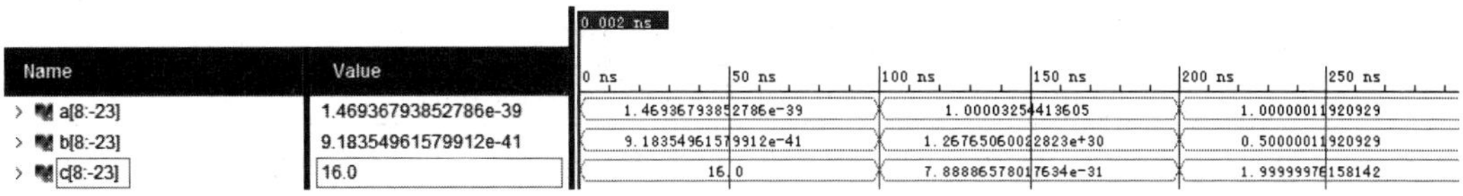

图 3.34　单精度浮点数除法运算的仿真结果

思考与练习 3-33：请分析单精度浮点数除法运算的仿真结果，验证设计的正确性。

第4章　基于 FPGA 的数字信号处理的基本流程

本节将介绍 Xilinx 提供的 3 种数字信号处理的建模工具——System Generator、Vivado HLS 和 Model Composer 的基本设计流程，通过对这 3 个工具基本设计流程的介绍，使得读者理解并掌握在 FPGA 内构建数字信号处理，并执行软件/硬件仿真的方法，为学习本书后续内容打下坚实的基础。

4.1　FPGA 模型的设计模块

本节将介绍 System Generator 中提供的 Xilinx Blockset 和 Xilinx Reference Blockset 设计模块。

4.1.1　Xilinx Blockset

Xilinx 的块集是一个库，包含了基本的 System Generator 模块。一些模块是底层的，提供了对器件指定硬件的访问；其他模块是高层次的，实现信号处理和高级的通信算法。为了方便，具有广泛适用的模块（如 Gateway I/O 块）是很多库的成员，每个模块包含在 Index 库中。Xilinx Blockset 库及其功能描述如表 4.1 所示。

表 4.1　Xilinx Blockset 库及其功能描述

库	描　述
AXI4	带有符合 AXI4 规范接口的模块
Basic Elements	用于数字逻辑的标准建立模块
Communication	前向错误纠错和调制器模块，通常用于数字通信系统中
Control Logic	用于控制电路和状态机的逻辑块
DSP	数字信号处理模块
Data Types	用于数据类型转换的模块（包括 Gateways）
Float-Point	包含浮点类型的模块
Index	Xilinx Blockset 中的每个模块
Math	实现算术运算功能的模块
Memory	实现和访问存储器的模块
Shared Memory	实现和访问 Xilinx 共享存储器的模块
Tools	Utility 工具，如代码生成（System Generator Token）、资源评估和 HDL 协同仿真等

4.1.2　Xilinx Reference Blockset

Xilinx Reference Blockset 包含了 System Generator 的组合体，用于实现范围更广的功能。Xilinx Reference Blockset 库及其功能的描述如表 4.2 所示。

表 4.2　Xilinx Reference Blockset 库及其功能的描述

库	描　述
Communication	用于数字通信系统中的块
Control Logic	用于控制电路和状态机的逻辑块
DSP	数字信号处理模块
Imaging	图像处理模块
Math	实现算术运算功能的块

4.2　配置 System Generator 环境

在使用 System Generator 工具前，必须安装 MathWorks 公司的 MATLAB 软件工具。在本书中，使用 Vivado 2017.2 集成开发环境和 MATLAB R2016b。配置 System Generator 运行环境的步骤主要包括：

（1）在正确安装 MATLAB R2016b 工具和 Vivado 2017.2 设计套件后，在 Windows 7 的主界面下，选择开始->所有程序->Xilinx Design Tools->Vivado 2017.2->System Generator->System Generator 2017.2 MATLAB Configurator，出现“Select a MATLAB installation for System Generator Vivado 2017.2”对话框，如图 4.1 所示。

（2）在“Select a MATLAB installation for System Generator Vivado 2017.2”对话框中，勾选“R2016b”前面的复选框。

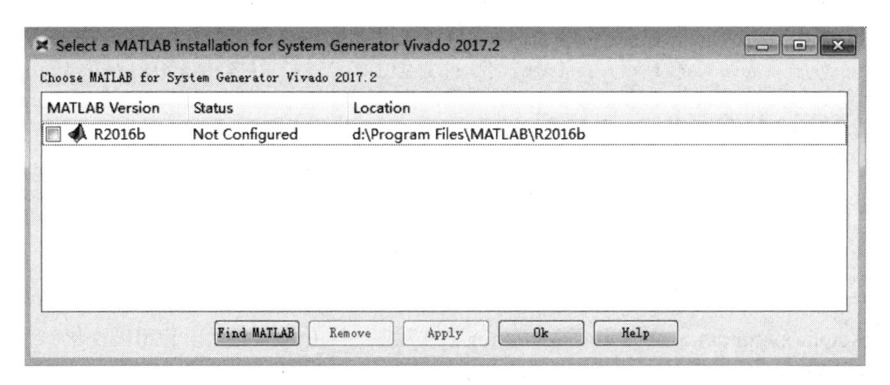

图 4.1　“Select a MATLAB installation for System Generator Vivado 2017.2”对话框（1）

> **注：**必须严格对应 MATLAB 的版本号，否则在运行时会报错。Vivado 2017.2 支持的 MATLAB 版本为 R2016a、R2016b 和 R2017a。

（3）单击“Apply”按钮，出现“Warning”对话框，提示“This will change the default version of System Generator in your MATLAB path to Vivado 2017.2”信息。

（4）单击“OK”按钮，退出“Warning”对话框。

（5）单击图 4.2 中的“Ok”按钮，出现“Info”对话框。

（6）在“Info”对话框中，出现“Your MATLAB version has been reconfigured for Vivado 2017.2. Please restart System Generator from the Start menu”信息。

（7）单击“OK”按钮。

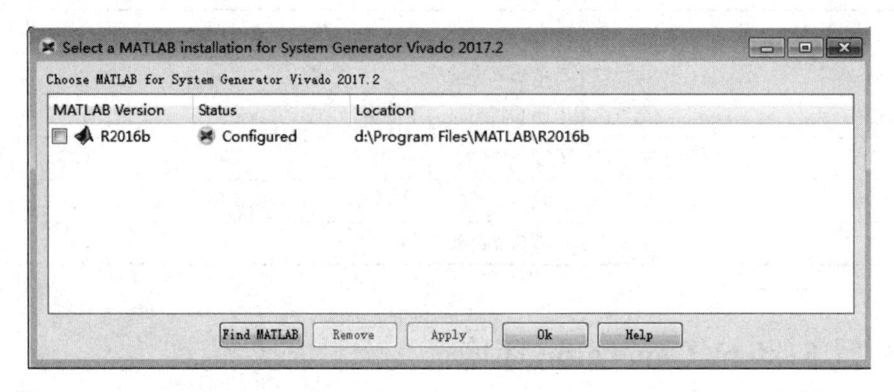

图 4.2　“Select a MATLAB installation for System Generator Vivado 2017.2”对话框（2）

4.3　信号处理模型的构建与实现

本节将介绍信号处理模型的构建与实现，包括信号模型的构建、模型参数的设置、信号处理模型的仿真、生成模型子系统、模型 HDL 代码的生成、打开生成设计文件并仿真、协同仿真的配置与实现、生成 IP 核。

4.3.1　信号模型的构建

本节将实现浮点离散数字信号模型，表示为

$$y(n)=x(n)+6.0\times x(n-1)+1.5\times x(n-2)+3.5\times x(n-3)+4.0\times x(n-4) \tag{4.1}$$

通过 Z 变换，将式（4.1）变换到 Z 域：

$$\begin{aligned} Y(z)&=X(z)+6.0\times z^{-1}\times X(z)+1.5\times z^{-2}\times X(z)+3.5\times z^{-3}\times X(z)+4.0\times z^{-1}\times X(z) \\ Y(z)&=(1+6.0\times z^{-1}+1.5\times z^{-2}+3.5\times z^{-3}+4.0\times z^{-4})\times X(z) \end{aligned} \tag{4.2}$$

使用 System Generator 工具实现该模型的步骤主要包括：

（1）在 Windows 7 的主界面下，选择开始->所有程序->Xilinx Design Tools->Vivado 2017.2->System Generator->System Generator 2017.2，打开 MATLAB R2016b 集成开发环境。

（2）在 MATLAB 的主界面下，单击“Simulink”按钮，出现“Simulink Start Page”界面，如图 4.3 所示。

（3）在“Simulink Start Page”界面中，单击名字为“Blank Model”的图标，出现一个新的空白设计界面。

（4）在空白设计界面的工具栏中，找到并单击（Library Browser）按钮，出现“Simulink Library Browser”界面。

（5）在“Simulink Library Browser”界面左侧的窗口中找到并展开“Xilinx Blockset”。在展开项中，找到并单击名字为“Floating-Point”的选项。

（6）在“Simulink Library Browser”界面右侧的窗口中，给出了可用的浮点处理元件，如图 4.4 所示。

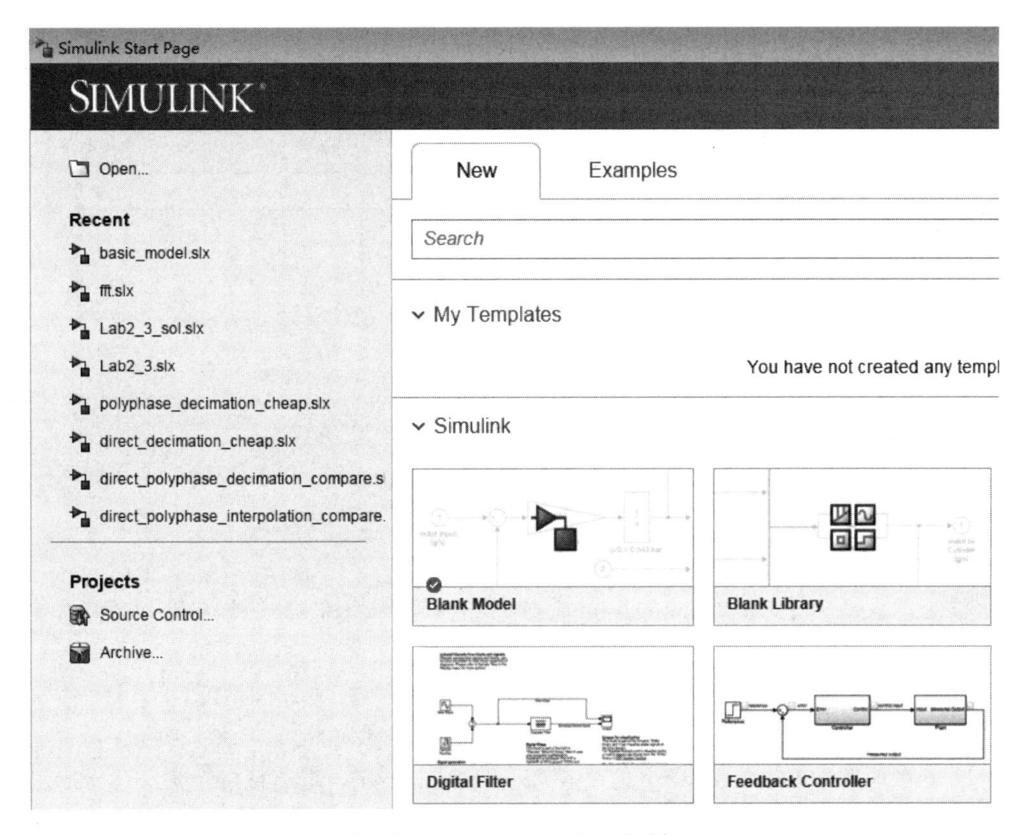

图 4.3　“Simulink Start Page”界面

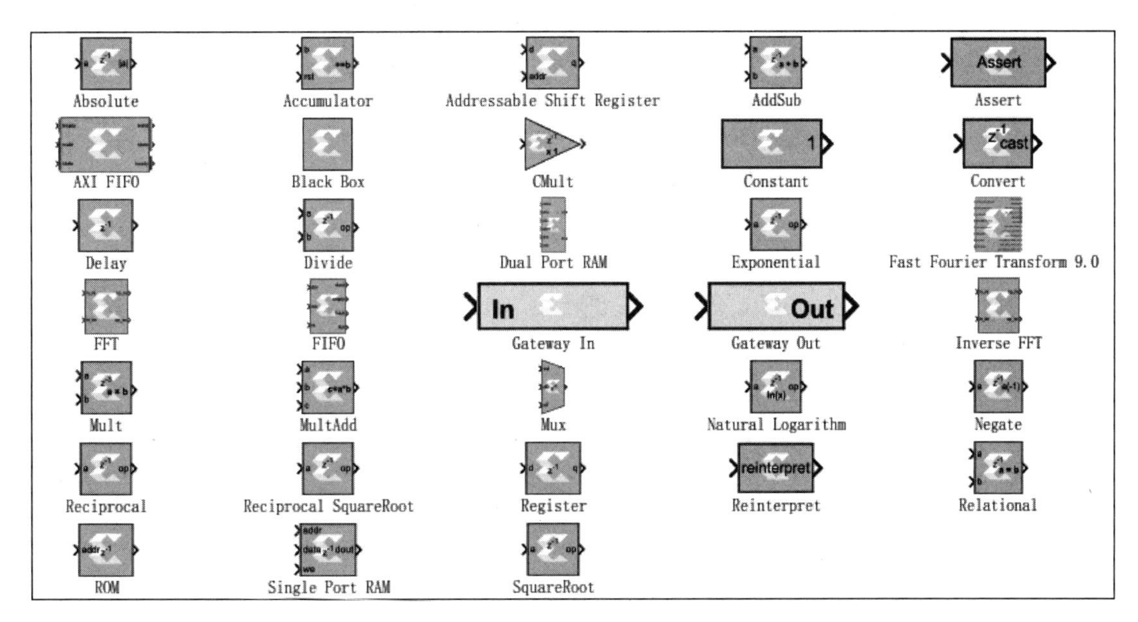

图 4.4　可用的浮点处理元件

(7) 在图 4.4 给出的浮点处理元件中，找到名字为“Gateway In”和“Gateway Out”的元件，并将其拖入图 4.5 所示的空白界面中。

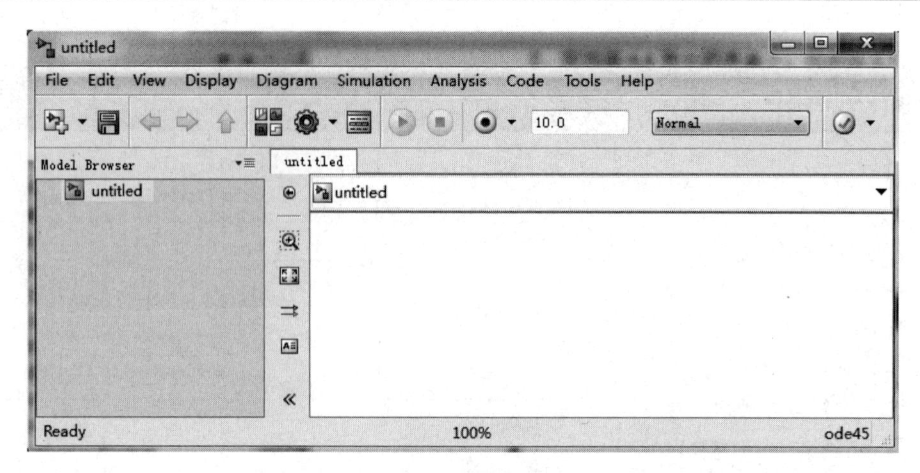

图 4.5 空白界面

注：(1) Gateway In 元件支持：

① 从浮点数转换为 N 位 Boolean 类型、有符号（二进制补码）或者无符号的定点数。

② 在转换期间，提供选项管理额外的位。

③ 在 System Generator 生成的 HDL 设计中，定义了顶层输入端口的名字。

④ 当在 System Generator 块中选中“Create Testbench”复选框时，定义了测试平台的激励源。

(2) Gateway Out 支持：

① 将 System Generator 产生的定点数转换为 Simulink 的双精度数。

② 在 System Generator 生成的 HDL 设计中，定义了顶层输出端口的名字。

(8) 在图 4.4 提供的元件窗口中，找到名字为“Delay”的元件，并将 4 个 Delay 元件拖入图 4.6 所示的原理图设计界面中。

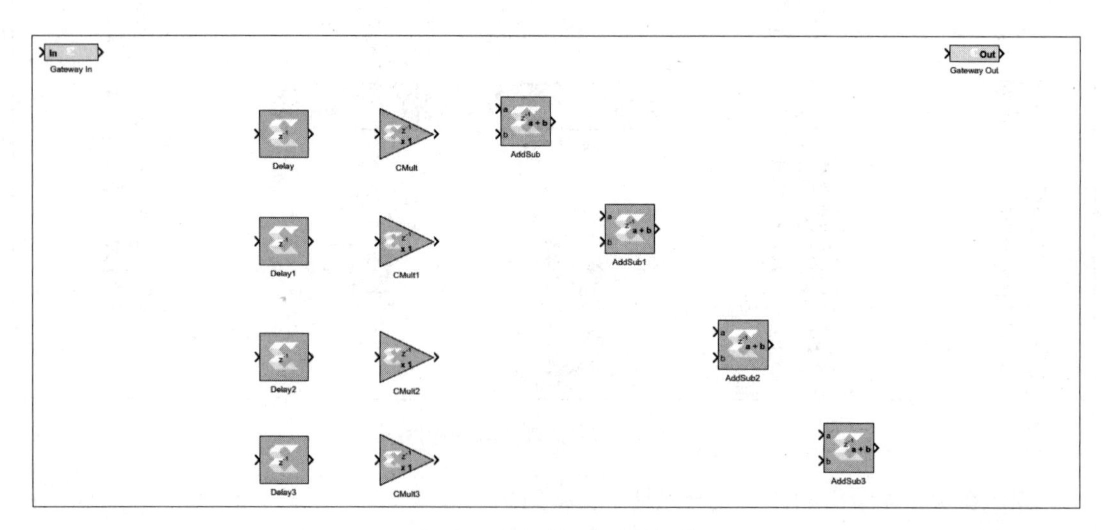

图 4.6 在原理图中放置元件

（9）在图 4.4 提供的元件窗口中，找到名字为“CMult”的元件，并将 4 个 CMult 元件拖入图 4.6 所示的原理图设计界面中。

（10）在图 4.4 提供的元件窗口中，找到名字为“AddSub”的元件，并 4 个 AddSub 元件拖入图 4.6 所示的原理图设计界面中。

（11）在“Simulink Library Browser”主界面的“Libraries”窗口下找到并展开 Xilinx Blockset。在展开项中，找到 Basic Elements。在右侧窗口中找到名字为“System Generator”的元件符号，并将其拖入原理图设计界面中。

> **注：** 这个符号必须出现在所有的 System Generator 设计中，否则在运行设计时会报错。

（12）在“Simulink Library Browser”主界面的“Libraries”窗口下找到并展开 Simulink。在展开项中，找到 Sources。在右侧窗口中找到名字为“Sine Wave”的元件符号，并将其拖入图 4.6 所示的原理图设计界面中。

（13）在“Simulink Library Browser”主界面的“Libraries”窗口下找到并展开 Simulink。在展开项中，找到 Sinks。在右侧窗口中找到名字为“Scope”的元件符号，并将其拖入图 4.6 所示的原理图设计界面中。

> **注：** ① 双击名字为“Scope”的元件符号，打开其配置界面。在配置界面中，通过选择 File->Number of Input Ports，将示波器的端口数量设置为 2。
>
> ② 此外，在配置界面中，选中 File->Open at Start of Simulation 选项，使得在仿真结束的时候可以自动打开示波器界面。

（14）放置完所有元件后的原理图设计界面如图 4.7 所示。

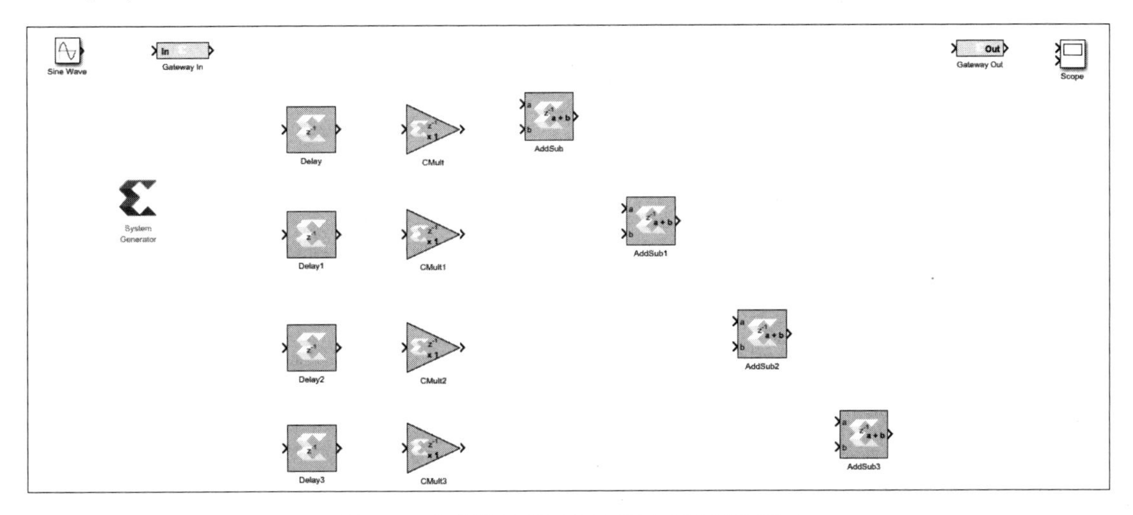

图 4.7　放置完所有元件后的原理图设计界面

（15）连接完所有元件后的原理图设计界面如图 4.8 所示。

（16）保存模型。将其保存在 E:\fpga_dsp_example\model_design\basic_model\basic_model.slx 路径下。

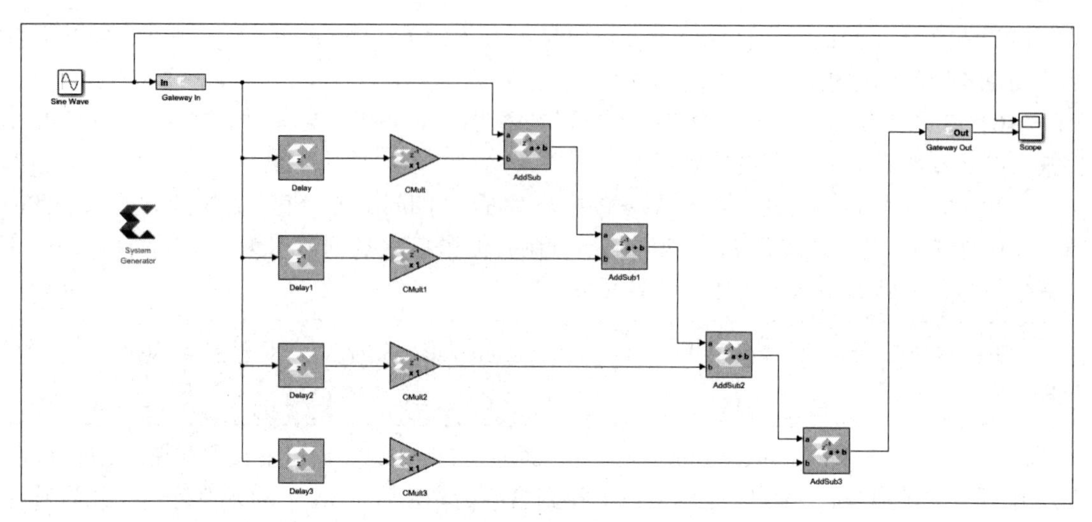

图 4.8 连接完所有元件后的原理图设计界面

4.3.2 模型参数的设置

本节将为 4.3.1 节生成的最终模型设置合适的参数，其参数设置的步骤主要包括：

（1）双击图 4.8 内的 Sine Wave 符号，打开正弦信号参数设置界面，如图 4.9 所示。首先介绍一下该设置界面内一些参数的含义。

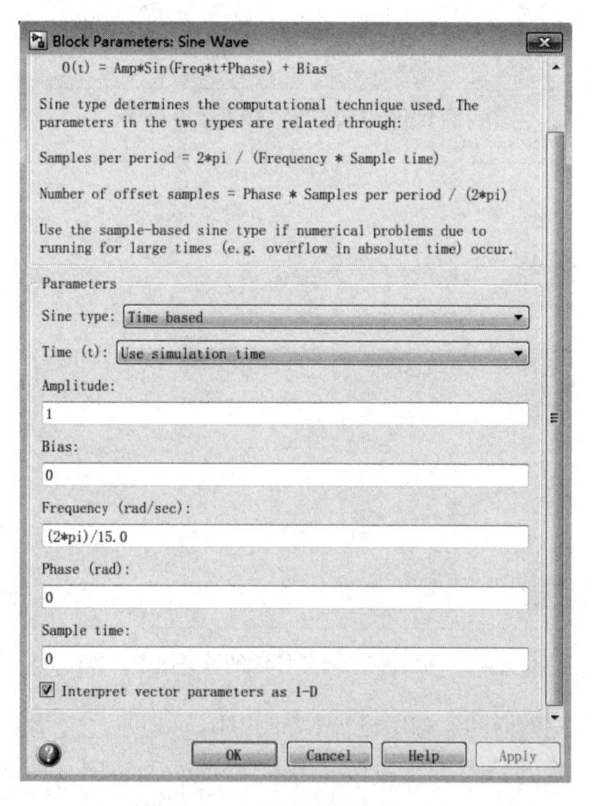

图 4.9 正弦信号参数设置界面

① 基于时间的模式（Time based）。

在该模式下，正弦信号的输出由下式决定：

$$y = \text{Amplitude} \times \sin(\text{Frequency} \times \text{Time} + \text{Phase}) + \text{Bias}$$

> **注：**该模式下有两个可以选择的子模式：连续模式和离散模式。

设置界面中，“Sample time” 的值确定子模式。当该参数为 0 时，该模块运行在连续模式；当该参数大于 0 时，该模式运行在离散模式。

② 基于采样的模式（Sample based）。

基于采样的模式使用下面的公式计算正弦信号模块的输出：

$$y = A\sin(2\pi(k+o)/p) + b$$

其中，A 是正弦信号的幅度；p 是每个正弦周期的采样个数；k 是重复的整数值，其范围为 0 ~$p-1$；o 是信号的偏置（相位移动）；b 是信号的直流偏置。

> **注：**按图 4.9 配置正弦信号的参数。

（2）单击 “OK” 按钮，退出正弦信号参数设置界面。

（3）双击图 4.8 中的 Gateway In 符号，打开参数设置界面，按如下所示设置参数。

① Output Type：Float-point。

② Floating-point Precision：Single。

③ 其他按默认参数设置。

（4）单击 “OK” 按钮，退出参数设置界面。

（5）在图 4.8 中，双击名字为 “Delay1” 的元件符号，打开其参数设置界面，在 “Basic” 标签下，设置 Latency 为 2（延迟为 2）。

（6）单击 “OK” 按钮，退出 Delay1 的参数设置界面。

（7）在图 4.8 中，双击名字为 “Delay2” 的元件符号，打开其参数设置界面，按如下所示设置参数。

在 “Basic” 标签下，设置 Latency 为 3（延迟为 3）。

（8）单击 “OK” 按钮，退出 Delay2 的参数设置界面。

（9）在图 4.8 中，双击名字为 “Delay3” 的元件符号，打开其参数设置界面，在 “Basic” 标签下，设置 Latency 为 4（延迟为 4）。

（10）单击 “OK” 按钮，退出 Delay3 的参数设置界面。

（11）在图 4.8 中，双击名字为 “CMult” 的元件符号，打开其参数设置界面，按如下所示设置参数。

① Constant value：6.0。

② Constant Type：Floating-point。

③ Floating-point Precision：Single。

④ Latency：0。

（12）单击 “OK” 按钮，退出 CMult 的参数设置界面。

（13）在图 4.8 中，双击名字为 “CMult1” 的元件符号，打开其参数设置界面，按如下所示设置参数。

① Constant value：1.5。

② Constant Type：Floating-point。

③ Floating-point Precision：Single。

④ Latency：0。

(14) 单击“OK”按钮，退出 CMult1 的参数设置界面。

(15) 在图 4.8 中，双击名字为“CMult2”的元件符号，打开其参数设置界面，按如下所示设置参数。

① Constant value：3.5。

② Constant Type：Floating-point。

③ Floating-point Precision：Single。

④ Latency：0。

(16) 单击“OK”按钮，退出 CMult2 的参数设置界面。

(17) 在图 4.8 中，双击名字为“CMult3”的元件符号，打开其参数设置界面，按如下所示设置参数。

① Constant value：4.0。

② Constant Type：Floating-point。

③ Floating-point Precision：Single。

④ Latency：0。

(18) 单击“OK”按钮，退出 CMult3 的参数设置界面。

(19) 在图 4.8 中，双击名字为“AddSub”的元件符号，打开其参数设置界面，在“Basic”标签下，设置 Latency 为 0（无延迟）。

(20) 单击“OK”按钮，退出 AddSub 的参数设置界面。

(21) 在图 4.8 中，双击名字为“AddSub1”的元件符号，打开其参数设置界面，在“Basic”标签下，设置 Latency 为 0（无延迟）。

(22) 单击“OK”按钮，退出 AddSub 的参数设置界面。

(23) 在图 4.8 中，双击名字为“AddSub2”的元件符号，打开其参数设置界面，在“Basic”标签下，设置 Latency 为 0（无延迟）。

(24) 在图 4.8 中，双击名字为“AddSub3”的元件符号，打开其参数设置界面，在“Basic”标签下，设置 Latency 为 0（无延迟）。

(25) 单击“OK”按钮，退出 AddSub3 的参数设置界面。

(26) 保存该设计。

4.3.3 信号处理模型的仿真

本节将对信号处理模型进行仿真。实现仿真的步骤主要包括：

(1) 在设计界面工具栏内的输入框中输入 45.0。

(2) 在设计界面工具栏下，单击▶按钮，开始仿真。

(3) 仿真结果如图 4.10 所示。

(4) 退出“Scope”窗口。

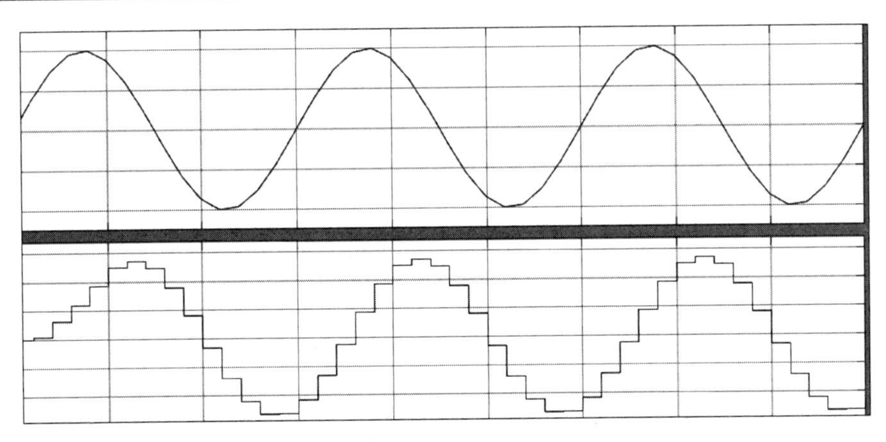

图 4.10　仿真结果

4.3.4　生成模型子系统

本节将生成模型子系统。实现子系统的步骤主要包括:

(1) 将前面的设计另存为在 E:\fpga_dsp_example\model_design\basic_model\basic_model_sub_system.slx 路径下。

(2) 用鼠标选中黑框区域内的所有元件，如图 4.11 所示。

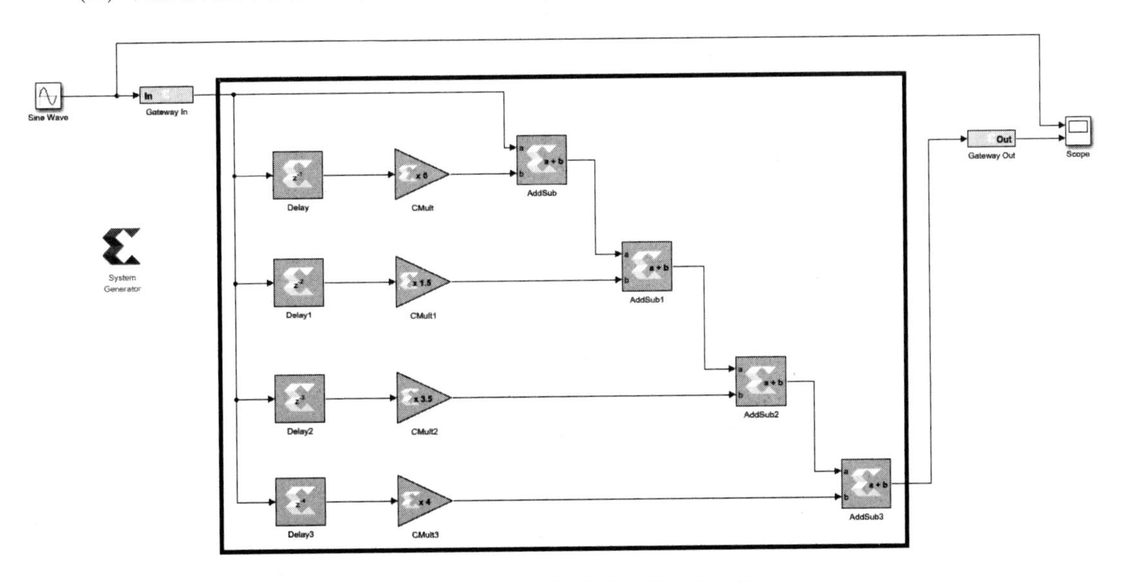

图 4.11　选中黑框区域内的所有元件

(3) 单击鼠标右键，出现浮动菜单。在浮动菜单内，选择 “Create Subsystem From Selection” 选项。

(4) 包含子系统的模型如图 4.12 所示。

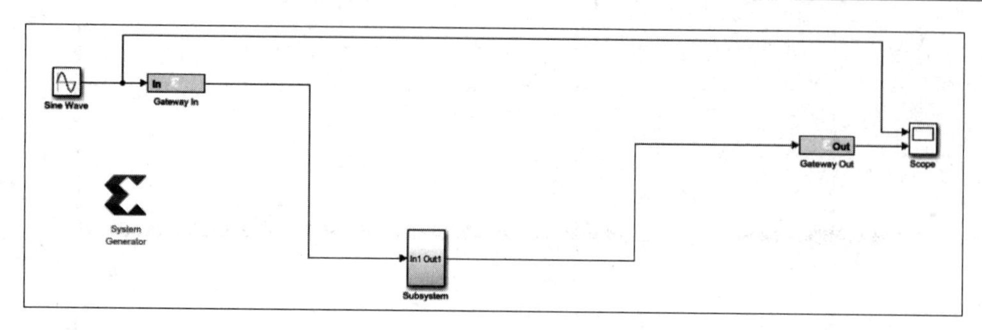

图 4.12　包含子系统的模型

4.3.5　模型 HDL 代码的生成

本节将生成设计模型的 HDL 代码，步骤主要包括：

（1）双击图 4.11 中名字为“System Generator”的元件符号，打开“System Generator：basic_model”对话框，如图 4.13 所示。

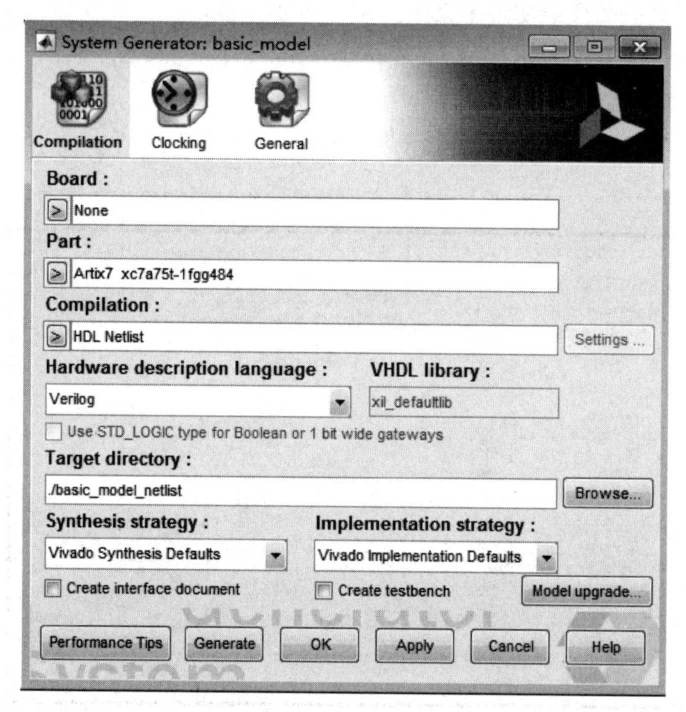

图 4.13　“System Generator：basic_model”对话框

（2）在“System Generator：basic_model”对话框中，按如下所示设置参数。

① Part：Artix7 xc7a75t-1 fgg484。

② Compilation：HDL Netlist。

③ Hardware description language：Verilog。

④ Target directoty：./basic_model_netlist（编译目标要放在当前工程路径的/basic_model_netlist 子目录中）。

⑤ Synthesis strategy：Vivado Synthesis Defaults。

⑥ Implementation strategy：Vivado Implementation Defaults。

⑦ 勾选“Create interface document”前面的复选框。

⑧ 勾选“Create testbench”前面的复选框。

(3) 单击“Generate”按钮，生成模型的 HDL 描述和测试平台。

(4) 完成对设计的综合后，出现“Compilation status”对话框。在该对话框中，提示“Generation Completed”信息，表示成功完成生成过程。

(5) 单击“OK”按钮。

4.3.6　打开生成设计文件并仿真

本节将使用 Vivado 2017.2 集成开发环境打开 System Generator 工具生成的 Verilog HDL 代码和测试平台。打开 Verilog HDL 代码的步骤主要包括：

(1) 定位到 E:\fpga_dsp_example\model_design\basic_model\basic_model_netlist\hdl_netlist 路径下，找到并双击 basic_model.v 文件，该设计模型的文件结构如图 4.14 所示。

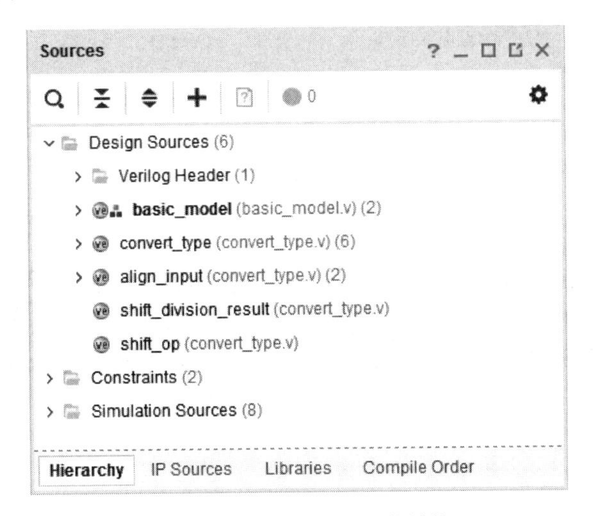

图 4.14　设计模型的文件结构

(2) 对该设计执行“Elaborate”，然后单击“Open Elaborated Design”选项，打开详细描述后的设计结构如图 4.15 所示。

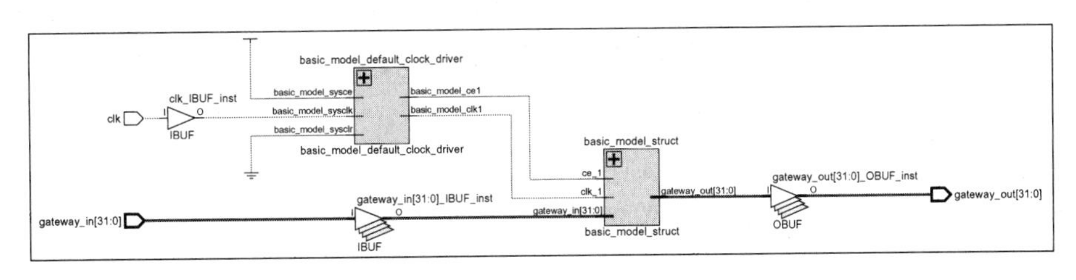

图 4.15　详细描述后的设计结构

(3) 在“Sources”窗口中找到并展开“Simulation Sources”。在展开项中，找到并展开“sim_1”。在展开项中，选中“basic_model_tb”，如图 4.16 所示。

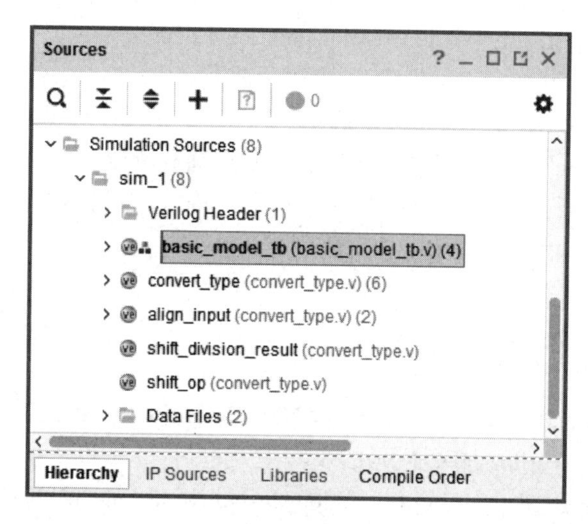

图 4.16 “Sources”窗口

（4）在 Vivado 主界面左侧的“Flow Navigator”窗口中，找到并展开“Simulation”。在展开项中，找到“Run Simulation”，然后选择“Run Behavioral Simulation”，开始对设计进行行为级仿真。

（5）行为仿真的结果如图 4.17 所示。

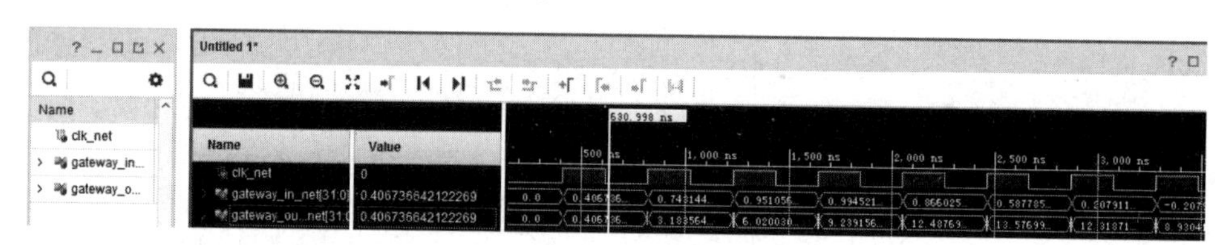

图 4.17 行为仿真的结果

（6）退出 Vivado 2017.2 集成开发环境。

4.3.7 协同仿真的配置与实现

System Generator 提供了硬件协同仿真能力，这样可以使运行在 FPGA 上的设计导入 Simulink 仿真中。Hardware Co-Simulation 硬件协同仿真选项用于编译目标，并且自动生成比特流，将其连接到一个模块。在 Simulink 中对设计进行硬件协同仿真后，就可以知道设计在硬件上的运行结果。这样，就允许在真正的硬件上测试被编译的部分，并且动态加速仿真过程。

1. 添加新的编译目标

在进行协同仿真前，需要配置仿真环境参数。该仿真所使用的目标平台为作者开发的 A7-EDP-1 开发平台，该开发平台上搭载了 Xilinx 公司的 xc7a75t-1 fgg484 FPGA 器件。配置协同仿真环境参数的步骤主要包括：

（1）将本书所提供资料的\fgpa_example 路径下的 a7-edp-1 文件夹复制到 C:\xilinx\vivado\2017.2\data\boards\board_files 路径中。

注：该文件夹下面保存着 Xilinx 所支持的所有板描述文件。

（2）建立一个名字为“startup. m”的文件，在该文件中输入如代码清单 4-1 所示的代码。

代码清单 4-1　startup. m 文件

```
addpath([[getenv('XILINX_VIVADO')] '/scripts/sysgen/matlab']);
xilinx.environment.setBoardFileRepos({'C:/xilinx/vivado/2017.2/data/boards/board_files/a7-edp-1/1.0'});
```

注：该段代码用于在 System Generator 中加入作者开发的 A7-1-EDP 硬件平台。

（3）将该文件放在 C:\users\administrator\appdata\roaming\xilinx\vivado 路径下。

注：这是通过 System Generator 打开 MATLAB 的默认路径。读者可以在打开的 MATLAB 中看到这个默认路径。

（4）重新通过 System Generator 打开 MATLAB 集成开发环境。

（5）双击名字为“System Generator”的元件符号，打开其参数设置界面，如图 4.18 所示。从图 4.18 中可知，在“Board”下面的下拉框中新添加了名字为“a7-edp-1 0”的开发板。

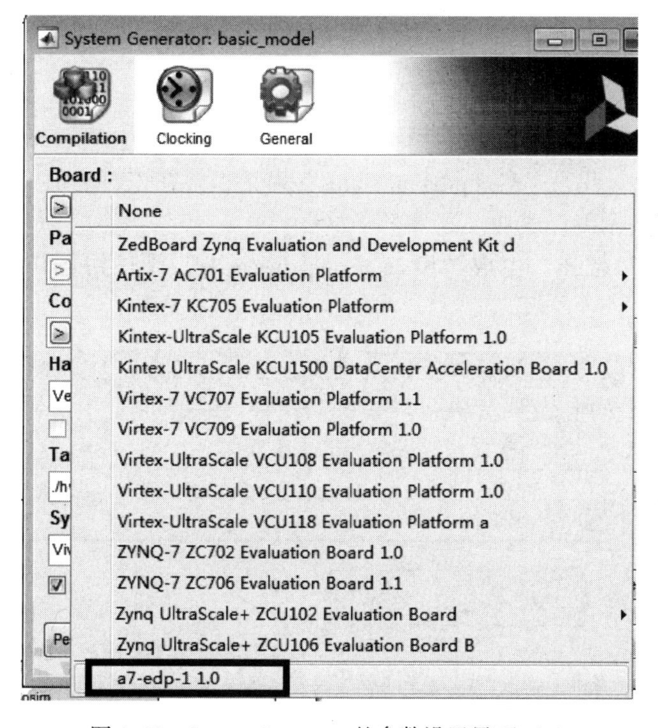

图 4.18　System Generator 的参数设置界面（1）

（6）选中“a7-edp-1 0”，在“Compilation”下选择“Hardware Co-Simulation (JTAG)”，将“Target directory”设置为“/hw_sim1”，如图 4.19 所示。

2. 生成协同仿真模块

本部分将生成协同仿真模块，步骤主要包括：

图 4.19　System Generator 的参数设置界面（2）

（1）单击图 4.19 中的“Generate”按钮，对所选的目标平台进行编译。

（2）编译完成后，出现“Compilation status”对话框。在该对话框中，提示“Generation Completed”信息，表示编译成功。

（3）单击“OK”按钮，生成“basic_model hwcosim”硬件协同仿真模型，如图 4.20 所示。

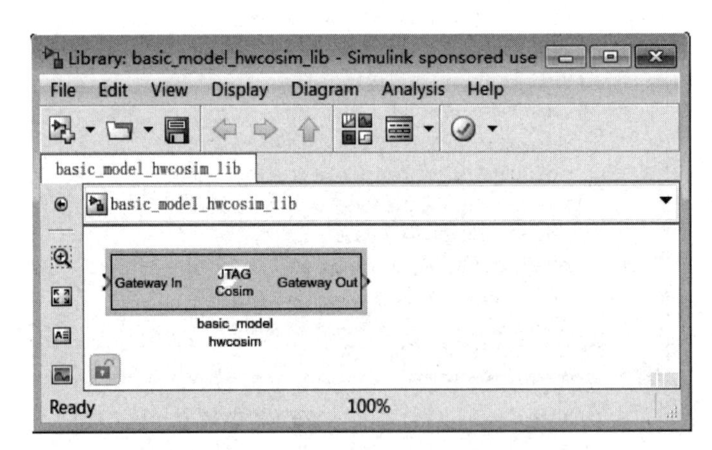

图 4.20　生成“basic_model hwcosim”硬件协同仿真模块

3. 协同仿真的实现

本部分将实现协同仿真，步骤主要包括：

（1）将图 4.20 所示的“basic_model hwcosim”硬件协同仿真模型粘贴到图 4.21 所示的

界面中。

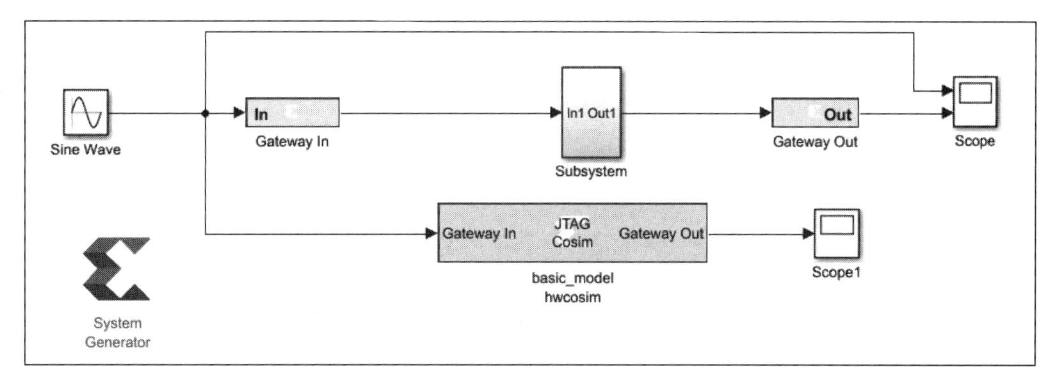

图 4.21　系统硬件协同仿真模型

（2）如图 4.21 所示，将“basic_model hwcosim”硬件协同仿真模型连接到数字信号处理模型系统中，完成硬件系统仿真的整体结构设计。

（3）单击“OK”按钮。

（4）在主界面的工具栏下单击▶按钮，启动硬件协同仿真。

（5）等待仿真结束后，双击 Scope1 符号。

（6）打开仿真结果界面，观察协同仿真的结果如图 4.22 所示。

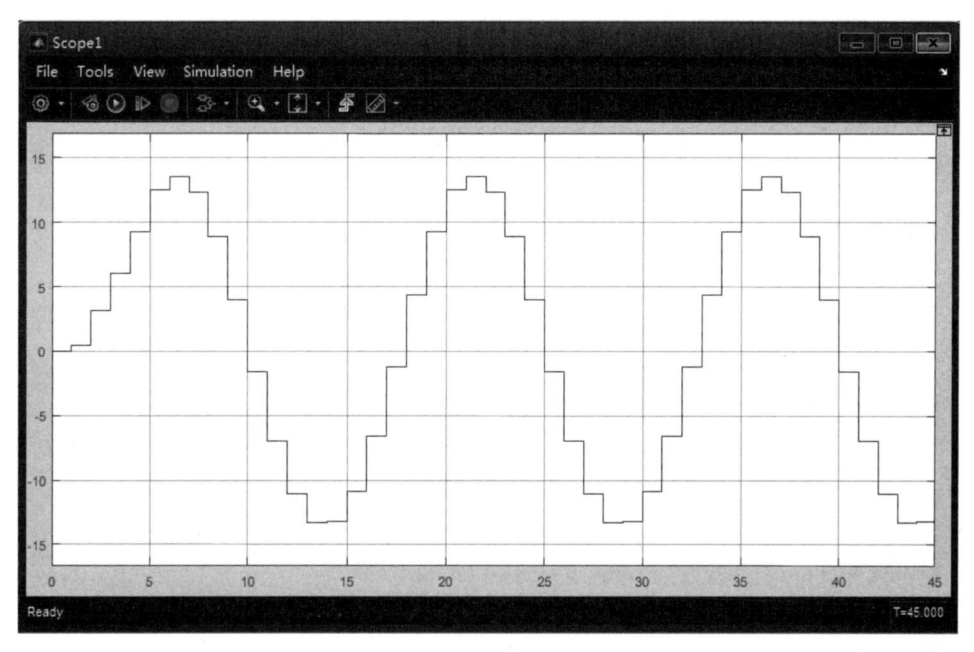

图 4.22　协同仿真的结果

4.3.8　生成 IP 核

System Generator 提供了 IP 封装器编译目标，允许设计者将 System Generator 生成的设计封装到一个 IP 核中。这样，就可以将其包含在 Vivado IP 目录中。然后通过例化语句将其包含在其他设计中，作为其他设计的一部分。生成 IP 核的步骤主要包括：

（1）在 Simulink 设计环境中，在 E：\vivado_example\model_design\basic_model_ip 路径下重新打开 basic_model. slx 文件。

（2）双击 System Generator 符号，打开如图 4. 23 所示的参数设置界面，按如下所示参数设置。

图 4. 23　System Generator 的参数设置界面

① Compilation：IP Catalog。

② Part：Artix7 xc7a75t-1 fgg484。

③ Hardware description language：Verilog。

④ Target directoty：./basic_model_netlist（在当前保存工程目录下的子目录 basic_model_netlist 下）。

⑤ Synthesis strategy：Vivado Synthesis Defaults。

⑥ Implementation strategy：Vivado Implementation Defaults。

⑦ 勾选“Create interface document”前面的复选框。

⑧ 勾选“Create testbench”前面的复选框。

> **注：** 单击 Settings... 按钮，可以查看 IP 核封装的一些信息。

（3）单击“Generate”按钮，生成 IP 核。

4.4　编译 MATLAB 到 FPGA

本节将介绍编译 MATLAB 到 FPGA 的方法与设计流程。

4.4.1　模型的设计原理

System Generator 通过使用 MCode 模块提供了对 MATLAB 的直接支持。MCode 模块将输入值应用到 M-函数，用于对使用 Xilinx 定点数据类型的评估，且在每个采样的周期内进行评估。模块通过使用永久的状态变量来保持内部的状态。模块的输入端口是由 M-函数指定的输入变量决定的，输出端口是由 M-函数的输出变量决定的。这个模块为构建有限状态机和控制逻辑等模块提供了一个便捷的方法。

本节将通过 MCode 构建两个滤波器模块，并将两个模块的计算结果进行比较。

1. simple_fir 函数（见代码清单 4-2）

代码清单 4-2　simple_fir 函数

```
function y = simple_fir(x, lat, coefs, len, c_nbits, c_binpt, o_nbits,o_binpt)
    coef_prec = {xlSigned, c_nbits, c_binpt, xlRound, xlWrap};
    out_prec = {xlSigned, o_nbits, o_binpt};
    coefs_xfix =xfix(coef_prec, coefs);
    persistent coef_vec, coef_vec = xl_state(coefs_xfix, coef_prec);
    persistent x_line, x_line = xl_state(zeros(1, len-1), x);
    persistent p, p = xl_state(zeros(1, lat), out_prec, lat);
    sum = x * coef_vec(0);
    for idx = 1:len-1
        sum = sum + x_line(idx-1) * coef_vec(idx);
        sum = xfix(out_prec, sum);
    end
    y = p.back;
    p.push_front_pop_back(sum);
    x_line.push_front_pop_back(x);
```

2. fir_transpose 函数（见代码清单 4-3）

代码清单 4-3　fir_transpose 函数

```
function y = fir_transpose(x, lat, coefs, len, c_nbits, c_binpt,o_nbits, o_binpt)
    coef_prec = {xlSigned, c_nbits, c_binpt, xlRound, xlWrap};
    out_prec = {xlSigned, o_nbits, o_binpt};
    coefs_xfix =xfix(coef_prec, coefs);
    persistent coef_vec, coef_vec = xl_state(coefs_xfix, coef_prec);
    persistent reg_line, reg_line = xl_state(zeros(1, len), out_prec);
    if lat <= 0
        error('latency must be at least 1');
    end
    lat = lat - 1;
    persistent dly,
```

```
if lat <= 0
    y = reg_line.back;
else
    dly = xl_state(zeros(1, lat), out_prec, lat);
    y = dly.back;
    dly.push_front_pop_back(reg_line.back);
end
for idx = len-1:-1:1
    reg_line(idx) = reg_line(idx - 1) + coef_vec(len - idx - 1) * x;
end
reg_line(0) = coef_vec(len - 1) * x;
```

> **注：**预先设计这两个函数，并将其保存在 E:\fpga_example_example\model_design\mcode_model 路径下。

4.4.2　系统模型的建立

本节将构建一个系统模型，主要步骤包括：

（1）在 Windows 7 主界面下，选择开始->所有程序->Xilinx Design Tools->Vivado 2017.2->System Generator->System Generator 2017.2，打开 MATLAB R2016b。

（2）在 MATLAB 主界面的工具栏下打开 Simlink 工具箱。

（3）在 Simulink 主界面的主菜单下，选择 File->New->Model，建立一个新的模型。

（4）在“Simulink Library Browser”主界面的“Libraries”窗口下，找到并展开“Xilinx Blockset”。在展开项中，找到并单击 Math 符号，在窗口右边出现数学运算元件。

图 4.24　MCode 元件

（5）在该界面下，找到图 4.24 所示的 MCode 元件，并将其拖入新模型的设计界面中。

> **注：**读者可以参考已经设计完成的图 4.25。

（6）类似地，在该界面下，找到图 4.24 所示的 MCode 元件，再次将其拖入新模型的设计界面中。

> **注：**读者可以参考已经设计完成的图 4.25。

（7）在“Simulink Library Browser”主界面的“Libraries”窗口下，找到并展开“Xilinx Blockset”。在展开项中，找到并单击“Basic Elements”。在右侧窗口中找到 Gateway In 元件，并将其拖入新模型的设计界面中。

> **注：**读者可以参考已经设计完成的图 4.25。

（8）在“Simulink Library Browser”主界面的“Libraries”窗口下，找到并展开“Xilinx Blockset”。在展开项中，找到并单击“Basic Elements”。在右侧窗口中找到 Gateway Out 元件，将其分两次拖入新模型的设计界面中。

注：读者可以参考已经设计完成的图 4.25。

（9）在 “Simulink Library Browser” 主界面的 “ Libraries” 窗口下，找到并展开 “Simulink”。在展开项中，找到 “Sources”，在右边窗口找到 Band-Limited White Noise 元件，并将其拖入图 4.25 所示的界面中。

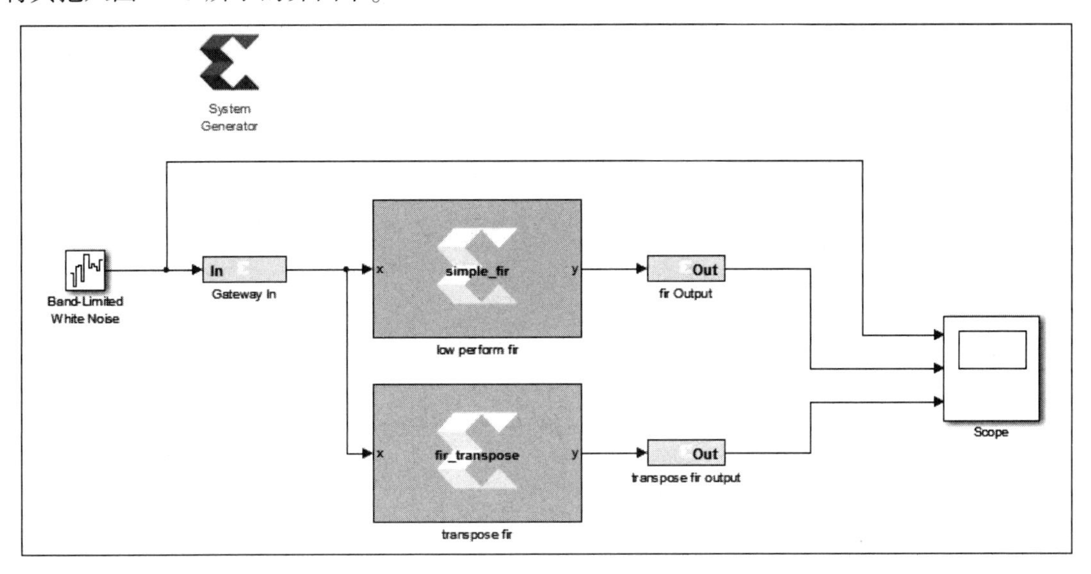

图 4.25　完成后的系统结构

（10）在 “Simulink Library Browser” 主界面的 “ Libraries” 窗口下，找到并展开 “Simulink”。在展开项中，找到 “Sinks”。在右边窗口找到 Scope 元件，将其拖入图 4.25 所示的界面中。

（11）在 “Simulink Library Browser” 主界面的 “Libraries” 窗口下，找到并展开 “Xilinx Blockset”。在展开项中，找到 “Basic Elements”。在右边窗口找到 System Generator Token 元件，将其拖入图 4.25 所示的界面中。

（12）双击图 4.25 中的 MCode 元件，打开其参数设置界面。如图 4.26 所示，单击 “Basic” 标签。在该标签页下，单击 Browse... 按钮。定位到 E:\fpga_dsp_example\model_design\mcode_model\simple_fir.m 路径下。这样，就可以在 “MATLAB function” 标题下看到 “simple-fir”。

（13）单击 “Interface” 标签，如图 4.27 所示。在该标签页下，按图 4.27 中所示的设置参数。

（14）单击 “Advanced” 标签，在该标签页下，勾选 “Enable printing with disp” 前面的复选框。

（15）单击 “OK” 按钮。

（16）双击图 4.25 中下面的 MCode 元件，打开其参数设置界面。如图 4.28 所示，单击 “Basic” 标签。在该标签页下，单击 Browse... 按钮，定位到 E:\fpga_dsp_example\model_design\mcode_model\fir_transpose.m 路径下。这样，就可以在 “MATLAB function” 标题下看到 “fir_transpose”。

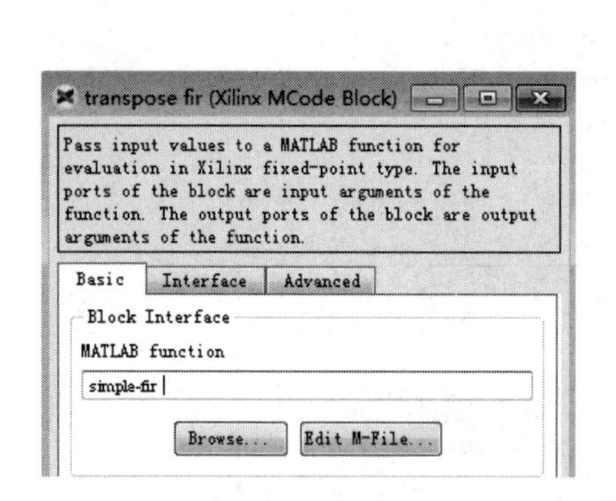

图 4.26 “Basic”标签页（1）

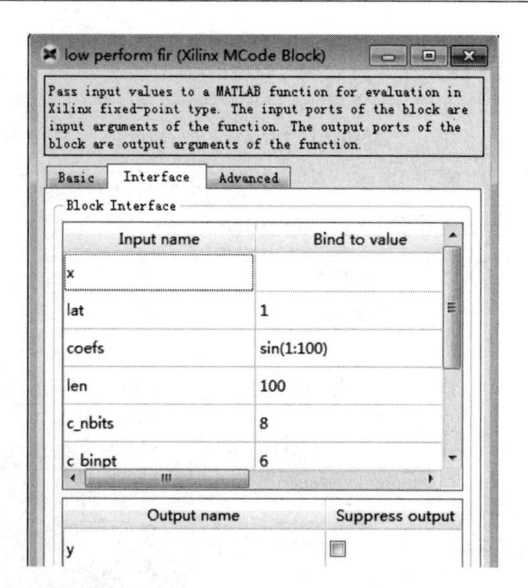

图 4.27 “Interface”标签页（1）

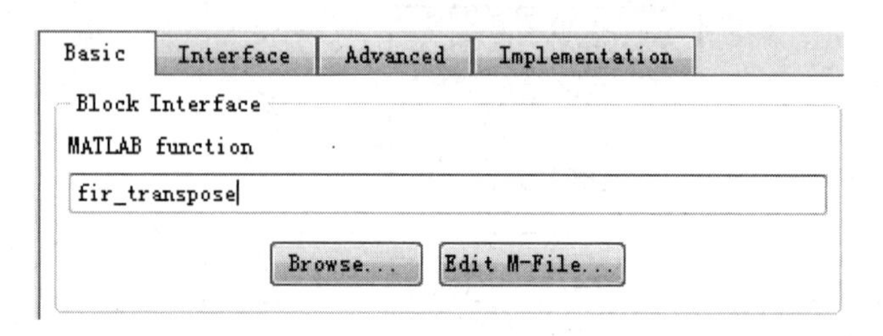

图 4.28 “Basic”标签页（2）

（17）单击“Interface”标签，如图 4.29 所示。在该标签页下，按图 4.29 中所示的设置参数。

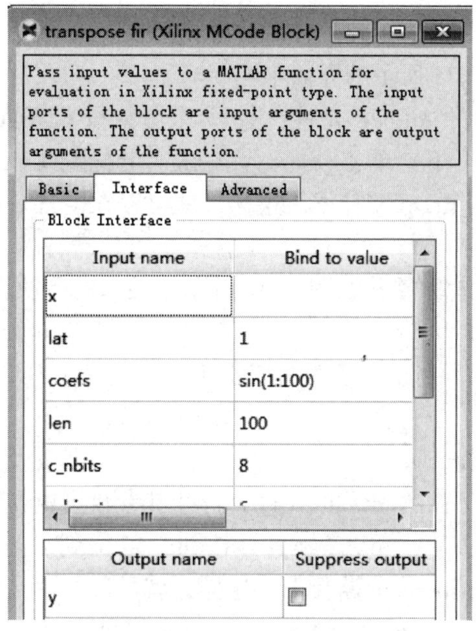

图 4.29 “Interface”标签页（2）

（18）单击“Advanced”标签，在该标签页下，勾选“Enable printing with disp”前面的复选框。

（19）单击“OK”按钮。

（20）双击图 4.25 内的 Scope 元件，将“Number of axis”设置为 3。

（21）将模型中的各个元件连接在一起，如图 4.25 所示。

> **注**：读者可以按照图 4.25 修改各个元件的名字。

4.4.3　系统模型的仿真

下面对设计模型进行仿真。系统模型进行仿真的步骤主要包括：

（1）在 Simulink 主界面工具栏内的输入框中输入“100”。

（2）在 Simulink 主界面的工具栏内单击▶按钮，开始仿真。

（3）在图 4.25 中单击 Scope 元件。打开“Scope”窗口，观察仿真的结果，如图 4.30 所示。

（4）退出“Scope”窗口。

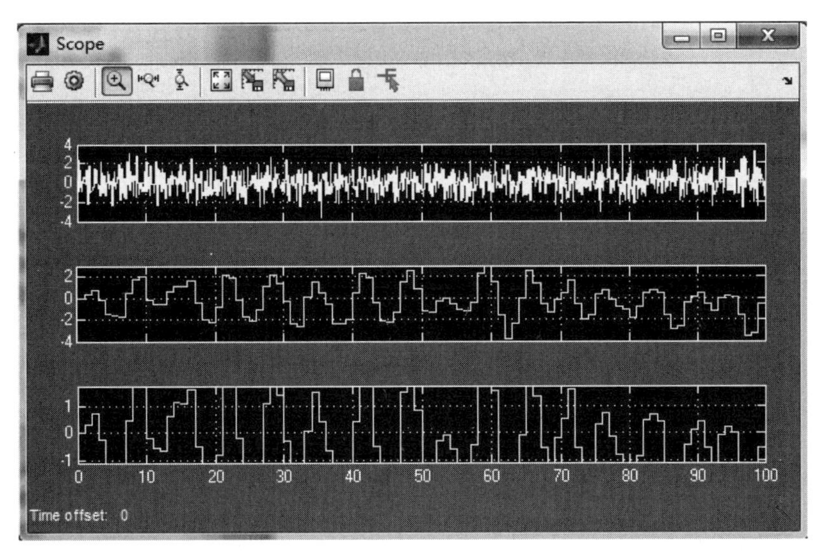

图 4.30　仿真的结果

4.5　高级综合工具 HLS 概述

本节将介绍 Xilinx 公司的高级综合（High Level Synthesis，HLS）工具，包括 HLS 的特性、调度和绑定，以及提取控制逻辑和 I/O 端口。

4.5.1　HLS 的特性

高级综合（HLS）工具是 Xilinx 公司推出的最新一代的 FPGA 设计工具，其设计流程如图 4.31 所示。HLS 工具的出现，使得可以直接使用 C/C++语言对数字信号处理算法进行建模，然后通过 Xilinx 提供的 HLS 工具将其转换为 RTL 级的代码/IP 核等嵌入设计中。通过 HLS 工具，一方面减少了传统上使用 HDL 语言对算法建模的难度，提高了建模和验证模型的速度；另一方面，读者可以探索在使用不同策略的情况下，算法在 FPGA 内实现时所消耗的逻辑资源和实现性能等问题。

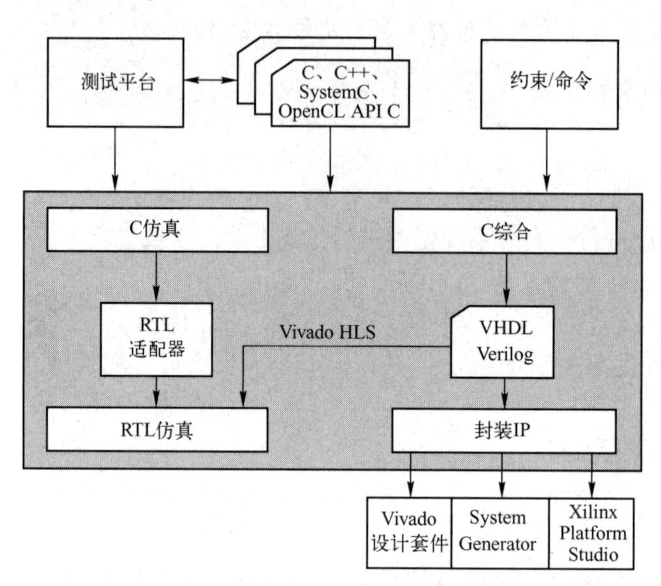

图 4. 31 高级综合（HLS）工具的设计流程

4.5.2 调度和绑定

HLS 工具对 C 模型的处理包括调度和绑定，对于下面使用 C 语言描述的例子：

```
int foo( char x, char a, char b, char c) {
char y;
y = x * a+b+c;
return y
}
```

其调度和绑定过程如图 4. 32 所示。

从图 4. 32 中可知，在调度阶段，HLS 工具调度下面的操作：

（1）第一个时钟周期内，执行乘法和第一个加法操作。

（2）在第二个时钟周期内，执行第二个加法操作，以及产生输出。

对于这个例子的初始绑定阶段，HLS 使用组合逻辑构成的乘法器（Mul）实现乘法操作，使用组合逻辑构成的加法器/减法器（AddSub）实现所有的加法操作。

在目标绑定阶段，HLS 使用 DSP48 资源实现所有的乘法和一个加法操作。前面已经介绍过，DSP48 资源是 FPGA 内提供的一个可用的计算模块，它实现了高性能和高效率之间的权衡。

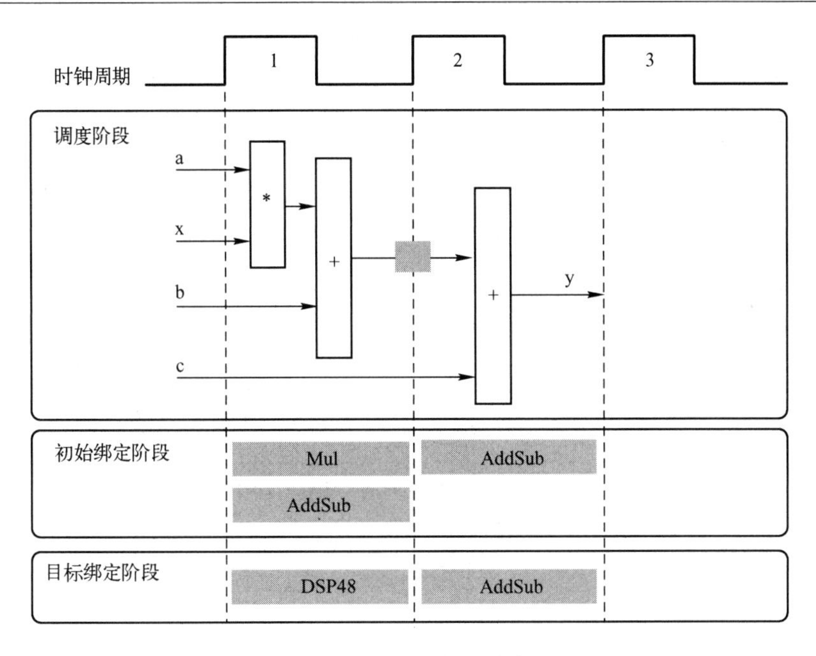

图 4.32　HLS 的调度和绑定过程

4.5.3　提取控制逻辑和 I/O 端口

对于下面的 C 语言例子，提取控制逻辑和 I/O 端口的过程如图 4.33 所示。

```
void foo(int in[3], char a, char b, char c, int out[3]) {
int x,y;
for(int i = 0; i < 3; i++) {
x = in[i];
y = a * x + b + c;
out[i] = y;
}
}
```

对于该例子而言，它在 for 循环中执行操作，函数的两个参数是数组。当调度代码时，最终的设计在 for 循环内执行 3 次运算。HLS 工具从 C 代码中自动提取控制逻辑，然后在 RTL 设计中创建 FSM，用于给这些操作安排执行的顺序。HLS 工具实现将顶层函数参数作为最终 RTL 设计的端口，将标量类型的 char 类型变量映射到 8 位数据总线端口，数组参数（如输入和输出）包含一个完整的数据集。

在高级综合中，默认将数组综合为块 RAM，但是有其他可能的选择，如 FIFO、分布式 RAM 和独立的寄存器。当在顶层函数中使用数组作为参数时，HLS 假设 BRAM 在顶层函数的外部，并且自动创建端口（如数据端口、地址端口和任何所要求的芯片使能或写使能信号）访问该设计外的某个 BRAM。

FSM 起始于状态 C0。在下一个时钟周期，它进入到状态 C1，然后依次是 C2 和 C3。它返回到状态 C1（C2，C3），在返回状态 C0 之前，总计是 3 次。

注：下面的“ {} ”控制 C 代码 for 循环内的控制结构。完整的状态顺序是 C0、{C1,

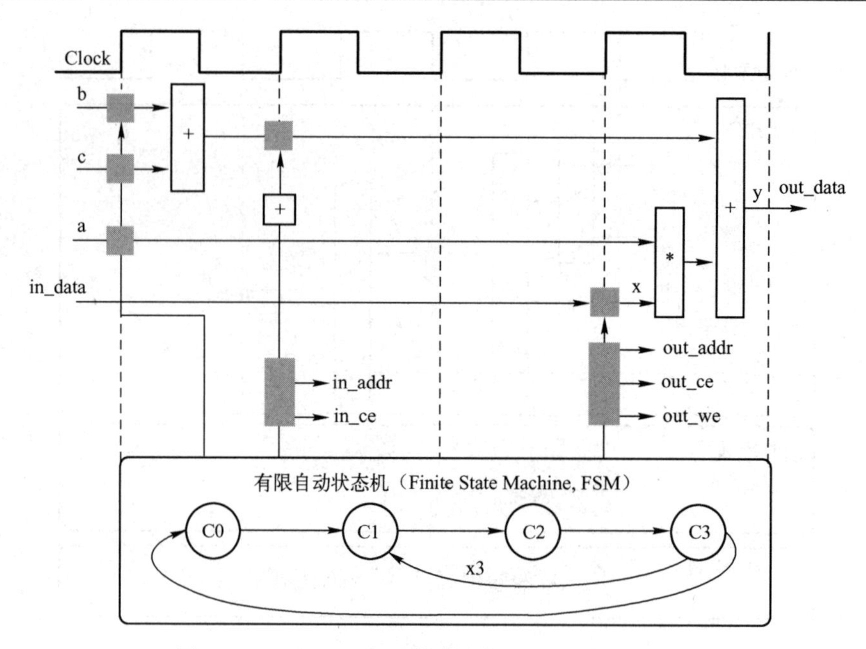

图 4.33　HLS 工具提取控制逻辑和 I/O 端口的过程

C2,C3}、{C1,C2,C3}、{C1,C2,C3}，然后返回 C0。

4.6　使用 HLS 实现两个矩阵相乘运算

本节将使用 HLS 工具实现两个矩阵的相乘运算，内容包括设计矩阵相乘模型、添加 C 测试文件、运行和调试 C 工程、设计综合、查看生成的数据处理图、对设计执行 RTL 级仿真、设计优化，以及对优化后的设计执行 RTL 级仿真。

4.6.1　设计矩阵相乘模型

本节将在 Vivado HLS 中创建一个模型，该模型实现 3×3 矩阵 ***A*** 和 3×3 矩阵 ***B*** 的相乘运算操作。在 HLS 工具中实现两个矩阵运算描述的步骤主要包括：

（1）在 Windows 7 操作系统中，选择开始->所有程序->Xilinx Design Tools->Vivado 2017.2->Vivado HLS->Vivado HLS 2017.2，打开 Vivado HLS 设计工具，出现 Vivado HLS 设计主界面。

> **注：** 读者也可以通过双击桌面上的 Vivado HLS 2017.2 图标打开 Vivado HLS 设计工具。

（2）在主界面的主菜单下，选择 File->New Project…，进入创建新工程设计向导界面，出现“New Vivado HLS Project-Project Configuration”对话框。

（3）在“New Vivado HLS Project-Project Configuration”对话框内按如下所示设置参数。

① Project name：matrx. prj。

② Location：E:\fpga_dsp_example\hls_basic\matrix。

（4）单击“Next”按钮，出现“New Vivado HLS Project-Add/Remove Files”对话框。

（5）在“New Vivado HLS Project-Add/Remove Files”对话框内按如下所示设置参数。

① 单击“New File…”按钮，按下面步骤操作。

- 出现“另存为”对话框，在该对话框中输入文件名“matrix. c”。
- 单击“保存”按钮。

② 在“Top Function”的右侧输入顶层函数的名字“matrix”。

（6）单击“Next”按钮，出现“Add/Remove Files-Add/remove C-based testbench files (design test)”对话框。

（7）在“Add/Remove Files-Add/remove C-based testbench files(design test)”对话框内不进行任何参数设置，单击“Next”按钮，出现“Solution Configuration-Create Vivado HLS solution for selected technology”对话框。

（8）在“Solution Configuration-Create Vivado HLS solution for selected technology”对话框中，单击...按钮，出现“选择器件”对话框。

（9）在“选择器件”对话框中选择“xc7a75tfgg484-1”。

（10）单击“OK”按钮。

（11）单击“Finish”按钮。

（12）在Vivado HLS主界面左侧的“Explorer”窗口下出现工程设计文件目录列表。展开Source文件夹。在展开项中，选择并双击matrix. c文件名，打开matrix. c文件。

（13）输入C语言描述代码，如代码清单4-4所示，并保存该设计文件。

代码清单4-4　matrix. c文件

```
#include "matrix.h"

void matrix(
        mat_a_t a[MAT_A_ROWS][MAT_A_COLS],
        mat_b_t b[MAT_B_ROWS][MAT_B_COLS],
        result_t res[MAT_A_ROWS][MAT_B_COLS])
{
  int i=0,j=0,k=0;
  // Iterate over the rows of the A matrix
matrix_label1:for( i = 0; i < MAT_A_ROWS; i++) {
    // Iterate over the columns of the B matrix
matrix_label0:for( j = 0; j < MAT_B_COLS; j++) {
      // Do the inner product of a row of A and col of B
      res[i][j] = 0;
      Product:for( k = 0; k < MAT_B_ROWS; k++) {
        res[i][j] += a[i][k] * b[k][j];
      }
    }
  }
}
```

（14）添加matrix. h头文件，主要步骤如下所示。

① 在Vivado HLS主界面的主菜单下，选择File->New File…，出现“另存为”对话框。

② 在“另存为”对话框中，输入文件名“matrix. h”。

③ 单击“保存”按钮，HLS 工具将自动打开 matrix. h 文件。

(15) 输入代码，如代码清单 4-5 所示，并保存设计代码。

代码清单 4-5　matrix. h 文件

```
//************************************************************
#ifndef __MATRIX_H__
#define __MATRIX_H__

#define MAT_A_ROWS 3
#define MAT_A_COLS 3
#define MAT_B_ROWS 3
#define MAT_B_COLS 3

typedef char mat_a_t;
typedef char mat_b_t;
typedef short result_t;

// Prototype of top level function for C-synthesis
void matrix(
      mat_a_t a[MAT_A_ROWS][MAT_A_COLS],
      mat_b_t b[MAT_B_ROWS][MAT_B_COLS],
      result_t res[MAT_A_ROWS][MAT_B_COLS]);

#endif // __MATRIXMUL_H__ not defined
```

4.6.2　添加 C 测试文件

本节将添加 C 仿真文件，步骤主要包括：

(1) 在 Vivado HLS 主界面左侧的“Explorer”窗口下，找到并选择 Test Bench 文件夹，单击鼠标右键，出现浮动菜单。在浮动菜单内，选择 New File…，出现“另存为”对话框。

(2) 在“另存为”对话框中，输入文件名“test_matrix. c”。

(3) 单击“保存”按钮，HLS 工具将自动打开 test_matrix. c 文件。

(4) 添加测试代码，如代码清单 4-6 所示。

代码清单 4-6　test_matrix. c 文件

```
int main()
{

  int i=0,j=0;
    char in_mat_a[3][3] = {
        {11, 12, 13},
        {14, 15, 16},
        {17, 18, 19}
    };
    char in_mat_b[3][3] = {
        {21, 22, 23},
        {24, 25, 26},
```

```
        {27, 28, 29}
    };
    short hw_result[3][3];

    matrix(in_mat_a, in_mat_b, hw_result);
    for (i = 0; i < 3; i++)
        {
            for (j = 0; j < 3; j++)
            printf("%d   ",hw_result[i][j]);
                printf("\n");
        }
}
```

（5）保存该测试文件。

4.6.3　运行和调试 C 工程

本节将运行和调试 C 工程。运行和调试 C 工程的步骤主要包括：

（1）在 Vivado HLS 主界面的主菜单下，选择 Project->Run C Simulation，打开“Co-simulation Dialog”对话框。

（2）在“Co-simulation Dialog”对话框中，按如下所示设置参数。

① Verilog/VHDL Simulator Selection：Vivado Simulator。

② RTL Selection：Verilog。

（3）单击“OK”按钮，Vivado HLS 开始对 C 模型进行仿真和验证。在“Console”窗口中给出了验证信息，如图 4.34 所示。

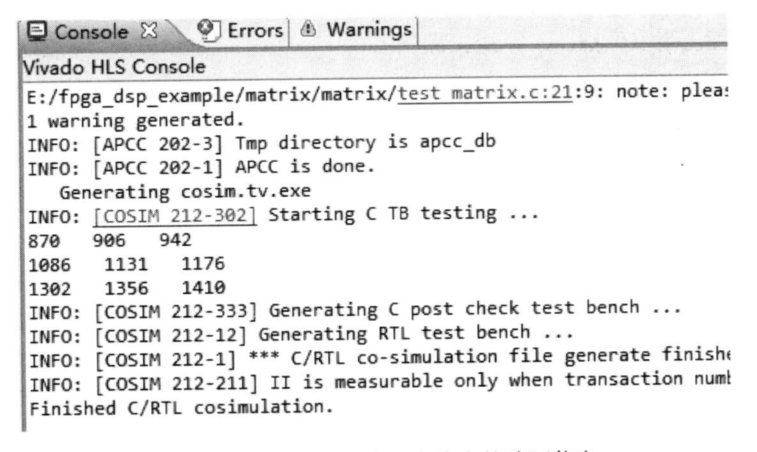

图 4.34　“Console”窗口中给出的验证信息

（4）单击“test_matrix.c”标签，打开 text_matrix.c 文件。在该标签页下，分别在标号 18 和 24 行前面的空白处双击，可以看到出现两个小蓝点，表示为这两行分别设置了断点，用于对该程序进行调试，如图 4.35 所示。

（5）在 Vivado HLS 右上角的面板中，单击“Debug”按钮，进入“Debug”窗口。

（6）在“Debug”窗口中，单击 按钮，出现“C Simulation Dialog”对话框。

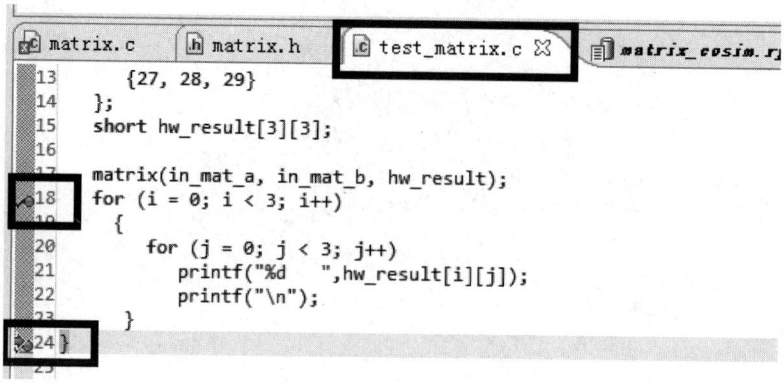

```
matrix.c    matrix.h    test_matrix.c    matrix_cosim.r
13      {27, 28, 29}
14    };
15    short hw_result[3][3];
16
17    matrix(in_mat_a, in_mat_b, hw_result);
18    for (i = 0; i < 3; i++)
19      {
20        for (j = 0; j < 3; j++)
21          printf("%d    ",hw_result[i][j]);
22          printf("\n");
23      }
24  }
```

图 4.35 设置断点

（7）在“C Simulation Dialog”对话框中，单击“OK”按钮。

（8）单击工具栏中的按钮，使程序运行到第二个断点处（24）。

（9）在调试器界面右上侧的窗口中，展开“hw_result”，然后在展开项中分别展开“hw_result[0]”、“hw_result[1]”和“hw_result[2]”，可以看到矩阵相乘的结果如图 4.36 所示。

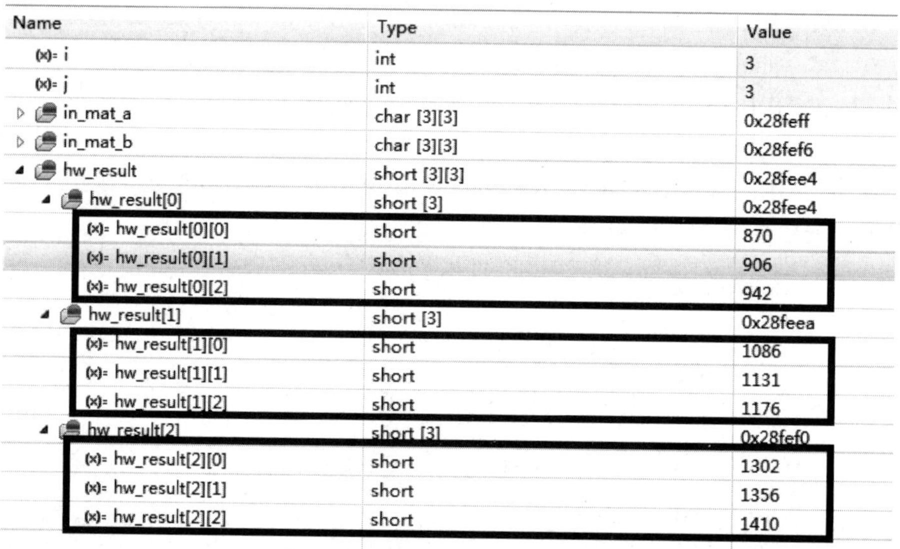

Name	Type	Value
(x)= i	int	3
(x)= j	int	3
in_mat_a	char [3][3]	0x28feff
in_mat_b	char [3][3]	0x28fef6
hw_result	short [3][3]	0x28fee4
hw_result[0]	short [3]	0x28fee4
(x)= hw_result[0][0]	short	870
(x)= hw_result[0][1]	short	906
(x)= hw_result[0][2]	short	942
hw_result[1]	short [3]	0x28feea
(x)= hw_result[1][0]	short	1086
(x)= hw_result[1][1]	short	1131
(x)= hw_result[1][2]	short	1176
hw_result[2]	short [3]	0x28fef0
(x)= hw_result[2][0]	short	1302
(x)= hw_result[2][1]	short	1356
(x)= hw_result[2][2]	short	1410

图 4.36 矩阵相乘的结果

（10）单击停止按钮，退出调试器界面。

（11）再次单击“Debug”窗口右上角的 Synthesis 按钮，进入“matrix. c”标签页。

4.6.4 设计综合

本节将对设计进行综合，将 C 模型转换成 RTL 级的描述。实现设计综合的步骤主要包括：

（1）在 Vivado HLS 主界面的主菜单下，选择 Solution -> Run C Synthesis -> Active Solution，HLS 工具开始执行高级综合过程；或者在主界面的工具栏中单击按钮，执行高级综合的过程。

（2）在“Console”窗口中，出现综合过程的信息。

（3）综合完成后，自动打开综合后的报告 matrix_csynth. rpt 文件，下面对报告进行分析。

① 性能信息，包括延迟和吞吐量信息，如图 4. 37 所示。

思考与练习 4-1：根据给出的 Latency（延迟）和 Interval（间隔）值，说明这些值所给出的性能信息。

Performance Estimates

⊟ Timing (ns)

⊟ Summary

Clock	Target	Estimated	Uncertainty
ap_clk	10.00	7.18	1.25

⊟ Latency (clock cycles)

⊟ Summary

Latency		Interval		
min	max	min	max	Type
106	106	107	107	none

图 4. 37 延迟和吞吐量信息

② 该设计的器件利用率信息如图 4. 38 所示。

思考与练习 4-2：请给出该设计中所消耗的 FPGA 的逻辑资源个数。

③ 综合后该设计给出的端口如图 4. 39 所示。

思考与练习 4-3：请说明除 C 模型描述的输入和输出端口外，HLS 工具又新添加了哪些新的端口？

Utilization Estimates

⊟ Summary

Name	BRAM_18K	DSP48E	FF	LUT
DSP	-	1	-	-
Expression	-	-	93	73
FIFO	-	-	-	-
Instance	-	-	-	-
Memory	-	-	-	-
Multiplexer	-	-	-	74
Register	-	-	61	-
Total	0	1	154	147
Available	210	180	94400	47200
Utilization (%)	0	~0	~0	~0

图 4. 38 综合后报告给出的器件利用率信息

Interface

⊟ Summary

RTL Ports	Dir	Bits	Protocol	Source Object	C Type
ap_clk	in	1	ap_ctrl_hs	matrix	return value
ap_rst	in	1	ap_ctrl_hs	matrix	return value
ap_start	in	1	ap_ctrl_hs	matrix	return value
ap_done	out	1	ap_ctrl_hs	matrix	return value
ap_idle	out	1	ap_ctrl_hs	matrix	return value
ap_ready	out	1	ap_ctrl_hs	matrix	return value
a_address0	out	4	ap_memory	a	array
a_ce0	out	1	ap_memory	a	array
a_q0	in	8	ap_memory	a	array
b_address0	out	4	ap_memory	b	array
b_ce0	out	1	ap_memory	b	array
b_q0	in	8	ap_memory	b	array
res_address0	out	4	ap_memory	res	array
res_ce0	out	1	ap_memory	res	array
res_we0	out	1	ap_memory	res	array
res_d0	out	16	ap_memory	res	array

图 4. 39 综合后该设计给出的端口

4. 6. 5 查看生成的数据处理图

本节将查看生成的数据处理图，了解 HLS 工具如何将 C 模型转换为 FPGA 上的操作数据流。查看生成的数据处理图的步骤主要包括：

（1）在 Vivado HLS 主界面的主菜单下，选择 Solution->Open Analysis Perspective，或者单击 Analysis 按钮。

（2）打开数据调度图，如图 4. 40 所示。图 4. 40 中，C0、C1、C2、C3、C4 和 C5 分别表示一个状态。例如，C1 状态检查变量“i”是否满足退出条件，且变量“i”递增；C2 状态检查变量“j”是否满足退出条件，且变量“j”递增；很明显，加载“a”和“b”需要两个状态 C3 和 C4，也就是两个周期，这是因为要读取存储器的原因；C5 状态执行乘法和加法操作。

> **注：**将鼠标光标放置在每个操作上，单击鼠标右键，出现浮动菜单，可以定位到 C 源代码的某一行上。

	Operation\Control Step	C0	C1	C2	C3	C4	C5
1	⊟matrix_label1						
2	i(phi_mux)						
3	tmp_7(-)						
4	exitcond2(icmp)						
5	i_1(+)						
6	⊟matrix_label0						
7	j(phi_mux)						
8	tmp_8(+)						
9	exitcond1(icmp)						
10	j_1(+)						
11	⊟Product						
12	res_load(phi_mux)						
13	k(phi_mux)						
14	node_40(write)						
15	tmp_9(+)						
16	tmp_10(-)						
17	tmp_11(+)						
18	exitcond(icmp)						
19	k_1(+)						
20	a_load(read)						
21	b_load(read)						
22	tmp_2(*)						
23	tmp_3(+)						

图 4.40　数据调度图

思考与练习 4-4：仔细查看数据调度图，理解和掌握数据流图的操作信息。

4.6.6　对设计执行 RTL 级仿真

本节将在 Vivado 2017.2 环境下对优化前的设计进行仿真，主要步骤包括：

（1）在 Windows 7 操作系统的主界面下，选择开始->所有程序->Xilinx Design Tools->Vivado 2017.2>Vivado 2017.2，或者在桌面系统上双击 Vivado 2014.3 图标，打开 Vivado 集成计工具。

（2）在 Vivado 主界面的主菜单下，选择 File->New Project…，出现“New Project-Create a New Vivado Project”对话框。

（3）在“New Project-Create a New Vivado Project”对话框中，单击“Next”按钮，出现“New Project-Project Name”对话框。

（4）在“New Project-Project Name”对话框中，按如下所示设置参数。

① Project name：project_1。

② Project location：E:\fpga_dsp_example\hls_basic\matrix。

> **注：**读者可以根据自己的情况确定。

（5）单击“Next”按钮，出现“New Project-Project Type”对话框，在该对话框中不修改任何参数。

（6）单击“Next”按钮，出现“New Project-Default Part”对话框。

（7）在“New Project-Default Part”对话框中，选择xc7a75tfgg484-1器件。

（8）单击“Next”按钮，出现“New Project-New Project Summary”对话框。

（9）在“New Project-New Project Summary”对话框中，单击“Finish”按钮。

（10）在“Project Manager”界面的“Sources”窗口中，找到Design Sources文件夹，单击鼠标右键，出现浮动菜单。在浮动菜单内，选择Add Sources...，出现“Add Sources”对话框。

（11）在“Add Sources”对话框中，选择“Add or Create Design Sources”选项。

（12）单击“Next”按钮，出现“Add Sources-Add or Create Design Sources”对话框。

（13）在“Add Sources-Add or Create Design Sources”对话框中，按如下所示步骤操作。

① 单击“Add Files”按钮，出现“Add Source Files”对话框。

② 在“Add Sources Files”对话框中，将路径定位到E:\fpga_dsp_example\hls_basic\matrix\matrix.prj\solution1\syn\veriog\。在该路径下找到并添加matrix.v文件和matrix_mac_muladdbkb.v文件。

（14）单击“OK”按钮。

（15）单击“Finsih”按钮。

（16）选择matrix.vhd文件，并在Vivado主界面左侧的“Project Manager”界面下找到并展开“Synthesis”。在展开项中，双击“Run Synthesis”选项，开始综合过程。

（17）综合完成后，自动打开综合后的结果。

（18）在“Project Manager”界面的“Sources”窗口中，找到Simulation Sources文件夹。单击鼠标右键，出现浮动菜单。在浮动菜单内，选择Add Sources...，出现“Add Sources”对话框。

（19）在“Add Sources”对话框中，选择“Add or Create Simulation Sources”选项。

（20）单击“Next”按钮，出现“Add or Create Simulation Sources”对话框。

（21）在“Add or Create Simulation Sources”对话框中，单击 Create File... 按钮，出现“Create Source File”对话框。

（22）在“Create Source File”对话框中，按如下所示设置参数。

① File Type：Verilog。

② File name：matrixmul1_testbench。

③ File location：Local to Project。

（23）单击“OK”按钮。

（24）返回到添加或者创建仿真文件对话框。在该对话框中，单击“Finish”按钮，出现“Define Module”对话框。

（25）在“Define Module”对话框中单击“OK”按钮。

（26）在“Sources”窗口中，展开“Simulation Sources”选项。在展开项中，找到并展开“sim_1”。在展开项中，找到并双击matrixmul1_testbench.v文件，打开该文件。

（27）在matrixmul1_testbench.v文件中输入测试代码，如代码清单4-7所示。

代码清单 4-7 matrixmul1_testbench. v 文件

```
'timescale 1ns / 1ps
module matrixmul1_testbench;
reg ap_clk;
reg ap_rst;
reg ap_start;
wire ap_done;
wire ap_idle;
wire ap_ready;
wire [3:0] a_address0;
wire a_ce0;
reg  [7:0] a_q0;
wire [3:0] b_address0;
wire b_ce0;
reg [7:0] b_q0;
wire [3:0] res_address0;
wire res_ce0;
wire res_we0;
wire [15:0] res_d0;
parameter ap_clk_period=10;
matrix Inst_matrix(
                .ap_clk(ap_clk),
                .ap_rst(ap_rst),
                .ap_start(ap_start),
                .ap_done(ap_done),
                .ap_idle(ap_idle),
                .ap_ready(ap_ready),
                .a_address0(a_address0),
                .a_ce0(a_ce0),
                .a_q0(a_q0),
                .b_address0(b_address0),
                .b_ce0(b_ce0),
                .b_q0(b_q0),
                .res_address0(res_address0),
                .res_ce0(res_ce0),
                .res_we0(res_we0),
                .res_d0(res_d0)
    );
always
  begin
    ap_clk = 1'b0;
    #(ap_clk_period/2);
    ap_clk = 1'b1;
    #(ap_clk_period/2);
  end
  initial
  begin
```

```
ap_rst = 1'b1;
ap_start = 1'b0;
#100;
#(ap_clk_period * 10);
ap_rst  =  1'b0;
#ap_clk_period;
//row 1
a_q0  =  8'h0b;
b_q0  =  8'h15;
ap_start  =  1'b1;
#ap_clk_period;

ap_start  =  1'b0;
a_q0  =  8'h0b;
b_q0  =  8'h15;
#(ap_clk_period * 5);
a_q0  =  8'h0c;
b_q0  =  8'h18;
#(ap_clk_period * 3);
a_q0  =  8'h0d;
b_q0  =  8'h1b;
#(ap_clk_period * 3);
#ap_clk_period; // wait for result to come out
  if (res_d0 == 16'h0366)
       $display("%s","PASS: result[1][1]  =  870");
  else
       $display("%s","FAIL at result[1][1]");
  a_q0  =  8'h0b;
  b_q0  =  8'h16;
  #(ap_clk_period * 4);
  a_q0  =  8'h0c;
  b_q0  =  8'h19;
  #(ap_clk_period * 3);
  a_q0  =  8'h0d;
  b_q0  =  8'h1c;
  #(ap_clk_period * 3);
  #ap_clk_period; //wait for result to come out
  if (res_d0 == 16'h038a)
    $display("%s","PASS: result[1][2]  =  906");
  else
    $display("%s","FAIL at result[1][2]");

  a_q0  =  8'h0b;
  b_q0 <= 8'h17;
  #(ap_clk_period * 4);
  a_q0  =  8'h0c;
  b_q0  =  8'h1a;
  #(ap_clk_period * 3);
  a_q0  =  8'h0d;
```

```
    b_q0 = 8'h1d;
    #(ap_clk_period * 3);
    #ap_clk_period; // wait for result to come out

    if (res_d0 == 16'h03ae)
        $display("%s","PASS: result[1][3] = 942");
    else
        $display("%s","FAIL at result[1][3]");
    #(ap_clk_period * 2);

// row 2
        a_q0 = 8'h0e;
        b_q0 = 8'h15;
        #(ap_clk_period * 4);
        a_q0 = 8'h0f;
        b_q0 = 8'h18;
        #(ap_clk_period * 3);
        a_q0 = 8'h10;
        b_q0 = 8'h1b;
        #(ap_clk_period * 3);
        #ap_clk_period;   //wait for result to come out
        if (res_d0 == 16'h043e)
            $display("%s","PASS: result[2][1] = 1086");
        else
            $display("%s","FAIL at result[2][1]");

        a_q0 = 8'h0e;
        b_q0 = 8'h16;
        #(ap_clk_period * 4);
        a_q0 = 8'h0f;
        b_q0 = 8'h19;
        #(ap_clk_period * 3);
        a_q0 = 8'h10;
        b_q0 = 8'h1c;
        #(ap_clk_period * 3);
        #ap_clk_period; // wait for result to come out
        if (res_d0 == 16'h046b)
            $display("%s","PASS: result[2][2] = 1131");
        else
            $display("%s","FAIL at result[2][2]");

        a_q0 = 8'h0e;
        b_q0 = 8'h17;
        #(ap_clk_period * 4);
        a_q0 = 8'h0f;
        b_q0 = 8'h1a;
        #(ap_clk_period * 3);
        a_q0 = 8'h10;
        b_q0 = 8'h1d;
        #(ap_clk_period * 3);
        #ap_clk_period; // wait for result to come out
        if (res_d0 == 16'h0498)
```

```
                $display("%s","PASS: result[2][3] = 1176");
            else
                $display("%s","FAIL at result[2][3]");
            #(ap_clk_period * 2);
    // row 3
            a_q0 = 8'h11;
            b_q0 = 8'h15;
            #(ap_clk_period * 4);
            a_q0 = 8'h12;
            b_q0 = 8'h18;
            #(ap_clk_period * 3);
            a_q0 = 8'h13;
            b_q0 = 8'h1b;
            #(ap_clk_period * 3);
            #ap_clk_period; // wait for result to come out
            if (res_d0 == 16'h0516)
                $display("%s","PASS: result[3][1] = 1302");
            else
                $display("%s","FAIL at result[3][1]");

            a_q0 = 8'h11;
            b_q0 = 8'h16;
            #(ap_clk_period * 4);
            a_q0 = 8'h12;
            b_q0 = 8'h19;
            #(ap_clk_period * 3);
            a_q0 = 8'h13;
            b_q0 = 8'h1c;
            #(ap_clk_period * 3);
            a_q0 = 8'h11;
            b_q0 = 8'h17;
            #ap_clk_period;   // wait for result to come out
            if (res_d0 == 16'h054c)
                $display("%s","PASS: result[2][2] = 1356");
            else
                $display("%s","FAIL at result[3][2]");
            #(ap_clk_period * 4);
            a_q0 = 8'h12;
            b_q0 = 8'h1a;
            #(ap_clk_period * 3);
            a_q0 = 8'h13;
            b_q0 = 8'h1d;
            #(ap_clk_period * 3);
            #ap_clk_period; // wait for result to come out
            if (res_d0 == 16'h0582)
                $display("%s","PASS: result[3][3] = 1410");
            else
                $display("%s","FAIL at result[3][3]");
            #(ap_clk_period * 5);
    end
endmodule
```

（28）选择 matrixmul1_testbench. v 文件，并且在 Vivado 主界面左侧的“Flow Navigator”窗口中选择并展开 Simulation 文件夹。在展开项中，找到并选择“Run Simulation”选项，出现浮动菜单。在浮动菜单中，选择 Run Behavioral Simulation。此时，Vivado 开始执行行为仿真过程。

（29）行为仿真结束后，仿真结果如图 4. 41 所示。

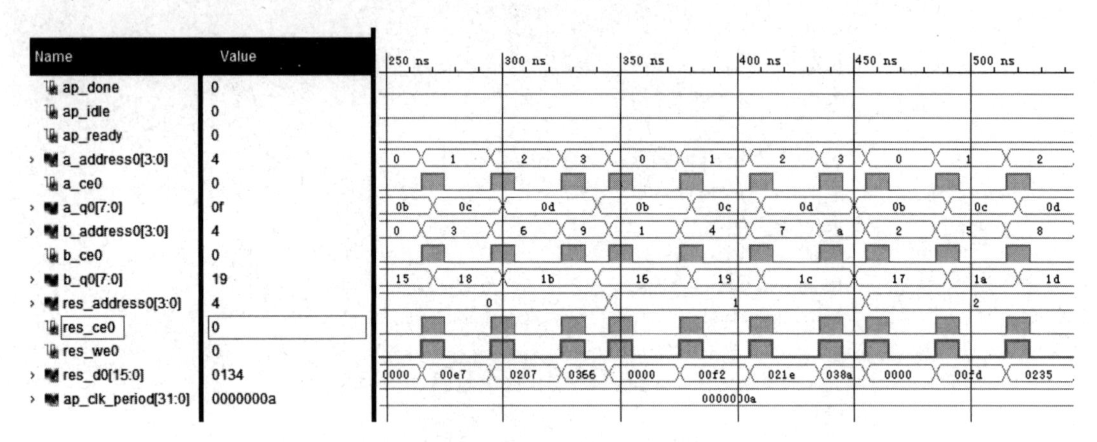

图 4. 41　对设计执行行为仿真的结果

思考与练习 4-5：仔细分析图 4. 41 所示的行为仿真结果，理解和掌握其时序之间的关系。

4. 6. 7　设计优化

本节将通过添加指令对综合过程进行人工干预和优化。添加用户指令的步骤主要包括：

（1）在 Vivado HLS 主界面的主菜单下，选择 Project->New Solution…，出现“Solution Wizard”对话框。

（2）在“Solution Wizard”对话框中，按如下所示设置参数。

① 在“Part Selection”标题下，选择器件 xc7a75tfgg484-1。

② 其他按默认参数设置。

（3）单击“Finish”按钮。

（4）打开 matrix. c 文件。

（5）在打开 matrix. c 文件的右侧窗口内单击“Directive”标签。

（6）在“Directive”标签页中添加用户策略，如图 4. 42 所示。

① 选择 Product，为其添加 UNROLL 命令。

② 选择 matrix_label0，为其添加 UNROLL 命令。

③ 选择 matrix_label1，为其添加 UNROLL 命令。

（7）在 Vivado HLS 主界面的主菜单下，选择 Solution ->Run C Synthesis->Active Solution，开始综合过程；或者在主界面的工具栏中单击▶▾按钮，启动综合过程。

（8）综合结束后，查看综合后的结果。

① 添加用户策略后的性能信息如图 4. 43 所示。

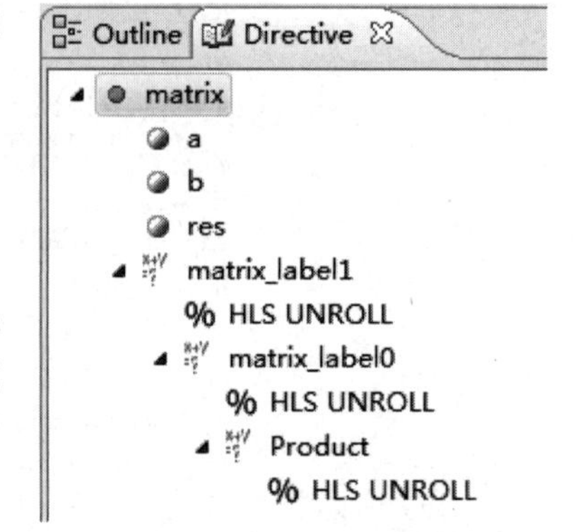

图 4. 42　“Directive”标签页

思考与练习 4-6：说明添加用户策略后性能“Latency”和“Interval”的改善情况。

② 设计的资源占用率信息如图 4.44 所示。

Performance Estimates

⊟ **Timing (ns)**

⊟ **Summary**

Clock	Target	Estimated	Uncertainty
ap_clk	10.00	11.00	1.25

⊟ **Latency (clock cycles)**

⊟ **Summary**

Latency		Interval		
min	max	min	max	Type
9	9	10	10	none

图 4.43　添加用户策略后设计的性能信息

Utilization Estimates

⊟ **Summary**

Name	BRAM_18K	DSP48E	FF	LUT
DSP	-	18	-	-
Expression	-	0	0	558
FIFO	-	-	-	-
Instance	-	-	-	-
Memory	-	-	-	-
Multiplexer	-	-	-	308
Register	-	-	522	-
Total	0	18	522	866
Available	210	180	94400	47200
Utilization (%)	0	10	~0	1

图 4.44　添加用户策略后设计的资源占用率

③ 查看设计报告中的生成端口信号，如图 4.45 所示。

RTL Ports	Dir	Bits	Protocol	Source Object	C Type
ap_clk	in	1	ap_ctrl_hs	matrix	return value
ap_rst	in	1	ap_ctrl_hs	matrix	return value
ap_start	in	1	ap_ctrl_hs	matrix	return value
ap_done	out	1	ap_ctrl_hs	matrix	return value
ap_idle	out	1	ap_ctrl_hs	matrix	return value
ap_ready	out	1	ap_ctrl_hs	matrix	return value
a_address0	out	4	ap_memory	a	array
a_ce0	out	1	ap_memory	a	array
a_q0	in	8	ap_memory	a	array
a_address1	out	4	ap_memory	a	array
a_ce1	out	1	ap_memory	a	array
a_q1	in	8	ap_memory	a	array
b_address0	out	4	ap_memory	b	array
b_ce0	out	1	ap_memory	b	array
b_q0	in	8	ap_memory	b	array
b_address1	out	4	ap_memory	b	array
b_ce1	out	1	ap_memory	b	array
b_q1	in	8	ap_memory	b	array
res_address0	out	4	ap_memory	res	array
res_ce0	out	1	ap_memory	res	array
res_we0	out	1	ap_memory	res	array
res_d0	out	16	ap_memory	res	array
res_address1	out	4	ap_memory	res	array
res_ce1	out	1	ap_memory	res	array
res_we1	out	1	ap_memory	res	array
res_d1	out	16	ap_memory	res	array

图 4.45　添加用户策略后设计的端口变化

思考与练习 4-7：请分析在添加策略后端口有哪些变化。

4.6.8 对优化化后的设计执行 RTL 级仿真

本节将在 Vivado 2017.2 环境下对优化后的设计进行仿真，实现步骤主要包括：

（1）在 Windows 7 操作系统的主界面下，选择开始->所有程序->Xilinx Design Tools->Vivado 2017.2>Vivado 2017.2，或者通过双击桌面上的 Vivado 2017.2 图标，打开 Vivado 集成计工具。

（2）在 Vivado 主界面的主菜单下，选择 File->New Project…，出现“New Project-Create a New Vivado Project”对话框。

（3）单击“Next”按钮，出现“New Project-Project Name”对话框。

（4）在“New Project-Project Name”对话框中，按如下所示设置参数。

① Project name：project_2。

② Project location：E:\fpga_dsp_example\hls_basic\matrix。

> **注**：读者可以根据自己的情况确定。

（5）单击“Next”按钮，出现“New Project-Project Type”对话框，不修改任何参数。

（6）单击“Next”按钮，出现“New Project-Default Part”对话框。

（7）在“New Project-Default Part”对话框中，选择 xc7a75tfgg484-1 器件。

（8）单击“Next”按钮，出现“New Project-New Project Summary”对话框。

（9）在“New Project-New Project Summary”对话框中，单击“Finish”按钮。

（10）在“Project Manager”界面的“Sources”窗口中，找到并选中“Design Sources”，单击鼠标右键，出现浮动菜单。在浮动菜单内，选择 Add Sources…，出现“Add Sources”对话框。

（11）在“Add Sources”对话框中，选择“Add or Create Design Sources”选项。

（12）单击“Next”按钮，出现“Add Sources-Add or Create Design Sources”对话框。

（13）在“Add Sources-Add or Create Design Sources”对话框中，按如下所示步骤操作。

① 单击“Add Files”按钮，出现“Add Source Files”对话框。

② 在“Add Source Files”对话框中，将路径定位到 E:\fpga_dsp_example\hls_basic\matrix\matrix.prj\solution2\syn\verilog\。在该路径下找到并添加 matrix.v 文件、matrix_mac_muladdbkb.v 文件和 matrix_mac_muladdcud.v 文件。

（14）单击“OK”按钮。

（15）单击“Finsih”按钮。

（16）选择 matrix.v 文件，并在 Vivado 主界面左侧的“Project Manager”界面中找到并展开“Synthesis”。在展开项中，单击“Run Synthesis”选项，开始综合过程。

（17）综合完成后，自动打开综合后的结果。

（18）在“Project Manager”界面的“Sources”窗口中，找到并选中“Simulation Sources”，单击鼠标右键，出现浮动菜单。在浮动菜单内，选择 Add Sources…，出现“Add Sources”对话框。

（19）在“Add Sources”对话框中，选择“Add or Create Simulation Sources”选项。

（20）单击“Next”按钮，出现“Add or Create Simulation Sources”对话框。

（21）在“Add or Create Simulation Sources”对话框中，单击 Create File... 按钮，出现“Create Source File”对话框。

（22）在“Create Source File”对话框中，按如下所示设置参数。

① File Type：Verilog。

② File name：test_matrix。

③ File location：Local to Project。

（23）单击“OK”按钮。

（24）返回到添加或者创建仿真文件对话框。在该对话框中，单击“Finish”按钮，出现“Define Module”对话框。

（25）在“Define Module”对话框中，单击“OK”按钮。

（26）在“Sources”窗口中，展开“Simulation Sources”选项。在展开项中，找到并展开“sim_1”。在展开项中，找到并双击 test_matrix. v 文件，打开该文件。

（27）在打开的文件中，输入设计代码，如代码清单4-8所示。

代码清单4-8　test_matrix. v 文件

```
'timescale 1ns / 1ps
//////////////////////////////////////////////////////////////////////////////////
// Company:
// Engineer:
//
// Create Date: 2018/01/05 09:56:45
// Design Name:
// Module Name: test_matrix
// Project Name:
// Target Devices:
// Tool Versions:
// Description:
//
// Dependencies:
//
// Revision:
// Revision 0.01 - File Created
// Additional Comments:
//
//////////////////////////////////////////////////////////////////////////////////
module test_matrix;
reg    ap_clk;
reg    ap_rst;
reg    ap_start;
wire    ap_done;
wire    ap_idle;
wire    ap_ready;
wire    [3:0] a_address0;
wire    a_ce0;
```

```
reg  [7:0] a_q0;
wire  [3:0] a_address1;
wire   a_ce1;
reg  [7:0] a_q1;
wire  [3:0] b_address0;
wire   b_ce0;
reg  [7:0] b_q0;
wire  [3:0] b_address1;
wire   b_ce1;
reg  [7:0] b_q1;
wire  [3:0] res_address0;
wire   res_ce0;
wire   res_we0;
wire  [15:0] res_d0;
wire  [3:0] res_address1;
wire   res_ce1;
wire   res_we1;
wire  [15:0] res_d1;

parameter clk = 10;

matrix Inst_matrix(
            .ap_clk(ap_clk),
            .ap_rst(ap_rst),
            .ap_start(ap_start),
            .ap_done(ap_done),
            .ap_idle(ap_idle),
            .ap_ready(ap_ready),
            .a_address0(a_address0),
            .a_ce0(a_ce0),
            .a_q0(a_q0),
            .a_address1(a_address1),
            .a_ce1(a_ce1),
            .a_q1(a_q1),
            .b_address0(b_address0),
            .b_ce0(b_ce0),
            .b_q0(b_q0),
            .b_address1(b_address1),
            .b_ce1(b_ce1),
            .b_q1(b_q1),
            .res_address0(res_address0),
            .res_ce0(res_ce0),
            .res_we0(res_we0),
            .res_d0(res_d0),
            .res_address1(res_address1),
            .res_ce1(res_ce1),
            .res_we1(res_we1),
            .res_d1(res_d1)
```

```
);

  // Clock process definitions
always
  begin
    ap_clk = 1'b0;
    #(clk/2);
    ap_clk = 1'b1;
    #(clk/2);
  end
always
begin
      #100;
      ap_rst = 1'b1;
      # (clk * 10);
      ap_rst = 1'b0;
      #10000;
end
always
begin
    ap_start = 1'b0;
    # (clk * 21);
    ap_start = 1'b1;
    #clk;
    ap_start = 1'b0;
    #100000;
end
always
begin
    a_q0 = 8'd0;   //default
   #220;
    a_q0 = 8'd11; //a0
   #clk;
    a_q0 = 8'd12;   //a1
   #clk;
    a_q0 = 8'd15; //a4
   #clk;
    a_q0 = 8'd17; //a6
   #clk;
    a_q0 = 8'd19; //a8
   #clk;
   #clk;
  end

  always
  begin
      a_q1 = 8'd0;   //default
    #220;
```

```
      a_q1 = 8'd13; //a2
    #(2 * clk);
      a_q1 = 8'd14; //a3
    #clk;
      a_q1 = 8'd16; //a5
    #clk;
    a_q1 = 8'd18;  //a7
    #(5 * clk);
  end

  always
begin
      b_q0 = 8'd0;  //default
    #220;
      b_q0 = 8'd21;  //b0
    #clk;
      b_q0 = 8'd24;  //b3
    #clk;
      b_q0 = 8'd25;  //b4
    #clk;
      b_q0 = 8'd23;  //b2
    #clk;
    b_q0 = 8'd29;  //b8
    #(2 * clk);
  end

  always
  begin
        b_q1 = 8'd0; //default
      #220;
        b_q1 = 8'd27; //b6
      #(2 * clk);
        b_q1 = 8'd22; //b1
      #clk;
        b_q1 = 8'd28; //b7
      #clk;
        b_q1 = 8'd26;  //b5
      #(5 * clk);
    end

endmodule
```

（28）在 Vivado 主界面左侧的“Flow Navigator”窗口中，选择并展开“Simulation”。在展开项中，找到并选择“Run Simulation”选项，出现浮动菜单。在浮动菜单中，选择 Run Behavioral Simulation，Vivado 开始进行行为仿真过程。

（29）行为仿真结束后的仿真结果如图 4.46 所示。

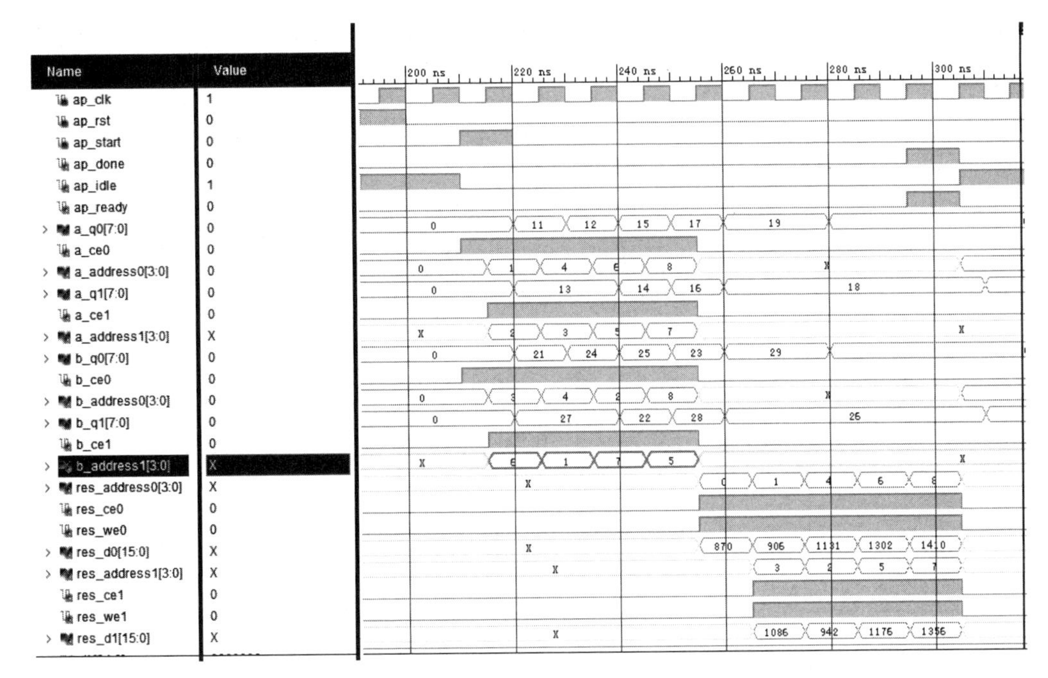

图 4.46　行为仿真结束后的仿真结果

4.7　基于 Model Composer 的 DSP 模型构建

本节将介绍如何通过 Model Composer 构建数字信号处理模型，内容包括 Model Composer 工具概述、打开 Model Composer 工具、创建一个矩阵运算实现模型、修改设计中模块的参数、执行仿真并分析结果，以及产生输出。

4.7.1　Model Composer 工具概述

本节将简要介绍 Model Composer 工具的功能和设计流程。

1. Model Composer 工具的功能

Model Composer 工具是 Xilinx Vivado 2018 版本提供的新设计工具，它也是基于模型的设计工具。通过该设计工具，可以在 MathWorks Simulink 环境中进行快速的设计探究。通过自动代码生成方法，进一步加速 Xilinx 可编程器件的使用效率。

前面提到 Simulink 是 MATLAB 内集成的一个工具，它提供了一个可交互的、图形化的环境，用于建模、仿真、分析和验证系统设计。而 Model Composer 工具作为 Xilinx 工具箱嵌入到 MathWorks Simulink 环境中，允许算法人员充分利用 Simulink 图形化环境的所有能力来设计和验证算法。

算法人员可以在 Simulink 环境中使用来自 Model Composer 库的块，以及用户定制导入的块来表示算法。通过使用自动优化和利用 Vivado HLS 的高级综合技术，Model Composer 工具可以将算法人员的算法规范转换为真正使用的 IP 实现。通过 Vivado 集成开发环境提供的 IP 集成器特性，算法人员可以将 IP 集成在一个平台（如 Zynq 器件）上。

Model Composer 提供了超过 80 个优化模块的库用于 Simulink 工具，包括用于描述类似算术、线性代数、逻辑和按位操作的算法。此外，还包含了大量用于图像处理和计算机视觉的专用模块，如表4.3所示。

表4.3　Model Composer 工具中的模块列表

库	描　述
Computer Vision	模块支持对数字化图像的分析、操作和优化
Logic and Bit Operations	模块支持混合逻辑操作和按位操作
Lookup Tables	模块根据输入索引执行一维的查找操作
Math Functions	模块实现数学功能
Ports and Subsystems	模块允许创建子系统和输入/输出端口
Relational Operations	模块用于定义两个入口间一些类型的关系（如数值的相等和不相等）
Signal Attributes	包含用于帮助维持输入类型和输出一致性（如类型强制转换）的模块
Signal Operations	模块支持对信号的时间变量进行修改以产生新的信号（如单位延迟）
Signal Routing	模块支持设置跟踪信号源和目的（如总线选择器）
Sinks	包含用于接收来自其他模块、物理信号输出的模块
Source	包含用于产生或者导入信号数据的模块
Tools	包含用于控制模型的实现/接口的模块

2. Model Composer 工具设计流程

Model Composer 模块库与标准的 Simulink 模块库兼容，并且可以一起使用这些模块在 Simulink 中建立一个模型。然而，Model Composer 只支持某些 Simulink 模块产生代码。在 Model Composer 模块库中，可以找到与来自 Model Composer 输出生成兼容的 Simulink 模块。

Model Composer 也可以让读者用 C/C++代码创建自己定制的模块。此外，Model Composer 可以让读者探索自己系统级设计的算法方法，定义一个应用模块来产生输出，连接额外的 Simulink 模块使能仿真，以及定义设计的输出特性。读者可以将设计模型编译为 C++ 代码，用于 Vivado HLS 的高级综合，或者创建 System Generator 块，或者创建用于 Vivado 设计套件的封装 IP。Model Composer 工具的设计流程如图4.47所示。

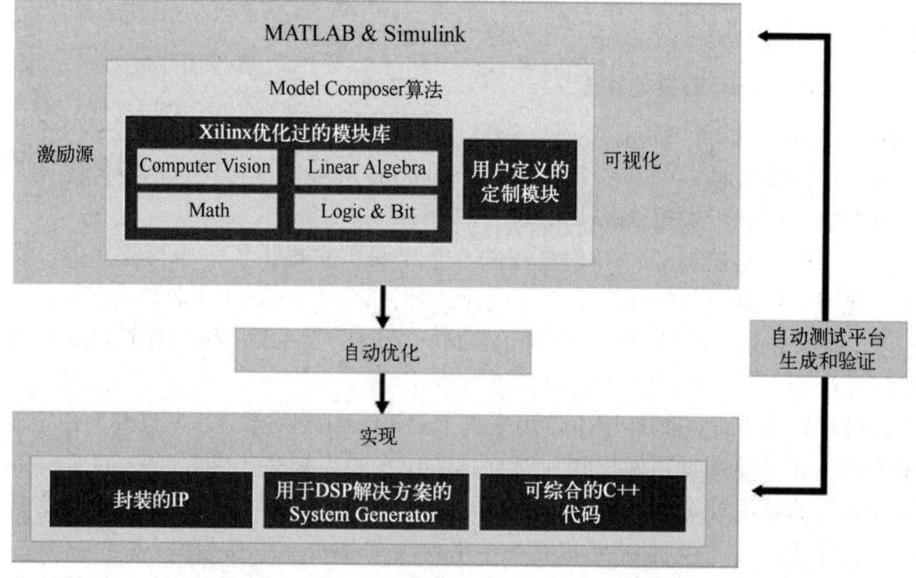

图4.47　Model Composer 工具的设计流程

> **注**：(1) 在安装 Vivado 2018 设计套件时，必须勾选"Model Composer"前面的复选框，如图 4.48 所示。
> (2) 在使用 Model Composer 工具之前，必须获取该工具的授权文件。

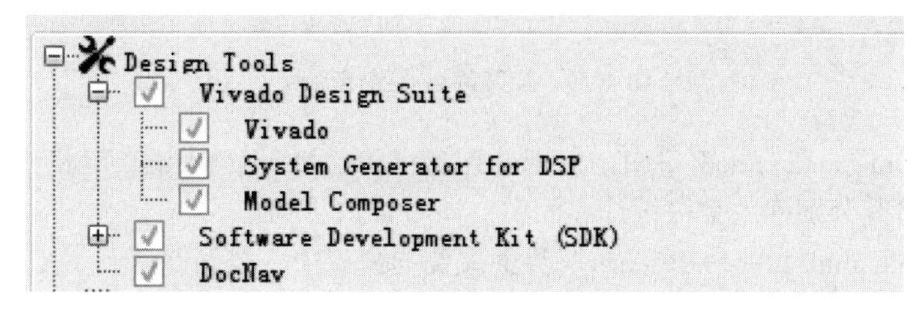

图 4.48　Vivado 2018 设计套件安装界面截图

4.7.2　打开 Model Composer 工具

本节将通过 Model Composer 创建信号处理模型，主要步骤包括：

(1) 在 Windows 7 操作系统下，选择开始->所有程序->Xilinx Design Tools->Model Composer 2018.1->Model Composer 2018.1，打开 MATLAB R2017b 软件工具。

(2) 在 MATLAB 主界面的工具栏中找到并单击"Simulink"按钮，出现"Simulink Start Page"对话框。

(3) 在"Simulink Start Page"对话框右侧的窗口中找到并展开"Simulink"。在展开项中，找到并单击名字为"Blank Model"的图标，出现"Untitled-Simulink sponsored use"对话框。

(4) 在"Unititled-Simulink sponsored use"对话框中，找到并单击▦按钮，出现"Simulink Library Browser"界面。

(5) 在"Simulink Library Browser"界面中，找到并展开"Xilinx Model Composer"，如图 4.49 所示，从图中可以看到该库中所有的模块。

```
◢ Xilinx Model Composer
    Computer Vision
    Logic and Bit Operations
    Lookup Tables
  ▷ Math Functions
  ▷ Ports & Subsystems
    Relational Operations
    Signal Attributes
    Signal Operations
    Signal Routing
    Sinks
    Source
    Tools
```

图 4.49　Xilinx Model Composer 库中的模块

4.7.3　创建一个矩阵运算实现模型

本节将使用 Model Composer 工具实现矩阵的运算操作，如图 4.50 所示。具体实现步骤主要包括：

(1) 在"Simulink Library Browser"界面左侧的窗口中，找到并展开"Xilinx Model Composer"。在展开项中，找到并展开"Source"。在右侧窗口中，找到并选中名字为"Constant"的模块符号，将其分两次拖入"Untitled-Simulink sponsored use"对话框中（后面统称为空白设计界面），如图 4.51 所示。

(2) 在"Simulink Library Browser"界面左侧的窗口中，找到并展开"Xilinx Model Composer"。在展开项中，找到并展开"Math Functions"。在展开项中，找到并选择"Matrices

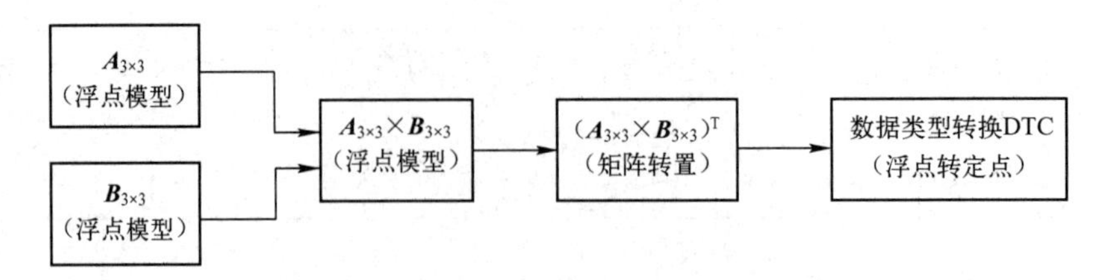

图 4.50 矩阵的运算操作模型

and Linear Algebra”。在右侧窗口中，分别选择名字为“Matrix Multiply”和“Transpose”的模块符号，并将其分别拖入空白设计界面中，如图 4.51 所示。

（3）在“Simulink Library Browser”界面左侧的窗口中，找到并展开“Xilinx Model Composer”。在展开项中，找到并选择“Signal Attributes”。在右侧窗口中，选择名字为“Data Type Conversion”的模块符号，并将其拖入空白设计界面中，如图 4.51 所示。

（4）在“Simulink Library Browser”界面左侧的窗口中，找到并展开“Xilinx Model Composer”。在展开项中，找到并展开“Sinks”。在右侧窗口中，找到并选中名字为“Display”的模块符号，将其分两次拖入空白设计界面中，如图 4.51 所示。

（5）在“Simulink Library Browser”界面左侧的窗口中，找到并展开“Xilinx Model Composer”。在展开项中，找到并展开“Tools”。在右侧窗口中，找到并选中名字为“Model Composer Hub”的模块符号，将其拖入空白设计界面中，如图 4.51 所示。

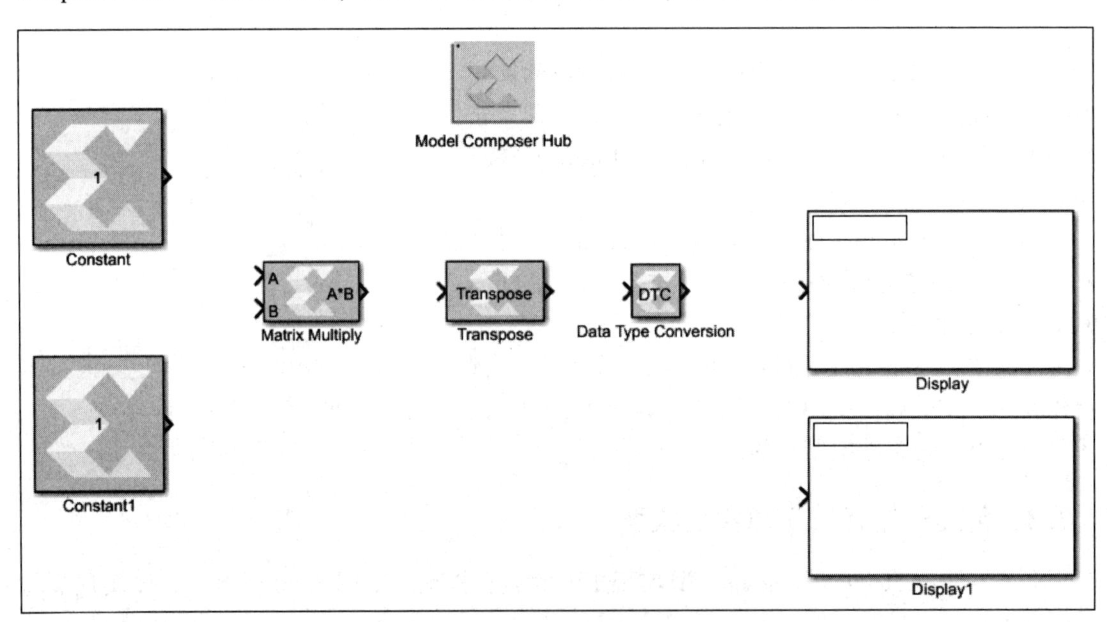

图 4.51 设计中所包含的模块

注：在图 4.51 中，根据显示数据的要求，读者可以适当调整模块符号的大小。

（6）按图 4.52 所示将设计模型中的所有模块连接在一起。

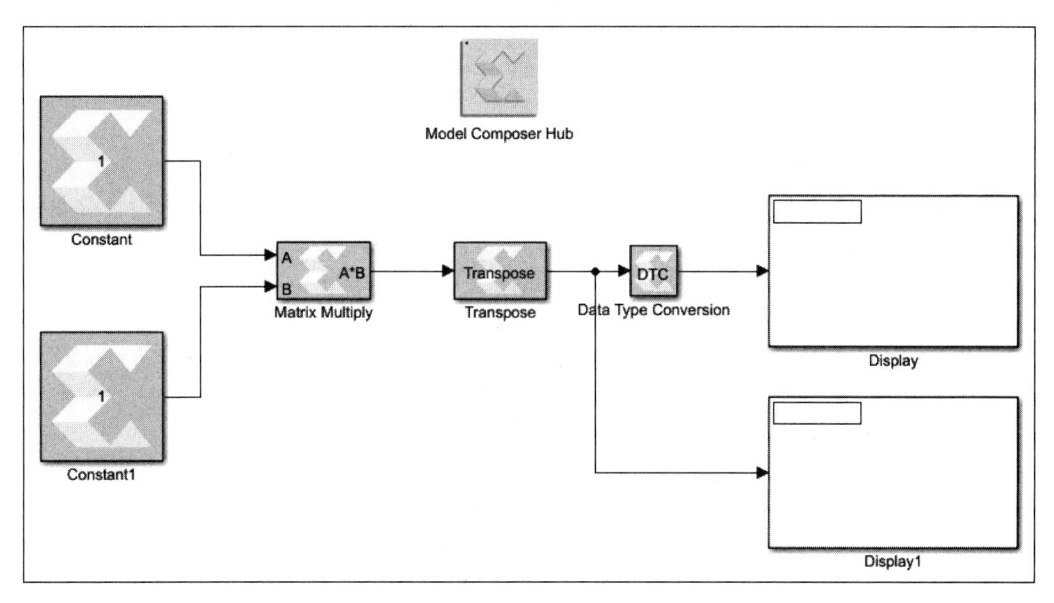

图 4.52　将设计中的所有模块连接在一起

4.7.4　修改设计中模块的参数

本节将修改设计中模块的参数，主要步骤包括：

（1）双击图 4.52 中名字为“Constant”的模块符号，打开“Block Parameters:Constant”对话框。在该对话框的“Constant value:”标题下的文本框中输入下面的常数，作为 $\boldsymbol{A}_{3\times3}$ 矩阵的初始值：

[1.1,2.2,3.3;4.4,5.5,6.6;7.7,8.8,9.9]

即

$$\boldsymbol{A}_{3\times3}=\begin{bmatrix}1.1 & 2.2 & 3.3\\4.4 & 5.5 & 6.6\\7.7 & 8.8 & 9.9\end{bmatrix}$$

（2）单击“OK”按钮，退出对话框。

（3）双击图 4.52 中名字为“Constant1”的模块符号，打开“Block Parameters:Constant”对话框。在该对话框的“Constant value:”标题下的文本框中输入下面的常数，作为 $\boldsymbol{B}_{3\times3}$ 矩阵的初始值：

[10.10,11.11,12.12;13.13,14.14,15.15;16.16,17.17,-18.18]

$$\boldsymbol{B}_{3\times3}=\begin{bmatrix}10.10 & 11.11 & 12.12\\13.13 & 14.14 & 15.15\\16.16 & 17.17 & -18.18\end{bmatrix}$$

（4）单击“OK”按钮，退出对话框。

（5）双击图 4.52 中名字为“Data Type Conversion”的元件符号，打开“Block Parameters:Data Type Conversion”对话框。在该对话框中，按如下所示设置参数。

① Output data type：fixed。

② Word length：16。

③ Fractional length：5。

④ Round：Trunction to zero。

⑤ Overflow：Sign-Magnitude wrap Around。

（6）单击“OK”按钮，退出对话框。

（7）将设计文件保存在 E:\fpga_dsp_example\model_composer 路径下，该设计文件的名字为“matrix_multiply”。

4.7.5 执行仿真并分析结果

本节将对该设计执行仿真，并对仿真结果进行分析，主要步骤包括：

（1）在当前设计界面的工具栏中单击按钮，开始对设计进行仿真。

（2）仿真结果如图 4.53 所示。

思考与练习 4-8： 分析浮点和定点表示矩阵相乘结果之间的误差。

思考与练习 4-9： 通过修改定点数的位数宽度和精度，分析定点数的长度和精度对计算结果的影响。

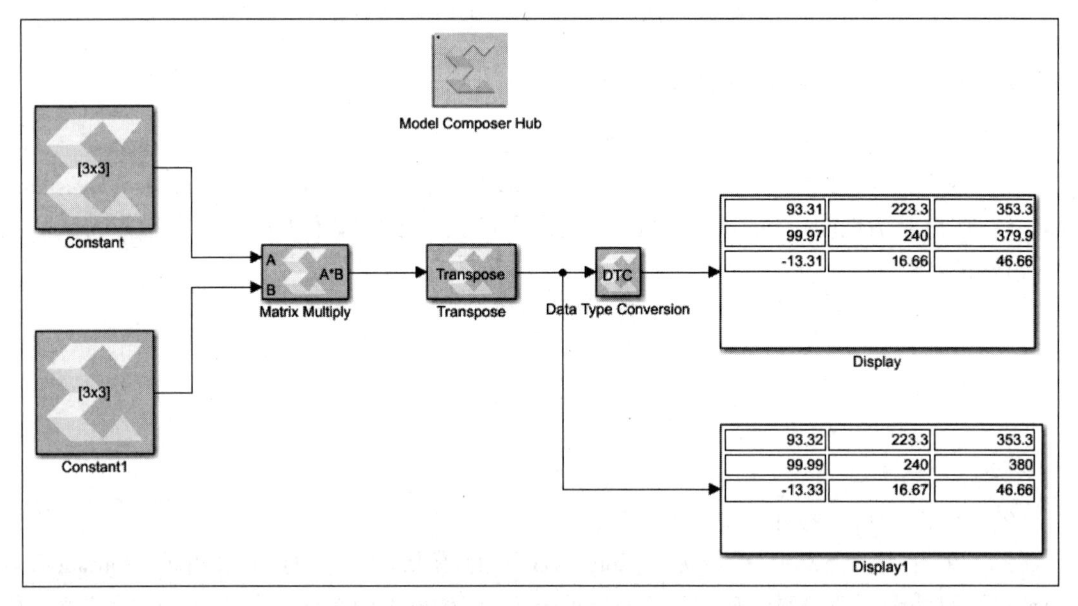

图 4.53 仿真结果

（3）退出 Simulink 工具。

（4）在 MATLAB 主界面的控制台下输入下面的命令更新可用的 FPGA 器件和开发板。

```
[status, boardTable, partTable] = xmcHubReloadDeviceInfo;
```

（5）在 MATLAB 主界面的控制台下输入下面的命令列出可用的 FPGA 开发板。

```
boardTable
```

4.7.6 产生输出

本节将来自 Model Composer 库的模型转换为不同的输出结果，具体步骤主要包括：

（1）重新打开 Model Composer 设计工具。

（2）将前面的设计保存为“matrix_multiply_1. slx”。

（3）删除名字为“Display1”的元件符号和相关的连线，如图 4. 54 所示。

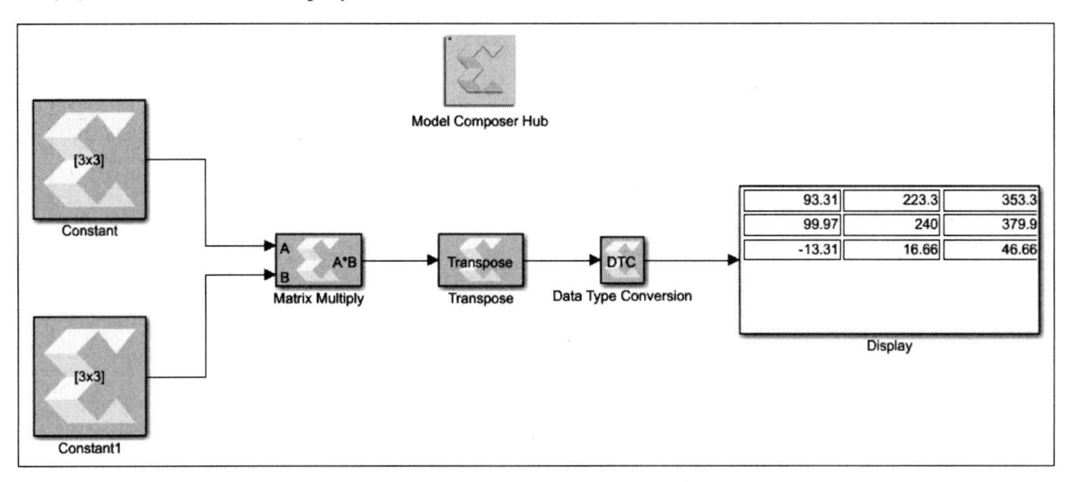

图 4. 54　去掉 Display1 元件符号和连线后的系统模型

（4）通过单击鼠标左键和同时拖动鼠标，选中名字为“Matrix Multiply”、“Transpose”和“Data Type Conversion”的模块符号和连线，如图 4. 55 所示。

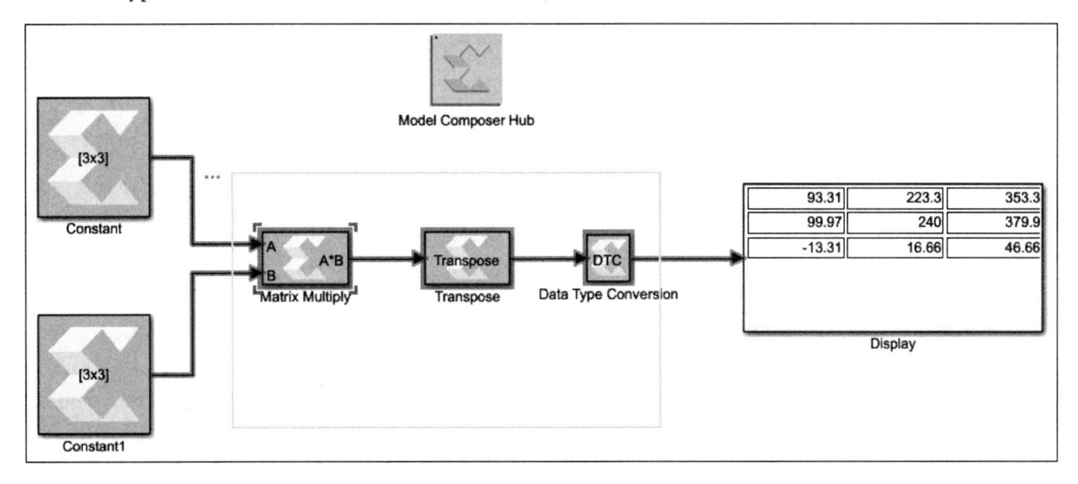

图 4. 55　选中模型中的 3 个模块

（5）单击鼠标右键，出现浮动菜单。在浮动菜单内，选择 Create Subsystem from Selection，生成名字为“Subsystem”的子系统，如图 4. 56 所示，将该子系统的名字改为“Matrixoperation”。

（6）双击图 4. 56 中的 Model Composer Hub 模块符号，出现该模块的参数设置界面，如图 4. 57 所示。从图 4. 57 中可知，Model Composer 提供了 3 种输出类型（Export type），即 IP Catalog、System Generator 和 C++ code。

（7）单击“Device”标签。在“Device”标签页中，单击 ... 按钮，选择型号为 xc7a75tfgg484-1 的 FPGA。

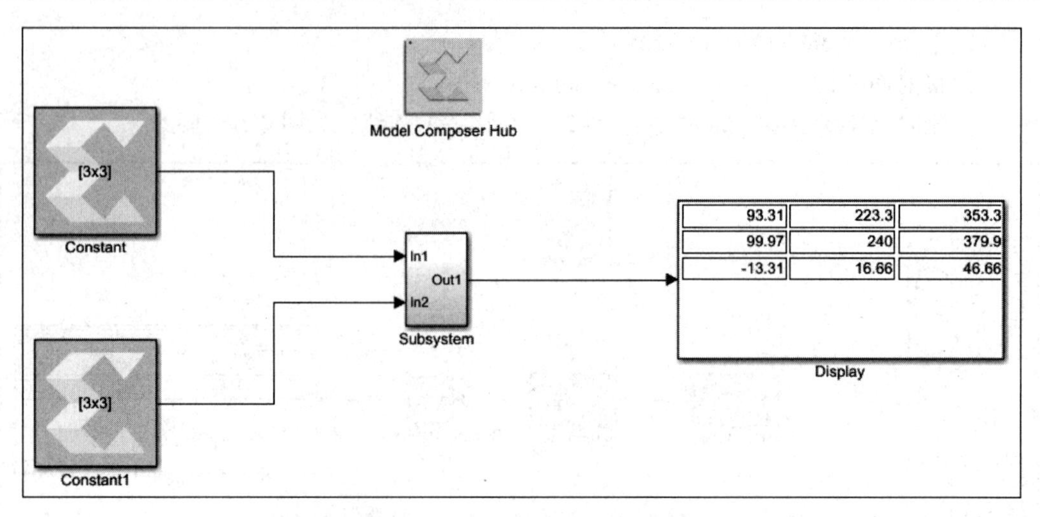

图 4.56 生成名字为“Subsystem”的子系统

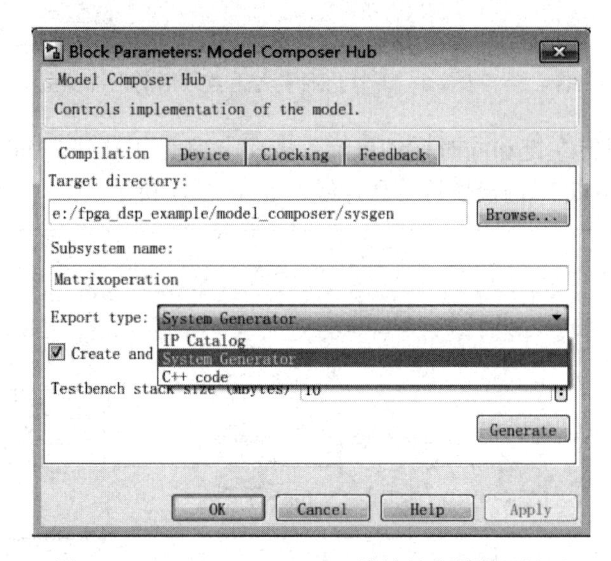

图 4.57 Model Composer Hub 模块的参数设置界面

(8) 单击“Clocking”标签。在“Clocking”标签页中，将“FPGA clock frequency (MHz)”设置为“100”。

(9) 再次单击“Compilation”标签。

1. 输出 IP Catalog

输出 IP Catalog 的过程，其主要步骤包括：

(1) 在“Target directory:”的下面设置输出路径为“E:/fpga_dsp_example/model_composer/ ip”。

(2) 在“Export type:”右侧的下拉框中选择“IP Catalog”。

(3) 勾选“Create and execute testbench”前面的复选框。

(4) 单击“Apply”按钮。

(5) 单击“Generate”按钮，产生 IP Catalog。

注： 生成的 IP Catalog 可以在 Vivado 设计套件中导入 IP Catalog，如图 4.58 和图 4.59 所示，也可以导入 Vivado HLS 工具中。

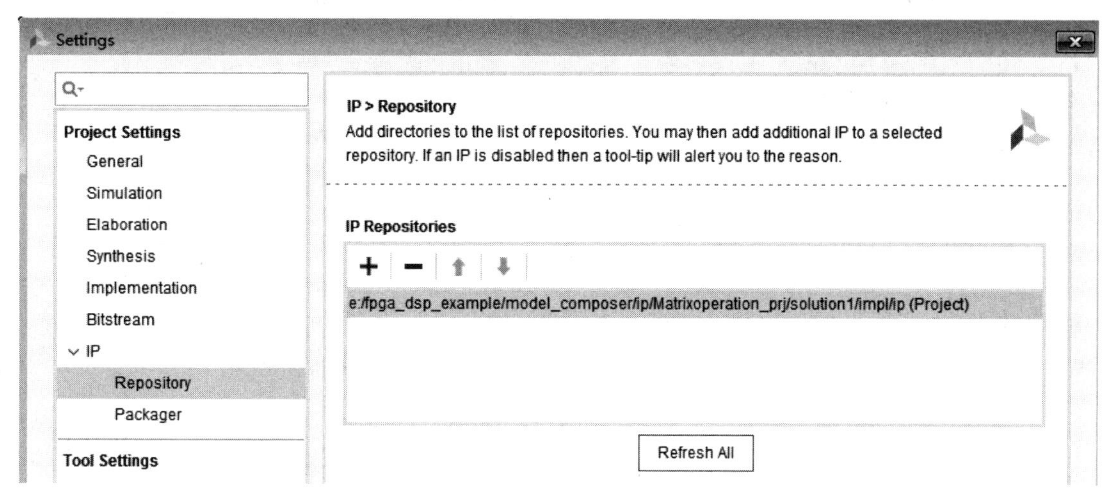

图 4.58　在 Vivado 设计套件中添加 IP 到 IP Catalog 的方法

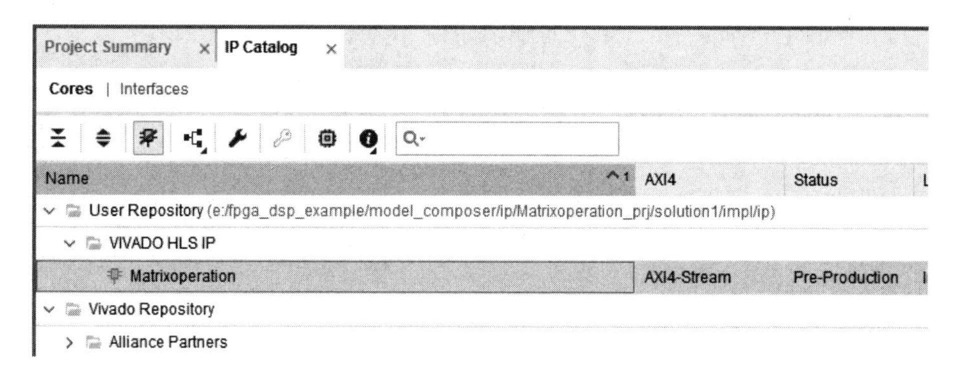

图 4.59　将 Matrixoperation 导入 IP Catalog 后的界面

2. 输出 System Generator

本部分将介绍输出 System Generator 的过程，主要步骤包括：

（1）在“Target directory:”下面设置输出路径为“E:/fpga_dsp_example/model_composer/sysgen”。

（2）在“Export type:”右侧的下拉框中选择“System Generator”。

（3）勾选“Create and execute testbench”前面的复选框。

（4）单击“Apply”按钮。

（5）单击“Generate”按钮，产生 System Generator。

注： 可以在 System Generator 中通过 Vivado HLS 模块符号导入，如图 4.60 和图 4.61 所示。

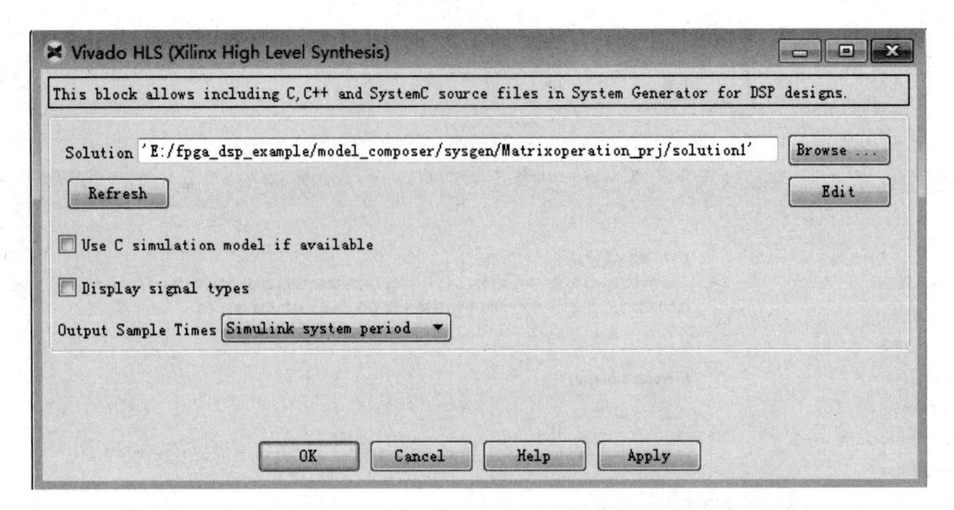

图 4.60　System Generator 导入 Vivado HLS 符号的参数设置界面

3. 输出 C++代码

本部分将介绍输出 C++代码的过程，其主要步骤包括：

（1）在“Target directory:”下面设置输出路径为“E:/fpga_dsp_example/model_composer/cplus”。

（2）在“Export type:”右侧的下拉框中选择“C++ code”。

（3）勾选“Create and execute testbench”前面的复选框。

（4）单击“Apply”按钮。

（5）单击“Generate”按钮，产生 C++代码。

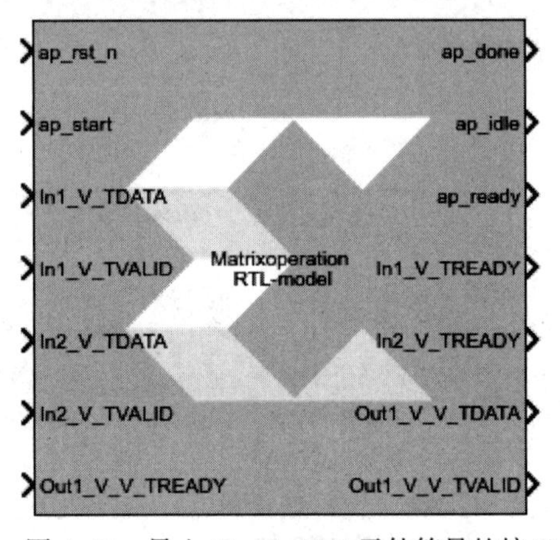

图 4.61　导入 Vivado HLS 元件符号的接口

4.8　在 Model Composer 导入 C/C++代码作为定制模块

本节将介绍在 Model Composer 模块中导入 C/C++代码作为定制模块的方法。

4.8.1　建立 C/C++代码

在本书给出的设计实例的路径下，建立名字为“simple.h”的文件，即

```
E:\fpga_dsp_example\model_composer\simple.h
```

simple.h 文件的内容如代码清单 4-9 所示。

代码清单 4-9　simple.h 文件

```
#include <stdint.h>
#pragma XMC INPORT in1,in2
#pragma XMC OUTPORT sum,diff
template <int ROW,int COL>
```

```
void matrix_add_sub(const int16_t in1[ROW][COL], const int16_t in2[ROW][COL], int16_t sum
[ROW][COL],int16_t diff[ROW][COL]) {
  for(int i=0;i<ROW;i++){
    for(int j=0;j<COL;j++){
      sum[i][j]=in1[i][j]+in2[i][j];
      diff[i][j]=in1[i][j]-in2[i][j];
    }
  }
}
```

（1）在该段代码中，“#pragma XMC INPORT in1,in2”用于将 in1 和 in2 显式声明为输入端口；“#pragma XMC OUTPORT sum,diff”用于将 sum 和 diff 显式声明为输出端口。它们的声明格式为

```
#pargma XMC INPORT <参数名>[,<参数名…>]
#pargma XMC OUTPORT <参数名>[,<参数名…>]
```

（2）“template <int ROW,int COL>”代码用于定义模板变量 ROW 和 COL，告诉编译器这是一个功能模板。输入和输出数组的真实维度 in1[ROW][COL]、in2[ROW][COL]、sum[ROW][COL]和 diff[ROW][COL]在仿真的时候由输入到模块的输入信号确定。

（3）代码清单 4-9 实现两个数组的相加和相减。

4.8.2　将代码导入 Model Composer

本节将前面建立的代码导入 Model Composer 模块中，主要步骤包括：

（1）将 MATLAB 工具定位到 E:\fpga_dsp_example\model_composer 路径下。

（2）在 MATLAB 工具的控制台中输入“xmcCreateLibrary('userlib',{'matrix_add_sub'},'simple.h',{},{},'unlock')”命令。

其中：

① userlib 为读者指定的 Model Composer 库的名字。

② matrix_add_sub 为在源文件/头文件中所定义的将要导入 Model Composer 模块的函数名字。

③ simple.h 为包含函数声明或者定义的头文件的名字（.h）。

④ 第一个“{}”内的内容为可选的源文件的名字（可选）。

⑤ 第二个“{}”内的内容为源文件的路径（可选）。

（3）输入命令后，自动弹出“Library:userlib - Simulink sponsored use”对话框，如图 4.62 所示。在该对话框中，生成了一个名字为“matrix_add_sub”的模块符号。

（4）生成一个空白的设计界面，利用 matrix_add_sub 模块符号，构建一个验证模型，如图 4.63 所示。

> **注**：读者可以定位到本书配套资源的\fpga_dsp_example\model_composer 路径下，打开名字为“matrix_add_sub.slx”的文件。

思考与练习 4-10：打开 matrix_add_sub.slx 文件，查看输入数组的数据类型，以及输入数组的数据维数与前面所建立的 C/C++代码之间的关系。

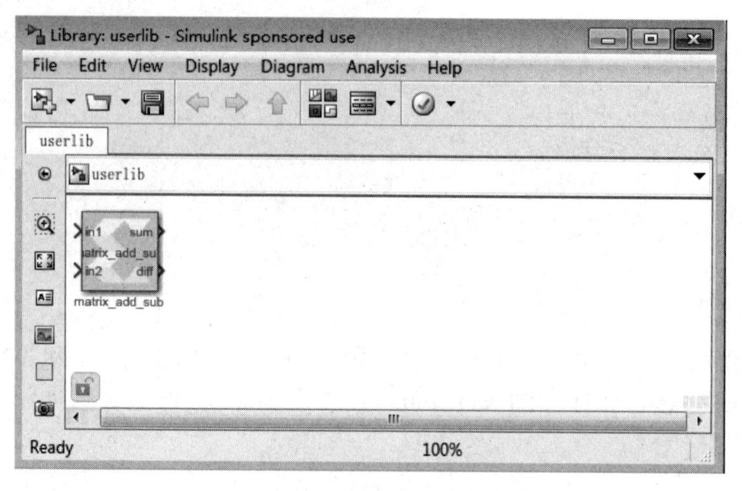

图 4.62 “Library:userlib-Simulink sponsored use”对话框

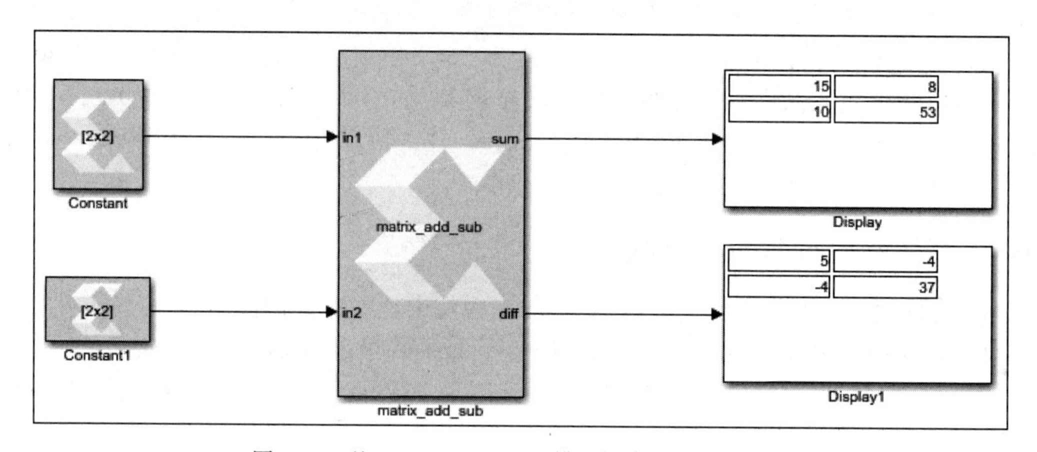

图 4.63 基于 matrix_add_sub 模块构建模型验证系统

4.8.3 将定制库添加到库浏览器中

本节将介绍如何将定制的库添加到库浏览器中，主要步骤包括：

（1）在本书提供资料的下面路径中，新建一个名字为“slblock.m”的脚本文件，即

```
E:\fpga_dsp_example\model_composer\slblock.m
```

slblock.m 文件的内容如代码清单 4-10 所示。

代码清单 4-10 slblock.m 文件

```
function blkStruct = slblocks
%This function adds the library to the Library Browser
% and caches it in the browser repository
% Specify the name of the library
Browser.Library ='userlib';
% Specify a name to display in the library Browser
Browser.Name ='userlib';
blkStruct.Browser = Browser;
```

（2）为了在库浏览器下使能定制库可用，必须打开 EnableLBRepository 参数。当使用 xmcCreateLibrary 将一个模块导入新的库中并且处于打开状态时，读者需要在 MATLAB 工具的控制台界面下输入下面的命令：

```
set_param(gcs,'EnableLBRepository','on');
```

（3）在图 4.62 中，保存定制库到本书提供资料的下面路径下：

```
E:\fpga_dsp_example\model_composer\userlib.slx。
```

（4）在 MATLAB 工具的控制台界面中输入下面的命令：

```
slblocks
```

（5）在 MATLAB 工具的控制台界面中输入下面的命令，将包含定制库的路径添加到搜索路径中：

```
addpath('E:\fpga_dsp_example\model_composer')
savepath
```

（6）再次进入“Simulink Library Brower”界面，按【F5】按键，刷新库浏览器，刷新过程结束后，可以在库浏览器界面中看到读者的定制库 userlib，如图 4.64 所示。

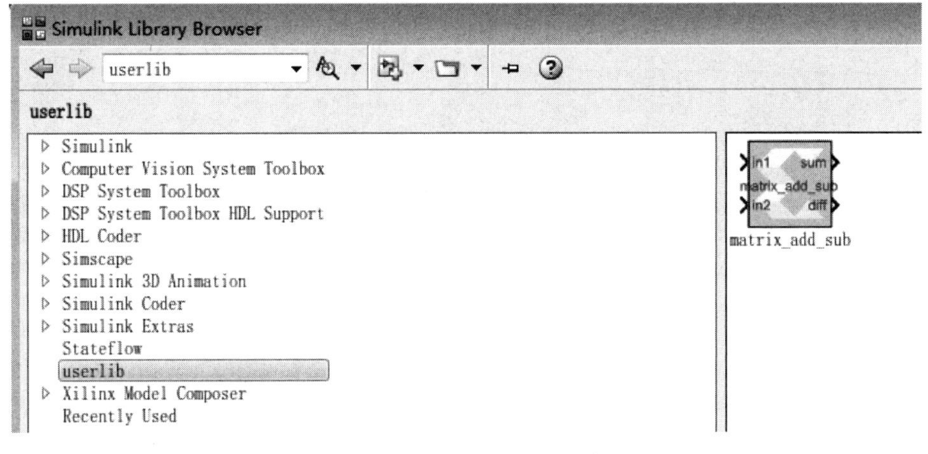

图 4.64　将用户的定制库添加到 Simulink 库浏览器后的界面

第二篇　数字信号处理的基本理论和 FPGA 实现方法

本篇将主要介绍数字信号处理的基本理论和 FPGA 实现方法。本篇共包括 10 章内容，即 CORDIC 算法的原理与实现、离散傅里叶变换的原理与实现、快速傅里叶变换的原理与实现、离散余弦变换的原理与实现、FIR 滤波器和 IIR 滤波器的原理与实现、重定时信号流图的原理与实现、多速率信号处理的原理与实现、串行和并行-串行 FIR 滤波器的原理与实现、多通道 FIR 滤波器的原理与实现，以及其他类型数字滤波器的原理与实现。

（1）在第 5 章 CORDIC 算法的原理与实现中，主要介绍 CORDIC 算法原理、CORDIC 循环和非循环结构硬件实现原理、向量幅度的计算、CORDIC 算法性能分析、CORDIC 算法的原理和实现方法、CORDIC 子系统的设计、圆坐标系算术功能的设计、流水线技术的 CORDIC 实现，以及向量幅值精度的研究。

（2）在第 6 章离散傅里叶变换的原理与实现中，主要介绍模拟周期信号的分析——傅里叶级数、模拟非周期信号的分析——傅里叶变换、离散序列的分析——离散傅里叶变换、短时傅里叶变换、离散傅里叶变换的运算量，以及离散傅里叶算法的模型实现。

（3）在第 7 章快速傅里叶变换的原理与实现中，主要介绍快速傅里叶变换的发展、Danielson-Lanczos 引理，按时间抽取的基 2 FFT 算法，按频率抽取的基 2 FFT 算法，Cooley-Tuckey 算法，基 4 和基 8 的 FFT 算法，FFT 计算中的字长，基于 MATLAB 的 FFT 分析，基于模型的 FFT 设计与实现，基于 IP 核的 FFT 实现，以及基于 C 和 HLS 的 FFT 建模与实现。

（4）在第 8 章离散余弦变换的原理与实现中，主要介绍 DCT 的定义、DCT-2 和 DFT 的关系、DCT 的应用、二维 DCT，以及二维 DCT 的实现。

（5）在第 9 章 FIR 滤波器和 IIR 滤波器的原理与实现中，主要介绍模拟滤波器到数字滤波器的转换，数字滤波器的分类和应用，FIR 滤波器的原理和结构，IIR 滤波器的原理和结构，DA FIR 滤波器的设计，MAC FIR 滤波器的设计，FIR Compiler 滤波器的设计，以及 HLS FIR 滤波器的设计。

（6）在第 10 章重定时信号流图的原理与实现中，主要介绍信号流图的基本概念，割集重定时及规则，不同形式的 FIR 滤波器，FIR 滤波器构建块，以及标准形式和脉动形式的 FIR 滤波器的实现。

（7）在第 11 章多速率信号处理的原理与实现中，主要介绍多速率信号处理的一些需求、多速率操作、多速率信号处理的典型应用，以及多相 FIR 滤波器的原理与实现。

（8）在第 12 章串行和并行-串行 FIR 滤波器的原理与实现中，主要介绍串行 FIR 滤波器的原理与实现和并行-串行 FIR 滤波器的原理与实现。

（9）在第 13 章多通道 FIR 滤波器的原理与实现中，主要介绍割集重定时规则 2、割集重定时规则 2 的应用和多通道滤波器的实现。

（10）在第 14 章其他类型数字滤波器的原理与实现中，主要介绍滑动平均滤波器的原理和结构、数字微分器和数字积分器的原理和特性、积分梳状滤波器的原理和特性、中频调制信号的产生和解调、CIC 滤波器的实现方法、CIC 滤波器位宽的确定、CIC 滤波器的锐化、CIC 滤波器的递归和非递归结构，以及 CIC 滤波器的实现。

第 5 章　CORDIC 算法的原理与实现

本章将介绍 CORDIC 算法的原理与实现，着重介绍 3 个坐标系及其两种模式下 CORDIC 的实现原理，以及迭代算法的实现方法。在此基础上，将详细介绍 CORDIC 算法在 FPGA 上的实现方法和实现过程，并对其性能进行详细讨论。

CORDIC 算法在数字信号处理系统中有广泛的应用，读者需要掌握该算法的原理和其在 FPGA 上的实现方法。

5.1　CORDIC 算法原理

坐标旋转数字计算机（Coordinate Rotation Digital Computer，CORDIC）算法可以追溯到 1957 年由 J·Volder 发表的一篇文章。20 世纪 50 年代，在大型计算机中实现移位相加受到了当时条件的限制，所以使用 CORDIC 算法变得非常有必要。到了 20 世纪 70 年代，惠普公司和其他公司生产了手持计算器，许多计算器使用一个内部 CORDIC 单元来计算所有的三角函数（那时计算一个角度的正切值需要大约 1s 的延迟）。

20 世纪 80 年代，随着高速度乘法器和带有大存储量的通用处理器的出现，CORDIC 算法变得无关紧要了。然而，对于各种通信技术和矩阵算法而言，仍然是需要执行三角函数和均方根等运算的。

在 21 世纪的今天，对于 FPGA 而言，CORDIC 一定是在数字信号处理应用中（如多输入多输出（MIMO）、波束形成和其他自适应系统）计算三角函数的必备技术。

5.1.1　圆坐标系旋转

在 xy 坐标平面内将点（x_1,y_1）旋转 θ 角度后到达点（x_2,y_2），如图 5.1 所示，其关系用下式表示：

$$\begin{aligned} x_2 &= x_1\cos\theta - y_1\sin\theta \\ y_2 &= x_1\sin\theta + y_1\cos\theta \end{aligned} \tag{5.1}$$

其中，坐标 x_1 和 y_1 与 x_2 和 y_2 满足下面的关系，即

$$x_1^2+y_1^2=x_2^2+y_2^2=R^2$$

其中，R 为半径。

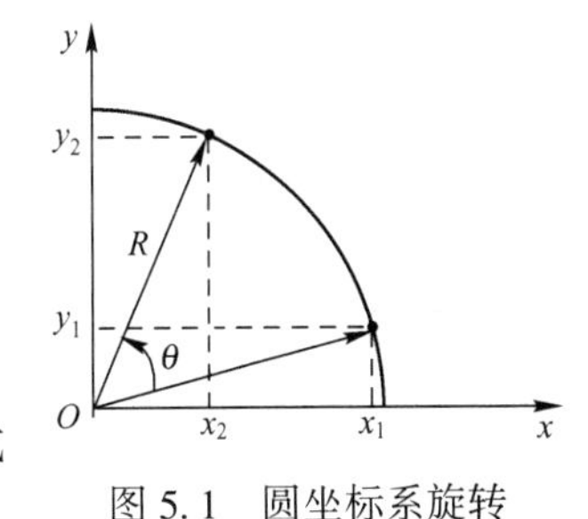

图 5.1　圆坐标系旋转

将上述过程称为平面旋转、向量旋转或者线性（矩阵）代数中的吉文斯旋转。

上面的方程组可写成矩阵向量的形式：

$$\begin{bmatrix} x_2 \\ y_2 \end{bmatrix} = \begin{bmatrix} \cos\theta & -\sin\theta \\ \sin\theta & \cos\theta \end{bmatrix} \begin{bmatrix} x_1 \\ y_1 \end{bmatrix} \tag{5.2}$$

例如，一个90°的相移表示为

$$\begin{bmatrix} x_2 \\ y_2 \end{bmatrix} = \begin{bmatrix} 0 & -1 \\ 1 & 0 \end{bmatrix} \begin{bmatrix} x_1 \\ y_1 \end{bmatrix} = \begin{bmatrix} -y_1 \\ x_1 \end{bmatrix} \tag{5.3}$$

一个45°的相移表示为

$$\begin{bmatrix} x_2 \\ y_2 \end{bmatrix} = \begin{bmatrix} \cos 45° & -\sin 45° \\ \sin 45° & \cos 45° \end{bmatrix} \begin{bmatrix} x_1 \\ y_1 \end{bmatrix} = \begin{bmatrix} 0.7071 & -0.7071 \\ 0.7071 & 0.7071 \end{bmatrix} \begin{bmatrix} x_1 \\ y_1 \end{bmatrix} = \begin{bmatrix} 0.7071(x_1 - y_1) \\ 0.7071(x_1 + y_1) \end{bmatrix}$$

通过提取公共因子 $\cos\theta$，式（5.2）可写成下面的形式：

$$\begin{aligned} x_2 &= x_1\cos\theta - y_1\sin\theta = \cos\theta(x_1 - y_1\tan\theta) \\ y_2 &= x_1\sin\theta + y_1\cos\theta = \cos\theta(y_1 + x_1\tan\theta) \end{aligned} \tag{5.4}$$

如果去除 $\cos\theta$ 项，则得到伪旋转方程式：

$$\begin{aligned} \hat{x}_2 &= x_1 - y_1\tan\theta \\ \hat{y}_2 &= y_1 + x_1\tan\theta \end{aligned} \tag{5.5}$$

旋转的角度是正确的，但是 x 与 y 的值增加 $1/\cos\theta$，如图5.2所示。由于 $1/\cos\theta>1$，所以模的值变大。

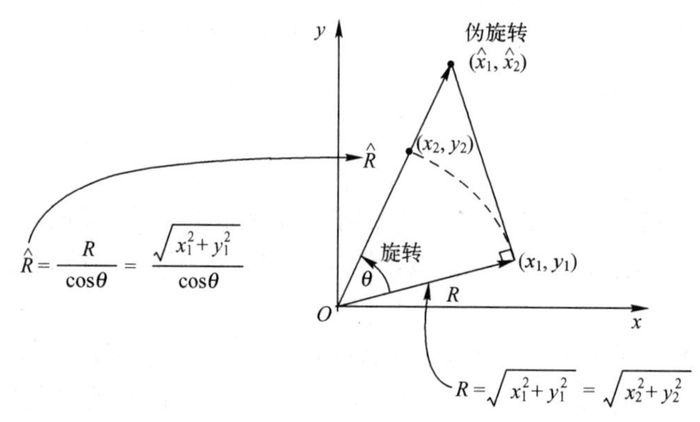

图5.2 伪旋转描述

例如，在 $R=1$ 时，$(x_1,y_1)=(0.34,0.94)$，经过45°旋转后，$(x_2,y_2)=(0.91,0.43)$。然而，对于伪旋转而言，$(\hat{x}_2,\hat{y}_2)=(1.28,0.61)$，则 $\hat{R}$ 表示为

$$\hat{R} = \frac{R}{\cos 45°} = \frac{1}{0.707} = 1.41$$

并不能通过适当的数学方法去除 $\cos\theta$ 项。然而，随后发现去除 $\cos\theta$ 项可以简化坐标平面旋转的计算操作。

CORDIC算法的核心是伪旋转角度，其中 $\tan\theta=2^{-i}$，故方程可表示为

$$\begin{aligned} \hat{x}_2 &= x_1 - y_1\tan\theta = x_1 - y_1 2^{-i} \\ \hat{y}_2 &= y_1 + x_1\tan\theta = y_1 + x_1 2^{-i} \end{aligned} \tag{5.6}$$

CORDIC算法中，每个迭代 i 的旋转角度（精确到9位小数）如表5.1所示。

这里，把变换改成了迭代算法。将各种可能的旋转角度加以限制，使得能够通过一系列连续小角度的旋转迭代 i 来完成对任意角度的旋转。旋转角度遵循法则 $\tan(\theta^i)=2^{-i}$，乘以正切项则就变成了移位操作。

表 5.1　CORDIC 算法中每个迭代 i 的旋转角度（精确到 9 位小数）

i	θ^i	$\tan(\theta^i)=2^{-i}$
0	45.0	1
1	26.555051177…	0.5
2	14.036243467…	0.25
3	7.125016348…	0.125
4	3.576334374….	0.0625

前几次迭代的形式为：第 1 次迭代旋转 45°，第 2 次迭代旋转 26.6°，第 3 次迭代旋转 14°等。

很明显，每次旋转的方向都影响最终要旋转的累积角度。在 $-99.7° \leqslant \theta \leqslant 99.7°$ 的范围内，可以旋转任意角度，满足法则的所有角度的总和 $\sum_{i=0}^{\infty}\theta^i = 99.7$。对于该范围之外的角度，可使用三角恒等式转化成该范围内的角度。当然，角度分辨率的数据位数与最终的精度有关。13 次的迭代结果如表 5.2 所示。

表 5.2　13 次的迭代结果

i	$\tan(\theta^i)$	θ^i	$\cos\theta$
0	1	45.0	0.707106781
1	0.5	26.5550511771	0.894427191
2	0.25	14.0362434679	0.9701425
3	0.125	7.1250163489	0.992277877
4	0.0625	3.5763343750	0.998052578
5	0.03125	1.7899106082	0.999512078
6	0.015625	0.8951737102	0.999877952
7	0.0078125	0.4476141709	0.999969484
8	0.00390625	0.2238105004	0.999992371
9	0.001953125	0.1119056771	0.999998093
10	0.000976563	0.0559528919	0.999999523
11	0.000488281	0.0279764526	0.999999881
12	0.000244141	0.0139882271	0.99999997

$$\cos(45°)\times\cos(26.5°)\times\cos(14.036°)\times\cos(7.125°)\times\cdots\times\cos(0.0139°)=0.607252941$$

旋转 13 次后，旋转向量增量为

$$\begin{aligned}K_n &= \frac{1}{\cos(45°)}\times\frac{1}{\cos(26.565°)}\times\frac{1}{\cos(14.036°)}\times\frac{1}{\cos(7.125°)}\times\frac{1}{\cos(3.576°)}\times\frac{1}{\cos(1.79°)}\\ &=1.4142\times1.118\times1.0308\times1.0078\times1.0020\\ &=1.6467602\end{aligned}$$

因此，最终伪旋转向量的长度应该除以 1.6467602，也就是乘以常数 $(1/K_n)=0.60725941$。更进一步，推广：

$$K_n = \prod_n 1/(\cos\theta_i) = \prod_n (\sqrt{1 + 2^{(-2i)}})$$

当 $n\to\infty$ 时，$K_n = 1.6467602$；$n\to\infty$ 时，$1/K_n = 0.60725941$。

在前面提到，所有 CORDIC 角度的和趋向于 99.7°，读者很容易想到，如果旋转角度大于 99.7°，如 124°，如何处理该问题呢？

根据式（5.3）可知，那是 90°旋转时横坐标和纵坐标之间的关系。因此，通过 90°旋转和 CORDIC 操作，在 360°范围内可以实现任何期望的角度旋转。使用 90°旋转用于保证向量在 CORDIC 算法的收敛区域内，如图 5.3 所示。

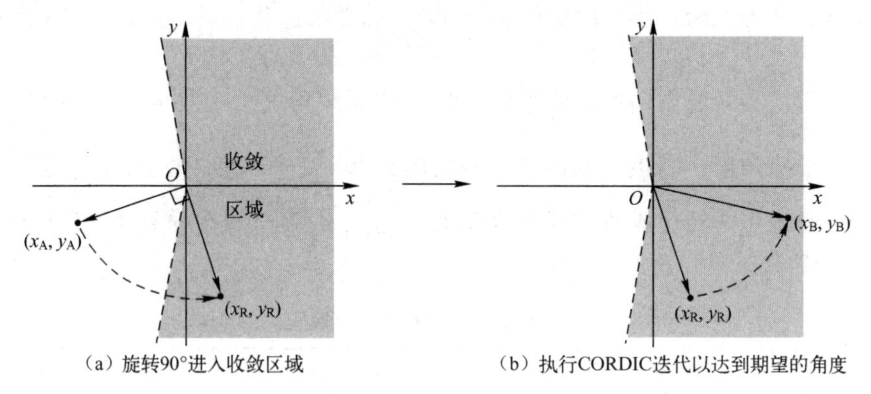

图 5.3　处理大于收敛区域角度的方法

例如，将一个向量以顺时针方向旋转 124°。首先，通过一个简单的象限操作将向量旋转 90°，然后使用 CORDIC 旋转剩余的（124°-90°=34°）角度，如图 5.4 所示。

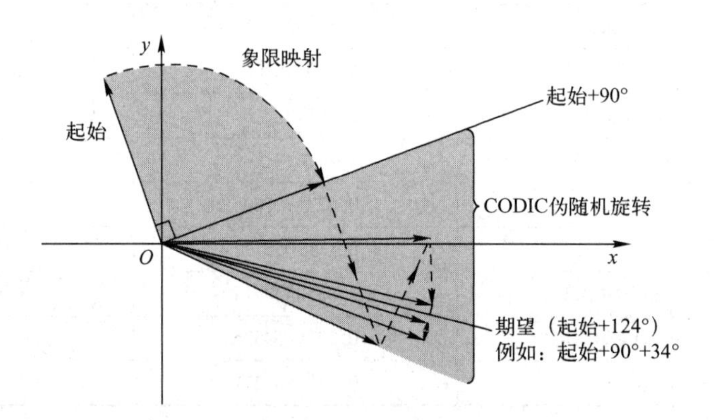

图 5.4　一个向量旋转 124°的处理过程

从图 5.3 可知，当一个向量位于第二象限时，则可以通过顺时针旋转 90°进入第一象限的收敛区域；当一个向量位于第三象限时，则可以通过逆时针旋转 90°进入第四象限的收敛区域。

对于 FPGA 而言，通过向量的 x 坐标和 y 坐标的 MSB（符号位）就可以判断出该向量位于第几象限。

（1）当向量位于第一象限时，$(x)_{\text{MSB}} = 0$，且 $(y)_{\text{MSB}} = 0$。

（2）当向量位于第二象限时，$(x)_{MSB}=1$，且$(y)_{MSB}=0$。
（3）当向量位于第三象限时，$(x)_{MSB}=1$，且$(y)_{MSB}=1$。
（4）当向量位于第四象限时，$(x)_{MSB}=0$，且$(y)_{MSB}=1$。

> **注：** 象限映射操作隐含说明实际上的 CORDIC 操作要求在-90°～+90°范围内，而不是前面所说的-99.7°～+99.7°范围内。

对于每次迭代而言，前面所示的伪旋转现在可以表示为

$$x_{i+1}=x_i-d_i\cdot(2^{-i}y_i)$$
$$y_{i+1}=y_i+d_i\cdot(2^{-i}x_i) \tag{5.7}$$

式（5.7）中，符号 $d_i=\pm1$，它是一个判决算子，用于确定旋转的方向，即顺时针旋转或逆时针旋转。

在这里引入第 3 个方程，将其称为角度累加器，用于在每次的迭代过程中追踪累加的旋转角度：

$$z_{i+1}=z_i-d_i\cdot\theta_i \tag{5.8}$$

式（5.7）和式（5.8）为圆周坐标系中用于角度旋转的 CORDIC 算法的表达式。例如，初始的输入为 0°，当旋转+45°、-26.6°、-14°、+7.1°、-3.6°后，角度累加器将保持每次迭代后的值，如表 5.3 所示。

表 5.3　每次迭代后 z 的值

迭　代	z	迭　代	z
开始	0°	$i=2$ 后	+5.4°
$i=0$ 后	+45°	$i=3$ 后	+11.5°
$i=1$ 后	+18.4°	$i=4$ 后	+7.9°

CORDIC 算法提供了两种操作模式，即旋转模式和向量模式。工作模式决定了控制算子 d_i 的条件。在旋转模式中，将一个输入向量旋转一个期望的角度；在向量模式中，将一个输入向量旋转到 x 轴。

> **注：** 本章的后续部分还将介绍在其他坐标系中如何使用 CORDIC 算法，通过使用这些坐标系可以计算更多的函数。

1. 旋转模式

在旋转模式中选择：

$$d_i=\text{sign}(z_i) \tag{5.9}$$

也就是d_i取决于z_i的符号。旋转的目标是使 $z_i\to0$。经过 n 次迭代后得到：

$$x_n=K_n(x_0\cos z_0-y_0\sin z_0)$$
$$y_n=K_n(y_0\cos z_0+x_0\sin z_0) \tag{5.10}$$
$$z_n=0$$

假设任意起始点的坐标为$(x_0,y_0)=(0.9,-2.1)$，并且期望旋转的角度z_0为 52°，具体的迭代过程如表 5.4 所示，旋转过程如图 5.5 所示。

表 5.4 任意点的迭代过程

i	d_i	θ_i	z_i	x_i	y_i
0	+1	45.0	+52.0	0.9	-2.1
1	+1	26.6	+7.0	3.0	-1.2
2	-1	14.0	-19.6	3.6	0.3
3	-1	7.1	-5.6	3.675	-0.6
4	+1	3.6	+1.5	3.600	-1.0594
5	-1	1.8	-2.1	3.6662	-0.8344
6	-1	0.9	-0.3	3.6401	-0.9489
7	+1	0.4	+0.6	3.6253	-1.0058
8	+1	0.2	+0.2	3.6332	-0.9775
9	+1	0.1	+0.0	3.6370	-0.9633

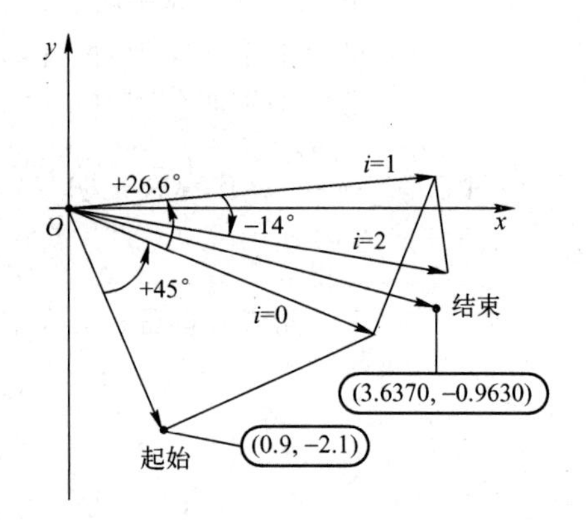

图 5.5 一个向量旋转 52°的旋转过程

此外，通过设置下面的条件：

$$x_0=1/K_n \quad 和 \quad y_0=0$$

可以计算 $\cos z_0$ 和 $\sin z_0$。因此，输入x_0和 $z_0(y_0=0)$，然后通过迭代使z_{i+1}趋近于 0。

当 $z_0=30°$时，计算 $\sin z_0$ 和 $\cos z_0$ 的迭代过程如表 5.3 所示。从表 5.3 中可知，该迭代过程遵循式（5.7），角度变化的过程如图 5.6 所示。从表 5.3 中可知：

表 5.5 当 $z_0=30°$时，计算 $\sin z_0$ 和 $\cos z_0$ 的迭代过程

i	d_i	θ_i	z_i	y_i	x_i
0	+1	45	+30	0.6073	0
1	-1	26.6	-15	0.6073	0.6073
2	+1	14.0	+11.6	0.9109	0.3036
3	-1	7.1	-2.4	0.8350	0.5313
4	+1	3.6	+4.7	0.9014	0.4270
5	+1	1.8	+1.1	0.8747	0.4833
6	-1	0.9	-0.7	0.8596	0.5106
7	+1	0.4	+0.2	0.8676	0.4972
8	-1	0.2	-0.2	0.8637	0.5040
9	+1	0.1	+0	0.8657	0.5006

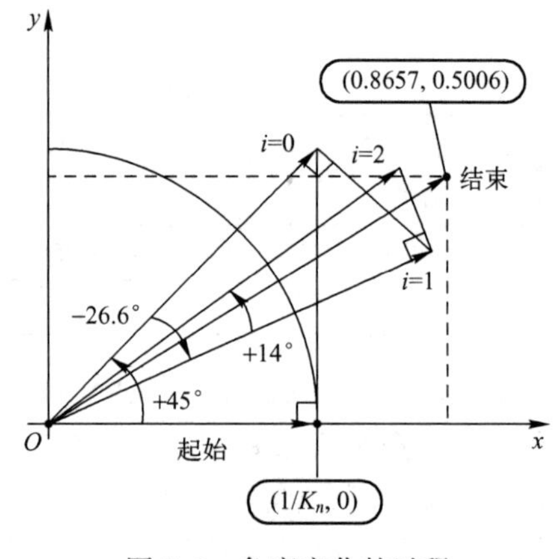

图 5.6 角度变化的过程

$$x_9=\sin z_0=\sin(30°)=0.5006$$
$$y_9=\cos z_0=\cos(30°)=0.8657$$

2. 向量模式

在向量模式中选择：

$$d_i=-\text{sign}(x_i y_i)$$

目标是使$|y_i|\to 0$。经过 n 次迭代后，用下式表示：

$$\begin{aligned} x_n &\approx K_n\left(\sqrt{(x_0)^2+(y_0)^2}\right) \\ y_n &=0 \\ z_n &\approx z_0+\arctan\left(\frac{y_0}{x_0}\right) \end{aligned} \tag{5.11}$$

通过设置 $x_0=1$ 和 $z_0=0$ 来计算 $\arctan y_0$。

当 $y_0=2$ 并且 $x_0=1$ 时，计算 arctan（y_0/x_0）的过程如表 5.6 所示。

表 5.6　当 $y_0=2$ 并且 $x_0=1$ 时，计算 $\arctan(y_0/x_0)$ 的过程

i	z_i	θ_i	x_i	y_i
0	0°	45	1	2
1	45°	26.6	3.00	1
2	71.6°	14	3.50	-0.5
3	57.6°	7.1	3.63	0.375
4	65.7°	3.6	3.67	-0.078
5	61.1°	1.8	3.68	0.151
6	62.9°	0.9	3.68	0.039
7	63.8°	0.4	3.68	-0.019
8	63.4°	0.2	3.68	0.009

从表 5.6 可知，$z_8=63.4°\approx\arctan(2)$。

此外，从式（5.11）可知，CORDIC 算法的向量模式可以得到输入向量的幅度（模）。当使用向量模式旋转后，向量就与 x 轴重合。因此，向量的幅度就是旋转向量的 x 值。幅度结果由 K_n增益标定，即表示为

$$3.68\times\frac{1}{K_n}=\frac{3.68}{1.6467}=2.23$$

5.1.2　线性坐标系旋转

本节将介绍线性坐标系下的旋转模式和向量模式。

1. 旋转模式

线性坐标系下的旋转模式如图 5.7 所示，迭代过程表示为

$$\begin{aligned} x_{i+1}&=x_i-0\cdot d_i(2^{-i}y_i)=x_i \\ y_{i+1}&=y_i+d_i(2^{-i}x_i) \\ z_{i+1}&=z_i-d_i(2^{-i}) \end{aligned} \tag{5.12}$$

图 5.7　线性坐标系下的旋转模式

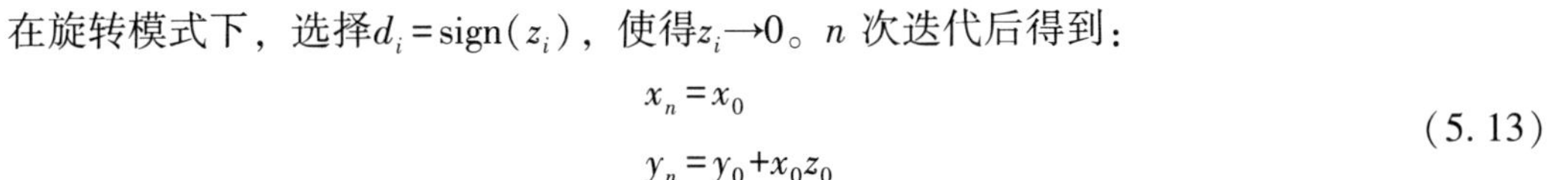

在旋转模式下，选择$d_i=\text{sign}(z_i)$，使得$z_i\to 0$。n 次迭代后得到：

$$\begin{aligned} x_n&=x_0 \\ y_n&=y_0+x_0z_0 \end{aligned} \tag{5.13}$$

该等式类似于实现一个移位-相加的乘法器。

从式（5.13）可知，对于乘法计算而言，将 y_0 设置为 0。

2. 向量模式

在向量模式下，选择$d_i=-\text{sign}(x_iy_i)$，使得$y_i\to 0$。经过 n 次迭代后，用下式表示：

$$\begin{aligned} x_n&=x_0 \\ y_n&=0 \\ z_n&=z_0+y_0/x_0 \end{aligned} \tag{5.14}$$

这个迭代式可以用于比例运算。当只使用除法运算时，将 z_0 设置为 0。

> **注：** 在线性坐标系中，增益固定，所以不需要进行任何标定。

5.1.3　双曲线坐标系旋转

本节将介绍双曲线坐标系下的旋转模式和向量模式。

1. 旋转模式

双曲线坐标系下的旋转模式如图 5.8 所示，迭代过程表示为

$$
\begin{aligned}
x_{(i+1)} &= x_i + d_i \cdot (2^{-i} y_i) \\
y_{i+1} &= y_i + d_i \cdot (2^{-i} x_i) \\
z_{i+1} &= z_i - d_i \cdot \tanh^{-1}(2^{-i})
\end{aligned}
\tag{5.15}
$$

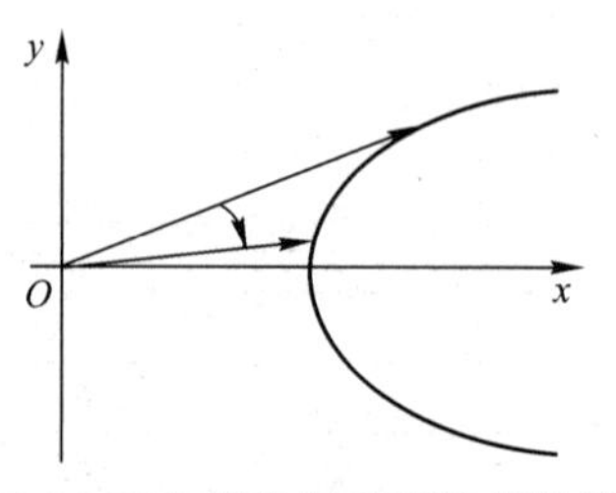

图 5.8　双曲线坐标系下的旋转模式

在旋转模式下，选择 $d_i = \text{sign}(z_i)$，使得 $z_i \to 0$。n 次迭代后得到：

$$
\begin{aligned}
x_n &= K_n^* (x_0 \cosh z_0 - y_0 \sinh z_0) \\
y_n &= K_n^* (y_0 \cosh z_0 + x_0 \sinh z_0) \\
z_n &= 0
\end{aligned}
\tag{5.16}
$$

在双曲线坐标系下旋转时，伸缩因子 K_n 与圆周旋转因子有所不同。双曲伸缩因子 K_n^* 可表示为

$$
K_n^* = \prod_n \left(\sqrt{1 - 2^{-2i}} \right) \tag{5.17}
$$

且当 $n \to \infty$ 时，$K_n^* \to 0.82816$。

从式（5.16）可知，当设置 $x_0 = 1/K_n^*$ 和 $y_0 = 0$ 时，可以得到 $\cosh z$ 和 $\sinh z$ 的值。

2. 向量模式

在向量模式下，选择 $d_i = -\text{sign}(x_i y_i)$，使得 $y_i \to 0$。经过 n 次迭代后，用下式表示：

$$
\begin{aligned}
x_n &= K_n^* \sqrt{x_0^2 - y_0^2} \\
y_n &= 0 \\
z_n &= z_0 + \tanh^{-1}(y_0 / x_0)
\end{aligned}
\tag{5.18}
$$

从式（5.18）可知，当设置 $x_0 = 1$，且 $z_0 = 0$ 时，可以计算 $\text{arctanh} y_0$。

> **注：** 双曲线坐标系下的坐标变换不一定收敛。根据文献，当迭代系数为 $4, 13, 40, k, 3k+1 \cdots$ 时，该系统是收敛的。

根据三角函数之间的关系，可以通过 CORDIC 算法的计算得到下面的函数值：

$$
\begin{aligned}
&\tan\theta = \sin\theta / \cos\theta \\
&\tanh\theta = \sinh\theta / \cosh\theta \\
&\exp\theta = \sinh\theta + \cosh\theta \\
&L_n\,\theta = 2\text{arctanh}[(\theta - 1)/(\theta + 1)] \\
&\theta^{1/2} = [(\theta + 1/4)^2 - (\theta - 1/4)^2]^{1/2}
\end{aligned}
\tag{5.19}
$$

5.1.4　CORDIC 算法通用表达式

从前几节内容可以看出，在圆周坐标系、线性坐标系和双曲线坐标系下，CORDIC 算法的表达式相似。因此，可以给出一个通用的表达式，然后通过选择不同的模式变量就可以得到 CORDIC 算法的通用公式。其通用公式表示为

$$\begin{aligned} x_{i+1} &= x_i - \mu \cdot d_i(2^{-i} \cdot y_i) \\ y_{i+1} &= y_i + d_i \cdot (2^{-i} \cdot x^{(i)}) \\ z_{i+1} &= z_i - d_i \cdot e_i \end{aligned} \tag{5.20}$$

式（5.20）中，e_i 用于在给定的旋转坐标系内确定迭代 i 次所给出的旋转初角。对于圆坐标系而言，$e_i=\arctan(2^{-i})$，$\mu=1$；对于线性坐标系而言，$e_i=2^{-i}$，$\mu=0$；对于双曲线坐标系而言，$e_i=\operatorname{arctanh}(2^{-i})$，$\mu=-1$。

> **注**：对于圆坐标系而言，当 $n\to\infty$ 时，最大的角度为 99.7°；对于线性坐标系而言，当 $n\to\infty$ 时，最大的角度为 57.3°；对于双曲线坐标系而言，当 $n\to\infty$ 时，最大的角度为 65.7°。

5.2　CORDIC 循环和非循环结构硬件实现原理

下面将介绍在 Xilinx FPGA 芯片上使用 Xilinx 的 System Generator 工具实现 CORDIC 算法的原理。理想的 CORDIC 结构取决于其在应用中的速度和面积均衡。在 FPGA 中实现 CODIC 的方法有：①循环结构；②非循环结构；③非循环流水线结构。

5.2.1　CORDIC 循环结构的原理和实现方法

本节将介绍 CORDIC 循环结构的原理及实现方法。

1. 循环结构的原理

在循环的方式中，所有的迭代均在一个单元内完成，这种实现方式的结构如图 5.9 所示。

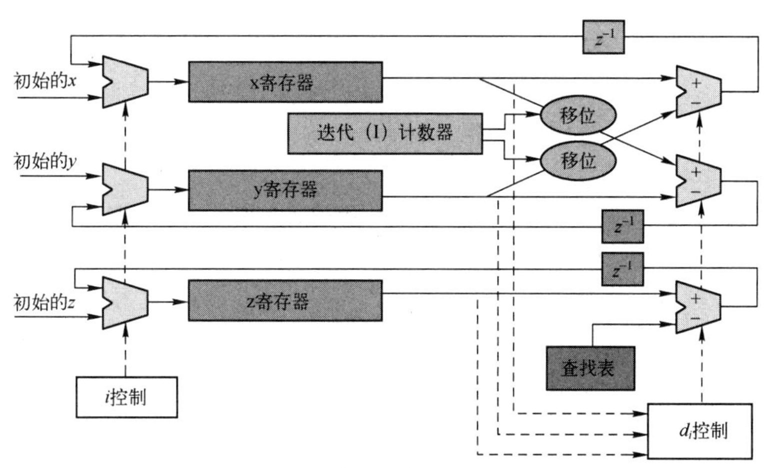

图 5.9　循环方式实现的结构

这种结构带有反馈。在这个结构中，移位寄存器的实现是一个难点。在非循环方式的结构中使用的是固定结构的移位寄存器，能够使用布线资源来建立。而循环方式的结构要求一个可变位数的移位寄存器，每个单元乘以 2^{-i}，表示移位 i 个比特位。单个的单元必须能够提供所有的 i 值，可以使用桶型移位寄存器来实现这种可变移位寄存器。

2. 移位寄存器的设计

通过多路复用器，可以构成桶型移位寄存器。一个 4 位的桶型移位寄存器的结构如图 5.10 所示。

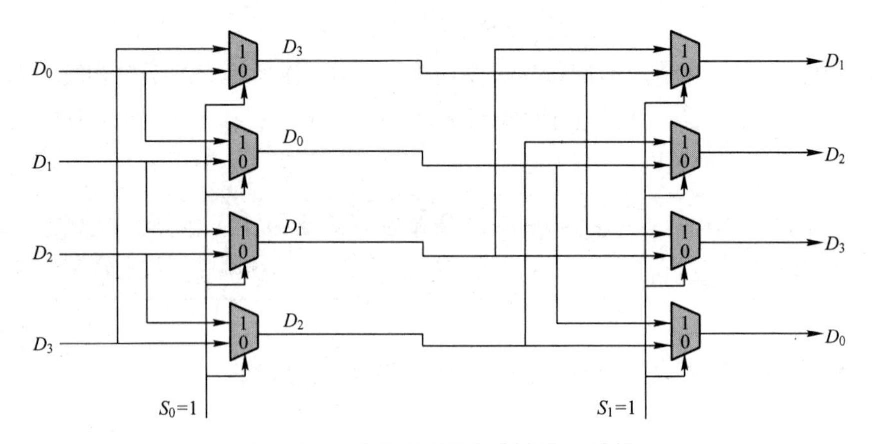

图 5.10　4 位的桶型移位寄存器的结构

（1）S_0控制桶型移位寄存器的第一列：①当 $S_0=0$ 时，输入直接连接到输出；②当 $S_0=1$ 时，移动一位，输入 $D_0D_1D_2D_3$，输出 $D_3D_0D_1D_2$。

（2）S_1 控制桶型移位寄存器的第二列：①当 $S_1=0$ 时，输入直接到输出；②当 $S_0=1$ 时，移动二位，输入 $D_3D_0D_1D_2$，输出 $D_1D_2D_3D_0$。

这个结构非常灵活，可根据需要进行扩展。如果要求使用 8 位的桶型移位寄存器结构，则需要额外的列，即向下扩展该阵列。

3. 迭代位-串行移位寄存器

迭代位-串行移位寄存器的结构如图 5.11 所示，该结构包含：①3 个位串行加法器/减法器；②3 个移位寄存器；③一个串行 ROM（用于存放旋转角度）；④2 个复用器（用于实现可变量移位）。

在该设计中，每个移位寄存器必须具有与字宽相等的长度。因此，每次迭代都需要该逻辑电路运行 w 次（w 为字的宽度）。

由于首先将初始值 $x(0)$、$y(0)$ 和 $z(0)$ 加载到相关的移位寄存器中，因此通过加法器或者减法器右移数据，并且将数据返回到移位寄存器的最左端。在该迭代结构中，通过 2 个复用器实现变量移位器。在每个迭代的开始阶段，将两个复用器设置为从移位寄存器中读取合适的抽头数据。因此，来自每个复用器的数据被传送到了合适的加法器/减法器。在每次迭代的开始，从 x、y 和 z 寄存器中读出符号，用于给加法器设置正确的操作模式。在最后一次迭代的过程中，可以直接从加法器/减法器中读取结果。

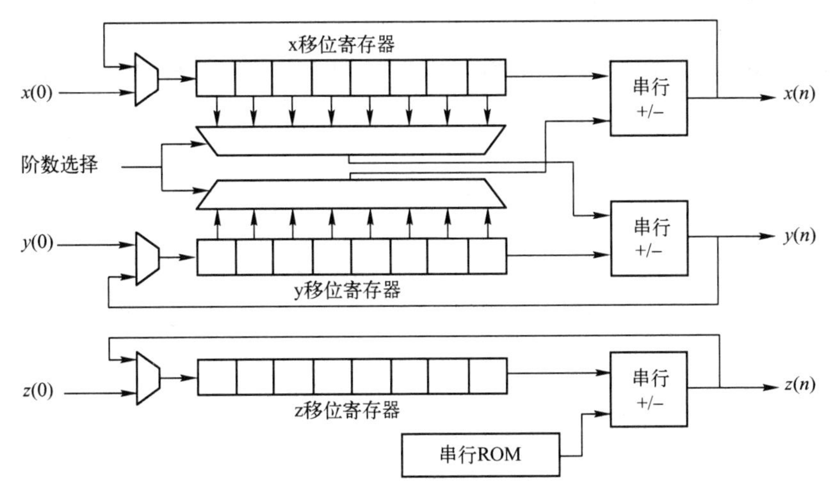

图 5.11　迭代位-串行移位寄存器的结构

5.2.2　CORDIC 非循环结构的实现原理

在 CORDIC 的非循环结构中使用一个阵列单元实现 CODIC 算法，如图 5.12 所示。该算法中的每一次迭代各自使用一个单元。

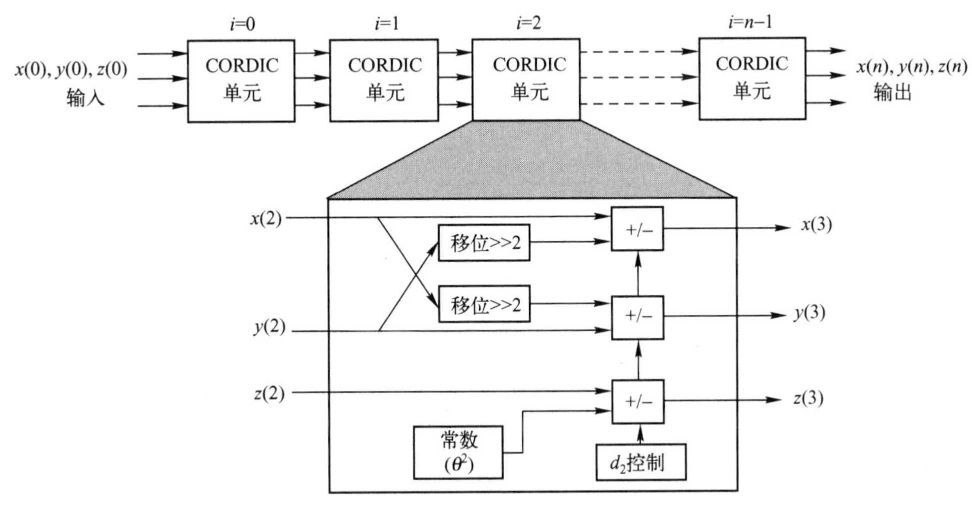

图 5.12　CORDIC 的非循环结构

5.2.3　实现 CORDIC 非循环的流水线结构

CORDIC 的非循环流水线结构是通过使用重定时来提高系统效率的，如图 5.13 所示。当在图 5.12 的每个 CORDIC 单元之间插入流水线寄存器时，可以显著降低关键路径的长度。

图 5.13 中，由于在 6 个 CORDIC 单元之间的每个计算单元中均插入了流水线寄存器，从而使得关键路径长度减少为 1。

在流水线中插入寄存器的优势在于，显著降低了延迟，并且提高了整个系统的工作速度。

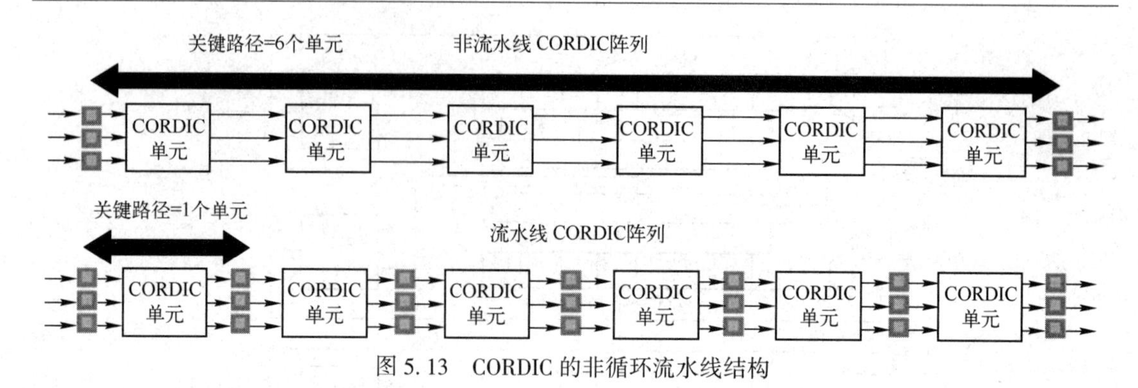

图 5.13　CORDIC 的非循环流水线结构

5.3　向量幅度的计算

前面提到 CORDIC 算法可以用于计算向量 $\boldsymbol{v}$ 的幅度，即

$$|\boldsymbol{v}|=\sqrt{x^2+y^2}$$

当计算 $|\boldsymbol{v}|$ 时，CORDIC 算法的精度是重要的考虑因素。因此，需要选择合适的参数用于提供一个期望的精度，包括迭代的次数 n，以及数据路径上比特位的个数 b。这些因素影响硬件的成本和性能。很明显，精度越高，则实现成本也就越高。

CORDIC 向量幅度计算的一个重要应用是 QR 算法，它在自适应算法中用得越来越多。QR 算法的硬件实现是一个三角形阵列，要求输入的向量进行吉文斯旋转，即

$$\begin{aligned} x_{\text{new}} &= x\cos\theta - y\sin\theta \\ y_{\text{new}} &= x\sin\theta + y\cos\theta \end{aligned} \tag{5.21}$$

该旋转通过 QR 阵列内的一个子单元（内部单元/吉文斯旋转器）执行，如图 5.14 所示。

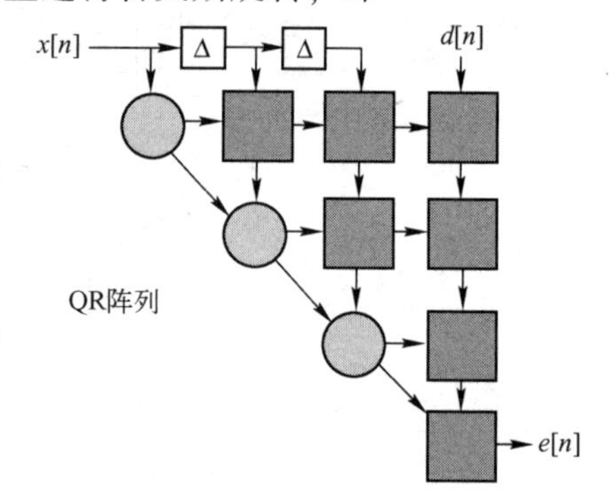

图 5.14　QR 阵列

图 5.14 中：

（1）圆形●表示吉文斯生成器，计算 $\cos\theta$ 和 $\sin\theta$ 的值，并将其通过行向右传递，这样使得后面的吉文斯旋转器将输入向量旋转相同的角度 θ。

（2）方框■表示吉文斯旋转器。通过与 $\cos\theta$ 和 $\sin\theta$ 相乘，使得输入向量旋转角度 θ。

（3）$x[n]$、$d[n]$ 和 $e[n]$ 分别对应输入信号、干扰信号和误差信号。

从图 5.14 中可知，首先根据 $\cos\theta$ 和 $\sin\theta$ 通过边界单元（吉文斯生成器）计算旋转的角度。边界单元使用 CORDIC 处理器产生 $\cos\theta$ 和 $\sin\theta$，即

$$\cos\theta=\frac{x}{\sqrt{x^2+y^2}}$$

$$\sin\theta=\frac{y}{\sqrt{x^2+y^2}}$$

通过上面的介绍可知，通过圆坐标系内的向量模式可以计算得到一个向量的幅度，如图 5.15 所示。

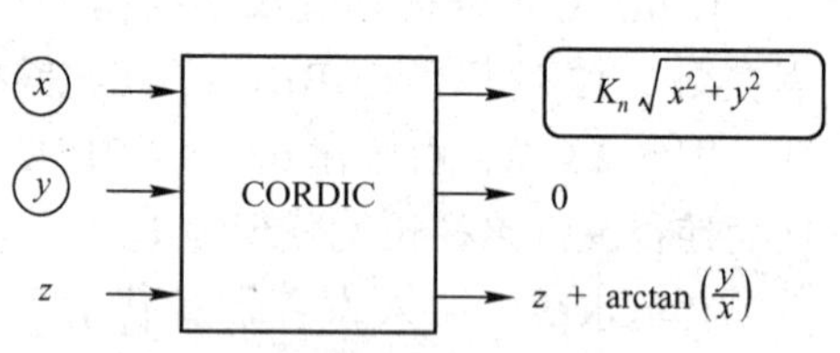

图 5.15　圆坐标系的向量模式

当计算向量幅度时，y 输出期望达到 0，且对它不再要求。此外，也不再需要 z 数据路径。输出中的 K_n 为标定因子，通过乘以 $1/K_n$ 可以去掉该项。

K_n 的值取决于迭代的次数，可以预先知道，根据下式计算：

$$K_n = \prod_{i=0}^{n-1} k(i) = \prod_{i=0}^{n-1} \sqrt{1 + 2^{(-2i)}} \tag{5.22}$$

式（5.22）给出了 CORDIC 的通用公式，对于计算向量幅度而言，不需要角度路径 z 计算公式（因为可以从 x 和 y 中得到 d_i），只需要下面的式子：

$$\begin{aligned} x_{i+1} &= x_i - d_i(2^{-i}y_i) \\ y_{i+1} &= y_i + d_i(2^{-i}x_i) \end{aligned} \tag{5.23}$$

对于计算一个向量幅度而言，用于实现单次迭代的硬件结构如图 5.16 所示。

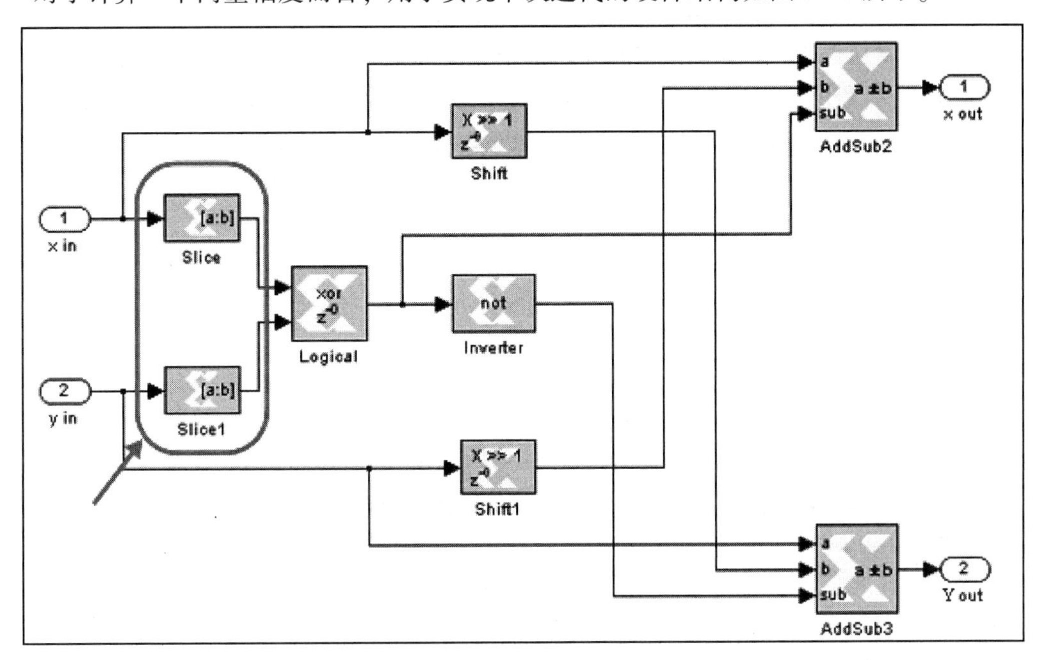

图 5.16　实现单次迭代的硬件结构

在该例子中，$i=3$，因此存在下面的关系，即

（1）如果(x 与 y 异或)>0，则 $X=x-2^{-3}y, Y=y+2^{-3}x$

（2）如果(x 与 y 异或)<0，则 $X=x+2^{-3}y, Y=y-2^{-3}x$

从图 5.16 中可知，在一个单元内，影响硬件成本的唯一因素是数据信号的宽度，并且在非循环结构中，已经知道固定移位的移位寄存器不消耗资源。因此，加法器是读者所感兴趣的。

在数据通路中，比特位的个数 b 对实现一个 CORDIC 单元的成本的影响，以及其消耗的 LUT 和切片（Slice）的个数与 b 的关系如表 5.7 所示。

表 5.7　数据宽度与消耗资源的关系

	$b=8$	$b=9$	$b=10$	$b=11$	$b=12$	$b=13$	$b=14$	$b=15$	$b=16$
LUT 数	17	19	21	23	25	27	29	31	33
切片数	9	11	11	13	13	15	15	17	17

5.4 CORDIC 算法的性能分析

理想的 CORDIC 架构取决于具体应用中速率与面积的权衡。可以将 CORDIC 算法等式直接翻译成迭代型的位并行设计，然而位并行变量移位器并不能很好地映射到 FPGA 中。由于需要若干个 FPGA 单元，因此导致设计规模变大，从而使设计时间变长。

5.4.1 迭代次数对精度的影响

为了达到所需要的精度，需要解决两个问题，即迭代次数和数据宽度。Yu Hen Hu 设计了一种算法，该算法可以解决 CORDIC 迭代中基于总量化误差（Output Quantization Error, OQE）的问题。一旦确定了 OQE，即可计算有效小数位的数目。

为了说明增加迭代次数 n 对硬件成本的影响，下面给出两种情况，即数据通路 b 为 6 个小数位和 14 个小数位。假设一个切片中包含两个 LUT，如表 5.8 所示。

表 5.8 不同迭代次数和数据宽度对硬件资源成本的影响

	$n=3$	$n=4$	$n=5$	$n=6$	$n=7$	$n=8$	$n=9$	$n=10$	$n=11$	$n=12$	$n=13$
$b=6$	35	44	53	62	71	80	89	98	107	116	125
$b=14$	59	76	93	110	127	144	161	178	195	212	229

5.4.2 总量化误差的确定

Yu Hen Hu 提出 OQE 由两种误差组成：

（1）近似误差。CORDIC 旋转角度存在有限个基本角度量化所带来的量化误差。

（2）舍入误差。取决于实际实现中使用的有限精确度的代数运算。

可根据下面的参数定义上述两种误差：①迭代次数 n；②数据路径中小数位的位数 b；③最大向量的模值（$|\boldsymbol{v}(0)|$）。

由于总是执行全套的伪旋转，所以基于最坏情况的误差用于保证某个水平的数值精度。为了说明这一点，当尝试找到 3 个随机向量幅度时，考虑在每个迭代后（标定后）的误差，如表 5.9、表 5.10 和表 5.11 所示。在每种情况下，数据宽度为 19 个小数位。

> **注：** 这个误差是 CORDIC 输出与浮点参考幅度进行比较的。

表 5.9 不同迭代次数时，所得到的幅度和误差（1）

$x_0=0.164459$，$y_0=0.099121$ 浮点幅度=0.192021	$n=4$	$n=5$	$n=6$	$n=7$	$n=8$	$n=9$	$n=10$	$n=11$
计算得到的幅度	0.190926	0.191750	0.191887	0.191879	0.191887	0.191887	0.191887	0.191887
误差	1.095e-3	271.1e-6	133.7e-6	141.3e-6	133.7e-6	133.7e-6	133.7e-6	133.7e-6

表 5.10 不同迭代次数时，所得到的幅度和误差（2）

$x_0=0.068482$，$y_0=0.067859$ 浮点幅度=0.096408	$n=4$	$n=5$	$n=6$	$n=7$	$n=8$	$n=9$	$n=10$	$n=11$
计算得到的幅度	0.095924	0.096283	0.096321	0.096313	0.096321	0.096321	0.096329	0.096329
误差	485.3e-6	125.7e-6	87.56e-6	95.19e-6	87.56e-6	87.56e-6	79.93e-6	79.93e-6

表 5.11　不同迭代次数时，所得到的幅度和误差（3）

$x_0=-0.030576$, $y_0=0.485885$ 浮点幅度=0.486845	$n=4$	$n=5$	$n=6$	$n=7$	$n=8$	$n=9$	$n=10$	$n=11$
计算得到的幅度	0.483887	0.482823	0.486778	0.486847	0.486832	0.486839	0.486847	0.486847
误差	2.958e-3	563.0e-3	67.04e-6	-1.622e-6	13.64e-6	6.007e-6	-1.622e-6	-1.622e-6

使用向量模式时，目标就是通过迭代使向量趋近 x 轴。有限次的旋转通常导致剩余一个小角度 δ，从而引起近似误差，如图 5.17 所示。

只执行一次迭代的例子，如图 5.18 所示。开始时，模为 1 的向量，其初始角度为 60°。第一次迭代将向量旋转 45°，从而导致了 $\delta=15°$ 的角度量化误差。对于一次迭代，其伸缩因子 K 为

$$K(1)=\prod_{i=0}^{0}\sqrt{1+2^{(-2i)}}=\sqrt{2} \tag{5.24}$$

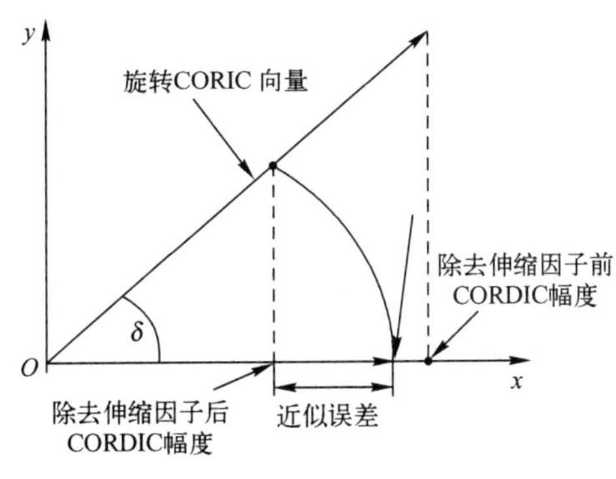

图 5.17　近似误差

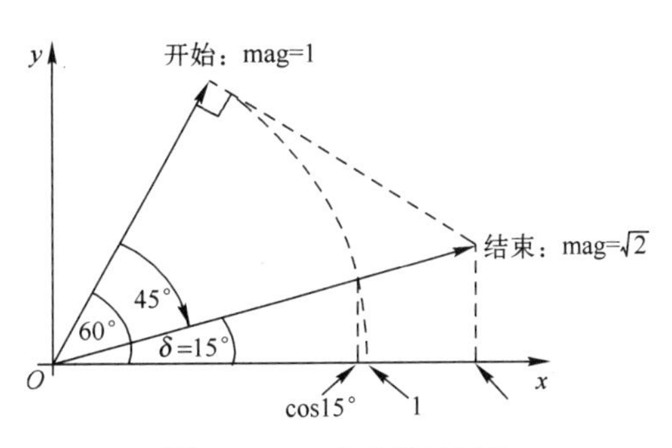

图 5.18　一次迭代的误差

因此，旋转向量的幅度现在是 $\sqrt{2}$。等式给出 x 的值为 $\sqrt{2}\cos15°$。用这个值除以伸缩因子 $K(1)$，得到了真正的量化幅度为 cos15°。

图 5.18 中对应的 x 的输出表示为

$$x_{i+1}=x_i-d_i\cdot(2^{-i}y_i)=\cos60°+\sin60°=\sqrt{2}\cos15°$$

5.4.3　近似误差的分析

为了计算近似误差的上界，必须找出 δ 的上界。Yu Hen Hu 提出 δ 的上界为

$$\delta\leqslant a(n-1)=a\tan(2^{-n+1}) \tag{5.25}$$

其中，$a(n-1)$ 为最终的旋转角度。

从图 5.19 可知，近似误差可以表示为

$$\sigma_{误差}=|\boldsymbol{v}(0)|-|\boldsymbol{v}(0)|\cos(a\tan(2^{-n+1})) \tag{5.26}$$

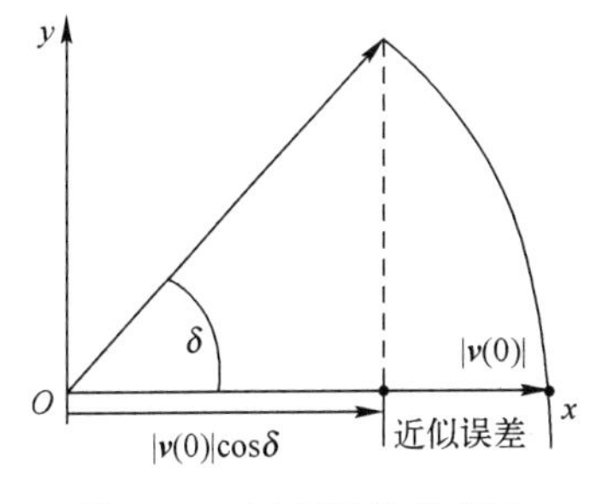

图 5.19　近似误差的表示

5.4.4　舍入误差的分析

Yu Hen Hu 推导出的舍入误差可以表示为

$$\sigma_{误差}=2^{-b-0.5}\left[\frac{G(\mu,n)}{K_{\mu}(n)}+1\right] \tag{5.27}$$

$$G(\mu,n)=1+\sum_{j=1}^{n-1}\prod_{i=j}^{n-1}k_{\mu}(i) \tag{5.28}$$

$$K_{\mu}(i)=\prod_{i=0}^{n-1}k_{\mu}(i)=\prod_{i=0}^{n-1}\sqrt{1+\mu 2^{(-2i)}} \tag{5.29}$$

式（5.27）中，b 为数据路径中的小数位个数；n 为迭代次数。

5.4.5　有效位 d_{eff} 的估算

为了计算有效位 d_{eff}，必须首先计算 OQE。前面已经提到了 OQE 的计算方法：

OQE＝近似误差＋舍入误差

因此有效位 d_{eff} 表示：

$$d_{eff}=-(\log_2 \text{OQE}) \tag{5.30}$$

这种方法求得的 d_{eff} 依赖于所选择的 b 和 n。然而，希望先指定 d_{eff}，然后求出 b 和 n。因此，Yu Hen Hu 采用的方法是通过取不同组的 b 和 n，将计算出的 d_{eff} 值编制成表，通过查表找到所需的 d_{eff}，其对应的 b 和 n 即为可知。

一小部分 OQE 与 d_{eff} 之间的关系如表 5.12 所示。

表 5.12　一小部分 OQE 与 d_{eff} 之间的联系

OQE	d_{eff}
≤0.5	1
≤0.25	2
≤0.125	3
≤0.0625	4
≤0.03125	5
≤0.015625	6
≤…	…

并不是所有计算器都允许计算以 2 为底的对数运算。因此，可使用下面的运算来代替：

$$\log_2 \text{OQE}=\frac{\log_{10}\text{OQE}}{\log_{10}2} \tag{5.31}$$

5.4.6　预测与仿真

使用 OQE 方程可以计算出一个表，从而对一组 n 和 b 可以预测出 d_{eff}。假如输入被限制在±0.5 的范围内，那么 $|\boldsymbol{v}(0)|=0.5$。使用 $|\boldsymbol{v}(0)|$ 的值，$3\leqslant n\leqslant 9$ 和 $8\leqslant b\leqslant 10$，仿真值如表 5.13 所示。

表 5.13　$|\boldsymbol{v}(0)|=0.5$，且 $3\leqslant n\leqslant 9$ 和 $8\leqslant b\leqslant 10$ 时的仿真值

	预测值			仿真值		
n/b	8	9	10	8	9	10
3	5.09	5.31	5.43	5.32	5.71	5.80

续表

	预测值			仿真值		
n/b	8	9	10	8	9	10
4	6.03	6.59	6.98	6.22	6.88	7.34
5	6.28	7.13	7.88	6.52	7.56	8.27
6	6.21	7.17	8.10	6.55	7.11	8.12
7	6.06	7.05	8.04	6.42	7.29	8.29
8	5.92	6.91	7.91	6.33	7.29	8.31
9	5.78	6.78	7.78	6.00	7.00	8.00

给定一个d_{eff}，通过d_{eff}表就可以找出 n 和 b。例如，希望计算包含 6 个小数位精度的向量幅度。通过查表 5.13，能够提供该精确度的最有效的结构是 $n=4$、$b=8$。当使用这组值设计 CORDIC 系统时，相对于浮点设计，最坏情况下所产生的误差小于2^{-6}。

5.5　CORDIC 算法的原理和实现方法

本节将讨论 CORDIC 算法的原理及实现方法。

5.5.1　CORDIC 算法的收敛性

当在圆形坐标系中操作 CORDIC 算法时，收敛范围为−99.7°~99.7°。因此，落在第二或第三象限内的任何输入坐标都应该重新映射到第一或第四象限，以确保起始点在收敛范围内。CORDIC 算法的原理如图 5.20 所示。

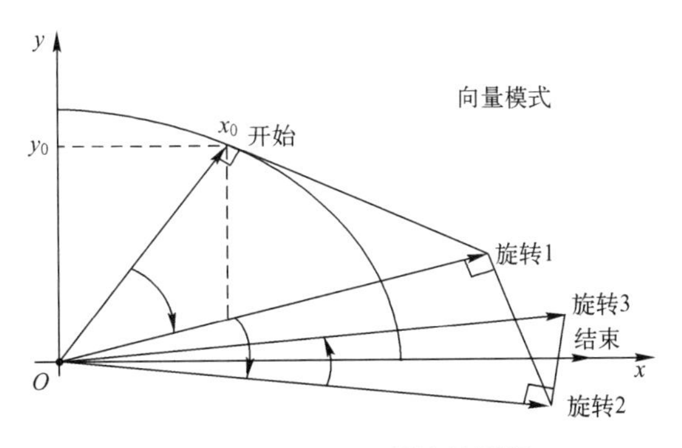

图 5.20　CORDIC 算法的原理

注：(1) 后面的第 1 个设计将说明这种映射关系。

(2) 后面的第 2 个和第 3 个设计在向量模式和旋转模式下说明 CORDIC 算法前几次迭代系数的收敛。

(3) 对许多实际应用而言，要求更多的迭代次数以保证计算的精度。

5.5.2 CORDIC 象限映射的实现

该设计用于说明通过使用一些逻辑单元就能将输入坐标映射到 CORDIC 单元所要求的范围（-π/2～π/2）内。实现 CORDIC 象限映射的步骤主要包括：

（1）在 Windows 7 操作系统的主界面下，选择开始->所有程序->Xilinx Design Tools->Vivado 2017.2->System Generator->System Generator 2017.2，打开 MATLAB R2016b 开发环境。

（2）在 MATLAB 主界面的“Home”标签页下，单击“Simulink Library”按钮，出现“Simulink Library Browser”对话框。

（3）在“Simulink Library Brower”对话框内的主菜单下，选择 File->Open，出现“Open”对话框，定位到本书提供资料的\fpga_dsp_example\cordil 路径下，打开 quadrant_map.slx 文件。

（4）CORDIC 象限映射的关系如图 5.21 所示。

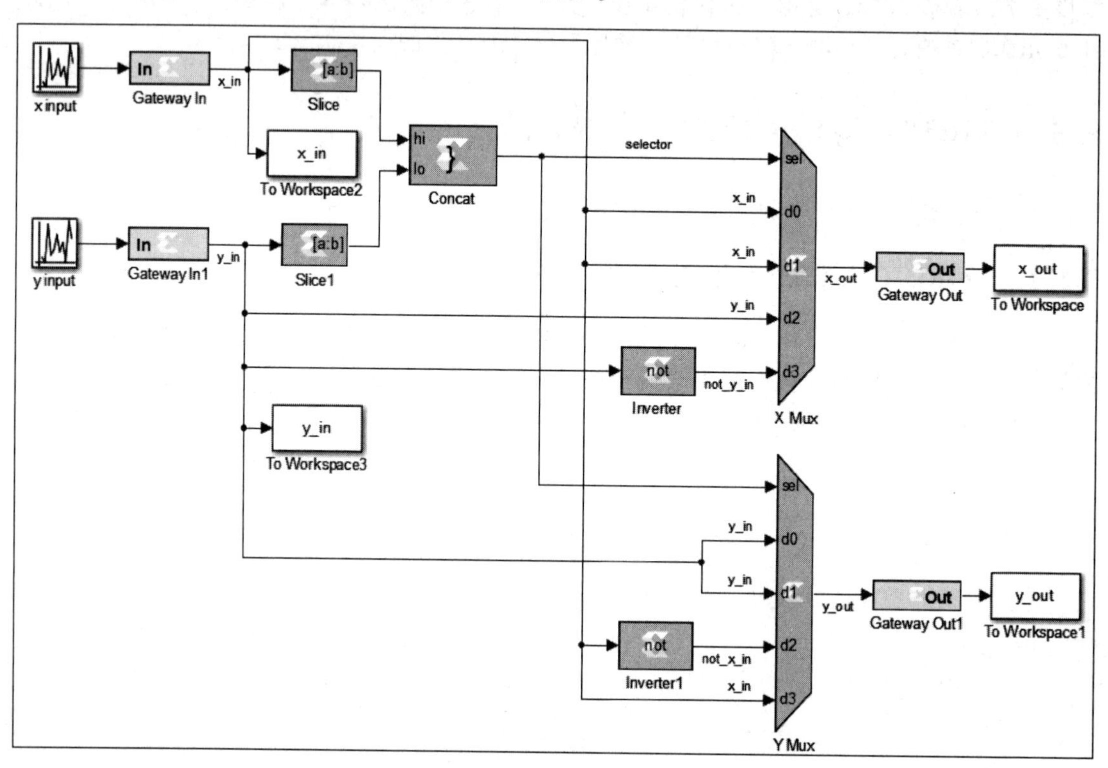

图 5.21　CORDIC 象限映射的关系

（5）运行系统并且观察输出。首先查看第二和第三象限内的原始输入（如在 y 轴的左侧），确认它们重新映射到第一和第四象限内。

注： 当输入在第一和第四象限内时，不需要进行这样的象限变换。

思考与练习 5-1： 当输入在第二象限或者第三象限时，旋转了多少角度？

思考与练习 5-2： 观察图 5.21 所示的变换电路中 selector 的产生模块，完成表 5.14，并通过观察输出，确认这些结果。

表 5.14　selector 的表格

x_in	y_in	x_out	y_out
0	0		
0	1		
1	0		
1	1		

值得注意的是，假设在角度范围内，在计算向量的幅度时初始角度不重要。因此，可以对上面的结构进一步简化。分析简化的硬件结构的步骤主要包括：

（1）在 Windows 7 操作系统的主界面下，选择开始->所有程序->Xilinx Design Tools->Vivado 2017.2->System Generator->System Generator 2017.2，打开 MATLAB R2016b 开发环境。

（2）在 MATLAB 主界面的“Home”标签页下，单击“Simulink Library”按钮，出现“Simulink Library Browser”对话框。

（3）在“Simulink Library Browser”对话框的主菜单下，选择 File->Open，出现“Open”对话框，定位到本书提供资料的\fpga_dsp_example\cordic 路径下，打开 quadrant_map_vmag.slx 文件。

（4）CORDIC 简化象限映射的结构图如图 5.22 所示。

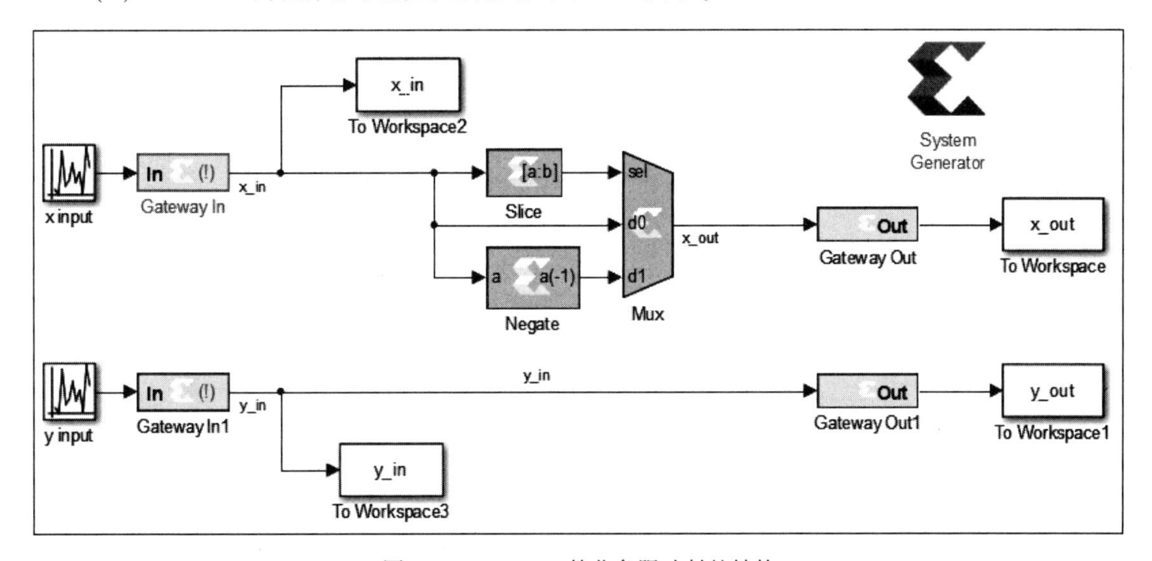

图 5.22　CORDIC 简化象限映射的结构

（6）运行设计，查看输出结构。在该设计中，输入坐标和前面的设计相同。

思考与练习 5-3：在该设计中，如何映射输入向量？特别注意观察映射后的向量幅度。

5.5.3　向量模式下 CORDIC 迭代的实现

在该设计中，将几个随机点（x_0, y_0）输入到由 5 个 CORDIC 单元构成的阵列中，通过一系列旋转，使其接近 x 轴。实现向量模式 CORDIC 迭代的步骤主要包括：

（1）在 Windows 7 操作系统的主界面下，选择开始->所有程序->Xilinx Design Tools->

Vivado 2017.2->System Generator->System Generator 2017.2，打开 MATLAB R2016b 开发环境。

（2）在 MATLAB 主界面的“Home”标签页下，单击“Simulink Library”按钮，出现“Simulink Library Browser”对话框。在“Simulink Library Browser”对话框的主菜单下，选择 File->Open，出现“Open”对话框，定位到本书提供资料的\fpga_dsp_example\cordic 路径下，打开 vectoring_iterations.slx 文件。

（3）在向量模式下实现 CORDIC 多次迭代的结构如图 5.23 所示。

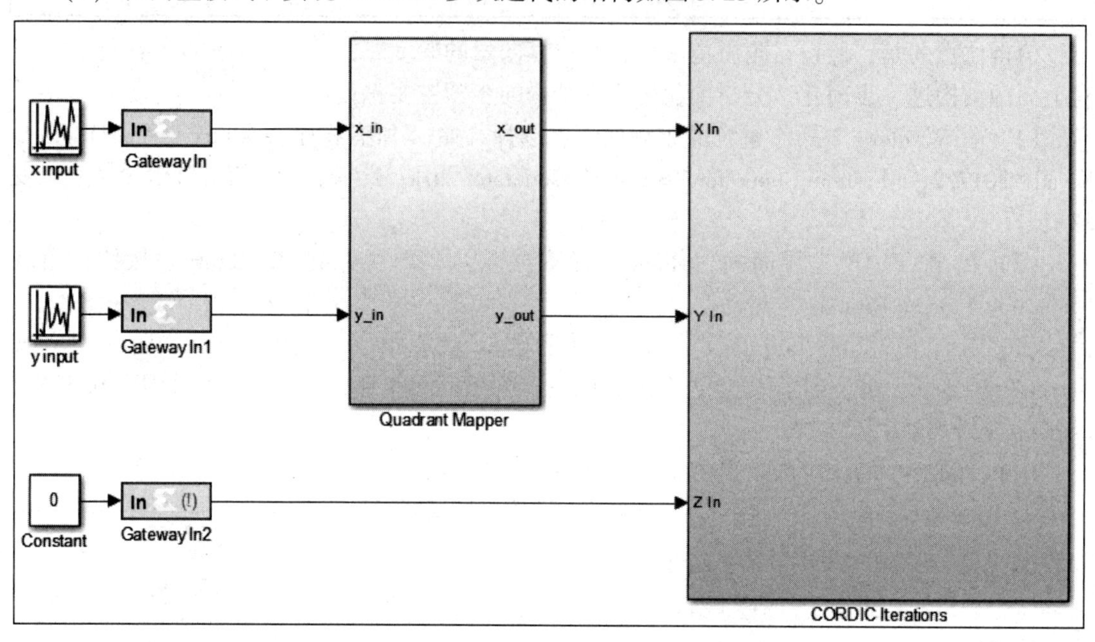

图 5.23　在向量模式下实现 CORDIC 多次迭代的结构

（4）双击图 5.23 内的 CORDIC Iterations 元件符号，打开其内部结构，如图 5.24 所示。

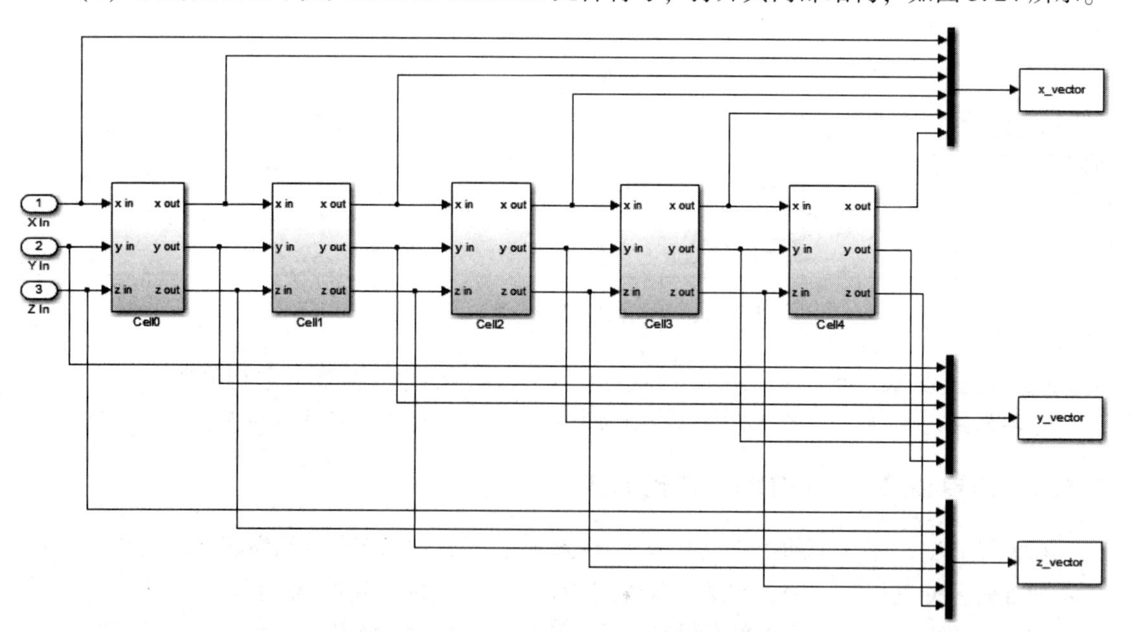

图 5.24　CORDIC Iterations 元件的内部结构

思考与练习 5-4：请根据 CORDIC 算法，计算每个输入向量期望旋转的角度，填写表 5.15，并且预测一下是否有其他影响。

表 5.15　每次迭代旋转的角度

迭代次数（i）	角　　度
0	
1	
2	
3	
4	

（5）运行仿真，并查看结果。每个绘图窗口（除最后一个）对应一个单一输入向量的微旋转。因此，如果将仿真运行值设置为 10s，应用于输入坐标系的 10 个点的旋转值将显示出 10 个不同的数字。通常情况下会看到的迭代过程如图 5.25 所示。

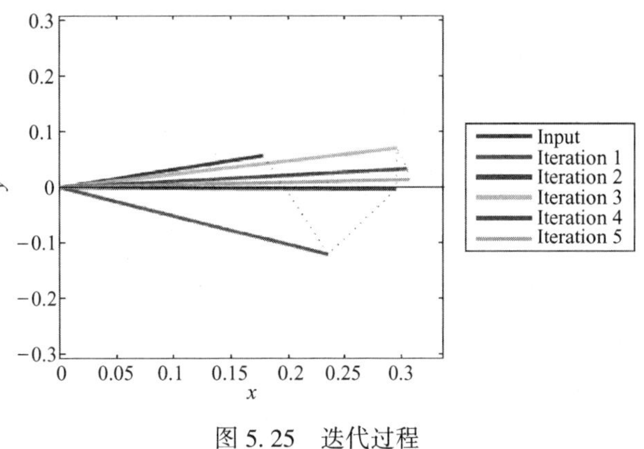

图 5.25　迭代过程

思考与练习 5-5：查看最后一次旋转的向量位置，是否最后一次迭代总是接近 x 轴，请说明原因。

思考与练习 5-6：查看最后给出每一次迭代中 z 寄存器的内容，如图 5.26 所示。

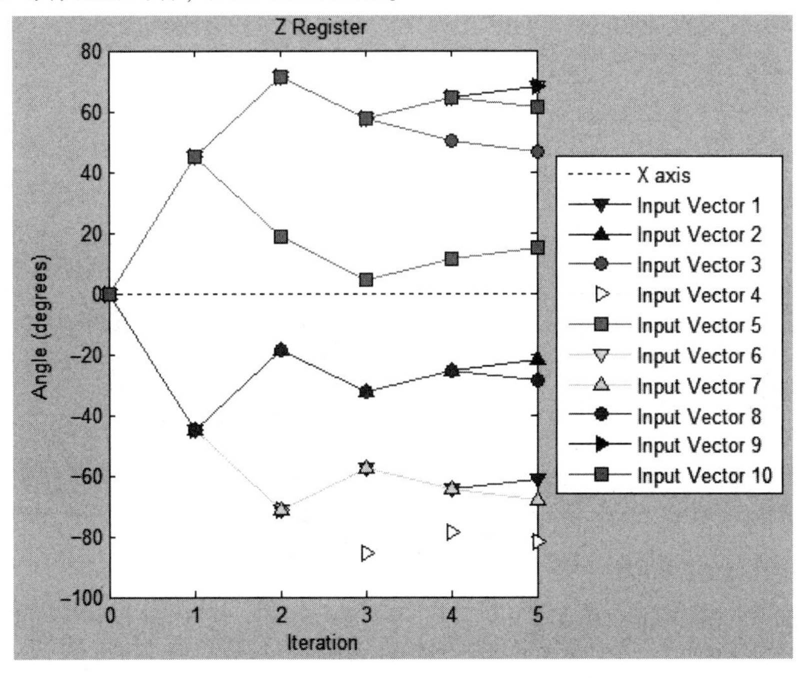

图 5.26　不同输入向量的旋转过程图

其中，每一个图例说明每个输入向量。

在向量模式下，将输入 Z_0设置为 0，并且将那些旋转后得到的多个角度值保存在 z 寄存器中。

5.5.4 旋转模式下 CORDIC 迭代的实现

从前面可知，在向量模式下总是将向量旋转到 x 轴；而在旋转模式下，可以将输入向量旋转到任意角度。在该设计中，将初始的向量设置在 x 轴上，然后在所选择的角度下进行旋转。在旋转模式下实现 CORDIC 迭代的步骤主要包括：

（1）在 Windows 7 主界面下，选择开始->所有程序->Xilinx Design Tools->Vivado 2017.2->System Generator->System Generator 2017.2，打开 MATLAB R2016b 开发环境。

（2）在 MATLAB 主界面的“Home”标签页下，单击“Simulink Library”按钮，出现“Simulink Library Browser”对话框。

（3）在“Simulink Library Browser”对话框的主菜单下，选择 File->Open，出现“Open”对话框，定位到本书提供资料的\fpga_dsp_example\cordic 路径下，打开 rotation_iterations.slx 文件。

（4）旋转模式下的 CORDIC 多次迭代结构如图 5.27 所示。

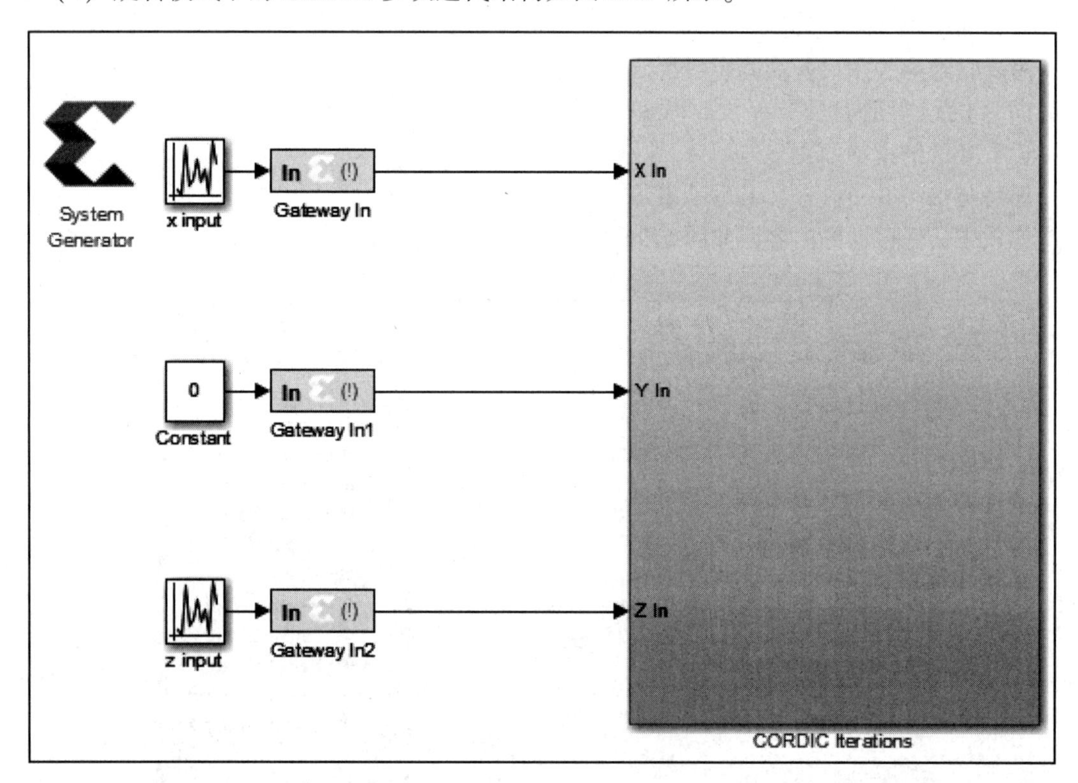

图 5.27 旋转模式下的 CORDIC 多次迭代结构图

（5）双击图 5.27 中的 CORDIC Iterations 元件符号，打开其内部结构，可以看到其由 5 级微迭代构成。

思考与练习 5-7：双击其中的一个 CORIDC 单元，打开其内部结构，如图 5.28 所示。

说明该结构的设计原理，以及其和前面的区别。

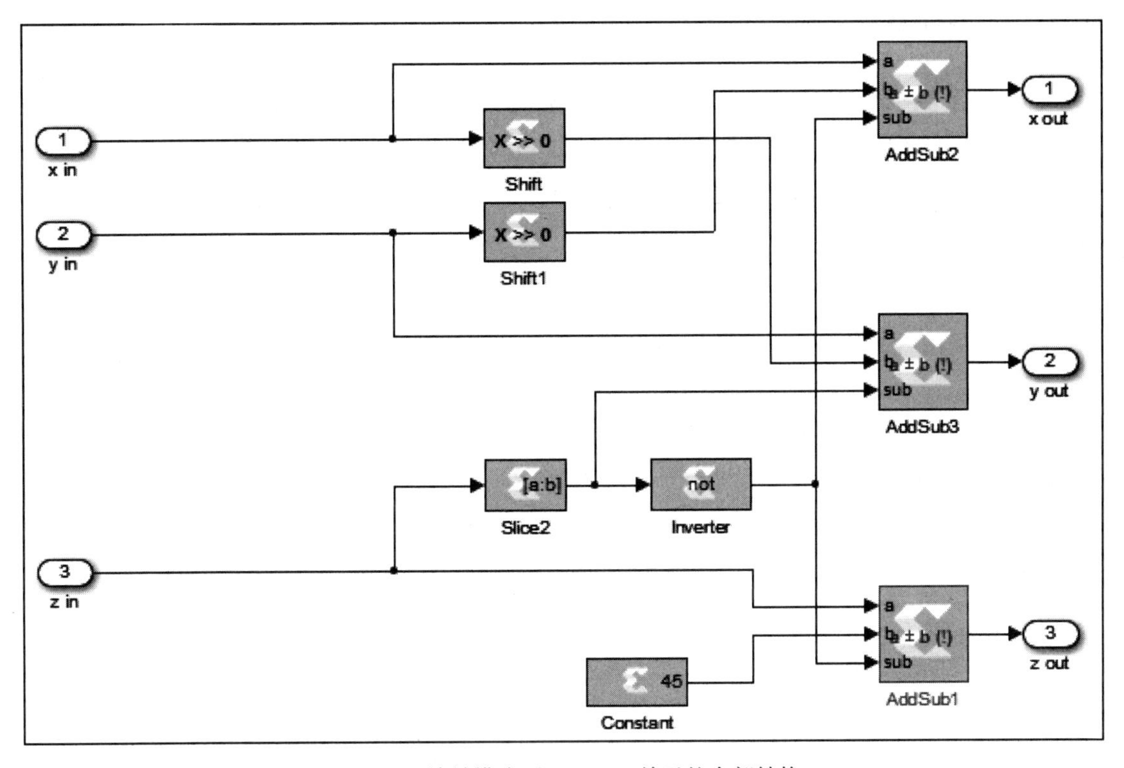

图 5.28　旋转模式下 CORDIC 单元的内部结构

（6）进行仿真，查看输出结果。同样，每个输入向量都会产生一个图，以显示每一次迭代后它们的位置。

思考与练习 5-8：与参考输入进行比较，在最后一次迭代后向量所处的位置处观察其是否是最近的，请说明原因。

思考与练习 5-9：考虑每一次迭代后 z 寄存器中的内容，如图 5.29 所示。

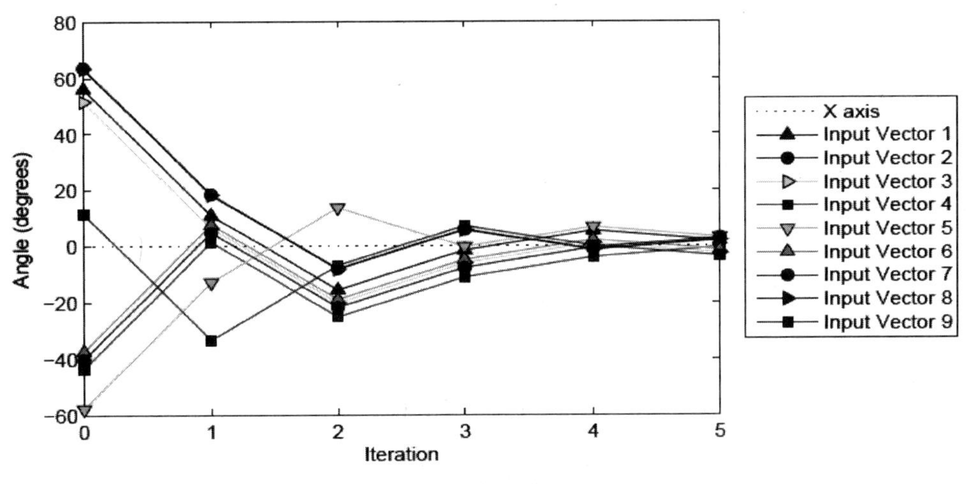

图 5.29　z 寄存器中的向量图

5.6　CORDIC 子系统的设计

在前面的第一个设计中，一个子系统用于将输入向量映射到合适的象限中。本节将详细说明构成 CORDIC 阵列的微旋转单元和旋转后的标定器。

5.6.1　CORDIC 单元的设计

设计中包含两个 CORDIC 单元，一个用于向量模式，一个用于旋转模式。实现 CORDIC 单元设计的步骤主要包括：

（1）在 Windows 7 主界面下，选择开始->所有程序->Xilinx Design Tools->Vivado 2017.2->System Generator->System Generator 2017.2，打开 MATLAB R2016b 开发环境。

（2）在 MATLAB 主界面的“Home”标签页下，单击“Simulink Library”按钮，出现“Simulink Library Browser”对话框。

（3）在“Simulink Library Browser”对话框的主菜单下，选择 File->Open，出现“Open”对话框，定位到本书提供资料的 \fpga_dsp_example\cordic 路径下，打开 codic_cells.slx 文件。

（4）包含向量模式和旋转模式的系统结构如图 5.30 所示。

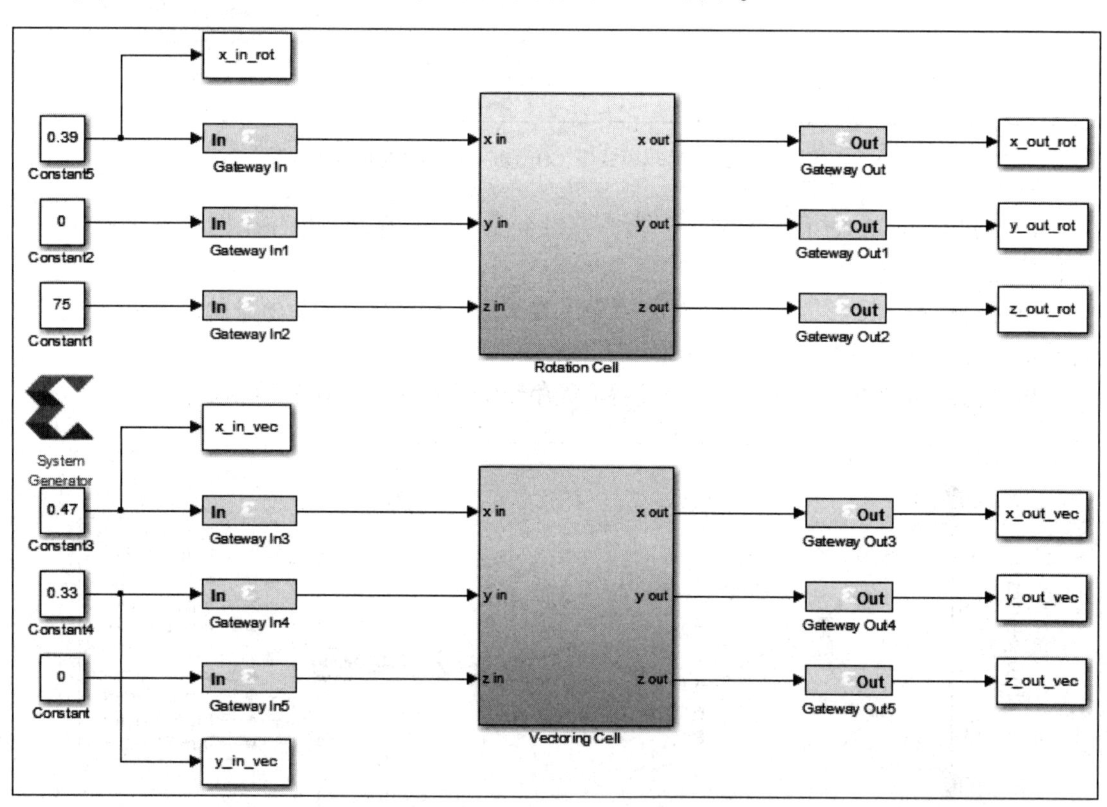

图 5.30　包含向量模式和旋转模式的系统结构

思考与练习 5-10：分别双击图 5.30 中的 Rotation Cell 元件符号和 Vectoring Cell 元件符号，打开其内部结构，说明它们之间的区别，并填写表 5.16。

表 5.16　向量模式和旋转模式的计算公式

向量模式	旋转模式
$d_i =$	$d_i =$
$X^{i+1} =$	$X^{i+1} =$
$Y^{i+1} =$	$Y^{i+1} =$
$Z^{i+1} =$	$Y^{i+1} =$

（5）运行仿真并观察输出。在这个设计中，每一个单元都被一个单一的输入量所激励。随意更改单元值，观察变化。

5.6.2　参数化 CORDIC 单元

很明显，在前面的设计中，可以根据 i 的值采用参数化的方法设置 CORDIC 单元的功能。本节将实现这个思想，并给单元添加一个掩码，这样就很容易重用这个单元，将其用于不同的迭代。本节的设计基于上节的设计，实现参数化 CORDIC 单元的步骤主要包括：

（1）在 Windows 7 主界面下，选择开始->所有程序->Xilinx Design Tools->Vivado 2017.2->System Generator->System Generator 2017.2，打开 MATLAB R2016b 开发环境。

（2）在 MATLAB 主界面的“Home”标签页下，单击“Simulink Library”按钮，出现“Simulink Library Browser”对话框。

（3）在“Simulink Library Browser”对话框的主菜单下，选择 File->Open。出现“Open”对话框，定位到本书提供资料的\fpga_dsp_example\cordic 路径下，打开 codic_cells_par.slx 文件，可以看到该设计的结构和图 5.30 给出的结构完全一样。

（4）选中图 5.30 中名字为“Vectoring cell”的单元符号，单击鼠标右键，出现浮动菜单。在浮动菜单内，选择 Mask->Edit Mask，出现“Mask Editor：Vectoring Cell”对话框，如图 5.31 所示。

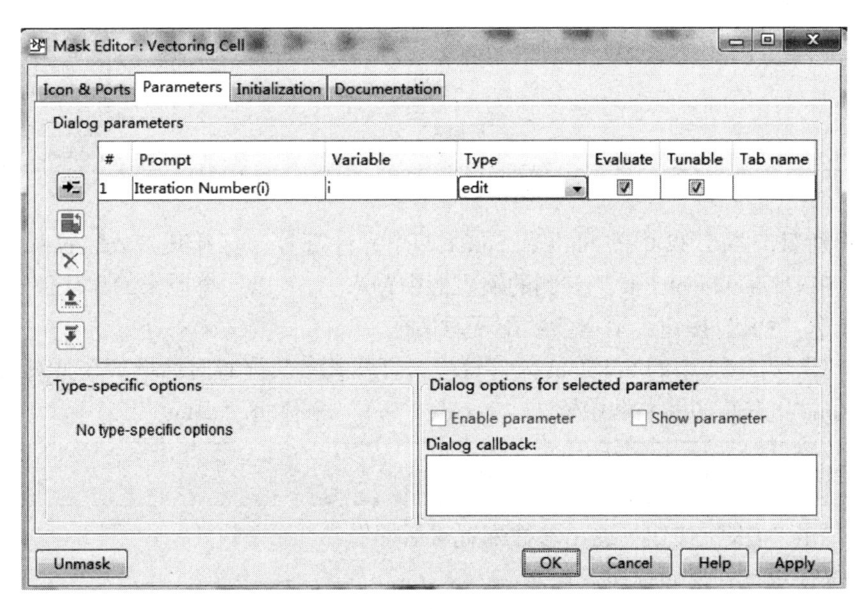

图 5.31　“Mask Editor：Vectoring Cell”对话框

（5）在“Mask Editor：Vectoring Cell”对话框中，单击“Parameters”标签。在该标签页下，单击按钮。在右侧窗口中，输入下面的参数。

① Prompt：Iteration Number(i)。

② Variable：i。

③ Type：edit。

④ 其余按默认参数设置。

（6）单击“OK”按钮，退出“Mask Editor：Vectoring Cell”对话框。

（7）此时，再次选中图 5.30 中名字为“Vectoring Cell”的元件符号，单击鼠标右键，出现浮动菜单。在浮动菜单内，选择 Mask->Look Under Mask，出现 Vectoring Cell 元件的内部结构，如图 5.32 所示。

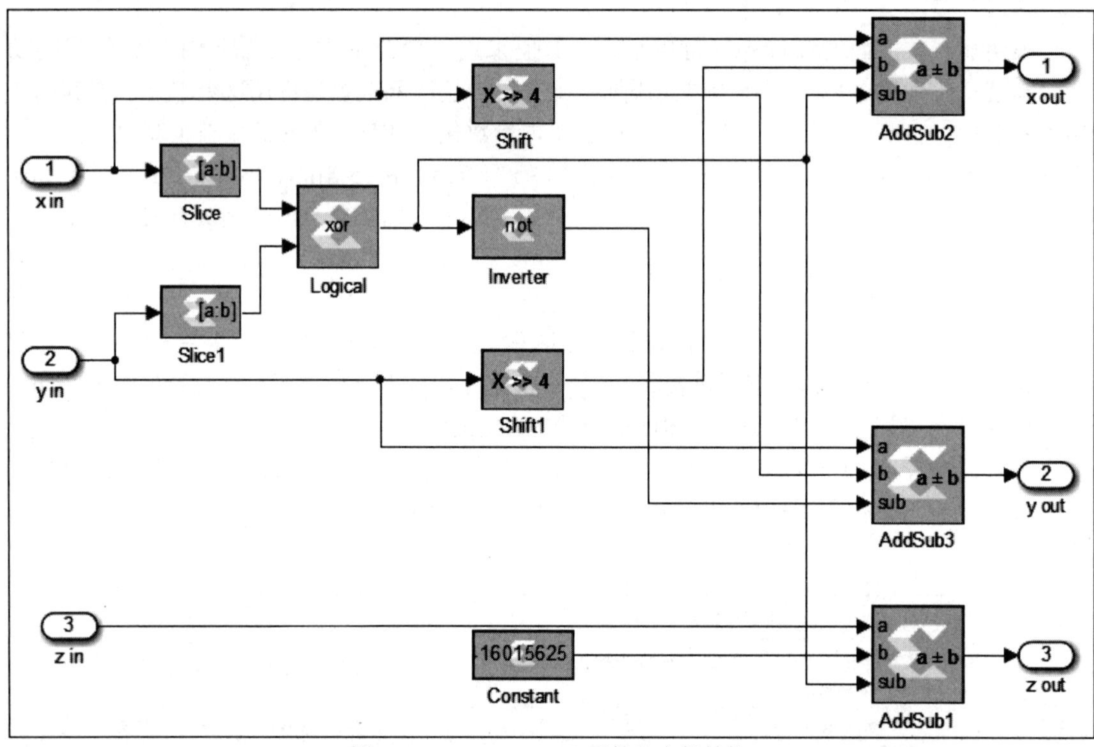

图 5.32　Vectoring Cell 元件的内部结构

（8）分别双击图 5.32 中的 Shift 和 Shift1 两个元件符号，打开其参数配置对话框。在其对话框内，在“Number of Bits”右侧的输入框中输入“i”以代替原来的默认值 0。

（9）单击“OK”按钮，退出参数配置对话框。

（10）双击图 5.32 中的 Constant 元件符号，打开其参数配置对话框。在其对话框内，在“Constant value”右侧的输入框中输入“atand(2^-i)”来代替“atand(2^0)”。

注： atand 是 MATLAB 的反正切命令。

（11）单击“OK”按钮，退出参数配置对话框。

（12）保存设计，返回顶层设计。

（13）运行设计，查看绘制的图形。从绘制的图中可以看到，Vectoring Cell 元件将输入向量旋转 45°，像前面一样。

（14）双击 Vectoring Cell 元件符号，打开“Function Block Parameters：Vectoring Cell”对话框。在“Iteration Number(i)”标题栏的下面输入“4”，既将“i”赋值为“4”。

（15）单击“OK”按钮，退出其参数配置对话框。

（16）进行仿真。在仿真结果中可以看出产生了一个 7.125°的旋转。

思考与练习 5-11：尝试输入一些其他的“i”值，并查看旋转的角度，观察是否与理论值一致。

5.6.3　旋转后标定的实现

目前为止，只关心对输入向量的伪旋转。当旋转向量时，其向量不断增加。因此，这不是真正的旋转。为了修正旋转后的向量，需要使用旋转后的乘法器。实现旋转后标定的步骤主要包括：

（1）在 Windows 7 主界面下，选择开始->所有程序->Xilinx Design Tools->Vivado 2017.2->System Generator->System Generator 2017.2，打开 MATLAB R2016b 开发环境。

（2）在 MATLAB 主界面的“Home”标签页下，单击“Simulink Library”按钮，出现“Simulink Library Browser”对话框。

（3）在“Simulink Library Browser”对话框的主菜单下，选择 File->Open，出现“Open”对话框，定位到本书提供资料的\fpga_dsp_example\cordic 路径下，打开 scaling.slx 文件，可以看到旋转后标定的结构如图 5.33 所示。

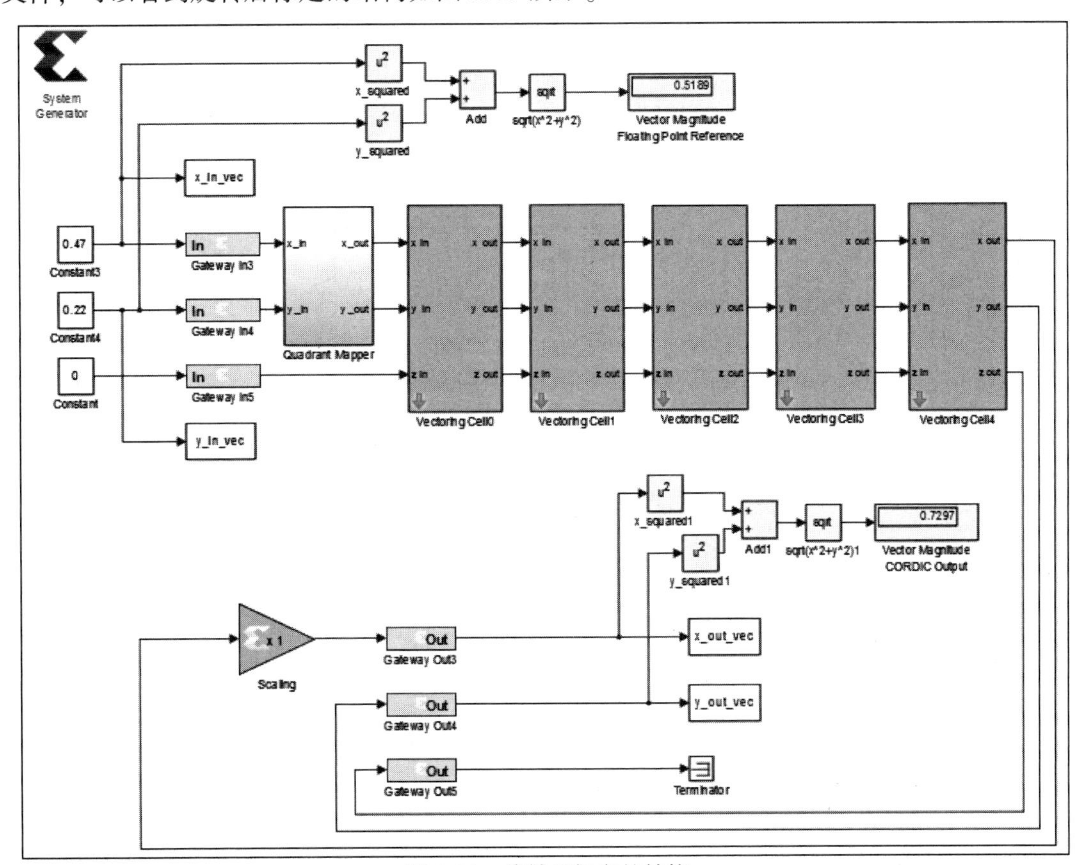

图 5.33　旋转后标定的结构

（4）运行该设计，并确认在5次迭代之后向量的幅值明显增加。

> 注：（1）在该设计中，给工作在向量模式下的CORDIC单元任意的 x 和 y 输入。
> （2）请注意Simulink给出的图中显示向量的实际长度。

思考与练习5-12：计算需要应用到最后一个单元输出的比例因子，该值用于对幅度值进行修正。修改系统中的常数乘法器以提供幅度修正值，并对浮点参考的输出进行对比。

> 注：该比例因子取决于迭代次数。

5.6.4 旋转后的象限解映射

在前面已经知道，通过旋转±90°，将向量映射到CORDIC的收敛范围内。在很多情况下，需要在输出时对这个变换进行校正。因此，就需要在输出端添加一些单元来实现这个目的。实现旋转后解映射的步骤主要包括：

（1）在Windows 7主界面下，选择开始->所有程序->Xilinx Design Tools->Vivado 2017.2->System Generator->System Generator 2017.2，打开MATLAB R2016b开发环境。

（2）在MATLAB主界面的“Home”标签页下，单击“Simulink Library”按钮，出现“Simulink Library Browser”对话框。

（3）在“Simulink Library Browser”对话框的主菜单下，选择File->Open，出现“Open”对话框，定位到本书提供资料的\fpga_dsp_example\cordic路径下，打开demapping.slx文件，可以看到5次迭代后，增加了名字为“Quadrant Demapper”的模块。

（4）双击Quadrant Demapper模块符号，可以看到其内部结构，如图5.34所示。

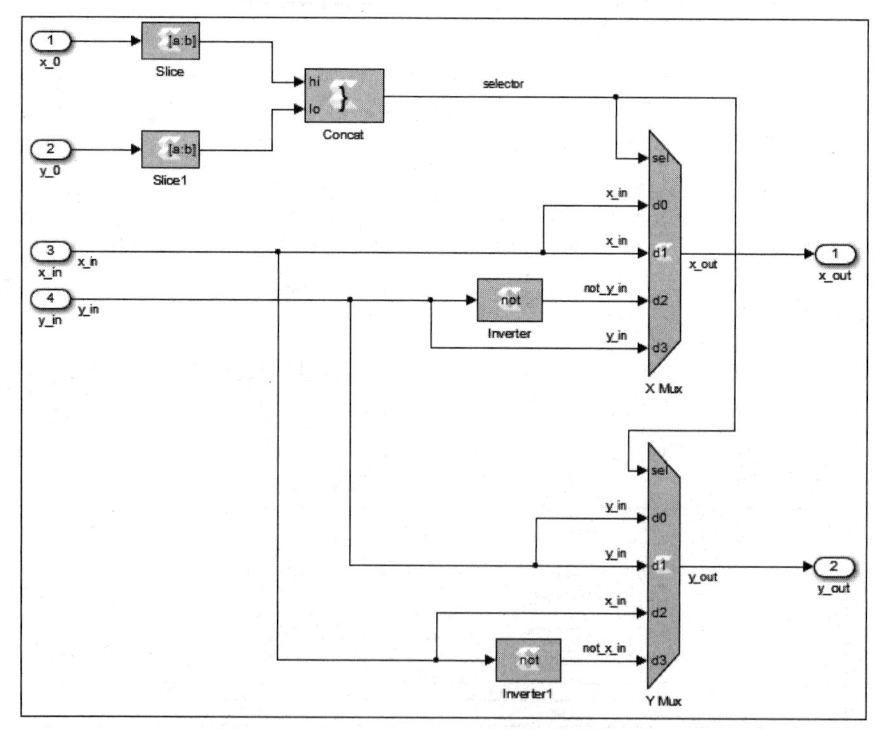

图5.34 Quadrant Demapper模块的内部结构

（5）运行设计，验证它已成功将 CODRIC 单元阵列的输出转换到了正确的象限。

思考与练习 5-13：分析图 5.34 给出的象限解映射模块的内部结构，并说明实现原理。

5.7　圆坐标系算术功能的设计

圆坐标系中，在 x 轴上使用一系列的 CORDIC 迭代来旋转矢量，此时根据 y 值和公式 $|\boldsymbol{v}|=\sqrt{x^2+y^2}$ 可得出结果。与其他 CORDIC 算法不同，它需要更多的迭代次数以实现更高精度。圆形坐标系可以计算正弦、余弦、逆切角和向量幅度。

5.7.1　反正切的实现

本节将通过 CORDIC 算法计算反正切。反正切的表示方法如图 5.35 所示，实现反正切的步骤主要包括：

> **注**：在该设计中，将 x 的初始值 x_0 设置为 1。

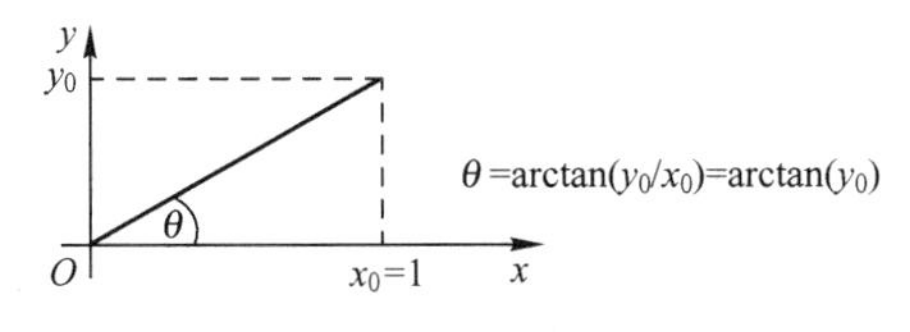

图 5.35　反正切的表示方法

（1）在 Windows 7 主界面下，选择开始->所有程序->Xilinx Design Tools->Vivado 2017.2->System Generator->System Generator 2017.2，打开 MATLAB R2016b 开发环境。

（2）在 MATLAB 主界面的“Home”标签页下，单击“Simulink Library”按钮，出现“Simulink Library Browser”对话框。

（3）在“Simulink Library Browser”对话框的主菜单下，选择 File->Open，出现“Open”对话框，定位到本书提供资料的\fpga_dsp_example\cordic 路径下，打开 inverse_tan.slx 文件，可以看到计算反正切的系统结构如图 5.36 所示。

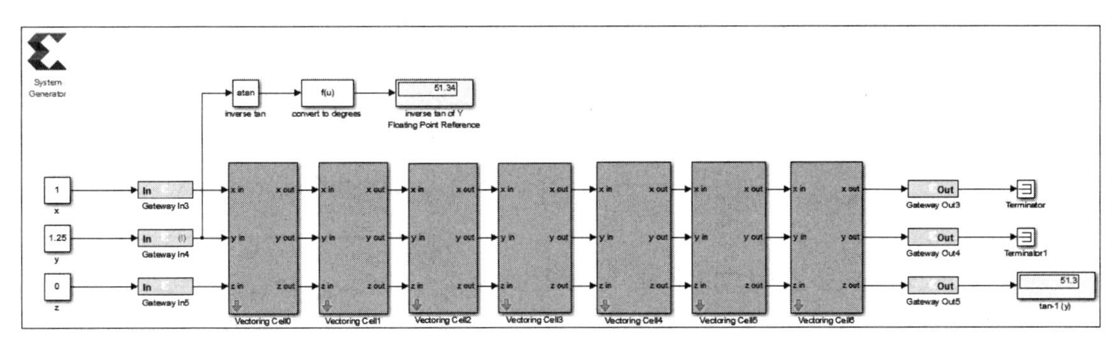

图 5.36　计算反正切的系统结构

（4）查看图 5.36 所示的系统，并记录设计中迭代的次数。

（5）进行仿真，观察两个显示模块的输出。

思考与练习 5-14：运用 CORDIC 旋转角度的知识，解释这些结果最大误差的相似值。

思考与练习 5-15：将 CORDIC 所计算的反正切值与浮点计算的结果比较，观察是否一致。

思考与练习 5-16：尝试输入一些其他的数值，并比较所计算的反正切值。

5.7.2　正弦和余弦的实现

在旋转模式下，CORDIC 可以同时计算一个角的正弦值和余弦值，其计算一个角的正弦值和余弦值的原理如图 5.37 所示。

实现计算正弦值和余弦值的步骤主要包括：

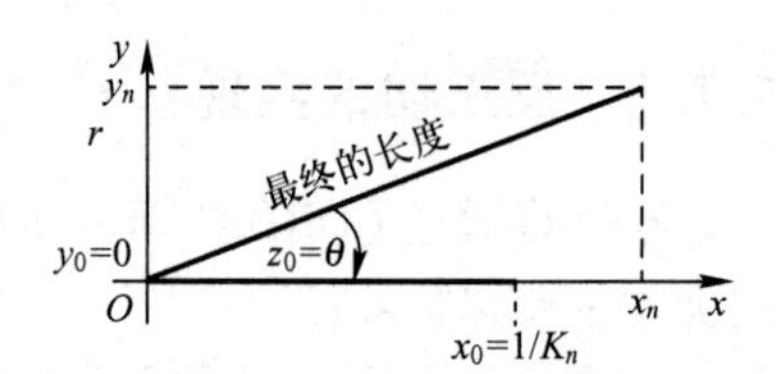

图 5.37　CORDIC 计算一个角的正弦值和余弦值的原理

（1）在 Windows 7 主界面下，选择开始->所有程序->Xilinx Design Tools->Vivado 2017.2->System Generator->System Generator 2017.2，打开 MATLAB R2016b 开发环境。

（2）在 MATLAB 主界面的“Home”标签页下，单击“Simulink Library”按钮，出现“Simulink Library Browser”对话框。

（3）在“Simulink Library Browser”对话框的主菜单下，选择 File->Open，出现“Open”对话框，定位到本书提供资料的 \fpga_dsp_example\cordic 路径下，打开 sin_cos.slx 文件，查看系统的结构。

（4）记录一下 CORDIC 旋转单元的个数，按照前面理论部分所介绍的方法，根据看到的系统结构，对结果中的误差进行估计。

（5）运行仿真并观察输出。

思考与练习 5-17：验证 $\sin(z_0)$ 和 $\cos(z_0)$ 的计算值是否符合浮点参考，并且选择一些其他输入角度并确认这些结果也正确。

思考与练习 5-18：仔细查看系统的结构，发现该系统中并不要求使用标定后的乘法器，请解释其原因。

5.7.3　向量幅度的计算

本节将通过 CORDIC 计算向量的幅度，其计算向量幅度的原理如图 5.38 所示。实现计算向量幅度的步骤主要包括：

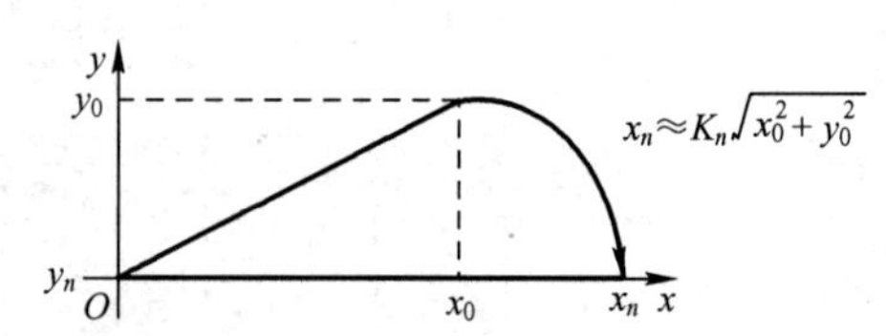

图 5.38　CORDIC 计算向量幅度的原理

（1）在 Windows 7 主界面下，选择开始->所有程序->Xilinx Design Tools->Vivado 2017.2->System Generator->System Generator 2017.2，打开 MATLAB R2016b 开发环境。

（2）在 MATLAB 主界面的“Home”标签页下，单击“Simulink Library”按钮，出现“Simulink Library Browser”对话框。

（3）在“Simulink Library Browser”对话框的主菜单下，选择 File->Open，出现“Open”对话框，定位到本书提供资料的\fpga_dsp_example\cordic 路径下，打开 vector_magnitude.slx 文件，可以看到 CORDIC 计算向量幅度的结构如图 5.39 所示。

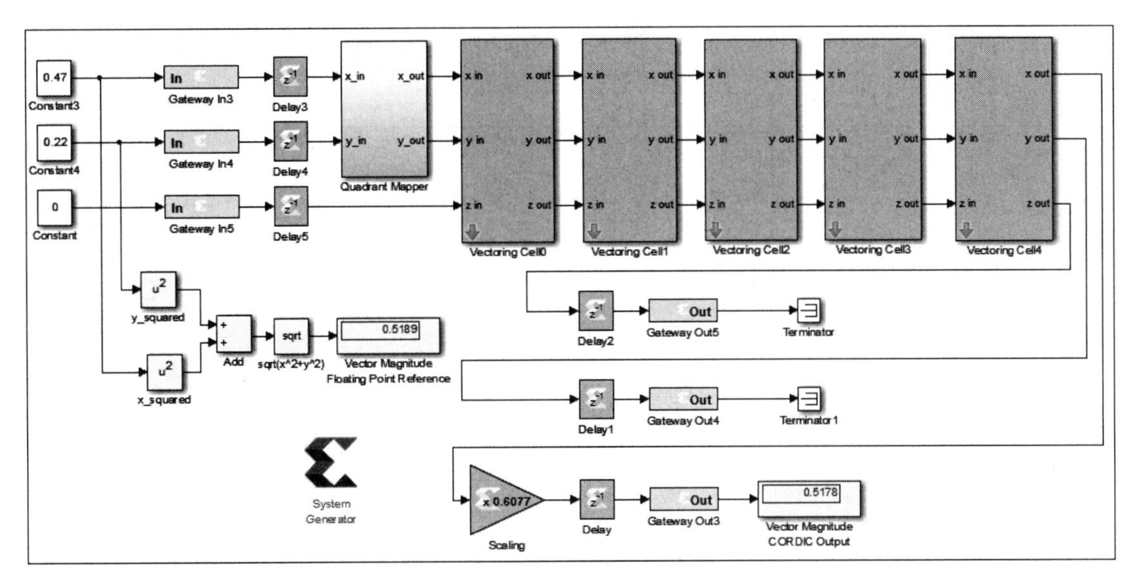

图 5.39 CORDIC 计算向量幅度的结构

（4）查看并运行设计。再次证实 CORDIC 系统计算的向量幅度值非常接近浮点参考值。

思考与练习 5-19：打开 System Generator 模块并运行系统，使用 Vivado 生成系统并实现该设计。将实现的设计导入 Vivado 集成开发环境中，并在 Vivado 中查看该设计所消耗的硬件资源，以及该设计所能达到的性能指标。

思考与练习 5-20：尝试修改 x 和 y，重新运行设计，查看运行的结果。

5.8 流水线技术的 CORDIC 实现

当 CORDIC 构成一系列的微旋转时，它很容易映射到一个开放结构中。在这个结构中，每个单元执行一个旋转。然而，由于 CORDIC 算法完全由移位和相加组成，最初实现的关键路径非常长，因此限制了设计的最高时钟频率。从前面介绍的知识已经知道，这些单元基本上是一样的，因此可以通过时间共享一个或多个单元降低整体的硬件开销。

本节将介绍两个可以替换的结构，它们考虑了实现问题。在这种情况下，CORDIC 单元计算向量幅度，但这个规则也可以应用于其他的 CORDIC 模式。

5.8.1 带有流水线并行阵列的实现

在该设计中，将考虑在 CORDIC 单元中增加流水线，用于高效地计算向量幅度。首先，评估不包含流水线的硬件实现结构。这个设计中，节约了硬件成本。实现带有流水线并行阵列的步骤主要包括：

（1）在 Windows 7 主界面下，选择开始->所有程序->Xilinx Design Tools->Vivado 2017.2->System Generator->System Generator 2017.2，打开 MATLAB R2016b 开发环境。

（2）在 MATLAB 主界面的“Home”标签页下，单击“Simulink Library”按钮，出现“Simulink Library Browser”对话框。

（3）在“Simulink Library Browser”对话框的主菜单下，选择 File->Open，出现

“Open”对话框，定位到本书提供资料的\fpga_dsp_example\cordic 路径下，打开 vm_pipelined.slx 文件，可以看到带有流水线并行阵列的系统结构如图 5.40 所示。

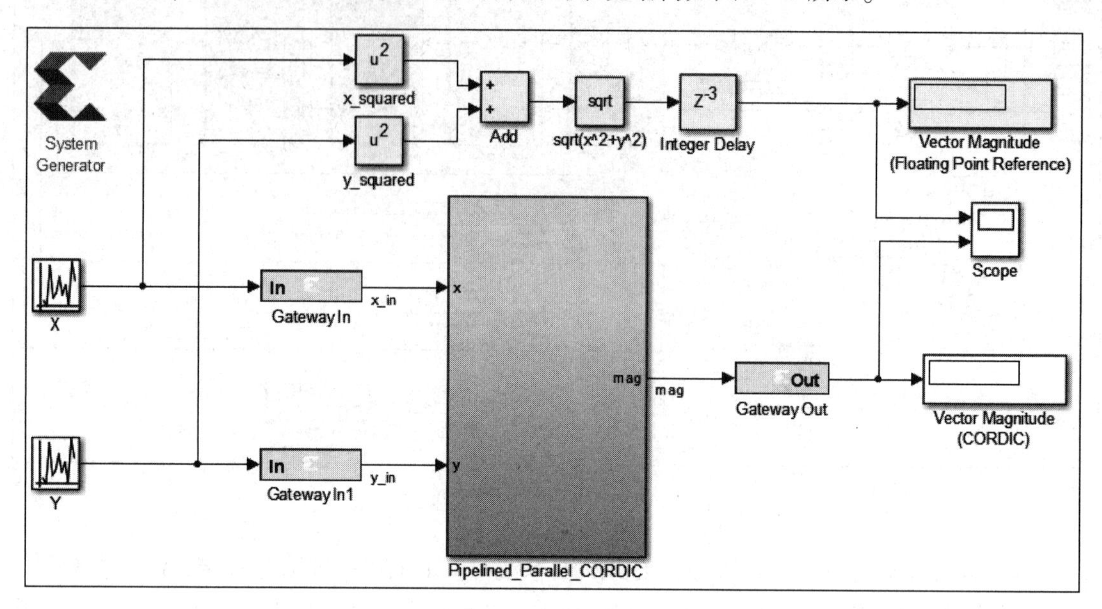

图 5.40　带有流水线并行阵列的系统结构

（4）双击图 5.40 中的 Pipelined_Parallel_CORDIC 模块符号，打开其内部结构，部分结构如图 5.41 所示。从图 5.41 中可以看出，每个单元之间插入了一级流水线寄存器。很明显，这样的结构显著缩短了关键路径的长度。

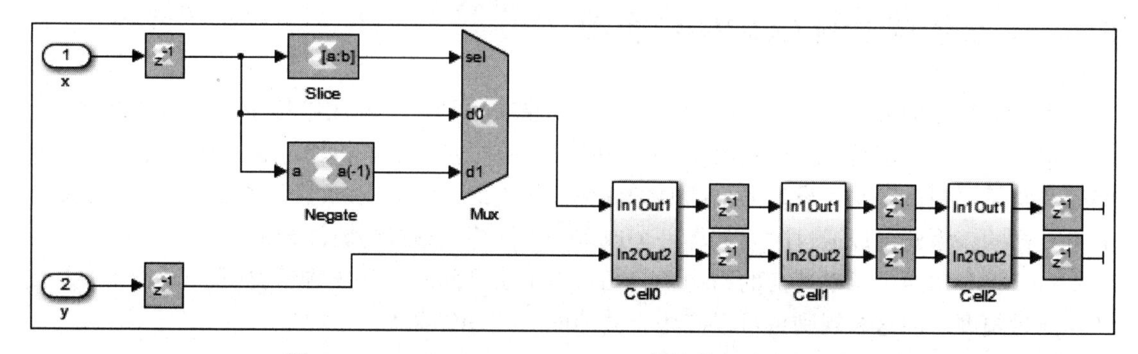

图 5.41　Pipelined_Parallel_CORDIC 模块的部分内部结构

（5）运行设计，打开示波器界面。很明显，可以看出流水线的输出比浮点计算的输出要有一些延迟。

5.8.2　串行结构的实现

从前面的设计可知，CORDIC 结构非常模块化，这就导致它可以实现硬件共享。本节的设计中给出了另外一种结构，即串行结构。实现串行结构的步骤主要包括：

（1）在 Windows 7 主界面下，选择开始->所有程序->Xilinx Design Tools->Vivado 2017.2->System Generator->System Generator 2017.2，打开 MATLAB R2016b 开发环境。

（2）在 MATLAB 主界面的“Home”标签页下，单击“Simulink Library”按钮，出现“Simulink Library Browser”对话框。

（3）在“Simulink Library Browser”对话框的主菜单下，选择 File -> Open，出现“Open”对话框，定位到本书提供资料的\fpga_dsp_example\cordic 路径下，打开 vm_serial.slx 文件，可以看到串行实现的系统结构如图 5.42 所示。

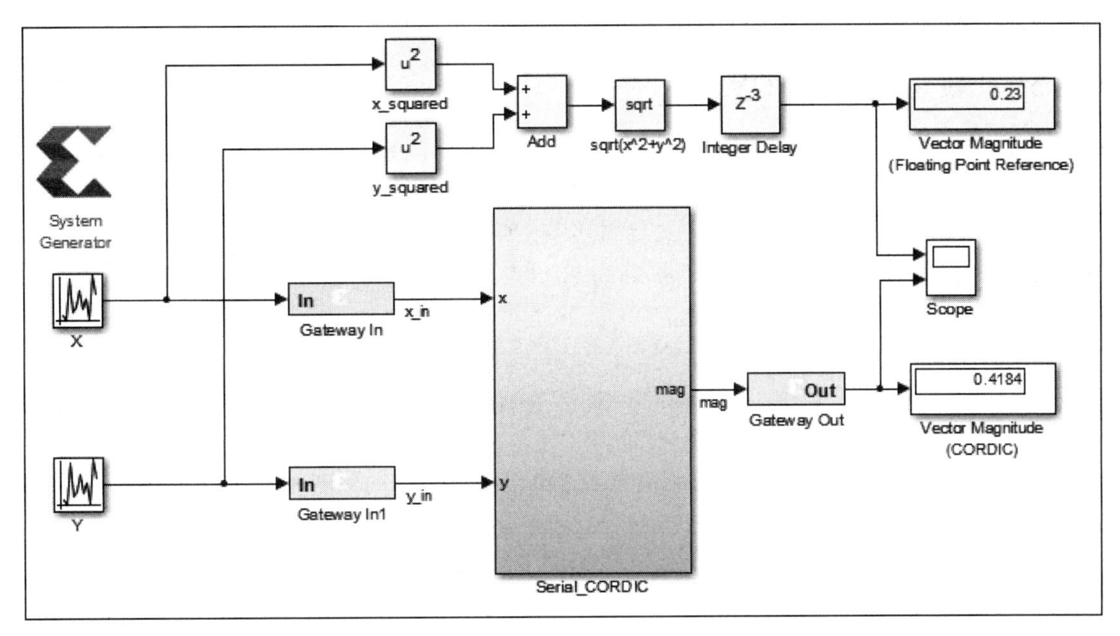

图 5.42　串行实现的系统结构

（4）双击图 5.42 内的 Serial_CORDIC 模块符号，打开其内部结构，如图 5.43 所示。

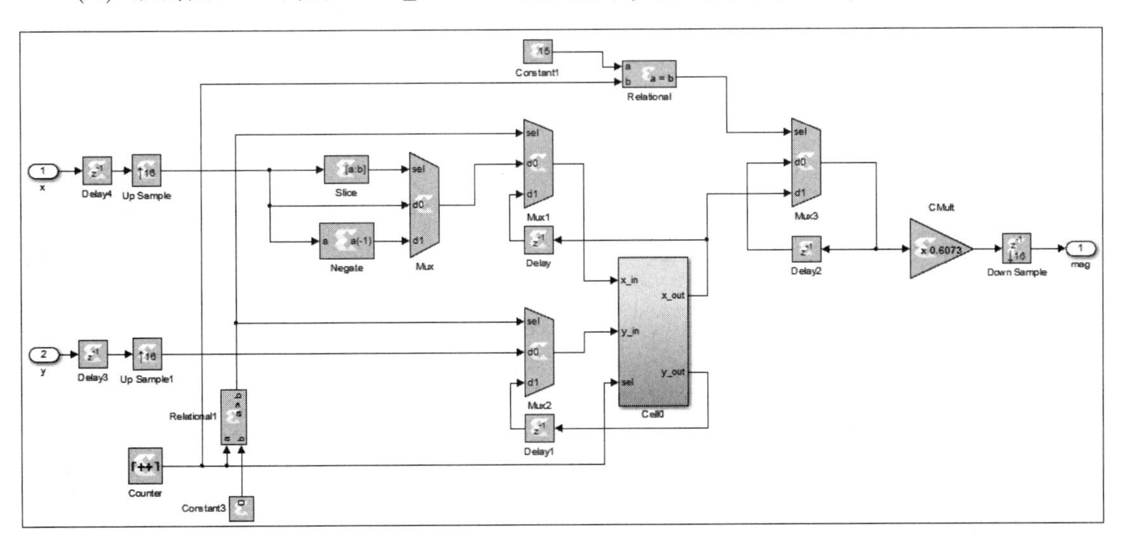

图 5.43　Serial_CORDIC 模块的内部结构

（5）运行设计，确认输出的正确性。

思考与练习 5-21：请分析图 5.43 中 Serial_CORDIC 模块的内部结构，通过与并行结构比较，说明它们的不同点。

思考与练习 5-22：打开示波器界面，查看其输出有无延迟？若有，延迟是多少？请说明原因。

思考与练习 5-23：请比较上面的 3 种结构，并说明它们各自的实现特点。

5.8.3 比较并行和串行的实现

本节将 3 种结构放到一个系统中进行研究。通过后面的设计分析，可以知道这 3 种结构产生一样的结果。比较并行和串行实现结构的步骤主要包括：

（1）在 Windows 7 主界面下，选择开始->所有程序->Xilinx Design Tools->Vivado 2017.2->System Generator->System Generator 2017.2，打开 MATLAB R2016b 开发环境。

（2）在 MATLAB 主界面的“Home”标签页下，单击“Simulink Library”按钮，出现“Simulink Library Browser”对话框。

（3）在“Simulink Library Browser”对话框的主菜单下，选择 File->Open，出现“Open”对话框，定位到本书提供资料的\fpga_dsp_example\cordic 路径下，打开 vm_comparison.slx 文件，可以看到将 3 种结构放在一个系统中的系统结构如图 5.44 所示。

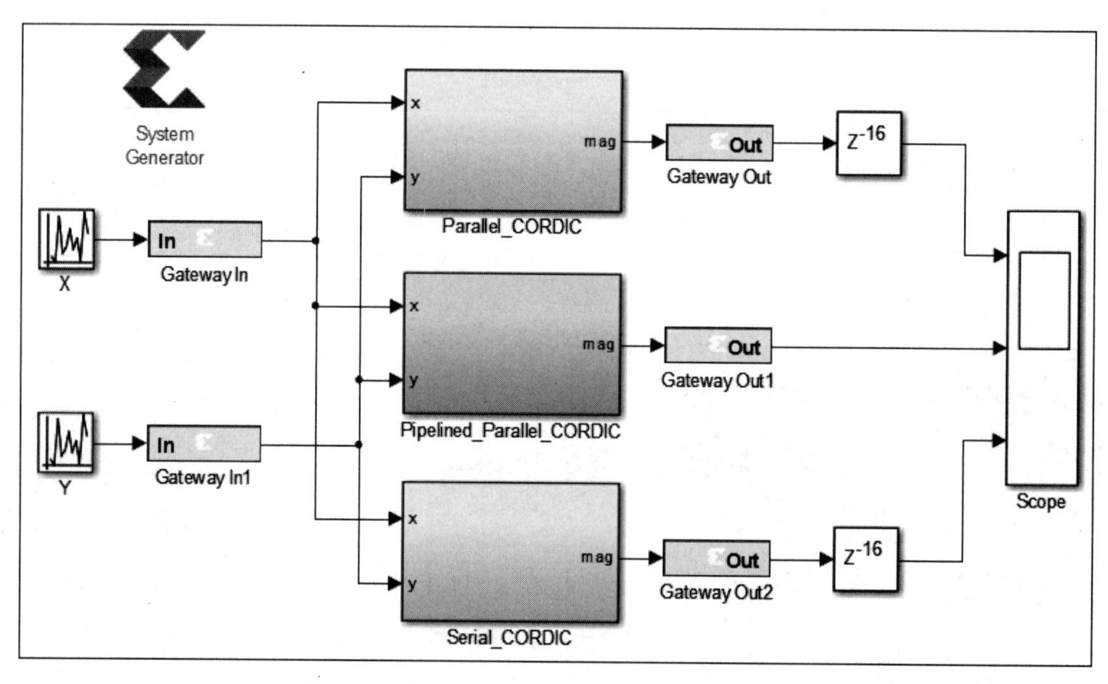

图 5.44 将 3 种结构放在一个系统中的系统结构

（4）运行设计，观察仿真结果。

思考与练习 5-24：比较 3 个结构的输出，并给出分析结论。

5.9　向量幅值精度的研究

一个 CORDIC 计算结果的精度取决于两个因素：①数据路径中小数位的位数 b；②迭代次数 n。

理想结果就是用最少的硬件开销得到所期望的最高精度，因此将 n 和 b 组合起来所得到精度的相关知识非常重要。

本节将设计并验证一个定点 CORDIC 系统，该系统能够以预期精度来计算向量的幅度。在设计中，使用适当的小数位数来表示 CORDIC 单元的输出精度级。但是需要记住，在很多实际的应用中，需要更高的精度。

在实际处理前，使用术语——有效小数位的位数（简写为d_{eff}）表示 CORDIC 单元的输出精度。

理论上，n 和 b 的组合就可以得到有效小数位的位数和基于 n 次迭代后最坏情况的误差。表示为

$$d_{eff}=-\log_2(\max|误差|)$$

在该设计中，将设计一个 CORDIC 向量幅度计算精度系统，它与指定的有效小数位有关，并且通过仿真来验证这个设计的精度。此外，它的结果也将通过应用一些输入向量来得到，并且根据浮点参考计算最大绝对误差。

5.9.1　CORDIC 向量幅度：设计任务

本设计将实现一个 CORDIC 单元，它将用于计算包含 10 位有效小数位精度的向量幅度。在该设计中，假设将 x 和 y 限制在-0.5～+0.5 之间。设计该系统的步骤主要包括：

（1）在 Windows 7 主界面下，选择开始->所有程序->Xilinx Design Tools->Vivado 2017.2->System Generator->System Generator 2017.2，打开 MATLAB R2016b 开发环境。

（2）在 MATLAB 主界面的“Home”标签页下，单击“Simulink Library”按钮，出现“Simulink Library Browser”对话框。

（3）在“Simulink Library Browser”对话框的主菜单下，选择 File->Open，出现“Open”对话框，定位到本书提供资料的\fpga_dsp_example\cordic 路径下，打开 vm_design.slx 文件，可以看到计算向量幅度精度的结构如图 5.45 所示。

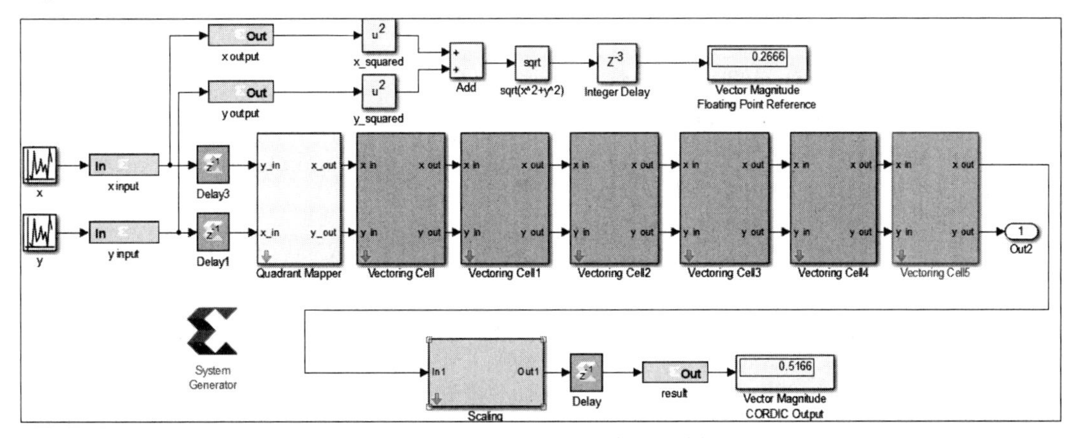

图 5.45　计算向量幅度精度的结构

（4）查看图 5.45，在图 5.45 中有大量的 CORDIC 子系统，可以参数化配置这些子系统。

（5）为设计选择合适的参数 n 和 b。参数 n 和 b 的组合表如表 5.17 所示。

表 5.17　参数 n 和 b 的组合表

n \ b	11	12	13	14	15	16	17
3	5.50	5.53	5.55	5.56	5.56	5.56	5.56
4	7.22	7.36	7.44	7.48	7.50	7.51	7.51
5	8.47	8.90	9.17	9.33	9.41	9.46	9.48
6	8.97	9.74	10.37	10.83	11.12	11.30	11.40
7	9.01	9.94	10.83	11.62	12.27	12.76	13.08
8	8.90	9.89	10.86	11.80	12.69	13.50	15.18
9	8.77	9.77	10.76	11.75	12.72	13.67	15.57
10	8.65	9.65	10.65	11.64	12.64	13.63	15.60

注：（1）有更多可能的组合。
（2）选择最小 n 值的组合，将给出最经济的硬件实现方式。

（6）设置参数并连接所提供的子系统，建立一个开放结构（流水线功能是可选的）。

（7）运行设计，查看示波器图，确认该设计可以正确地计算矢量幅度，并通过与浮点参考模型给出的值进行比较，后者可能需要改变延时应用。

思考与练习 5-25：请根据前面的设计知识说明设计中每个子系统的功能。

思考与练习 5-26：根据前面介绍的知识计算标定后的乘法器系数。

5.9.2　验证计算精度

前面的设计提供了 10 位的小数位，本节将对设计进行验证。验证计算精度的步骤主要包括：

（1）在 Windows 7 主界面下，选择开始->所有程序->Xilinx Design Tools->Vivado 2017.2->System Generator->System Generator 2017.2，打开 MATLAB R2016b 开发环境。

（2）在 MATLAB 主界面的“Home”标签页下，单击“Simulink Library”按钮，出现“Simulink Library Browser”对话框。

（3）在“Simulink Library Browser”对话框的主菜单下，选择 File->Open，出现“Open”对话框，定位到本书提供资料的\fpga_dsp_example\cordic 路径下，打开 vm_verification.slx 文件，可以看到验证向量精度的结构如图 5.46 所示。

（4）查看图 5.46。

（5）运行设计并查看结果。

思考与练习 5-27：给出最大绝对误差，说明计算方法。

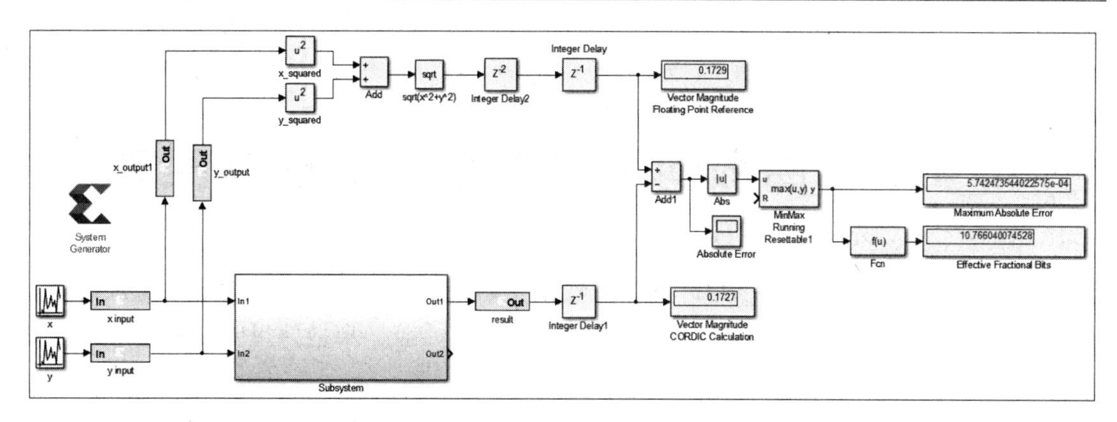

图 5.46　验证向量精度的结构

思考与练习 5-28：给出有效的小数位数，说明计算方法。

思考与练习 5-29：根据前面的计算结果，说明是否满足设计要求。

第 6 章　离散傅里叶变换的原理与实现

本章将从模拟周期信号的傅里叶级数开始，然后从模拟非周期信号的傅里叶变换过渡到离散傅里叶变换，从而清楚地说明傅里叶级数、傅里叶变换、离散傅里叶变换之间的有机联系。

离散傅里叶变换是通过计算机对采样后的信号进行频域分析的重要工具，它提供了频率域内的幅度谱信息和相位谱信息。而离散傅里叶反变换提供了通过幅度谱和相位谱合成原始信号的方法。

为了帮助读者对离散傅里叶变换的理解，本章后将会使用 MATLAB 语言编程 System Generator 工具对离散傅里叶变换的本质进行详细讨论。

读者在学习本章内容时，一定要从物理含义角度进行理解，这样可以起到事半功倍的效果，为学习快速傅里叶变换打下坚实的基础。

6.1　模拟周期信号的分析——傅里叶级数

来自某个电力变压器的一个振动信号的谐波分量可以为电气工程师提供变压器“健康”状态的信息。但是，如果直接查看时域的振动信号，尝试从时域中提取高于 50Hz（主频）的谐波分量，如 100Hz、150Hz、200Hz，这是一件不可能完成的事情，如图 6.1 所示。

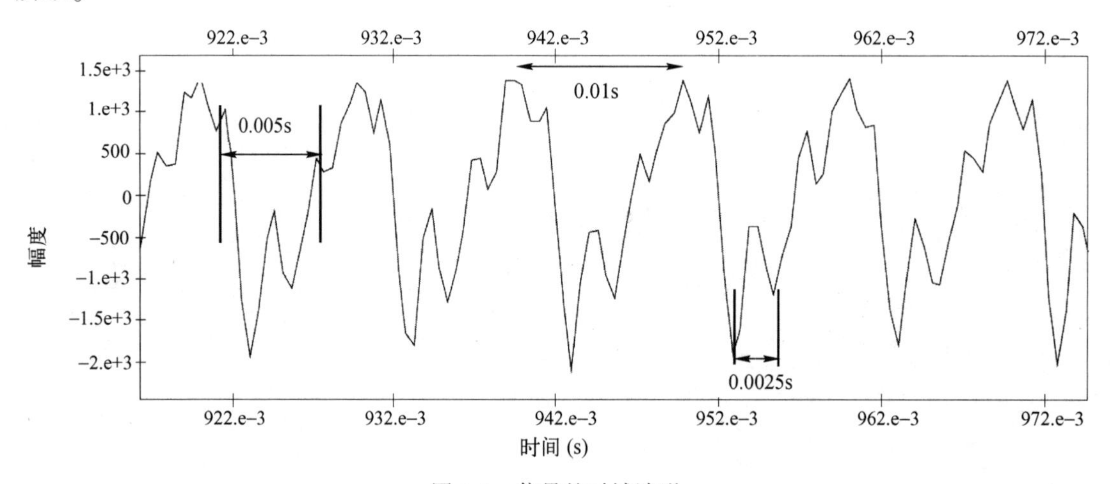

图 6.1　信号的时域波形

很明显，当一个信号通过一个系统时，其信号的频率分量可能会发生变化，如图 6.2 所示。很明显，通过读者的耳朵，很容易感觉到经过墙壁前后的声音不同。此外，一个常识就是，当声音中的高频分量能量很高时，读者听到的声音就非常刺耳；当声音中的低频分量能量很高时，读者听到的声音就很沉闷。因此，在确定墙壁的频率响应特性时，频率分析技术也是非常重要的。更进一步，需要使用频率分析技术确定一个系统的频率响应特性。

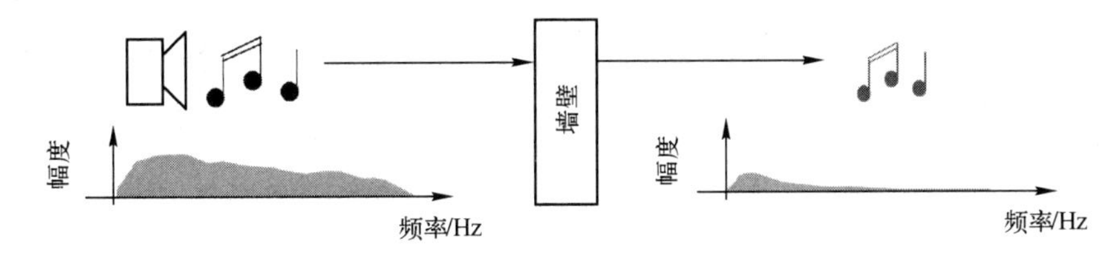

图 6.2　信号穿过墙壁时频谱分量发生变化

对于一个时域内信号 $y(t)$：

$$y(t)=2\cos(2\pi100t)+\cos\left(2\pi200t+\frac{\pi}{4}\right)+4\cos\left((2\pi300t+\frac{\pi}{6}\right)$$

可以通过简单的幅度-频率和没相位-频率特性图表示，如图 6.3 所示。

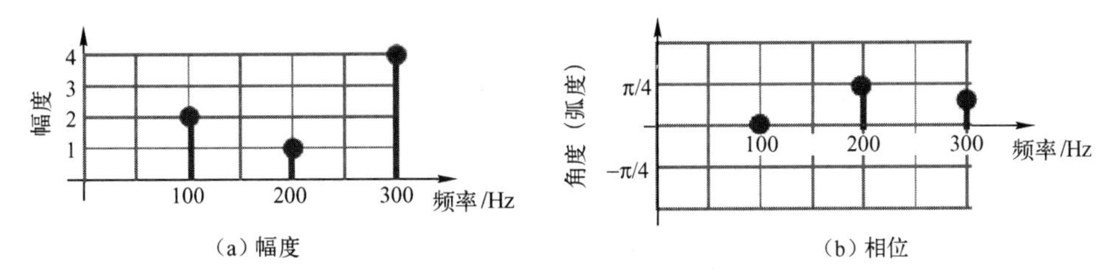

图 6.3　信号的幅度-频率和相位-频率特性图

傅里叶级数允许任何时域上的周期信号（波形）分解为构成该波形的正弦信号波形和余弦信号波形，即

$$\begin{aligned} g(t) &= \sum_{n=0}^{\infty} A_n\cos\left(\frac{2\pi nt}{T}\right) + \sum_{n=1}^{\infty} B_n\sin\left(\frac{2\pi nt}{T}\right) \\ &= \sum_{n=0}^{\infty} A_n\cos(2\pi n f_0 t) + \sum_{n=1}^{\infty} B_n\sin(2\pi n f_0 t) \end{aligned} \tag{6.1}$$

式（6.1）中，（1）T 为信号的周期；

（2）$A_n = \dfrac{2}{T}\displaystyle\int_{-T/2}^{T/2} g(t)\cos\left(\frac{2\pi nt}{T}\right)\mathrm{d}t$ (6.2)

（3）$B_n = \dfrac{2}{T}\displaystyle\int_{-T/2}^{T/2} g(t)\sin\left(\frac{2\pi nt}{T}\right)\mathrm{d}t$ (6.3)

从时域表达式可知，周期信号 $g(t)$ 在时域上是连续的，这是因为它由若干正弦信号和余弦信号叠加而成；而其在频域上的表示类似图 6.3 所示，是由若干离散的幅度线构成的。因此，对于周期信号而言，其在时域中连续，但在频域中离散。

如何得到系数 A_n 和 B_n？下面给出推导过程。

将式（6.1）两端同时乘以 $\cos(\rho\omega_0 t)$，ρ 为任意正整数，则表示为

$$\cos(\rho\omega_0 t)g(t) = \cos(\rho\omega_0 t)\sum_{n=0}^{\infty}\left[A_n\cos(n\omega_0 t) + B_n\sin(n\omega_0 t)\right] \tag{6.4}$$

对式（6.4）两端取一个采样周期的平均值，得到：

$$\int_0^T \cos(\rho\omega_0 t) g(t) \mathrm{d}t = \int_0^T \left\{ \cos(\rho\omega_0 t) \sum_{n=0}^{\infty} [A_n \cos(n\omega_0 t) + B_n \sin(n\omega_0 t)] \right\} \mathrm{d}t$$

$$= \sum_{n=0}^{\infty} \int_0^T [A_n \cos(\rho\omega_0 t)\cos(n\omega_0 t)] \mathrm{d}t + \sum_{n=0}^{\infty} \int_0^T [B_n \cos(\rho\omega_0 t)\sin(n\omega_0 t)] \mathrm{d}t$$

因为：

$$\int_0^T [B_n \cos(\rho\omega_0 t)\sin(n\omega_0 t)] \mathrm{d}t = \frac{B_n}{2} \int_0^T [\sin(\rho + n)\omega_0 t - \sin(\rho - n)\omega_0 t] \mathrm{d}t$$

$$= \frac{B_n}{2} \int_0^T \sin \left| \frac{(\rho + n)2\pi t}{T} \right| \mathrm{d}t - \frac{B_n}{2} \int_0^T \sin \left| \frac{(\rho - n)2\pi t}{T} \right| \mathrm{d}t = 0$$

又因为：

$$\int_0^T [A_n \cos(\rho\omega_0 t)\cos(n\omega_0 t)] \mathrm{d}t = \frac{A_n}{2} \int_0^T [\cos(\rho + n)\omega_0 t - \cos(\rho - n)\omega_0 t] \mathrm{d}t = 0, \rho \neq n$$

当$\rho = n$时，

$$\int_0^T [A_n \cos(n\omega_0 t)\cos(n\omega_0 t)] \mathrm{d}t = \int_0^T [A_n \cos^2(n\omega_0 t)] \mathrm{d}t$$

$$= \frac{A_n}{2} \int_0^T [1 + \cos(2n\omega_0 t)] \mathrm{d}t = \frac{A_n}{2} \int_0^T 1 \mathrm{d}t = \frac{A_n T}{2}$$

所以：

$$\int_0^T \cos(\rho\omega_0 t) g(t) \mathrm{d}t = \frac{A_n T}{2}$$

因此，得到式（6.2）。进一步，将式（6.1）两端同时乘以$\sin(\rho\omega_0 t)$，则可以得到式（6.3）。

因此，傅里叶级数由与基频（$f_0 = 1/T$）相关的正弦和余弦，以及谐波（为基频的整数倍，如$2f_0$、$3f_0$、$4f_0$）相关的正弦和余弦构成，如图 6.4 所示。

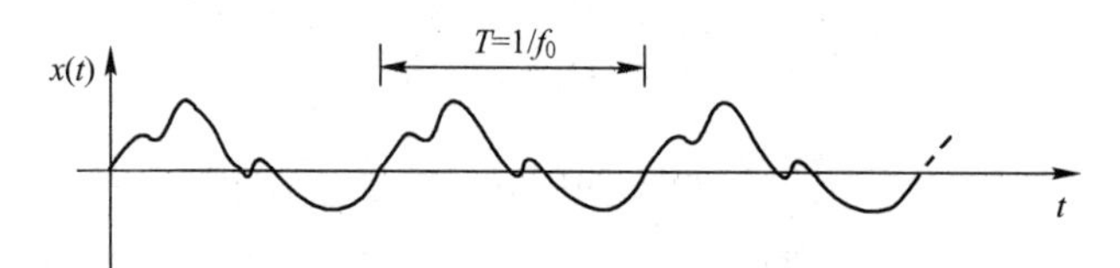

图 6.4 周期信号由基频和谐波正弦/余弦构成

显然，读者可以通过分析一个周期信号得到余弦波和正弦波所对应的A_n和B_n，然后可以用这些正弦信号和余弦信号求和产生原始的信号，如图 6.5 所示。

对于周期的实信号而言，傅里叶可以表示为一个正弦幅度C_n和正弦相位θ_n的形式，即

$$g(t) = \sum_{n=0}^{\infty} C_n \cos\left(\frac{2\pi nt}{T} - \theta_n\right) = \sum_{n=0}^{\infty} C_n \cos(2\pi n f_0 t - \theta_n) \tag{6.5}$$

其中：

$$C_n = \sqrt{A_n^2 + B_n^2}$$

$$\theta_n = \arctan^{-1}\left(\frac{B_n}{A_n}\right)$$

这种形式的傅里叶级数便于产生傅里叶级数的频率-幅度图和频率-相位图。

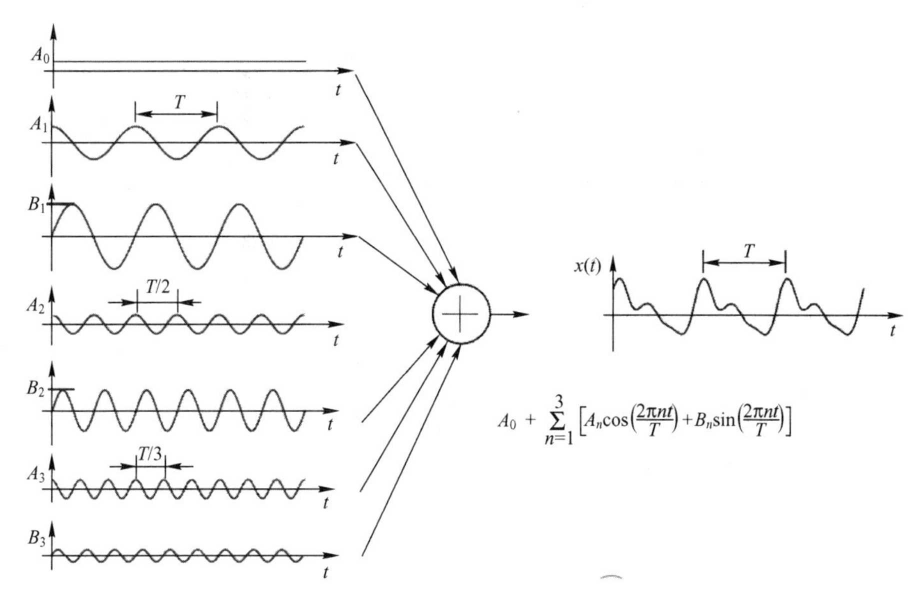

图 6.5　由正弦信号和余弦信号得到原始信号（1）

其实，这种形式很容易理解，对于一个简单的三角函数 $A\cos\omega t+B\sin\omega t$（$A$ 和 B 均为实数）而言，可以得到下面的变换过程：

$$A\cos\omega t+B\sin\omega t=\frac{\sqrt{A^2+B^2}}{\sqrt{A^2+B^2}}(A\cos\omega t+B\sin\omega t)=C\left(\frac{A}{\sqrt{A^2+B^2}}\cos\omega t+\frac{B}{\sqrt{A^2+B^2}}\sin\omega t\right)$$

$$=C(\cos\theta\cos\omega t+\sin\theta\sin\omega t)=C\cos(\omega t-\theta)=\sqrt{A^2+B^2}\cos(\omega t-\{\arctan^{-1}B/A\})$$

从该推导过程可知，任意幅度的同频正弦信号和余弦信号求和后还是同频的正弦信号，只是幅度和相位发生了变化。因此，读者就很容易理解式（6.5）和式（6.1）之间的关系了。因此，可以将图 6.5 表示成图 6.6 的形式。

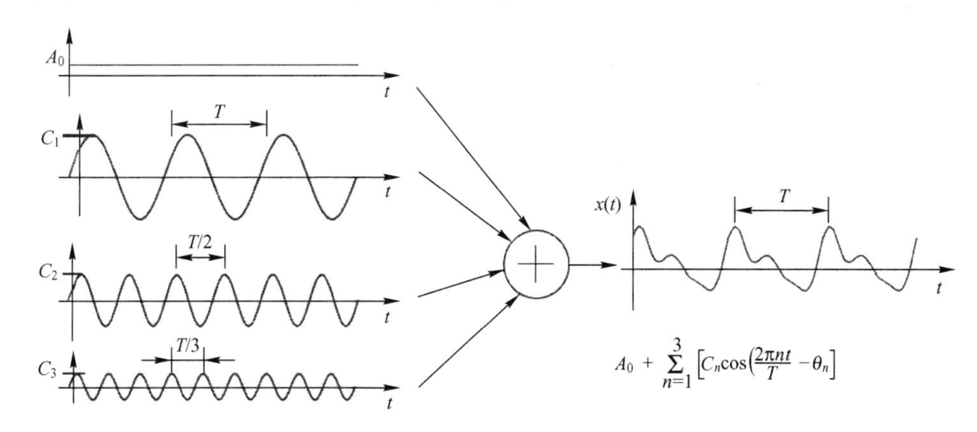

图 6.6　由正弦信号和余弦信号得到原始信号（2）

幅度（余弦）线性频率谱很容易理解，如图 6.7 所示，注意图中没有给出的相位信息。

在实际信号的表示中，相位谱对信号的时域表现形式也有明显影响，对于下面两个信号

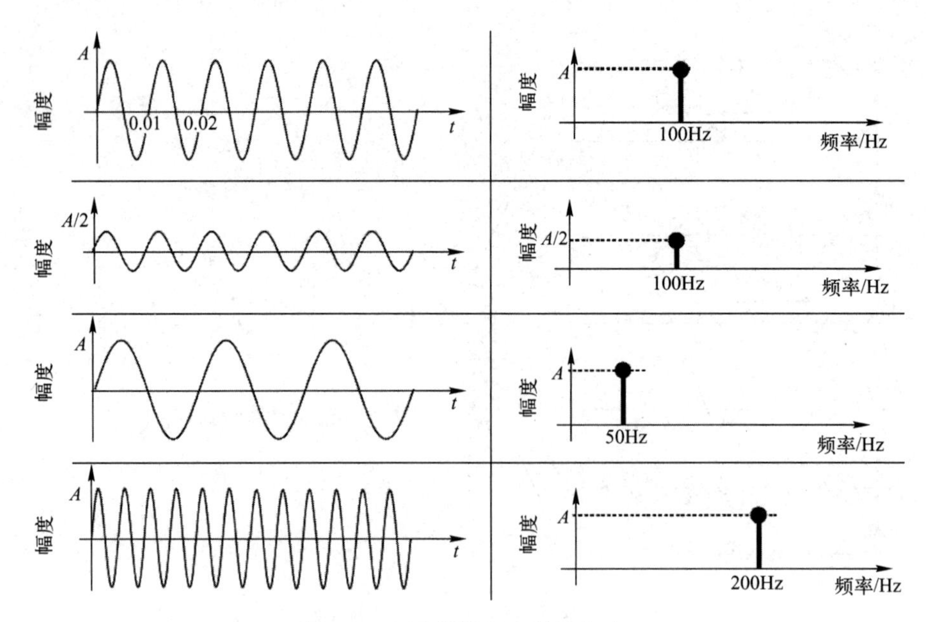

图 6.7　幅度线性频率谱的表示

而言，其时域和幅度-频率，以及相位-频率的关系，如图 6.8 所示。

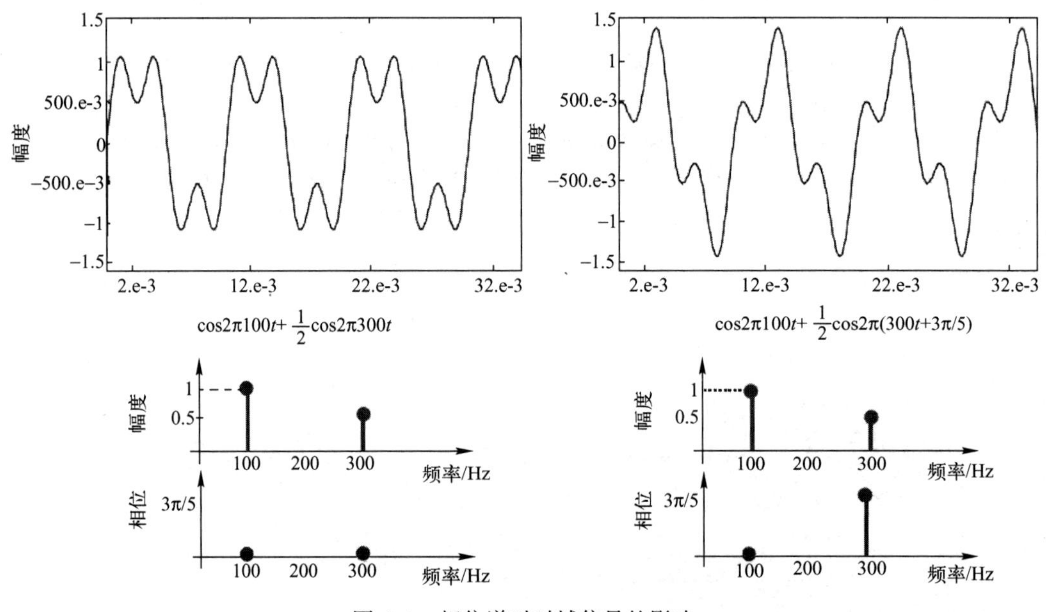

图 6.8　相位谱对时域信号的影响

$$y_1(t)=\cos 2\pi 100t+\frac{1}{2}\cos 2\pi 300t$$

$$y_2(t)=\cos 2\pi 100t+\frac{1}{2}\cos(2\pi 300t+3\pi/5)$$

从上面对幅度/相位的傅里叶级数分析可知，读者可以绘制出幅度（余弦）谱和相位谱。很明显，幅度谱和相位谱的组合完整地定义了时域上的实信号，如图 6.9 所示。

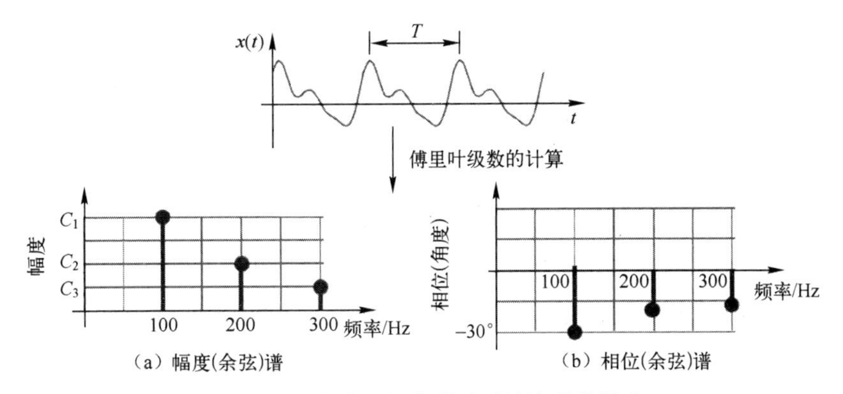

（a）幅度(余弦)谱　　（b）相位(余弦)谱

图 6.9　幅度谱和相位谱对时域波形的影响

使用傅里叶级数，一个周期性的方波信号可以分解为有限个正弦信号的求和，如图 6.10 所示。

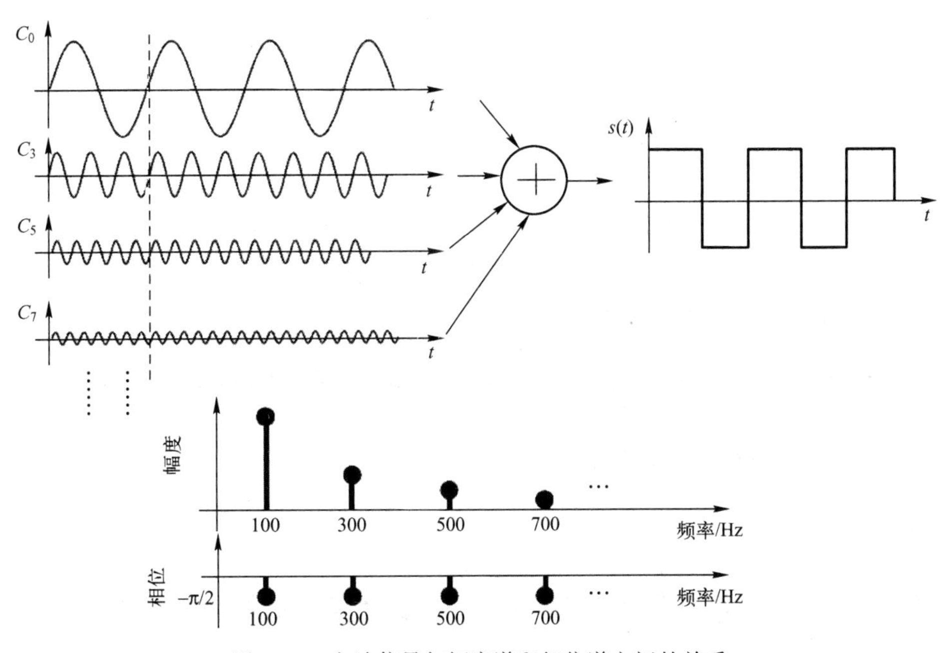

图 6.10　方波信号与幅度谱和相位谱之间的关系

回想下面的公式：

$$e^{j\omega}=\cos\omega+j\sin\omega$$

$$\cos\omega=\frac{e^{j\omega}+e^{-j\omega}}{2}$$

$$\sin\omega=\frac{e^{j\omega}-e^{-j\omega}}{2j}$$

因此，式（6.5）可以重新表示为传统意义上的数学指数形式，即

$$g(t)=\sum_{n=-\infty}^{+\infty}C_n\,e^{j2\pi nf_0t}\tag{6.6}$$

其中，C_n表示为

$$C_n = \frac{1}{T}\int_{-\frac{T}{2}}^{\frac{T}{2}} g(t)\ \mathrm{e}^{-\mathrm{j}2\pi n f_0 t}\mathrm{d}t \tag{6.7}$$

与式（6.1）比较可知：

$$C_n = \begin{cases} \frac{1}{2}(A_n - \mathrm{j}B_n), n>0 \\ \frac{1}{2}(A_n + \mathrm{j}B_n), n<0 \end{cases}$$

使用复数形式表示傅里叶级数的好处在于：①可以用于表示复数的傅里叶级数；②使得运算过程变得简单。

因此，式（6.1）重新写作下面的形式：

$$\begin{aligned} g(t) &= A_0 + \sum_{n=1}^{\infty}[A_n\cos(2\pi n f_0 t) + B_n\sin(2\pi n f_0 t)] \\ &= A_0 + \sum_{n=1}^{\infty}\left[A_n\left(\frac{\mathrm{e}^{\mathrm{j}n\omega_0 t} + \mathrm{e}^{-\mathrm{j}n\omega_0 t}}{2}\right) + B_n\left(\frac{\mathrm{e}^{\mathrm{j}n\omega_0 t} - \mathrm{e}^{-\mathrm{j}n\omega_0 t}}{2\mathrm{j}}\right)\right] \\ &= A_0 + \sum_{n=1}^{\infty}\left[\left(\frac{A_n}{2} + \frac{B_n}{2\mathrm{j}}\right)\mathrm{e}^{\mathrm{j}n\omega_0 t} + \left(\frac{A_n}{2} - \frac{B_n}{2\mathrm{j}}\right)\mathrm{e}^{-\mathrm{j}n\omega_0 t}\right] \\ &= A_0 + \sum_{n=1}^{\infty}\left[\left(\frac{A_n}{2} + \frac{B_n}{2\mathrm{j}}\right)\mathrm{e}^{\mathrm{j}n\omega_0 t} + \left(\frac{A_n}{2} - \frac{B_n}{2\mathrm{j}}\right)\mathrm{e}^{-\mathrm{j}n\omega_0 t}\right] \\ &= A_0 + \sum_{n=1}^{\infty}\left(\frac{A_n - \mathrm{j}B_n}{2}\right)\mathrm{e}^{\mathrm{j}n\omega_0 t} + \sum_{n=1}^{\infty}\left(\frac{A_n + \mathrm{j}B_n}{2}\right)\mathrm{e}^{-\mathrm{j}n\omega_0 t} \end{aligned} \tag{6.8}$$

比较式（6.6）可知，当$n>0$时：

$$\begin{aligned} C_n &= \frac{1}{2}(A_n - \mathrm{j}B_n) = \frac{1}{T}\int_0^T g(t)\cos(n\omega_0 t)\mathrm{d}t - \mathrm{j}\frac{1}{T}\int_0^T g(t)\sin(n\omega_0 t)\mathrm{d}t \\ &= \frac{1}{T}\int_0^T g(t)[\cos(n\omega_0 t) - \mathrm{j}\sin(n\omega_0 t)]\mathrm{d}t = \frac{1}{T}\int_0^T g(t)\ \mathrm{e}^{-\mathrm{j}n\omega_0 t}\mathrm{d}t \end{aligned}$$

当$n<0$时：

$$C_n = C_{-n}^*$$

所以，式（6.6）可以用于合成一个信号，而式（6.7）可以用于分析信号中每个频率的幅度谱和相位谱。

此外，式（6.6）和式（6.7）引入了“负频率”的概念，这是因为$\mathrm{e}^{\mathrm{j}2\pi f_0}$对应于“正频率”$f_0$；而$\mathrm{e}^{-\mathrm{j}2\pi f_0}$对应于“负频率”$-f_0$。

使用复指数形式的傅里叶级数对信号进行分解，信号中不同频率分量的值可以用图6.11表示。从图6.11中可知，其分别以实部图和虚部图表示。但是，这种表示方法不容易直观地得到信号不同频率的幅度谱和相位谱的大小。因此，对图6.11的实部和虚部分别求取模和相角，得到信号的幅度谱和相位谱如图6.12所示。

思考与练习6-1：根据上面介绍的内容，说明模拟周期信号傅里叶级数的数学公式，以及其所给出的物理含义。

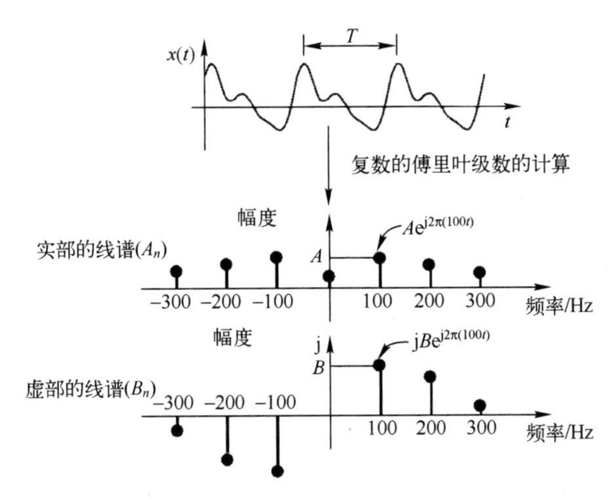

图 6.11　使用复指数形式得到实部和虚部与时域信号之间的关系

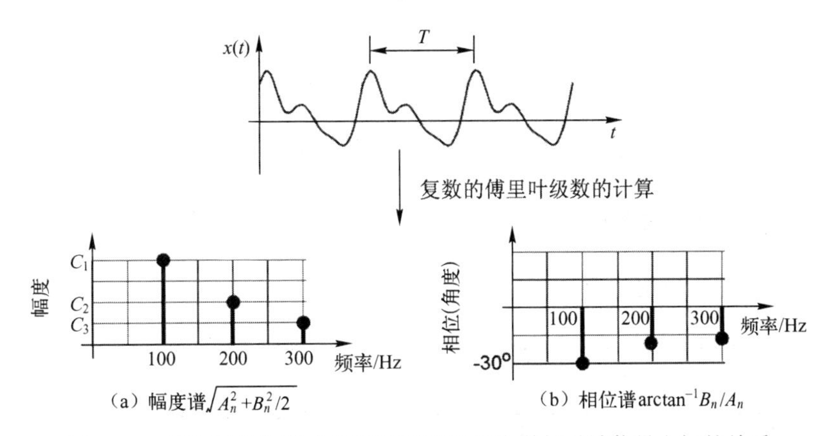

图 6.12　使用复指数形式得到幅度谱和相位谱与时域信号之间的关系

6.2　模拟非周期信号的分析——傅里叶变换

前面的分析都是基于周期信号的，并且使用了周期信号的傅里叶级数分析工具。但是，在现实中，大多数的信号都是非周期的。瞬态或者有随机分量的信号都是非周期信号。

有些信号，如音乐甚至说话，是准周期（伪周期）的，在短时间内可以将其看作是周期的。很明显，对于非周期信号的频率分析也有类似傅里叶级数的数学工具，将其称为傅里叶变换。

前面提到，对于一个周期信号而言，信号谐波之间的间隔是 $1/T$（Hz），如图 6.13 所示。

对于一个非周期信号，确定 T 是非常困难的，这是因为实际信号并没有重复出现。然而，为了得到某种答案，读者可以假定在整个信号周期之后，信号重复出现，如图 6.14 所示。当选择较大周期时，谐波之间的间隔就会减少。

如果假设信号的周期 $T\to\infty$，则基频和谐波之间的频率间隔将变得非常小，即$f_0\to0$。很明显，非周期信号的频谱是一个连续函数，如图 6.15 所示，这是因为$f_0\to0$。这个推导过程

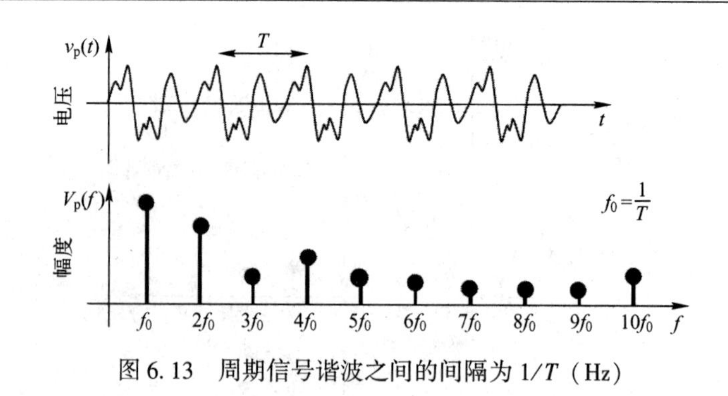

图 6.13　周期信号谐波之间的间隔为 $1/T$（Hz）

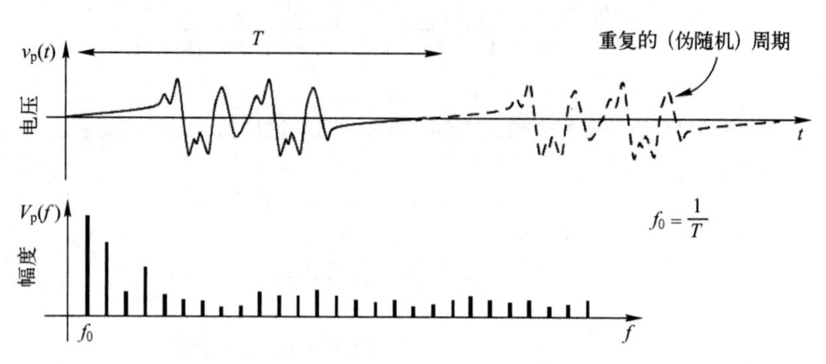

图 6.14　对于非周期信号，假设在整个信号周期之后信号重复出现

很巧妙，读者不用再死记硬背公式了。

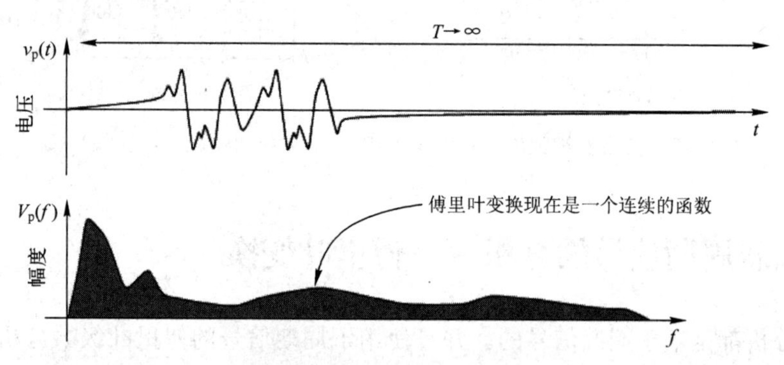

图 6.15　对于非周期信号，其傅里叶变换是一个连续函数

下面再次回顾一下周期方波信号和傅里叶级数工具，它们之间的对应关系如图 6.16 所示。

如果将周期T_p增加，当$T_p\to\infty$时，我们可以将该信号认为是非周期的，或者是瞬态的。很明显，频率之间的间隔$f_0\to 0$（几乎靠在一起），注意它们的幅度减少，这是由于信号内的整体能量减少，并且谐波的个数增加引起的，如图 6.17 所示。

瞬态信号的真正频谱如图 6.18 所示。从图 6.18 中可知，对于无限小的谐波间隔，其幅度现在由$1/T_p$标定。因此，对于这个变换而言，如果 y 轴是实际绘制的结果，则需要进行必要的标定。对于方波脉冲而言，傅里叶变换所展示出来的是频率能量的位置，而不是像傅里叶级数所描述的那样，必须将相同的离散频率相加。

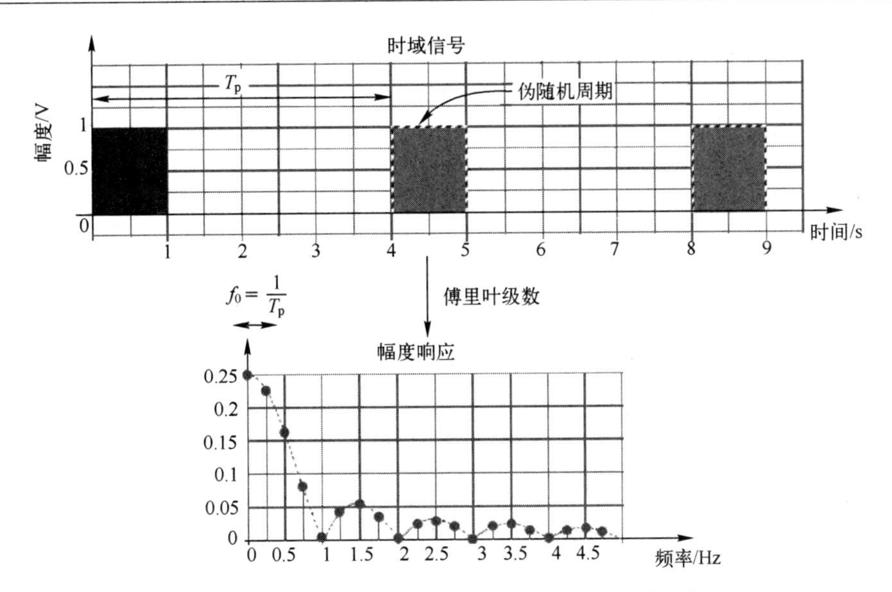

图 6.16　周期方波信号和所对应的傅里叶级数分析

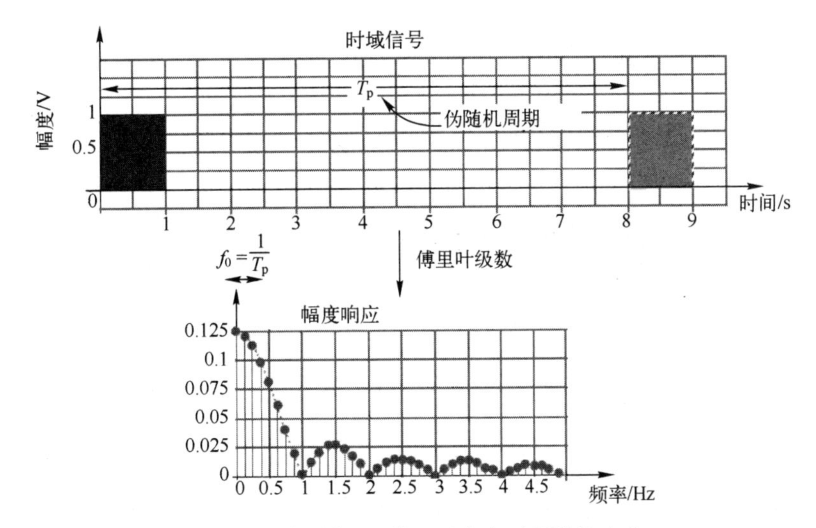

图 6.17　当周期 T_p 趋于无穷大时频谱的变化

现在再次查看式（6.7），当 $T\to\infty$ 时，即

$$C_n=\frac{1}{T}\int_{-\frac{T}{2}}^{\frac{T}{2}}g(t)\ \mathrm{e}^{-\mathrm{j}2\pi nf_0t}\mathrm{d}t$$

并且乘上 T，则得到傅里叶变换：

$$G(f)=\int_{-\infty}^{\infty}g(t)\ \mathrm{e}^{-\mathrm{j}2\pi ft}\mathrm{d}t \tag{6.9}$$

式（6.7）中的 nf_0 趋向于连续变量 f，这是因为 $f_0\to0$，$n\to\infty$，不是离散变量。

下面介绍一下推导过程。

为了实现傅里叶变换，基于通用的傅里叶级数定义一个新的函数 $G(f)$，表示为

$$G(f)=\frac{C_n}{f_0}=C_nT$$

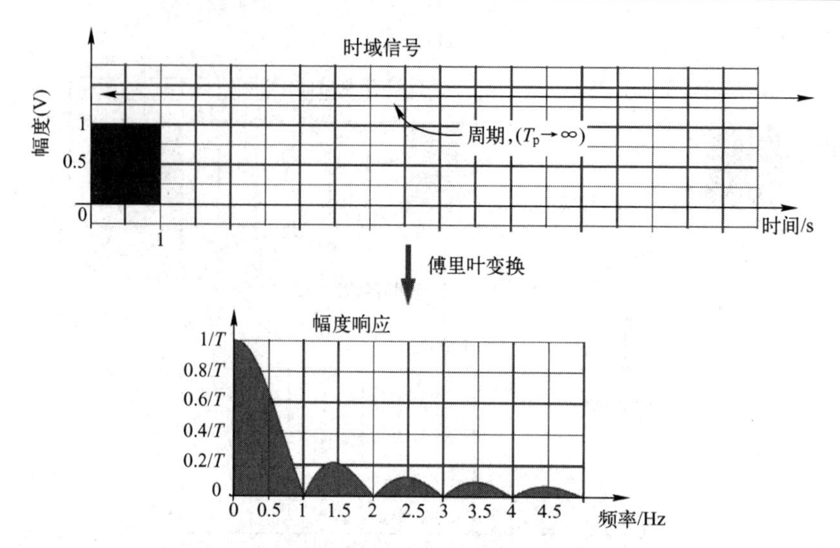

图 6.18 瞬态脉冲信号的频率分布-连续的，非离散的

则：

$$G(f) = \int_{-\frac{T}{2}}^{\frac{T}{2}} g(t)\ \mathrm{e}^{-\mathrm{j}2\pi n f_0 t}\mathrm{d}t = \int_{-\infty}^{\infty} g(t)\ \mathrm{e}^{-\mathrm{j}2\pi f t}\mathrm{d}t \tag{6.10}$$

因此，式（6.10）可以写成下面形式：

$$G(\omega) = \int_{-\infty}^{\infty} g(t)\ \mathrm{e}^{-\mathrm{j}\omega t}\mathrm{d}t \tag{6.11}$$

得到一个信号的傅里叶变换，当然允许将其反变换为原始的非周期信号，从傅里叶级数开始：

$$C_n = G(f)f_0, \quad f_0 \to 0$$

$$\begin{aligned} g(t) &= \sum_{n=-\infty}^{+\infty} C_n\ \mathrm{e}^{\mathrm{j}2\pi n f_0 t} = \sum_{n=-\infty}^{+\infty} G(f)\ f_0\ \mathrm{e}^{\mathrm{j}2\pi n f_0 t} = \left[\sum_{n=-\infty}^{+\infty} G(f)\ \mathrm{e}^{\mathrm{j}2\pi n f_0 t}\right] f_0 \\ &= \int_{-\infty}^{\infty} G(f)\ \mathrm{e}^{\mathrm{j}2\pi f t}\mathrm{d}f \end{aligned} \tag{6.12}$$

式（6.12）称为傅里叶反变换，根据三角函数的频率，该式也可以表示为

$$g(t) = \frac{1}{2\pi}\int_{-\infty}^{\infty} G(\omega)\ \mathrm{e}^{\mathrm{j}\omega t}\mathrm{d}\omega \tag{6.13}$$

思考与练习 6-2：根据上面介绍的内容，说明模拟非周期信号傅里叶正变换和逆变换的数学公式，以及其所给出的物理含义。

6.3 离散序列的分析——离散傅里叶变换

前面得到的傅里叶公式用于解决对模拟信号的分析。离散傅里叶变换（Discrete Fourier Transform，DFT）是傅里叶变换的一个版本，用于为被采样的（数字化的）信号 $x(n)$ 产生频谱：

$$X(f) = \sum_{n=-\infty}^{\infty} x(n)\ \mathrm{e}^{-\frac{\mathrm{j}2\pi f n}{f_s}} \tag{6.14}$$

式（6.14）中，f_s为采样频率，$f_s=1/T_s$。

6.3.1 离散傅里叶变换推导

假设以间隔T_s（秒）对模拟信号进行采样，这样就将模拟信号进行离散化，傅里叶变换的公式可改写为

$$X(f)=\int_{-\infty}^{\infty}x(nT_s)\ \mathrm{e}^{-\mathrm{j}2\pi fnT_s}\mathrm{d}(nT_s) \tag{6.15}$$

因此可以将式（6.15）重新写为

$$X(f)=\sum_{n=-\infty}^{\infty}x(nT_s)\ \mathrm{e}^{-\mathrm{j}2\pi fnT_s}=\sum_{n=-\infty}^{\infty}x(nT_s)\ \mathrm{e}^{-\frac{\mathrm{j}2\pi fn}{f_s}} \tag{6.16}$$

将 nT_s用 n 代替，就可以得到式（6.14）。

当然，对于因果信号而言，式（6.14）可改写为

$$X(f)=\sum_{n=0}^{\infty}x(n)\ \mathrm{e}^{-\frac{\mathrm{j}2\pi fn}{f_s}} \tag{6.17}$$

更进一步，不可能是一个无限数量的采样序列，只能是一个有限长度的序列，我们将这个有限长度的序列长度定义为 N，如图 6.19 所示。第一个采样在 $n=0$ 的位置，最后一个采样在 $n=N-1$ 的位置，一共 N 个采样点，则：

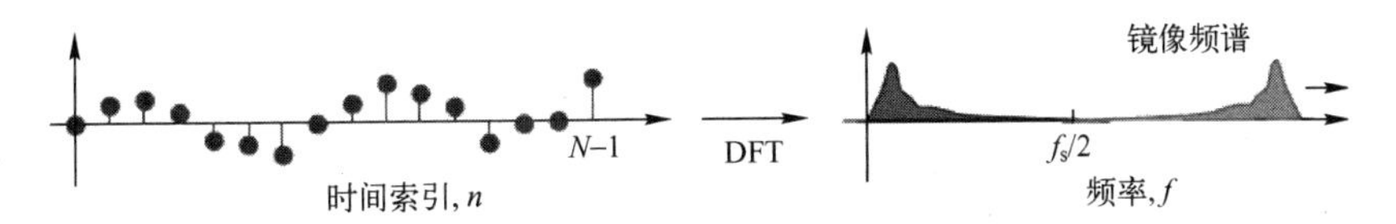

图 6.19　离散序列及傅里叶变换表示

$$X(f)=\sum_{n=0}^{N-1}x(n)\ \mathrm{e}^{-\frac{\mathrm{j}2\pi fn}{f_s}} \tag{6.18}$$

> **注：** 从连续傅里叶变换等式得到了离散时间的傅里叶变换。现在我们假设信号是因果的，并且只使用有限个采样点。通过假设有限个采样点，事实上又回到了前面的假设，即信号是周期的。这样，我们就可以将 N 个采样点作为信号的一个周期。

6.3.2 频率离散化推导

由于计算时间的限制，DFT 应该在有限的频率范围内进行评估。如果将 0~f_s范围内的频带分割成 N 个离散的点，则可以引入一个离散的变量 k，用于频率，如 $k=0\sim N-1$，则 f 表示为：

$$f=\frac{kf_s}{N} \tag{6.19}$$

则式（6.18）可改写为

$$X(k)=\sum_{n=0}^{N-1}x(n)\ \mathrm{e}^{-\frac{\mathrm{j}2\pi kn}{N}} \tag{6.20}$$

图 6.20 中每个离散频率之间的区域称为频率窗口，其宽度为 $1/(NT_s)$（Hz）。

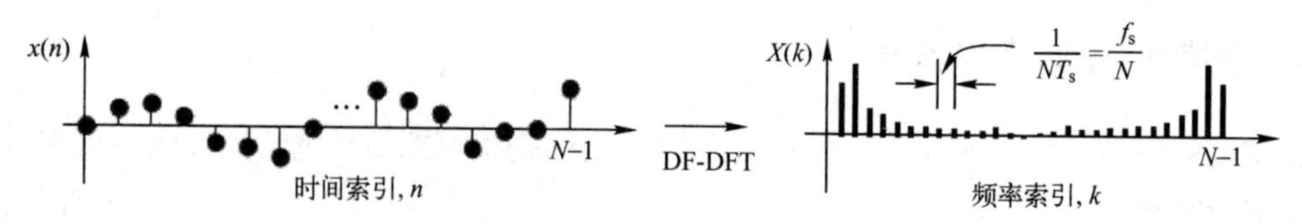

图 6.20 离散序列及离散频率的表示

通过使用有限个数据采样点，迫使我们做了这样一个假设，即信号是周期的，在该周期内有 N 个采样点（NT_s）。因此，注意到上面的 DFT 是真正地用于一个连续频率 f，然而事实上我们只需要在指定的频率上［零频率（直流）到基波频率的谐波点）进行评估（分析]：

$$f_0=\frac{1}{NT_s}=\frac{f_s}{N} \tag{6.21}$$

离散频率表示为 0、f_0、$2f_0$、$3f_0$、…一直到f_s：

$$X\left(\frac{kf_s}{N}\right)=\sum_{n=0}^{N-1}x(n)\,\mathrm{e}^{-\frac{\mathrm{j}2\pi kf_sn}{Nf_s}},\quad k=0\sim N-1 \tag{6.22}$$

将式（6.22）进一步简化，只使用 n 和 k 表示，则改写为式（6.20）。对于实信号而言，DFT 以 $N/2$ 的频率计算值对称，因此计算量可以减半。前面介绍复指数可以表示为

$$\mathrm{e}^{\mathrm{j}\omega}=\cos\omega+\mathrm{j}\sin\omega$$

因此，MAC（乘和累加）实算术的总数运算量为 $2N^2$。由于只需要一半的运算，因此总的 MAC 为N^2。在实际中，引入变量 W，表示为

$$W_N=\mathrm{e}^{-\mathrm{j}\frac{2\pi}{N}}$$

因此，式（6.20）可以写成下面的形式：

$$X(k)=\sum_{n=0}^{N-1}x(n)\,W_N^{nk} \tag{6.23}$$

对于 8 个采样点的 DFT 而言，计算过程表示为

$X(0)=x(0)+x(1)+x(2)+x(3)+x(4)+x(5)+x(6)+x(7)$

$X(1)=x(0)+x(1)W_8^1+x(2)W_8^2+x(3)W_8^3+x(4)W_8^4+x(5)W_8^5+x(6)W_8^6+x(7)W_8^7$

$X(2)=x(0)+x(1)W_8^2+x(2)W_8^4+x(3)W_8^6+x(4)W_8^8+x(5)W_8^{10}+x(6)W_8^{12}+x(7)W_8^{14}$

$X(3)=x(0)+x(1)W_8^3+x(2)W_8^6+x(3)W_8^9+x(4)W_8^{12}+x(5)W_8^{15}+x(6)W_8^{18}+x(7)W_8^{21}$

这个计算过程的数据流如图 6.21 所示。从上面的计算过程可知，存在可以消减的冗余计算。例如，考虑第 2 行的第 3 项：

$$x(2)W_8^2=x(2)\mathrm{e}^{-\mathrm{j}\frac{2\pi2}{8}}=x(2)\mathrm{e}^{-\mathrm{j}\frac{\pi}{2}}$$

以及第 4 行的第 3 项：

$$x(2)W_8^6=x(2)\mathrm{e}^{-\mathrm{j}\frac{2\pi6}{8}}=x(2)\mathrm{e}^{-\mathrm{j}\frac{3\pi}{2}}=-x(2)\mathrm{e}^{-\mathrm{j}\frac{\pi}{2}}$$

因此，就可以简化运算量，这就是下一章所要介绍的快速傅里叶变换。

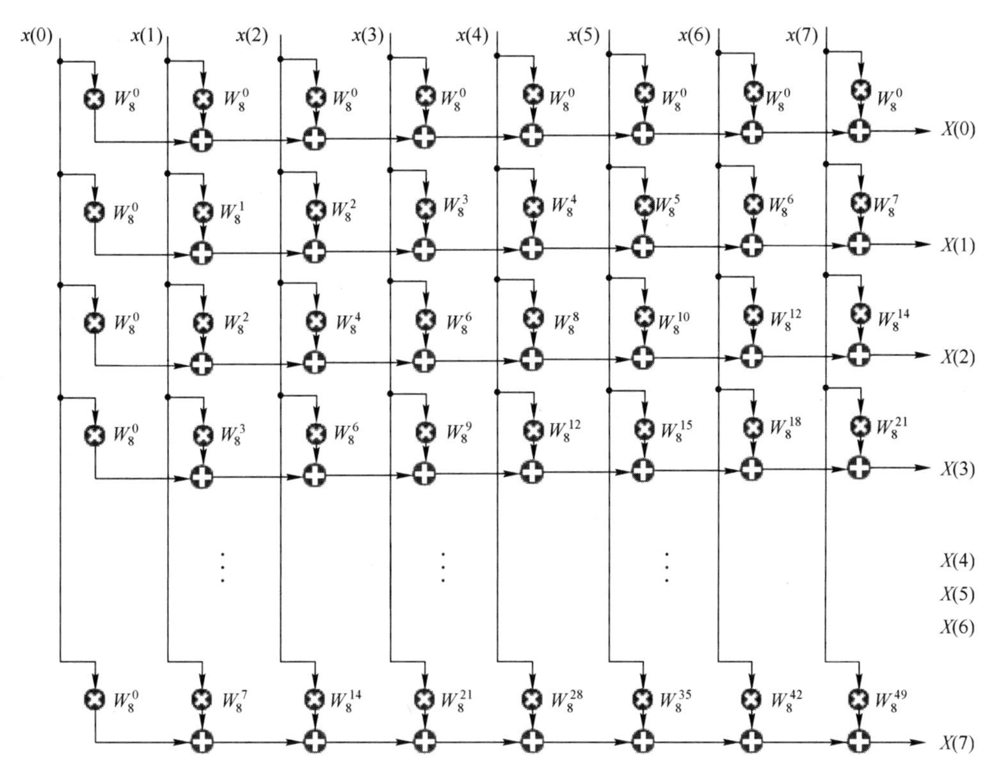

图 6.21　8 点 DFT 的数据流图

6.3.3　DFT 的窗效应

窗口是一个术语，用于选择一段数据，用于随后的 DFT 分析，如图 6.22 所示。使用 DFT，得到的结果就好像窗口的 N 点数据构成了一个信号的基本周期，如信号周期为 T，然后以周期 T 重复，如图 6.23 所示。

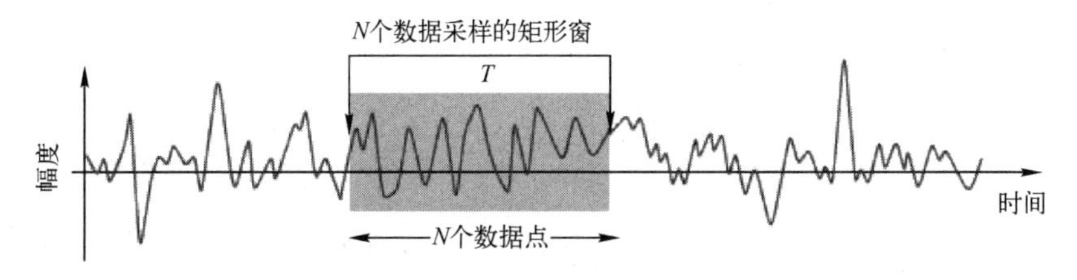

图 6. 22　一个“窗”用于从采样的数据中选择其中一段数据

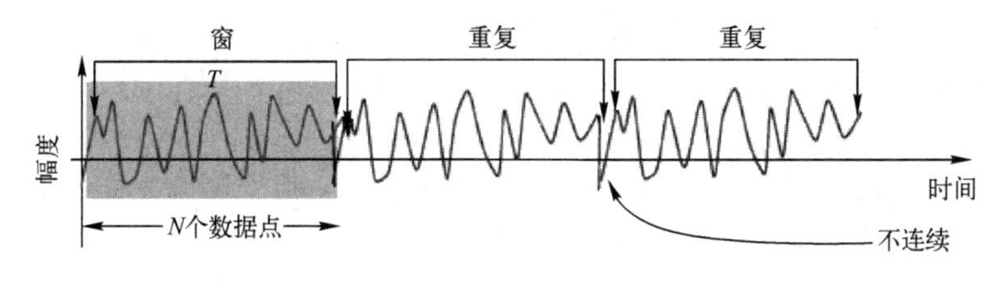

图 6.23　以窗口长度周期 T 重复

实际上，绝大多数进行频率变换的信号都会被“开窗”。例如，在一个很短的数据窗口内进行音乐编码 MPEG。在图 6.22 中，使用了周期为 T 的窗口。当然，所选择的这个窗口应该能够表示所捕获或者需要分析信号的特征。使用矩形窗口的原因是，DFT 假设信号以周期 T 重复。因此，从一个周期的结束，到另一个周期的开始，很可能出现不连续，如图 6.23所示。这种不连续性，在 DFT 谱中会出现偏差。下面给出采用矩形窗的两种情况：没有不连续的区域和有不连续的区域，如图 6.24 所示。

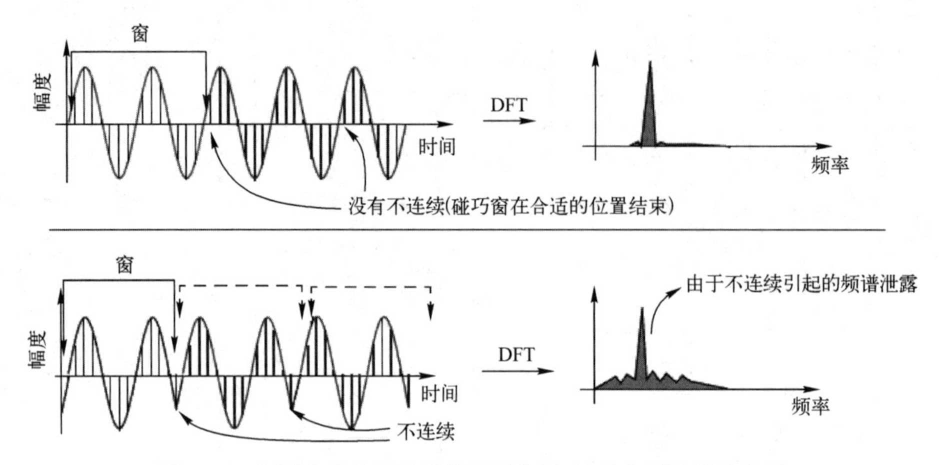

图 6.24　矩形窗选在了信号的不同位置–连续和不连续的位置

很明显，幅度的不连续，表示了幅度在很短时间内的快速变化，因此在频域变换时会被显示出来，这就是频谱泄露。因为幅度在短时间内的快速变化所呈现出来的是高频分量，因此在频域的高频区域会有信号能量存在，但是真实的信号是不存在这样的高频能量的，因此将这种窗口引起的在高频区域有能量分布的现象称为频谱泄露。

使用 MATLAB 工具创建 64 点长度的矩形窗，如代码清单 6–1 所示，绘制的频率响应曲线如图 6.25 所示。

代码清单 6–1　rectangle_window.m 文件

```
n=64;
w=rectwin(n);
wvtool(w);
```

> **注：** 读者可以定位到本书给定资料的\fpga_dsp_example\DFT\路径下，用 MATLAB R2016b 打开名字为 rectangle_window.m 的文件。

读者可以看到图 6.25 中主瓣宽度相对副瓣的衰减信息。

为了减少频谱泄露的影响，我们可以使用非矩形窗。非矩形窗在一段数据结束的时候是缓慢减弱的，而不是突然从有变化到无变化的，如图 6.26 所示。目前，常用的非矩形窗包括海明（Hamming）窗、汉宁（Hanning）窗、布莱克曼–哈里斯（Blackman–Harris）窗、巴特利特（Bartlett）窗、哈里斯（Harris）窗等。

下面以典型的巴特利特窗（三角窗）为例，在进行 DFT 之前使用一个数据加权窗口，以减少频谱泄露。与没有权重的平均（矩形）窗口相比，巴特利特窗口将主瓣宽度增加一

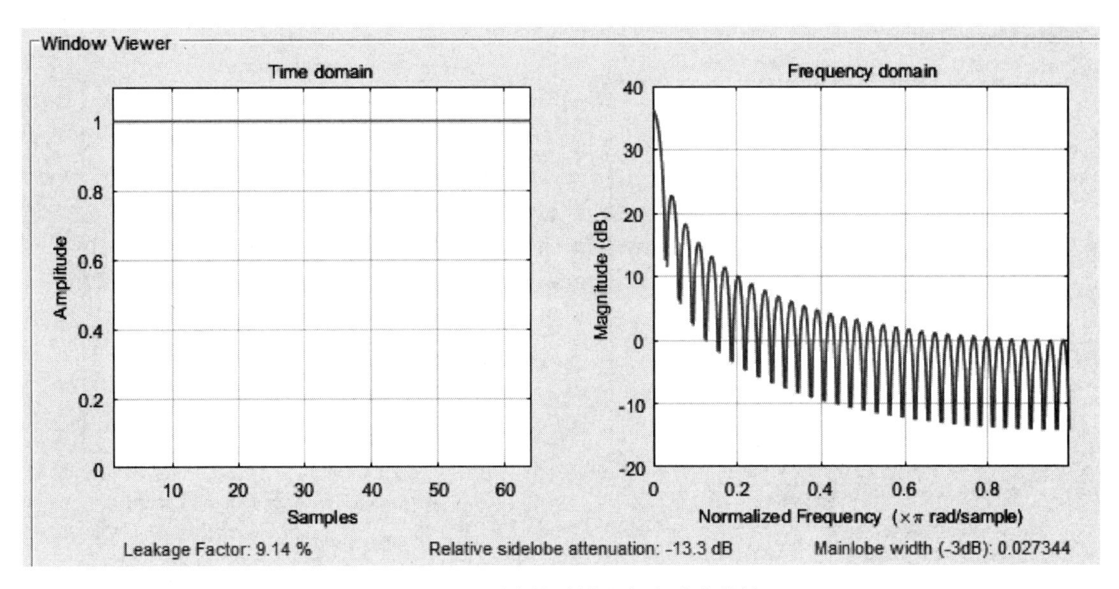

图 6.25　矩形窗的时域和频率响应特性

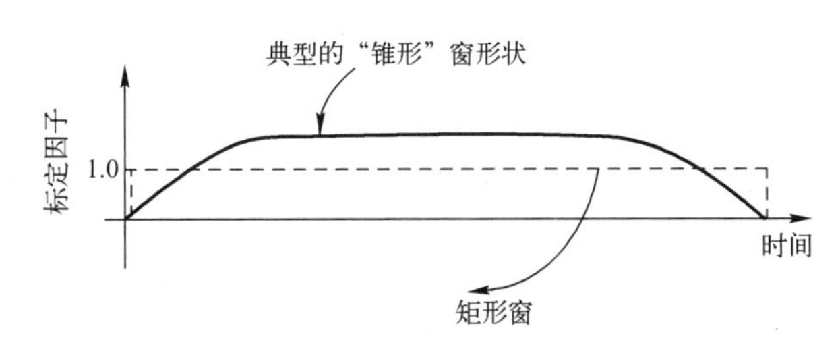

图 6.26　矩形窗选在了信号的不同位置-连续和不连续的位置

倍，同时将主副瓣衰减 26dB，而没有权重的平均窗口只衰减 13dB。对于 N 点采样而言，巴特利特窗定义为

$$h(n)=1.0-\frac{|n|}{\frac{N}{2}},n=-\frac{N}{2},\cdots,-2,-1,0,1,2,\cdots,\frac{N}{2} \tag{6.24}$$

使用 MATLAB 工具创建 $N=63$ 的巴特利特窗，如代码清单 6-2 所示，绘制的频率响应曲线如图 6.27 所示。

代码清单 6-2　triangle_window.m 文件

```
N=63;
w1=bartlett(N);
wvtool(w1);
```

注：读者可以定位到本书给定资料的\fpga_dsp_example\DFT\路径下，用 MATLAB R2016b 打开名字为 triangle_window.m 的文件。

对于布莱克曼（Blackman）窗而言，在进行 DFT 之前使用一个加权的数据窗口，并且对巴特利特和汉宁窗的改进增加对频谱泄露的抑制能力。对于 N 点采样而言，布莱克曼窗定义为

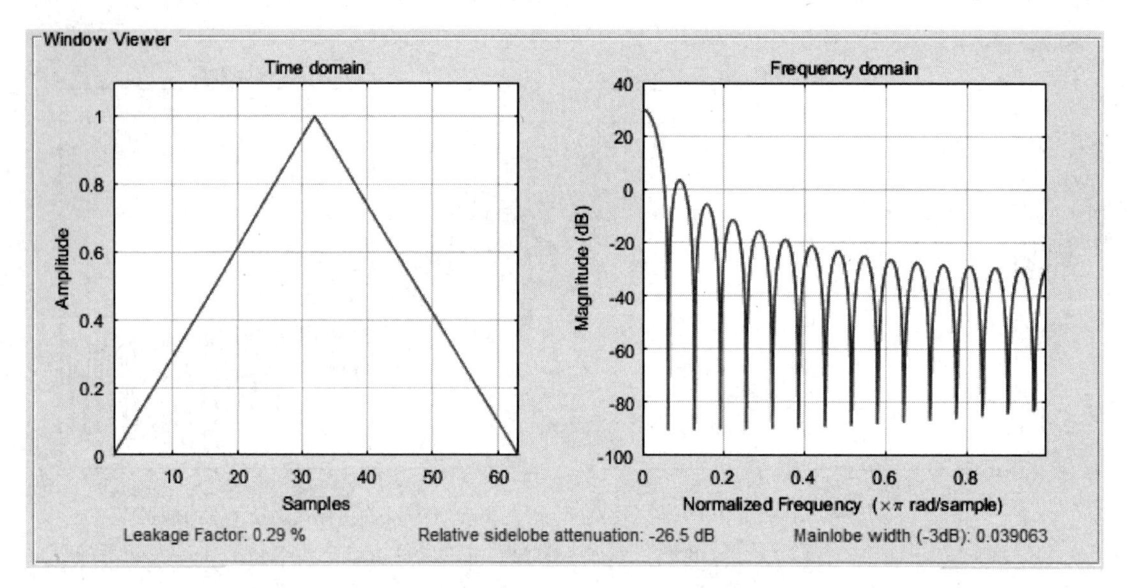

图 6.27 巴特利特窗的时域和频率响应特性

$$h(n)=\sum_{k=0}^{2}a(k)\cos\left(\frac{2kn\pi}{N}\right), n=-\frac{N}{2},\cdots,-2,-1,0,1,2,\cdots,\frac{N}{2} \tag{6.25}$$

$$\approx 0.42+0.5\cos\left(\frac{2n\pi}{N}\right)+0.08\cos\left(\frac{4n\pi}{N}\right)$$

其中，$a(0)=0.42659701$，$a(1)=0.49659062$，$a(2)=0.07684867$。

使用 MATLAB 工具创建 $N=64$ 的布莱克曼窗，如代码清单 5-3 所示，绘制的频率响应曲线如图 6.28 所示。

代码清单 6-3 blackman_window.m 文件

```
N=64;
w1=blackman(N);
wvtool(w1);
```

注： 读者可以定位到本书给定资料的\fpga_dsp_example\DFT\路径下，用 MATLAB R2016b 打开名字为 blackman_window.m 的文件。

对于海明窗而言，在进行 DFT 之前使用一个加权的数据窗口减少频谱泄露。与没有权重的平均窗口相比，巴特利特窗口将主瓣宽度增加一倍，同时将主副瓣衰减到 26dB，而没有权重的平均窗口只衰减到 13dB。与类似的汉宁窗相比，海明窗的副瓣衰减并不快。对于 N 个数据采样，海明窗定义为

$$h(n)=0.54+0.46\cos\left(\frac{2n\pi}{N}\right), n=-\frac{N}{2},\cdots,-2,-1,0,1,2,\cdots,\frac{N}{2} \tag{6.26}$$

使用 MATLAB 工具创建 $N=64$ 的海明窗，如代码清单 5-4 所示，绘制的频率响应曲线如图 6.29 所示。

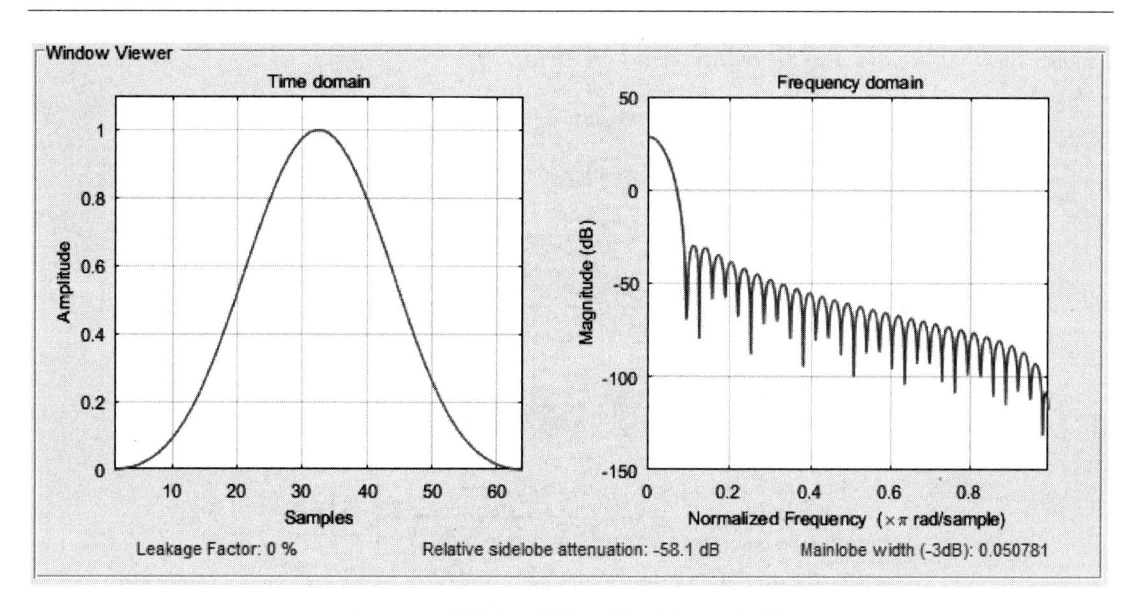

图 6.28　布莱克曼窗的时域和频率响应特性

代码清单 6-4　hamming_window. m 文件

```
l=64
w=hamming(l);
wvtool(w);
```

注：读者可以定位到本书给定资料的\fpga_dsp_example\DFT\路径下，用 MATLAB R2016b 打开名字为 hamming_window. m 的文件。

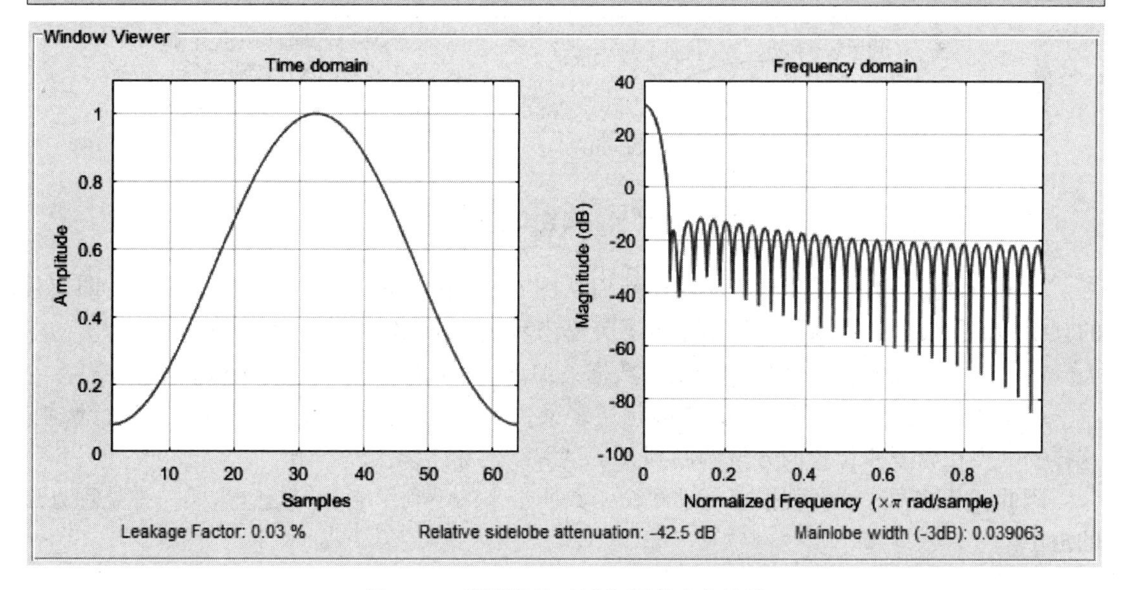

图 6.29　海明窗的时域和频率响应特性

对于哈里斯窗而言，在进行 DFT 之前使用一个加权的数据窗口减少频谱泄露（类似巴

特利特和汉宁窗)。对于 N 个数据采样，汉宁窗定义为

$$h(n)=0.5+0.5\cos\left(\frac{2n\pi}{N}\right), n=-\frac{N}{2},\cdots,-2,-1,0,1,2,\cdots,\frac{N}{2} \tag{6.27}$$

下面使用一个升余弦函数对正弦波进行加窗，比较加窗前后的频谱，如图 6.30 所示。

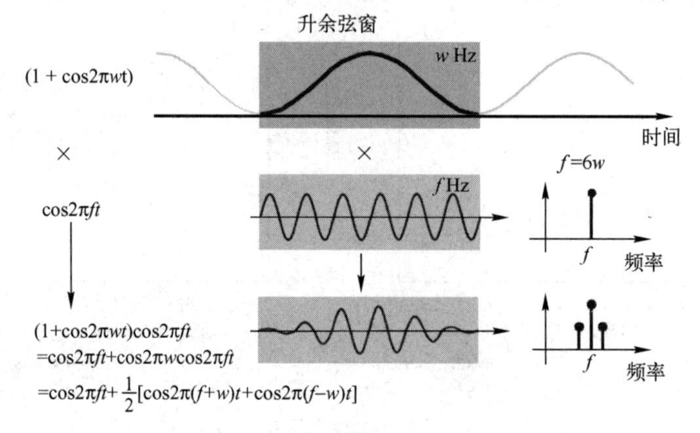

图 6.30 使用升余弦函数对正弦信号加窗后的频谱分布

当然，在使用窗函数之前应该理解加窗的负面效应，如图 6.31 所示。在实际设计中，每个读者都会有自己喜欢使用的窗函数，但是别忘了它们的不同特性。

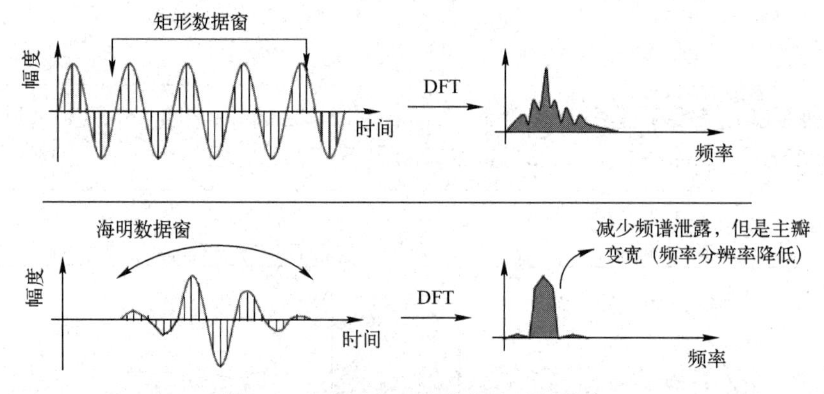

图 6.31 使用窗函数带来的不利影响

加窗的目的是为了减少频谱泄露，然而从图 6.31 中可知，其负面效应是主瓣，即信号的频率峰值扩展到一些副瓣，但是减少了旁瓣谱泄露。对加窗的两个简单的理解：

(1) 扩展，即对窗口开始和结束的数据去加重，暗示减少了采样的个数。

(2) 图 6.32 给出了升余弦窗的形状与定义。当加升余弦窗时，等于对信号进行调制。这样，使得在频率 A 位置的分量调制到 $A-e$ 到 $A+e$ 的频带。

因此，从这两个解释就很容易理解窗函数所带来的不利影响，但是这也是一种处理方法的折中。

对于信号：

$$y(n)=50\sin 2\pi\left(\frac{100}{1000}\right)n+100\sin 2\pi\left(\frac{200}{1000}\right)n$$

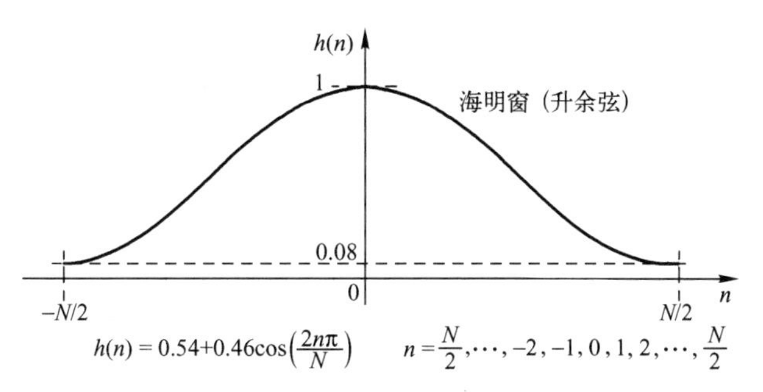

图 6.32　海明窗（升余弦）窗的形状和定义

使用矩形窗函数，512 个采样点，采样频率为 1000Hz，得到的频谱如图 6.33 所示。

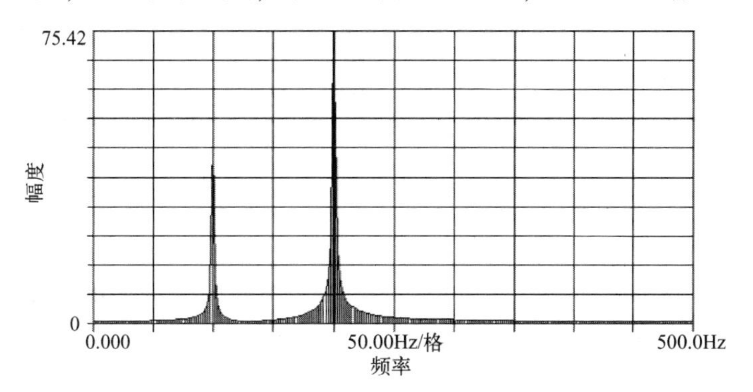

图 6.33　使用 DFT 对信号分析的结果（1）

对信号：

$$y(n)=50\sin 2\pi\left(\frac{100}{1000}\right)n+100\sin 2\pi\left(\frac{200}{1000}\right)n$$

使用海明窗，512 个采样点，采样频率为 1000Hz，得到的频谱如图 6.34 所示。

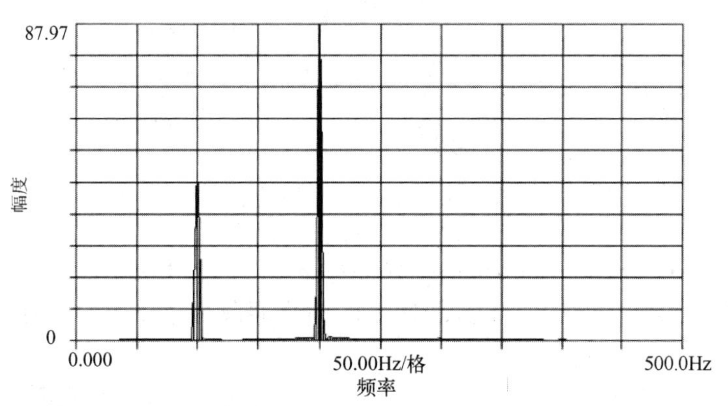

图 6.34　使用 DFT 对信号分析的结果（2）

思考与练习 6-3：根据上面介绍的内容，给出离散傅里叶正变换和反变换的公式，并说明其所表示的物理含义。

6.4 短时傅里叶变换

对 Chirp 信号取连续的时间窗口，如图 6.35 所示。

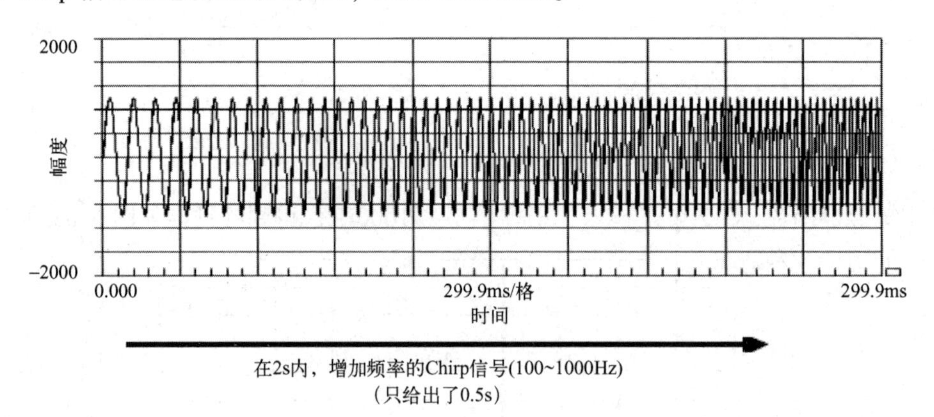

图 6.35 Chirp 信号的时域波形

同时，对数据执行 DFT 变换，将其以时间-频率瀑布图的方式进行显示，如图 6.36 所示。从图 6.36 中可知，信号的频率随着时间线性递增。

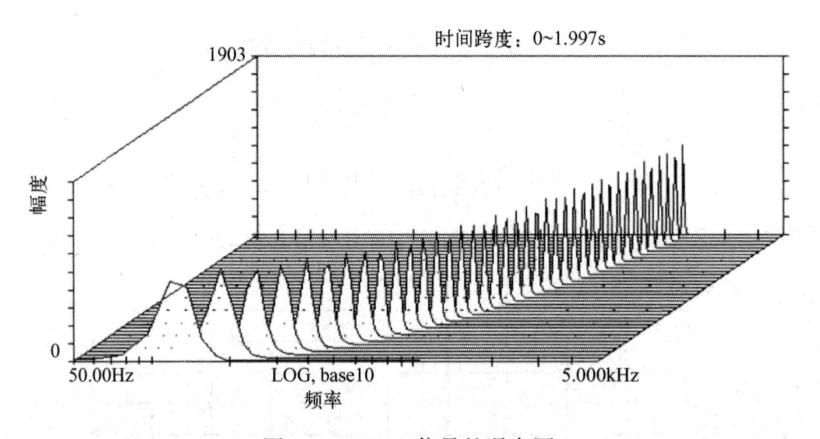

图 6.36 Chirp 信号的瀑布图

短时傅里叶变换（Short Time Fourier Transform，STFT）传统的问题是确定时间和频率分辨率。前面介绍的频率分辨率，或者 DFT 的频率间隔由 $1/(NT_s)$ 决定（N 为采样点的个数）。

当取小的时间窗口或者很少的采样时，有很好的时间分辨率。但很明显，不会带来好的频率分辨率，这是因为频率间隔 $1/(NT_s)$ 较大。

如果取大量的采样，可以得到较好的频率分辨率（较小的频率间隔）$1/(NT_s)$，然而对于时间分辨率并不好，这是因为时间窗口太长。

综上所述，必须进行折中。解决问题的方法就是使用其他类型的变换，如小波变换。

下面举一个 STFT 的典型应用，如时域中的语音信号，如图 6.37 所示。在时域中很难理解频率，它是一种特殊的共振峰信息。在时域中，语音信号可以表示为 OKAY。当使用 STFT 时，则可以提供信号在时间和频率上的变化关系，如图 6.38 所示。

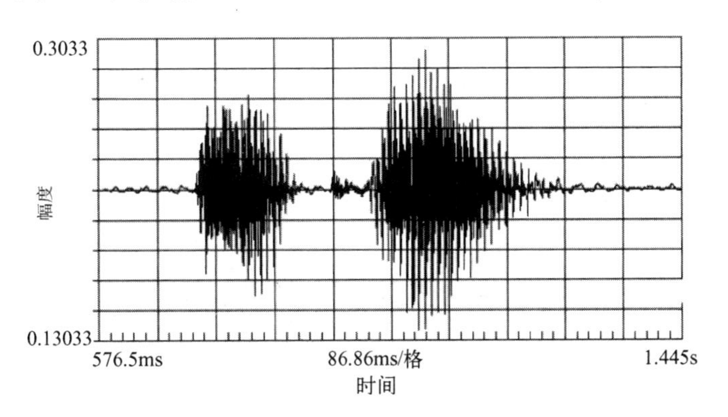

图 6.37　语音信号的时域表示

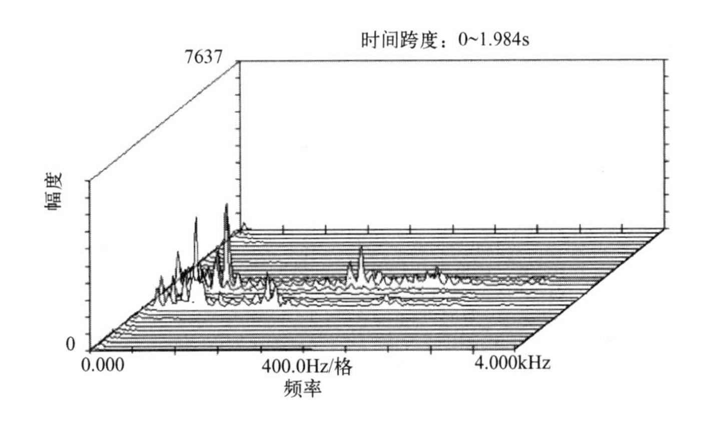

图 6.38　语音信号 STFT 变换后的结果

6.5　离散傅里叶变换的运算量

前面已经讨论，当序列 $x(n)$ 的点数不超过 N 时，它的 N 点 DFT 表示为

$$X(k)=\sum_{n=0}^{N-1}x(k)W_N^{nk},0\leqslant k\leqslant N-1 \tag{6.28}$$

它的反变换（IDFT）表示为

$$x(n)=\frac{1}{N}\sum_{n=0}^{N-1}X(k)W_N^{-nk},0\leqslant n\leqslant N-1 \tag{6.29}$$

当 k 依次取 0、1、2、…、$N-1$ 时，可用下面的等式表示为

$$X(0)=x(0)W_N^{00}+x(1)W_N^{01}+x(2)W_N^{02}+\cdots+x(N-1)W_N^{0(N-1)}$$

$$X(1)=x(0)W_N^{10}+x(1)W_N^{11}+x(2)W_N^{12}+\cdots+x(N-1)W_N^{1(N-1)}$$

$$X(2)=x(0)W_N^{20}+x(1)W_N^{21}+x(2)W_N^{22}+\cdots+x(N-1)W_N^{2(N-1)}$$

$$\cdots$$

$$X(N-1)=x(0)W_N^{(N-1)0}+x(1)W_N^{(N-1)1}+\cdots+x(N-1)W_N^{(N-1)(N-1)} \tag{6.30}$$

由上式可见，直接按照定义计算 N 点序列的 N 点 DFT 时，每行含 N 个复数乘法，即 $x(n)$ 和 W_N^{nk} 相乘，以及 $N-1$ 次复数相加运算。从而直接按定义计算 N 点的傅里叶变换的总计算量为 N^2 次复数乘法和 $N(N-1)$ 次复数加法。当 N 较大时，N^2 很大，计算量过大。例如，当 $N=8$ 时，DFT 需要 64 次复数乘法，而当 $N=4096(2^{12})$ 时，DFT 需要 16777216 次复数乘法。此外，直接使用 DFT 计算，还会因字长有限而产生较大的误差，甚至造成计算结果的不收敛。

通过对 W_N^{nk} 特性的研究，发现其具有下面的重要性质，可以帮助减少 DFT 的运算量。

（1）共轭对称性：

$$(W_N^{nk})^*=W_N^{-nk} \tag{6.31}$$

（2）周期性：

$$W_N^{nk}=W_N^{(n+N)k}=W_N^{n(k+N)} \tag{6.32}$$

（3）可约性：

$$W_N^{nk}=W_{mN}^{mnk} \tag{6.33}$$

$$W_N^{nk}=W_{N/m}^{nk/m} \tag{6.34}$$

这就为减少 DFT 的运算量奠定了基础。Cooley 和 Tukey 于 1965 年提出了一种离散傅里叶的快速算法，解决了 DFT 的快速计算问题。下一章将详细介绍快速傅里叶变换的方法。

思考与练习 6-4：针对于一个 64 点的 DFT，给出其算法的复杂度。

6.6 离散傅里叶算法的模型实现

本节以 8 点离散傅里叶模型设计为例，说明离散傅里叶算法的具体实现过程。

> **注**：读者可以使用 Xilinx Vivado 2017.2 工具下的 System Generator 打开 MATLAB R2016b 工具，通过 Simlink 按钮，打开 Simulink 设计界面。在该设计界面中，定位到本书给定资料的\fpga_dsp_example\DFT\路径下，打开名字为 dft_8_point.mdl 文件。

8 点离散傅里叶模型的整体结构如图 6.39 所示。

从图 6.39 中可知，$X(0)\sim X(7)$ 分别是由输入离散序列 $x(0)\sim x(7)$ 与不同的 W_N^{nk} 加权求和的结果。由于 W_N^{nk} 是复数，因此加权求和实际上由复数相乘和相加的过程实现。对于 $X(7)$ 而言，其加权因子包括 W_8^0、W_8^7、W_8^{14}、W_8^{21}、W_8^{28}、W_8^{35}、W_8^{42} 和 W_8^{49}。

将图 6.39 局部放大，可以看到旋转因子使用复数乘法和加法的实现，如图 6.40 所示。

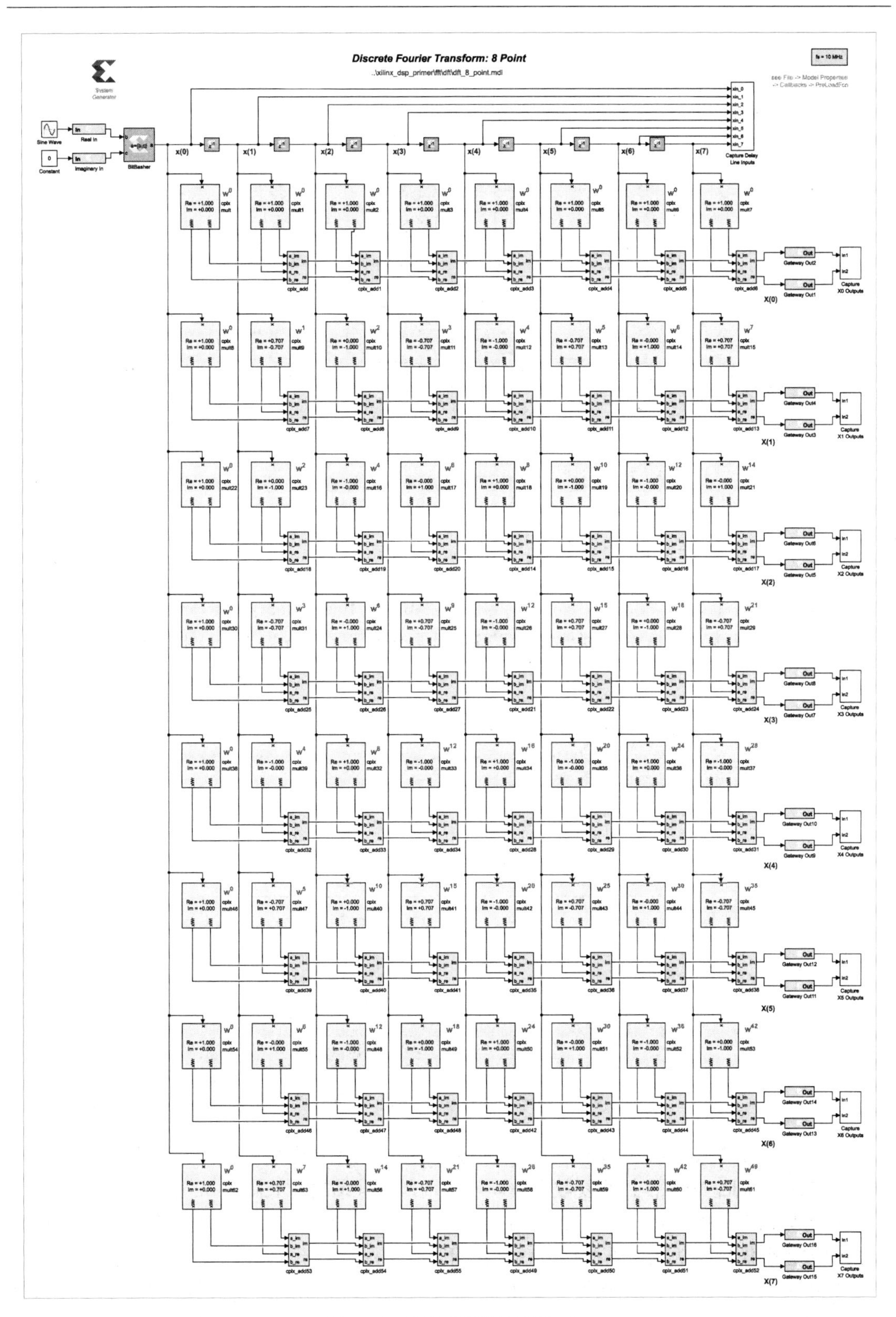

图 6.39　离散傅里叶变换结构

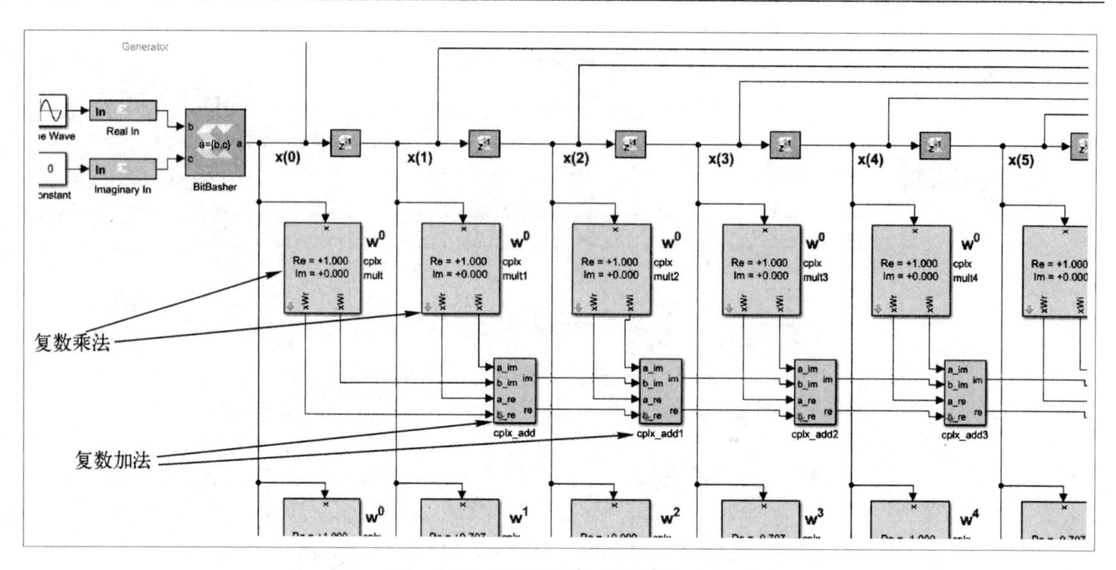

图 6.40　旋转因子的复数乘法和加法的实现

6.6.1　分析复数乘法的实现方法

双击其中一个复数乘法模块符号，出现“Block Parameters：cplx mult”对话框，如图 6.41所示。在该对话框中，需要设置“Signal sample index，n”（信号采样索引，n）的值和“Frequency index，k”（频率索引值，k）的值。

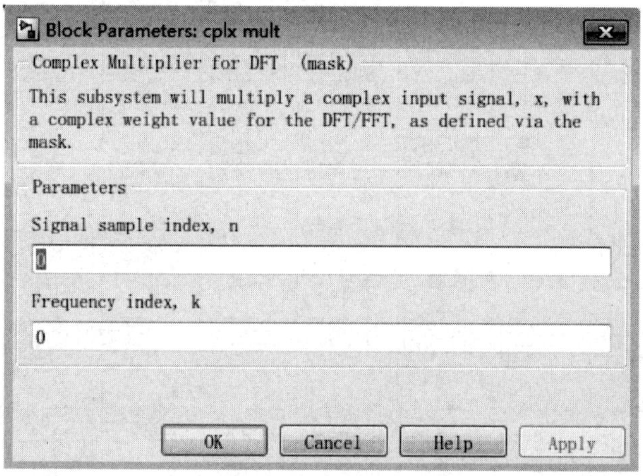

Block Parameters: cplx mult

Complex Multiplier for DFT (mask)

This subsystem will multiply a complex input signal, x, with a complex weight value for the DFT/FFT, as defined via the mask.

Parameters

Signal sample index, n

0

Frequency index, k

0

OK　Cancel　Help　Apply

图 6.41　“Block Parameters：cplx mult”对话框

选中一个复数乘法模块符号，单击鼠标右键，出现浮动菜单。在浮动菜单中，选择 Mask->Look Under Mask，打开复数乘法模块的内部实现结构，如图 6.42 所示。

思考与练习 6-5：根据图 6.42 给出的复数乘法的内部实现结构，说明其具体实现原理和模块内各个模块的功能。要特别注意字长问题。

选中一个复数乘法模块符号，单击鼠标右键，出现浮动菜单。在浮动菜单中，选择 Mask->Edit Mask，打开“Mask Editor：cplx mult”对话框，单击该对话框中的“Icon &

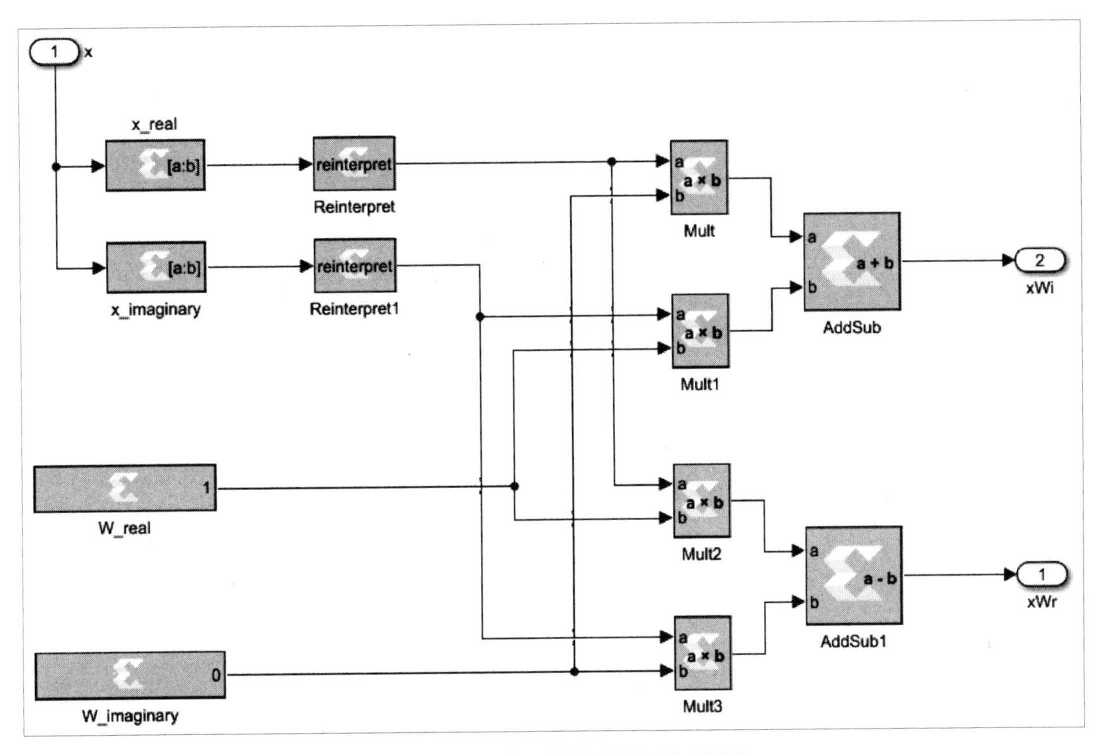

图 6.42　复数乘法模块的内部实现结构

Ports”标签，如图 6.43 所示。

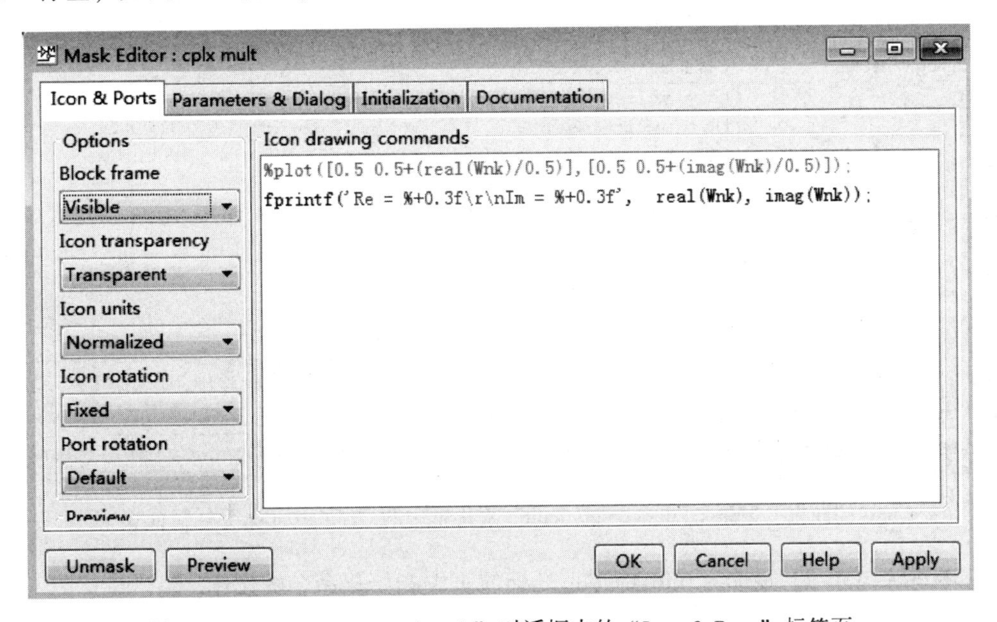

图 6.43　“Mask Editor：cplxmult”对话框中的“Icon & Ports”标签页

思考与练习 6-6： 说明“Mask Editor：cplx mult”对话框中程序代码的作用。

单击“Mask Editor：cplx mult”对话框中的“Parameters & Dialog”标签，如图 6.44 所示。在图 6.44 中增加了两个名字为“n”和“k”的参数，正是读者在图 6.41 中所看到的信息。

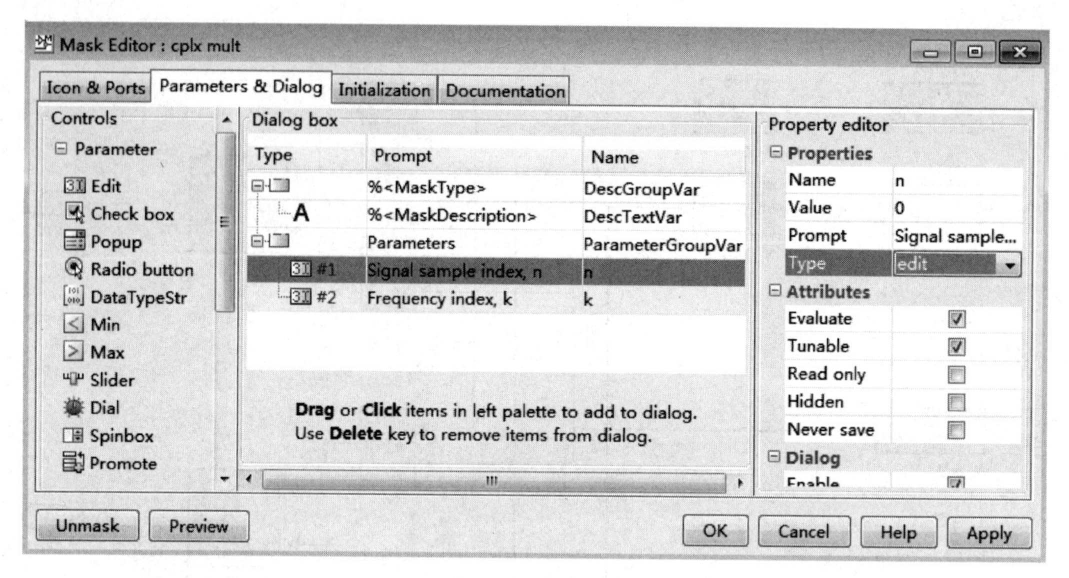

图 6.44 “Mask Editor：cplx mult”对话框中的“Parameters & Dialog”标签页

单击“Mask Editor：cplx mult”对话框中的“Initialization”标签。在“Initialization”标签页中，给出了初始化命令，如图 6.45 所示。

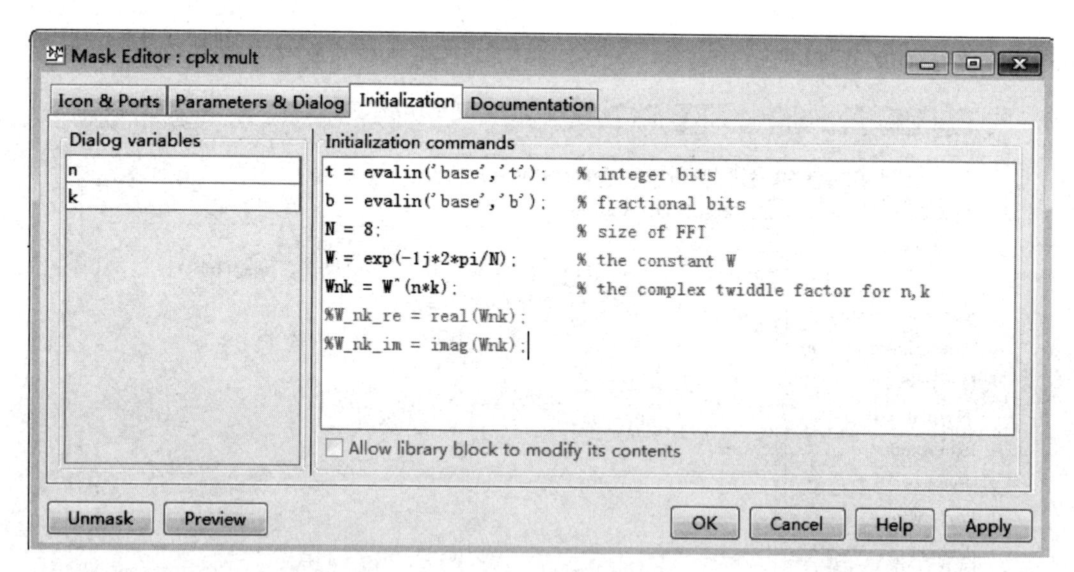

图 6.45 “Mask Editor：cplx mult”对话框中的“Initialization”标签页

思考与练习 6-7：说明“Initialization”标签页中初始化命令的作用。

6.6.2 分析复数加法的实现方法

双击一个复数加法模块符号，出现“Block Parameters：cplx_add”对话框，如图 6.46 所示。在该对话框中，设置 Integer bits（整数位）的个数和 Fractional bits（小数位）的个数。

选中一个复数加法模块符号，单击鼠标右键，出现浮动菜单。在浮动菜单中，选择 Mask->Look Under Mask，打开复数加法模块的内部实现结构，如图 6.47 所示。

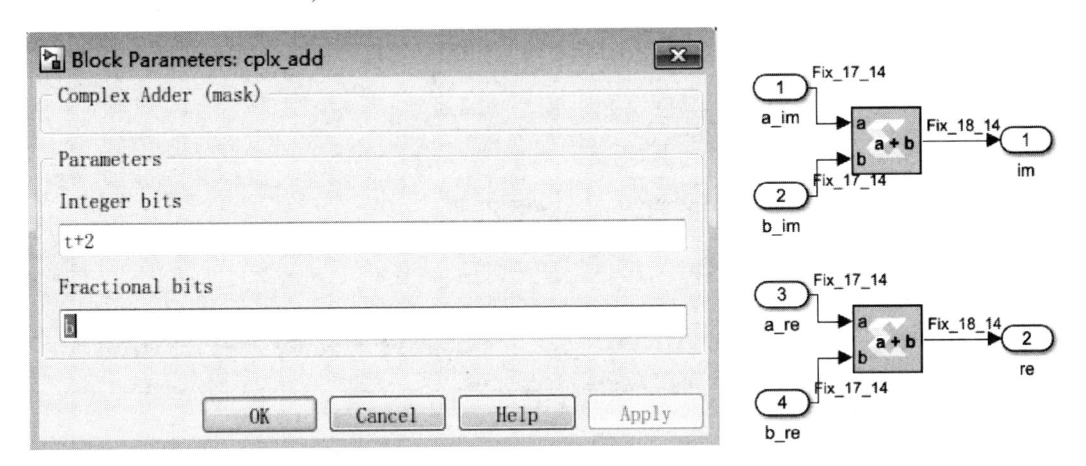

图 6.46 “Block Parameters：cplx_add” 对话框　　　图 6.47 复数加法模块的内部实现结构

思考与练习 6-8： 根据图 6.47 给出的复数加法模块的内部实现结构，说明其具体实现原理和模块内各个模块的功能。要特别注意字长问题模块。

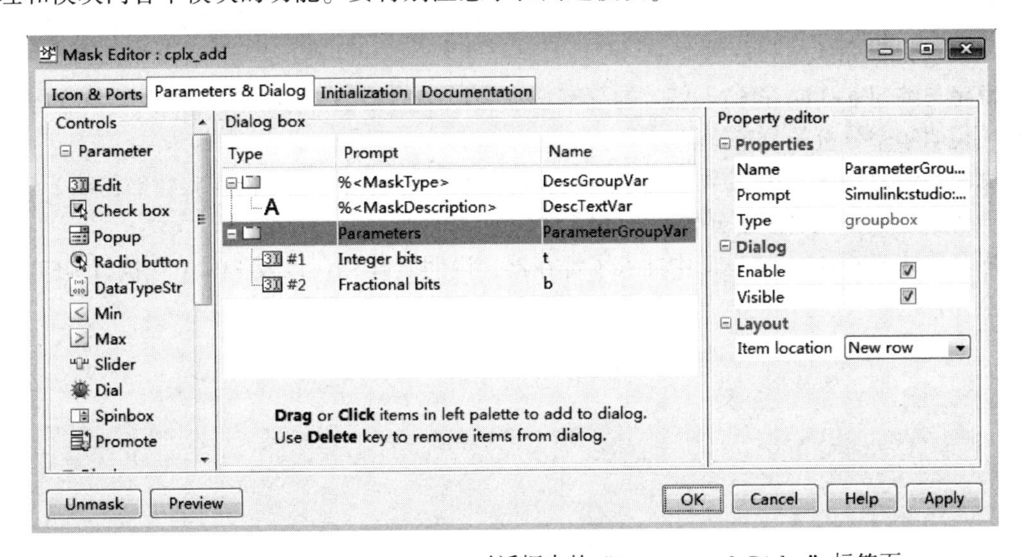

图 6.48 “Mask Editor:cplx_add” 对话框中的 “Parameters & Dialog” 标签页

选中一个复数乘法模块符号，单击鼠标右键，出现浮动菜单。在浮动菜单中，选择 Mask->Edit Mask，打开 “Mask Editor：cplx_add” 对话框，在该对话框中单击 “Parameters & Dialog” 标签，如图 6.48 所示。在图 6.48 中可以看到增加了两个名字为 “t” 和 “b” 的参数，其正是读者在图 6.46 中所看到的信息。

6.6.3 运行设计

单击 Simulink 主界面工具栏中的 ▶ 按钮，对该设计执行仿真，仿真结果如图 6.49

所示。

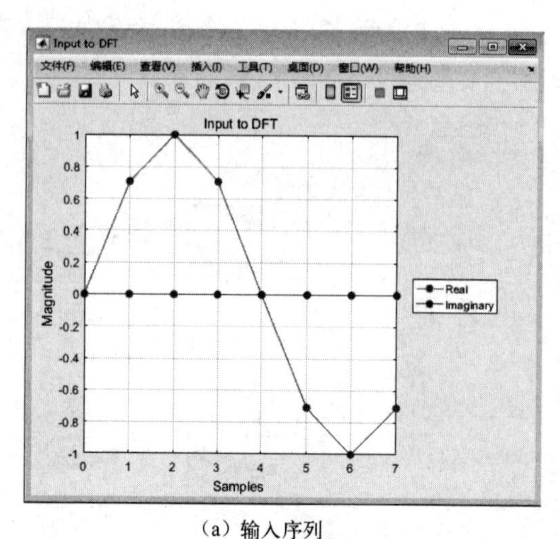

(a) 输入序列

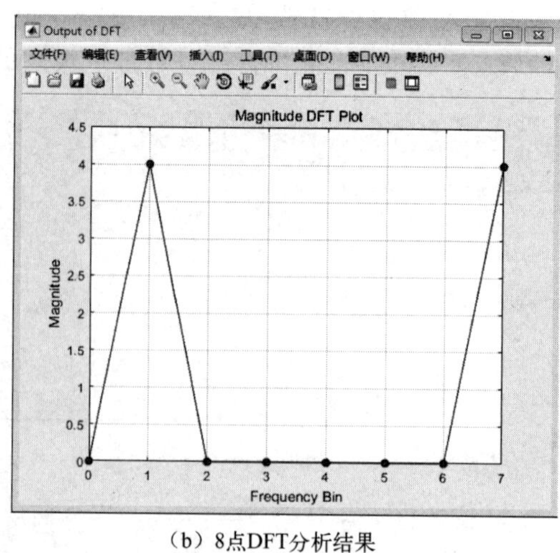

(b) 8点DFT分析结果

图 6.49 执行 8 点 DFT 的仿真结果

思考与练习 6-9：根据图 6.44 和设置的参数，说明输入信号的频率和频率分量的分布特点。

思考与练习 6-10：将输入信号的频率增加为原来初始信号频率的 2 倍，重新执行仿真过程，说明频率分量的分布特点。

思考与练习 6-11：将输入信号的频率增加为原来初始信号频率的 3 倍，重新执行仿真过程，说明频率分量的分布特点。

思考与练习 6-12：将输入信号的频率设置为原来初始信号频率的非整数倍，如 2.5，重新执行仿真过程，说明频率分量的分布特点。

思考与练习 6-13：该设计中插入了寄存器，说明其作用，以及 FPGA 在执行 DFT 时真正的全并行性。

第 7 章　快速傅里叶变换的原理与实现

离散傅里叶变换（Discrete Fourier Transform，DFT）虽然在理论上阐述了如何利用数字化方法进行信号的分析，但 DFT 的计算效率很低，计算机处理数字信号的速度受到限制。所以，在实际中，DFT 的应用并不广泛。

20 世纪以来，信号处理的快速算法研究有了新的突破，出现了离散傅里叶变换的快速算法，即快速傅里叶变换（Fast Fourier Transform，FFT）。FFT 是整个数字信号处理进行信号频谱分析实现的基础，读者必须掌握 FFT 算法的原理，并且能够通过 FFT 实现对信号进行频谱分析。

本章将介绍快速傅里叶变换的发展、Danielson-Lanczos 引理、按时间抽取的基 2 FFT 算法、按频率抽取的基 2 FFT 算法、Cooley-Tuckey 算法、基 4 和基 8 的 FFT 算法、FFT 计算中的字长、基于 MATLAB 的 FFT 分析、基于模型的 FFT 设计与实现、基于 IP 核的 FFT 实现，以及基于 C 模型和 HLS 的 FFT 建模与实现。

7.1　快速傅里叶变换的发展

Cooley-Tukey 算法是最常见的 FFT 算法。这一方法以分治法为策略递归地将长度为 $N=N_1 \cdot N_2$的 DFT 分解为长度为 N_1的 N_2个较短序列的 DFT，以及与 $O(N)$个旋转因子的复数乘法。

在 1965 年，J. W. Cooley（库利）和 J. W. Tukey（图基）合作发表了一篇名为“An algorithm for the machine calculation of complex Fourier series”的论文后，这种方法和 FFT 的基本思路才开始为人们所知。但后来发现，实际上这两位作者只是重新发明了高斯在 1805 年就已经提出的算法。

> 注：在历史上，以各种形式多次提出该算法。

Cooley-Tukey 算法最有名的应用是将序列长为 N 的 DFT 分割为两个长为 $N/2$ 的子序列的 DFT。因此，这一应用只适用于序列长度为 2 的幂次方的 DFT 计算，即基 2FFT。实际上，如同高斯和 Cooley 与 Tukey 指出的那样，Cooley-Tukey 算法也可以用于序列长度 N 为任意因数分解形式的 DFT，即混合基 FFT。

尽管 Cooley-Tukey 算法的基本思路是采用递归的方法进行计算，但是大多数传统算法的实现都将显式的递归算法改写为非递归的形式。另外，因为 Cooley-Tukey 算法是将 DFT 分解为较短长度的多个 DFT，因此它可以同任一种其他的 DFT 算法联合使用。

7.2　Danielson-Lanczos 引理

将一个长度为 N 的 DFT 重新表示为两个长度为 $N/2$ 的 DFT，其中 N 为 2 的幂次方，如

N=8、16、64、256 和 1024 等，表示为

$$\begin{aligned} X(k) &= \sum_{n=0}^{N-1} x(n)\mathrm{e}^{\frac{-\mathrm{j}2\pi kn}{N}} \\ &= \underbrace{\sum_{m=0}^{\frac{N}{2}-1} x(2m)\mathrm{e}^{\frac{-\mathrm{j}2\pi k}{N}2m}}_{N/2\text{点DFT}} + \underbrace{\sum_{m=0}^{\frac{N}{2}-1} x(2m+1)\mathrm{e}^{\frac{-\mathrm{j}2\pi k}{N}(2m+1)}}_{N/2\text{点DFT}} \end{aligned} \tag{7.1}$$

其中，$\sum_{n=0}^{N-1} x(n)\mathrm{e}^{\frac{-\mathrm{j}2\pi kn}{N}}$ 为 N 点 DFT，$\sum_{m=0}^{\frac{N}{2}-1} x(2m)\mathrm{e}^{\frac{-\mathrm{j}2\pi k}{N}2m}$ 与 $\sum_{m=0}^{\frac{N}{2}-1} \times(2m+1)\mathrm{e}^{\frac{-\mathrm{j}2\pi k}{N}(2m+1)}$ 为 $N/2$ 点 DFT。

从式（7.1）可知，Danielson-Lanczos 引理在时域上对输入序列进行抽取，得到两个序列，即索引为 $2m$ 的序列称为偶序列，索引为 $2m+1$ 的序列称为奇序列。对序列进行重新编号，得到：

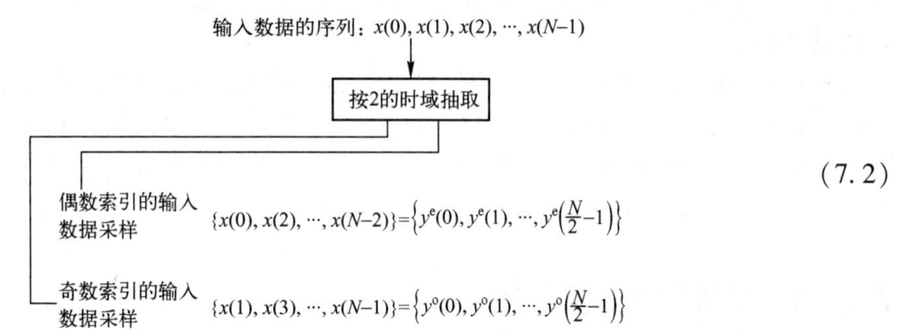

(7.2)

Danielson-Lanczos 引理通过时间抽取，从原始的序列中得到两个较短长度的 DFT。注意，时域中的原始数据序列按照 2 倍进行抽取，为了得到两个不同的序列。因此，给定一个时域长度为 N（2 的幂次方）的采样数据序列，就可以得到两个长度为 $N/2$ 的序列。这两个序列，一个是偶数索引序列，另一个是奇数索引序列。

此外，还有其他技术可以用于实现 FFT，它依赖频域中的数据抽取，因此将其称为按频率抽取技术。

7.3 按时间抽取的基 2 FFT 算法

按时间抽取的基 2FFT 算法也称为库利-图基算法，该算法是最基本的离散傅里叶变换快速算法。

将 Danielson-Lanczos 引理用于将长度为 N 的 DFT 表示为两个（因此称为基 2）长度较小的 DFT：

$$\begin{aligned} &\sum_{m=0}^{\frac{N}{2}-1} x(2m)\mathrm{e}^{-\mathrm{j}\frac{2\pi k}{N}2m} + \sum_{m=0}^{\frac{N}{2}-1} x(2m+1)\mathrm{e}^{-\mathrm{j}\frac{2\pi k}{N}(2m+1)} \\ &= \sum_{m=0}^{M-1} y^{\mathrm{e}}(m)\ \mathrm{e}^{-\mathrm{j}\frac{2\pi k}{M}m} + \mathrm{e}^{-\mathrm{j}\frac{2\pi k}{N}} \sum_{m=0}^{M-1} y^{\mathrm{o}}(m)\ \mathrm{e}^{-\mathrm{j}\frac{2\pi k}{M}m} \\ &= Y^{\mathrm{e}}(k) + \mathrm{e}^{-\mathrm{j}\frac{2\pi k}{N}}\ Y^{\mathrm{o}}(k), \quad k = 0,1,2,\cdots,N-1 \end{aligned} \tag{7.3}$$

式（7.3）中，$Y^{\mathrm{e}}(k)$和$Y^{\mathrm{o}}(k)$分别为 $M=N/2$ 点的 DFT；$\mathrm{e}^{-\mathrm{j}\frac{2\pi k}{N}}$称为旋转因子。

注： k 的范围为 $0\sim N-1$，而不是 $0\sim N/2-1$，这点要特别注意。

上面得到两个较短的 DFT 变换。上面强调频率 k 仍然在 $0\sim N-1$ 之间，而不是在 $0\sim N/2-1$ 之间，这是因为希望进行 $N/2$ 点的 DFT 运算。然而，这并不是一个很重要的问题，因为$Y^{e}(k)$和$Y^{o}(k)$是周期的，下面给出 $k=0$ 和 $k=M$ 的情况：

$$Y^{e}(k=0)=\sum_{m=0}^{M-1} y^{e}(m)\,\mathrm{e}^{-\mathrm{j}\frac{2\pi 0}{M}m}=\sum_{m=0}^{M-1} y^{e}(m)$$

$$Y^{e}(k=M)=\sum_{m=0}^{M-1} y^{e}(m)\,\mathrm{e}^{-\mathrm{j}\frac{2\pi M}{M}m}=\sum_{m=0}^{M-1} y^{e}(m)\,\mathrm{e}^{-\mathrm{j}2\pi m}=\sum_{m=0}^{M-1} y^{e}(m)=Y^{e}(k=0)$$

因此，当计算$Y^{e}(k=0)$和$Y^{e}(k=M)$时，计算的复杂度并没有增加，这是因为变量 k 的取值范围在 $0\sim N-1$ 之间。注意到周期性 k 的旋转因子受到符号变化的影响：

$$\mathrm{e}^{-\mathrm{j}\frac{2\pi k}{N}}\Big|_{k=0}=1$$

以及：

$$\mathrm{e}^{-\mathrm{j}\frac{2\pi k}{N}}\Big|_{k=M}=-1$$

进一步推广，将 Danielson-Lanczos 引理表示为

$$X(k)=\begin{cases} Y^{e}(k)+\mathrm{e}^{-\mathrm{j}\frac{2\pi k}{N}}Y^{o}(k), & k<M \\ Y^{e}(k)-\mathrm{e}^{-\mathrm{j}\frac{2\pi k}{N}}Y^{o}(k), & k\geqslant M \end{cases} \tag{7.4}$$

式（7.4）中，$k=0, 1, 2, \cdots, N-1$，以及 $M=N/2$，如图 7.1 所示。

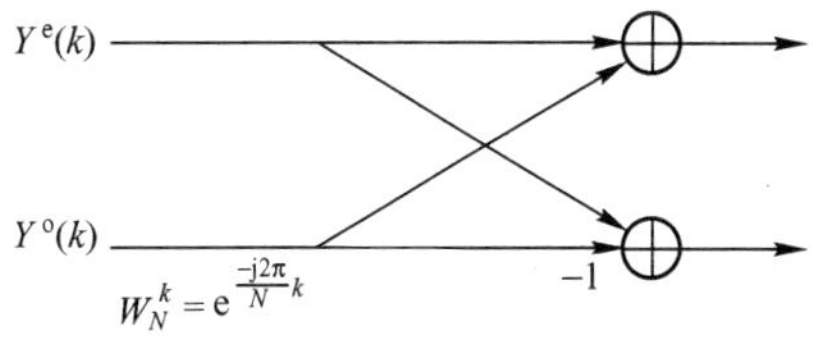

再次注意图 7.1 中旋转因子的符号变化，这是因为当 $k\geqslant M$ 时，碟形因子按下面计算：

$$\mathrm{e}^{-\mathrm{j}\frac{2\pi}{N}(k-M)}=\mathrm{e}^{-\mathrm{j}\frac{2\pi}{N}k}\mathrm{e}^{\mathrm{j}\frac{2\pi}{N}\frac{N}{2}}=\mathrm{e}^{-\mathrm{j}\frac{2\pi}{N}k}\mathrm{e}^{\mathrm{j}\pi}=-\mathrm{e}^{-\mathrm{j}\frac{2\pi}{N}k}$$

$Y^{e}(k)$　$Y^{o}(k)$　$W_N^k=\mathrm{e}^{\frac{-\mathrm{j}2\pi}{N}k}$　-1

图 7.1　一个 N 点 DFT 由两个 $N/2$ 点 DFT 组合而成

当按基 2 的时间抽取时，计算复杂度降低。

（1）对于$Y^{e}(k)$而言，对于每一个 k，需要计算 M 次复数乘法，k 有 N 个取值。然而由于对称性，因此只需要计算 $N/2$ 个值。因此，用于计算$Y^{e}(k)$的乘法总量的复杂度为

$$M^2=(N/2)^2$$

（2）对于$\mathrm{e}^{-\mathrm{j}\frac{2\pi k}{N}}Y^{o}(k)$而言，需要$M^2$次乘法计算$Y^{o}(k)$，然后需要 N 次乘法计算旋转因子。因此，用于计算$\mathrm{e}^{-\mathrm{j}\frac{2\pi k}{N}}Y^{o}(k)$乘法总量的复杂度为

$$M^2+N=(N/2)^2+N$$

综合（1）和（2），得到总的运算复杂度为

$$M^2+M^2+N=2M^2+N=\frac{N^2}{2}+N$$

进一步进行分解，如图 7.2 所示。从图 7.2 中可知，对于$Y^{e}(k)$而言，可以进一步分解为$Y^{ee}(k)$和$\mathrm{e}^{-\mathrm{j}\frac{2\pi k}{N/2}}Y^{eo}(k)$的蝶形运算，这样长度就变成了 $N/4$。同时，$\mathrm{e}^{-\mathrm{j}\frac{2\pi k}{N}}Y^{o}(k)$也可以进一步分解为$Y^{oe}(\mathrm{k})$和$\mathrm{e}^{-\mathrm{j}\frac{2\pi k}{N/2}}Y^{oo}(k)$的蝶形运算，这样长度也同时变成了 $N/4$。依次，继续进行分解。

这样，最终就变成了长度为 1 的 DFT 运算。最终的运算复杂度就变成了：

$$N\log_2^N$$

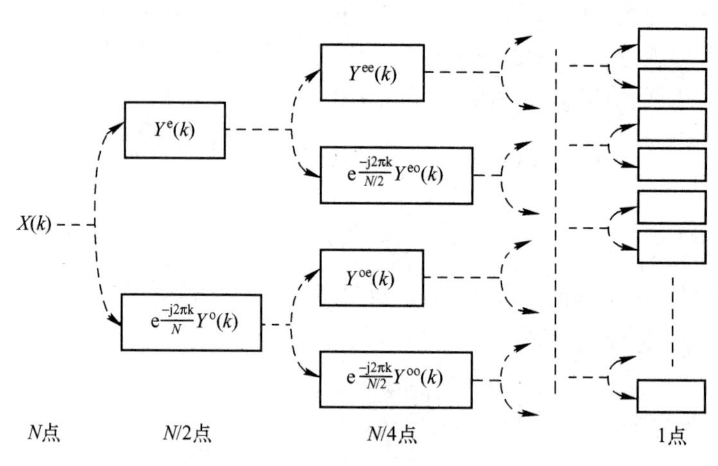

图 7.2　按时间抽取的基-2 递归操作

对于 8 点的 DFT 而言，可以用图 7.3 表示将 8 点 DFT 最终分解为 8 个 1 点 DFT 变换的过程。从图 7.3 中可知，使用 Danielson-Lanczos 引理将原始的 DFT 分解为两个 4 点的 DFT，即索引为偶数的采样序列和索引为奇数的采样序列：

$$\{x(0),x(2),x(4),x(6)\}$$
$$\{x(1),x(3),x(5),x(7)\}$$

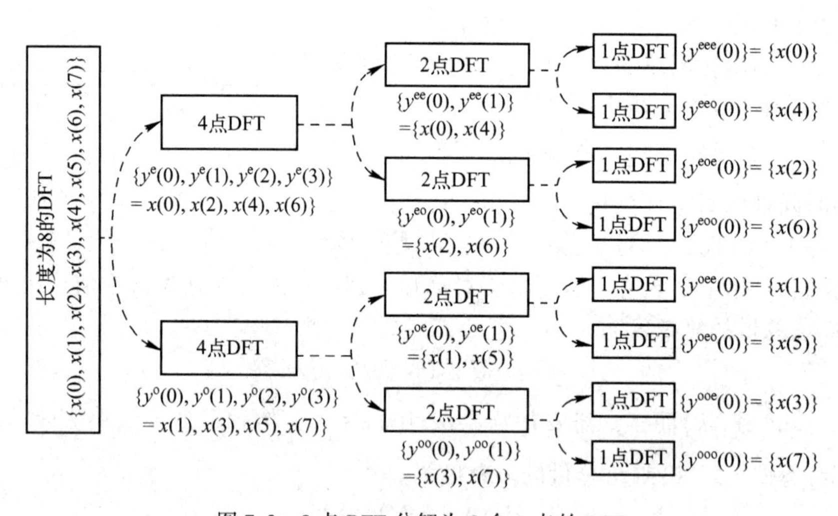

图 7.3　8 点 DFT 分解为 8 个 1 点的 DFT

将相同的方法分别应用到两个 4 点的 DFT，这样就可得到 4 个 2 点的 DFT。它们分别从两个 4 点的 DFT 的采样序列中得到偶数索引和奇数索引的采样值。原始的输入采样 $x(n)$ 对应到各自不同的 DFT 是：

$$\{x(0),x(4)\}$$
$$\{x(2),x(6)\}$$

$$\{x(1),x(5)\}$$
$$\{x(3),x(7)\}$$

最终，长度为 2 的 DFT 分为 8 个长度为 1 的 DFT，不需要复杂计算，如图 7.4 所示。

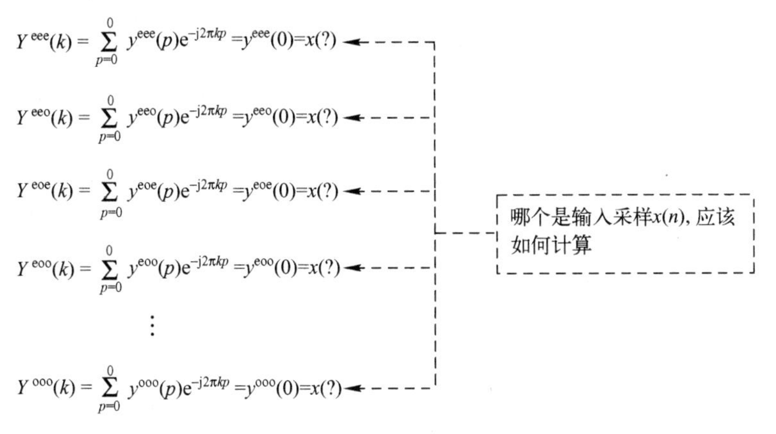

图 7.4　8 个长度为 1 的 DFT 计算

例如：

$$Y^{oeo}(k)=\sum_{n=0}^{0} y^{oeo}(n)\, e^{-j\frac{2\pi}{1}kn}=y^{oeo}(0)$$

这里的困难就是输入采样 $x(0)$ 对应于 $y^{oeo}(0)$，但是经过观察，你会发现它们之间的一些关系，如图 7.5 所示。将 y 上标的 e 映射为 0、o 映射为 1，则得到它们之间的映射关系。仔细观察图 7.5 中间的部分，可以发现输入采样序列和输出之间的索引采用了位反转的方法。

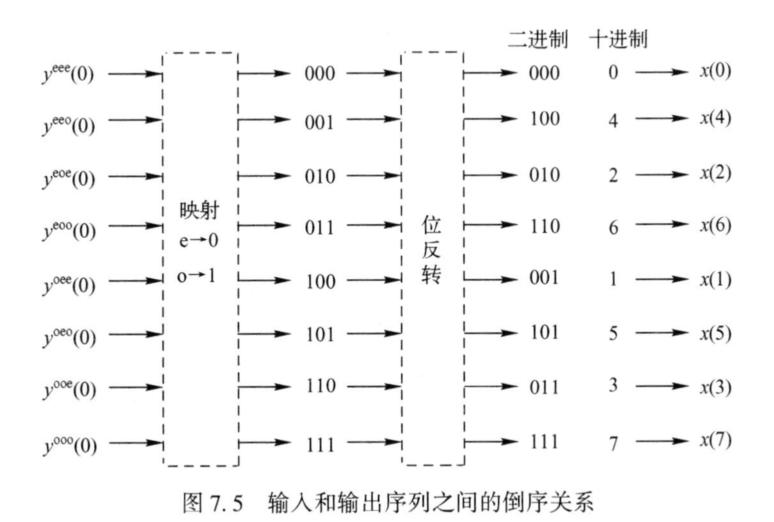

图 7.5　输入和输出序列之间的倒序关系

按时间抽取的基 2 的完整结构如图 7.6 所示。从图 7.6 中可知，在进行快速变换前，通过位反转的方法，对输入的采样序列重新排序。这样，使得快速变换后的序列和输入序列的索引可以一一对应。

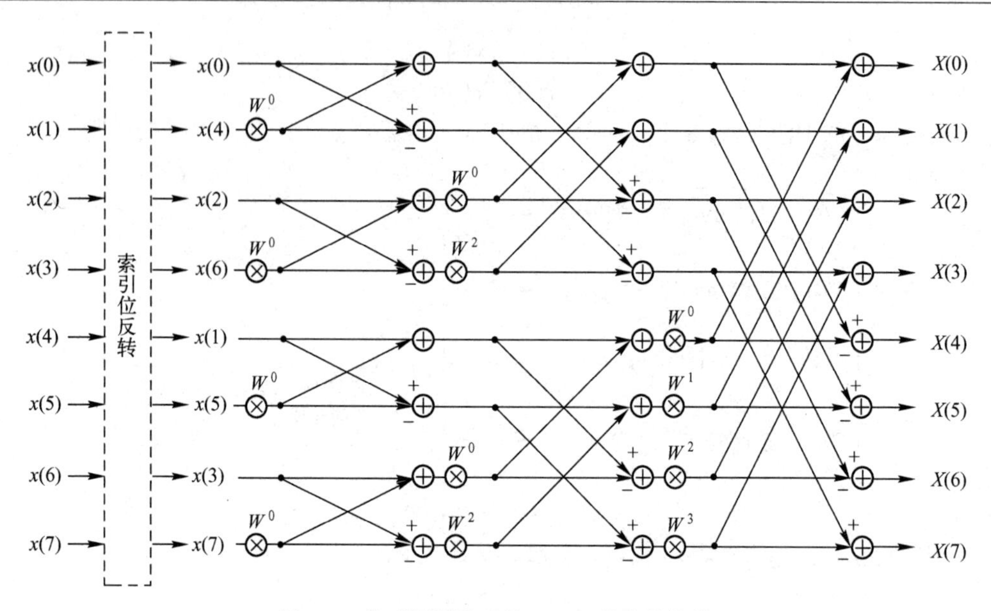

图 7.6 按时间抽取的基 2 FFT 的完整结构

再仔细观图 7.6，可以使用相同的存储器位置保存每个碟形的输出，这样节省了存储空间，如图 7.7 所示。

思考与练习 7-1：请读者给出 16 点的按时间抽取的基 2 FFT 数据流图，并说明实现过程。

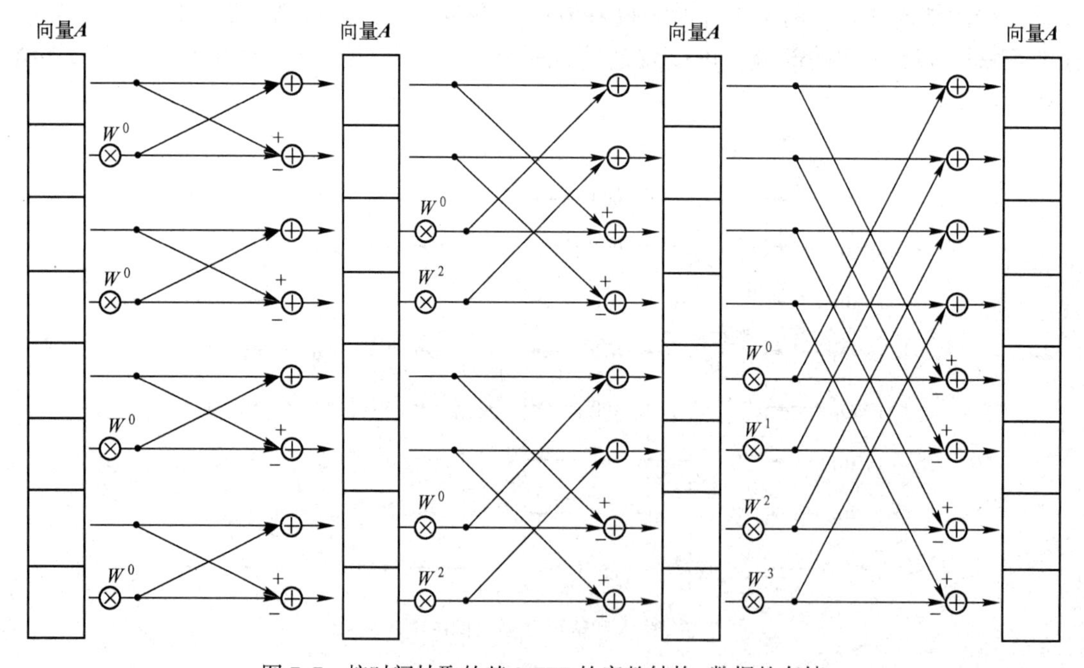

图 7.7 按时间抽取的基 2 FFT 的完整结构-数据的存储

7.4　按频率抽取的基 2 FFT 算法

除时间抽取法外，另外一种普遍使用的 FFT 结构是频率抽取（Decimation In Frequency，DIF）法。将 DFT 分成两组（因此也是基 2），即索引为偶数的频率索引和索引为奇数的频率索引：

$$X(k) = \sum_{n=0}^{N-1} x(n)\, e^{\frac{-j2\pi kn}{N}}$$
$$= X(2r) + X(2r+1)$$
$$k = 0,1,2,\cdots,N-1$$
$$r = 0,1,\cdots,\frac{N}{2}-1$$

其中，$X(k)=\sum_{n=0}^{N-1}x(n)e^{\frac{-j2\pi kn}{N}}$ 是长度为 N 点的 DFT；$X(2r)$ 是索引为偶数的频率索引；$X(2r+1)$ 是索引为奇数的频率索引。

偶数频率索引表示为

$$\begin{aligned}X(2r) &= \sum_{n=0}^{N-1} x(n)e^{-j\frac{2\pi rn}{N}}\\ &= \sum_{n=0}^{N/2-1} x(n)e^{-j\frac{2\pi 2rn}{N}} + \sum_{n=0}^{N/2-1} x\left(n+\frac{N}{2}\right)e^{-j\frac{2\pi 2r(n+N/2)}{N}}\\ &= \sum_{n=0}^{N/2-1}\left[x(n)+x\left(n+\frac{N}{2}\right)\right]e^{-j\frac{2\pi rn}{N/2}}\end{aligned} \tag{7.5}$$

从式（7.5）可知，它是长度为 $N/2$ 的 DFT。

奇数频率索引表示为

$$\begin{aligned}X(2r+1) &= \sum_{n=0}^{N-1} x(n)\, e^{-j\frac{2\pi(2r+1)n}{N}}\\ &= \sum_{n=0}^{N/2-1} x(n)\, e^{-j\frac{2\pi(2r+1)n}{N}} + \sum_{n=0}^{N/2-1} x(n+\frac{N}{2})\, e^{-j\frac{2\pi(2r+1)(n+N/2)}{N}}\\ &= \sum_{n=0}^{N/2-1} x(n)\, e^{-j\frac{2\pi(2r+1)n}{N}} - \sum_{n=0}^{N/2-1} x(n+\frac{N}{2})\, e^{-j\frac{2\pi(2r+1)n}{N}}\\ &= \sum_{n=0}^{N/2-1}\left\{\left[x(n)-x\left(n+\frac{N}{2}\right)\right]e^{-j\frac{2\pi n}{N}}\right\}e^{-j\frac{2\pi rn}{N/2}}\end{aligned} \tag{7.6}$$

从式（7.6）可知，它也是长度为 $N/2$ 的 DFT。$e^{-j\frac{2\pi n}{N}}$称为旋转因子。

当按基 2 的频率抽取时，计算复杂度降低。

（1）对于 $X(2r)$ 而言，对于每一个 k，需要计算 M 次复数乘法，k 有 M 个取值。因此，用于计算 $X(2r)$ 的乘法总量的复杂度为

$$M^2=(N/2)^2$$

（2）对于 $X(2r)+1$ 而言，需要M^2+N 次乘法计算。

综合（1）和（2），得到总的运算复杂度为

$$M^2+M^2+N=2M^2+N=\frac{N^2}{2}+N$$

按频率抽取的基 2 结构，如图 7.8 所示。从图 7.8 中可知，时域的输入序列是按顺序的，而输出的频率采样并不是按顺序的。但是，仍然可以使用前面介绍的位反转技术，将输出的频率采样进行倒序。

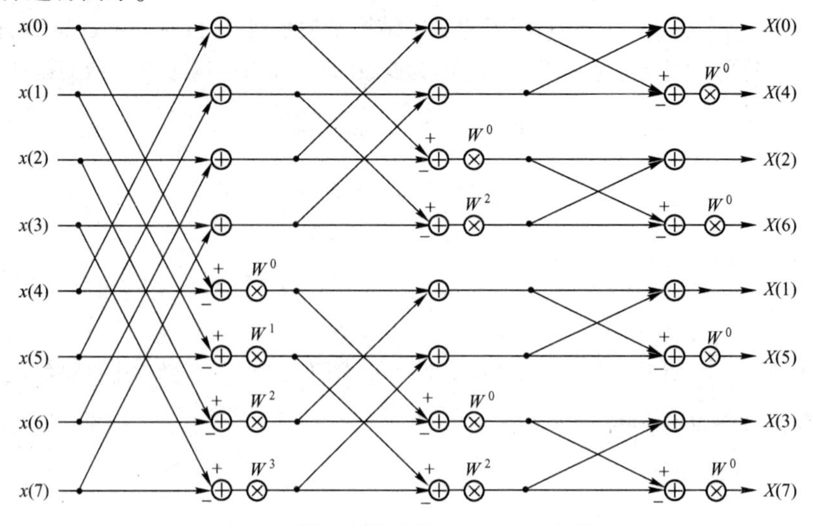

图 7.8 按频率抽取的基 2 FFT 的结构

思考与练习 7-2：请绘制出 16 点的按频率抽取的基 2 结构，并说明其具体的实现过程。

思考与练习 7-3：请比较按时间抽取和按频率抽取 FFT 的特点，根据其特点和它们在实现上各自的优势与缺点。

7.5 Cooley-Tuckey 算法

Cooley-Tuckey 算法是使用最广泛的 FFT 算法。将一个 N 点 DFT 重新表示为两个长度为 N_1 和 N_2 的 DFT，且 $N_1 \times N_2 = N$，如图 7.9 所示。前面提到的按时间抽取的基 2FFT 是 Cooley-Tuckey 算法最简单的形式。

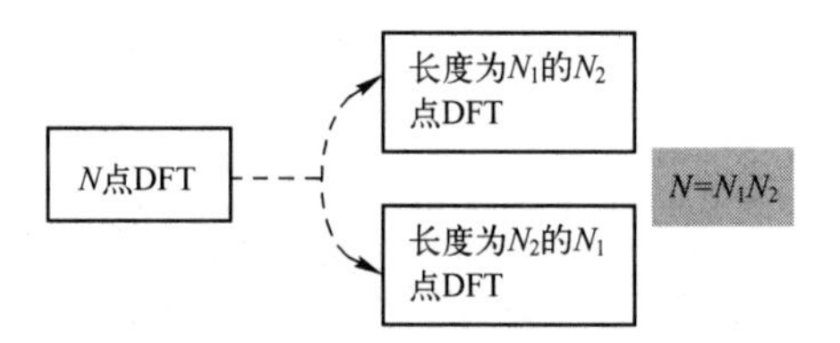

图 7.9 将 N 点 DFT 分解成两个长度 N_1 和 N_2 的 DFT

7.6 基 4 和基 8 的 FFT 算法

采用基 4 和基 8 的 FFT 算法可以比采用基 2 的 FFT 算法快 20%～30%，因为它们利用了 $N=\{4,8\}$ 的对称性。对于 $N=4$ 的正弦基，只涉及±1 或者 0，因此避免了乘法运算而只使用加法运算。下面给出 $N=4$ 的情况：

$$X(k) = \sum_{n=0}^{3} x(n)\,\mathrm{e}^{-\mathrm{j}\frac{2\pi}{N}nk} = x(0) + x(1)\,\mathrm{e}^{-\mathrm{j}\frac{\pi}{2}k} + x(2)\,\mathrm{e}^{-\mathrm{j}\pi k} + x(3)\,\mathrm{e}^{-\mathrm{j}\frac{3\pi}{2}k}$$

其中：

$$\mathrm{e}^{-\mathrm{j}\frac{\pi}{2}k} = \{1,-\mathrm{j},-1,\mathrm{j}\}$$

$$\mathrm{e}^{-\mathrm{j}\pi k} = \{1,-1\}$$

$$\mathrm{e}^{-\mathrm{j}\frac{3\pi}{2}k} = \{1,\mathrm{j},-1,-\mathrm{j}\}$$

此外，Winograd 傅里叶变换算法是用于较小 N 值的高度优化代码：

$$N=2, 3, 4, 5, 7, 8, 11, 13, 16$$

在这个高度优化的代码中，显著降低了乘法的数量。

还有素因子算法（Prime Factors Algorithm，PFA），一个 N 点 DFT 分解成两个长度为 N_1 和 N_2 的 DFT，且 $N_1 \times N_2 = N$，并且 N_1 和 N_2 互质。

7.7 FFT 计算中的字长

FFT 计算引擎所要求的数据长度从 FFT 的输入到输出是增加的。每一级的碟形运算（复数乘法、加法/减法）都会引起潜在的比特位数的增加。

（1）对于基 2 的 FFT 而言，一共有 $\log_2 N$ 级碟形运算。每一级位数增加最多的为 $1+\sqrt{2}=2.414$。这表示最多增加 2 个比特位的字长。

（2）对于基 4 的 FFT 而言，一共有 $\log_4 N$ 级碟形运算。每一级位数增加最多的为 $1+3\sqrt{2}=5.242$。这表示最多增加 3 个比特位的字长。

在实际实现时，必须采用一种解决方法才能够处理动态范围的扩展。

在一个基 2 的 FFT 中，涉及旋转因子 W_N，其涉及实部和虚部，分别表示为 $W_{N\mathrm{r}}^n$ 和 $W_{N\mathrm{i}}^n$，如图 7.10所示，使得碟形增加多于 2。假设输入碟形的复数值为 A 和 B。因此，输出 A' 和 B' 分别表示为

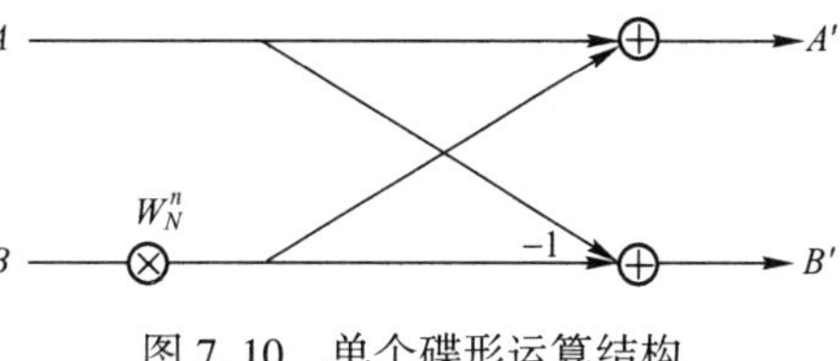

图 7.10　单个碟形运算结构

$$\begin{aligned}A' &= (A_\mathrm{r}+i\,A_\mathrm{i})+(W_{N\mathrm{r}}^n+i\,W_{N\mathrm{i}}^n)(B_\mathrm{r}+i\,B_\mathrm{i})\\ &= (A_\mathrm{r}+B_\mathrm{r}W_{N\mathrm{r}}^n-B_\mathrm{i}W_{N\mathrm{i}}^n)+i(A_\mathrm{i}+B_\mathrm{r}W_{N\mathrm{i}}^n+B_\mathrm{i}W_{N\mathrm{r}}^n)\\ B' &= (A_\mathrm{r}+i\,A_\mathrm{i})-(W_{N\mathrm{r}}^n+i\,W_{N\mathrm{i}}^n)(B_\mathrm{r}+i\,B_\mathrm{i})\\ &= (A_\mathrm{r}-B_\mathrm{r}W_{N\mathrm{r}}^n+B_\mathrm{i}W_{N\mathrm{i}}^n)+i(A_\mathrm{i}-B_\mathrm{r}W_{N\mathrm{i}}^n-B_\mathrm{i}W_{N\mathrm{r}}^n)\end{aligned}$$

通常，对于任何基 2 的碟形最大增加的因子可以通过计算 A' 和 B' 实部与虚部的绝对值得到

$$\begin{aligned}|A'|_{\max} &= |A_\mathrm{r}+B_\mathrm{r}W_{N\mathrm{r}}^n-B_\mathrm{i}W_{N\mathrm{i}}^n|_{\max} \vee |A_\mathrm{i}+B_\mathrm{r}W_{N\mathrm{i}}^n+B_\mathrm{i}W_{N\mathrm{r}}^n|_{\max}\\ &= |A_\mathrm{r}+B_\mathrm{r}\cos\theta-B_\mathrm{i}\sin\theta|_{\max} \vee |A_\mathrm{i}+B_\mathrm{r}\cos\theta+B_\mathrm{i}\sin\theta|_{\max}\\ |B'|_{\max} &= |A_\mathrm{r}-B_\mathrm{r}W_{N\mathrm{r}}^n+B_\mathrm{i}W_{N\mathrm{i}}^n|_{\max} \vee |A_\mathrm{i}-B_\mathrm{r}W_{N\mathrm{i}}^n-B_\mathrm{i}W_{N\mathrm{r}}^n|_{\max}\\ &= |A_\mathrm{r}+B_\mathrm{r}\cos\theta+B_\mathrm{i}\sin\theta|_{\max} \vee |A_\mathrm{i}-B_\mathrm{r}\cos\theta-B_\mathrm{i}\sin\theta|_{\max}\end{aligned}$$

假设 A 和 B 的实部与虚部在 $-1\sim1$ 之间，则：

$$|A_\mathrm{r}|_{\max}=|A_\mathrm{i}|_{\max}=|B_\mathrm{r}|_{\max}=|B_\mathrm{i}|_{\max}=1$$

当 3 个分量中每个分量的实部和虚部具有相同的符号，并且 θ 对应最大值时，就达到了最大值：

$$|A'|_{\max}=|B'|_{\max}=|1\pm\cos\theta\pm\sin\theta|$$

$$\frac{\mathrm{d}}{\mathrm{d}\theta}(1\pm\cos\theta\pm\sin\theta)=0$$

因此，最大值出现在 $\theta=\dfrac{\pi}{4}+n\dfrac{\pi}{2}$，$n=0, 1, \cdots, \infty$。

在这种情况下，对于这些输入的最大输出值是 2.4142，即 $A=1+\mathrm{j}\theta$，$B=1+\mathrm{j}$，且碟形运算中的 $W=\cos(\pi/4)+\mathrm{j}\sin(\pi/4)$，将增加 2 比特位。

对于 8 点基 2 FFT 而言，字长的增加如图 7.11 所示，下面给出推导过程。由图 7.11 可知，对于第 1 级和第 2 级碟形运算，旋转因子的值为

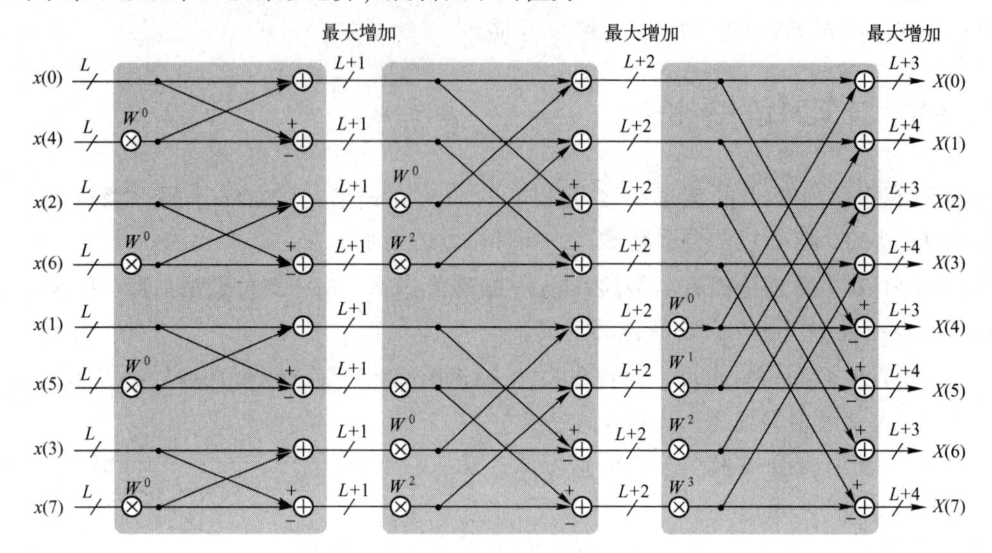

图 7.11　8 点基 2 FFT 的字长增加

$$W_8^0=\mathrm{e}^{\mathrm{j}2\pi\left(\frac{-0}{8}\right)}=\mathrm{e}^{-\mathrm{j}0\pi}=\cos(-0\pi)+\mathrm{j}\sin(-0\pi)=1+\mathrm{j}0=1$$

$$W_8^2=\mathrm{e}^{\mathrm{j}2\pi\left(\frac{-2}{8}\right)}=\cos\left(-\frac{\pi}{2}\right)+\mathrm{j}\sin\left(-\frac{\pi}{2}\right)=0-\mathrm{j}=-\mathrm{j}$$

因此，第 1 级和第 2 级具有相同的最大增加因子 2：

$$|A'|_{\max}=|B'|_{\max}=|1\pm\cos\theta\pm\sin\theta|=|1+1+0|=2$$

即增加 1 个比特位。

对于第 3 级而言，旋转因子的值：

$$W_8^1=\mathrm{e}^{\mathrm{j}2\pi\left(\frac{-1}{8}\right)}=\mathrm{e}^{-\mathrm{j}\frac{\pi}{4}}=\cos\left(-\frac{\pi}{4}\right)+\mathrm{j}\sin\left(-\frac{\pi}{4}\right)=\frac{\sqrt{2}}{2}-\mathrm{j}\frac{\sqrt{2}}{2}$$

$$|A'|_{\max}=|B'|_{\max}=|1\pm\cos\theta\pm\sin\theta|=\left|1+\frac{\sqrt{2}}{2}+\frac{\sqrt{2}}{2}\right|=2.414$$

即增加 2 个比特位。

$$W_8^3=\mathrm{e}^{\mathrm{j}2\pi\left(\frac{-3}{8}\right)}=\mathrm{e}^{-\mathrm{j}\frac{3\pi}{4}}=\cos\left(-\frac{3\pi}{4}\right)+\mathrm{j}\sin\left(-\frac{3\pi}{4}\right)=-\frac{\sqrt{2}}{2}-\mathrm{j}\frac{\sqrt{2}}{2}$$

$$|A'|_{\max}=|B'|_{\max}=|1\pm\cos\theta\pm\sin\theta|=\left|1+\frac{\sqrt{2}}{2}+\frac{\sqrt{2}}{2}\right|=2.414$$

即增加 2 个比特位。

对于基 2 FFT 而言，整体字长增长为 $L+\log_2 N+1$。其中，L 为输入字长，N 为 FFT 的点数。

上述所说的碟形级的比特增加可以通过下面的方法进行处理：

（1）使用全精度未标定的算术运算，将所有最终的比特加载到 FFT 引擎的输出级（大

字长要求，令人满意的精度）。

（2）在每一级碟形中使用固定标记的策略（令人满意的字长，潜在不令人满意的精度），如图 7.12 所示。

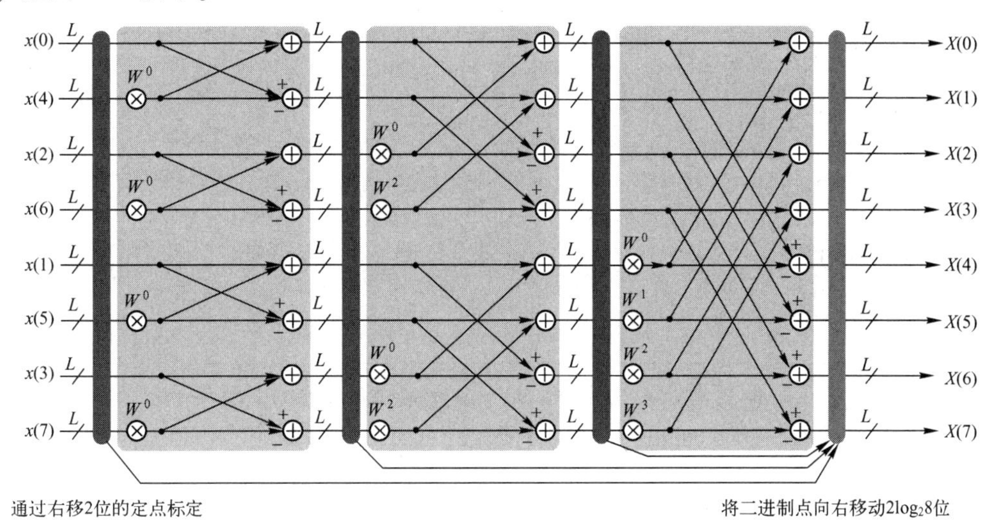

图 7.12　8 点基 2 FFT 的字长增加-固定标定策略

（3）在每一级自动块浮点（Block Float Point，BFP）标定（令人满意的字长，令人满意的精度）。

从上面分析可知，未标定的算术运算导致较大的字长增加，采用固定的标定策略将引起数值精度不必要的损失。

块浮点变成一个非常流行的解决方案，用于处理碟形级的比特位增加。在很多 IP 核中，都使用 BFP。一个定点实现没有浮点硬件单元，当要求较大的动态范围时，使用一个定点 DSP 实现来仿真浮点算术。BFP（也称为动态信号标定技术）是一个使用定点 DSP 硬件的模拟方法，它将定点和浮点数的所有优势进行了组合，保证了精度和动态范围。

7.8　基于 MATLAB 的 FFT 分析

本节将在 MATLAB 中调用 FFT 函数，实现对信号的频谱分析。所要分析的信号表示为

$$x(t)=0.7\sin(2\pi\times100\times t)+\sin(2\pi\times400\times t)+1.5\sin(2\pi\times600\times t)$$

将采样率设置为 $F_s=2000$Hz，信号长度为 2000，且在该信号中混杂有服从正态分布的随机噪声，设计代码如代码清单 7-1 所示。

代码清单 7-1　FFT_analysis.m 文件

```
Fs=2000;                                                          %采样频率
Ts=1/Fs;                                                          %采样周期
L=2000;                                                           %采样点数
t=(0:L-1)*Ts;                                                     %时间向量
x=0.7*sin(2*pi*100*t)+sin(2*pi*400*t)+1.5*sin(2*pi*600*t);
                                                                  %生成正弦叠加信号
y=x+2*randn(size(t));                                             %白噪声
```

```
subplot(1,2,1);
plot(Fs * t(1:60),y(1:60))
title('时域信号')
xlabel('time(ms)')
ylabel('幅度')
NFFT=2^nextpow2(L);
Y=fft(y,NFFT)/L;
f=Fs/2 * linspace(0,1,NFFT/2+1);
subplot(1,2,2);
plot(f,2 * abs(Y(1:NFFT/2+1)))
title('幅度谱')
xlabel('Frequency (Hz)')
ylabel('Y')
```

注：读者可以定位到本书给定资料的\fpga_dsp_example\FFT\路径下，用 MATLAB R2016b 打开名字为“FFT_analysis. m”的文件。

运行该设计，得到信号的时域波形和信号的幅度谱，如图 7. 13 所示。

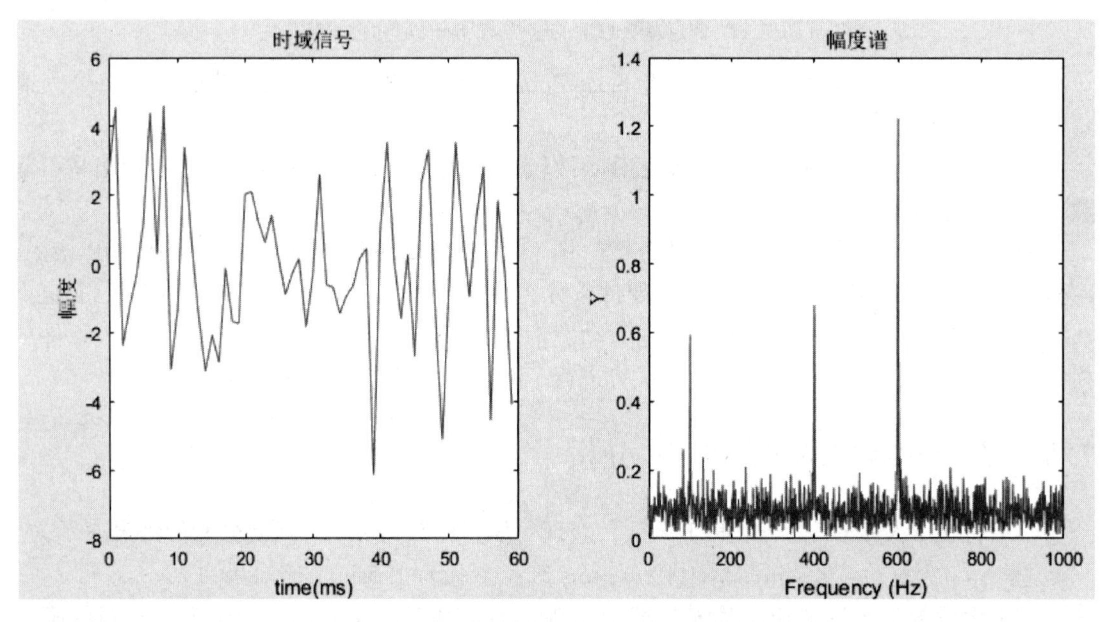

图 7. 13 信号的时域波图和信号的幅度谱

7.9 基于模型的 FFT 设计与实现

本节将使用 Xilinx 的 System Generator 和 MATLAB 的 Simulink 工具箱介绍 FFT 与 IFFT 算法的具体实现方法。

1. 8 点 FFT 的设计结构

本节将设计并实现 8 点的 FFT 计算，其整体结构如图 7. 14 所示。

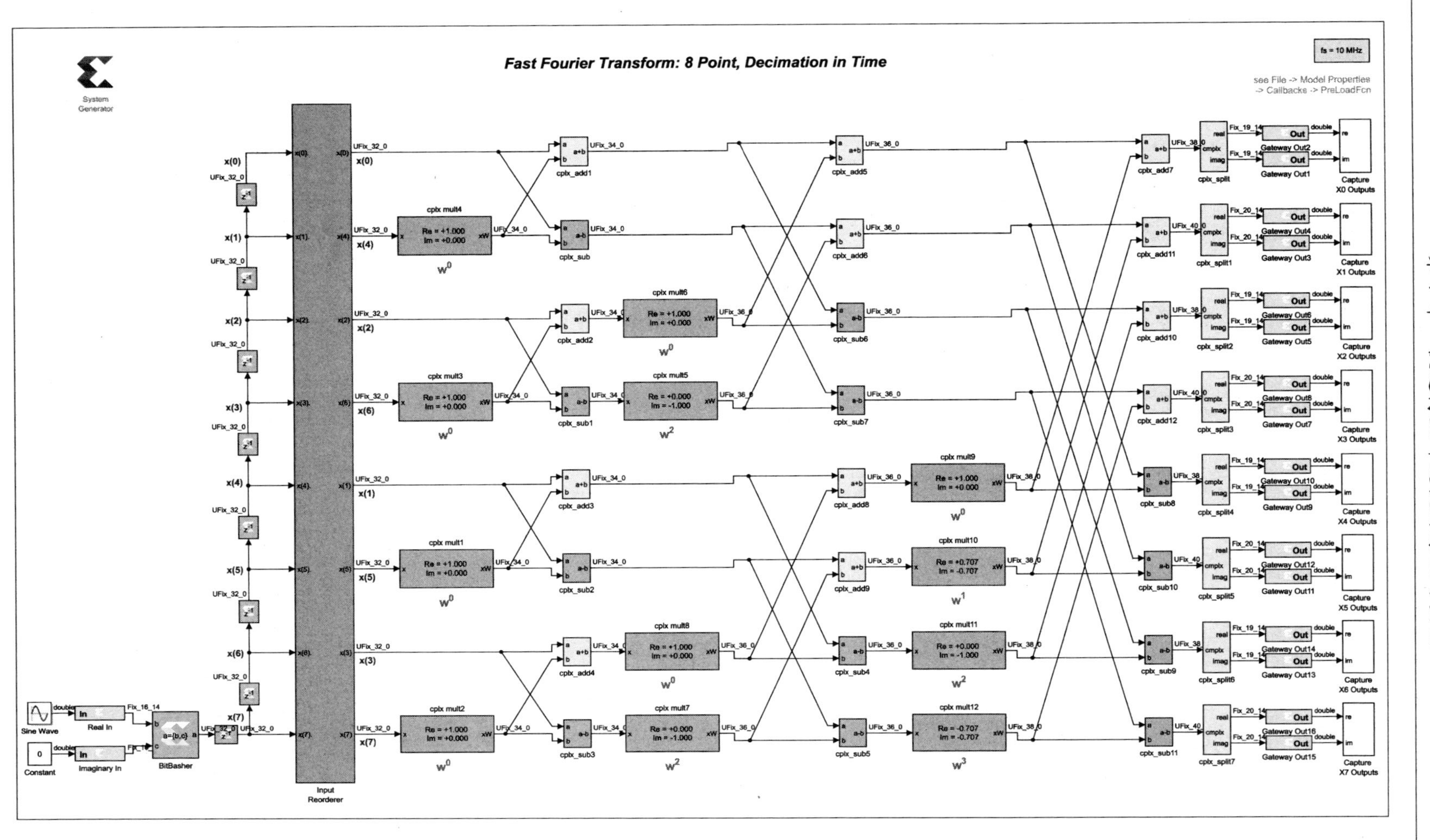

图7.14　8点FFT的整体结构

> **注**：读者可以定位到本书给定资料的\fpga_dsp_example\FFT\fft 路径下，用 MATLAB R2016b 打开名字为“fft_8_point_dit. slx”的文件。

从图 7.14 中可知，输入的抽样序列经过倒序后进入 FFT 计算引擎中，并且可以看出所需要的复数乘法和加法单元明显减少，只使用了 12 个复数乘法单元。而在 8 点 DFT 计算引擎中，使用了多达 64 个复数乘法单元。

运行该设计后的结果如图 7.15 所示，与 8 点 DFT 的分析结果相同。

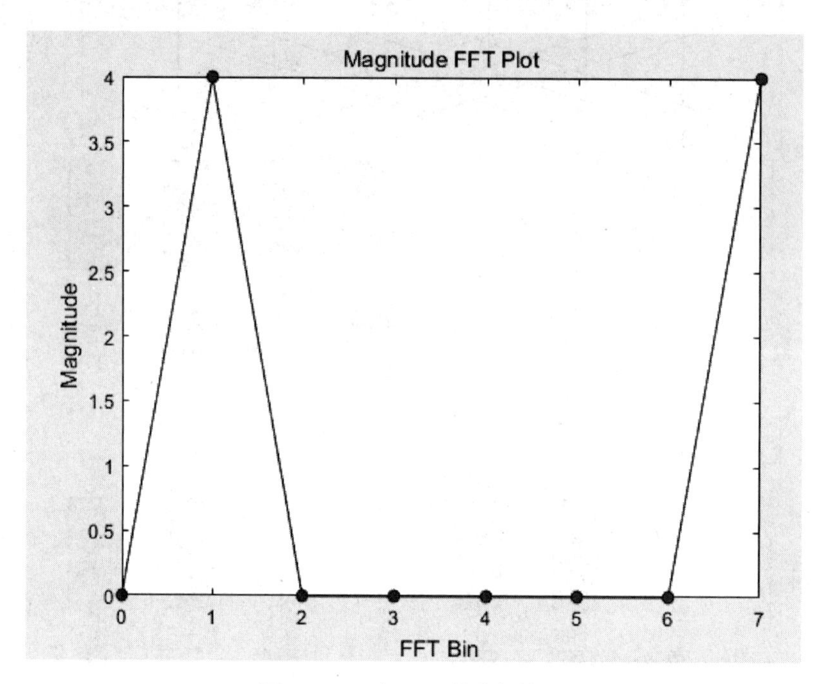

图 7.15 8 点 FFT 的分析结果

思考与练习 7-4：请读者分析图 7.14 给出的 8 点 FFT 的设计结构。

2. 带有流水线的 FFT 设计结构

可以在 FFT 计算引擎的每一级之间插入寄存器，构造出流水线 FFT 计算引擎，进一步增加 FFT 计算引擎的吞吐量，如图 7.16 所示。

> **注**：读者可以定位到本书给定资料的\fpga_dsp_example\FFT\fft_cost 路径下，用 MATLAB R2016b 打开名字为 fft_8_point_dit_piprlined. slx 的文件。

3. 8 点 FFT 和 IFFT 的设计结构

本节将在 8 点 FFT 的基础上组合 IFFT，实现对信号的分析和信号的合成，其结构如图 7.17 所示。执行分析的结果如图 7.18 所示。

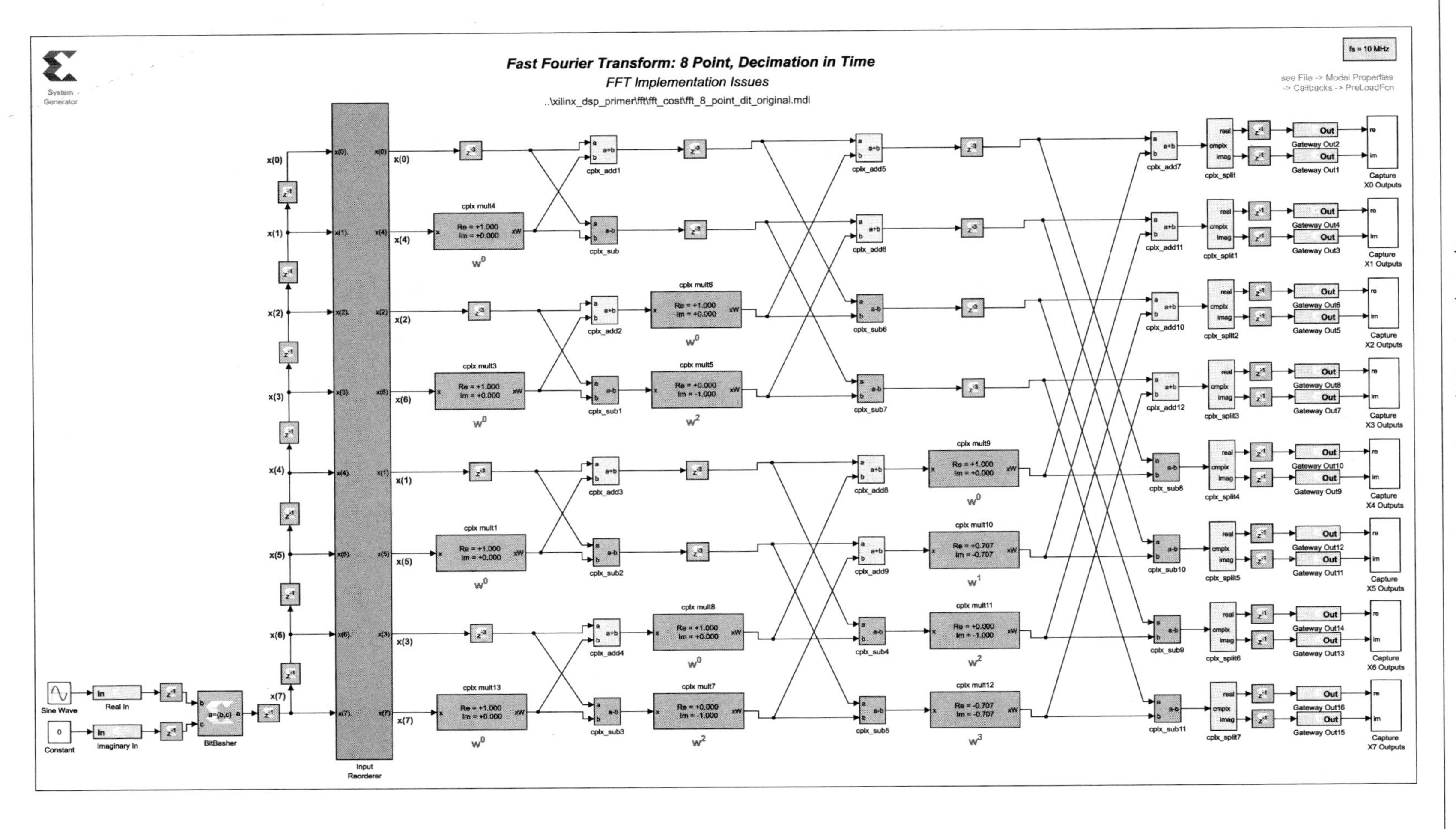

图7.16　8点FFT的流水线结构

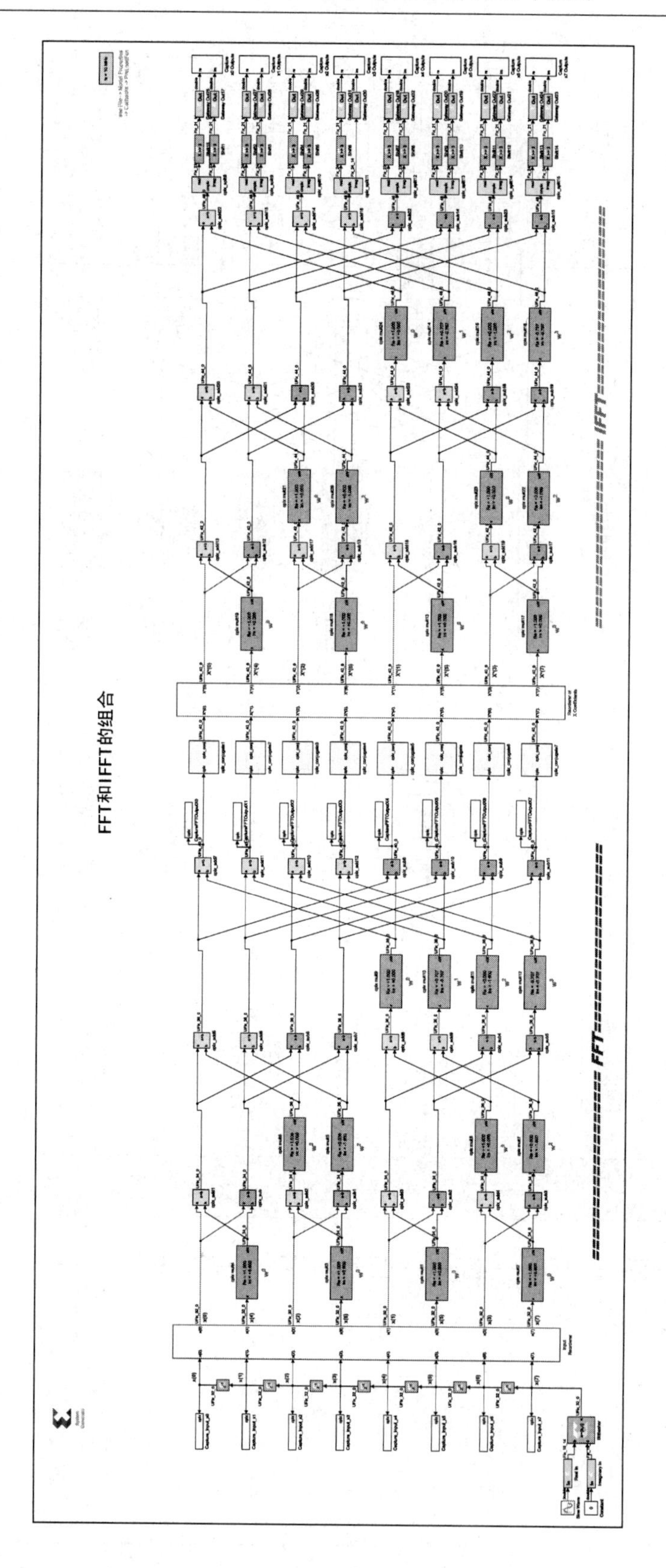

图7.17 8点FFT和IFFT的组合

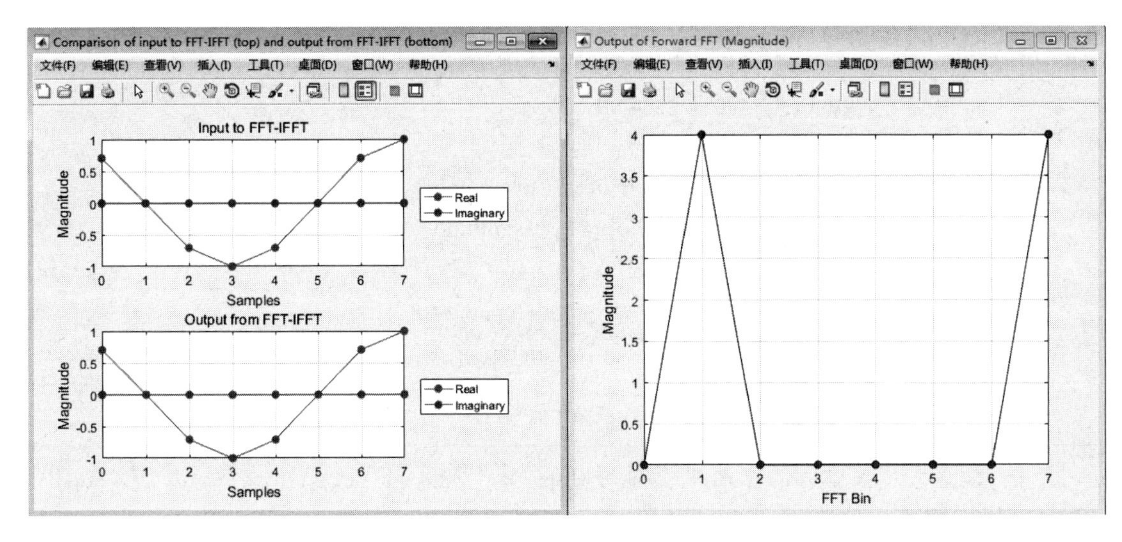

图7.18 8点FFT和IFFT的组合

> 注：读者可以定位到本书给定资料的\fpga_dsp_example\FFT\ifft路径下，用MATLAB R2016b打开名字为“ifft_8_point_dit.slx”的文件。

7.10 基于IP核的FFT实现

本节将使用System Generator工具，基于Xilinx提供的快速傅里叶变换（Fast Fourier Transform，FFT）IP核，构建对输入的信号实现快速频谱分析的模型，并对该模型进行验证。

7.10.1 构建频谱分析模型

本节将构建FFT分析模型。构建FFT分析模型的步骤主要包括：

（1）在Windows 7主界面主菜单下，选择开始->所有程序->Xilinx Design Tools->Vivado 2017.2->System Generator->System Generator 2017.2。

（2）在MATLAB主界面的“HOME”标签页下，单击“Simulink Library”按钮，出现“Simulink Library Browser”界面。在“Simulink Library Browser”界面的主菜单下，选择File->New->Model，出现一个空白的设计界面。

（3）单击设计界面工具栏中的按钮。

（4）在“Simulink Library Browser”界面左侧的窗口中，找到并展开Xilinx Blockset。在展开项中，找到并单击DSP，可以在右侧窗口中找到Fast Fourier Transform 9.0，然后将其拖到空白的设计界面中。

> 注：设计中所用元件所在库的位置如下所示。
> ① Xilinx Blockset→Basic Element：Gateway in。
> ② Xilinx Blockset→Basic Element：Gateway Out。
> ③ Xilinx Blockset→Basic Element：Constant。

④ Xilinx Blockset→DSP→Fast Fourier Transform 9.0。
⑤ Simulink→Sources→Signal Generator。
⑥ Simulink→Sources→Constant。
⑦ Simulink→Math Operations→Real-Image to Complex。
⑧ Simulink→Math Operations→Complex to Magnitude-Angle。
⑨ Simulink→Sinks→Scope。
⑩ Xilinx Blockset→Basic Elements→System Generator。
⑪ Simulink→Commonly Used Blocks→Terminator。

（5）将所有元件连接在一起，如图 7.19 所示。

注： 读者可以定位到本书给定资料的\fpga_dsp_example\FFT\路径下，用 MATLAB R2016b 打开名字为“fft.slx”的文件。

7.10.2 配置模型参数

本节将对该设计所使用的模型参数进行配置，配置模型参数的主要步骤包括：

（1）双击名字为 Signal Generator 的符号，打开其配置界面，按如下所示进行参数配置。

① Wave form：sine。
② Amplitude：0.1。
③ Frequency：2 * 2 * pi。
④ Units：rad/sec。
⑤ 其余按默认参数设置。

（2）单击“OK”按钮，退出参数配置界面。

（3）双击名字为 Constant1 的符号，打开其参数配置界面，按如下配置。

① Output Type：Fixed-point。
② Number of bits：1。
③ Binary point：0。
④ 其余按默认参数设置。

（4）单击“OK”按钮，退出参数配置界面。

（5）分别双击名字为 Constant2、Constant3 和 Constant4 的符号，打开其配置界面，按如下所示进行参数配置。

① Constant value：1。
② 其余按默认参数设置。

（6）单击“OK”按钮，退出参数配置界面。

（7）双击名字为 data_re 的图标（Gateway In 类型，重命名为 data_re），打开其配置界面。在“Basic”标签页下，按如下所示进行参数配置。

① Output Type：Fixed-point。
② Number of bits：16。
③ Binary point：15。
④ Sanple period：1/256。

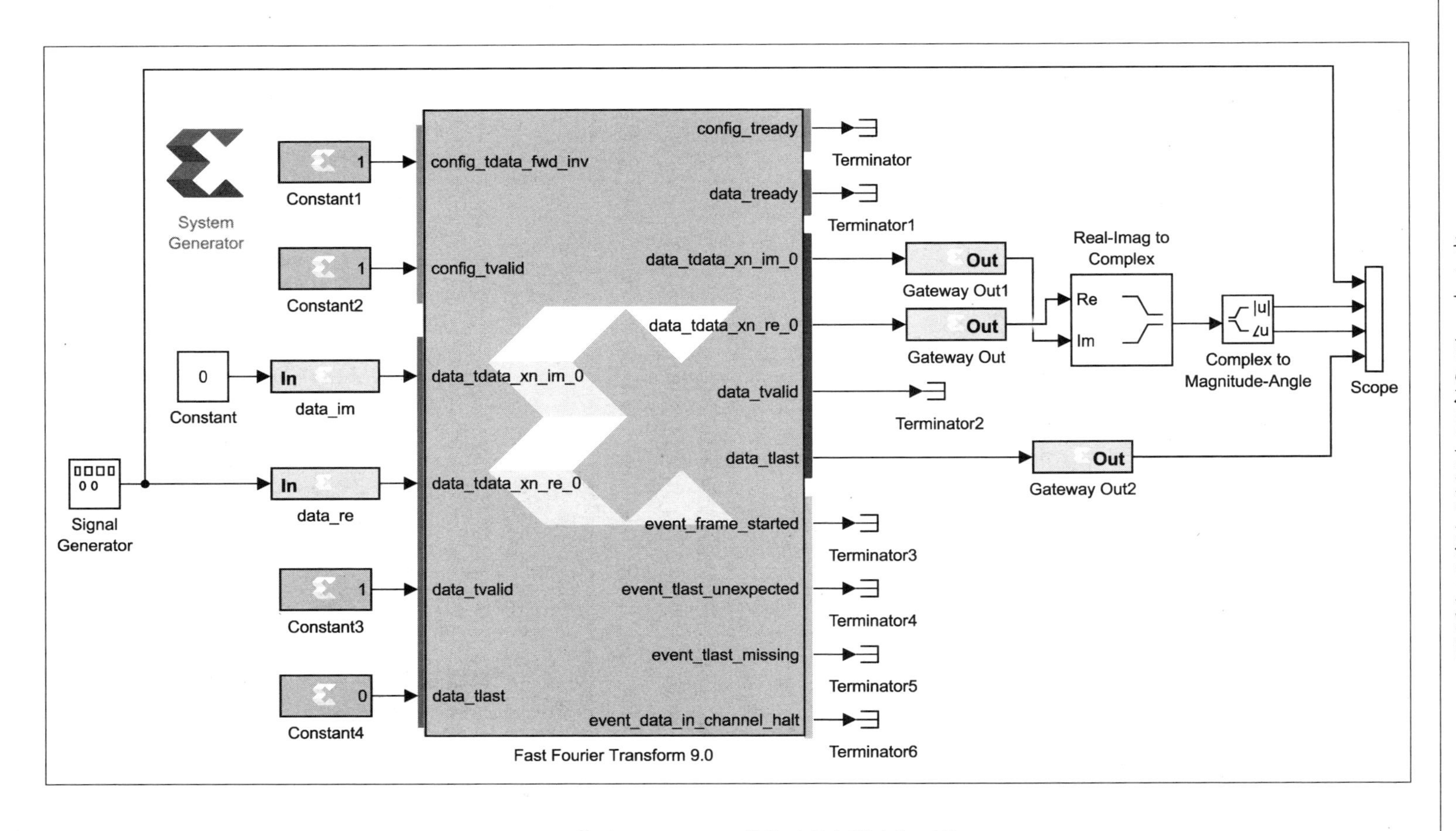

图7.19　基于Xilinx FFT IP核构建的频谱分析系统

⑤ 其余按默认参数设置。

(8) 单击“OK”按钮，退出参数配置界面。

(9) 单击名字为 data_im 的图标（Gateway In 类型，重命名为 data_im），打开其配置界面，参数配置同 data_ re。

(10) 双击名字为 Fast Fourier Transform 9.0 的符号，打开其配置界面，按下面配置参数。

① 在“Basic”标签页下：Transform Length：1024；Implementation Options：pipelined_streaming_to；Target clock frequency（MHz）：100。

② 在“Advanced”标签页下：Phase Factor Width：16；Scaling Options：unscaled；Rounding Modes：Truncation；Output Ordering：Natural Order。

③“Implementation”标签页下：Number of Stages Using Block RAM：4；Reorder Buffer：Block RAM；Complex Multipliers：Use 4-multiplier structure；Butterfly arithmetic：Use Xtreme DSP Slices。

④ 其余按默认参数设置。

(11) 单击“OK”按钮，退出参数配置界面。

(12) 双击 Scope 符号，打开配置界面，按如下所示进行参数配置。

① Number of axes：4。

② 其余按默认参数配置。

(13) 单击“OK”按钮，退出参数配置界面。

(14) 双击图 7.19 内名字为 System Generator 的图标，打开参数配置界面。在参数配置界面中，单击“Clocking”标签。在“Clocking”标签页中，按如下所示进行参数配置。

① Simulink system period（sec）：1/256。

② 其余按默认参数设置。

(15) 单击“OK”按钮，退出参数配置界面。

7.10.3 设置仿真参数

本节将设置仿真参数。设置仿真参数的步骤主要包括：

(1) 在设计界面的主菜单下，选择 Simulation->Model Configuration Parameters，出现“Configuration Parameters”对话框，如图 7.20 所示。

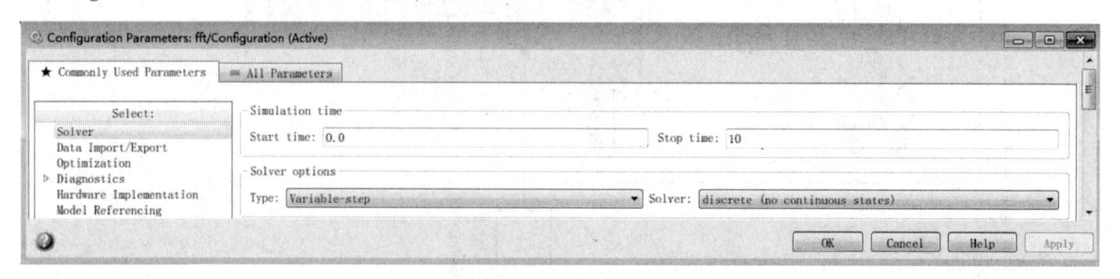

图 7.20 “Configuration Parameters”对话框

(2) 在“Configuration Parameters”对话框的左侧选择“Solver”，在右侧按如下所示进行参数配置。

① Start time：0.0。

② Stop time：10。

③ Type：Variable-step。

④ Solver：discrete（no continuous states）。

（3）单击“OK”按钮，退出“Configuration Parameters”对话框。

7.10.4　运行和分析仿真结果

在构建模型主界面主菜单下，选择 Simulation->Run，或者单击按钮，启动仿真过程。

思考与练习 7-5：双击 scope 符号，打开示波器界面，比较频谱分析结果和理论计算是否一致？

思考与练习 7-6：双击 Signal Generator 图标，将 Wave form 改成 square。重新执行仿真，查看分析结果和理论计算结果是否一致？

思考与练习 7-7：双击 Fast Fourier Transform 9.0 图标，打开其配置界面，将 Transform Length 修改为 4096，观察分析的结果，并且计算 FFT 的频率间隔。

7.11　基于 C 和 HLS 的 FFT 建模与实现

本节将使用 Vivado HLS 工具实现 FFT，内容包括：创建新的设计工程、创建源文件、设计综合、创建仿真测试文件、运行协同仿真、添加 PIPELINE 命令、添加 ARRAY_PARTITION 命令。

7.11.1　创建新的设计工程

本节将创建新的 FFT 设计工程。创建新 FFT 设计工程的步骤主要包括：

（1）在 Windows 7 桌面系统环境的左下角下，选择开始->所有程序->Xilinx Design Tools->Vivado 2017.2->Vivado HLS->Vivado HLS 2017.2，启动 Vivado HLS 工具。

> **注**：可以双击桌面上的 Vivado HLS 2017.2，启动 Vivado HLS 工具。

（2）在 Vivado HLS 主界面的主菜单下，选择 File->New Project，出现“New Vivado HLS Project”对话框。

（3）在“New Vivado HLS Project”对话框中，按如下所示进行参数配置。

① 单击“Browse…”按钮，将路径指向“E:\fpga_dsp_example\hls_dsp\fft”。

② Project name：fft_prj。

（4）单击“Next”按钮，出现“Add/Remove Files-Add/remove C-based source files”对话框。

（5）在“Add/Remore Files-Add remove C-based source files”对话框中，按如下所示进行参数配置。

① Top Function：fft。

② 不修改其他任何参数。

（6）单击“Next”按钮，出现“Add/Remove C-based testbench files”对话框。

（7）“Add/Remove C-based testbench files”对话框不进行任何设置。

（8）单击“Next”按钮，出现“Solution Configuration”对话框。

（9）在“Solution Configuration”对话框中，按如下所示进行参数配置。

① Solution Name：solution1。

② Period：10。

③ Uncertainty：0.125。

④ Part：xc7a75tfgg484-1。

（10）单击“Finish”按钮。

7.11.2　创建源文件

本节将创建C源文件、H头文件和旋转因子系数文件。

1. 创建C源文件

本节将创建fft.c文件，并添加C设计代码。创建C源文件的步骤主要包括：

（1）在Vivado HLS左侧的“Explorer”窗口下，找到并选择“Source”选项，单击鼠标右键，出现浮动菜单，如图7.21所示。在浮动菜单内，选择New File...，出现“另存为”对话框。

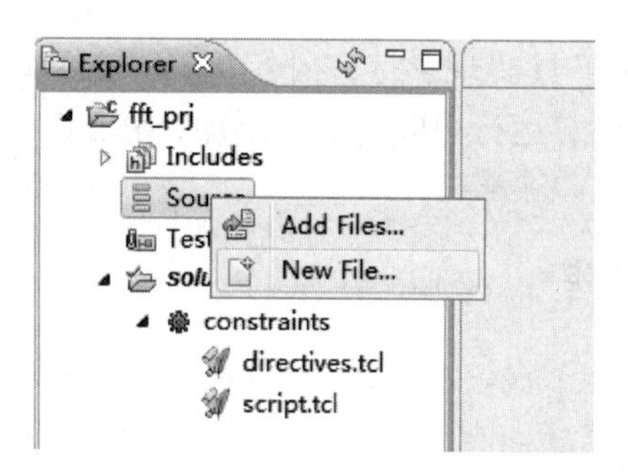

图7.21　添加C源文件入口

（2）在“另存为”对话框中，输入“fft.c”作为源文件的名字。

（3）单击“保存”按钮，可以看到在Source子目录下添加了fft.c文件。

（4）双击fft.c文件，打开该文件。

（5）输入设计代码，如代码清单7-2所示。

代码清单7-2　fft.c文件

```
#include "fft.h"

/******* computing the cos twiddles *********/
float cos_lookup(int n){
    float cos_table[4] = {
        #include "cos_qtable.txt"
    };
```

```
    return cos_table[n];
}
/******* computing the sin twiddles *********/
float sin_lookup(int n){
    float sin_table[4]={
        #include "sin_qtable.txt"
    };
    return sin_table[n];
}
/****** computing the twiddles **************/
compx twiddle_fft(int n)
{
    compx tmp;
    tmp.real=cos_lookup(n);
    tmp.imag=-sin_lookup(n);
    return tmp;
}
/****** complex multiply ********************/
compx multiply(compx twiddle,compx data)
{
    compx tmp;
    float a,b,c,d,e,f,g;
    a=twiddle.real;
    b=twiddle.imag;
    c=data.real;
    d=data.imag;

    tmp.real=a*c-b*d;
    tmp.imag=a*d+b*c;

    return tmp;
}
/****** complex addition ******************/
compx plus(compx a,compx b){
    compx tmp;
    tmp.real=a.real+b.real;
    tmp.imag=a.imag+b.imag;
    return tmp;
}
/****** complex subtraction ****************/
compx minus(compx a,compx b){
    compx tmp;
    tmp.real=a.real-b.real;
    tmp.imag=a.imag-b.imag;
    return tmp;
}
void fft(int xin[FFT_SIZE],compx xout[FFT_SIZE])
```

```
{
    int kk;
    int k;

    compx xout1[FFT_SIZE];
    compx xout2[FFT_SIZE];
    compx twd;
    compx tmp;
    int tmp1,tmp2;
    //address translation
    tmp1=xin[1];
    xin[1]=xin[4];
    xin[4]=tmp1;

    tmp2=xin[3];
    xin[3]=xin[6];
    xin[6]=tmp2;
    //stage 1
    Stage1_Loop:for(k=0;k<FFT_SIZE;k=k+2){
        xout1[k].real=xin[k]+xin[k+1];
        xout1[k].imag=0.0;
        xout1[k+1].real=xin[k]-xin[k+1];
        xout1[k+1].imag=0.0;
    }
    //stage 2
    Stage2_Outer_Loop:for(kk=0;kk<FFT_SIZE;kk=kk+4){
        for(k=0;k<2;k++){
            twd=twiddle_fft(k * FFT_SIZE/4);
            tmp=multiply(twd,xout1[k+kk+2]);
            xout2[k+kk]=plus(xout1[k+kk],tmp);
            xout2[k+kk+2]=minus(xout1[k+kk],tmp);
        }
    }
    //stage 3
    Stage3_Outer_Loop:for(kk=0;kk<FFT_SIZE;kk=kk+8){
        for(k=0;k<4;k++){
            twd=twiddle_fft(k * FFT_SIZE/8);
            tmp=multiply(twd,xout2[k+kk+4]);
            xout[k+kk]=plus(xout2[k+kk],tmp);
            xout[k+kk+4]=minus(xout2[k+kk],tmp);
        }
    }
}
```

（6）保存该文件。

2. 创建 H 头文件

本节将创建 fft. h 头文件，并且添加设计代码。添加 fft. h 头文件的步骤主要包括：

（1）在 Vivado HLS 主界面的主菜单下，选择 File->New File…，出现“另存为”对话框。

（2）在“另存为”对话框中，将路径定位到当前工程的路径下，输入文件名“ff. h”。

（3）单击“保存”按钮，HLS 工具将自动打开 fft. h 文件。

（4）输入设计代码，如代码清单 7-3 所示。

代码清单 7-3　fft. h 文件

```
#ifndef _FFT_H_
#define _FFT_H_
#define FFT_SIZE 8
typedef struct{
    float real;
    float imag;
}compx;
#include <stdio.h>
#include <stdlib.h>
#include <math.h>
void fft(int xin[FFT_SIZE],compx xout[FFT_SIZE]);
#endif
```

（5）保存设计文件。

3. 创建旋转因子系数文件

本节将创建 cos_qtable. txt 和 sin_qtable. txt 旋转因子系数文件，并且添加设计代码。添加旋转因子系数文件的步骤主要包括：

（1）在 Vivado HLS 主界面的主菜单下，选择 File->New File…，出现“另存为”对话框。

（2）在“另存为”对话框中，将路径定位到当前工程的路径下，输入文件名“cos_qtable. txt”。

（3）单击“保存”按钮，HLS 工具将自动打开 cos_qtable. txt 文件。

（4）输入设计代码，如代码清单 7-4 所示。

代码清单 7-4　cos_qtable. txt

```
1.000000,
0.707107,
0.000000,
-0.707107,
```

（5）保存设计文件。

（6）按照上述步骤添加 sin_qtable. txt 旋转因子系数文件，代码如代码清单 7-5 所示。

代码清单 7-5　sin_qtable. tx. txt

```
0.000000,
0.707107,
1.000000,
0.707107,
```

（7）保存设计文件。

7.11.3 设计综合

本节将对该C模型使用Vivado HLS工具进行综合，将其转换为RTL描述。设计综合的步骤主要包括：

（1）在Vivado HLS主界面的主菜单下，选择Solution->Synthesis->Active Solution，或者在工具栏内单击▶按钮，开始综合过程。

（2）综合过程中“Console”窗口内的信息如图7.22所示。当完成C综合后，提示“Finish C synthesis.”的信息。

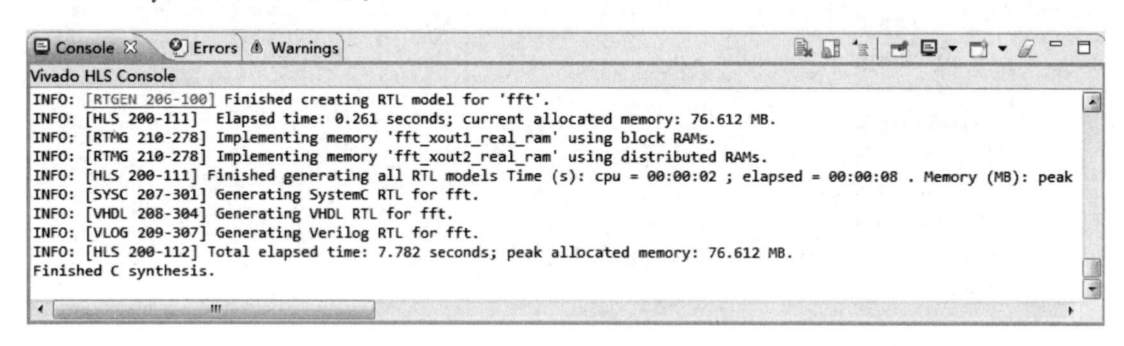

图7.22 “Console”窗口

（3）综合后的性能信息如图7.23所示。

（4）该设计所占用的资源如图7.24所示。

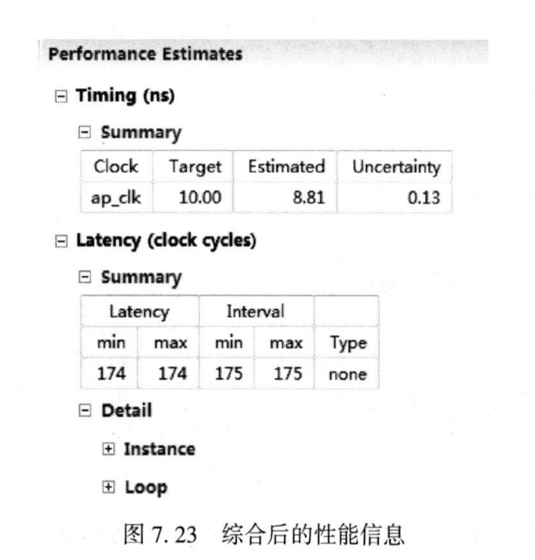

Performance Estimates

Timing (ns)

Summary

Clock	Target	Estimated	Uncertainty
ap_clk	10.00	8.81	0.13

Latency (clock cycles)

Summary

Latency		Interval		
min	max	min	max	Type
174	174	175	175	none

Detail

Instance

Loop

图7.23 综合后的性能信息

Utilization Estimates

Summary

Name	BRAM_18K	DSP48E	FF	LUT
DSP	-	-	-	-
Expression	-	-	278	230
FIFO	-	-	-	-
Instance	-	20	2190	2198
Memory	2	-	128	8
Multiplexer	-	-	-	658
Register	-	-	670	-
Total	2	20	3266	3094
Available	210	180	94400	47200
Utilization (%)	~0	11	3	6

图7.24 综合后的资源信息

7.11.4 创建仿真测试文件

本节将创建用于C仿真的测试文件。创建用于C仿真的测试文件的步骤主要包括：

（1）在Vivado HLS主界面左侧的“Explorer”窗口下，找到并选中“Test Bench”选

项。单击鼠标右键，出现浮动菜单，如图 7.25 所示。在浮动菜单内，选择 New File...，出现“另存为”对话框。

（2）在“另存为”对话框中，输入“fft_test. c”作为源文件的名字。

（3）单击“保存”按钮，可以看到在 Test Bench 下添加了 fft_test. c 文件。

（4）双击 fft_test. c 文件，打开该文件。

（5）在 fft_test. c 文件内输入如代码清单 7-6 所示的设计代码。

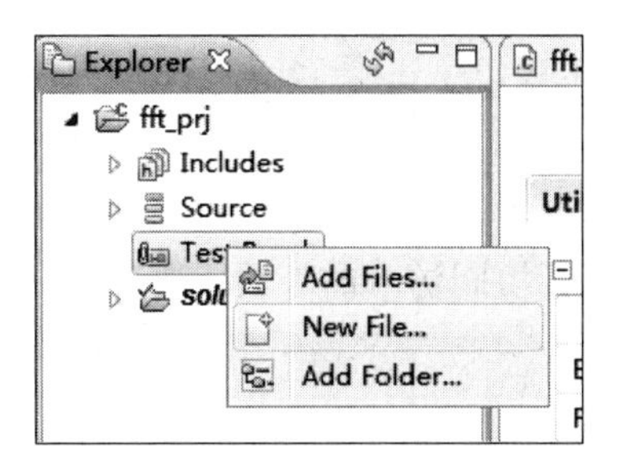

图 7.25 生成 c 测试文件的入口

代码清单 7-6 fft_test. c 文件

```
#include <stdio.h>
#include "fft.h"

int main(){
    int xin[FFT_SIZE];
    compx xout[FFT_SIZE];
    int i;

    FILE *fp;
    fp=fopen("in.dat","r");
    for (i=0; i<FFT_SIZE; i++){
        int tmp;
        fscanf(fp, "%d", &tmp);
        xin[i] = tmp;
    }
    fclose(fp);

    for(i=0;i<FFT_SIZE;i++){
        printf("%d ",xin[i]);
    }
fft(xin,xout);
printf("\n");

for(i=0;i<FFT_SIZE;i++){
    printf("i= %d        %f + %f j\n",i,xout[i].real,xout[i].imag);
}
}
```

（6）保存文件。

（7）按照（1）~（6）的步骤添加 in. dat 文件。在该文件中，输入测试数据，如代码清单 7-7 所示。

代码清单 7-7 in. dat 文件

```
1 2 3 4 5 6 7 8
```

7.11.5　运行协同仿真

本节将运行协同仿真，选择 SystemC，跳过 VHDL 和 Verilog HDL，然后通过仿真验证。运行协同仿真的步骤主要包括：

（1）在 Vivado HLS 主界面的主菜单下，选择 Solution->Run C/RTL Cosimulation，或者在主界面工具栏内单击☑按钮，出现“Warnings”对话框。

（2）在“Warnings”对话框中，单击“OK”按钮，出现“C/RTL Co-simulation”对话框。

（3）在“C/RTL Co-simulation”，不修改任何参数。

（4）单击“OK”按钮。

（5）开始运行 RTL 协同仿真，生成和编译一些文件，然后对设计进行仿真。

（6）协同仿真结束后，打印出测试通过的消息，如图 7.26 所示。

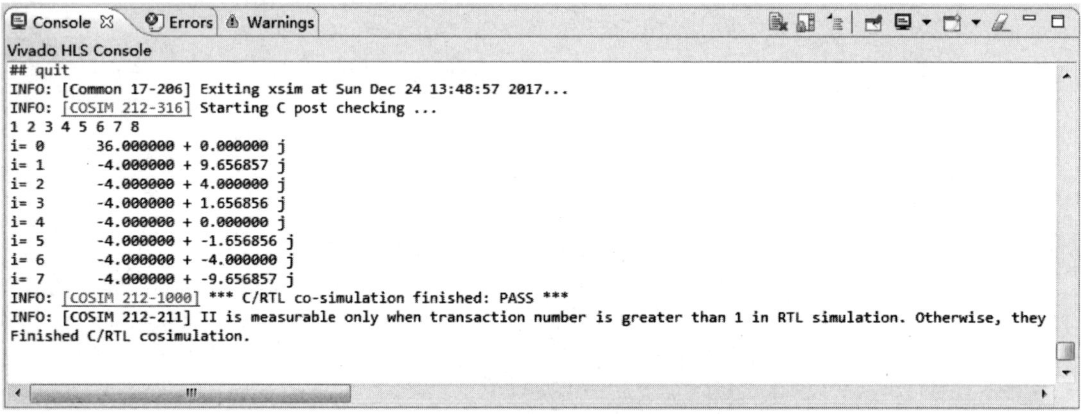

```
Console ⊠   Errors   Warnings
Vivado HLS Console
## quit
INFO: [Common 17-206] Exiting xsim at Sun Dec 24 13:48:57 2017...
INFO: [COSIM 212-316] Starting C post checking ...
1 2 3 4 5 6 7 8
i= 0      36.000000 + 0.000000 j
i= 1      -4.000000 + 9.656857 j
i= 2      -4.000000 + 4.000000 j
i= 3      -4.000000 + 1.656856 j
i= 4      -4.000000 + 0.000000 j
i= 5      -4.000000 + -1.656856 j
i= 6      -4.000000 + -4.000000 j
i= 7      -4.000000 + -9.656857 j
INFO: [COSIM 212-1000] *** C/RTL co-simulation finished: PASS ***
INFO: [COSIM 212-211] II is measurable only when transaction number is greater than 1 in RTL simulation. Otherwise, they
Finished C/RTL cosimulation.
```

图 7.26　测试通过的消息

> **注：**这些打印信息来自 fft_test.c 文件。

7.11.6　添加 PIPELINE 命令

本节将创建新的 Solution，将 PIPELINE 命令应用到 Stage1_Loop、Stage2_Outer_Loop 和 Stage3_Outer_Loop，最后对生成结果进行分析。添加 PIPELINE 命令的步骤主要包括：

（1）在 Vivado HLS 主界面的主菜单下，选择 Project->New Solution 或者在 Vivado HLS 主界面的工具栏内单击按钮，出现“Solution Configuration”对话框。

（2）在“Solution Configuration”对话框中，勾选“Copy existing directives from solution”前面的复选框，并且在其右侧的下拉框中选择“Solution1”。

（3）单击“Finish”按钮。

（4）打开 fft.c 文件，在其右侧窗口中单击“Directive”标签。

（5）在“Directive”标签页下找到并选择“Stage1_Loop”，单击鼠标右键，出现浮动菜单，选择 Insert Directive...，出现“Vivado HLS Directive Editor”对话框。

（6）在“Vivado HLS Directive Editor”对话框中，按如下参数设置。

① Directive：PIPELINE。

② II（optional）为空，表示 Vivado HLS 将尝试“II=1”，即每个时钟周期有一个新的输入。

（7）单击“OK”按钮，退出该设置界面。

（8）类似地，给 Stage2_Outer_Loop 和 Stage3_Outer_Loop 添加 PIPELINE 命令，如图 7.27所示。

（9）单击▶按钮，开始综合过程。

（10）综合完成后，在 Vivado HLS 主界面的主菜单下，选择 Project->Compare Reports，或者在 Vivado HLS 主界面的工具栏内单击按钮，出现“Solution Selection Dialog”对话框。

（11）在“Solution Selection Dialog”对话框中，在“Available solutions”下选择“Solution1”和“Solution2”，然后单击 Add>> 按钮。

（12）Solution1 与 Solution2 的性能对比如图 7.28 所示。从图 7.28 中可以看出，与 Solution1 的延迟相比，Solution2 的延迟从 Solution1 的 174 降低到 101。

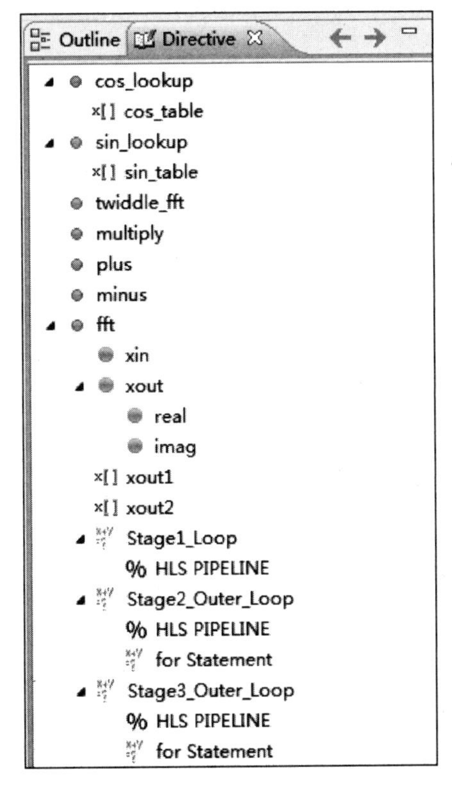

图 7.27　添加 PIPELINE 命令

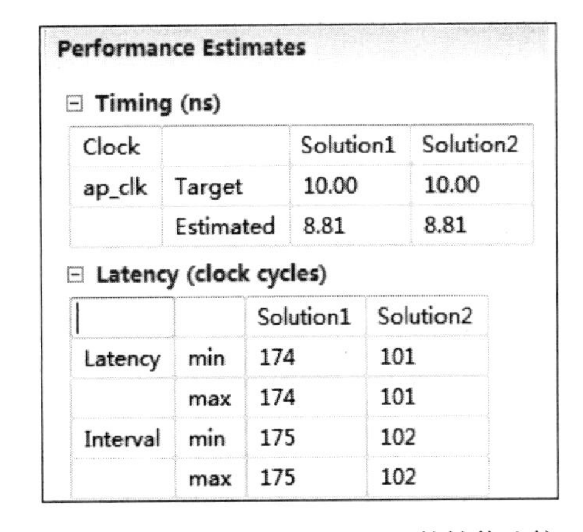

Performance Estimates

Timing (ns)

Clock		Solution1	Solution2
ap_clk	Target	10.00	10.00
	Estimated	8.81	8.81

Latency (clock cycles)

		Solution1	Solution2
Latency	min	174	101
	max	174	101
Interval	min	175	102
	max	175	102

图 7.28　Solution1 和 Solution2 的性能比较

（13）Solution1 和 Solution2 的资源占用对比如图 7.29 所示。从图 7.29 中可以看出，除 DSP48E 外，Solution2 所使用的资源明显高于 Solution1 所使用的资源。

Utilization Estimates		
	Solution1	Solution2
BRAM_18K	2	6
DSP48E	20	20
FF	3266	3830
LUT	3094	3494

图 7.29　Solution1 和 Solution2 的资源占用比较

7.11.7　添加 ARRAY_PARTITION 命令

本节将创建一个新的 Solution，为 fft 中的 cos_table、sin_table、xout1 和 xout2 添加 ARRAY_PARTITION 命令。添加 ARRAY_PARTITION 命令的步骤主要包括：

（1）在 Vivado HLS 主界面的主菜单下，选择 Project->New Solution，或者在 Vivado HLS 主界面工具栏内单击按钮，出现“Solution Configuration”界面。

（2）在“Solution Configuration”界面中，勾选 Copy existing directives from solution 前面的复选框，并且在其右侧的下拉框中选择“Solution2”。

（3）单击“Finish”按钮。

（4）打开 fft.c 文件，在其右侧窗口中单击“Directive”标签。

（5）在“Directive”标签页下，找到并选中“cos_table”选项。单击鼠标右键，出现浮动菜单。在浮动菜单内，选择 Insert Directive...，出现“Vivado HLS Directive Editor”对话框。

（6）在“Vivado HLS Directive Editor”对话框中，按如下参数设置。

① Directive：ARRAY_PARTITION。

② variable（required）：cos_table。

③ type（optional）：complete。

④ dimension（optional）：1。

⑤ 其余按默认参数设置。

（7）单击“OK”按钮，退出“Vivado HLS Directive Editor”对话框。

（8）类似地，为 sin_table、xout1 和 xout2 数组添加 ARRAY_PARTITION 命令，如图 7.30所示。

（9）单击按钮，开始综合过程。

（10）综合完成后，在 Vivado HLS 主界面的主菜单下，选择 Project->Compare Reports，或者在 Vivado HLS 主界面的工具栏内单击按钮，出现“Solution Selection Dialog”对话框。

（11）在“Solution Selection Dialog”对话框中，在“Available solutions”下选择“Solution2”和“Solution3”，然后单击 Add>> 按钮。

（12）与 Solution2 的延迟相比，Solution3 的延迟并没有降低，如图 7.31 所示。

（13）与 Solution2 占用的资源相比，Soulution3 占用的 BRAM_18K 从 6 个减少为 2 个，DSP48E 的资源使用量没有增加，但是使用的 FF 和 LUT 的数量略有增加，如图 7.32 所示。

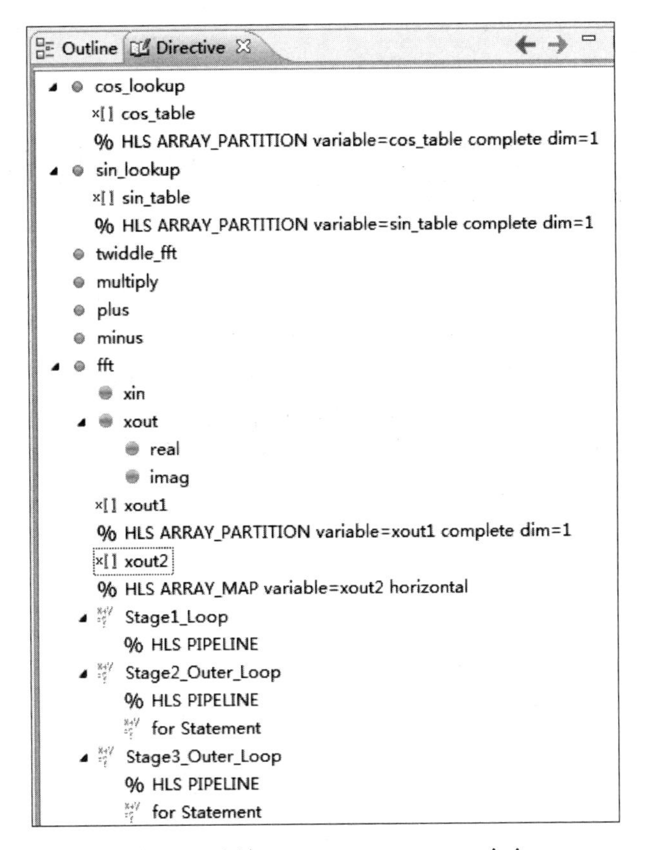

图 7.30　添加 ARRAY_PARTITION 命令

Performance Estimates

⊟ **Timing (ns)**

Clock		Solution2	Solution3
ap_clk	Target	10.00	10.00
	Estimated	8.81	9.66

⊟ **Latency (clock cycles)**

		Solution2	Solution3
Latency	min	101	103
	max	101	103
Interval	min	102	104
	max	102	104

图 7.31　Solution2 和 Solution3 的性能比较

Utilization Estimates

	Solution2	Solution3
BRAM_18K	6	2
DSP48E	20	20
FF	3830	4049
LUT	3494	4049

图 7.32　Solution3 和 Solution4 的资源比较

第 8 章　离散余弦变换的原理与实现

离散余弦变换（Discrete Cosine Transform，DCT）是与傅里叶变换相关的一种变换，类似于离散傅里叶变换，但是只使用实数部分。离散余弦变换相当于一个长度大概是其两倍的离散傅里叶变换，这个离散傅里叶变换是对一个实偶函数进行的（因为一个实偶函数的傅里叶变换仍然是一个实偶函数），在有些变换里面需要将输入或者输出的位置移动半个单位。

最常用的一种离散余弦变换的类型是第二种类型，通常所说的离散余弦变换指的就是这种。它的逆变换，通常称为逆离散余弦变换（Inverse Discrete Cosine Transform，IDCT）。

8.1　DCT 的定义

在一般的有限长变换中：

$$A[k] = \sum_{n=0}^{N-1} x[n]\phi_k^*[n]$$

$$x[n] = \frac{1}{N}\sum_{k=0}^{N-1} A[k]\phi_k[n]$$

其中，序列 $\phi_k[n]$ 称为基序列，它们互相正交：

$$\frac{1}{N}\sum_{n=0}^{N-1}\phi_k[n]\phi_k^*[n] = \begin{cases}1, n=k\\0, n\neq k\end{cases}$$

前面所介绍的 DFT 是最常见的情况。在 DFT 中，基序列是复周期序列 $e^{j2\pi kn/N}$，并且若 $x[n]$ 是实序列，则 $A[k]$ 是复对称序列。是否存在一组实数基序列使得当 $x[n]$ 是实序列时得到实变换序列 $A[k]$。

本节将介绍实序列的 DCT。DCT 和 DFT 有着密切的关系，在许多信号处理的应用中尤其是在语音和图像压缩方面有重要的应用。

在 DCT 换中，其基序列 $\phi_k[n]$ 为余弦函数。由于余弦函数既是周期的又是偶对称的，所以 $x[n]$ 在区间 $0\leqslant n\leqslant N-1$ 外的延伸也是周期对称的。就像 DFT 中隐含着周期性假设一样，DCT 中也同样隐含着周期性和偶对称性的假设。

至少有 4 种常用形式隐含的周期性，这 4 种形式分别称为 DCT-1、DCT-2、DCT-3 和 DCT-4。前人已经证明，至少有 4 种方法可由 $x[n]$ 产生一个偶周期序列，由此可导出离散正弦变换（Discrete Sine Transform，DST）的 8 种不同形式，其中正交归一化表示的基序列称为正弦函数。对于实序列，这些变换构成了一族含有 16 种形式的正交归一化变换，这些变换中最常使用的是 DCT-1 和 DCT-2 表达式（本书使用 DCT-2 表达式）。

DCT 是一种基于实数的正交变换。使用 DCT-2 的一维离散余弦变换的表达式如下：

$$X^{C2}(k)=2\sum_{n=0}^{N-1}x(n)\cos\left[\frac{\pi k(2n+1)}{2N}\right],0\leqslant k\leqslant N-1$$

其逆离散余弦变换（IDCT）的表达式如下：

$$x(n)=\frac{1}{N}\sum_{k=0}^{N-1}\beta[k]X^{C2}(k)\cos\left[\frac{\pi k(2n+1)}{2N}\right],0\leqslant n\leqslant N-1$$

其中，权函数 $\beta[k]$ 表示为

$$\beta[k]=\begin{cases}\frac{1}{2},k=0\\1,1\leqslant k\leqslant N-1\end{cases}$$

在许多处理中，DCT 定义包括使该变换成为单式的归一化因子。例如，DCT-2 通常定义为

$$\widetilde{X}^{C2}(k)=\sqrt{\frac{2}{N}}\widetilde{\beta}[k]\sum_{n=0}^{N-1}x(n)\cos\left[\frac{\pi k(2n+1)}{2N}\right],0\leqslant k\leqslant N-1$$

其逆离散余弦变换（IDCT）的表达式如下：

$$x(n)=\sqrt{\frac{2}{N}}\sum_{k=0}^{N-1}\widetilde{\beta}[k]\widetilde{X}^{C2}(k)\cos\left[\frac{\pi k(2n+1)}{2N}\right],0\leqslant n\leqslant N-1$$

其中：

$$\widetilde{\beta}[k]=\begin{cases}\frac{1}{\sqrt{2}},k=0\\1,k=1,2,\cdots,N-1\end{cases}$$

8.2　DCT-2 和 DFT 的关系

下面分析 DCT-2 和 DFT 的关系，因为：

$$x_2[n]=x[((n))_{2N}]+x[((-n-1))_{2N}]=\tilde{x}_2[n],n=0,1,\cdots,2N-1$$

其中，$x[n]$ 是原 N 点实序列。

$2N$ 点的 DFT 表示为

$$X_2[k]=X[k]+X^*[k]\mathrm{e}^{\mathrm{j}2\pi k/(2N)},k=0,1,\cdots,2N-1$$

其中，$X[k]$ 是 N 点序列 $x[n]$ 的 $2N$ 点 DFT，即这种情况下给 $x[n]$ 补了 N 个 0。

根据 DFT 的性质：

$$\begin{aligned}X_2[k]&=\mathrm{e}^{\mathrm{j}\pi k/(2N)}(X[k]\mathrm{e}^{-\mathrm{j}\pi k/(2N)}+X^*[k]\mathrm{e}^{\mathrm{j}\pi k/(2N)})\\&=\mathrm{e}^{\mathrm{j}\pi k/(2N)}2\mathrm{Re}\{X[k]\mathrm{e}^{-\mathrm{j}\pi k/(2N)}\}\end{aligned}$$

根据补 0 后序列 $2N$ 点 DFT 的定义可以得出：

$$\mathrm{Re}\{X[k]\mathrm{e}^{-\mathrm{j}\pi k/(2N)}\}=\sum_{n=0}^{N-1}x[n]\cos\left(\frac{\pi k(2n+1)}{2N}\right)$$

所以，可以用 N 点序列 $x[n]$ 的 $2N$ 点 DFT $X[k]$ 表示 DCT-2：

$$X^{C2}[k]=2\mathrm{Re}\{X[k]\mathrm{e}^{-\mathrm{j}\pi k/(2N)}\},k=0,1,\cdots,N-1$$

$$X^{C2}[k]=\mathrm{e}^{-\mathrm{j}\pi k/(2N)}X_2[k],k=0,1,\cdots,N-1$$

DCT-2 的反变换也可以通过 DFT 的反变换来计算，因为：

$$X^{C2}[2N-k]=-X^{C2}[k],k=0,1,\cdots,N-1$$

所以：

$$X_2(k)=\begin{cases}X^{C2}[0], & k=0\\ \mathrm{e}^{\mathrm{j}\pi k/(2N)}X^{C2}[k], & k=1,\cdots,N-1\\ 0, & k=N\\ -\mathrm{e}^{\mathrm{j}\pi k/(2N)}X^{C2}[2N-k], & k=N+1,N+2,\cdots,2N-1\end{cases}$$

利用 DFT 反变换的定义，可以计算对称延拓序列：

$$x_2(n)=\frac{1}{2N}\sum_{k=0}^{2N-1}X_2(k)\mathrm{e}^{\mathrm{j}2\pi kn/(2N)},n=0,1,\cdots,2N-1$$

由此可以得到：

$$x(n)=x_2(n),n=0,1,\cdots,N-1$$

8.3　DCT 的应用

离散余弦变换，尤其是它的第二种类型，经常用在信号和图像处理中，用于对信号和图像（包括静止图像和运动图像）进行有损数据压缩。这是由于离散余弦变换具有很强的“能量集中”特性：大多数自然信号（包括声音和图像）的能量都集中在离散余弦变换后的低频部分，而且当信号具有接近马尔可夫过程的统计特性时，离散余弦变换的去相关性接近 K-L 变换（Karhunen-Loève 变换——它具有最优的去相关性）的性能。例如，静止图像编码标准 JPEG、运动图像编码标准 MJPEG，以及 MPEG 的各个标准中都使用了 DCT。在这些标准中都使用了二维的第二种类型 DCT，并将结果量化后进行熵编码。这时，对应第二种类型 DCT 中的 n 通常为 8，并且使用该公式先对每个 8×8 块的每行进行变换，然后对每列进行变换，得到的是一个 8×8 的变换系数矩阵。其中，（0，0）位置处的元素就是直流分量，矩阵中的其他元素根据其位置表示不同频率的交流分量。

一个类似的变换，即改进的 DCT 用在高级音频编码中，如 Vorbis 和 MP3 音频压缩。DCT 也经常被用来使用谱方法来求解偏微分方程，这时候 DCT 的不同变量对应着数组两端不同的奇/偶边界条件。

8.4　二维 DCT

本节将介绍二维 DCT 的原理和算法描述。

8.4.1　二维 DCT 原理

二维 DCT 是在一维 DCT 的基础上再进行一次 DCT。二维 DCT 表示为

$$X(u,v)=\frac{1}{N}C(u)C(v)\sum_{i=0}^{N-1}\sum_{j=0}^{N-1}x(i,j)\cos\left(\frac{u\pi(2i+1)}{2N}\right)\cos\left(\frac{v\pi(2j+1)}{2N}\right)$$

二维 IDCT 表示为

$$x(i,j)=\frac{1}{N}\sum_{u=0}^{N-1}\sum_{v=0}^{N-1}C(u)C(v)X(u,v)\cos\left(\frac{u\pi(2i+1)}{2N}\right)\cos\left(\frac{v\pi(2j+1)}{2N}\right)$$

其中：

$$\begin{cases} C(u)=C(v)=\dfrac{1}{\sqrt{N}}, \text{当 } u=v=0 \\ C(u)=C(v)=\sqrt{\dfrac{2}{N}}, \text{其他} \end{cases}$$

8.4.2　二维 DCT 算法描述

本节将介绍二维 DCT 的基本算法和快速算法。

1. 基本算法

二维的 DCT 可分解为两个一维的 DCT，即先对图像信号（二维数据）的行进行一维 DCT，然后再对列进行一维 DCT。基本算法描述如下：

（1）求对行进行一位 DCT 的系数矩阵 coefa。

（2）求系数矩阵的转置矩阵，用于对列进行一维 DCT。

（3）利用系数矩阵和其转置矩阵对二维数据先进行行变换，然后再进行列变换。

2. 快速算法

利用 FFT 得到 DCT 的快速算法。

首先，将 $f(x)$ 进行延拓：

$$f_e(x)=\begin{cases} f(x) & x=0,1,2,\cdots,N-1 \\ 0 & x=N,N+1,\cdots,2N \end{cases}$$

按照上述定义，$f_e(x)$ 的 DCT 为

$$F(0)=\sqrt{\frac{1}{N}}\sum_{x=0}^{N-1}f(x)$$

$$F(u)=\sqrt{\frac{2}{N}}\sum_{x=0}^{N-1}f_e(x)\cos\frac{(2x+1)u\pi}{2N}$$

$$=\sqrt{\frac{2}{N}}\mathrm{Re}\left\{\sum_{x=0}^{2N-1}f_e(x)\mathrm{e}^{-\mathrm{j}\frac{(2x+1)u\pi}{2N}}\right\}=\sqrt{\frac{2}{N}}\mathrm{Re}\left\{\mathrm{e}^{-\mathrm{j}\frac{u\pi}{2N}}\cdot\sum_{x=0}^{2N-1}f_e(x)\mathrm{e}^{-\mathrm{j}\frac{2xu\pi}{2N}}\right\}$$

式中，$\mathrm{Re}\{\}$ 表示获取复数的实部，$u\neq 0$。

由上式可知，$\sum_{x=0}^{2N-1}f_e(x)\mathrm{e}^{-\mathrm{j}\frac{2xu\pi}{2N}}$ 为 $f_e(x)$ 的 $2N$ 点 DFT。因此，对于快速 DCT 而言，可以把长度为 N 的序列 $f(x)$ 的长度延拓为 $2N$ 的序列 $f_e(x)$，然后再对延拓的结果 $f_e(x)$ 执行 DFT，最后获取 DFT 的实部，这就是 DCT 的最终结果，通过这种方法可以快速实现 DCT。

为了说明二维 DCT 压缩的不同效果，使用 MATLAB 仿真说明，仿真代码如代码清单 8-1 所示。

代码清单 8-1　二维 DCT 和二维 IDCT

```
clear all
I=imread('lena.bmp');
% I=rgb2gray(A);                              %彩色图片转变为灰度图片
```

```
DCT=dct2(I);                          %离散余弦变换
DCT(abs(DCT)<70)=0;                   %把变换矩阵中小于 70 的值置为 0
IDCT_t=idct2(DCT);                    %图像重构
IDCT=IDCT_t./255;                     %对像素值进行归一化
subplot(1,3,1)
imshow(I);
title('\fontsize{18} 原图像');
subplot(1,3,2)
imshow(DCT);
title('\fontsize{18} DCT 变换图像');
subplot(1,3,3)
imshow(IDCT);
title('\fontsize{18} DCT 压缩图像');
```

DCT 舍去点较少时，图像的压缩率变低，质量变高，如图 8.1 所示；DCT 舍去点较多时，图像的压缩率变高，质量变差，如图 8.2 所示。

原图像

DCT变换图像

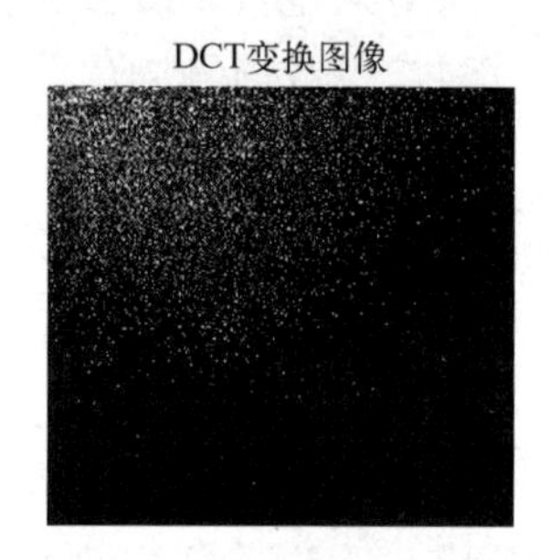

DCT压缩图像

图 8.1　高质量的 DCT 图像

原图像

DCT变换图像

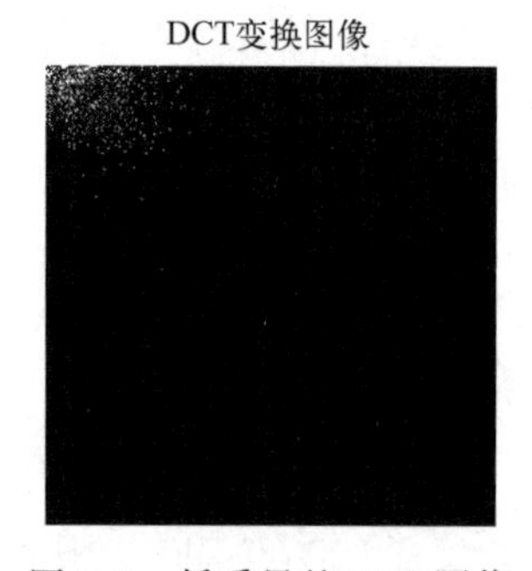

DCT压缩图像

图 8.2　低质量的 DCT 图像

8.5　二维 DCT 的实现

本节将使用 Vivado HLS 工具实现对 8×8 的块数据进行二维 DCT。内容包括：创建新的设计工程、创建源文件、设计综合、创建仿真测试文件、运行协同仿真、添加 PIPELINE 命令、修改 PIPELINE 命令、添加 PARTITION 命令、添加 DATAFLOW 命令、添加 INLINE 命令、添加 RESHAPE 命令和修改 RESHAPE 命令。

8.5.1 创建新的设计工程

本节将创建新的 DCT 设计工程。下面给出创建新的 DCT 设计工程的步骤，主要包括：

（1）在 Windows 7 桌面系统的环境下，选择开始->所有程序->Xilinx Design Tools->Vivado 2017.2->Vivado HLS->Vivado HLS 2017.2，启动 Vivado HLS 工具。

> 注：也可以双击桌面上的 Vivado HLS 2017.2，启动 Vivado HLS 工具。

（2）在 Vivado HLS 主界面的主菜单下，选择 File->New Project，出现"New Vivado HLS Project"对话框。

（3）在"New Vivado HLS Project"对话框中，按如下参数设置。

① 单击"Browse..."按钮，将路径指向"E:\fpga_dsp_example\hls_dsp\dct"。

② Project name：dct_prj。

（4）单击"Next"按钮，出现"Add/Remove Files-Add/remove C-based source files"对话框。

（5）在"Add/Remove Files-Add/remove C-based source files"对话框中，将"Top Function"设置为"dct"。

（6）单击"Next"按钮，出现"Add/Remove C-based testbench files"对话框。

（7）在"Add/Remove C-based testbench files"对话框中不进行任何设置，单击"Next"按钮，出现"Solution Configuration"对话框。

（8）在"Solution Configuration"对话框中，按如下参数设置。

① Solution Name：solution1。

② Period：10。

③ Uncertainty：0.125。

④ Part：xc7a100tcsg324-1。

（9）单击"Finish"按钮。

8.5.2 创建源文件

本节将创建源文件、头文件和系数文件。

1. 创建源文件

本节将创建 dct.c 文件，并添加 C 设计代码。创建源文件的步骤主要包括：

（1）在左侧的"Explorer"窗口下，找到并选择"Source"选项，单击鼠标右键，出现浮动菜单，如图 8.3 所示。在浮动菜单内，选择 New File...，出现"另存为"对话框。

（2）在"另存为"对话框中输入"dct.c"作为源文件的名字。

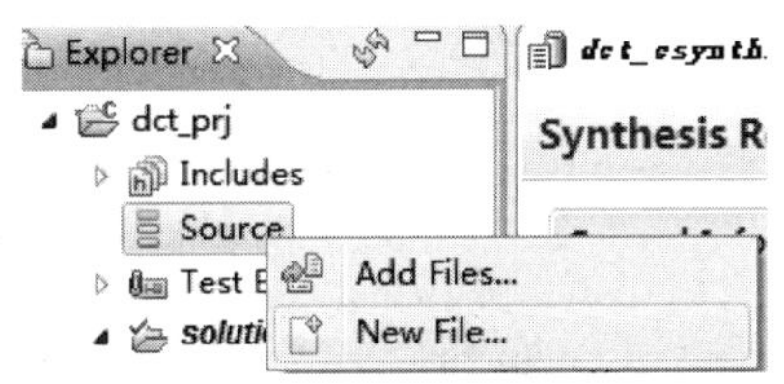

图 8.3 添加 C 源文件入口

（3）单击"保存"按钮，可以看到在 Source 文件夹下添加了 dct.c 文件。

（4）双击 dct. c 文件，打开该文件。

（5）在 dct. c 文件内输入设计代码，如代码清单 8-2 所示。

代码清单 8-2 dct. c 文件

```
#include "dct.h"

void dct_1d(dct_data_t src[DCT_SIZE], dct_data_t dst[DCT_SIZE])
{
    unsigned int k, n;
    int tmp;
    const dct_data_t dct_coeff_table[DCT_SIZE][DCT_SIZE] = {
#include "dct_coeff_table.txt"
    };

DCT_Outer_Loop:
    for (k = 0; k < DCT_SIZE; k++) {
DCT_Inner_Loop:
    for(n = 0, tmp = 0; n < DCT_SIZE; n++) {
        int coeff = (int)dct_coeff_table[k][n];
        tmp += src[n] * coeff;
    }
    dst[k] = DESCALE(tmp, CONST_BITS);
  }
}

void dct_2d(dct_data_t in_block[DCT_SIZE][DCT_SIZE],
        dct_data_t out_block[DCT_SIZE][DCT_SIZE])
{
    dct_data_t row_outbuf[DCT_SIZE][DCT_SIZE];
    dct_data_t col_outbuf[DCT_SIZE][DCT_SIZE], col_inbuf[DCT_SIZE][DCT_SIZE];
    unsigned i, j;

    // DCT rows
Row_DCT_Loop:
    for(i = 0; i < DCT_SIZE; i++) {
        dct_1d(in_block[i], row_outbuf[i]);
    }
    // Transpose data in order to re-use 1D DCT code
Xpose_Row_Outer_Loop:
    for (j = 0; j < DCT_SIZE; j++)
Xpose_Row_Inner_Loop:
        for(i = 0; i < DCT_SIZE; i++)
            col_inbuf[j][i] = row_outbuf[i][j];
    // DCT columns
Col_DCT_Loop:
    for (i = 0; i < DCT_SIZE; i++) {
        dct_1d(col_inbuf[i], col_outbuf[i]);
    }
```

```
    // Transpose data back into natural order
Xpose_Col_Outer_Loop:
    for (j = 0; j < DCT_SIZE; j++)
Xpose_Col_Inner_Loop:
        for(i = 0; i < DCT_SIZE; i++)
            out_block[j][i] = col_outbuf[i][j];
}

void read_data(short input[N], short buf[DCT_SIZE][DCT_SIZE])
{
    int r, c;

RD_Loop_Row:
    for (r = 0; r < DCT_SIZE; r++) {
RD_Loop_Col:
        for (c = 0; c < DCT_SIZE; c++)
            buf[r][c] = input[r * DCT_SIZE + c];
    }
}

void write_data(short buf[DCT_SIZE][DCT_SIZE], short output[N])
{
    int r, c;

WR_Loop_Row:
    for (r = 0; r < DCT_SIZE; r++) {
WR_Loop_Col:
        for (c = 0; c < DCT_SIZE; c++)
            output[r * DCT_SIZE + c] = buf[r][c];
    }
}

void dct(short input[N], short output[N])
{
        short buf_2d_in[DCT_SIZE][DCT_SIZE];
        short buf_2d_out[DCT_SIZE][DCT_SIZE];
        // Read input data. Fill the internal buffer.
            read_data(input, buf_2d_in);

            dct_2d(buf_2d_in, buf_2d_out);

            // Write out the results.
            write_data(buf_2d_out, output);
        }
```

（6）保存该设计文件。

思考与练习 8-1：参考前面的算法描述，分析该设计文件实现二维 DCT 的方法。

2. 创建头文件

本节将创建 dct.h 头文件，并且添加设计代码。添加 dct.h 头文件的步骤主要包括：

（1）在 Vivado HLS 主界面的主菜单下，选择 File->New File...，出现“另存为”对话框。

（2）在“另存为”对话框中，将路径定位到当前工程的路径下，输入文件名“dct.h”。

（3）单击“保存”按钮，HLS 工具将自动打开 dct.h 文件。

（4）在 dct.h 文件中，输入设计代码，如代码清单 8-3 所示。

代码清单 8-3 dct.h 文件

```
#ifndef __DCT_H__
#define __DCT_H__

#define DW 16
#define N 1024/DW
#define NUM_TRANS 16

typedef short dct_data_t;

#define DCT_SIZE 8      /* defines the input matrix as 8x8 */
#define CONST_BITS  13
#define DESCALE(x,n)  (((x) + (1 << ((n)-1))) >> n)

void dct(short input[N], short output[N]);

#endif // __DCT_H__ not defined
```

（5）保存该设计文件。

3. 创建系数文件

本节将创建 dct_coeff_table.txt 系数文件，并且添加设计代码。添加 dct_coeff_table.txt 系数文件的步骤主要包括：

（1）在 Vivado HLS 主界面的主菜单下，选择 File->New File···，出现“另存为”对话框。

（2）在“另存为”对话框中，将路径定位到当前工程的路径下，输入文件名“dct_coeff_table.txt”。

（3）单击“保存”按钮，HLS 工具将自动打开 dct_coeff_table.txt 文件。

（4）输入设计代码，如代码清单 8-4 所示。

代码清单 8-4 dct_coeff_table.txt 文件

```
8192,  8192,  8192,  8192,  8192,  8192,  8192,  8192,
11363,  9633,  6436,  2260, -2260, -6436, -9632,-11362,
10703,  4433, -4433,-10703,-10703, -4433,  4433, 10703,
9633, -2260,-11362, -6436,  6436, 11363,  2260, -9632,
8192, -8192, -8192,  8192,  8192, -8191, -8191,  8192,
6436,-11362,  2260,  9633, -9632, -2260, 11363, -6436,
4433,-10703, 10703, -4433, -4433, 10703,-10703,  4433,
2260, -6436,  9633,-11362, 11363, -9632,  6436, -2260
```

（5）保存该设计文件。

8.5.3　设计综合

本节将对该 C 模型使用 Vivado HLS 工具进行综合，并将其转换为 RTL 描述。对设计进行综合的步骤主要包括：

（1）在 Vivado HLS 主界面的主菜单下，选择 Solution->Synthesis->Active Solution，或者在工具栏内单击▶按钮，开始综合过程。

（2）在综合的过程中，在“Console”窗口内出现提示信息，即对函数 read_data 和 write_data 进行自动内联，如图 8.4 所示，其结果就是只生成 dct 函数、dct_1d 函数和 dct_2d 函数的 RTL 级表示。

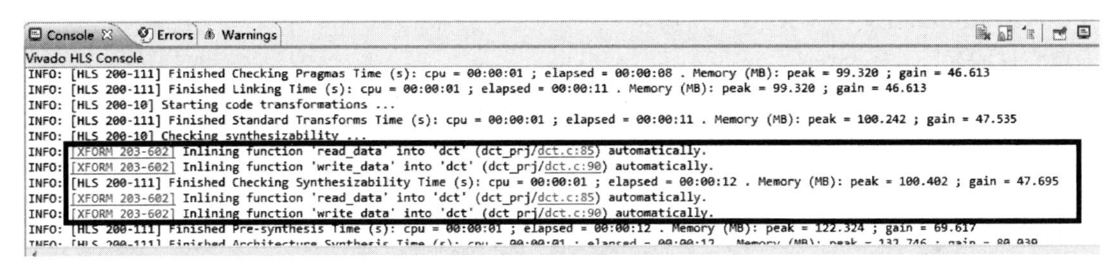

图 8.4　“Console”窗口

（3）综合完成后，给出延迟和资源占用率报告。

思考与练习 8-2：根据给出的延迟和资源占用率报告回答下面的问题。

① Latency：________。

② BRAM_18K 的数量（使用的）：________，资源使用率：________。

③ DSP48E 的数量（使用的）：________，资源使用率：________。

④ FF 的数量（使用的）：________，资源使用率：________。

⑤ LUT 的数量（使用的）：________，资源使用率：________。

（4）综合后生成的 dct 函数的端口如图 8.5 所示。从图 8.5 中可知，自动添加了 ap_clk

Summary

RTL Ports	Dir	Bits	Protocol	Source Object	C Type
ap_clk	in	1	ap_ctrl_hs	dct	return value
ap_rst	in	1	ap_ctrl_hs	dct	return value
ap_start	in	1	ap_ctrl_hs	dct	return value
ap_done	out	1	ap_ctrl_hs	dct	return value
ap_idle	out	1	ap_ctrl_hs	dct	return value
ap_ready	out	1	ap_ctrl_hs	dct	return value
input_r_address0	out	6	ap_memory	input_r	array
input_r_ce0	out	1	ap_memory	input_r	array
input_r_q0	in	16	ap_memory	input_r	array
output_r_address0	out	6	ap_memory	output_r	array
output_r_ce0	out	1	ap_memory	output_r	array
output_r_we0	out	1	ap_memory	output_r	array
output_r_d0	out	16	ap_memory	output_r	array

图 8.5　dct 函数的端口

和 ap_rst 信号。ap_start、ap_done 和 ap_idle 信号是顶层信号，用于“握手”。当启动下一个计算（ap_start）和计算完成（ap_done）时，表示该设计可以接受下一个计算命令。顶层函数有输入和输出数组，因此为输入和输出生成 ap_memory 接口。

8.5.4　创建仿真测试文件

本节将创建用于仿真的测试文件。创建用于仿真的测试文件的步骤主要包括：

（1）在 Vivado HLS 左侧的“Explorer”窗口中，找到并选中“Test Bench”选项，单击鼠标右键，出现浮动菜单，如图 8.6 所示。在浮动菜单内选择 New File...，出现“另存为”对话框。

图 8.6　生成测试文件的入口

（2）在“另存为”对话框中，输入“dct_test.c”作为源文件的名字。

（3）单击“保存”按钮，可以看到在 Test Bench 文件夹下添加了 dct_test.c 文件。

（4）双击 dct_test.c 文件，打开该文件。

（5）在 dct_test.c 文件内，输入设计代码，如代码清单 8-5 所示。

代码清单 8-5　dct_test.c 文件

```
#include <stdio.h>
#include "dct.h"
// ***********************************************************
int main() {
    short a[N], b[N], b_expected[N];
    int retval = 0, i;
    FILE *fp;

    fp=fopen("in.dat","r");
    for (i=0; i<N; i++){
        int tmp;
        fscanf(fp, "%d", &tmp);
        a[i] = tmp;
    }
    fclose(fp);

    fp=fopen("out.golden.dat","r");
    for (i=0; i<N; i++){
        int tmp;
        fscanf(fp, "%d", &tmp);
        b_expected[i] = tmp;
    }
    fclose(fp);

    dct(a, b);

    for (i = 0; i < N; ++i) {
        if(b[i] != b_expected[i]){
```

```
                printf(" Incorrect output on sample %d. Expected %d, Received %d \n", i, b_expec-
    ted[i], b[i]);
                retval = 2;
            }
        }

    #if 0 // Optionally write out computed values
        fp=fopen("out. dat","w");
        for (i=0; i<N; i++){
            fprintf(fp, "%d\n", b[i]);
        }
        fclose(fp);
    #endif

        if(retval ! = (2)){
            printf("    *** *** *** *** \n");
            printf("    Results are good \n");
            printf("    *** *** *** *** \n");
        }else {
            printf("    *** *** *** *** \n");
            printf("    BAD!! %d \n", retval);
            printf("    *** *** *** *** \n");
        }
        return retval;
    }
```

（6）保存该设计文件。

（7）按照步骤（1）~（5）添加 in. dat 文件。

（8）按照步骤（1）~（5）添加 out. golden. dat 文件。

注：读者在学习时，可以指向作者所提供的工程设计路径，找到这两个文件，直接添加到读者当前所建立的工程路径中。

思考与练习 8-3：分析 dct_test. c 文件，并说明其所完成的功能。

8.5.5　运行协同仿真

本节将运行协同仿真，选择 SystemC，跳过 VHDL 和 Verilog HDL，然后通过仿真验证。运行协同仿真的步骤主要包括：

（1）在 Vivado HLS 主界面的主菜单下，选择 Solution->Run C/RTL Cosimulation，或者在主界面的工具栏内单击☑按钮，出现“Warnings”对话框。

（2）在“Warnings”对话框中，单击“OK”按钮，出现“C/RTL Cosimulation”对话框。

（3）在“C/RTL CoSimulation”对话框中，不修改任何参数，单击“OK”按钮。

（4）开始运行 RTL 协同仿真，生成和编译一些文件，然后对设计进行仿真。

（5）协同仿真结束后，打印出测试通过的消息“Results are good”，如图 8.7 所示。

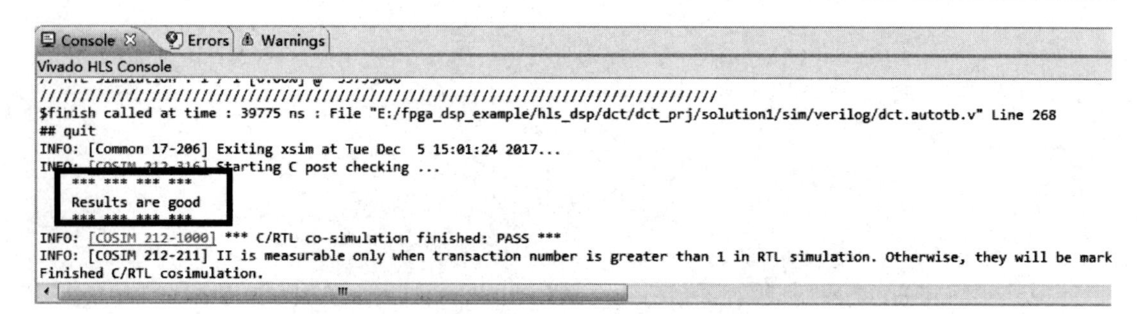

图 8.7　打印出测试通过的消息

注： 这些打印信息来自 dct_test. c 文件。

8.5.6　添加 PIPELINE 命令

本节将创建新的 Solution，将 PIPELINE 命令应用于 DCT_Inner_Loop、Xpose_Row_Inner_Loop、Xpose_Col_Inner_Loop、RD_Loop_Col 和 WR_Loop_Col，最后对生成结果进行分析。添加 PIPELINE 命令的步骤主要包括：

（1）在 Vivado HLS 主界面的主菜单下，选择 Project->New Solution，或者在 Vivado HLS 主界面的工具栏内单击按钮，出现“Solution Configuration”对话框。

（2）在“Solution Configuration”对话框中，勾选“Copy existing directives from solution”前面的复选框，并且在其右侧的下拉框中选择“Solution1”，然后单击“Finish”按钮。

（3）打开 dct. c 文件，在其右侧窗口中单击“Directive”标签。

（4）在“Directive”标签页下，找到并展开 dct_1d 函数，在展开项中找到并选择“DCT_Inner_Loop”选项，单击鼠标右键，出现浮动菜单。在浮动菜单内，选择 Insert Directive…，出现“Vivado HLS Directive Editor”对话框。

（5）在“Vivado HLS Divectine Editor”对话框中，按如下参数设置。

① Directive：PIPELINE。

② II（optional）为空，表示 Vivado HLS 将尝试“II = 1”，即每个时钟周期有一个新的输入。

（6）单击“OK”按钮，退出“Vivado HLS Directive Editor”对话框。

（7）类似地，给 dct_2d 函数中的 Xpose_Row_Inner_Loop 和 Xpose_Col_Inner_Loop，以及 read_data 函数中的 RD_Loop_Col 与 write_data 函数中的 WR_Loop_Col 添加 PIPELINE 命令，如图 8. 8所示。

（8）单击按钮，开始综合过程。

（9）综合完成后，在 Vivado HLS 主界面的主菜单下，选择 Project->Compare Reports，或者在 Vivado HLS 主界面的工具栏内单击按钮，出现“Solution Selection Dialog”对话框。

（10）在“Solution Selection Dialog”对话框中，在“Available solutions”下选择“Solution1”和“Solution2”，然后单击 Add>> 按钮。

（11）延迟从 3959 降低到 1855，降低为原来的 46%，如图 8. 9 所示。

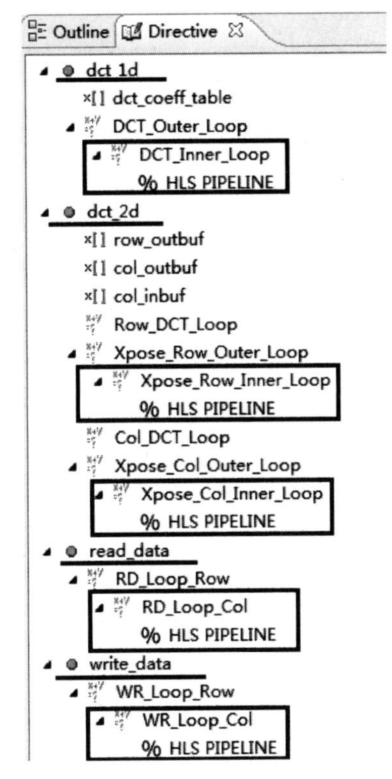

图 8.8　添加 PIPELINE 命令

All Compared Solutions

Solution1: xc7a100tcsg324-1

Solution2: xc7a100tcsg324-1

Performance Estimates

Timing (ns)

Clock		Solution1	Solution2
ap_clk	Target	10.00	10.00
	Estimated	7.18	7.35

Latency (clock cycles)

		Solution1	Solution2
Latency	min	3959	1855
	max	3959	1855
Interval	min	3960	1856
	max	3960	1856

图 8.9　Solution1 和 Solution2 的性能比较

（12）很明显，Soulution2 所占用的 FF 和 LUT 比 Solution1 要多，但是使用了相同数目的 DSP48E 和 BRAM_18K，如图 8.10 所示。

Utilization Estimates

	Solution1	Solution2
BRAM_18K	5	5
DSP48E	1	1
FF	875	1005
LUT	798	1050

图 8.10　Solution1 和 Solution2 的资源占用比较

8.5.7　修改 PIPELINE 命令

本节将修改 PIPELINE 命令，并且创建一个新的 Solution，即去掉应用于 DCT_Inner_Loop 的命令，将其改变到 DCT_Outer_Loop，然后对新的 Solution 进行综合，并对综合结果进行分析。修改 PIPELINE 命令的步骤主要包括：

（1）在 Vivado HLS 主界面的主菜单下，选择 Project->New Solution，或者在 Vivado HLS 主界面的工具栏内单击按钮，出现“Solution Configuration”对话框。

（2）在“Solution Configuration”对话框中，勾选“Copy existing directives from solution”前面的复选框，并且在其右侧的下拉框中选择“Solution2”，然后单击“Finish”按钮。

（3）打开 dct. c 文件，在其右侧的窗口中单击“Directive”标签。

（4）在“Directive”标签页下，找到并展开 dct_1d 函数，在展开项中找到并选择“DCT_Inner_Loop”选项，单击鼠标右键，出现浮动菜单。在浮动菜单内，选择 Remove Directive…。

（5）在“Directive”标签页下，找到并展开 dct_1d 函数，在展开项中找到并选择“DCT_Outer_Loop”选项，单击鼠标右键，出现浮动菜单。在浮动菜单内，选择 Insert Directive…，出现“Vivado HLS Directive Editor”对话框。

（6）在“Vivado HLS Directive Editor”对话框中，按如下参数设置。

① Directive：PIPELINE。

② II（optional）为空，表示 Vivado HLS 将尝试“II=1”，即每个时钟周期有一个新的输入。

（7）单击“OK”按钮，退出“Vivado HLS Directive Editor”对话框。

（8）单击▶按钮，开始综合过程。

（9）综合完成后，在 Vivado HLS 主界面的主菜单下，选择 Project->Compare Reports，或者在 Vivado HLS 主界面的工具栏内单击按钮，出现“Solution Selection Dialog”对话框。

（10）在“Solution Selection Dialog”对话框中，在“Available solutions”下选择“Solution1”和“Solution2”，然后单击 Add>> 按钮。

（11）延迟从 1855 降低到 879，降低到 Solution1 最开始的 22%，如图 8.11 所示。

（12）很明显，Soulution3 所占用的 DSP48E、FF 和 LUT 比 Solution2 要多，如图 8.12 所示。

Performance Estimates

⊟ **Timing (ns)**

Clock		Solution2	Solution3
ap_clk	Target	10.00	10.00
	Estimated	7.35	11.00

⊟ **Latency (clock cycles)**

		Solution2	Solution3
Latency	min	1855	879
	max	1855	879
Interval	min	1856	880
	max	1856	880

图 8.11　Solution2 和 Solution3 的性能比较

Utilization Estimates

	Solution2	Solution3
BRAM_18K	5	5
DSP48E	1	8
FF	1005	1352
LUT	1050	1216

图 8.12　Solution2 和 Solution3 的资源比较

思考与练习 8-4：思考为什么 Solution3 中的 DSP48E 消耗多了（提示：查看综合给出的信息，系数表生成了 ROM）。

8.5.8　添加 PARTITION 命令

本节将创建一个新的 Solution，为 dct_2d 函数中的 in_block 和 col_inbuf 添加 PARTITION 命令。添加 PARTITION 命令的步骤主要包括：

（1）在 Vivado HLS 主界面的主菜单下，选择 Project->New Solution，或者在 Vivado HLS 主界面工具栏内单击按钮。出现“Solution Configuration”对话框。

（2）在“Solution Configuration”对话框中，勾选“Copy existing directives from solution”前面的复选框，并且在其右侧的下拉框中选择“Solution3”，然后单击“Finish”按钮。

（3）打开 dct.c 文件，在其右侧窗口中单击“Directive”标签。

（4）在“Directive”标签页下，找到并选中 dct_2d 函数。单击鼠标右键，出现浮动菜单。在浮动菜单内，选择 Insert Directive...，出现“Vivado HLS Directive Editor”对话框。

（5）在“Vivado HLS Directive Editor”对话框中，按如下参数设置。

① Directive：PARTITION。

② variable （required）：in_block。

③ type （optional）：complete。

④ dimension （optional）：2。

⑤ 其余按默认设置参数。

（6） 单击 “OK” 按钮，退出 “Vivado HLS Dinective Editor” 对话框。

（7） 类似地，为 col_inbuf 数组添加 PARTITION 命令，如图 8. 13 所示。

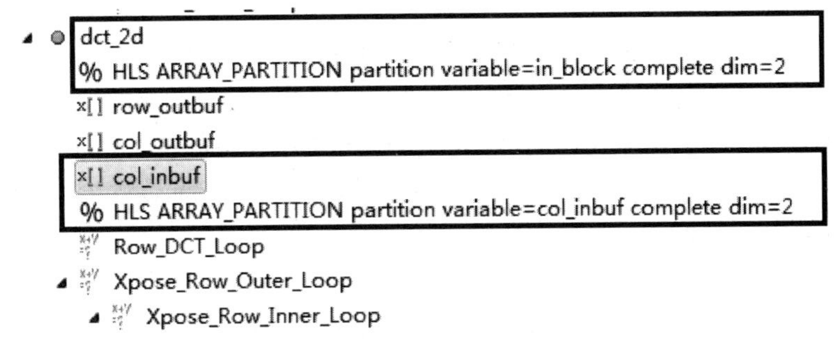

图 8. 13　为 col_inbuf 数组添加 PARTITION 命令

（8） 单击▶按钮，开始综合过程。

（9） 综合完成后，在 Vivado HLS 主界面的主菜单下，选择 Project->Compare Reports，或者在 Vivado HLS 主界面的工具栏内单击按钮，出现 “Solution Selection Dialog” 对话框。

（10） 在 “Solution Selection Dialog” 对话框中，在 “Available solutions” 下选择 “Solution3” 和 “Solution4”，然后单击 Add>> 按钮。

（11） 延迟从 879 降低到 513，如图 8. 14 所示。

（12） 很明显 Soulution4 所占用的 BRAM_ 18K 比 Solution3 要少，如图 8. 15 所示。

（13） 在 “Explorer” 窗口下，找到并展开 Solution4->syn->report->dct_1d_csynth. rpt，打开综合报告。

Performance Estimates

⊟ **Timing (ns)**

Clock		Solution3	Solution4
ap_clk	Target	10.00	10.00
	Estimated	11.00	11.00

⊟ **Latency (clock cycles)**

		Solution3	Solution4
Latency	min	879	513
	max	879	513
Interval	min	880	514
	max	880	514

图 8. 14　Solution3 和 Solution4 的性能比较

Utilization Estimates

	Solution3	Solution4
BRAM_18K	5	3
DSP48E	8	8
FF	1352	1993
LUT	1216	1799

图 8. 15　Solution3 和 Solution4 的资源比较

8. 5. 9　添加 DATAFLOW 命令

本节将创建新的 Solution，并且添加 DATAFLOW 命令，然后对设计进行综合，并对综合结果进行分析。添加 DATAFLOW 命令的步骤主要包括：

（1）在 Vivado HLS 主界面的主菜单下，选择 Project->New Solution，或者在 Vivado HLS 主界面的工具栏内单击按钮，出现“Solution Configuration”对话框。

（2）在“Solution Configuration”对话框中，勾选“Copy existing directives from solution”前面的复选框，并且在其右侧的下拉框中选择“Solution4”，然后单击“Finish”按钮。

（3）在 Vivado HLS 主界面的主菜单下，选择 Project->Close Inactive Solution Tabs，关闭前面打开的“Solution”窗口。

（4）打开 dct. c 文件，在其右侧窗口中单击“Directive”标签。

（5）在“Directive”标签页下，找到并选中 dct 函数。单击鼠标右键，出现浮动菜单。在浮动菜单内，选择 Insert Directive...，出现“Vivado HLS Directive Editor”对话框。

（6）在“Vivado HLS Directive Editor”对话框中，按如下参数设置。

① Directive：DATAFLOW。

② 其余按默认设置参数。

（7）单击“OK”按钮，退出“Vivado HLS Directive Editor”对话框。

（8）单击按钮，开始综合过程。

（9）综合完成后，在 Vivado HLS 主界面的主菜单下，选择 Project->Compare Reports，或者在 Vivado HLS 主界面的工具栏内单击按钮，出现“Solution Selection Dialog”对话框。

（10）在“Solution Selection Dialog”对话框中，在“Available solutions”下选择“Solution3”和“Solution4”，然后单击 Add>> 按钮。

（11）Solution5 与 Solution4 相比，延迟没有明显变化，如图 8. 16 所示。但是，Interval 却明显降低，表示吞吐量增加。

> 注：①如果 Interval 的值小于 Latency，则表示在当前输入数据出现在输出之前设计可以开始一个新的输入。
>
> ② 只允许顶层函数循环使用 DATAFLOW 指令，应用在下面的层次将不起作用。

（12）很明显，Soulution5 所占用的 BRAM_18K 比 Solution4 还要多，如图 8. 17 所示，这是因为默认的 dataflow 采用 ping-pong 缓冲结构。

Performance Estimates

⊟ **Timing (ns)**

Clock		Solution4	Solution5
ap_clk	Target	10.00	10.00
	Estimated	11.00	11.00

⊟ **Latency (clock cycles)**

		Solution4	Solution5
Latency	min	513	512
	max	513	512
Interval	min	514	377
	max	514	377

图 8. 16 Solution4 和 Solution5 的性能比较

Utilization Estimates

	Solution4	Solution5
BRAM_18K	3	4
DSP48E	8	8
FF	1993	2255
LUT	1799	1590

图 8. 17 Solution4 和 Solution5 的资源比较

8.5.10　添加 INLINE 命令

本节将创建新的 Solution，为 dct_2d 函数添加 INLINE 指令，然后对设计进行综合，最后对综合结果进行分析。添加 INLINE 命令的步骤主要包括：

（1）在 Vivado HLS 主界面的主菜单下，选择 Project->New Solution，或者在 Vivado HLS 主界面的工具栏内单击按钮，出现“Solution Configuration”对话框。

（2）在“Solution Configuration”对话框中，勾选“Copy existing directives from solution”前面的复选框，并且在其右侧的下拉框中选择“Solution5”，然后单击“Finish”按钮。

（3）在 Vivado HLS 主界面的主菜单下，选择 Project->Close Inactive Solution Tabs，关闭前面打开“Solution”窗口。

（4）打开 dct.c 文件，在其右侧的窗口中单击“Directive”标签。

（5）在“Directive”标签页下，找到并选中 dct_2d 函数。单击鼠标右键，出现浮动菜单。在浮动菜单内，选择 Insert Directive...，出现“Vivado HLS Directive Editor”对话框。

（6）在“Vivado HLS Directive Editor”对话框中，按如下参数设置。

① Directive：INLINE。

② 其余按默认设置参数。

（7）单击“OK”按钮，退出“Vivado HLS Directive Editor”对话框。

（8）单击按钮，开始综合过程。

（9）综合完成后，在 Vivado HLS 主界面的主菜单下，选择 Project->Compare Reports，或者在 Vivado HLS 主界面的工具栏内单击按钮，出现“Solution Selection Dialog”对话框。

（10）在“Solution Selection Dialog”对话框中，在“Available solutions”下选择“Solution5”和“Solution6”，然后单击 Add>> 按钮。

（11）Solution6 与 Solution5 相比，延迟降低到 499，如图 8.18 所示。同时，Interval 也明显降低到 114，表示吞吐量增加。

（12）很明显，Soulution6 所占用的资源比 Solution5 所占有的资源还要多，如图 8.19 所示。

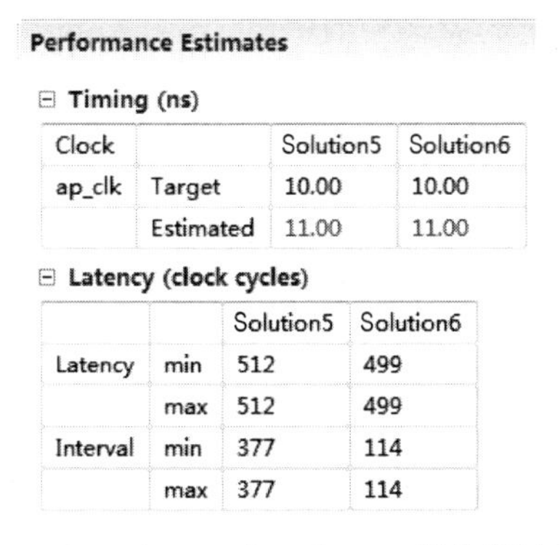

Performance Estimates

Timing (ns)

Clock		Solution5	Solution6
ap_clk	Target	10.00	10.00
	Estimated	11.00	11.00

Latency (clock cycles)

		Solution5	Solution6
Latency	min	512	499
	max	512	499
Interval	min	377	114
	max	377	114

图 8.18　Solution5 和 Solution6 的性能比较

Utilization Estimates

	Solution5	Solution6
BRAM_18K	4	6
DSP48E	8	16
FF	2255	3379
LUT	1590	1462

图 8.19　Solution5 和 Solution6 的资源比较

思考与练习 8-5：DSP48E 的使用量明显增加，为什么（提示：原来的 dct_1d 函数用于对所有的行和列进行处理，但是现在可以并行执行行和列的循环）？

思考与练习 8-6：BRAM_18K 的使用量增加，为什么（提示：由于在更多的 dataflow 处理中使用了 ping-pong 结构)?

8.5.11 添加 RESHAPE 命令

本节将创建新的 Solution，添加 RESHAPE 指令，然后对设计进行综合，最后对综合结果进行分析。添加 RESHAPE 命令的步骤主要包括：

(1) 在 Vivado HLS 主界面的主菜单下，选择 Project->New Solution，或者在 Vivado HLS 主界面的工具栏内单击按钮，出现“Solution Configuration”对话框。

(2) 在“Solution Configuration”对话框中，勾选“Copy existing directives from solution”前面的复选框，并且在其右侧的下拉框中选择“Solution6”，然后单击“Finish”按钮。

(3) 在 Vivado HLS 主界面的主菜单下，选择 Project->Close Inactive Solution Tabs，关闭前面打开的“Solution”窗口。

(4) 打开 dct.c 文件，在其右侧的窗口中单击“Directive”标签。

(5) 在“Directive”标签页下，找到并选择应用于 dct_2d 函数的 PARTITION 命令。单击鼠标右键，出现浮动菜单。在浮动菜单内，选择 Remove Directive…。

(6) 在“Directive”标签页下，找到并选择应用于 dct_2d 函数 col_inbuf 数组的 PARTITION 命令。单击鼠标右键，出现浮动菜单。在浮动菜单内，选择 Remove Directive…。

(7) 在 Directive 标签页下，找到并选中 dct_1d 函数下面的 dct_coeff_table，单击鼠标右键，出现浮动菜单。在浮动菜单内，选择 Insert Directive…，出现“Vivado HLS Directive Editor”对话框。

(8) 在“Vivado HLS Directive Editor”对话框中，按如下参数设置。

① Directive：RESHAPE。

② variable (required)：in_block。

③ type (optional)：complete。

④ dimension (optional)：2。

⑤ 其余按默认设置参数。

(9) 单击“OK”按钮，退出“Vivado HLS Directive Editor”对话框。

(10) 类似地，为 dct_2d 函数的 in_block 和 col_inbuf 数组添加 RESHAPE 命令，如图 8.20 所示。

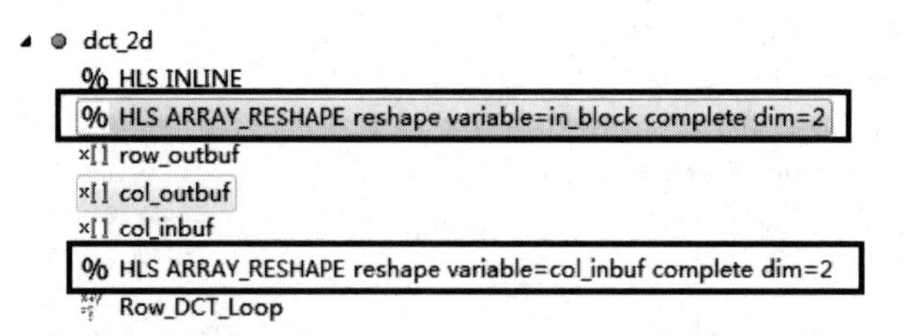

图 8.20 为 dct_2d 函数的 in_block 和 col_inbuf 数组添加 RESHAPE 命令

(11) 单击按钮，开始综合过程。

(12) 综合完成后，在 Vivado HLS 主界面的主菜单下，选择 Project->Compare Reports，或者在 Vivado HLS 主界面的工具栏内单击按钮，出现“Solution Selection Dialog”对话框。

(13) 在“Solution Selection Dialog”对话框中，在“Available solutions”下选择

“Solution6” 和 “Solution7”，然后单击 Add>> 按钮。

（14）Solution7 与 Solution6 相比，性能明显降低，如图 8.21 所示。

（15）很明显，Soulution7 所占用的资源除 DSP48E 外，比 Solution6 要多很多，如图 8.22 所示。

Performance Estimates

⊟ Timing (ns)

Clock		Solution6	Solution7
ap_clk	Target	10.00	10.00
	Estimated	11.00	11.00

⊟ Latency (clock cycles)

		Solution6	Solution7
Latency	min	499	627
	max	499	627
Interval	min	114	132
	max	114	132

图 8.21　Solution6 和 Solution7 的性能比较

Utilization Estimates

	Solution6	Solution7
BRAM_18K	6	22
DSP48E	16	16
FF	3379	4601
LUT	1462	5415

图 8.22　Solution6 和 Solution7 的资源比较

思考与练习 8-7：BRAM_18K 的使用量增加，为什么？

8.5.12　修改 RESHAPE 命令

本节将创建新的 Solution，同时：

（1）去除应用于 dct_2d 函数 in_block 数组的 RESHAPE 命令，然后为 in_block 数组添加 PARTITION 命令。

（2）为 dct_2d 函数的 out_block 数组添加 RESHAPE 命令。

（3）为 dct_2d 函数的 row_inbuf 和 col_outbuf 数组添加 RESHAPE 命令。

（4）去除应用于 Xpose_*(Row/Col)_Inner_Loop 和 Xpose_*(Row/Col)_Outer_Loop 的 PIPELINE 命令。

然后对该设计进行综合，并且对综合结果进行分析。修改 RESHAPE 命令的步骤主要包括：

（1）在 Vivado HLS 主界面的主菜单下，选择 Project->New Solution，或者在 Vivado HLS 主界面的工具栏内单击按钮，出现 “Solution Configuration” 对话框。

（2）在 “Solution Configuration” 对话框中，勾选 “Copy existing directives from solution” 前面的复选框，并且在其右侧的下拉框中选择 “Solution7”，然后单击 “Finish” 按钮。

（3）在 Vivado HLS 主界面的主菜单下，选择 Project->Close Inactive Solution Tabs，关闭前面打开的 “Solution” 窗口。

（4）打开 dct.c 文件，在其右侧的窗口中单击 “Directive” 标签。

（5）在 “Directive” 标签页下，找到并选择应用于 dct_2d 函数的 RESHAPE 命令。单击鼠标右键，出现浮动菜单。在浮动菜单内，选择 Remove Directive…。

（6）在 “Directive” 标签页下，找到并选中 dct_2d 函数。单击鼠标右键，出现浮动菜单。在浮动菜单内，选择 Insert Directive…，出现 “Vivado HLS Directive Editor” 对话框。

（7）在 “Vivado HSL Directive Editor” 对话框中，按如下参数设置。

① Directive：PARTITION。

② variable （required）：in_block。

③ type （optional）：complete。

④ dimension （optional）：2。

⑤ 其余按默认设置参数。

（8）单击“OK”按钮，退出“Vivado HLS Directive Editor”对话框。

（9）在“Directive”标签页下，找到并展开 dct_2d 函数，分别为 row_outbuf 数组和 col_outbuf 数组分配 RESHAPE 命令，如图 8.23 所示。

（10）在“Directive”标签页下，找到并展开 dct_2d 函数，将 Xpose_＊(Row/Col)_Inner_Loop 的 PIPELINE 命令移动到 Xpose_＊(Row/Col)_Outer_Loop，如图 8.23 所示。

（11）单击▶按钮，开始综合过程。

（12）当综合完成后，在 Vivado HLS 主界面的主菜单下，选择 Project－>Compare Reports，或者在 Vivado HLS 主界面的工具栏内单击按钮，出现“Solution Selection Dialog”对话框。

（13）在“Solution Selection Dialog”对话框中，在“Available solutions”下选择“Solution6”和“Solution8”，然后单击 Add>> 按钮。

（14）Solution8 与 Solution6 相比，延迟明显降低，如图 8.24 所示。

dct_2d
% HLS INLINE
% HLS ARRAY_PARTITION partition variable=in_block complete dim=2
[] row_outbuf
% HLS ARRAY_RESHAPE reshape variable=row_outbuf complete dim=1
[] col_outbuf
% HLS ARRAY_RESHAPE reshape variable=col_outbuf complete dim=1
[] col_inbuf
% HLS ARRAY_RESHAPE reshape variable=col_inbuf complete dim=2
Row_DCT_Loop
Xpose_Row_Outer_Loop
% HLS PIPELINE
Xpose_Row_Inner_Loop
Col_DCT_Loop
Xpose_Col_Outer_Loop
% HLS PIPELINE
Xpose_Col_Inner_Loop

图 8.23　为 dct_2d 函数中的 row_outbuf 数组和 col_outbuf 数组添加 RESHAPE 命令

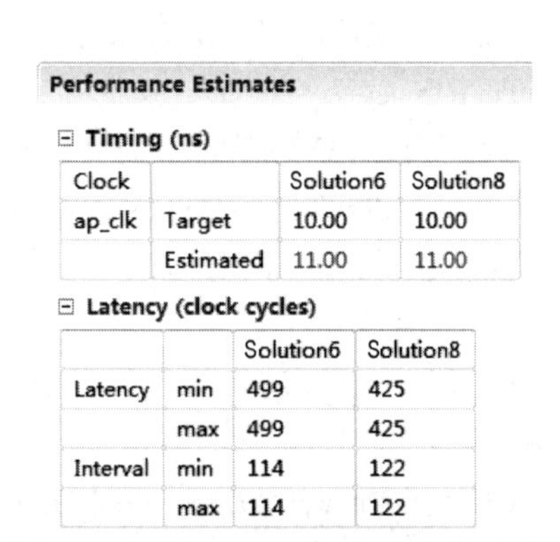

Performance Estimates

Timing (ns)

Clock		Solution6	Solution8
ap_clk	Target	10.00	10.00
	Estimated	11.00	11.00

Latency (clock cycles)

		Solution6	Solution8
Latency	min	499	425
	max	499	425
Interval	min	114	122
	max	114	122

图 8.24　Solution6 和 Solution8 的性能比较

（15）很明显，除了 DSP48E 外，Soulution8 所占用的资源要比 Solution6 多很多，如图 8.25 所示。

（16）关闭并退出当前的设计工程。

Utilization Estimates

	Solution6	Solution8
BRAM_18K	6	26
DSP48E	16	16
FF	3379	4891
LUT	1462	5490

图 8.25　Solution6 和 Solution8 的资源比较

第 9 章　FIR 滤波器和 IIR 滤波器的原理与实现

本章将介绍了 FIR 滤波器和 IIR 滤波器的原理与实现。内容主要包括：模拟滤波器到数字滤波器的转换，数字滤波器的分类和应用，FIR 滤波器的原理和结构，IIR 滤波器的原理和结构，以及 DA FIR 滤波器、MAC FIR 滤波器、FIR Compiler 滤波器和 HLS FIR 滤波器的设计。

本章内容是数字信号处理中最重要的部分，也是学习本书后续内容的基础，因此读者必须掌握 FIR 滤波器和 IIR 滤波器的基本原理与实现方法。

9.1　模拟滤波器到数字滤波器的转换

本节将介绍从模拟滤波器得到数字滤波器的两种常用方法，即微分方程近似法和双线性变换法。

9.1.1　微分方程近似

无限冲激响应（Infinite Impulse Response，IIR）滤波器的设计基于大家所熟知的模拟滤波器。

模拟到数字转换的最简单形式是后向差分运算：

$$s \leftarrow \frac{1}{T_S}(1-z^{-1}) \tag{9.1}$$

其中：

$$T_S = \frac{1}{f_S}$$

对于微分方程 $y(t)=\frac{\mathrm{d}x(t)}{\mathrm{d}t}$，其拉普拉斯变换为

$$Y(s)=sX(s) \tag{9.2}$$

在离散域中，最简单的微分（差分）形式表示为

$$y(k)=\frac{1}{T_S}[x(k)-x(k-1)] \tag{9.3}$$

该微分方程的 Z 变换可以表示为

$$Y(z)=\frac{1}{T_S}[1-z^{-1}]X(z) \tag{9.4}$$

对于积分方程 $y(t)=\int x(t)\mathrm{d}t$，其拉普拉斯变换表示为

$$Y(s)=\frac{X(s)}{s} \tag{9.5}$$

其 Z 变换可表示为

$$Y(z)=X(z)\cdot\frac{T_S}{(1-z^{-1})} \tag{9.6}$$

得到差分方程的描述式：

$$y(k)=T_S x(k)+y(k-1) \tag{9.7}$$

这种从 S 域到 Z 域的简单变换所带来的问题是无法保证 Z 域中的滤波器是稳定的。

例如，对于一个巴特沃斯模拟低通滤波器而言，其传递函数 $H(s)$ 表示为

$$H(s)=\frac{1}{s^2+\sqrt{2}s+1}$$

可以通过 Z 域和 S 域的映射关系将该模拟低通滤波器转换成数字形式：

$$\begin{aligned}H(z)=H(s)\mid_{s=\frac{1}{T_S}(1-z^{-1})}&=\frac{1}{\frac{1}{T_S^2}(1-z^{-1})^2+\sqrt{2}\frac{1}{T_S}(1-z^{-1})+1}\\&=\frac{T_S^2}{(1-2z^{-1}+z^{-2})+\sqrt{2}T_S(1-z^{-1})+T_S^2}\\&=\frac{T_S^2}{z^{-2}-(\sqrt{2}+2)z^{-1}+(1+\sqrt{2}+T_S^2)}\end{aligned} \tag{9.8}$$

9.1.2　双线性变换

即使原来的模拟滤波器是稳定的，但是经过后向差分运算后并不能保证所产生的数字滤波器也是稳定的。对于一个稳定的数字滤波器而言，它所有的极点应该位于单位圆的内部。

为了保证从稳定的模拟滤波器可以得到稳定的数字滤波器，通常采样双线性变换法。通过该方法将 S 域的左半平面映射到 Z 域单位圆的内部，这样就可以保证由稳定的 S 域模拟滤波器产生稳定的 Z 域数字滤波器。双线性变换法的公式表示为

$$s=\frac{2}{T_S}\left[\frac{1-z^{-1}}{1+z^{-1}}\right] \tag{9.9}$$

通过式（9.9）可以保证一个稳定的模拟滤波器原型将产生一个稳定的数字滤波器。通过双线性变换法产生的数字滤波器，Z 域中总是既有极点又有零点。

在使用双线性变换法时，DSP 设计工具总是基于已知的模拟滤波器和数字滤波器原型的。例如巴特沃斯（Butterworth）、椭圆（Elliptic）和契比雪夫（Chebychev）等。

一个由 RC 构成的模拟滤波器电路如图 9.1 所示，其传递函数 $H(\mathrm{j}\omega)$ 为

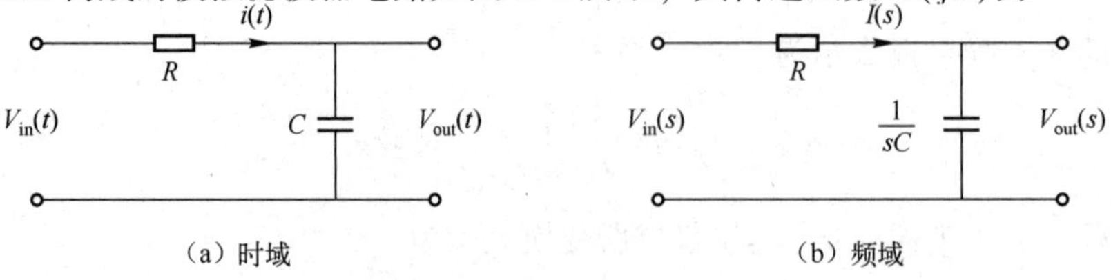

图 9.1　由 RC 构成的模拟滤波器电路

$$H(\mathrm{j}\omega)=\frac{V_{\mathrm{out}}(\mathrm{j}\omega)}{V_{\mathrm{in}}(\mathrm{j}\omega)}=\frac{1}{1+\mathrm{j}\omega RC} \tag{9.10}$$

将式（9.10）用拉普拉斯变换表示：

$$H(s)=\frac{V_{\mathrm{out}}(s)}{V_{\mathrm{in}}(s)}=\frac{1}{1+sRC}\bigg|_{s=\mathrm{j}\omega} \tag{9.11}$$

简单的 RC 模拟滤波器的传递函数 $H(s)$ 等价于一个单极点巴特沃思滤波器的传递函数，该巴特沃思滤波器的 3dB 截止频率 f_{C} 为

$$f_{\mathrm{C}}=1/(2\pi RC)$$

为了方便起见，令 $RC=1$，则

$$H(s)=\frac{1}{1+s} \tag{9.12}$$

对于数字系统来说，设 $T_{\mathrm{S}}=1$，即 $f_{\mathrm{S}}=1\mathrm{Hz}$。对式（9.12）表示的传递函数使用双线性变换：

$$\begin{aligned}H(s)=\frac{1}{1+s}&=\frac{1}{2\left(\dfrac{1-z^{-1}}{1+z^{-1}}\right)+1}\\&=\frac{1+z^{-1}}{(1-z^{-1})+1+z^{-1}}\\&=\frac{1+z^{-1}}{3-z^{-1}}=\frac{1/3(1+z^{-1})}{1-1/3z^{-1}}\end{aligned} \tag{9.13}$$

因此差分方程表示为

$$y(k)=\frac{1}{3}x(k)+\frac{1}{3}x(k-1)+\frac{1}{3}y(k-1) \tag{9.14}$$

经过双线性变换后得到的 IIR 滤波器及系统的处理结构，如图 9.2 所示。

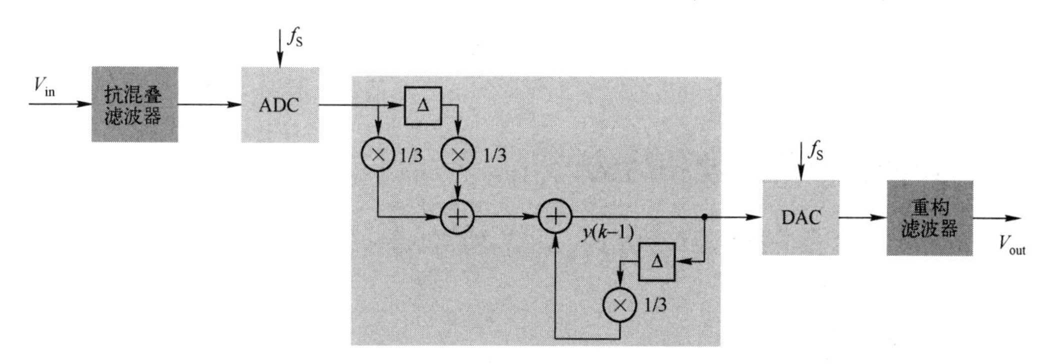

图 9.2　经过双线性变换后得到的 IIR 滤波器及系统的处理结构

注： 模拟和数字的输入输出由满足滤波器性能的 ADC 与 DAC 提供。

在低频段，通过双线性变换法生成的数字滤波器非常接近模拟滤波器。因此，对于相同的输入电压 V_{in}，希望观察到两个系统的输出是相似的。

9.2 数字滤波器的分类和应用

数字滤波器一般可以分为以下几类：

（1）有限冲激响应（Finite Impluse Response，FIR）滤波器，也称为非递归线性滤波器，这种类型的滤波器没有反馈通道。

（2）无限冲激响应（Infinite Impluse Response，IIR）滤波器，也称为递归线性滤波器，这种类型的滤波器包含反馈通道。

（3）自适应数字滤波器（Adaptive Digital Filter，ADF），这种滤波器能够将自身适应为预期信号，且具有自主学习能力。

（4）非线性滤波器（Non-Linear Digital Filter），一种可以执行非线性操作的滤波器。例如，中值滤波器和最小/最大滤波器就属于非线性滤波器。

中值滤波器将 N 个采样保存在一个数组中，将这些采样从大到小排列，并且输出的结果是数组中的中值。这种滤波器可用于去除某种形式的冲激噪声（如音轨中的划痕），而且同样可以应用到二维图像的处理中。

FIR 滤波器和 IIR 滤波器是本章所要讨论的内容。而自适应滤波器和非线性滤波器的内容将在后续章节中详细讨论。

数字滤波器主要应用于：

（1）滤除语音信号中所携带高频噪声的低通滤波器。

（2）能够从心电图信号中去除 50Hz 噪声的带阻滤波器。

（3）能够增强音乐信号（均衡器）中特定频带的带通滤波器。

（4）能够均衡电话信道响应的均衡滤波器。

（5）能够提取数字化的带限 IF（中频）调制信号的带通滤波器。

（6）能够滤除公共场所声波中谐振频率的滤波器。

（7）$\Sigma-\Delta$ 转换器中执行抽取操作的低通滤波器。

（8）中值滤波器。

9.3 FIR 滤波器的原理和结构

本节将介绍 FIR 滤波器的原理和结构，内容主要包括 FIR 滤波器的特性和 FIR 滤波器设计规则。

9.3.1 FIR 滤波器的特性

本小节将详细介绍 FIR 滤波器的特性，内容主要包括 FIR 滤波器的模型、FIR 滤波器的冲激响应特性、FIR 滤波器的频率响应特性、FIR 滤波器的 Z 域分析、FIR 滤波器的线性相位及群延迟特性、FIR 滤波器的最小相位特性。

1. FIR 滤波器的模型

有限冲激响应（Finite Impulse Response，FIR）滤波器是对 N 个采样数据执行加权和平均（卷积）处理的滤波器，其处理过程用下式表示：

$$y(k)=\sum_{n=0}^{N-1} w_n x(k-n) \tag{9.15}$$

具有 3 个权值（或抽头）的滤波器如图 9.3 所示，其差分方程表示为

$$y(k)=x(k)w_0+x(k-1)w_1+x(k-2)w_2 \tag{9.16}$$

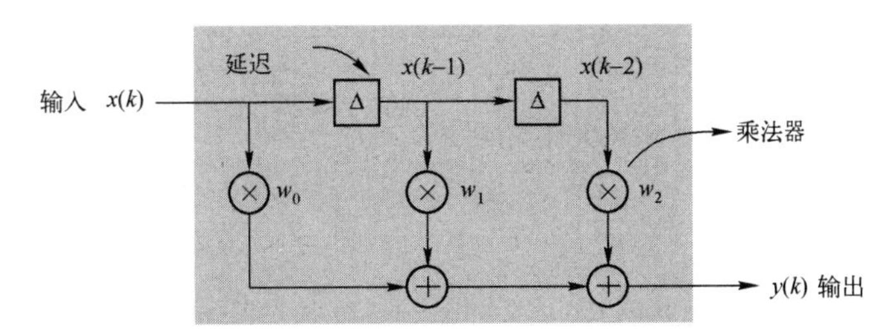

图 9.3　具有 3 个权值的滤波器图

对式（9.15）取 Z 变换，得到：

$$\frac{Y(z)}{X(z)}=\sum_{k=0}^{N-1} w_n z^{-k} \tag{9.17}$$

一个低通 FIR 滤波器的结构如图 9.4 所示。

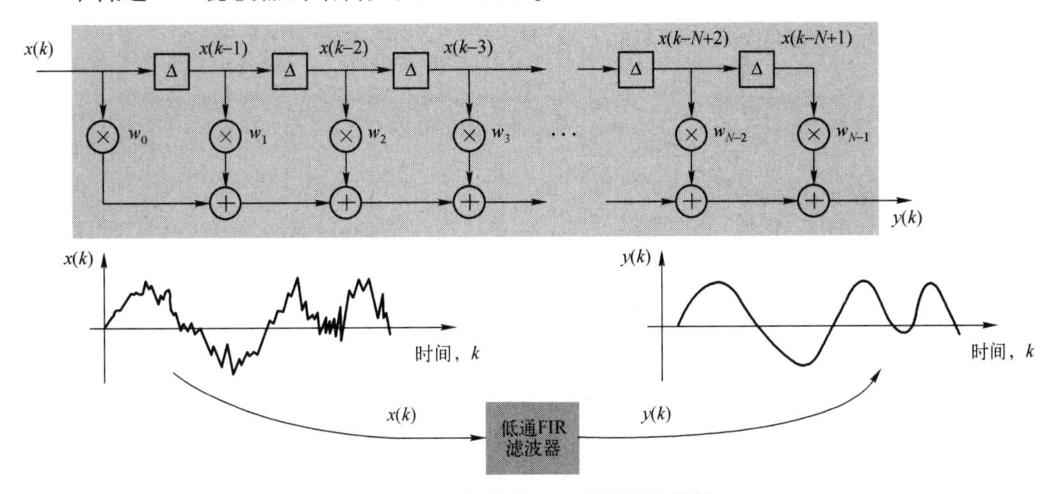

图 9.4　一个低通 FIR 滤波器的结构

注：需要适当地选择 $w_0 \sim w_{N-1}$，以保证滤波器能够达到设计的性能要求。

最简单的低通滤波器为平滑滤波器，该滤波器对 N 个采样求取平均值，如图 9.5 所示。这种对采样进行处理的方法通常称为对信号进行平滑操作。

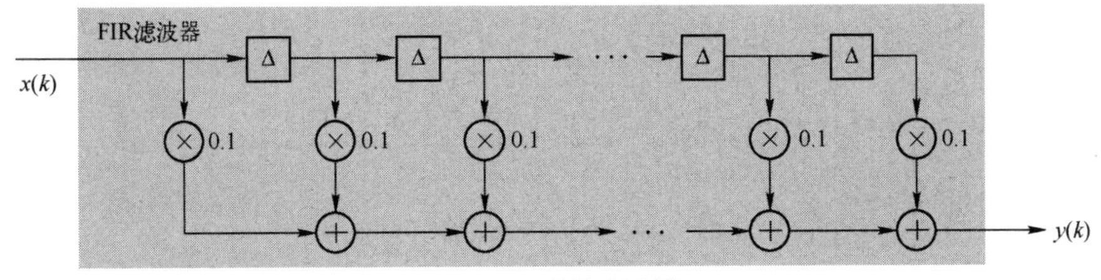

图 9.5　平滑滤波器

从平滑滤波器幅频特性图中（见图 9.6）可以看出，平滑去除了信号的高频部分，与低通滤波器的效果相同。

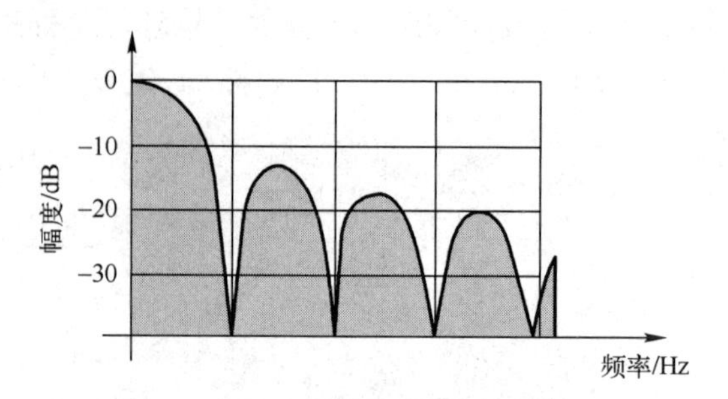

图 9.6 平滑滤波器的幅频特性图

一个高通 FIR 滤波器的结构如图 9.7 所示，同样也需要选择合适的权值系数以保证达到设计要求。

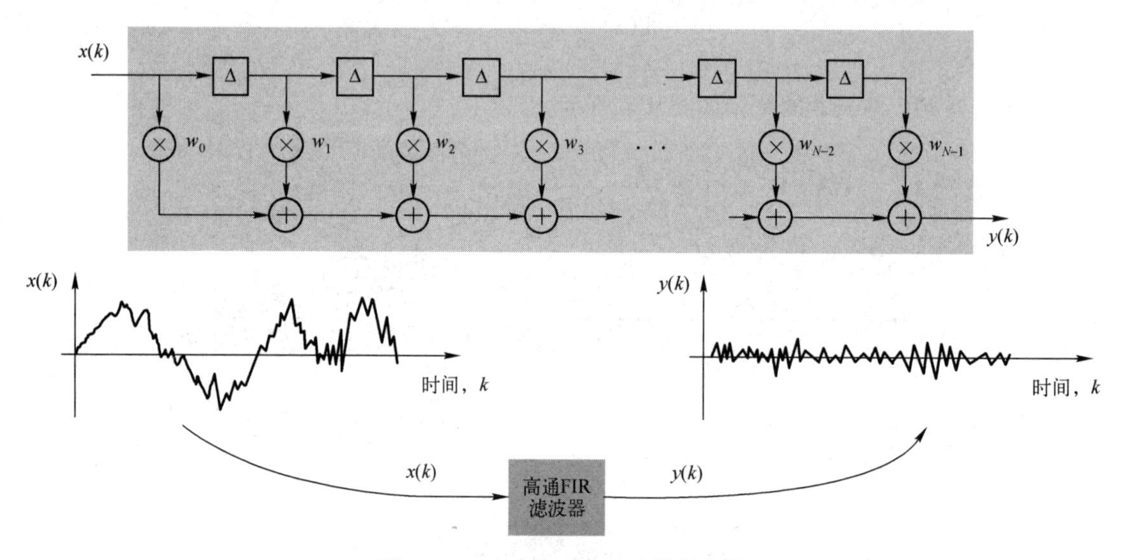

图 9.7 一个高通 FIR 滤波器的结构

一阶微分器是最简单的高通滤波器，如图 9.8 所示。通过对图 9.8 的直观观察，很容易理解为什么低频被衰减而高频可以通过。

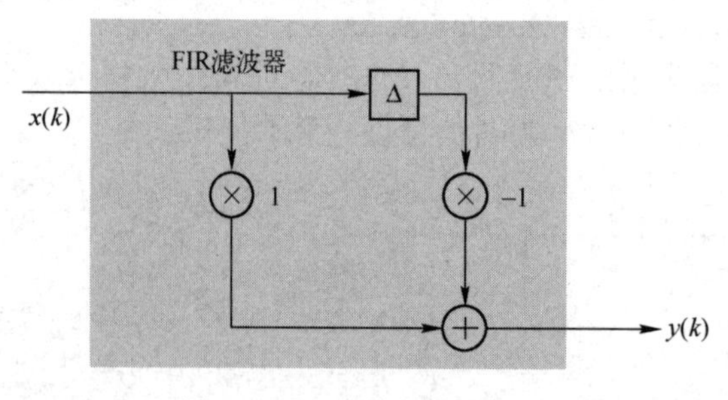

图 9.8 一阶微分器的结构

如果输入信号是一个频率非常低的信号，由于相邻的采样值变化很小，则会输出一个非常小的数值，如图 9.9 所示。很明显，对于 DC，或者输入 0Hz 的信号，输出当然为 0。如果输入是一个高频信号，由于相邻的采样值变化较大，则输出的幅度便很大。

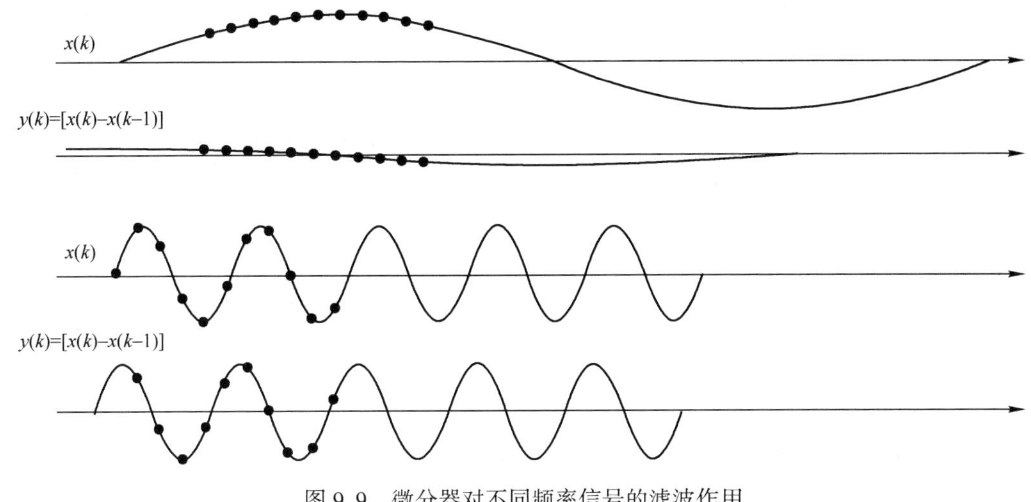

图 9.9　微分器对不同频率信号的滤波作用

2. FIR 滤波器的冲激响应特性

当一个单位冲激信号输入到 FIR 滤波器时，可在滤波器的输出端获得该滤波器的冲激响应特性，如图 9.10 所示。

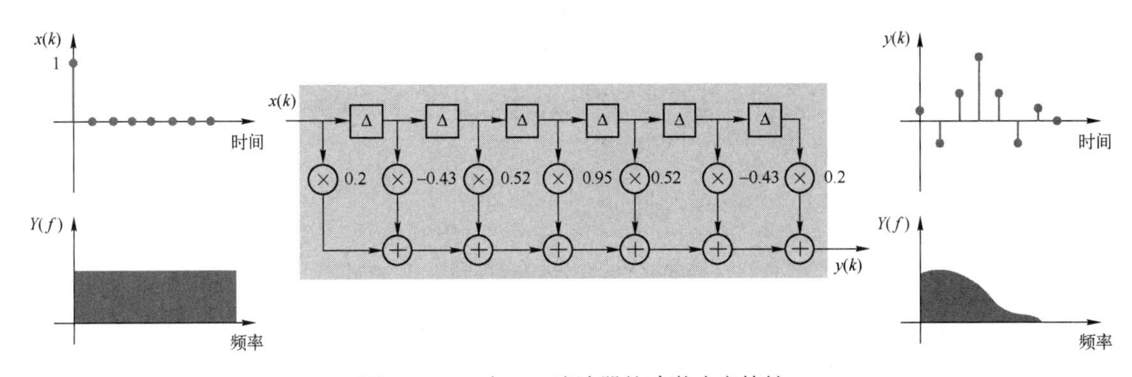

图 9.10　一个 FIR 滤波器的冲激响应特性

下面将解决一个非常重要的理论问题，即给系统施加一个单位冲激，实际上相当于在所有的频率上激励系统。

首先，如果取一个冲激函数的离散傅里叶变换，所得的频谱图是平的，通过下面来说明这个理论问题：

（1）产生幅度为 1 而频率为 10Hz、20Hz、30Hz、40Hz、200Hz 的一系列正弦波。当把所有正弦波加在一起时，如图 9.11 所示，存在周期为 10Hz、形状类似冲激函数的信号。

（2）如果将该序列的频率增加到 2000Hz，则冲激将变得更加尖，如图 9.12 所示。

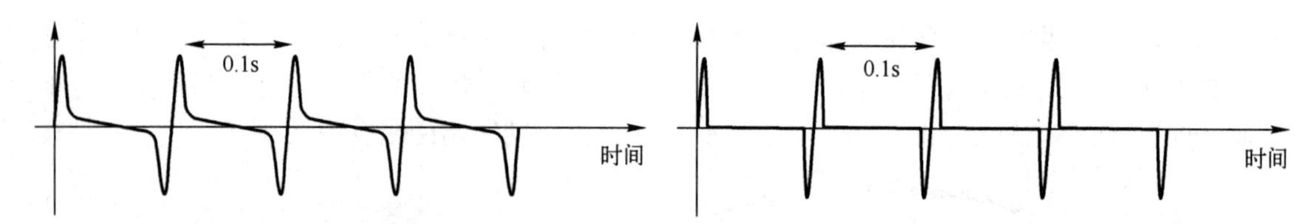

图 9.11 间隔为 10Hz 的信号合成（1）

图 9.12 间隔为 10Hz 的信号合成（2）

（3）减少谐波之间的频率间隔，如 1Hz、2Hz、3Hz、4Hz、2000Hz，也减少了脉冲周期，如图 9.13 所示。因此，在极限状态下，当频率间隔趋于 0 时，最后的结果只是一个冲激脉冲。

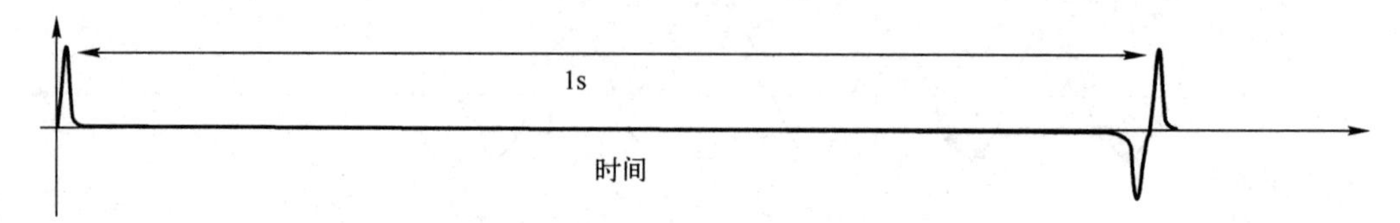

图 9.13 间隔为 10Hz 的信号合成（3）

3. FIR 滤波器的频率响应特性

通过对冲激响应求取离散傅里叶变换（Discrete Fourier Tranform，DFT）就可获取所设计 FIR 滤波器的幅度-频率响应和相位-频率响应特性，如图 9.14 所示。

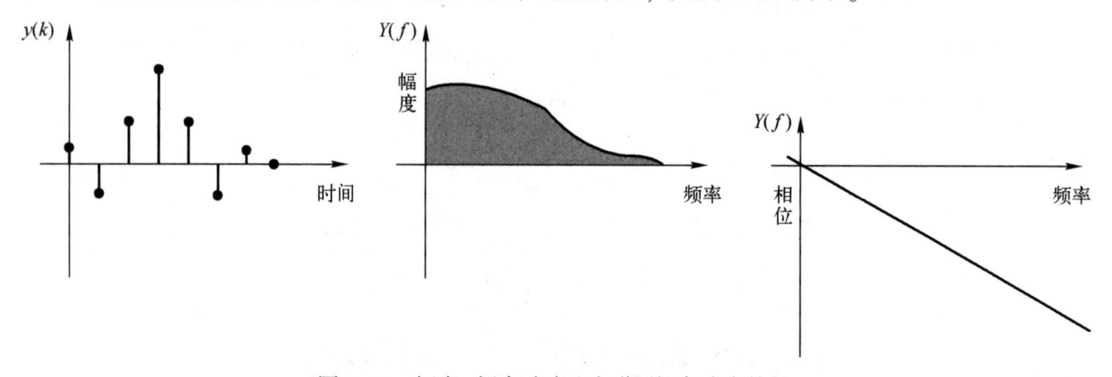

图 9.14 幅度-频率响应和相位-频率响应特性

在数字信号处理中，傅里叶变换用来求取时域信号的频率成分。因此，通过对特定频率和相位的响应求取傅里叶变换的逆变换（Inverse Discrete Fourier Transform，IDFT）就可以设计数字滤波器。

如果对矩形滤波器求取 IDFT，则其冲激响应为非因果的，并且具有无限的长度，如图 9.15 所示。

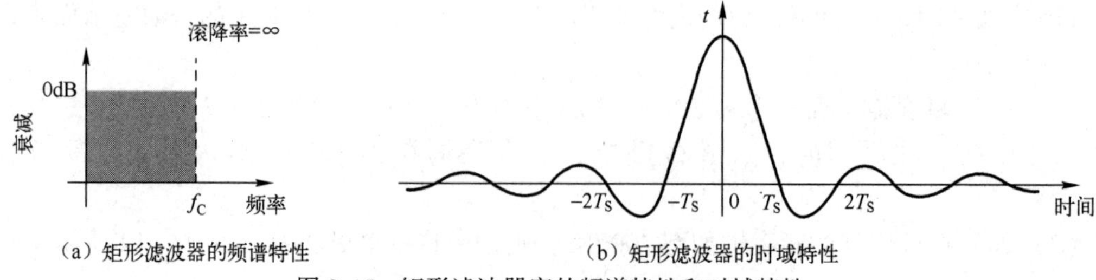

（a）矩形滤波器的频谱特性

（b）矩形滤波器的时域特性

图 9.15 矩形滤波器窗的频谱特性和时域特性

为了实现因果的冲激响应，需要在滤波器中添加延迟，相应地会在频域中出现一个相移，如图 9. 16 所示。并且从图 9. 16 中可知，当截断滤波器长度时，对频域的影响是出现了纹波。

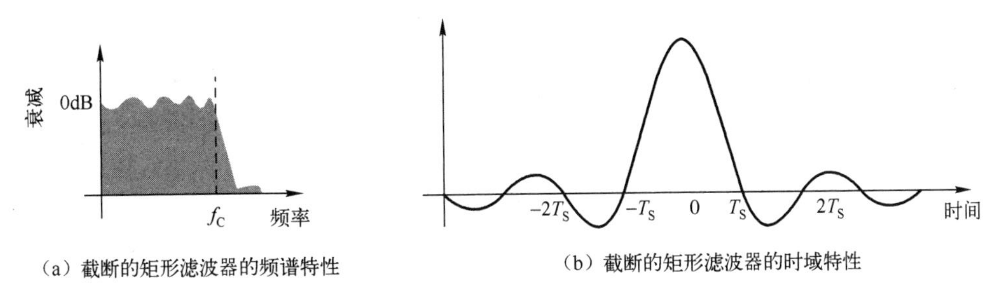

（a）截断的矩形滤波器的频谱特性　　（b）截断的矩形滤波器的时域特性

图 9. 16　截断的矩形滤波器的频谱特性和时域特性

4. FIR 滤波器的 Z 域分析

具有 4 个权值系数的 FIR 滤波器的结构如图 9. 17 所示，该滤波器传递函数的根可由下面的计算过程求得。

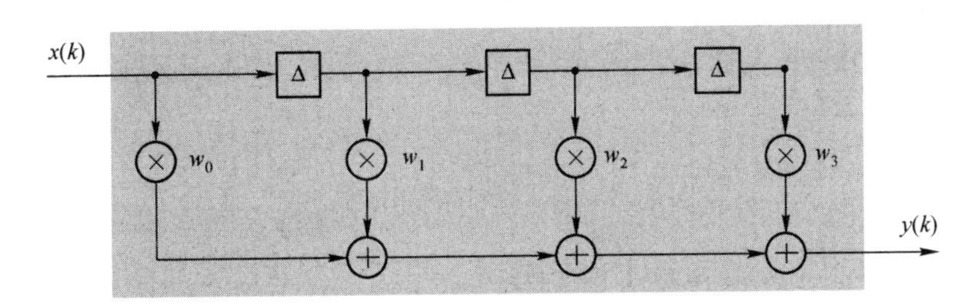

图 9. 17　具有 4 个权值系数的 FIR 波器的结构

$$Y(z)=w_oX(z)+w_1X(z)z^{-1}+w_2X(z)z^{-2}+w_3X(z)z^{-3}$$

$$\begin{aligned}H(z)=\frac{Y(z)}{X(z)}&=w_o+w_1z^{-1}+w_2z^{-2}+w_3z^{-3}\\&=w_o(1-\xi_1z^{-1})(1-\xi_2z^{-1})(1-\xi_3z^{-1})\\&=w_oz^{-3}(Z-\xi_1)(Z-\xi_2)(Z-\xi_3)\end{aligned}\tag{9.18}$$

其中：

$\xi1$、$\xi2$、$\xi3$ 为滤波器的“零点”。当取这些零点的值时，$H(z)=0$。

注意： 滤波器的零点可能为复数，因此可以在复数平面上表示。

上面的 FIR 滤波器可以由 3 个一阶的滤波器级联构成，级联后的 FIR 滤波器的结构如图 9. 18 所示。

5. FIR 滤波器的线性相位特性及群延迟特性

如果滤波器的 N 个实值系数为对称或者反对称结构，则该滤波器具有线性相位：

$$w(n)=\pm w(N-1-n)\tag{9.19}$$

表示通过滤波器的所有频率部分具有相同的延迟量，如图 9. 19 所示。

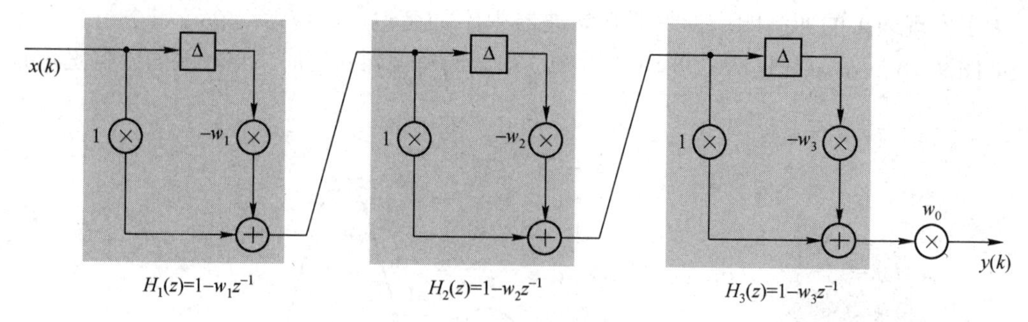

图 9.18　级联后的 FIR 滤波器的结构

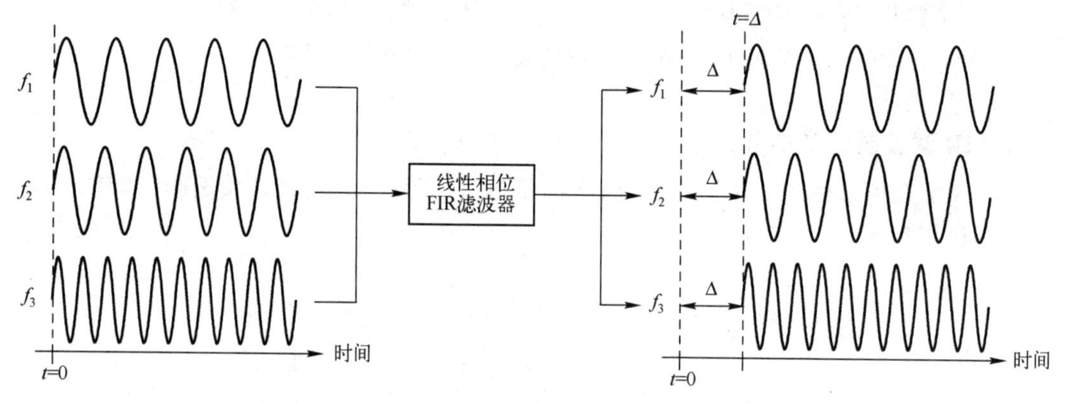

图 9.19　滤波器的线性相位特性

线性相位的概念很重要。通过上面的例子，可以认为经过线性滤波器的信号被延迟了 Δ。

现在考虑一个非线性相位 FIR 滤波器，同时考虑由频率为 f_1、f_2 和 f_3 的正弦信号合成的信号，如图 9.20 所示。如果这个信号通过一个具有非线性相位结构的 FIR 滤波器进行滤波，那么每个正弦信号的延迟会各不相同，分别为 Δ_1、Δ_2 和 Δ_3。

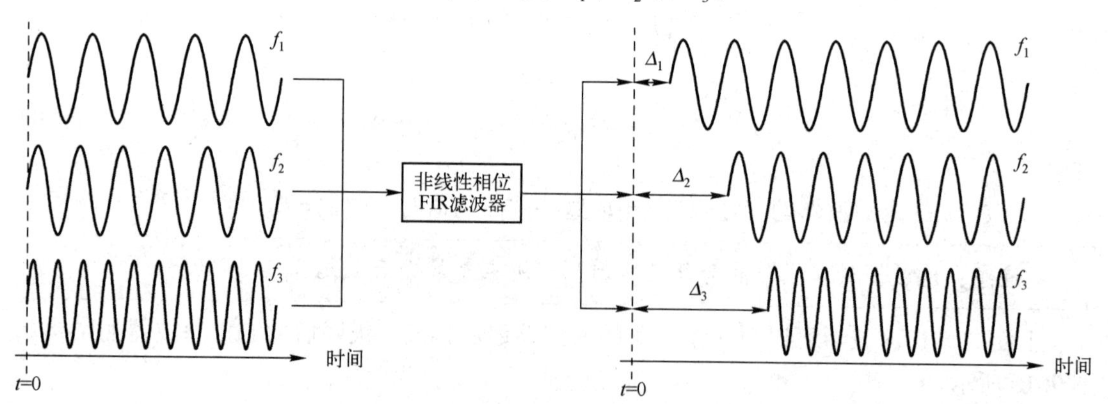

图 9.20　非线性相位 FIR 滤波器

这种情况下，不可能说信号被延迟了某个固定的时间长度，f_1 延迟了 Δ_1，f_2 延迟了 Δ_2，而 f_3 则延迟了 Δ_3。

延迟的不固定性可能产生严重的后果，所以设计者应该了解非线性相位 FIR 滤波器的特征。线性相位 FIR 滤波器最重要的特性就是其权值为对称或反对称的，如图 9.21 所示。

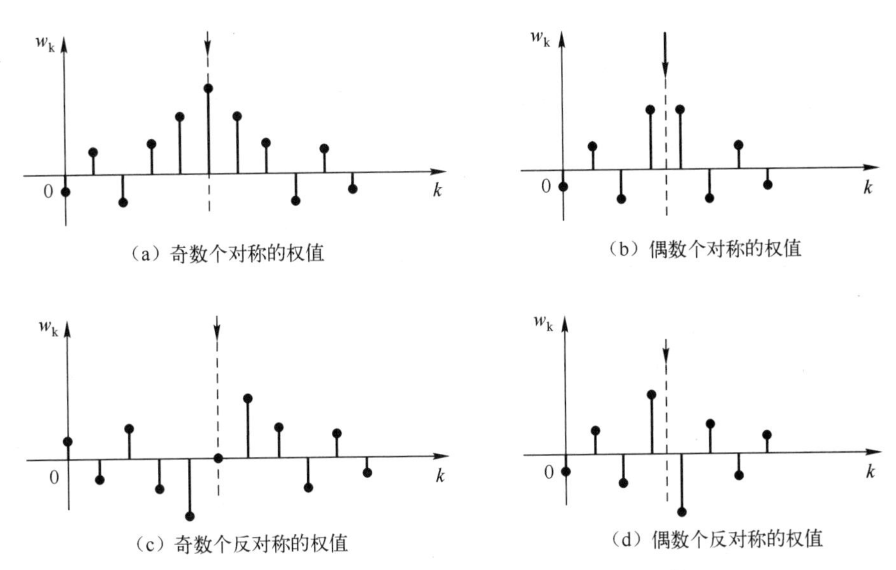

图 9.21　偶数/奇数个权系数的对称和反对称特性

下面将进一步通过公式说明这个问题。输入单频率信号：

$$\cos(2\pi f_K/f_S)=\cos(\omega k) \tag{9.20}$$

式（9.20）中：

（1）f_K 为输入信号的频率；

（2）f_S 为采样信号的频率。

偶数点对称系数采样的输出：

$$\begin{aligned}y(k)&=\sum_{n=0}^{N/2-1}\omega_n(\cos(\omega(k-n))+\cos(\omega(k-N+n)))\\&=\sum_{n=0}^{N/2-1}2\omega_n(\cos(\omega(k-N/2))+\cos(\omega(k-N/2)))\\&=\cos(\omega(k-N/2))\sum_{n=0}^{N/2-1}2\omega_n\cos(\omega(k-N/2))\\&=M\cos(\omega(k-N/2))\end{aligned} \tag{9.21}$$

式（9.21）中：

（1）$M=\sum_{n=0}^{N/2-1}2\omega_n\cos(\omega(k-N/2))$；

（2）N 是滤波器的系数个数，其仅与滤波器的结构有关，与输入信号的频率 f_K 无关。

从式（9.21）中可以看出，输入正弦信号的幅度发生了一定的变化。此外，正弦信号的相位也发生了改变。换句话说，信号在从滤波器输出时，与相同的输入信号相比，存在几个采样的延迟，该延迟值为 $N/2$ 个采样。当滤波器的结构确定时，N 值固定不变，因此任何输入的正弦信号经滤波后都会存在同样大小的延时。

式（9.21）表明，单频率正弦信号被延迟了 $N/2$ 个采样，与输入信号的频率无关，该延迟被称为群延迟。群延迟定义为相位响应的导数：

$$\tau(\omega)=\text{grad}[H(e^{j\omega})]=-\frac{d}{d\omega}\{\text{grad}[H(e^{j\omega})]\} \tag{9.22}$$

如果群延迟为恒量，则相位响应一定是线性的。从式（9.21）可以看出，一个 N 抽头对称的 FIR 滤波器将输入的单频率信号延迟了 $N/2$ 个采样，这个延迟与输入信号的频率无关。因此，该滤波器导致的延迟对于所有频率的输入信号是个常数，因此将该延迟称为群延迟，这也就是这个名字的由来。由于线性相位 FIR 滤波器将各种输入频率分量延迟了相同的量，所以对称 FIR 滤波器具有恒定的群延迟。

6. FIR 滤波器的最小相位特性

如果 FIR 滤波器的所有零点位于 Z 域平面中的单位圆内，则称该 FIR 滤波器具有最小相位，如图 9.22 所示。如果有些零点位于单位圆外，则称该 FIR 滤波器具有非最小相位。线性相位 FIR 滤波器的特性之一就是它具有非最小相位。

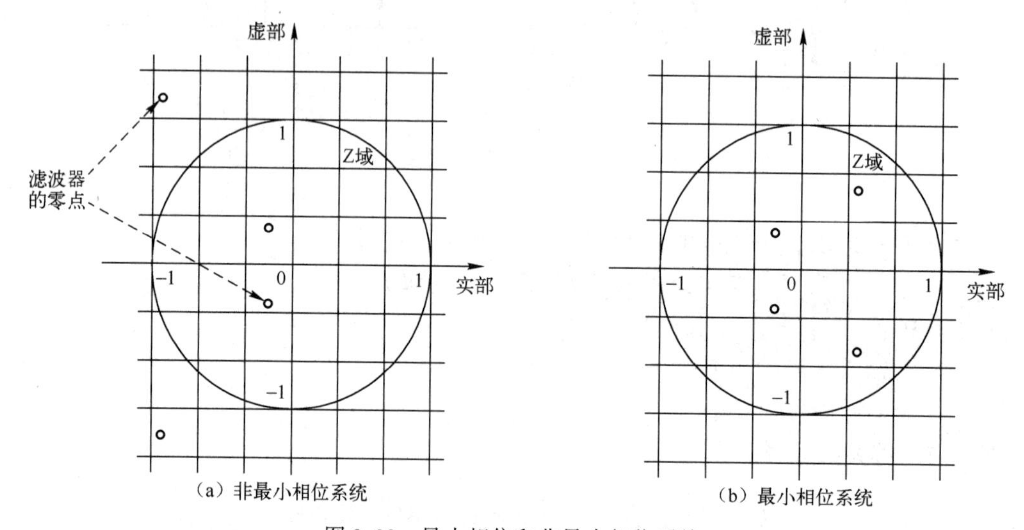

图 9.22　最小相位和非最小相位系统

9.3.2　FIR 滤波器的设计规则

在实际的应用中，如果需要的滤波器系数越多，则对 FIR 滤波器处理能力的要求就越高。因此，设计者总是希望使用尽可能少的滤波器系数。然而，滤波器的设计指标越接近理想滤波器，所要求的滤波器长度也就越大。因此，需要根据 FIR 滤波器的处理性能做一个权衡。设计 FIR 滤波器时需要考虑的参数如图 9.23 所示。

设计 FIR 滤波器需要提供的参数有：

（1）滤波器的类型（低通滤波器、高通滤波器、带通滤波器或带阻滤波器）。

（2）滤波器的采样频率。

（3）滤波器权值的个数。

（4）阻带衰减（dB）。

（5）通带纹波（dB）。

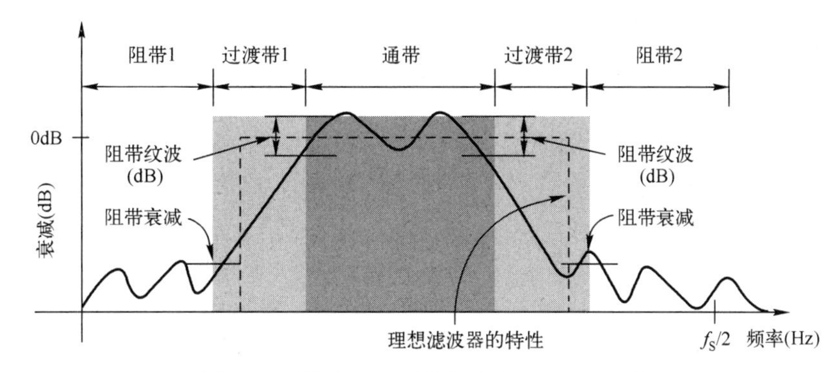

图 9.23　设计 FIR 滤波器时需要考虑的参数

（6）过渡带带宽（Hz）。

考虑设计一个 FIR 低通数字滤波器，该滤波器使用凯撒（Kaiser）窗，截止频率为 400Hz，采样频率为 $f_S = 8000$Hz，如图 9.24 所示。

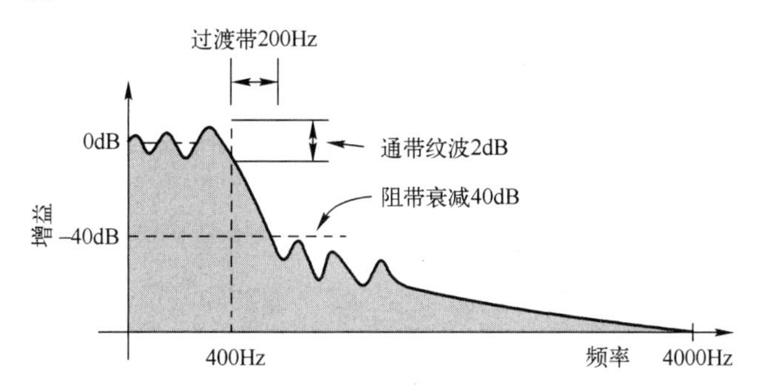

图 9.24　使用凯撒（Kaiser）窗设计 FIR 低通数字滤波器

该 FIR 低通数字滤波器的冲激响应需要 55 个滤波器权值系数，如图 9.25 所示。

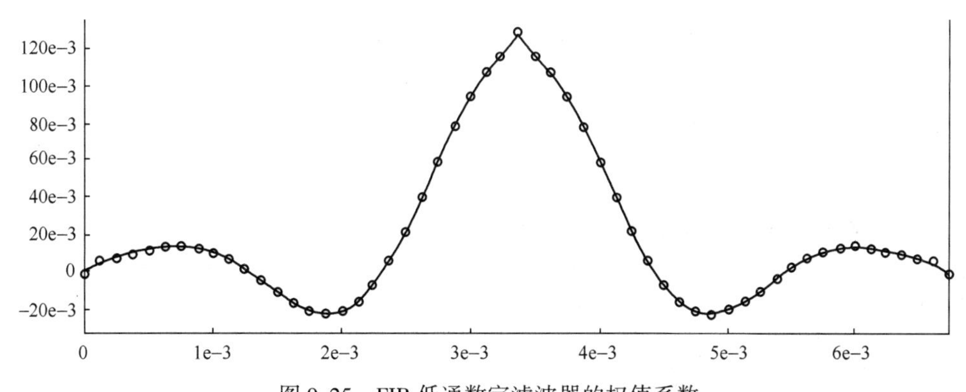

图 9.25　FIR 低通数字滤波器的权值系数

该 FIR 低通数字滤波器的冲激响应经过 DFT 后得到的频率特性如图 9.26 所示。从图 9.26 中可以看出，该滤波器的响应更加接近理想滤波器。

设计基于帕克思-麦克莱伦（Parks-McClellan）的 FIR 滤波器，该滤波器的设计参数如图 9.27 所示。

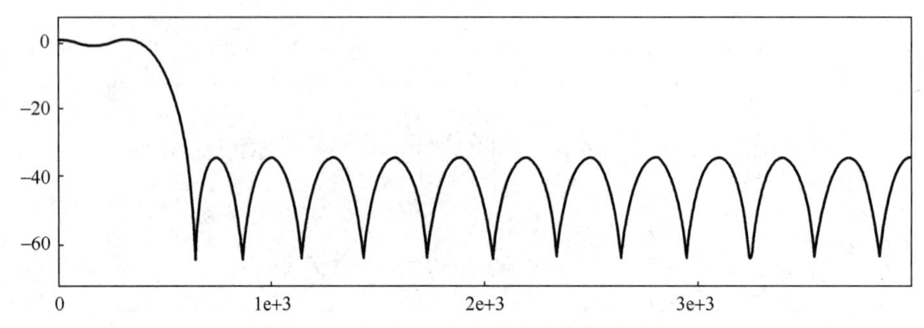

图 9.26　FIR 低通数字滤波器的频率特性

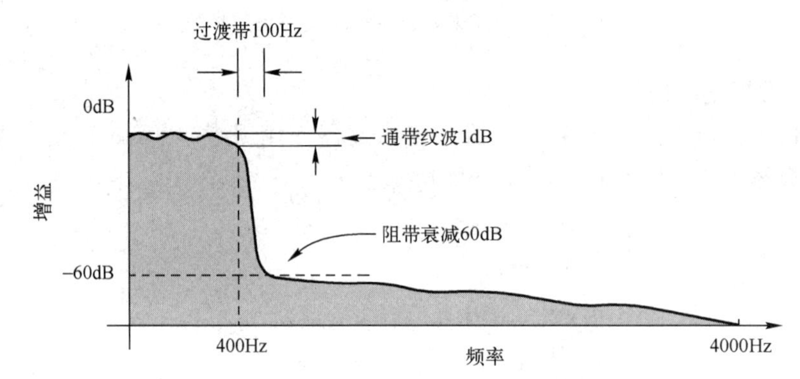

图 9.27　使用帕克思-麦克莱伦窗设计 FIR 滤波器

经过计算，该 FIR 滤波器的冲激响应需要 181 个滤波器权值系数，如图 9.28 所示。

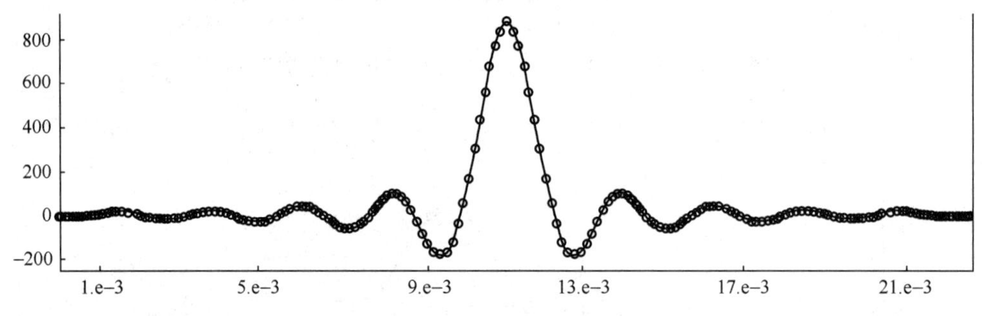

图 9.28　FIR 滤波器的权值系数

该 FIR 滤波器的冲激响应经过 DFT 后得到的频率特性如图 9.29 所示。

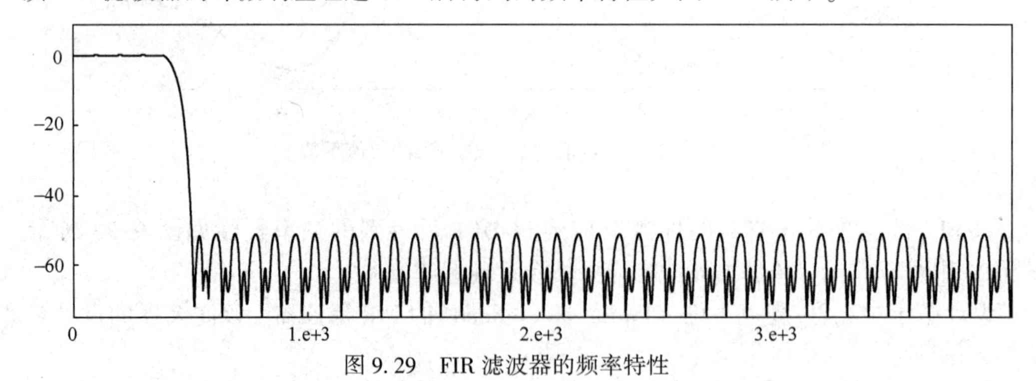

图 9.29　FIR 滤波器的频率特性

对于一个采样频率为f_S、滤波器权值个数为N的数字滤波算法，如果使用一个每秒执行M次乘-累加运算（MAC）的 DSP 来说，其参数满足下面的关系：

$$N<\frac{M}{f_S} \tag{9.23}$$

例如，一个每秒执行 20 000 000 次 MAC 的 DSP，采样速率f_S为 8000Hz，则该滤波器的最大权值数目为 2500。

9.4　IIR 滤波器的原理和结构

本节将介绍 IIR 滤波器的原理和结构，内容主要包括 IIR 滤波器的原理，IIR 滤波器的模型，IIR 滤波器的 Z 域分析，IIR 滤波器的性能和稳定性。

9.4.1　IIR 滤波器的原理

无限冲激响应（Infinite Impulse Response，IIR）滤波器既包含递归部分也包含非递归部分，如图 9.30 所示。

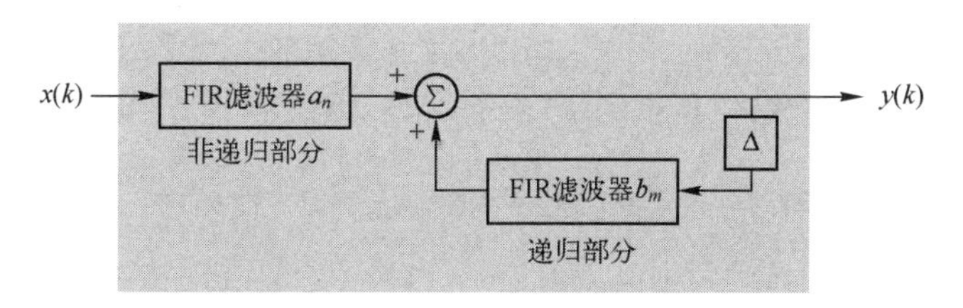

图 9.30　IIR 滤波器的结构

一个 IIR 滤波器可看作由两个 FIR 滤波器构成，其中一个滤波器位于反馈回路中。设计 IIR 滤波器的关键是确保递归部分的稳定。

IIR 滤波器尽管具有一些优点，但同时也有许多不足。总体来说，IIR 滤波器不具有线性相位，故而存在相位失真。虽然经过仔细设计 IIR 滤波器可在通频带内具有近似线性的相位，但在一些对相位比较敏感的应用中，如通信、高保真音响等，仍然需要仔细考虑 IIR 滤波器的使用。

IIR 滤波器的设计基于双线性变换法，这种方法通过 S 域中模拟滤波器的设计原型（Butterworth，Chebychev 等）得到一个近似的离散模型。

9.4.2　IIR 滤波器的模型

IIR 滤波器的信号流如图 9.31 所示，该 IIR 滤波器可用下式描述：

$$\begin{aligned} y(k) &= a_0x(k)+a_1x(k-1)+a_2x(k-2)+a_3x(k-3)+ \\ &\quad b_1y(k-1)+b_2y(k-2)+b_3y(k-3) \\ &= \sum_{n=0}^{3} a_nx(k-n) + \sum_{m=1}^{3} b_my(k-m) \end{aligned} \tag{9.24}$$

通常情况下，IIR 滤波器的前馈系数通常用a_n表示，而反馈系数用b_m表示。

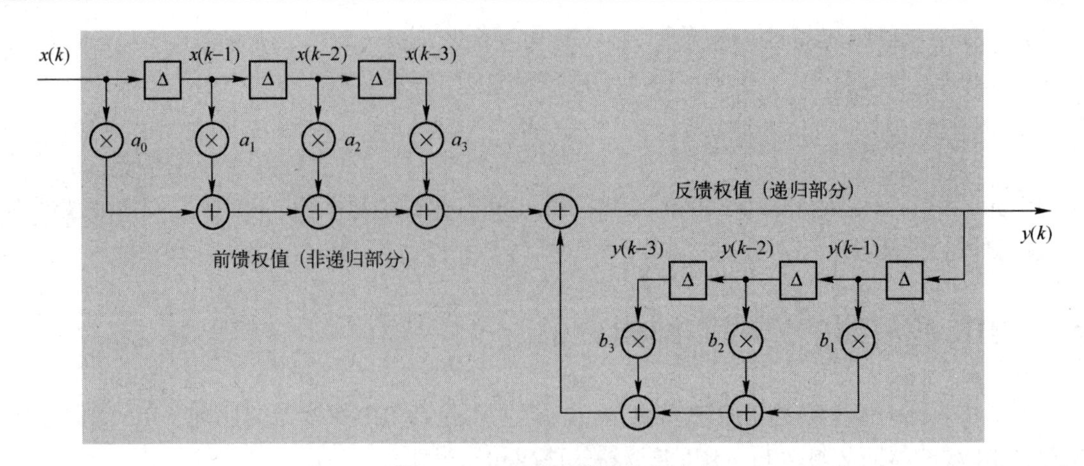

图 9.31　IIR 滤波器的信号流

> **注：**(1) 这里没有滤波器系数 b_0。如果有 b_0，那么将存在一个无延迟单元的反馈支路，滤波器将变得不可实现。
> (2) 滤波器并不需要具有相同的系数个数。

对一个具有 N 个前馈系数和 $M-1$ 个反馈系数的 IIR 滤波器，其输入和输出的关系：

$$y(k)=\sum_{n=0}^{N-1}a_n x(k-n)+\sum_{m=1}^{M-1}b_m y(k-m) \tag{9.25}$$

如果用向量表示，可以用下式表示：

$$y(k)=\boldsymbol{a}^{\mathrm{T}}\boldsymbol{x}_k+\boldsymbol{b}^{\mathrm{T}}\boldsymbol{y}_{k-1}=\boldsymbol{w}^{\mathrm{T}}\boldsymbol{u}_k \tag{9.26}$$

其中，滤波器系数与数据向量分别为

$$\boldsymbol{w}^{\mathrm{T}}=[\boldsymbol{a}^{\mathrm{T}},\boldsymbol{b}^{\mathrm{T}}]=[a_0,a_1,a_2,\cdots,a_{N-1},b_1,b_2,\cdots,b_{M-1}] \tag{9.27}$$

向量表示法的使用能够产生更紧凑的表达式，并且更利于今后在数学上的简化。矩阵 $\boldsymbol{A}$ 的转置用 $\boldsymbol{A}^{\mathrm{T}}$ 表示：

$$\boldsymbol{A}=\begin{bmatrix}a_{11} & a_{12} & a_{13}\\ a_{21} & a_{22} & a_{23}\\ a_{31} & a_{32} & a_{33}\\ a_{41} & a_{42} & a_{43}\end{bmatrix}=>\boldsymbol{A}^{\mathrm{T}}=\begin{bmatrix}a_{11} & a_{21} & a_{31} & a_{41}\\ a_{12} & a_{22} & a_{32} & a_{42}\\ a_{13} & a_{23} & a_{33} & a_{43}\end{bmatrix} \tag{9.28}$$

因此，如果 $\boldsymbol{B}=\boldsymbol{A}^{\mathrm{T}}$，则对于 $\boldsymbol{A}$ 和 $\boldsymbol{B}$，$a_{ij}=b_{ji}$，同样可得：

$$(\boldsymbol{AB})^{\mathrm{T}}=\boldsymbol{B}^{\mathrm{T}}\boldsymbol{A}^{\mathrm{T}},(\boldsymbol{A}^{\mathrm{T}})^{\mathrm{T}}=\boldsymbol{A} \tag{9.29}$$

并且，在数字信号处理算法中，特别是由最小均方推导出的算法中，经常会出现乘积项 $\boldsymbol{A}^{\mathrm{T}}\boldsymbol{A}$。

9.4.3 IIR 滤波器的 Z 域分析

对于图 9.31 而言，它在 Z 域中的传递函数表示为

$$Y(z)=a_0X(z)+a_1X(z)z^{-1}+a_2X(z)z^{-2}+a_3X(z)z^{-3}+$$
$$+b_1Y(z)z^{-1}+b_2Y(z)z^{-2}+b_3Y(z)z^{-3}$$

$$\frac{Y(z)}{X(z)}=\frac{a_0+a_1z^{-1}+a_2z^{-2}+a_3z^{-3}}{b_1z^{-1}+b_2z^{-2}+b_3z^{-3}}=\frac{A(z)}{B(z)} \tag{9.30}$$

分子的根（$A(z)=0$）提供滤波器的零点，而分母的根（$B(z)=0$）提供滤波器的极点。

为了保证 IIR 滤波器的稳定性，所有极点的幅值均小于 1。另一种说法是，极点位于 Z 域的单位圆内，这等同于前面所说的幅值小于 1 的情况。

可以直接计算一阶递归滤波器的稳定性，然后通过观察每个一阶部分的稳定性来判定整个系统的稳定性。

考虑一个全极点 IIR 滤波器：

$$\begin{aligned}\frac{Y(z)}{X(z)}&=\frac{1}{1-b_1z^{-1}-b_2z^{-2}-b_3z^{-3}-\cdots-b_{M-1}z^{-M+1}}\\&=\frac{1}{(1-\beta_1z^{-1})(1-\beta_2z^{-1})\cdots(1-\beta_{M-1}z^{-1})}\\&=\left(\frac{1}{1-\beta_1z^{-1}}\right)\left(\frac{1}{1-\beta_2z^{-1}}\right)\cdots\left(\frac{1}{1-\beta_{M-1}z^{-1}}\right)\end{aligned} \tag{9.31}$$

很明显，该滤波器可由一系列一阶滤波器的级联来实现，如图 9.32 所示。

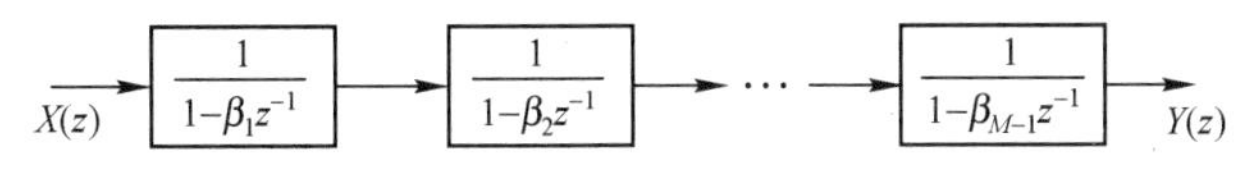

图 9.32　多个一阶滤波器级联构成 IIR 滤波器

由于判断一阶部分的稳定性比较容易，故找到了判定滤波器整体稳定性的有效方法。也就是说，通过求出分母多项式的根来确认这些根均小于 1。

9.4.4　IIR 滤波器的性能和稳定性

只有一个系数的 IIR 滤波器的结构如图 9.33 所示，该结构可以直观地说明为什么 IIR 滤波器使用很少的系数就可以得到很尖锐的截止响应。

图 9.33 所示的 IIR 滤波器可用下式表示：

$$y(k)=x(k)+b_1y(k-1) \tag{9.32}$$

（1）当 $b_1<1$ 时，冲激响应可以延续很长时间。例如，$b_1=-0.9$ 时的冲激响应 $h(k)$ 如图 9.34 所示。

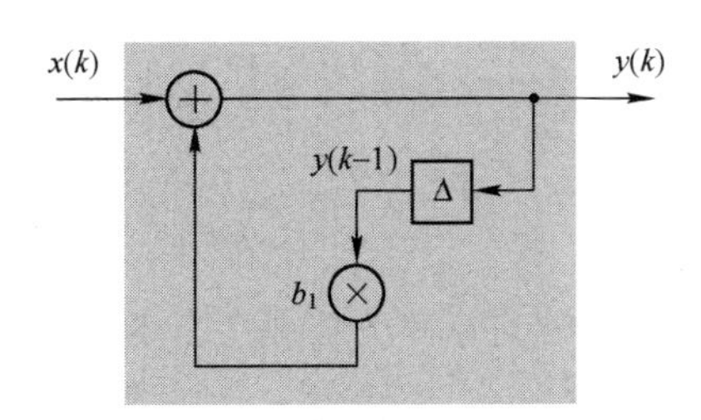

图 9.33　只有一个系数的 IIR 滤波器的结构

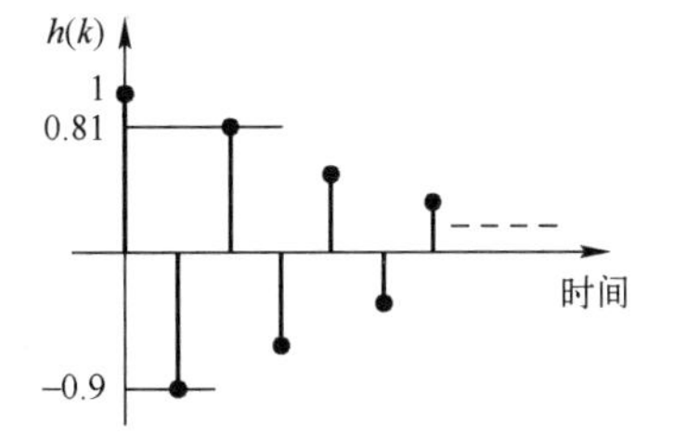

图 9.34　$b_1=-0.9$ 时的冲激响应

（2）一个系数的 FIR 滤波器仅具有长度为 1 的冲激响应。

只有一个系数的 IIR 滤波器可能具有无限长的冲激响应，所以将其命名为无限冲激响应滤波器。若使用有限精度计算（例如，固定 16 位字长），当输出小于可以表示的最小的数时，响应将最终趋于零。

通过仔细选择递归滤波器的权值系数，使可以产生一个 IIR 滤波器结构，使其具有非常长的冲激响应。大多数滤波器的设计软件允许指定最多 10 个递归权值系数。

> **注：** 如果 $b_1>1$，则滤波器的输出将发散，也就是说该滤波器不稳定。

例如，$b_1=1.1$ 时，图 9.33 所示滤波器的冲激响应（根据卷积原理，将一个离散单元脉冲 $\delta(k)$ 作用于 IIR 滤波器）为

$$h(k)=b_k$$

因此，得出下面的结论：

(1) 如果 $|b_1|<1$，该滤波器收敛（稳定）。

(2) 如果 $|b_1|>1$，该滤波器的冲激响应发散（不稳定）。

设计 IIR 滤波器的目的是保证 IIR 滤波器处于稳定状态。

对于只有一个系数的滤波器，只要系数小于 1，其稳定性便易于被判断。然而，对于系数个数大于 1 的递归滤波器，不能使用如此简单的判断依据。

两个系数的 IIR 滤波器的结构如图 9.35 所示。尽管两个系数均小于 1，但它们的累积效应将导致滤波器不稳定。举个例子，对应于单位冲激输入脉冲 {1,0,0,0…}，其输出为 {1, 0.9,1.71,2.349…}，从而导致输出没有边界并且不稳定。

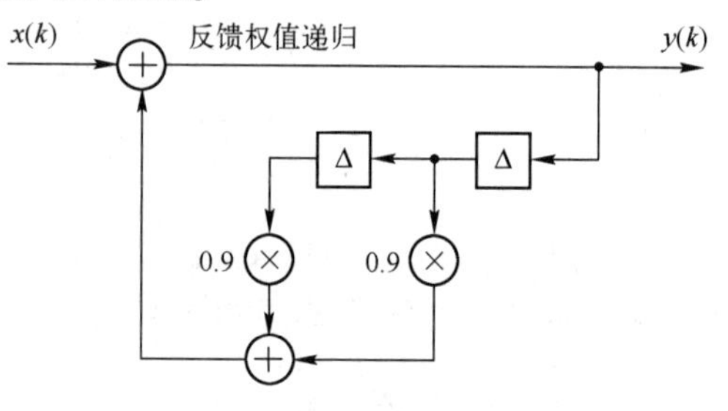

图 9.35　两个系数的 IIR 滤波器结构

当用 Z 域平面表示 IIR 滤波器时，可通过判断滤波器极点的位置来确保滤波器的输出有界。滤波器的阶数越高，通过多项式的因式分解来确定滤波器的不稳定性便越困难。

有时需要设计一个临界稳定的 IIR 滤波器，这样当存在一个冲激输入时，滤波器将振荡。使用一个简单的 IIR 滤波器产生特定频率的正弦波如图 9.36 所示。

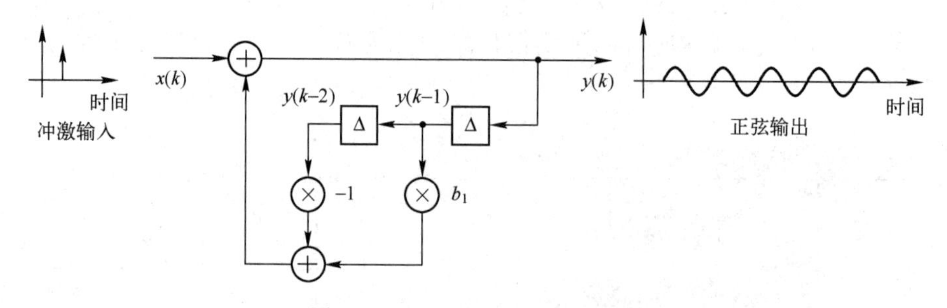

图 9.36　IIR 滤波器在临界稳定

这是一个两极点临界稳定的 IIR 滤波器。当有一个冲激时，滤波器开始振荡。振荡的频率由 b_1 控制。

注： 对于所有可能的 b_1，极点的幅值为 1。

一个全极点 IIR 滤波器的结构如图 9.37 所示，这种滤波器完全可用等效的 SFG 表示，如图 9.38 表示，该全极点 IIR 滤波器表示为

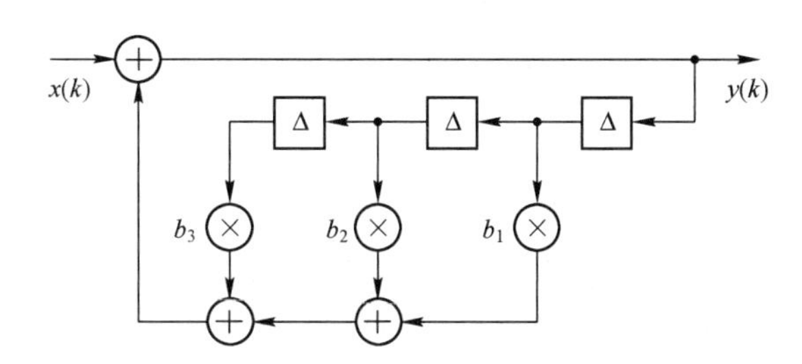

图 9.37　全极点 IIR 滤波器的结构

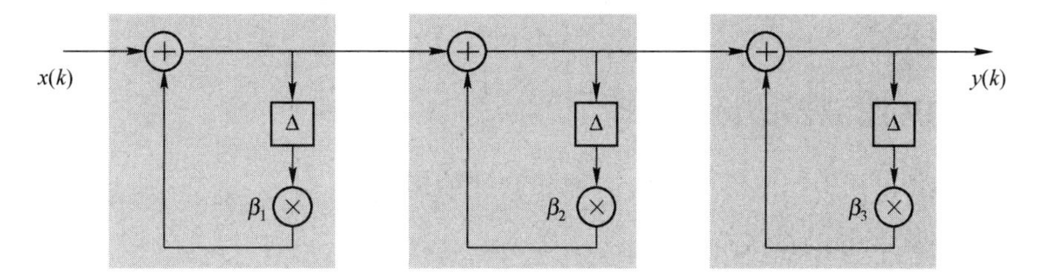

图 9.38　全极点 IIR 滤波器的 SFG 表示

$$\frac{Y(z)}{X(z)}=\frac{1}{1-b_1z^{-1}-b_2z^{-2}-b_3z^{-3}}$$

$$=\frac{1}{(1-\beta_1z^{-1})(1-\beta_2z^{-1})(1-\beta_3z^{-1})} \tag{9.33}$$

如果该 IIR 滤波器是稳定的，则需要 β_1，β_2，β_3 均小于 1，也就是说多项式所有的根（极点）均小于 1。因此，判断递归滤波器稳定性的标准是滤波器的所有极点都小于 1。

一阶部分的级联不存在发散问题。极点可能是复数，但是只要滤波器的系数为实数，这些复数总是以共轭对的形式存在的。

通常都是在 Z 域中绘制滤波器的极点和零点图的。如果所有的极点都位于单位圆的内部，则该滤波器是稳定的。

对于一个简单的 2 阶全通滤波器，其传递函数的极点和零点由下式得到：

$$\frac{Y(z)}{X(z)}=\frac{1+2z^{-1}+3z^{-2}}{3+2z^{-1}+z^{-2}}=\frac{[1-(1+\mathrm{j}\sqrt{2})z^{-1}][1-(1-\mathrm{j}\sqrt{2})z^{-1}]}{3[1-(1/3+\mathrm{j}\sqrt{2/3})z^{-1}][1-(1/3-\mathrm{j}\sqrt{2/3})z^{-1}]} \tag{9.34}$$

从式（9.34）中可以看出，极点在单位圆内，因此该 IIR 滤波器是稳定的；而零点在单位圆外，因此该 IIR 滤波器具有最大的相位。

将一个阶数大于 2 的多项式分解因式是一件烦琐的事情，因此需要借助计算机获得零点和极点。对于 2 阶的滤波器，可以使用二次方程求解公式进行求解。

> **注**：(1) 不管零点为何值，非递归滤波器总是无条件稳定的。
> (2) 将滤波器描述为一系列一阶部分的级联只是为了便于分析。在实际中，实现这样的滤波器时，都将使用标准的非因式形式，即滤波器的权值为 $b_1 \sim b_{M-1}$。

9.5 DA FIR 滤波器的设计

分布式算术（Distributed Arithmetic，DA）是实现数字滤波器的一种方法，其基本思想是将数字滤波器内的乘法和加法运算用查找表（Look Up Table，LUT）和一个移位累加器实现。在使用 DA 实现滤波器时，要求滤波器的系数是已知的。这样，$x[n]$与 $w[n]$的乘法运算就变成了与常数相乘的运算。

本节将首先介绍 DA 实现 FIR 滤波器的原理，然后通过 System Genrator 实现 DA 结构，进而实现 FIR 滤波器。

9.5.1 DA FIR 滤波器的设计原理

本节将介绍 DA FIR 滤波器的算法原理和设计结构。

1. DA FIR 滤波器的算法描述

DA 可用于计算乘积的和。很多 DSP 算法，如卷积和相关，都是用乘积的和表示的。对于下面 FIR 滤波器的表达式：

$$y(n)=\sum_{k=0}^{N-1} w(k)x(n-k)=w(0)x(n)+w(1)x(n-1)+\cdots+w(N-1)x(n-N+1) \tag{9.35}$$

或者表示为转置结构表达式：

$$y(n)=\sum_{k=0}^{N-1} x(k)w(n-k)=x(0)w(n)+x(1)w(n-1)+\cdots+x(N-1)w(n-N+1) \tag{9.36}$$

其中，$w(0),\cdots,w(N-1)$为预先分配的 N 个 FIR 滤波器的权值系数。

对于每个采样 $x(n-k)$，可以表示成二进制数的形式：

$$x(n-k)=\sum_{b=0}^{B-1} x_b(n-k)\times 2^b \tag{9.37}$$

其中，$x_b(n-k)$表示二进制数的每一位，取值为 0 或者 1；B 表示 $x(n-k)$所用二进制数的位数。

对于对称系数的 FIR 滤波器而言，式（9.37）可以表示为

$$y(n)=\sum_{k=0}^{N-1} w(k)x(n-k)=\sum_{k=0}^{N-1} w(k)\sum_{b=0}^{B-1} x_b(n-k)\times 2^b \tag{9.38}$$

更进一步有：

$$\begin{aligned}
y(n)=&\sum_{k=0}^{N-1} w(k)\sum_{b=0}^{B-1} x_b(n-k)\times 2^b\\
=&w(0)\cdot[x_{B-1}(0)\cdot 2^{B-1}+x_{B-2}(0)\cdot 2^{B-2}+\cdots+x_0(0)\cdot 2^0]\\
&+w(1)\cdot[x_{B-1}(1)\cdot 2^{B-1}+x_{B-2}(1)\cdot 2^{B-2}+\cdots+x_0(1)\cdot 2^0]+\cdots\\
&+w(N-1)\cdot[x_{B-1}(N-1)\cdot 2^{B-1}+x_{B-2}(N-1)\cdot 2^{B-2}+\cdots+x_0(N-1)\cdot 2^0]
\end{aligned} \tag{9.39}$$

整理式（9.39）得到：

$$\begin{aligned}y(n)&=\sum_{k=0}^{N-1}w(k)\sum_{b=0}^{B-1}x_b(n-k)\times 2^b\\&=[w(0)\cdot x_{B-1}(0)+w(1)\cdot x_{B-1}(1)+\cdots+w(N-1)\cdot x_{B-1}(N-1)]\cdot 2^{B-1}\\&\quad+[w(0)\cdot x_{B-2}(0)+w(1)\cdot x_{B-2}(1)+\cdots+w(N-1)\cdot x_{B-2}(N-1)]\cdot 2^{B-2}+\cdots\\&\quad+[w(0)\cdot x_0(0)+w(1)\cdot x_0(1)+\cdots+w(N-1)\cdot x_0(N-1)]\cdot 2^0\end{aligned}\tag{9.40}$$

其紧凑格式表示为

$$y=\sum_{b=0}^{B-1}2^b\sum_{k=0}^{N-1}w(k)x_b(k)\tag{9.41}$$

实现式（9.41）的关键是映射到查找表 LUT 中。系数 $w(k)$ 是已知的，$x_b(k)$ 的值取 1 或者 0。因此，积之和只是 $w(k)$ 的组合。

对于下面的表达式：

$$[w(0)x_{B-2}(0)+w(1)x_{B-2}(1)+\cdots+w(N-1)x_{B-2}(N-1)]\times 2^{B-2}\tag{9.42}$$

式（9.42）中，x_{B-2} 的每一位对应于不同的 $x(n)$。

然而，可以用 N 位字存放 2^N 值。对于 $N=7$，一个可能的结果是：

$$\begin{aligned}&[w(0)\times 0+w(1)\times 1+w(2)\times 1+w(3)\times 0+w(4)\times 1+w(5)\times 0+w(6)\times 0]\times 2^{B-2}\\&=[w(1)+w(2)+w(4)]\times 2^{B-2}\end{aligned}\tag{9.43}$$

因此，乘以 2 的幂次方不再是一个移位，这样需要将 $x(n)$ 的不同位进行并置，用于建立一个表，给定所有已知的 $w(n)$。

下面说明如何处理 DA 的有符号实现。需要修改的就是使用二进制补码表示。在二进制补码中，最高有效位 MSB 用于确定数的符号，因此表示为

$$x(0)=-2^{B-1}\times x_{B-1}(n)+\sum_{b=0}^{B-2}x_b(n)\times 2^b\tag{9.44}$$

2. DA FIR 滤波器的结构

FIR 滤波器的 DA 实现结构如图 9.39 所示。

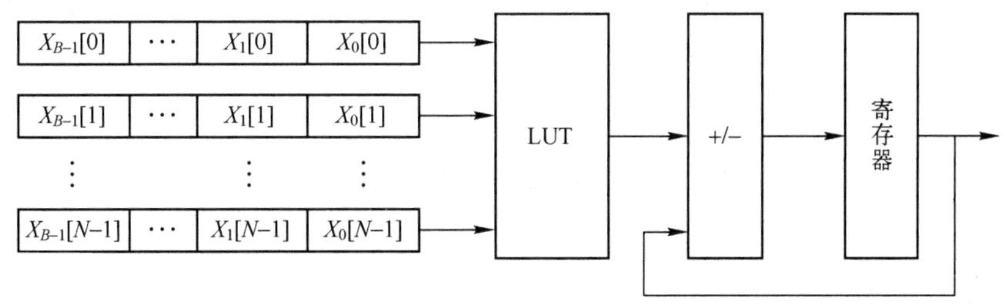

图 9.39　FIR 滤波器的 DA 实现结构

为了实现基于 DA 的 FIR 滤波器，需要构建以下几个模块：

① 移位寄存器；

② 查找表；

③ 查找表加法器；

④ 缩放比例加法器。

System Generator 支持导入 HDL 设计，能够以黑盒子（Black Box）的方式导入 VHDL、Verilog HDL 和 EDIF 设计文件。在基于模型的设计中，黑盒子模块和普通的 System Generator 模块一样，能够实现模块间的互相连接、参与仿真和将其编译成硬件电路。

通过“.m”函数实现 HDL 文件和黑盒子的关联。通过可配置“.m”函数，原来 HDL 文件中的所有信息都可以加载到黑盒子中。可配置“.m”函数不仅定义了接口、物理实现和仿真行为等信息，还包括下面的配置信息，即顶层模块的实体名字、VHDL/Verilog HDL 语言选择标志、端口描述、模块的一般性需求、时钟和采样速率、与模块有关的所有文件信息，以及模块中是否含有组合逻辑路径。

9.5.2 移位寄存器模块设计

本节将构建移位寄存器模块。构建移位寄存器模块的步骤主要包括：

（1）在本书提供资料 fpga_dsp_example\fir\da_fir\lab1 路径下，新建两个 txt 文档，分别将代码清单 9-1 和代码清单 9-2 给出的代码复制到这两个 txt 文档中，并将它们分别重命名为“regne.vhd”和“regne_config.m”。

代码清单 9-1 regne.vhd 文件

```
library IEEE;
use IEEE.STD_LOGIC_1164.ALL;
use IEEE.STD_LOGIC_ARITH.ALL;
use IEEE.STD_LOGIC_UNSIGNED.ALL;
entity regne is
    generic(N: integer := 8);
    port (
        R                    : IN  STD_LOGIC_VECTOR (N-1 DOWNTO 0);
        Resetn               : IN  STD_LOGIC;
        regne_ce,regne_clk   : IN  STD_LOGIC;
        Q                    : OUT STD_LOGIC_VECTOR (N-1 DOWNTO 0)
        );
end regne;
architecture Behavioral of regne is
begin
    process(Resetn,regne_clk)
    begin
        if Resetn = '0' then
            Q <= (OTHERS => '0');
        elsif regne_clk'event and regne_clk='1' then
            if regne_ce = '1' then
                Q <= R;
            end if;
        end if;
    end process;
end Behavioral;
```

代码清单 9-2　regne_config. m 文件

```
function regne_config( this_block)
  this_block. setTopLevelLanguage( 'VHDL') ;
  this_block. setEntityName( 'regne') ;
  this_block. addSimulinkInport( 'R') ;
  this_block. addSimulinkInport( 'Resetn') ;
  this_block. addSimulinkOutport( 'Q') ;
  if ( this_block. inputTypesKnown)
    this_block. port( 'R'). useHDLVector( true) ;
    if ( this_block. port( 'R'). width ~= 8) ;
      this_block. setError( 'Input data type for port
                              "Signal_in" must have width of 7. ') ;
    end
    if ( this_block. port( 'Resetn'). width ~= 1) ;
      this_block. setError( 'Input data type for port "Resetn" must have width=1. ') ;
    end
    this_block. port( 'Resetn'). useHDLVector( false) ;
    qout_port = this_block. port( 'Q') ;
    input_bitwidth = this_block. port( 'R'). width;
    output_bitwidth = input_bitwidth;
    qout_port. makeSigned;
    qout_port. width = output_bitwidth;
    qout_port. binpt = 4;
    this_block. addGeneric( 'N', this_block. port( 'R'). width) ;
  end
    if ( this_block. inputRatesKnown)
      setup_as_single_rate( this_block, 'regne_clk', 'regne_ce')
    end
  this_block. addFile( 'regne. vhd') ;
return;

function setup_as_single_rate( block, clkname, cename)
  inputRates = block. inputRates;
  uniqueInputRates = unique( inputRates) ;
  if ( length( uniqueInputRates) == 1 & uniqueInputRates( 1) == Inf)
    block. setError( 'The inputs to this block cannot all be constant. ') ;
    return;
  end
  if ( uniqueInputRates( end) == Inf)
    hasConstantInput = true;
    uniqueInputRates = uniqueInputRates( 1:end-1) ;
  end
  if ( length( uniqueInputRates) ~= 1)
    block. setError( 'The inputs to this block must run at a single rate. ') ;
    return;
  end
    theInputRate = uniqueInputRates( 1) ;
```

```
        for i = 1:block.numSimulinkOutports
            block.outport(i).setRate(theInputRate);
        end
        block.addClkCEPair(clkname,cename,theInputRate);
    return;
```

(2) 在 Windows 7 主界面下，选择开始->所有程序->Xilinx Design Tools->Vivado 2017.2->System Generator->System Generator 2017.2，打开 MATLAB R2016b 开发环境。

(3) 在 MATLAB 主界面的“Home”标签页下，单击“Simulink Library”按钮，出现“Simulink Library Browser”对话框。

(4) 在“Simulink Library Browser”对话框的主菜单下，选择 File->New->Model。

(5) 在库 Xilinx Blockset->Basic Elements 下找到 Black Box，拖动它并添加到新模型中，双击 Black Box 图标，打开 Black Box 元件的参数配置界面，如图 9.40 所示。按图 9.40 中所示的参数进行配置。

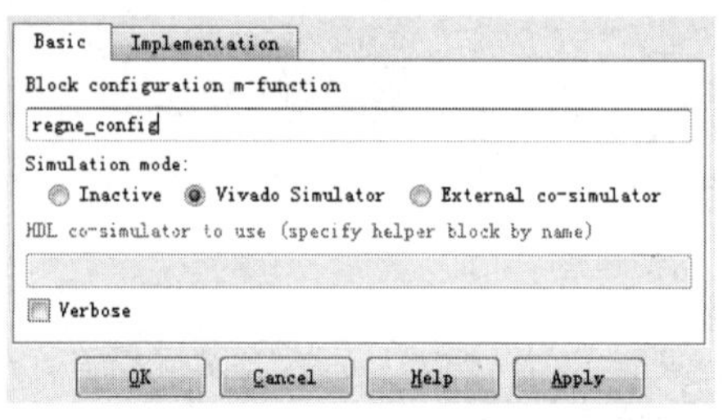

图 9.40 Black Box 元件的参数配置界面

(6) 单击“OK”按钮，退出 Black Box 元件的参数配置界面。

(7) 按住［Ctrl］键，单击 Black Box，拖动鼠标左键对 Black Box 进行复制，复制 6 个，并从库中找到其他元件添加到模块中。将各个元件连接在一起，如图 9.41 所示。

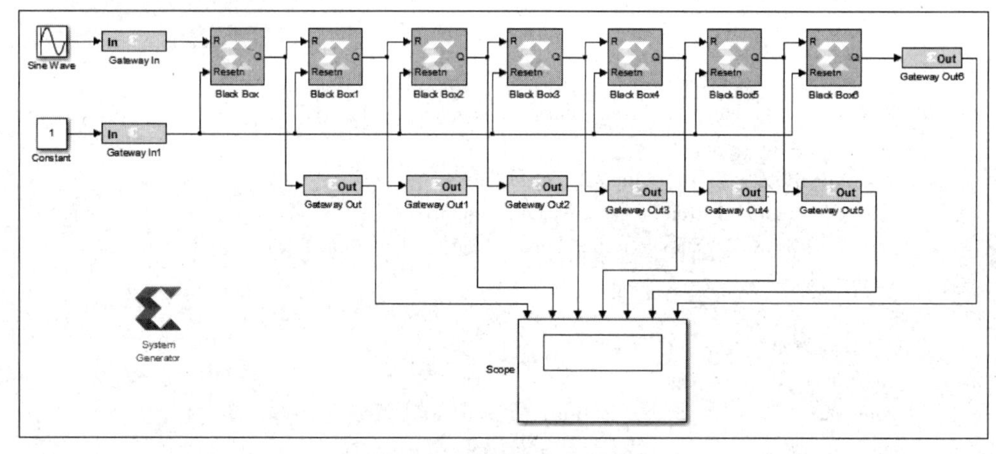

图 9.41 移位寄存器模块

(8) 保存设计，将其保存为“Register.slx”。

注：各个元件所在库的位置如下所示。

① Xilinx Blockset->Basic Elements：Gateway In、Gateway Out、System Generator。

② Simulink->Sinks：Scope。

③ Simulink->Sources：Sine Wave、Constant。

(9) 配置图 9.41 中各个元件的参数。元件参数配置如下。

- Sine Wave 的参数配置：Frequency (rad/sec)：2 * pi。
- Gateway In 的参数配置：①Output Type：FIxed-point；②Arithmetic type：Signed (2's comp)；③Number of bits：8；④Binary point：4；⑤Sample period：0.001。
- Gateway In1 的参数配置：①Output Type：FIxed-point；②Arithmetic type：Unsigned；③Number of bits：1；④Binary point：0；⑤Sample period：0.001。
- System Generator 的参数配置：Clocking->Simulink system period (sec)：0.001。

(10) 设置运行时间为 10。

(11) 单击运行按钮，运行设计。

(12) 双击 Scope 符号，打开视图窗口。移位寄存器模块的运行结果如图 9.42 所示。

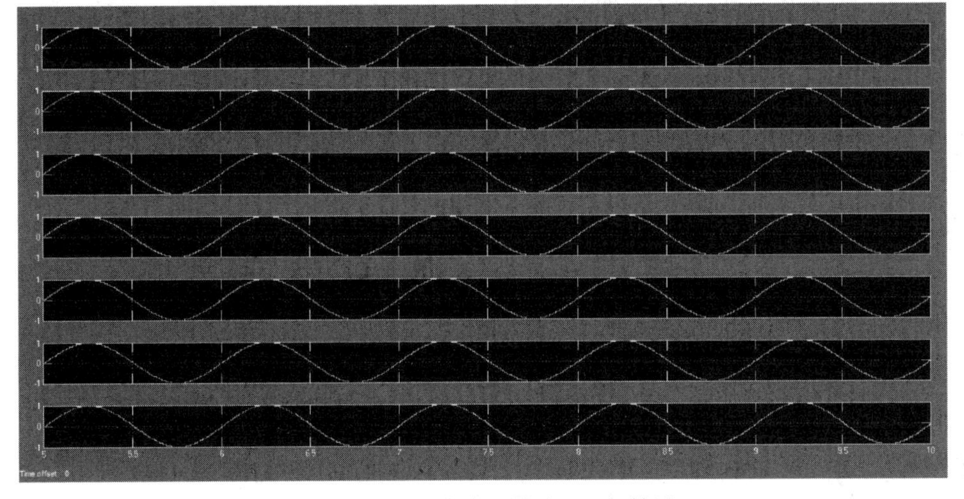

图 9.42　移位寄存器模块的运行结果

(13) 选中 7 个 Black Box，创建模型子系统，更改各个端口和子系统的名字。创建子系统后的移位寄存器模块如图 9.43 所示。

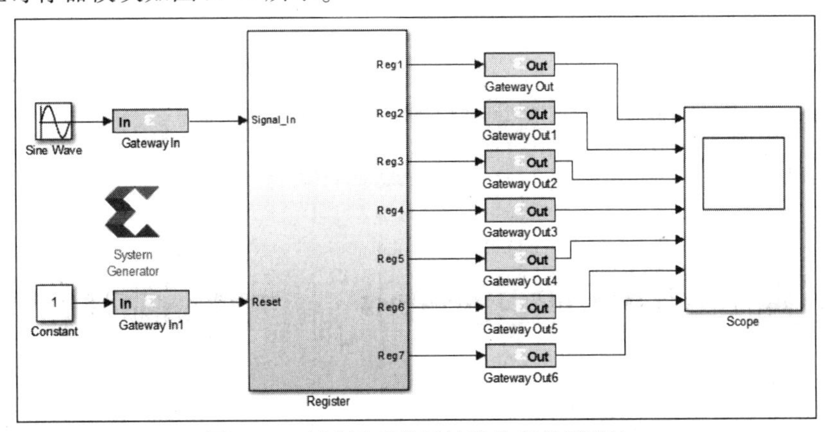

图 9.43　创建子系统后的移位寄存器模块

注：(1) 在 MATLAB 的主界面中，将工作路径设置为\fpga_dsp_example\da_fir\lab1。
(2) 创建的子系统将用于最终的 DA FIR 滤波器的设计。

9.5.3 查找表模块的设计

本节将设计查找表模块。设计查找表模块的步骤主要包括：

(1) 在本书提供资料的 fpga_dsp_example\fir\da_fir\lab2 路径下，新建 4 个 txt 文档，分别将代码清单 9-3、代码清单 9-4、代码清单 9-5 和代码清单 9-6 给出的代码复制到这 4 个 txt 文档中，并将这 4 个文件分别重命名为“filter_lut_a. vhd”、“filter_lut_b. vhd”、“filter_lut_a_config. m”和“filter_lut_b_config. m”。

代码清单 9-3 filter_lut_a. vhd 文件

```
library IEEE;
use IEEE.STD_LOGIC_1164.ALL;
use IEEE.STD_LOGIC_ARITH.ALL;
use IEEE.STD_LOGIC_UNSIGNED.ALL;
entity filter_lut_a is
      generic (NC: integer := 23); -- number of coefficients
      port ( D_in        : IN   STD_LOGIC_VECTOR(3 DOWNTO 0);
                 Q                : OUT STD_LOGIC_VECTOR(NC-1 DOWNTO 0));
end filter_lut_a;
architecture Behavioral of filter_lut_a is
begin
   with D_in select
         Q <= "00000000000000000000000" when "0000",
                 "00000101101011000101011" when "0001",
                 "00001000110101101101101" when "0010",
                 "00001110100000110011000" when "0011",
                 "00001011001101100101110" when "0100",
                 "00010000111000101011001" when "0101",
                 "00010100000011010011011" when "0110",
                 "00011001101110011000110" when "0111",
                 "00001100000101111011001" when "1000",
                 "00010001110001000000100" when "1001",
                 "00010100111011101000110" when "1010",
                 "00011010100110101110001" when "1011",
                 "00010111010011100000111" when "1100",
                 "00011100111110100110010" when "1101",
                 "00100000001001001110100" when "1110",
                 "00100101110100010011111" when "1111",
                 "11111111111111111111111" when others;
end Behavioral;
```

代码清单 9-4 filter_lut_b. vhd 文件

```
library IEEE;
use IEEE.STD_LOGIC_1164.ALL;
```

```
use IEEE. STD_LOGIC_ARITH. ALL;
use IEEE. STD_LOGIC_UNSIGNED. ALL;
entity filter_lut_b is
    generic (NC: integer := 23); -- number of coefficients
    port (D_in: IN   STD_LOGIC_VECTOR (2 DOWNTO 0);
              Q    : OUT STD_LOGIC_VECTOR (NC-1 DOWNTO 0));
end filter_lut_b;
architecture Behavioral of filter_lut_b is
begin
    with D_in select
      Q <= "00000000000000000000000" when "000",
           "00001011001101100101110" when "001",
           "00001000110101101101101" when "010",
           "00010100000011010011011" when "011",
           "00000101101011000101011" when "100",
           "00010000111000101011001" when "101",
           "00001110100000110011000" when "110",
           "00011001101110011000110" when "111",
           "11111111111111111111111" when others;
end Behavioral;
```

代码清单 9-5　filter_lut_a_config. m 文件

```
function filter_lut_a_config(this_block)
  this_block. setTopLevelLanguage('VHDL');
  this_block. setEntityName('filter_lut_a');
  this_block. tagAsCombinational;
  this_block. addSimulinkInport('D_in');
  this_block. addSimulinkOutport('Q');
  if (this_block. inputTypesKnown)
    if (this_block. port('D_in'). width ~= 4);
      this_block. setError('Input data type for port "D_in" must have width=4.');
    end
    qout_port = this_block. port('Q');
    output_bitwidth = 23;
    qout_port. makeSigned;
    qout_port. width = output_bitwidth;
    qout_port. binpt = 21;
    this_block. addGeneric('NC', this_block. port('Q'). width);
  end
  if (this_block. inputRatesKnown)
    inputRates = this_block. inputRates;
    uniqueInputRates = unique(inputRates);
    outputRate = uniqueInputRates(1);
    for i = 2:length(uniqueInputRates)
      if (uniqueInputRates(i) ~= Inf)
        outputRate = gcd(outputRate,uniqueInputRates(i));
```

```
            end
        end
        for i = 1:this_block.numSimulinkOutports
            this_block.outport(i).setRate(outputRate);
        end
    end
    this_block.addFile('filter_lut_a.vhd');
return;
```

代码清单 9-6 filter_lut_b_config.m 文件

```
function filter_lut_b_config(this_block)
    this_block.setTopLevelLanguage('VHDL');
    this_block.setEntityName('filter_lut_b');
    this_block.tagAsCombinational;
    this_block.addSimulinkInport('D_in');
    this_block.addSimulinkOutport('Q');
    if (this_block.inputTypesKnown)
        if (this_block.port('D_in').width ~= 3);
            this_block.setError('Input data type for port "D_in" must have width=3.');
        end
        qout_port = this_block.port('Q');
        output_bitwidth = 23;
        qout_port.makeSigned;
        qout_port.width = output_bitwidth;
        qout_port.binpt = 21;
        this_block.addGeneric('NC', this_block.port('Q').width);
    end
    if (this_block.inputRatesKnown)
        inputRates = this_block.inputRates;
        uniqueInputRates = unique(inputRates);
        outputRate = uniqueInputRates(1);
        for i = 2:length(uniqueInputRates)
            if (uniqueInputRates(i) ~= Inf)
                outputRate = gcd(outputRate,uniqueInputRates(i));
            end
        end
        for i = 1:this_block.numSimulinkOutports
            this_block.outport(i).setRate(outputRate);
        end
    end
    this_block.addFile('filter_lut_b.vhd');
return;
```

（2）在 Windows 7 主界面下，选择开始->所有程序->Xilinx Design Tools->Vivado 2017.2->System Generator->System Generator 2017.2，打开 MATLAB R2016b 开发环境。

（3）在 MATLAB 主界面的“Home”标签页下，单击“Simulink Library”按钮，出现

“Simulink Library Browser”对话框。

(4) 在“Simulink Library Browser”对话框的主菜单下，选择File->New->Model。

(5) 在库Xilinx Blockset->Basic Elements下找到Black Box，拖动两个Black Box将其添加到新模型中。将Black Box改名为“Filter LUTA”，将Black Box1改名为“Filter LUTB”，如图9.44所示。根据图9.44，找到设计中需要使用的其他元件，并按图9.44所示将它们连接在一起。

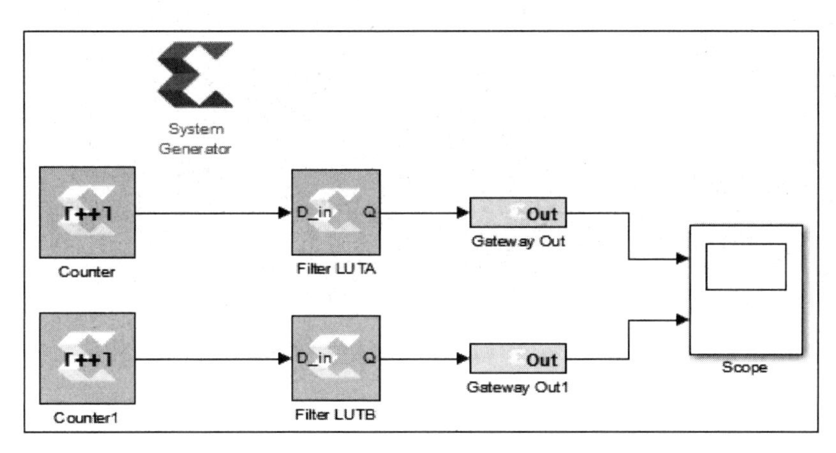

图9.44　LUT模块

(6) 保存文件，将文件保存为“LUT.slx”。

> **注**：图9.44中其他元件所在库的位置。
>
> ① Xilinx Blockset->Basic Elements：Counter、Black Box、Gateway Out、System Generator。
>
> ② Simulink->Sinks：Scope。

(7) 按下面配置图9.44内元件的参数。

- Counter的参数配置：①Counter type：Count limited；②Counter to value：15；③Initial value：0；④Output type：Unsigned；⑤Number of bits：4；⑥Binary point：0。
- Counter1的参数配置：①Counter type：Count limited；②Counter to value：7；③Initial value：0；④Output type：Unsigned；⑤Number of bits：3；⑥Binary point：0。
- Filter LUTA的参数配置：①Block configuration m-function：filter_lut_a_config；②Simulation mode：Vivado Simulator。
- Filter LUTB的参数配置：①Block configuration m-function：filter_lut_b_config；②Simulation mode：Vivado Simulator。

(8) 设置运行时间为20。

(9) 单击运行按钮，运行设计。

(10) 双击图9.44内的Scope符号，打开示波器界面，运行结果如图9.45所示。

> **注**：在MATLAB的主界面中，将工作路径设置为\fpga_dsp_example\fir\da_fir\lab2。

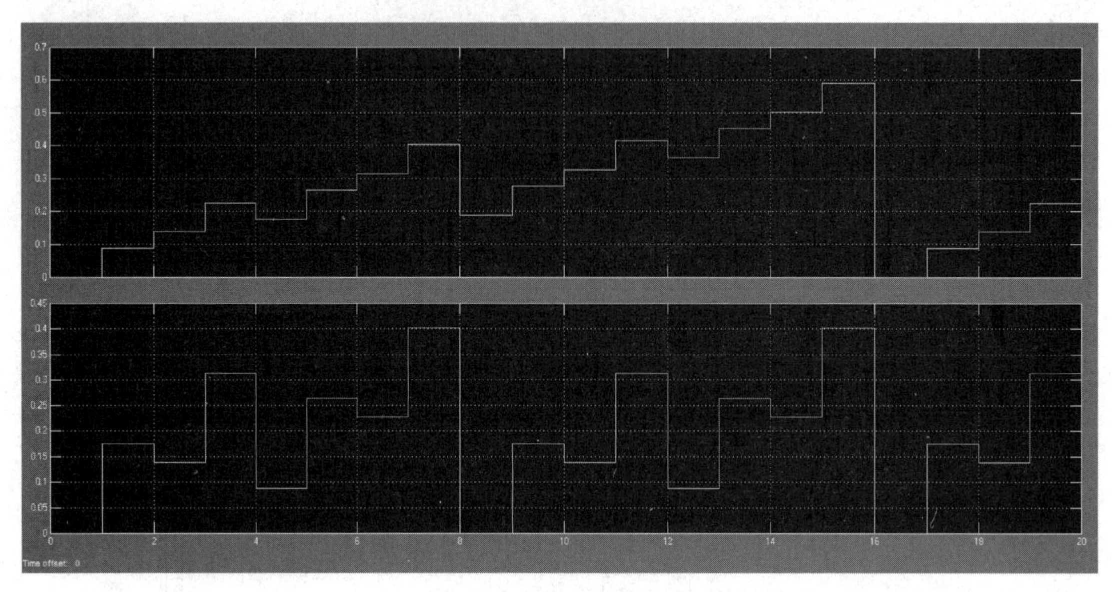

图 9.45　LUT 模块的运行结果

9.5.4　查找表加法器模块的设计

本节将设计查找表加法器模块。设计查找表加法器模块的步骤主要包括：

（1）在本书提供资料的 fpga_dsp_example\fir\da_fir\lab3 路径下，新建 2 个 txt 文档，分别将代码清单 9-7 和代码清单 9-8 给出的代码复制到这两个文件中，并将它们分别重命名为“lut_adder. vhd”和“lut_adder_config. m”。

代码清单 9-7　lut_adder. vhd 文件

```
library IEEE;
use IEEE.STD_LOGIC_1164.ALL;
use IEEE.STD_LOGIC_ARITH.ALL;
use IEEE.STD_LOGIC_UNSIGNED.ALL;
entity lut_adder is
        generic (NC: integer := 23);
        Port ( lut_a : in   STD_LOGIC_VECTOR (NC-1 downto 0);
               lut_b : in   STD_LOGIC_VECTOR (NC-1 downto 0);
               lut_out : out   STD_LOGIC_VECTOR (NC-1 downto 0));
end lut_adder;
architecture Behavioral of lut_adder is
begin
      lut_out <= lut_a+lut_b;
end Behavioral;
```

代码清单 9-8　lut_adder_config. m 文件

```
function lut_adder_config(this_block)
  this_block.setTopLevelLanguage('VHDL');
  this_block.setEntityName('lut_adder');
```

```
        this_block. tagAsCombinational;
        this_block. addSimulinkInport('lut_a');
        this_block. addSimulinkInport('lut_b');
        this_block. addSimulinkOutport('lut_out');
        if (this_block. inputTypesKnown)
          this_block. port('lut_a'). useHDLVector(true);
          if (this_block. port('lut_a'). width ~= 23);
            this_block. setError('Input data type for port "lut_a" must have width of 23.');
          end
          this_block. port('lut_b'). useHDLVector(true);
          if (this_block. port('lut_b'). width ~= 23);
            this_block. setError('Input data type for port "lut_a" must have width of 23.');
          end
          lut_out_port = this_block. port('lut_out');
          input_bitwidth = this_block. port('lut_a'). width;
          output_bitwidth = input_bitwidth;
          lut_out_port. makeSigned;
            lut_out_port. width = output_bitwidth;
            lut_out_port. binpt = 21;
            this_block. addGeneric('NC', this_block. port('lut_a'). width);
          end
          if (this_block. inputRatesKnown)
            inputRates = this_block. inputRates;
            uniqueInputRates = unique(inputRates);
            outputRate = uniqueInputRates(1);
            for i = 2:length(uniqueInputRates)
              if (uniqueInputRates(i) ~= Inf)
                outputRate = gcd(outputRate,uniqueInputRates(i));
              end
            end
            for i = 1:this_block. numSimulinkOutports
              this_block. outport(i). setRate(outputRate);
            end
          end
        this_block. addFile('lut_adder. vhd');
      return;
```

（2）在 Windows 7 主界面下，选择开始->所有程序->Xilinx Design Tools->Vivado 2017. 2->System Generator->System Generator 2017. 2，打开 MATLAB R2016b 开发环境。

（3）在 MATLAB 主界面的“Home”标签页下，单击“Simulink Library”按钮，出现“Simulink Library Browser”对话框。

（4）在“Simulink Library Browser”对话框的主菜单下，选择 File->New->Model。

（5）在库 Xilinx Blockset->Basic Elements 下找到 Black Box，拖动其并添加到新模型中，双击 Black Box 图标，打开其参数配置界面，如图 9. 46 所示，按图 9. 46 所示配置参数。

（6）单击“OK”按钮，退出配置界面。

（7）将 Black Box 元件的名字改为“LUT Adder”。

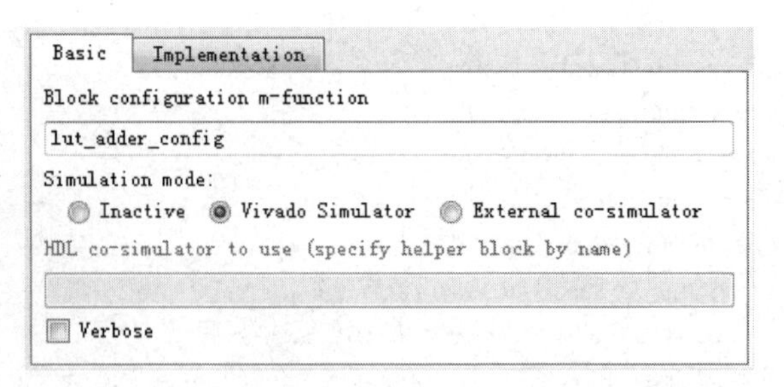

图 9.46 Black Box 元件的参数配置界面

（8）在库中找到其他元件，添加到新模块中，如图 9.47 所示，按图 9.47 所示将各个元件连接在一起。

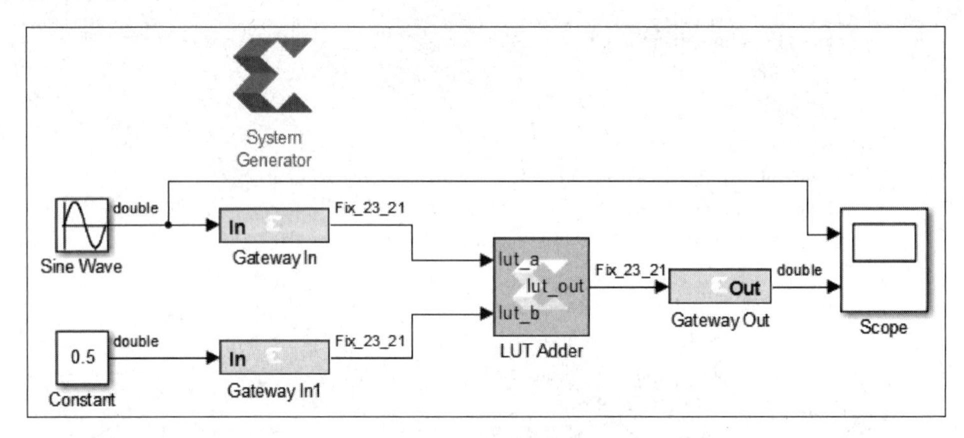

图 9.47 LUT Adder 模块

（9）保存文件，将文件保存为“LUT_Adder. slx”。

注：LUT Adder 模型中所用到的其他元件的元件库位置如下。

① Xilinx Blockset->Basic Elements：Gateway In、Gateway Out、Black Box、System Generator。

② Simulink->Sources：Constant、Sine Wave。

③ Simulink->Sinks：Scope。

（10）配置图 9.47 中各个元件的参数，参数配置如下。

- Sine Wave 的参数配置：Frequency（rad/sec）：2 * pi * 0.05。
- Constant 的参数配置：Constant value：0.5。
- Gateway In 的参数配置：①Output Type：Fixed-point；②Arithmetic type：signed（2's comp）；③Number of bits：23；④Binary point：21。
- Gateway In1 的参数配置：①Output Type：Fixed-point；②Arithmetic type：signed（2's comp）；③Number of bits：23；④Binary point：21。

（11）设置运行时间为 100。

（12）单击运行按钮▶，运行设计。

（13）双击 Scope 图标，打开示波器界面，运行结果如图 9.48 所示。

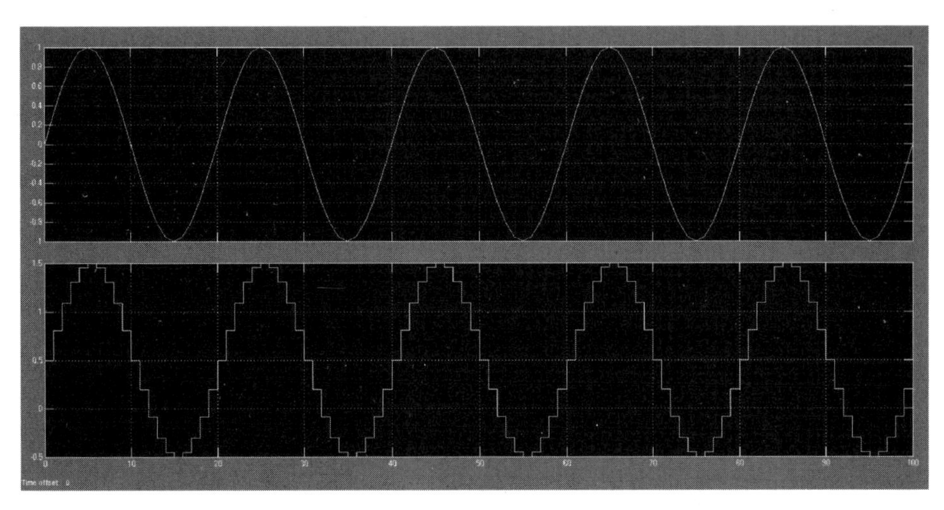

图 9.48　LUT Adder 模块的运行结果

> **注：** 在 MATLAB 的主界面中，将工作路径设置为 \fpga_dsp_example \dir \da_fir \lab3。

思考与练习 9-1： 从图 9.48 中可以看出加法器使测试波形整体向上平移了 0.5，请说明原因。

9.5.5　缩放比例加法器模块的设计

本节将设计缩放比例加法器模块。设计缩放比例加法器模块的步骤主要包括：

（1）在 Windows 7 主界面下，选择开始->所有程序->Xilinx Design Tools->Vivado 2017.2->System Generator->System Generator 2017.2，打开 MATLAB R2016b 开发环境。

（2）在 MATLAB 主界面的“Home”标签页下，单击“Simulink Library”按钮，出现“Simulink Library Browser”对话框。

（3）在“Simulink Library Browser”对话框的主菜单下，选择 File->New->Model。

（4）在 Simulink Library Browser 下找到相应的元件，并将它们添加到新模块的空白界面中进行连接，如图 9.49 所示。

> **注：** 每个元件的名称要和图 9.49 中的对应。

（5）保存文件，将其保存为“Scaling_Accumulator.slx”。

> **注：** 给出图 9.49 中所需要元件所在库的位置。
>
> ① Xilinx Blockset->Basic Elements：System Generator、Gateway In、Gateway Out、Reinterpret。
>
> ② Xilinx Blockset->Math：AddSub、CMult。
>
> ③ Simulink->Sinks：Display。
>
> ④ Simulink->Sources：Constant。

（6）配置图 9.49 内所用元件的参数，参数配置如下。

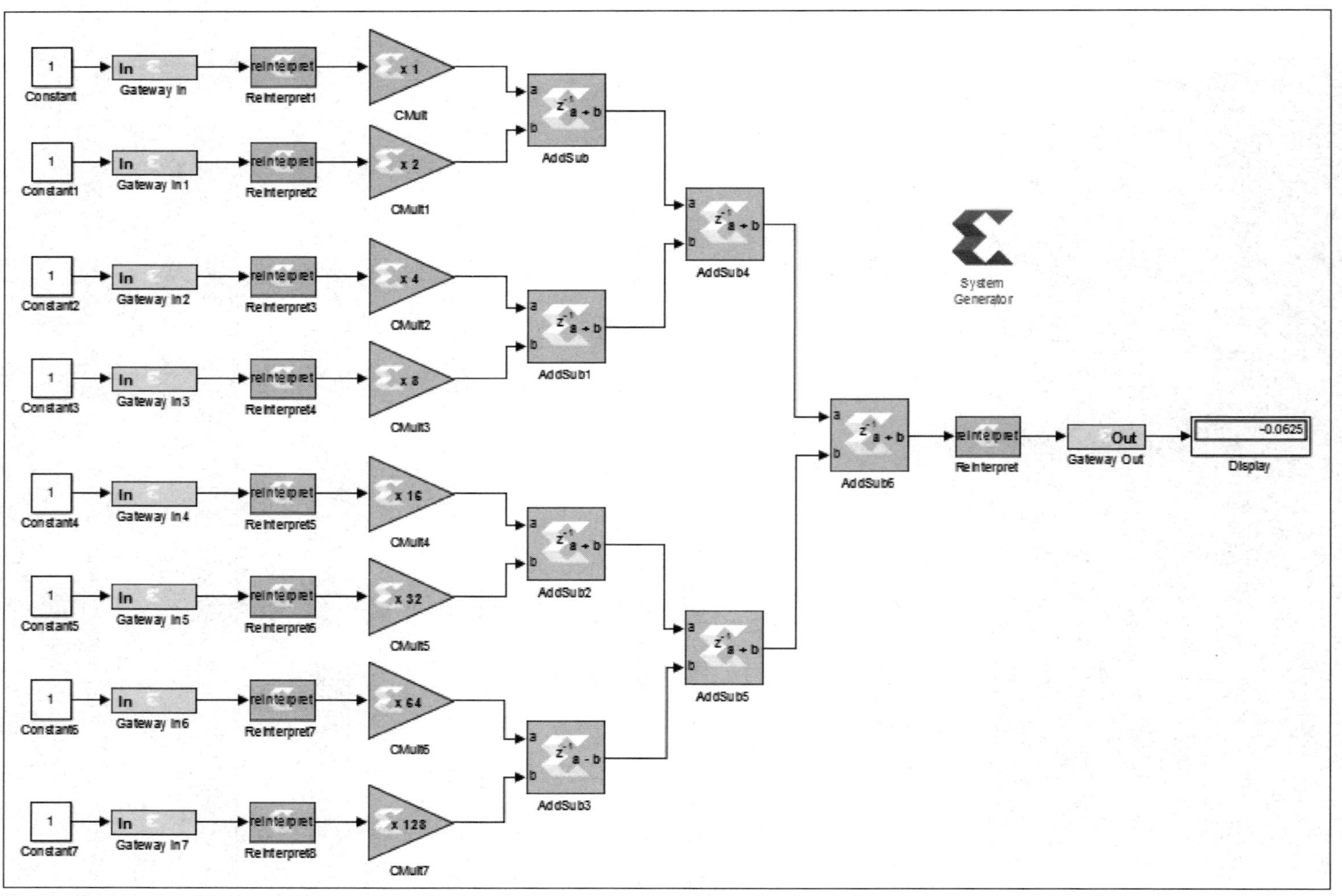

图9.49　缩放比例加法器模块

- Gateway In 的参数配置：①Output Type：Fixed-point；②Arithmetic type：Signed（2's comp）；③Number of bits：23；④Binary point：21。
- Reinterpret1～Reinterpret8 的参数配置：①选中"Force Arithmetic Type"；②Output Arithmetic Type：Unsigned；③选中"Force Binary Point"；④Output Binary point：0。
- 将 Cmult～Cmult7 的 Constant 参数依次设置为 1、2、4、8、16、32、64、128。
- Cmult 的参数配置：①Constant Type：Fixed-point；②Number of bits：8；③Binary point：0；④Output->Precision：User defined；⑤Output->Arithmetic type：Unsigned；⑥Output->Number of bits：30；⑦Output->Binary point：0。
- 除 AddSub3 的 Operdtion 参数设置为 Subtraction 外，其他均设置为 Addition，即 AddSub3 是减法。
- AddSub 的参数配置：①Output->Precision：User defined；②Output->Arithmetic type：Unsigned；③Output->Number of bits：30；④Output->Binary point：0。
- Reinterpret 的参数配置：①选中 Force Arithmetic Type；②Output Arithmetic Type：Signed（2's comp）；③选中"Force Binary Point"；④Output Binary point：25。

（7）单击运行按钮，运行设计。

（8）选中 Gateway In 和 Gateway Out 之间的元件创建子系统，并命名子系统为"Scaling_Accumulator"。生成子系统后的缩放比例加法器模块如图 9.50 所示。

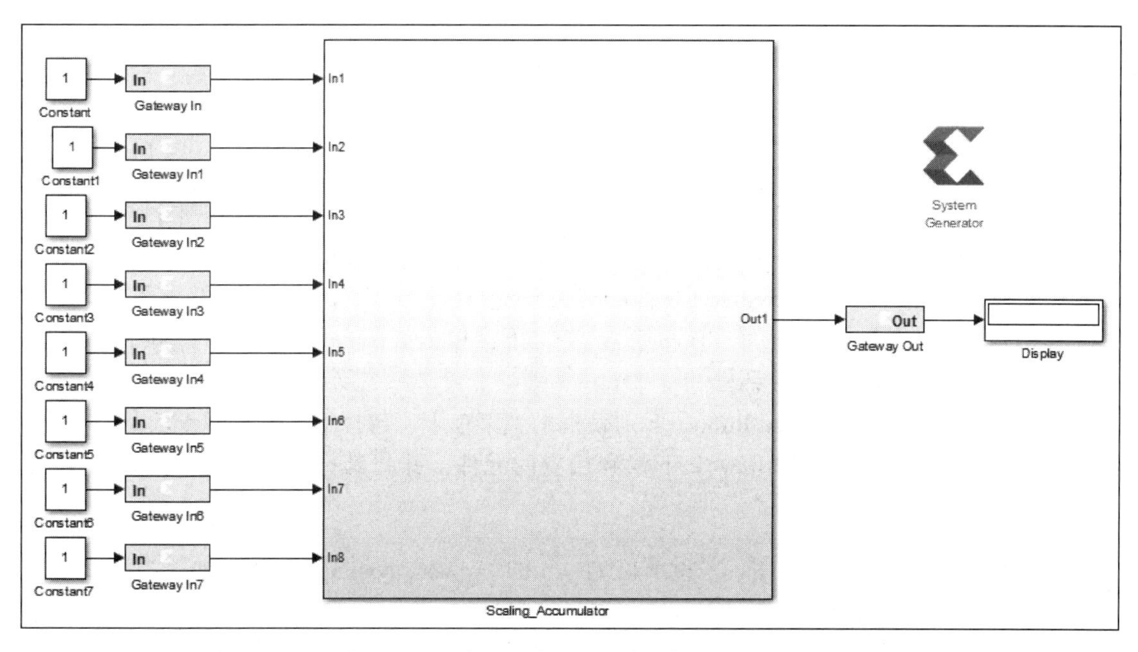

图 9.50　生成子系统后的缩放比例加法器模块

注：（1）创建的子系统将会用于最终的 DA FIR 滤波器的搭建。

（2）在 MATLAB 的主界面中，将工作路径设置为\fpga_dsp_example\fir\da_fir\lab4。

9.5.6　DA FIR 滤波器完整的设计

本小节将最终完成 DA FIR 滤波器的设计。完成 DA FIR 滤波器设计的步骤主要包括：

注：（1）上述几个模块的正确性决定了最终的 DA FIR 滤波器的搭建。在\fpga_dsp_example\fir\DA_FIR 路径下，需要保证显示的文件树形结构如图 9.51 所示。

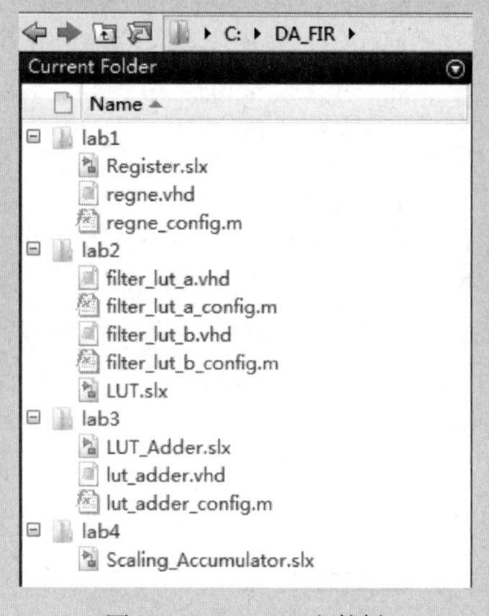

图 9.51　DA_FIR 文件树

（2）在 MATLAB 的主界面中，将工作路径设置为\fpga_dsp_example\fir\da_fir。

（1）将 lab1、lab2、lab3 文件夹下的 . vhd 文件和 . m 文件复制到 DA_FIR 根目录下。

（2）在 Windows 7 主界面下，选择开始->所有程序->Xilinx Design Tools->Vivado 2017.2->System Generator->System Generator 2017.2，打开 MATLAB R2016b 开发环境。

（3）在 MATLAB 主界面的“Home”标签页下，单击“Simulink Library”按钮，出现“Simulink Library Browser”对话框。

（4）在“Simulink Library Browser”对话框的主菜单下，选择 File->New->Model。

（5）在 Simulink Library Browser 下找到相应的元件，并将其拖入新模型中，如图 9.52 所示。

注：Register、Filter LUTA、Filter LUTB、LUT Adder、Scaling_Accumulator 则需要打开先前所建立的子模块 . slx 文件并复制子模块到新模型中。

（6）完整的 DA_FIR 模型如图 9.52 所示。

注：连接前需先双击 Scope 图标，单击“Parameters”菜单中的◎按钮，将“Number of axes”改为“2”。

（7）保存文件，将文件保存为“DA_FIR. slx”。

（8）配置模型参数。

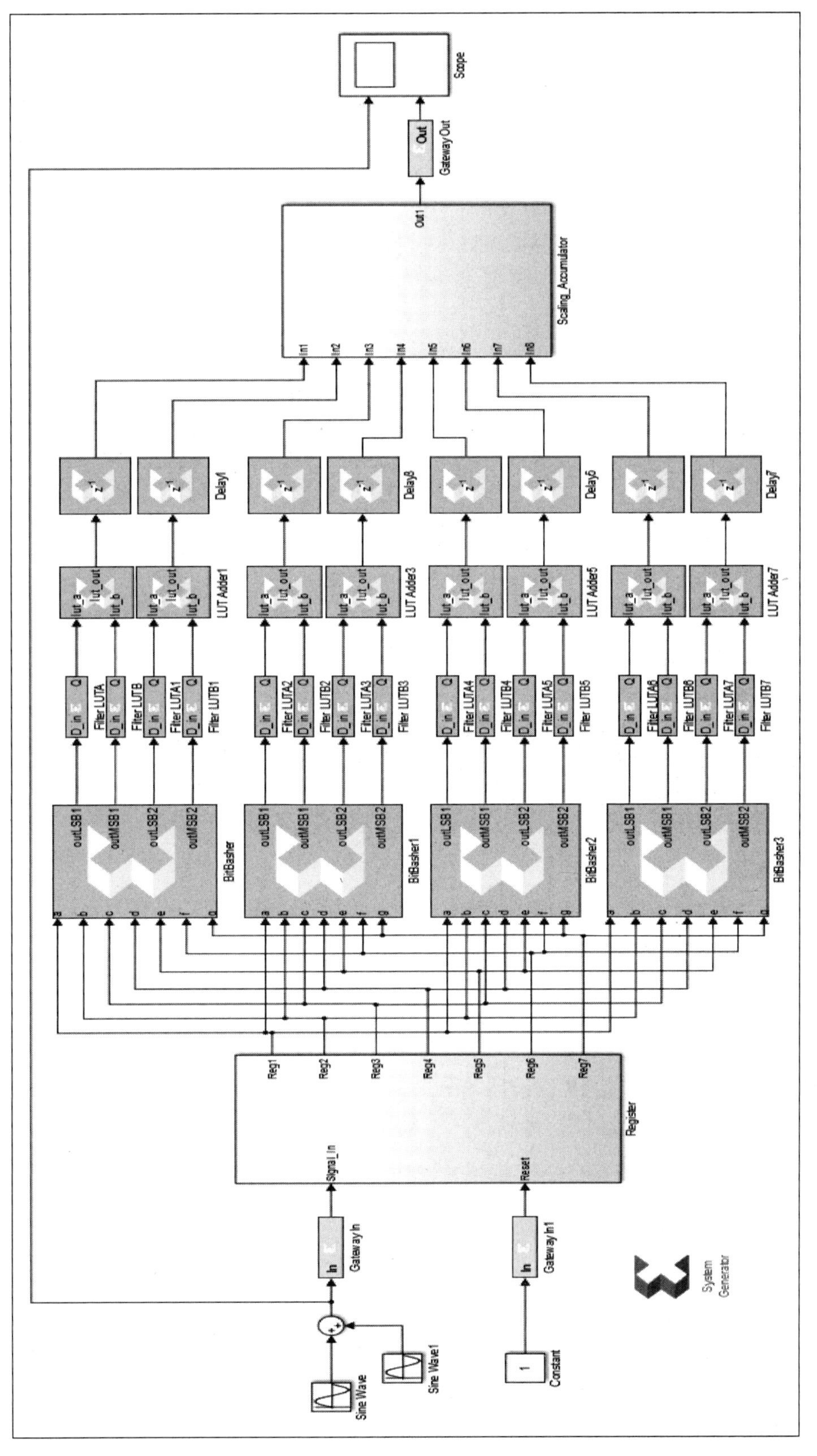

图9.52　完整的DA_FIR模型

- Sine Wave 的参数配置：Frequency（rad/sec）：2 * pi * 5。
- Sine Wave1 的参数配置：Frequency（rad/sec）：2 * pi * 300。
- Gateway In 的参数配置：①Output Type：Fixed-point；②Arithmetic type：Signed（2's comp）；③Number of bits：8；④Binary point：4；⑤Sample period：0.001。
- Gateway In1 的参数配置：①Output Type：Fixed-point；②Arithmetic type：Unsigned；③Number of bits：1；④Binary point：0；⑤Sample period：0.001。
- System Generator 的参数配置：Clocking->Simulink system period（sec）：0.001。

（9）设置运行时间为 1。

（10）单击按钮，运行仿真。

（11）双击 Scope 图标，打开示波器界面，运行结果如图 9.53 所示。

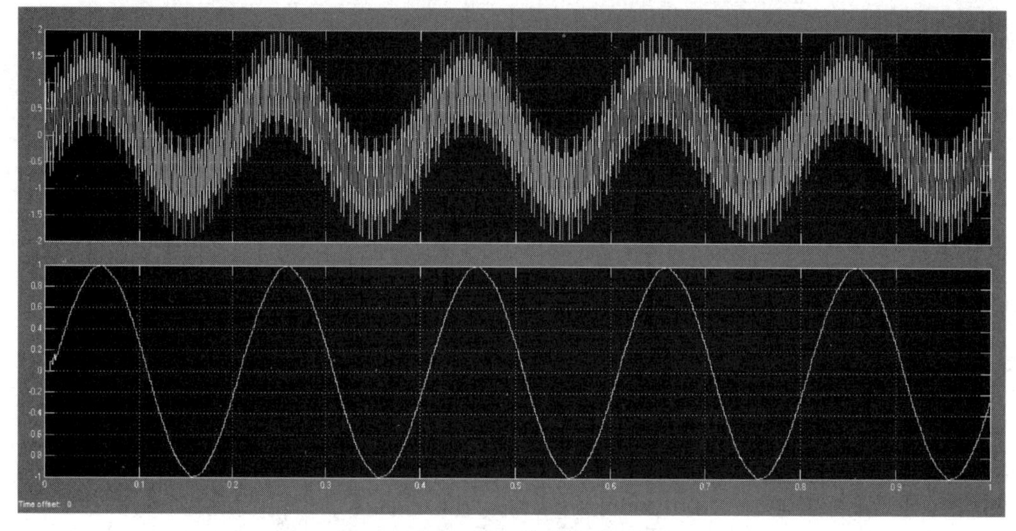

图 9.53 DA_FIR 模型的运行结果

思考与练习 9-2：从图 9.53 中可以看出，滤波器可成功地将 300Hz 的正弦信号滤除掉，保留了 5Hz 的正弦信号。请根据结果对设计结构进行分析。

9.6 MAC FIR 滤波器的设计

这里将设计基于 MAC 的 FIR 滤波器。图 9.54 给出了基于 MAC 的 FIR 滤波器的幅频响应特性和相频响应特性。其设计指标满足：①采样频率 F_S = 1.5MHz；② F_{stop1} = 270kHz；③ F_{pass1} = 300kHz；④ F_{pass2} = 450kHz；⑤ F_{stop2} = 480kHz；⑥双边带的带外衰减 = 54dB；⑦通带纹波 = 1。

基于 MAC 的 FIR 滤波器的模型如图 9.55 所示。

从图 9.55 中可以看出，在基于 MAC 的 FIR 滤波器的模型中需要构建下面的模块：

（1）12×8 乘和累加器模块，该模块用于实现 FIR 滤波器中的乘和累加。

（2）数据控制逻辑模块，包括数据填充逻辑模块和数据拆分逻辑模块，该模块用于实现数据长度的填充和拆分。

（3）地址生成器模块，该模块用于产生存储器所需要的地址。

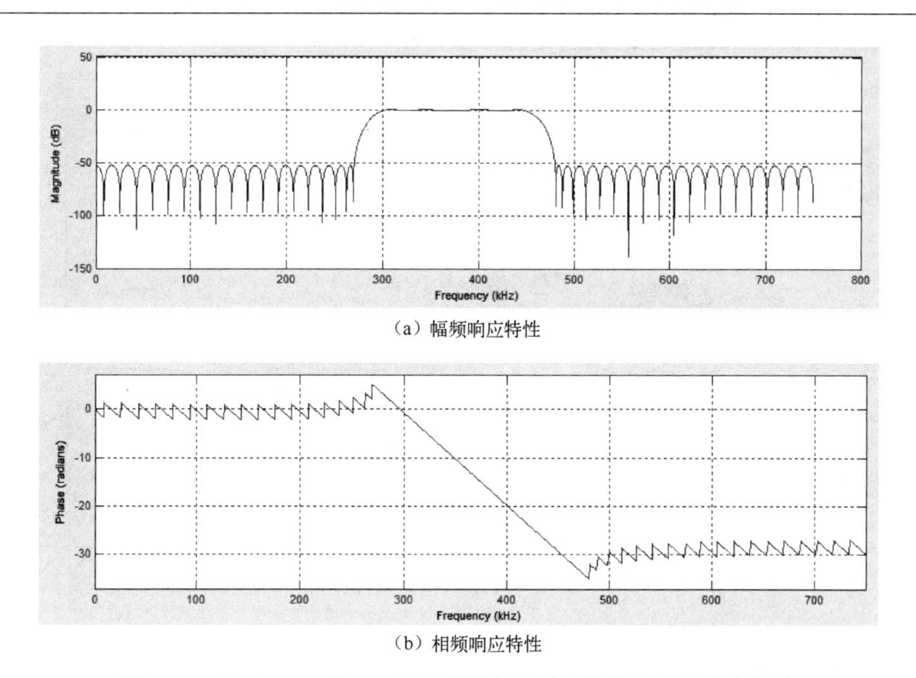

(a) 幅频响应特性

(b) 相频响应特性

图 9.54　基于 MAC 的 FIR 滤波器的幅频响应特性和相频响应特性

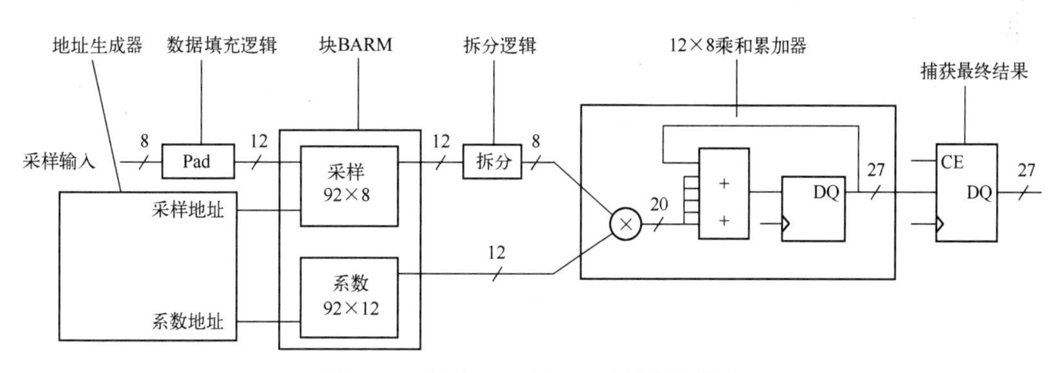

图 9.55　基于 MAC 的 FIR 滤波器的模型

(4) 双端口存储器模块，该模块用于存储数据和 FIR 滤波器系数。

9.6.1　12×8 乘和累加器模块的设计

本节将设计 12×8 乘和累加器模块。设计 12×8 乘和累加器模块的步骤主要包括：

(1) 在 Windows 7 主界面下，选择开始->所有程序->Xilinx Design Tools->Vivado 2017.2->System Generator->System Generator 2017.2，打开 MATLAB R2016b 开发环境。

(2) 在 MATLAB 主界面的“Home”标签页下，单击“Simulink Library”按钮，出现“Simulink Library Browser”对话框。

(3) 在“Simulink Library Browser”对话框的主菜单下，选择 File->New->Model。

(4) 在 Simulink Library Browser 下找到相应的元件，添加到图 9.56 所示的新模型空白界面中。

注： 下面给出设计中所用元件所在库的位置。

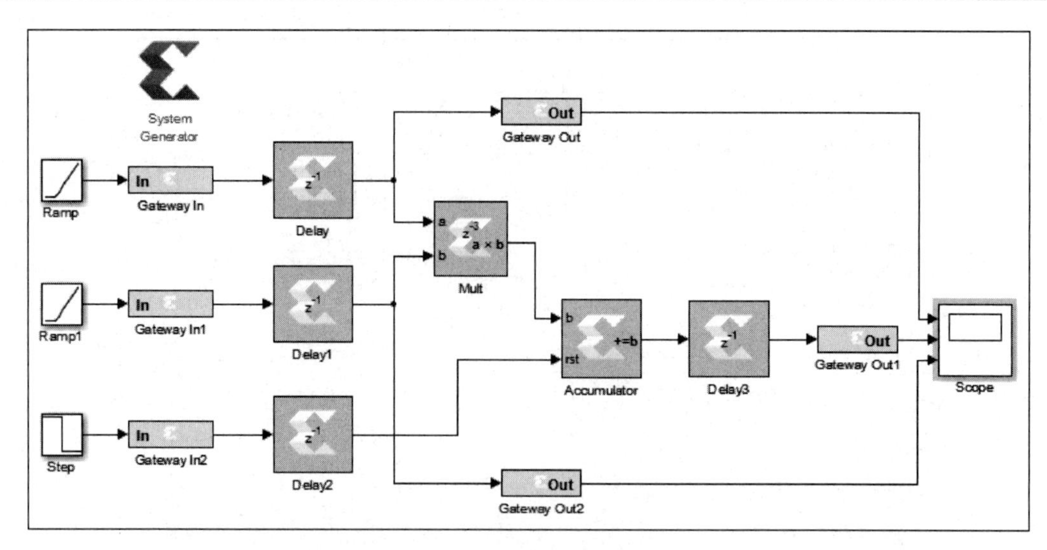

图 9.56 构建乘和累加器模块

① Simulink->Sources：Ramp。
② Simulink->Sources：Step。
③ Xilinx Blockset->Basic Elements：Gateway in。
④ Xilinx Blockset->Basic Elements：Delay。
⑤ Xilinx Blockset->Math：Mult。
⑥ Xilinx Blockset->Math：Accumulator。
⑦ Xilinx Blockset->Basic Elements：Gateway out。
⑧ Simulink->Sinks：Scope。
⑨ Xilinx Blockset->Basic Elements：System Generator。

（5）按图 9.56 所示将设计中的所有元件连接在一起。
（6）保存设计，其文件名为“mac. slx”。
（7）双击 Step 元件符号，打开其参数配置界面，参数配置如下。
① Initial value：1。
② Final value：0。
③ 其余按默认参数设置。
（8）单击“OK”按钮，退出 Step 元件的参数配置界面。
（9）双击 Gateway In 元件符号，打开其参数配置界面，参数配置如下。
① Output Type：Fixed-point。
② Arithmetic type：Signed（2's comp）。
③ Number of bits：12。
④ Binary point：0。
⑤ Sample period：1。
⑥ 其余按默认参数设置。
（10）单击“OK”按钮，退出 Gateway In 元件的参数配置界面。

(11) 双击 Gateway In1 元件符号，打开其参数配置界面，参数配置如下。

① Output Type：Fixed-point。

② Arithmetic type：Signed (2's comp)。

③ Number of bits：8。

④ Binary point：0。

⑤ Sample period：1。

⑥ 其余按默认参数设置。

(12) 单击"OK"按钮，退出 Gateway In1 元件的参数配置界面。

(13) 双击 Gateway In2 元件符号，打开其参数配置界面，参数配置如下。

① Output type：Boolean。

② 其余按默认参数设置。

(14) 单击"OK"按钮，退出 Gateway In2 元件的参数配置界面。

(15) 双击 Mult 元件符号，打开其参数配置界面，按如下参数配置。

① Latency：3。

② 在 Implementation 选项卡中选中"Use embedded multipliers"复选框。

③ 其余按默认参数设置。

(16) 单击"OK"按钮，退出 Mut 元件的参数配置界面。

(17) 双击 Accumulator 元件符号，打开其参数配置界面，参数配置如下。

① Number of bits：27。

② Overflow：Wrap。

③ 其余按默认参数设置。

(18) 单击"OK"按钮，退出 Accumulator 元件的参数配置界面。

(19) 在构建模型主界面，选择 Simulation->Start，或者单击▶按钮，启动仿真过程。

(20) 双击 Scope 图标，打开示波器界面，仿真结果如图 9.57 所示。

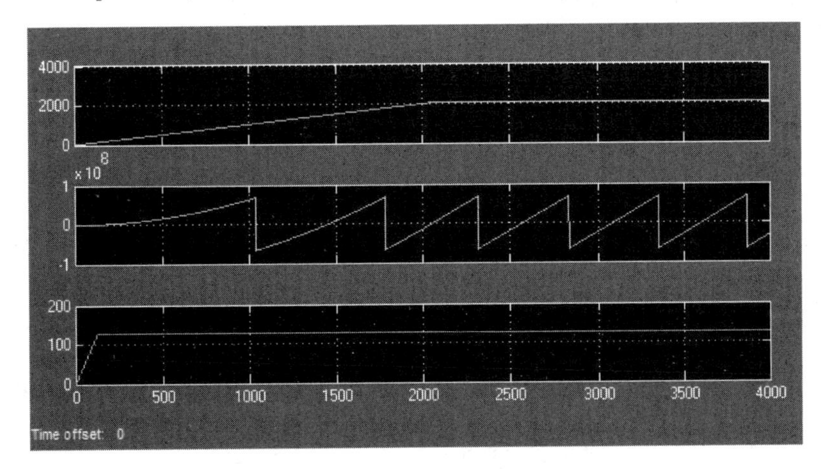

图 9.57　乘和累加器模块的仿真结果

(21) 拖动鼠标左键，选中 Mult 和 Accumulator 元件符号，如图 9.58 所示，单击鼠标右键，出现浮动菜单。在浮动菜单内，选择 Creat Subsystem from Selection，生成模块子系统。

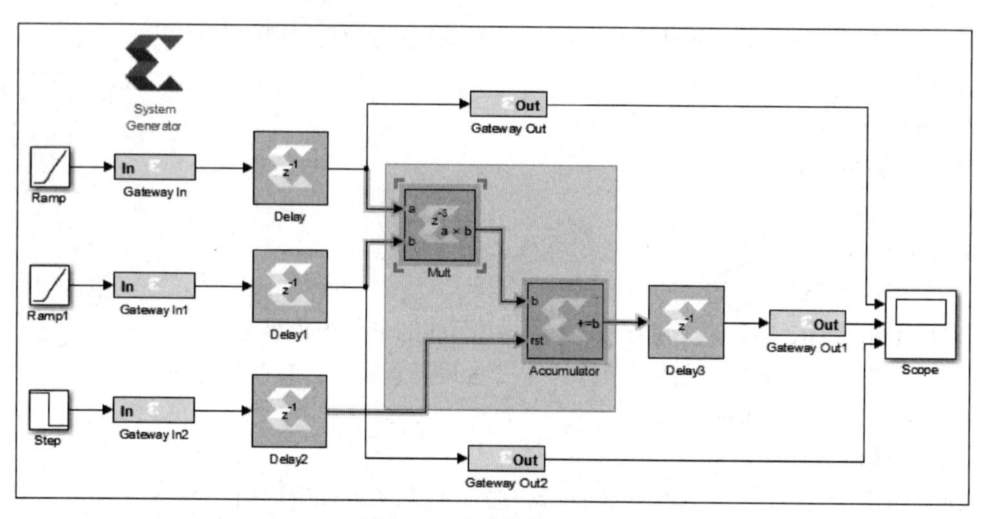

图 9. 58　生成模块子系统

（22）更改子系统各端口的名字，如图 9. 59 所示。

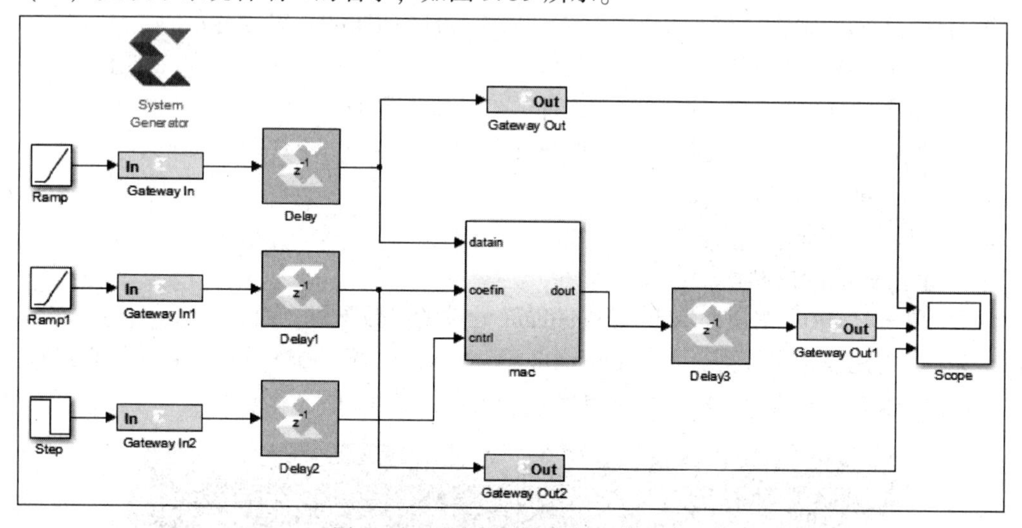

图 9. 59　更改子系统各端口的名字

注：（1）生成的模块子系统将用于最后的 FIR 滤波器的构建。
（2）在 MATLAB 的主界面中，将工作路径设置为\fpga_dsp_example\fir\mac_fir\lab1。

9. 6. 2　数据控制逻辑模块设计

本节将设计数据控制逻辑模块，其中包括数据填充逻辑模块和数据拆分逻辑模块。

1. 数据填充逻辑模块的设计

设计数据填充逻辑模块的步骤主要包括：

（1）在 Windows 7 主界面下，选择开始->所有程序->Xilinx Design Tools->Vivado 2017. 2->System Generator->System Generator 2017. 2，打开 MATLAB R2016b 开发环境。

（2）在 MATLAB 主界面的“Home”标签页下，单击“Simulink Library”按钮，出现

“Simulink Library Browser” 对话框。

（3）在 “Simulink Library Browser” 对话框中，选择 File->New->Model。

（4）在 Simulink Library Browser 下找到相应的元件，添加到图 9.60 所示的新模型空白界面中。

注： 下面给出元件所在库的位置。

① Simulink->Sources：Constant。

② Xilinx Blockset->Basic Elements：Gateway In。

③ Xilinx Blockset->Basic Elements：Reinterpret。

④ Xilinx Blockset->Basic Elements：Constant。

⑤ Xilinx Blockset->Basic Elements：Concat。

⑥ Xilinx Blockset->Basic Elements：Gateway Out。

⑦ Simulink->Sinks：Display。

⑧ Xilinx Blockset->Basic Elements：System Generator。

（5）按图 9.60 所示将所有元件连接在一起。

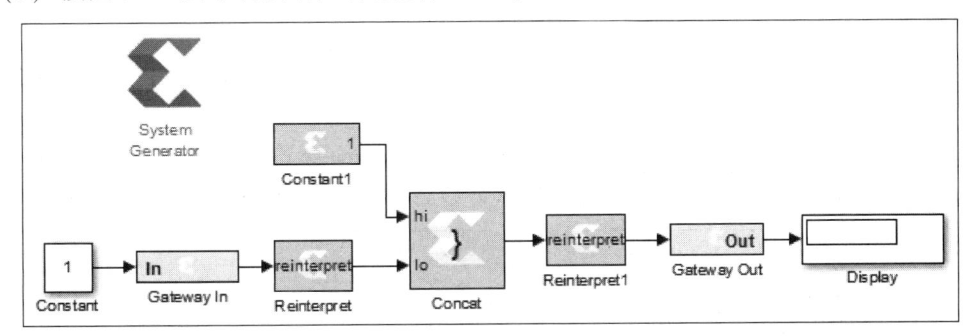

图 9.60　数据填充逻辑（Pad Logic）模块

（6）保存文件，文件命名为 “padding. slx”。

（7）双击 Constant 元件符号，打开其参数配置界面，参数配置如下。

① Constant value：0.5。

② 其余按默认参数设置。

（8）单击 “OK” 按钮，退出 Gonstant 元件的参数配置界面。

（9）双击 Gateway In 元件符号，打开其参数配置界面，参数配置如下。

① Output Type：Fixed-point。

② Arithmetic type：signed（2’s comp）。

③ Number of bits：8。

④ Binary point：6。

⑤ 其余按默认参数设置。

（10）单击 “OK” 按钮，退出 Gateway In 元件的参数配置界面。

（11）双击 Constant1 元件符号，打开其参数配置界面，参数配置如下。

① Output Type：Fixed-point。

② Arithmetic type：Unsigned。

③ Number of bits：4。

④ Binary point：0。

⑤ 其余按默认参数设置。

（12）单击“OK”按钮，退出 Constant1 元件的参数配置界面。

（13）双击 Reinterpret 元件符号，打开其参数配置界面，参数配置如下。

① 选中“Force Arithmetic Type”。

② Output Arithmetic Type：Unsigned。

③ 选中“Force Binary Point”。

④ Output Binary point：0。

⑤ 其余按默认参数设置。

（14）单击“OK”按钮，退出 Reinterpret 元件的参数配置界面。

（15）双击 Reinterpret1 元件符号，打开其参数配置界面，参数配置如下。

① 选中“Force Arithmetic Type”。

② Output Arithmetic Type：signed（2's comp）。

③ 选中“Force Binary Point”。

④ Output Binary point：12。

⑤ 其余按默认参数设置。

（16）单击“OK”按钮，退出 Reinterpret1 元件的参数配置界面。

（17）在模型设计界面的主菜单下，选中 Display->Signals&Ports->Port Data Types。可以查看信号在各端口的输入输出数据类型。显示类型后的设计结构如图 9.61 所示。

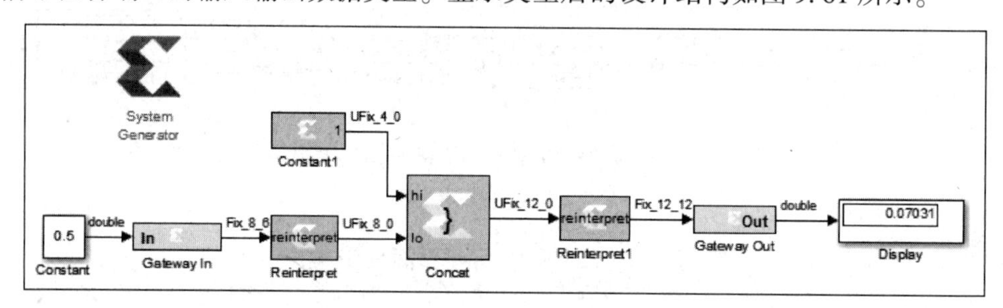

图 9.61　显示类型后的设计结构

（18）单击主菜单界面下的运行按钮运行设计。

（19）按住鼠标左键并拖动鼠标，选中图 9.62 中所示的区域，单击鼠标右键，出现浮动菜单。在浮动菜单内，选择 Creat Subsystem from Selection，生成模型子系统。

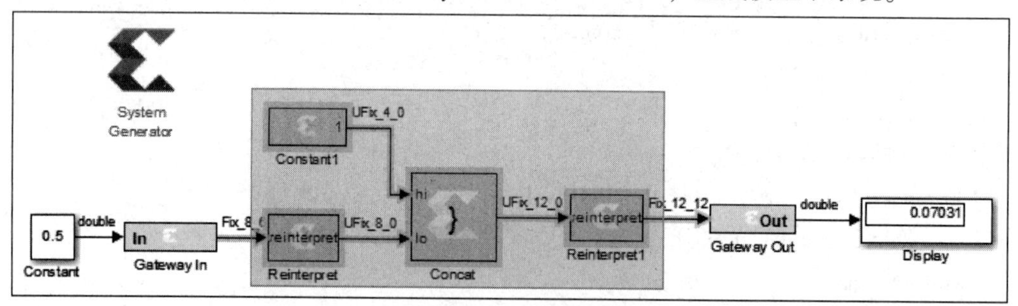

图 9.62　选中要生成模型子系统的区域

（20）生成子系统后的模型如图9.63所示，将该子系统的名字改为“pad”。

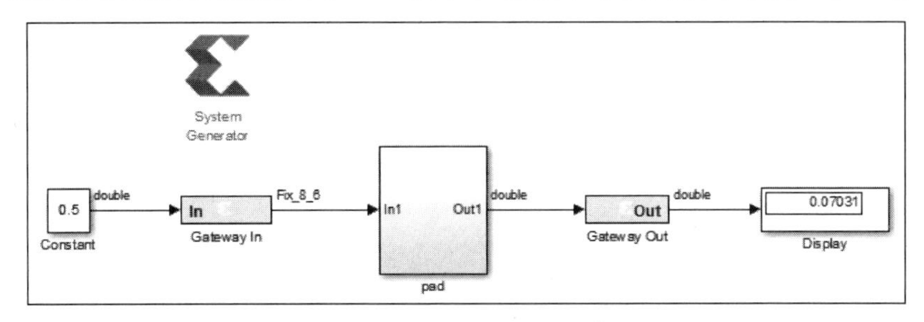

图9.63　生成子系统后的模型

注：在MATLAB的主界面中，将工作路径设置为\fpga_dsp_example\fir\mac_fir\lab2。

2. 数据拆分逻辑模块的设计

本节将设计数据拆分逻辑模块。设计数据拆分逻辑模块的步骤主要包括：

（1）按照前面一部分构建数据填充逻辑模块的方法完成数据拆分逻辑模块的构建，如图9.64所示。

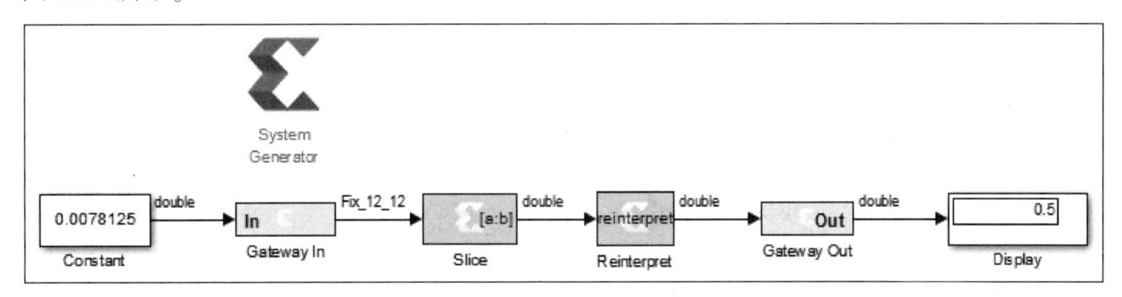

图9.64　数据拆分逻辑模块

（2）按照前面生成子系统的方法生成数据拆分子系统，如图9.65所示。

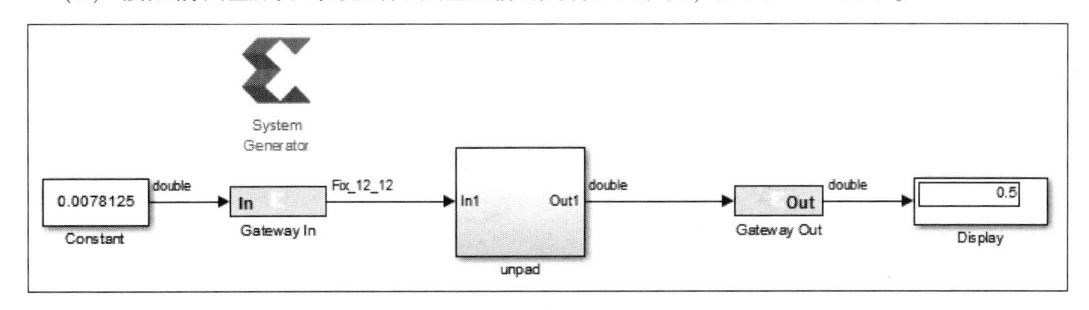

图9.65　生成数据拆分子系统后的数据拆分逻辑模块

注：下面给出设计中所用元件库所在的位置。

① Simulink->Sources：Constant。

② Xilinx Blockset->Basic Elements：Gateway In、Slice、Reinterpret、Gateway Out、System Generator。

③ Simulink->Sinks：Display。

（3）Constant 元件的参数配置，将“Constant Value”设置为 0.0078125。

（4）Gateway In 元件的参数配置。

① Output Type：Fixed-point。

② Arithmetic type：signed（2’s comp）。

③ Number of bits：12。

④ Binary point：12。

（5）Slice 元件的参数配置。

① Width of slice（Number of bits）：8。

② Specify range as：Lower bit location+width。

③ Offset of bottom bit：0。

④ Ralative to：LSB of input。

（6）Reinterpret 元件的参数配置。

① 选中“Force Arithmetic Type”。

② Output Arithmetic Type：Signed（2’s comp）。

③ 选中“Force Binary Point”。

④ Output Binary Point：6。

注：创建的子系统将用于最终的 MAC FIR 滤波器的搭建。

9.6.3　地址生成器模块的设计

设计地址生成器模块的步骤主要包括：

（1）在 Windows 7 主界面下，选择开始->所有程序->Xilinx Design Tools->Vivado 2017.2->System Generator->System Generator 2017.2，打开 MATLAB R2016b 开发环境。

（2）在 MATLAB 主界面的“Home”标签页下，单击“Simulink Library”按钮，出现“Simulink Library Browser”对话框。

（3）在“Simulink Library Browser”对话框中，选择 File->New->Model。

（4）在 Simulink Library Browser 下找到相应的元件，添加到图 9.66 所示的新模型空白界面中，并连接各元件。

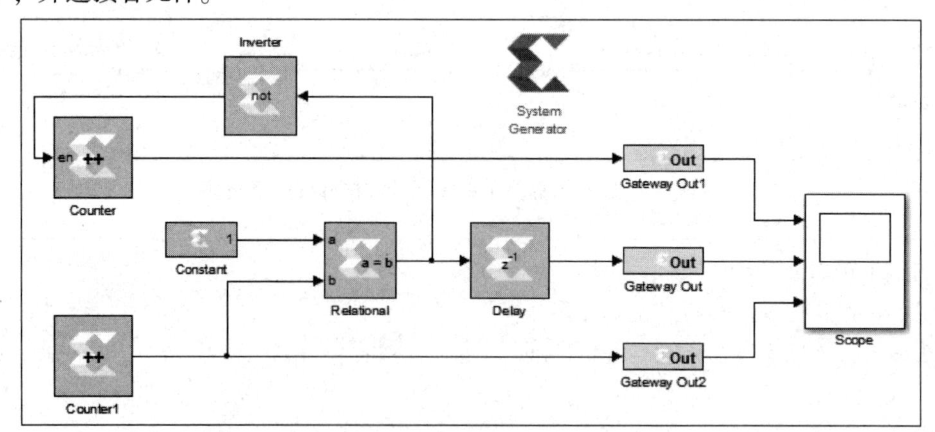

图 9.66　地址生成器模块

注：（1）连接前先选中 Counter 元件配置选项中的“Provide enable port”；双击 Scope 元件符号，单击 Parameters 菜单中的按钮，将“Number of axes”改为 3。

（2）给出设计中所用元件所在库的位置。

① Xilinx Blockset->Basic Elements：Counter、Constant、Inverter、Relational、Delay、②Gateway Out、System Generator。

② Simulink->Sinks：Scope。

（5）保存文件，文件命名为“counter_enabled. slx”。

（6）将 Counter 元件的名字改为“data_counter”。

（7）双击 data_counter 元件符号，打开其参数配置界面，参数配置如下。

① Counter Type：Count limited。

② Count to value：91。

③ Initial value：0。

④ Output type：Unsigned。

⑤ Number of bits：8。

⑥ 其余按默认参数设置。

（8）单击“OK”按钮，退出 data_counter 元件的参数配置界面。

（9）将 Counter1 元件的名字改为“coef_counter”。

（10）双击 coef_counter 元件符号，打开其参数配置界面，参数配置如下。

① Counter Type：Count limited。

② Count to value：183。

③ Initial value：92。

④ Output type：Unsigned。

⑤ Number of bits：8。

⑥ 其余按默认参数设置。

（11）单击“OK”按钮，退出 coef_counter 参数配置界面。

（12）双击 Constant 元件符号，打开其参数配置界面，按如下参数配置。

① Constant value：183。

② Output Type：Fixed-point。

③ Arithmetic type：Unsigned。

④ Number of bits：8。

⑤ Binary point：0。

⑥ 其余按默认参数设置。

（13）单击“OK”按钮，退出 Constant 元件的参数配置界面。

（14）将 Gateway Out 元件的名字改为“we_out”。

（15）将 Gateway Out1 元件的名字改为“data_counter_out”。

（16）将 Gateway Out2 元件的名字改为“coef_counter_out”。

（17）配置后的模型结构如图 9. 67 所示。

（18）单击主菜单界面下的运行按钮运行设计。

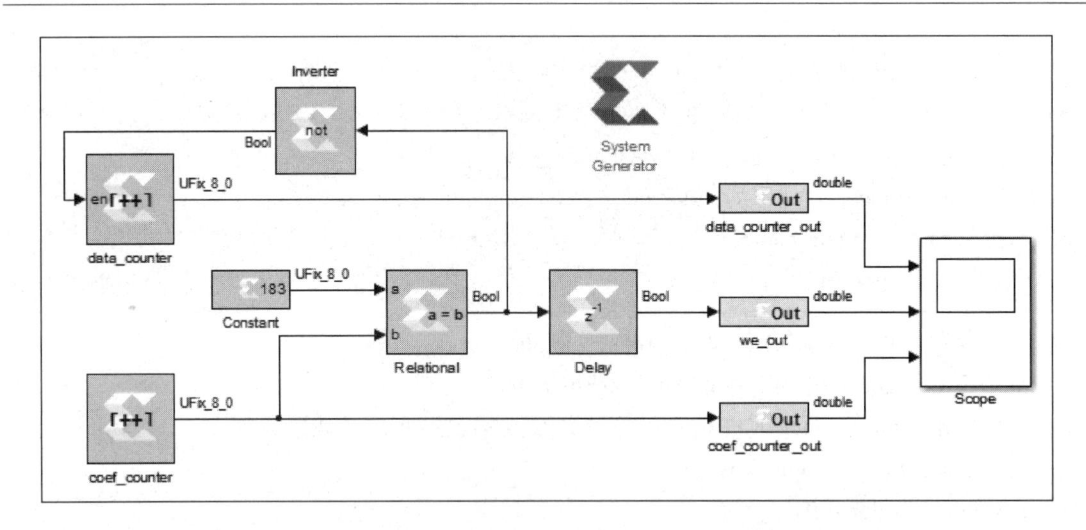

图 9.67 配置后的模型结构

（19）双击 Scope 图标，打开示波器界面。在波形图中，单击鼠标右键，出现浮动菜单。在浮动菜单内，选择 Autescale，更改坐标的结构大小，运行结果如图 9.68 所示。

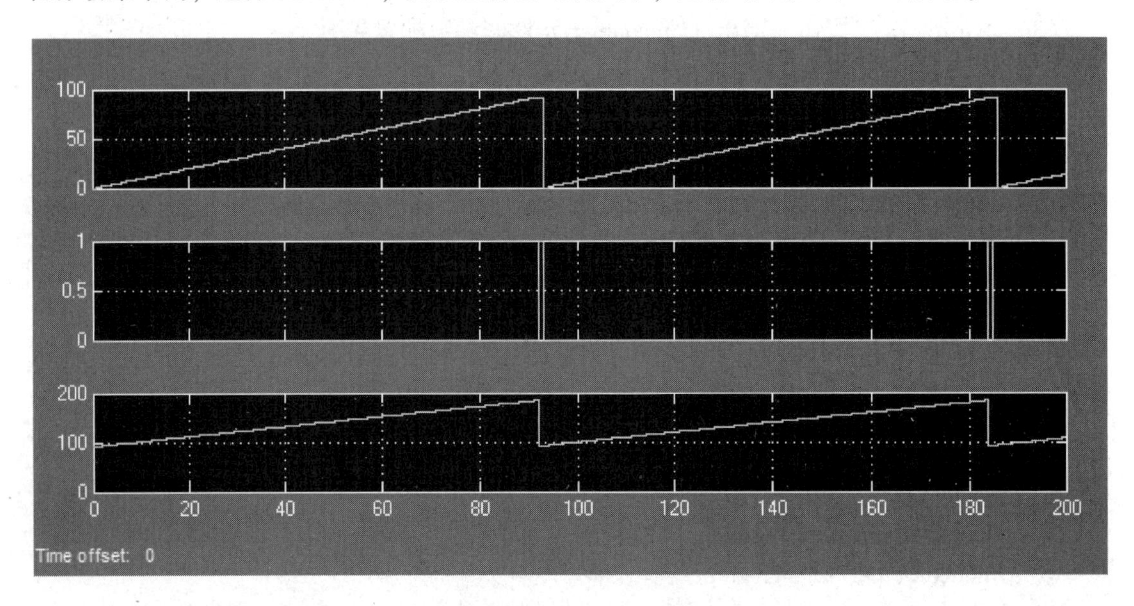

图 9.68 输出波形

（20）选中除 System Generator、Gateway Out、Scope 外的所有元件创建子系统，更改端口名字和子系统名字。生成子系统后的系统结构如图 9.69 所示。

> **注：**（1）生成的子系统将用于最终的 MAC FIR 滤波器的构建。
>
> （2）在 MATLAB 的主界面中，将工作路径设置为 \fpga_dsp_example\fir\mac_fir\lab3。

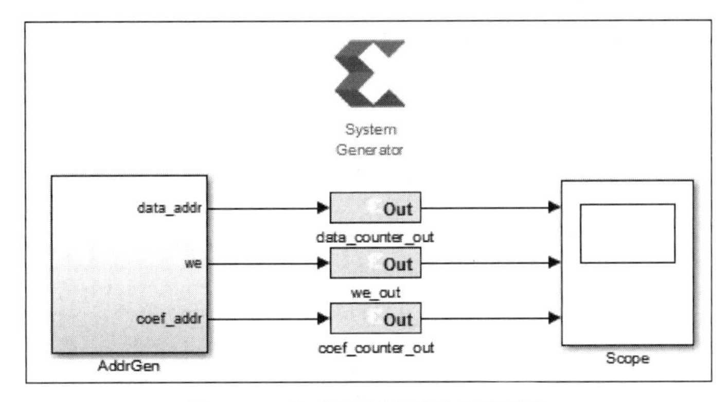

图 9.69 生成子系统后的系统结构

9.6.4 完整的 MAC FIR 滤波器的设计

本节将介绍一个完整的 MAC FIR 滤波器的设计。

1. 生成滤波器系数和设置系统采样频率

生成滤波器系数和设置系统采样频率的步骤主要包括：

（1）在 Windows 7 主界面下，选择开始->所有程序->Xilinx Design Tools->Vivado 2017.2->System Generator->System Generator 2017.2，打开 MATLAB R2016b 开发环境。

（2）在 MATLAB 主界面的“APPS”标签页下，如图 9.70 所示，单击“Filter Design & Analysis”按钮，出现“Filter Design & Analysis Tool”对话框，如图 9.71 所示。

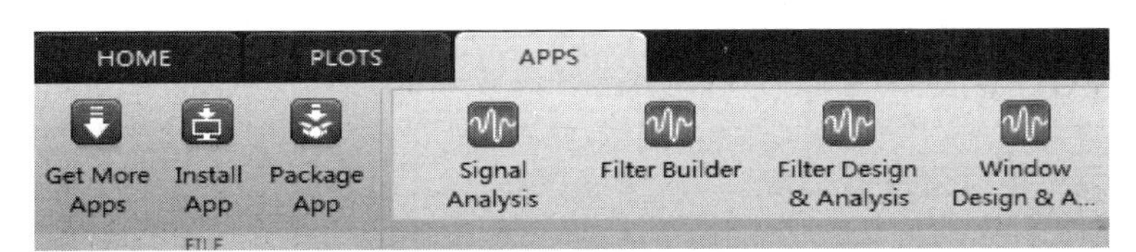

图 9.70 “APPS”标签页

（3）按照图 9.71 中所给的参数设置滤波器。

（4）单击图 9.71 中的“Design Filter”按钮。

（5）在图 9.71 所示对话框的主菜单下，单击 File->Export...，出现“Export”对话框，如图 9.72 所示。

（6）在“Export”对话框中，参数设置如下。

① 在“Export As”标题栏下方的下拉菜单中选择“Coefficients”。

②“Numerator”中填入“coef”。

（7）单击“Export”按钮，将生成的滤波器系数导出到工作空间，退出“Export”对话框。

（8）在 MATLAB 命令行键入“coef”查看滤波器系数，分别键入“max(coef)”和“min(coef)”命令，用于查看系数的取值范围。

（9）在 MATLAB 命令行键入“Ts = 1/1500000”，用于将系统的采样频率设置为 1.5MHz。

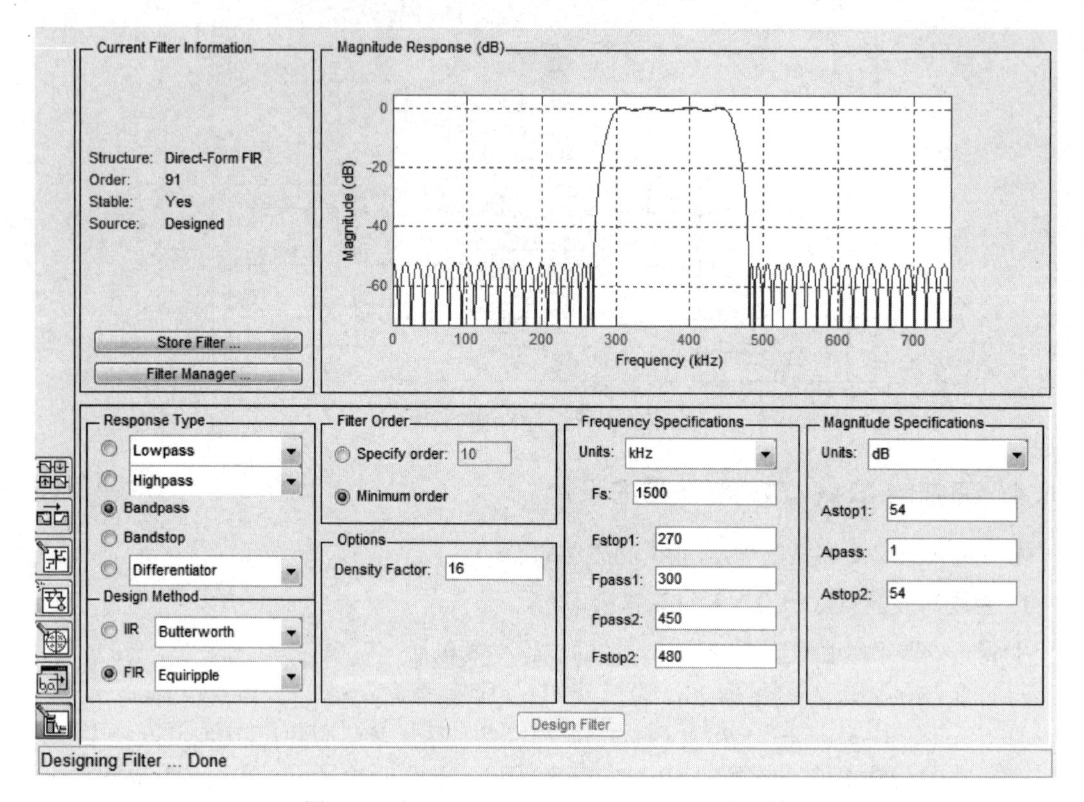

图 9.71　“Filter Design & Analysis Tool”对话框

注：在 MATLAB 的主界面中，将工作路径设置为\fpga_dsp_example\fir\mac_fir\lab4。

2. 添加和测试地址生成器模块

添加和测试地址生成器模块的步骤主要包括：

（1）在 Windows 7 主界面下，选择开始->所有程序->Xilinx Design Tools->Vivado 2017.2->System Generator->System Generator 2017.2，打开 MATLAB R2016b 开发环境。

（2）在 MATLAB 主界面的“Home”标签页下，单击“Simulink Library”按钮，出现“Simulink Library Browser”对话框。

（3）在“Simulink Library Browser”对话框的主菜单下，选择 File->New->Model。

（4）将元件添加到设计模型中，如图 9.73 所示。

图 9.72　“Export”对话框

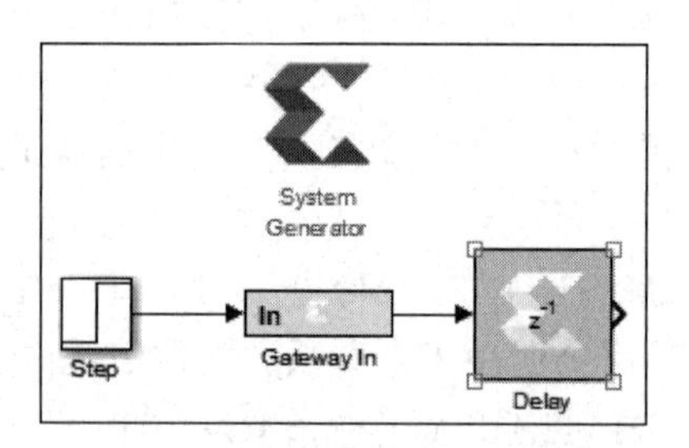

图 9.73　将元件添加到设计模型中

（5）保存文件，文件名为“mac_bandpass. slx”。

> **注：** 设计所用元件所在库的位置如下所示。
> ① Xilinx Blockset->Basic Elements：System Generator、Gateway In、Delay。
> ② Simulink->Sources：Step。

（6）双击图 9. 73 中的 System Generator 元件符号，打开其参数配置界面，在“Clocking”标签页中将“Simulink system period（sec）”设置为“Ts”。

（7）单击“OK”按钮，退出 System Generator 元件的参数配置界面。

（8）双击图 9. 73 中的 Step 元件符号，打开其参数配置界面，按如下参数配置。

① Step time：1 * Ts。

② Initial value：0。

③ Final value：1。

④ Sample time：Ts。

（9）单击“OK”按钮，退出 Step 元件参数配置界面。

（10）双击图 9. 73 中的 Gateway In 元件符号，打开其参数配置界面，按如下参数配置。

① Output Type：Fixed-point。

② Arithmetic type：Signed（2’s comp）。

③ Number of bits：8。

④ Binary point：6。

⑤ Sample period：Ts。

（11）单击“OK”按钮，退出 Gateway In 元件的参数配置界面。

（12）在主界面的主菜单下，单击□，定位到\fpga_dsp_example\fir\mac_fir\lab3 路径下，打开 counter_enabled. slx 文件。

（13）复制除 System Generator 以外的其他元件到 mac_bandpass. slx 文件中，如图 9. 74 所示。

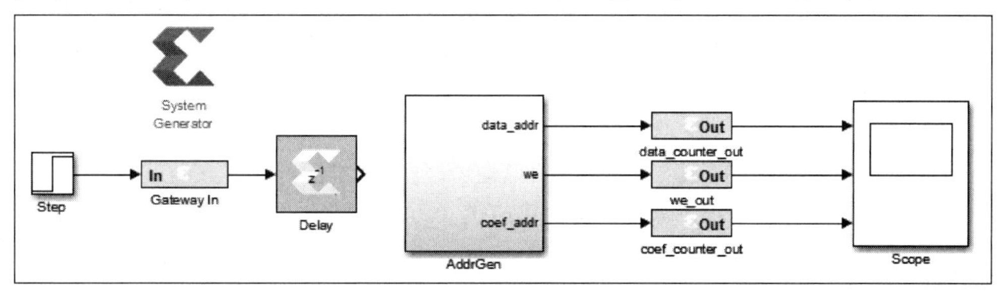

图 9. 74　复制地址生成器

（14）关闭 counter_enabled. slx 文件。

（15）双击图 9. 74 中的 AddrGen 模块，打开其内部结构，按如下参数配置。

• data_counter 模块内，按如下参数配置。

① Counter type：Count limited。

② Count to value：length（coef）-1。

③ Output type：Unsigned。

④ Number of bits：ceil（log2（2 * length（coef）））。

- coef_counter 模块内，按如下参数配置。

① Counter type：Count limited。

② Count to value：2 * length（coef）-1。

③ Initial value：length（coef）。

④ Output type：Unsigned。

⑤ Number of bits：ceil（log2（2 * length（coef）））。

⑥ Explicit period：Ts。

- Constant 模块内，按如下参数配置。

① Constant value：2 * length（coef）-1。

② Number of bits：ceil（log2（2 * length（coef）））。

（16）在设计界面内，设置运行时间为“Ts * 200”。

（17）单击主菜单界面下的运行按钮运行设计。

（18）双击 Scope 图标，打开示波器界面，运行结果如图 9.75 所示。

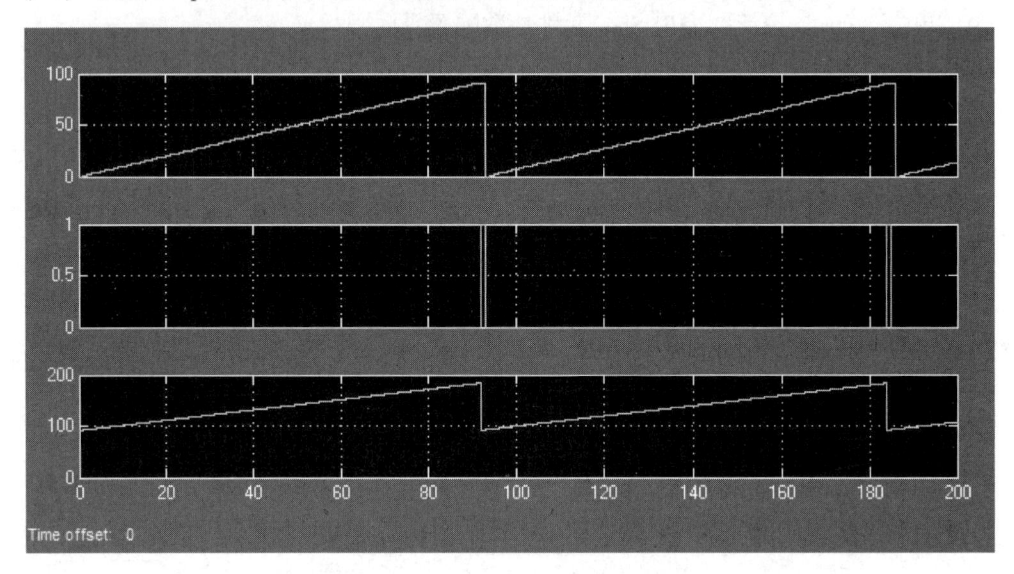

图 9.75 生产地址器的测试结果

> **注：** 在 MATLAB 的主界面中，将工作路径设置为\fpga_dsp_example\fir\mac_fir\lab2。

3. 添加双端口存储器

本节将添加双端口存储器。添加双端口存储器的步骤主要包括：

（1）在库浏览窗口下，找到并展开“Xlink Blockset”选项。在展开项中，找到并展开“Memory”选项。在展开项中，找到 Dual Port RAM，并将其拖到图 9.76 所示的模型设计界面中。

（2）双击 Dual Port RAM 元件符号，打开其参数配置界面，按如下参数配置。

- 在“Basic”标签页下，按如下参数配置。

① Depth：2 * length（coef）。

② Initial value vector：[zeros（1，length（coef））coef’]。

③ Memory Type：Block RAM。

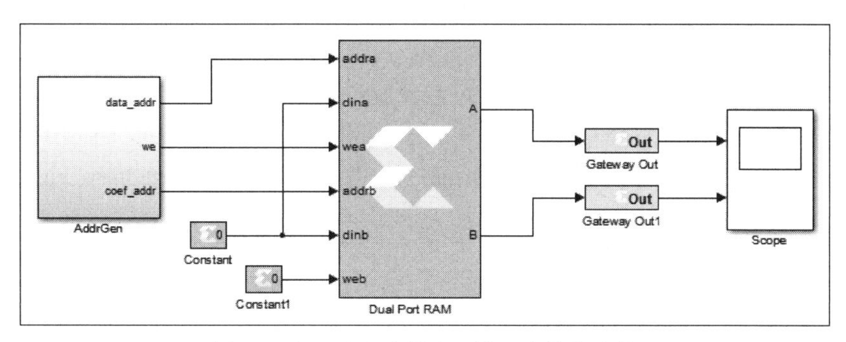

图 9.76　地址生成器和双端口存储器连接

- 在“Advanced”标签页下，按如下参数配置。

① Port A：Read after write。

② Port B：Read after write。

(3) 添加两个 Constant 元件到模型中，按图 9.76 所示将所有元件连接在一起。

(4) 双击图 9.76 中的 Constant 元件符号，打开其参数配置界面，按如下参数配置。

① Constant value：0。

② Arithmetic type：Signed（2's comp）。

③ Number of bits：12。

④ Binary point：12。

(5) 单击“OK”按钮，退出 Constant 元件的参数配置界面。

(6) 双击图 9.76 中的 Constant1 元件符号，打开其参数配置界面，按如下参数配置。

① Constant value：0。

② Output Type：Boolean。

③ 其余按默认参数设置。

(7) 单击“OK”按钮，退出 Constant1 元件的参数配置界面。

(8) 在设计界面的工具栏输入框内设置运行时间为“Ts * 100”。

(9) 单击主菜单界面下的运行按钮运行设计。

(10) 双击 Scope 图标，打开示波器界面，运行结果如图 9.77 所示。

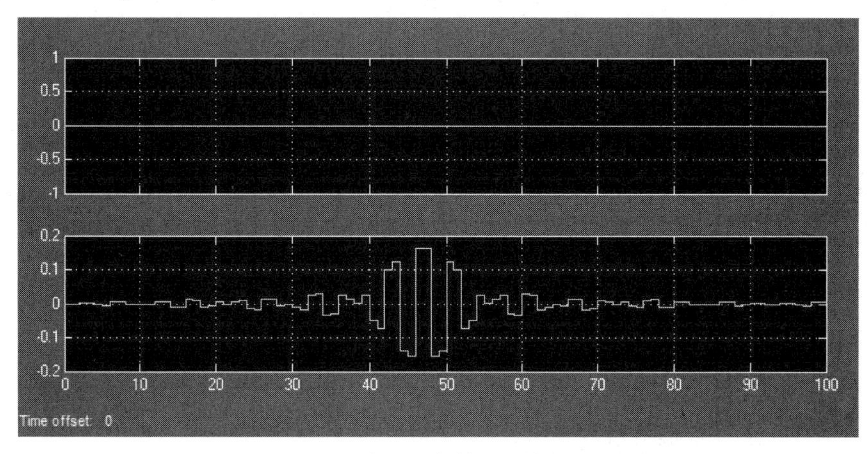

图 9.77　地址生成器和存储器连接后的测试结果

4. 添加数据控制逻辑模块

本节将添加数据控制逻辑模块。添加数据控制逻辑模块的步骤主要包括：

（1）定位到\fpga_dsp_example\fir\mac_fir\lab2 路径，打开 padding. slx 文件。

（2）将 padding. slx 文件内的子系统 pad 复制粘贴到 mac_bandpass. slx 文件中，如图 9. 78 所示。

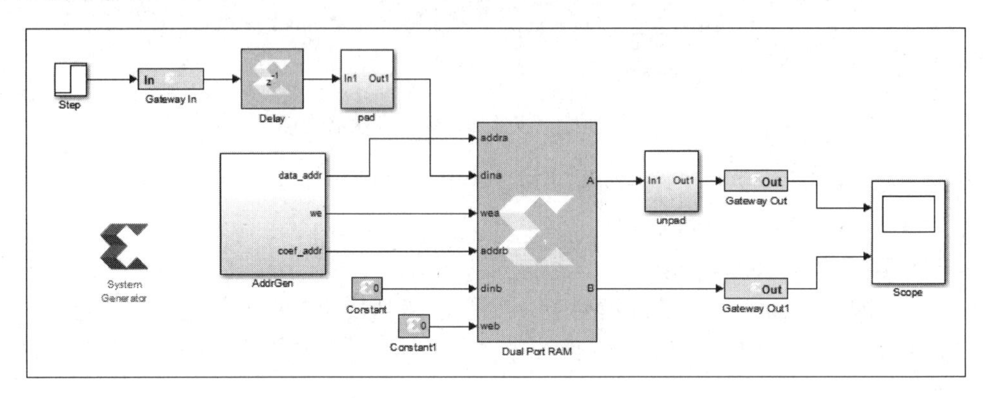

图 9. 78　添加 pad 子系统和 unpad 子系统

（3）在\fpga_dsp_example\fir\mac_fir\lab2 路径下打开 unpadding. slx 文件。

（4）将子系统 unpad 复制粘贴到 mac_bandpass. slx 文件中，如图 9. 78 所示。

（5）将各个元件连接在一起，如图 9. 78 所示。

（6）在当前设计界面的工具栏输入框内设置运行时间“Ts * 100”。

（7）单击主菜单界面下的运行按钮▶运行设计。

（8）双击 Scope 图标，打开示波器界面，运行结果如图 9. 79 所示。

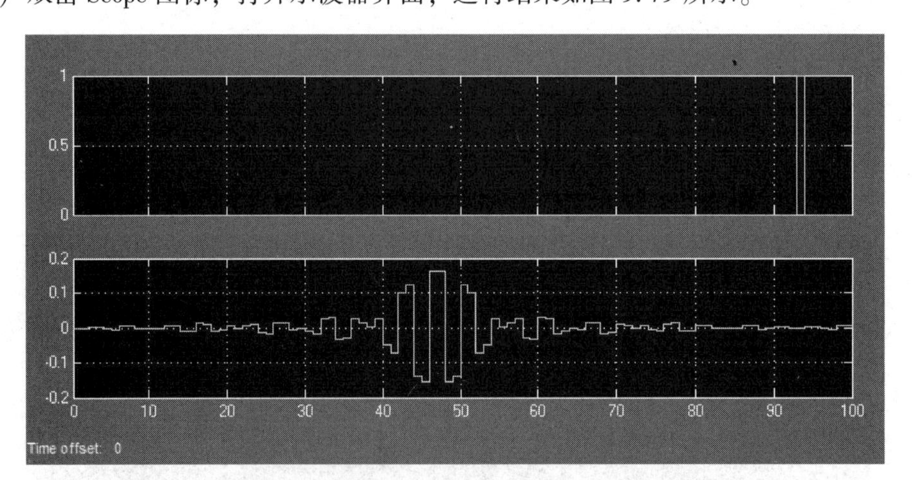

图 9. 79　添加 pad 子系统和 unpad 子系统后的测试结果

（9）选中 AddrGen、Constant、Constant1、Dual Port RAM 构建模型子系统，并更改端口名和子系统名，构建子系统 memory 后的模型如图 9. 80 所示。

5. 添加 12×8 乘和累加器模块

本节将添加 12×8 乘和累加器模块。添加 12×8 乘和累加器模块的步骤主要包括：

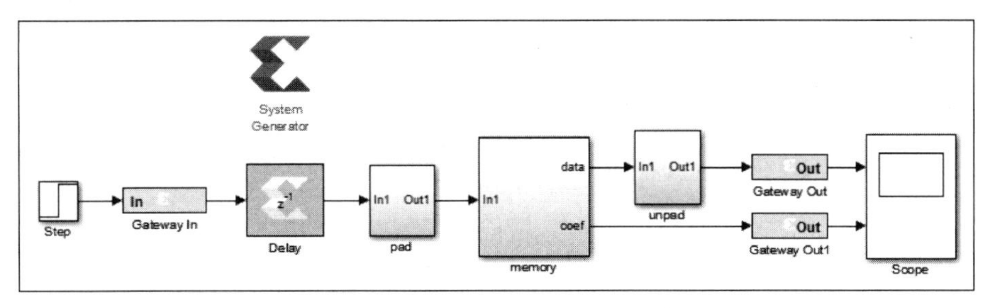

图 9.80　构建子系统 memory 后的模型

（1）定位到\fpga_dsp_example\fir\mac_fir\lab1 路径下，打开 mac. slx 文件。

（2）在 mac. slx 文件中，将子系统 mac 复制粘贴到 mac_bandpass. slx 文件中。

（3）双击 mac 子系统。添加两个 Delay 元件到 mac 子系统中，如图 9.81 所示。

（4）双击图 9.81 中的 Delay 元件符号，打开其参数配置界面。在其参数配置界面中，按如下参数配置。

① 选中"Provide enable port"前面的复选框。

② 其余按默认参数配置。

（5）将各个元件连接在一起，如图 9.81 所示。

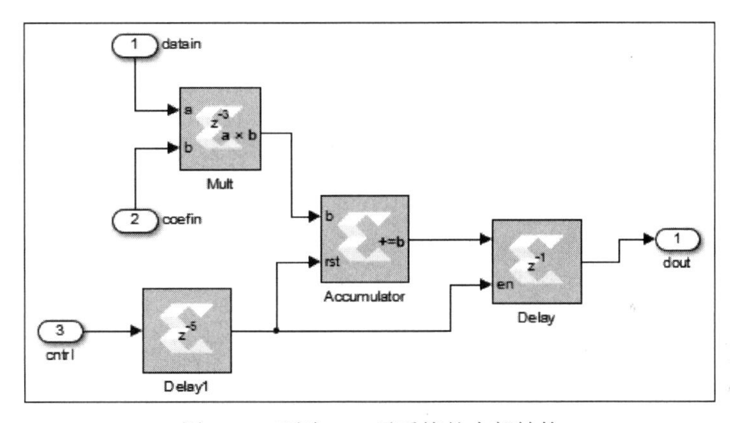

图 9.81　更改 mac 子系统的内部结构

（6）双击 Delay1 元件符号，打开其参数配置界面。在其参数配置界面内的"Basic"标签页下，将"Latency"设置为 5。

（7）单击"OK"按钮，退出 Delay1 元件的参数配置界面。

（8）在库浏览器窗口下，找到并展开"Xilinx Blockset"选项。在展开项中，找到并展开"Basic Elements"选项。在展开项中，找到 Up Sample、Down Sample 和 Delay 元件，并将其拖动到图 9.82 所示的 mac_bandpass. slx 文件窗口内。

（9）双击 memory 模块符号。如图 9.83 所示，引出一个端口，并将该端口命名为"en"。

（10）将各个元件连接在一起，如图 9.82 所示。

（11）双击图 9.82 中的 Up Sample 元件符号，打开其参数配置界面。在 Up Sample 元件的参数配置界面中，按如下参数配置。

① Sampling rate（number of output samples per input sample）：length（coef）。

② 其余按默认参数配置。

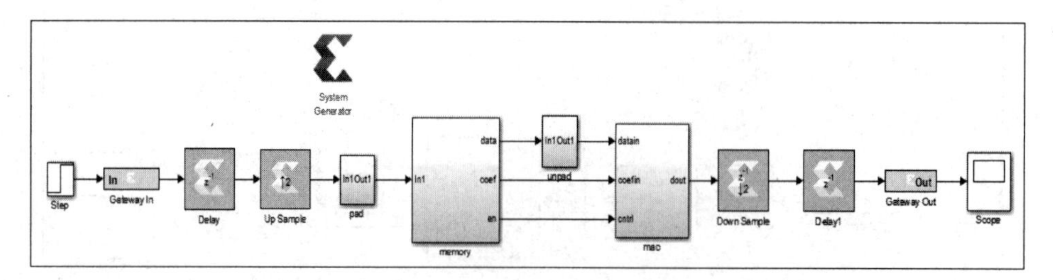

图 9.82　完整的 MAC FIR 模型

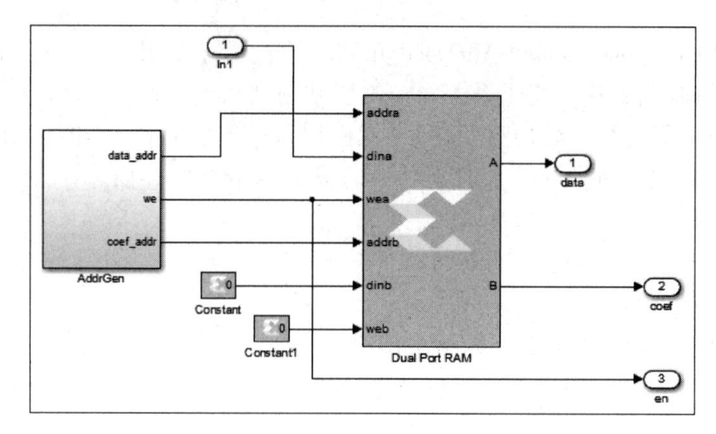

图 9.83　memory 子系统的内部结构

（12）单击“OK”按钮，退出 Up Sample 元件的参数配置界面。

（13）双击图 9.82 中的 Down Sample 元件符号，打开其参数配置界面。在 Down Sample 元件的参数配置界面中，按如下参数配置。

① Sampling rate（number of input samples per output sample）：length（coef）。

② 其余按默认参数配置。

（14）单击“OK”按钮，退出 Down Sample 元件的参数配置界面。

（15）单击图 9.82 中的 System Generator 元件符号，打开其参数配置界面。在 System Generator 元件的参数配置界面中，按如下参数配置。

① 在“Clocking”标签页下，将“Simulink system period（sec）”设置为“Ts/length（coef）”。

② 其余按默认参数配置。

（16）单击“OK”按钮，退出 System Generator 元件的参数配置界面。

（17）双击图 9.82 中的 memory 模块符号，打开 memory 子系统。在子系统中，找到 AddrGen 子模块，并打开它。地址生成器子系统的路径和内部结构如图 9.84 所示。

（18）双击图 9.84 中的 data_counter 元件符号，打开其参数配置界面。在 data_counter 元件的参数配置界面中，按如下参数配置。

① Explicit period：Ts/length（coef）。

② 其余按默认参数配置。

（19）单击“OK”按钮，退出 data_counter 元件的参数配置界面。

（20）双击图 9.84 中的 coef_counter 元件符号，打开其参数配置界面。在 coef_counter 元件的参数配置界面中，按如下参数配置。

① Explicit period：Ts/length（coef）。

② 其余按默认参数配置。

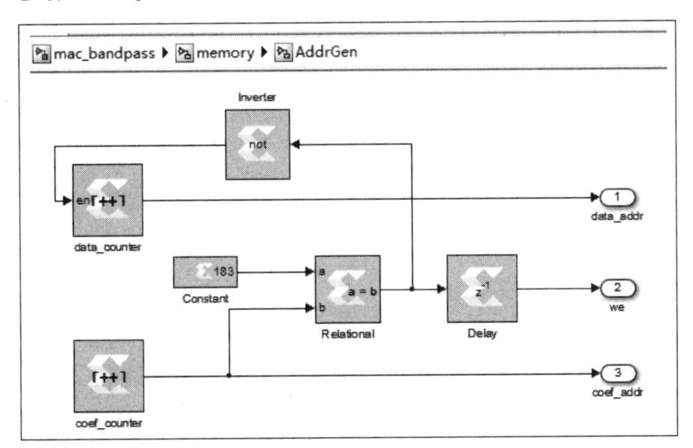

图 9.84　地址生成器子系统的路径和内部结构

（21）单击“OK”按钮，退出 coef_counter 元件的参数配置界面。

（22）在图 9.82 所示的界面内，找到并双击 mac 模块符号。在该模块内，找到并双击 Accumulater 元件符号，打开其参数配置界面，按如下参数配置。

① 选中“Provide synchronous reset port”前面的复选框。

② 选中“Reinitialize with input ‘b’ on reset”前面的复选框。

（23）单击“OK”按钮，退出 Accumulater 元件的参数配置界面。

（24）找到并双击 Mult 元件符号，打开其参数配置界面，按如下参数配置。

① 在“Basic”标签页下，将“Latency”设置为 3。

② 在“Implementation”标签页下，选中“Use embedded multipliers”前面的复选框。

③ 其余按默认参数设置。

（25）单击“OK”按钮，退出 Mult 元件的参数配置界面。

（26）在设计界面工具栏的输入框内设置运行时间为“Ts * 100”。

（27）单击运行按钮▶运行设计。

（28）双击 Scope 图标，打开示波器界面，仿真结果如图 9.85 所示。

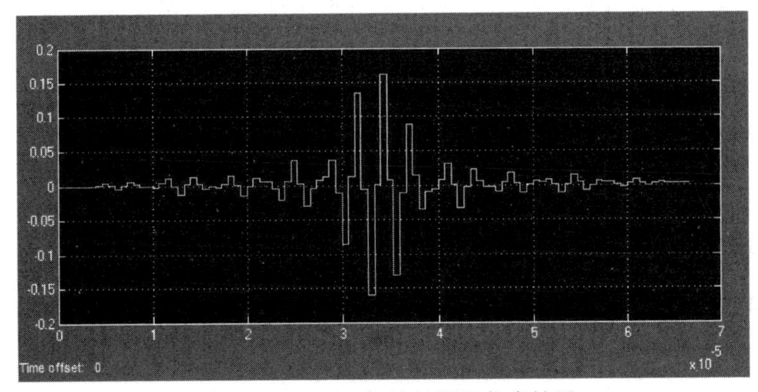

图 9.85　MAC FIR 滤波器的仿真结果

9.7　FIR Compiler 滤波器的设计

本节设计采用 Xilinx A7 系列器件，使用两种不同的源仿真带通滤波器，包括：

（1）Chirp 模块，用于在 0~750kHz 之间进行扫描。

（2）随机源生成器，输出均匀分布的随机信号，范围是 0~1。因为它是有界的，所以均匀分布是用来驱动定点滤波器的最好选择。

9.7.1　生成 FIR 滤波器系数

生成 FIR 滤波器系数的步骤主要包括：

（1）在 Windows 7 主界面下，选择开始->所有程序->Xilinx ISE Design Tools->Vivado 2017.2->System Generator->System Generator 2017.2，打开 System Generator 开发工具。

（2）在 MATLAB 主界面的工具栏下，单击“Simulink Library”按钮，打开“Simulink Library Browser”对话框。

（3）在“Simulink Library Browser”对话框的主菜单下，选择 File->New->Model，建立一个新的名字为“bandpass_filter.slx”的模型。

（4）在“Simulink Library Browser”对话框的“Libraries”窗口下，找到“Xilinx Blockset”选项，并将其展开。在展开项中，选择“DSP”选项。

（5）在“Simulink Library Browser”对话框右侧的窗口中，找到 FDATools 元件，并将其添加到空白的设计界面中。

（6）双击 FDATools 符号，出现滤波器参数配置界面，如图 9.86 所示，按照设计指标输入参数。

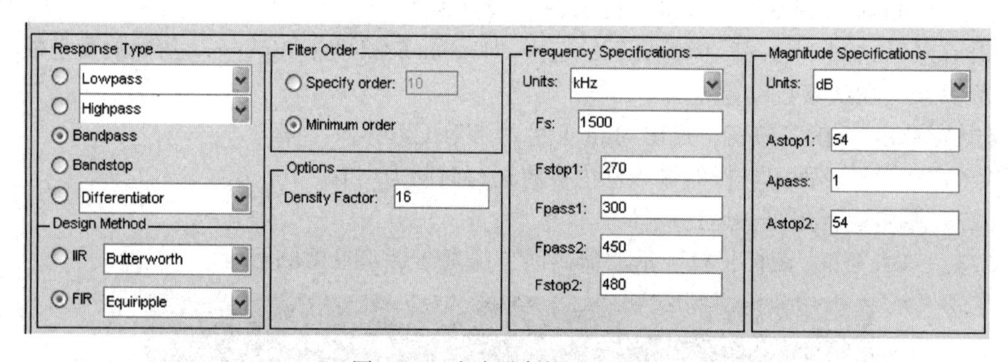

图 9.86　滤波器参数配置界面

（7）单击“Design Filter”按钮，出现如图 9.87 所示的频谱窗口。

（8）使用 File->Export，出现“Export”对话框，如图 9.88 所示。在该对话框中，导出“Numerator”为“Num”的工作空间系数。

> **注：**在 MATLAB 工作空间内添加“Num”变量。对于一个 FIR 滤波器而言，“Num”表示滤波器所使用的系数，这是一个可选的步骤。

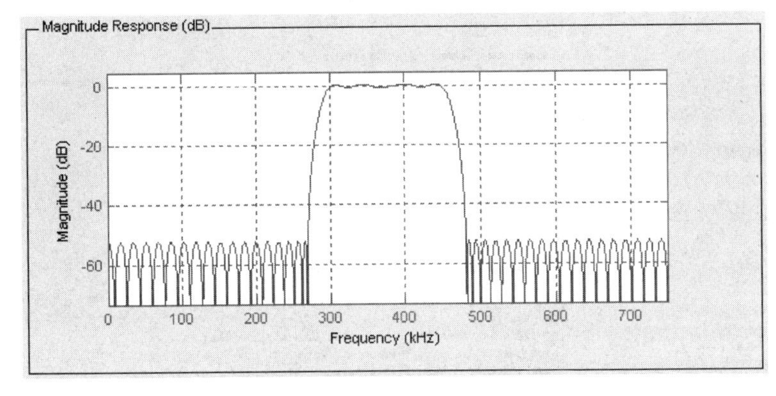

图 9.87　滤波器的频谱图

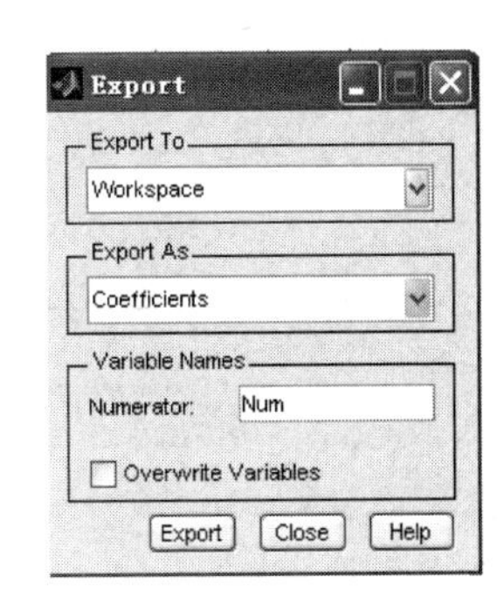

图 9.88　“Export”对话框

(9) 单击“Export”按钮，退出“Export”对话框。

(10) 在 MATLAB 的命令窗口中输入“Num”命令，查看系数列表。

(11) 输入“max(Num)”和“Min(Num)”命令，确定最大的系数值（该数值充分地指定了系数的宽度和二进制的小数点）。

注：该设计保存在本书提供资料的\fpga_dsp_exampe\fir\FDA_filter 路径下。

9.7.2　建模 FIR 滤波器模型

本节将给出建模 FIR 滤波器的过程，其步骤主要包括：

(1) 在“Simulink Library Browser”对话框的“Libraries”窗口下，找到并展开“Xilinx Blockset”选项。在展开项中，选择“DSP”选项。

(2) 在“Simulink Library Browser”对话框右侧的窗口中找到 FIR Compiler 7.1 元件，并将其添加到设计界面中。

(3) 双击 FIR Compiler 7.1 元件符号，打开其参数配置界面，如图 9.89 所示。

- 在图 9.89 (a) 所示的“Filter Specification”标签页内，按如下参数配置。

① Coefficient Vector：xlfda_numerator（‘FDATool’）。

② Number of Coefficient Sets：1。

③ Filter Type：Single_rate。

- 在图 9.89 (b) 所示的“Channel Specification”标签页内，按如下参数配置。

① Select format：Sample_Period。

② Sample period：1。

- 在图 9.89 (c) 所示的“Implementation”标签页内，按如下参数配置。

① Quantization：Quantize_Only。

② Coefficient Width：12。

③ Coefficient Fractional Bits：12。

④ Coefficient Structure：Inferred。

⑤ Output Rounding Mode：Full_Precision。

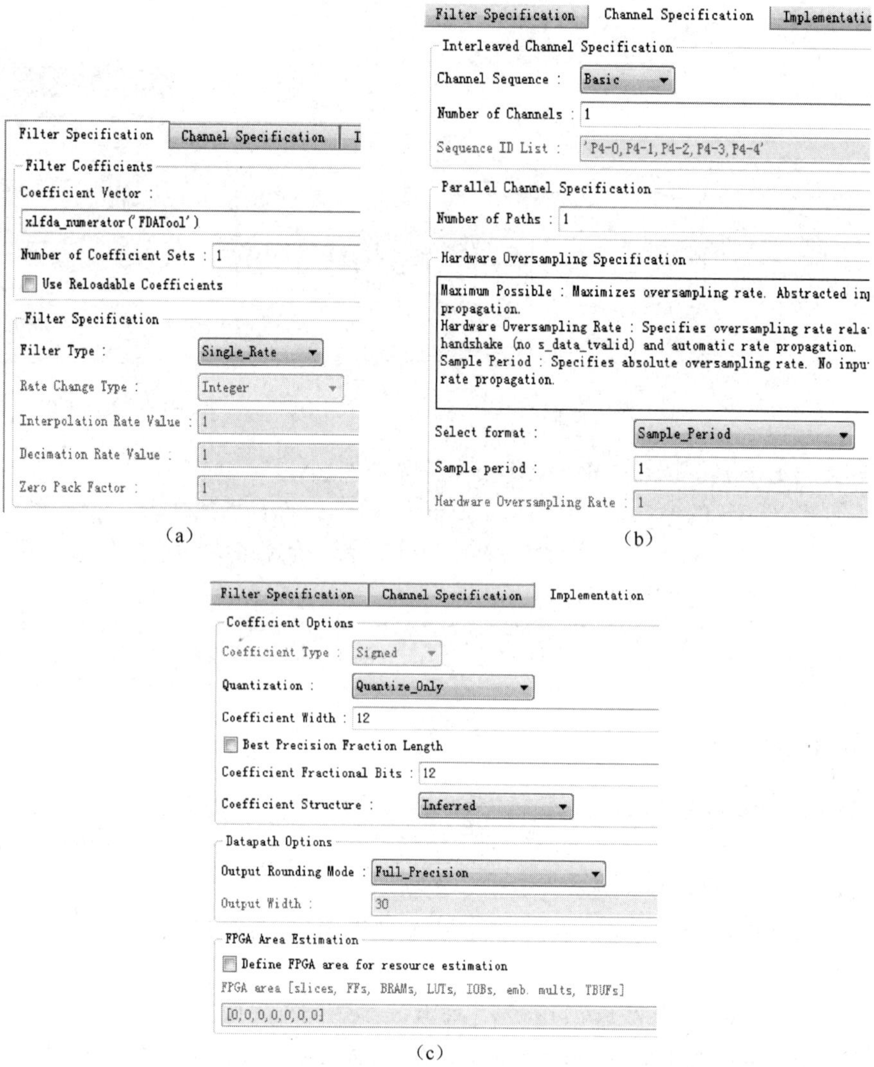

Filter Specification | Channel Specification | I

Filter Coefficients

Coefficient Vector :

xlfda_numerator('FDATool')

Number of Coefficient Sets : 1

Use Reloadable Coefficients

Filter Specification

Filter Type : Single_Rate

Rate Change Type : Integer

Interpolation Rate Value : 1

Decimation Rate Value : 1

Zero Pack Factor : 1

（a）

Filter Specification | Channel Specification | Implementatic

Interleaved Channel Specification

Channel Sequence : Basic

Number of Channels : 1

Sequence ID List : 'P4-0,P4-1,P4-2,P4-3,P4-4'

Parallel Channel Specification

Number of Paths : 1

Hardware Oversampling Specification

Maximum Possible : Maximizes oversampling rate. Abstracted in
propagation.
Hardware Oversampling Rate : Specifies oversampling rate rela
handshake (no s_data_tvalid) and automatic rate propagation.
Sample Period : Specifies absolute oversampling rate. No inpu
rate propagation.

Select format : Sample_Period

Sample period : 1

Hardware Oversampling Rate : 1

（b）

Filter Specification | Channel Specification | Implementation

Coefficient Options

Coefficient Type : Signed

Quantization : Quantize_Only

Coefficient Width : 12

Best Precision Fraction Length

Coefficient Fractional Bits : 12

Coefficient Structure : Inferred

Datapath Options

Output Rounding Mode : Full_Precision

Output Width : 30

FPGA Area Estimation

Define FPGA area for resource estimation

FPGA area [slices, FFs, BRAMs, LUTs, IOBs, emb. mults, TBUFs]

[0,0,0,0,0,0,0]

（c）

图 9.89　FIR Compiler 7.1 元件的参数配置界面

- 在“Advanced”标签页内，选中“Display shortened port names”前面的复选框，其余按默认参数配置。

（4）单击“OK”按钮，退出 Compiler 7.1 元件的滤波器配置界面。

（5）在“Simulink Library Browser”对话框中，找到并展开“Xilinx Blockset”选项。在展开项中，找到并单击“Basic Elements”选项。在右侧窗口中找到 Gateway In 元件，并将其拖入模型设计界面中（读者可以参考已经设计完成的图 9.90）。

（6）双击图 9.90 中的 Gateway In 元件符号，按如下参数配置。

① Output Type：Fixed-point。

② Fixed-point Precision。

③ Number of bits：8。

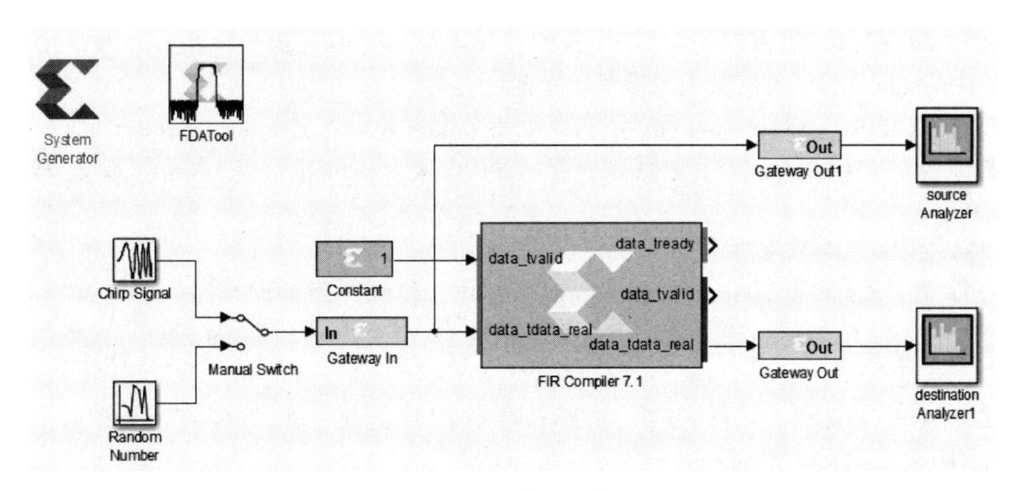

图 9.90　系统设计模型

(7) 在“Simulink Library Browser”对话框中，找到并展开“Xilinx Blockset”选项。在展开项中，找到并单击“Basic Elements”选项。在右侧窗口中找到 Gateway Out 元件，并将其分两次拖入模型设计界面中。

(8) 在“Simulink Library Browser”对话框的“Libraries”窗口中，找到并展开“Simulink”选项。在展开项中，找到“Sources”选项，在右边窗口中找到 Chirp Signal 元件，并将其拖入模型设计界面中。

(9) 双击 Chirp Signal 元件符号，打开其参数配置界面，按如下参数配置。

① Initial frequency (Hz)：0.1。

② Target time (secs)：100。

③ Frequency at target time (Hz)：750000。

(10) 单击“OK”按钮。

(11) 在“Simulink Library Browser”对话框的“Libraries”窗口中，找到并展开“Simulink”选项。在展开项中，找到“Sources”选项，在右边窗口中找到 Random Number 元件，并将其拖入模型设计界面中。

(12) 双击 Random Number 元件符号，打开其参数配置界面，按如下参数配置。

① Mean：0。

② Variance：1。

③ Sample time：1/1500000。

(13) 单击“OK”按钮。

(14) 在“Simulink Library Browser”对话框的“Libraries”窗口中，找到并展开“Simulink”选项。在展开项中，找到“Signal Routing”选项，在右边窗口中找到 Manual Switch 元件，并将其拖入模型设计界面中。

(15) 在“Simulink Library Browser”对话框的“Libraries”窗口中，找到并展开“DSP System Toolbox”选项。在展开项中，找到“Sinks”选项，在右边窗口中找到 Spectrum Analyzer 元件，并将其分两次拖入模型设计界面。

(16) 在“Simulink Library Browser”对话框的“Libraries”窗口中，找到并展开

"Xilinx Blockset" 选项。在展开项中，找到 "Basic Elements" 选项，在右边窗口中找到 System Generator 元件，并将其拖入模型设计界面。

（17）双击 System Generator 元件，打开其参数配置界面。在 System Generator 元件的参数配置界面的 "Clocking" 标签页中，将 "Simulink system period (sec)" 设置为 "1/1500000"。

（18）单击 "OK" 按钮。

（19）在 "Simulink Library Browser" 对话框中，找到并展开 "Xilinx Blockset" 选项。在展开项中，找到 "Basic Elements" 选项。在右侧窗口中找到 Constant 元件，并将其拖入模型设计界面中。

（20）双击 Constant 元件符号，打开其参数配置界面。在 "Basic" 标签页下，将 "Output Type" 设置为 "Boolean"。

（21）单击 "OK" 按钮，退出 Constant 元件的参数配置界面。

（22）按照图 9.90 所示完成系统的连接。

9.7.3 仿真 FIR 滤波器模型

本节将对 FIR 滤波器模型进行仿真。仿真 FIR 滤波器模型的步骤主要包括：

（1）双击图 9.90 中的 Manual Switch 元件符号，将开关切换到 Chirp Signal。

（2）在设计界面工具栏内的输入框中输入 "100"。

（3）单击设计界面工具栏内的按钮开始进行仿真。

（4）自动弹出如图 9.91 和图 9.92 所示的对话框，这两个对话框分别给出源信号和其通过滤波器后的波形，验证在 FIR 滤波器带外的信号被衰减。

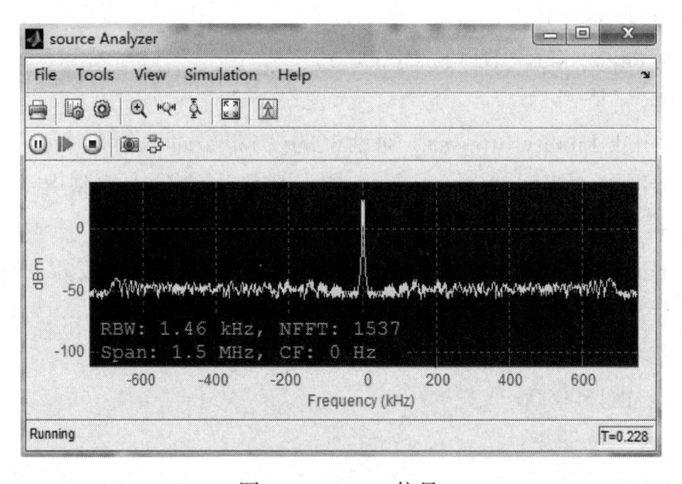

图 9.91 Chirp 信号

（5）双击图 9.90 中的 Manual Switch 元件符号，将开关切换到 Random Number。

（6）查看图 9.93 和图 9.94 所示的 Random Number 信号和其通过滤波器后的波形，验证在 FIR 滤波器带外的信号被衰减。

（7）单击设计界面内的按钮停止仿真过程。

（8）将设计模型另保存为 "bandpass_filter_conv.slx"。

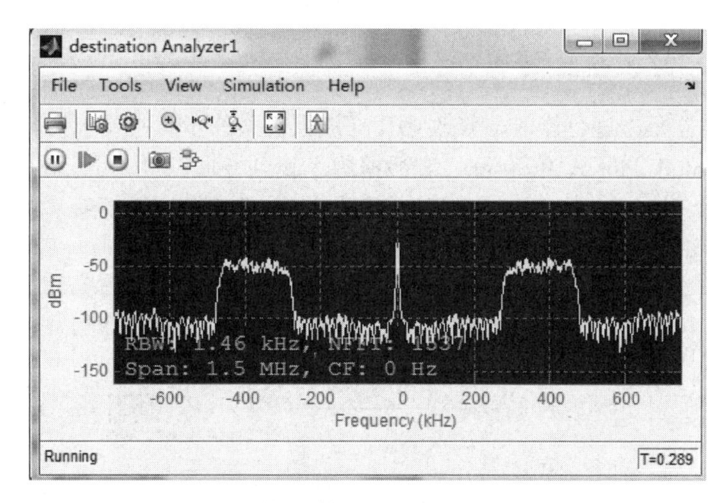

图 9.92　Chirp 信号通过滤波器后的波形

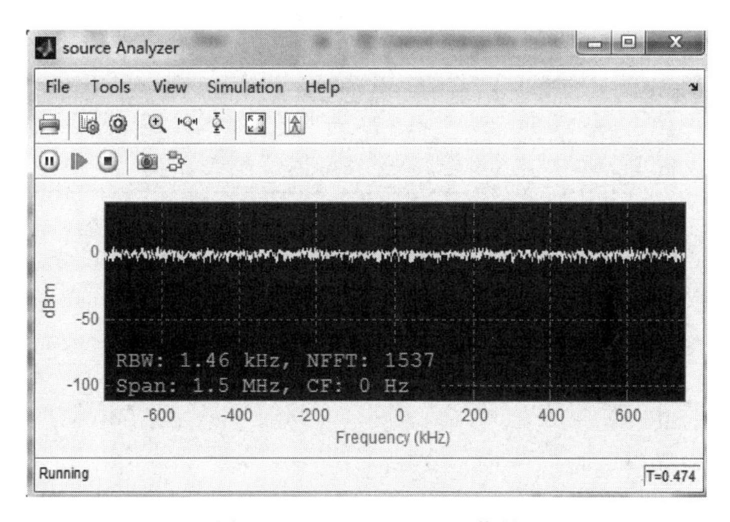

图 9.93　Random Number 信号

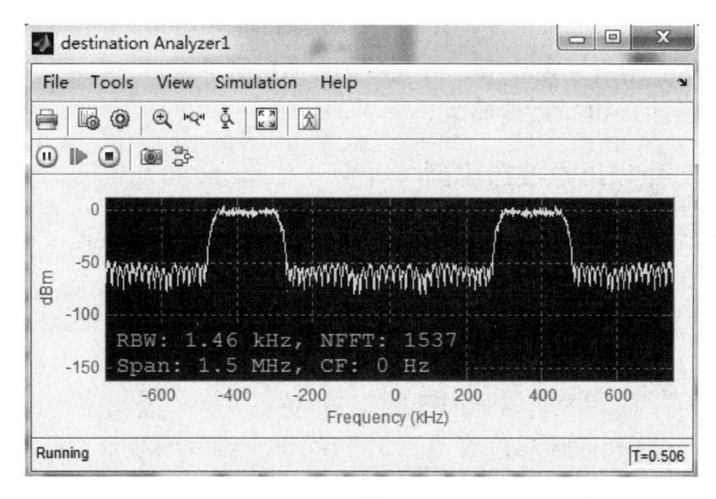

图 9.94　Random Number 信号通过滤波器后的波形

9.7.4 修改 FIR 滤波器模型

本节将对滤波器模型进行修改。修改 FIR 滤波器模型的步骤主要包括：

（1）在“Simulink Library Browser”对话框中，找到并展开“Xilinx Blockset”选项。在后侧的窗口中，找到 Convert 元件，并添加到设计中，如图 9.95 所示，将 Convert 元件与 FIR 滤波器的输出连接在一起。

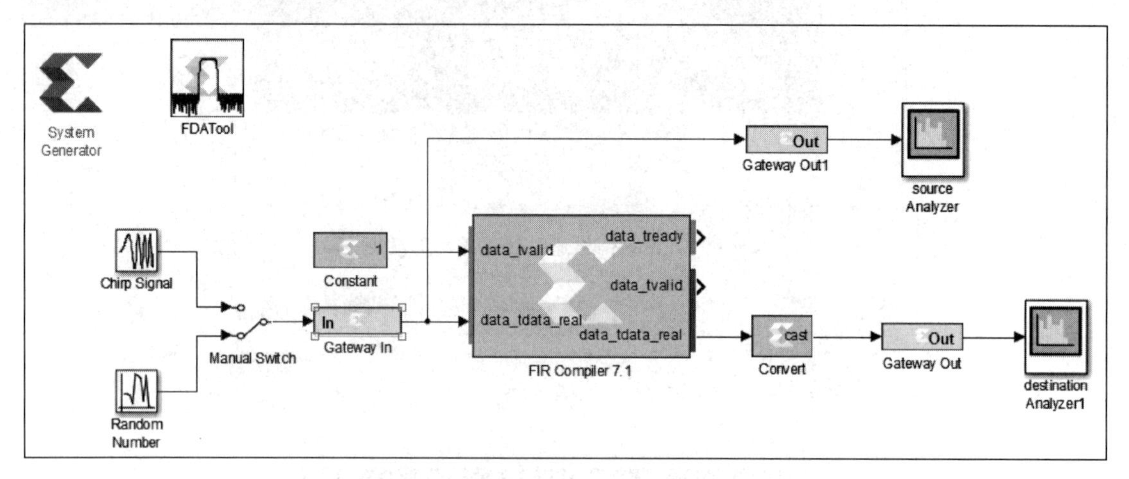

图 9.95 将 Convert 元件与 FIR 波滤器的输出连接

（2）双击 Convert 元件符号，打开其参数配置界面，按如下参数配置。

① Output Type：Fixed-point。

② Fixed-point Precision。

③ Number of bits：8。

④ Binary point：6。

⑤ Quantization：Truncate。

⑥ Overflow：Wrap。

⑦ 其他按默认配置。

（3）单击“OK”按钮，退出 Convert 元件的参数配置界面。

（4）保存修改后的 FIR 滤波器模型。

9.7.5 仿真修改后 FIR 滤波器模型

本节将对修改后的 FIR 滤波器模型进行仿真。仿真修改后的 FIR 滤波器模型的步骤主要包括：

（1）双击图 9.95 中的 Manual Switch 元件符号，将开关切换到 Chirp Signal。

（2）在设计界面工具栏内的输入框中输入“100”。

（3）单击设计界面工具栏内的▶按钮开始进行仿真。

（4）自动弹出 Chirp 信号通过修改后的 FIR 滤波器后的波形，如图 9.96 所示。从图 9.96 中可知，在 FIR 滤波器带外的信号被衰减。

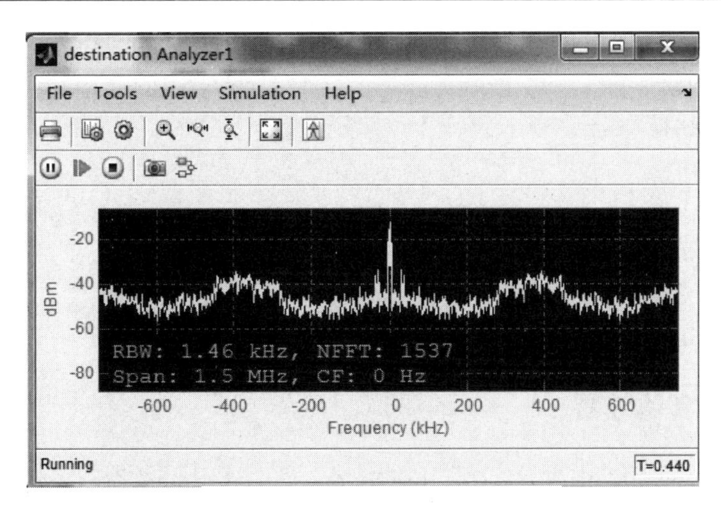

图 9.96 Chirp 信号通过修改后的 FIR 滤波器后的波形

（5）双击图 9.95 中的 Manual Switch 元件符号，将开关切换到 Random Number。

（6）自动弹出 Random Number 信号通过修改后的 FIR 滤波器后的波形，如图 9.97 所示。从图 9.97 中可知，在 FIR 滤波器带外的信号被衰减。

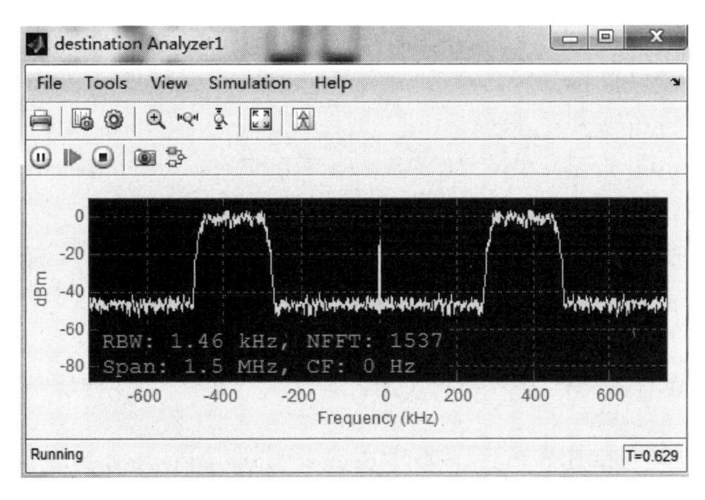

图 9.97 Random Number 信号通过修改后的 FIR 滤波器后的波形

（7）单击设计界面内的⏺按钮停止仿真过程。

9.8 HLS FIR 滤波器的设计

设计 HLS FIR 滤波器时，使用 Xilinx 最新的高级综合工具 HSL。在 HLS 工具中实现使用 C 语言建立 FIR 滤波器，并且对该设计进行仿真和模型验证。在此基础上，使用指令创建 IP 核，并使用高级综合工具 HLS 生成满足设计指标要求的 FIR 滤波器。

9.8.1 设计原理

本设计中的 FIR 滤波器用于过滤 4kHz 的音调，该音调添加到一个 CD 质量（48kHz）的音乐中。滤波器的特性如下所示：

① $F_S = 48000Hz$。

② $F_{pass1} = 2000Hz$。

③ $F_{stop1} = 3800Hz$。

④ $F_{stop2} = 4200Hz$。

⑤ $F_{pass2} = 6000Hz$。

⑥ $A_{pass1} = A_{pass2} = 1dB$。

⑦ $A_{stop} = 60dB$。

9.8.2 设计 FIR 滤波器

本节将在 Vivado HLS 中设计一个 FIR 滤波器。设计 FIR 滤波器的步骤主要包括：

（1）在 Windows 7 系统的主界面下，选择开始->所有程序->Xilinx Design Tools->Vivado 2017.2->Vivado HLS->Vivado HLS 2017.2，或者在 Windows 7 系统下，双击 Vivado HLS 2017.2 图标。

（2）在 Vivado HLS 主界面的主菜单下，选择 File->New Project，出现“New Vivado HLS Project-Project Configuration”对话框。

（3）在“New Vivado HLS Project-Project Configuration”对话框中，按如下参数配置。

① Project name：hls_fir。

② Location：E:\fpga_dsp_example\fir。

（4）单击“Next”按钮，出现“New Vivado HLS Project-Add/Remove Files”对话框。

（5）在“New Vivado HLS Project-Add/Remove Files”对话框中做如下操作。

① 单击“New File”按钮，出现“另存为”对话框。在“另存为”对话框中，定位到当前工程的路径下，输入文件名“fir.c”，单击“保存”按钮。

② 在“Top Function”中输入“fir”。

（6）单击“Next”按钮，出现“New Vivado HLS Project-Add/Remove C-based testbench files (design test)”对话框。

（7）在“New Vivado HLS Project-Add/Remove C-based testbench files (design test)”对话框中，单击“New File”按钮，出现“另存为”对话框。在“另存为”对话框中，定位到当前工程路径下，输入文件名“fir_test.c”，单击“保存”按钮，出现“New Vivado HLS Project-Solution Configuration”对话框。

（8）在“New Vivado HLS Project-Solution Configuration”对话框中，按如下参数配置。

① Part：xc7a100tcsg324-1。

② 其余按默认参数配置。

（9）单击“Finish”按钮，出现工程界面。

（10）在工程界面左侧的“Explorer”窗口中，找到并展开“Source”选项。在展开项中，找到并双击 fir.c 文件。

（11）输入如代码清单 9-9 所示的代码。

代码清单 9-9　fir. c 文件

```
#include "fir. h"

void fir (
   data_t  * y,
   data_t x
   ) {
   const coef_t c[N+1] = {
#include "fir_coef. dat"
     };

static data_t shift_reg[N];
acc_t acc;
int i;

acc = (acc_t) shift_reg[N-1] * (acc_t) c[N];
loop: for (i = N-1; i!  = 0; i--) {
      acc+ = (acc_t) shift_reg[i-1] * (acc_t) c[i];
      shift_reg[i] = shift_reg[i-1];
   }
   acc+ = (acc_t) x * (acc_t) c[0];
   shift_reg[0] = x;
   * y = acc>>15;
}
```

注：① FIR 滤波器文件使用 x 作为其输入，指向所计算的采样输出。

② 输入和输出定义为数据类型 data_t。

③ 使用的系数从当前路径下的 fir_coef. dat 文件中类型为 coef_t 的数组 c 中得到。

④ 使用顺序的描述语句，并且通过类型为 acc_t 的 acc 变量计算累加的值（采样输出）。

（12）在当前工程界面的主菜单下，选择 File->New File，出现“另存为”对话框。在“另存为”对话框中，定位到当前工程的路径下，输入文件名“fir_coef. dat”。

（13）单击“保存”按钮。

（14）在 fir_coef. dat 文件中输入系数。

注：读者可以在所提供资料的相应工程路径下找到该文件，并将该文件下的内容复制到读者的文件中。

（15）在当前工程界面的主菜单下，选择 File->New File，出现“另存为”对话框。在“另存为”对话框中，定位到当前工程的路径下，输入文件名“fir. h”。

（16）单击“保存”按钮。

（17）自动打开 fir. h 文件，在该文件中输入如代码清单 9-10 所示的代码。

代码清单 9-10　fir. h 文件

```
#ifndef _FIR_H_
#define _FIR_H_
#include "ap_cint.h"
#define N 58
#define SAMPLES N+10            // just few more samples then number of taps
typedef short   coef_t;
typedef short   data_t;
typedef int38   acc_t;
#endif
```

9.8.3 进行仿真和验证

本节将对 C 模型进行仿真和验证。对 C 模型进行仿真和验证的步骤主要包括：

（1）在工程界面左侧的“Explorer”窗口中，找到并展开“Test Bench”选项。在展开项中，找到并双击 fir_test. c 文件。

（2）输入如代码清单 9-11 所示的测试代码。

代码清单 9-11　fir_test. c 文件

```
#include <stdio.h>
#include <math.h>
#include "fir.h"
void fir (
  data_t  *y,
  data_t x
  );

int main () {
  FILE     *fp;

  data_t signal, output;

  fp=fopen ("fir_impulse.dat","w");
  int i;
  for (i=0;i<SAMPLES;i++) {
    if (i==0)
        signal = 0x8000;
    else
        signal = 0;
    fir(&output,signal);
        fprintf (fp,"%i %d %d\n",i,signal,output);
  }
  fclose (fp);
  return 0;
    }
```

（3）在 Vivado HLS 主界面的主菜单下，选择 Solution->Run C/RTL Cosimulation，或在 Vivado HLS 主界面的工具栏内单击☑按钮，出现“Cosimulation Dialog”对话框。

（4）在“Cosimulation Dialog”对话框中，将“RTL Selection”设置为“Verilog”。

（5）单击“OK”按钮。

（6）在 E:\fpga_dsp_example\fir\hls_fir\solution2\sim\wrapc 路径下找到名字为“fir_impulse. dat”的文件。

（7）用写字板程序打开 fir_impulse. dat 文件。

思考与练习 9-3：验证使用 C 语言构建的 FIR 滤波器模型是否正确。

9.8.4 设计综合

本节将对设计进行综合，将 C 模型转换成 RTL 级的描述。实现设计综合的步骤主要包括：

（1）在 Vivado HLS 主界面的主菜单下，选择 Solution - > Run C Synthesis - > Active Solution，或者在主界面的工具栏中单击▶▾按钮，启动综合的过程。

（2）在“Console”窗口中出现综合过程的信息，如图 9. 98 所示。

```
Console  Errors  Warnings
Vivado HLS Console
INFO: [SYN 201-210] Renamed object name 'fir_mac_muladd_16s_16s_37ns_37_1' to 'fir_mac_muladd_16dEe' due to the length limit 20
INFO: [RTGEN 206-100] Generating core module 'fir_mac_muladd_10cud': 1 instance(s).
INFO: [RTGEN 206-100] Generating core module 'fir_mac_muladd_16dEe': 1 instance(s).
INFO: [RTGEN 206-100] Generating core module 'fir_mul_mul_16s_1bkb': 1 instance(s).
INFO: [RTGEN 206-100] Finished creating RTL model for 'fir'.
INFO: [HLS 200-111]  Elapsed time: 0.067 seconds; current allocated memory: 73.567 MB.
INFO: [RTMG 210-278] Implementing memory 'fir_shift_reg_ram' using distributed RAMs with power-on initialization.
INFO: [RTMG 210-279] Implementing memory 'fir_c_rom' using distributed ROMs.
INFO: [HLS 200-111] Finished generating all RTL models Time (s): cpu = 00:00:01 ; elapsed = 00:00:06 . Memory (MB): peak = 121.762 ;
INFO: [SYSC 207-301] Generating SystemC RTL for fir.
INFO: [VHDL 208-304] Generating VHDL RTL for fir.
INFO: [VLOG 209-307] Generating Verilog RTL for fir.
INFO: [HLS 200-112] Total elapsed time: 5.968 seconds; peak allocated memory: 73.567 MB.
Finished C synthesis.
```

图 9. 98　“Console”窗口

（3）自动弹出综合后的性能报告，如图 9. 99 所示。

思考与练习 9-4：对图 9. 99 所示的性能报告进行分析。

① 估计的时钟频率：________________。

② 延迟：________________。

③ 间隔：________________。

思考与练习 9-5：对图 9. 100 所示的资源报告进行分析。

① 使用 DSP48E 的个数：________________。

② 使用 BRAM_18K 的个数：________________。

③ 使用 FF 的个数：________________。

④ 使用 LUT 的个数：________________。

（4）报告给出了生成的顶层接口信号，如图 9. 101 所示。从图 9. 101 中可以看出，x 为 16 位，y 为 16 位，ap_vld 信号用于指示信号有效的时间点。

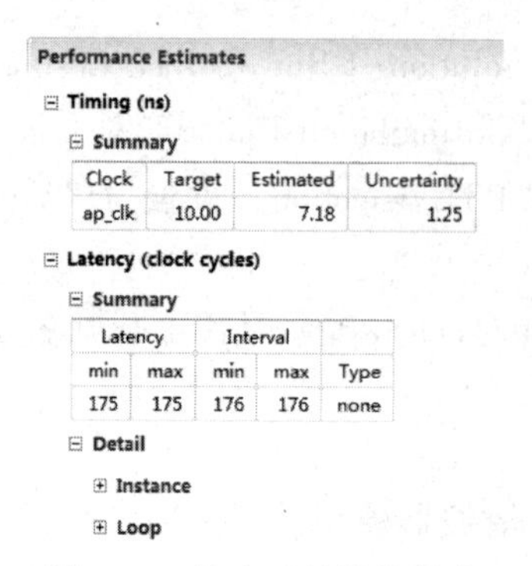

Performance Estimates

⊟ Timing (ns)

⊟ Summary

Clock	Target	Estimated	Uncertainty
ap_clk	10.00	7.18	1.25

⊟ Latency (clock cycles)

⊟ Summary

Latency		Interval		
min	max	min	max	Type
175	175	176	176	none

⊟ Detail

⊞ Instance

⊞ Loop

图 9.99　综合后的性能报告

Utilization Estimates

⊟ Summary

Name	BRAM_18K	DSP48E	FF	LUT
DSP	-	3	-	-
Expression	-	-	23	14
FIFO	-	-	-	-
Instance	-	-	-	-
Memory	0	-	48	30
Multiplexer	-	-	-	101
Register	-	-	120	-
Total	0	3	191	145
Available	270	240	126800	63400
Utilization (%)	0	1	~0	~0

图 9.100　综合后的资源报告

Interface

⊟ Summary

RTL Ports	Dir	Bits	Protocol	Source Object	C Type
ap_clk	in	1	ap_ctrl_hs	fir	return value
ap_rst	in	1	ap_ctrl_hs	fir	return value
ap_start	in	1	ap_ctrl_hs	fir	return value
ap_done	out	1	ap_ctrl_hs	fir	return value
ap_idle	out	1	ap_ctrl_hs	fir	return value
ap_ready	out	1	ap_ctrl_hs	fir	return value
y	out	16	ap_vld	y	pointer
y_ap_vld	out	1	ap_vld	y	pointer
x	in	16	ap_none	x	scalar

图 9.101　顶层接口信号

9.8.5　设计优化

本节将通过添加指令对设计进行优化。实现设计优化的步骤主要包括：

（1）在 Vivado HLS 主界面的主菜单下，选择 Project->New Solution...，出现“Solution Wizard”对话框。

（2）在“Solution Wizard”对话框中，默认生成名字为“Solution2”的解决方案。

（3）单击“Finish”按钮。

（4）打开 fir. c 文件。

（5）在打开 fir. c 文件的右侧窗口中，单击“Directive”标签，如图 9.102 所示。

（6）在“Directive”标签页下，选择 loop，单击鼠标右键，出现浮动菜单。在浮动菜单内，选择 Insert Directive...，打开“Vivado HLS Directive Editor”对话框，如图 9.103 所示。

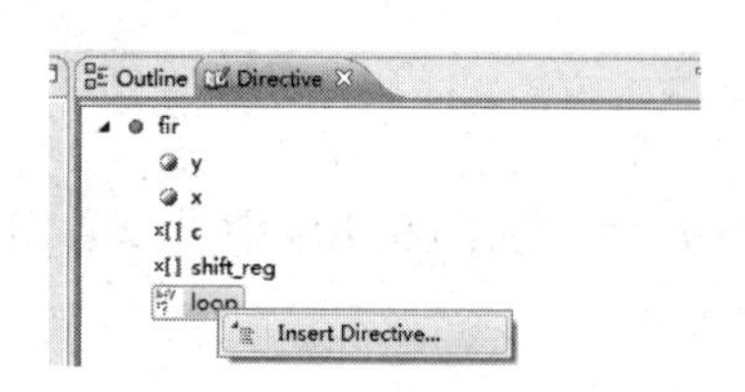

图 9.102　打开“Directive”标签页

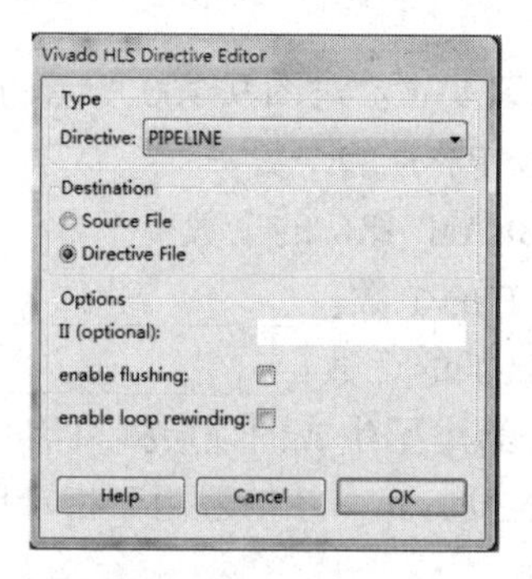

图 9.103　“Vivado HLS Directive Editor”对话框

（7）在“Vivado HLS Directive Editor”对话框中，在“Directive”右侧的下拉框中选择“PIPELINE”。

（8）单击“OK”按钮。

（9）在 Vivado HLS 主界面的主菜单下，选择 Solution－>Run C Synthesis－>Active Solution，或者在主界面的工具栏中单击▶▾按钮，启动综合的过程。

思考与练习 9-6：再次查看设计报告，如图 9.104 和图 9.105 所示，比较优化后的设计性能和资源使用量，并且查看片面的设计有哪些方面的改进。

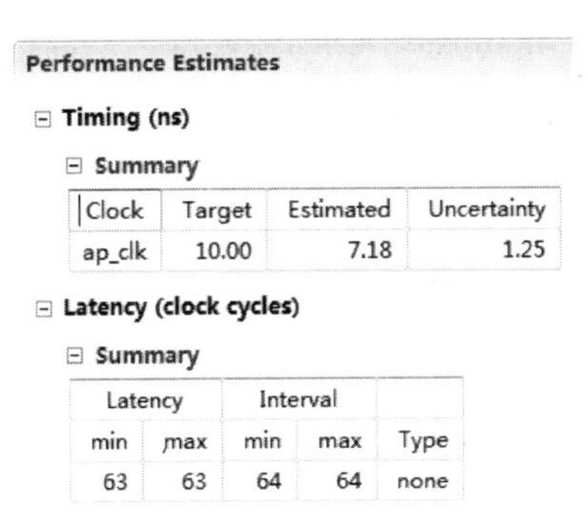
Performance Estimates

Timing (ns)

Summary

Clock	Target	Estimated	Uncertainty
ap_clk	10.00	7.18	1.25

Latency (clock cycles)

Summary

Latency		Interval		Type
min	max	min	max	
63	63	64	64	none

图 9.104　优化设计后的设计性能

Utilization Estimates

Summary

Name	BRAM_18K	DSP48E	FF	LUT
DSP	-	3	-	-
Expression	-	-	23	18
FIFO	-	-	-	-
Instance	-	-	-	-
Memory	0	-	48	30
Multiplexer	-	-	-	128
Register	-	-	124	-
Total	0	3	195	176
Available	270	240	126800	63400
Utilization (%)	0	1	~0	~0

图 9.105　优化设计后的资源使用量

9.8.6　Vivado 环境下的仿真

本节将在 Vivado 环境下对设计进行仿真，内容主要包括建立新工程、添加设计文件到工程中、在工程中添加仿真测试文件和运行 ISim 仿真程序。

1. 建立新工程

本部分将在 Vivado 环境下建立新的工程。建立新工程的步骤主要包括：

（1）在 Windows 7 主界面下，选择开始－>所有程序－>Xilinx Design Tools－>Vivado 2017.2－>Vivado 2017.2，打开 Vivado 2017.2 集成开发环境。

（2）在 Vivado 2017.2 主界面的主菜单下，选择 File－>New Project…，出现“New Project-Create a New Vivado Project”对话框。

（3）在“New Project-Create a New Vivado Project”对话框中，单击“Next”按钮，出现“New Project-Project Name”对话框。

（4）在“New Project-Project Name”对话框中，按如下参数配置。

① Project name：project_1。

② Project location：E:/fpga_dsp_example/FIR/HLS_FIR。

（5）单击“Next”按钮，出现“New Project”对话框。

（6）在“New Project”对话框中，按如下参数配置。

① 选中“RTL Project”前面的复选框。

② 选中“Do not specify sources at this time”前面的复选框。

（7）单击“Next”按钮，出现“New Project-Default Part”对话框。

（8）在“New Project-Default Part”对话框中，选择“xc7a100tcsg324-1”。

（9）单击“Next”按钮，出现“New Project-New Project Summary”对话框。

（10）单击“Finish”按钮。

2. 添加设计文件到工程

本部分将添加设计文件到工程中。添加设计文件到工程的步骤主要包括：

（1）在 HLS Vivado 主界面的“Source”窗口中，选中“Design Sources”选项。单击鼠标右键，出现浮动菜单。在浮动菜单内，选择 Add Sources...，出现“Add Sources”对话框。

（2）在“Add Sources”对话框中，选中“Add or Create Design Sources”前面的复选框。

（3）单击“Next”按钮，出现“Add Source-Add or Create Design Sources”对话框。

（4）在“Add Source-Add or Create Design Sources”对话框中，单击“Add Files...”按钮。

① 定位到 E:\fpga_dsp_example\fir\hls_fir\solution2\syn\verilog 路径下。

② 添加名字为“fir. vhd”、“fir_shift_reg. vhd”、“fir_c. v”、“fir_mul_mul_16s_1bkb. vhd”、“fir_mac_muladd_ 16cud. vhd”和“fir_mac_muladd_10dEe. vhd”的文件。

（5）单击“Finish”按钮。

3. 在工程中添加仿真测试文件

本部分将在工程中添加仿真测试文件。在工程中添加仿真测试文件的步骤主要包括：

（1）在 HLS Vivado 主界面的“Source”窗口中，选中“Simulation Sources”选项。单击鼠标右键，出现浮动菜单。在浮动菜单内，选择 Add Sources...，出现“Add Sources”对话框。

（2）在“Add Sources”对话框中，选中“Add or Create Simulation Sources”前面的复选框。

（3）单击“Next”按钮，出现“Add Source-Add or Create Design Sources”对话框。

（4）在“Add Source-Add or Create Design Sources”对话框中，单击“Add Files...”按钮。

① 定位到 E:\fpga_dsp_example\fir\hls_fir 路径下。

② 打开 fir_testbench. vhd 文件。

（5）单击“Finish”按钮。添加完文件后的工程界面如图 9. 106 所示。

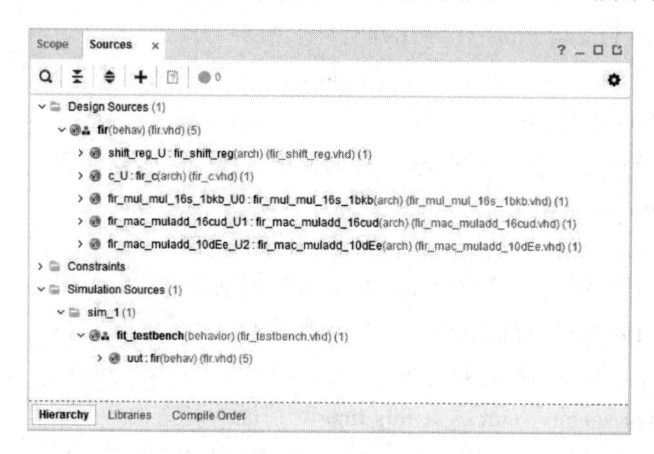

图 9. 106　添加完文件后的工程界面

4. 运行ISim仿真程序

本节将在Vivado环境中运行ISim仿真程序。运行ISim仿真程序的步骤主要包括：

（1）在HLS Vivado主界面左侧的“Flow Navigator”窗口中，选择并展开“Simulation”选项。在展开项中，选中“Run Simulation”选项，单击鼠标右键，出现浮动菜单。在浮动菜单内，选择Run Behavioral Simulation…。

（2）在“Console”窗口中，输入命令“run 4000ns”。

（3）仿真波形如图9.107所示。

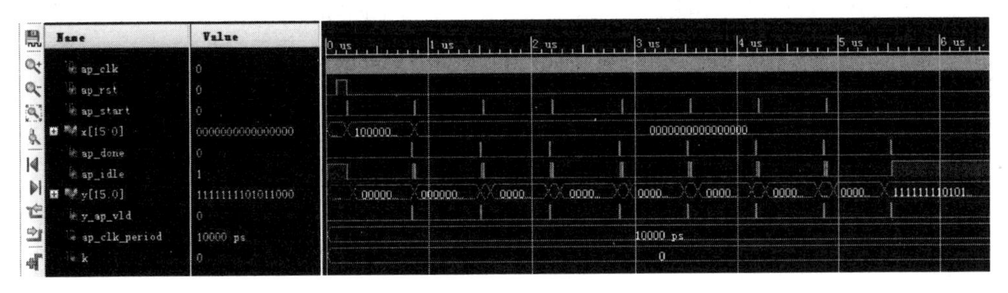

图9.107　仿真波形

第 10 章　重定时信号流图的原理与实现

本章将主要介绍重定时信号流图的原理与实现。内容主要包括信号流图的基本概念，割集重定时及其规则，不同形式的 FIR 滤波器，FIR 滤波器构建块，以及标准形式和脉动形式的 FIR 滤波器的实现。

重定时信号流图是对系统进行优化处理的重要理论基础，读者需要了解和掌握该章内容，为后续系统优化打下良好的基础。

10.1　信号流图的基本概念

本节将介绍标准形式 FIR 信号流图，以及其关键路径和延迟。

10.1.1　标准形式 FIR 信号流图

$N=5$ 的标准形式 FIR 滤波器的信号流图（Signal Flow Graph，SFG）如图 10.1 所示，该滤波器表示为

$$y(k)=\sum_{n=0}^{N-1}x(k-n)\,w_n$$

其中：(1) $x(k)$为输入信号。

(2) k 为采样索引。

(3) w 为权值。

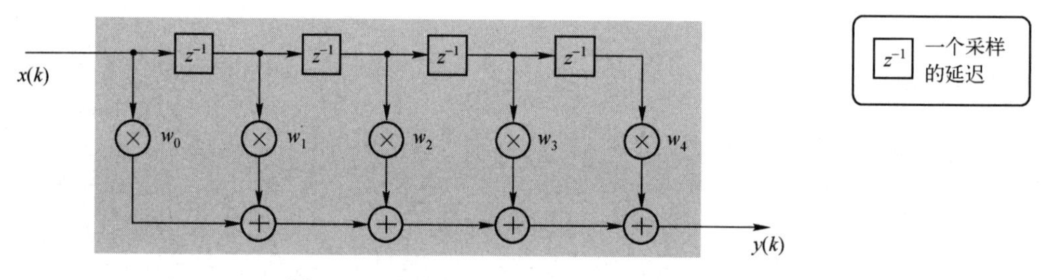

图 10.1　$N=5$ 的标准形式 FIR 滤波器的 SFG

为了更准确地表示图 10.1 所示的结构，在图 10.1 中添加 $x(k)$的输入寄存器和 $y(k)$的输出寄存器，如图 10.2 所示，并且保证所有寄存器都具有时钟输入。

10.1.2　关键路径和延迟

前面提到，两个受时钟控制的寄存器之间存在的最长组合逻辑路径我们称为关键路径。关键路径中的信号延迟我们称为关键路径延迟。关键路径限制了电路的最高时钟频率：

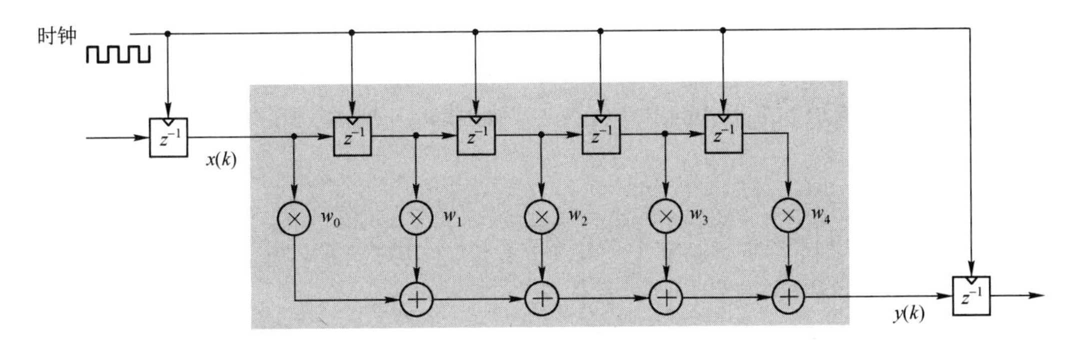

图 10.2　完整的 FIR 滤波器的结构

$$f_{\text{clk}} \leqslant \frac{1}{\tau_{\text{关键路径}}}$$

本章中，假设在一个理想的 SFG 中，元件（延迟、加法器和乘法器）之间的连接都是无延迟的，只考虑穿过逻辑元件的延迟。

术语“延迟”用于表示从采样到达电路后，直到观察到相应输出采样延迟的个数。延迟常用于描述一个“未受控制的”（或不可控的）电路传输延迟。例如，通过乘法器的延迟由乘法器内部各种逻辑单元的传播延迟决定。所以，可以说乘法器的延迟包含组成乘法器单元的各种加法器和门电路的延迟（乘法器的不同实现方法会产生不同的延迟）。

本节，我们将确定关键路径以便理解与最大时钟速率相关的问题。通过管理与最小化关键路径，将能够提高设计的时钟速率。

包含 5 个权值的标准形式的 FIR 滤波器的最长路径如图 10.3 所示。图 10.3 中：

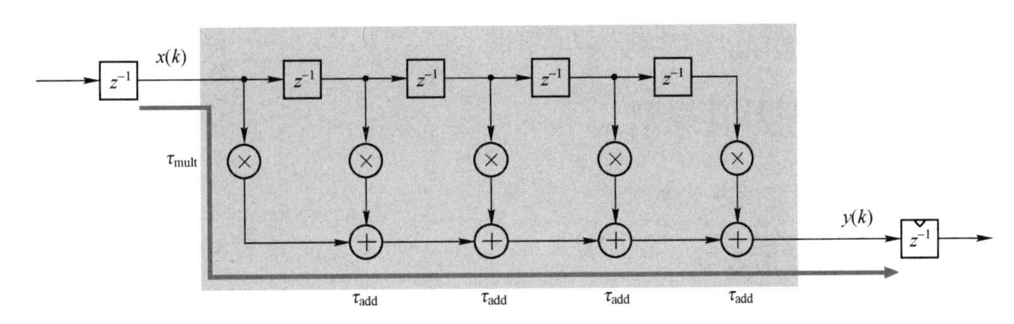

图 10.3　包含 5 个权值的标准形式的 FIR 滤波器的最长路径

（1）τ_{add}为加法器的传输延迟。

（2）τ_{mult}为乘法器的传输延迟。

关键路径的延迟满足下面的关系：

$$\tau_{\text{关键路径}} = \tau_{\text{mult}} + 4\,\tau_{\text{add}}$$

因此，最高的时钟工作频率$f_{\text{clk(max)}}$表示为

$$f_{\text{clk(max)}} = \frac{1}{\tau_{\text{mult}} + 4\,\tau_{\text{add}}}$$

在实际的分析中，应该加上任何可以看得见的延迟（由于较长的连线），以得到总的时间延迟，如$\tau_{\text{mult}} = 1\text{ns}$，$\tau_{\text{add}} = 0.1\text{ns}$。因此，5 个系数的 FIR 滤波器的最大时钟频率$f_{\text{clk(max)}}$表示为

$$f_{\mathrm{clk(max)}}=\frac{1}{\tau_{\mathrm{mult}}+4\,\tau_{\mathrm{add}}}=\frac{1}{1+(4\times 0.1)}\times 10^{9}\approx 714\mathrm{MHz}$$

如果考虑包含 10 个权值标准形式的 FIR 滤波器，如图 10.4 所示，则关键路径的延迟满足下面的关系：

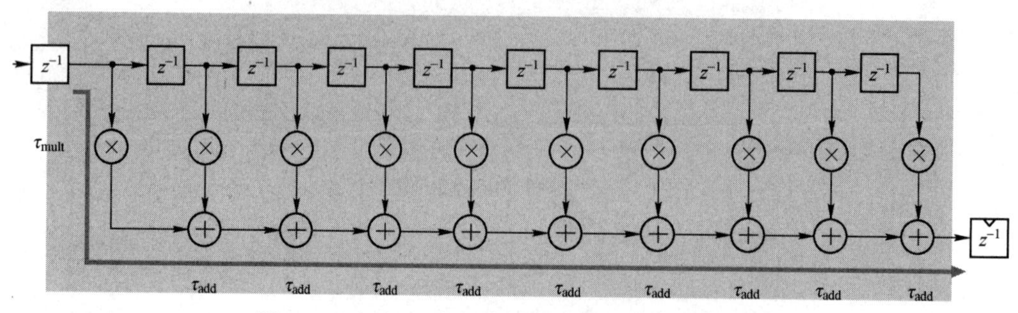

图 10.4 包含 10 个权值的标准形式的 FIR 滤波器

$$\tau_{关键路径}=\tau_{\mathrm{mult}}+9\,\tau_{\mathrm{add}}$$

因此，最高的时钟工作频率$f_{\mathrm{clk(max)}}$表示为

$$f_{\mathrm{clk(max)}}=\frac{1}{\tau_{\mathrm{mult}}+9\,\tau_{\mathrm{add}}}$$

当$\tau_{\mathrm{mult}}=1\mathrm{ns}$，$\tau_{\mathrm{add}}=0.1\mathrm{ns}$ 时，最高的时钟工作频率$f_{\mathrm{clk(max)}}$为

$$f_{\mathrm{clk(max)}}=\frac{1}{\tau_{\mathrm{mult}}+9\,\tau_{\mathrm{add}}}=\frac{1}{1+(9\times 0.1)}\times 10^{9}\approx 526\mathrm{MHz}$$

通过比较两个标准形式的 FIR 滤波器可知，标准形式的并行 FIR 滤波器的长度越长，其时钟频率就越低，这是我们不希望看到的事情！

10.2 割集重定时及其规则

本节将介绍割集重定时及其规则。

10.2.1 割集重定时概念

割集源于图论理论，可以被用来重定时 SFG，使其具有更通用的形式。重定时技术用于管理延迟，即通过很小的关键路径确保很高的最大时钟频率。

割集是一组边，可以把它们从图中移走而产生两个不连接的子图。SFG 中的割集是能够将 SFG 分割成两个部分的最小边集。割集的一个表示如图 10.5 所示。

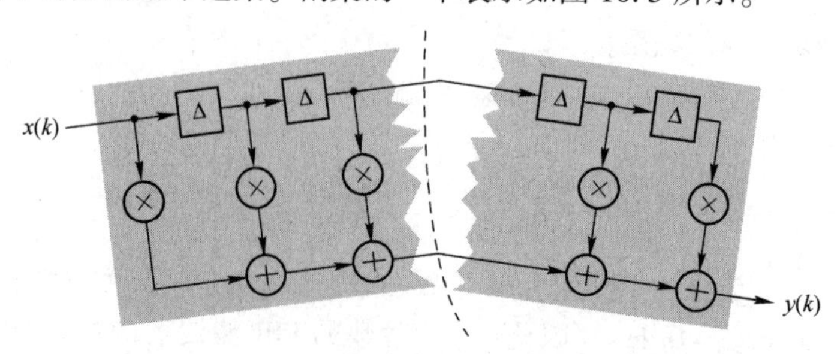

图 10.5 割集的一个表示

由于割集重定时这个方法容易被理解和使用，所以它是通过 FPGA 对数字信号处理并行系统设计最有用和功能最强大的设计方法。

脉动阵列是由简单的运算单元构成的阵列，每个单元通过简单的数据传输实现与相邻单元之间的通信。通信是同步的，而“脉动”这个术语常用来描述心脏有规律的跳动。脉动阵列实质上是并行处理器。

另一种可选择的并行阵列是波前阵列，在该阵列中，相邻单元之间通过握手进行通信，因此这样的阵列是异步的。

10.2.2　割集重定时规则 1

割集重定时规则 1 规定：根据不同边沿的进入，或者出去的方向，可以超前或延迟这些边沿。

在 SFG 上绘制“切割”，如图 10.6 所示，以任意方向穿过它进入的所有信号连接称为“进入”。类似的，以任意方向穿过它出去的所有信号连接称为“出去”。进一步，将时间超前应用于“进入”，而将时间延迟应用于“出去”。出于简便和统一写法的考虑，使用 z^{-1} 代表一个采样的延迟，使用 z^{+1} 表示一个采样的超前，如图 10.7 所示。

> **注：可以以任意的方向绘制割级。**

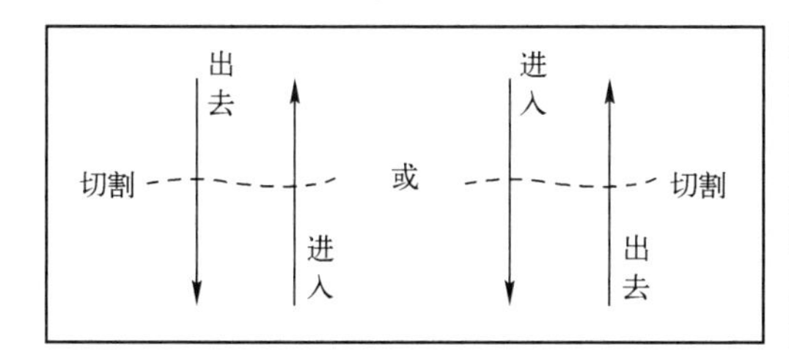

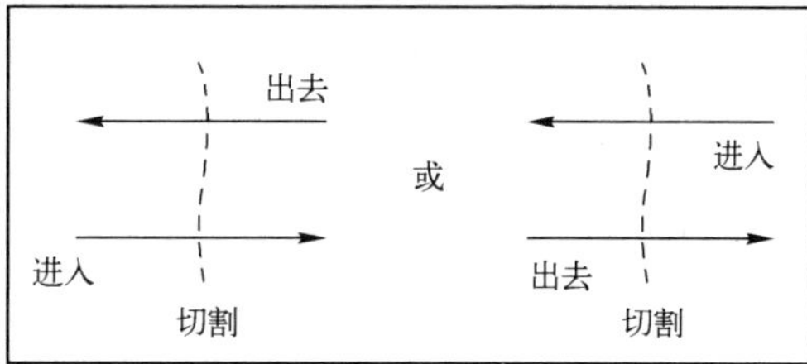

图 10.6　在 SFG 上绘制切割

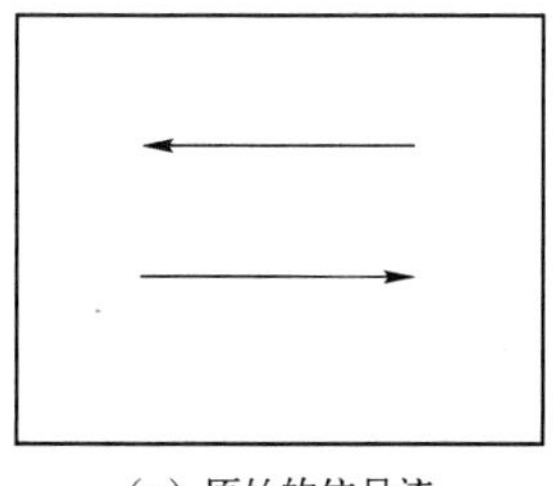

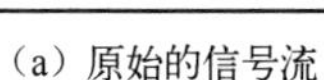
（a）原始的信号流

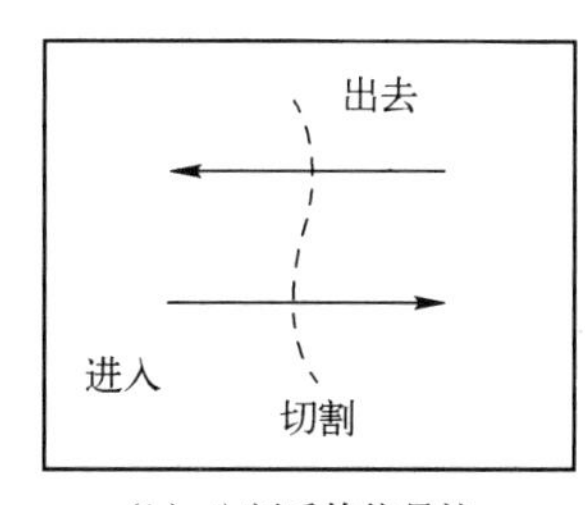

（b）分割后的信号流

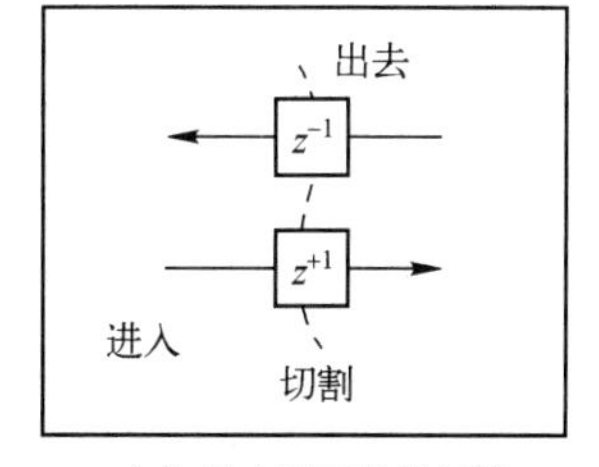

（c）从定时后的信号流

图 10.7　通过割集的信号“进入”和“出去”与超前和延迟之间的关系

在该设计中，可以在两个 SFG 之间的连接处执行割集重定时。注意，重定时并不会影响这些 SFG 的内容。下面插入一个割集，如图 10.8 所示，将这些边分组为“进入边”和“出去边”。

在上面示例中，将信号流图从上至下垂直切断，指定进入为从左到右的数据传输路径，而出去为从右到左的数据传输路径。

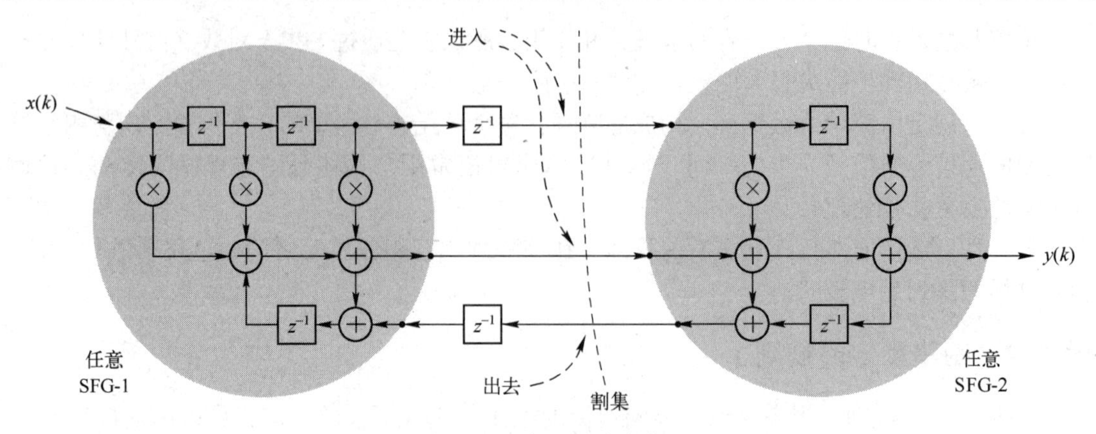

图 10.8　插入一个割集

下面将说明一个问题，即某些重定时是不可能实现的。也就是说，尽管可以表示它们的信号流图结果，但实现它们时需要非因果（时间提前）的元件。

对于图 10.8 而言，所有的“进入边”增加时间延迟z^{-1}，所有的“出去边”增加时间超前z^{+1}，如图 10.9 所示。通过下面的恒等变形，得到的重定时 SFG 如图 10.10 所示。

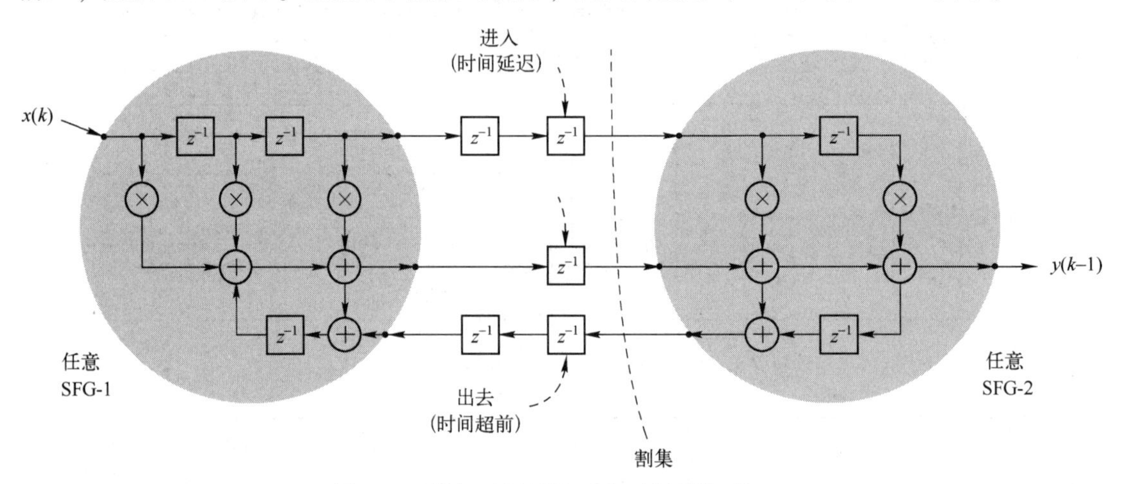

图 10.9　增加时间延迟 z^{-1}和时间超前 z^{+1}(1)

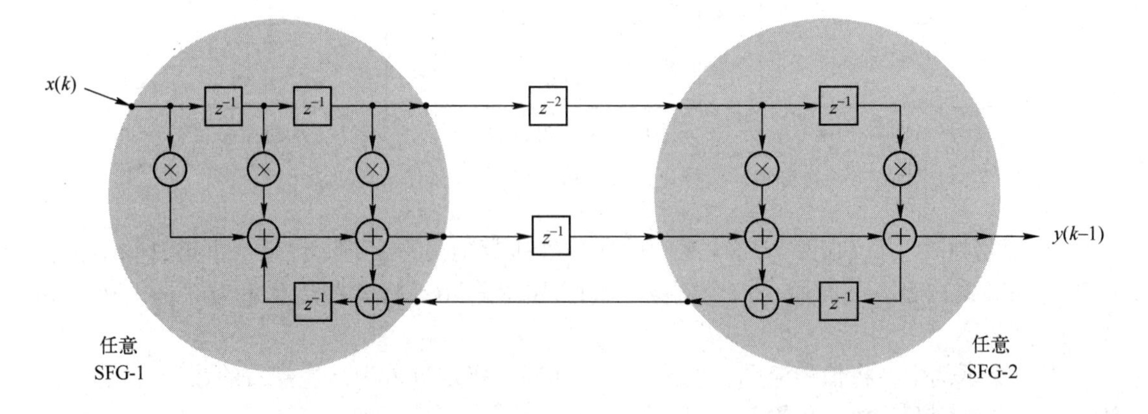

图 10.10　恒等变形后得到的重定时 SFG

$$z^{-1} \cdot z^{-1} = z^{-2}$$
$$z^{-1} \cdot z^{+1} = 1$$

在图 10.9 中，所有进入边的时间延迟用 z^{-1} 表示，所有出去边的时间超前用 z^{+1} 表示。因此，电路内部没有发生改变，即仅在割集上添加或去除延迟。显然，在出去的数据路径上的时间超前 z^{+1} 与时间延迟 z^{-1} 相互抵消，即 $z^{+1}z^{-1}=1$。而且，包含双倍延迟，$z^{-1}z^{-1}=z^{-2}$。

需要注意的是，当执行割集重定时时，如果任何数据的传递路径以一个时间超前结束，那么系统是非因果的，这是因为一个时间超前 z^{+1} 就是预先知道了将来的信号，这样的事情是不可能的。

图 10.8 所示的 SFG 给出了不可能实现的一个割集划分。注意，在图 10.8 中选择一个相反的操作，即所有出去边增加时间延迟 z^{-1}，所有进入边增加时间超前 z^{+1}，如图 10.11 所示。

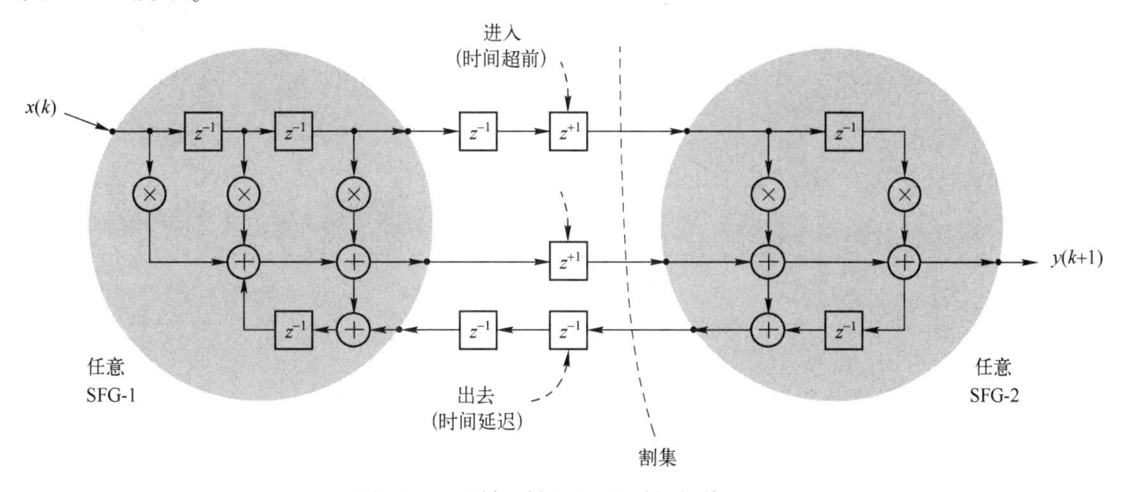

图 10.11　增加时间延迟和时间超前（2）

很明显，这时的电路结构并不是一个因果系统，而是一个非因果系统，如图 10.12 所示。因此，是不能物理实现的。这时，因为该结构现在还不具备预测未来 z^{+1} 要求的能力。因此，这不是一个割集重定时的正确选择。在这种情况下，选择了一个不可能实现的割集划分方法。

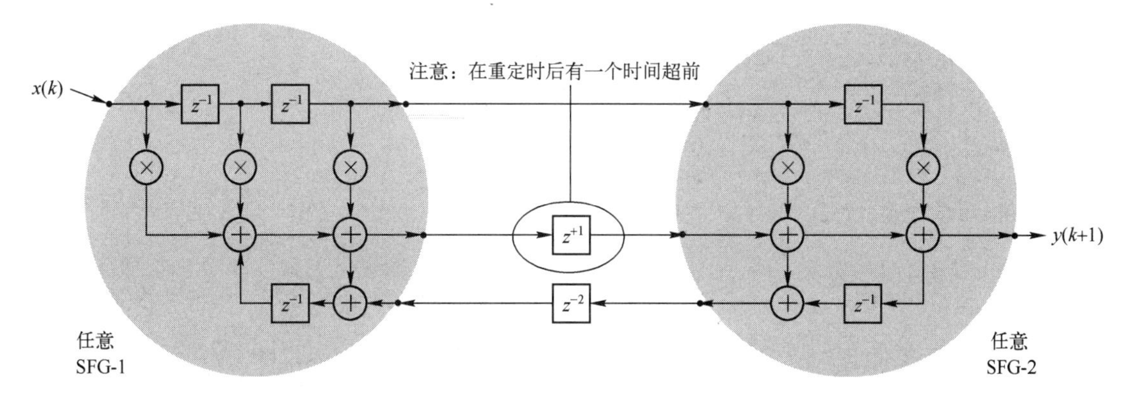

图 10.12　通过割集重定时后的 SFG（非因果系统）

下面考虑输入到输出的延迟。很明显，当把割集重定时应用于 SFG 时，可能会改变输入到输出的延迟。为了计算这个改变，从输入到输出绘制一个 I/O 测试线，如图 10.13 所示，并且考虑由不同割集“添加”的延迟。

从图 10.13 中可知，I/O 测试线作为一个“进入边”穿过“切割”，从输入到输出的割集过程中添加了一个延迟。重定时以前的电路中输出为 $y(k)$；重定时后输出延迟一个采样，即$z(k)=y(k-1)$，这就意味着重定时的结果是引入了一个采样延迟。

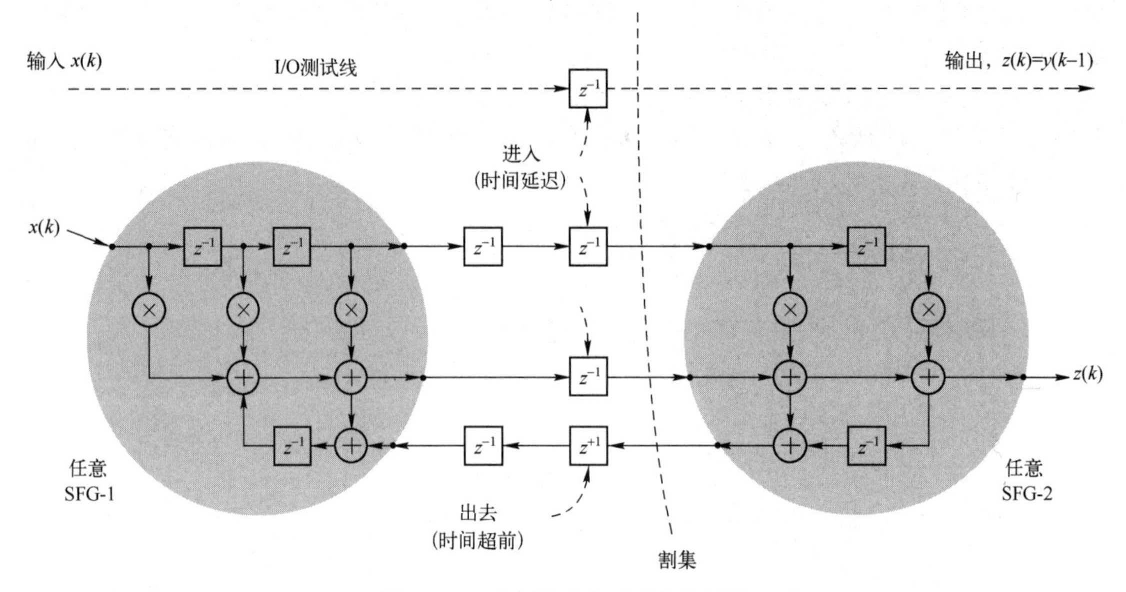

图 10.13　由割集重定时引入的延迟

在很多数字信号处理系统中，输入到输出的传输路径上增加几个延迟并不是一个大问题。然而，有一些情况需要注意，所以总是跟踪所创建设计的延迟。

在一个 SFG 内，如果在一个指定的位置处要求有延迟，则割集理论是非常有用的工具，如图 10.14 所示。另一种割集划分，如图 10.15 所示。

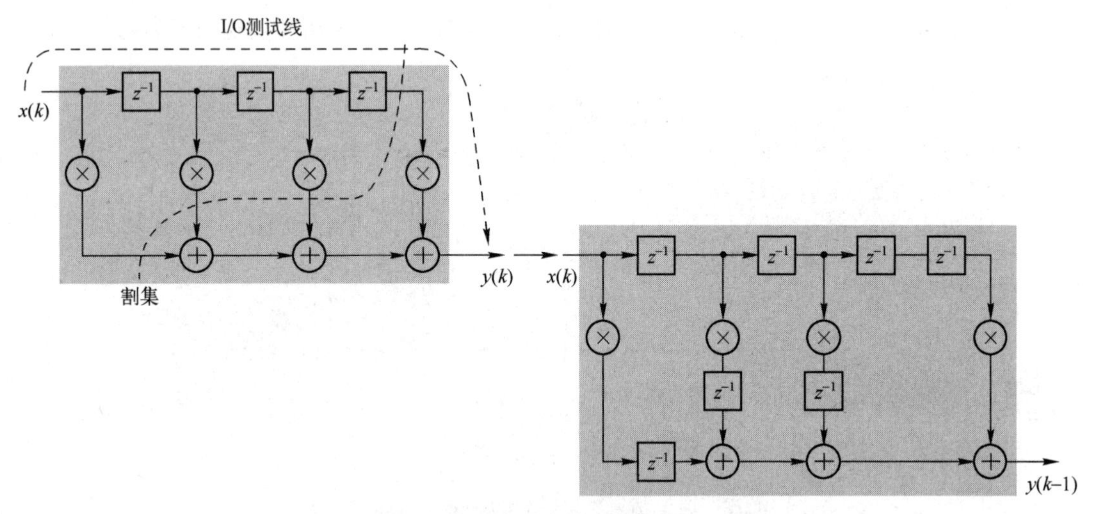

图 10.14　通过割集重定时在指定的位置引入延迟（1）

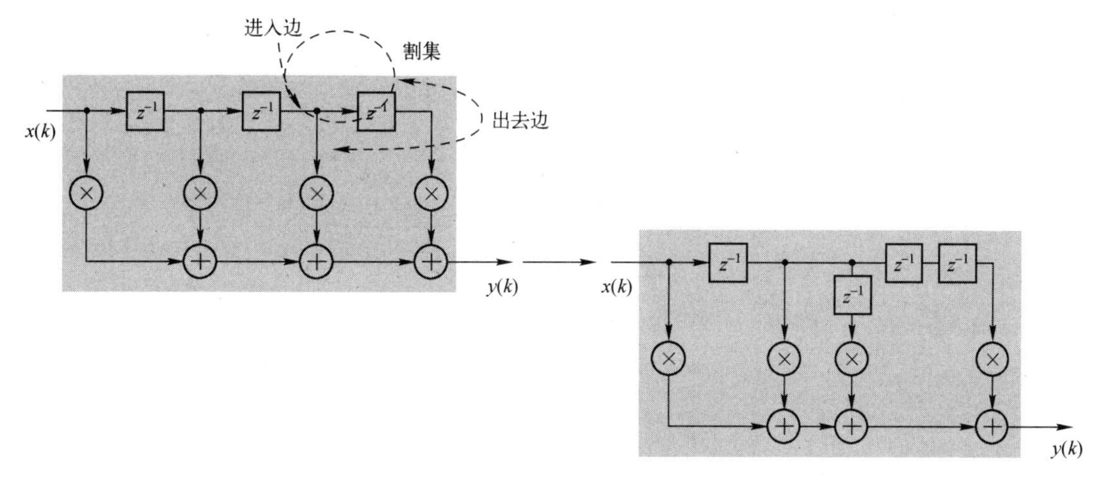

图 10.15　通过割集重定时在指定的位置引入延迟（2）

10.3　不同形式的 FIR 滤波器

本节将介绍通过使用割集重定时得到不同形式的 FIR 滤波器。

10.3.1　转置形式的 FIR 滤波器

FIR 滤波器的另一种结构如图 10.16 所示，即把标准形式的 FIR 滤波器的信号流结构重新进行调整。

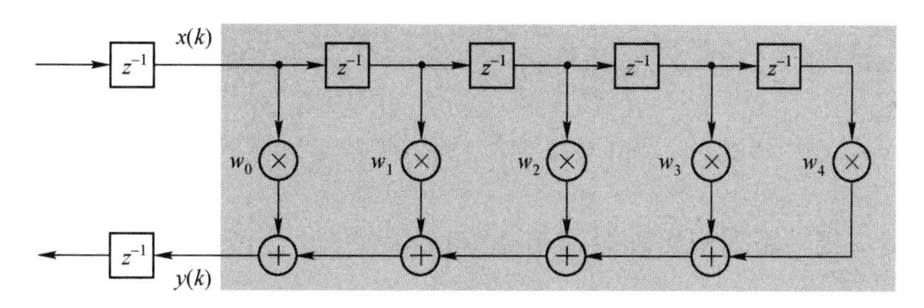

图 10.16　FIR 滤波器的另一种结构

> **注：** 此时并没有进行重定时操作。由于数据的传输路径被认为是无延迟的，所以只是沿着加法器线的方向倒转。

FIR 滤波器信号流图的一个割集划分如图 10.17 所示。下面可以应用一个简单的割集以允许延迟传递。

考虑 SFG 的左侧，可以通过超前所有的进入边和延迟所有的输出边来重定时，如图 10.18 所示。

对于第二个割集来说，再一次通过超前所有的进入边和延迟所有的输出边来重定时，如图 10.19 所示。

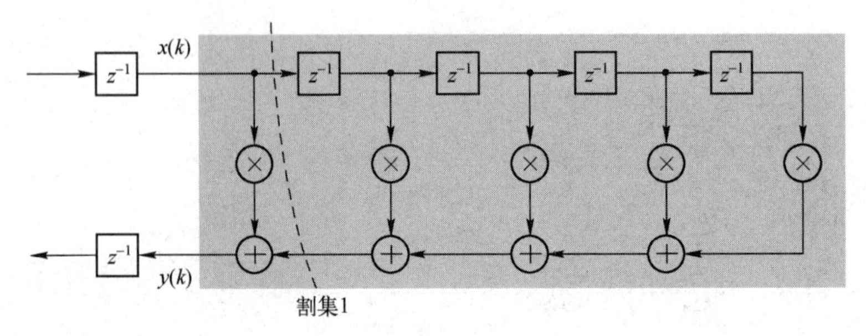

图 10.17　FIR 滤波器信号流图的一个割集划分（1）

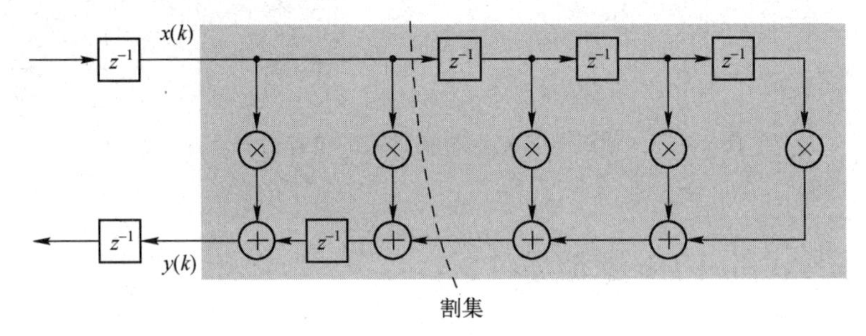

图 10.18　FIR 滤波器信号流图的一个割集划分（2）

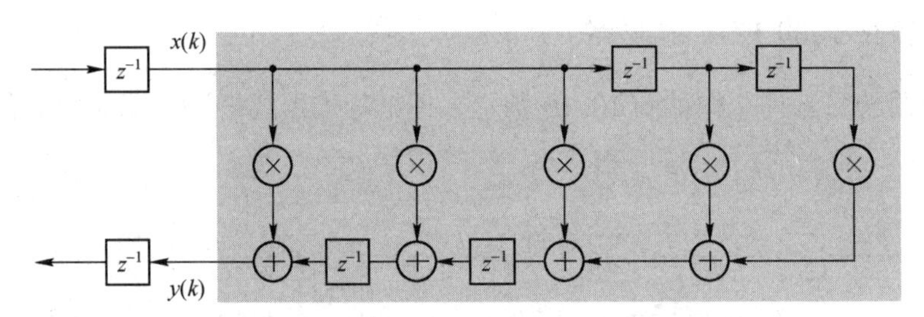

图 10.19　FIR 滤波器信号流图的一个割集划分（3）

同样，随后应用一系列割集和延迟传递完成对 FIR 滤波器数据流图的重定时划分，如图 10.20 所示。

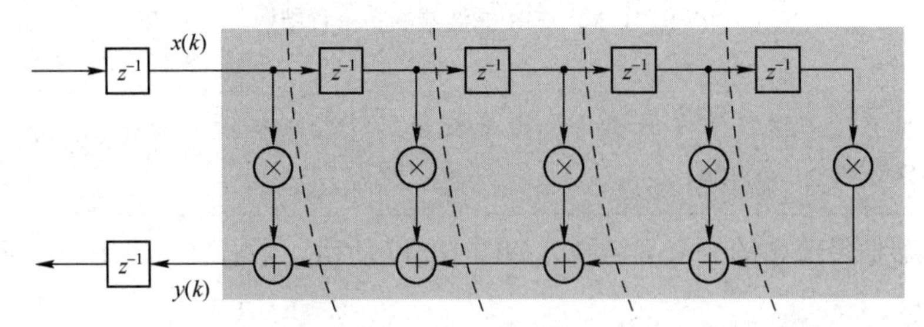

图 10.20　应用一系列割集和延迟传递完成对 FIR 滤波器数据流图的重定时划分

因此就生成了 FIR 滤波器转置结构的数据流图，如图 10.21 所示，给出了转置形式的 FIR 滤波器数据流的 SFG。

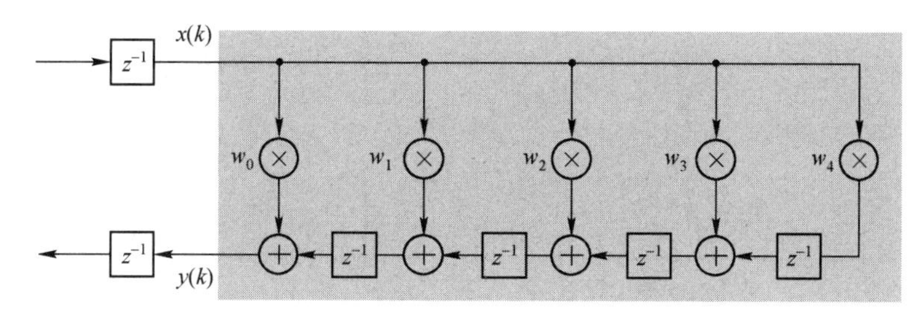

图 10.21　转置形式的 FIR 滤波器数据流的 SFG

将转置形式的 FIR 滤波器重画成输入在左边而输出在右边的形式，如图 10.22 所示。

注： 滤波器系数的次序发生了改变。

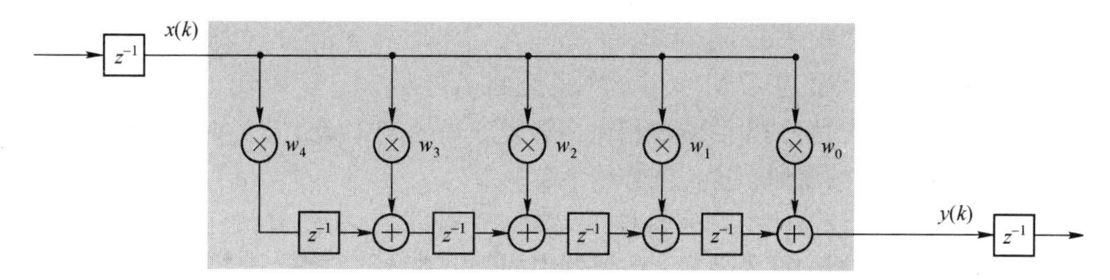

图 10.22　转置形式的 FIR 滤波器数据流的 SFG（重新绘制）

当然，由于大多数 FIR 滤波器都是对称的，所以重排序并不会产生影响，如一个具有 5 个权值的对称滤波器具有 $w_0 = w_4$ 和 $w_1 = w_3$。转置形式的 FIR 滤波器从输入到输出的延迟没有发生改变。

一般来说，转置形式的 FIR 滤波器不会带来额外的延迟。所以，其输入到输出的操作与标准的或者规范的 FIR 滤波器是等同的。

注： 无论选择什么样的 I/O 测试线，都将得到相同的结果。

选择的构造线割集将跨越 4 个输入边和 4 个输出边，如图 10.23 所示。

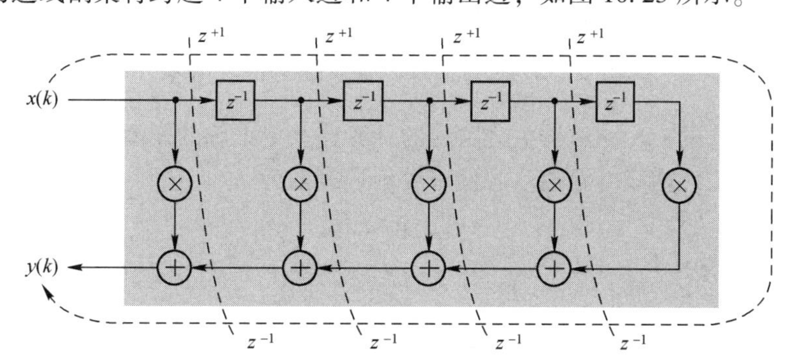

图 10.23　选择的构造线割集跨越 4 个输入边和 4 个输出边

因此，边上时间的提前和延迟将保持平衡，并给出与上面相同的结果，即延迟没有改变，也就是 $z^{-4}z^{4} = 1$。转置形式的 FIR 滤波器结构的优点是减少了不同的非理想元件所导致的最大延迟。对于转置形式的 FIR 滤波器的结构，大大减少了总延迟，如图 10.24 所示。转置形式的 FIR 滤波器的总延迟表示为

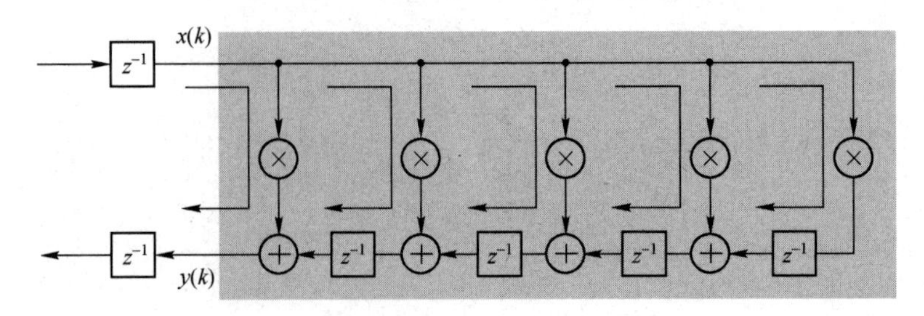

图 10.24　转置形式的 FIR 滤波器的延迟减少

$$\tau_{mult}+\tau_{add}$$

现在知道两个寄存器之间存在的最大延迟 z^{-1}，前提条件是数据从一个同步寄存器输入，而输出在时钟的控制下进入另一个寄存器。所以，对于 N 个权值的系统：

$$f_{clk(max)}=\frac{1}{\tau_{mult}+\tau_{add}}$$

很明显，与标准形式的 FIR 滤波器相比，转置形式的 FIR 滤波器的时钟频率大大提高，并且随着权值系数长度的增加，这种优势越来越明显。

转置形式的 FIR 滤波器的劣势是 SFG 顶层的“广播线”，如图 10.25 所示。从硬件实现来说，这就意味着滤波器的输入必须和滤波器中的每个乘法器的输入连接。很明显，如果滤波器越长，则乘法器用得越多，扇出就越高。因此，与广播线相关的布线延迟就变成了一个很重要的问题，特别是对于较长的滤波器。因此，在转置情况下，计算关键路径延迟时应该包含布线延迟。

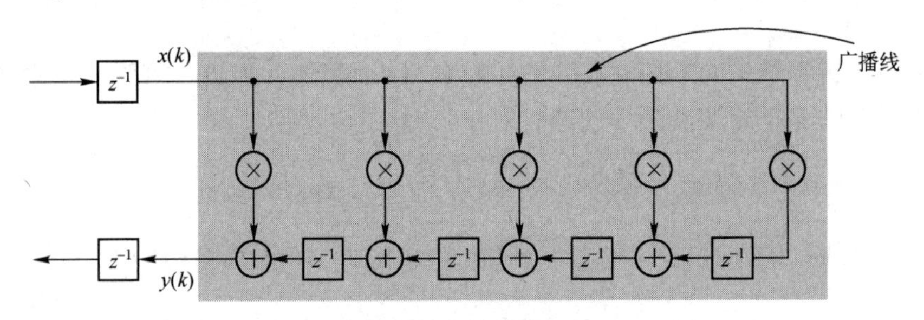

图 10.25　转置形式的 FIR 滤波器存在“广播线”

为了对转置形式的 FIR 滤波器关键路径的计算建立更准确的模型，应该也包含元件的布线延迟，以便描述长广播线的延迟。假设布线延迟表示为

$$\tau_{route}=N\times\tau_{weight}$$

因此，时钟频率 f_{clk} 表示为

$$f_{clk}=\frac{1}{(N\times\tau_{weight})+\tau_{mult}+\tau_{add}}$$

因此，对于 5 个权值的 FIR 滤波器而言，假设每个滤波器权值的布线延迟为 0.02ns，则关键路径的时钟频率 f_{clk} 表示为

$$f_{clk}=\frac{1}{(5\times0.02\text{ns})+1\text{ns}+0.1\text{ns}}=\frac{1}{1.2}\times10^{9}=833\text{MHz}$$

对于 10 个权值的 FIR 滤波器而言，关键路径的时钟频率 f_{clk} 表示为

$$f_{\mathrm{clk}}=\frac{1}{(10\times0.02\mathrm{ns})+1\mathrm{ns}+0.1\mathrm{ns}}=\frac{1}{1.3}\times10^9=769\mathrm{MHz}$$

通过上面的计算可知，对于转置形式的 FIR 滤波器而言，关键路径和滤波器的长度存在联系，这是不期望的。然而，它的性能要比标准形式的 FIR 滤波器高。

乍一看，与标准形式的 FIR 滤波器相比，转置形式的 FIR 滤波器没有额外地消耗逻辑资源。很明显，它们都要求相同数量的乘法器、加法器和延迟，如图 10.26 所示。从图 10.26 中可知，它们都需要 5 个乘法器、4 个延迟和 4 个加法器。因此，读者可能会觉得从标准形式到转置形式没带来什么益处。但是，通过对电路的重定时，读者可以从该实现中得到更多的好处，即时钟可以更快地工作，这是因为转置形式的 FIR 滤波器具有更小的关键路径延迟。但是，读者知道，世界没有免费的东西，这里总存在着一些隐藏的成本或者开销。下面将分析 8 位算术运算元件真正的“开销”。对于具有对称系数的转置形式的 FIR 滤波器而言，如图 10.27 所示，转置实际上只执行两个乘法。因此，一些对原来结构的简单“重构”将进一步降低实现转置形式的 FIR 滤波器的成本。

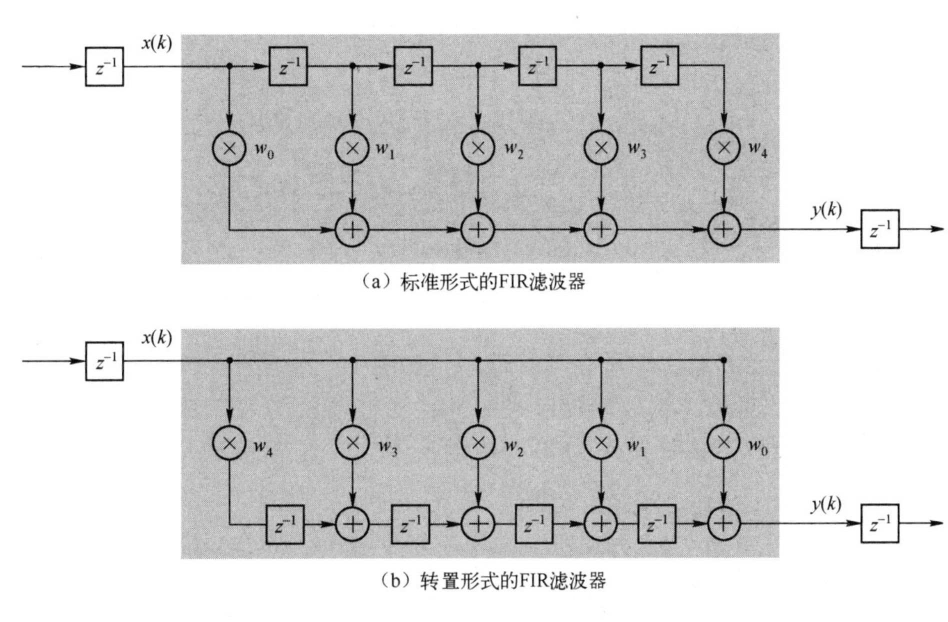

（a）标准形式的FIR滤波器

（b）转置形式的FIR滤波器

图 10.26　标准形式和转置形式的 FIR 滤波器

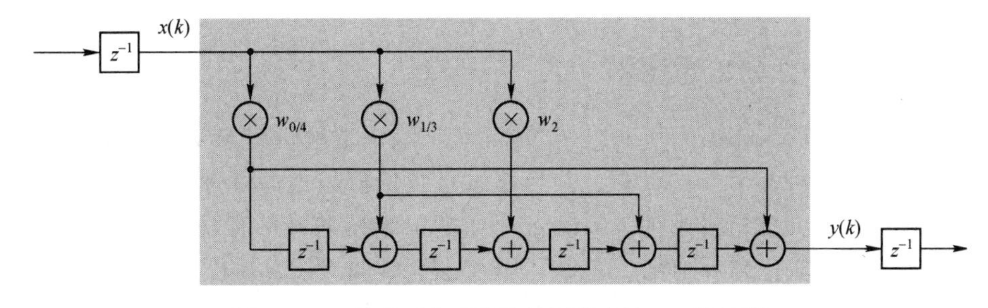

图 10.27　具有对称系数的转置形式的 FIR 滤波器

假设滤波器的权值和数据都是 8 位的分辨率，则转置形式的 FIR 滤波器的实现成本要高。如图 10.28 所示，很明显，在标准形式的 FIR 滤波器中，延迟单元都是 8 位的；而在转置形式的 FIR 滤波器中，延迟单元从最少的 16 位增加到 18 位。实际上，转置形式的 FIR 滤波器所用的延迟寄存器的个数是标准形式的 FIR 滤波器所用的延迟寄存器个数的两倍。因此，与 8 位寄存器相比，16 位寄存器需要更多的连接。

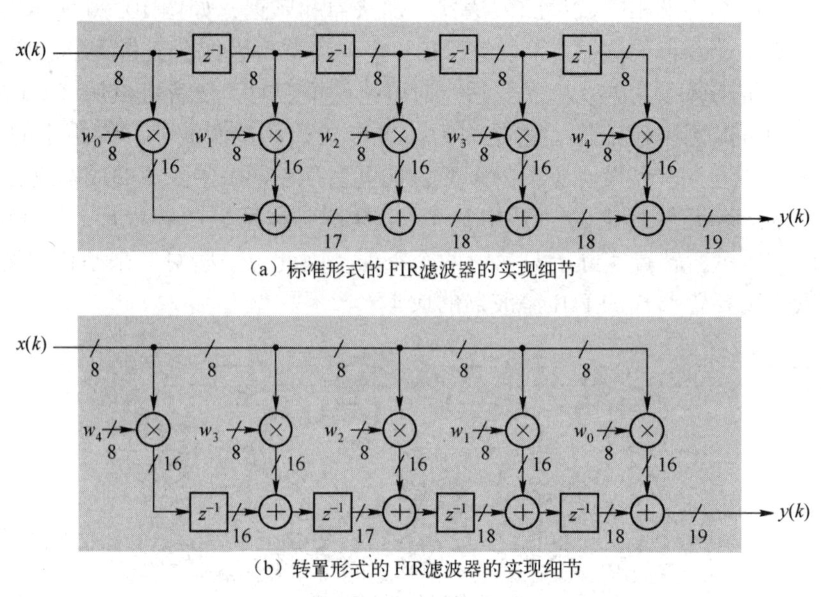

（a）标准形式的 FIR 滤波器的实现细节

（b）转置形式的 FIR 滤波器的实现细节

图 10.28 标准形式和转置形式的 FIR 滤波器的实现细节

对于较长的 FIR 滤波器，字长会不断增加，如图 10.29 所示。与标准形式的 FIR 滤波器相比，在某种程度上这就是转置形式的 FIR 滤波器的劣势。然而，如果在逻辑结构中实现它，延迟可以直接映射到 LUT 后的触发器中，这样延迟不会额外消耗其他的资源。

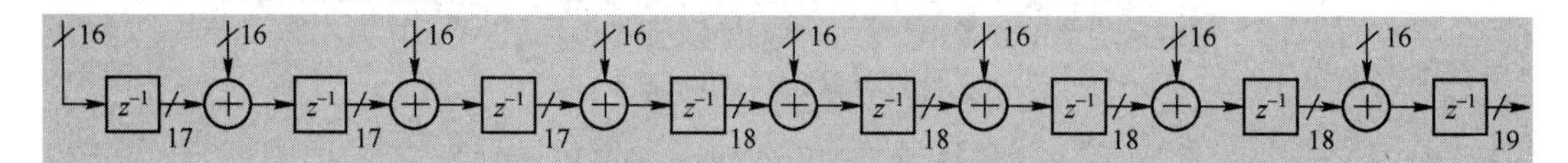

图 10.29 转置形式的 FIR 滤波器的字长随滤波器长度的增加而增加

10.3.2 脉动形式的 FIR 滤波器

脉动阵列在 20 世纪 80 年代和 20 世纪 90 年代初被广泛地研究与设计。脉动阵列（也称为脉动结构）表示一种有节奏的计算，并且通过系统传输数据的处理单元（Processing Elements，PE）。这些单元非常规则地泵入和泵出数据以维持系统中存在规则的数据流。脉动系统的典型特征是模块化和规则化，这对于 VLSI 设计是非常重要的。脉动阵列可以作为与主计算机结合的协处理器，从主计算机接受数据样本送到 PE，并将最终结果返回主计算机。类似人心脏的血液流动，因此称为脉动。脉动阵列的主要特点包括：

（1）同步性。数据按节奏计算（由全局时钟定时），并通过网络传输。

（2）模块性与规则性。阵列由模块化的处理单元组成，单元之间相互连接，阵列可以被无限扩展。

（3）时空局部性。阵列意味着一个局部化的通信互联结构，也就是说空间局部化。至少有一个单元时间延迟被共享，以便信号从一个节点传输到下一个节点，这就是时间局部化（这样减小了关键路径）。

（4）流水线性。阵列具有流水线结构，即时间延迟若按 α 重新标度，那么将允许 α 个数据集被阵列同时处理。

在 20 世纪 80 年代，针对脉动阵列进行了大量的研究，而这些研究几乎针对每一个通常的 DSP 算法和基于矩阵的算法，其中包括滤波器、自适应滤波器、线性系统求解、图像处理算法等。

但是，到底有多少这样的阵列被实际做出来了？实际上几乎没有。研究工作主要基于映射算法和设计的通用步骤等。

脉动阵列没有实际应用的最直接原因是集成电路设计工艺还无法满足脉动阵列的要求。有一些实验室曾经尝试过晶片缩比集成（Wafer Scale Integration）方法，但结果并不令人满意。所以，脉动阵列和简单的并行化技术只能等待工艺成熟时才能应用。

自 20 世纪 80 年代以来，数字系统设计中就开始使用现场可编程门阵列 FPGA 了。然而，也只有最近几年在较大规模的 FPGA 器件内才提供了快速乘法器和其他算术功能。尽管 FPGA 并不是专门为脉动阵列的实现而设计的，但是使用割集、重定时、延迟定标等方法就可以产生一个具有脉动阵列属性的信号流图。采用脉动阵列的设计结构，将产生非常规则的阵列结构，因而将大大缩短关键路径。

如图 10.30 所示，对标准形式的 FIR 滤波器使用其他的割集形式。使用这个割集形式得到 FIR 滤波器的另一种结构，如图 10.31 所示。

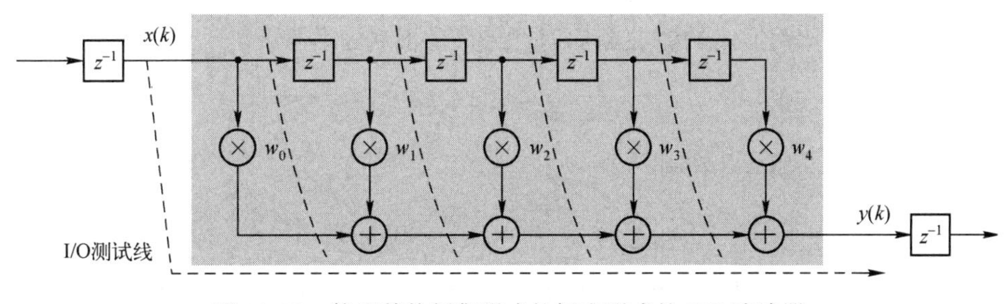

图 10.30　使用其他割集形式的标准形式的 FIR 滤波器

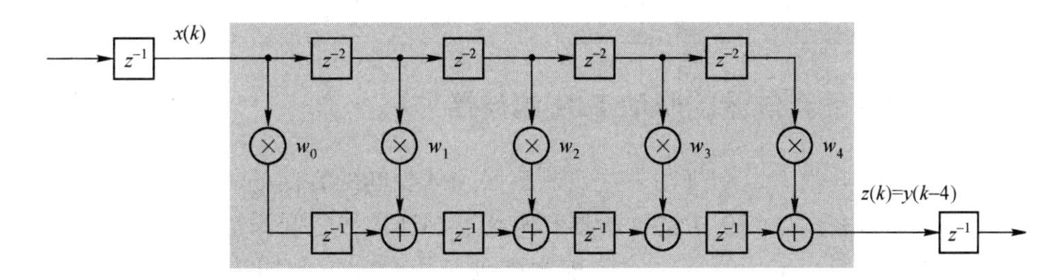

图 10.31　FIR 滤波器的另一种结构

从图 10.30 中可知，I/O 测试线显示出重定时后的 SFG 输出延迟了 4 个采样，因此延迟是 4 个采样，即

$$z(k)=y(k-4)$$

在这种情况下，总的传播延迟又减少为$\tau_{\text{mult}}+\tau_{\text{add}}$，如图 10.32 所示，这样使得时钟的工作频率高于标准形式的 FIR 滤波器的工作频率。不像转置形式的 FIR 滤波器那样，此处不需要考虑广播线的影响，这样脉动形式的 FIR 滤波器的工作速度将会高于转置形式的 FIR 滤波器。

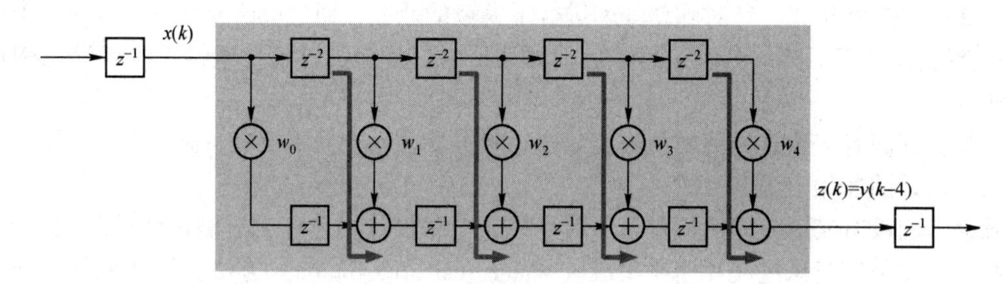

图 10.32　脉动形式的 FIR 滤波器的关键路径

对于标准形式的 FIR 滤波器而言，输出为

$$y(k)=w_0x(k)+w_1x(k-1)+w_2x(k-2)+w_3x(k-3)$$

转置形式的 FIR 滤波器，输出为

$$z(k)=y(k-4)=w_0x(k-4)+w_1x(k-5)+w_2x(k-6)+w_3x(k-7)$$

如果需要在信号流图中的指定位置处加入延迟，那么割集理论很可能是一种有用的工具。如图 10.30 所示，给出了一个 SFG 的割集划分，输入到输出的 I/O 测试线说明在该重定时信号流图中将输出延迟了一个采样。

对于 5 个权值的脉动形式的滤波器而言，最高的时钟工作频率$f_{\text{clk(max)}}$为

$$f_{\text{clk(max)}}=\frac{1}{\tau_{\text{mult}}+\tau_{\text{add}}}$$

使用τ_{mult}和τ_{add}前面定义的值，得到：

$$f_{\text{clk(max)}}=\frac{1}{1+0.1}\times10^9\approx909\text{MHz}$$

注：对于 10 个权值的脉动形式的滤波器而言，或者实际上对于一个任意长度的滤波器而言，它们的$f_{\text{clk(max)}}$都是相同的。

10.3.3　包含流水线乘法器的脉动 FIR 滤波器

需要注意的是，并没有定制规则来规定割集必须从相同的方向插入，读者也可以在水平方向来绘制它。通过在图 10.32 中的加法器和乘法器的连接线之间添加一个切割，可以将关键路径的延迟减少为一个乘法器（注意，前面提到与一个 n 位的加法器相比，一个 n 位的乘法器有更长的关键路径），如图 10.33 所示，最高的时钟工作频率$f_{\text{clk(max)}}$表示为

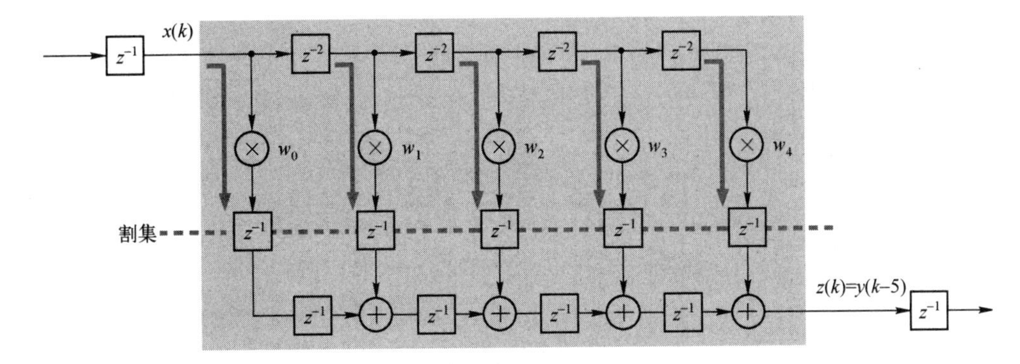

图 10.33　添加水平方向的割集

$$f_{\mathrm{clk(max)}}=\frac{1}{\tau_{\mathrm{mult}}}=\frac{1}{1}\times 10^9\approx 1000\mathrm{MHz}$$

和前面脉动形式的 FIR 滤波器一样，关键路径和滤波器的长度之间没有任何关系。

10.3.4　将 FIR 滤波器 SFG 乘法器流水线

当使用 FPGA 实现 FIR 滤波器时，通过将真正的乘法器“流水线”化，进一步提高效率和速度。考虑如图 10.34 所示的 FIR 滤波器 SFG 的标准流水线结构，该结构使用了 4 位的数据和权值。当使用 4 个割集后，得到将乘法器“流水线”化后的 FIR 滤波器结构如图 10.35 所示。

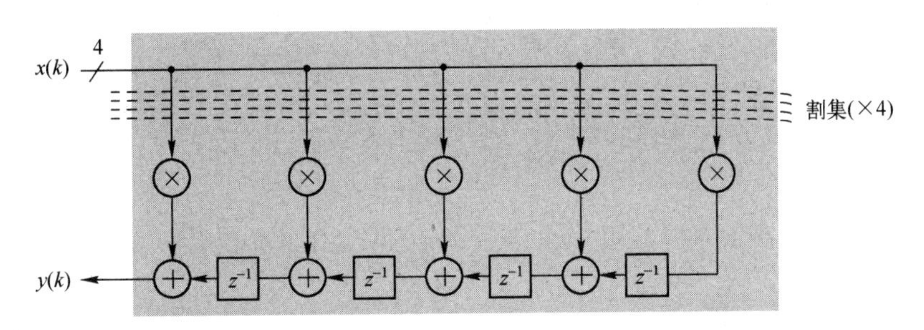

图 10.34　FIR 滤波器的 SFG 的标准流水线结构

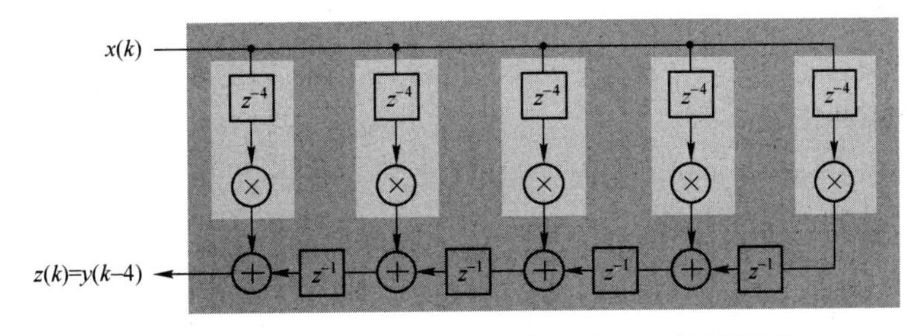

图 10.35　将乘法器“流水线”化后的 FIR 滤波器结构

根据图 10.36 给出的 4 位乘法器的原理和结构，可知一个 4 位的整数类型的乘法器有 7 个单元的延迟（最长路径）。

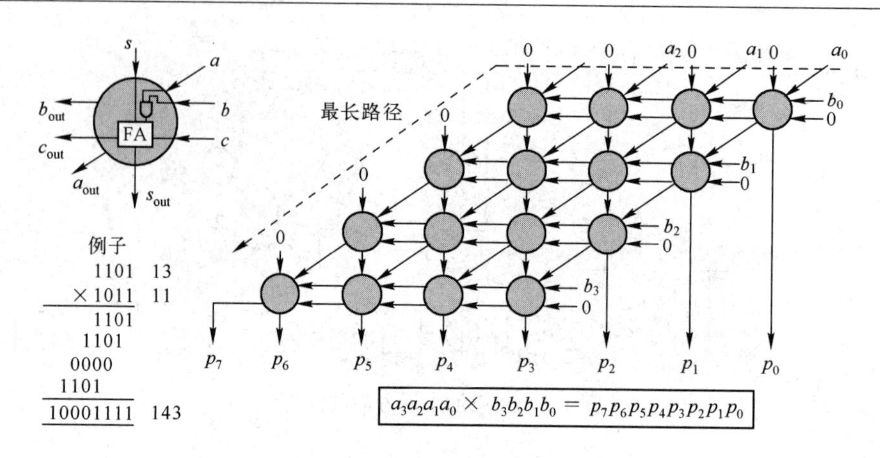

图 10.36　4 位乘法器的原理和结构

很明显，可以考虑在图 10.34 所示的乘法单元之间添加流水线，使得图 10.34 所示的单元可以以流水线的形式工作，如图 10.37 所示。

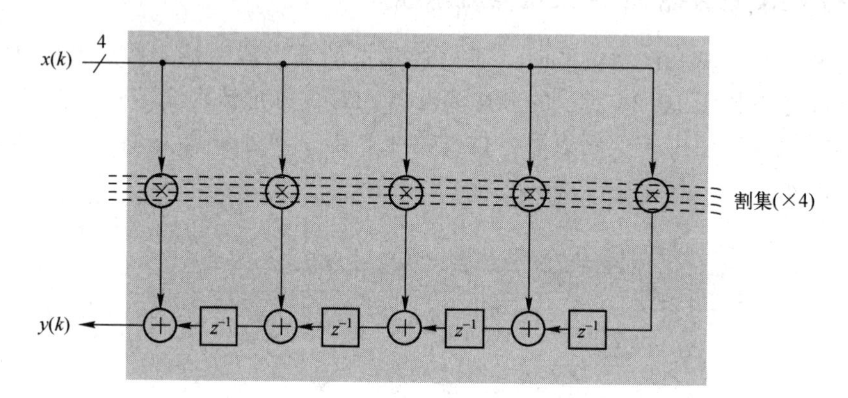

图 10.37　在图 10.34 所示的乘法单元之间添加流水线

很明显，与前面数据采样之间的流水线不同，这是在逻辑层面的“细粒度”流水线操作。当使用内部“流水线”乘法器的结构时，最高的时钟工作频率$f_{clk(max)}$为

$$f_{clk(max)}=\frac{1}{\tau_{mult}/N+\tau_{add}}$$

式中，N 为乘法器的位数。

10.4　FIR 滤波器构建块

在 FPGA 中，需要将 FIR 滤波器的标准形式、转置形式、脉动形式和包含流水线乘法器的脉动形式映射到 FPGA 内的 DSP48 单元中，如图 10.38 所示。

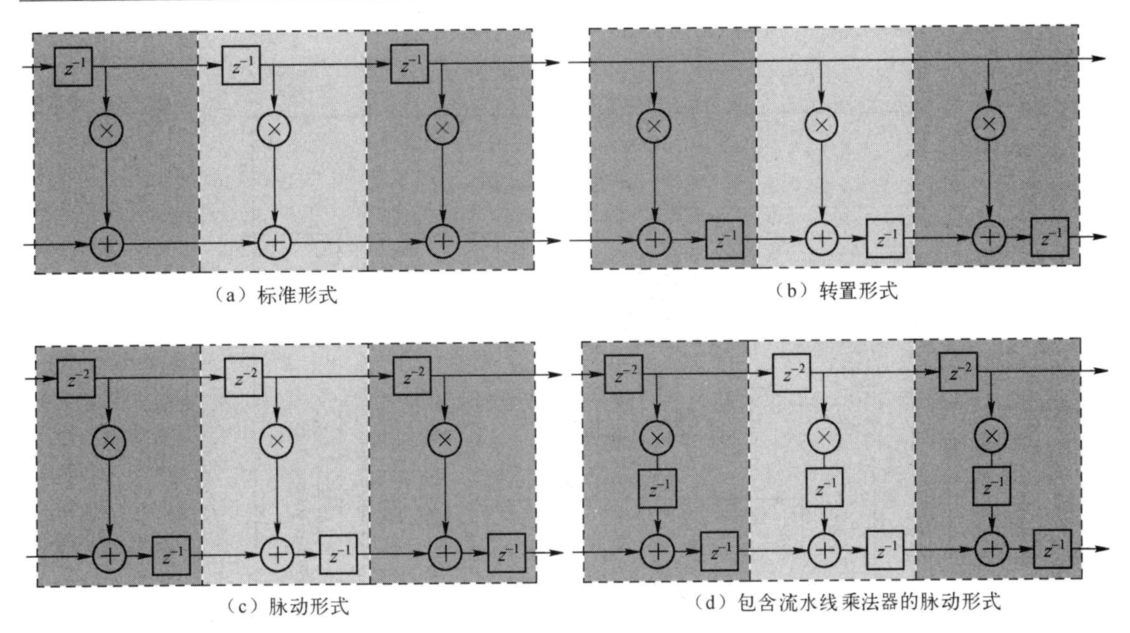

图 10.38　FIR 滤波器的不同形式

这 4 种形式的滤波器所要求的寄存器如表 10.1 所示。

表 10.1　不同形式的 FIR 滤波器所要求的寄存器

	标准形式	转置形式	脉动形式	包含流水线乘法器的脉动形式
输入线	1	0	2	2
乘法器	0	0	0	1
加法器线	0	1	1	1

根据表 10.1，给出寄存器选项的“超集”，如图 10.39 所示。在 Xilinx FPGA 的 DSP48 单元内，可以找到这些寄存器的映射，如图 10.40 所示。

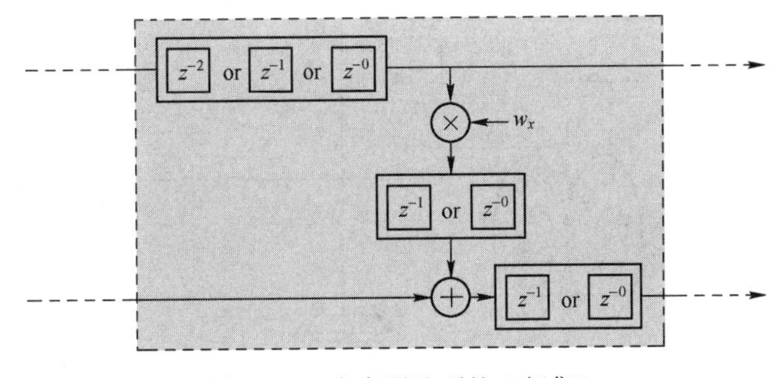

图 10.39　寄存器选项的“超集”

用于创建一个脉动单元的寄存器和路径标记在 DSP48 单元中，如图 10.41 所示。注意输入线过了级联的 BCIN 和 PCOUT 端口。注意，通过 X/Y 多路选择器，乘法器输出两个部分积。

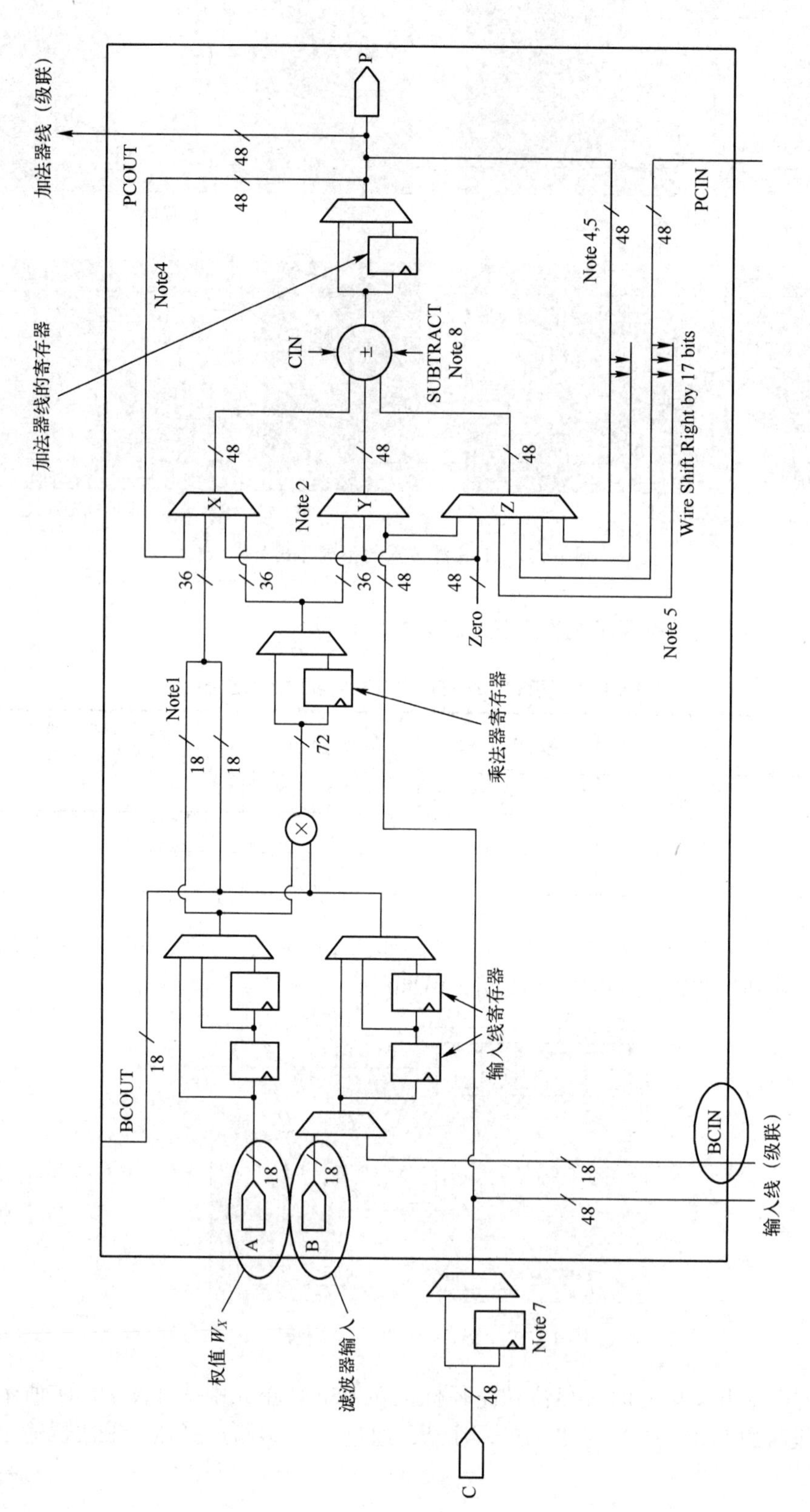

图10.40 DSP48单元的内部结构

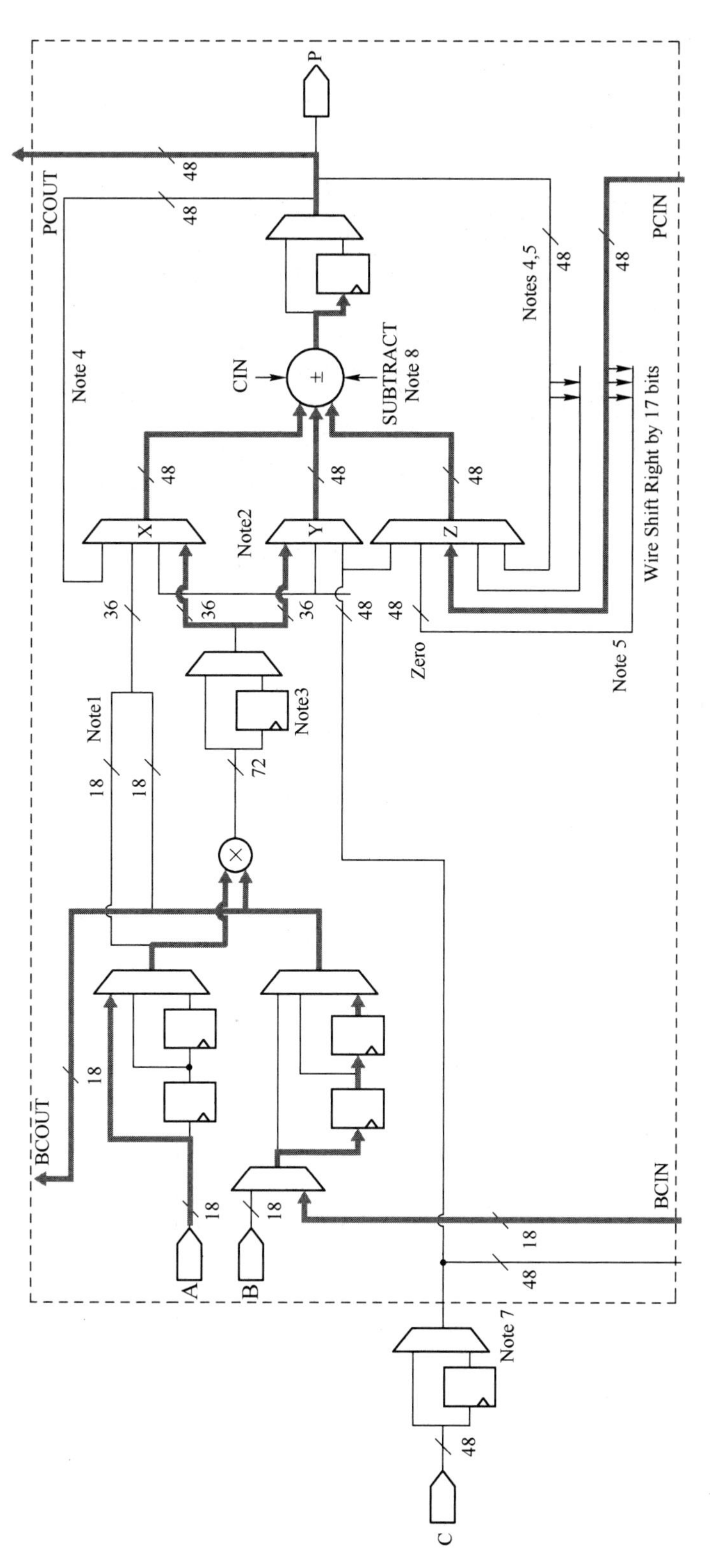

图10.41　DSP48内实现脉动单元

10.4.1　带加法器树的 FIR 滤波器

使用加法器树产生乘积的和的 FIR 滤波器结构如图 10.42 所示。显然，加法器树非常适合系数个数为 2 的幂次方的滤波器。

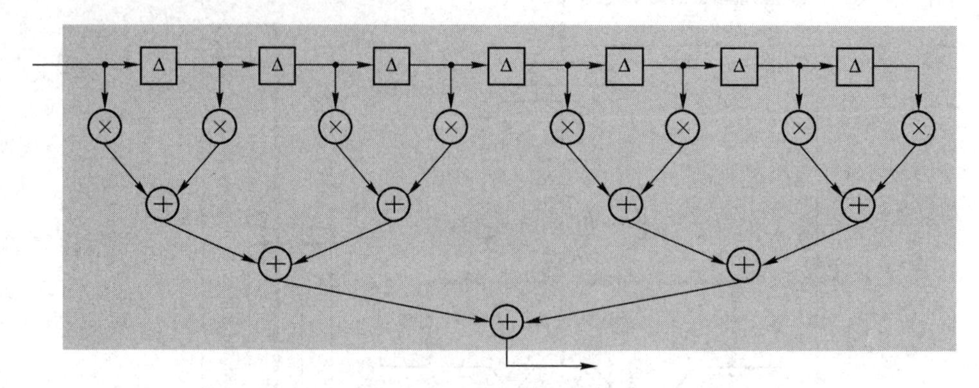

图 10.42　使用加法器树产生乘积的和的 FIR 滤波器结构

图 10.42 所示 FIR 滤波器结构的关键路径表示为

$$\tau_{\text{mult}}+3\,\tau_{\text{add}}$$

对于一个 8 系数的滤波器，标准形式的 FIR 滤波器的关键路径为

$$\tau_{\text{mult}}+7\,\tau_{\text{add}}$$

在使用线性信号流图时，通常可以根据一些简单的运算法则移动加法器、延迟和乘法器，如图 10.43 和图 10.44 所示。

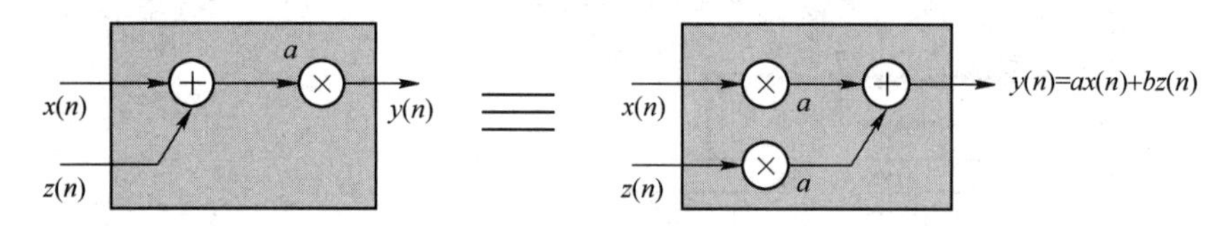

图 10.43　恒等变换（1）

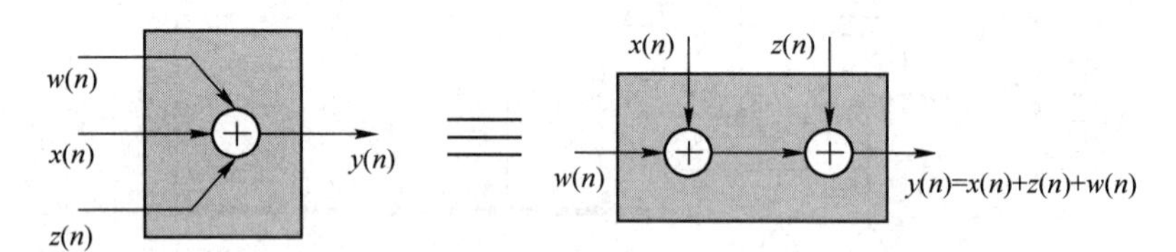

图 10.44　恒等变换（2）

10.4.2　加法器树的流水线

对于一个信号流图来说，如果假设内部互联不存在延迟，则可以移动或滑动周围的元件而不改变信号流图的功能。

可以通过使用割集重定时方法对加法器树执行流水线操作，如图 10.45 所示，其关键路径表示为

$$\tau_{\text{mult}}+\tau_{\text{add}}$$

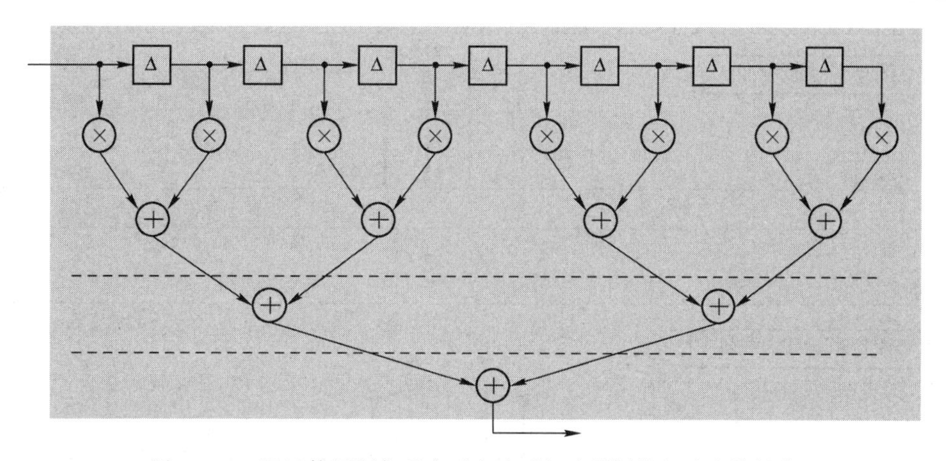

图 10.45　通过使用割集重定时方法对加法器树执行流水线操作

可在乘法器下面应用一个割集将延迟进一步缩小至τ_{mult}，如图 10.46 所示。

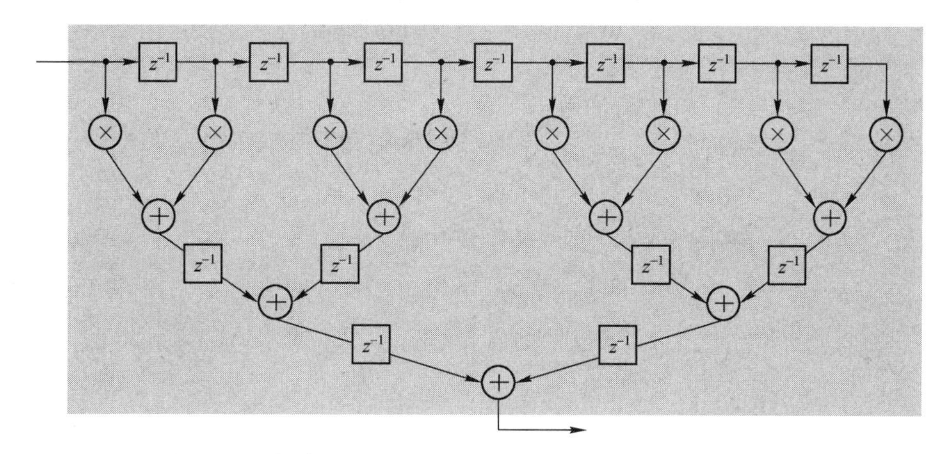

图 10.46　在乘法器下面应用一个割集将延迟进一步缩小至τ_{mult}

10.4.3　对称 FIR 滤波器

许多应用领域，特别是在通信信号处理中，要求 FIR 滤波器具有对称的系数，因为这确保了线性相位或恒定群延迟，如图 10.47 所示。在 FIR 滤波器一章介绍过，当 FIR 滤波器的 N 个实数权值为对称或者反对称时，滤波器具有线性相位，即

$$w(n)=\pm w(N-1-n)$$

这就表示通过滤波器的所有频率都延迟相同的值。线性相位 FIR 滤波器的脉冲响应为奇数或者偶数个权值。

前面提到，线性相位所期望的属性在一些应用中特别重要，在这些应用中，一个信号的相位加载了很重要的信息。为了说明线性相位，假设输入一个频率为 f 的余弦信号，并且对该信号以f_s的速率对对称冲激响应 FIR 滤波器（有偶数个权值）进行采样，其权值表示为

$$w_n=w_{N-n},n=0,1,\cdots,N/2-1$$

为了表示方便，令 $\omega=2\pi f/f_s$。则滤波器的输出 $y(k)$ 表示为

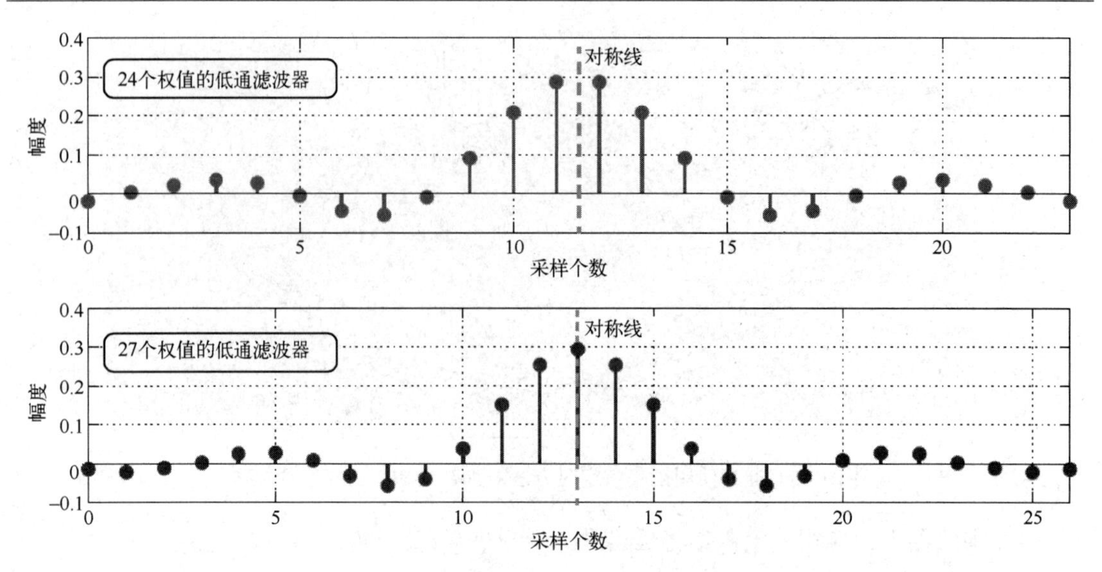

图 10.47　对称系数的 FIR 滤波器

$$y(k) = \sum_{n=0}^{N-1} w_n \cos\omega(k-n) = \sum_{n=0}^{\frac{N}{2}-1} w_n[\cos\omega(k-n) + \cos\omega(k-N+n)]$$
$$= \sum_{n=0}^{\frac{N}{2}-1} 2w_n \cos\omega(k-N/2)\cos\omega(n-N/2)$$
$$= 2\cos\omega\left(k-\frac{N}{2}\right)\sum_{n=0}^{\frac{N}{2}-1} w_n \cos\omega\left(n-\frac{N}{2}\right) = M\cdot\cos\omega\left(k-\frac{N}{2}\right)$$

式中：

$$M = \sum_{n=0}^{\frac{N}{2}-1} 2\,w_n \cos\omega\left(n-\frac{N}{2}\right)$$

从上式可知，不管输入信号的频率是多少，输入余弦信号只延迟 $N/2$ 个采样，经常将其称为群延迟，它的幅度由 M 标定。因此，这样一个 FIR 滤波器的相位响应只是由 $\omega N/2$ 定义的一条直线。群延迟经常定义为相位响应对角频率的微分。因此，一个具有线性相位的滤波器，其群延迟对于所有的频率而言都是一个常数。对于任意输入的时域波形，一个具有恒定群延迟的全通滤波器只产生延迟。

考虑具有 7 个对称系数 $\{-3, 5, -7, 9, -7, 5, -3\}$ 的 FIR 滤波器信号流结构，如图 10.48 所示。通过观察该结构可知，对每个输出采样需要执行 7 个乘/累加操作。这个滤波器具有对称系数 $w_0=w_6$、$w_1=w_5$和 $w_2=w_4$。因此，为了减少操作的次数，需要首先将$x(k)$和 $x(k-6)$相加，然后执行乘法操作；$x(k-1)$和 $x(k-5)$相加，然后执行乘法操作；$x(k-2)$和$x(k-4)$相加，然后执行乘法操作。这样，显著减少了乘法的次数。

很明显，由于具有奇数个权值，因此只有 $N-1$ 个权值可以配对，而最中间的那个权值只能独立进行计算。因此，对不同延迟时刻的采样同时进行 3 个预相加，然后再进行 4 个乘法操作。对称滤波器优化计算前的输出 $y(k)$ 表示为

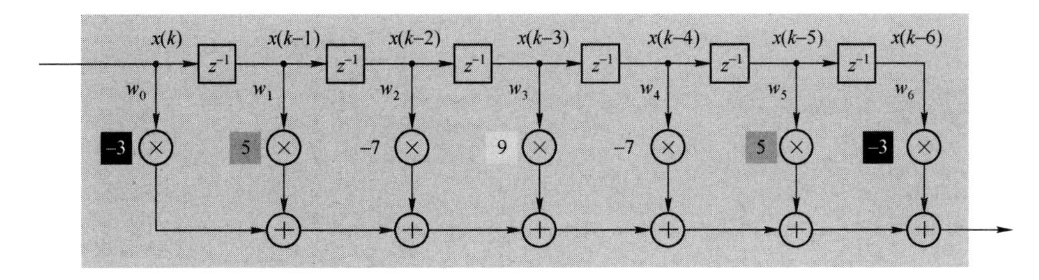

图 10.48 具有 7 个对称系数的 FIR 滤波器结构

$$y(k)=x(k)w_0+x(k-1)w_1+x(k-2)w_2+x(k-3)w_3+x(k-4)w_4+x(k-5)w_5+x(k-6)w_6$$

由于存在对称系数，所以重新写作：

$$y(k)=x(k)w_0+x(k-1)w_1+x(k-2)w_2+x(k-3)w_3+x(k-4)w_2+x(k-5)w_1+x(k-6)w_0$$

将上面的等式进行分组，得到：

$$y(k)=[x(k)+x(k-6)]w_0+[x(k-1)+x(k-5)]w_1+[x(k-2)+x(k-4)]w_2+x(k-3)w_3$$

为了减少运算量，重新排列对称系数，如图 10.49 所示。对于一个 N 系数的滤波器，乘法器的数目为 $N/2$（如 N 为偶数，乘法器的数目为 $N/2$；当 N 为奇数，乘法器的数目为 $N/2+1$）。

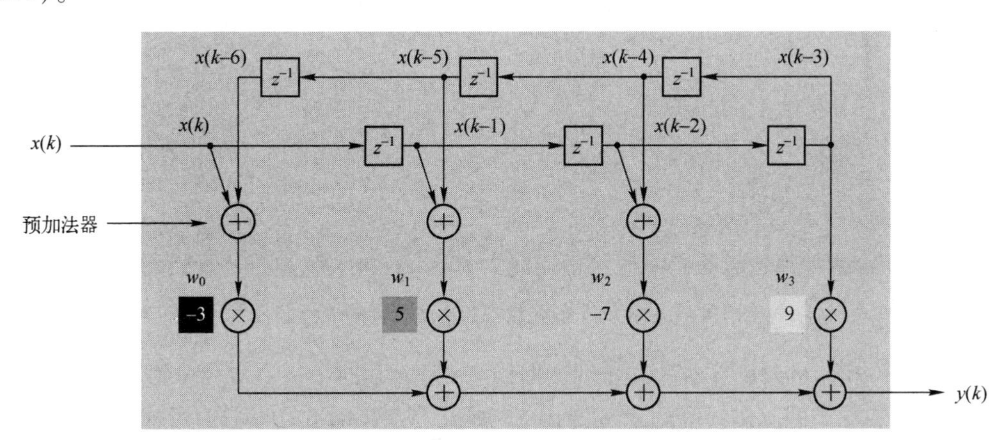

图 10.49 对称系数的 FIR 滤波器的重排

注意：对称系数的 FIR 滤波器中使用的乘法器在硬件开销上有所提高。例如，以前的两个输入为 N 位，因此需要一个 $N\times N$ 的乘法器。现在，某个采样加法器的输入为 $N+1$ 位，因此乘法器的硬件开销稍微增加到$(N+1)\times N$，但是硬件的总开销降低了，如图 10.50 所示。

注意：原来对称系数的 FIR 滤波器的关键路径如图 10.51 所示。从图 10.51 中可知，其关键路径延迟表示为$\tau_{\text{预加法器}}+\tau_{\text{mult}}+3\tau_{\text{add}}$。进一步推广：

对于 N 为奇数的对称权值 FIR 滤波器而言，关键路径延迟表示为

$$\tau_{\text{预加法器}}+\tau_{\text{mult}}+\left(\frac{N-1}{2}\right)\tau_{\text{add}}$$

对于 N 为偶数的对称权值 FIR 滤波器而言，关键路径延迟表示为

$$\tau_{\text{预加法器}}+\tau_{\text{mult}}+\left(\frac{N}{2}-1\right)\tau_{\text{add}}$$

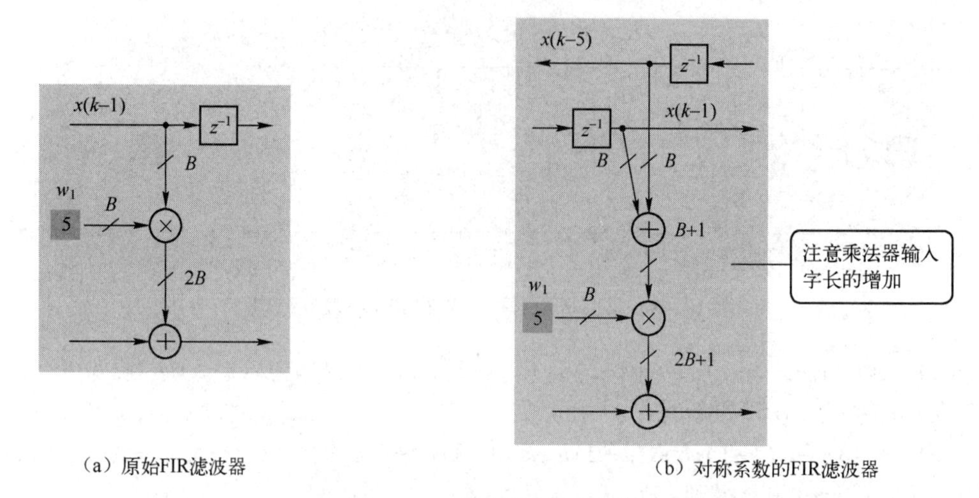

（a）原始FIR滤波器　　（b）对称系数的FIR滤波器

图 10.50　乘法器字长的增加

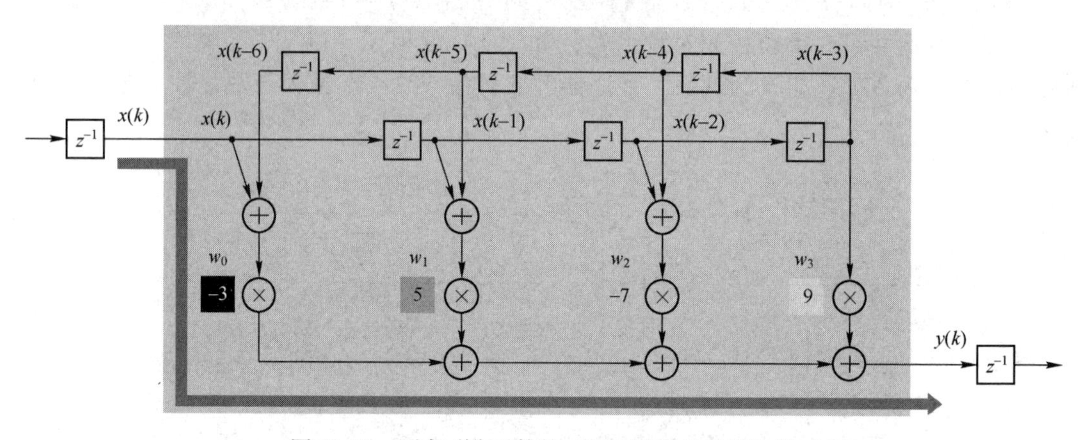

图 10.51　原来对称系数的 FIR 滤波器的关键路径

对图 10.49 给出的对称系数的 FIR 滤波器使用割集重定时，进一步减少关键路径，这样滤波器可以工作在更高的工作频率上，如图 10.52 所示。从图 10.52 中可知，关键路径延迟为

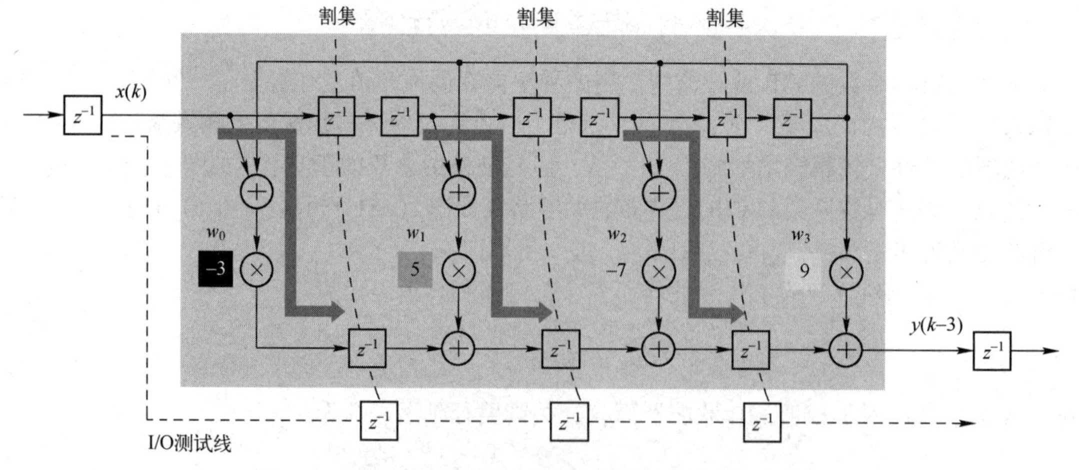

图 10.52　将割集应用于对称系数的 FIR 滤波器后的结构

$$\tau_{\text{预加法器}}+\tau_{\text{mult}}+\tau_{\text{add}}$$

注意：使用 3 个垂直方向的割集后，滤波器增加了 3 个延迟。当然，读者可以在水平方向使用割集进一步减少关键路径延迟，如图 10.53 所示。

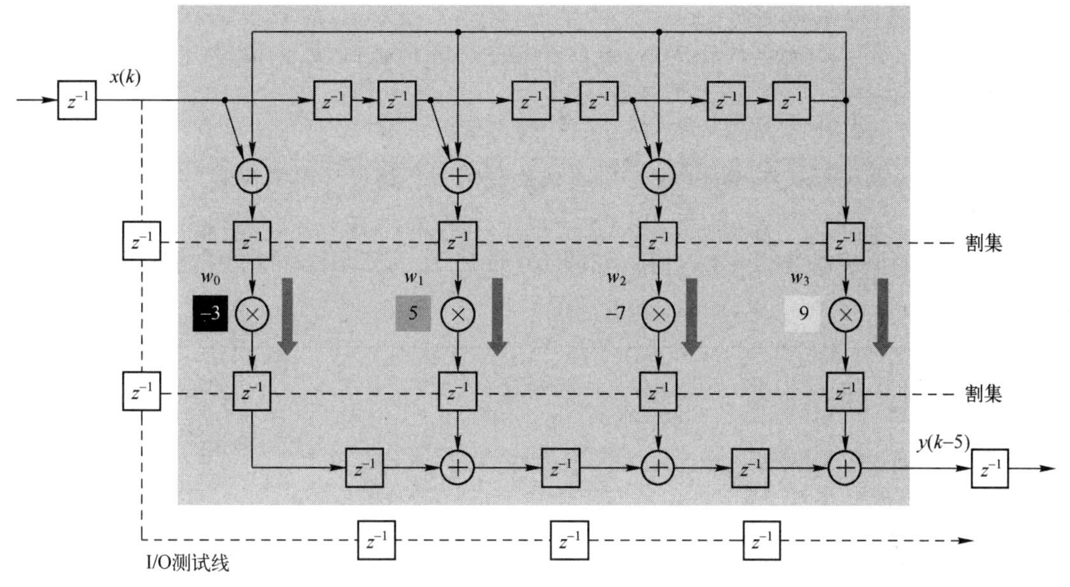

图 10.53　在水平方向将割集应用于对称系数的 FIR 滤波器

10.5　标准形式和脉动形式的 FIR 滤波器的实现

通过在每个 MAC 单元之间插入割集，将标准形式的 FIR 滤波器转换成脉动形式的 FIR 滤波器，如图 10.54 所示。

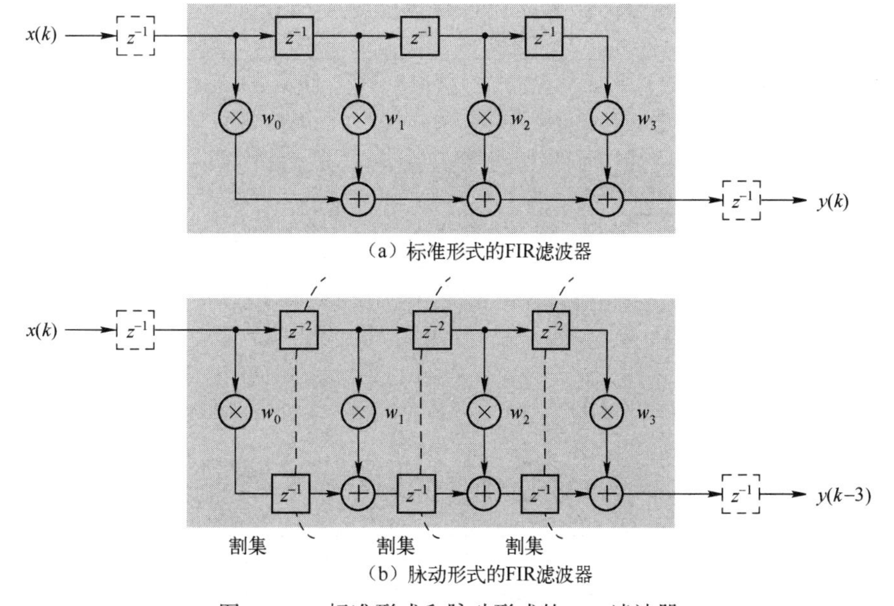

图 10.54　标准形式和脉动形式的 FIR 滤波器

从图 10.54 中可知，关键路径减少为一个乘法器和一个加法器，但是消除了广播线。对于标准形式的 FIR 滤波器而言：

$$y(k)=x(k-2)w_0+x(k-3)w_1+x(k-4)w_2+x(k-5)w_3 \tag{10.1}$$

对于脉动形式的 FIR 滤波器而言：

$$y'(k)=x(k-5)w_0+x(k-6)w_1+x(k-7)w_2+x(k-8)w_3 \tag{10.2}$$

将式（10.1）和式（10.2）相比，得到：

$$y(k-3)=y'(k)$$

下面给出这两种形式在 Simulink 中的具体表现形式，该设计中的权值为

$$w_0=-10, w_1=-20, w_2=50, w_3=80$$

标准形式的 FIR 滤波器（4 权值）如图 10.55 所示，脉动形式的 FIR 滤波器（4 权值）如图 10.56 所示。

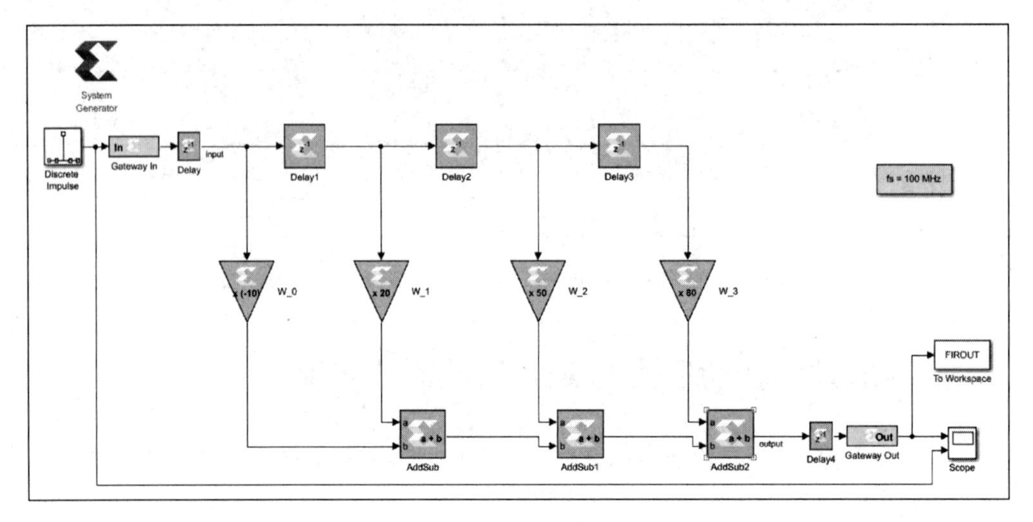

图 10.55　标准形式的 FIR 滤波器（4 权值）

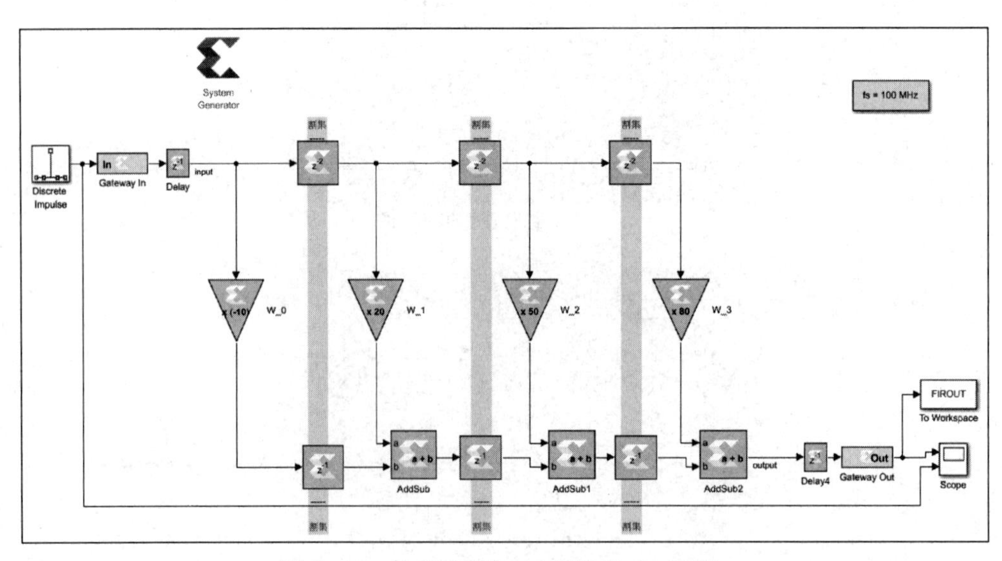

图 10.56　脉动形式的 FIR 滤波器（4 权值）

注：读者可以定位到本书所提供资料的\fpga_dsp_example\FIR\systolic_FIR 目录下，分别打开名字为“standard_4. slx”（保存标准形式的 FIR 滤波器）和“systolic_4. slx”的文件（保存脉动形式的 FIR 滤波器）。

思考与练习 10-1：对标准形式的 FIR 滤波器和脉动形式的 FIR 滤波器执行仿真，打开 Scope 界面，观察输出波形延迟，或者在 MATLAB 的命令行中输入“FIROUT”，观察输出的延迟是否与理论计算得到的延迟一致。

思考与练习 10-2：将标准形式的 FIR 滤波器和脉动形式的 FIR 滤波器导入 HLS Vivado 中（在该例子中将所使用的器件设置为 xc7a75tfgg484-1），观察这两种形式下 FIR 滤波器所消耗的逻辑资源（包括 LUT、Register、DSP 和 BRAM）。

思考与练习 10-3：在 HLS Vivado 中打开“Implementation”后的“Design Timing Summary”，比较两者在时序上的差异。

4 权值包含流水线乘法器的脉动形式的 FIR 滤波器结构如图 10. 57 所示。

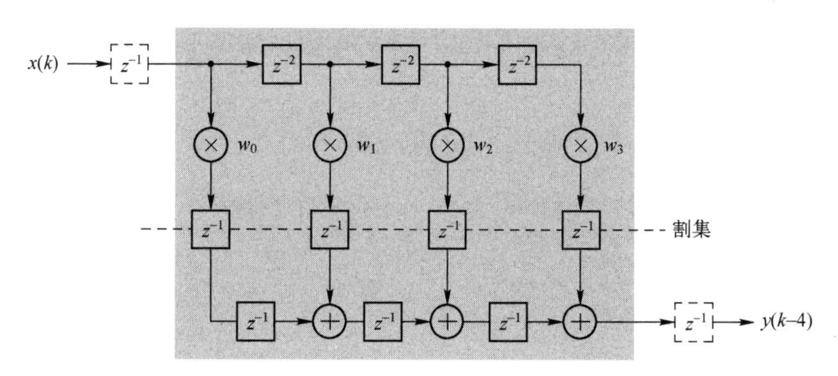

图 10. 57　4 权值包含流水线乘法器的脉动形式的 FIR 滤波器结构

从图 10. 57 中可知，将关键路径缩短为一个乘法器。对于包含流水线乘法器的脉动形式的 FIR 滤波器而言，表示为

$$y''(k)=x(k-6)w_0+x(k-7)w_1+x(k-8)w_2+x(k-9)w_3 \tag{10.3}$$

将式（10. 1）和式（10. 3）相比，得到：

$$y(k-4)=y''(k)$$

下面给出图 10. 57 在 Simulink 中的具体表现形式，如图 10. 58 所示。

注：读者可以定位到本书所提供资料的\fpga_dsp_example\FIR\systolic_FIR 目录下，打开名字为“systolic_pm_4. slx”的文件（保存包含流水线乘法器的脉动形式的 FIR 滤波器）。

思考与练习 10-4：对包含流水线乘法器的脉动形式的 FIR 滤波器执行仿真，打开 Scope 界面，观察输出波形的延迟，或者在 MATLAB 的命令行中输入“FIROUT”，观察输出的延迟是否与理论计算得到的延迟一致？

思考与练习 10-5：将包含流水线乘法器的脉动形式的 FIR 滤波器导入 HLS Vivado 中（在该例子中将所使用的器件设置为 xc7a75tffg484-1），观察这种形式所消耗的逻辑资源（包括 LUT、Register、DSP 和 BRAM）。

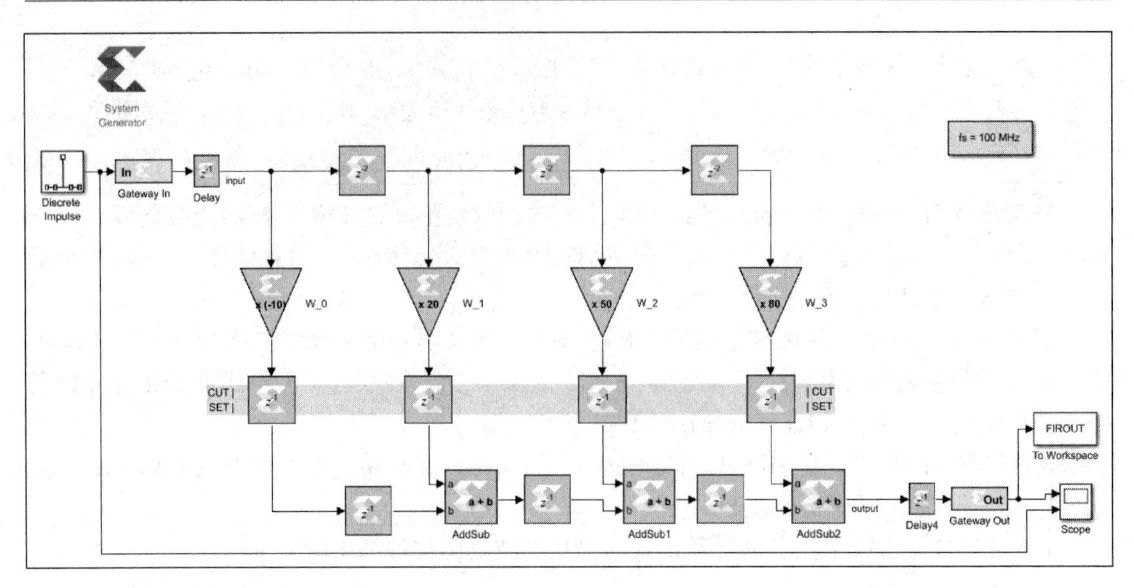

图 10.58　4 权值包含流水线乘法器的脉动形式的 FIR 滤波器的实现结构

思考与练习 10-6：在 HLS Vivado 中打开“Impplemention”后的“Design Timing Summary”，查看其时序上的报告。

第 11 章　多速率信号处理的原理与实现

多速率信号处理有着非常重要的应用，本章将主要介绍多速率信号处理的一些需求、多速率操作、多速率信号处理的典型应用和多相滤波器的原理与实现。

通过本章内容的学习，可以帮助读者掌握多速率信号处理的原理和多速率信号处理方法在信号处理中的应用。

11.1　多速率信号处理的一些需求

本节将先介绍一些多速率信号处理应用的场景，以帮助读者认识多速率信号处理的重要性。

11.1.1　信号重构

如果在把信号送到 DAC 之前进行过采样，则将显著降低后端模拟重构滤波器设计的复杂度，如图 11.1 所示。

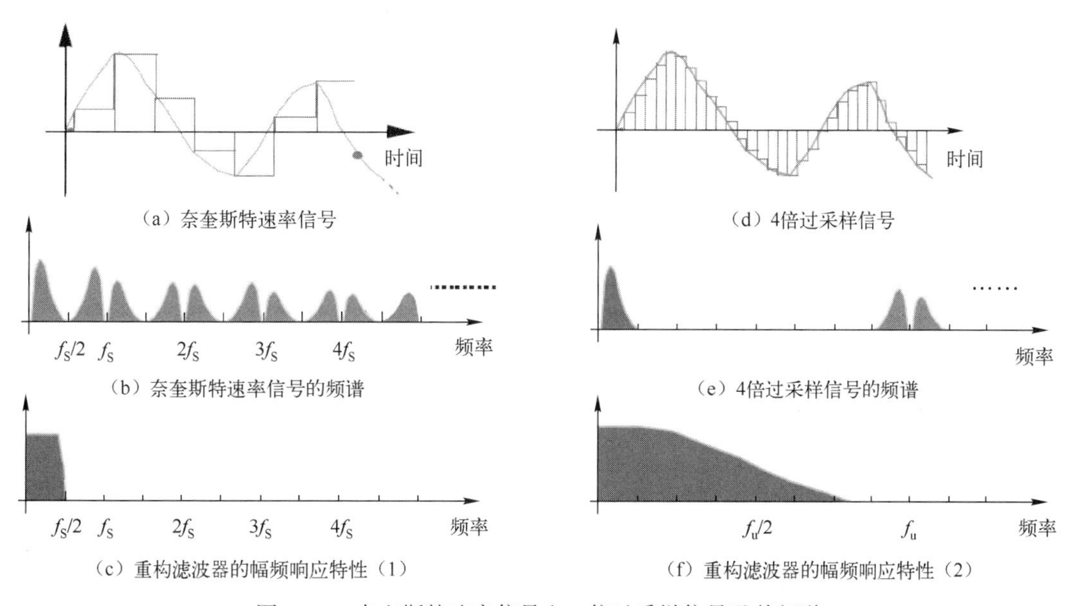

图 11.1　奈奎斯特速率信号和 4 倍过采样信号及其频谱

如图 11.1（a）所示，当以奈奎斯特速率产生数字信号送给 DAC 时，其频谱以 f_S、$2f_S$、$3f_S$和 $4f_S$镜像分布，由于频谱之间靠得比较近，所以在设计重构滤波器时，要求其有较陡的“过渡带”。当以高于麦奎斯特速率（如 4 倍过采样信号）的速率对信号采样时，如图 11.1（b）所示，其频谱之间的间隔将增加，这样在设计重构滤波器时，并不要求其有很陡的“过渡带”。

11.1.2 数字下变频

数字通信接收机中通常有很多采样率，如图 11.2 所示。图 11.2 中，f_{ADC}表示 ADC 的采样率，R_s为符号率。接收机系统中要求不同的采样率，这是因为：一般基带处理工作在符号率上；通道滤波器必须工作在过采样率上。

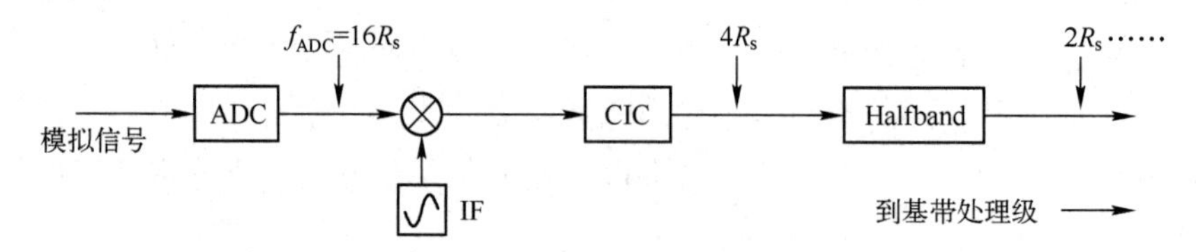

图 11.2 数字通信接收机系统中不同的采样率

从图 11.2 中可知，ADC 将以 16 倍符号率的速度对输入的模拟信号进行采样。下变换器将高采样率降低到接近于符号率的速度。实现这个目的最有效的方法是使用一连串的降采样率滤波器，其中的每个滤波器将采样率降低一个整数因子。最终，在滤波器链的末端，采样率将适用于基带信号处理的要求。

为什么不在开始的时候就以期望的采样率采样信号？问题是后续将在 ADC 前面要求一个特别高性能的模拟抗混叠滤波器。事实上，对于一些通信系统而言，设计一个模拟滤波器来实现这个目的是不可能的。如果在一开始就将采样率设置得很高，这样就可以降低所设计的模拟抗混叠滤波器的要求，并且使用更灵活的和精度更高的数字滤波器去除不需要的频率分量，这与信号的重建有很近的关系，如图 11.3 所示。

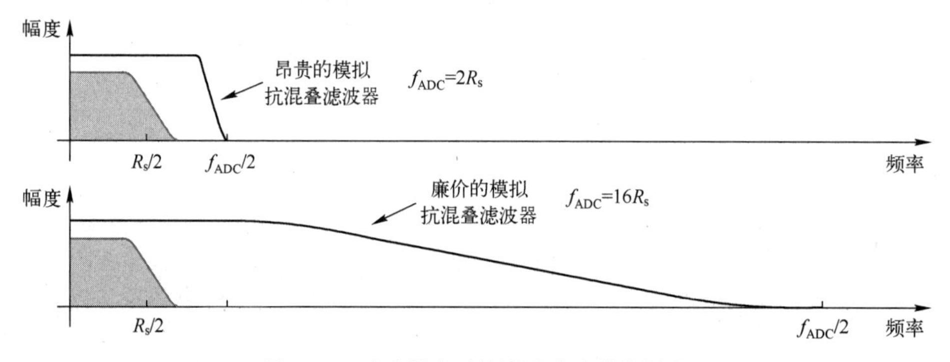

图 11.3 过采样率对抗混叠滤波器的影响

11.1.3 子带处理

通过子带处理可以降低计算量，将信号分割到不同的频带内（子带），每个子带之间相互独立。与原始信号相比，其采样率较低，如图 11.4 所示。例如，图形均衡器可将一个语音信号分散到子带中，这样允许修改每个子带的增益，然后对它们重组，构成均衡器的输出信号。有时候，对于特殊的信号处理任务而言，要求使用子带分解。在其他场合下，在子带内处理信号比在全带宽内处理信号的效率更高。

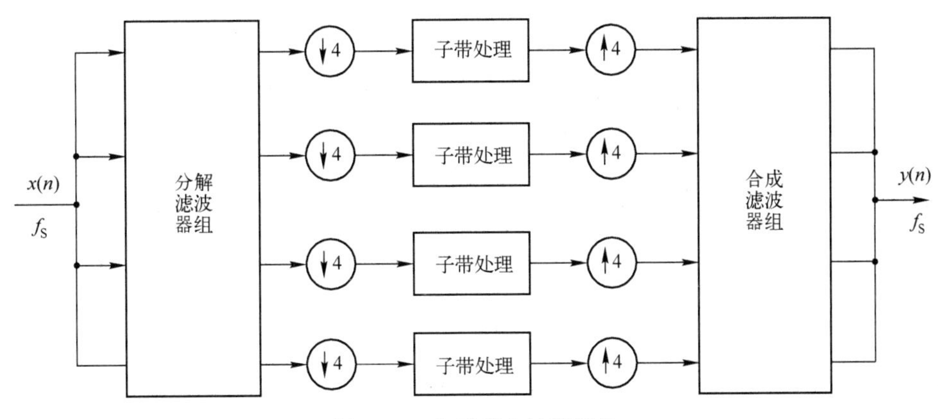

图 11.4　在子带内处理信号

11.1.4　提高分辨率

在 ADC 中，使用比奈奎斯特速率更高的采样率，可以真正地识别更多的位，如图 11.5 所示。从图 11.5 中可知，如果量化噪声是白色的，则过采样时的带内量化噪声能量表示为

$$\text{奈奎斯特量化噪声能量} = \frac{q^2}{12}\frac{1}{4}$$

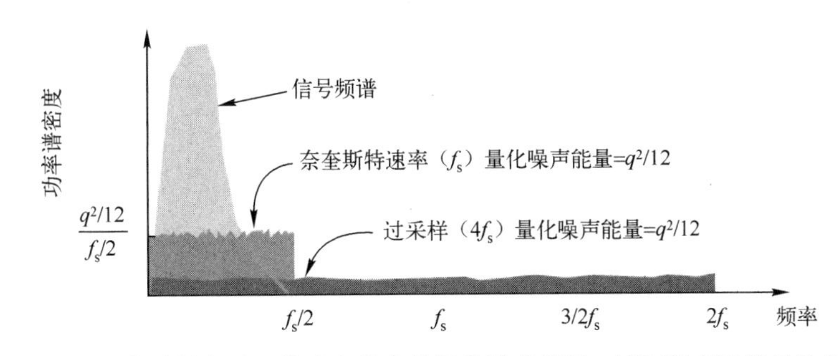

图 11.5　当提高采样率时，将减少带内的量化噪声能量，进而提高了信号的分辨率

11.2　多速率操作

本节将介绍多速率操作。

11.2.1　采样率转换

当采样率发生变化时，读者需要认真考虑频域的变化情况，并且经常要求某些形式的滤波。采样率按整数因子变化时，比较容易观察。例如，当采样率降低一个整数因子时，要求在抽取后跟随带限滤波器；当采样率增加一个整数因子时，要求扩展，后面跟随镜像抗混叠滤波器。非整数的采样率的变换比较难于实现。

1. 抽取

对于 N 个采样，只保留其中一个采样值，将其他 $N-1$ 个采样值丢弃，相当于将采样率降低了 N 倍，即采样率为原来的 $1/N$。对于 $N=4$ 的抽取，如图 11.6 所示。将 $x[n]$ 序列和 $y[n]$ 序列之间的关系写作 $y[n]=x[Nn]$。当 $N=4$ 时，$y[0]=x[0]$, $y[1]=x[4]$, $y[2]=x[8]$…从图 11.6 中可知，抽取的效果是使得采样率降低为原来采样率的 1/4，即

$$f_d = f_S/N$$

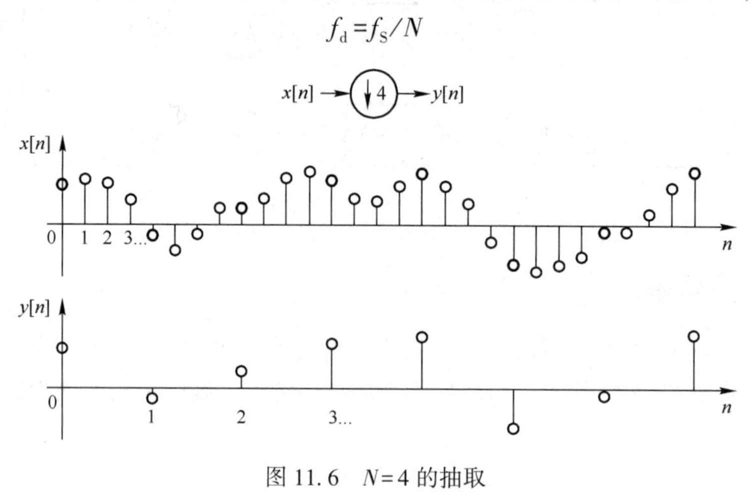

图 11.6 $N=4$ 的抽取

> **注**：符号 Ⓝ 用在信号流中，用于表示抽取。

$N=2$ 时，抽取前后的频谱分布如图 11.7 所示。对模拟信号进行采样后，频谱以采样率 f_s 和其整数倍进行扩展。抽取后，即表示以新的采样率 f_d 进行采样后，频谱以采样率 f_d 和其整数倍进行扩展。当 N 增加的时候，频谱之间的间隔会减少。很明显，如果抽取后的采样率 f_d 低于模拟信号最高频率的两倍时，将会发生频谱混叠现象。

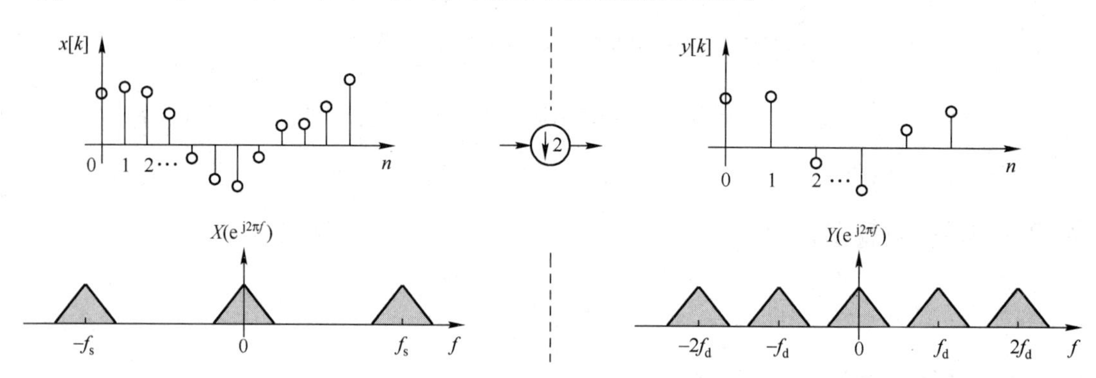

图 11.7 $N=2$ 时，抽取前后的频谱分布

此外，在 A/D 转换时，相同的方法也会发生混叠。因此，在对一个信号进行抽取前，需要使用一个抗混叠滤波器。因此，如图 11.8 所示，一个降采样器包括：

（1）低通抗混叠滤波器。

（2）用于产生所期望速率的抽取器。

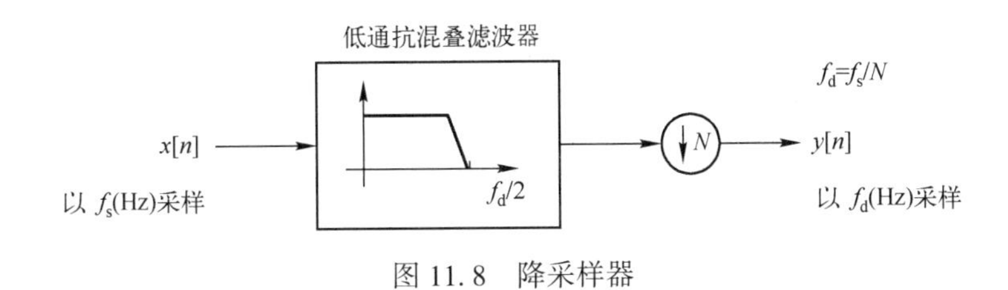

图 11.8　降采样器

前面已经提到，对信号进行因子 N 的抽取，使得信号的频谱出现在新采样频率整数倍的位置。如果没有对信号带限，则会出现混叠。当出现混叠时，混叠部分的频谱将不能分离出现。

低通抗混叠滤波器的一个重要特性是，每 N 个采样值只保留其中一个。例如，当 $N=8$ 时，表示滤波器输出的每 8 个采样值只会有一个被保留下来。这就表示 8 个采样值有 7 个采样值将被浪费。通过将低通抗混叠滤波器和抽取器进行组合构成一个称为抽取 FIR 滤波器的结构，这样就可以避免出现这种情况。

2. 扩展

在每个采样之间插入 $N-1$ 个零，结果就是对于每个原始的采样，最终由 N 采样对应。因此，采样率增加了 N 倍。例如，对于 $N=4$ 而言，在每个原来的采样之间插入 3 个零，如图 11.9 所示。

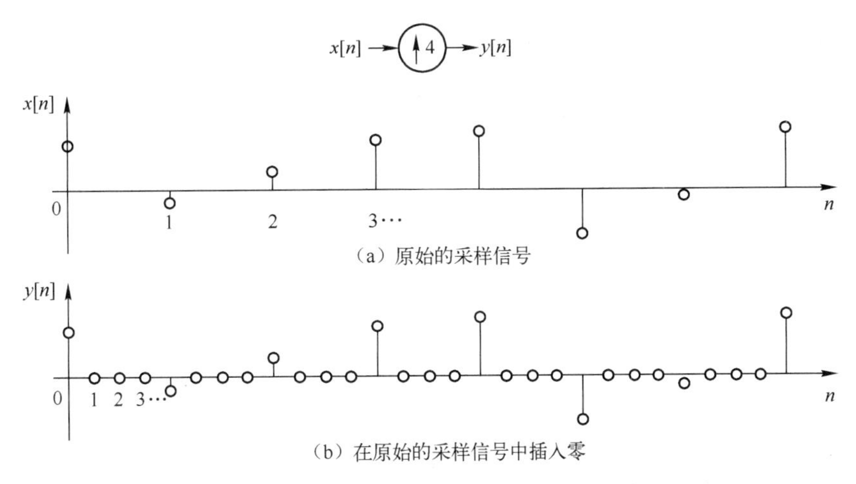

图 11.9　原始的采样信号和在原始的采样信号中插入零

对于 $x[n]$ 和 $y[n]$ 之间的关系，可以表示为

$$y[n]=\begin{cases} x\left|\dfrac{n}{N}\right|, & n=\lambda N \\ 0, & n\neq\lambda N \end{cases},\quad \lambda \text{ 为任意整数}$$

很明显，如果原始信号 $x[n]$ 的采样率为 f_S，则信号 $y[n]$ 的采样率为 $f_u=Nf_S$。符号ⓝ经常用在信号流图中，用于表示升采样。

对信号进行扩展并不会影响原始信号的频谱分量。在对原始信号扩展的过程中，没有添加或者删除信息，如图 11.10 所示。从图 11.10 中可知，在采样率 f_S 处出现的频谱会出现在

$f_u/2$之下。很明显，通过低通滤波器可以过滤掉重复的频谱，即$f_u/2$~$f_S/2$之间。因此，将该滤波器称为内插低通滤波器，如图 11.11 所示。

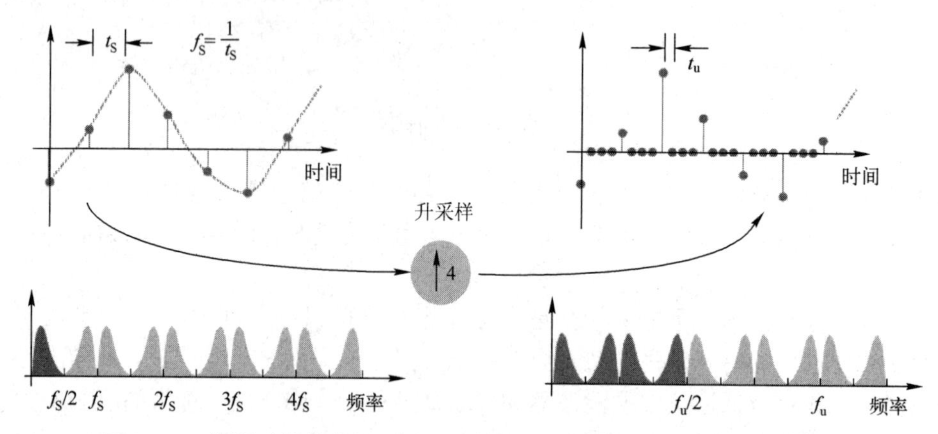

图 11.10 原始采样信号的频谱和在原始采样信号中插入零后的信号频谱

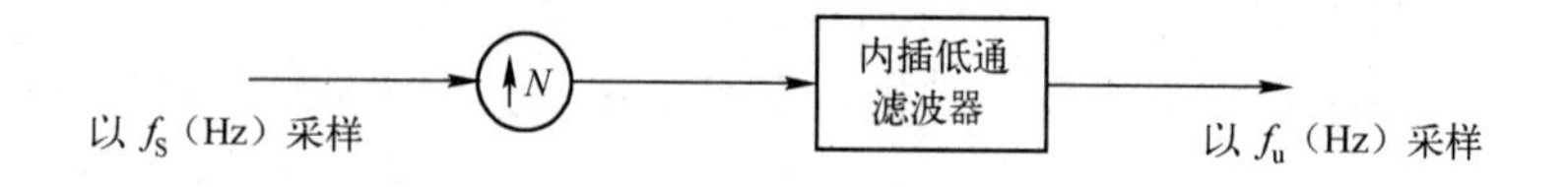

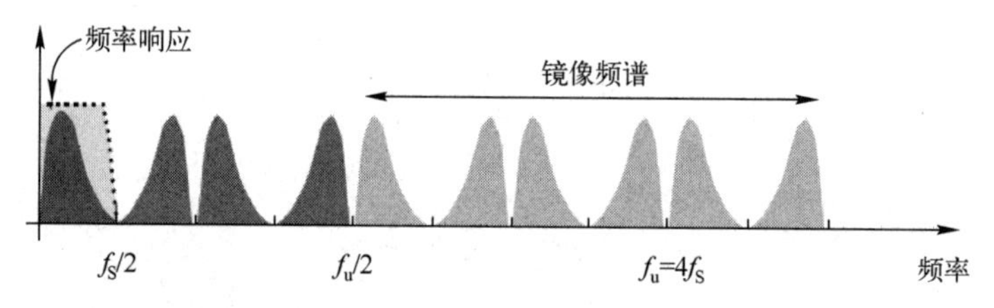

图 11.11 使用内插低通滤波器过滤掉重复的频谱分量

当$N=2$时，在每个原始的采样点之间插入一个零，然后再经过内插低通滤波器，如图 11.12 所示。内插低通滤波器将出现在f_S、$3f_S$、$5f_S$、$7f_S$等处的频谱去除，使得对原始的时域信号在内插零后的输出信号进行“平滑”。

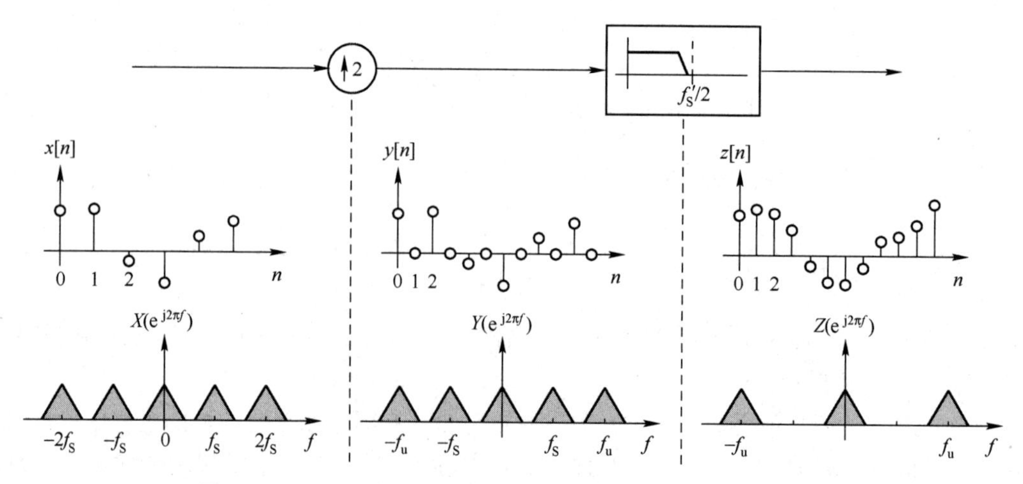

图 11.12 $N=2$时，内插的频谱和通过内插低通滤波器的频谱

3. 重采样

如果采样率变化因子是有理数，即升采样因子为 N，降采样因子为 M，则最终输出的采样率 f_o 表示为

$$f_o=\frac{N}{M}f_S$$

其数据流，如图 11.13 所示。

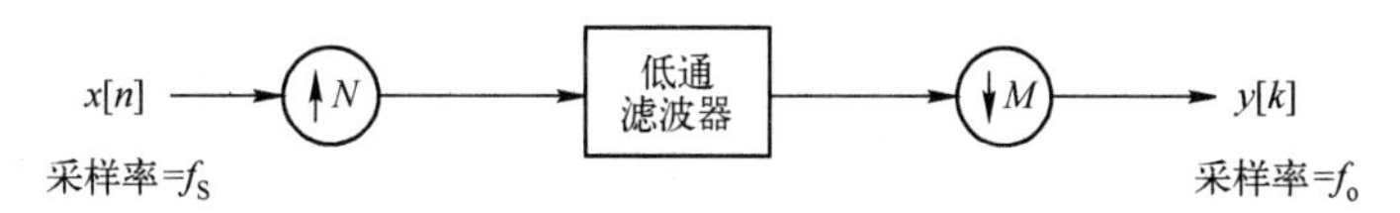

图 11.13　采样率变化因子是有理数

在该结构中，为了避免丢失我们所希望保留的任何频谱分量，需要先升采样（因子为 N），然后再降采样（因子为 M）。

低通滤波器用于下面的两个过程：

(1) 抑制不希望的镜像（它出现在原始采样频率和整倍数的地方）。

(2) 避免在抽取过程中造成频谱的混叠。

因此，滤波器的截止频率是 $f_S/2$ 或者 $f_o/2$，即取两者之间较小的频率作为截止频率。因此，对于低通滤波器截止频率的要求如下：

(1) 如果 $f_o>f_S$ 时，低通滤波器的截止频率为 $f_S/2$。

(2) 如果 $f_o\leqslant f_S$ 时，低通滤波器的截止频率为 $f_o/2$。

4. 小结

当进行采样率转换时，需要注意：

(1) 对频域的影响。

(2) 绝大多数情况下，一些类型的滤波要求对信号的频谱进行约束。

(3) 当采样率的变化为整数时，比较直观并且容易理解。

(4) 将采样率增加整数倍时，首先要求进行扩展，然后再跟随镜像抑制滤波器。

(5) 将采样率降低整数倍时，首先要求带限，然后再进行抽取。

(6) 非整数的采样率比较难于实现。

11.2.2　多相技术

前面介绍过，包含滤波器的降采样后面跟随抽取级，其实现效率较低，这是因为在抽取后，将 N 个采样中的 $N-1$ 个采样“丢弃”。对于升采样而言，其实现效率也较低，这是因为所通过的 N 个采样中，有 $N-1$ 个采样为零。当把一个滤波器分解为多相元件后，就可以显著提高多相操作的效率。例如，下面两个降采样滤波器是等效的，如图 11.14 所示。

如图 11.14 (a) 所示，输出 $y[n]$ 和 $x[n]$ 之间存在下面的关系：

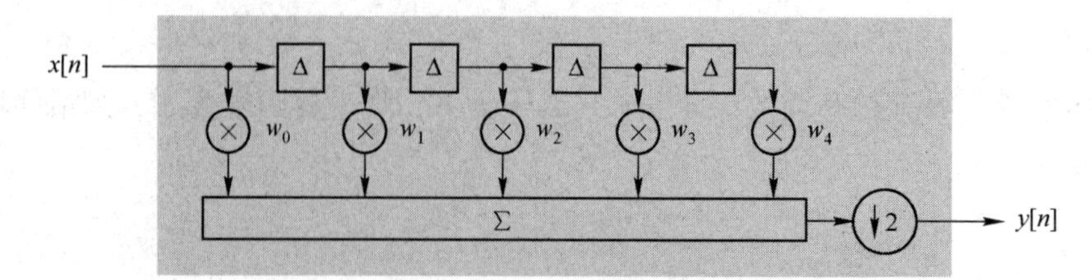

（a）原始滤波器

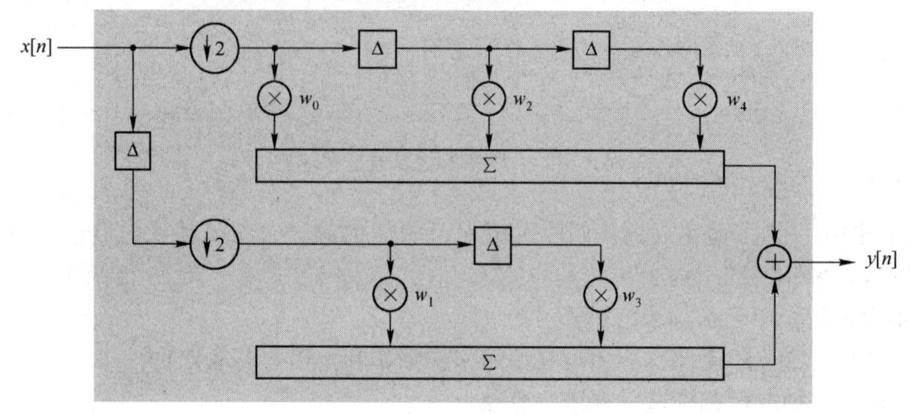

（b）等效滤波器

图 11.14　原始滤波器和等效滤波器（降采样）

$$\begin{cases} x[4]w_0+x[3]w_1+x[2]w_2+x[1]w_3+x[0]w_4=y[0] \\ x[5]w_0+x[4]w_1+x[3]w_2+x[2]w_3+x[1]w_4=y[1] \\ x[6]w_0+x[5]w_1+x[4]w_2+x[3]w_3+x[2]w_4=y[2] \\ x[7]w_0+x[6]w_1+x[5]w_2+x[4]w_3+x[3]w_4=y[3] \\ \cdots \\ x[n]w_0+x[n-1]w_1+x[n-2]w_2+x[n-3]w_3+x[n-4]w_4=y[n-4] \end{cases}$$

由于在末端进行 $N=2$ 的抽取，所以真正有用的采样输出为 $y[0],y[2],y[4]\cdots$

如图 11.15（b）所示，由于在前端进行 $N=2$ 的抽取，所以使用的采样序列为 $x[0]$, $x[2],x[4]\cdots$

图 11.14（b）中，滤波器的上半部分表示为

$$x[4]w_0+x[2]w_2+x[0]w_4 \tag{11.1}$$

$$x[6]w_0+x[4]w_2+x[2]w_4 \tag{11.2}$$

滤波器的下半部分（存在一个延迟）表示为

$$x[3]w_1+x[1]w_3 \tag{11.3}$$

$$x[5]w_0+x[3]w_2 \tag{11.4}$$

式（11.1）和式（11.3）相加后，式（11.2）和式（11.4）相加后，其效果等同于图 17.14（a）。

从图 11.14 中可知，两个滤波器实现的功能是相同的。但是，对图 11.14（b）中的每个输出采样而言，所需要的乘和累加操作（MAC）只有图 11.14（a）的一半。

如图 11.15 所示，两个升采样插值滤波器的效果相同。对于图 11.15（a）而言，送到滤波器的序列（$N=2$，插入一个零后）$x[0],0,x[1],0,x[2],0\cdots$对于图 11.15（a）而言，输出 $y[n]$和 $x[n]$之间存在下面的关系：

$$\begin{cases} x[2]w_0+0\cdot w_1+x[1]w_2+0\cdot w_3+x[0]w_4=y[0] \\ 0\cdot w_0+x[2]\cdot w_1+0\cdot w_2+x[1]w_3+0\cdot w_4=y[1] \\ x[3]w_0+0\cdot w_1+x[2]w_2+0\cdot w_3+x[1]w_4=y[2] \\ 0\cdot w_0+x[3]\cdot w_1+0\cdot w_2+x[2]w_3+0\cdot w_4=y[3] \end{cases}$$

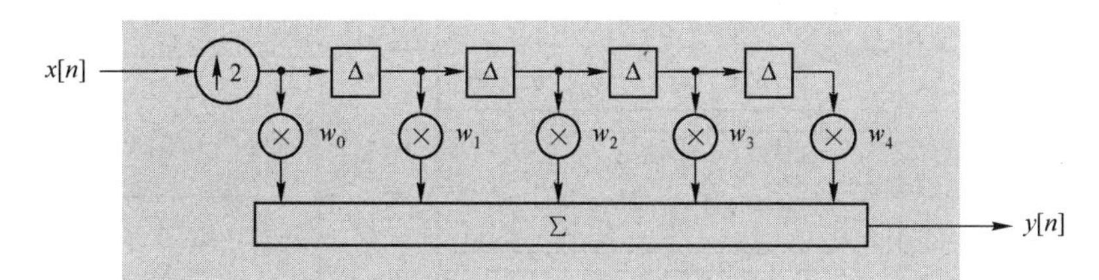

（a）原始滤波器

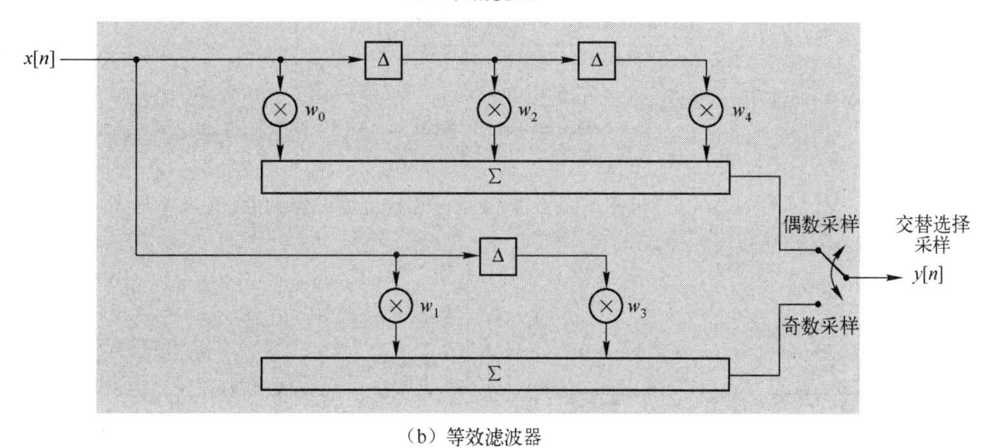

（b）等效滤波器

图 11.15　原始滤波器和等效滤波器（升采样）

对于图 11.15（b）而言，偶数采样表示为

$$x[2]w_0+x[1]\cdot w_2+x[0]w_4=y[0]$$
$$x[3]w_0+x[2]\cdot w_2+x[1]w_4=y[2]$$

奇数采样表示为

$$x[2]\cdot w_1+x[1]w_3=y[1]$$
$$x[3]\cdot w_1+x[2]w_3=y[3]$$

因此，通过开关切换，交替输出偶数采样值和奇数采样值。

1. 多相插值滤波器

多相插值滤波器是一个实现插值滤波器高效的方法，通过它可以将采样率提高到所给定因子的采样率。对于一个升采样率因子 $N=4$ 的采样率，如图 11.16 所示。从计算的复杂度的角度来看，多相插值滤波器使计算的复杂度降低为原来的 $1/N$。该多相插值滤波器和原始滤波器的关系如图 11.17 所示。从图 11.17 中可知，每个多相分量都是对低通滤波器原型的抽取。此外，每个多相插值滤波器产生具有不同相位的最终升采样信号的输出。所设计的原型滤波器用于去除在升采样过程中镜像的信号频谱。注意，并不是必须是一个正弦滤波器。

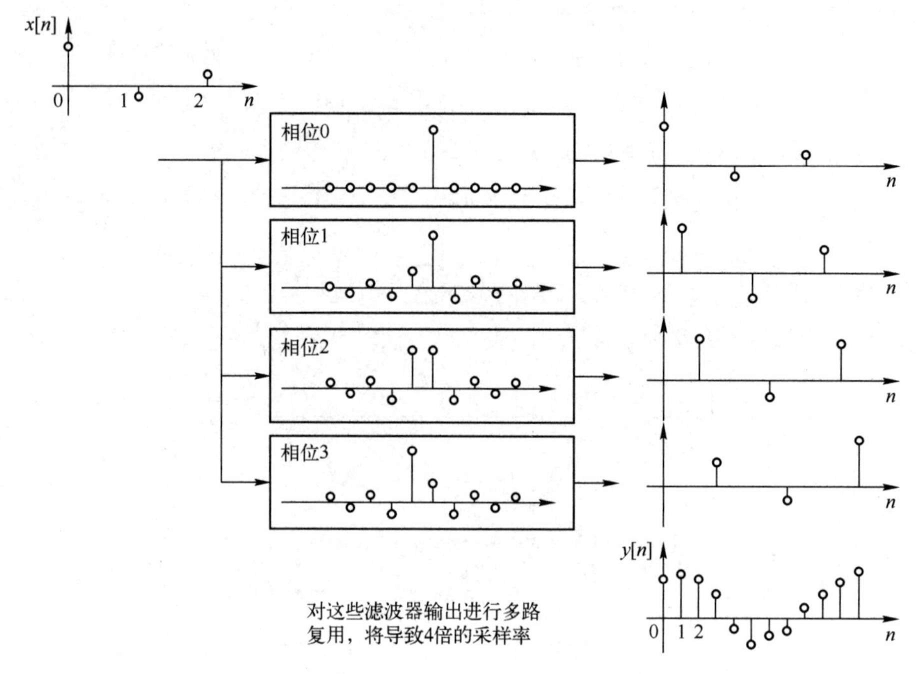

图11.16　升采样率因子$N=4$的多相插值滤波器的原理

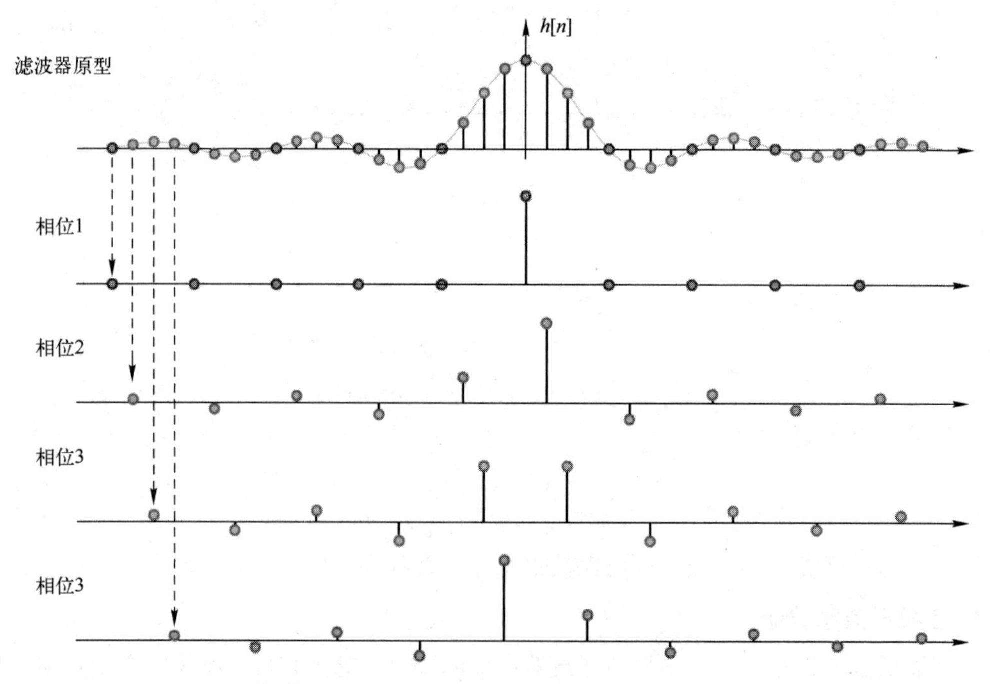

图11.17　升采样率因子$N=4$的多相插值滤波器和原始滤波器的关系

2. 多相重采样滤波器

多相实现展示了一个重采样滤波器的工作原理。每个多相分量产生输出信号的一个相位。本质上，每个相位是对相同信号在不同偏置时间时的采样。不同于需要计算所有相位的输出，读者只需要选择感兴趣的一个，并且只计算它。如果要求对时间相位进行改变，则只需要选择不同的多相滤波器。

尽管低通滤波器的原型有很多系数，但是每个相位分量只包含系数的一小部分。

11.2.3　高级重采样技术

介绍多速率技术时，讨论了固定变化的采样率和整数或者有理数的转换因子。然而，当所要求的转换因子是无理数或者转换因子变化时，情况如何？例如，在数字接收机中的符号时序恢复环路，估计符号时序/相位误差，时序误差用于激活恢复环路，改变采样频率用于减少相位误差。

一个离散时间序列代表了所有的信息，通过这些信息可以重新创建其相应的连续时间信号。因此，离散时间序列也包含足够多的信息以恢复连续时间信号其他采样点的序列，如图 11.18 所示。

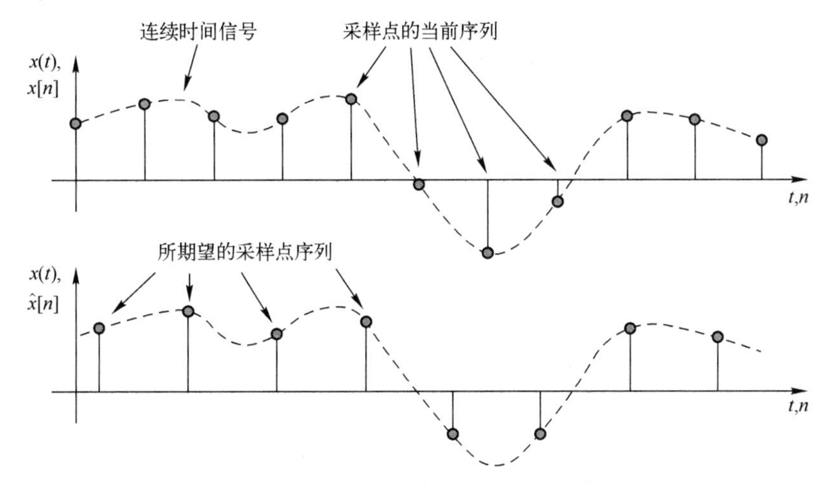

图 11.18　离散时间序列和连续时间信号

重采样可被看作对一个连续时间信号进行“重构”，然后以期望的时序“时刻”对它进行采样，如图 11.19 所示。从图 11.19 中可知，使用理想的 DAC 就可以实现理想的重采样。对于一个理想的 DAC 而言，其频率特性为“矩形”，如砖墙（sinc）滤波器，如图 11.20 所示，$h(t)$表示为

$$h(t)=\mathrm{sinc}(\pi t/T_{\mathrm{S}})=\frac{\sin(\pi t/T_{\mathrm{S}})}{\pi t/T_{\mathrm{S}}} \tag{11.5}$$

式（11.5）中，T_{S}为采样周期。

当使用理想的 DAC 对信号进行重构时，在每个离散采样时间，将 sinc 函数的中心对准该采样时刻，然后用该采样值标定每个 sinc 函数，如图 11.21 所示。将采样时刻的所有 sinc 函数相加，就可以得到重构后的模拟信号，如图 11.22 所示。

如果 $x[n]$表示离散时间信号，则其所对应的模拟信号表示为 $x(t)$，两者之间的关系表示为

$$x(t)=\sum_{n=-\infty}^{+\infty}x[n]h(t-nT_{\mathrm{S}}) \tag{11.6}$$

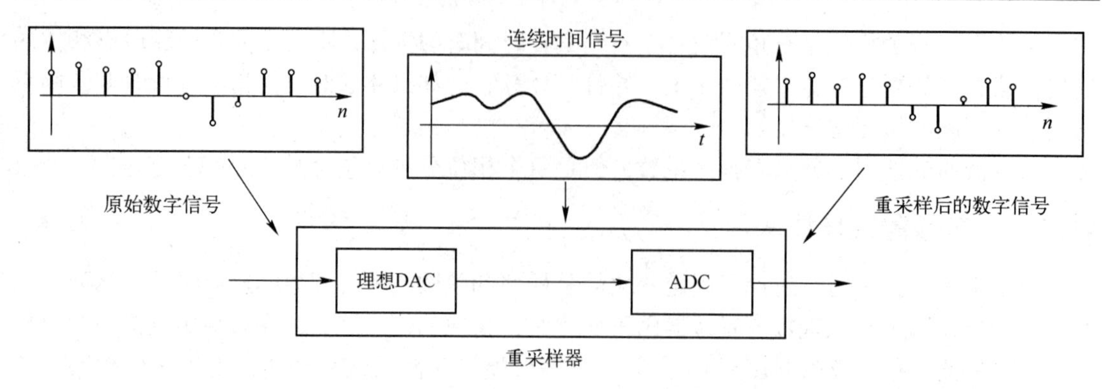

图 11.19　重采样器对信号的重新处理

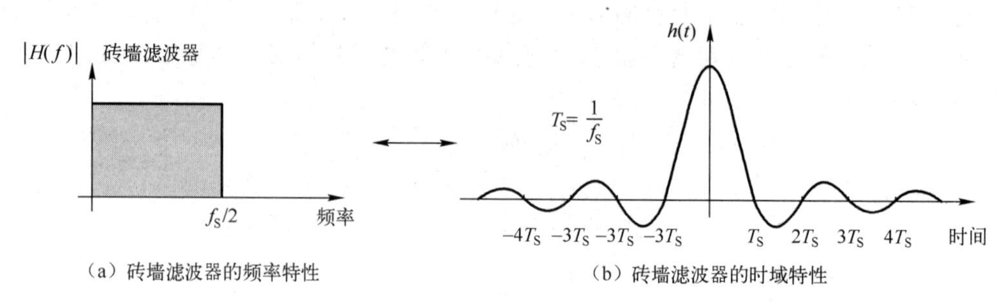

（a）砖墙滤波器的频率特性　　（b）砖墙滤波器的时域特性

图 11.20　砖墙（sinc）滤波器的频率特性和时域特性

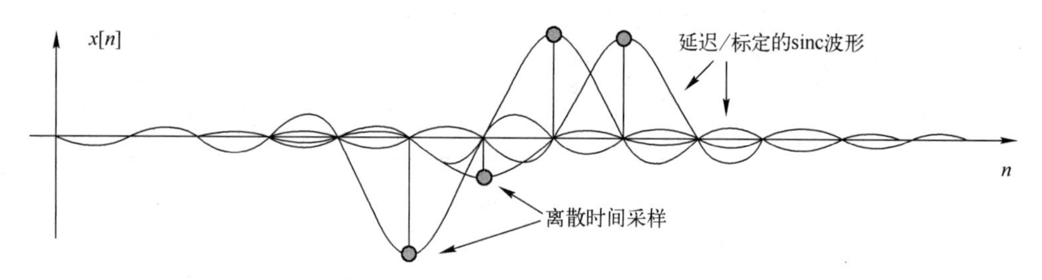

图 11.21　不同采样时刻的 sinc 函数

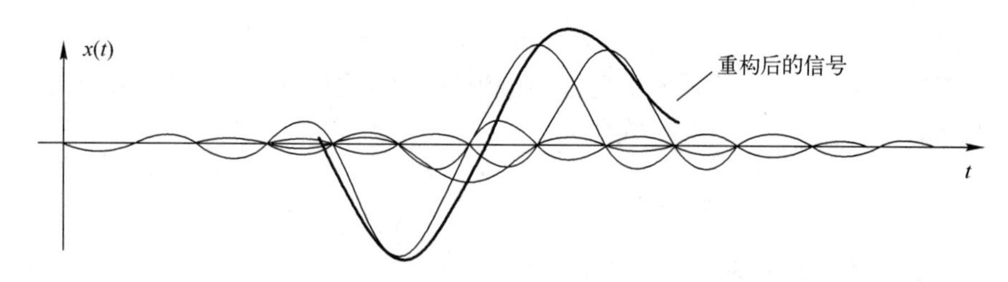

图 11.22　重构后的模拟信号

通过对信号的重构，就可以通过重新采样得到新的序列信息，如图 11.23 所示。图 11.23（a）表示原始的采样信号，图 11.23（b）表示原始的采样信号对新信号的贡献，图 11.23（c）表示对信号求和得到新的采样。

如图 11.24 所示，考虑改变图中信号的相位，使用图 11.25 所示的方法改变相位。推导过程如下：

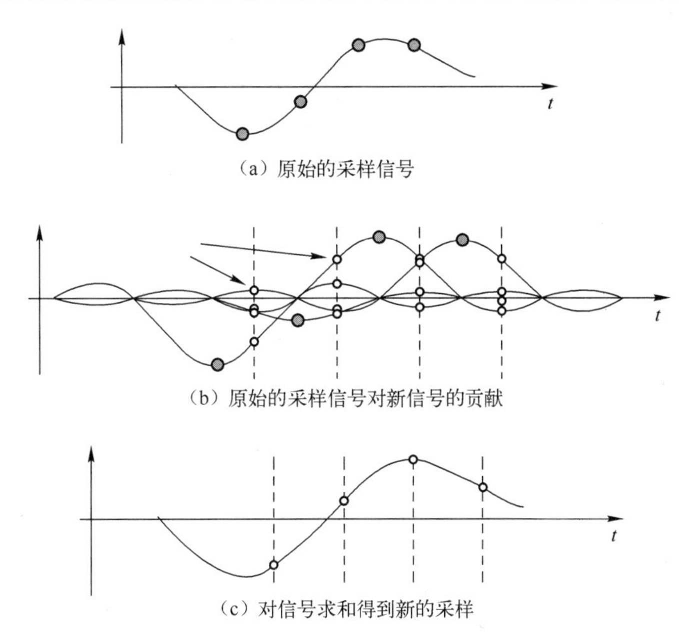

图 11.23　由原始的采样信号得到新的采样信号

$$y[k]=x(t)\big|_{t=(k+\rho)T_S}=\sum_{n=-\infty}^{+\infty}x[n]h(\{k+\rho\}T_S-nT_S)$$
$$=\sum_{n=-\infty}^{+\infty}x[n]h(\{k-n+\rho\}T_S)$$
$$=\sum_{n=-\infty}^{+\infty}x[n]\omega_{k-n} \tag{11.7}$$

式中，$\omega_{k-n}=h(\{k-n+\rho\}T_S)$。

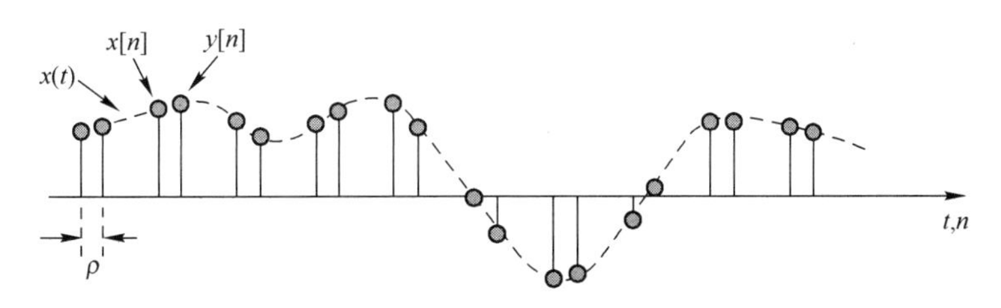

图 11.24　改变信号的相位

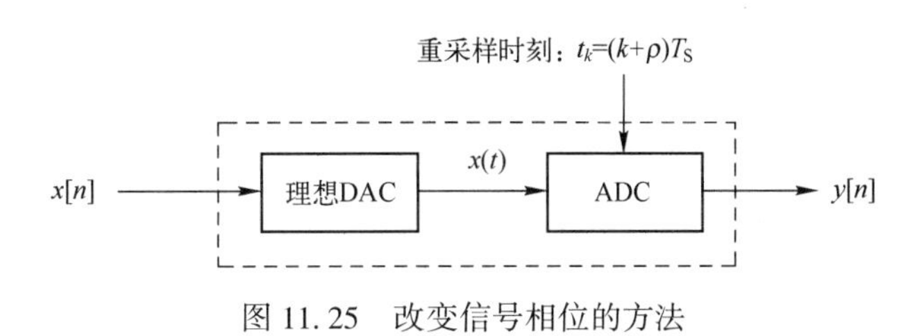

图 11.25　改变信号相位的方法

通过式（11.7）可知，在不同的采样相位上重新采样信号，过程将归结为一个 FIR 滤波操作，在 FIR 滤波器中有一系列的常数值，它依赖于引入的时间偏置，如图 11.26 所示。

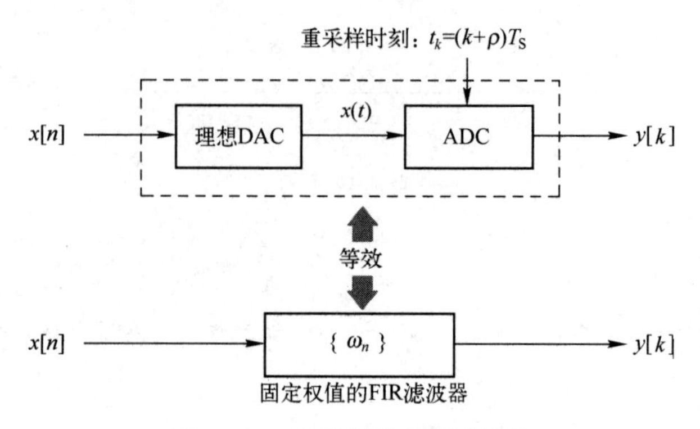

图 11.26　重采样及其等效结构

对于 $\rho=0$ 和 $\rho=1$ 而言，滤波器的区别在于有一个采样延迟。下面讨论 $0<\rho<1$ 的情况，如图 11.27 所示。从图 11.27 中可以看出，这是非因果滤波器。此外，sinc 函数需要花费很长时间“衰减”。

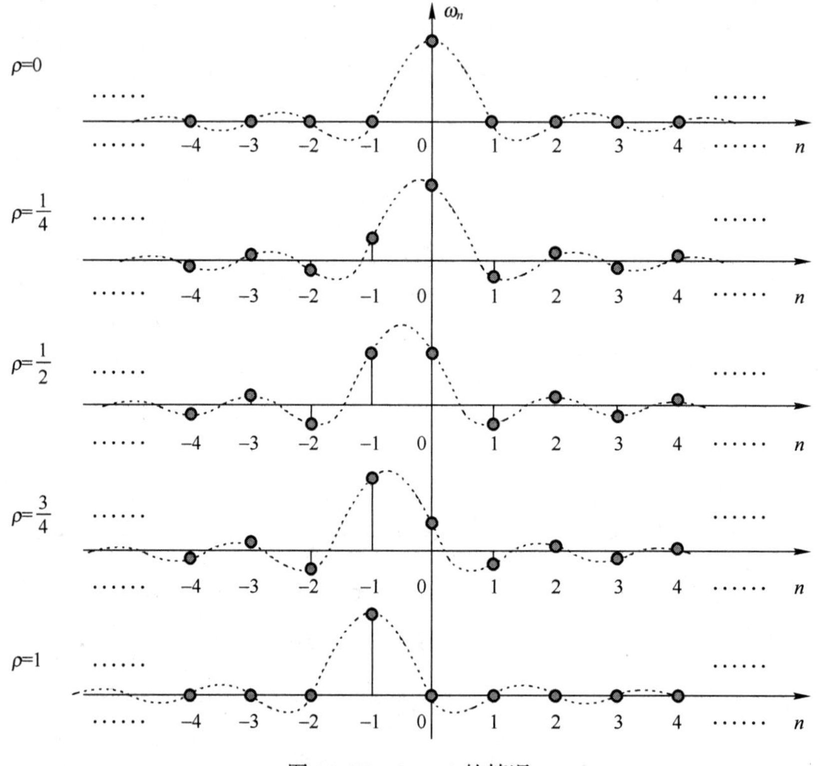

图 11.27　$0<\rho<1$ 的情况

通过“截断”，引入延迟，可以将“非因果”滤波器转换为“因果”滤波器，如图 11.28 所示。从图 11.28 中可知，FIR 滤波器的长度限制为 9，并且对于不同的 ρ 有不同的权值对应。然而，当把 sinc 滤波器函数截断时，将在滤波器幅度-频率响应函数的通带引入纹波（吉布斯现象）。因此，这个方法并不是一个理想的方法。

然而，很明显，除非采样信号的频率分量最高到达 $f_S/2$，没有必要使用一个 sinc 重构滤波器。例如，考虑到真实的 DAC 甚至都没有一个完美的“砖墙”响应，但是仍然可以准确

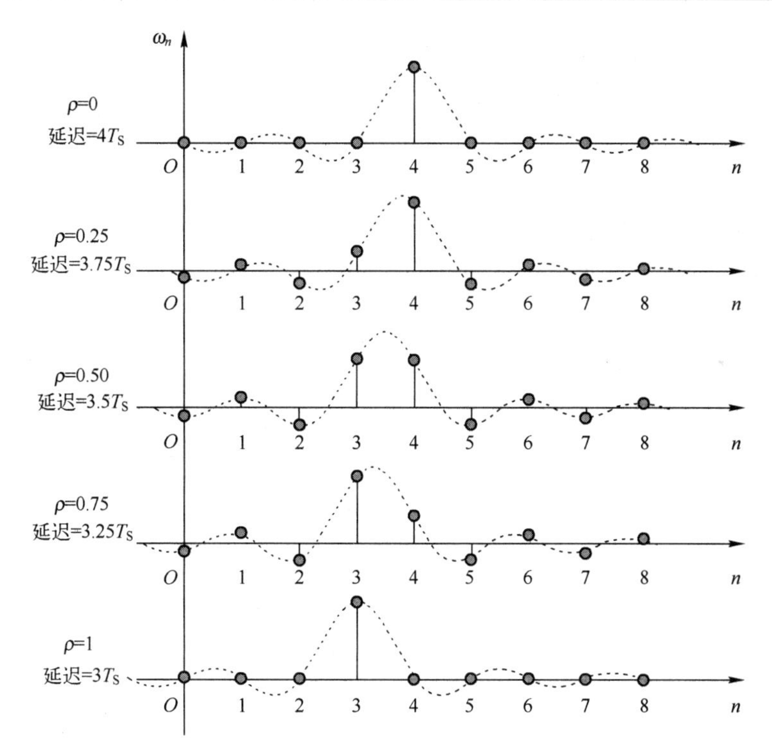

图 11.28　引入延迟并截断，将“非因果”滤波器转换为“因果”滤波器

地重构模拟信号。

前面提到，只有在信号所包含的频率最高达到$f_S/2$时才需要使用“砖墙”滤波器，如图 11.29 所示。

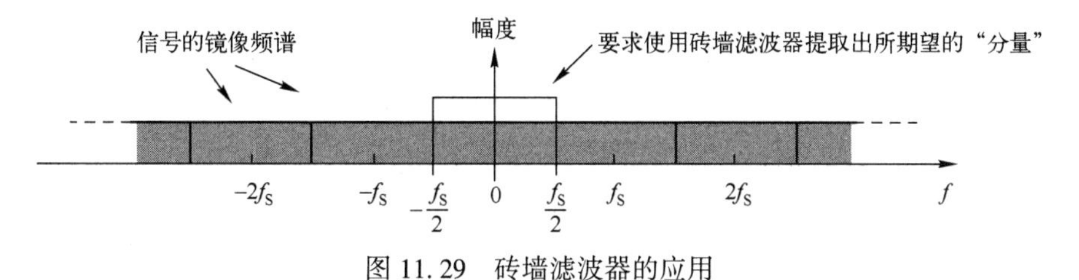

图 11.29　砖墙滤波器的应用

在所有的实际应用中采用了过采样技术，使得频率分量限制在远小于奈奎斯特采样率二分之一（$f_S/2$）的范围内，因此并不要求滤波器有“较陡”的过渡带，如图 11.30 所示。

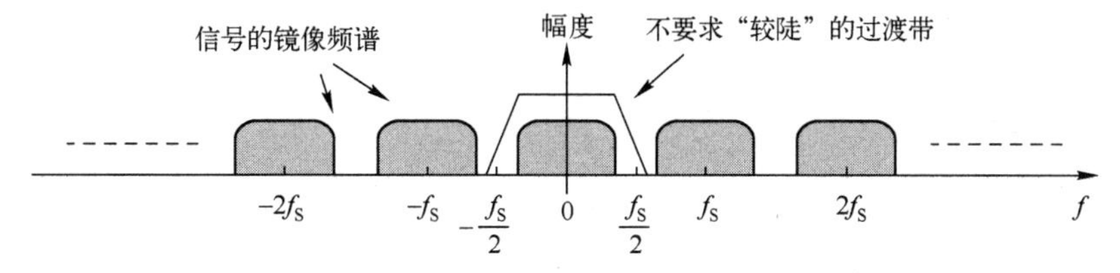

图 11.30　实际的应用中，不需要使用“砖墙”滤波器较陡的过渡带

从图 11.31 可知，原型滤波器出现混叠，这是由于通过抽取它的冲激响应来构成多相重采样滤波器而引起的。在这种情况下，混叠是可以接受的，假设信号在所标记的区域内，如

图 11.32 所示。这种方法的一个重要优势在于不要求较陡的滤波器过渡带，这样就减少了滤波器的长度，因此计算量也显著减少。

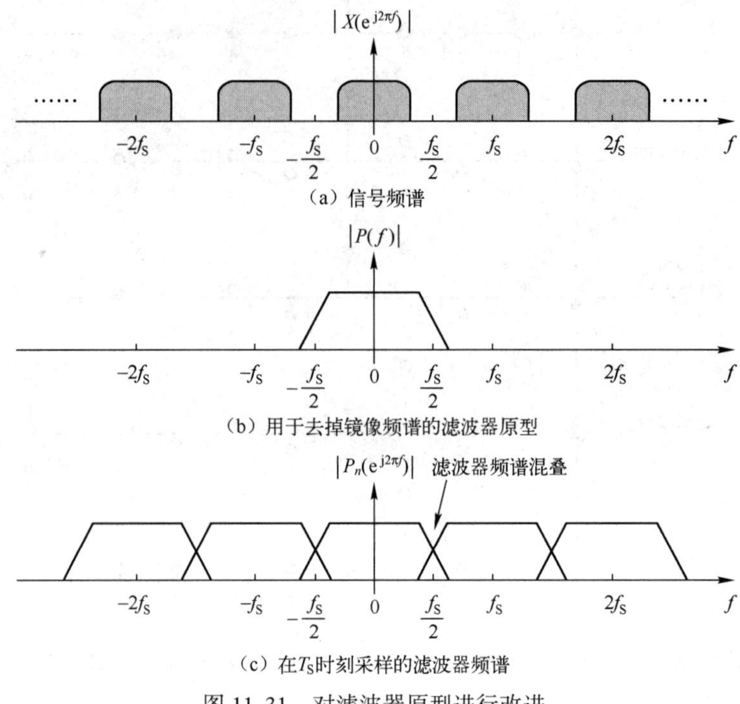

图 11.31　对滤波器原型进行改进

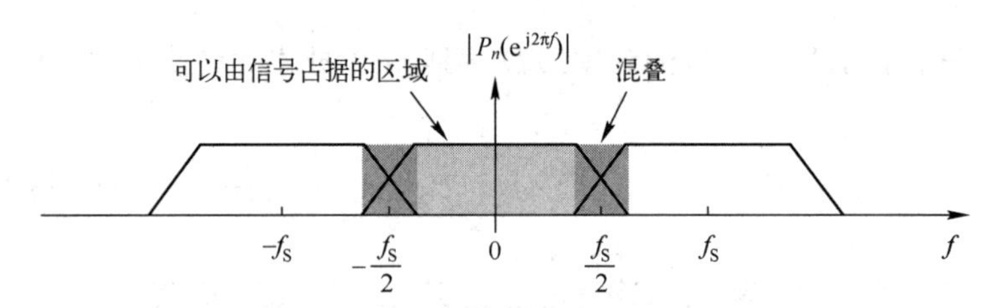

图 11.32　可接受混叠的信号区域

升余弦滤波器可以很好地代替 sinc 滤波器，其是一个奈奎斯特脉冲，如图 11.33 所示，该滤波器的过渡带相对宽松，并且很容易通过滚降因子进行控制。当对升余弦滤波器截断时，通带内的纹波较小。

通过使重采样相位随时间线性地增加或者减少时，就可以实现采样率的变化，如图 11.34 和图 11.35 所示。

$$
\begin{aligned}
y[k] = x(t)\big|_{t=kT_0} &= \sum_{n=-\infty}^{\infty} x(n)h(kT_0 - nT_S) \\
&= \sum_{n=-\infty}^{\infty} x[[n]]h\left\{T_S\left[k\frac{T_0}{T_S} - n\right]\right\} \\
&= \sum_{n=-\infty}^{\infty} x[n]h\{T_S[k - n + \rho_k]\} \\
&= \sum_{n=-\infty}^{\infty} x[n]\omega_{k-n}(\rho_k)
\end{aligned}
\tag{11.8}
$$

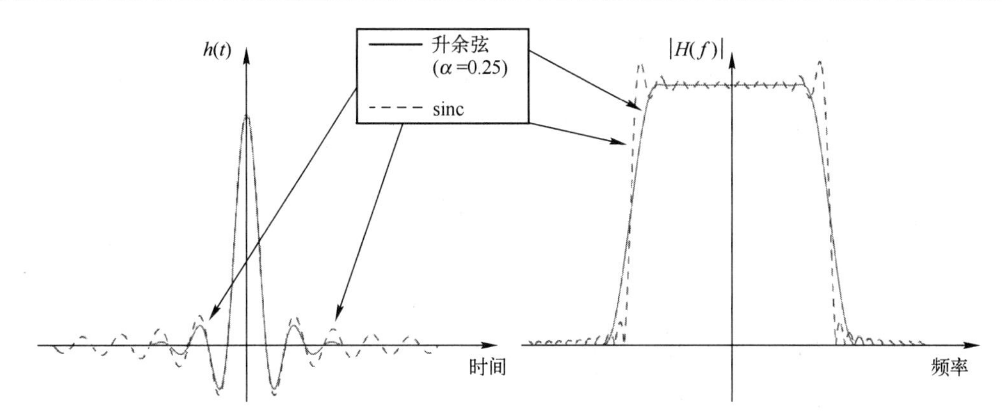

图 11.33　升余弦滤波器的特性

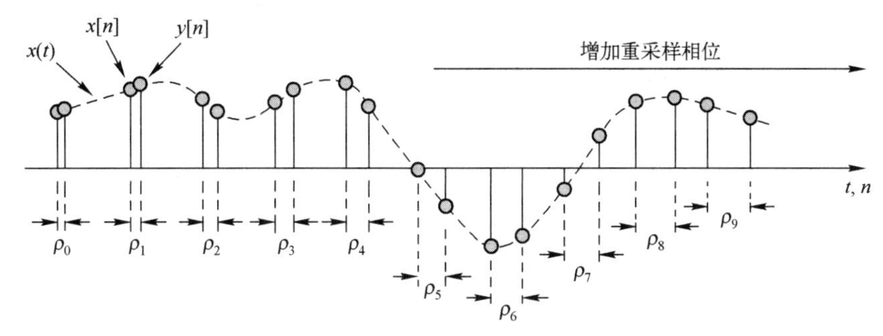

图 11.34　实现重采样的方法

很明显，如果要求重采样的相位变化，则需要实时计算滤波器的权值。从图 11.35 可知，每个滤波器的权值应看作 ρ 的函数。通常有两种方法可以实现，即多相滤波器组和多项式逼近。

1. 多项滤波器组

保存 k 个滤波器权值序列，即多相分量，其中的每个滤波器权值序列涵盖了不同的采样相位，其中相位值 ρ_k 表示为

$$\rho_k = \frac{k}{K},\quad k = 0, 1, \cdots, K-1$$

从中选择离所要求采样相位最近的滤波器相位，如图 11.36 所示。

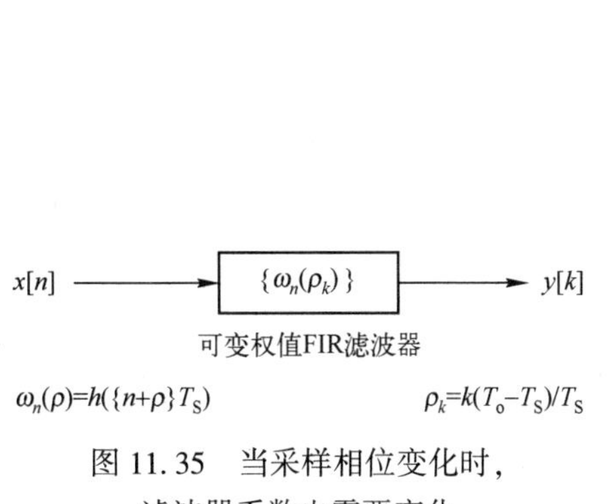

图 11.35　当采样相位变化时，滤波器系数也需要变化

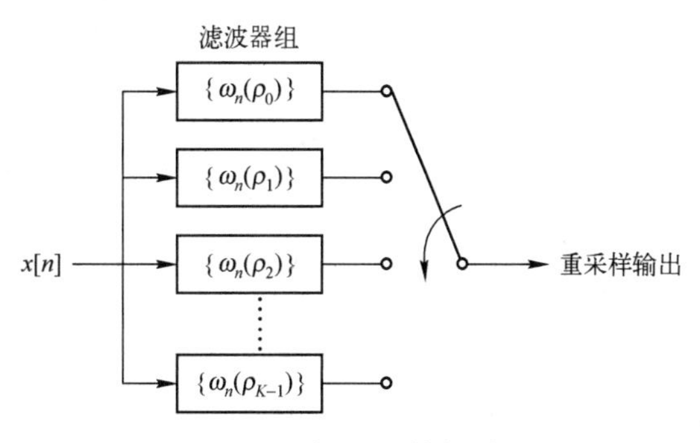

图 11.36　实现重采样的方法

如图 11. 37 所示，对 sinc 函数进行 4 倍过采样。这样，在一个输入采样周期内就有 4 个滤波器响应的采样。图 11. 37 给出了 4 个滤波器的 4 个多相分量。实际上，保存一组滤波器权值与保存一个多项滤波器的过采样是相同的。

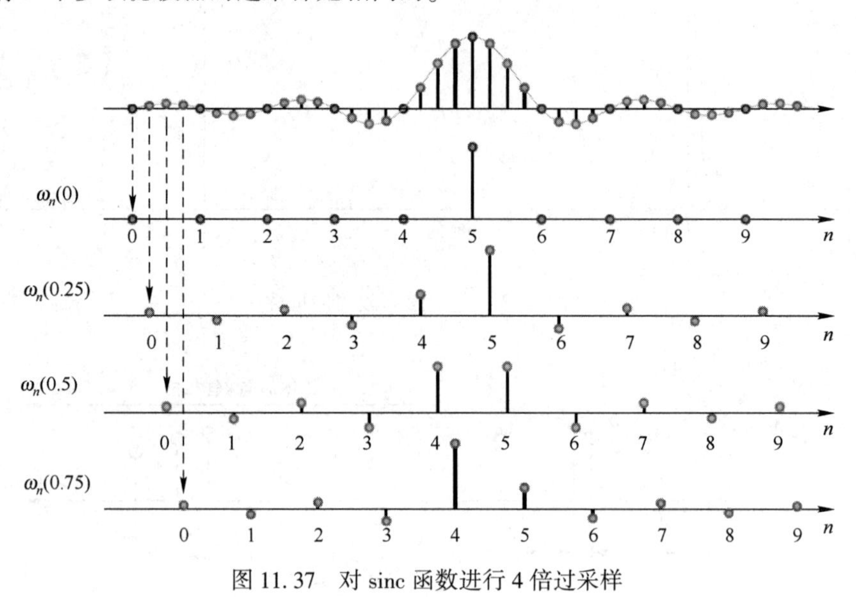

图 11. 37　对 sinc 函数进行 4 倍过采样

当然，大量的滤波器要求能够准确地覆盖任一个采样相位，为了改善性能，应该在两个滤波器权值之间执行线性插值。

2. 多项式逼近

将滤波器响应分成 L 段（部分），每段（部分）对应重采样器的一阶权值，如图 11. 38 所示，每个权值由下面的多项式进行逼近：

$$\hat{\omega}_n(\rho)=\alpha_{n,0}+\alpha_{n,1}\rho+\alpha_{n,2}\rho^2+\cdots+\alpha_{n,m}\rho^m \tag{11.9}$$

式（11. 9）中，系数$\{\alpha_{n,m}\}$可以通过曲线拟合的方法得到。

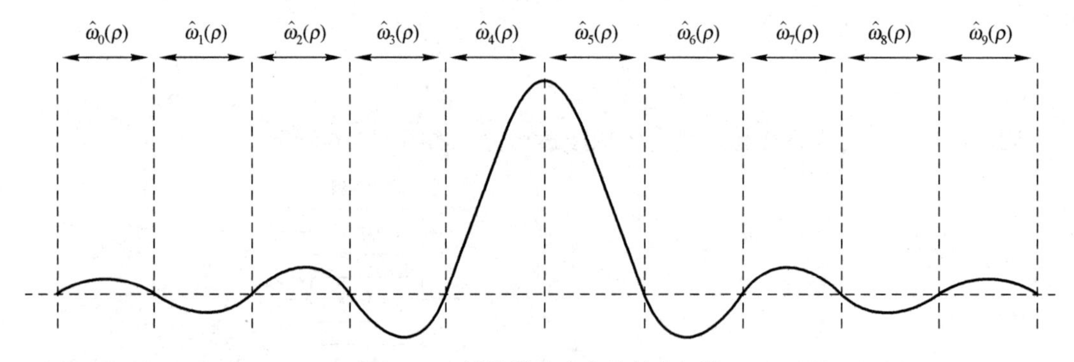

图 11. 38　滤波器响应中的每个权值

一个升余弦滤波器的多项式逼近如图 11. 39 所示，其中给出了升余弦滤波器一阶、二阶和三阶多项式逼近的结果。该滤波器被分割为 8 部分，以 ρ 为系数的多项式用于逼近每一段。在这种情况下，多项式系数由最小均方曲线拟合得到。在重采样滤波器中，FIR 滤波器的每个权值应该由其中的一个多项式计算。

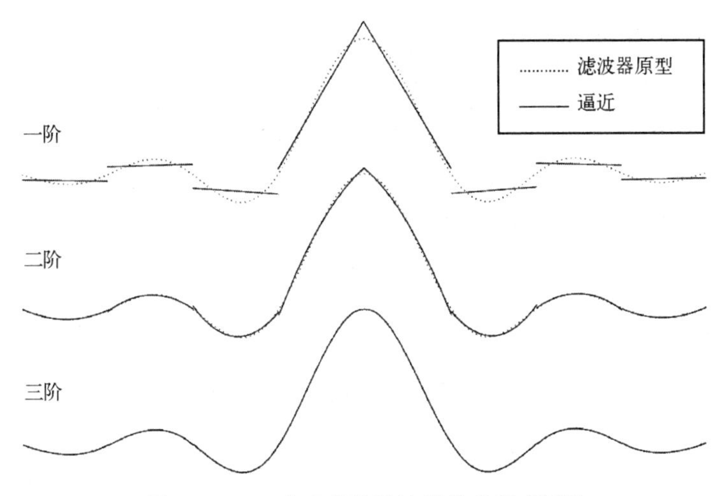

图 11.39　一个升余弦滤波器的多项式逼近

权值的列向量估计表示为

$$\boldsymbol{w}(\rho)=[\hat{\omega}_0(\rho)\quad \hat{\omega}_1(\rho)\quad \cdots\quad \hat{\omega}_{L-1}(\rho)]^{\mathrm{T}}$$

列向量包含 ρ^m，$m=0,1,\cdots,M$。

滤波器的输入向量为 $\boldsymbol{x}$，此处假设为 L 阶 FIR 滤波器：

$$\boldsymbol{x}=\{x[n]\quad x[n-1]\quad x[n-2]\quad \cdots\quad x[n-L+1]\}^{\mathrm{T}}$$

因此，得到矩阵 $\boldsymbol{A}$ 为 $(M+1)\times L$ 多项式矩阵，表示为 $A_{nm}=\alpha_{n,m}$，即

$$\boldsymbol{A}=\begin{bmatrix}\alpha_{0,0} & \alpha_{0,1} & \cdots & \alpha_{0,L-1}\\ \alpha_{1,0} & \alpha_{1,1} & \cdots & \alpha_{1,L-1}\\ \cdots & \cdots & \cdots & \cdots\\ \alpha_{M,0} & \alpha_{M,1} & \cdots & \alpha_{M,L-1}\end{bmatrix} \tag{11.10}$$

从多项式系数和 ρ 当前的值估计滤波器的权值，即

$$\boldsymbol{w}^{\mathrm{T}}(\rho)=r^{\mathrm{T}}A=[1\quad \rho\quad \rho^2\quad \cdots\quad \rho^M]\begin{bmatrix}\alpha_{0,0} & \alpha_{0,1} & \cdots & \alpha_{0,L-1}\\ \alpha_{1,0} & \alpha_{1,1} & \cdots & \alpha_{1,L-1}\\ \cdots & \cdots & \cdots & \cdots\\ \alpha_{M,0} & \alpha_{M,1} & \cdots & \alpha_{M,L-1}\end{bmatrix} \tag{11.11}$$

通过权值计算滤波器的输出：

$$y[n]=\boldsymbol{w}^{\mathrm{T}}(\rho)\boldsymbol{x}=\boldsymbol{r}^{\mathrm{T}}\boldsymbol{A}\boldsymbol{x}=[1\quad \rho\quad \rho^2\quad \cdots\quad \rho^M]\begin{bmatrix}\alpha_{0,0} & \alpha_{0,1} & \cdots & \alpha_{0,L-1}\\ \alpha_{1,0} & \alpha_{1,1} & \cdots & \alpha_{1,L-1}\\ \cdots & \cdots & \cdots & \cdots\\ \alpha_{M,0} & \alpha_{M,1} & \cdots & \alpha_{M,L-1}\end{bmatrix}\begin{bmatrix}x[n]\\ x[n-1]\\ x[n-2]\\ \cdots\\ x[n-L+1]\end{bmatrix} \tag{11.12}$$

计算 $y[n]$ 的两种方法如下所示。

(1) 首先计算 $\boldsymbol{r}^{\mathrm{T}}\boldsymbol{A}$。

由于 $\boldsymbol{w}^{\mathrm{T}}(\rho)=\boldsymbol{r}^{\mathrm{T}}\boldsymbol{A}$，从而可以准确地计算出滤波器的权值，计算结果为 $\boldsymbol{w}^{\mathrm{T}}(\rho)\boldsymbol{x}$ 只是一个

标准的FIR滤波器，如图 11.40 所示。

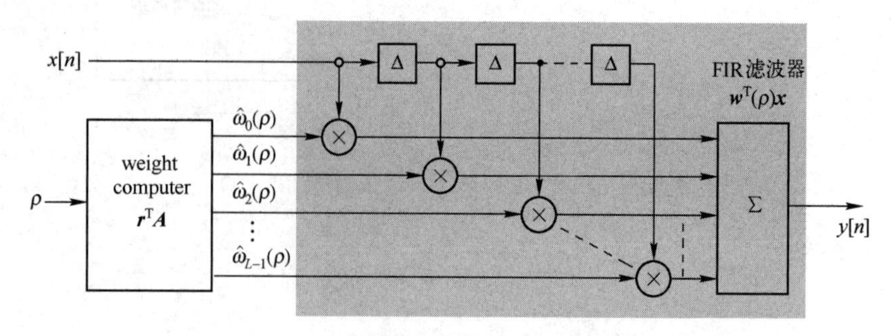

图 11.40　通过首先计算 $\boldsymbol{r}^T\boldsymbol{A}$ 计算滤波器输出的结构

6 阶权值、三阶多项式滤波器权值计算的结构如图 11.41 所示。注意，ρ 的幂次方只计算一次，然后在每个多项式计算中重复使用。ρ 的幂次方通过结构顶层的乘法器链产生。

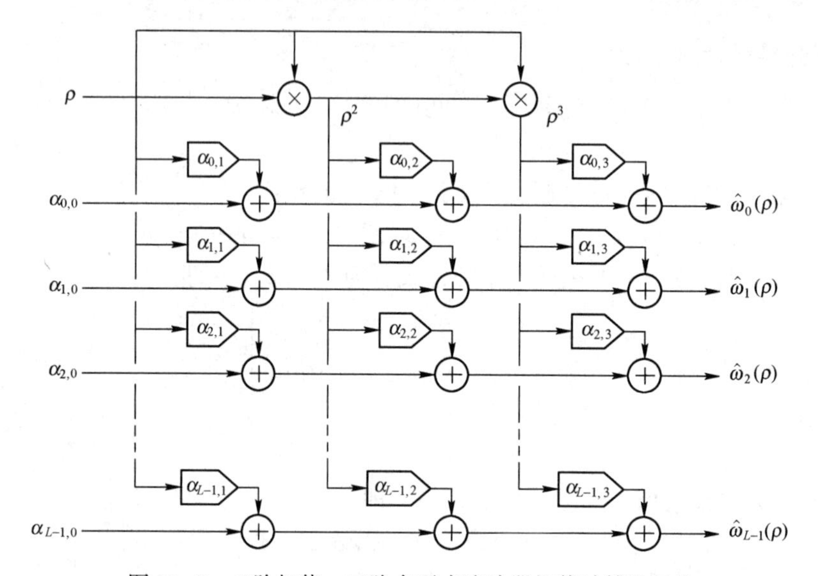

图 11.41　6 阶权值、三阶多项式滤波器权值计算的结构

（2）首先计算 $\boldsymbol{Ax}$。

计算 $\boldsymbol{Ax}$ 对应于 M+1 FIR 滤波器的操作也称为 Farrow 结构，滤波器的输出是乘法器和加法器链的组合，如图 11.42 所示。

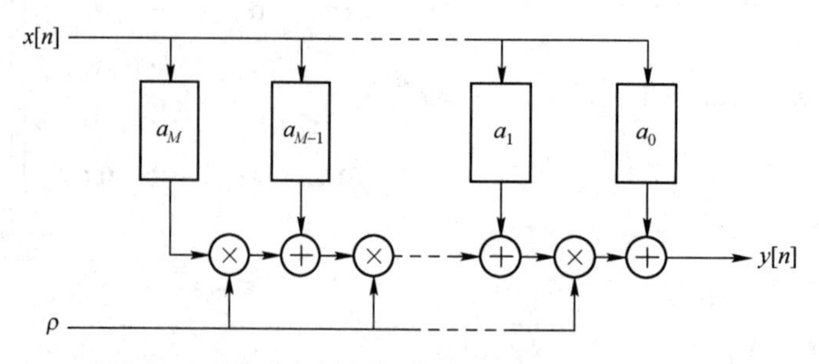

图 11.42　通过首先计算 $\boldsymbol{Ax}$ 计算滤波器输出的结构

$$\boldsymbol{A}\boldsymbol{x}=\begin{bmatrix}\alpha_{0,0} & \alpha_{0,1} & \cdots & \alpha_{0,L-1}\\ \alpha_{1,0} & \alpha_{1,1} & \cdots & \alpha_{1,L-1}\\ \cdots & \cdots & & \cdots\\ \alpha_{M,0} & \alpha_{M,1} & \cdots & \alpha_{M,L-1}\end{bmatrix}\begin{bmatrix}x[n]\\ x[n-1]\\ x[n-2]\\ \cdots\\ x[n-L+1]\end{bmatrix}=\begin{bmatrix}\boldsymbol{\alpha}_0^{\mathrm{T}}\\ \boldsymbol{\alpha}_1^{\mathrm{T}}\\ \boldsymbol{\alpha}_2^{\mathrm{T}}\\ \cdots\\ \boldsymbol{\alpha}_M^{\mathrm{T}}\end{bmatrix}\boldsymbol{x}=\begin{bmatrix}\boldsymbol{\alpha}_0^{\mathrm{T}}\boldsymbol{x}\\ \boldsymbol{\alpha}_1^{\mathrm{T}}\boldsymbol{x}\\ \boldsymbol{\alpha}_2^{\mathrm{T}}\boldsymbol{x}\\ \cdots\\ \boldsymbol{\alpha}_M^{\mathrm{T}}\boldsymbol{x}\end{bmatrix} \tag{11.13}$$

对于 $\boldsymbol{\alpha}_m^{\mathrm{T}}\boldsymbol{x}$ 的操作，其实就是一个固定的 FIR 滤波器操作，重采样滤波器的最终输出表示为

$$y[n]=[1\quad \rho\quad \rho^2\quad \cdots\quad \rho^M]\begin{bmatrix}\boldsymbol{\alpha}_0^{\mathrm{T}}\boldsymbol{x}\\ \boldsymbol{\alpha}_1^{\mathrm{T}}\boldsymbol{x}\\ \boldsymbol{\alpha}_2^{\mathrm{T}}\boldsymbol{x}\\ \cdots\\ \boldsymbol{\alpha}_M^{\mathrm{T}}\boldsymbol{x}\end{bmatrix}=\boldsymbol{\alpha}_0^{\mathrm{T}}\boldsymbol{x}+\rho(\boldsymbol{\alpha}_1^{\mathrm{T}}\boldsymbol{x}+\rho(\boldsymbol{\alpha}_2^{\mathrm{T}}\boldsymbol{x}+\cdots+\rho(\boldsymbol{\alpha}_{M-1}^{\mathrm{T}}\boldsymbol{x}+\rho\boldsymbol{\alpha}_M^{\mathrm{T}}\boldsymbol{x})\cdots)) \tag{11.14}$$

11.3　多速率信号处理的典型应用

本节将介绍多速率信号处理的典型应用。

11.3.1　分析和合成滤波器

包含 4 个子带分析滤波器（降采样）组的结构如图 11.43 所示。从图 11.43 中可知，信号 $x(n)$ 的带宽被分割到不同的频带内。分割信号带宽的目的是降低采样率，这称为子带信号分解。

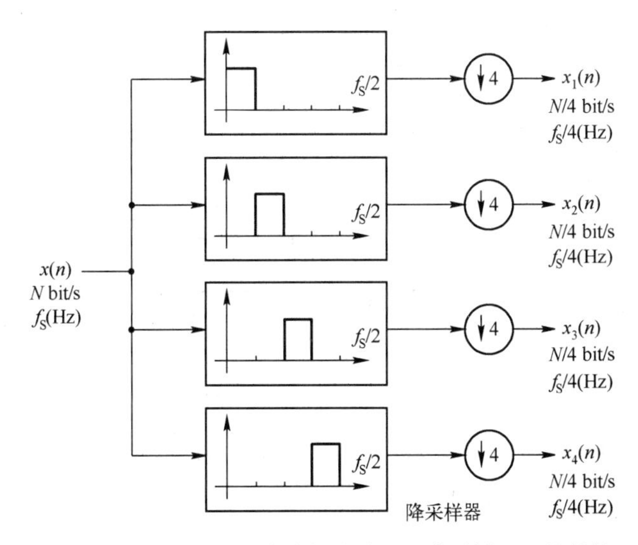

图 11.43　包含 4 个子带分析滤波器（降采样）组的结构

值得强调的是，奈奎斯特采样定理指出，要想正确地采样一个信号，要求采样率大于信号带宽的两倍。假设一个信号的带宽被限制在 $X\sim X+Y$(Hz) 范围内，如图 11.44 所示。如

果需要保留信号的所有信息，按要求，奈奎斯特采样率要大于 $2(X+Y)$(Hz)。但是，可以将该带限信号调制到基带，然后再对该信号进行采样。这样，就可以保留所有的信息，并且采样率只需要大于 $2Y$(Hz) 即可。通过采样带限信号，信号有效地“混叠”到基带。

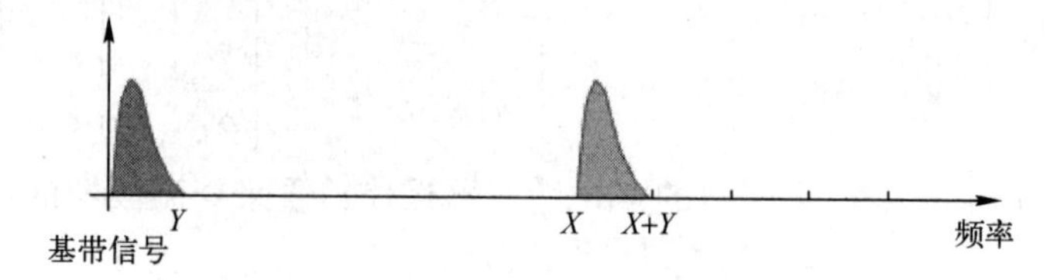

图 11.44　采样信号的带宽

4 个子带合成滤波器（升采样）组的结构如图 11.45 所示。从图 11.45 中可知，可以从 4 个子带中重构出原始的信号 $x(n)$。

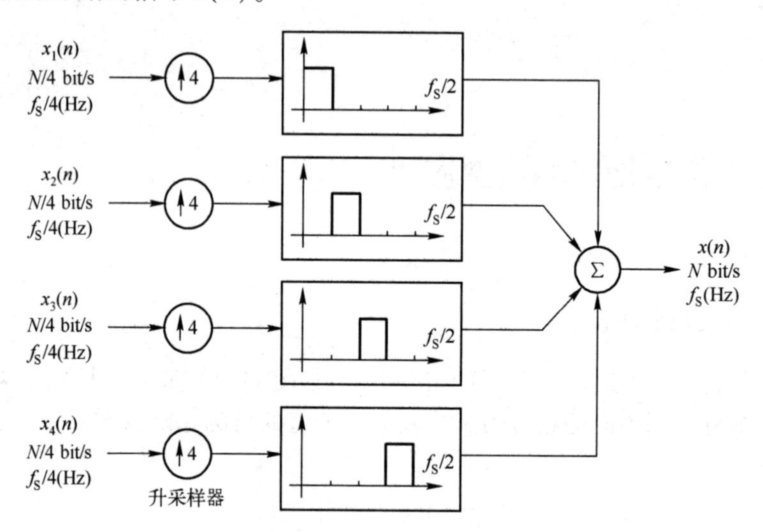

图 11.45　4 个子带合成滤波器（升采样）组的结构

将图 11.43 所示的分析滤波器组和图 11.45 所示的合成滤波器组进行组合，允许在子带内处理信号，如图 11.46 所示，这种处理方法的优势是：

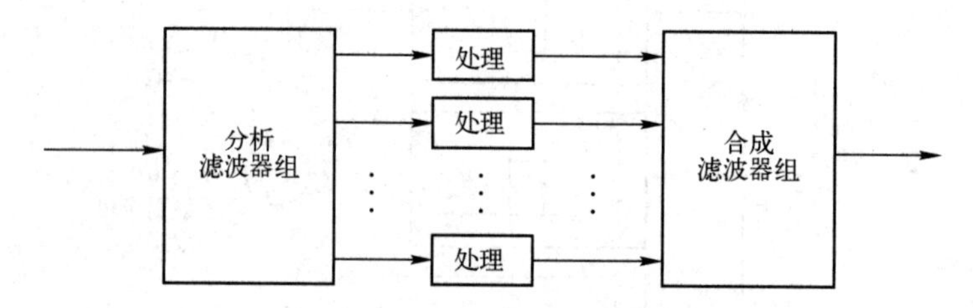

图 11.46　包含分析滤波器组和合成滤波器组的子带信号处理

（1）以较低的采样率处理信号。

（2）与原来信号所需要的滤波器相比，长度更短。

（3）可以在每个独立的子带系统中并行处理信号。

（4）利用频谱特性（如 codec）。

对于分析滤波器组抽取后的输出，并不会一开始就进行计算，可以转换为另一种等效结构，如图 11.47 所示。

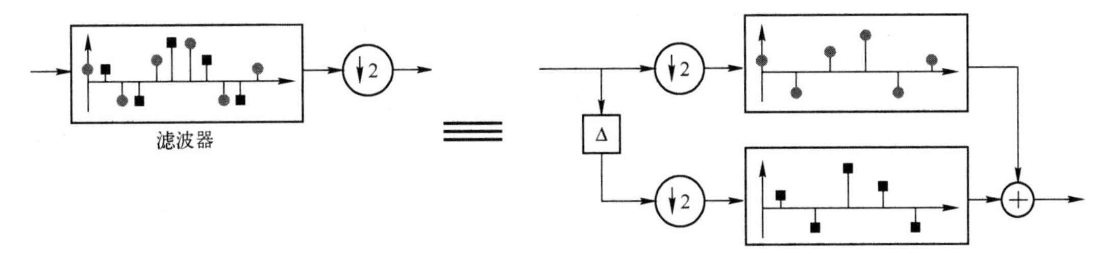

图 11.47　降采样（抽取）的等效结构

对于包含零扩展的合成滤波器而言，可以删除与扩展零的乘法操作，转换为另一种结构，如图 11.48 所示。

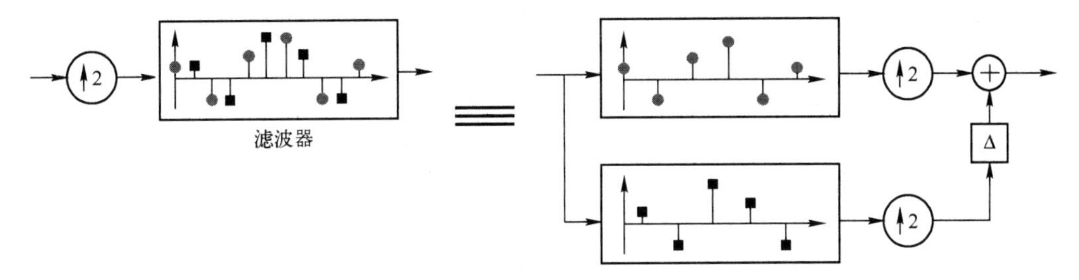

图 11.48　升采样（插值）的等效结构

11.3.2　通信系统的应用

在通信系统中，经常在单个发送通道中传输多个信号，如图 11.49 所示。从图 11.49 中可知，一个复用器可以使用分析滤波器组实现；信号分离器可以使用合成滤波器组实现。例如，时分复用（Time Division Multiplexers，TDMA）、频分复用（Frequency Division Multiplexers，FDMA）、码分复用（Code Division Multiplexers，CDMA）。

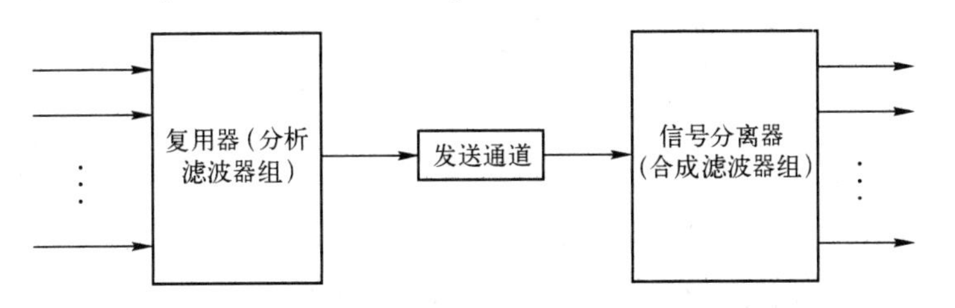

图 11.49　包含分析滤波器组和合成滤波器组的子带信号处理

通过使用滤波器组作为复用器和分离器，从多个用户/呼叫方产生一个单通道信号，这种实现系统的方式在通信系统中称为卷积编码器。在卷积编码器中，通过一个正交（几乎正交）编码序列，每个用户信号被编码，允许在接收端从重叠信号中恢复每个信号。如图 11.50 所示，滤波器组被定性为变换器，发送方的每个通道与变换矩阵 $\boldsymbol{T}$ 的每一行进行卷积。类似地，在接收方，通过正交矩阵 $\boldsymbol{T}$ 的求逆得到每个通道信号。

实现不同的复用策略，取决于变换矩阵 $\boldsymbol{T}$ 的选择。最常用的情况是码分多址（Code Division Multiple Access，CDMA），这里使用了任意正交矩阵。滤波器只需要满足正交性，但

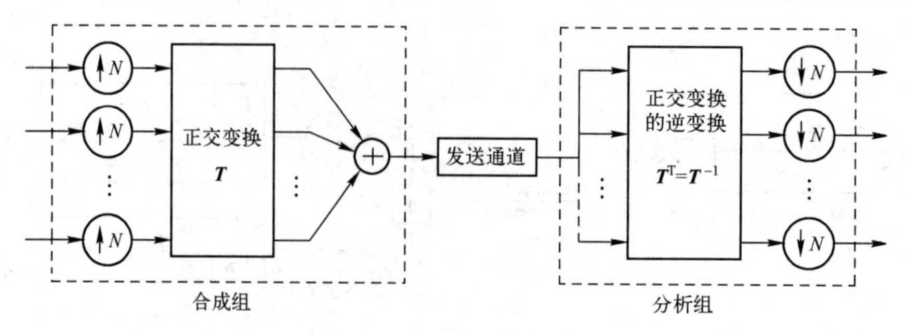

图 11.50 信号的复用原理

不需要有较好的选择性。扩展频谱技术完全“摒弃”砖墙滤波器的出发点，尝试创建正交滤波器。

在真实世界中，滤波器有有限的过渡带和阻带衰减，非重叠滤波器保留了很小的频谱“间隙”，重叠滤波器在抽取级产生混叠。在合成滤波器组中，可以消除混叠。

理想情况下，一个分析滤波器组和合成滤波器组组合后应该只会构成“延迟”，如图 11.51 所示。从图 11.51 中可知，使用线性相位滤波器是比较好的。

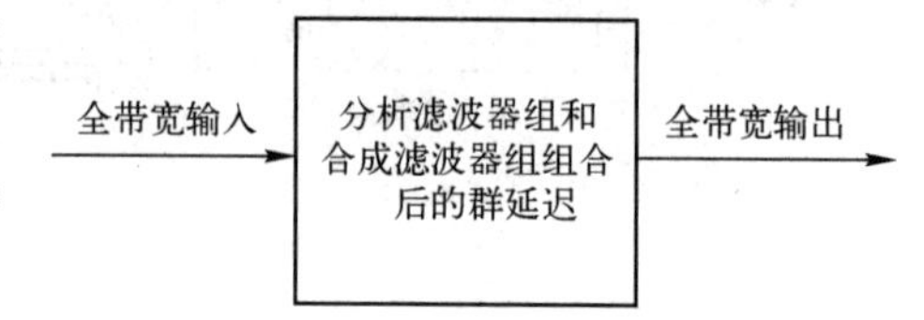

图 11.51 由分析滤波器组和合成滤波器组组合后引入的延迟

前面提到理想情况下，分析滤波器组和合成滤波器组组合后应该只会构成一个延迟，如图 11.52 所示，即

$$Y(z)=Z^{-L}X(z) \tag{11.15}$$

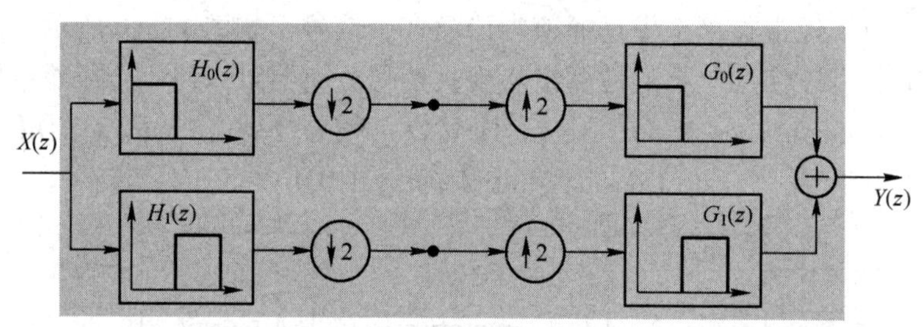

图 11.52 由分析滤波器组和合成滤波器组组合后引入的延迟内部结构

在两通道情况下，通过选择一对具有正交镜像滤波器（Quadrature Mirror Filter，QMF）特性的低通滤波器和高通滤波器，通过仔细的滤波器设计，可以实现抑制幅度和相位的扭曲，其特性表示为

$$G_1(z)=H_0(-z) \tag{11.16}$$

$$H_1(z)=G_0(-z) \tag{11.17}$$

滤波器组的输入 $X(z)$ 和输出 $\hat{X}(z)$ 的关系表示为

$$\hat{X}(z)=\frac{1}{2}[G_0(z) \quad G_1(z)]\begin{bmatrix}H_0(z) & H_0(-z)\\ H_1(z) & H_1(-z)\end{bmatrix}\begin{bmatrix}X(z)\\ X(-z)\end{bmatrix} \tag{11.18}$$

为了消除混叠项 $X(-z)$，选择：

$$G_0(z)=H_1(z) \tag{11.19}$$

这表示了 QMF 的关系。进一步，选择 $G_0(z)=H_0(z)$ 和 $G_1(z)=H_1(z)$，得到：

$$\hat{X}(z)=\frac{1}{2}[H_0(z)H_0(z)+H_0(-z)H_0(-z)]X(z) \tag{11.20}$$

很明显，为了抑制幅度扭曲、相位扭曲和混叠：

$$H_0(z)H_0(z)+H_0(-z)H_0(-z)=2 \tag{11.21}$$

对于一样的滤波器组，可以进一步分割每个子带，如图 11.53 所示。

不相同的滤波器组给出了一个不平衡树结构，如倍频程滤波器（Octave Filter）组只迭代分割低通带，并且实现频率轴的对数分割，如图 11.54 所示。

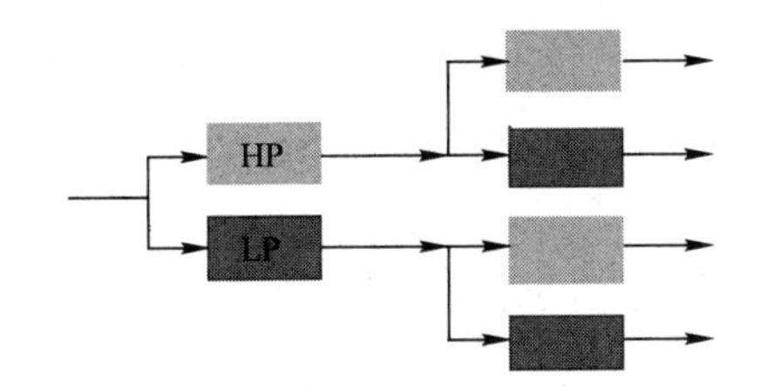

图 11.53　对于一样的滤波器组，分割每个子带

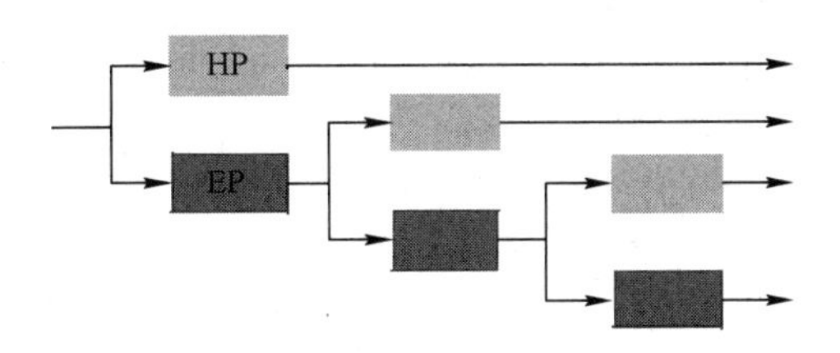

图 11.54　倍频程滤波器组

通过原型低通滤波器的调制可以很方便地生成相同的通道滤波器组，如图 11.55 所示，这里存在不同的调制技术、离散余弦调试（DCT-IV）、DFT 调制滤波器组，以及广义 DFT 滤波器组。

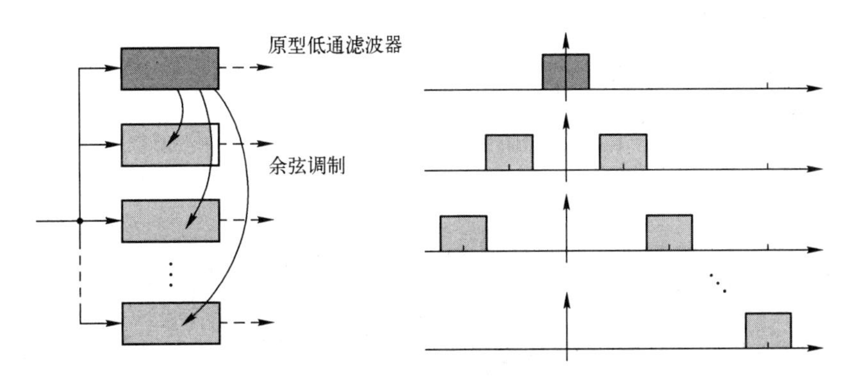

图 11.55　通过原型低通滤波器的调制生成相同的通道滤波器组

在两通道 QMF 滤波器组内，低通滤波器和高通滤波器之间的关系由原型低通滤波器的余弦调制（采样率的 1/2）给出，如图 11.56 所示，即

$$g_1(k)=h_0(k)\cos(2\pi f_S T_S k)=h_0(k)(-1)^k \tag{11.22}$$

对于调制的滤波器组，在不同分支的公共滤波器操作中可以进行分组（类似 FFT 方法），如两通道 QMF，如图 11.57 所示。通常，在分析一侧，多相实现由多路复用器、多相滤波器和变换（如余弦、DCT、DFT 等）组成；在合成一侧，这些组件以相反的顺序构建在一起。

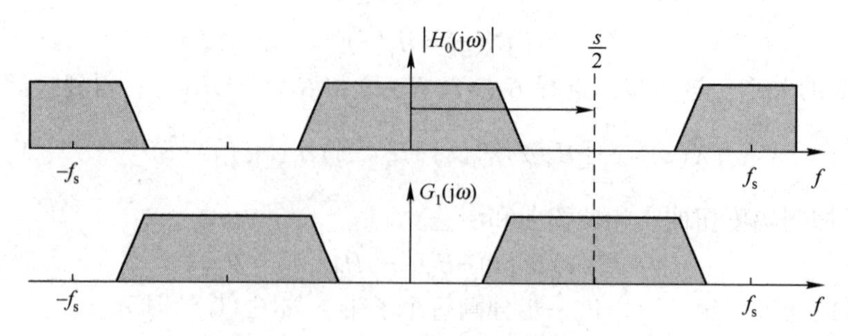

图 11.56　调制滤波器组的调制关系

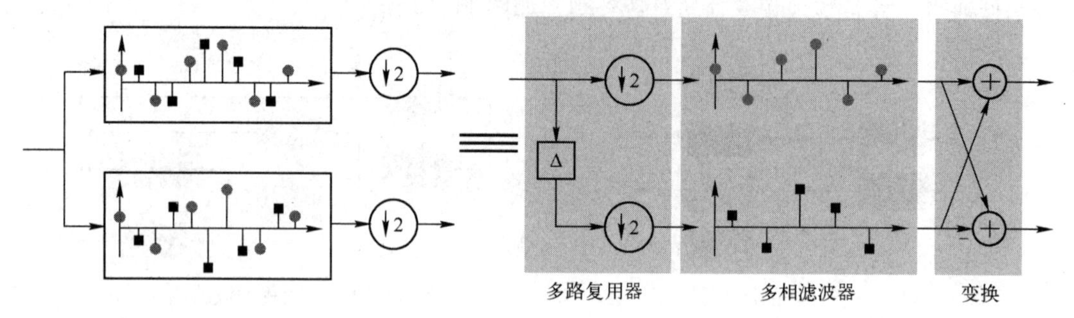

图 11.57　两通道 QMF

11.4　多相 FIR 滤波器的原理与实现

本节将介绍多相 FIR 滤波器的原理与实现。

11.4.1　FIR 滤波器的分解

对于一个如图 11.58 所示的 13 权值的 FIR 滤波器而言，其传递函数为

$$H(z)=w_0+w_1z^{-1}+w_2z^{-2}+w_3z^{-3}+\cdots+w_{11}z^{-11}+w_{12}z^{-12} \tag{11.23}$$

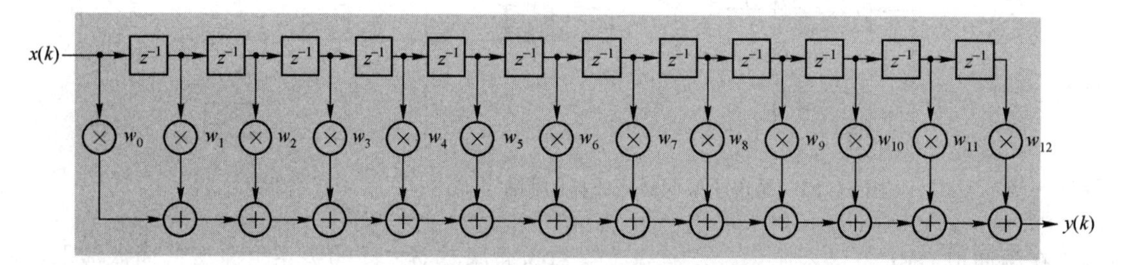

图 11.58　13 权值的 FIR 滤波器

将其分解为低阶传输函数，称为多相分量。在该例子中，创建 3 个相位，如图 11.59 所示，其传递函数表示为

$$\begin{aligned}H(z)=&w_0+w_3z^{-3}+w_6z^{-6}+w_9z^{-9}+w_{12}z^{-12}+\\&w_1z^{-1}+w_4z^{-4}+w_7z^{-7}+w_{10}z^{-10}+\\&w_2z^{-2}+w_5z^{-5}+w_8z^{-8}+w_{11}z^{-11}\end{aligned} \tag{11.24}$$

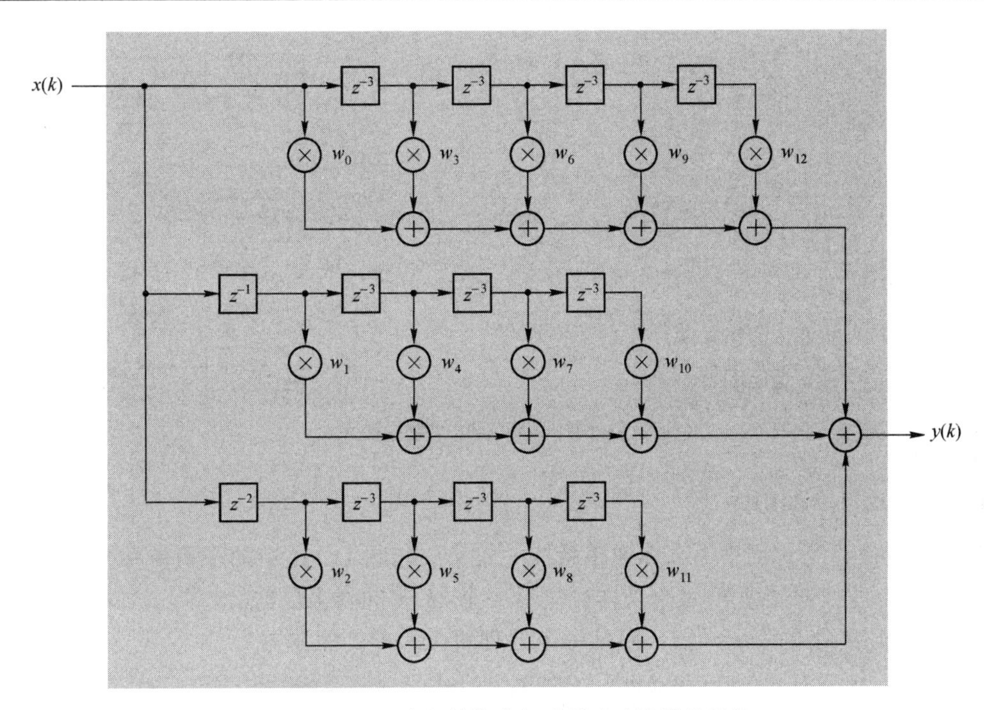

图 11.59　通过多相结构分解为低阶滤波器的结构

进一步，从式（11.24）的第 2 相和第 3 相的传递函数中提取，重新写作：

$$
\begin{aligned}
H(z)=&w_0+w_3z^{-3}+w_6z^{-6}+w_9z^{-9}+w_{12}z^{-12}+\\
&z^{-1}(w_1+w_4z^{-3}+w_7z^{-6}+w_{10}z^{-9})+\\
&z^{-2}(w_2+w_5z^{-3}+w_8z^{-6}+w_{11}z^{-9})
\end{aligned}
\tag{11.25}
$$

下一步，定义三个子传递函数：

$$P_0(z)=w_0+w_3z^{-1}+w_6z^{-2}+w_9z^{-3}+w_{12}z^{-4} \tag{11.26}$$

$$P_1(z)=w_1+w_4z^{-1}+w_7z^{-2}+w_{10}z^{-3} \tag{11.27}$$

$$P_2(z)=w_2+w_5z^{-1}+w_8z^{-2}+w_{11}z^{-3} \tag{11.28}$$

注：在上面给出的传输中，延迟项被分离出来。

将式（11.26）~式（11.28）与式（11.25）进行比较，得到下面的关系：

$$H(z)=P_0(z^3)+z^{-1}P_1(z^3)+z^{-2}P_2(z^3) \tag{11.29}$$

用两种不同的数据流图表示，如图 11.60 所示。

更进一步，对于长度为 N 的传递函数 $H(z)$ 而言，可以分解给 ρ 个多相分量，即 $P_0(z)$，$P_1(z),P_2(z),\cdots,P_{\rho-1}(z)$，表示为

$$H(z)=\sum_{k=0}^{\rho-1}z^{-k}P_k(z^{\rho}) \tag{11.30}$$

其中：

$$P_k(z^{\rho})=\sum_{n=0}^{\lfloor N/\rho\rfloor}w(\rho n+k)z^{-n},\quad 0\leqslant k\leqslant\rho-1 \tag{11.31}$$

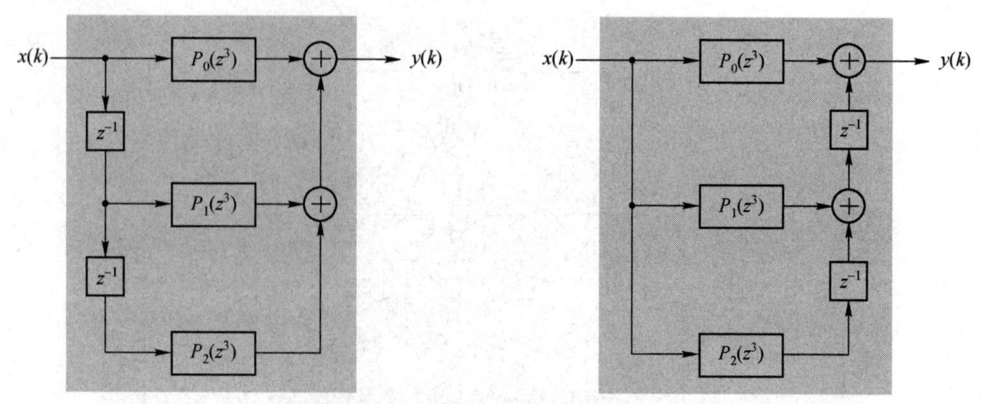

图 11.60　两种不同的数据流图

11.4.2　Noble Identity

Noble Identity 通常用于提高多速率系统的效率，与图 11.61 中的降采样系统是等效的。

（1）一个滤波器处理第 M 个采样，然后一个 $M:1$ 的降采样器。

（2）一个 $M:1$ 的降采样器，跟随一个处理每个采样的滤波器。

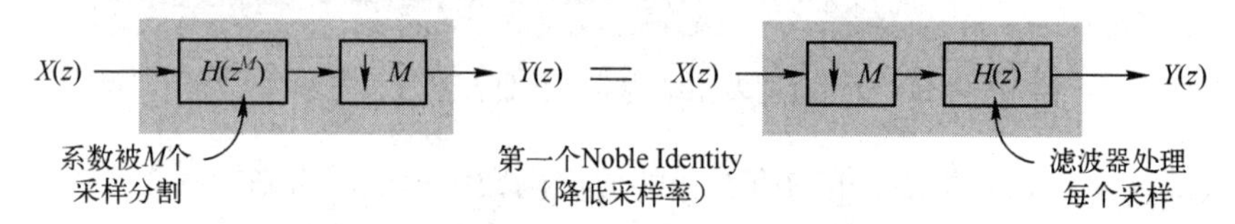

图 11.61　通过 Noble Identity 的等效（1）

此外，Noble Identity 与图 11.62 中的升采样系统也是等效的。

（1）一个 $1:L$ 的升采样器，后面跟着可以处理第 L 个采样的滤波器。

（2）一个处理每个采样的滤波器，后面跟着一个 $1:L$ 的升采样器。

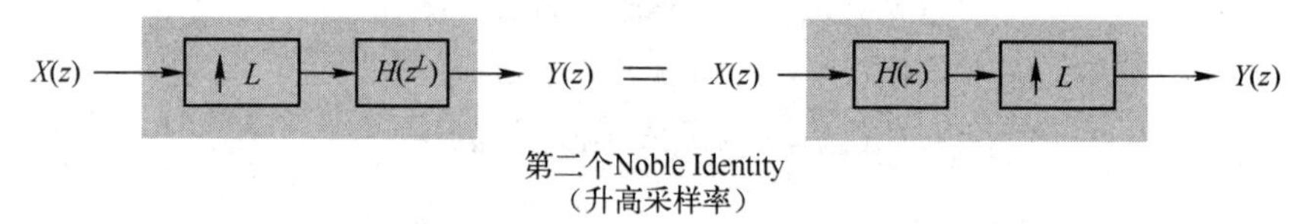

图 11.62　通过 Noble Identity 的等效（2）

最后一个例子，Noble Identity 可以用于说明图 11.63 中的两个系统是等效的。

通过上面介绍的等效关系，将原来图 11.60 给出的多相结构变成一个简单的抽取器的多相版本，如图 11.64 所示。下面对这两个结构的运算效率进行分析：

（1）图 11.64（a）中，对最初的 FIR 滤波器直接替换，然后产生多相滤波器结构。注意，这种结构没有节省计算成本，由于要求与原始 FIR 滤波器相同的硬件资源，并且工作在高于两倍采样率，即与原始 FIR 滤波器一切“相同”。

（2）图 11.64（b）中，应用 Noble Identity，将采样器移动到滤波器的前面，这样显著降低了运算成本。图 11.64（b）是一个高效的多相结构。此处，多相滤波器的运行速度降为原来的 1/3，同时滤波器的硬件保持同样规模（除了减少输入线上采样延迟的个数）。因此，该高效多相滤波器的计算成本是图 11.64（a）所示结构的 1/3。由于采样速率降低，因此可以使用时分复用技术，如多通道和/或串行滤波器来降低成本。

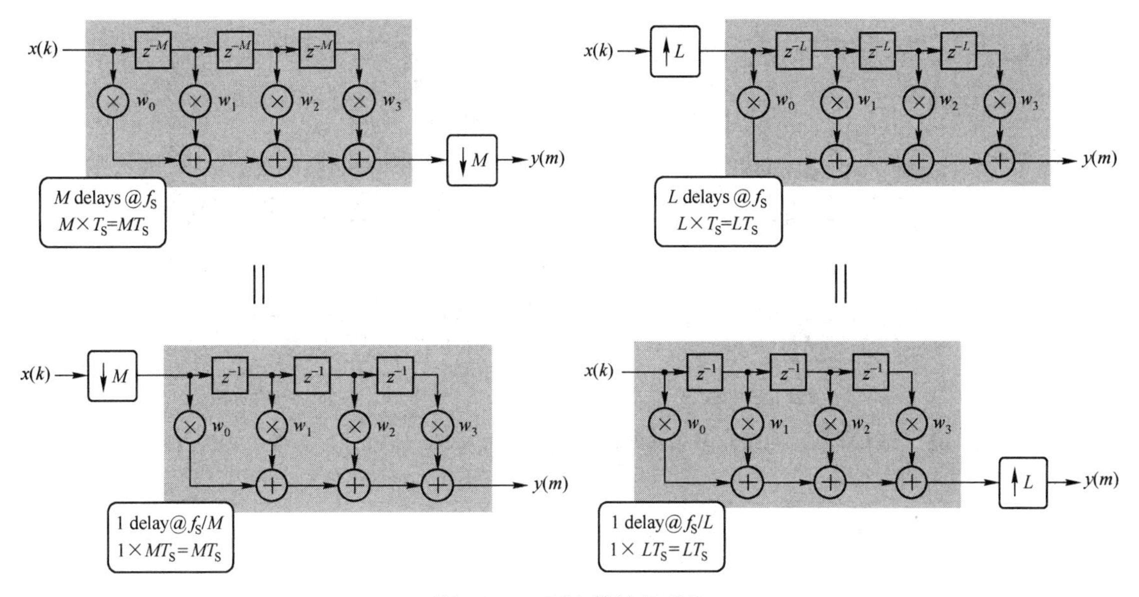

图 11.63　两个等效的系统

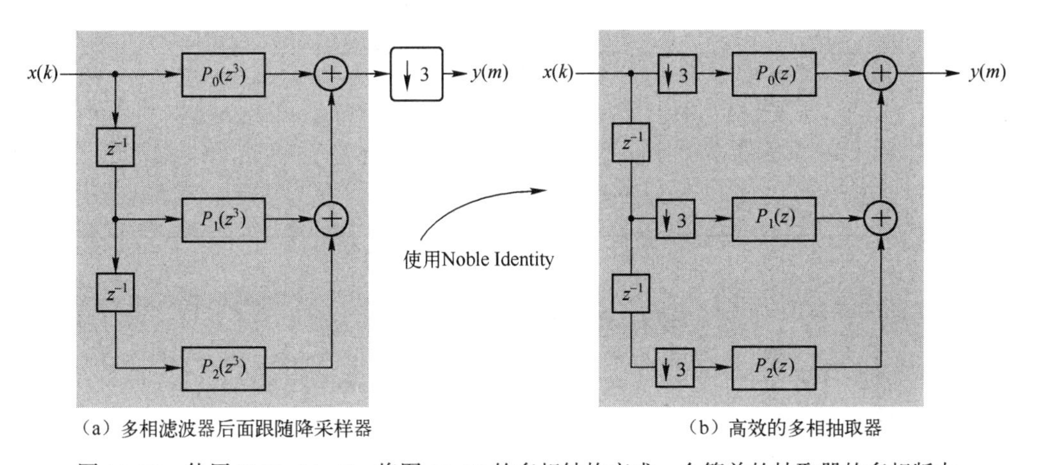

（a）多相滤波器后面跟随降采样器　　（b）高效的多相抽取器

图 11.64　使用 Noble Identity 将图 11.60 的多相结构变成一个简单的抽取器的多相版本

注： 在抽取器中，选择多相滤波器，其延迟在多相传输函数之前。当使用 Noble Identity 时，降采样（因子为 3）只能移动到这个位置，不能移动到图的最左边。换句话说，如果一个多相滤波器的 SFG 包含单周期延迟，该延迟在多相传输函数后面，则在这种情况不可能应用 Noble Identity。

类似抽取器，通过 Noble Identity，替换原始的多相滤波器来实现多相内插器，如图 11.65 所示。

前面已经提到，一个信号可以分解为 ρ 个多相分量，每个构成原始采样在不同偏移位置的子序列（每 ρ 个采样），如 $\rho=3$，如图 11.66 所示。信号可以被分解为任意个数的多相。通常，将序列 $x(k)$ 分解为 ρ 个多相分量，结果是有 ρ 个序列，表示为 $x_0(m),\cdots,x_{\rho-1}(m)$，由下式确定：

$$x_i(m)=x(m\rho+i),\quad i=0,1,\cdots,\rho-1 \tag{11.32}$$

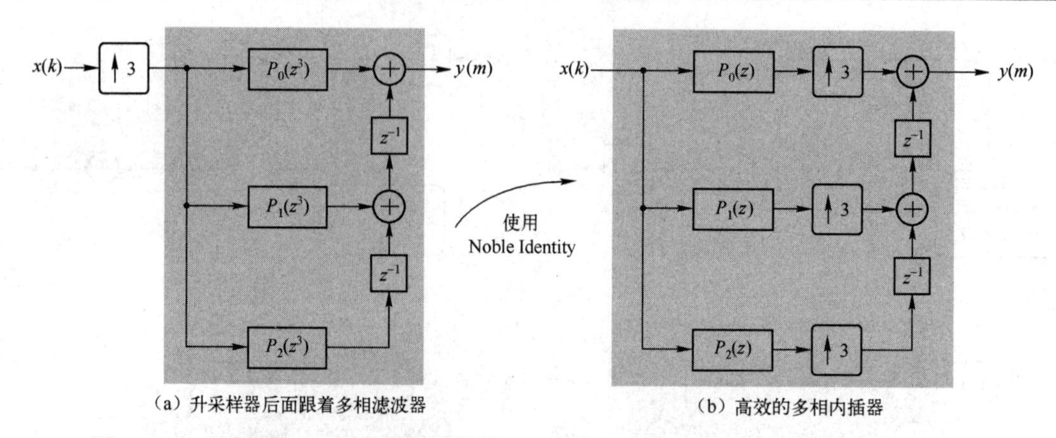

图 11.65　升采样器后面跟着多相滤波器，以及使用 Noble Identity 后高效的多相内插器

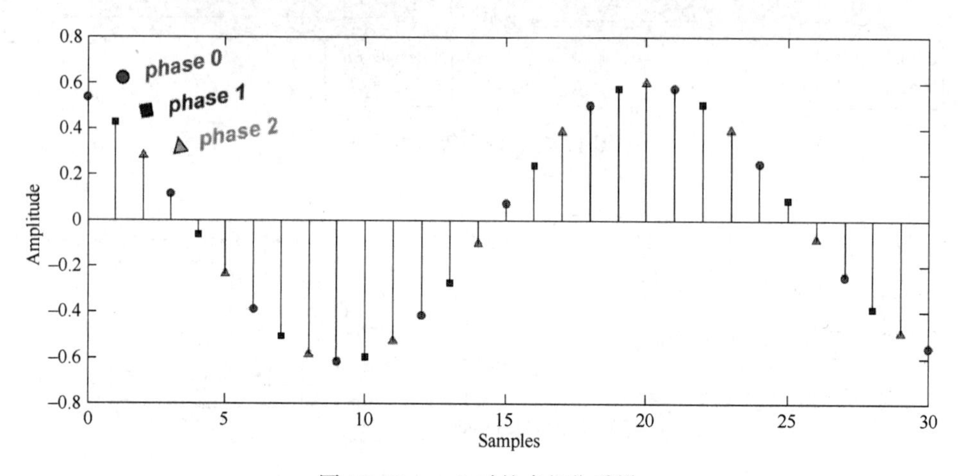

图 11.66　$\rho=3$ 时的多相位采样

其中：

（1）i 是多相分量的索引（它也用作一个基于采样的偏移）；

（2）m 是多相分量的采样索引。

> **注**：（1）多相分量的采样率低于原始采样率（因子为 ρ）。
> （2）在整数速率变化的多速率信号处理中，多相分量的个数与速率变化因子匹配。因此，$\rho=L$ 或者 $\rho=M$（根据插值或抽取来确定）。

根据前面所介绍的知识，可以实现信号的多相分解和重构。很明显，一个信号可以分解为它的多相分量（因子为 ρ，ρ 为不同的采样偏移）。

11.4.3　多相抽取和插值的实现

通过将对应偏移扩展的（升采样的）多相分量进行组合可以重构信号，如图 11.67 所示。

$\rho=3$ 时的情况如图 11.68 所示。从图 11.68 中可知，所有降采样器的输出都发生在同一时刻。因此，当分解为降采样后的多相分量后，不能简单地通过重叠来构成原始的序列。

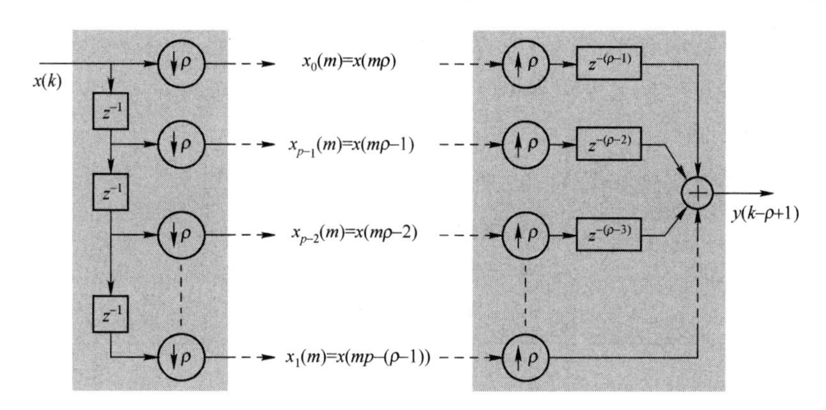

图 11.67　信号的分解和重构

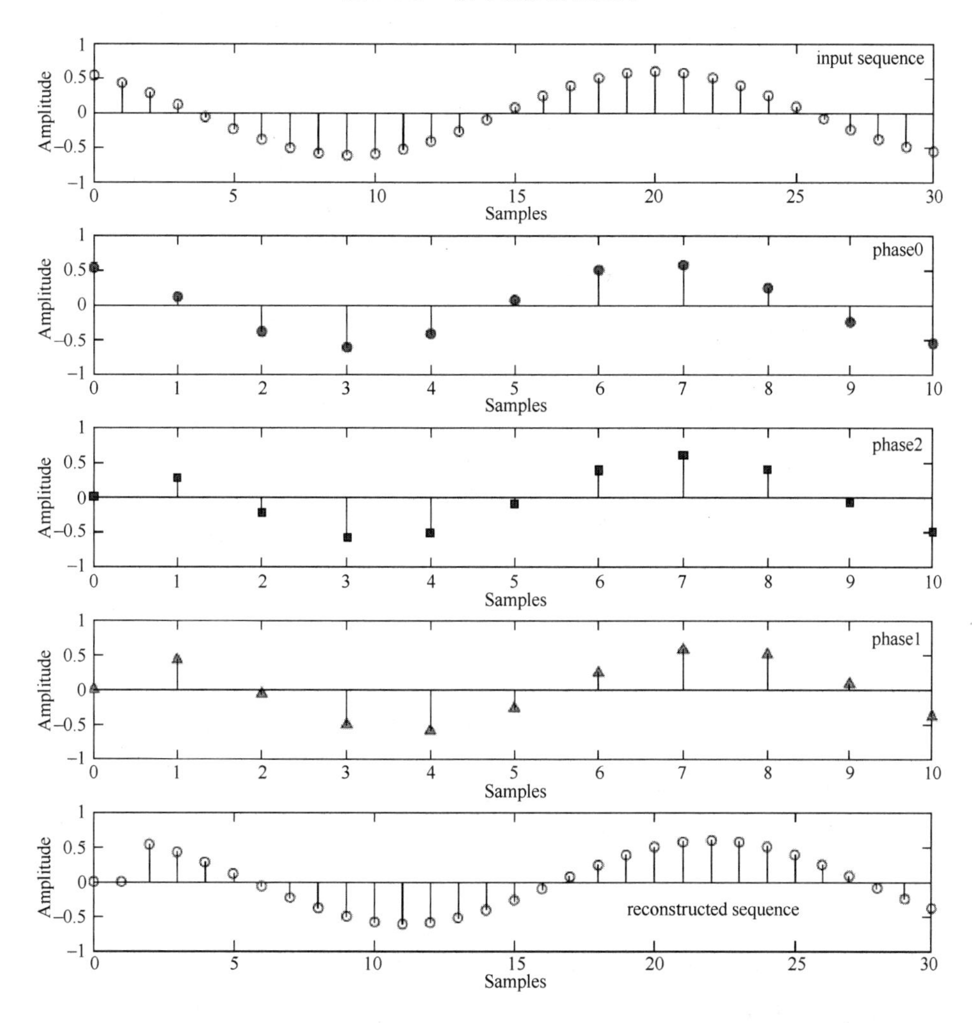

图 11.68　$\rho=3$ 的情况

从实现的角度而言，它与同步在 f_S/ρ 的时钟操作同步。实际中，只存在一个版本的时钟，不会有 ρ 个版本的不同相位。因此，一旦处于已分解状态，任意索引 i 的采样都被并行处理。

重组时，通过在较高速率下插入延迟来重新引入必要的时间和采样偏移。在真实世界的实现中，通过系统的延迟是不可避免的。

1. 多相抽取器的执行

一个多相抽取器的实现如图 11.69 所示。从图 11.69 中可知：

$$y_0(m)=2w_0+7w_3+5w_6-5w_9-1w_{12} \tag{11.33}$$

$$y_1(m)=4w_1+6w_4+1w_7-7w_{10} \tag{11.34}$$

$$y_2(m)=6w_2+9w_5-2w_8-4w_{11} \tag{11.35}$$

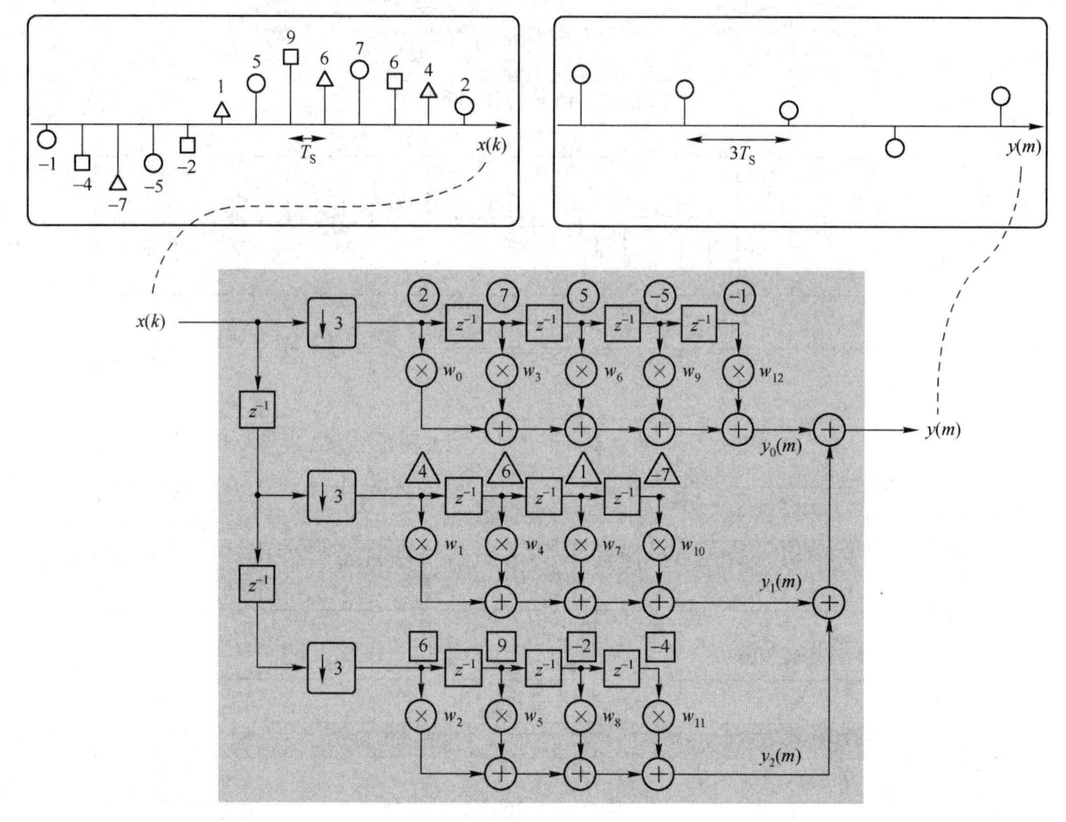

图 11.69　多相抽取器的实现

因此，其整体的输出表示为

$$y(m)=2w_0+4w_1+6w_2+7w_3+6w_4+9w_5+5w_6+$$
$$1w_7-2w_8-5w_9-7w_{10}-4w_{11}-1w_{12} \tag{11.36}$$

通过这个例子可知，每个计算所得到的输出采样对应于原始滤波器的完整卷积核。由于使用了高效率的多相结构，因此可以在较低的输出速率下执行所有的 MAC 计算。

2. 多相插值器的执行

一个多相插值器的实现如图 11.70 所示。从图 11.70 中可知，输出端给出了采样索引，滤波器的输出等效于上游多相分支的输出，如 $y(m)=y_0(k)$。每个分支内的采样器（因子为 3）在数据采样之间插入两个零，然后分支对其重组，在特殊采样点上，3 个分支中的两个“贡献”零，而剩余的分支生成滤波器的输出。

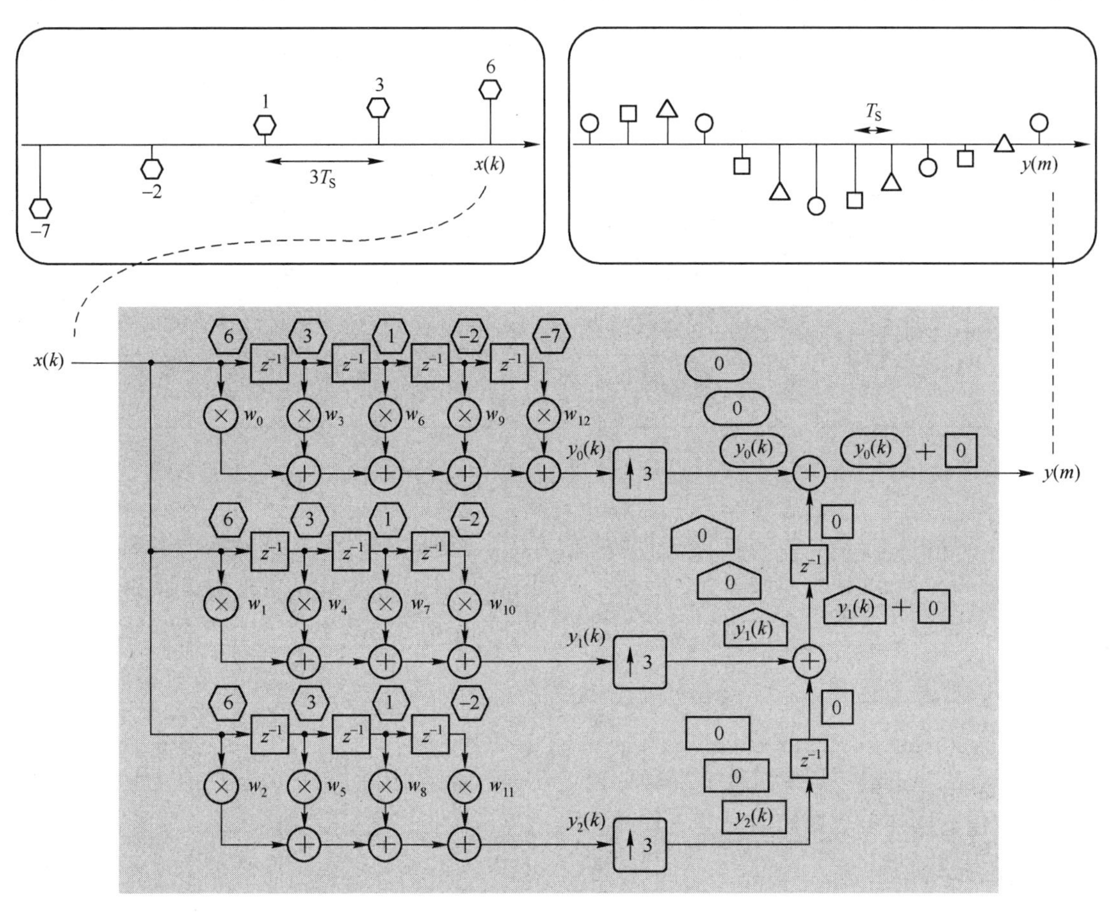

图 11.70　多相插值器的实现

此外，图 11.70 中给出了升采样器的 3 个采样输出（采样索引 m 时刻的滤波器输出）。现在考虑在 $m+1$ 和 $m+2$ 时的输出，即

$$y(m)=6w_0+3w_3+1w_6-2w_9-7w_{12} \quad (11.37)$$

$$y(m+1)=6w_1+3w_4+1w_7-2w_{10} \quad (11.38)$$

$$y(m+2)=6w_2+3w_5+1w_8-2w_{11} \quad (11.39)$$

在采样索引 $m+1$ 时刻的滤波器输出如图 11.71 所示。

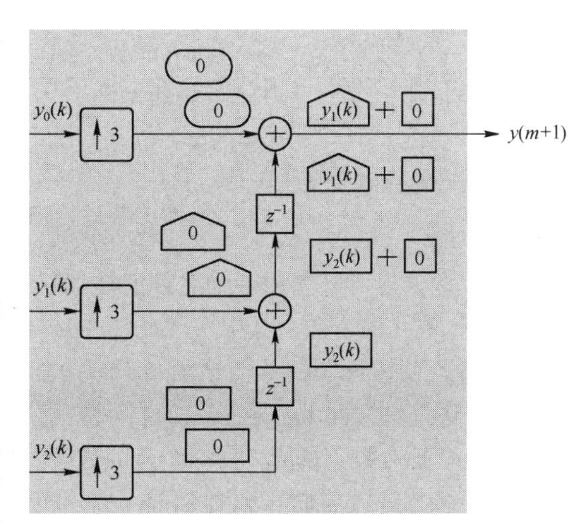

图 11.71　采样索引 $m+1$ 时刻的滤波器输出

根据上面的推导过程，我们可以确定，通过所包含递增相位滤波器来处理连续输入的采样就可以生成输出采样。在任何特定的采样索引时刻，剩余滤波器的权值（那些对应到由直接抽取器模型插入的零）并不会被计算。

在多相抽取器和多相内插器中，电路的主要部分工作在两个速率中较低的速率（在图 11.72 中，较低速率为 $f_S/3$）。使用全并行的方式实现多相滤波器并不是高效的。

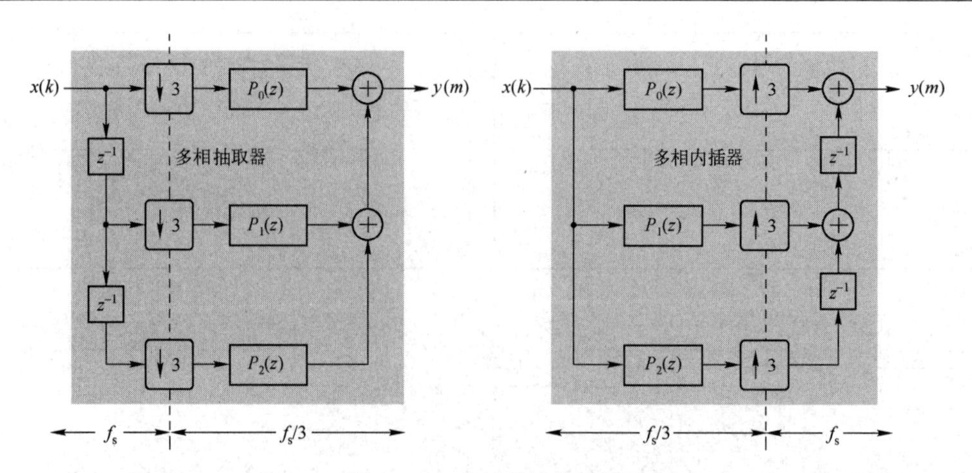

图 11.72　多相系统的运行

利用系数对称是提高计算效率一个通常的方法。然而，一个对称滤波器的多相分解不一定会产生一套对称的相位，如图 11.73 所示。图 11.73 中，相位 0 是对称的，而相位 1 和相位 2 是不对称的。具有对称权值的奇数长度滤波器的 2 相分解产生两个子带滤波器，它们也是对称的。

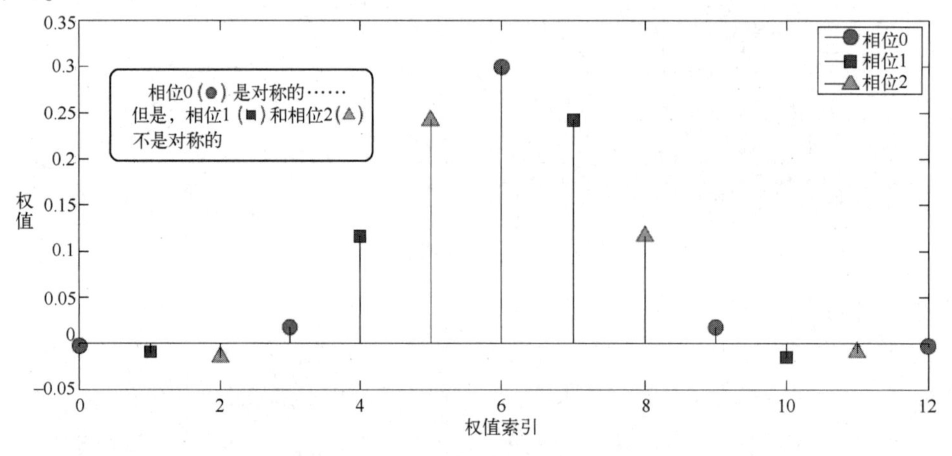

图 11.73　多相系统的相位非对称

这就意味着可以利用一个对称滤波器结构用于所有的相位，减少相位 i 从 W_i 到 $W_i/2$ 范围内 MAC 单元的个数，其中 W_i 为相位的权值个数。

例如，如图 11.74 所示，给出了将图 11.73 所示的 13 权值的滤波器进行 2 相分解后的图。很明显，在这种情况下，这里有 2 个对称相位，一个包含 7 个系数，另一个包含 6 个系数。事实上，一个是奇数个权值，另一个是偶数个权值，这意味着每个分支的滤波器结构稍有不同。

对于多相滤波器而言，对称并不是一个强有力的工具，因为通常相位有不同的对称类型，或者非对称类型。

这里可以考虑两个主要方法，通过时间共享 MAC 硬件来减少多相滤波器的成本：

（1）串行。独立处理每个相位，并且串行化，尽可能利用对称性。

（2）多通道。将相位看作“通道”，实现一个全并行滤波器，使得所有相位可以共享它。

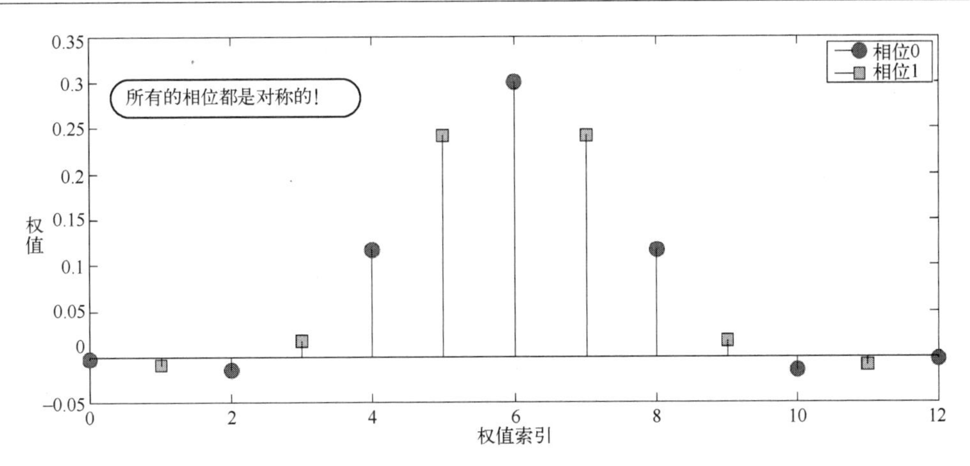

图 11.74　将图 11.73 所示的 13 权值的滤波器进行 2 相分解后的图

再次回到前面所说的 13 权值、3 相位的例子，图 11.75 给出的是“候选”的结构（以抽取器为例）。在这种情况下，在 MAC 单元方面，整体开销是相同的。

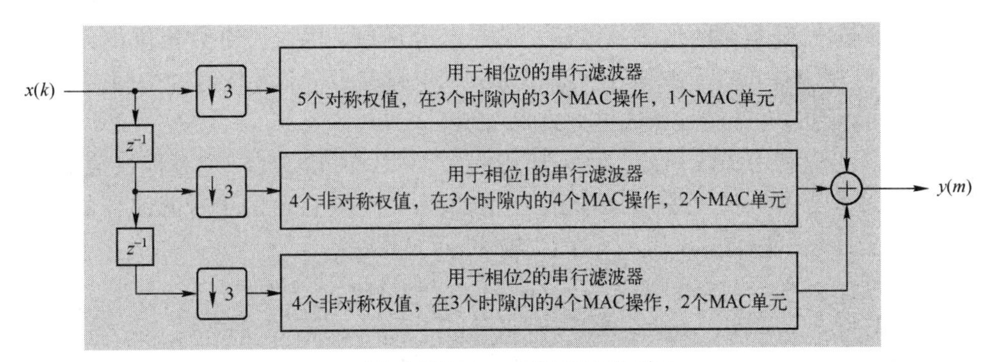

（a）串行结构，一共使用5个MAC单元

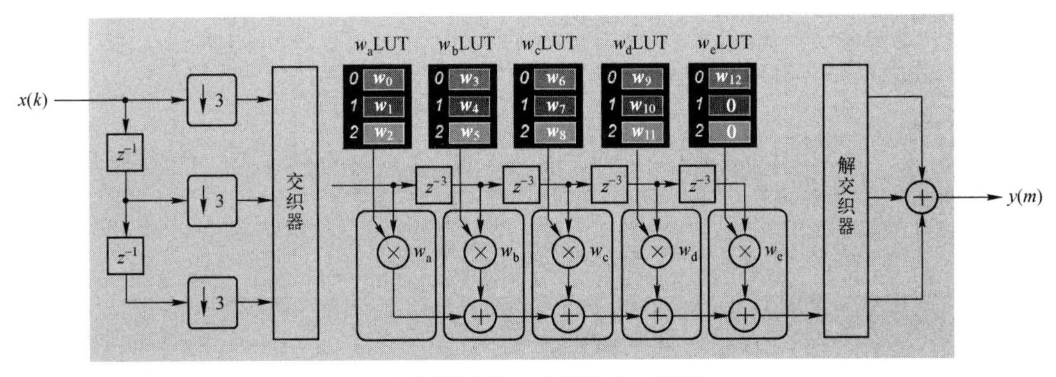

（b）多通道结构，一共使用5个MAC单元

图 11.75　串行和多通道结构

> **注：** 当然，其他“变形”也是可以的，如并行–串行滤波器和多通道串行滤波器。任何特殊设计最有效的实现方式取决于很多不同的因素。

此外，半带滤波器是一个特殊的、超级有效的滤波器，用于插值和抽取（比率为 2）。

在多相形式中，“奇数”相位几乎消失。事实上，它只包含一个需要乘以 0.5 的权值（这对实现来说显得微不足道），如图 11.76 所示。

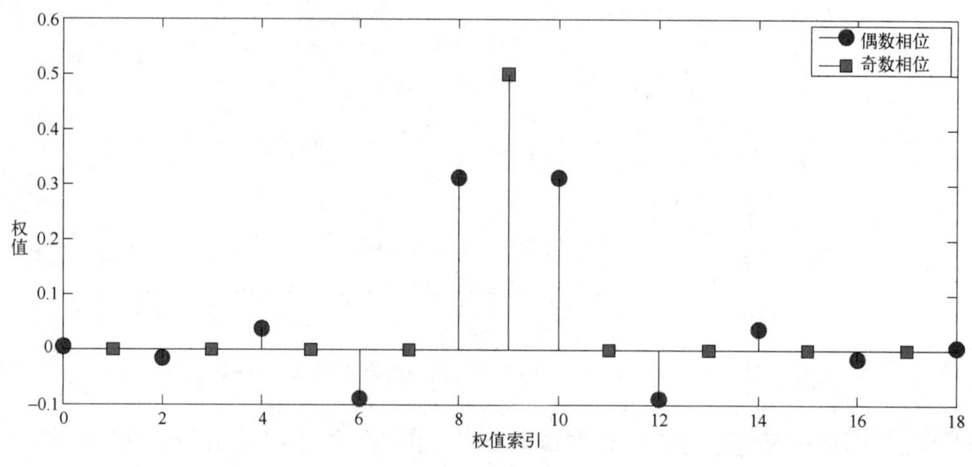

图 11.76　半带滤波器

下面考虑一个长度为 N 的半带滤波器，N 定义为奇数。因此，奇数相位包含 $N/2$ 个权值，而“偶数”相位有 $N/2$ 个权值。然而，奇数相位只有一个非零权值（中间一个点），其值为 0.5，这可以通过右移这种低成本方式来实现。

更进一步，可以利用偶数相位对称，使用一个 MAC 单元实现一个对称权值对。因此，半带滤波器的计算成本为 $N/4$ 个 MAC 操作。例如，一个 19 权值的半带滤波器的输出可以只使用 5 个 MAC 操作就可以实现，如图 11.77 所示。

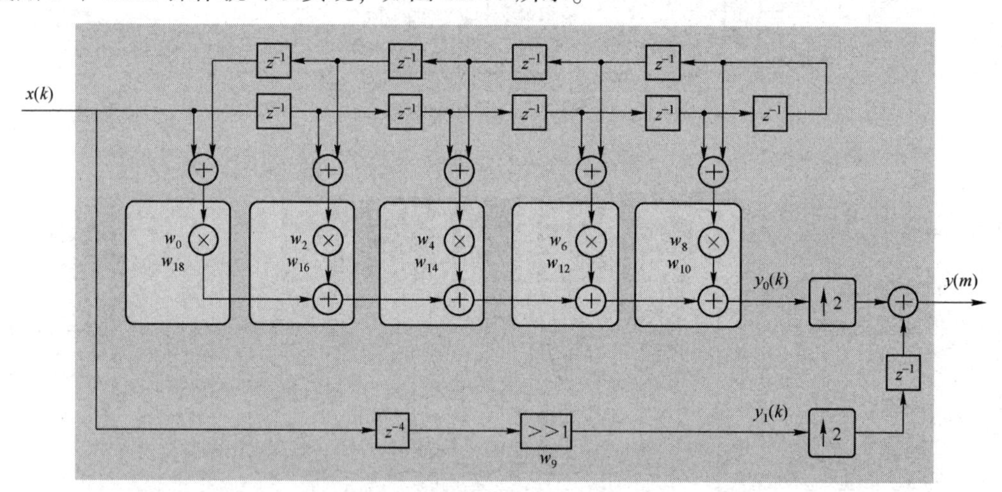

图 11.77　使用 5 个 MAC 操作实现 19 权值的半带滤波器的输出

进一步，记住速率的变化，多相结构允许时间共享 MAC 硬件（因子为 2，使用串行技术），这样实现 19 权值滤波器，在硬件实现上只需要使用 3 个 MAC 单元。这就是为什么在多速率信号处理中广泛使用半带滤波器的原因了，即低成本的抽取器/内插器。

11.4.4　直接和多相插值的比较

在直接形式中，插值涉及升采样（在一个输入采样之间插入 $N-1$ 个零），然后通过滤波器将镜像频谱去除。然而，当升采样在滤波器之前时，在每 N 个采样中，只处理一个非零值，这会造成运算量的巨大浪费。如图 11.78 所示为插值因子为 2 的直接形式的插值器的 SFG。

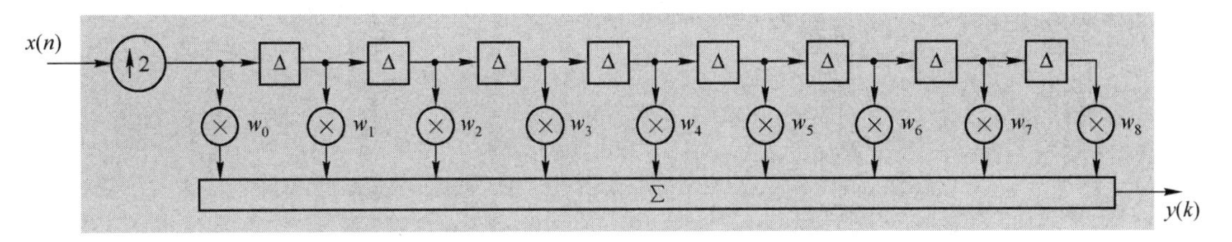

图 11.78　插值因子为 2 的直接形式的插值器的 SFG

多相插值效率更高，这是因为它避免处理零值采样。首先以较低的采样率执行滤波，并且将 N 项进行组合。对于 $N=2$ 的多相插值器的 SFG，如图 11.79 所示，其实现的功能与图 11.78 实现的功能相同，但是总的运算量减少了一半。

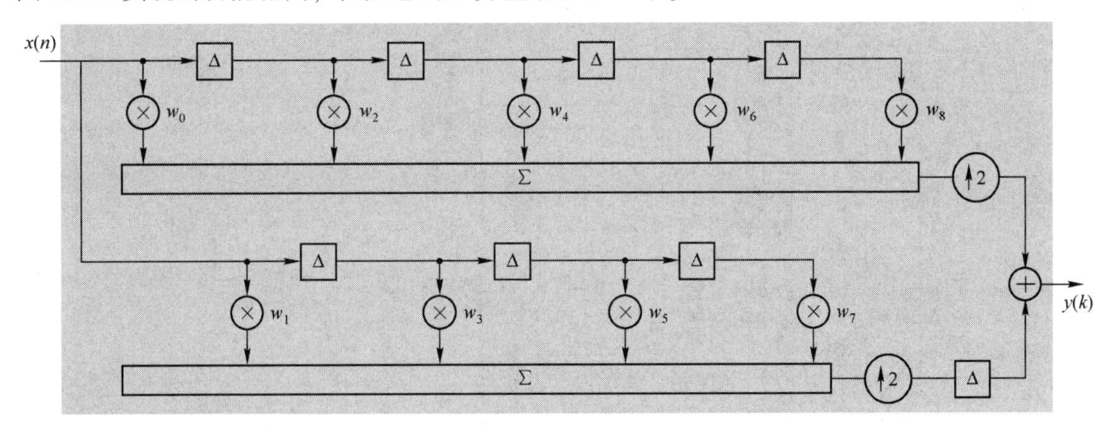

图 11.79　$N=2$ 的多相插值器的 SFG

下面给出图 11.78 和图 11.79 在 Simulink 中的具体实现结构，如图 11.80 所示。

> **注**：读者可以定位到本书提供资料的\fpga_dsp_example\FIR\polyphase_FIR 目录下，打开名字为“direct_polyphase_interpolation_compare.slx”的文件。

思考与练习 11-1：对该设计执行仿真，由给出的图查看插值器在两种形式下的输出响应特性，并给出结论。

思考与练习 11-2：观察多相插值器 phase1 和 phase2 的冲激响应，给出结论。

思考与练习 11-3：根据前面给出的结论，从计算量、采样率和 FPGA 逻辑资源消耗等方面对这两个结构进行详细分析，并给出结论。

11.4.5　直接抽取和多相抽取的比较

由于滤波器计算的采样随后被降采样器的处理过程给“丢弃”，所以直接抽取的效率很低。抽取因子为 2 的直接形式的抽取器的 SFG 如图 11.81 所示。

多相抽取器将计算重新组合为两项设计，如图 11.82 所示。降采样器在滤波器的前面，因此最终的实现结构避免进行冗余的计算。实际上，每秒只需要一半的乘和累加运算。

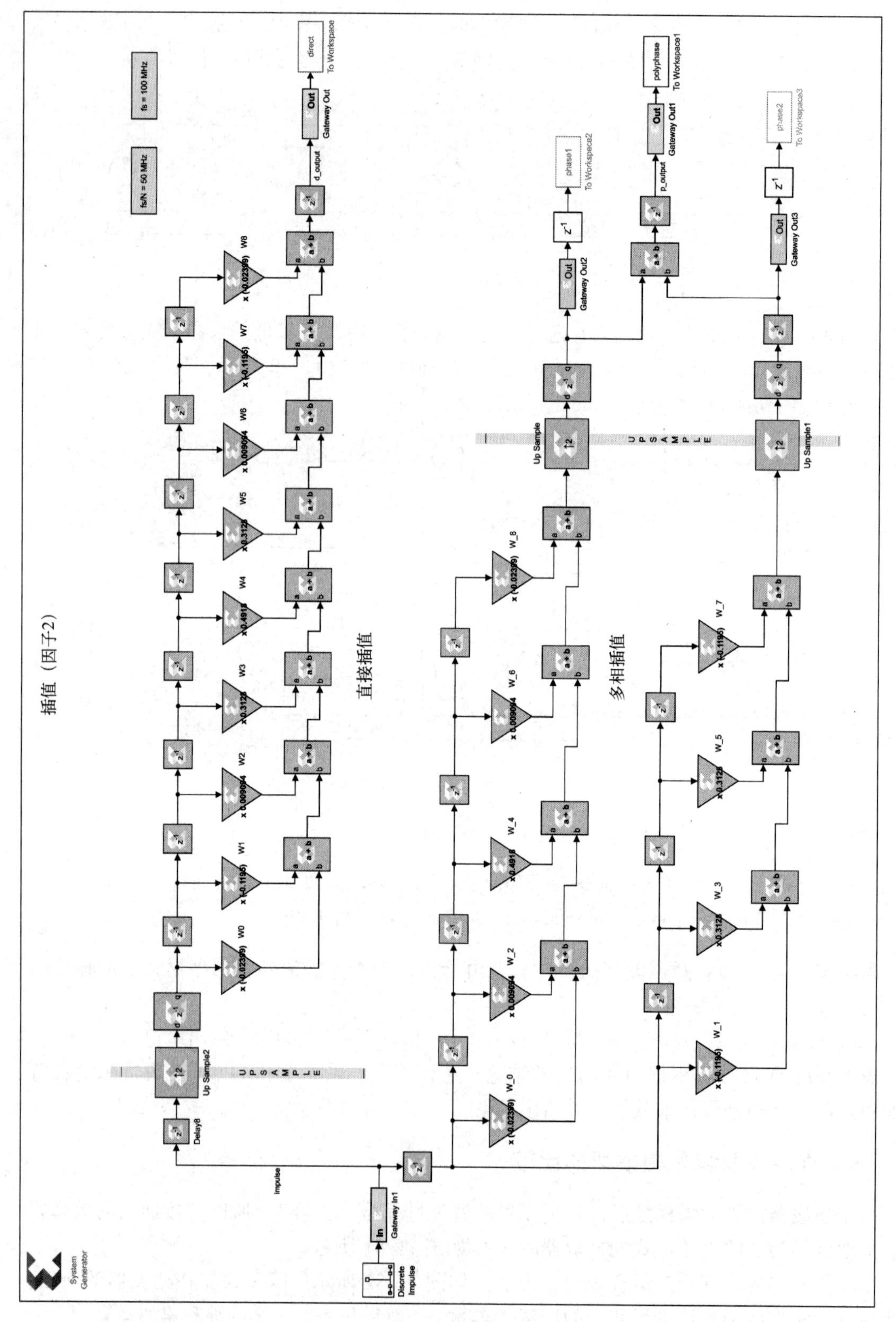

图11.80 直接形式的插值器和多相形式的插值器的比较 (1)

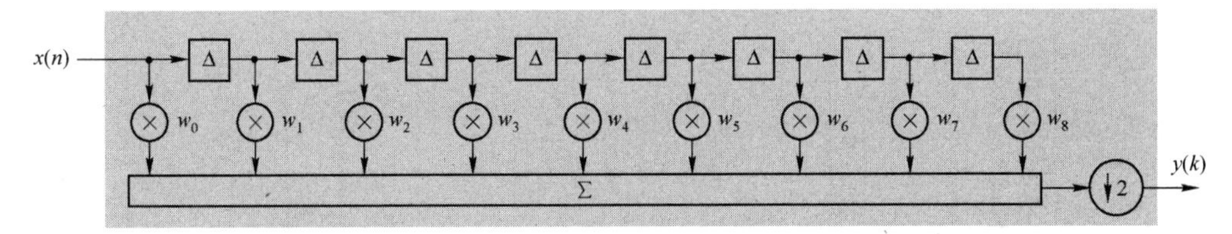

图 11.81　抽取因子为 2 的直接形式的抽取器的 SFG

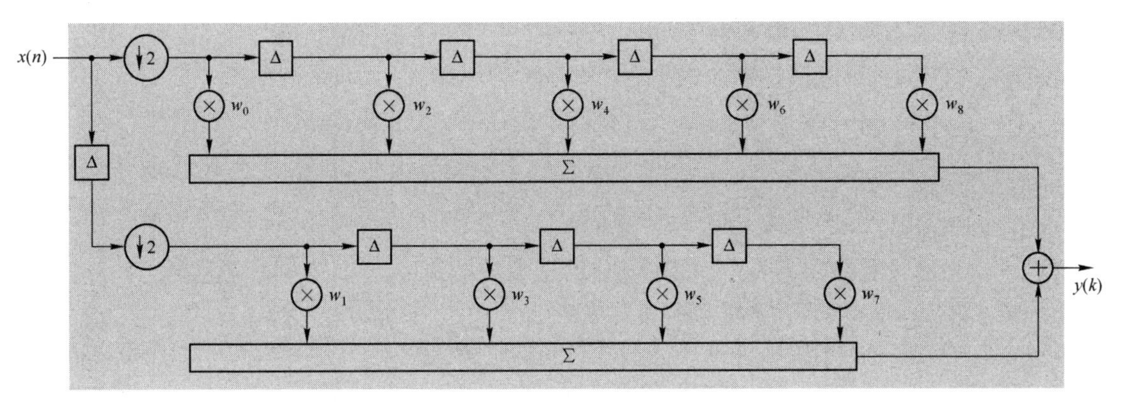

图 11.82　$N=2$ 的多相抽取器的 SFG

下面给出图 11.81 和图 11.82 在 Simulink 中的具体实现结构，如图 11.83 所示。

注：读者可以定位到本书提供资料的 \fpga_dsp_example\FIR\polyphase_FIR 目录下，打开名字为“direct_polyphase_decimation_compare.slx”的文件。

思考与练习 11-4：对该设计执行仿真，由给出的图查看抽取器在两种形式下的输出响应特性，并给出结论。

思考与练习 11-5：观察多相抽取器的冲激响应，并给出结论。

思考与练习 11-6：根据前面给出的结论，从计算量、采样率和 FPGA 逻辑资源消耗等方面对这两个结构进行详细分析，并给出结论。

思考与练习 11-7：双击图 11.83 中的 Discrete Impulse 元件，打开“Block Parameters”对话框。在该对话框中，将“Delay”的值从 0 改为 1，重新进行仿真，然后观察并分析仿真结果。

思考与练习 11-8：在图 11.83 中添加示波器，观察输入和输出信号之间的关系。

通过观察半带滤波器的权值：

$$\text{Num} = [-0\ -0.1196\ -0\ 0.3131\ 0.5\ 0.3131\ -0\ -0.1196\ -0]$$

可以发现，在所有权值中，有几个权值为零。进一步改进实现结构，如图 11.84 所示。

注：读者可以定位到本书提供资料的 \fpga_dsp_example\FIR\polyphase_FIR 目录下，打开名字为“direct_decimation_cheap.slx”的文件。

类似地，可以进一步改进多相形式的抽取器的实现结构，如图 11.85 所示。

注：读者可以定位到本书提供资料的 \fpga_dsp_example\FIR\polyphase_FIR 目录下，打开名字为“polyphase_decimation_cheap.slx”的文件。

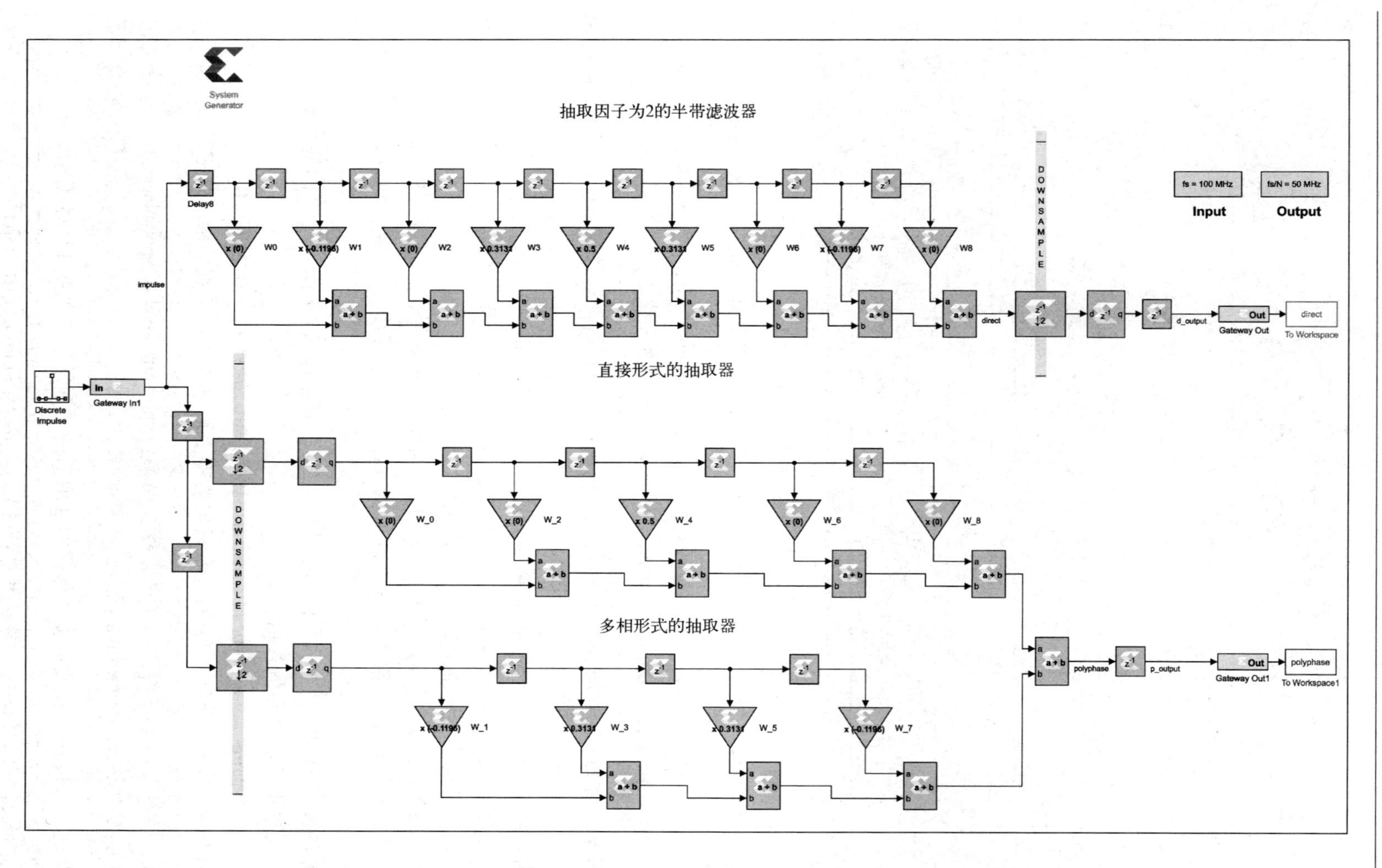

图11.83　直接形式的抽取器和多相形式的抽取器的比较(2)

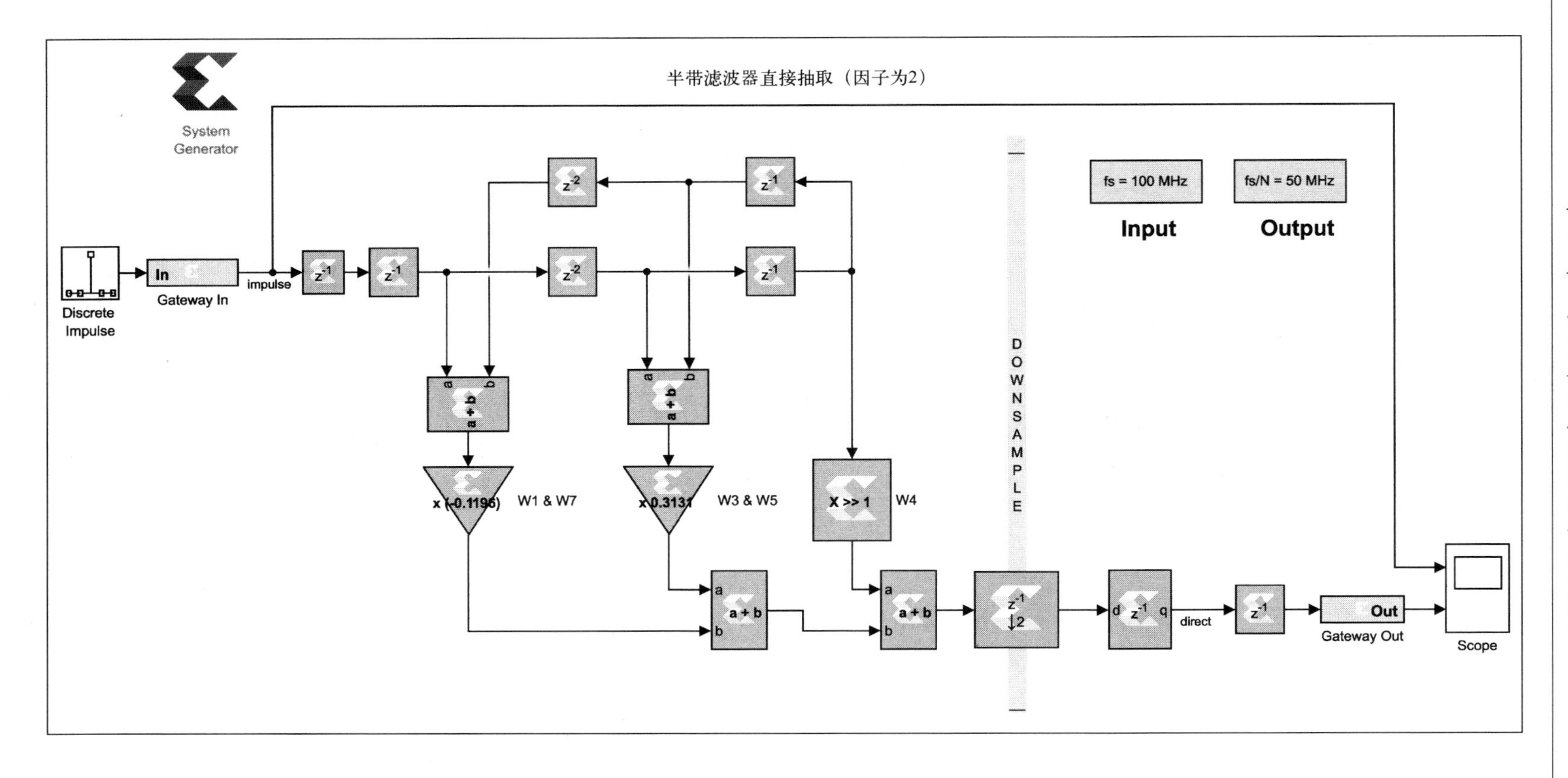

图11.84　直接形式的抽取器的另一种简化结构

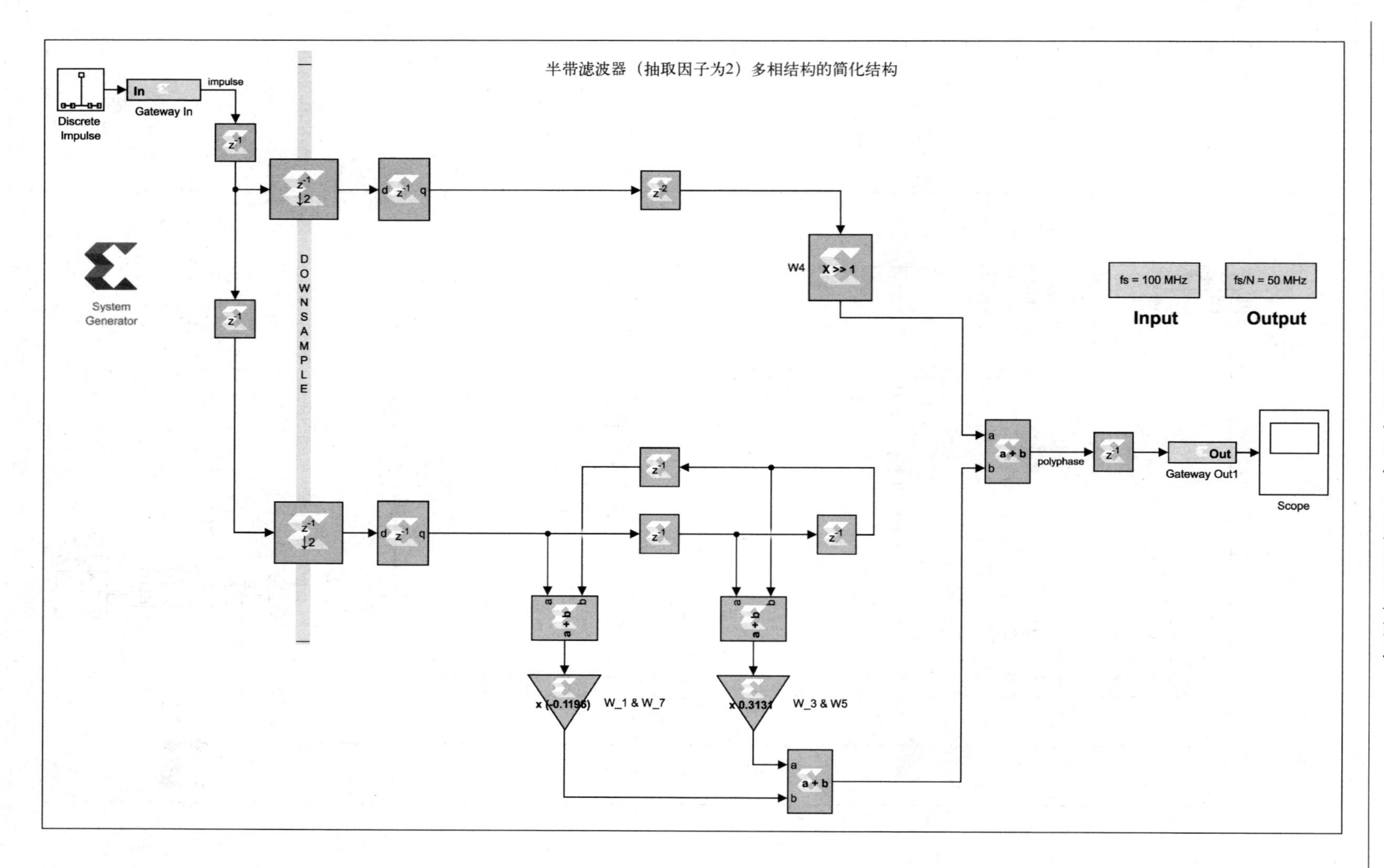

图11.85　多相形式的抽取器的另一种简化结构

第12章　串行和并行-串行 FIR 滤波器的原理与实现

前面几章介绍的都是并行形式的 FIR 滤波器。但是，有些情况下并不需要使用并行形式的 FIR 滤波器，而是使用串行形式的 FIR 滤波器，这样可以显著降低 FIR 滤波器的实现成本。此外，当在性能和成本之间权衡时，可以使用并行-串行混合形式的滤波器结构。

本章将详细介绍低成本的串行形式的 FIR 滤波器的原理与实现方法，在此基础上将介绍并行-串行 FIR 滤波器的原理与实现方法。

12.1　串行 FIR 滤波器的原理与实现

在一些 FIR 滤波器的应用中，假如时钟的最高速度为 400MHz，而数据率只有 100Msps，此时就没有必要使用并行形式的 FIR 滤波器了，而是使用串行形式的 FIR 滤波器。

12.1.1　串行 FIR 滤波器的原理

对于一个串行形式的 FIR 滤波器而言，单个 MAC 硬件单元被“重用” N 次（N 为滤波器的长度），滤波器的输出有 N 个时钟周期的延迟，如 5 权值并行形式的 FIR 滤波器和串行形式的 FIR 滤波器，如图 12.1 所示。

从图 12.1（b）可知，在 5 个时钟周期内，单个 MAC 单元均处于忙状态，用于计算第一个输出采样。因此就不能输入第二个采样，必须一直等到第 5 个时钟周期后才可以。这就意味着处理速率是较低的（在这种情况下因子为 5）。很明显，这是时分复用导致的结果。

在脉动-并行形式下的 FIR 滤波器中，对应于每个特定采样的输入，所实现的 MAC 单元的行为在时域中是有“偏移”的。在这种情况下，将图 12.1（a）重新绘制，如图 12.2 所示。

如图 12.2 所示，在物理结构上使用了 5 个 MAC 单元，这些单元以实现吞吐量等于滤波器的时钟速率在 100%的时间内都在工作。由于采用了脉动形式的流水线，所以在任何特定时刻，每个 MAC 单元都会用于计算一个对应于不同输入采样的输出。

从图 12.1 可知，对于一个长度为 N 的并行形式的 FIR 滤波器而言，其吞吐量可以达到 f_{clk}；而对于一个长度为 N 的串行形式的 FIR 滤波器而言，其吞吐量为 f_{clk}/N。实际实现时，建议选择中等“并行度”，即使用 1~N 个之间的 MAC 单元，相对应的吞吐量在 f_{clk}/N~f_{clk} 之间，这就意味着读者需要在实现成本和性能之间进行权衡。

需要记住的是，一个串行形式的 FIR 滤波器并不总是一个最好的选择。如果需要处理多通道的数据，更高效的方法是在数据流之间时分复用一个并行形式的 FIR 滤波器，而不是为每个通道创建一个串行形式的 FIR 滤波器。

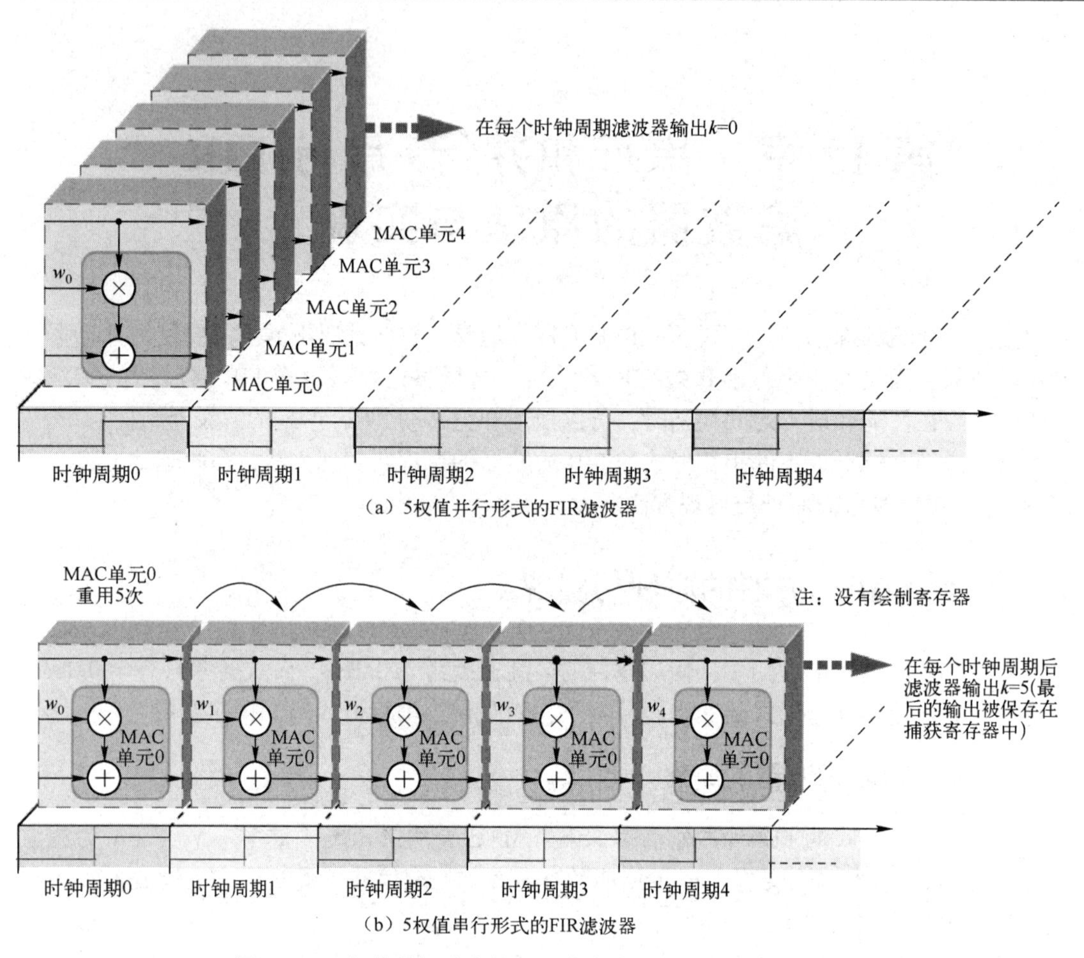

（a）5权值并行形式的FIR滤波器

（b）5权值串行形式的FIR滤波器

图 12.1　5 权值并行形式的 FIR 滤波器和串行形式的 FIR 滤波器

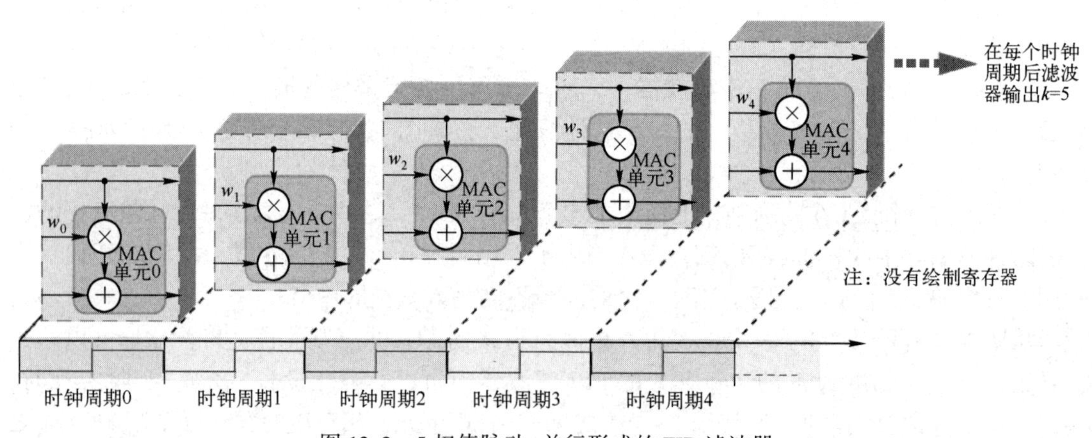

图 12.2　5 权值脉动-并行形式的 FIR 滤波器

12.1.2　串行 FIR 滤波器的实现

本节将详细介绍串行形式的 FIR 滤波器的实现。

1. 非对称权值串行 FIR 滤波器的实现

首先看一下非对称权值的串行形式的 FIR 滤波器的实现，如图 12.3 所示为 N 权值的串行形式的 FIR 滤波器的实现结构。图 12.3 中：

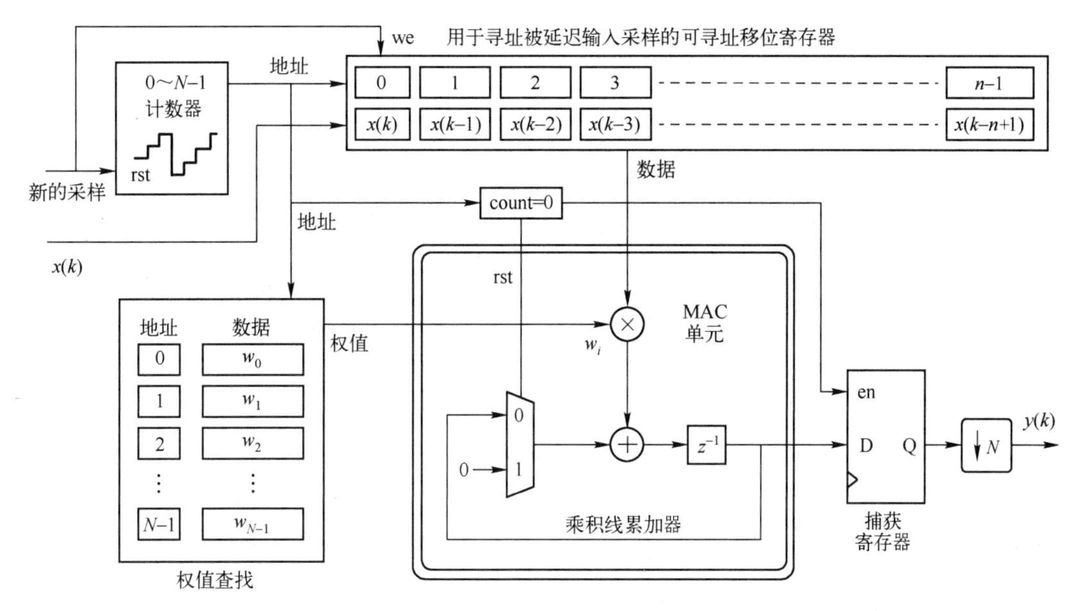

图 12.3　N 权值的串行形式的 FIR 滤波器的实现结构

（1）计数器。重复从 0 计数到 $N-1$。计数器的采样率为 M，它是数据率的 N 倍，这是因为滤波器硬件必须被时分复用 N 次，以计算 N 个权值滤波器的部分输出项。

（2）MAC 单元。用于计算滤波器操作的部分项。从图 12.3 中可知，将 MAC 内的累加器准确地画出来，用于对每个输出采样的部分积进行求和。一旦计算完以前输出采样的最后一项，累加器将复位到输入项 $w_0 \times x(k)$。

（3）可寻址的移位寄存器。用于保持到达输入采样的延迟线，数据以数据率的速度写到移位寄存器，并且以 N 倍的速度读出。在每个数据采样周期期间，来自延迟线的每个元素必须按顺序依次读取，然后和相对应的滤波器权值相乘。

（4）权值查找。用于在存储器中保存 N 个权值的值。如果滤波器的响应特性是固定的，则它是只读存储器。

（5）捕获寄存器。用于保存由 MAC 单元计算得到的最终值，即输出数据采样。

（6）降采样器（因子为 N）。它在捕获寄存器后，将采样率降低到数据率。

（7）比较器。用于控制应用到累加器的复位，以便在正确的时间使能捕获寄存器。

2. 对称权值串行 FIR 滤波器的实现

对于具有对称系数的串行形式的 FIR 滤波器而言，在进入 MAC 单元之前，使用预加法器将来自输入线的两个采样相加。这就意味着 MAC 单元可以在一次执行中实现两个对称权值。在这种情况下，要求在同一时刻加载来自输入延迟线的两个采样。然而，可寻址的移位寄存器（Addressable Shift Register，ASR）并不支持两个同步的读操作，这样就需要将延迟线分割成两部分。对于一个对称的 8 权值的串行形式的 FIR 滤波器而言，将延迟线分成两部分，每部分包含 4 个元素，如图 12.4 所示，使用相反的存储器地址。

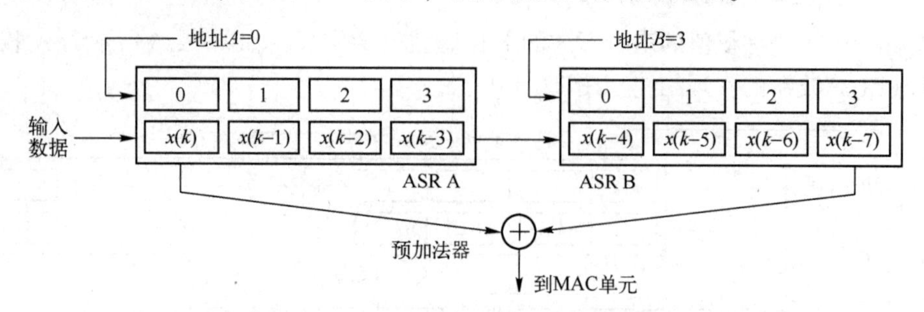

图 12.4　对称的 8 权值的串形形式的 FIR 滤波器的预加法器结构

假定可以同时从存储器中得到两个输入采样，则可以将 ASR 分成两部分（其中一个用于滤波器输入线的前一半，另一个用于输入线的后一半）。可以修改图 12.3 所介绍的 N 权值的串行形式的 FIR 滤波器的实现结构，用于实现对称系数的串行形式的 FIR 滤波器，如图 12.5 所示。

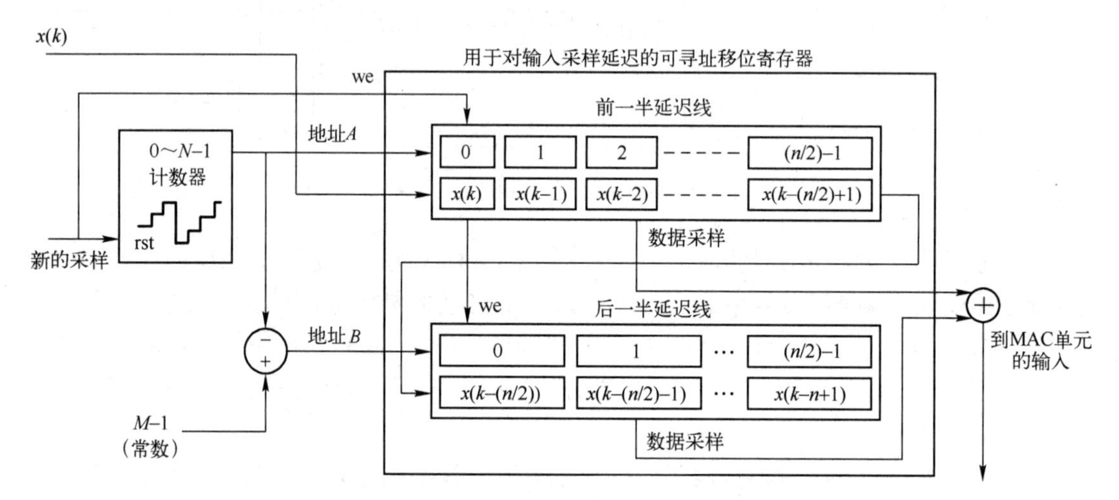

图 12.5　对称系数的串行形式的 FIR 滤波器的实现结构

在 System Generator 中，可以找到 FIR 滤波器串行结构的库，如图 12.6 所示。从图 12.6 中可知，在“Simulink Library Brower”对话框的左侧，找到并展开“Xilinx Reference Blockset”选项。在展开项中，找到并单击 DSP。在右侧窗口中，可以看到串行形式的 FIR 滤波器的各种元件符号。

注：（1）在该设计中，将调用名字为“n-tap MAC FIR Filter”的元件符号。

（2）读者可以定位到本书所提供资料的\fpga_dsp_example\FIR\ser_par_FIR 目录下，打开名字为“serial_4. slx”的文件。

在该设计中，FIR 滤波器的长度为 4，其整体结构如图 12.7 所示。该滤波器的 4 个权值表示为

mac_weights = [0. 0105396712. 80945 −0. 089878045376848
　　　　　　　0. 0523575912. 71539 0. 510110858252443];

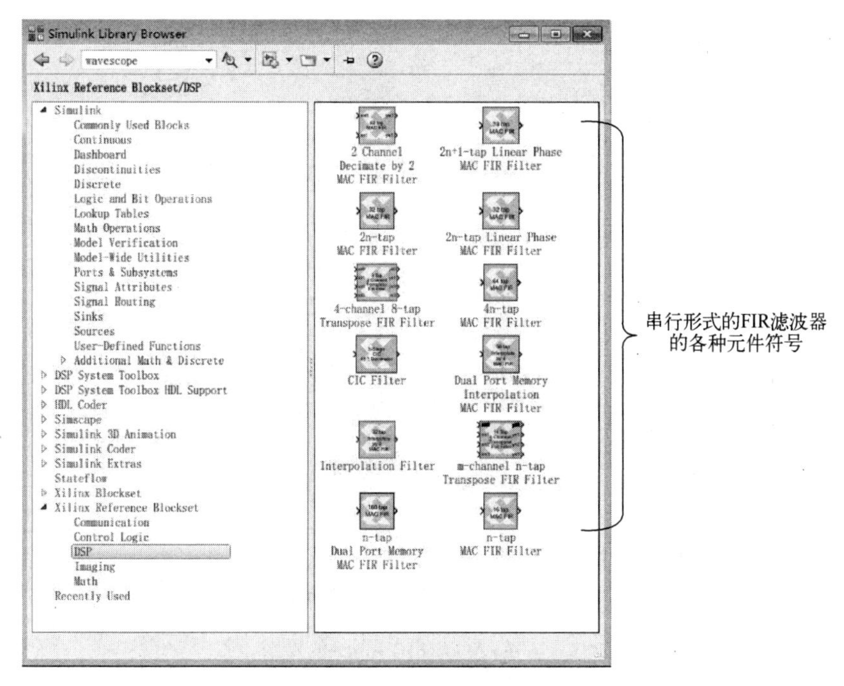

图 12.6　FIR 滤波器串行结构的库

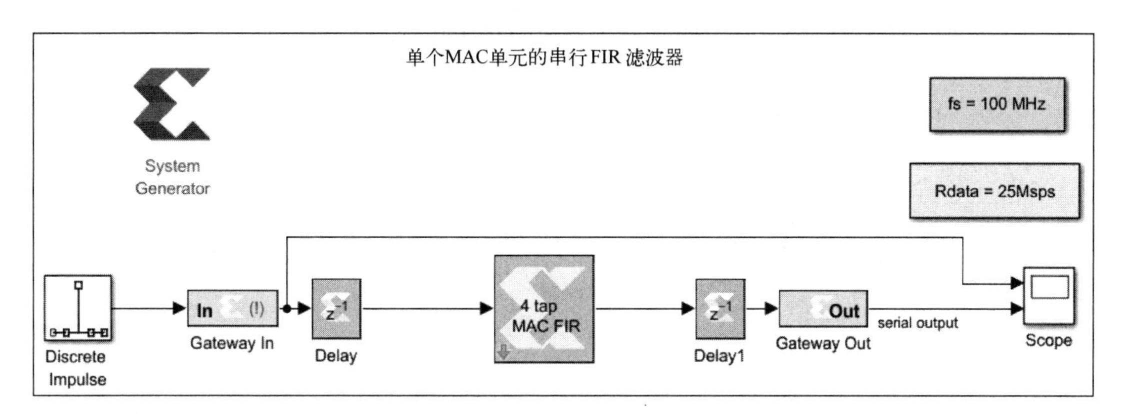

图 12.7　长度为 4 的串行形式的 FIR 滤波器的整体结构

在该设计中，n-tap MAC FIR Filter 元件的参数设置如图 12.8 所示。

在图 12.7 所示的界面中，双击 System Generator 元件符号，打开 System Generator 元件的配置界面。在 System Generator 元件的配置界面中，在“Compilation”标签页下，按如下参数设置。

（1）Part：Artix7 xc7a75t-fgg484。

（2）Compilation：HDL Netlist。

在 System Generator 元件的配置界面中，在“Clocking”标签页下，按如下参数设置。

（1）Simulink system period(sec)：1/fs。

（2）Perform analysis：Post Implementation。

（3）Analyzer type：Resource。

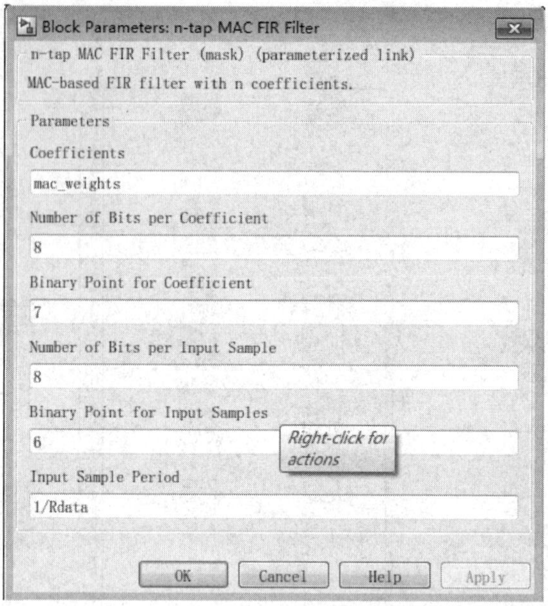

Block Parameters: n-tap MAC FIR Filter

n-tap MAC FIR Filter (mask) (parameterized link)

MAC-based FIR filter with n coefficients.

Parameters

Coefficients

mac_weights

Number of Bits per Coefficient

8

Binary Point for Coefficient

7

Number of Bits per Input Sample

8

Binary Point for Input Samples

6

Right-click for actions

Input Sample Period

1/Rdata

OK Cancel Help Apply

图 12.8 n-tap MAC FIR Filter 的参数设置

单击“Generate”按钮，后台自动调用 Xilinx Vivado 工具对设计进行综合。当 Vivado 完成对设计的处理后，给出完成处理的信息。此时，读者可以在 System Generator 元件的配置界面中再次单击“Clocking”标签。在该标签页中，单击“Analyzer type”右侧的“Launch”按钮，出现“Resource Analyzer:serial_4”对话框，如图 12.9 所示。

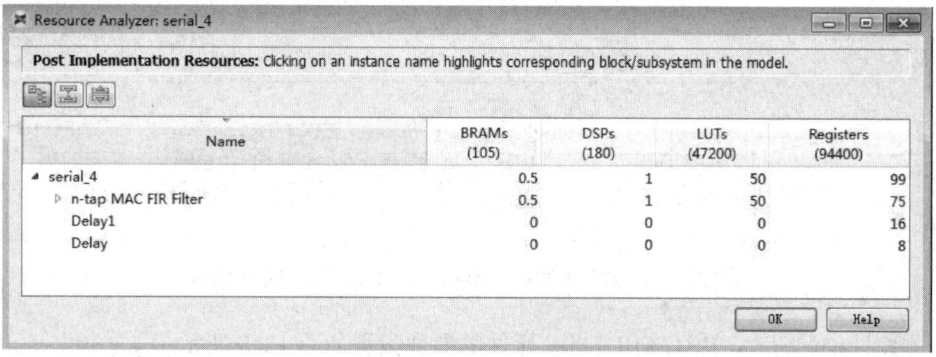

Resource Analyzer: serial_4

Post Implementation Resources: Clicking on an instance name highlights corresponding block/subsystem in the model.

Name	BRAMs (105)	DSPs (180)	LUTs (47200)	Registers (94400)
serial_4	0.5	1	50	99
n-tap MAC FIR Filter	0.5	1	50	75
Delay1	0	0	0	16
Delay	0	0	0	8

OK Help

图 12.9 “Resource Analyzer:serial_4”对话框

思考与练习 12-1：根据图 12.9 给出的结果，给出该设计所占用的 FPGA 的逻辑资源情况。

在 Vivado 集成开发环境中，定位到生成网表文件的路径。在该设计中，生成的网表保存在\fpga_dsp_example\FIR\ser_par_FIR\netlist\hdl_netlist 路径下。打开名字为“serial_4.xpr”的 Vivado 工程。在 Vivado 集成开发环境左侧的“Flow Navigator”窗口中，找到并展开“RTL ANALYSIS”选项。在展开项中，找到并单击 Open Elaborated Design，打开该设计的结构，如图 12.10 所示。

思考与练习 12-2：分析该设计结构中时钟的分配情况。

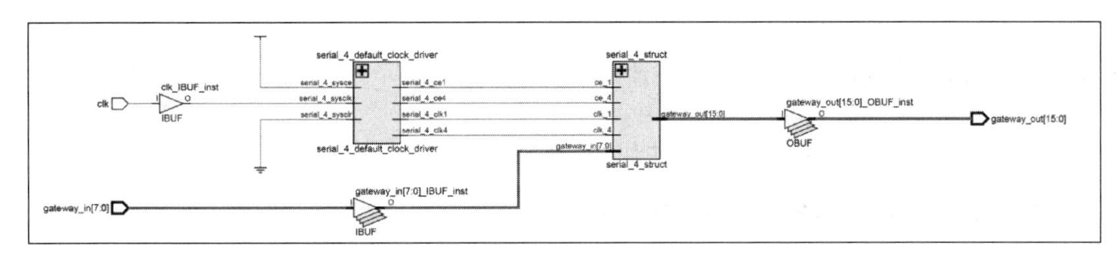

图 12.10　在 Vivado 集成开发环境中打开串行形式的 FIR 滤波器的结构

思考与练习 12-3：双击图 12.10 中名字为“serial_4_struct”的元件符号，打开其内部结构，如图 12.11 所示，分析该结构。

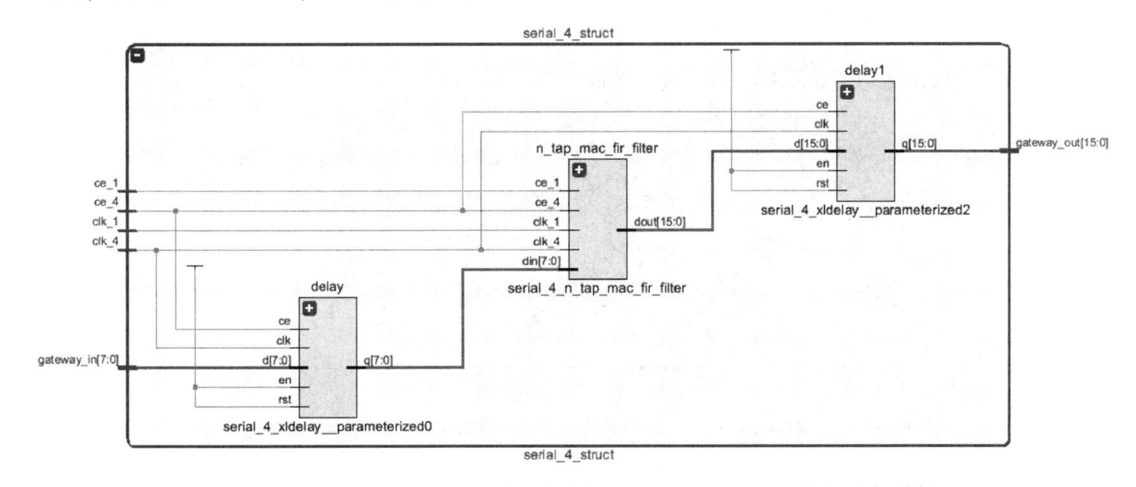

图 12.11　在 Vivado 集成开发环境中打开 serial_4_struct 元件的内部结构

思考与练习 12-4：双击图 12.11 中名字为“n_tap_mac_fir_filter”的元件符号，打开其内部结构，如图 12.12 所示，请读者根据前面所介绍的实现串行形式的 FIR 滤波器的原理分析该结构。

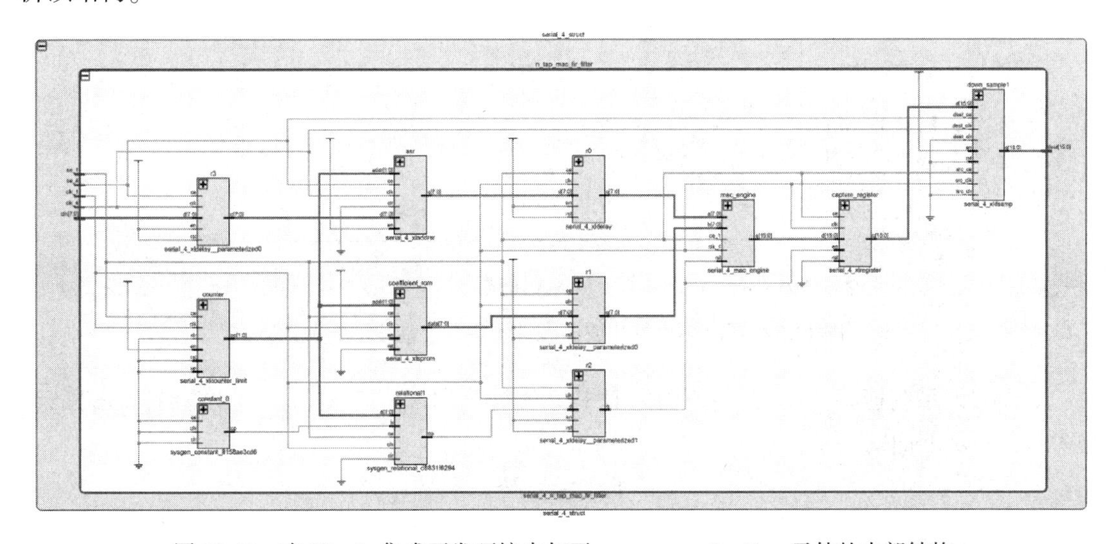

图 12.12　在 Vivado 集成开发环境中打开 n_tap_mac_fir_filter 元件的内部结构

12.2 并行-串行 FIR 滤波器的原理与实现

本节将介绍并行-串行 FIR 滤波器的原理与实现方法。

12.2.1 并行-串行 FIR 滤波器的原理

如果一个滤波器使用了并行和串行的混合形式构建，则称为并行-串行滤波器。在这种混合形式中，把由时分复用的每组 MAC 单元计算所得到的输出求和后得到最终的输出结果，如图 12.13 所示。图 12.13 中，MAC 单元 0 计算 $w_0 \sim w_1$。很明显，时分复用的 MAC 单元越多，则吞吐量越低，如图 12.14 所示。

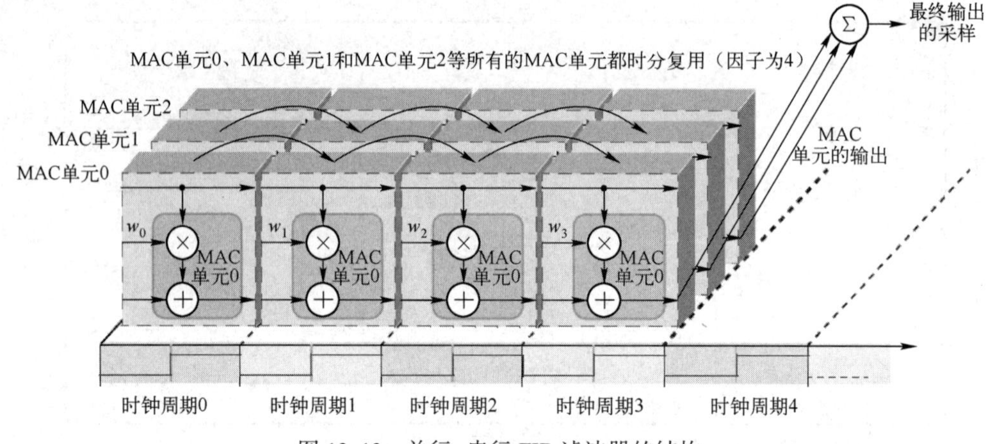

图 12.13 并行-串行 FIR 滤波器的结构

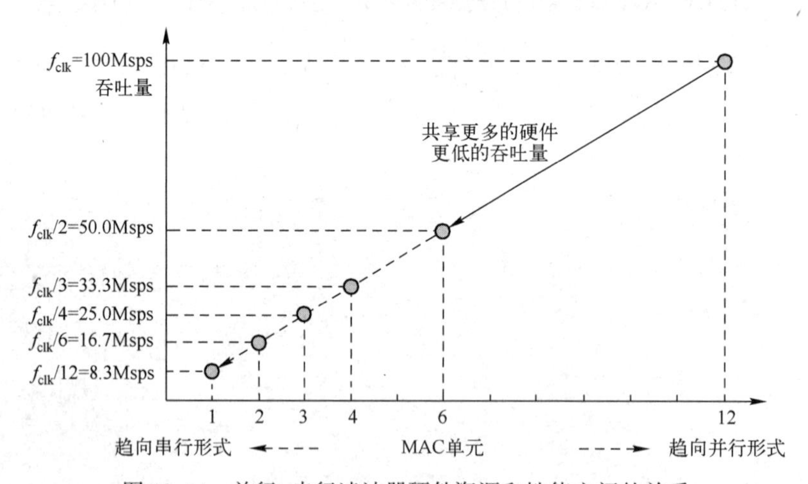

图 12.14 并行-串行滤波器硬件资源和性能之间的关系

下面假设系统速率$f_S(f_{clk})$ 被声明为 DSP 系统数据率 R_{data}的 M 倍，因此滤波器硬件的时钟为f_S，满足下面的关系：

$$R_{data}=f_S/M$$

注：这些参数与 FIR 滤波器的长度 N 无关。

例如，$f_S=100\text{MHz}$，$M=8$，则 $R_{data}=12.5\text{MHz}$。当 $M=8$ 时，在每个数据采样周期 $T_{data}=1/R_{data}$ 内，每个 MAC 单元可以计算 8 个 MAC 操作。因此，实现一个 $N=59$ 权值的对称滤波器时需要多少个 MAC 单元？由于对称性，可以将 MAC 操作的个数减少到 30 个，因此只要求 4 个 MAC 单元。下面给出推导过程。

由于该滤波器有 30 个不同的权值，因此以串行形式实现该滤波器要求 30 个 MAC 操作。同时，$M=8$ 表示对于每个 MAC 单元而言，在一个数据信号的周期 T_{data} 内可以执行 8 个 MAC 操作。因此，所需要 MAC 单元的个数为

$$U=\left|\frac{N_{MACS}}{M}\right|$$

其中，(1) U 为所需要的 MAC 单元的个数。

(2) N_{MACS} 为 MAC 操作的个数。

(3) M 为系统时钟和速率之间的比值。

对于该例子而言：

$$U=\left|\frac{30}{8}\right|$$

所需要的 MAC 单元的个数为 4，在 8 个可用的时钟周期内，2 个单元计算 8 个 MAC 操作（100%的利用率），而另外 2 个单元计算 7 个 MAC 操作（87.5%的利用率）。因此，执行的 MAC 操作总共为 30 次，用于要求计算 59 个权值对称滤波器的结果。

因为由 4 个 MAC 单元操作，所以它们中的每个都计算一部分结果，然后对这些部分结果求和，最终得到滤波器的输出。MAC 操作和滤波器阶数的对应关系如图 12.15 所示。

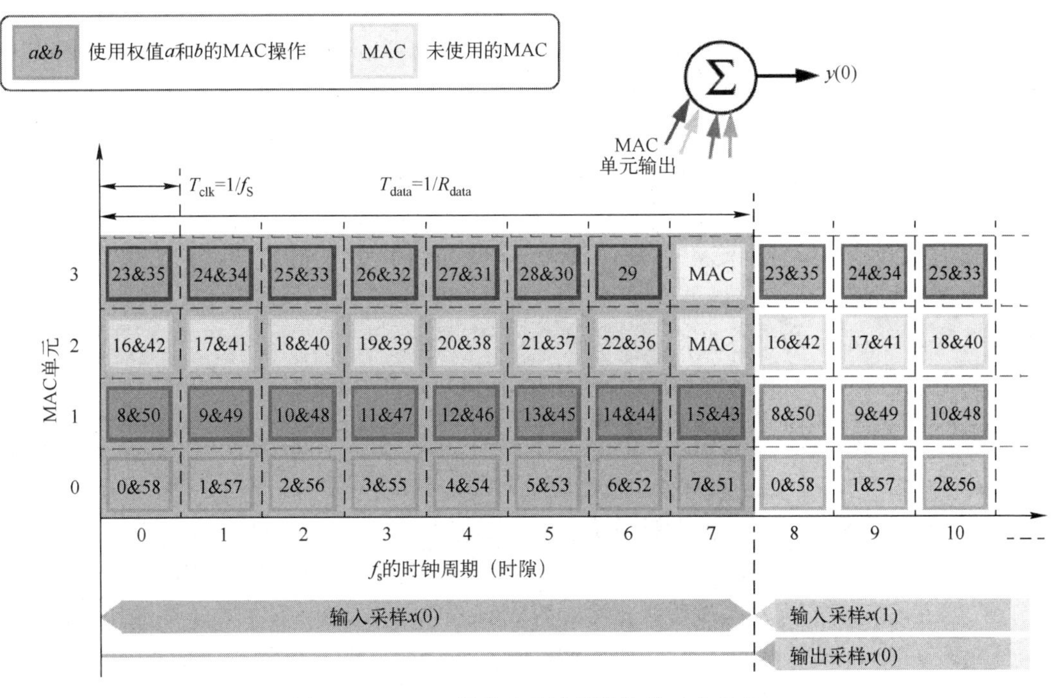

图 12.15　MAC 操作和滤波器阶数的对应关系

如图 12.15 所示，给出了将对应于某个对称权值对的一个 MAC 操作映射到物理 MAC 单元和时隙的过程。在该映射中，MAC 单元 0 实现滤波器信号流图的第一部分，跟随着 MAC 单元 1、MAC 单元 2 和 MAC 单元 3。在这种情况下，MAC 单元 2 和 MAC 单元 3 都有一个未使用的时隙，使用效率为 87.5%。而 MAC 单元 0 和 MAC 单元 1 没有一个未使用的时隙，因此其使用效率可达到 100%。

12.2.2　并行-串行 FIR 滤波器的实现

并行-串行 FIR 滤波器的实现结构如图 12.16 所示。在每个数据采样周期内，计数器从 0 计数到 $M(M=N/4)$，这是由于每一部分只计算完整滤波器响应长度的 1/4。硬件时钟速率 f_S和数据率 R_{data}的比值也满足 $M=N/4$ 的关系，不像串行形式那样只是简单的 N。因此，对于相同的时钟速率而言，支持较高的数据率。记住，在每个时钟周期内可以计算 4 个 MAC 操作。因此，可以使用更少的时钟周期来计算每个输出采样。

一个可替代的设计是，使用一个字长稍微长点的累加器来代替 4 个单独的累加器，它用于将 4 个输出进行组合。这个结构可以选择映射到 DSP48 切片中，这是因为这个单元内的反馈路径用于累加操作。

注意，此处给出的并行-串行 FIR 滤波器没有考虑权值对称的情况。如果权值对称，可以修改多 MAC 单元设计来实现更高效的设计。

下面将调用名字为“n-tap MAC FIR Filter”、“2n-tap MAC FIR Filter”和“4n-tap MAC FIR Filter”的元件实现一个 24 阶的 FIR 滤波器操作。

（1）对于 n-tap MAC FIR Filter 而言，使用 1 个 MAC 单元执行 24 个 MAC 操作，即重用 24 次。

（2）对于 2n-tap MAC FIR Filter 而言，使用 2 个 MAC 单元，每个单元将承担 12 个 MAC 操作。例如，第 1 个 MAC 单元计算权值 1~12，第 2 个 MAC 单元计算权值 13~24。最后，对两个结果进行求和以产生最终的结果。

（3）对于 4n-tap MAC FIR Filter 而言，使用 4 个 MAC 单元，每个单元将承担 6 个 MAC 操作。例如，第 1 个 MAC 单元计算权值 1~6，第 2 个 MAC 单元计算权值 7~12，第 3 个 MAC 单元计算权值 12~18，第 4 个 MAC 单元计算权值 19~24。最后，对 4 个结果进行求和以产生最终的结果。

这 3 种并行-串行 FIR 滤波器的调度如图 12.17 所示。

下面将对这 3 个串行-并行 FIR 滤波器的结构进行比较和说明。

注：（1）读者可以定位到本书所提供资料的\fpga_dsp_example\FIR\ser_par_FIR 目录下，打开名字为“n_tap_mac.slx”的文件，该文件保存了 n-tap MAC FIR Filter 元件。

（2）读者可以定位到本书所提供资料的\fpga_dsp_example\FIR\ser_par_FIR 目录下，打开名字为“two_n_tap_mac.slx”的文件，该文件保存了 2n-tap MAC FIR Filter 元件。

（3）读者可以定位到本书所提供资料的\fpga_dsp_example\FIR\ser_par_FIR 目录下，打开名字为“four_n_tap_mac.slx”的文件，该文件保存了 4n-tap MAC FIR Filter 元件。

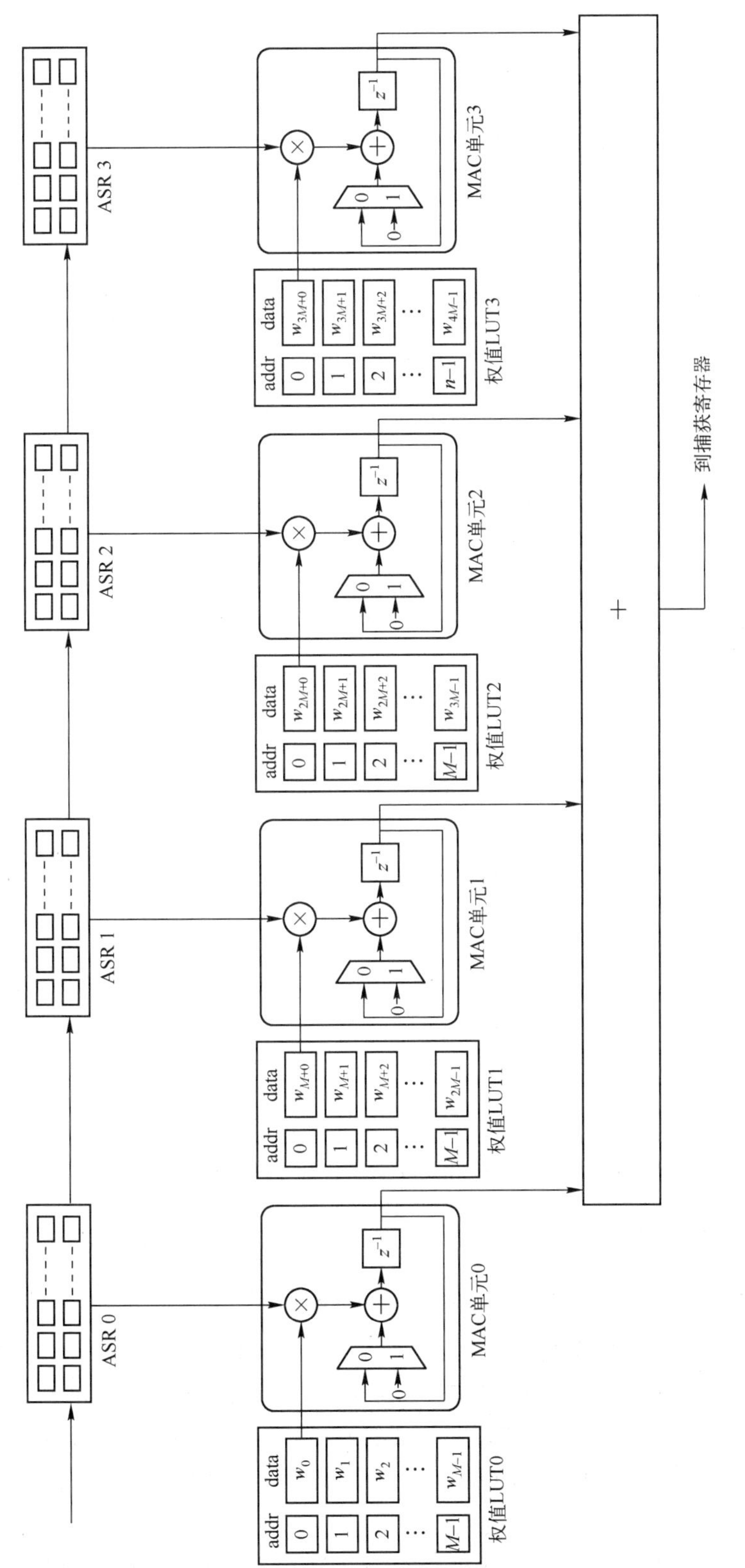

图12.16　并行-串行FIR滤波器的实现结构

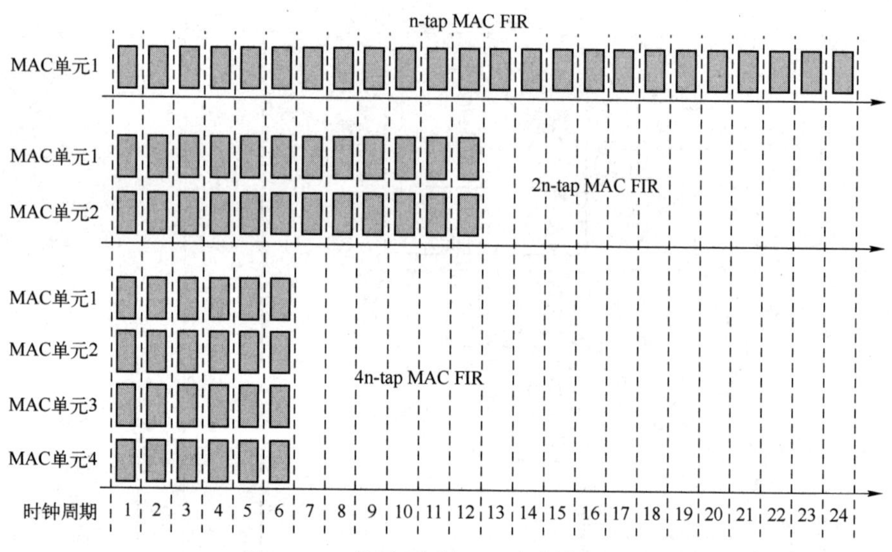

图 12.17　并行-串行 FIR 滤波器的调度

1. 包含 2n-tap MAC FIR Filter 元件的并行-串行 FIR 滤波器

使用 2n-tap MAC FIR Filter 元件构成的并行-串行 FIR 滤波器的结构如图 12.18 所示。

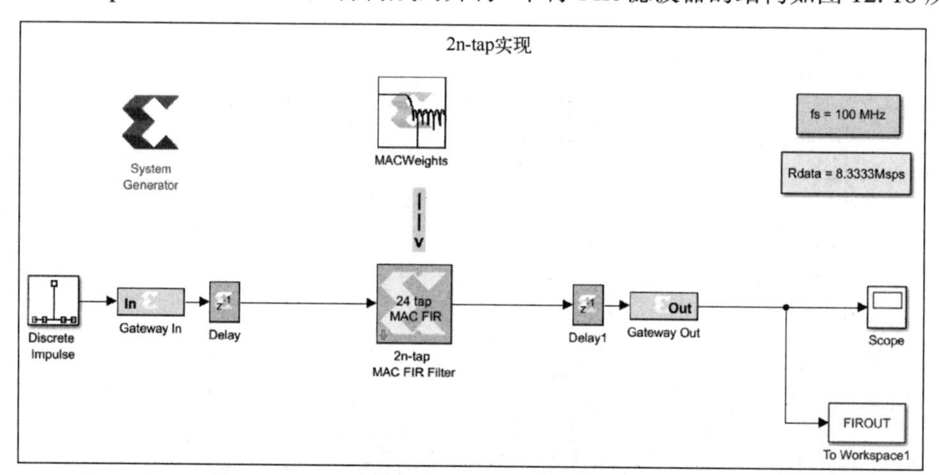

图 12.18　使用 2n-tap MAC FIR Filter 元件构成的并行-串行 FIR 滤波器的结构

在 MATLAB 主界面的命令行窗口中输入命令：

```
xlfda_numerator('MACWeights')
```

可以得到该滤波器的权值系数：

ans = −0.0119　0.0299　0.0227　−0.0126　−0.0306　0.0097　0.0511　0.0053　−0.0842　−0.0476　0.1792　0.412.1　0.412.1　0.1792　−0.0476　−0.0842　0.0053　0.0511　0.0097　−0.0306　−0.0126　0.0227　0.0299　−0.0119

双击图 12.18 中的 System Generator 元件符号，打开“System Generator”配置界面，按照与 12.1.2 小节中串行形式的 FIR 滤波器设计中对 System Gnerator 元件的参数设置完成该设计中对 System Generator 元件的参数设置。然后在“System Generator”配置界面中单击“Generate”按钮，对该设计执行综合和实现过程。当该过程完成后，单击“Launch”按钮，查看该设计占用的逻辑资源，如图 12.19 所示。

Resource Analyzer: two_n_tap_mac

Post Implementation Resources: Clicking on an instance name highlights corresponding block/subsystem in the model.

Name	BRAMs (105)	DSPs (180)	LUTs (47200)	Registers (94400)
two_n_tap_mac	1	2	86	195
Delay1	0	0	0	25
Delay	0	0	0	8
2n-tap MAC FIR Filter	1	2	86	162

OK　Help

图 12.19　使用 2n-tap MAC FIR Filter 元件构成的并行-串行 FIR 滤波器结构所消耗的逻辑资源

思考与练习 12-5：根据图 12.19 给出的结果，给出该设计所占用的 FPGA 的逻辑资源情况，并与前面串行形式的 FIR 滤波器设计所消耗的逻辑资源进行比较。

在 Vivado 集成开发环境中，定位到生成网表文件的路径。在该设计中，生成的网表保存在\fpga_dsp_example\FIR\ser_par_FIR\netlist_2n\hdl_netlist 路径下。打开名字为“two_n_tap_mac. xpr”的 Vivado 工程。在 Vivado 集成开发环境左侧的“Flow Navigator”窗口中，找到并展开“RTL ANALYSIS”选项。在展开项中，找到并单击 Open Elaborated Design，打开该设计的结构，如图 12.20 所示。

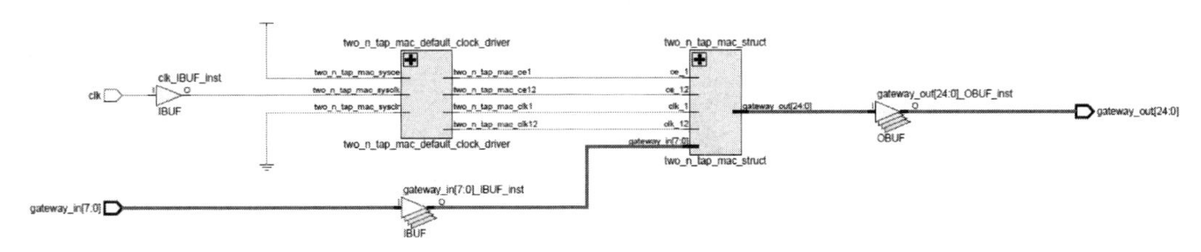

图 12.20　用 Vivado 打开采用 2n-tap MAC FIR Filter 元件构成的并行-串行 FIR 滤波器的结构

思考与练习 12-6：分析该设计结构中时钟的分配情况。

思考与练习 12-7：双击图 12.20 中名字为“two_n_tap_mac_struct”的元件符号，打开其内部结构，如图 12.21 所示，分析该设计结构。

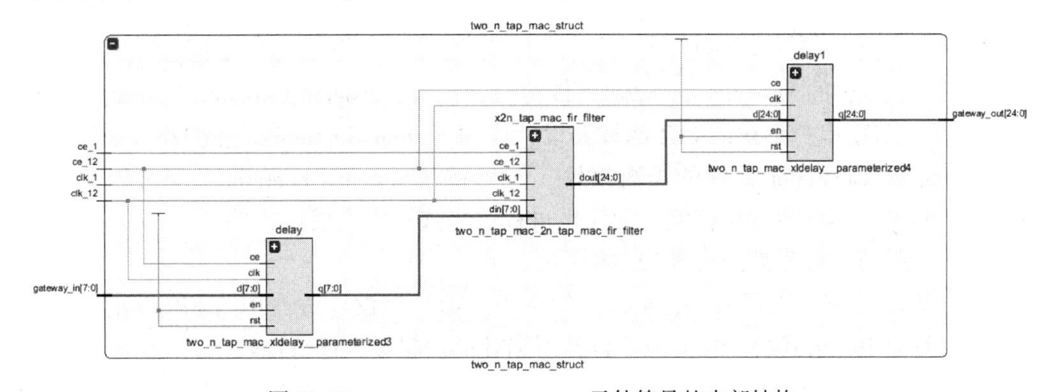

图 12.21　two_n_tap_mac_struct 元件符号的内部结构

思考与练习 12-8：双击图 12.21 中名字为“x2n_tap_mac_fir_filter”的元件符号，打开其内部结构，如图 12.22 所示，请读者根据前面所介绍的实现并行-串行 FIR 滤波器的原理，分析该设计结构（提示：在该设计中，由于该 FIR 滤波器为对称系数，所以在该设计中用了预加法器结构）。

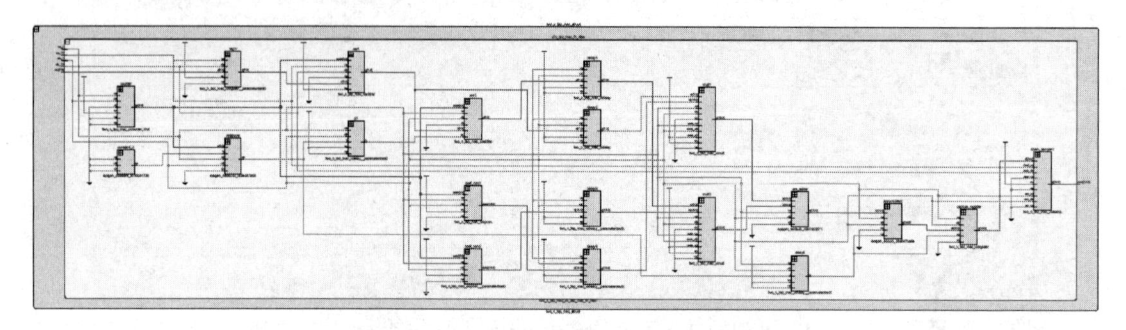

图 12.22　x2n_tap_mac_fir_filter 元件符号的内部结构

2. 包含 4n-tap MAC FIR Filter 元件的并行-串行 FIR 滤波器

使用 4n-tap MAC FIR Filter 元件构成的并行-串行 FIR 滤波器的结构如图 12.23 所示。

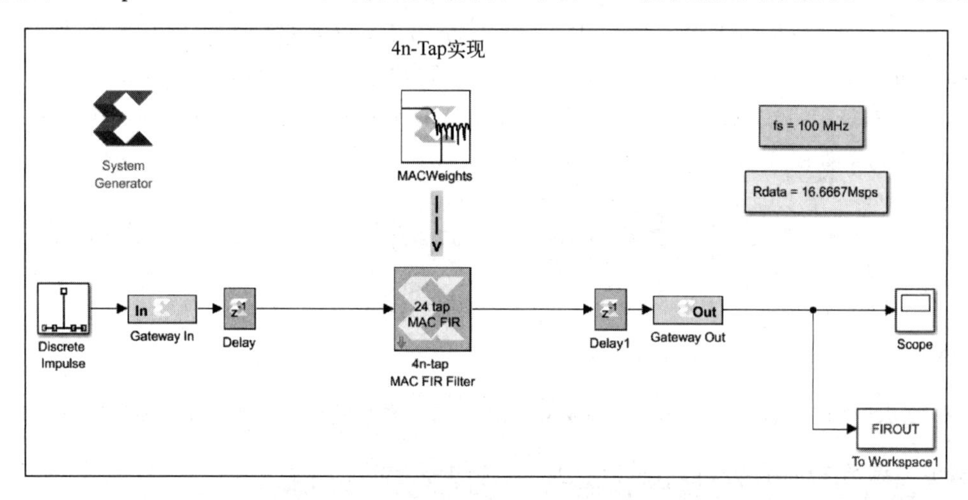

图 12.23　使用 4n-tap MAC FIR Filter 元件构成的并行-串行 FIR 滤波器的结构

注：该设计使用的滤波器权值和前面 2n-tap MAC FIR 滤波器的设计相同。

双击图 12.23 中的 System Generator 元件符号，打开“System Generator”配置界面，按照与 12.1.2 小节中串行形式的 FIR 滤波器设计中对 System Gnerator 元件的参数设置完成该设计中对 System Generator 元件的参数设置。然后在“System Generator”配置界面中单击“Generate”按钮，对该设计执行综合和实现过程。当该过程完成后，单击“Launch”按钮，查看该设计占用的逻辑资源，如图 12.24 所示。

思考与练习 12-9：根据图 12.24 给出的结果，给出该设计所占用的 FPGA 的逻辑资源情况，并与前面串行形式的 FIR 滤波器设计所消耗的逻辑资源进行比较。

在 Vivado 集成开发环境中，定位到生成网表文件的路径。在该设计中，生成的网表保

Resource Analyzer: four_n_tap_mac

Post Implementation Resources: Clicking on an instance name highlights corresponding block/subsystem in the model.

Name	BRAMs (105)	DSPs (180)	LUTs (47200)	Registers (94400)
four_n_tap_mac	2	4	167	291
Delay1	0	0	0	25
Delay	0	0	0	8
4n-tap MAC FIR Filter	2	4	167	258

OK　Help

图 12.24　使用 4n-tap MAC FIR Filter 元件构成的并行-串行 FIR 滤波器结构所消耗的逻辑资源

存在\fpga_dsp_example\FIR\ser_par_FIR\netlist_4n\hdl_netlist 路径下。打开名字为“four_n_tap_mac. xpr”的 Vivado 工程。在 Vivado 集成开发环境左侧的“Flow Navigator”窗口中，找到并展开“RTL ANALYSIS”选项。在展开项中，找到并单击 Open Elaborated Design，打开该设计的结构，如图 12.25 所示。

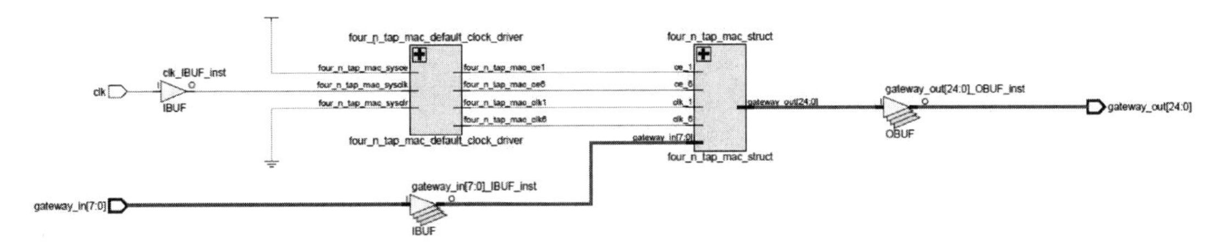

图 12.25　用 Vivado 打开采用 4n-tap MAC FIR Filter 元件构成的并行-串行 FIR 滤波器的结构

思考与练习 12-10：分析该设计结构中时钟的分配情况。

思考与练习 12-11：双击图 12.25 中名字为“four_n_tap_mac_struct”的元件符号，打开其内部结构，如图 12.26 所示，分析该设计结构。

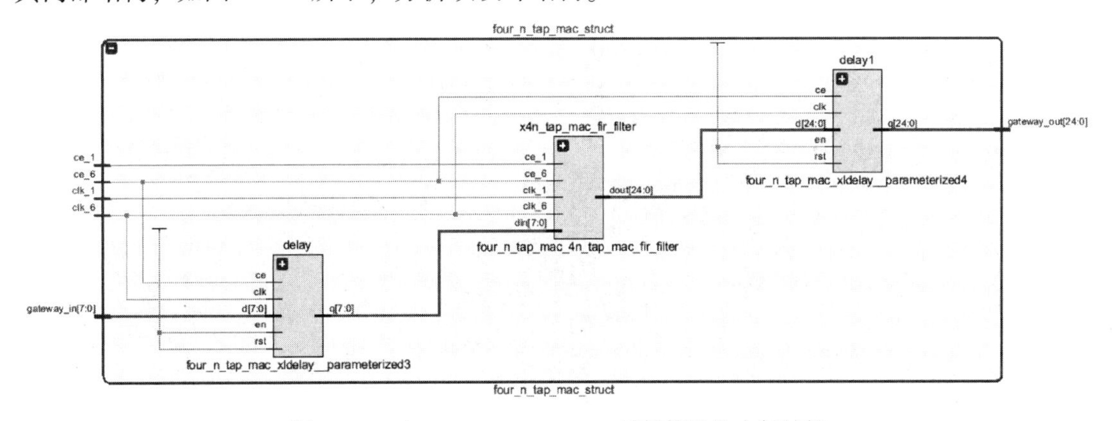

图 12.26　four_n_tap_mac_struct 元件符号的内部结构

思考与练习 12-12：双击图 12.26 中名字为“x4n_tap_mac_fir_filter”的元件符号，打开其内部结构，如图 12.27 所示，请读者根据前面所介绍的实现并行-串行 FIR 滤波器的原理，分析该设计结构（提示：在该设计中，由于该 FIR 滤波器为对称系数，所以在该设计中用了预加法器结构）。

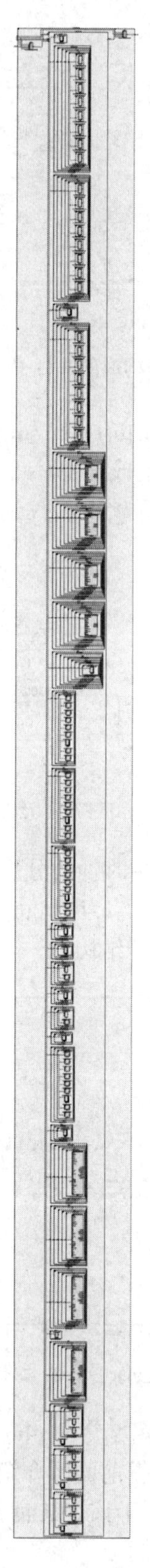

图12.27 x4n_tap_mac_fir_filter元件的内部结构

第 13 章　多通道 FIR 滤波器的原理与实现

本章将介绍多通道 FIR 滤波器的原理和实现，内容主要包括割集重定时规则 2、割集重定时规则 2 的应用，以及多通道 FIR 滤波器的实现。

通过本章内容的介绍，读者可以进一步学习多通道 FIR 滤波器的实现原理，以及在 FPGA 内的实现方法。

13.1　割集重定时规则 2

在数据流图中，可通过一个正数标定所有的延迟，即 $z^{-1}\rightarrow z^{-\alpha}$。所有的输入和输出速率均相应地通过因子 α 标定。不同延迟因子的 FIR 滤波器的结构如图 13.1 所示。在图 13.1 中，通过 $\alpha=2$ 来标定一个标准结构的 FIR 滤波器中的所有延迟，即 $z^{-1}\rightarrow z^{-2}$。

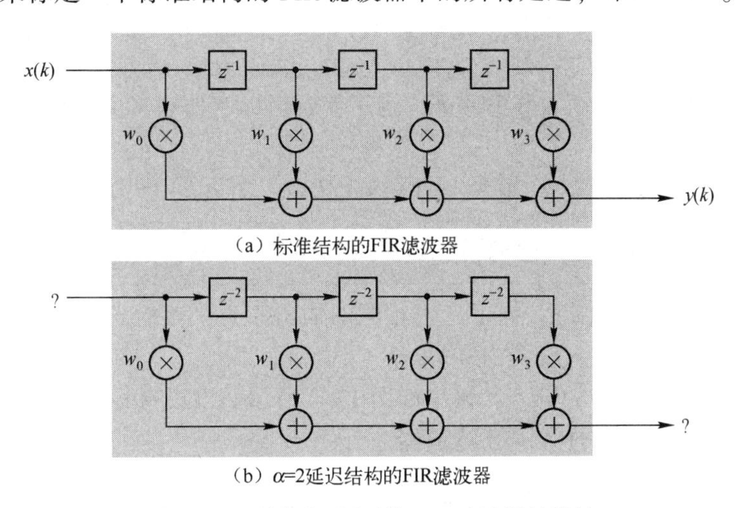

图 13.1　不同延迟因子的 FIR 滤波器的结构

现在需要仔细考虑延迟标定的结果。前面定义滤波器的输出为 $y(k)$，但现在需要重新考虑输出。这是因为在数学运算上数据流图 SFG 一旦发生变化，输出也将发生改变。

在进行标定前，滤波器的输出为过去输入的加权和，即通过数据向量和输入向量指定滤波器系数，表示为

$$y(k)=\boldsymbol{w}^{\mathrm{T}}\boldsymbol{x}_k=w_0x(k)+w_1x(k-1)+w_2x(k-2)+w_3x(k-3)$$

式中：（1）$\boldsymbol{w}^{\mathrm{T}}=[w_0,w_1,w_2,w_3]$

（2）$\boldsymbol{x}_k^{\mathrm{T}}=[x(k),x(k-1),x(k-2),x(k-3)]$

很明显，标定之后只是将电路中所有的延迟加倍（通过 $\alpha=2$ 标定）。图 13.1（b）所示的 FIR 滤波器的结构也可用图 13.2 所示的形式表示。

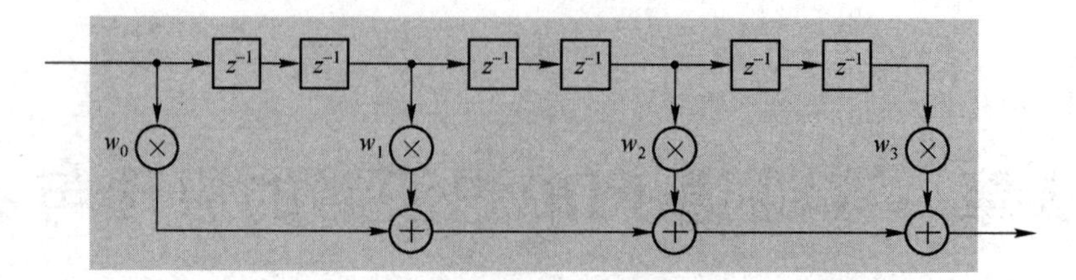

图 13.2　$\alpha=2$ 延迟结构的 FIR 滤波器的另一种结构

$\alpha=2$ 延迟结构的 FIR 滤波器的真实物理结构如图 13.3 所示。FIR SFG 上的延迟标定本质上将滤波器的长度从 $N=4$ 增加到 $N=8$，但其中第偶数个系数都是 0。

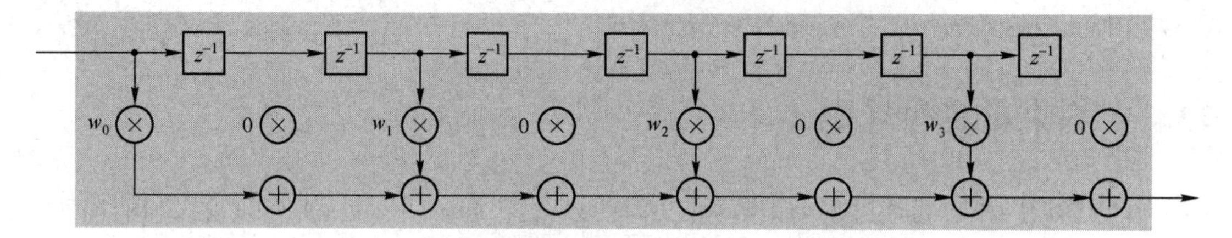

图 13.3　$\alpha=2$ 延迟结构的 FIR 滤波器的真实物理结构

对于延迟标定的 FIR 滤波器，系数向量表示为

$$\boldsymbol{w}^{\mathrm{T}}=[w_0,0,w_1,0,w_2,0,w_3,0]$$

因此，对于一个给定的输入数据序列，为了使延迟标定 SFG 产生相同的输出，要求数据向量为

$$\boldsymbol{x}_k^{\mathrm{T}}=[x(k),0,x(k-1),0,x(k-2),0,x(k-3),0]$$

注： 最后的系数 0 不是必需的，可以删除。

对于给定的输入序列 $x(k)$，为了产生相同的输出序列，该输入序列需要通过因子 2 升频采样，或者将第偶数个输入设置为 0。

标准结构的 FIR 滤波器的输入和输出如图 13.4 所示。当没有标定因子 α 存在时，数据可以按全速率以通常的方式进入 FIR 滤波器。

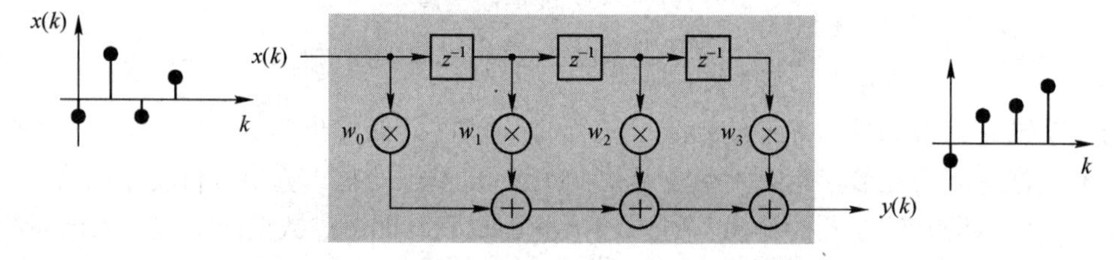

图 13.4　标准结构的 FIR 滤波器的输入和输出

$\alpha=2$ 延迟结构的 FIR 滤波器的输入和输出如图 13.5 所示。在通过 $\alpha=2$ 延迟标定之后，对输入的采样率提高一倍，这样就可以产生相同序列的输出数值。

同样地，可通过 Z 变换表示时间标定因子。图 13.4 描述的系统输出的时域表达式为

$$y(k)=w_0x(k)+w_1x(k-1)+w_2x(k-2)+w_3x(k-3)$$

对表达式两边做 Z 变换，得到：

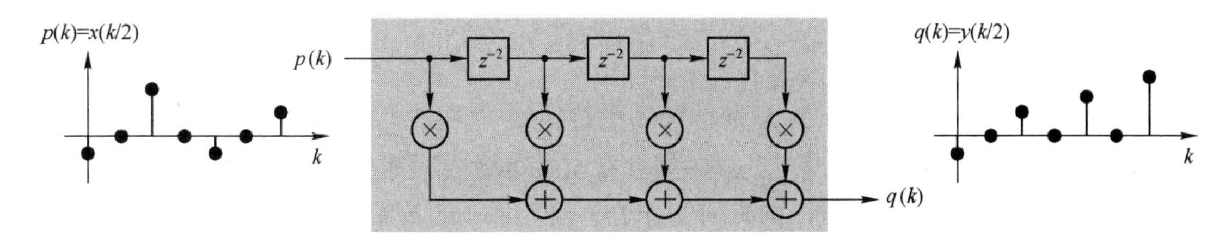

图 13.5　$\alpha=2$ 延迟结构的 FIR 滤波器的输入和输出

$$\begin{aligned}Y(z) &= w_0X(z)+w_1X(z)z^{-1}+w_2X(z)z^{-2}+w_3X(z)z^{-3}\\&=(w_0+w_1z^{-1}+w_2z^{-2}+w_3z^{-3})X(z)\\\frac{Y(z)}{X(z)}&= w_0+w_1z^{-1}+w_2z^{-2}+w_3z^{-3}\end{aligned}$$

现在如果应用延迟标定，如使用代换 $z^{-1}\rightarrow z^{-2}$，（等效为 $z\rightarrow z^2$），则：

$$\frac{Y(z^2)}{X(z^2)}= w_0+w_1z^{-2}+w_2z^{-4}+w_3z^{-6}=\frac{Q(z)}{P(z)}$$

假设如果输入序列表示为一组采样 $\boldsymbol{x}(k)=[x_0,x_1,x_2,x_3,\cdots,x_N]$，则 Z 变换为

$$X(z)=x_0+x_1z^{-1}+x_2z^{-2}+x_3z^{-3}+\cdots+x_Nz^{-N}$$

经过延迟标定之后，该表达式变成：

$$X(z^2)=P(z)=x_0+x_1z^{-2}+x_2z^{-4}+x_3z^{-6}+\cdots+x_Nz^{-2N}$$

取 Z 变换的反变换，得到：

$$\boldsymbol{P}(k)=[x_0,0,x_1,0,x_2,0,x_3,0,\cdots,x_N]$$

因此，延迟标定使得在输入序列中插入了 0。同样地，在输出序列 $q(k)$ 中也添加了 0。

从上面可以看出，引入延迟标定后所带来的一个重要的问题就是运算的效率下降。很明显，对于前面按 2 标定的 FIR 滤波器，由于第偶数个输入均是 0，因此在第偶数个时钟周期内，只有 0 输入到乘法器。所以，FIR 滤波器只有 50%的运算效率。

连续两个周期的输入和输出的关系如图 13.6 所示。在输入序列为

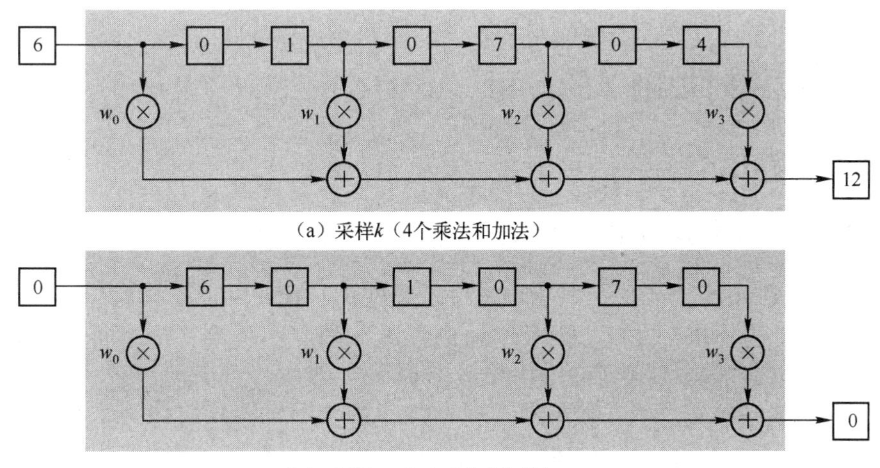

（a）采样k（4个乘法和加法）

（b）采样k+1（0个乘法和加法）

图 13.6　连续两个周期的输入和输出的关系

$$\boldsymbol{x}(k)=[4,0,7,0,1,0,6]$$

时，将其送入 FIR 滤波器，观察两个连续的周期。

每经过偶数个时钟周期时，FIR 滤波器的信号和乘法器的输入为 0，此时无须任何计算，产生 0 输出。因此，在这种情况下，该阵列具有 50%的效率，即 1/2 的效率。

通过 $\alpha=3$ 的因子延迟标定，则阵列仅有 1/3 或者 33%的效率，如图 13.7 所示。故对应于输入序列［4，0，0，7，0，0，1，0，0，6］。

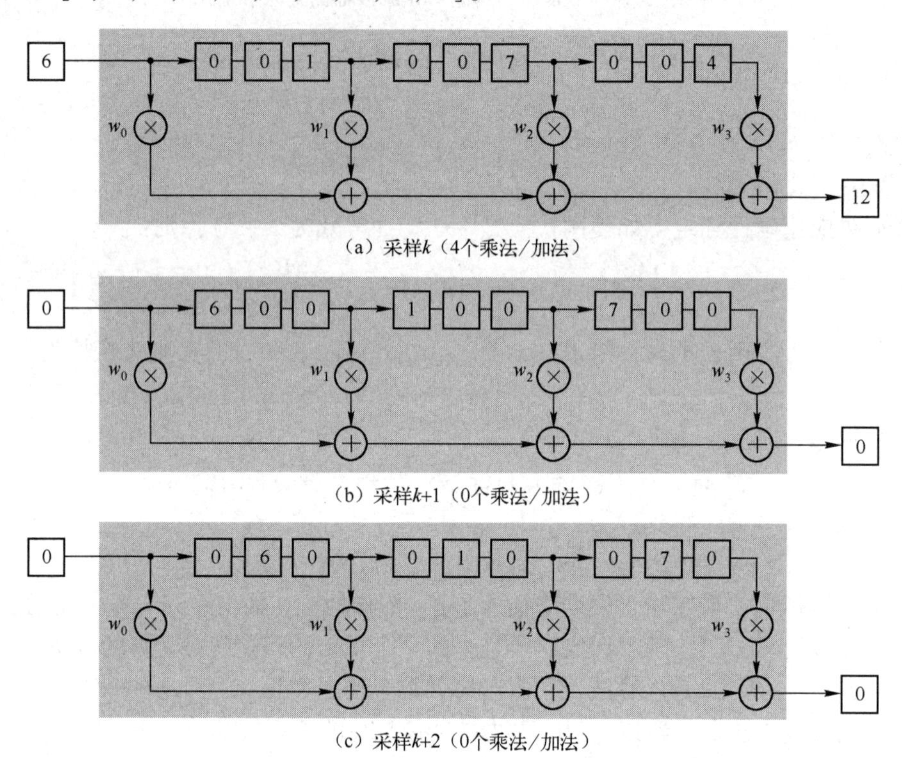

（a）采样k（4个乘法/加法）

（b）采样k+1（0个乘法/加法）

（c）采样k+2（0个乘法/加法）

图 13.7 $\alpha=3$ 延迟结构的 FIR 滤波器的输入和输出

13.2 割集重定时规则 2 的应用

本节将介绍割集重定时规则 2 的应用。

13.2.1 通过 SFG 共享提高效率

如果通过延迟标定信号流图，则当输入序列通过 α 升频采样时，即插入 $\alpha-1$ 个 0，信号流图的效率就降低为原来的 $1/\alpha$。为了增加信号流图的利用效率，使其回到 100%的效率(效率为 1)，很聪明的做法是，可用信号流图处理一个通道以上的数据，即多通道信号处理。

$\alpha=2$ 的 FIR 滤波器的输入和输出关系如图 13.8 所示，可以通过复用阵列处理 2 组独立的输入数据，如图 13.9 所示。很明显，另一种不同的信号可以取代前面通过升频采样引入的 0。

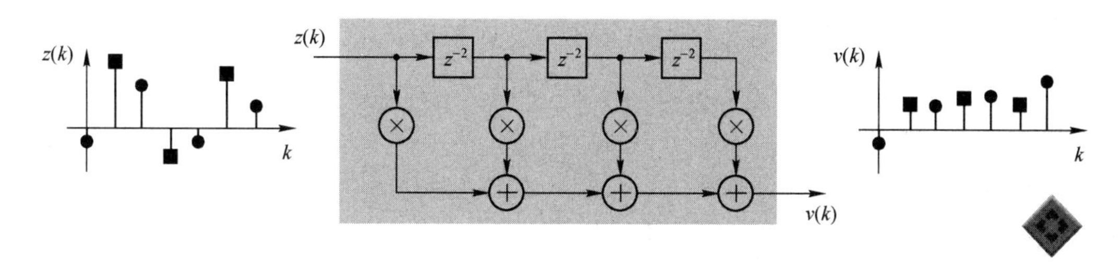

图 13.8　$\alpha=2$ 的 FIR 滤波器的输入和输出关系

在图 13.9 所示的 2 延迟标定的 SFG 中，复用了两组数据 $z_1(k)$ 和 $z_2(k)$。该技术特别适用于必须通过相同的滤波器处理不同组数据的情况。由于可以忍受共享或复用 SFG 导致的操作速率降低，因此这个结构非常适合多信道应用，即通过相同的滤波器特性处理不同的数据源。

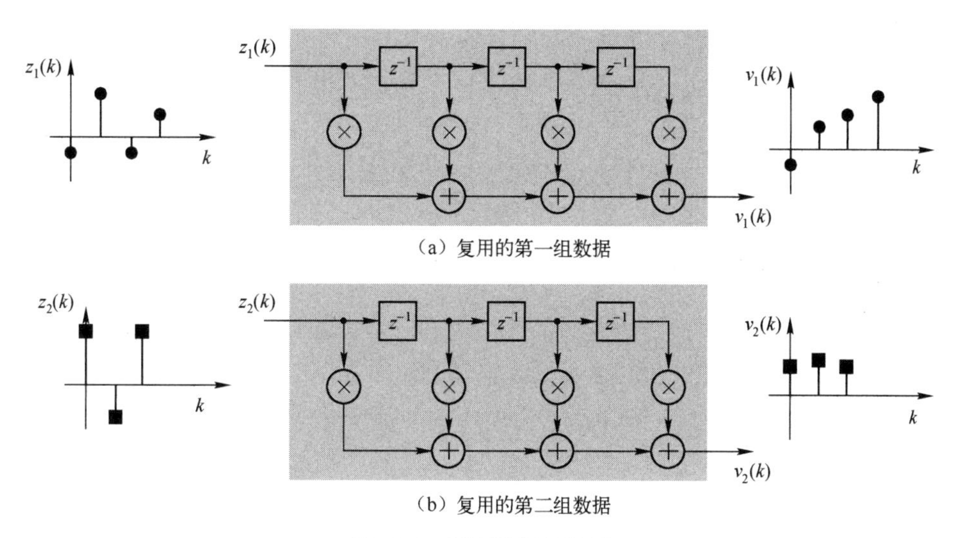

图 13.9　两组数据的复用

13.2.2　输入和输出多路复用

两个通道信号的交织如图 13.10 所示。图 13.10 中，在输入端交织/复用 2 个信道的升频采样信号 $z_1(k)$ 和 $z_2(k)$，最终产生交织信号 $z(k)$。

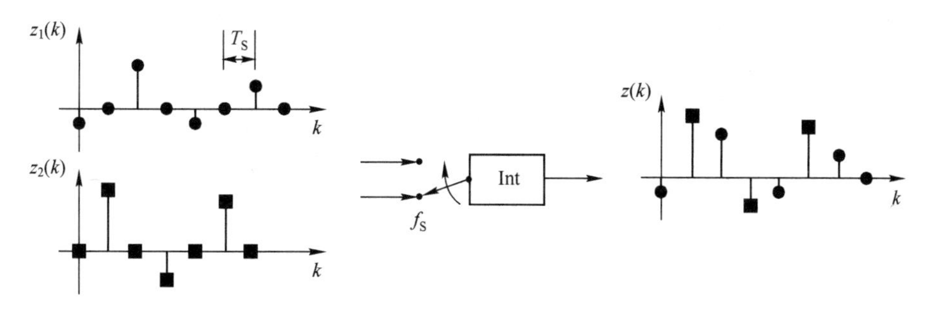

图 13.10　两个通道信号的交织

解交织/解复用后产生两个输出信号，如图 13.11 所示。其中采样率为$f_S=1/T_S$。

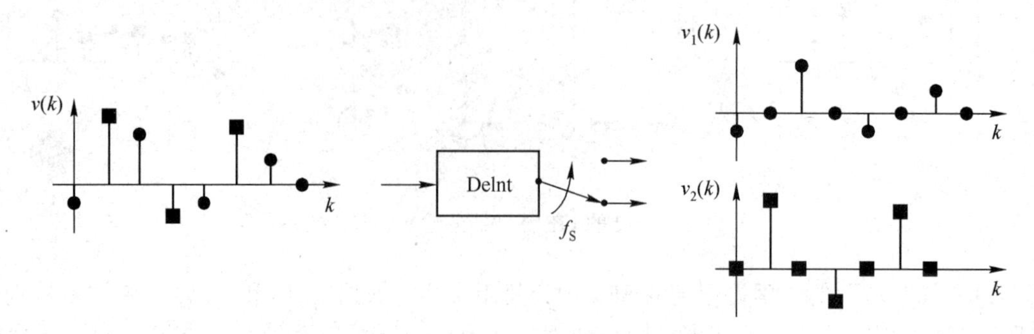

图 13.11　1 个通道交织信号的解交织

通常，为了执行 N 个信道的交织，所有的延迟需要通过 N 个标定，并且输入信号通过 N 升频采样。因此，如果一个 FIR 滤波器信号流图的采样率为$f_S=100$MHz，则一个数据信道可工作于 100MHz 的输入采样率。如果该阵列通过 $\alpha=4$ 来标定延迟，则 FIR 滤波器的信号流图可按 100/4=25MHz 的最大数据率处理 4 个独立的信道。

如果 FIR 滤波器具有 20 个系数，则无论是 100MHz 的单信道还是 25MHz 的 4 个信道，每秒执行的 MAC（乘-累加）的总数都为 20 亿次。

13.2.3　3 通道滤波器的例子

根据割集重定时延迟标定规则，可以使用一个滤波器来处理 α 离散通道，通过因子 α 标定信号流图内的所有延迟。首先使用一个标准形式的 SFG，然后使用 $\alpha=3$ 进行标定的结果，如图 13.12 所示。很明显，对于多个周期的延迟而言，在 FPGA 内可以通过使用 LUT 作为移位寄存器来实现，只有来自延迟线的每 3 个采样对任何特定的输出采样有作用。注意，此处仍然可以使用割集延迟传输规则实现脉动形式（导致在输入线上 4 个周期的延迟和乘积线上 1 个周期的延迟）、流水线乘法器等。在延迟传输规则前，使用延迟标定规则非常重要，因此在 SFG 的每一部分只有一个延迟被因子 α 标定，否则所要求的寄存器个数会急剧上升。考虑如图 13.13 所示为包含流水线乘法器的脉动形式的 FIR 滤波器已经被延迟因子标定，其实现成本高于图 13.12 所示的 FIR 滤波器的实现成本。

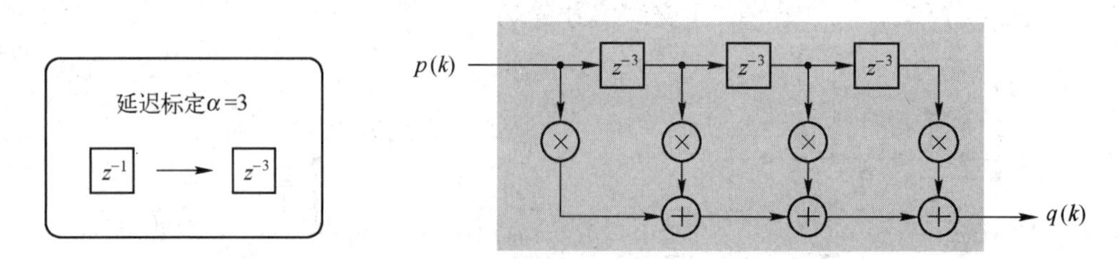

图 13.12　使用 $\alpha=3$ 标定标准形式的 FIR 滤波器

在 SFG 中，输入数据流的“交织”和输出数据流的“解交织”被表示为“交换子”。在硬件中，通过使用因子 M 对硬件时钟速率 f_S 进行标定，多路选择器、计数器和寄存器可以用作交织/解交织，如图 13.14 所示。

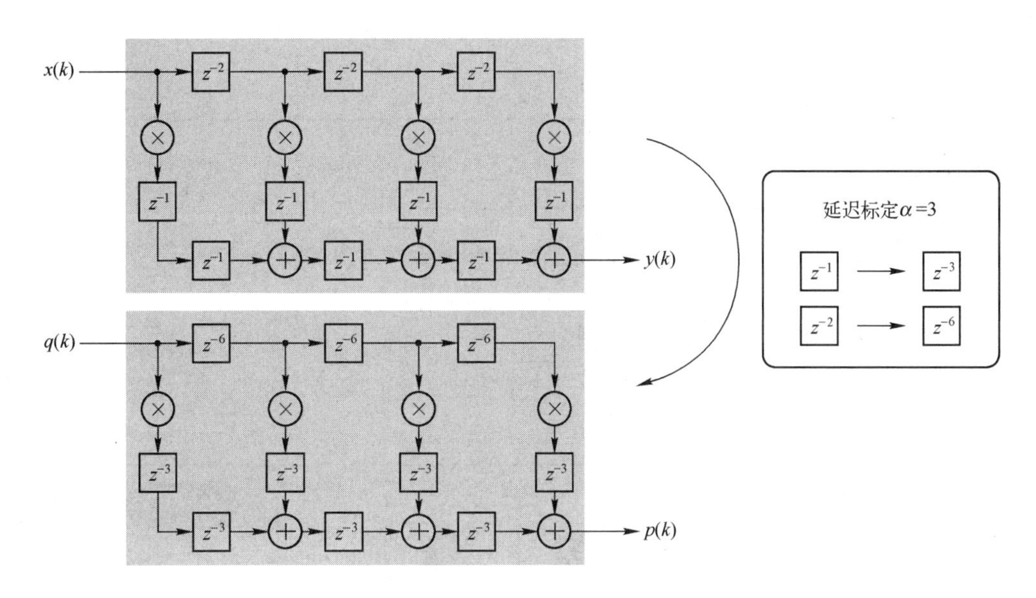

图 13.13　使用 $\alpha=3$ 标定包含流水线乘法器的脉动形式的 FIR 滤波器

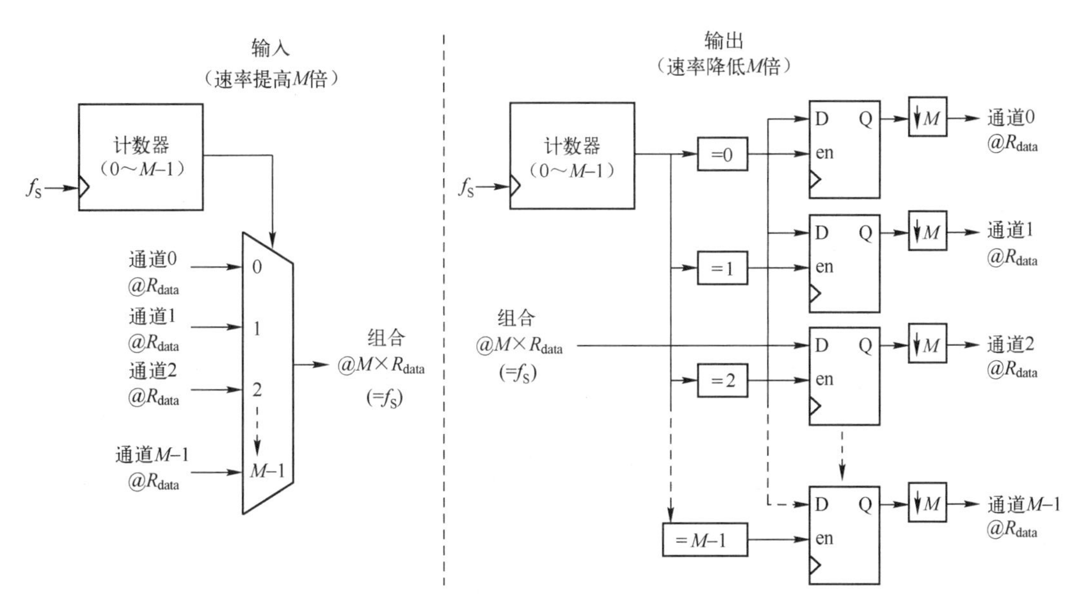

图 13.14　输入和输出数据流的交织和解交织

一个完整的多通道滤波器由 3 个子系统构成，即通道交织器、带有时间标定的滤波器本身和通道解交织器。用于 3 通道滤波器的例子如图 13.15 所示。从图 13.15 中可知，将其变为脉动形式，以及使用流水线乘法器。

前面介绍的多通道滤波器都使用了相同的过滤操作，用于多个离散的数据流。如果想让每个通道有不同的滤波器特性，该如何实现呢？一个 4 通道滤波器的例子如图 13.16 所示。

从图 13. 16 中可知，对于每个滤波器的权值，都有一个小的 LUT 用于保存 4 个值，并且计数器用于寻址查找表，从而选择正确的权值。

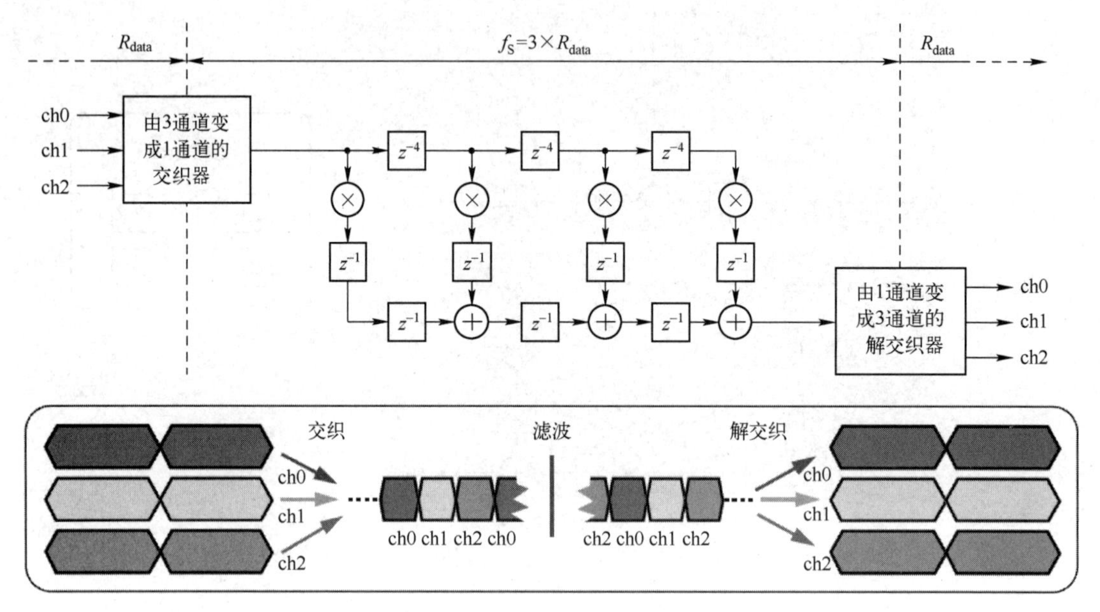

图 13. 15　3 通道滤波器的结构

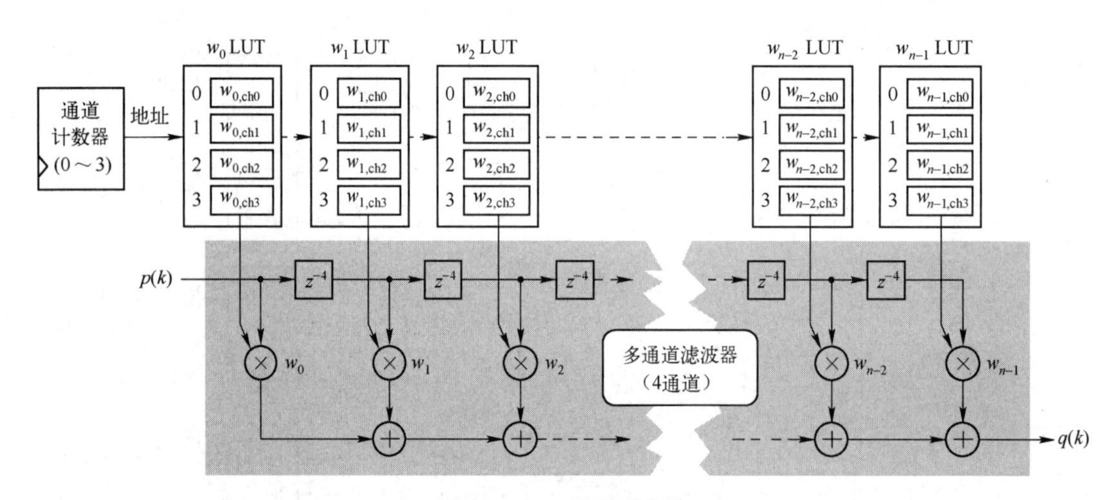

图 13. 16　4 通道滤波器

定时器用于定位，这样，当计算对应于一个特定通道（通道 X）的输出采样时，送给乘法器的两个输入，即来自通道 X 的采样和对应到通道 X 的权值。为了更清楚地说明它，给出了一个标准形式的 FIR 滤波器，如图 13. 17 所示。如果使用脉动形式，则对权值 LUT 的查找应该随着所插入的流水线延迟而调整。

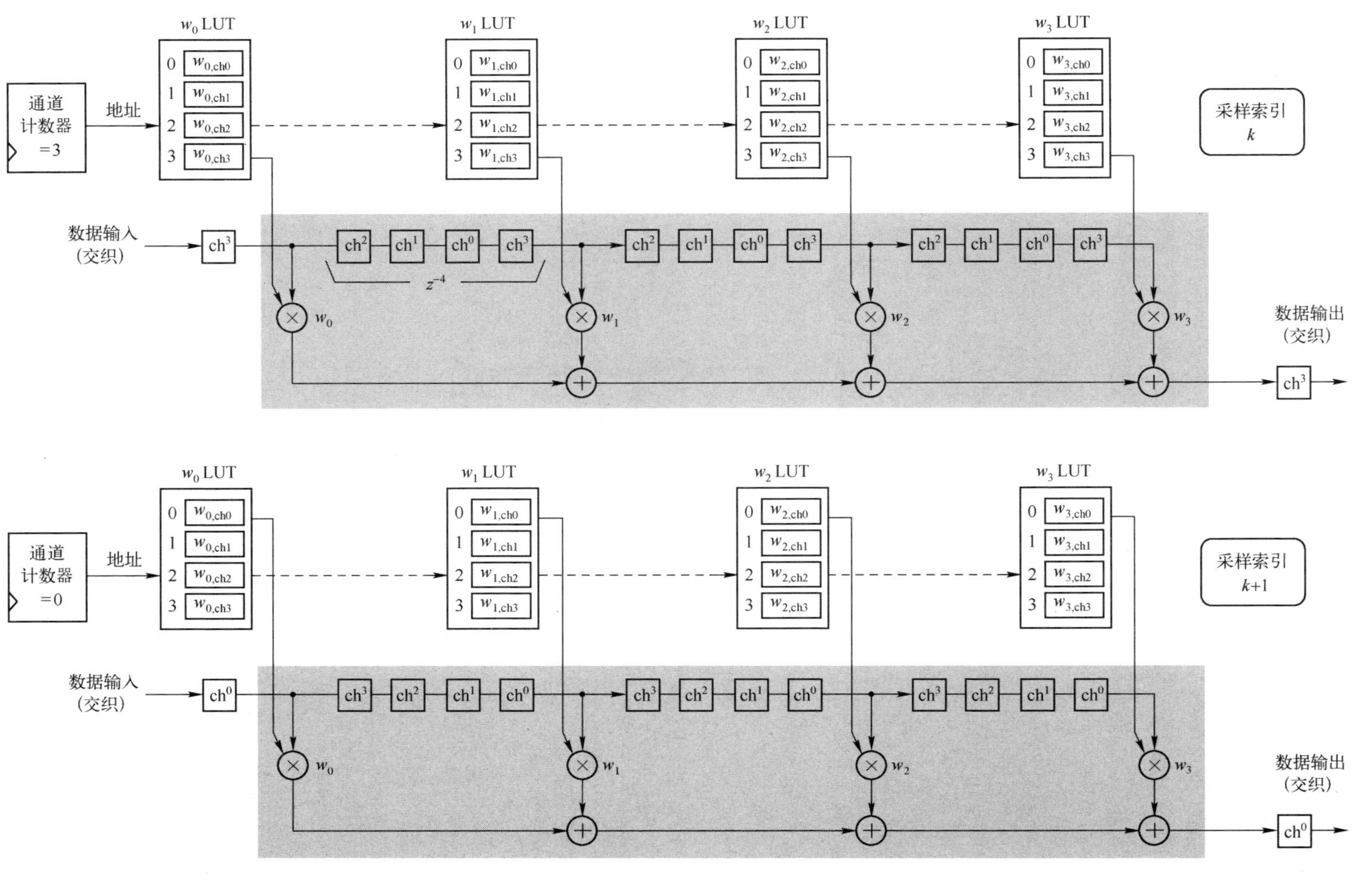

图13.17　标准形式的FIR滤波器

13.3 多通道 FIR 滤波器的实现

本节将介绍多通道滤波器的实现方法，包括并行方式和串行方式。割集重定时的延迟标定规则允许一个滤波器的输入和输出速率降低 α，这通过将滤波器的所有延迟标定为相同的因子 α 来实现。然后通过对输入和输出数据流的 α 个复用，使得滤波器能够同时处理多个通道。

例如，一个包含流水线乘法器的 8 权值脉动形式的滤波器，如图 13.18（a）所示。使用 $\alpha=2$ 标定延迟，得到如图 13.18（b）所示的结构，然后使用割集重定时得到如图 13.18（c）所示的结构。

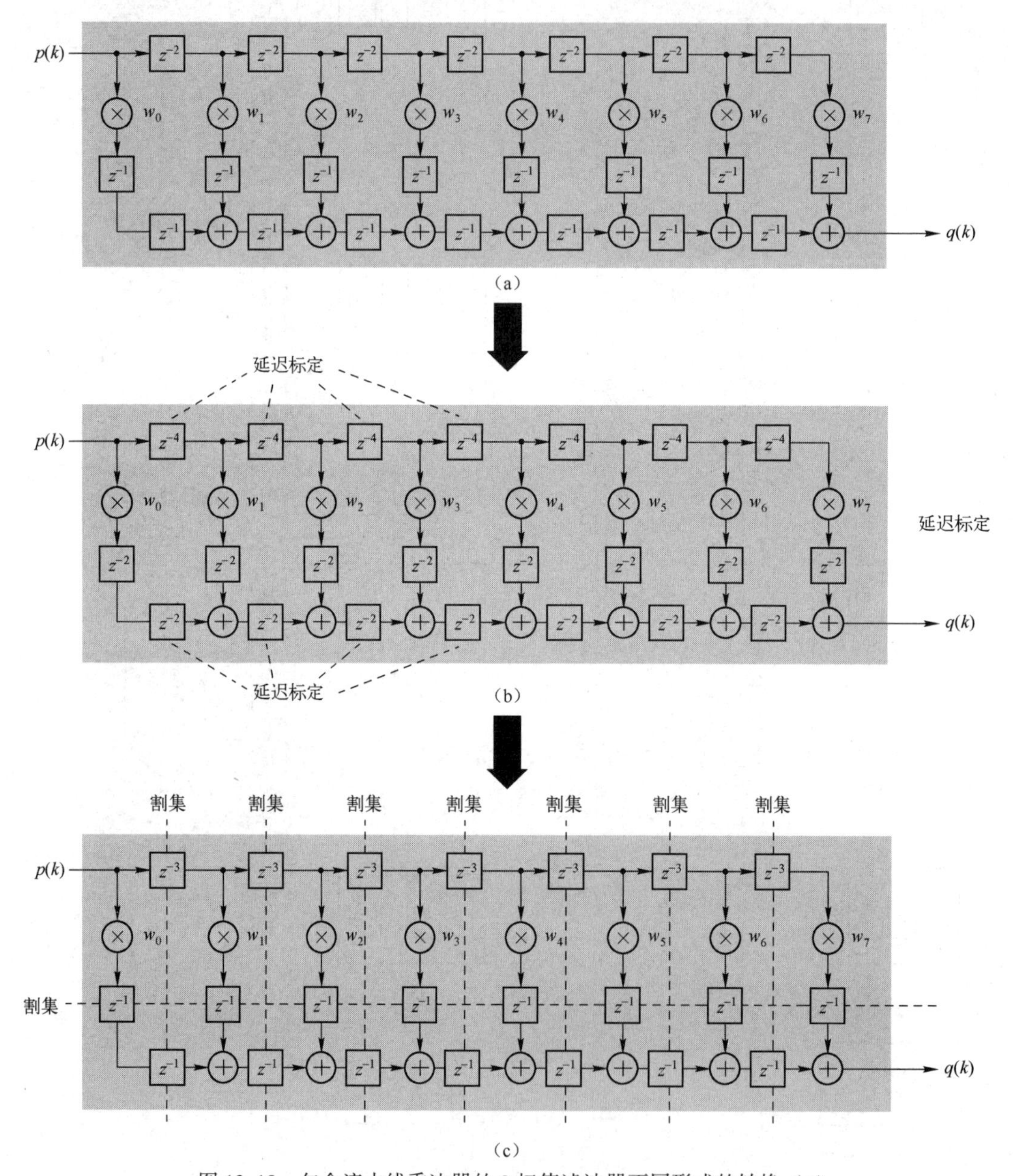

图 13.18 包含流水线乘法器的 8 权值滤波器不同形式的转换（1）

因此，假设时钟频率为 200MHz，图 13.18（a）给出的滤波器能以 200Msps 的速度处理一个通道的数据。通过使用 $\alpha=2$ 标定，滤波器能够支持分别以 100Msps 的速度处理两个通道数据的能力，图 13.18（b）中的 $p(k)$ 和 $q(k)$ 表示组合后的信号。在这种情况下，割集重定时用来减少所要求的总的延迟时间。

如果需要证明这些重定时思想的灵活性，则可以从一个标准形式的滤波器开始，然后通过重定时实现相同的结果，如图 13.19 所示。

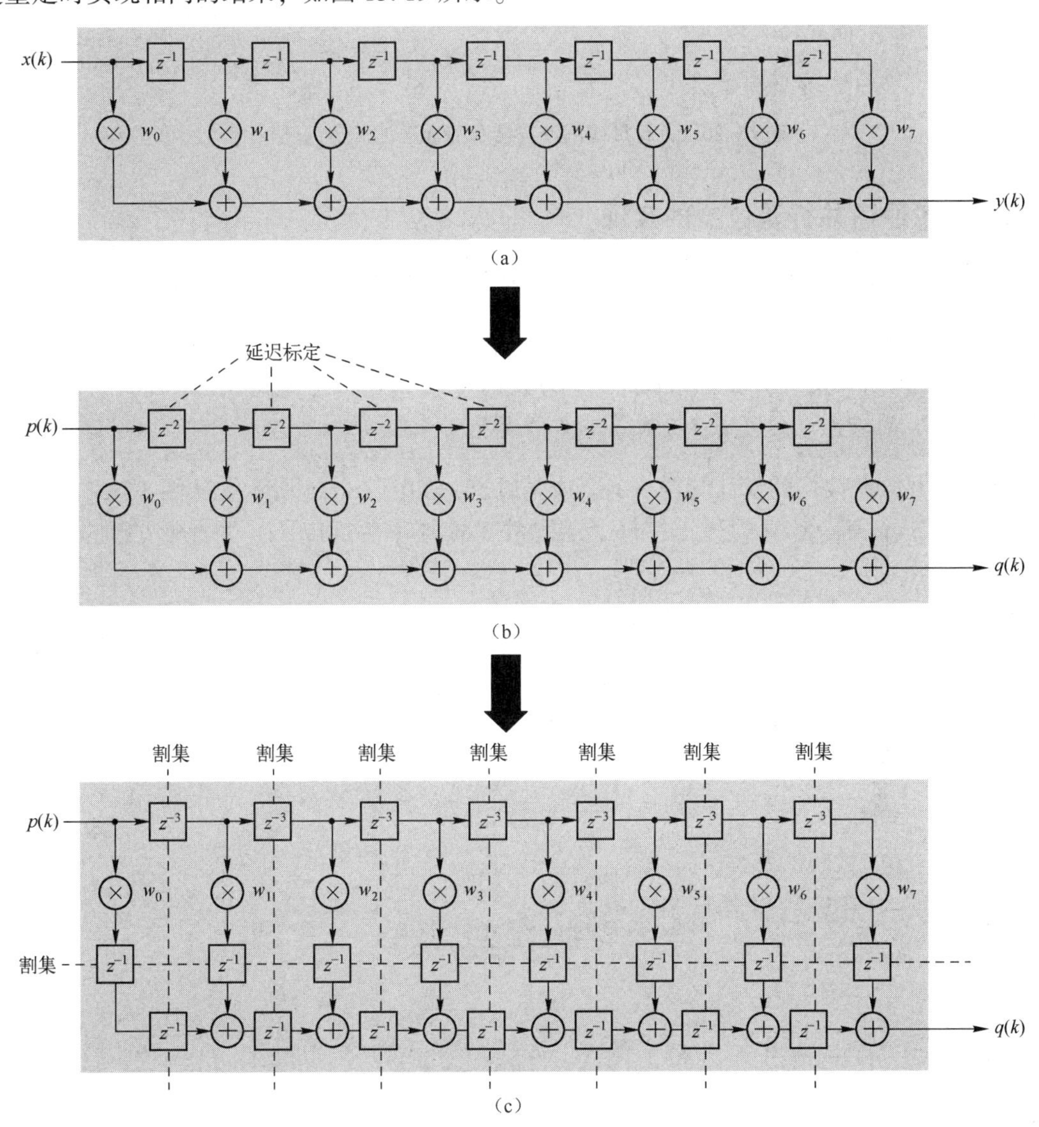

图 13.19　包含流水线乘法器的 8 权值滤波器不同形式的转换（2）

在实际的术语中，以这种方式“通道化”一个滤波器意味着几个数据流要求相同的滤波器操作，总的要求的硬件数量减少 α（假设时钟速率支持）。例如，取代要求两个工作在 100MHz 的并行形式的滤波器，一个多通道的方法使得使用一个工作在 200MHz 的滤波器。当然，这就意味着滤波器的关键路径要足够短，以允许 200MHz 的时钟速率，如图 13.20 所示。

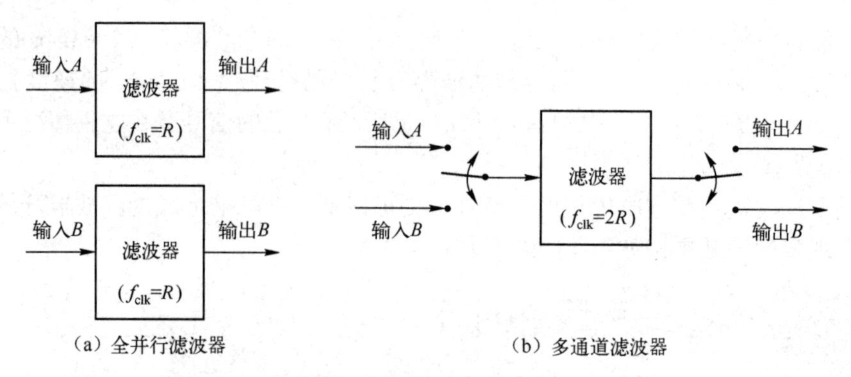

图 13.20　并行形式的滤波器和多通道滤波器的比较

13.3.1　多通道并行滤波器的实现

本节将给出图 13.20 所示的两种形式的滤波器的具体实现结构。

> **注**：读者可以定位到本书所提供资料的\fpga_dsp_exmaple\FIR\multichannel_FIR 目录下，分别打开名字为“individual.slx”的文件（保存着 3 个独立通道设计）和名字为“multi.slx”的文件（保存着 3 个共享通道设计）。

多通道并行滤波器的设计结构（3 个独立通道）如图 13.21 所示。从图 13.21 中可知，该设计包含 3 个完全独立的通道，每个通道的工作速率为 40MHz，因此总的数据速率为 120Msps。

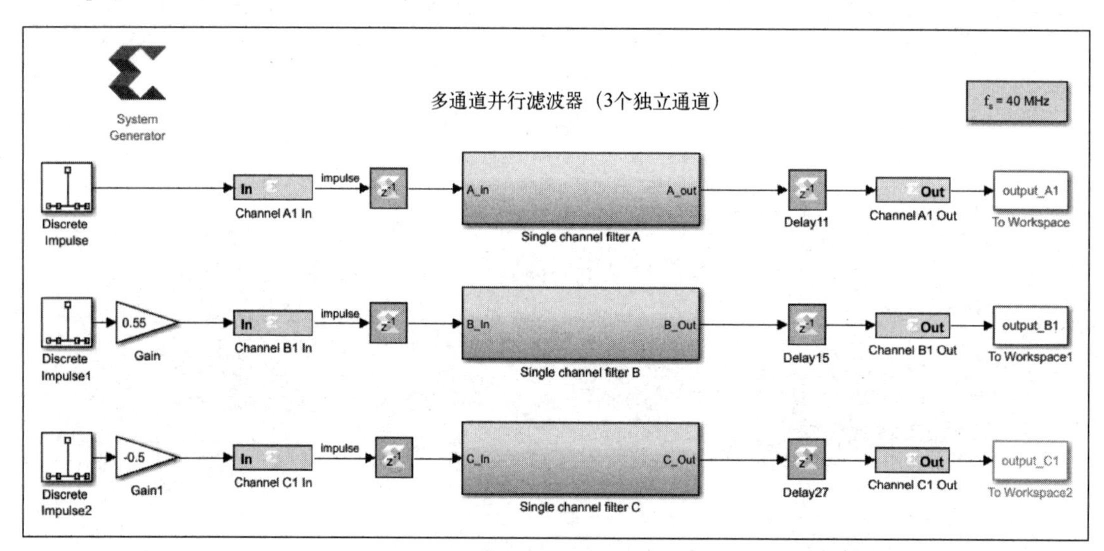

图 13.21　多通道并行滤波器的设计结构（3 个独立通道）

思考与练习 13-1：对该设计进行仿真，观察 3 个独立通道滤波器的冲激响应特性。

思考与练习 13-2：单击 System Generator 元件符号，使用 Vivado 工具对该设计进行 Implementation 操作（在该设计中，将芯片设置为 xc7a75tfgg484-1），该设计所使用的逻辑资源如图 13.22 所示。请读者根据图 13.22 分析该设计的资源使用情况。

思考与练习 13-3：双击图 13.21 中的 Single channel filter A/B/C，打开其内部结构，仔细分析它们设计结构的原理。

Resource Analyzer: individual

Post Implementation Resources: Clicking on an instance name highlights corresponding block/subsystem in the model.

Name	BRAMs (105)	DSPs (180)	LUTs (47200)	Registers (94400)
individual	0	0	1995	588
Single channel filter C	0	0	665	160
Single channel filter B	0	0	665	160
Single channel filter A	0	0	665	160
Delay8	0	0	0	16
Delay34	0	0	0	16
Delay27	0	0	0	20
Delay22	0	0	0	16
Delay15	0	0	0	20
Delay11	0	0	0	20

OK　Help

图 13.22　多通道并行滤波器（3 个独立通道）的资源使用情况

思考与练习 13-4：在 Vivado 集成开发环境下，打开该设计的时序报告，分析该设计的时序。

多通道共享滤波器的设计结构（3 个通道共享一个通道滤波器）如图 13.23 所示。从图 13.23 中可知，该设计中的 3 个独立通道共享一个多通道滤波器，该通道滤波器的工作速率为 120MHz，并且总的数据速率为 120Msps。

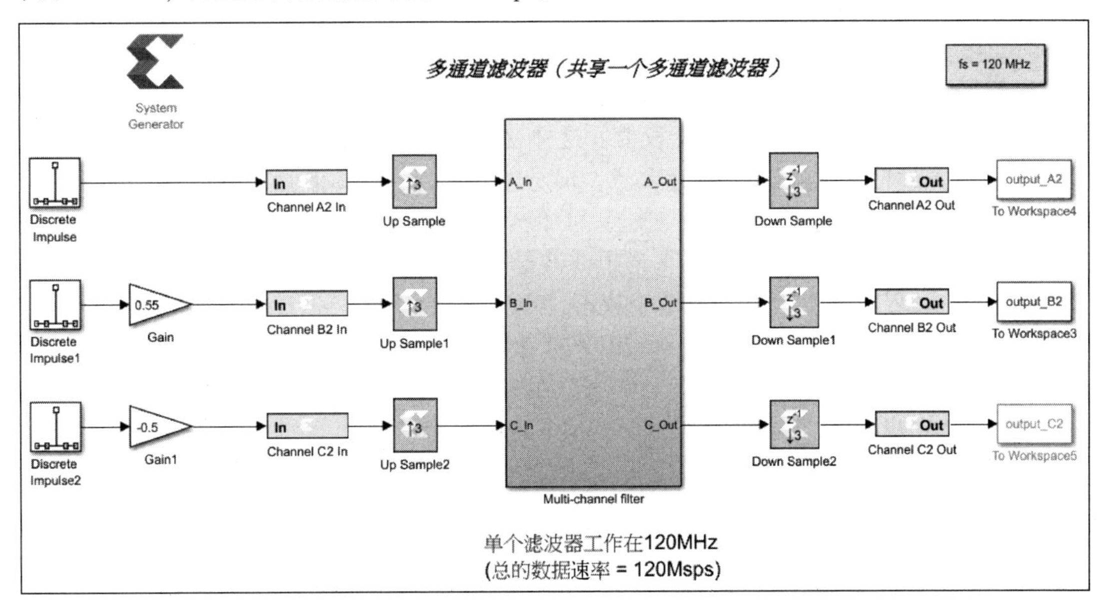

图 13.23　多通道共享滤波器（3 个通道共享一个通道滤波器）

思考与练习 13-5：对该设计进行仿真，观察 3 个独立通道滤波器的冲激响应特性。

思考与练习 13-6：单击 System Generator 元件符号，使用 Vivado 工具对该设计进行 Implementation 操作（在该设计中，将芯片设置为 xc7a75tfgg484-1），该设计所使用的逻辑资源如图 13.24 所示。请读者根据图 13.24 分析该设计的资源使用情况。

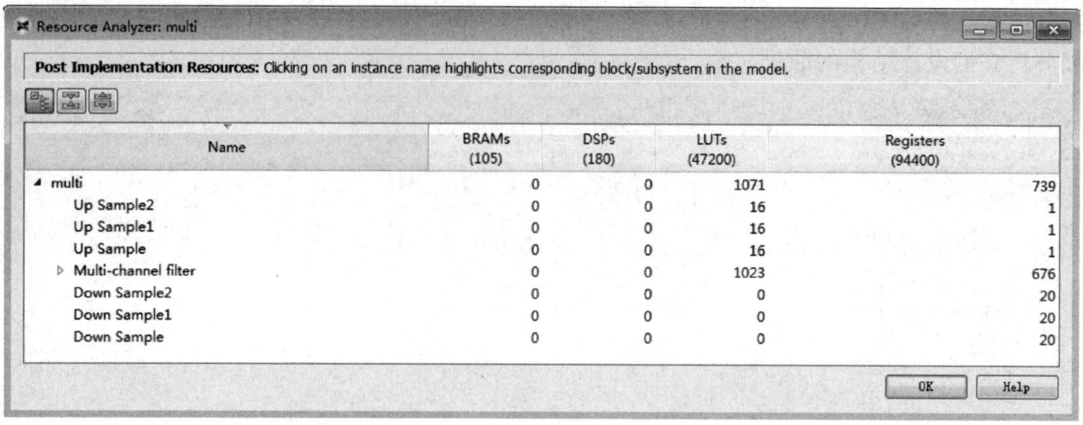

Resource Analyzer: multi

Post Implementation Resources: Clicking on an instance name highlights corresponding block/subsystem in the model.

Name	BRAMs (105)	DSPs (180)	LUTs (47200)	Registers (94400)
multi	0	0	1071	739
Up Sample2	0	0	16	1
Up Sample1	0	0	16	1
Up Sample	0	0	16	1
Multi-channel filter	0	0	1023	676
Down Sample2	0	0	0	20
Down Sample1	0	0	0	20
Down Sample	0	0	0	20

OK　Help

图 13.24　多通道共享滤波器（3 个通道共享一个滤波器）的资源使用情况

思考与练习 13-7：双击图 13.23 中的 Multi-channel filter 元件符号，打开其内部结构，分析该设计结构的原理。

思考与练习 13-8：在 Vivado 集成开发环境下，打开该设计的时序报告，分析该设计的时序。

13.3.2　多通道串行滤波器的实现

当总的数据速率小于滤波器可以实现的最高时钟速率时，在数据流之间时分复用一个滤波器是可以的。在这种情况下，可以将串行和多通道技术进行组合，实现多通道滤波器的“串行化”。例如，假设有 10 个通道的数据，每个通道的数据速率为 2.4Msps，则总的数据率为 24MHz。很明显，组合后的吞吐量远低于 356Msps 全并行滤波器的吞吐量。像前面一样，滤波器的长度为 12 个权值，这样就可以只使用 1 个 MAC 单元，并且使用时分复用（因子为 12）实现这个设计要求。时分复用一个 MAC 单元将得到最大的总吞吐量，即 356MHz/12=29.7Msps，足以支持 24Msps 的吞吐量要求。实际上，该设计所需的时钟速率为 24Msps×12=288MHz。多通道滤波器串行化实现的操作过程如图 13.25 所示。对于 10 个数据通道中每个通道的 12 个权值，单个 MAC 单元必须计算每个权值和数据采样的乘积。很明显，这需要 12×10=120 个时钟周期来完成所有通道的滤波操作。在第 121 个时钟周期，从滤波器产生第一个有效的输出，每个输出采样的周期为 120×(1/288MHz)=416.7ns，对应于所期望的 2.4Msps 的数据速率。

串行滤波器的多通道版本可以通过在累加器中使用因子 α 标定延迟时间来实现。一个 $\alpha=3$ 通道的例子如图 13.26 所示。

注意，在反馈环中的采样是交织的，即 3 个通道保持完全独立。为了说明这个情况，如图 13.27 所示，变量 i 用于表示所有通道的一个 MAC 操作。图 13.27（a）中，累加器通道 0 的结果 acc_0 是加法器的输入，同时通道 0 的数据采样 $x_{ch0(i)}$ 和应用于通道 0 的权值 $w_{i,ch0}$ 相乘。很明显，在这一点上，通道 1 和通道 2 的结果 acc_1 和 acc_2 只保存在存储器中，不会影响加法器的输出。在下一个周期（见图 13.27（b）），乘法器和加法器的输入用于通道 1。

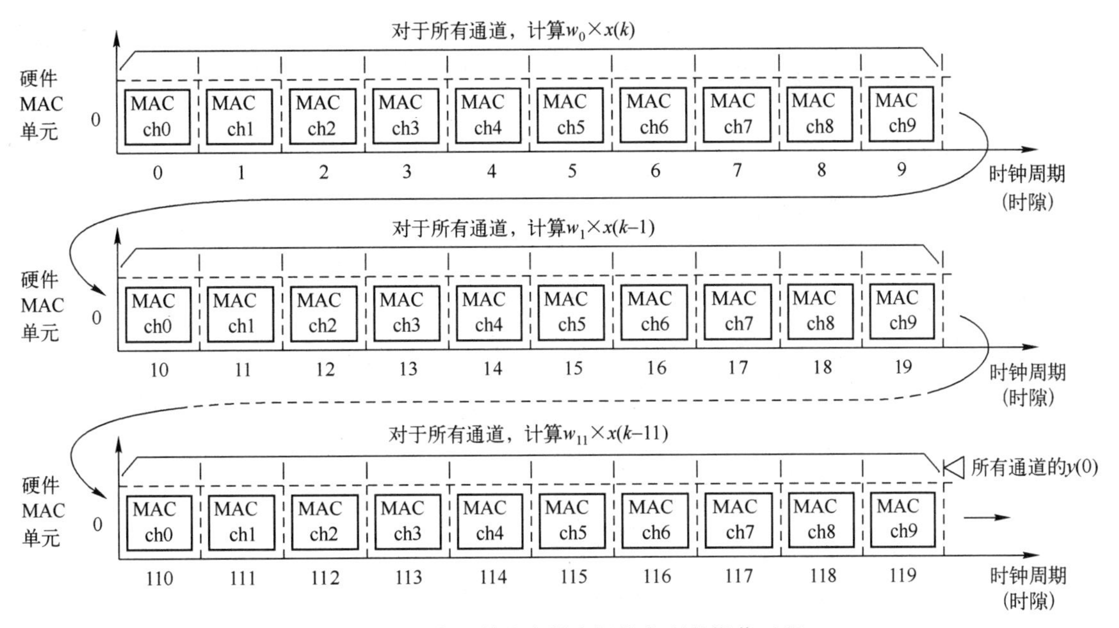

图 13.25 多通道滤波器串行化实现的操作过程

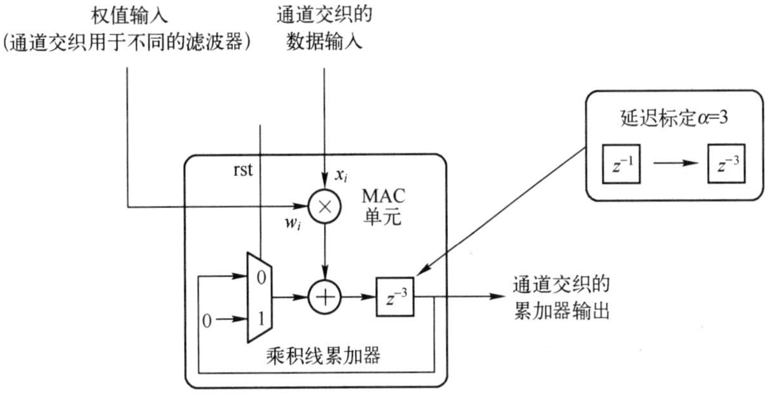

图 13.26 串行滤波器多通道版本的结构框图（1）

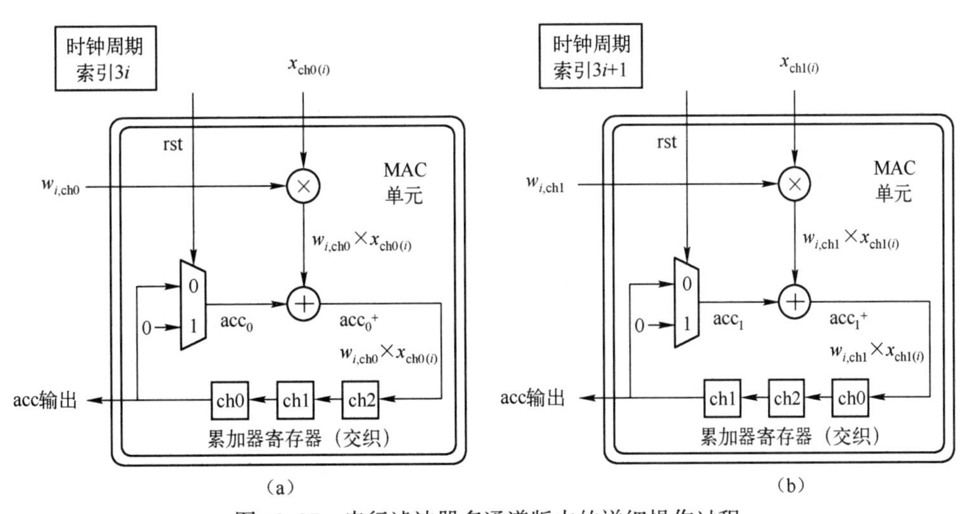

图 13.27 串行滤波器多通道版本的详细操作过程

现在，多个通道共享一个 MAC 单元，输入以通道交织的形式提供。如果每个通道使用不同的滤波器，则输入的权值也是以通道交织的形式提供的，如图 13.28 所示。

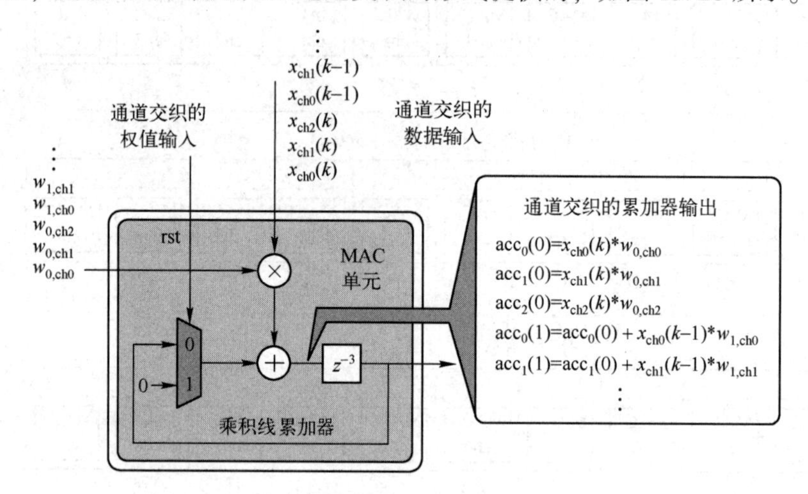

图 13.28　串行滤波器多通道版本的结构框图（2）

第 14 章　其他类型数字滤波器的原理与实现

本章将介绍其他类型数字滤波器的原理与实现，主要包括滑动平均滤波器的原理和结构，数字微分器和数字积分器的原理和特性，积分梳状滤波器的原理和特性，中频调制信号的产生和解调，CIC 滤波器的实现方法，CIC 滤波器位宽的确定，CIC 滤波器的锐化，CIC 滤波器的递归和非递归结构，以及 CIC 滤波器的实现。

本章所介绍的滤波器，尤其 CIC 滤波器，其在通信信号处理中有着极其重要的应用。因此，读者要熟练掌握本章的内容。

14.1　滑动平均滤波器的原理和结构

本节将介绍滑动平均滤波器的原理和结构，主要包括滑动平均滤波器的原理，8 权值滑动平均滤波器的结构和特性，9 权值滑动平均滤波器的结构和特性，滑动平均滤波器的转置结构。

14.1.1　滑动平均滤波器的原理

滑动平均（Moving Average，MA）滤波器的所有权值系数均相同，其值恒为 1，如图 14.1 所示。MA 滤波器是一种低成本的滤波器，可以实现对信号的平滑作用。

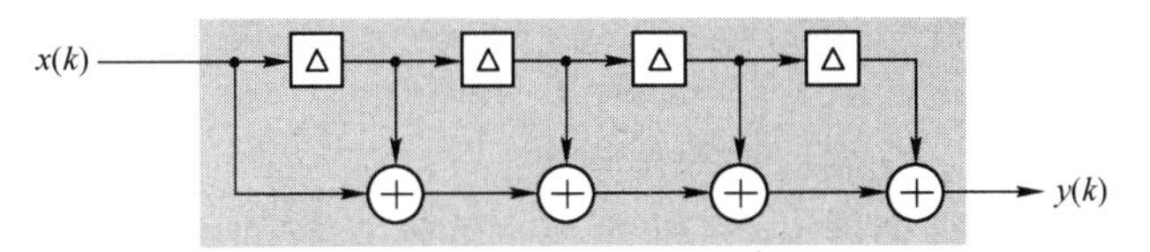

图 14.1　滑动平均滤波器的结构

MA 滤波器具有简单的低通特性。由于 MA 滤波器不需要乘法运算，所以实现成本较低。在实际实现时，推荐使用 2 的幂次方个系数结构实现 MA 滤波器。

例如，具有 6 权值的 MA 滤波器在 $0\sim f_S/2$（f_S 为采样率，且 $f_S=10\text{MHz}$）的范围内有 3 个谱线零点，如图 14.2 所示。对于一般的 MA 滤波器而言，当 N 点值确定后，很容易在 $0\sim f_S/2$ 的范围内绘制出该滤波器的频谱特性。

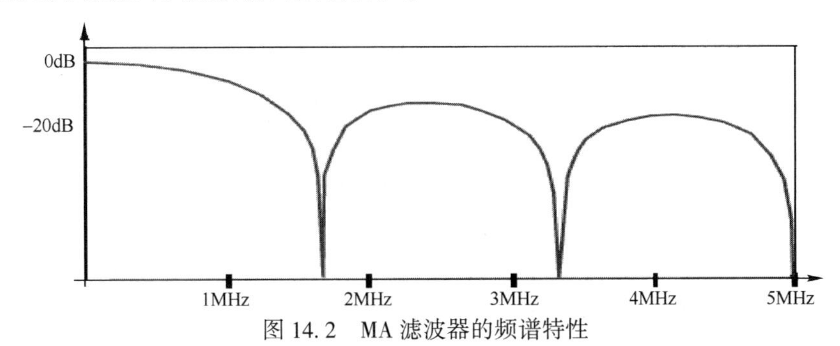

图 14.2　MA 滤波器的频谱特性

14.1.2 8 权值滑动平均滤波器的结构和特性

8 权值的 MA 滤波器的所有系数均为 1，如图 14.3 所示，该 MA 滤波器的冲激响应特性 $H(z)$ 表示为

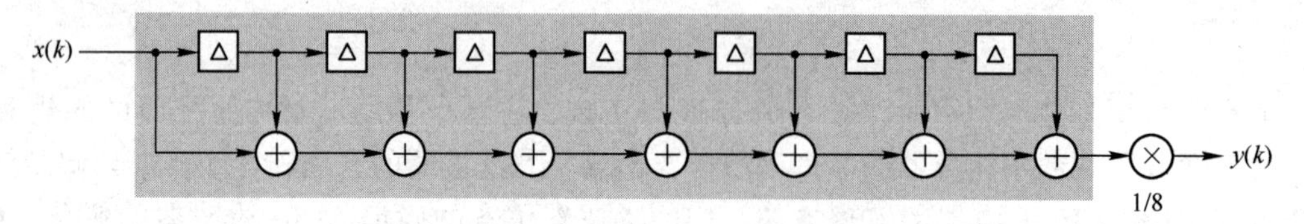

图 14.3 8 权值的 MA 滤波器的结构

$$H(z)=(1+z^{-1}+z^{-2}+z^{-3}+z^{-4}+z^{-5}+z^{-6}+z^{-7})\times\frac{1}{8}$$

进一步得出：

$$H(z)=\frac{1}{8}\times\frac{1-z^{-8}}{1-z^{-1}} \tag{14.1}$$

将 $z=e^{j\omega}$ 代入式（14.1），可以得到：

$$H(z)=\frac{1}{8}\times\frac{1-(e^{j\omega})^{-8}}{1-(e^{j\omega})^{-1}}=\frac{1}{8}\times\frac{e^{-4j\omega}(e^{4j\omega}-e^{-4j\omega})}{e^{-\frac{j\omega}{2}}(e^{\frac{j\omega}{2}}-e^{-\frac{j\omega}{2}})}=\frac{1}{8}\times\frac{e^{-4j\omega}\cos(4\omega)}{e^{-\frac{j\omega}{2}}\cos\left(\frac{\omega}{2}\right)}$$

$1-(e^{j\omega})^{-8}=0$，即当 $\omega=\pi/4,2\pi/4,3\pi/4,\pi,5\pi/4,6\pi/4,7\pi/4$ 时，为 MA 滤波器的频谱零点，即零点个数为 $8-1=7$。因此，在 $N=8$ 的情况下，在 $0\sim f_S/2$ 频率之间具有 4 个频谱零点，即 $\omega=\pi/4,2\pi/4,3\pi/4,\pi$。根据关系：

$$\omega=T_S\Omega$$

其中：ω 表示数字域角频率；Ω 表示物理角频率。

假定 $f_S=10\text{MHz}$，可以得到在 $0\sim f_S/2$ 频率之间所对应的频谱零点的物理频率分别为 1.25MHz,2.5MHz,3.75MHz,5MHz，如图 14.4 所示。

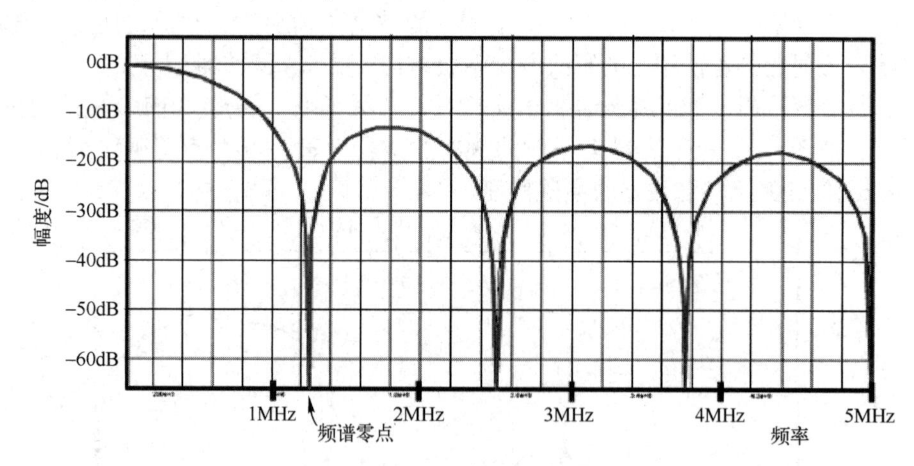

图 14.4 8 权值的 MA 滤波器的频谱特性

很明显，在该 MA 滤波器中，在输出 $y(k)$ 之前乘以常系数 1/8（左移 3 位）。该乘法等价于对 MA 滤波器内的所有系数乘以 1/8。

进一步推广，对于 N（N 为偶数）权值的 MA 滤波器而言，在 $0\sim f_S$ 之间，该滤波器具有 $N-1$ 个频谱零点。

在 8 权值的 MA 滤波器的结构中，假定输入信号 $x(k)$ 的位宽为 16 位，则需要考虑加法器位宽的值。这是因为只有加法器有合适的位宽时，才能保证 8 权值的 MA 滤波器不会产生溢出。

假设 $x(k)$ 的输入幅度可以用最大 16 位位宽的二进制数表示，即用二进制表示 $x(k)$ 的最大为 $|-2^{15}|=32768$。因此，最大可能的输出幅度为

$$8\text{ 倍的最大幅度值}=2^3\times2^{15}=2^{18}$$

因此，需要具有 19 位分辨率的加法器，这样才能保证 MA 滤波器不会溢出。该 MA 滤波器可以表示补码的范围为 $-2^{18}\sim2^{18}-1$。

如图 14.5 所示，该结构所要求的 7 个加法器其位宽分别为 17 位、18 位、18 位、19 位、19 位、19 位和 19 位。为了便于实现，在该 MA 滤波器中使用规则结构，即所有加法器的位宽都为 19 位。

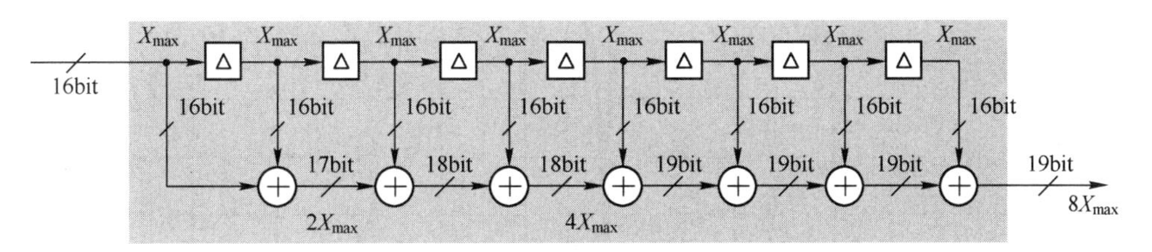

图 14.5　8 权值的 MA 滤波器的整数实现

14.1.3　9 权重滑动平均滤波器的结构和特性

9 权值的 MA 滤波器的所有系数均为 1，如图 14.6 所示，该 MA 滤波器的冲激响应特性 $H(z)$ 可以表示为

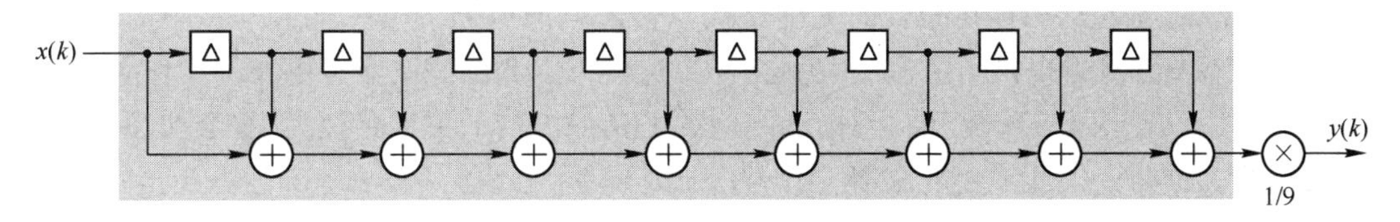

图 14.6　9 权值的 MA 滤波器的结构

$$H(z)=(1+z^{-1}+z^{-2}+z^{-3}+z^{-4}+z^{-5}+z^{-6}+z^{-7}+z^{-8})\times\frac{1}{9}$$

进一步得出：

$$H(z)=\frac{1}{9}\times\frac{1-z^{-9}}{1-z^{-1}} \tag{14.2}$$

将 $z=e^{j\omega}$ 代入式（14.2），可以得到：

$$H(z)=\frac{1}{9}\times\frac{1-(e^{j\omega})^{-9}}{1-(e^{j\omega})^{-1}}=\frac{1}{9}\times\frac{e^{-\frac{9}{2}j\omega}(e^{\frac{9}{2}j\omega}-e^{-\frac{9}{2}j\omega})}{e^{-\frac{j\omega}{2}}(e^{\frac{j\omega}{2}}-e^{-\frac{j\omega}{2}})}=\frac{1}{9}\times\frac{e^{-\frac{9}{2}j\omega}\cos\left(\frac{9\omega}{2}\right)}{e^{-\frac{j\omega}{2}}\cos\left(\frac{\omega}{2}\right)}$$

$1-(e^{j\omega})^{-9}=0$，即当 $\omega=2\pi/9,4\pi/9,6\pi/9,8\pi/9,10\pi/9,12\pi/9,14\pi/9,16\pi/9$ 时，为 MA 滤波器的频谱零点，零点个数为 9-1=8。因此，在 $N=9$ 的情况下，在 $0\sim f_S/2$ 频率之间具有 4 个频谱零点，即 $\omega=2\pi/9,4\pi/9,6\pi/9,8\pi/9$。根据关系：

$$\omega=T_S\Omega$$

其中：ω 表示数字域角频率；Ω 表示物理角频率。

假定 $f_S=10\text{MHz}$ 时，可以得到在 $0\sim f_S/2$ 频率之间所对应的频谱零点的物理频率分别为 1.11MHz，2.22MHz，3.33MHz，4.44MHz，如图 14.7 所示。

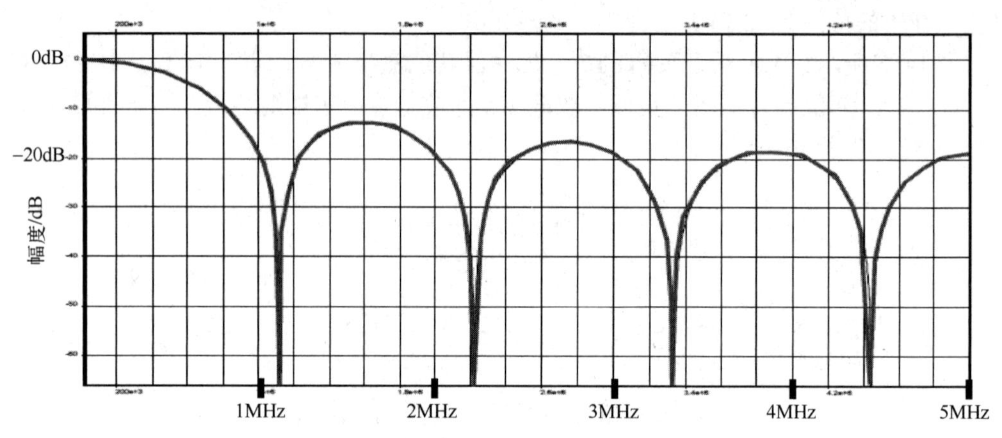

图 14.7　9 权值的 MA 滤波器的频谱特性

14.1.4　滑动平均滤波器的转置结构

在实际中，实现 MA 滤波器时不采用类似标准结构的 FIR 滤波器的结构。这是由于标准结构的 FIR 滤波器的结构存在很长的关键路径，会影响滤波器的整体性能。一个 16 权值的转置结构的 MA 滤波器提供了更短的关键路径，这样可以允许滤波器有更高的工作频率，如图 14.8 所示。从图 14.8 中可知，与标准结构的 FIR 滤波器的关键路径为 16 个加法器相比，转置结构的关键路径仅为 1 个加法器。

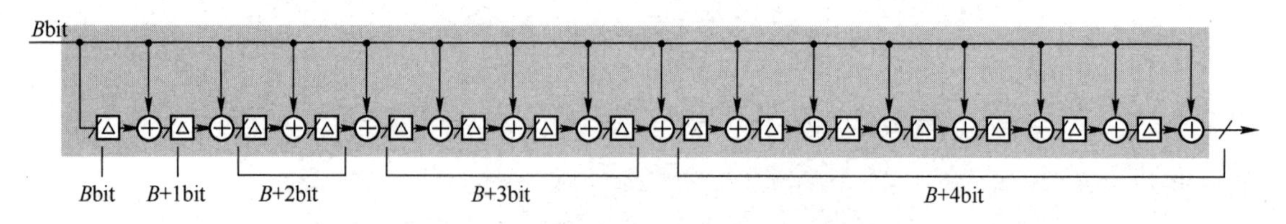

图 14.8　16 权值的 MA 滤波器的转置结构

注： 对于 N 权值的 MA 滤波器而言，标准结构的关键路径为 $N-1$ 个加法器路径。

尽管这种结构的字长与标准结构的一样，但是转置结构的实现成本高于标准结构。与 MA 滤波器的标准结构相比，在 MA 滤波器的转置结构内需要更多的触发器以实现加法器线上的延迟。标准结构和转置结构的 MA 滤波器需要的资源如表 14.1 所示。

表 14.1　标准结构和转置结构的 MA 滤波器需要的资源

	标 准 结 构	转 置 结 构
B+1 位加法器	1	1
B+2 位加法器	2	2
B+3 位加法器	4	4
B+4 位加法器	8	8
B 位延迟	15	1
B+1 位延迟	0	1
B+2 位延迟	0	2
B+3 位延迟	0	4
B+4 位延迟	0	7

从表 14.1 中可知，16 权值的 MA 滤波器的标准结构要求 $15\times B$ 个触发器来实现延迟。而 MA 滤波器的转置结构最多要求 $15\times B+(1\times1)+(2\times2)+(4\times3)+(7\times4)=(15\times B+45)$ 个单比特触发器。

14.2　数字微分器和数字积分器的原理和特性

本节将介绍数字微分器和数字积分器的原理和特性。从实现成本方面而言，数字微分器和数字积分器是两种低成本的滤波器。

14.2.1　数字微分器的原理和特性

数字微分器内包含两个值为+1 和−1 的权值系数，如图 14.9 所示。由数字微分器构成的滤波器具有简单的高通幅频响应特性。由于该数字微分器不需要任何乘法操作，因此它是一种低成本的滤波器。

图 14.9 所示的数字微分器可以用下式表示：

$$y(k)=x(k)-x(k-1) \tag{14.3}$$

该数字微分器的 Z 变换表示为

$$Y(z)=X(z)-X(z)z^{-1}=X(z)(1-z^{-1}) \tag{14.4}$$

因此，数字微分器的传递函数表示为

$$H(z)=\frac{Y(z)}{X(z)}=1-z^{-1} \tag{14.5}$$

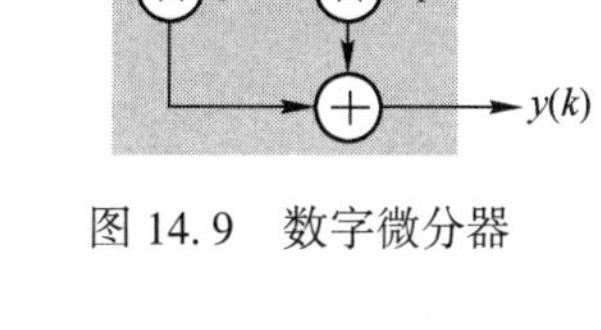

图 14.9　数字微分器

当数字微分器的输入为一个恒定的交流信号时，初始的暂态响应结束后，输出结果为 0，如图 14.10 所示。因此，它在 0Hz 处具有一个频谱零点。当使用线性刻度表示时，频谱零点是增益为 0 的点；如果以对数刻度表示频谱零点，应为 $20\log0=-\infty$。

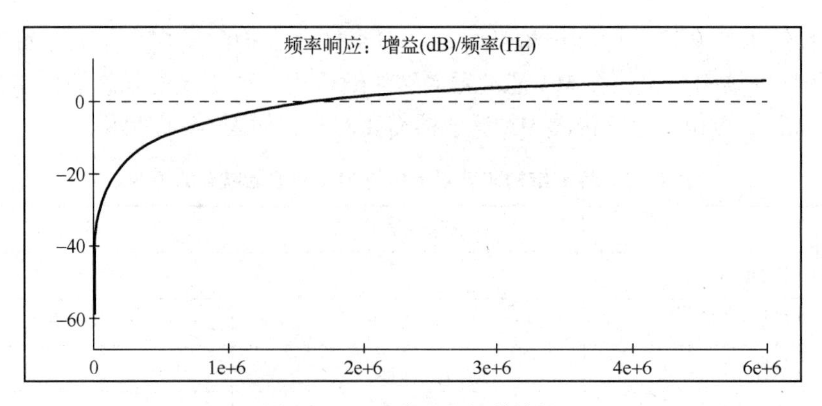

图 14.10　微分器的频谱特性

14.2.2　数字积分器的原理和特性

数字积分器是只有一个系数的 IIR 滤波器（包含反馈回路），如图 14.11 所示。该数字积分器具有低通滤波器的幅频响应特性，并且也不需要任何乘法运算，它的输出表示为

$$q(k)=p(k)+q(k-1) \tag{14.6}$$

该数字积分器的 Z 变换表示为

$$Q(z)=P(z)+Q(z)z^{-1} \tag{14.7}$$

因此，该数字积分器的传递函数表示为

$$G(z)=\frac{Q(z)}{P(z)}=\frac{1}{1-z^{-1}} \tag{14.8}$$

如果在积分器中引入一个值为 b 的反馈系数，如图 14.12 所示，则根据 Z 变换可知稳定性条件：

（1）当 $|b|<1$ 时，该结构通常被称为泄漏积分器。

（2）当 $|b|>1$ 时，该滤波器将在单位圆外具有一个级点，并将发散或不稳定。

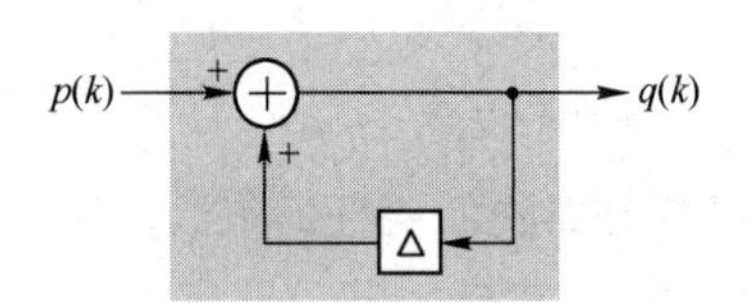

图 14.11　数字积分器

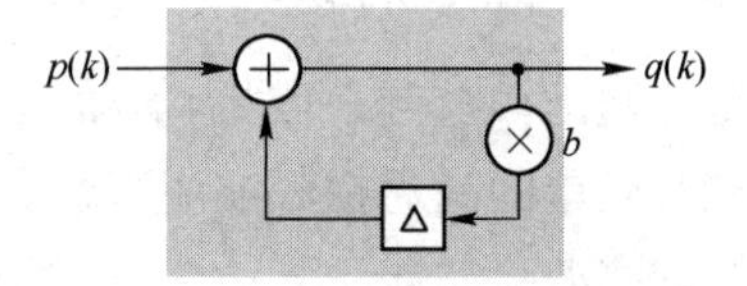

图 14.12　引入 b 反馈的积分器

> **注：** 一般而言，当用 FPGA 或 ASIC 实现数字信号处理时不用考虑泄露积分器的情况。

经过上面的分析可知，数字积分器与数字微分器的特性正好相反，从频域的角度而言：

（1）数字微分器在 0Hz 处存在无限大的衰减。

（2）数字积分器在 0Hz 处具有无限大的增益。

因此，在部分情况下，无限大与 0 的乘积正好为 1，如图 14.13 所示。由数字积分器和数字微分器构成的滤波器的传递函数可以表示为

$$G(z)H(z)=\left(\frac{1}{1-z^{-1}}\right)(1-z^{-1})=1 \tag{14.9}$$

进一步可以得到：

$$y(k)=q(k)-q(k-1)=[p(k)+q(k-1)]-q(k-1)=p(k) \tag{14.10}$$

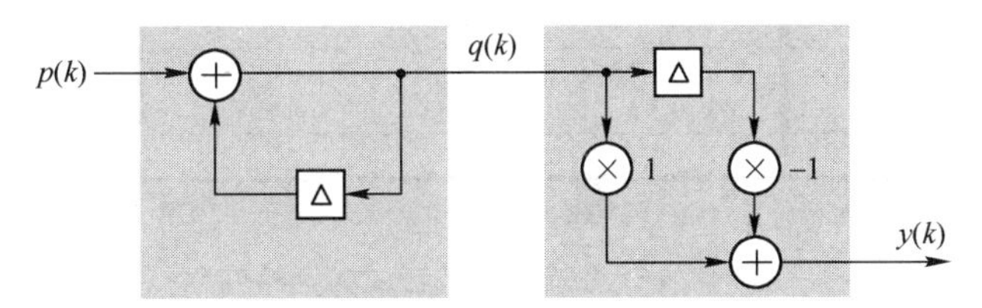

图 14.13　数字积分器和数字微分器级联构成滤波器

14.3　积分梳状滤波器的原理和特性

本节将首先介绍梳状滤波器的原理和结构，然后再导出积分梳状滤波器的原理和结构。

梳状滤波器的两端包含系数为 1 和−1 的权值，如图 14.14 所示，该梳状滤波器具有简单的多通道频率响应特性，不需要任何乘法操作。

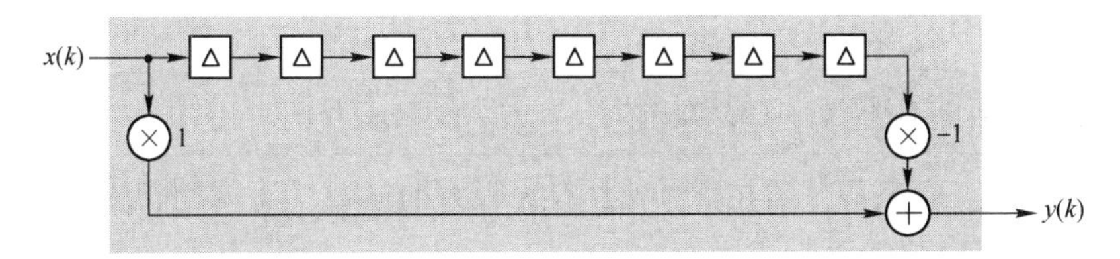

图 14.14　梳状滤波器

使用 z 来表示该结构内的 8 个延迟，将其总延迟表示为 z^{-8}，如图 14.15 所示。因此，该梳状滤波器的频率响应特性 $H(z)$ 表示为

$$H(z)=\frac{Y(z)}{X(z)}=1-z^{-8} \tag{14.11}$$

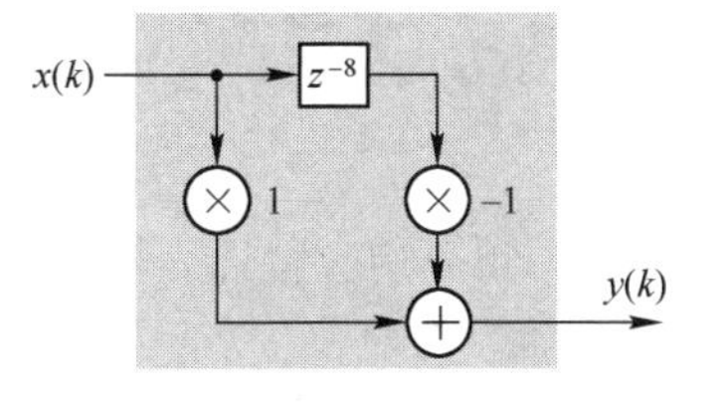

图 14.15　使用 Z 变换描述滤波器

带有 N 个采样延迟（或 N+1 个权重）的梳状滤波器在 $0\sim f_S/2$ 之间具有均匀分布的 N 个频谱零点。当采样率 f_S = 10MHz 时，上面的 8 延迟梳状滤波器在 0～5MHz 之间具有 4 个频谱零点，彼此的间隔为 1.25MHz，如图 14.16 所示。

积分梳状（Integrator−Comb，IC）滤波器结构，即数字积分器和梳状滤波器级联构成的滤波器，具有 MA 滤波器特性的冲激响应，如图 14.17 所示，从图 14.17 中可知，该滤波器内包含一个数字积分器和具有 M 个延迟的梳状滤波器。IC 滤波器的频率响应特性 $H(z)$ 表示为

$$\begin{aligned}H(z)&=\frac{1-z^{-8}}{1-z^{-1}}=\frac{(1+z^{-1}+z^{-2}+z^{-3}+z^{-4}+z^{-5}+z^{-6}+z^{-7})(1-z^{-1})}{1-z^{-1}}\\&=1+z^{-1}+z^{-2}+z^{-3}+z^{-4}+z^{-5}+z^{-6}+z^{-7}\end{aligned} \tag{14.12}$$

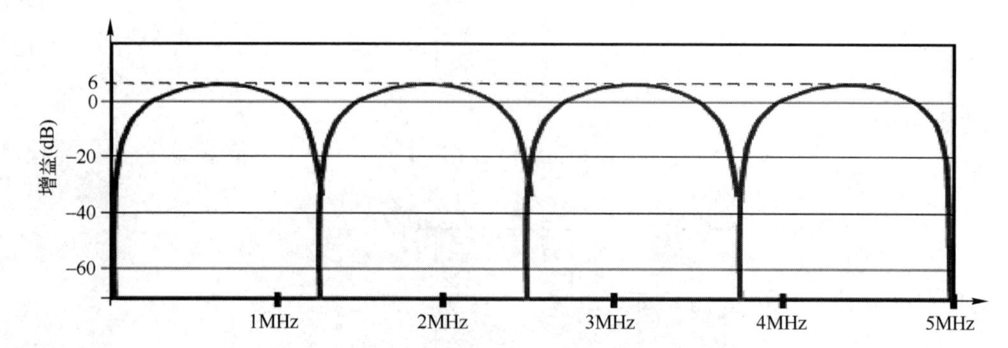

图 14.16 8 梳状滤波器的频谱特性

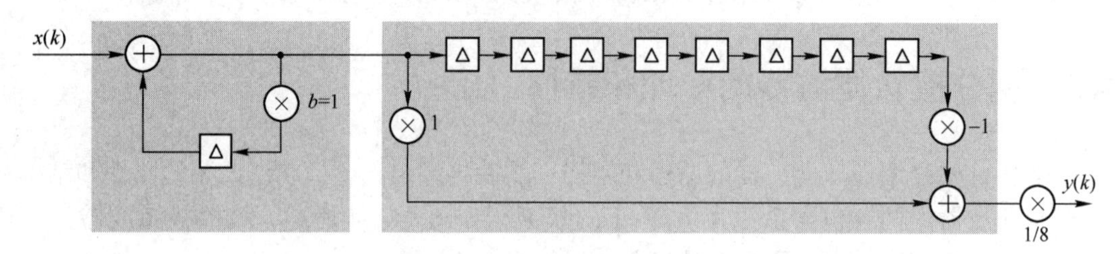

图 14.17 数字积分器和梳状滤波器级联构成 IC 滤波器

注：在该结构中不考虑 1/8 系数。

在 IC 滤波器中，数字积分器在直流处具有无限大的增益，而梳状滤波器在直流上的增益为 0。将其推广到系数为 N 的情况：

$$\begin{aligned} H(z)&=\frac{1-z^{-N}}{1-z^{-1}}=\left|H_1(z)\cdot H_2(z)\right|z=\mathrm{e}^{\mathrm{j}\omega} \\ &=\mathrm{e}^{-\mathrm{j}\omega\cdot N/2}\cdot 2\left[\frac{\mathrm{e}^{\mathrm{j}\omega\cdot N/2}-\mathrm{e}^{-\mathrm{j}\omega\cdot N/2}}{2}\right]\cdot\frac{\mathrm{e}^{\mathrm{j}\omega/2}}{2}\cdot\left[\frac{\mathrm{e}^{\mathrm{j}\omega/2}-\mathrm{e}^{-\mathrm{j}\omega/2}}{2}\right]^{-1} \end{aligned} \tag{14.13}$$

其幅度-频率响应特性表示为

$$\left|H(\mathrm{e}^{\mathrm{j}\omega})\right|=\left|\frac{\sin(\omega N/2)}{\sin(\omega/2)}\right|$$

从上式可知，在结果上，IC 滤波器和 MA 滤波器有相同的效果，但是存在下面的差异：

（1）与 MA 滤波器中需要 8 次加法运算相比，IC 滤波器仅需要 2 次加法运算；

（2）与 MA 滤波器相比，IC 滤波器需要 9 个寄存器，而 MA 滤波器仅需要 7 个寄存器。

IC 滤波器输出的定量分析如图 14.18 所示，即

$$y(12)=\frac{q(12)-q(4)}{8}=\frac{11-3}{8}=1 \tag{14.14}$$

$$y(128)=\frac{q(128)-q(120)}{8}=\frac{127-119}{8}=1 \tag{14.15}$$

通过上面的分析可知，在任何一个时刻，IC 滤波器的输出都为 1。然而，当数字积分器的加法器采用定点结构时，对数值范围有限制，因此就存在计算结果溢出的可能性。例如，如果加法器的字长为 8 位，则它可以表示有符号数的范围为 $-128\sim127$。所以，在 $k=128$

后，积分器的输出将溢出。因此，必须保证滤波器的加法器有足够的位宽。前面已经知道，对于 8 权值 16 位输入的 MA 滤波器而言，最后一级加法器要求 19 位字长。如果在 IC 滤波器内选择 19 位的加法器，在数字积分器的输出端仍然存在溢出的可能性，但是在数字微分器内的运算将使得输出的值仍然正确。

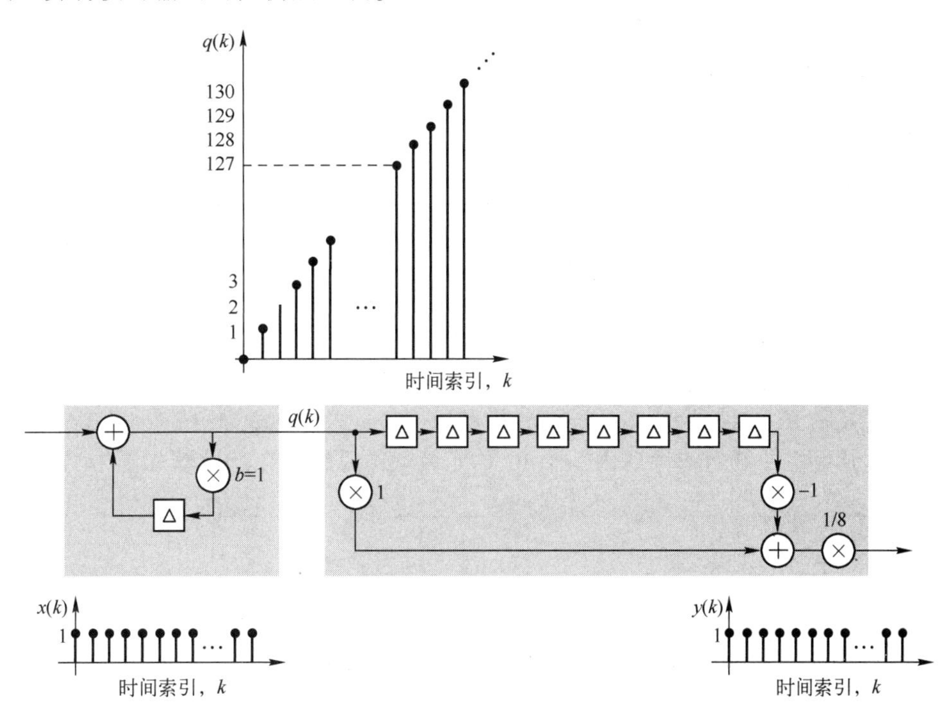

图 14.18　IC 滤波器输出的定量分析

假设 IC 滤波器的字长为 4 位（表示的范围为 −8～+7），如图 14.19 所示，则这个结构的推导过程如下：

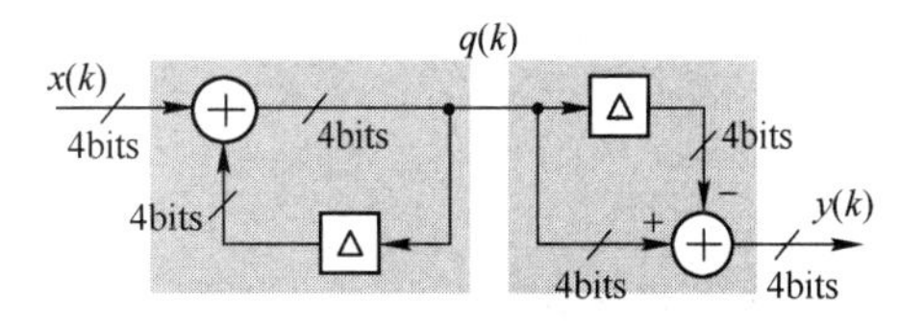

图 14.19　字长为 4 位的 IC 滤波器

该滤波器 $y(k)=x(k)$，如果输入一个直流信号，则希望有相同的输出。

注：对于这样的输入，数字积分器的输出 $q(k)=k+1$。

数字积分器的输出如表 14.2 所示。

表 14.2　数字积分器的输出

k	$x(k)$	$q(k)=q(k-1)+x(k)$		$q(k)$	$y(k)=q(k)-q(k-1)$	
	二进制	二进制	十进制	二进制	十进制	二进制
0	0001	0001	1	0000	0	0000
1	0001	0010	2	0001	0	0001
2	0001	0011	3	0010	1	0001
3	0001	0100	4	0011	2	0001
4	0001	0101	5	0100	3	0001

续表

k	$x(k)$	$q(k)=q(k-1)+x(k)$		$q(k)$	$y(k)=q(k)-q(k-1)$	
	二进制	二进制	十进制	二进制	十进制	二进制
5	0001	0110	6	0101	4	0001
6	0001	0111	7	0110	5	0001
7	0001	1000	-8	0111	6	0001
8	0001	1001	-7	1000	7	0001
9	0001	1010	-6	1001	-8	0001
10	0001	1011	-5	1010	-7	0001

$$y(2)=q(2)-q(1)=0011_2-0010_2=0001_2=3-2=1 \tag{14.16}$$

$$y(6)=q(6)-q(5)=0111_2-0110_2=7-6=1 \tag{14.17}$$

$$y(7)=q(6)+0001_2=0111_2+0001_2=1000=-8\text{，结果溢出} \tag{14.18}$$

$$y(8)=q(8)-q(7)=1000_2-0111_2=0001_2 \tag{14.19}$$

可以通过级联 IC 滤波器构成级联积分梳状（Cascade Integrator-Comb，CIC）滤波器，使得滤波器具有更好的低通特性。由 5 个 IC 单元级联构成的 CIC 滤波器如图 14.20 所示。

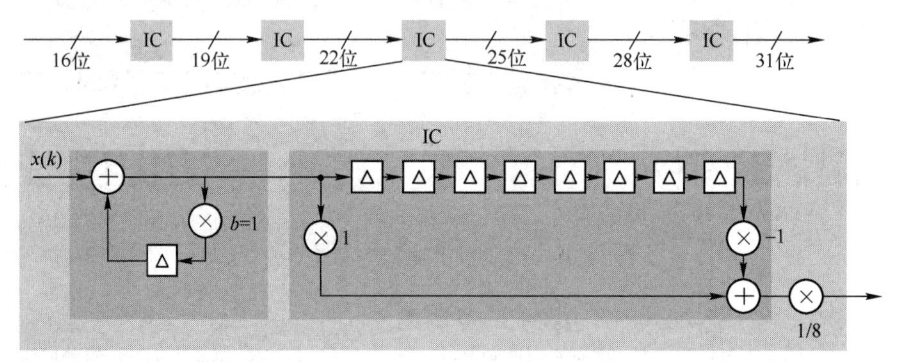

图 14.20　由 5 个 IC 单元级联构成的 CIC 滤波器

注：随着 CIC 滤波器级数的增加，字宽也会不断增加，最后的字宽可以达到 31 位。

5 级 CIC 滤波器的频谱特性如图 14.21 所示，基带的衰减变坏。

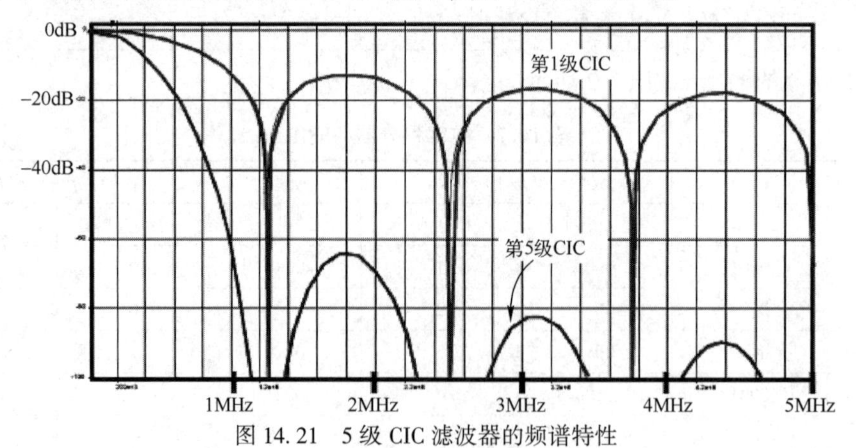

图 14.21　5 级 CIC 滤波器的频谱特性

14.4　中频调制信号的产生和解调

本节将介绍中频调制信号的产生和解调，内容主要包括产生中频调制信号、解调中频调制信号、CIC 提取基带信号、CIC 滤波器的衰减及修正。

14.4.1　产生中频调制信号

调幅信号的产生如图 14.22 所示。从图 14.22 中可知，高频正弦载波的幅度按低频信号的幅度成比例变化。

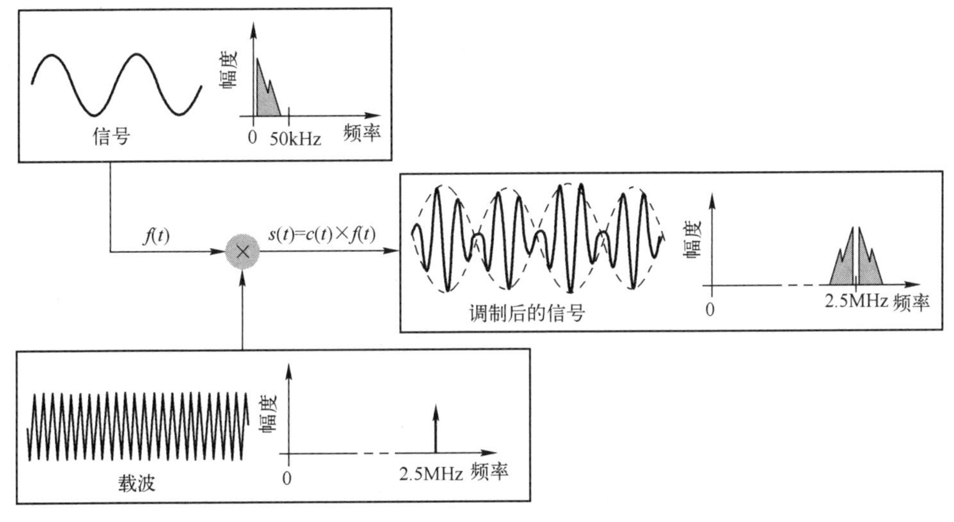

图 14.22　调幅信号的产生

下面将对已调信号进行恢复。中心频率 $f_c = 2.5$MHz、带宽为 100kHz、采样率 $f_S = 10$MHz 的信号的频谱如图 14.23 所示。对该信号的处理要求使用尽可能低的运算量来恢复基带频率上的 IF 信号。

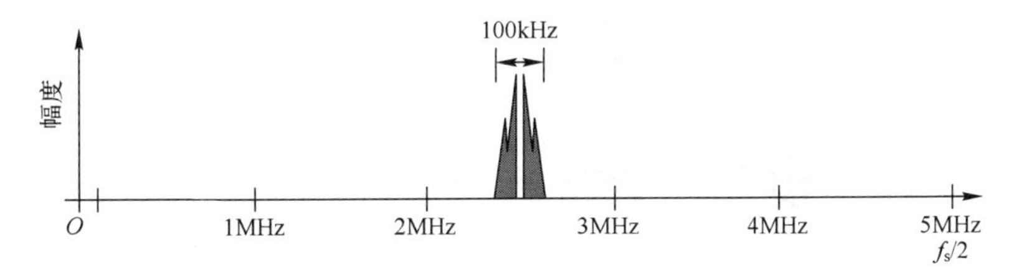

图 14.23　中心频率 $f_c = 2.5$MHz、带宽为 100kHz、采样率 $f_S = 10$MHz 的信号的频谱

当接收到调制信号时，50kHz 频带之外的频谱很可能让其他信号和噪声所占据。为了恢复信号，常用的方法是将其解调至基带，然后利用低通滤波器来恢复信号。

14.4.2　解调中频调制信号

用数字化方法解调信号，如图 14.24 所示。首先将接收到的信号经过抗混叠滤波器进行处理，然后送到高速 ADC 中，并以 10MHz 的采样率对该信号进行采样，然后与 2.5MHz 的余弦信号相乘。

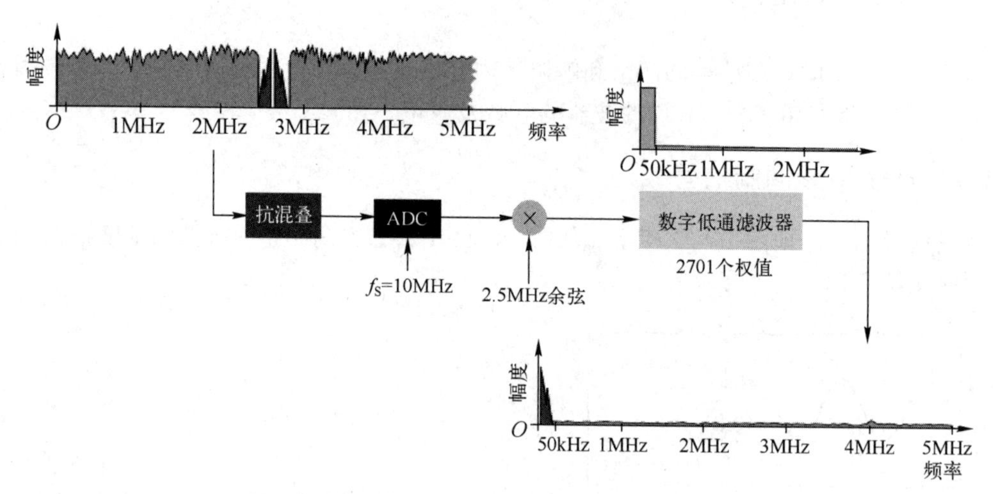

图 14.24　用数字化方法解调信号（1）

注： 余弦信号也是以 10MHz 的采样率被离散量化为数字信号的。

经过相乘后，得到两个不同的频带信号，其中一个信号在 0～50kHz 范围内，可以通过数字低通滤波器提取该信号。从图 14.24 中可知，该滤波器有 2701 个权值。

通过上面的数字解调过程，可以知道该数字低通滤波器的硬件开销表示为

$$10000000 \times 2701 = 27010000000 \tag{14.20}$$

该设计最终需要的采样率为 250kHz，如图 14.25 所示。由于是带限信号，因此应将降采样因子设置为 40。从这个数字解调过程中可知，当采用降采样率后，数字滤波器的开销显著降低，该数字滤波器的硬件开销表示为

$$10000000/40 \times 2701 = 675250000 \tag{14.21}$$

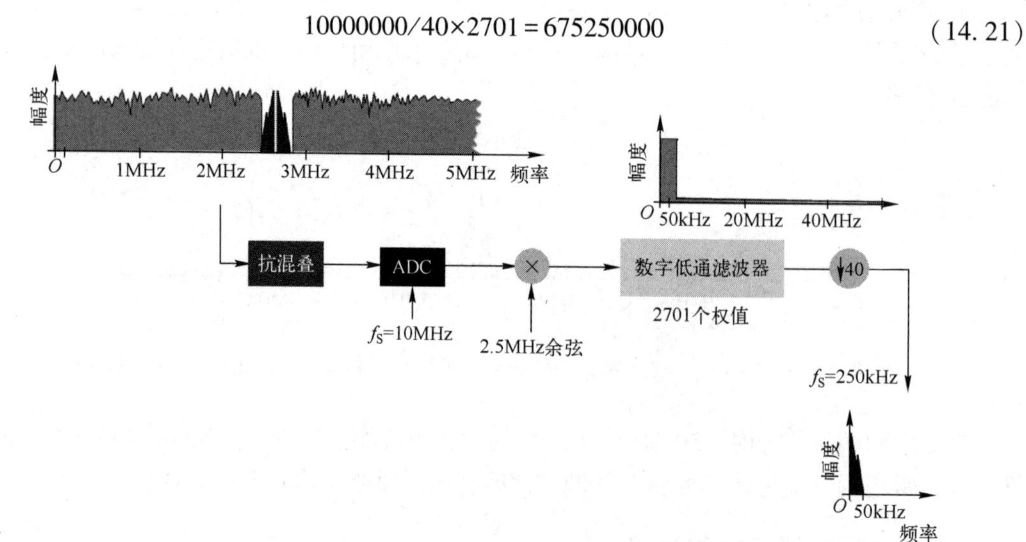

图 14.25　数字化解调信号（2）

14.4.3　CIC 提取基带信号

现在考虑通过级联低成本的简单滤波器来实现低通滤波器，使之能够提取 0～50kHz 范围内的信号。这样做能否降低硬件开销？如图 14.26 所示，如果使用 5 阶 CIC 滤波器对感兴趣的信号进行低通滤波，然后通过降抽取因子为 2 的降采样器将采样率降为 5MHz，则较高频率信号的混叠来自能量很低的那部分频段。

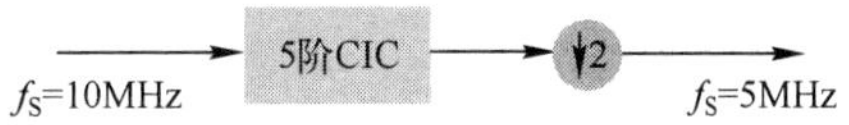

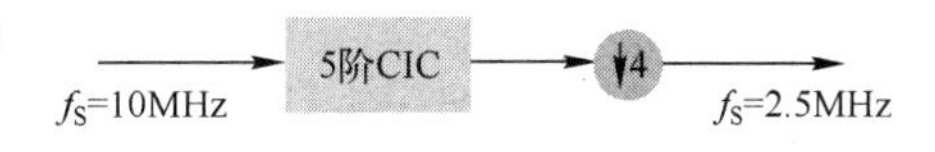

图 14.26　采样因子为 2 的降采样处理

如图 14.27 所示，输出频谱几乎完全保留了 0～50kHz 的信号部分，并对高于 50kHz 的信号能量进行了衰减。

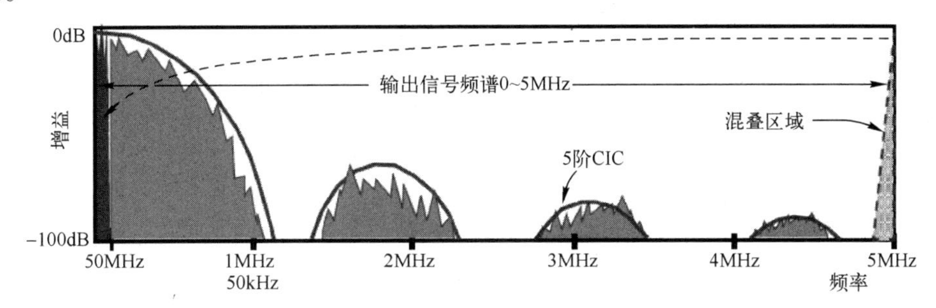

图 14.27　抽取因子为 2 的降采样处理的频谱图

注意到其他的空频段，实际可以使用抽取因子为 4 的降采样器，如图 14.28 所示。

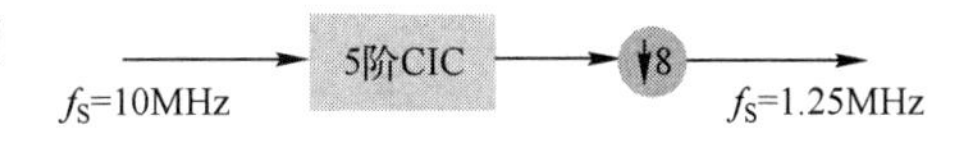

图 14.28　抽取因子为 4 的降采样处理

抽取因子为 4 的降采样处理的频谱图如图 14.29 所示。

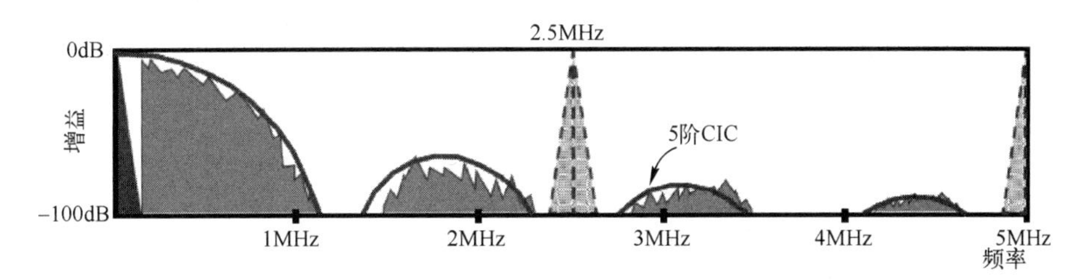

图 14.29　抽取因子为 4 的降采样处理的频谱图

再次注意到其他的空频段，实际上可以使用抽取因子为 8 的降采样器，如图 14.30 所示。

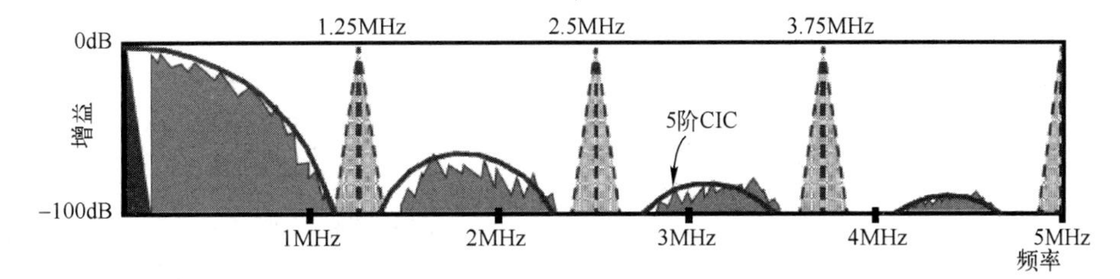

图 14.30　抽取因子为 8 的降采样处理

抽取因子为 8 的降采样处理的频谱图如图 14.31 所示。

图 14.31　抽取因子为 8 的降采样处理的频谱图

使用一个标准结构的低通滤波器执行最后一级的抽取操作，如图 14.32 所示。从图 14.32 中可知，5 阶 CIC 滤波器与包含 171 个权值系数的低通滤波器（采样率 f_S = 1.25MHz）用于对信号进行最后的处理，其总的计算量表示为

$$171\times1250000/5=42750000$$

很明显，计算量下降到原来的 2701 个权值系数的低通滤波器的 1/16。

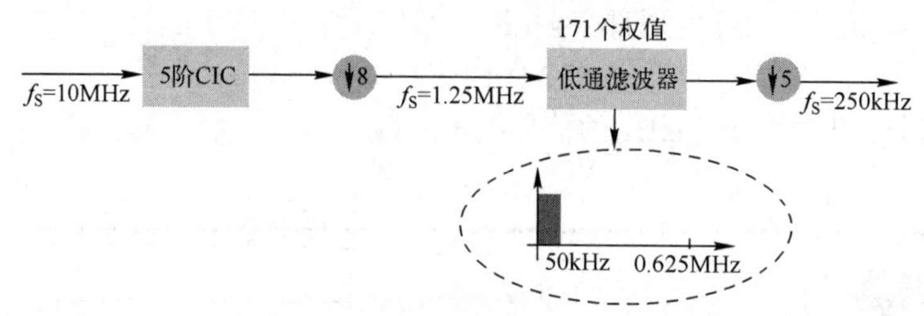

图 14.32　使用一个标准结构的低通滤波器执行最后一级的操作

14.4.4　CIC 滤波器的衰减及其修正

目前为止，一直忽略了 CIC 滤波器在低频段存在的衰减现象。仔细观察频谱图，发现衰减大约为 0.5dB，如图 14.33 所示。修正这种衰减的方法是在末级低通滤波器的通频带中加入提升，补偿衰减，如图 14.34 所示。

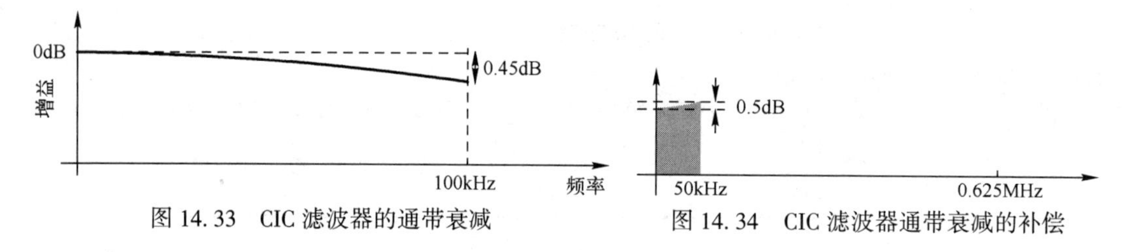

图 14.33　CIC 滤波器的通带衰减　　图 14.34　CIC 滤波器通带衰减的补偿

14.5　CIC 滤波器的实现方法

通过恒等变换，可以证明图 14.35 所示的两个系统等效。

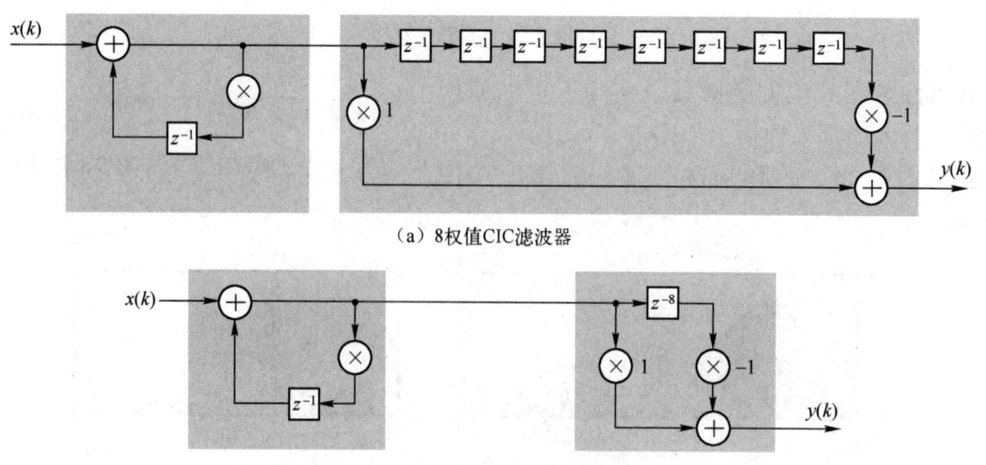

图 14.35　8 权值 CIC 滤波器的结构

注： 在图 14.35 中使用符号“z^{-1}”代表一个延迟，可以更紧凑地表示梳状滤波器。

考虑 3 阶级联 CIC 滤波器，在该 CIC 滤波器的末端有一个降采样器，如图 14.36 所示。

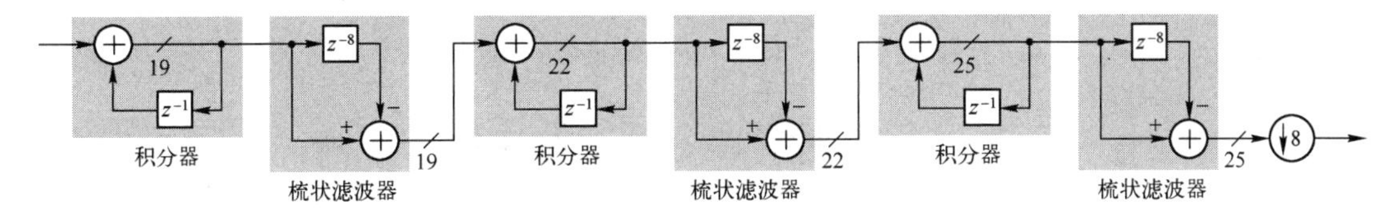

图 14.36　3 阶 CIC 滤波器

对上面的 3 阶 CIC 滤波器重新排序，如图 14.37 所示。从图 14.37 中可知，这种结构将积分器单独级联在一起，将梳状滤波器单独级联在一起，并且在末端采用降采样器。

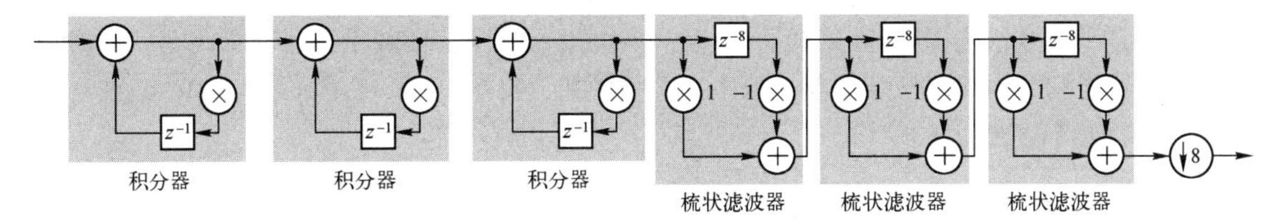

图 14.37　重排后的 3 阶 CIC 滤波器

基于图 14.38（a）给出的恒等变换，可以把降采样器移到梳状滤波器之前，如图 14.38 所示。因此，梳状滤波器现在工作在降采样频率上，因此可以用更少的寄存器来实现它，并且积分器工作在原来的采样频率上。

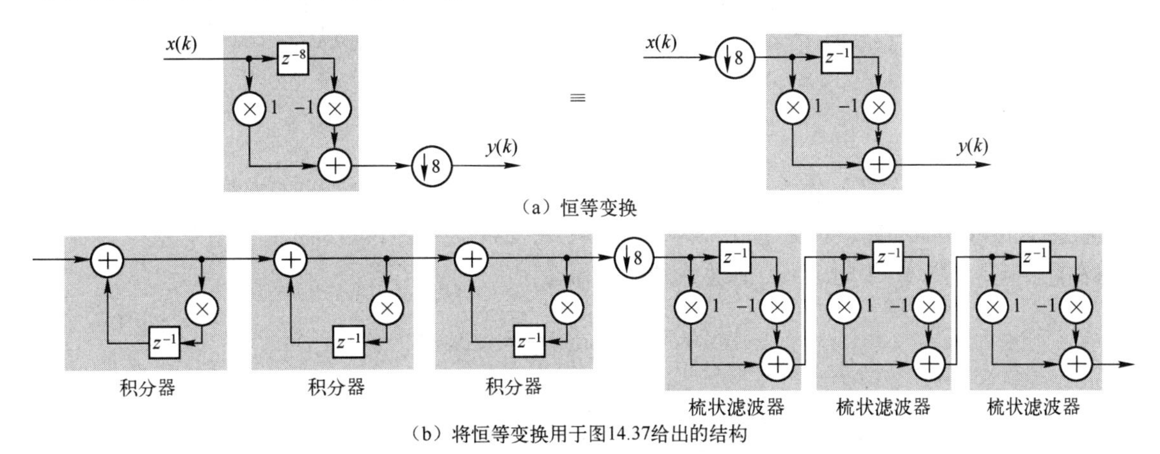

图 14.38　降采样器移到梳状滤波器之前

CIC 滤波器是一个包含 N 个积分器和 N 个梳状滤波单元的多数据率滤波器，其特点包括：①积分器运行在采样率 f_S 上；②梳状部分的采样率为 f_S/R；③无乘法操作；④只需要最小的存储量。

可以将该滤波器配置为抑制混叠抽取滤波器，或被配置为抑制镜像插值滤波器。抽取 CIC 滤波器的结构如图 14.39 所示；插值 CIC 滤波器的结构如图 14.40 所示。

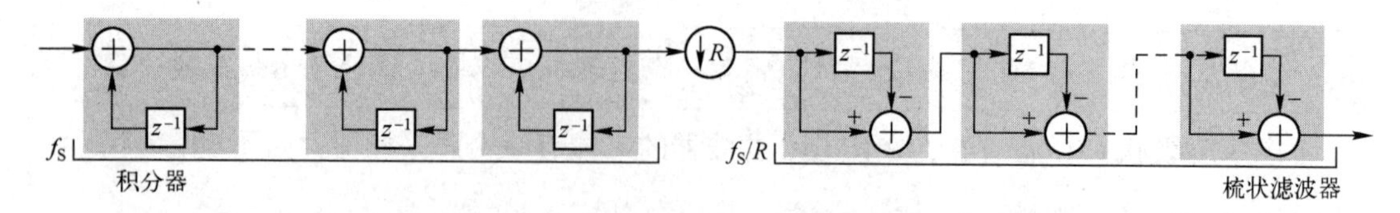

图 14.39　抽取 CIC 滤波器的结构

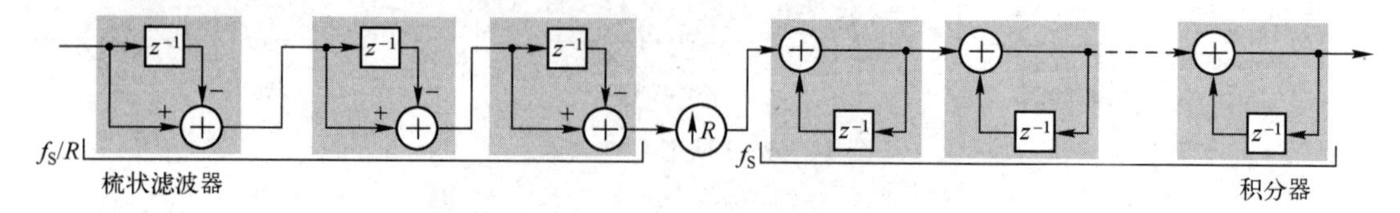

图 14.40　插值 CIC 滤波器的结构

CIC 滤波器使用了多速率系统中的恒等变换特性，如图 14.41（a）所示。通过这种等价关系，允许高效地选择升/降采样器的位置。这样，允许将升/降采样器装置放在积分器和梳状滤波器之间。因此，该结构与抽取率无关。例如，将图 14.39 给出的抽取 CIC 滤波器变换为图 14.41（b）给出的结构。

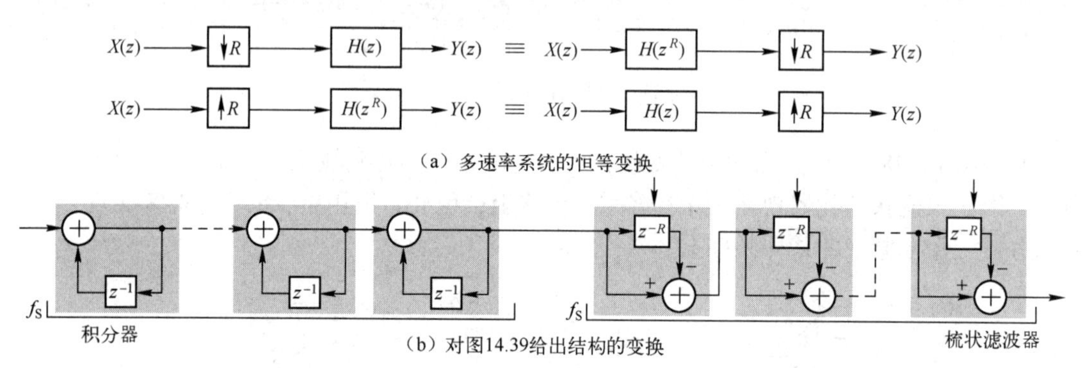

图 14.41　将多速率系统恒等变换用于图 14.39 给出的结构

前面介绍，从数学上来说，CIC 滤波器等效于 N 个 MA 滤波器的级联。很明显，尽管它包含递归的积分器部分，但是它仍然是一个 FIR 滤波器，如图 14.42 所示（图中没有给出采样率的变化）。当 $N=1$ 时，MA 滤波器的传递函数 $H_{\mathrm{MA}}(z)$ 表示为

$$H_{\mathrm{MA}}(z)=\frac{1}{R}\sum_{k=0}^{R-1} z^{-R}$$

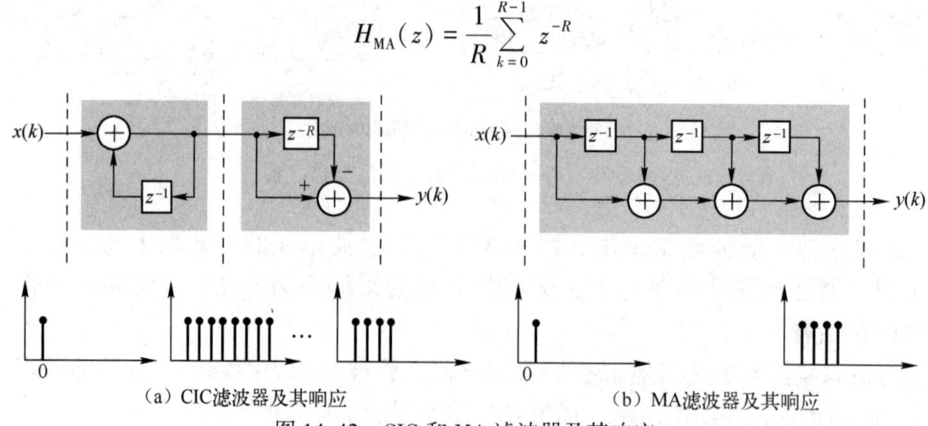

图 14.42　CIC 和 MA 滤波器及其响应

CIC 滤波器的传递函数 $H_{\mathrm{CIC}}(z)$ 表示为

$$H_{\mathrm{CIC}}(z)=\frac{1}{R}\left(\frac{1-z^{-R}}{1-z^{-1}}\right)$$

14.6　CIC 滤波器位宽的确定

本节将介绍 CIC 抽取滤波器和 CIC 插值滤波器位宽的确定方法。

14.6.1　CIC 抽取滤波器位宽的确定

CIC 抽取滤波器的增益为 $G=R^N$，其中：

（1）R 为抽取率；

（2）N 为 CIC 滤波器的个数。

当使用二进制补码表示时，假设输入位宽为 B_{IN}，滤波器的输出位宽为 B_{OUT}，则 B_{OUT} 和 B_{IN} 之间存在下面的关系：

$$B_{\mathrm{OUT}}=B_{\mathrm{IN}}+\lceil \log_2 G\rceil=B_{\mathrm{IN}}+\lceil N\log_2 R\rceil \tag{14.22}$$

注： 输出位宽 B_{OUT} 同时也是滤波器每一级需要的位宽。

根据 Hogenauer 提出的方法，如果 B_{OUT} 的值超过滤波器输出要求的位数，则可能需要舍弃前几级中的某些 LSB。

当信号通过抽取 CIC 滤波器时，如果允许满位增长，则每级的位宽必须被设置为 B_{OUT}。由于积分器具有一个无限的直流增益，所以输出的 MSB 也必须是滤波器积分器部分的 MSB。为了使得积分器通过 CIC 滤波器到输出存在一个传输路径，B_{OUT} 必须是梳状结构部分所要求的位宽。

对于更高阶滤波器和较大的抽取率而言，B_{OUT} 的位宽将是相当可观的。例如，对于一个 $N=5,R=32$，以及输入位宽 B_{IN} 为 16 的 CIC 滤波器，为了满位增长，每一个滤波器级需要满足下面的关系：

$$B_{\mathrm{OUT}}=B_{\mathrm{IN}}+\lceil \log_2 G\rceil=B_{\mathrm{IN}}+\lceil N\log_2 R\rceil=16+\lceil 5\log_2 32\rceil=46\mathrm{b} \tag{14.23}$$

如果滤波器输出所需的位宽小于 B_{OUT}，根据 Hogenauer 的舍入技术，将中间滤波器级的 LSB 截断，则可以节约大量的硬件资源。

通过舍入操作，由舍弃中间级的 LSB 所引入的量化误差并不比在滤波器输出级由截断/舍入所引入的误差大。

抽取因子为 16 的 3 级 CIC 滤波器的性能如图 14.43 所示。

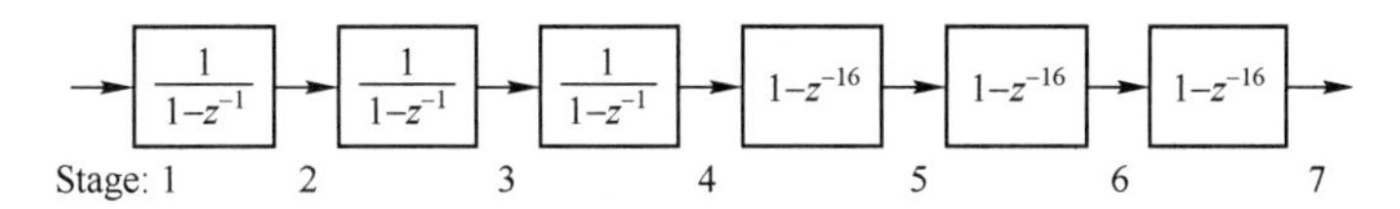

图 14.43　抽取因子为 16 的 3 级 CIC 滤波器的性能

如果希望 $B_{\mathrm{IN}}=B_{\mathrm{OUT}}=16$ 位，那么需要按表 14.3 截断每一级的带宽。

表 14.3　每一级舍弃的位

级　数	位　宽	丢　弃　位
1	27	1
2	24	4
3	21	7
4	20	8
5	19	9
6	18	10
7	16	12

把每一级舍弃的位看作滤波器输出端的噪声源，现在要确定在每一级被舍弃的位的数目。下面将介绍一些数学知识来帮助读者解决这个问题。

首先，知道在第 i 级截断所引入的噪声的概率分布是宽度为 $E_i=2^{B_i}$ 的均匀分布。其中，B_i 是第 i 级被舍弃的位数，该误差的方差表示为

$$\sigma_i^2=E_i^2/12$$

因为预先已经知道要求 16 位的输出，所以很容易确定第 7 级中误差的方差。这意味着将舍弃 12 位，则可以得出下面的关系：

$$\sigma_i^2=E_i^2/12=2^{2\times12}/12=1398101.33 \tag{14.24}$$

从第 i 级到滤波器输出，由噪声源引入的总的噪声方差 $\sigma_{T_i}^2$ 表示为

$$\sigma_{T_i}^2=\sigma_i^2F_i^2=\sigma_i^2\sum_{k=0}^{L}h_i^2(k)$$
$$L=\begin{cases}N(R-1)+i-1, & i=1,2,3\\2N+1-i, & i=4,5,6\end{cases} \tag{14.25}$$

其中，F_i^2 是从第 i 级到输出的噪声方差的增益；$h_i(k)$ 的值为第 i 级传递函数系数，表示为

$$h_i(k)=\begin{cases}\sum\limits_{d=0}^{\lfloor k/R\rfloor}(-1)^d\binom{N}{d}\binom{N-i+k-Rd}{k-Rd}, & i=1,2,3\\(-1)^k\binom{2N+1-i}{k}, & i=4,5,6\end{cases} \tag{14.26}$$

假设每个误差源导致的误差是相等的。前 $2N$（这里 $2N=6$）个误差源的方差将小于或等于在输出端的截断或舍入引入的误差方差。表示为

$$\sigma_{T_i}^2\leqslant\frac{1}{2N}\sigma_{T_{2N+1}}^2,\quad i=1,2,\cdots,2N \tag{14.27}$$

$$\because\ \sigma_{T_i}^2=\frac{1}{12}\times2^{2B_i}F_i^2$$

$$\therefore\ 2^{2B_i}F_i^2\leqslant\frac{6}{N}\sigma_{T_{2N+1}}^2$$

对式（14.27）两端取对数，则可表示如下：

$$B_i\leqslant-\log_2F_i+\log_2\sigma_{T_{2N+1}}+1+\frac{1}{2}\log2\left(\frac{6}{N}\right) \tag{14.28}$$

对式（14.28）取整得到：

$$B_i=\left[-\log_2 F_i+\log_2\sigma_{T_{2N+1}}+1+\frac{1}{2}\log 2\left(\frac{6}{N}\right)\right] \tag{14.29}$$

按照表 14.4，计算被舍弃的 LSB。

表 14.4　计算被舍弃的 LSB

Stage	F_i	$-\log_2(F_i)$	$\sigma^2_{T_{2N+1}}$	$\log_2\sigma_{T_{2N+1}}$	$\frac{1}{2}\log_2\left(\frac{6}{N}\right)$	B_i
1	760.095	-9.570	1398101.33	10.208	0.5	1
2	64.125	-6.003	1398101.33	10.208	0.5	4
3	9.798	-3.292	1398101.33	10.208	0.5	7
4	4.472	-2.161	1398101.33	10.208	0.5	8
5	2.449	-1.292	1398101.33	10.208	0.5	9
6	1.414	-0.500	1398101.33	10.208	0.5	10
7	1	0	1398101.33	10.208	0.5	12

14.6.2　CIC 插值滤波器位宽的确定

与 CIC 抽取滤波器不同的是，CIC 插值滤波器不要求所有的滤波器级具有相同的位宽。如果把梳状部分从 1 到 N 编号，而积分器部分从 $N+1$ 到 $2N$ 编号，那么在 i 级的 CIC 插值滤波器的增益表示为

$$G_i=\begin{cases}2i, & i=1,2,\cdots,N\\ \dfrac{2^{2N-i}R^{i-N}}{R}, & i=N+1,\cdots,2N\end{cases} \tag{14.30}$$

对于输入位宽 B_{IN}，为了保证满位增长，每个滤波器级所要求的位宽满足下式：

$$B_i=B_{IN}+\lfloor\log_2 G_i\rfloor \tag{14.31}$$

注： CIC 插值滤波器的输出是不能执行舍入操作的，这是由于积分器跟在梳状滤波器的后面。CIC 插值滤波器的梳状部分所引入的量化误差将引起滤波器的不稳定，显然这是由于该误差在积分器内累计的结果。

14.7　CIC 滤波器的锐化

在本节前面的部分中，当观察 CIC 滤波器的响应时，发现通频带 f_c 包括了一个与抽取率相关的衰减。通常，对于带有可编程抽取率的 CIC 滤波器而言，可以利用一个包含可编程系数的第 2 级滤波器来补偿通频带响应中的衰减。但是，可编程系数的滤波器导致了额外的硬件开销，很明显需要保存几组系数。

下面将介绍 CIC 滤波器的锐化，由于该滤波器没有可编程通频带衰减的校正环节，所以在某些情况下可降低多速率抽取器设计对硬件的要求。

14.7.1 SCIC 滤波器的特性

20 世纪 70 年代，由 Kaiser 和 Hamming 提出锐化级联积分梳状滤波器（Sharpened -CIC, SCIC）的理论。该理论以幅度变化函数为中心，将多项式 P 用于滤波器传递函数 $H(z)$ 中，在 $P[H(z)]=0$ 和 $P[H(z)]=1$ 处的点，其斜率为 0，滤波器的通带与阻带特性都得到改善。

这些多项式被称为幅度变化函数，本节所介绍的 SCIC 滤波器只使用了一个 3 次多项式来设计 SCIC 滤波器：

$$3H^2(z)-2H^3(z) \tag{14.32}$$

1. SCIC 滤波器的传递函数

SCIC 滤波器传递函数的推导过程为将最简单的 Kaiser 和 Hamming 幅度变化多项式应用到 CIC 滤波器的传递函数中：

$$H_{\text{CIC}}(z)=\left(\frac{1}{R}\left(\frac{1-z^{-R}}{1-z^{-1}}\right)\right)^N \tag{14.33}$$

$$H_{\text{SCIC}}(z)=3z^{-\frac{N}{2}(R-1)}H_{\text{CIC}}^2(z)-2H_{\text{CIC}}^3(z) \tag{14.34}$$

因此，式（14.34）可以用图 14.44 的信号流图来表示。

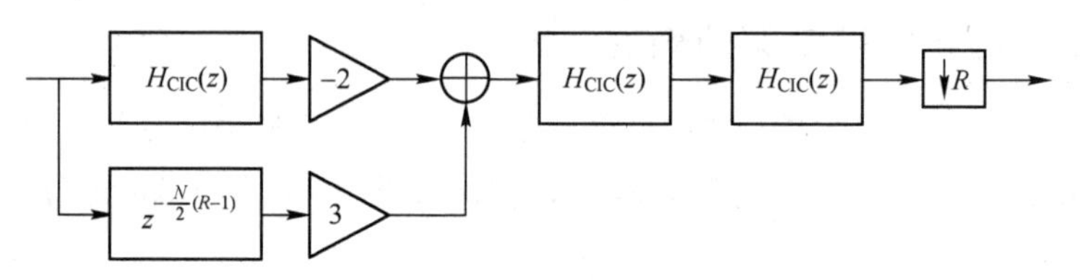

图 14.44 SCIC 滤波器的信号流图

下面给出一个具体的例子（$N=2$）来说明这个滤波器。$N=2$ 的 SCIC 滤波器的结构如图 14.45 所示。

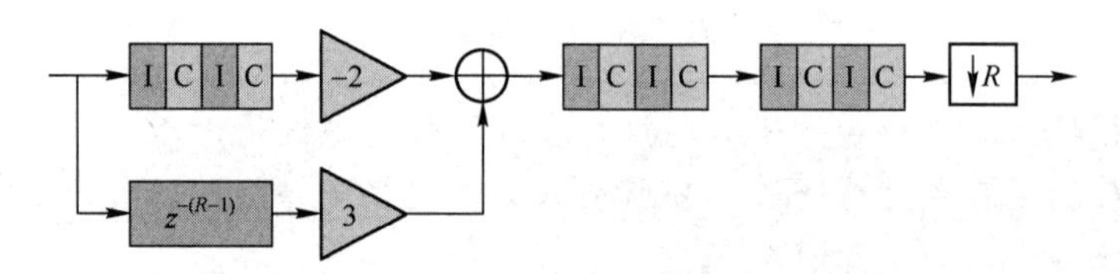

图 14.45 $N=2$ 的 SCIC 滤波器的结构

当使用 CIC 滤波器时，信号流图的分析表格并不表示硬件内部的具体实现。通过使用恒等式，使降采样器在积分器和梳状滤波器之间进行移动，这样就可以降低存储要求，将同样的结构应用于任意抽取率的应用中。

> **注：**在分析 SFG 时，要求延迟$\frac{N}{2}(R-1)$来处理第一个 CIC 滤波器的群延迟。

在降采样器之前，将在割集的所有分支上添加延迟，总延迟为 $NR/2$，如图 14.46 所示。当 $N=2$ 时，延迟为 R。使用第一个恒等式，就能将电路低分支上的 R 延迟移动到降采样器的另一侧，这样就能独立于 R。

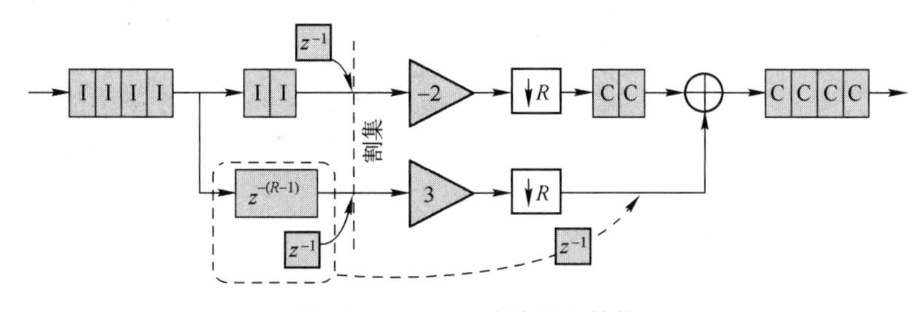

图 14.46　SCIC 滤波器的结构

应用割集重定时，得到最终通用的 SCIC 滤波器的结构，如图 14.47 所示。

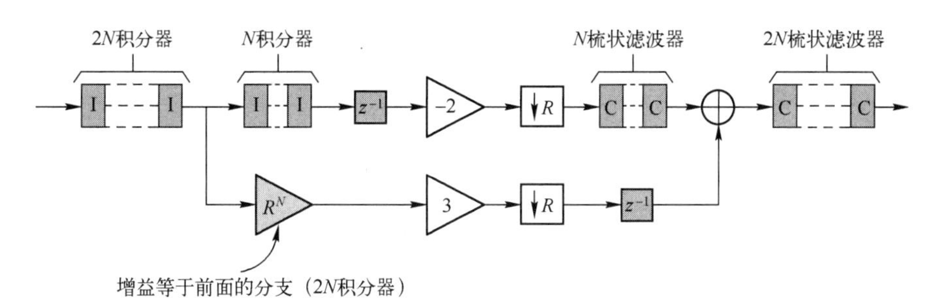

图 14.47　最终通用的 SCIC 滤波器的结构

当 N 是奇数时，对于 R 取值的所有情况，延迟 $\frac{N}{2}(R-1)$ 不是整数。这种情况下，不可能利用第一恒等变换使得群延迟的均衡与 R 无关。因此，SCIC 滤波器仅使用于 N 为偶数的情况。

图 14.47 给出的 SCIC 滤波器的通用结构如图 14.48 所示。

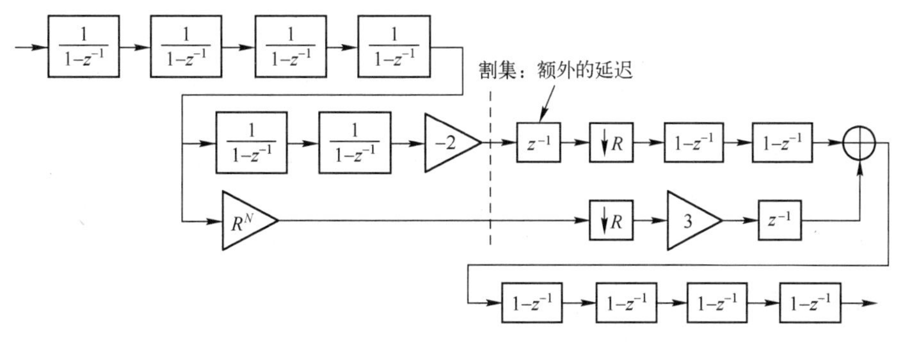

图 14.48　图 14.47 给出的 SCIC 滤波器的通用结构

2. SCIC 滤波器的通频带

针对 $R=16,N=4$ 的 CIC 滤波器和 $R=16,N=2$ 的 SCIC 滤波器，对其通频带 f_c 的值进行比较，如图 14.49 所示。具体的数据如表 14.5 所示。

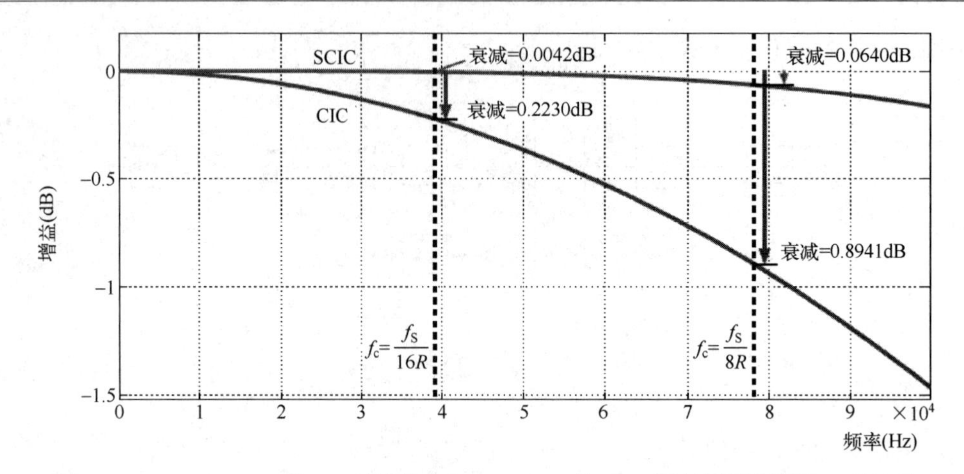

图 14.49 $R=16, N=4$ 的 CIC 滤波器和 $R=16, N=2$ 的 SCIC 滤波器的通频带 f_c 的比较

表 14.5 CIC 滤波器和 SCIC 滤波器的比较

滤 波 器	通带衰减/dB		混叠抑制/dB	
	$f_c=\frac{1}{8R}$	$f_c=\frac{1}{16R}$	$f_c=\frac{1}{8R}$	$f_c=\frac{1}{16R}$
CIC	0.8941	0.2230	68.3	94.1
SCIC	0.0640	0.0042	58.9	84.6

SCIC 滤波器的通频带足够平坦，因此不再需要某些应用中的可编程滤波器。然而，与 CIC 滤波器相比，SCIC 滤波器需要多两个积分器和两个梳状滤波器。因此，使用 SCIC 滤波器时需要根据处理链中所节省的硬件资源的情况来判断。

SCIC 滤波器比 CIC 滤波器需要更多的资源。与 N 阶的积分器和梳状滤波器比较，SCIC 滤波器需要 $3N$ 个积分器和梳状滤波器，两个常系数增益、延迟和一个额外的加法器。

> **注：** 不能把 SCIC 滤波器简单地看作 CIC 滤波器的替代，用于补偿通带内的衰减。SCIC 滤波器的使用有一些限制，如 N 必须是偶数。对于奇数而言，并不适合。

对于 SCIC 滤波器，当 $N>2$ 且 SCIC 滤波器开始出现通带衰落时，仍然要求使用可编程的修正。

最后需要注意的是，在一个完全的抽取滤波器中，只有在滤波器的最后一级，通带的平坦程度才变得重要。对于抽取率固定的系统而言，情况的确是这样的，而对于一些抽取率可编程的系统而言，通过使用一个带有固定系数的第二级滤波，SCIC 滤波器才可能实现硬件资源的节约。

14.7.2 ISOP 滤波器的特性

二阶插值多项式（Interpolated Second Order Polynomial，ISOP）滤波器是一个只有一个可编程系数的简单的补偿滤波器。

1. ISOP 滤波器的传递函数

ISOP 滤波器可被用来补偿可编程抽取系统中任意的滤波器阶数的 CIC 滤波器的衰减，其结构如图 14.50 所示。

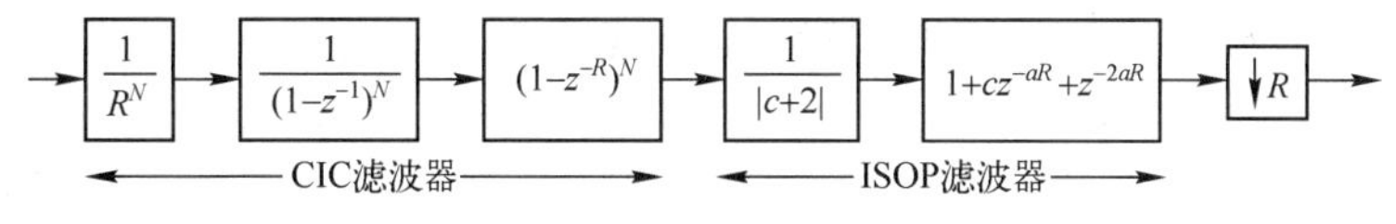

图 14.50　ISOP 滤波器的结构

通过第一个恒等变形，可以得到 ISOP 的另一种结构，如图 14.51 所示。

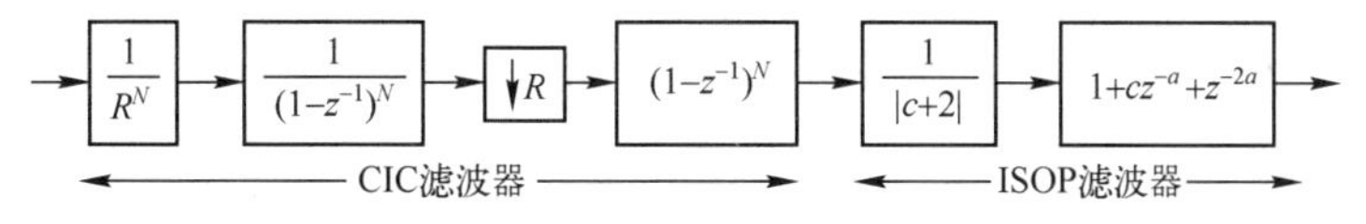

图 14.51　ISOP 滤波器的另一种结构

当 $c<-2$ 并且 CIC 滤波器的采样频率为 f_S 时，在 $0\sim f_S/2$ 范围内，多项式：

$$B(z)=(1+cz^{-1}+z^{-2})/|c+2|$$

的频率响应是单调递增的。$|c+2|$ 项将增益修正到 0dB。

前面已经知道，CIC 滤波器的频率响应在 $0\sim f_c$（f_c 是多速率滤波器通频带的截止频率）之间是单调递减的，该多速率滤波器的第一级是 CIC 滤波器。为了补偿 CIC 滤波器中的通频带衰落，需要一个频率响应在 $0\sim f_c$ 范围内单调递增的滤波器，可以使用 $B(z)$ 的插值（不要与插值滤波器混淆）来达到此目的。通过将 $B(z)$ 的冲激响应展开，可以压缩单调递增的那部分频带，使其刚好与通带 $0\sim f_c$ 重合，ISOP 的实现结构如图 14.52 所示。

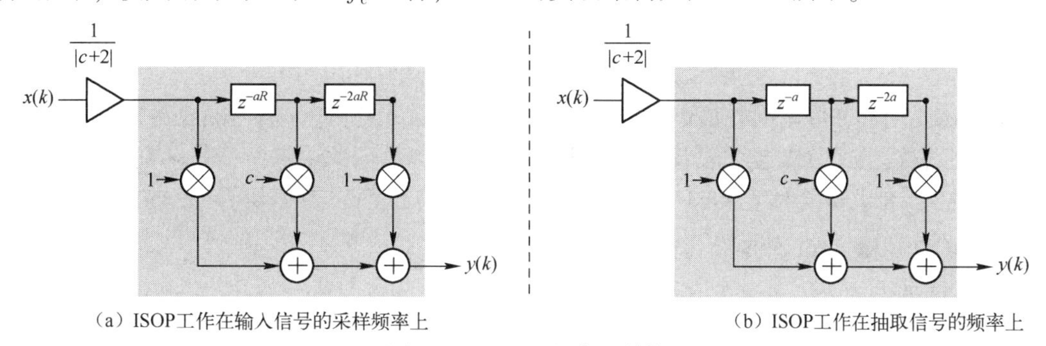

图 14.52　ISOP 的实现结构

2. ISOP 滤波器的频率响应

二阶多项式 $B(z)$ 和插值二阶多项式（ISOP）$P(z)$ 的冲激响应如图 14.53 所示，其中 $a=1, f_c=1/(8R), R=8, c=-7.47$。

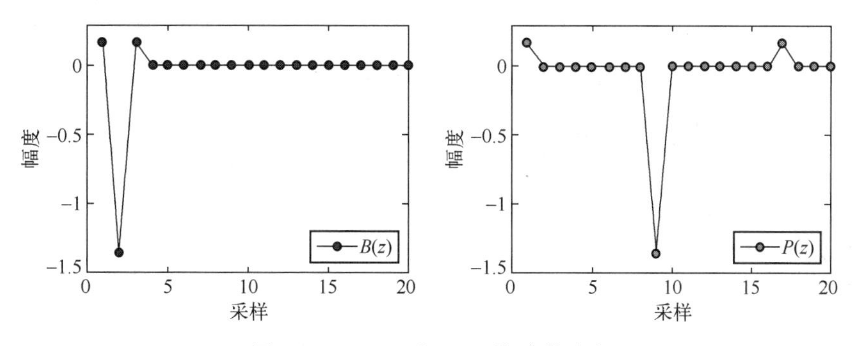

图 14.53　$B(z)$ 和 $P(z)$ 的冲激响应

与原来的多项式响应比较，ISOP 滤波器的响应被压缩并重复，如图 14.54 所示。

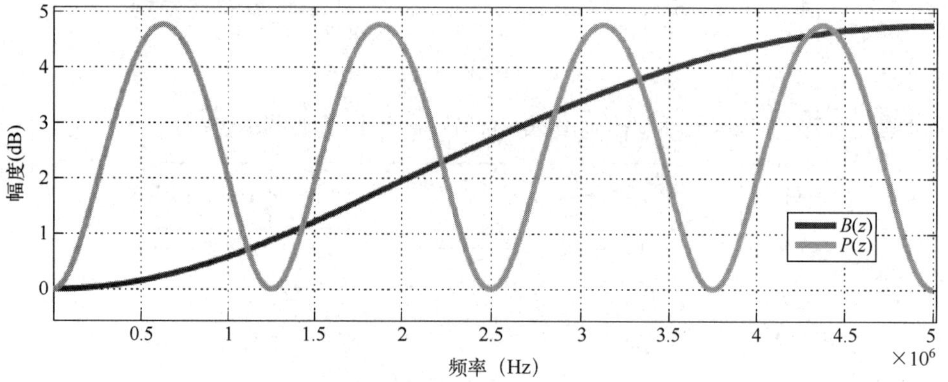

图 14.54　$B(z)$和$P(z)$多项式的频谱特性

$B(z)$的插值（ISOP）形式为$P(z)=(1+cz^{-aR}+z^{-2aR})/|c+2|$。前面提到，ISOP 的频率响应在 CIC 滤波器的通带中是单调递增的。一个重要的事实是，$P(z)$的最小值出现在$1/aR$的整数倍上，刚好与 CIC 相应的零点重合，这使得 ISOP 滤波器对 CIC 滤波器的混叠抑制特性的影响达到了最小。

通过关系式$1\leqslant a\leqslant\dfrac{1}{2Rf_c}$计算延迟系数$a$。其中，$f_c$表示通频带截止频率，它是输入采样率的分数值。

对于满足上面取值范围的每个整数值a，可求得系数c的值。这对（a,c）就是要寻找的滤波器值，它提供了最接近所希望的平坦通带。在前面和后面的讲解中，频率响应所对应的c值通过 MATLAB 求得。对于$N=4,R=8,f_c=1/(8R)$和$a=1$而言，c的值为-7.4700291402367。

3. ISOP 补偿 CIC 滤波器

ISOP 滤波器与 CIC 滤波器的频率响应如图 14.55 所示。

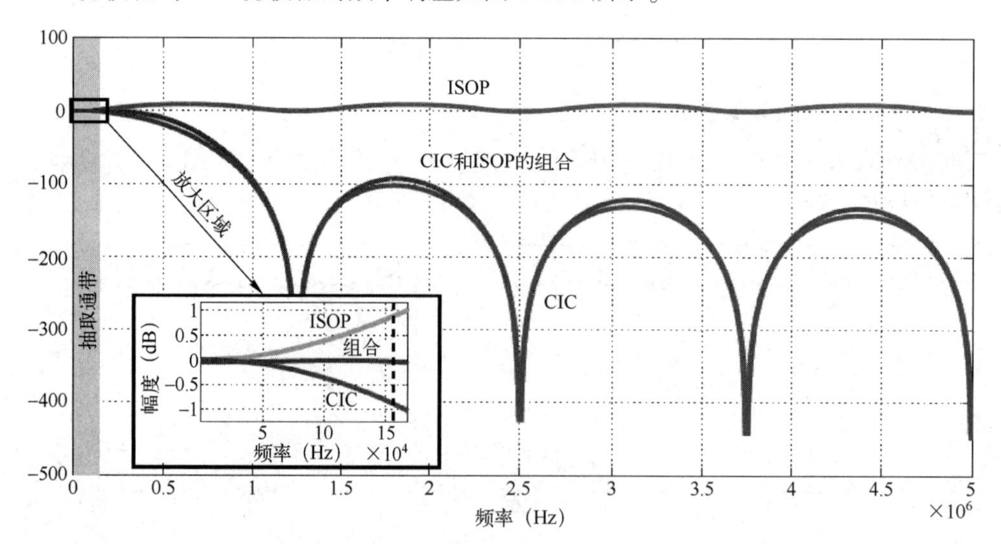

图 14.55　ISOP 滤波器与 CIC 滤波器的频率响应

使用 ISOP 滤波器的主要硬件成本是可编程乘法器和系数存储量，该可编程乘法器的规格取决于 CIC 滤波器的输出位宽与系数 c 的位宽。尽管这里给出的 CIC 通带衰落解决方法比 $N=2$ 的 SCIC 滤波器略微大一些，但在其他场合，它提供了更大的灵活性。如前所述，SCIC 滤波器受限于 N 是偶数并且随着滤波器阶数的增大，SCIC 对硬件的需求比 CIC 滤波器对硬件的需求增加更快。因此，如果 CIC 滤波器阶数是可编程的（如 $N=3,4,5$），ISOP 滤波器所要求的硬件规模大体上是与 CIC 滤波器相同的。因为在每一种情况下，ISOP 滤波器比 SCIC 滤波器具有更好的硬件伸缩性能。

14.8　CIC 滤波器的递归和非递归结构

介绍 CIC 滤波器的传递函数时，注意到其等价于 N 个滑动平均滤波器的级联。CIC 滤波器与基于滑动平均滤波器算法之间的区别主要在于 CIC 滤波器结构的递归性特点。

尽管在数学上是等价的，但是当分别研究它们电路的速度、功耗、所消耗的逻辑资源和抽取率的可编程性时，每种结构又都具有各自的优缺点。

本节将介绍一种具有低功耗特性，并能够将非递归级分离的技术。此外，还将介绍另一种实现 SCIC 滤波器的非递归方法。

级分离是一种对滤波器传递函数做因式分解的技术，通过使用恒等变换，使得大部分的信号处理能够以比输入采样更低的采样率来执行处理。

考虑下面的例子，由于：

$$H(z)=\left(\frac{1-z^{-R}}{1-z^{-1}}\right)^N=\left(\sum_{k=0}^{R-1}z^{-k}\right)^N \tag{14.35}$$

对一个非素数值的抽取率 R，可以将滤波器分成 d 个滤波器的级联，其中 d 为素数，并且是 R 的因子。如果 R 为 2 的幂次方，则 $R=2^d$，得到下面的关系式：

$$H(z)=\left(\sum_{k=0}^{2^d-1}z^{-k}\right)^N=\prod_{i=0}^{R-1}(z^{-2^i})^N \tag{14.36}$$

对于 $d=3$ 的情况，有 $R=2^3=8$，$H(z)$可被扩展为

$$\begin{aligned}H(z)&=(1+z^{-1}+z^{-2}+z^{-3}+z^{-4}+z^{-5}+z^{-6}+z^{-7})^N\\&=(1+z^{-1})^N(1+z^{-2})^N(1+z^{-4})^N\end{aligned} \tag{14.37}$$

因此，不需要在降采样之前执行所有的滤波操作，如图 14.56 所示，取而代之的是使用恒等变换将传递函数因式中的延迟量分成很多级，它们中的大多数运行在低于输入率的频率上，这样就潜在地降低了电路的功耗。该结构也是一个级数分离、非递归的 $R=8$ 的滑动平均滤波器 3 级级联的实现。

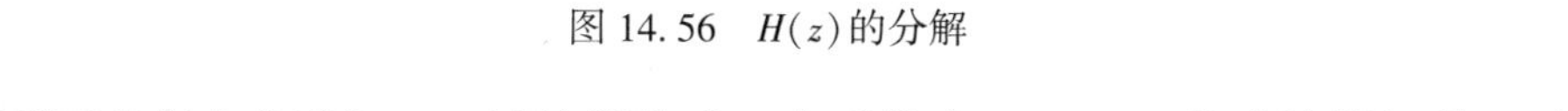

$H(z)$ → ↓8 → ≡ → $(1-z^{-1})^N$ → ↓2 → $(1-z^{-1})^N$ → ↓2 → $(1-z^{-1})^N$ → ↓2 →

图 14.56　$H(z)$的分解

不再需要将每个非递归 FIR 滤波器分成 4 个系数为（1，1）的滤波器级联，而是将每个滤波器在硬件上实现为一个全并行的、多相的、转置形式的系数为（1，4，6，4，1）的 FIR 滤波器，如图 14.57 所示。结构中的每个$(1+z^{-1})^N$（$N=4$）表示为

$$(1+z^{-1})^N=1+4z^{-1}+6z^{-2}+4z^{-3}+1z^{-4}$$

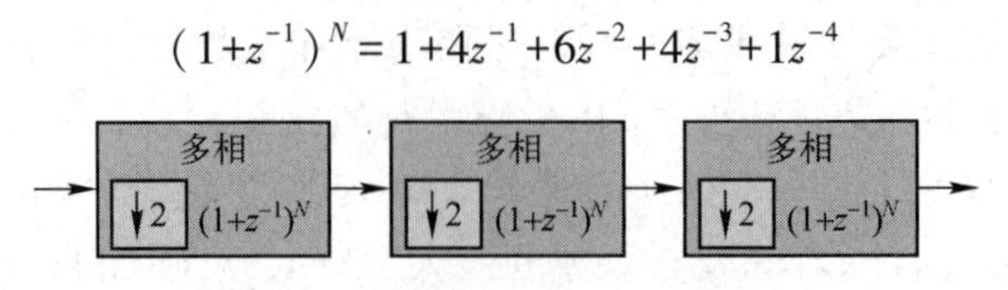

图 14.57　多相滤波器的实现

在该结构中，系数可以通过移位/移位相加的操作实现，无须使用通用的乘法器，该多相滤波器的实现结构如图 14.58 所示。

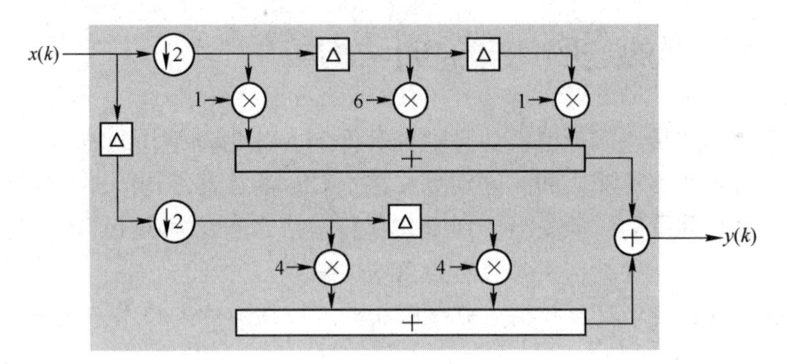

图 14.58　多相滤波器的实现结构

最初使用 CIC 滤波器的原因是因为其实现成本低。如图 14.59 所示，给出了 CIC 滤波器和分级 FIR 滤波器级联时所消耗资源的比较。

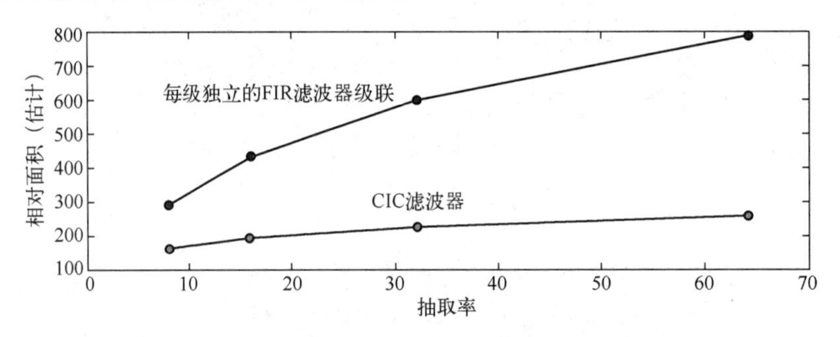

图 14.59　CIC 滤波器和分级 FIR 滤波器级联时所消耗资源的比较

可通过使用一些简单的公式，估算 CIC 滤波器/滑动平均滤波器的最大速率、面积和功耗。

假设设计采用全流水线结构，则滤波器的关键路径将在概率［(单个最长加法操作)/(该部分的抽取率)］最高的滤波器组成部分中。因此，最高的电路速度 F_{MAX} 可以表示为

$$F_{\mathrm{MAX}}=1/\left(\max_{i\varepsilon\{1,\cdots,v\}}\left(\frac{\log_2 B_i}{D_i}\right)\right) \tag{14.38}$$

这里 v 是滤波器级的个数，B_i是第 i 级的输出位宽，D_i是第 i 级的抽取率。对于 $N=4,R=8$ 的 CIC 滤波器而言，$v=8$，表示这 8 级中前 4 个以输入采样的速率运行，而后 4 个以输入采样/8 的速率运行。CIC 滤波器满位增长的要求意味着每一级的 B_i都是相同的。

对于 $N=4$ 的级分离 MA 滤波器而言，有 $v=3$ 个滤波器级。每级位增长是 $\log_2(1+4+6+4+1)=4$ 位。第一级的工作频率为输入速率/2，因为使用多相分解技术，第二级的工作频率

为输入速率/4，第三级的工作频率为输入速率/8 等。

所消耗的硬件面积表示为

$$A = \sum_{i=1}^{v} B_i W_i \tag{14.39}$$

其中，W_i为滤波器中加法操作的次数。在很大程度上，加法操作的次数表示了该滤波器面积消耗的程度，但是这里它仅仅作为一个相对估计。其他因素也会影响这个值，如实现平台和在设计中使用流水线的程度。对使用 ASIC 的实现而言，增加流水也潜在地增加了面积的消耗；但对 FPGA 实现而言，其影响程度要小。因为那些已经存在于 FPGA 逻辑中的寄存器并不需要增加额外的成本。

假设一个分割时钟结构（ASIC 设计中很常见，但很少应用在 FPGA 设计中，一般推荐采用带有时钟使能的同步设计），其功耗表示为

$$P = \sum_{i=1}^{v} (B_i W_i)/D_i \tag{14.40}$$

CIC 滤波器与分级级联 FIR 滤波器在速率和功耗方面的比较，如图 14.60 所示。

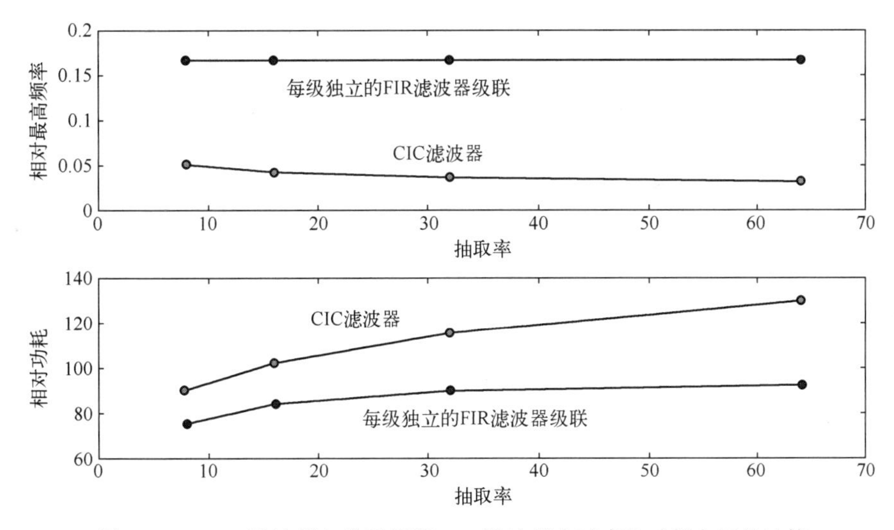

图 14.60　CIC 滤波器与分级级联 FIR 滤波器在速率和功耗方面的比较

通过观察前面例子中的位增长和电路速率，就可以理解 CIC 滤波器与分级级联 FIR 滤波器在功耗和最大速率上的区别。如图 14.61 所示，在非递归结构中，当位宽增加时，所要求的处理能力的增加被每一级采样率的降低所平衡。CIC 滤波器的功耗主要由 4 个积分器决定。类似地，CIC 滤波器的最高运行速率也受限于积分器级中加法器的字长。

下面讨论非递归 SCIC 滤波器的结构。

对于 CIC 滤波器，可以通过滤波器传递函数的级分离来产生一个数学上等价的、非递归的滤波器。以增加硬件的面积消耗为代价，非递归结构获得了更高的最大电路速率和更低的功率消耗，从数学角度而言，将 SCIC 滤波器以这种方式进行级分离是不可能的。然而，有可能可以获得一个非递归的 SCIC 的另一种结构，如图 14.62 所示，方法是将简单的半带滤波器级联，每个半带滤波器按两个采样率对输入信号进行抽取。

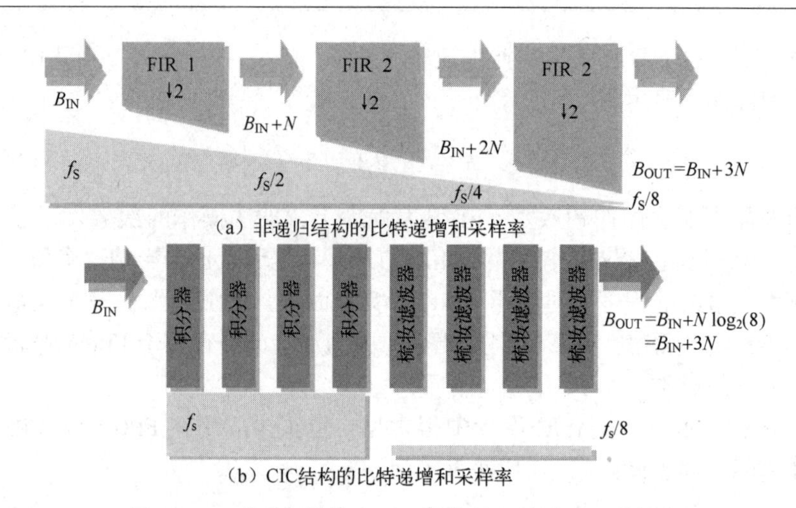

图 14.61　非递归结构和 CIC 结构的比特递增和采样率

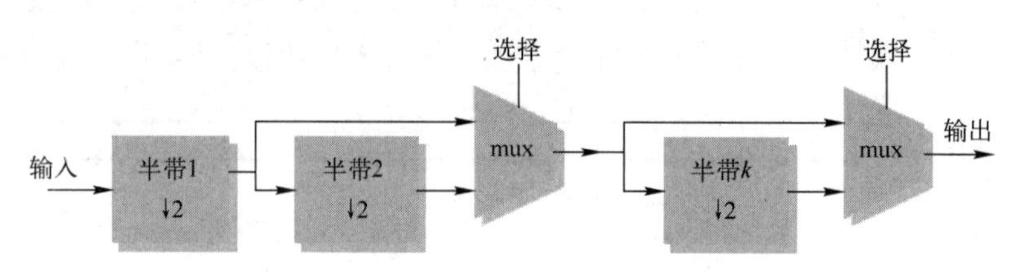

图 14.62　SCIC 的另一种结构

当抽取率为 2 的幂次方时，通过选择或不选择每个半带滤波器，该滤波器便具有了可编程性。

当 SCIC 滤波器的抽取因子为 2 时，其在数学上等价的转置滤波器是系数为（-1,0,9,16,9,0,-1）的半带滤波器，左移了 1 个位置（增益为 2）。

与 CIC 滤波器等价的非递归结构不同的是，级联半带滤波器并不能产生一个抽取因子为 4、在数学上与 SCIC 滤波器等价的滤波器。然而，从其所具有的功能来看，当可编程抽取率为 2 的幂次方时，按 2 及其以上的因子抽取时，在最坏的情况下的混叠抑制是相同的。因此，在某些情况下可以将这些半带滤波器的级联看作 SCIC 滤波器另一个不错的选择。

对 2 的幂次方抽取率、抽取因子是 2 及其以上时的可编程性可以通过多路器选择或不选择半带滤波器来获得，可获得的最大抽取率为 2^k。

14.9　CIC 滤波器的实现

本节将通过使用 System Generator 实现单级和多级 CIC 滤波器的结构设计，并对结果进行分析。

14.9.1　单级定点 CIC 滤波器的设计

本节将设计单级定点 CIC 滤波器。设计单级定点 CIC 滤波器的步骤主要包括：

（1）在 Windows 7 主界面下，选择开始->所有程序->Xilinx Design Tools->Vivado 2017.2->System Generator->System Generator 2017.2，打开 MATLAB R2016b 开发环境。

（2）在 MATLAB 主界面的“Home”界面下，单击“Simulink Library”按钮，出现“Simulink Library Browser”对话框。

（3）在“Simulink Library Browser”对话框的主菜单下，选择 File->New->Model，出现一个空白的设计界面。

（4）在“Simulink Library Browser”对话框的“Libraries”窗口下找到“Xilinx Blockset”选项并展开。在展开项中，找到并双击“Basic Element”选项。在右侧窗口中，找到名字为“Gateway In”、“Gateway Out”、“Delay”、“Register”和“System Generator”的元件符号，并将它们分别拖入图 14.63 所示的设计界面中。

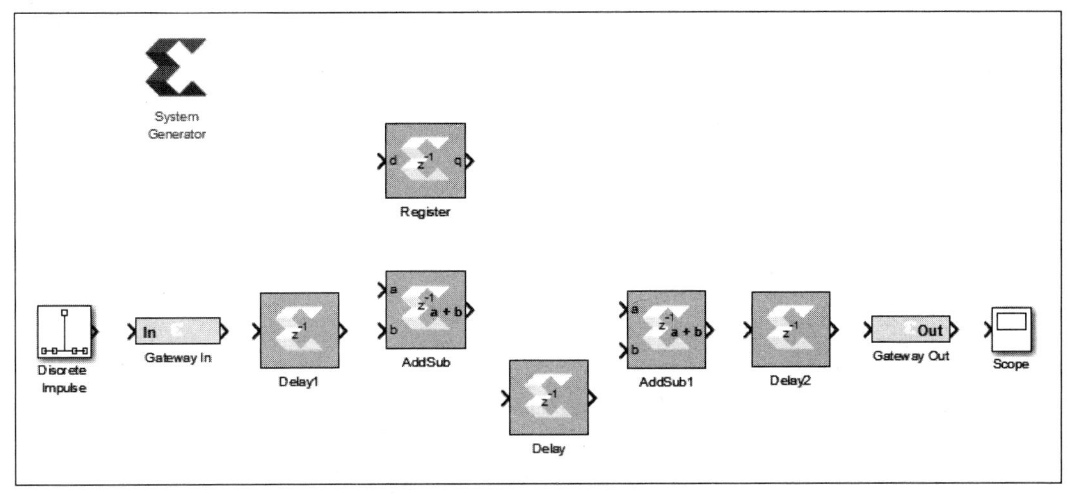

图 14.63　放置元件后的界面

（5）在“Simulink Library Browser”对话框的“Libraries”窗口下找到并展开“Xilinx Blockset”选项。在展开项中，找到并双击“Math”选项。在右侧窗口中，找到名字为“AddSub”的元件符号，将其拖入图 14.63 所示的设计界面中。

（6）在“Simulink Library Browser”对话框的“Libraries”窗口下找到并展开“DSP System Toolbox”选项。在展开项中，找到并双击“Sources”选项。在右侧窗口中，找到名字为“Discrete Impulse”的元件符号，将其拖入图 14.63 所示的设计界面中。

（7）在“Simulink Library Browser”对话框的“Libraries”窗口下找到并展开“Simulink”选项。在展开项中，找到并双击“Sinks”选项。在右侧窗口中，找到名字为“Scope”的元件符号，将其拖入图 14.63 所示的设计界面中。

（8）选中图 14.63 中名字为“Register”的元件符号，单击鼠标右键，出现浮动菜单。在浮动菜单内，选择 Rotate & Flip->Flip Block，旋转该元件，便于后面将元件连接在一起。

（9）将设计界面中的元件连接在一起，完成连接后的设计界面如图 14.64 所示。

（10）双击图 14.64 中名字为“System Generator”的元件符号，打开其参数配置界面。在该界面下，单击“Clocking”标签。在该标签页下，将“Simulink system period(sec)”设置为“1/100e+6”。

（11）双击图 14.64 中名字为“Discrete Impluse”的元件符号，打开其参数配置界面。在该界面下，按如下参数设置。

① Delay（sample）：8。

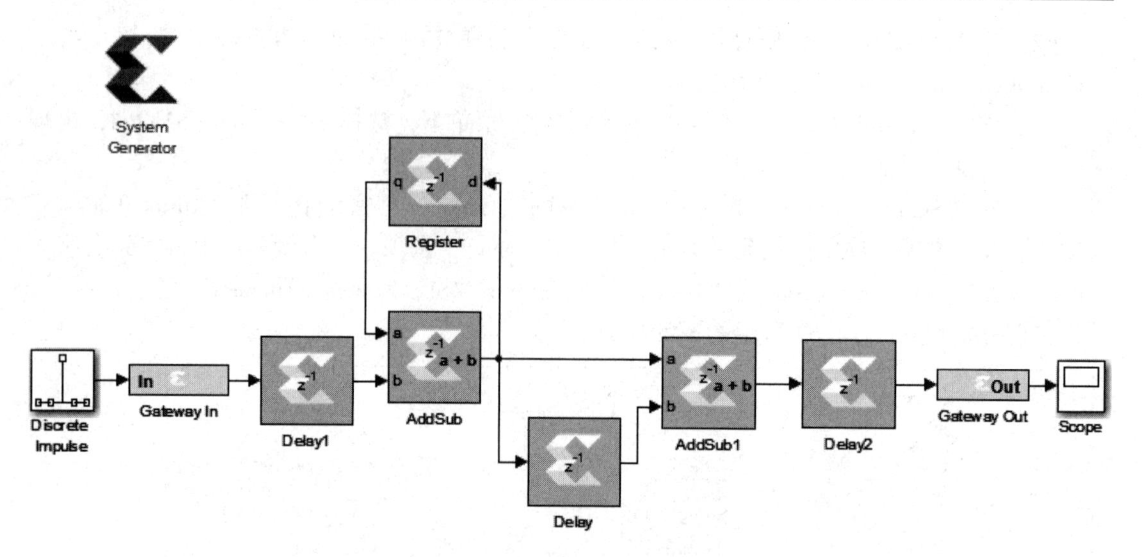

图 14.64　完成连接后的设计界面

② Sample time：1/100e6。

③ Samples per frame：1。

④ 其余按默认参数配置。

(12) 单击“OK”按钮，退出参数配置界面。

(13) 双击图 14.64 中名字为“Gateway In”的元件符号，打开其参数配置界面。在该界面下，单击“Basic”标签。在该标签页下，按如下参数配置。

① Output Type：Fixed-point。

② Arithmetic type：Signed (2's comp)。

③ Number of bits：16。

④ Binary point：0。

⑤ Quantization：Round。

⑥ Overflow：Flag as error。

⑦ Sample period：1/100e+6。

⑧ 其余按默认参数设置。

(14) 单击“OK”按钮，退出 Gateway In 元件的参数配置界面。

(15) 双击图 14.64 中名字为“AddSub”的元件符号，打开其参数配置界面。

• 单击“Basic”标签，在该标签页下，按如下参数配置。

① Operation：Addition。

② Latency：0。

• 单击“Ouput”标签，在标签页下，按如下参数配置。

① Precision：User defined。

② Arithmetic type：Signed。

③ Number of bits：19。

④ Binary point：0。

⑤ Quantization：Truncate。

⑥ Overflow：Wrap。

- 单击“Implementation”标签，在该标签页中，选中“Use behavioral HDL”前面的复选框。

（16）单击“OK”按钮，退出 AddSub 元件的参数配置界面。

（17）双击图 14.64 中名字为“Delay”的元件符号，打开其参数配置界面，将“Latency”设置为 8。

（18）单击“OK”按钮，退出 Delay 元件的参数配置界面。

（19）双击图 14.64 中名字为“AddSub1”的元件符号，打开其参数配置界面。

- 单击“Basic”标签，在该标签页下，按如下参数配置。

① Operation：Subtraction。

② Latency：0。

- 单击“Ouput”标签，在该标签页下，按如下参数配置。

① Precision：User defined。

② Arithmetic type：Signed。

③ Number of bits：19。

④ Binary point：0。

⑤ Quantization：Truncate。

⑥ Overflow：Wrap。

- 单击“Implementation”标签，在该标签页下，选中“Use behavioral HDL”前面的复选框。

（20）单击“OK”按钮，退出 AddSub1 元件的参数配置界面。

（21）在设计界面中，单击鼠标右键，出现浮动菜单。在浮动菜单内，选择 Other Displays->Signals & Ports->Port Data Types，在元件上显示数据类型。完成设计后的界面如图 14.65 所示。

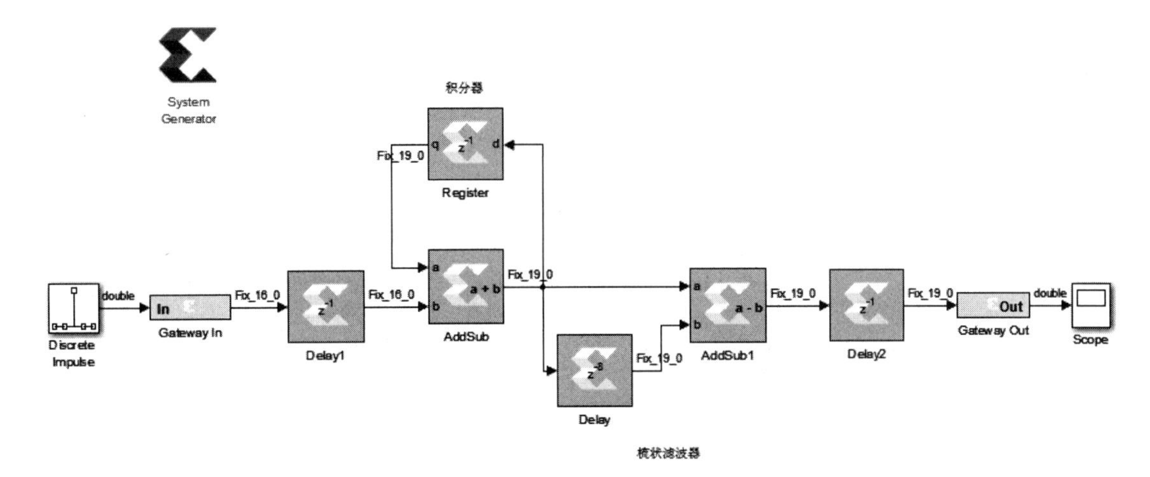

图 14.65　完成设计后的界面

（22）在设计界面的工具栏中输入“128/100e6”，用于控制仿真运行时间，如图 14.66 所示。

图 14.66 运行控制界面

（23）单击图 14.66 内的按钮，运行设计。

注： 读者可以定位到本书提供资料的\fpga_dsp_example\cic_fir\路径，打开名字为“cic.slx”的设计文件。

思考与练习 14-1： 运行工程，并通过示波器观察输入波形和输出波形。

思考与练习 14-2： 在单级定点 CIC 滤波器实验中，通过改变参数观察输出信号波形，分析输出信号的宽度由什么参数决定，并改变该参数观察设想是否正确。

14.9.2 滑动平均滤波器的设计

本节将设计滑动平均滤波器。设计滑动平均滤波器的步骤主要包括：

（1）在 Windows 7 主界面下，选择开始->所有程序->Xilinx Design Tools->Vivado 2017.2->System Generator->System Generator 2017.2，打开 MATLAB R2016b 开发环境。

（2）在 MATLAB 主界面的“Home”界面下，单击“Simulink Library”按钮，出现“Simulink Library Browser”对话框。

（3）在“Simulink Library Browser”对话框的主菜单下，选择 File->New->Model，出现一个空白的设计界面。

（4）在“Simulink Library Browser”对话框的“Libraries”窗口下找到并展开“Xilinx Blockset”选项。在展开项中，找到并双击“Basic Element”选项。在右侧窗口中，找到名字为“Delay”的元件符号，将其拖到图 14.67 所示的设计界面中。

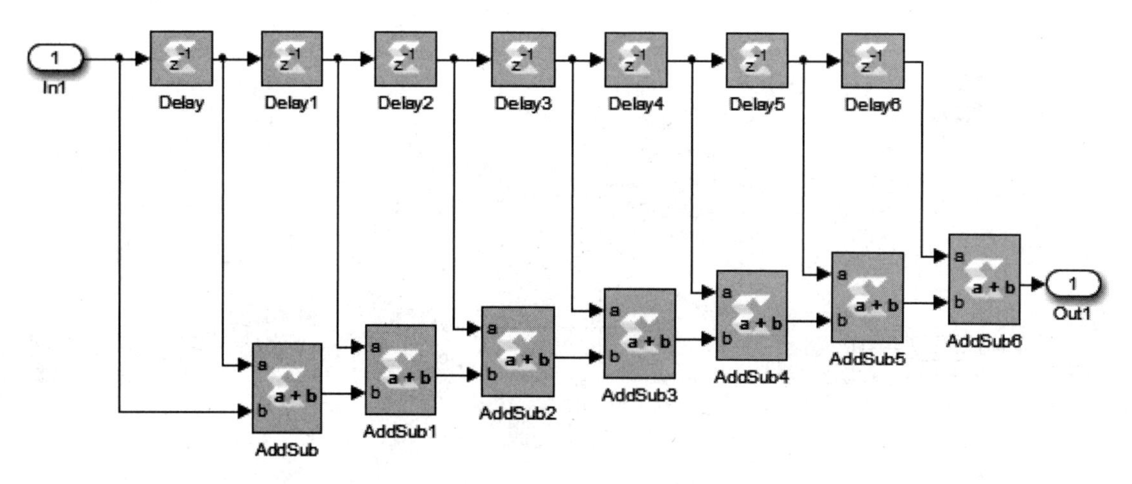

图 14.67 子系统设计界面

（5）在“Simulink Library Browser”对话框的“Libraries”窗口下找到并展开“Xilinx Blockset”选项。在展开项中，找到并双击“Math”选项。在右侧窗口中，找到名字为“AddSub”的元件符号，将其拖到图 14.67 所示的设计界面中。

（6）在“Simulink Library Browser”对话框的“Libraries”窗口下找到并展开“Simulink”选项。在展开项中，找到并双击“Commonly Used Blocks”选项。在右侧窗口中，找到名字为“In1”和“Out1”的元件符号，将其拖入图 14.67 所示的设计界面中。

（7）将设计界面内的元件连接在一起，如图 14.67 所示。

（8）双击图 14.67 中名字为“AddSub”的元件符号，打开其参数配置界面。

● 在“Basic”标签页下，按如下参数配置。

① Operation：Addition。

② Latency：0。

● 在“Ouput”标签页下，按如下参数配置。

① Precision：User defined。

② Arithmetic type：Signed。

③ Number of bits：17。

④ Binary point：0。

⑤ Quantization：Truncate。

⑥ Overflow：Wrap。

● 其余按默认参数设置。

（9）单击“OK”按钮，退出 AddSub 元件的参数配置界面。

（10）双击图 14.67 中名字为“AddSub1”的元件符号，打开其参数配置界面。

● 在“Basic”标签页下，按如下参数配置。

① Operation：Addition。

② Latency：0。

● 在“Ouput”标签页下，按如下参数配置。

① Precision：User defined。

② Arithmetic type：Signed。

③ Number of bits：18。

④ Binary point：0。

⑤ Quantization：Truncate。

⑥ Overflow：Wrap。

● 其余按默认参数设置。

（11）单击“OK”按钮，退出 AddSub1 元件的参数配置界面。

（12）双击图 14.67 中名字为“AddSub2”的元件符号，打开其参数配置界面。

● 在“Basic”标签页下，按如下参数配置。

① Operation：Addition。

② Latency：0。

● 在“Ouput”标签页下，按如下参数配置。

① Precision：User defined。

② Arithmetic type：Signed。

③ Number of bits：18。

④ Binary point：0。

⑤ Quantization：Truncate。

⑥ Overflow：Wrap。

• 其余按默认参数设置。

(13) 单击“OK”按钮，退出 AddSub2 元件的参数配置界面。

(14) 双击图 14.67 中名字为“AddSub3”的元件符号，打开其参数配置界面。

• 在“Basic”标签页下，按如下参数配置。

① Operation：Addition。

② Latency：0。

• 在“Ouput”标签页下，按如下参数配置。

① Precision：User defined。

② Arithmetic type：Signed。

③ Number of bits：19。

④ Binary point：0。

⑤ Quantization：Truncate。

⑥ Overflow：Wrap。

• 其余按默认参数设置。

(15) 单击“OK”按钮，退出 AddSub3 元件的参数配置界面。

(16) 双击图 14.67 中名字为“AddSub4”的元件符号，打开其参数配置界面。

• 在“Basic”标签页下，按如下参数配置。

① Operation：Addition。

② Latency：0。

• 在“Ouput”标签页下，按如下参数配置。

① Precision：User defined。

② Arithmetic type：Signed。

③ Number of bits：18。

④ Binary point：0。

⑤ Quantization：Truncate。

⑥ Overflow：Wrap。

• 其余按默认参数设置。

(17) 单击“OK”按钮，退出 AddSub4 元件的参数配置界面。

(18) 双击图 14.67 中名字为“AddSub5”的元件符号，打开其参数配置界面。

• 在“Basic”标签页下，按如下参数配置。

① Operation：Addition。

② Latency：0。

• 在“Ouput”标签页下，按如下参数配置。

① Precision：User defined。

② Arithmetic type：Signed。

③ Number of bits：19。

④ Binary point：0。

⑤ Quantization：Truncate。

⑥ Overflow：Wrap。

• 其余按默认参数设置。

(19) 单击"OK"按钮，退出 AddSub5 元件的参数配置界面。

(20) 双击图 14.67 中名字为"AddSub6"的元件符号，打开其参数配置界面。

• 在"Basic"标签页下，按如下参数配置。

① Operation：Addition。

② Latency：0。

• 在"Ouput"标签页下，按如下参数配置。

① Precision：User defined。

② Arithmetic type：Signed。

③ Number of bits：19。

④ Binary point：0。

⑤ Quantization：Truncate。

⑥ Overflow：Wrap。

• 其余按默认参数设置。

(21) 单击"OK"按钮，退出 AddSub6 元件的参数配置界面。

(22) 选中设计界面内的所有元件，单击鼠标右键，出现浮动菜单。在浮动菜单内，选择 Create subsystem from selection。

(23) 删除所创建子系统外面的 In1 和 Out1 符号。

(24) 在"Simulink Library Browser"对话框的"Libraries"窗口下找到并展开"Xilinx Blockset"选项。在展开项中，找到并双击"Basic Element"选项。在右侧窗口中，分别找到名字为"Gateway In"、"Gateway Out"、"Delay"和"System Generator"的元件符号，将其分别拖入图 14.68 所示的设计界面中。

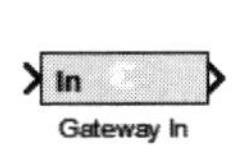

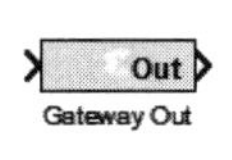

图 14.68　系统设计界面

(25) 在"Simulink Library Browser"对话框的"Libraries"窗口下找到并展开"DSP System Toolbox"选项。在展开项中，找到并单击"Sources"选项。在右侧窗口中，找到名字为"Discrete Impulse"的元件符号，将其拖入图 14.68 所示的设计界面中。

(26) 在"Simulink Library Browser"对话框的"Libraries"窗口下找到并展开"Simulink"选项。在展开项中，找到并双击"Sinks"选项。在右侧窗口中，找到名字为"Scope"的元件符号，将其拖入图 14.68 所示的设计界面中。

（27）双击图 14.68 中名字为“Scope”的元件符号，打开其参数配置界面。在其参数配置界面中，将“Number of axes”的值改为 2。

（28）将设计中的所有元件连接在一起，如图 14.69 所示。

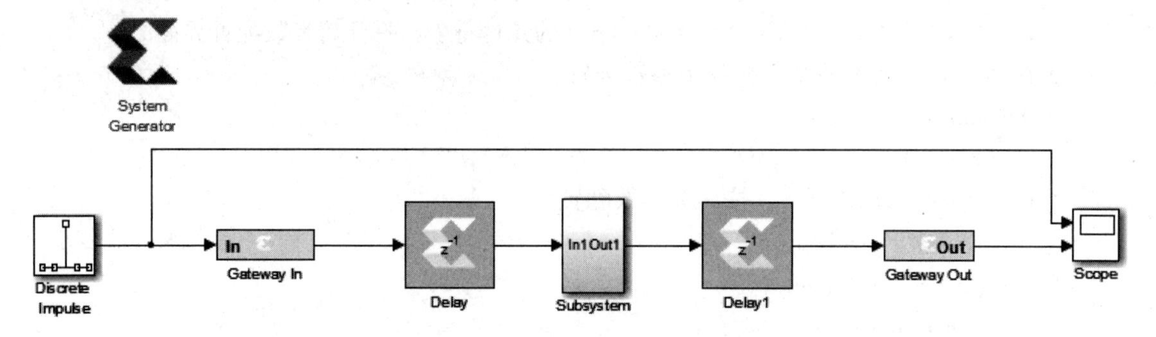

图 14.69　系统连接后的界面

（29）双击图 14.69 中名字为“System Generator”的元件符号，打开其参数配置界面。在该界面中，单击“Clocking”标签。在该标签页下，将“Simulink system period(sec)”设置为“1/100e+6”。

（30）双击图 14.69 中名字为“Discrete Impulse”的元件符号，打开其参数配置界面。在该界面中，按如下参数配置。

① Delay（sample）：8。

② Sample time：1/100e6。

③ Samples per frame：1。

④ 其余按默认参数配置。

（31）单击“OK”按钮，退出 Discrete Impulse 元件的参数配置界面。

（32）双击图 14.69 中名字为“Gateway In”的元件符号，打开其参数配置界面。在该界面中，单击“Basic”标签。在该标签页下，按如下参数配置。

① Output Type：Fixed-point。

② Arithmetic type：Signed（2’s comp）。

③ Number of bits：16。

④ Binary point：0。

⑤ Quantization：Round。

⑥ Overflow：Flag as error。

⑦ Sample period：1/100e+6。

⑧ 其余按默认参数设置。

（33）单击“OK”按钮，退出 Gateway In 元件的参数配置界面。

（34）在设计界面的工具栏中输入“64/100e6”，用于控制仿真运行时间，如图 14.70 所示。

（35）单击图 14.70 中的▶按钮，运行设计。

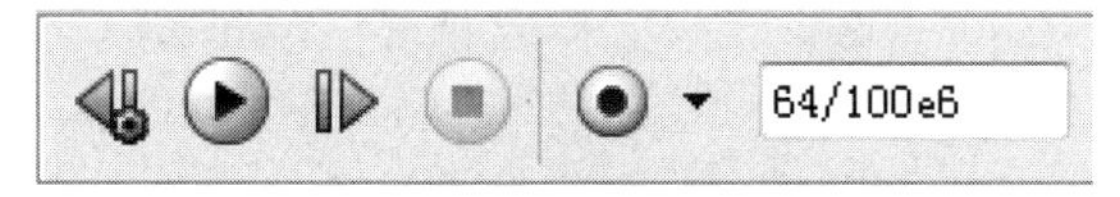

图 14.70　运行控制界面

> **注**：读者可定位到本书提供资料的 fpga_dsp_example\cic_fir\路径中，打开名字为“ma. slx”的设计文件。

思考与练习 14-3：运行该工程，并通过示波器观察输入输出波形，比较两个例子中输出波形的变化。

思考与练习 14-4：比较滑动平均滤波器与单级定点 CIC 滤波器，完成下面内容。

（1）分别将保持相同参数的单级定点 CIC 滤波器和滑动平均滤波器生成为 Vivado 软件可执行的工程文件。

（2）比较两个系统中的硬件资源消耗和最大频率参数。

14.9.3　多级定点 CIC 滤波器的设计

本节将使用前面一节所设计的单级定点 CIC 滤波器，级联生成三级定点 CIC 滤波器。设计 3 级定点 CIC 滤波器的步骤主要包括：

（1）重新建立一个新的设计文件。

（2）为了简化设计，将 CIC 滤波器中的积分器和梳状滤波器单元复制 3 次到当前的设计中，如图 14.71 所示。

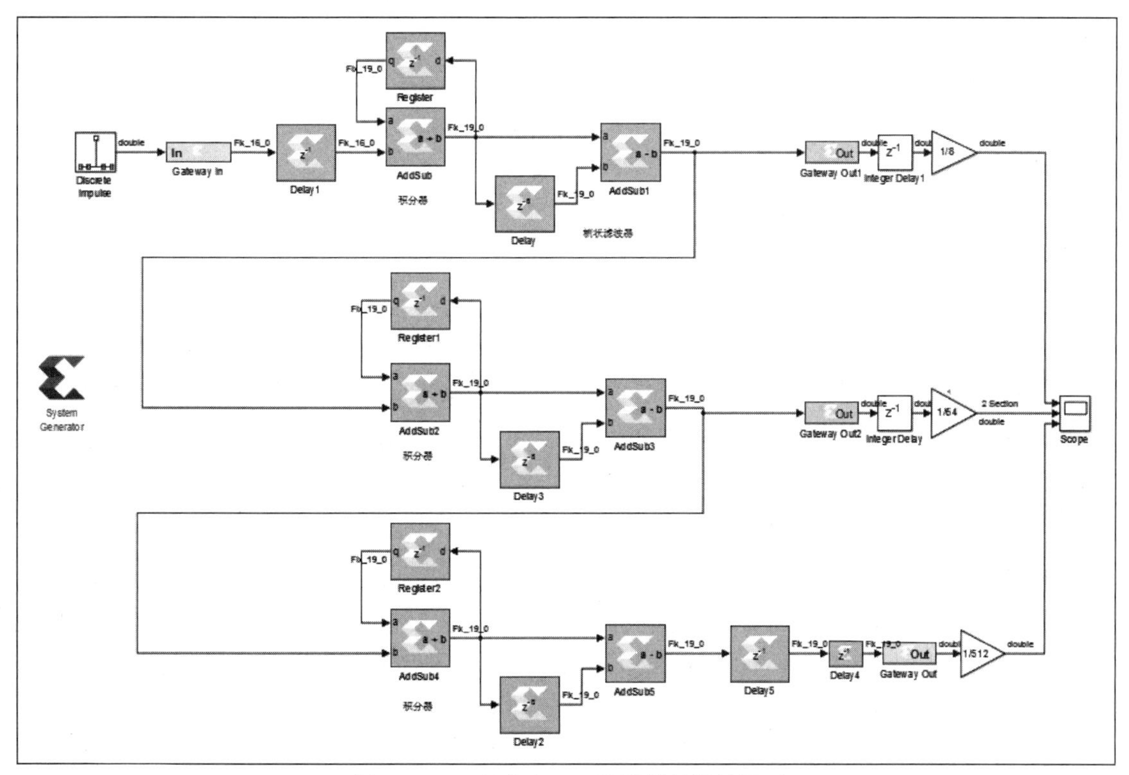

图 14.71　3 级定点 CIC 滤波器的设计界面

（3）在“Simulink Library Browser”对话框的“Libraries”窗口下找到并展开“Simulink”选项。在展开项中，找到并单击“Commonly Used Blocks”选项。在右侧窗口中，分别找到名字为“Delay”和“Gain”的元件符号，将其分别拖入图 14.71 所示的设计界面中。

（4）在“Simulink Library Browser”对话框的“Libraries”窗口下找到并展开“Xilinx Blockset”选项。在展开项中，找到并单击“Basic Elements”选项。在右侧窗口中，找到名字为“Gateway Out”的元件符号，将其拖入图 14.71 所示的设计界面中。

（5）在“Simulink Library Browser”对话框的“Libraries”窗口下找到并展开“Simulink”选项。在展开项中，找到并单击“Discrete”选项。在右侧窗口中，找到名字为“Delay”的元件符号，将其拖入图 14.71 所示的设计界面中。

（6）将所有元件连接在一起，如图 14.71 所示。

（7）将图 14.71 中名字为“Integer Delay”和“Integer Delay1”的元件符号的延迟修改为 1。

（8）将图 14.71 中的增益分别设置为 1/8、1/64 和 1/512。

（9）为了防止溢出，将名字为“AddSub2”和“AddSub3”的元件符号的“Number of bits”设置为 22。

（10）将名字为“AddSub4”和“AddSub5”的元件符号的“Number of bits”设置为 25。

> **注**：随着级数的增加，为了防止数据溢出，积分器中的加法器和梳状部分中的减法器的位数要逐渐增加，观察增加位数的变化。

（11）在设计界面的工具栏中输入“1024/100e6”，用于控制仿真运行时间，如图 14.72 所示。

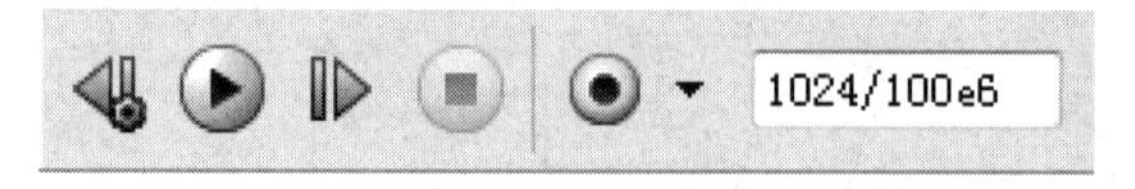

图 14.72 运行控制界面

（12）单击图 14.72 内的▶按钮，运行设计。

> **注**：读者可以定位到本书提供资料的 fpga_dsp_example\cic_fir\路径中，打开名字为“cic_3_order. slx”的设计文件。

14.9.4 浮点 CIC 滤波器的设计

本节将在原来设计的基础上添加浮点 CIC 滤波器，然后对定点 CIC 滤波器和浮点 CIC 滤波器的性能进行比较。实现浮点 CIC 滤波器设计的步骤主要包括：

（1）在 MATLAB 主界面的“Home”界面下，单击“Simulink Library”按钮，出现“Simulink Library Browser”对话框。

（2）在“Simulink Library Browser”对话框的主菜单下选择 File->New->Model，出现一个空白的设计界面。

（3）完成定点 CIC 滤波器和浮点 CIC 滤波器的设计，如图 14.73 所示，参数设置同前。

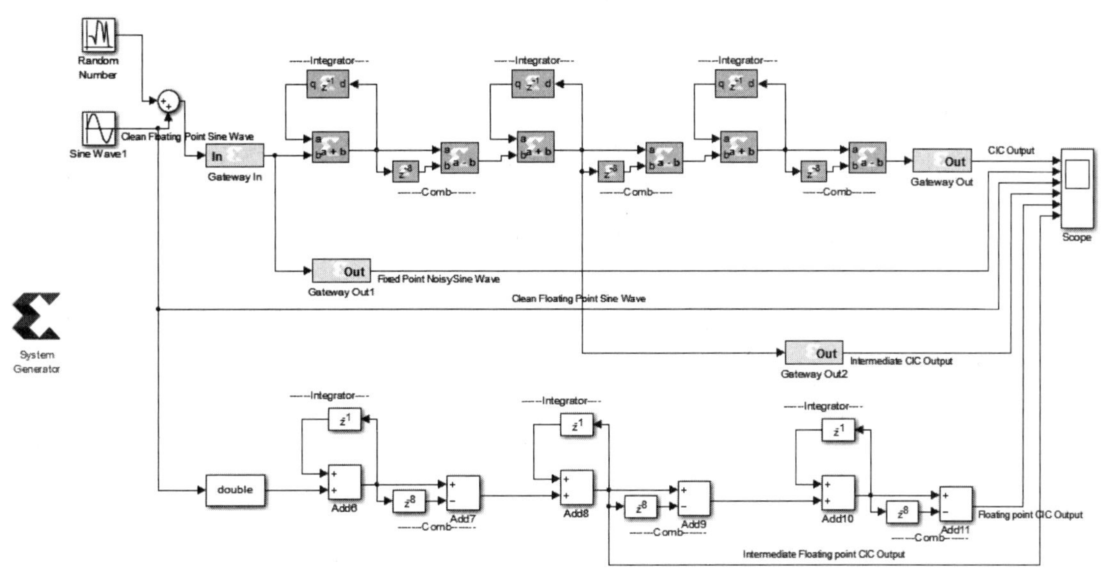

图 14.73　浮点 CIC 滤波器和定点 CIC 滤波器的设计界面

（4）在“Simulink Library Browser”对话框的“Libraries”窗口下找到并展开“Simulink”选项。在展开项中，找到并单击“Sources”选项。在右侧窗口中，找到名字为“Random Number”和“Sine Wave”的元件符号，将其拖入图 14.73 所示的设计界面中。

（5）在“Simulink Library Browser”对话框的“Libraries”窗口下找到并展开“Simulink”。在展开项中，找到并单击“Sinks”选项。在右侧窗口中，找到名字为“Scope”的元件符号，将其拖入图 14.73 所示的设计界面中。

（6）将信号源连接到浮点 CIC 滤波器和定点 CIC 滤波器组中，作为它们的输入信号，如图 14.73 所示。

注：（1）输入信号为带噪声的正弦信号，如图 14.74 所示。其中：①噪声采用随机信号生成器，其变化的范围为 1～10000000，系统对它的采样时钟为 10^{-8}；② 正弦信号的最大幅值为 2^{14}。频率采用的是 1256637（rad/s），初始相位为 0。

（2）将随机信号与正弦信号相加得到带噪声的正弦信号，将它作为系统的输入信号。CIC 滤波模块的参数设置与前面讲的例子基本相同。

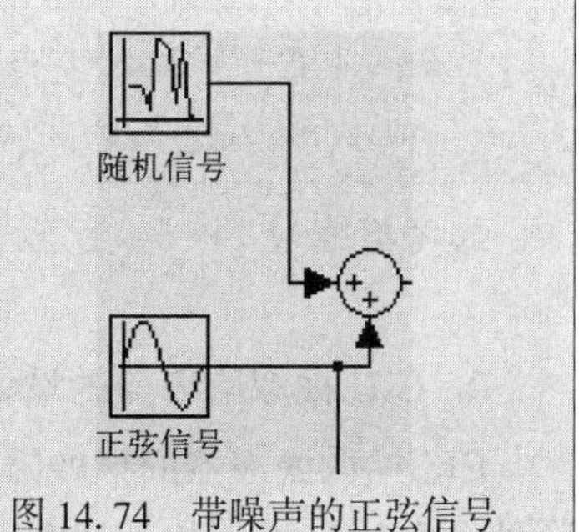

图 14.74　带噪声的正弦信号

（7）将该设计的仿真运行时间设置为“1024/100e6”。

（8）运行工程，观察并比较两种滤波器的输出情况。

注：读者可定位到本书提供资料的 fpga_dsp_example\cic_fir\路径中，打开名字为“fixed_float_point.slx”的设计文件。

14.9.5　CIC 插值滤波器和 CIC 抽取滤波器的设计

本节将设计 CIC 插值滤波器和 CIC 抽取滤波器。

1. CIC 插值滤波器的设计

正弦输入信号按照 8 倍因子进行扩展，然后使用 CIC 滤波器滤波衰减。设计 CIC 插值滤波器的步骤主要包括：

（1）在 MATLAB 主界面的“Home”界面下，单击“Simulink Library”按钮，出现“Simulink Library Browser”对话框。

（2）在“Simulink Library Browser”对话框的主菜单下，选择 File->New->Model，出现一个空白的设计界面。

（3）完成 CIC 插值滤波器结构的设计，如图 14.75 所示。

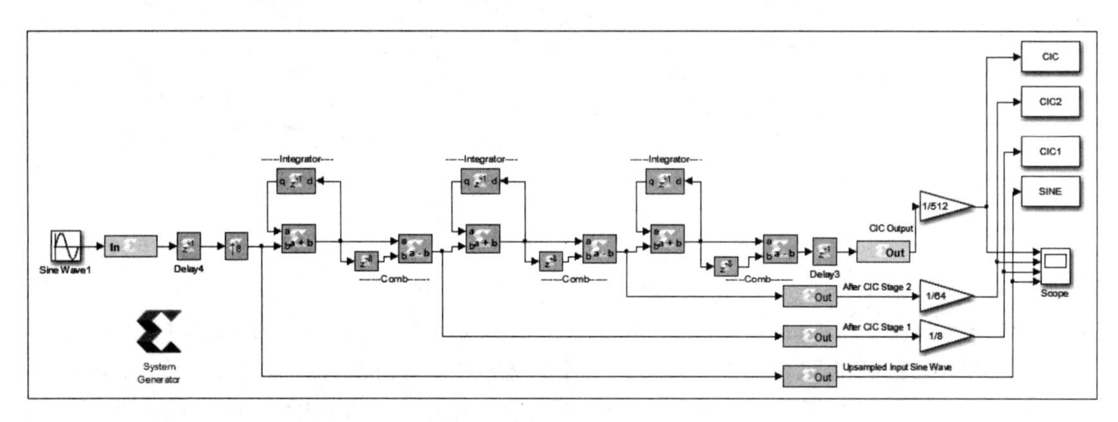

图 14.75　CIC 插值滤波器的结构

（4）在设计界面的工具栏中输入“1024/10e6”，用于控制仿真运行时间。

（5）单击工具栏中的按钮，运行设计，并观察每级的输出信号。

注： 读者可定位到本书提供资料的 fpga_dsp_example\cic_fir\路径中，打开名字为“cic_interpolator. slx”的设计文件。

思考与练习 14-5： 比较每级的输出频谱，注意原正弦信号的频域镜像在镜像段中被抑制。

2. CIC 抽取滤波器的设计

CIC 抽取滤波器的抽取因子为 16，由 4 个单元构成。该滤波器被设计为采样率从 10MHz 降到 625kHz，而低通的通频带为 78.125kHz。设计 CIC 抽取滤波器的步骤主要包括：

（1）在 MATLAB 主界面的“Home”界面下，单击“Simulink Library”按钮，出现“Simulink Library Browser”对话框。

（2）在“Simulink Library Browser”对话框的主菜单下，选择 File->New->Model，出现一个空白的设计界面。

（3）完成 CIC 抽取滤波器结构的设计，如图 14.76 所示。

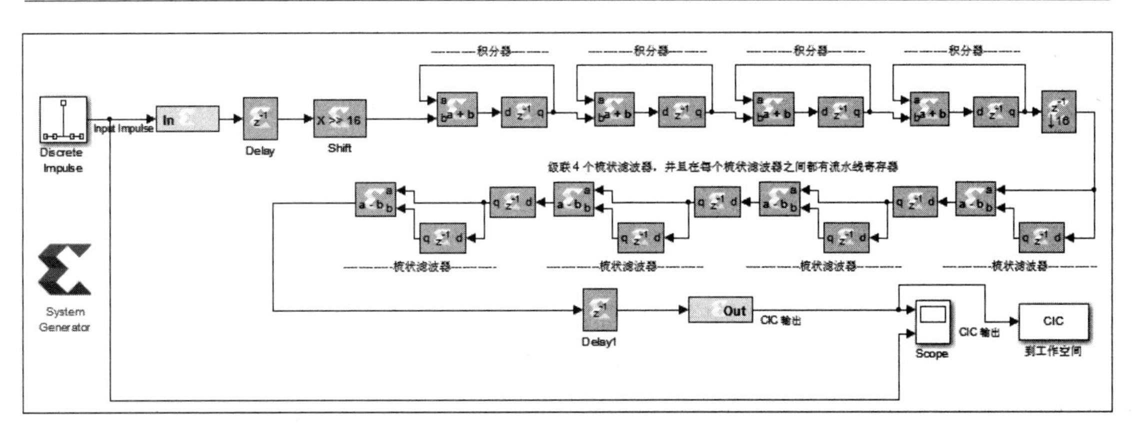

图 14.76　CIC 抽取滤波器的结构

注：观察第一个滤波器级之前的移位模块，该模块对 CIC 抽取滤波器的非零增益进行补偿。

(4) 在设计界面的工具栏中输入“1024/10e6”，用于控制仿真运行时间。

(5) 单击工具栏内的▶按钮，运行设计。

注：读者可定位到本书提供资料的 fpga_dsp_example\cic_fir\路径中，打开名字为“cic_decimator. slx”的设计文件。

思考与练习 14-6：运行工程并观察信号的频率响应。尽管这是抽取后的响应，读者仍然能够在 78. 125kHz 的通频带内看到“衰落”。

思考与练习 14-7：使用 System Generator 和 Vivado 工具，综合分析该工程中的硬件资源消耗情况，以及系统的最大工作频率。

第三篇　通信信号处理的理论和FPGA实现方法

本篇将主要介绍通信信号处理的理论和FPGA实现方法。本篇共包括3章内容，即数控振荡器的原理与实现、通信信号处理的原理与实现，以及信号同步原理与实现。

（1）在第15章数控振荡器的原理与实现中，主要介绍数控振荡器的原理、查找表数控振荡器的实现、IIR滤波器数控振荡器的原理与实现，以及CORDIC数控振荡器的实现。

（2）在第16章通信信号处理的原理与实现中，主要介绍信号检测理论、二进制基带数据传输、信号调制技术、脉冲整形滤波器的原理与实现、发射机的原理与实现、脉冲生成和匹配滤波器的实现，以及接收机的原理与实现。

（3）在第17章信号同步的原理与实现中，主要介绍信号的同步问题、符号定时及定时恢复、数字变频器的原理与实现、锁相环的原理与实现、载波同步的实现，以及定时同步的实现。

第 15 章　数控振荡器的原理与实现

数控振荡器（Numerically Controlled Oscillators，NCO）广泛用于数字信号处理中。本章将详细介绍 NCO 的原理和实现方法，内容包括数控振荡器的原理，查找表数控振荡器原理与实现，IIR 滤波器数控振荡器原理与实现，以及 CORDIC 数控振荡器的实现。

通过本章内容的学习，读者将会掌握数控振荡器的实现方法，为学习下一章内容打下坚实的基础。

15.1　数控振荡器的原理

本节将详细介绍 NCO 的原理和应用，主要包括 NCO 的应用背景和 NCO 中的关键技术，以及 SFDR 的改善。

15.1.1　NCO 的应用背景

模拟器件通过增益为 1 的反馈环可以构成振荡器，反馈路径包含一个谐振器（如石英晶体振荡器或者陶瓷），用于控制振荡的频率，如图 15.1 所示。

通过“临界稳定”的 IIR 滤波器，可以得到等效的数字化振荡器。在 NCO 中，使用 CORDIC 算法旋转一个向量。一个选择是将正弦波的采样值保存在 LUT 中，然后通过期望的频率以相等的速率从 LUT 中读取它们。

在数字通信中，NCO 被广泛使用，如蜂窝电话和基站、雷达系统、无线数据通信调制解调器（如 WiFi），以及 GPS 卫星和手持终端。通过调制器和解调器与正弦信号的相乘，使得信号可以在基带、中频（Intermediate Frequency，IF），甚至在射频（Radio Frequency，RF）之间进行移动，从而使 NCO 产生正弦信号和余弦信号。

（1）调制。就是将基带信号与一个载波频率（通常为 IF）的正弦信号相乘，如图 15.2 所示。NCO 可以产生的频率由通信系统的频率通道限制。

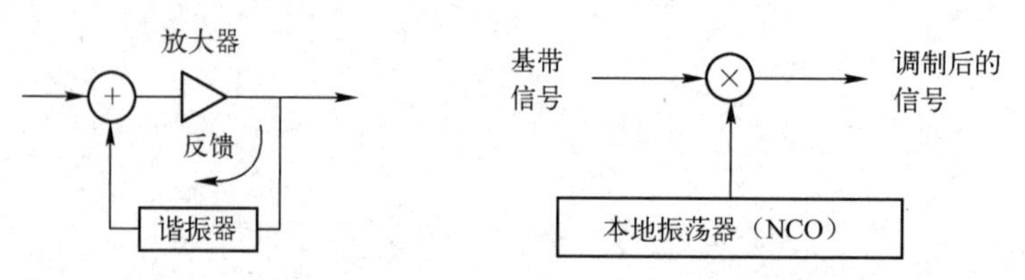

图 15.1　模拟器件构成的振荡器　　　　图 15.2　信号的调制

（2）解调。较困难，这是由于需要恢复载波频率（通常相位），如图 15.3 所示。由于设备的不同和多普勒频移效应，所接收信号的载波频率可能不同于本地振荡器产生的频率。由于这个原因，接收机中的 NCO 必须能够以较好的分辨率识别出某个范围的频率，以便能够匹配输入信号的频率。解调器可以有多种形式，但是 PLL 是其中的一个基本组件。

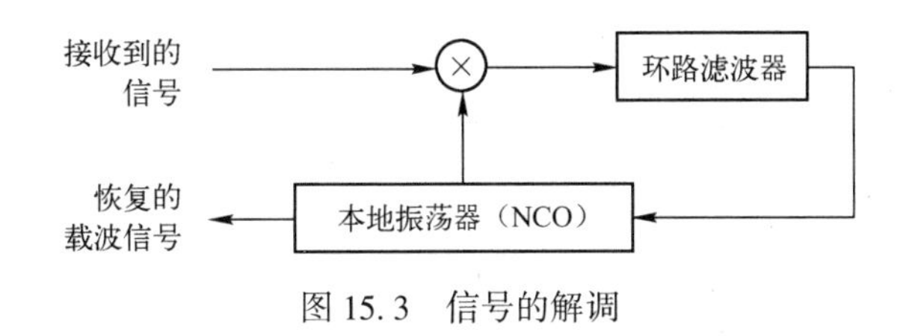

图 15.3　信号的解调

15.1.2　NCO 中的关键技术

本节将介绍 NCO 中涉及的关键技术，包括查找表 NCO、在存储器中保存一个正弦波、频率控制、整数步长、累加器的细节和寻址查找表。

1. 查找表 NCO

查找表 NCO 由正弦波采样查找表（LUT）和一个用于产生地址的累加器构成，如图 15.4 所示。

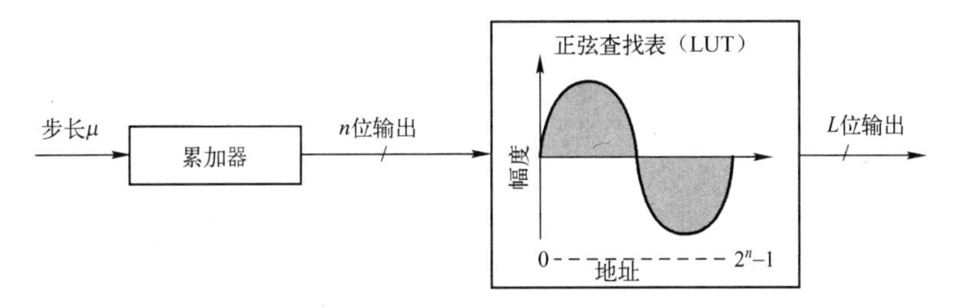

图 15.4　查找表 NCO

从图 15.4 中可知，LUT 有 $N=2^n$ 个入口（n 为累加器产生的地址位个数），LUT 输出的精度为 L 位（该参数与 n 完全独立）。步长参数 μ 决定了地址累加的速度，以及产生正弦信号的频率。

此外，当累加器达到最大的值 2^n 后就会回卷。为了节省 LUT 的硬件资源，可以只保存正弦波的 1/4 个采样值。在 LUT 之前可以使用一些简单的地址转换。这种方法可以使 ROM 地址从 2^n 个减少到 2^{n-2} 个。

正交 NCO 是对基本 NCO 的扩展，在通信中经常使用它，其包含两个 LUT，如图 15.5 所示，一个用于保存正弦波，另一个用于保存余弦波。

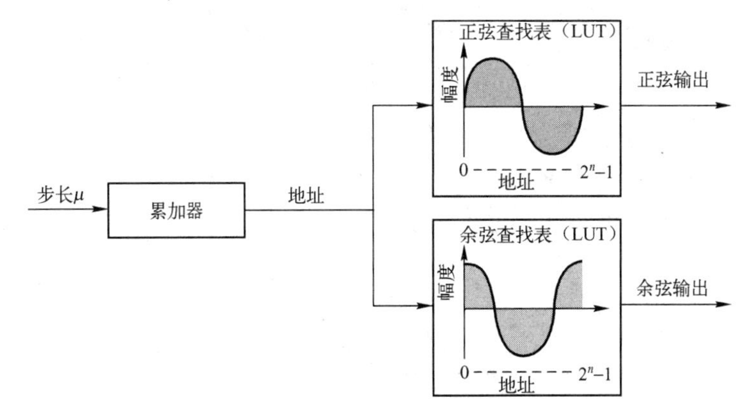

图 15.5　正交 NCO 的结构

2. 在存储器中保存一个正弦波

存储器中的正弦波数据如图 15.6 所示。图 15.6 中，幅度分辨率 L 的选择与 n 无关。很明显，L 值越小，对采样的量化就越粗，这样就会引入误差。

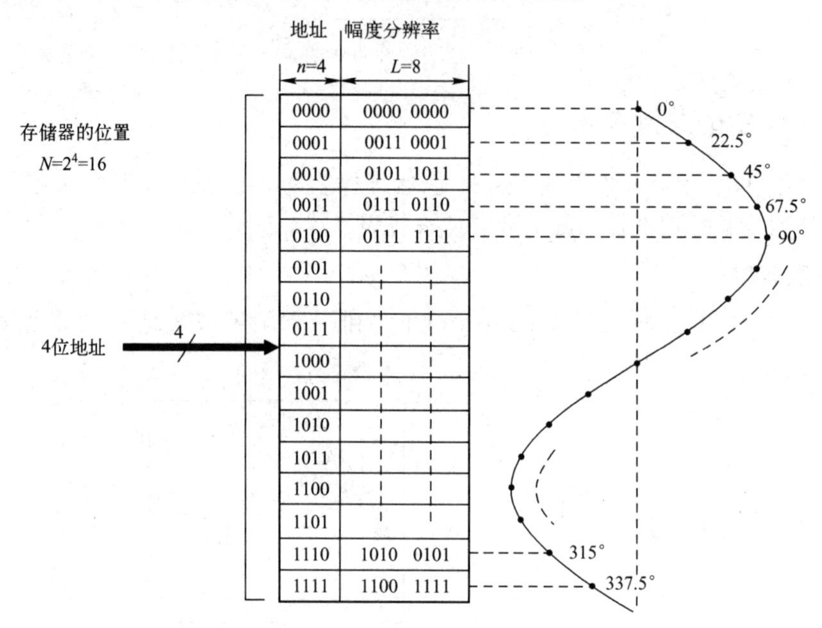

图 15.6　存储器中的正弦波数据

3. 频率控制

如果将步长翻倍，则累加器读取 LUT 的速度也将翻倍，这样所产生的正弦波的频率也将翻倍，如图 15.7 所示。

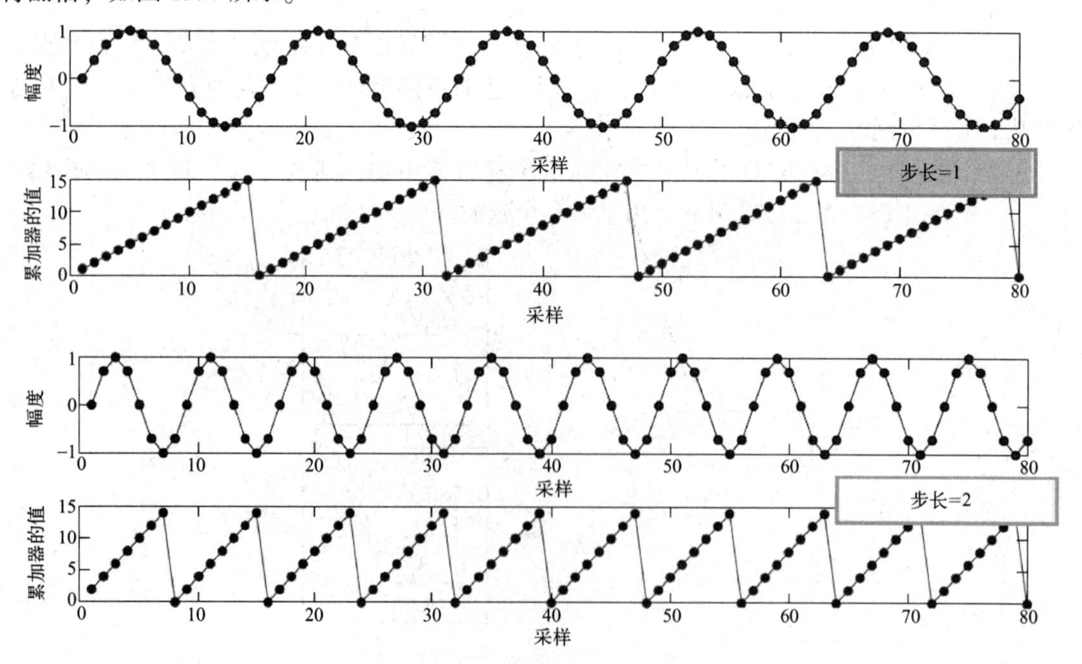

图 15.7　步长对正弦信号频率的影响

步长 μ 由下式确定：

$$\mu = N\frac{f_{\mathrm{d}}}{f_{\mathrm{S}}} \tag{15.1}$$

其中，(1) N 为查找表的入口个数 ($N=2^n$)。

(2) f_{S}为系统的采样率。

(3) f_{d}为所期望正弦波的频率。

例如，$N=2^n=2^8=256$，采样率为 10MHz，所期望输出的正弦波频率为 2.5MHz，则步长 μ 表示为

$$\mu = 256\frac{2.5\text{MHz}}{10\text{MHz}} = 64$$

如果所期望输出的正弦波频率为 2.4MHz，则步长 μ 表示为

$$\mu = 256\frac{2.4\text{MHz}}{10\text{MHz}} = 61.44$$

如何将小数部分包含在里面？如果选择 $\mu=61$，将式 (15.1) 重排，则得到：

$$f_{\mathrm{d}} = \mu\frac{f_{\mathrm{S}}}{N} = 2.383\text{MHz}$$

这个值不是我们想要的值。

4. 整数步长

本节以$f_{\mathrm{S}}=16$MHz 和一个 16 入口的 LUT 为例，如图 15.8 所示。

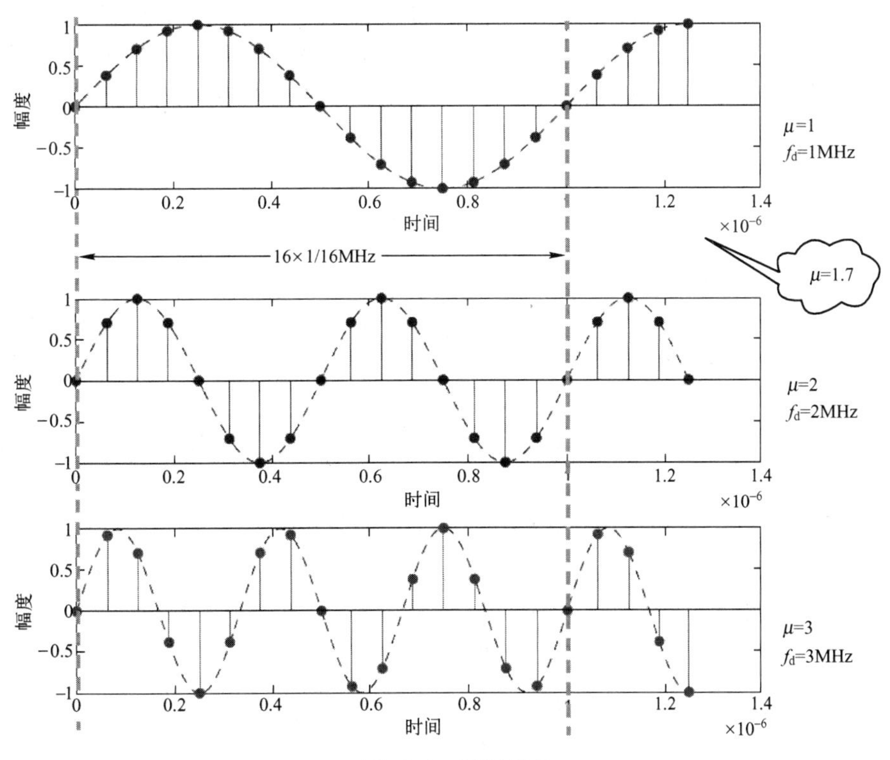

图 15.8　整数步长

$$f_d=\mu\frac{f_S}{N}=1\frac{16\times10^6}{16}=1\text{MHz}$$

从图 15.8 中可知，可以计算 $\mu=2$ 和 $\mu=3$ 时，$f_d=2\text{MHz}$ 和 $f_d=3\text{MHz}$。

5. 累加器的细节

累加器包含小数部分。当累加器连接到 LUT 时，并没有使用小数部分，但是它允许实现更多的频率控制，如图 15.9 所示。步长是定点数，它由 n 位的整数位和 b 位的小数位组成，写成［$n:b$］的形式。当 n 为固定值时，增加 b 的值将提高步长和合成频率的精度。使用小数位的代价是增加了累加器的复杂度。

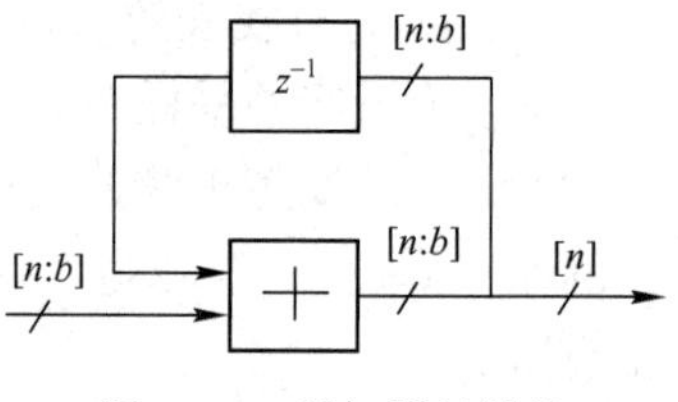

图 15.9　累加器的结构

这就自然会想到当累加器使用更多的比特位时效果会更好，但是从实现的角度而言，需要将字长限制在希望分辨率所要求的最小值。在累加器中使用更多的位，不但增加实现成本，而且限制了时钟的工作频率。

返回到前面的例子，假设有 4 位可用的小数位，这意味着有 8 位整数和 4 位小数，因此就可以更准确地表示步长值 61.44。实际上，可以在这个量化级上表示为 61.4375。因此，可以实现一个真实的频率为

$$f_d=\mu\frac{f_S}{N}=2\ 399\ 902\text{Hz}$$

这个值接近所期望的目标。

如果对步长量化的太粗糙，即 $\Delta\mu$ 值太大，则真正给出的频率与所期望的频率之间会存在较大的误差。在累加器中，应该根据所能接受的最大频率误差来选择累加器中需要使用的小数位数。如图 15.10 所示，在所期望频率和所合成频率之间的最大误差为一个频率间隔的 1/2。

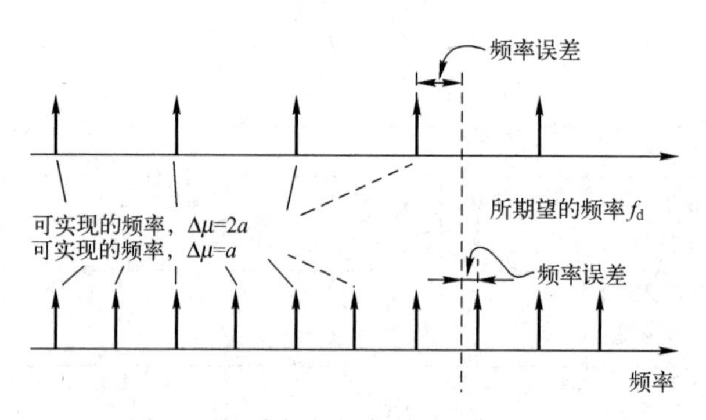

图 15.10　步长与频率误差之间的关系

再次来看前面的等式，将步长增量 $\Delta\mu$ 定义为

$$\Delta\mu=\frac{1}{2^b}\tag{15.2}$$

步长分辨率直接就转换成所合成正弦波的频率分辨率 Δf_d，表示为

$$\Delta f_d=\frac{f_S}{2^bN}\tag{15.3}$$

再次看看前面给出的例子，采样率为 10MHz，有 256 个入口的 LUT。在实现中，选择 $n=8$。因此可以计算出在取不同小数部分 b 值时的频率分辨率，如表 15.1 所示。

表 15.1　小数位数 *b* 与频率分辨率之间的关系

小数位数（b）	步长分辨率（$\Delta\mu$）	频率分辨率（Δf_d）/Hz
0	1.0	39062.5
1	0.5	19531.25
2	0.25	9765.625
5	0.03125	1220.703125
10	0.0009765625	38.14697265625
20	0.00000095367431640625	0.037252902984619140625

6. 寻址查找表

当寻址查找表的时候，总是只使用累加器的整数部分而忽略小数部分，这就导致了相位的截断。作为一个例子，3 个整数位（可以实现对 8 个单元的寻址）和任意小数位，如图 15.11 所示。很明显，相位截断降低了所合成正弦信号的频谱纯度。

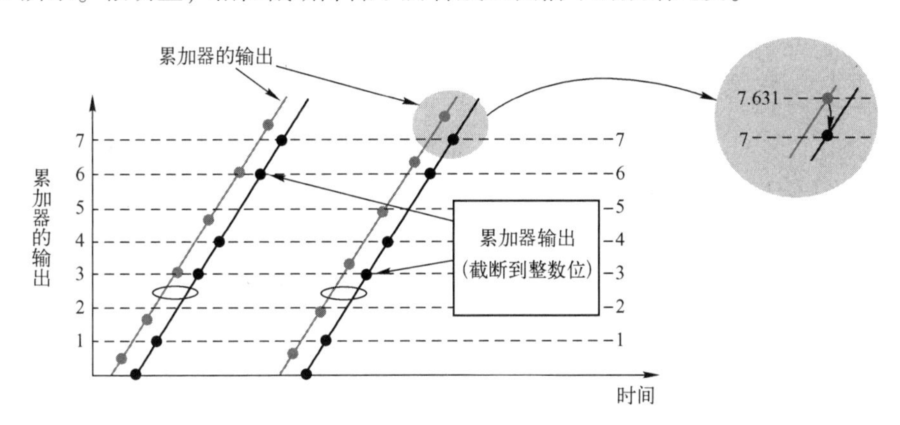

图 15.11　相位截断对精度的影响

从图 15.11 中可知，包含整数和小数部分的累加器的输出是均匀分布的，而截断到整数部分的累加器的输出不是均匀分布的，这是由于将小数部分截断而引起的。因此，所合成的正弦信号是不精确的，从而导致该信号的频谱并不“纯”。

正如前面所介绍的那样，对保存在 LUT 内的采样幅度进行了某种程度的量化，量化与 LUT 的宽度有关系。显然，这将进一步降低输出正弦波的纯度（读者可以通过示波器和频谱分析仪从时域和频域来观察输出的正弦信号）。下面给出一个例子，当 $\mu=1.7$ 时，对输出的影响（未考虑幅度量化的影响）如图 15.12 所示。

下面这个例子中，其中 $\mu=1.5$，并且取一个较长的周期。步长的整数部分为 4 比特、一位小数位。因此，$n=4, b=1$，输出正弦信号的重复周期如图 15.13 所示。事实上，同样的结果也会发生在 $\mu=1.7$ 的情况中，只是需要更长的重复周期。通过下式可以计算重复周期：

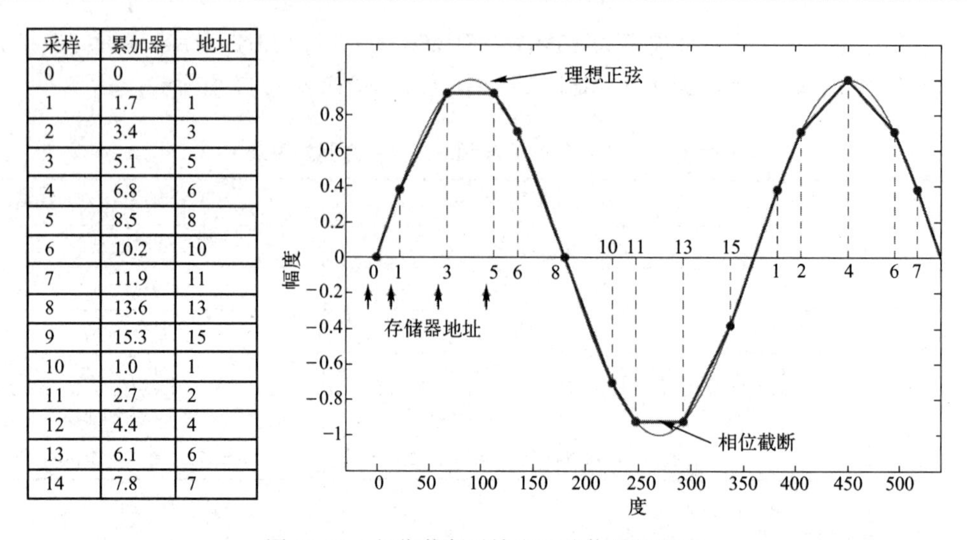

采样	累加器	地址
0	0	0
1	1.7	1
2	3.4	3
3	5.1	5
4	6.8	6
5	8.5	8
6	10.2	10
7	11.9	11
8	13.6	13
9	15.3	15
10	1.0	1
11	2.7	2
12	4.4	4
13	6.1	6
14	7.8	7

图 15.12　相位截断对输出正弦信号的影响

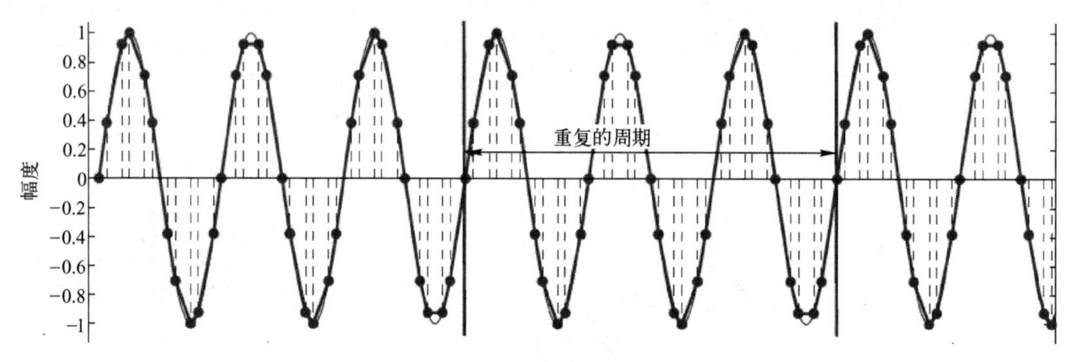

图 15.13　输出正弦信号的重复周期

$$\text{重复周期}=\frac{2^{n+b}}{\mathrm{GCD}(\mu_F,2^{n+b})}=\frac{2^5}{\mathrm{GCD}(1,2^5)}=32 \qquad (15.4)$$

其中，(1) $\mathrm{GCD}(x,y)$为 x 和 y 的最大公约数。

(2) μ_F表示 b（步长的小数部分）的无符号二进制数。

在该例子中，重复周期是 32 个采样，对于 3 个周期的正弦波，即$(32\times1.5)/2^4=3$。

15.1.3　SFDR 的改善

通过增加整数位数能够改善无杂散动态范围（Spurious Free Dynamic Range，SFDR），并且也能提高 LUT 输出的分辨率。然而，这不是最经济的方法。为了高效率地处理杂波问题，可以尝试使用下面的方法

(1) 幅度加抖动。在查找表的输出添加低水平噪声，破坏幅度量化噪声的结构。

(2) 相位加抖动。在累加器的输出添加低水平的噪声，破坏相位截断噪声的结构。

(3) 带通滤波。在振荡器的输出使用滤波器过滤掉杂波频率。然而，靠近中心频率的杂波并不能通过这种方法过滤掉。

下面介绍一下相位加抖动的方法。一个低水平的噪声添加到累加器，然后通过相位加抖

动的方法输出，如图 15.14 所示。从图 15.14 中可知，在将累加器的输出字长截断之前，在累加器的一端额外添加了低水平的噪声。抖动的位数并不相同。

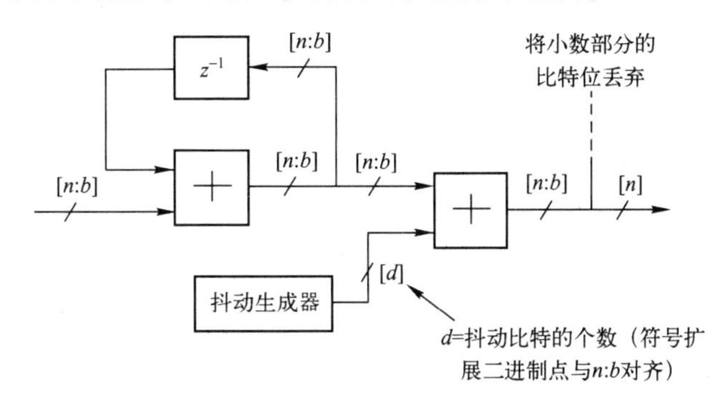

图 15.14　相位加抖动

读者可以使用线性反馈移位寄存器（Linear Feedback Shift Register，LFSR）产生抖动。LFSR 包含 M 阶移位寄存器，以及所选择的反馈端（通常使用 XOR 门），使得所产生的序列在2^M-1 个时钟周期后可以重复。因此，使用很少的硬件资源就可以产生一个长伪随机噪声（Pseudo Random Noise，PN）序列。例如，一个 12 元素的 LFSR 可以产生一个 PN 序列，该序列在 4095 个周期后循环。实现这个 LFSR 的成本是简单的 M 个 D 触发器和很少的组合逻辑。

为了产生抖动比特位，将 d 端的输出组合成一个向量（$d \leqslant M$），如图 15.15 所示。在实际中，使用较长的移位寄存器。LFSR 长度越长，则随机性越好。

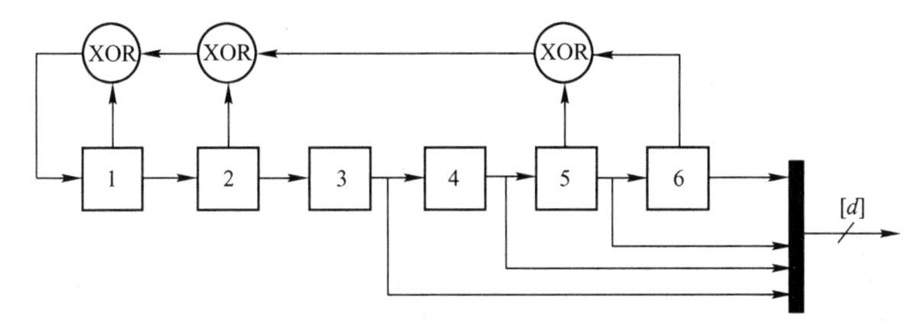

图 15.15　使用 LFSR 产生伪随机序列

（1）当抖动位较少时，对相位截断结构的影响较小。此时，杂散仍然很大。

（2）当抖动位很多时，杂散消失，但是增加了频谱中的噪声基底。如果抖动位很多，其结果甚至比原来的 SFDR 还要糟糕。

（3）当选择 $d=b$ 时，可以得到最好的结果。

15.2　查找表数控振荡器的实现

生成数控振荡器常用的方法是使用正弦查找表（Sine Loop-up Table，SLUT），通过遍历 SLUT 的每一项，就可以产生正弦波形。当到达查找表的末尾时，将回卷到 SLUT 的第一项。因此，就可以生成一个周期性的波形。数控振荡器的基本原理如图 15.16 所示。通过定点累加器生成斜坡函数，并且将累加器的输入与累加器的值相加。因此，输入值的大小控制了振荡器的频率。

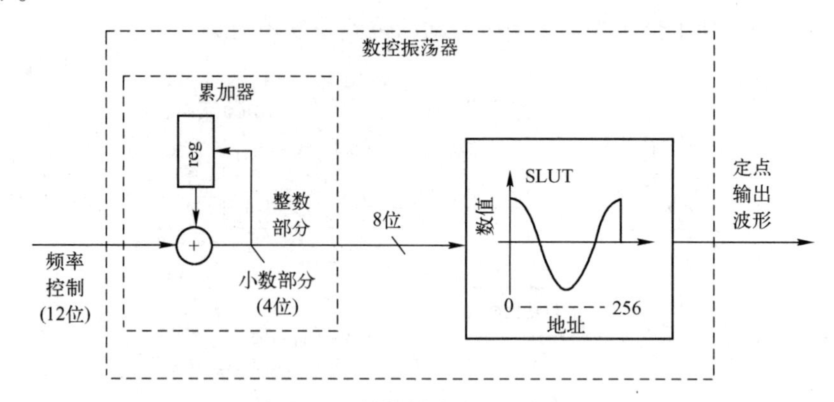

图 15.16　数控振荡器的基本原理

15.2.1　使用累加器生成一个斜坡函数

该设计将使用所介绍的累加器生成一个斜坡函数，系统的采样率 $f_S = 100\text{kHz}$。使用累加器生成一个斜坡函数的步骤主要包括：

（1）在 Windows 7 主界面下，选择开始->所有程序->Xilinx Design Tools->Vivado 2017.2->System Generator->System Generator 2017.2，打开 MATLAB R2016b 开发环境。

（2）在 MATLAB 主界面的"Home"界面下，单击"Simulink Library"按钮，出现"Simulink Library Browser"对话框。

（3）在"Simulink Library Browser"对话框的主菜单下，选择 File->Open，出现"Open"对话框，定位到本书提供资料的\fpga_dsp_example\nco\lut 路径下，打开 generating_a_ramp.slx 文件。

（4）使用累加器生成一个斜坡函数的结构如图 15.17 所示。

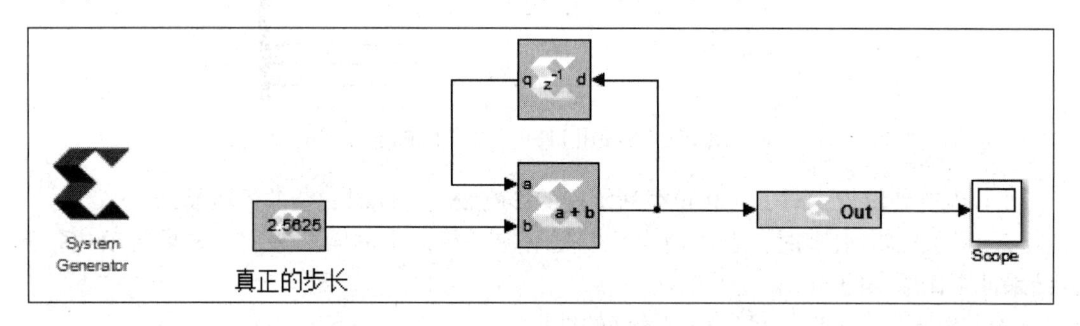

图 15.17　使用累加器生成一个斜坡函数的结构

（5）检查工程中各个参数的设置。系统的采样率 $f_S = 100\text{kHz}$，输入信号为一个步长为固定值的控制信号，8 位整数位和 4 位小数位。根据输出信号频率的计算公式：

$$\text{频率} = \text{步长} \times (\text{采样率}/\text{LUT 的大小}) \tag{15.5}$$

式（15.5）中，步长为常数 2.56；采样率为 100kHz；LUT 的大小为幅值间隔 $2^8 = 256$。

（6）运行工程，观察示波器中信号的输出情况。

思考与练习 15-1：改变步长控制信号，观察输出信号的变化。

15.2.2　累加器精度的影响分析

该设计包含两个定点斜坡（锯齿波）生成器。当前，这两个斜坡发生器的配置相同，它们累加器的精度为 8 个整数位和 2 个小数位。分析累加器精度对设计性能影响的步骤主要包括：

（1）在 Windows 7 主界面下，选择开始->所有程序->Xilinx Design Tools->Vivado 2017.2->System Generator->System Generator 2017.2，打开 MATLAB R2016b 开发环境。

（2）在 MATLAB 主界面的“Home”界面下，单击“Simulink Library”按钮，出现“Simulink Library Browser”对话框。

（3）在“Simulink Library Browser”对话框的主菜单下，选择 File->Open，出现“Open”对话框，定位到本书提供资料的 \fpga_dsp_example\nco\lut 路径下，打开 accumulator_precision.slx 文件。

（4）相同结构不同精度的设计结构如图 15.18 所示。

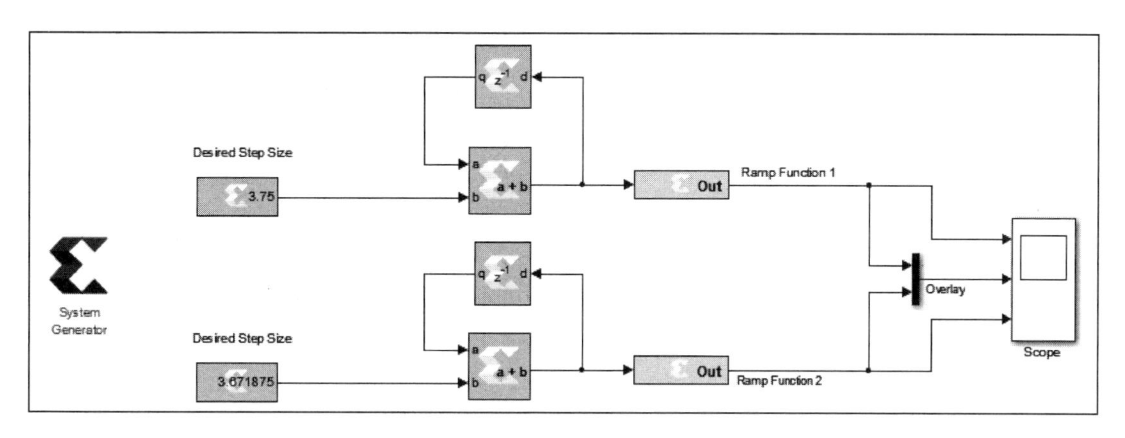

图 15.18　相同结构不同精度的设计结构

（5）运行工程，观察示波器的输出情况。

注：在没有修改参数以前，两个斜坡生成器产生相同的锯齿波输出。

（6）将第二个锯齿波生成器的函数发生器和累加器的精度改为 8 个整数位和 6 个小数位。

（7）再次运行工程。

思考与练习 15-2：观察示波器中输出信号的变化，说明精度如何影响输出。

15.2.3　使用查找表生成正弦波

本设计将使用前面生成的锯齿波生成器寻址一个正弦查找表。其中，斜坡信号的整数部分用于寻址查找表，忽略小数部分。使用查找表生成正弦波的步骤主要包括：

（1）在 Windows 7 主界面下，选择开始->所有程序->Xilinx Design Tools->Vivado 2017.2->System Generator->System Generator 2017.2，打开 MATLAB R2016b 开发环境。

（2）在 MATLAB 主界面的“Home”界面下，单击“Simulink Library”按钮，出现

“Simulink Library Browser”对话框。

(3) 在“Simulink Library Browser”对话框的主菜单下，选择 File->Open，出现“Open”对话框，定位到本书提供资料的\fpga_dsp_example\nco\lut 路径下，打开 sine_wave. slx 文件。

(4) 使用查找表生成正弦波发生器的结构如图 15.19 所示。

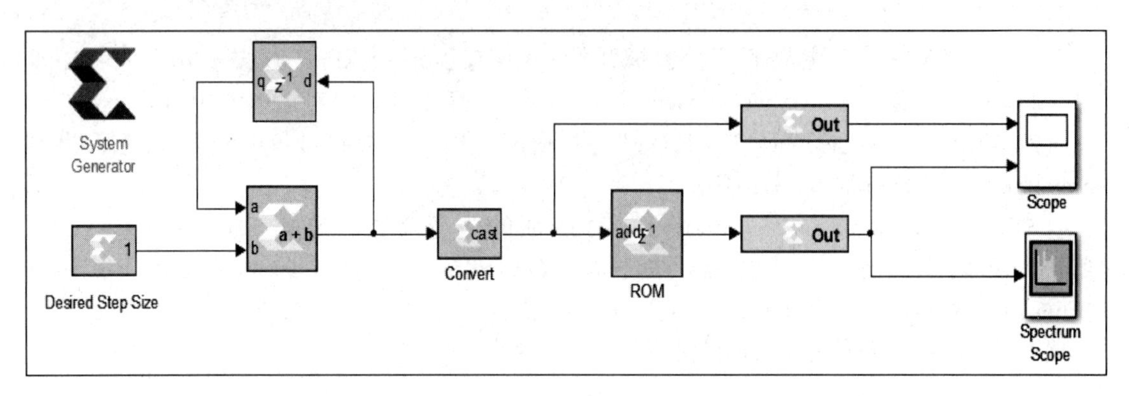

图 15.19　使用查找表生成正弦波发生器的结构

(5) 观察新模块的参数。

① 由于输出为正弦信号，所以在该设计中增加了一个查找表。

② 由于 ROM 的输入必须为无符号数，所以在两个模块连接时要加上一个 Convert 转换器，用于将有符号数转换成无符号数，且该无符号数作为 ROM 的地址。

③ ROM 的参数设置。深度为 256；正弦表中的初始值为 sin(pi * (0:255)/128)；输出信号为 1 位的整数位和 31 位的小数位。因此，输出正弦信号的幅度间隔应该为 $2^1=2$。

④ 输入的步长控制信号为 1，且为 8 位整数位和 4 位小数位。

(6) 运行工程并观察输出。

> **注：** 锯齿波和正弦波具有相同的频率。

思考与练习 15-3： 观察 NCO 生成的正弦曲线频率响应，计算正弦曲线的频率。

思考与练习 15-4： 改变查找表的精度为 16 位，即 1 位整数位和 15 位小数位，运行工程并观察输出情况，并说明原因。

思考与练习 15-5： 保留查找表的精度为 16 位，将步长改为 2.56，使 NCO 的频率变为 1kHz，运行工程，观察结果，并说明原因。

15.2.4　分析步长对频率分辨率的影响

由于 NCO 只能合成离散的频率，所以步长影响了生成正弦波的频率变化范围。在该设计中，斜坡扫描不同的步长范围，但是步长的量化和累加器是“粗糙”的。其中，步长控制信号为一个连续上升的斜坡信号，输出信号应该为一个频率连续变化的信号。分析步长对频率分辨率影响的步骤主要包括：

(1) 在 Windows 7 主界面下，选择开始->所有程序->Xilinx Design Tools->Vivado 2017.2->System Generator->System Generator 2017.2，打开 MATLAB R2016b 开发环境。

（2）在 MATLAB 主界面的“Home”界面下，单击“Simulink Library”按钮，出现“Simulink Library Browser”对话框。

（3）在“Simulink Library Browser”对话框的主菜单下，选择 File->Open，出现“Open”对话框，定位到本书提供资料的\fpga_dsp_example\nco\lut 路径下，打开 frequency_resolution. slx 文件。

（4）控制步长的 NCO 结构如图 15. 20 所示。

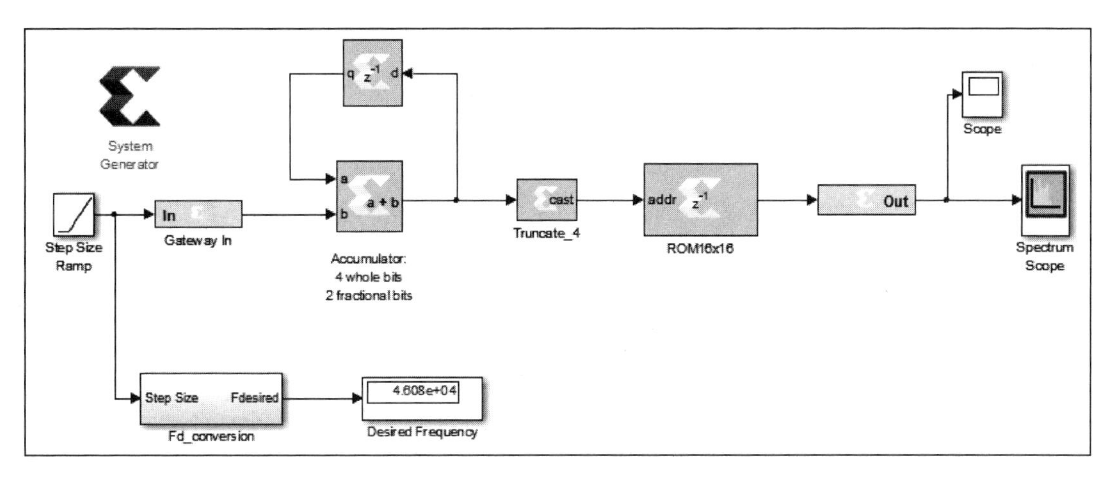

图 15. 20　控制步长的 NCO 结构

（5）运行工程，观察示波器、频谱仪和显示屏幕的结果。

思考与练习 15-6： 请根据设计原理给出频率的计算公式。

思考与练习 15-7： 为什么说 NCO 不适用于无线接收器？

思考与练习 15-8： 尝试将累加器的小数位数增加到 4 位，重新运行设计，并对运行结果进行说明。

15. 2. 5　分析频谱纯度

从前面的设计可知，幅度量化将谐波引入 NCO 的频率响应中。在该设计中，介绍另一个谐波源，即相位截断。在该设计中，NCO 由一个 10 位的累加器和一个 16 入口的查找表构成，使用了 16 位的精度。最初期望的频率是 25MHz，该频率为采样率的 1/4。分析频谱纯度的步骤主要包括：

（1）在 Windows 7 主界面下，选择开始->所有程序->Xilinx Design Tools->Vivado 2017. 2->System Generator->System Generator 2017. 2，打开 MATLAB R2016b 开发环境。

（2）在 MATLAB 主界面的“Home”界面下，单击“Simulink Library”按钮，出现“Simulink Library Browser”对话框。

（3）在“Simulink Library Browser”对话框的主菜单下，选择 File->Open，出现“Open”对话框，定位到本书提供资料的\fpga_dsp_example\nco\lut 路径下，打开 spectral_purity. slx 文件。

（4）分析 NCO 频谱纯度的结构如图 15. 21 所示。

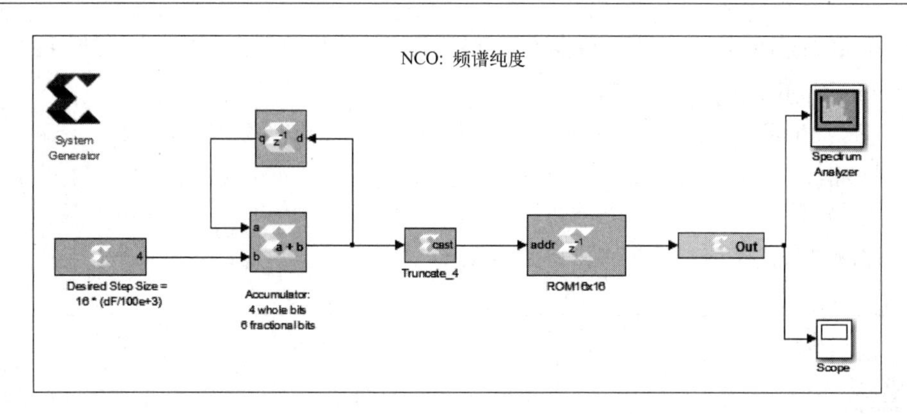

图 15.21 分析 NCO 频谱纯度的结构

(5) 运行工程，观察示波器、频谱仪和显示屏幕的结果。

思考与练习 15-9：在常数模块中，将所要求的频率改为 25.1kHz，再次进行仿真，将看到截然不同的现象，请说明产生这种现象的原因。

思考与练习 15-10：在常数模块中，将所要求的频率改为 15.5kHz，再次进行仿真，观察结果，看到“杂散”。请分析结果，并请说明原因。

15.2.6 分析查找表深度和无杂散动态范围

在该设计中，使用 3 个不同深度（16、64 和 256 入口）的查找表，实现相同的频率（13.3kHz）。在每种情况下，累加器的字长都是相同的，即 10 个比特位，并且查找表的输出精度也是相同的（16 位）。在仿真中，可以看到查找表的深度对频谱纯度的影响。分析查找表的深度和无杂散动态范围的步骤主要包括：

(1) 在 Windows 7 主界面下，选择开始->所有程序->Xilinx Design Tools->Vivado 2017.2->System Generator->System Generator 2017.2，打开 MATLAB R2016b 开发环境。

(2) 在 MATLAB 主界面的“Home”界面下，单击“Simulink Library”按钮，出现“Simulink Library Browser”对话框。

(3) 在“Simulink Library Browser”对话框的主菜单下，选择 File->Open，出现“Open”对话框，定位到本书提供资料的\fpga_dsp_example\nco\lut 路径下，打开 lutdepth_sfdr.slx 文件。

(4) 分析查找表的深度和无杂散动态范围的结构如图 15.22 所示。

(5) 运行工程，观察示波器。从示波器中可以看到，由 3 个累加器生成的锯齿波频率是完全一样的。

思考与练习 15-11：查看由 NCO 输出的正弦波，它们看上去是不同的，请说明原因。

思考与练习 15-12：添加频谱分析元件，观察 NCO 输出的频谱纯度哪个更好？

思考与练习 15-13：计算每个输出频谱的 SFDR。

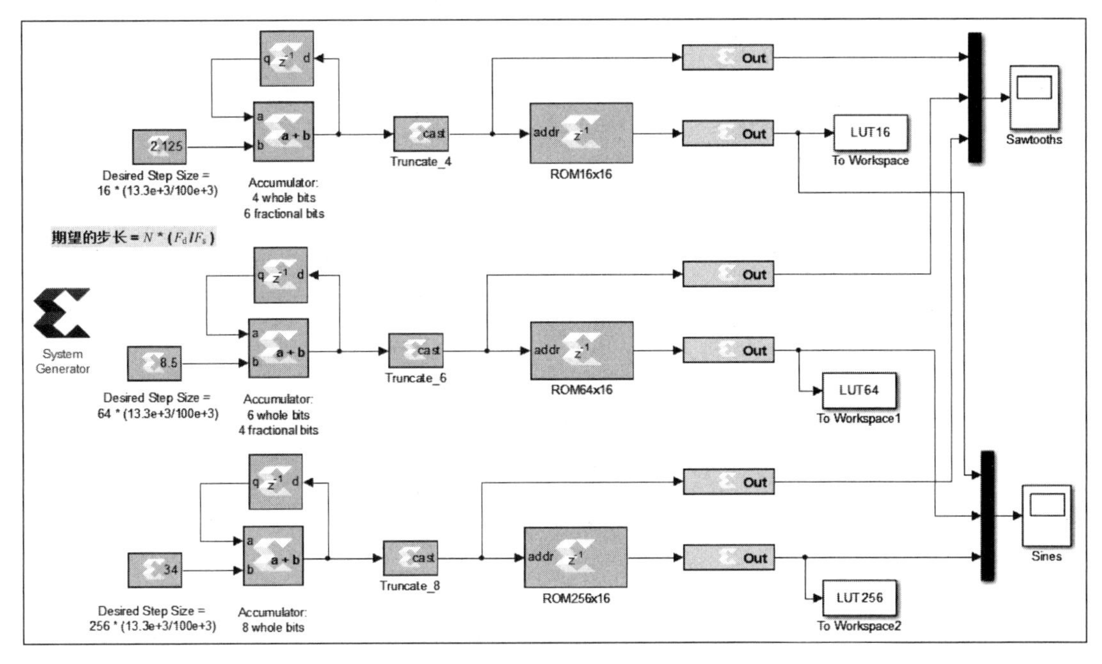

图 15.22　分析查找表的深度和无杂散动态范围的结构

15.2.7　分析查找表深度和实现成本

本设计中，采用 3 个不同的 NCO，研究实现这 3 个 NCO 所需的成本，比较内容包括整数位数、小数位数和 LUT 的深度，以及输出的分辨率。

1. 分析设计 1

分析查找表的深度和实现成本的步骤主要包括：

（1）在 Windows 7 主界面下，选择开始->所有程序->Xilinx Design Tools->Vivado 2017.2->System Generator->System Generator 2017.2，打开 MATLAB R2016b 开发环境。

（2）在 MATLAB 主界面的“Home”界面下，单击“Simulink Library”按钮，出现“Simulink Library Browser”对话框。

（3）在“Simulink Library Browser”对话框的主菜单下，选择 File->Open，出现“Open”对话框，定位到本书提供资料的\fpga_dsp_example\nco\lut 路径下，打开 lutdepth_cost_a.slx 文件。

（4）NCO 设计 1 的结构如图 15.23 所示。

（5）进行仿真，在 Scope 中观察仿真的波形。

（6）双击图 15.23 中名字为“System Generator”的元件符号，打开其参数配置界面，按如下参数配置。

- 在“Compliation”标签页，按如下参数配置。

① Part：Artix7 xc7a75t-1fgg484。

② Compilation：HDL Netlist。

③ Hardware description language：Verilog。

④ Target directory：./netlist。

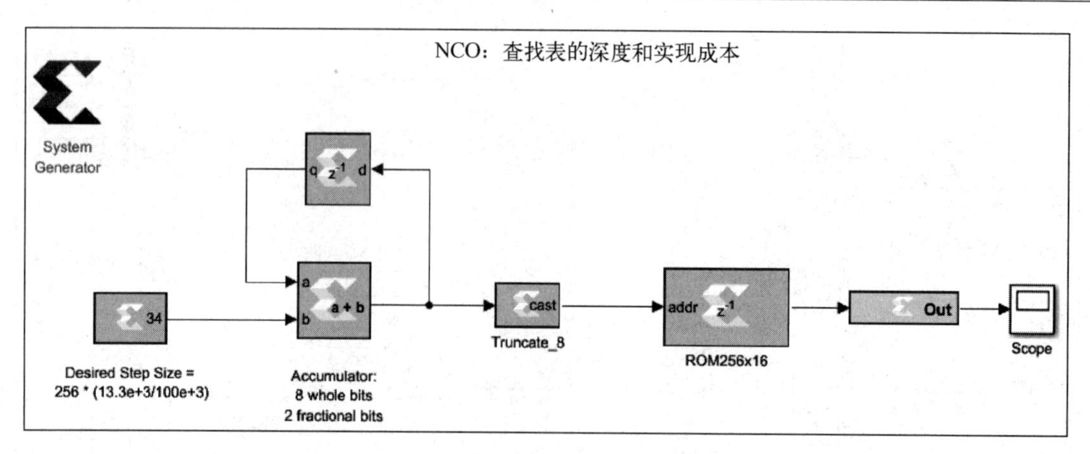

图 15.23　NCO 设计 1 的结构

- 在“Clocking”标签页中，按如下参数配置。

① FPGA clock period（ns）：20。

② Simulink system period（sec）：1/100e3。

③ Perform analysis：Post Implementation。

④ Analyzer type：Resource。

（7）单击“Generate”按钮，在后台调用 Vivado 2017.2 工具对该设计执行综合和实现过程。

（8）在执行完该过程后，在 System Generator 元件的参数配置界面的“Clocking”标签页中，单击“Analyzer type”右侧名字为“Launch”的按钮，则会出现 NCO 设计 1 所用的资源列表，如图 15.24 所示。

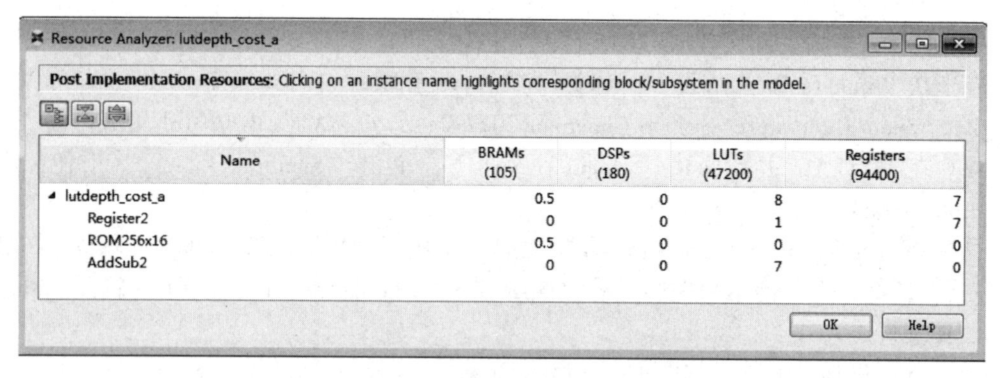
Resource Analyzer: lutdepth_cost_a

Post Implementation Resources: Clicking on an instance name highlights corresponding block/subsystem in the model.

Name	BRAMs (105)	DSPs (180)	LUTs (47200)	Registers (94400)
lutdepth_cost_a	0.5	0	8	7
Register2	0	0	1	7
ROM256x16	0.5	0	0	0
AddSub2	0	0	7	0

OK　Help

图 15.24　NCO 设计 1 所用的资源列表

思考与练习 15-14：根据图 15.24 给出的资源列表，分析该设计的实现成本。

2. 分析设计 2

分析查找表的深度和实现成本的步骤主要包括：

（1）在“Simulink Library Browser”对话框的主菜单下，选择 File -> Open，出现“Open”对话框，定位到本书提供资料的\fpga_dsp_example\nco\lut 路径下，打开 lutdepth_cost_b.slx 文件。

（2）NCO 设计 2 的结构如图 15.25 所示。

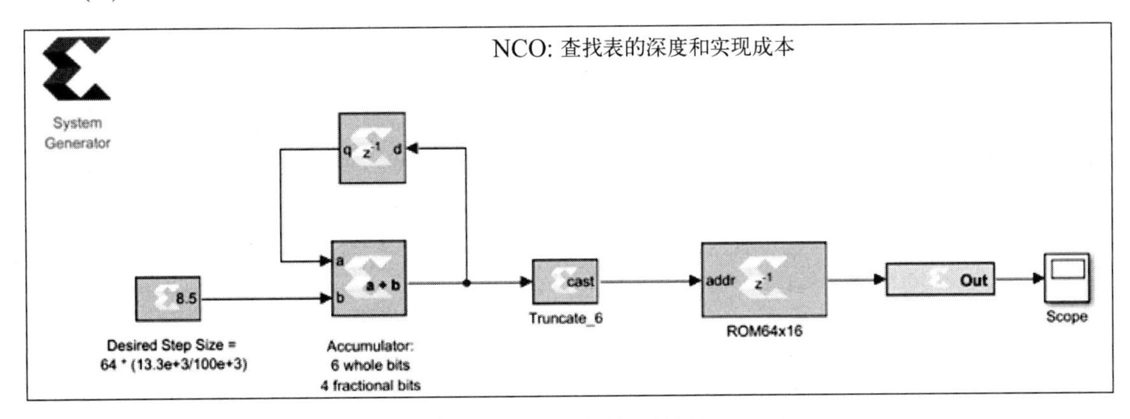

图 15.25　NCO 设计 2 的结构

（3）进行仿真，在 Scope 中观察仿真的波形。

（4）双击图 15.25 中名字为“System Generator”的元件符号，打开其参数配置界面，按如下参数配置。

● 在“Compliation”标签页中，按如下参数配置。

① Part：Artix7 xc7a75t-1fgg484。

② Compilation：HDL Netlist。

③ Hardware description language：Verilog。

④ Target directory：./netlist1。

● 在“Clocking”标签页中，按如下参数配置。

① FPGA clock period（ns）：20。

② Simulink system period（sec）：1/100e3。

③ Perform analysis：Post Implementation。

④ Analyzer type：Resource。

（5）单击“Generate”按钮，在后台调用 Vivado 2017.2 工具对该设计执行综合和实现过程。

（6）在执行完该过程后，在 System Generator 元件的参数配置界面的“Clocking”标签页中，单击“Analyzer type”右侧名字为“Launch”的按钮，出现 NCO 设计 2 所用的资源列表，如图 15.26 所示。

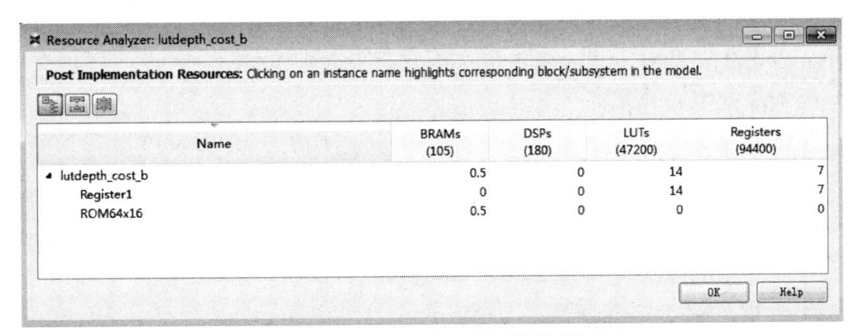
Resource Analyzer: lutdepth_cost_b

Post Implementation Resources: Clicking on an instance name highlights corresponding block/subsystem in the model.

Name	BRAMs (105)	DSPs (180)	LUTs (47200)	Registers (94400)
lutdepth_cost_b	0.5	0	14	7
Register1	0	0	14	7
ROM64x16	0.5	0	0	0

OK　Help

图 15.26　NCO 设计 2 所用的资源列表

思考与练习 15-15：根据图 15.26 给出的资源列表，分析该设计的实现成本。

3. 分析设计 3

分析查找表的深度和实现成本的步骤主要包括：

（1）在“Simulink Library Browser”对话框的主菜单下，选择 File -> Open，出现“Open”对话框，定位到本书提供资料的\fpga_dsp_example\nco\lut 路径下，打开 lutdepth_cost_c. slx 文件。

（2）NCO 设计 3 的结构如图 15.27 所示。

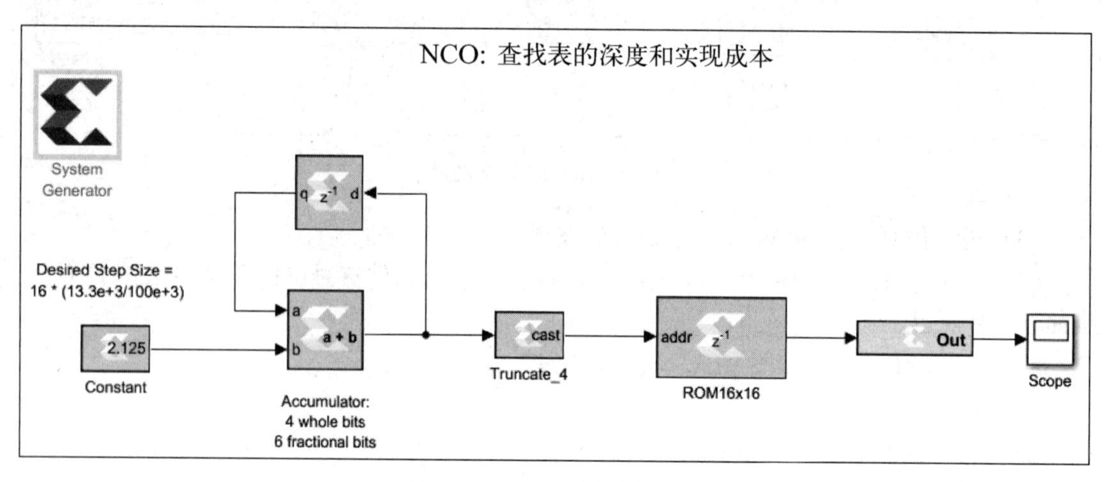

图 15.27 NCO 设计 3 的结构

（3）进行仿真，在 Scope 中观察仿真的波形。

（4）双击图 15.27 中名字为“System Generator”的元件符号，打开其参数配置界面，按如下参数配置。

- 在“Compliation”标签页中，按如下参数配置。

① Part：Artix7 xc7a75t-1fgg484。

② Compilation：HDL Netlist。

③ Hardware description language：Verilog。

④ Target directory：./netlist2。

- 在“Clocking”标签页中，按如下参数配置。

① FPGA clock period（ns）：20。

② Simulink system period（sec）：1/100e3。

③ Perform analysis：Post Implementation。

④ Analyzer type：Resource。

（5）单击“Generate”按钮，在后台调用 Vivado 2017.2 工具对该设计执行综合和实现过程。

（6）在执行完该过程后，在 System Generator 元件的参数配置界面的“Clocking”标签页中，单击“Analyzer type”右侧名字为“Launch”的按钮，出现 NCO 设计 3 所用的资源列表，如图 15.28 所示。

思考与练习 15-16：根据图 15.28 给出的资源列表，分析该设计的实现成本。

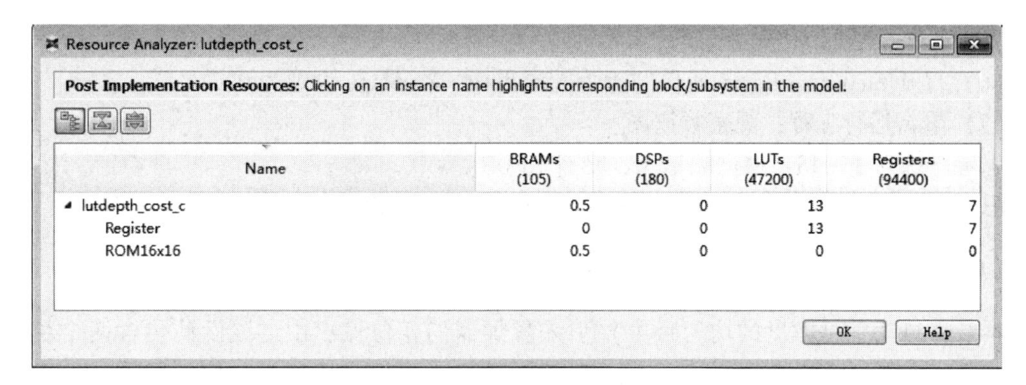

图 15.28　NCO 设计 3 所用的资源列表

思考与练习 15-17：根据上面的分析，说明查找表的深度与设计成本之间的关系。

15.2.8　动态频率的无杂散动态范围

在该设计中，继续讨论无杂散动态范围。通常，要求 NCO 可以合成宽的频率范围，而不是只有一个固定的频率范围，必须考虑 SFDR。本章前面已经提到，步长会影响 SFDR。分析动态频率 SFDR 的步骤主要包括：

（1）在 Windows 7 主界面下，选择开始->所有程序->Xilinx Design Tools->Vivado 2017.2->System Generator->System Generator 2017.2，打开 MATLAB R2016b 开发环境。

（2）在 MATLAB 主界面的“Home”界面下，单击“Simulink Library”按钮，出现“Simulink Library Browser”对话框。

（3）在“Simulink Library Browser”对话框的主菜单下，选择 File->Open，出现“Open”对话框，定位到本书提供资料的\fpga_dsp_example\nco\lut 路径下，打开 sfdr_dynamic.slx 文件。

（4）分析动态频率 SFDR 的结构如图 15.29 所示。

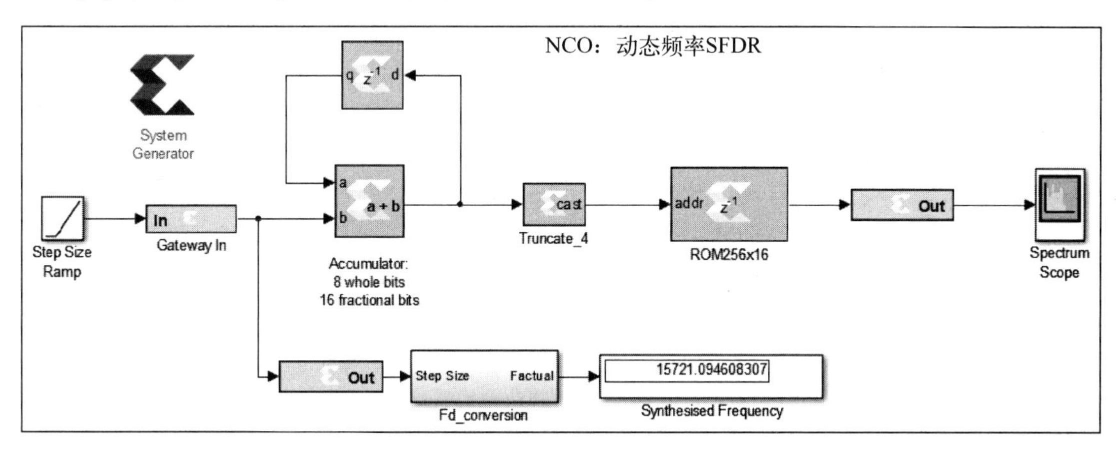

图 15.29　分析动态频率 SFRD 的结构

> **注**：Step Size Ramp 元件的“Slope”设置为 0。

（5）运行工程，观察频谱图。

（6）打开 Step Size Ramp 元件的参数配置界面，将 Slope 设置为 0.01。

（7）重新运行工程，观察频谱图。

思考与练习 15-18：根据频谱图，估计 SFDR。

思考与练习 15-19：重新运行工程后杂散的频率和幅度明显变化，分析原因。

15.2.9　带有抖动的无杂散动态范围

本节将抖动（低幅度的均匀噪声）引入累加器的相位输出中。该设计包含两个相同的 NCO，一个 NCO 有抖动，而另一个没有抖动。因此，可以直接比较它们的频谱。分析带有抖动的 SFDR 的步骤主要包括：

（1）在 Windows 7 主界面下，选择开始->所有程序->Xilinx Design Tools->Vivado 2017.2->System Generator->System Generator 2017.2，打开 MATLAB R2016b 开发环境。

（2）在 MATLAB 主界面的“Home”界面下，单击“Simulink Library”按钮，出现“Simulink Library Browser”对话框。

（3）在“Simulink Library Browser”对话框的主菜单下，选择 File->Open，出现“Open”对话框，定位到本书提供资料的\fpga_dsp_example\nco\lut 路径下，打开 sfdr_dithering.slx 文件。

（4）带有抖动和无抖动的 NCO 的结构如图 15.30 所示。

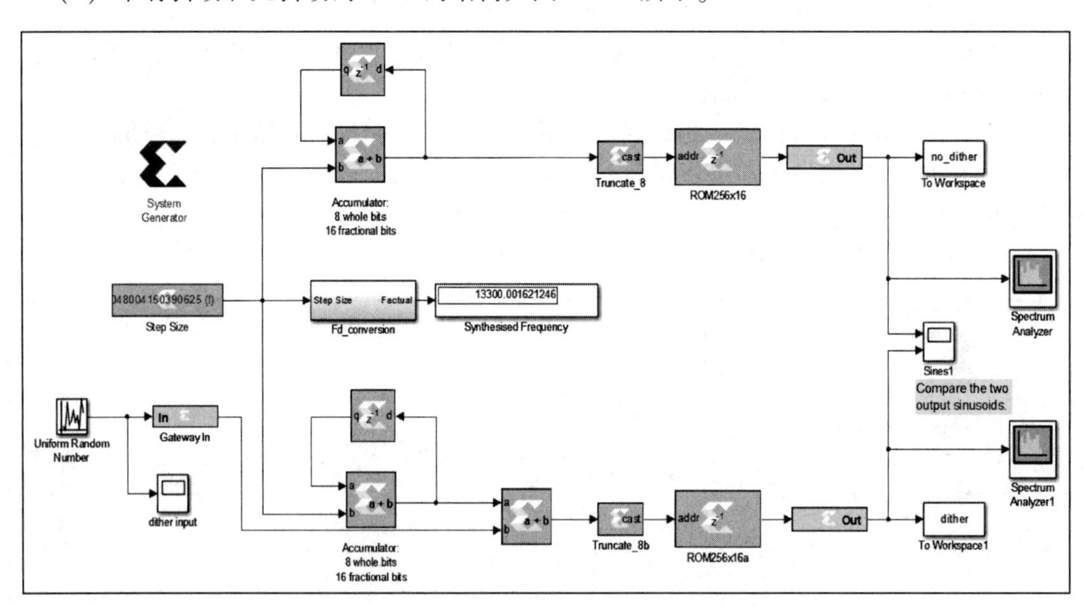

图 15.30　带有抖动和无抖动的 NCO 的结构

（5）运行设计，查看示波器和频谱分析仪的输出。

思考与练习 15-20：打开频谱分析仪界面，计算两个 NCO 的 SFDR，并说明原因。

思考与练习 15-21：打开示波器，比较两个 NCO 的输出，它们基本一样，请说明原因。

思考与练习 15-22：打开 Uniform Random Number 元件的参数配置界面，查看其参数，说明其对 SFDR 的影响。

15.2.10　调谐抖动个数

从前面的设计可知，抖动可以降低频谱所出现的杂散。然而，任何事情都有个度，一旦超过这个度，反而会使得设计的性能变坏。本节将研究添加正确的抖动个数，即把不同的抖动引入 4 个相同的 NCO 中。调谐抖动个数的步骤主要包括：

（1）在 Windows 7 主界面下，选择开始->所有程序->Xilinx Design Tools->Vivado 2017.2->System Generator->System Generator 2017.2，打开 MATLAB R2016b 开发环境。

（2）在 MATLAB 主界面的"Home"界面下，单击"Simulink Library"按钮，出现"Simulink Library Browser"对话框。

（3）在"Simulink Library Browser"对话框的主菜单下，选择 File->Open，出现"Open"对话框，定位到本书提供资料的\fpga_dsp_example\nco\lut 路径下，打开 tuning_dither.slx 文件。

（4）调谐抖动个数的结构如图 15.31 所示。

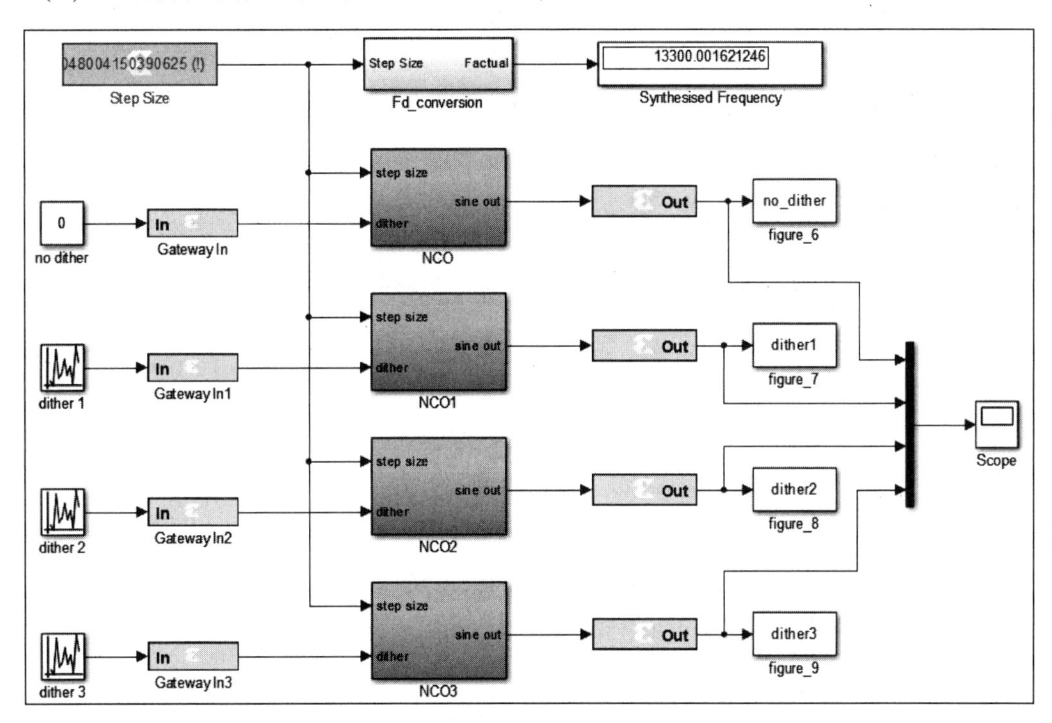

图 15.31　调谐抖动个数的结构

（5）运行工程，查看所绘制的频谱图。

思考与练习 15-23：在频谱图中，给出了 NCO 4 个输出的频谱，比较 4 个输出中哪个有最好的 SFDR（no dither、dither 1、dither 2 和 dither 3）。

思考与练习 15-24：打开用于每个 NCO 的抖动源，同时注意 Gateway In 元件的参数配置。分析在每个情况下使用了多少个抖动位。

思考与练习 15-25：读者可以设置自己的抖动个数，并且讨论将抖动个数设置为多少是最好的。

15.2.11 创建一个抖动信号

本节将讨论使用硬件创建一个抖动信号的方法和实现成本。该设计中，使用 LFSR 产生噪声信号，它由 16 个元件构成，通过异或门进行反馈。这样，生成一个具有最大长度的伪随机二进制序列，即每 2^{16}的周期重复一次。这 16 个元件构成一个 16 位的并行输出，二进制小数点在第 16 位。创建一个抖动信号的步骤主要包括：

(1) 在 Windows 7 主界面下，选择开始->所有程序->Xilinx Design Tools->Vivado 2017.2->System Generator->System Generator 2017.2，打开 MATLAB R2016b 开发环境。

(2) 在 MATLAB 主界面的“Home”界面下，单击“Simulink Library”按钮，出现“Simulink Library Browser”对话框。

(3) 在“Simulink Library Browser”对话框的主菜单下，选择 File->Open，出现“Open”对话框，定位到本书提供资料的\fpga_dsp_example\nco\lut 路径下，打开 creating_dither.slx 文件。

(4) 创建抖动信号的结构如图 15.32 所示。

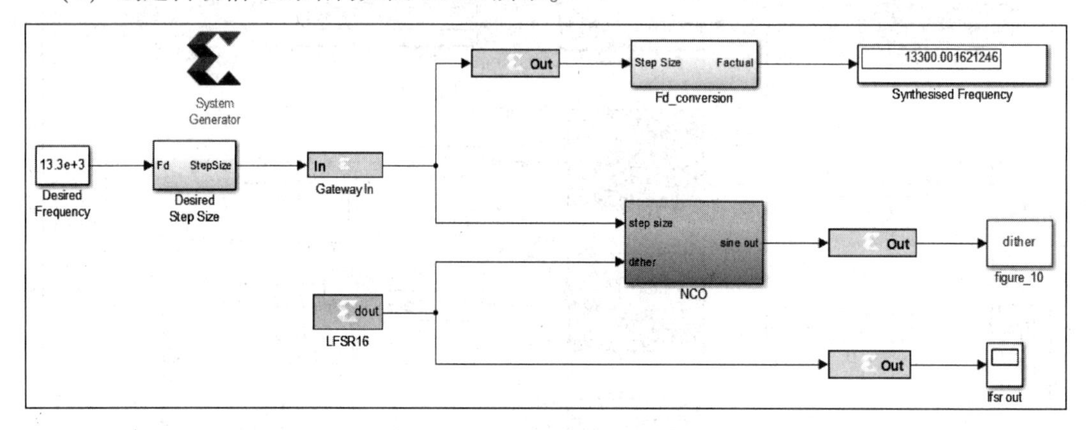

图 15.32 创建抖动信号的结构

(5) 运行设计，查看示波器。

思考与练习 15-26：查看绘制的 FFT 图和杂散的情况。

思考与练习 15-27：单击 System Generator 元件符号，生成硬件结构。用 Vivado 2017.2 打开，观察所生成的硬件的内部结构。

> **注**：读者可以定位到本书提供资料的\fpga_dsp_example\nco\lut\netlist3\hdl_netlist\路径下，打开名字为“create_dither.xpr”的工程。

15.3 IIR 滤波器数控振荡器的原理与实现

本节将介绍基于 IIR 滤波器的数控振荡器的原理与实现。

15.3.1 IIR 滤波器数控振荡器原理

可以使用临界稳定的 IIR 滤波器生成正弦波，如图 15.33 所示。考虑简单的两个系数的

IIR（全极点）滤波器，滤波器的输出表示为

$$y(k)=x(k)+by(k-1)-y(k-2)$$

在 Z 域中，滤波器的输出表示为

$$Y(z)=X(z)+bz^{-1}Y(z)-z^{-2}Y(z)$$

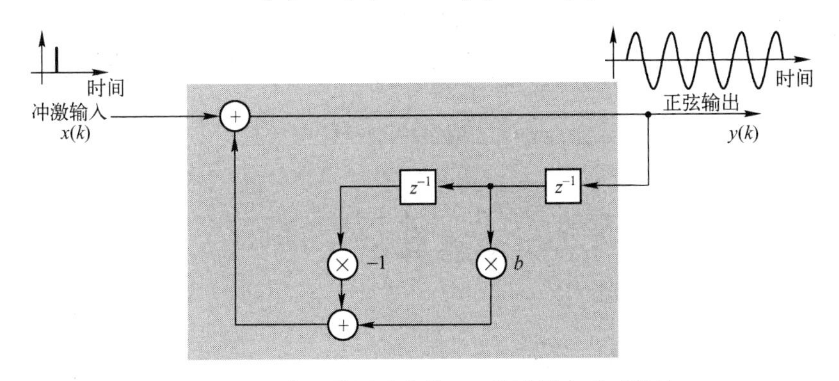

图 15.33　使用临界稳定的 IIR 滤波器生成正弦波

故传递函数 $H(z)$ 为

$$H(z)=\frac{Y(z)}{X(z)}=\frac{1}{1-bz^{-1}+z^{-2}}=\frac{1}{(1-p_1z^{-1})(1-p_2z^{-1})}$$

$$=\frac{1}{1-(p_1+p_2)z^{-1}+p_1p_2z^{-2}}$$

其中，p_1 和 p_2 是滤波器的极点，并且 $b=p_1+p_2, p_1p_2=1$。

因此，可以得到滤波器的极点为

$$p_{1,2}=\frac{b\pm\sqrt{b^2-4}}{2}=\frac{b\pm \mathrm{j}\sqrt{4-b^2}}{2}$$

其中，b 为实数；p_1 和 p_2 为共轭复数。

$$p_{1,2}=\mathrm{e}^{\pm \mathrm{j}\arctan\frac{\sqrt{4-b^2}}{b}}$$

考虑上式，共轭复数 p_1 和 p_2 的幅度为 1。所以，极点应该在单位圆上：

$$|p_{1,2}|=1=\mathrm{e}^{\frac{\pm \mathrm{j}2\pi f}{f_S}}$$

15.3.2　使用 IIR 滤波器生成正弦波振荡器

本节将使用 IIR 滤波器生成正弦波振荡器，采样率 $f_S=100\text{MHz}$，$b=1.75$，其传递函数表示为

$$H(z)=\frac{1}{1-1.75z^{-1}+z^{-2}}$$

使用 IIR 滤波器生成正弦波振荡器的步骤主要包括：

（1）在 Windows 7 主界面下，选择开始->所有程序->Xilinx Design Tools->Vivado 2017.2->System Generator->System Generator 2017.2，打开 MATLAB R2016b 开发环境。

（2）在 MATLAB 主界面的“Home”界面下，单击“Simulink Library”按钮，出现

“Simulink Library Browser”对话框。

（3）在“Simulink Library Browser”对话框的主菜单下，选择 File->Open，出现“Open”对话框，定位到本书提供资料的\fpga_dsp_example\nco\iir 路径下，打开 sine_wave_iir. slx 文件。

（4）使用 IIR 滤波器生成正弦波振荡器的结构如图 15. 34 所示。

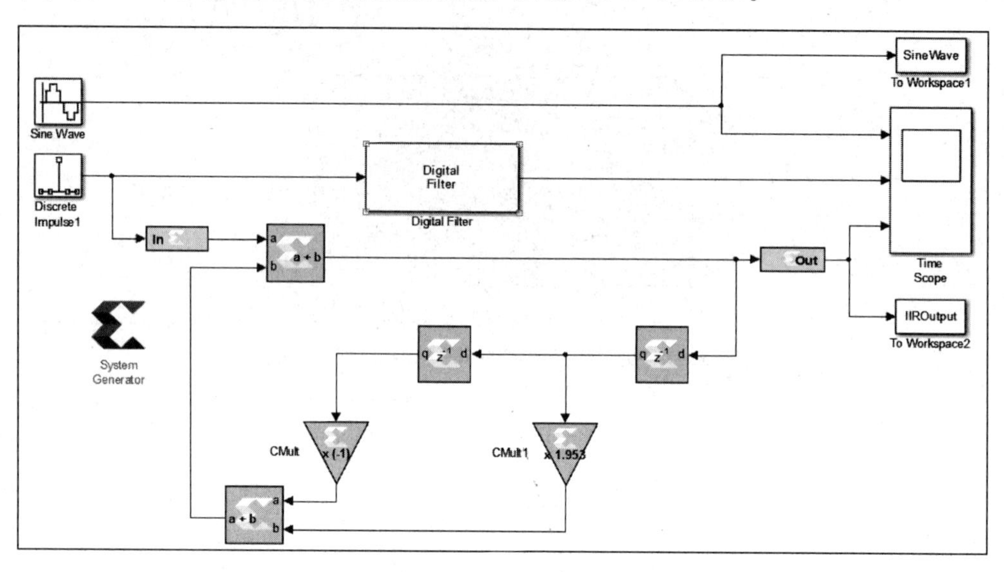

图 15. 34　使用 IIR 滤波器生成正弦波振荡器的结构

（5）运行设计。从绘制的频谱图中可以看出，所生成正弦信号的频率为 8. 04MHz。

注： 从公式 $(2\pi f)/f_S = \arctan((\sqrt{4-b^2})/b)$ 验证对于 $b=1.75$ 该公式的正确性。

（6）将 b 从 1. 75 改为 1. 95，根据上面的公式计算输出信号的频率，并且在单位圆上绘制出两个极点的位置。

（7）运行设计，验证理论计算的正确性。

15. 3. 3　IIR 振荡器的频谱纯度分析

本节将观察由 IIR 振荡器生成正弦信号的频谱纯度。本设计包含 3 个元件：①一个 IIR 振荡器；②一个正弦波发生器；③来自离散块的一个 IIR 振荡器。

分析由 IIR 振荡器生成的正弦信号的频谱纯度的步骤主要包括：

（1）在 Windows 7 主界面下，选择开始->所有程序->Xilinx Design Tools->Vivado 2017. 2->System Generator->System Generator 2017. 2，打开 MATLAB R2016b 开发环境。

（2）在 MATLAB 主界面的“Home”界面下，单击“Simulink Library”按钮，出现“Simulink Library Browser”对话框。

（3）在“Simulink Library Browser”对话框的主菜单下，选择 File->Open，出现“Open”对话框，定位到本书提供资料的\fpga_dsp_example\nco\iir 路径下，打开 sine_wave_iir_spectrum. slx 文件。

（4）分析由 IIR 振荡器生成的正弦信号的频谱纯度的结构如图 15. 35 所示。

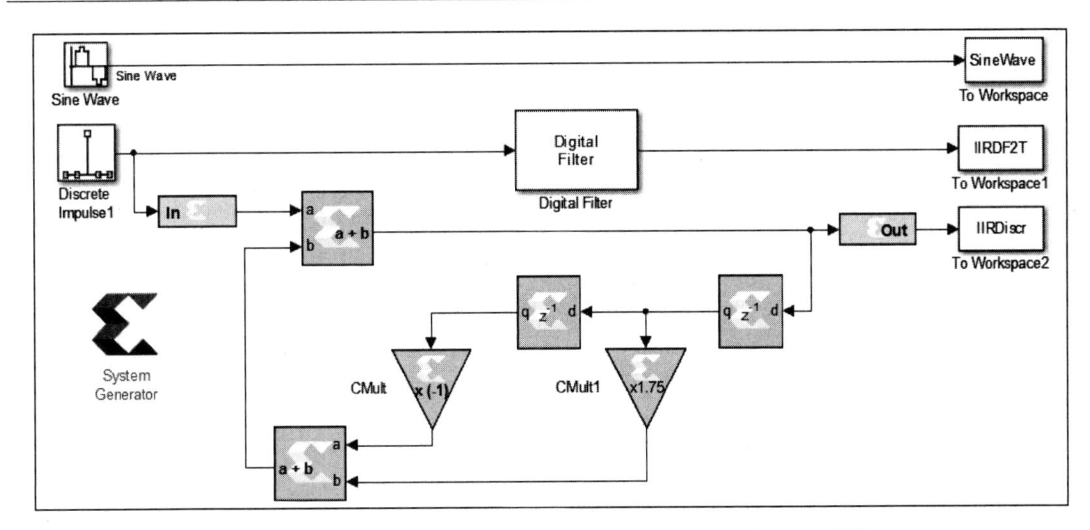

图 15.35　分析由 IIR 振荡器生成的正弦信号的频谱纯度的结构

（5）运行设计。如图 15.36 所示，给出了 IIR 振荡器频谱纯度分析图。从图 15.36 中可以看出，正弦波更纯一些。

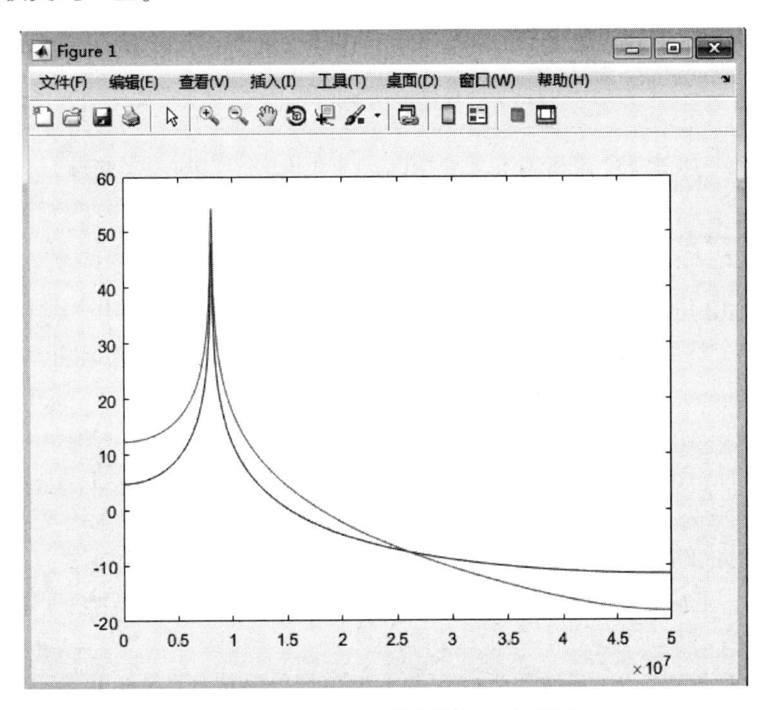

图 15.36　IIR 振荡器频谱纯度分析图

15.3.4　32 位定点 IIR 滤波器生成正弦波振荡器

本节将使用 32 位定点 IIR 滤波器生成正弦波振荡器。在该设计中，将所有加法器和乘法器均设置为 4 个整数位和 28 个小数位。分析 32 位定点 IIR 振荡器频谱纯度的步骤包括：

（1）在 Windows 7 主界面下，选择开始 -> 所有程序 -> Xilinx Design Tools -> Vivado

2017.2->System Generator->System Generator 2017.2，打开 MATLAB R2016b 开发环境。

（2）在 MATLAB 主界面的“Home”界面下，单击“Simulink Library”按钮，出现“Simulink Library Browser”对话框。

（3）在“Simulink Library Browser”对话框的主菜单下，选择 File->Open，出现“Open”对话框，定位到本书提供资料的\fpga_dsp_example\nco\iir 路径下，打开 sine_wave_iir_32bit.slx 文件。

（4）使用 32 位定点 IIR 滤波器生成正弦波振荡器的结构如图 15.37 所示。

（5）运行设计。

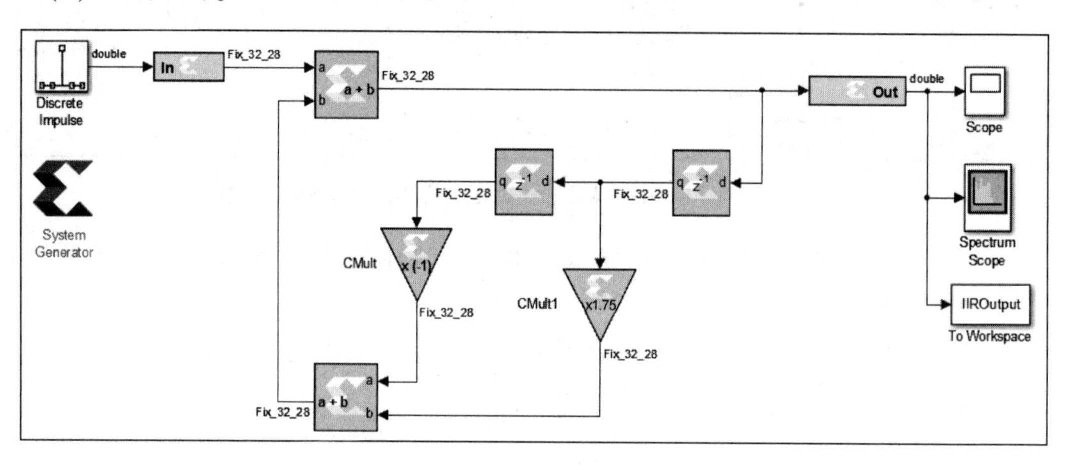

图 15.37 使用 32 位定点 IIR 滤波器生成正弦波振荡器的结构

15.3.5 12 位定点 IIR 滤波器生成正弦波振荡器

本节将使用 12 位定点 IIR 滤波器生成正弦波振荡器。在该设计中，将所有加法器和乘法器均设置为 3 个整数位和 9 个小数位。分析 12 位定点 IIR 振荡器频谱纯度的步骤包括：

（1）在 Windows 7 主界面下，选择开始->所有程序->Xilinx Design Tools->Vivado 2017.2->System Generator->System Generator 2017.2，打开 MATLAB R2016b 开发环境。

（2）在 MATLAB 主界面的“Home”界面下，单击“Simulink Library”按钮，出现“Simulink Library Browser”对话框。

（3）在“Simulink Library Browser”对话框的主菜单下，选择 File->Open，出现“Open”对话框，定位到本书提供资料的\fpga_dsp_example\nco\iir 路径下，打开 sine_wave_iir_12bit.slx 文件。

（4）使用 12 位定点 IIR 滤波器生成正弦波振荡器的结构如图 15.38 所示。

（5）运行设计，浮点和 12 位定点实现的频谱如图 15.39 所示。从图 15.39 中可以看出，两个非常相似，但不完全一样。12 位定点表示有更多的噪声出现。

思考与练习 15-28：如图 15.38 所示，在该结构中，有 Fix_12_10 和 Fix_12_9 两种格式，请说明这样设置的原因。

思考与练习 15-29：在 System Generator 中对图 15.38 给出的设计结构进行综合，查看该设计所消耗的逻辑设计资源，如图 15.40 所示。根据图 15.40，分析设计消耗的逻辑设计资源（该设计使用 xc7a75tfgg484-1 器件）。

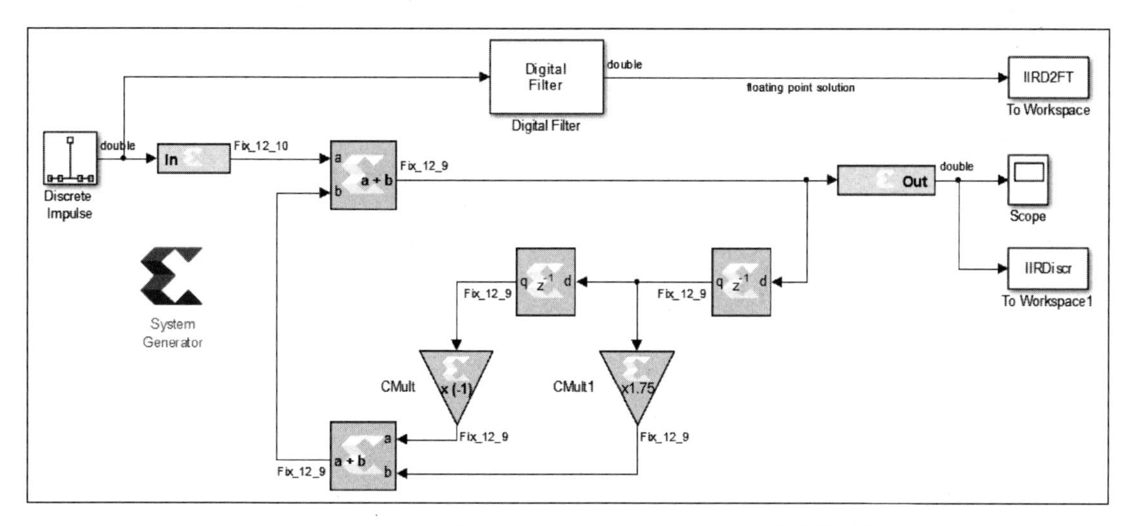

图 15.38　使用 12 位定点 IIR 滤波器生成正弦波振荡器的结构

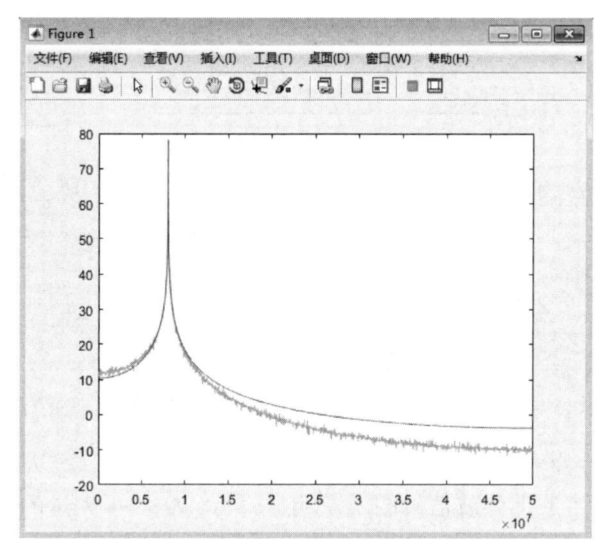

图 15.39　浮点和 12 位定点实现的频谱图

Resource Analyzer: sine_wave_iir_12bit

Post Implementation Resources: Clicking on an instance name highlights corresponding block/subsystem in the model.

Name	BRAMs (105)	DSPs (180)	LUTs (47200)	Registers (94400)
sine_wave_iir_12bit	0	0	57	24
Register1	0	0	0	12
Register	0	0	0	12
CMult1	0	0	17	0
CMult	0	0	26	0
AddSub1	0	0	13	0
AddSub	0	0	1	0

OK　Help

图 15.40　设计所消耗的逻辑设计资源

15.3.6　8 位定点 IIR 滤波器生成正弦波振荡器

本节将使用 8 位定点 IIR 滤波器生成正弦波振荡器。在该设计中，将所有加法器和乘法器均设置为 3 个整数位和 5 个小数位，这种设置将显著降低正弦波信号的质量。分析 8 位定点 IIR 振荡器频谱纯度的步骤主要包括：

（1）在 Windows 7 主界面下，选择开始->所有程序->Xilinx Design Tools->Vivado 2017.2->System Generator->System Generator 2017.2，打开 MATLAB R2016b 开发环境。

（2）在 MATLAB 主界面的“Home”界面下，单击“Simulink Library”按钮，出现“Simulink Library Browser”对话框。

（3）在“Simulink Library Browser”对话框的主菜单下，选择 File->Open，出现“Open”对话框，定位到本书提供资料的\fpga_dsp_example\nco\iir 路径下，打开 sine_wave_iir_8bit.slx 文件。

（4）使用 8 位定点 IIR 滤波器生成正弦波振荡器的结构如图 15.41 所示。

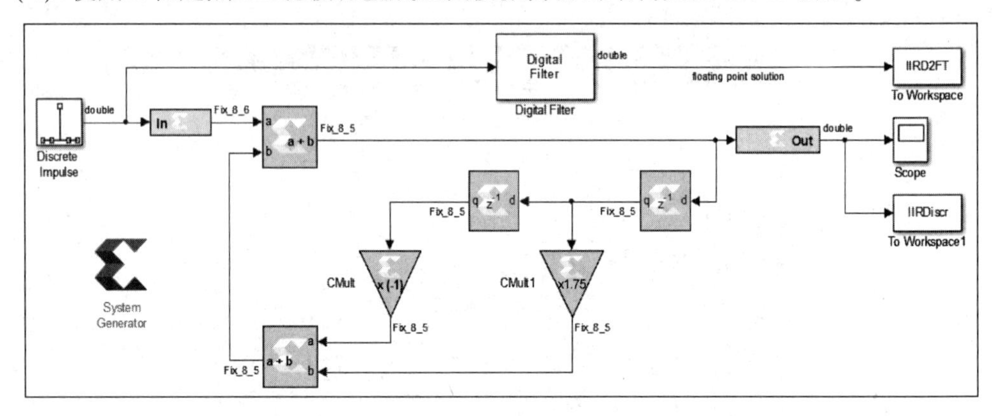

图 15.41　使 8 位定点 IIR 滤波器生成正弦波振荡器的结构

（5）运行设计，浮点和 8 位定点实现的频谱如图 15.42 所示。从图 15.42 中可以看出，8 位定点 IIR 滤波器产生的正弦波信号的质量明显降低，包含了大量的噪声。

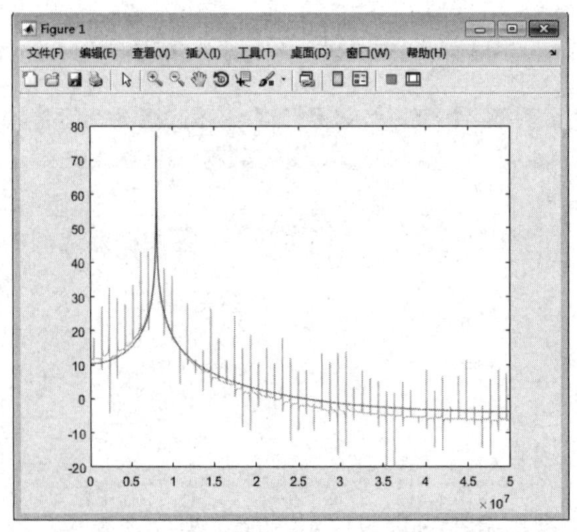

图 15.42　浮点和 8 位定点实现的频谱

思考与练习 15-30：根据前面给出的计算公式，得出该正弦波信号的频率。

15.4　CORDIC 数控振荡器的实现

本节将通过 CORDIC 算法实现数控振荡器。

15.4.1　象限修正正弦/余弦 CORDIC 振荡器

本节将分析象限修正正弦/余弦 CORDIC 振荡器。分析象限修正正弦/余弦 CORDIC 振荡器的步骤主要包括：

（1）在 Windows 7 主界面下，选择开始->所有程序->Xilinx Design Tools->Vivado 2017.2->System Generator->System Generator 2017.2，打开 MATLAB R2016b 开发环境。

（2）在 MATLAB 主界面的“Home”界面下，单击“Simulink Library”按钮，出现“Simulink Library Browser”对话框。

（3）在“Simulink Library Browser”对话框的主菜单下，选择 File->Open，出现“Open”对话框，定位到本书提供资料的\fpga_dsp_example\nco\cordic 路径下，打开 cordic_ramp_osc.slx 文件。

（4）象限修正正弦/余弦 CORDIC 振荡器的结构如图 15.43 所示。

> **注**：图 15.44 中有一个 Quadrant and Ramp Correction 元件，该元件的输入是锯齿波。

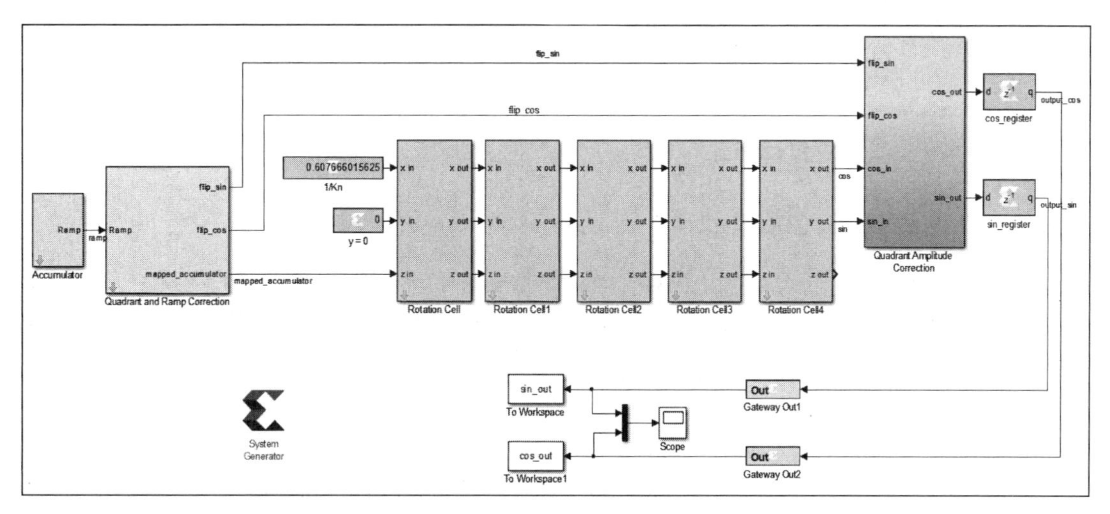

图 15.43　象限修正正弦/余弦 CORDIC 振荡器的结构

（5）运行设计，查看 CORDIC 单元的时域和频域输出。

思考与练习 15-31：在图 15.43 中，对于角度 0°~360°有不同的表示方法，请说明原因。

思考与练习 15-32：请分析 CORDIC 正弦和余弦输出的频谱纯度。

思考与练习 15-33：通过改变步长来改变锯齿波的斜率，观察合成的波形。

注： 旋转模式和振荡器模式的变换关系如图 15.44 所示。

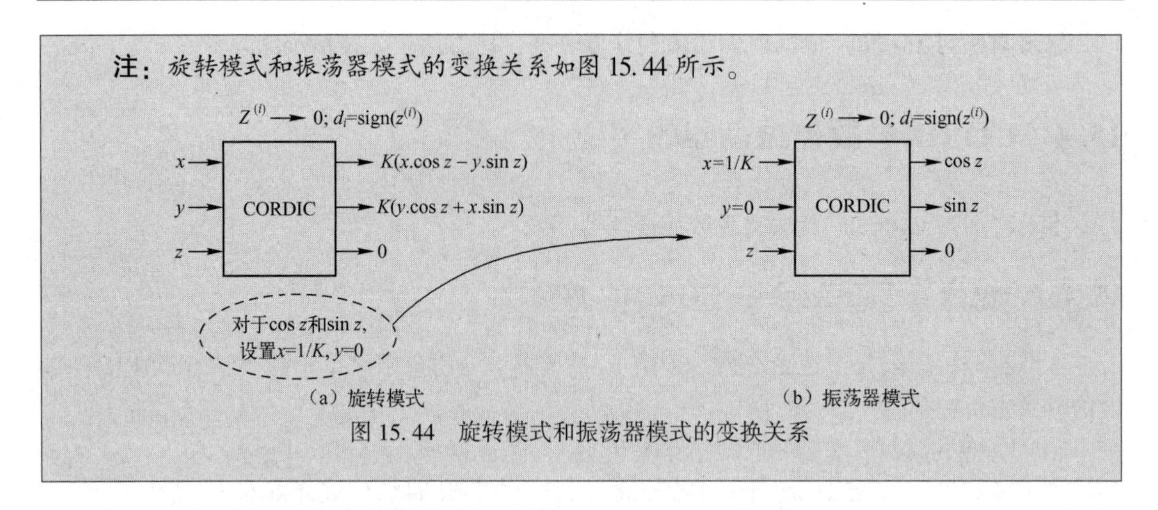

图 15.44　旋转模式和振荡器模式的变换关系

15.4.2　锯齿波驱动正弦/余弦 CORDIC 振荡器

本设计包含一个锯齿波生成器，用于为 CORDIC 单元产生一个角度。分析锯齿波驱动正弦/余弦 CORDIC 振荡器的步骤主要包括：

（1）在 Windows 7 主界面下，选择开始->所有程序->Xilinx Design Tools->Vivado 2017.2->System Generator->System Generator 2017.2，打开 MATLAB R2016b 开发环境。

（2）在 MATLAB 主界面的“Home”界面下，单击“Simulink Library”按钮，出现“Simulink Library Browser”对话框。

（3）在“Simulink Library Browser”对话框的主菜单下，选择 File->Open，出现“Open”对话框，定位到本书提供资料的\fpga_dsp_example\nco\cordic 路径下，打开 cordic_ramp_osc.slx 文件。

（4）锯齿波驱动正弦/余弦 CORDIC 振荡器的结构如图 15.45 所示。

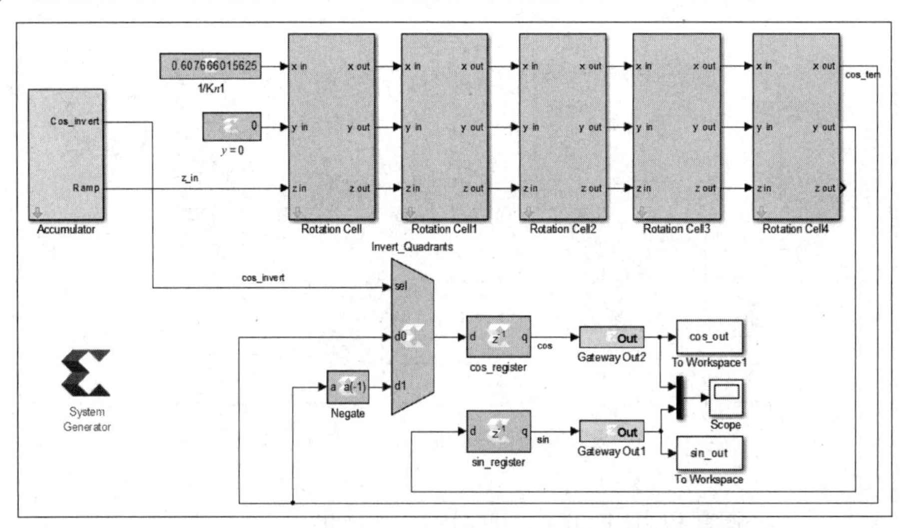

图 15.45　锯齿波驱动正弦/余弦 CORDIC 振荡器的结构

思考与练习 15-34： 通过改变步长来改变锯齿波的斜率，查看频率的变化。

第 16 章　通信信号处理的原理与实现

本章将介绍信号处理在数字通信系统中的应用，内容主要包括：信号检测理论，二进制基带数据传输，信号调制技术，脉冲整形滤波器的原理与实现，发射机的原理与实现，脉冲生成和匹配滤波器的实现，以及接收机的原理与实现。

通信信号处理是数字信号处理技术在数字通信系统中的重要应用，同时也是使用 FPGA 处理通信信号问题的重要理论基础。

16.1　信号检测理论

根据概率论的知识可知，事件 A 不会发生的概率是 $P(\mathrm{A})=0$；事件 B 一定发生的概率是 $P(\mathrm{B})=1$。因此，概率 0 是不发生，概率 1 是一定发生。因此，任何事件发生的概率可用 0~1 之间的数来表示。例如，多次扔一枚硬币，经过大量的统计后会发现出现正面的概率和出现反面的概率相同，即 $P(\mathrm{H})=0.5, P(\mathrm{T})=0.5$。

16.1.1　概率的柱状图表示

柱状图可以用于表示信号发生的概率。如果将数字信号生成柱状图，则需要打乱全部信号的采样值，并将最小值到最大值分成许多等间隔的区间，然后将采样信号的值放到不同的区间内，最后计算输出采样信号在不同区间的个数。例如，将图 16.1（a）给出的随时间变化的采样值进行处理，然后使用图 16.1（b）所示的柱状图表示。

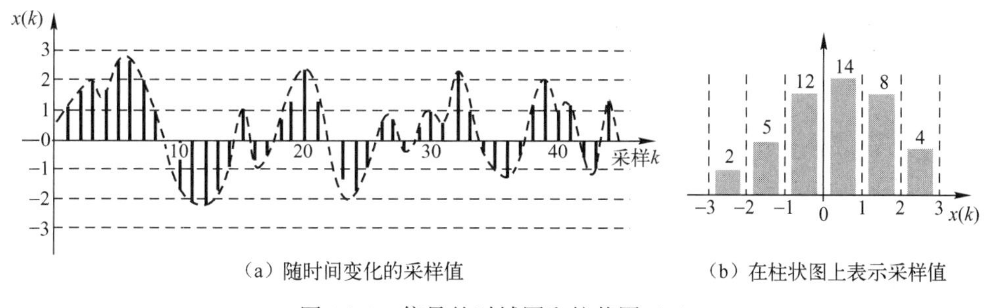

（a）随时间变化的采样值　　（b）在柱状图上表示采样值

图 16.1　信号的时域图和柱状图（1）

对随机信号的 45 个采样值划分为下面的区间：① {−3~−2}；② {−2~−1}；③ {−1~0}；④ {0~1}；⑤ {1~2}；⑥ {2~3}。

通过计算这些区间内采样值的个数，可以通过柱状图了解这些采样值的分布情况。信号随机的，但是可以从柱状图中获得样本值的一些信息，如选取一个样本 x，它在−1~1 范围内的概率是 50%。因而，概率 $P(.)$ 可以表示为

$$P(-1<x<1)=\frac{26}{45}=0.5777 \tag{16.1}$$

当获取到更多的采样值时，柱状图更接近信号的概率密度函数（Probability Density Function，PDF）。通过将图 16.2（b）中不同区域的采样值个数除以总的采样个数（图 16.2（a）中采样值的个数一共是 1000 个），将图 16.2（b）给出的柱状图归一化为图 16.2（c）所示的柱状图。则下一个样本落在区间｛-2~2｝的概率表示为

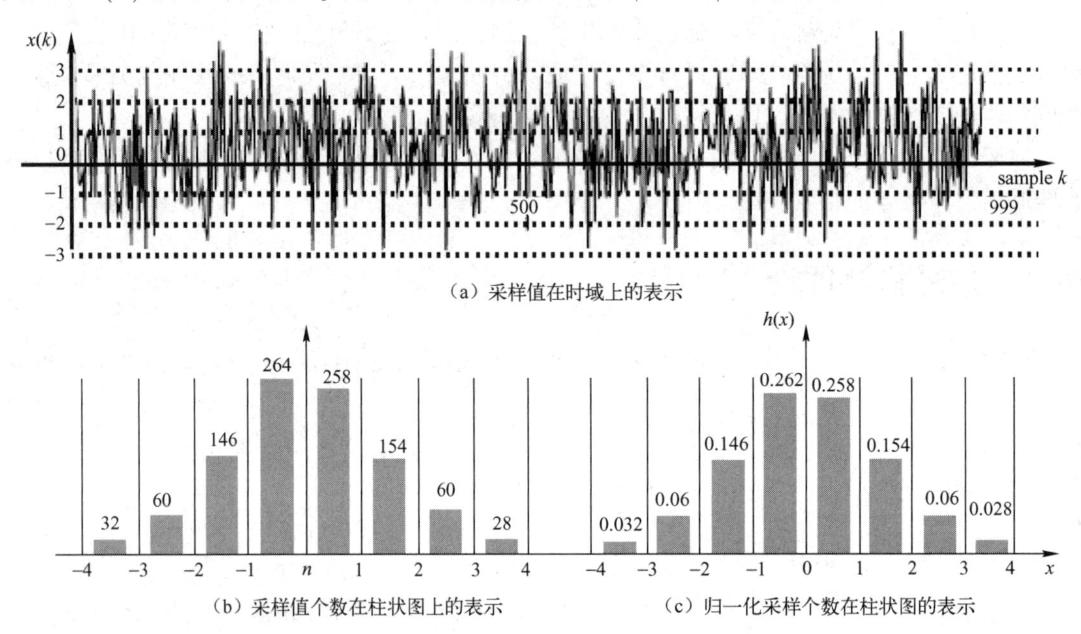

图 16.2　信号的时域图和柱状图（2）

$$\begin{aligned}P(-2<x<2)&=\sum_{x=-2}^{2}h(x)=h(-2)+h(-1)+h(0)+h(1)+h(2)\\&=0.146+0.262+0.258+0.154=0.82=82\%\end{aligned} \tag{16.2}$$

16.1.2　概率密度函数

本节将介绍常见的几种概率密度函数，包括高斯概率密度函数、均匀分布概率密度函数、累计密度函数和联合概率密度函数。

1. 高斯概率密度函数

高斯概率密度函数是钟形曲线，如图 16.3 所示，其概率密度函数表示为

$$\rho(x)=\frac{1}{\sqrt{2\pi\sigma^2}}e^{-\frac{(x-\mu)^2}{2\sigma^2}} \tag{16.3}$$

对于高斯概率密度函数而言，其统计学特性为①平均值：$E(x)=\mu$；②标准差：σ；③方差：$D(x)=E[(x-\mu)^2]=\sigma^2$。

高斯曲线能用下面特征来表示：①均值 μ；②方差 σ^2。

从图 16.3 可知，服从高斯概率密度分布的统计量，它们中的绝大部分数值在期望值附近。

2. 均匀分布概率密度函数

均匀分布的概率密度函数如图 16.4 所示，该分布的 PDF 输出值在最小值和最大值的之间是一样的，其概率密度函数可以表示为

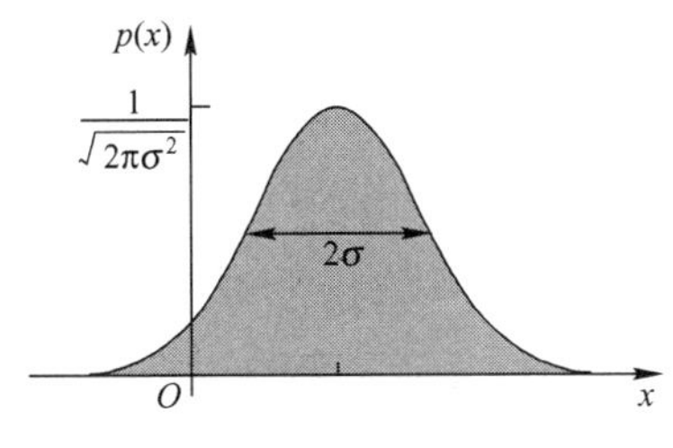

图 16.3 高斯概率密度分布

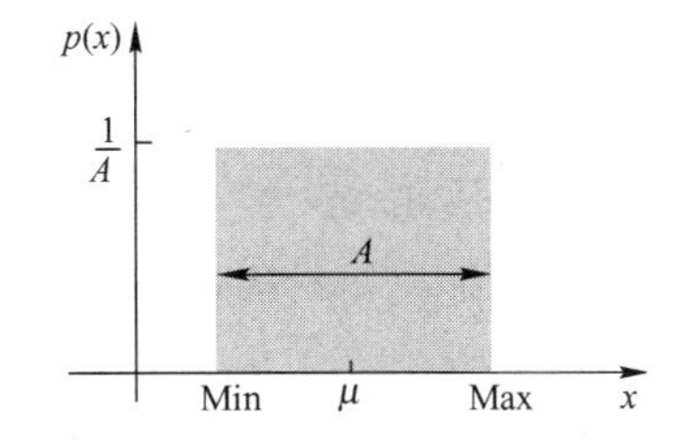

图 16.4　均匀分布的概率密度函数

$$\rho(x)=\begin{cases}0, & x<(2\mu-A)/2\\ 1/A, & |x-\mu|\leqslant A/2\\ 0, & x>(2\mu-A)/2\end{cases} \tag{16.4}$$

对于均匀分布的概率密度函数而言，其统计学特性为①平均值：$E(x)=\mu$；②标准差：$\frac{A}{2\sqrt{3}}$；③方差：$D(x)=E[(x-\mu)^2]=\frac{A^2}{12}$。

3. 累计密度函数

累计密度函数（Cumulative Density Function，CDF）所描述的随机变量的值取决于 $P(X\leqslant A)$，其中 A 是 $X(K)$ 的可能概率值。

随机变量 X 的取值小于或者等于 A 的概率表示为 $F(A)$，即

$$F(A)=P(X\leqslant A)$$

经常用来表示 CDF。

在数字信号处理中，普遍存在的高斯噪声源意味着结果是有概率的，为了计算小于 A 的高斯噪声的概率，需要使用高斯概率函数（如图 16.5 所示），可以表示为

$$P(x<A)=F(A)=\int_{-\infty}^{x}\frac{1}{\sqrt{2\pi}\sigma}\mathrm{e}^{-\frac{\lambda^2}{2\sigma^2}}\mathrm{d}\lambda \tag{16.5}$$

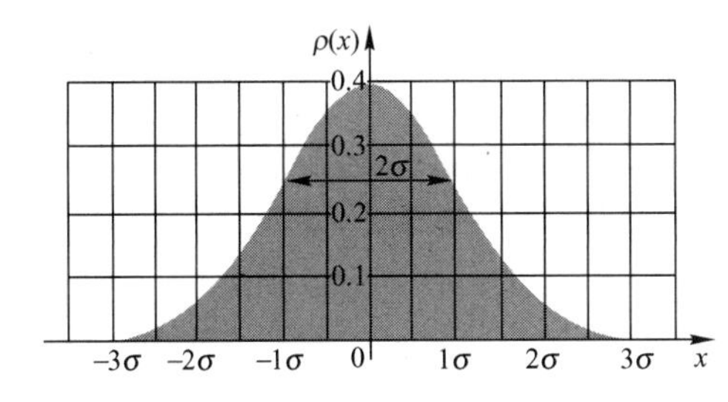

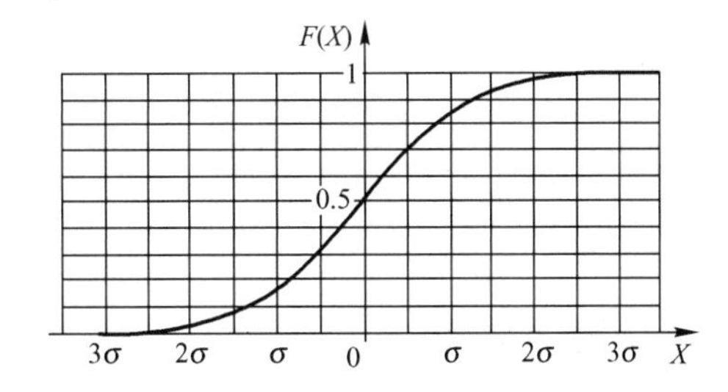

图 16.5　累计密度函数的表示

$\mathrm{e}^{-\lambda^2}$不是一个非常直观的函数，但是我们发现该函数的表格化版本，即误差函数 $\mathrm{erf}(x)$可以通过查表的方法来研究它，使用公式表示为

$$\mathrm{erf}(x)=\frac{2}{\sqrt{\pi}}\int_0^x \mathrm{e}^{-\lambda^2}\mathrm{d}\lambda \tag{16.6}$$

当给定 x 和 $\mathrm{erf}(x)$ 时，互补误差函数 $\mathrm{erfc}(x)$ 可以表示为

$$\mathrm{erfc}(x)=\frac{2}{\sqrt{\pi}}\int_x^\infty \mathrm{e}^{-\lambda^2}\mathrm{d}\lambda \tag{16.7}$$

4. 联合概率密度函数

如果知道两个随机变量的概率密度函数 $P_a(x)$ 和 $P_b(x)$，就能通过求和来计算 PDF 的结果。事实上，联合概率密度是两个独立的概率密度函数对两个独立随机过程的卷积。一个均值为 0、方差为 σ^2 的高斯噪声分布表示为

$$\rho(x(k))=\frac{1}{\sqrt{2\pi}}\mathrm{e}^{-\frac{x^2(k)}{2}} \tag{16.8}$$

对 M 个独立同分布（Independent Identical Distributed，IID）的高斯噪声分布求和，则它的标准差表示为 $\sqrt{M\sigma^2}=\sqrt{M}\sigma$。

在更普遍的情况下，随机变量不一定服从高斯分布。根据中心极限定理可知，任意概率密度函数的和趋向于一个极限，即标准/高斯概率密度函数。

> **注：** 读者可以尝试将 4 个均匀分布的概率密度函数相加，然后观察结果的柱状图。

16.2　二进制基带数据传输

如果通过基带直接传输二进制信号的脉冲（表现为逻辑 0 和逻辑 1 之间的跳变），则需要无限的带宽，如图 16.6 所示。从图 16.6 可知，数字通信系统以传输率 $1/T_S$ 传输数据，则传输符号所需要的带宽要高于脉冲整形所需的带宽。

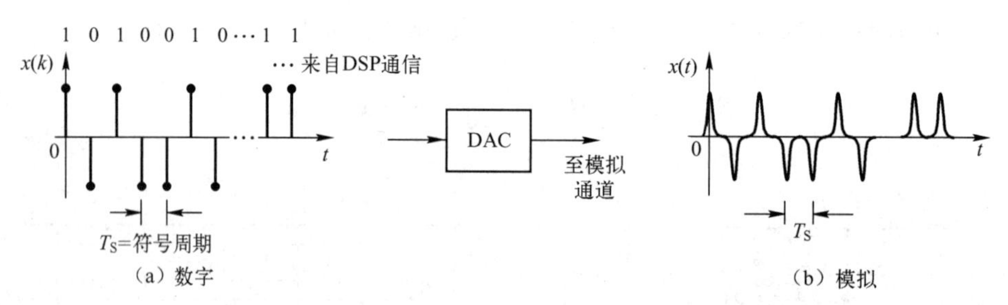

图 16.6　二进制信号的基带传输

16.2.1　脉冲整形

本节将介绍脉冲整形技术，内容包括矩形脉冲整形、归零脉冲整形和高斯脉冲整形。

1. 矩形脉冲整形

为了减少传输符号所需要的带宽，从而使用矩形滤波器减少数据脉冲的高频分量。在传输数据以前，将其整形为矩形脉冲，这个脉冲形状没有码间干扰，如图 16.7 所示。

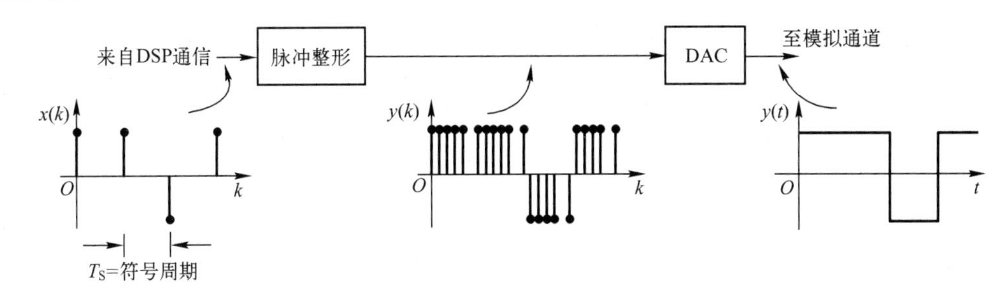

图 16.7　脉冲整形

这种脉冲整形是利用数字滤波器持续 1/2400s 的脉冲响应的，该数字滤波器的幅频特性如图 16.8 所示。

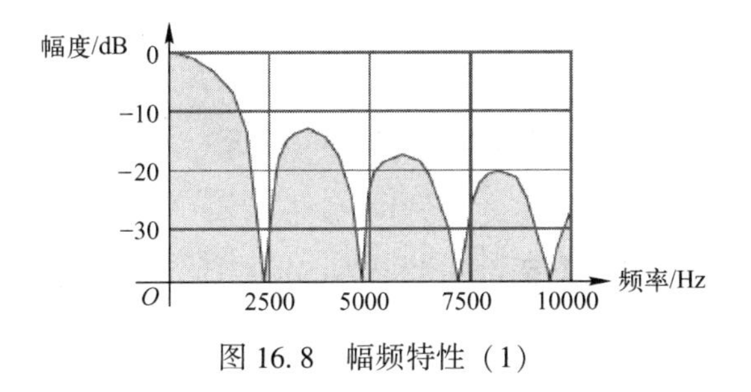

图 16.8　幅频特性（1）

2. 归零脉冲整形

归零脉冲整形的框架如图 16.9 所示，这种脉冲整形是利用数字滤波器持续 1/4800s 的脉冲响应的，该数字滤波器的幅频特性如图 16.10 所示。

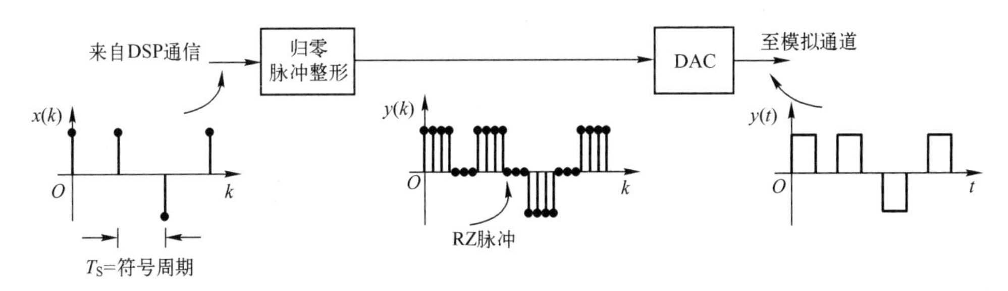

图 16.9　归零脉冲整形的框架

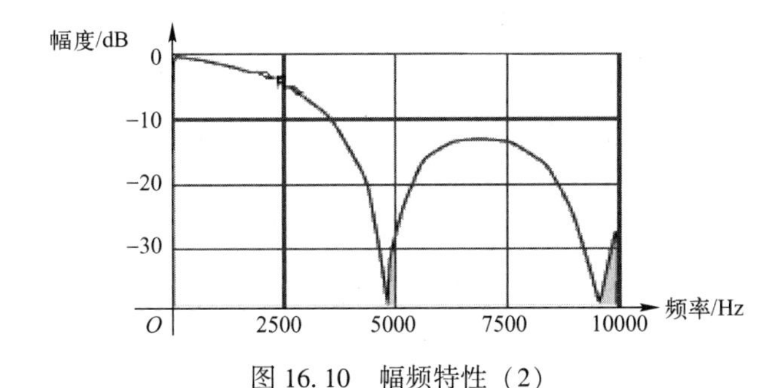

图 16.10　幅频特性（2）

3. 高斯脉冲整形

通过使用高斯脉冲实现脉冲整形，如图 16.11 所示。高斯脉冲导致相邻符号或者字节之间的干扰，因此存在码间干扰。

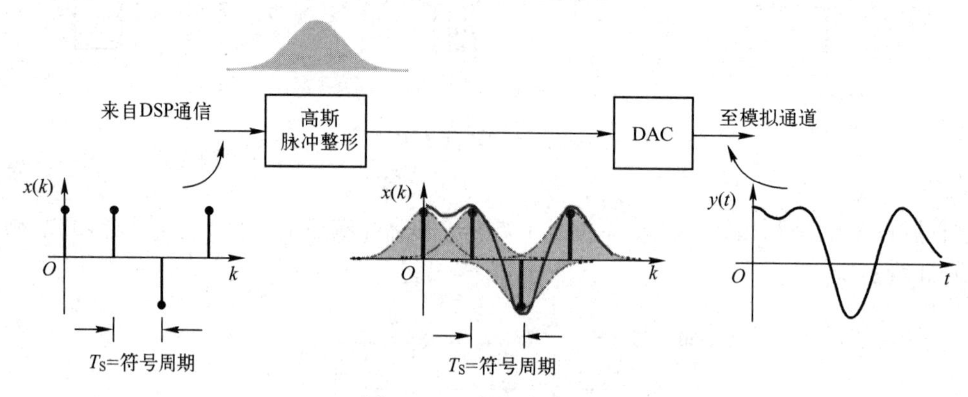

图 16.11　高斯脉冲整形

16.2.2　基带传输信号接收错误

本节将介绍基带传输信号的检测和基带传输信号的位错误。

1. 基带传输信号的检测

接收端通过采样信号的电压确定传输的是逻辑 0 还是逻辑 1，如图 16.12 所示。如果在数据传输的信道中没有噪声干扰，则在恢复数据时就不会出现错误。

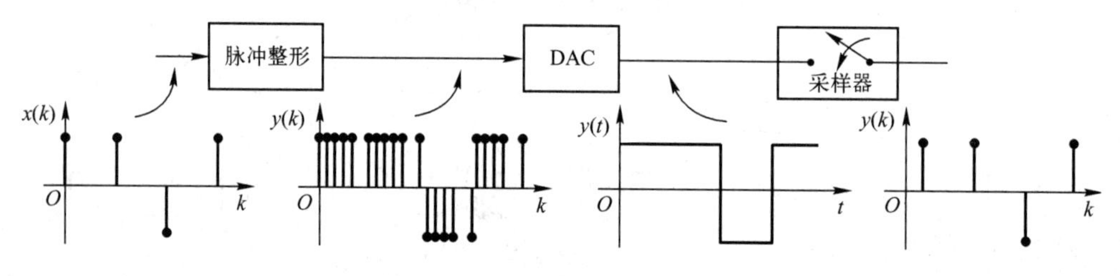

图 16.12　基带信号的检测

在这种情况下，恢复数据就比较简单，即对接收到的矩形脉冲中间点进行采样，可以通过一个简单的采样器来实现这个目的。

但在实际情况中，这种在无噪声的理想通信信道中传输信号的情况并不存在，如图 16.13 所示。任何数据通信信道中都会存在噪声。当 SNR 低于某个门限时，信道中所存在的噪声就会导致在传输过程中出现位错误。

由于信道噪声的存在，实际上采样器在 T 时刻的输出表示为

$$y(k)=z(kT)+n(kT)$$

由于采样到的数据表示为−1 和+1，因此在采样时刻，如果数据为−1 时，而噪声 $n(kT)>1$，或者如果数据为 1 时，而噪声 $n(kT)<-1$，就会产生检测错误。

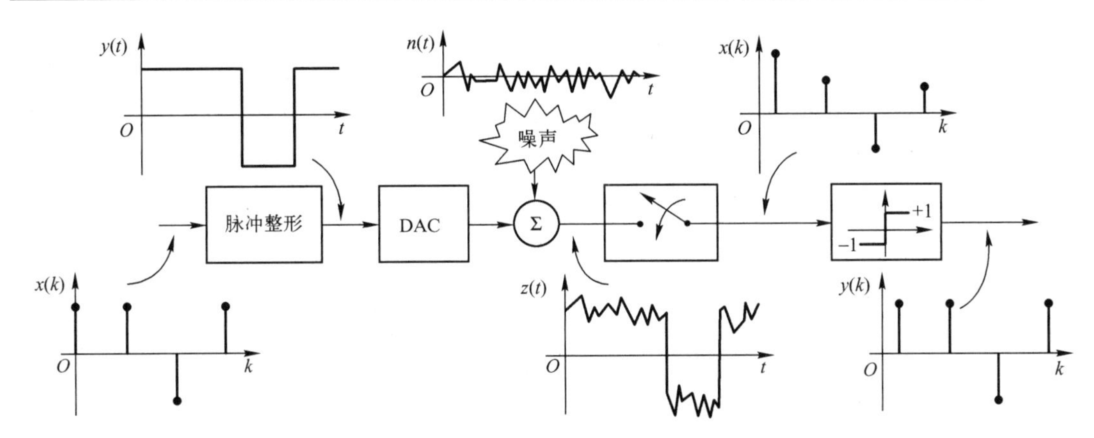

图 16.13　含噪声的基带信号检测

2. 基带传输信号的位错误

当噪声的幅度的负值大于信号的幅度的时候，如果在此时采样，则会产生错误，如图 16.14 所示。

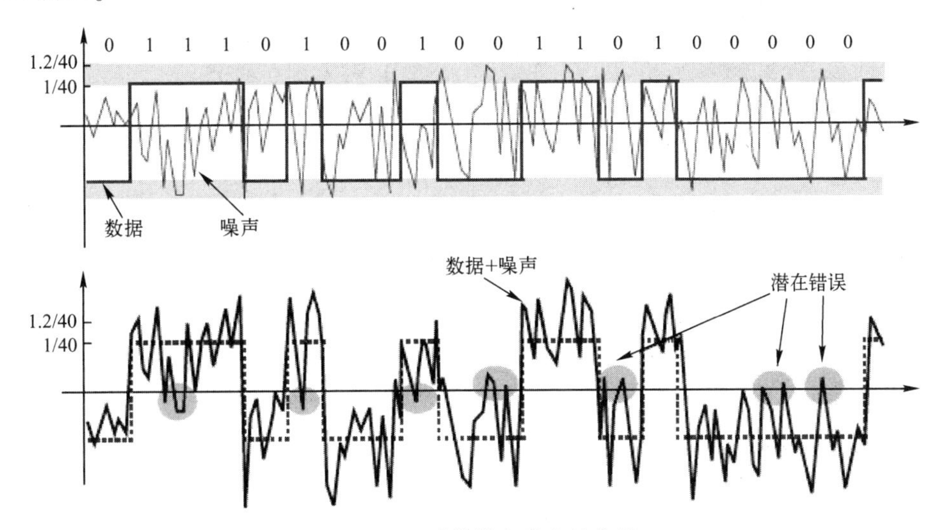

图 16.14　采样带有噪声的信号

数据脉冲的幅度是±1/40V，信道噪声为均匀分布，峰值为±1.2/40V。当噪声在 1/40～1.2/40V 的范围内时，发送的是−1/40V(0)；当噪声在−1.2/40～−1/40V 的范围内时，发送的是 1/40V(1)，则会出现一个错误。

因此，发生错误时有两种情况，即 $P(0/1)$，表示发送的是 1，而接收到的是 0；$P(1/0)$，表示发送的是 0，而接收到的是 1。用 $P(A/B)$表示条件概率，即发生事件 B 以后发生事件 A 的概率。也可这样理解，即发送符号 B，而接收到符号 A 的概率。在此，假设传输的数据是逻辑 1 或者逻辑 0，如发送逻辑 0 的概率 $P(0)=0.5$，发送逻辑 1 的概率 $P(1)=0.5$。从图 16.15 可知，当噪声足够高的时候

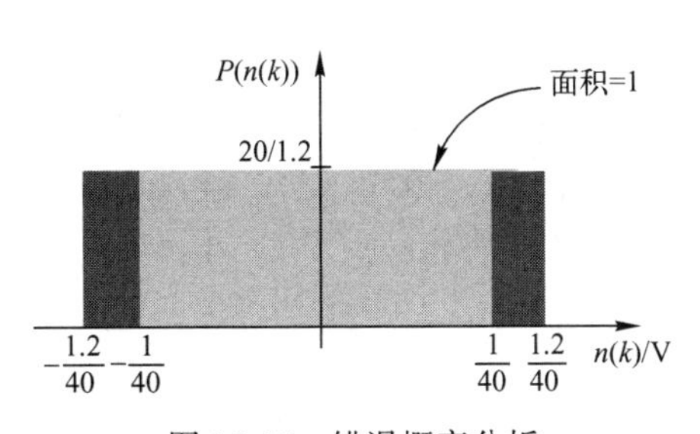

图 16.15　错误概率分析

就会产生错误。发送 1 而接收到 0 的概率 $P(0/1)$ 表示为

$$P(0/1)=P(n(k)<1/40)=\frac{0.2}{2.4}=0.08333 \tag{16.9}$$

在一些典型的信道中，噪声的分布特性并不服从均匀分布。事实上，考虑不同的通信信道（电话线、移动接口、卫星等），无法准确地描述噪声的分布规律（当然，如果确切地知道它的分布规律，则可以去除它）。

发送的数据为 1 而接收到 0，或者发送的数据为 0 而接收到 1，就会出现错误。总的错误概率表示为

$$P(\text{error})=P(1)P(0/1)+P(0)P(1/0) \tag{16.10}$$

$$=(0.5\times0.0833)+(0.5\times0.08333)=0.08333 \tag{16.11}$$

假设在大多数信道中的噪声都是高斯白噪声（AWGN），它的均值为 0，标准差 $\sigma=1/40$，如图 16.16 所示。小于$-1/40$V 的噪声的概率为

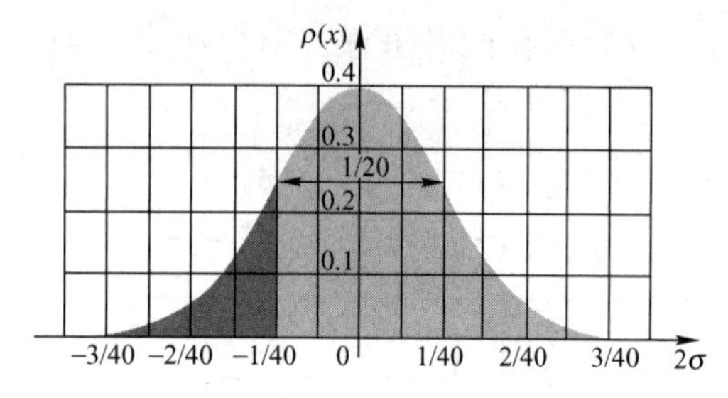

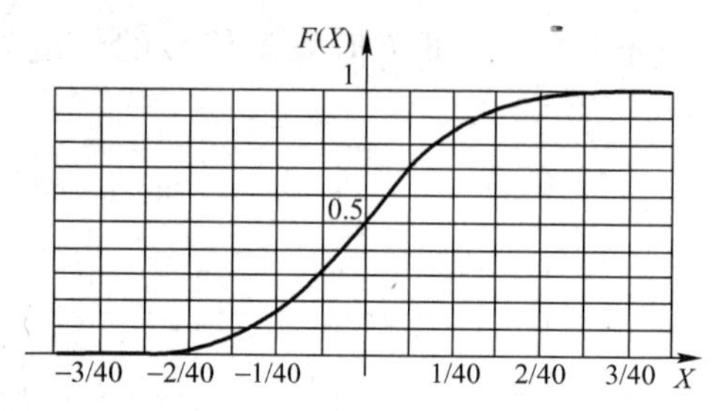

图 16.16　高斯白噪声的错误概率

$$P(n(k)<-1/40)=0.15$$

所以 $P(\text{error})$ 表示为

$$P(\text{error})=P(1)P(0/1)+P(0)P(1/0) \tag{16.12}$$

$$=(0.5\times0.15)+(0.5\times0.15)=0.15 \tag{16.13}$$

16.2.3　匹配滤波器的应用

本节将介绍匹配滤波器的应用，内容包括信号平均匹配滤波器、直接匹配滤波器、优化匹配滤波器、发送和接收匹配滤波器。

1. 信号平均匹配滤波器

目前，通过在矩形脉冲的中间点采样来决定当前位是 1 还是-1。如果在采样的时刻出现较大的噪声，则会发生错误。一个有效的方法就是获取数据的平均值，即匹配滤波，如图 16.17 所示。

当传输 0（电压为$-1/40$V 的脉冲）时，如果前面的 40 个噪声采样的平均值大于1/40V，则发生错误，或者相反情况。通过平均值的方法，发送 1 时，发生错误的概率 $P(0/1)$ 表示为

$$P(0/1)=P(\overline{n(k)}<1/40) \tag{16.14}$$

式（16.14）中，$\overline{n(k)}$表示对噪声的平均。对于 M 个样本的噪声 $n(k)$，其噪声平均值的标准差为 σ/M。因此，理论上可以在一个符号周期内通过采样 40 个采样的平均值来确定位错

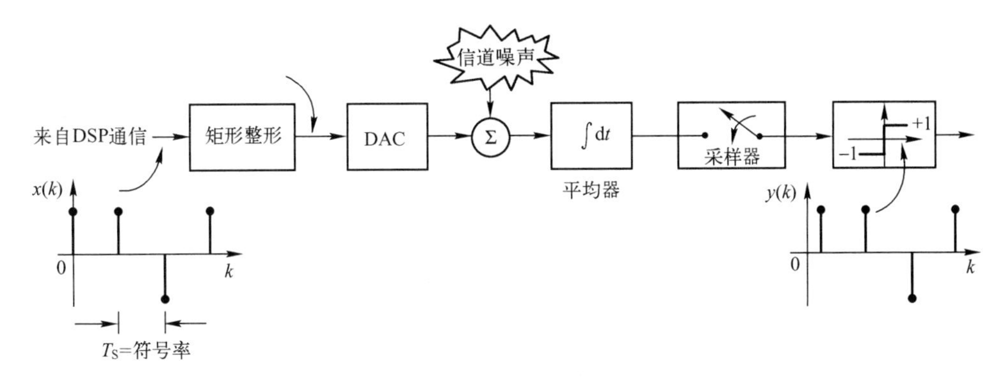

图 16.17　信号平均减少噪声影响

误，这个平均过程称为积分清零。

上面的接收电路是通过脉冲匹配滤波器进行噪声平均的，如脉冲形状的脉冲响应匹配滤波器。如果发送滤波器是三角形脉冲，则接收端的匹配滤波器也应该是三角形。在二进制传输系统中，匹配滤波器使得冲激响应是发送脉冲时间的翻转版本，如图 16.18 所示。

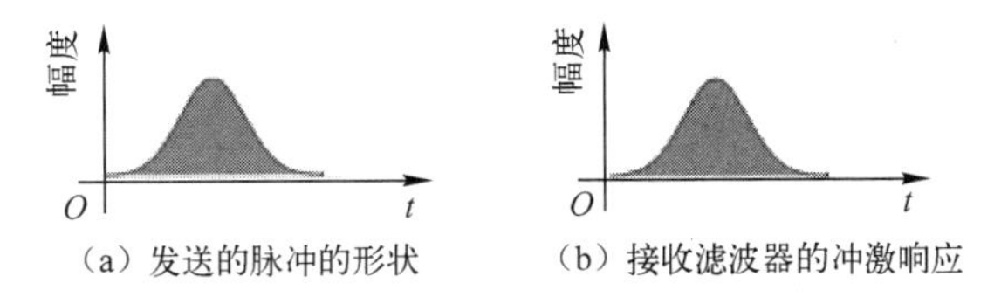

图 16.18　发送的脉冲的形状和接收匹配滤波器的冲激响应

当存在噪声时，通过接收端的匹配滤波器，对检测信号起到很重要的作用。在许多信道中，噪声可以看作加性高斯白噪声。以上讨论的矩形脉冲的传输，有效的方法是获取一个周期的平均值，然后通过平均值确定，通过这种方法可以去除噪声对接收信号的干扰。这样，符号的值是累加的。

2. 直接匹配滤波器

考虑传输过程中有加性高斯白噪声的脉冲，如图 16.19 所示，脉冲中间的脉冲幅度最大，因此脉冲幅度的信噪比（Signal-Noise Ratio，SNR）在中间最大，而在末端最小。因此，如果要平均这个脉冲，就应该给脉冲中心（信噪比最高的地方）赋予较大的权值。

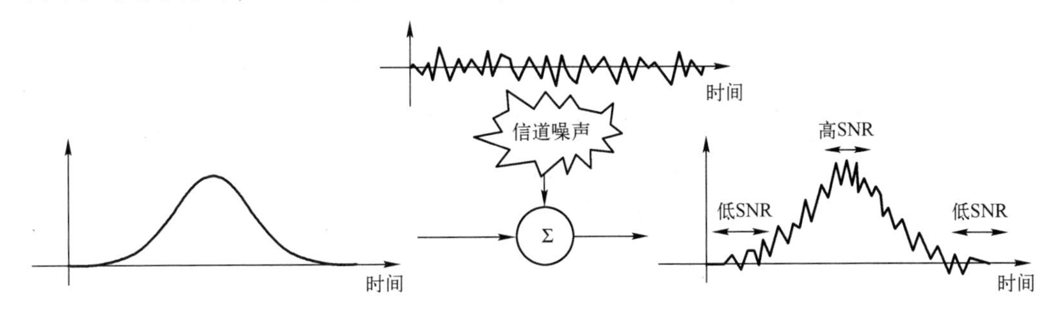

图 16.19　含有高斯白噪声的信号

可以证明，对包含高斯白噪声脉冲的检测最有效的检测滤波器是匹配滤波器。如果考虑时间脉冲的傅里叶变换，噪声的能量谱密度是 N_0，检测滤波器 $h(t)$ 的傅里叶变换是 $H(f)$，

脉冲经过匹配滤波器的输出能量表示为

$$S = |p(t)|^2 = \left|\int_{-\infty}^{\infty} H(f)P(f)\mathrm{e}^{\mathrm{j}2\pi ft}\mathrm{d}f\right|^2 \tag{16.15}$$

噪声经过匹配滤波器后输出的谱密度为

$$N = N_0\int_{-\infty}^{\infty} |H(f)|^2\mathrm{d}f \tag{16.16}$$

因此，信噪比 SNR 表示为

$$\mathrm{SNR} = \frac{\left|\int_{-\infty}^{\infty} H(f)P(f)\mathrm{e}^{\mathrm{j}2\pi ft}\mathrm{d}f\right|^2}{N_0\int_{-\infty}^{\infty} |H(f)|^2\mathrm{d}f} \tag{16.17}$$

3. 优化匹配滤波器

加性高斯白噪声（AWGN）信道中的最佳匹配滤波器是对发射滤波器时间反转的复制版本，如图 16.20 所示。

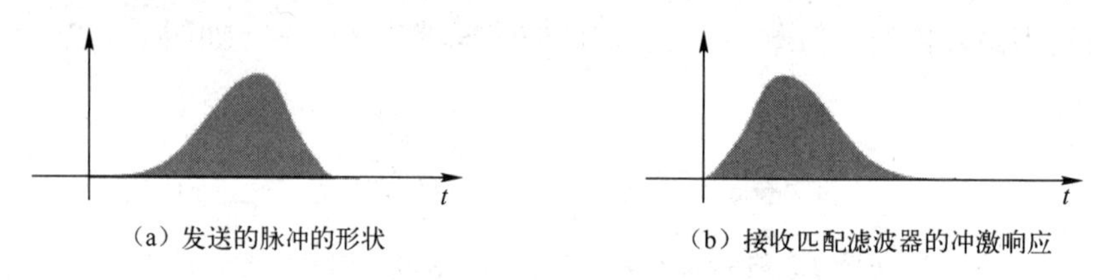

（a）发送的脉冲的形状　　（b）接收匹配滤波器的冲激响应

图 16.20　发送的脉冲的形状和接收匹配滤波器的冲激响应

在时间上，发送滤波器和接收滤波器是时间反转相互匹配的，如图 16.21 所示。

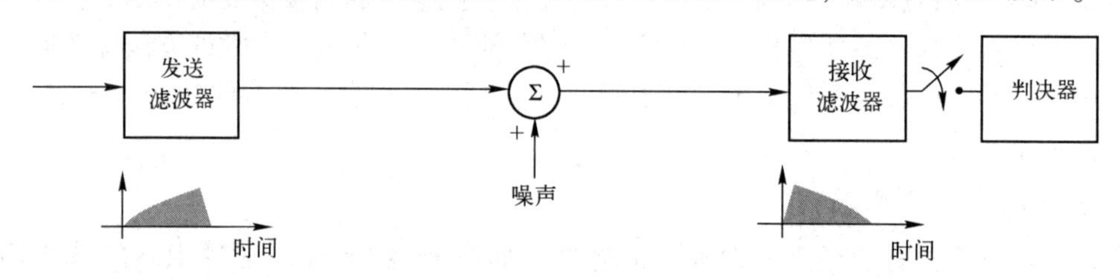

图 16.21　发送和接收滤波器

著名的许瓦兹不等式如下：

$$\left|\int_{-\infty}^{\infty} H(f)P(f)\mathrm{d}f\right|^2 \leqslant \int_{-\infty}^{\infty} |H^2(f)|\mathrm{d}f\int_{-\infty}^{\infty} |P^2(f)|\mathrm{d}f \tag{16.18}$$

当 $H(f)=P^*(f)\mathrm{e}^{\mathrm{j}2\pi fT}$ 时取等号，通过式（16.18），将式（16.17）改写为

$$\mathrm{SNR} = \frac{\left|\int_{-\infty}^{\infty} H(f)P(f)\mathrm{e}^{\mathrm{j}2\pi ft}\mathrm{d}f\right|^2}{N_0\int_{-\infty}^{\infty} |H(f)|^2\mathrm{d}f} \leqslant \frac{\int_{-\infty}^{\infty} |H^2(f)|\mathrm{d}f\int_{-\infty}^{\infty} |P^2(f)|\mathrm{d}f}{N_0\int_{-\infty}^{\infty} |H(f)|^2\mathrm{d}f} = \frac{1}{N_0}\int_{-\infty}^{\infty} |P^2(f)|\mathrm{d}f \tag{16.19}$$

当许瓦兹不等式取等号的时候得到最大的 SNR。因此，优化匹配滤波器的传递函数，表示为

$$H(f)=P^*(f)\mathrm{e}^{\mathrm{j}2\pi fT}$$

通过傅里叶逆变换可得到：

$$p(t)=s(T-t)$$

4. 发送和接收匹配滤波器

在数字系统中，接收端和发送端是匹配滤波器，如图 16.22 所示。在发送端和接收端使用不匹配滤波器做一个简单的仿真。本章后续内容中，将会介绍升余弦滤波器的传输和接收。这些滤波器的功能包括：①带宽的限制；②0 符号干扰；③形成匹配滤波器对。

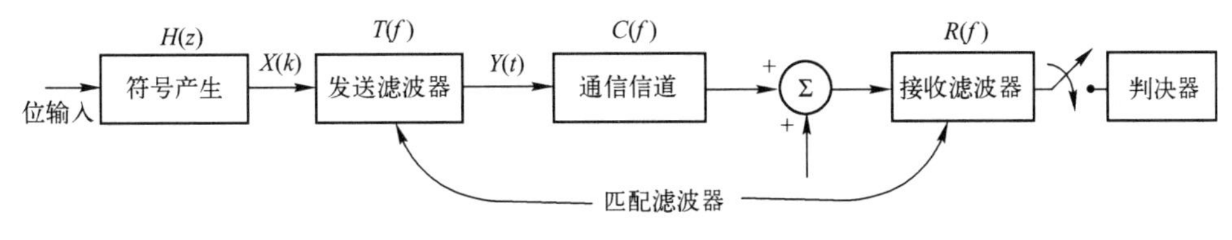

图 16.22　发送和接收滤波器

理论上，图 16.23 为 E_b/N_0 与误码率的关系。E_b/N_0表示所有预处理级（如匹配滤波器）输出的每位的信噪比。

图 16.32 中，E_b为每位的能量；$\sqrt{E_b}$为每位的幅度；N_0为噪声的谱密度。

在许多情况中，假设每一位的能量是 E，符号的周期是 T，则信号幅度为$\sqrt{\frac{2E}{T}}$。如果用余弦调制，则得到$\sqrt{\frac{2E}{T}}\cos 2\pi f_c t$。因此，有这样幅度的调制信号的能量是 E/T，则每位的能量是 E。

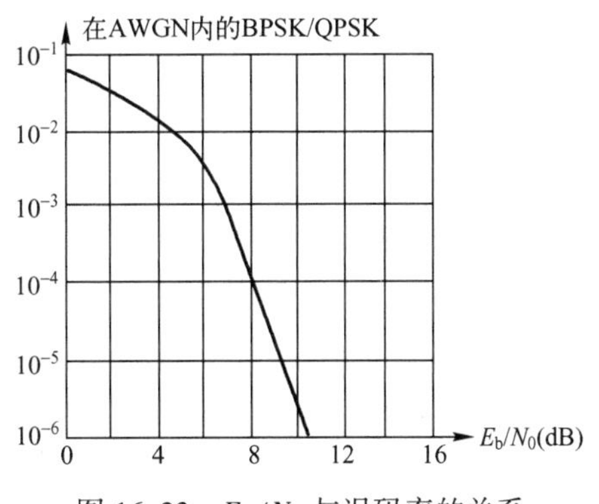

图 16.23　E_b/N_0 与误码率的关系

16.3　信号调制技术

本节将介绍信号调制技术，包括信道与带宽、信号调制技术和数字信号的传输。

16.3.1　信道与带宽

本小节将介绍信道与带宽，内容包括信号容量和带宽效率。

1. 信号容量

调制、脉冲整形、键控的目的是为了在有限的带宽中传输可恢复的数据。如果需要的带宽小于香农信道容量 C(b/s)，就会发生接收错误。香农信道容量表示为

$$C=B\log_2\left(\frac{S}{N}+1\right)\text{b/s} \tag{16.20}$$

该上限的条件包括：①一个平稳的信道带宽 B；②没有失真；③噪声是加性高斯白噪声。近些年来，在实际的工程设计中，无线通信的信道容量已经很接近这个上限。

如果信道带宽是 B，假设存在理想滤波器，信号的速率是 $2B$。如果发送一个多值信号（M 个级），则信道容量表示为

$$C=2B\log_2 M \tag{16.21}$$

然而，当存在噪声的时候，低幅度值的信号可能会淹没在噪声中，因此很难实现无差错发送数据。从式（16.21）可知，信道容量决定了最大无差错发送速率。

如果电话线有一个平坦可用的带宽 3000Hz，SNR = 40dB（$10\log_{10}10000=40\text{dB}$），香农容量：

$$C=B\log_2\left(\frac{S}{N}+1\right)=3000\times\log_2(10000+1)=39853\text{b/s} \tag{16.22}$$

事实上，大多数情况下，电话线上使用 56kb 的调制解调器，使得带宽高于 3000Hz，SNR 好于 40dB。

如果有相位畸变，比特率可能低于上面计算的值。然而，在这种环境中，随着 DSP 技术的运用，可以使用均衡器均衡通道，进而修正相位畸变。

快速 DSP 处理技术的出现，如调制解调器运行在 56kb，而不是 300b/s。虽然电话线仍然是相同的铜导线，但是 DSP 技术的运用改善了同步、均衡和编码等性能。

2. 带宽效率

在数字系统中，经常用 SNR 表示功率效率：

$$\text{Power Efficiency}=\frac{E_b}{N_0} \tag{16.23}$$

其中，E_b表示每位的平均接收功率；N_0表示噪声功率谱密度`（W/Hz）。

因此，如果平均接收的信号功率为 $S=E_bC$，信道带宽是 B，则平均噪声能量是 $N=N_0B$。

$$\text{带宽效率}=\frac{C}{B}=\log_2\left(1+\frac{E_bC}{N_0B}\right)\text{b/s/Hz} \tag{16.24}$$

注意到$\frac{S}{N}=\frac{E_bC}{N_0B}$，功率效率（Power Efficiency）越低，则允许对每位成功检测所需要的功率越小。

实践中，无论使用什么编码方案，数字通信系统都不能超过香农信道容量。如果某一特定信道的带宽效率（C/B）是 5b/s/Hz 且带宽为 9000Hz，这意味着信道容量是 $5\times9000=45000\text{b/s}$。

$$\begin{gathered}\text{带宽效率}=\frac{C}{B}=\log_2\left(1+\frac{E_b5}{N_0}\right)=5\\ \frac{E_b}{N_0}=\frac{2^5-1}{5}=6.2\end{gathered} \tag{16.25}$$

如果信道容量增加一倍，则需要 10b/s/Hz（比特率为 90000b/s），因此：

$$\frac{E_b}{N_0}=\frac{2^{10}-1}{10}=102.3 \tag{16.26}$$

而传输能量会增加 102.3/6.2=16.5，从而达到需要的信道容量。

16.3.2　信号调制技术

下面传统的信号调制方法在现代通信中仍然起着重要作用，包括：①幅度调制；②频率调制；③相位调制（Phase Modulation，PM）。

数字信号在传输中使用下面特殊的方法，包括：①幅度键控；②频移键控；③相移键控。

信号的格式要求如下：

（1）自同步。信号有足够的时序信息，接收器很容易提取时钟信号。

（2）低概率的错误。接收机设计应该把符号间干扰和噪声减少到最低限度。

（3）传输带宽。信号带宽应尽可能小而不损害误码率。

（4）错误检测。信道编码器和解码器的编码方案可以很容易变成线性码。

对于一个相干检测器/接收器而言，它有两个输入，包括：①被调制信号；②在相位上同步的本地振荡器信号。

对于一个非相干检测器/接收器，它只有一个输入。例如，一个调幅包络检波器是一种非相干解调器。

1. 幅度调制

1）单频正弦信号调制

与低频信号幅度的变化相比，高频正弦载波信号的幅度变化更大，如图 16.24 所示。图 16.24 中，$f(t)$为基带信号；$c(t)$为载波信号；$s(t)$为调制后的信号。

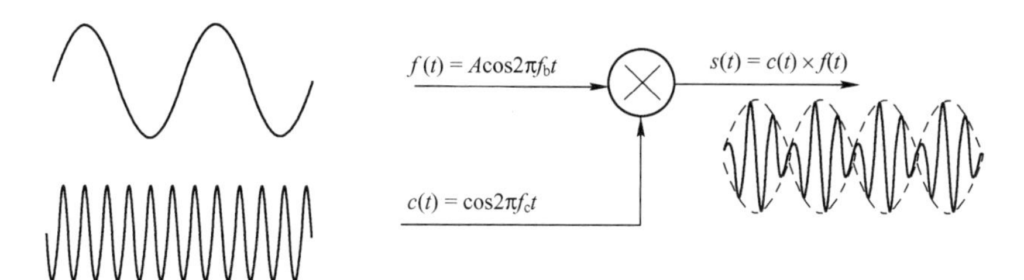

图 16.24　单频正弦信号的调制

更确切地说，它是双边带抑制载波（Double Sideband-Suppressed Carrier，DSB-SC）调制，即调制信号没有显式包含正弦波组成的载波频率。

调制就是将两个信号直接相乘。在模拟系统中，要求可以实现两个信号相乘的元件。在数字系统中，乘法器是纯数学运算。

查看时域的振幅调制器，通过观察调制信号的包络，可以清楚地看到原始信号的信息。因此，采用包络检波恢复原始信号是合适的。

上面的调制过程用数学公式表示为

$$A\cos(2\pi f_b t)\cos(2\pi f_c t)=\frac{A}{2}[\cos 2\pi(f_c-f_b)t+\cos 2\pi(f_c+f_b)t] \tag{16.27}$$

前面是在时域上对调制信号进行描述，下面将从频域上对调制信号的频谱特性进行讨论。基带信号、载波信号和调制后的信号频谱如图 16.25 所示。

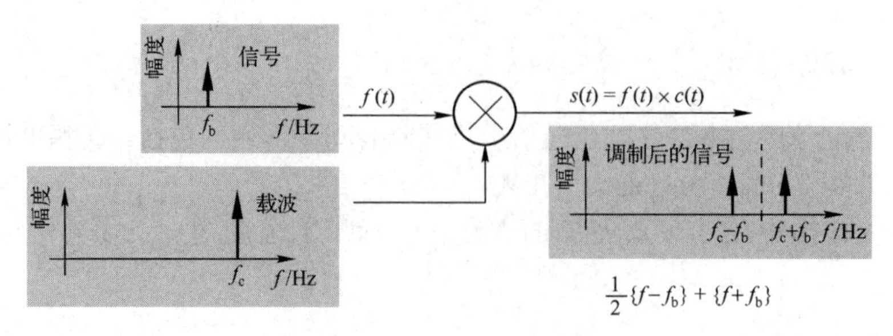

图 16.25　基带信号、载波信号和调制后的信号频谱

2）基带信号的幅度调制

基带信号的幅度调制如图 16.26 所示。基带信号$f(t)$的频率范围为$0\sim f_b$（Hz），用$S(f)$表示它的频谱。$c(t)$为载波信号，频率为f_c。调制后的信号占据上下两个边带，分别是$(f_c-f_b)\sim f_c$和$f_c\sim(f_c+f_b)$。

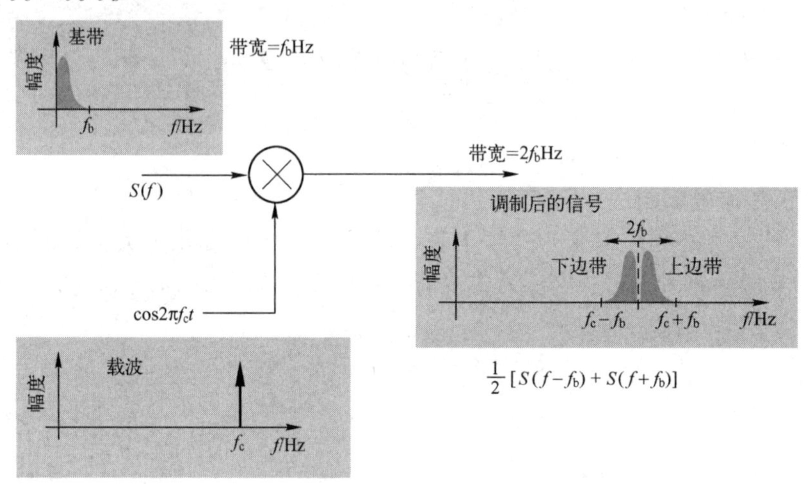

图 16.26　基带信号的幅度调制

更确切地说，上面的调制是双边带抑制载波，调制信号没有显式包含载波频率为f_c的正弦波。对于该基带信号，假设该信号可以使用正弦波的和来表示。假设基带信号由下面 3 个频率的信号组成：

$$A_1\cos 2\pi f_1 t+A_2\cos 2\pi f_2 t+A_3\cos 2\pi f_3 t$$

则调制后的信号表示为

$$\begin{aligned}
s(t)&=\cos 2\pi f_c t(A_1\cos 2\pi f_1 t+A_2\cos 2\pi f_2 t+A_3\cos 2\pi f_3 t)\\
&=A_1\cos 2\pi f_c t\cos 2\pi f_1 t+A_2\cos 2\pi f_c t\cos 2\pi f_1 t+A_3\cos 2\pi f_c t\cos 2\pi f_1 t\\
&=\frac{A_1}{2}[\cos 2\pi(f_c-f_1)t+\cos 2\pi(f_c+f_1)t]\\
&\quad+\frac{A_2}{2}[\cos 2\pi(f_c-f_2)t+\cos 2\pi(f_c+f_2)t]\\
&\quad+\frac{A_3}{2}[\cos 2\pi(f_c-f_3)t+\cos 2\pi(f_c+f_3)t]
\end{aligned} \tag{16.28}$$

其频谱分布如图 16.27 所示。从图 16.24 中可以看出，需要带宽 $2f_b$ 来传输带宽为 f_b 的信号。

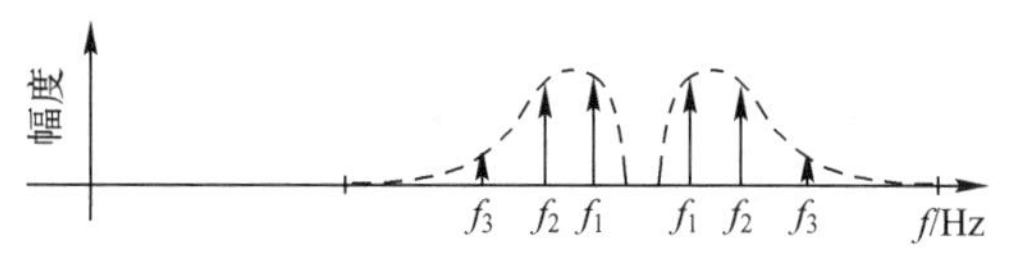

图 16.27　调制后的信号频谱

2. 幅度解调

使用本地振荡器产生同相的载波频率为 f_c 的信号，用于对调制信号解调。解调信号的过程如图 16.28 所示。接收机接收到的调制信号表示为

$$s(t)=\cos2\pi(f_c-f_b)t+\cos2\pi(f_c+f_b)t \tag{16.29}$$

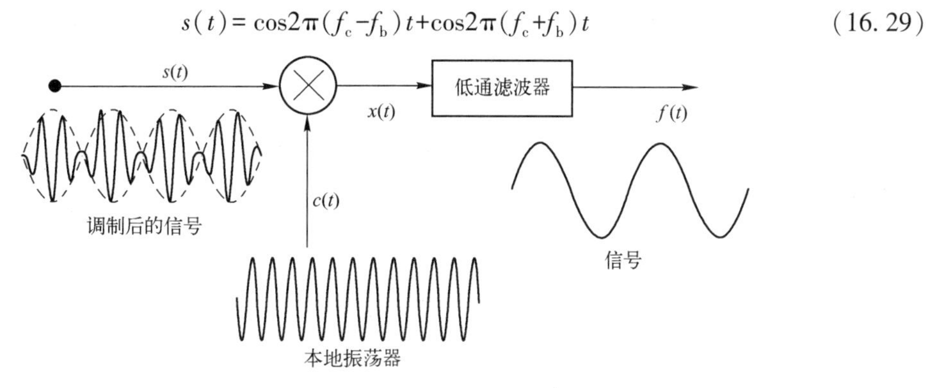

图 16.28　解调信号的过程

本地载波信号（暂不考虑相位）$c(t)$ 表示为

$$c(t)=\cos2\pi f_c t \tag{16.30}$$

解调后的信号表示为

$$\begin{aligned}x(t)&=s(t)\times c(t)=\cos2\pi f_c[\cos2\pi(f_c-f_b)t+\cos2\pi(f_c+f_b)t]\\&=\cos2\pi f_c\cos2\pi(f_c-f_b)t+\cos2\pi f_c\cos2\pi(f_c+f_b)t\\&=\frac{1}{2}\cos2\pi(2f_c-f_b)t+\frac{1}{2}\cos2\pi f_b t+\frac{1}{2}\cos2\pi(2f_c+f_b)t+\frac{1}{2}\cos2\pi f_b t\\&=\cos2\pi f_b t+\left[\frac{1}{2}\cos2\pi(2f_c-f_b)t+\frac{1}{2}\cos2\pi(2f_c+f_b)t\right]\end{aligned} \tag{16.31}$$

经过低通滤波器后，得到：

$$f(t)=\cos2\pi f_b t$$

下面使用一个包含相移的本地载波信号，其频率为 f_c。基带信号的解调过程如图 16.29 所示。

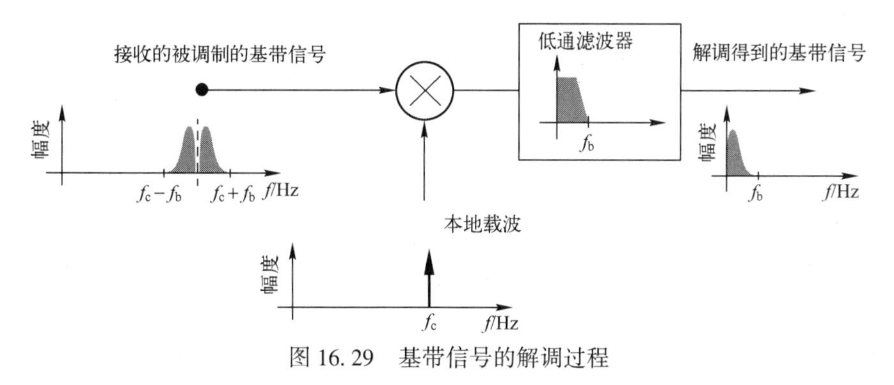

图 16.29　基带信号的解调过程

如果本地载波的相位与接收到的信号的相位不同，则将导致输出为一个可变增益的信号。这个结构可用下式表示：

$$
\begin{aligned}
x(t)&=s(t)\times c(t)=\cos(2\pi f_c+\theta)[\cos 2\pi(f_c-f_b)t+\cos 2\pi(f_c+f_b)t] \\
&=\cos(2\pi f_c+\theta)\cos 2\pi(f_c-f_b)t+\cos(2\pi f_c+\theta)\cos 2\pi(f_c+f_b)t \\
&=\frac{1}{2}\cos 2\pi(2f_ct-f_bt+\theta)+\frac{1}{2}\cos(2\pi f_bt+\theta)+\frac{1}{2}\cos 2\pi(2f_ct+f_bt+\theta)+\frac{1}{2}\cos(2\pi f_bt-\theta) \qquad (16.32) \\
&=\frac{1}{2}\cos(2\pi f_bt+\theta)+\frac{1}{2}\cos(2\pi f_bt-\theta)+\left[\frac{1}{2}\cos 2\pi(2f_ct-f_bt+\theta)+\frac{1}{2}\cos 2\pi(2f_ct+f_bt+\theta)\right]
\end{aligned}
$$

经过低通滤波器后，得到的解调信号为

$$f(t)=\frac{1}{2}\cos(2\pi f_bt+\theta)+\frac{1}{2}\cos(2\pi f_bt-\theta)=\frac{1}{2}\cos 2\pi f_bt\cos\theta \qquad (16.33)$$

从式（16.33）可知，当相位偏差90°时，输出信号的幅度为0。

3. 正交幅度调制和解调

简单的幅度调制需要 $2f_b$ 的带宽传输带宽为 f_b 的基带信号，这样效率就很低。但是可以调制两个信号到一个载波上，这种调制信号的方法叫作正交幅度调制，其过程如图16.30所示。

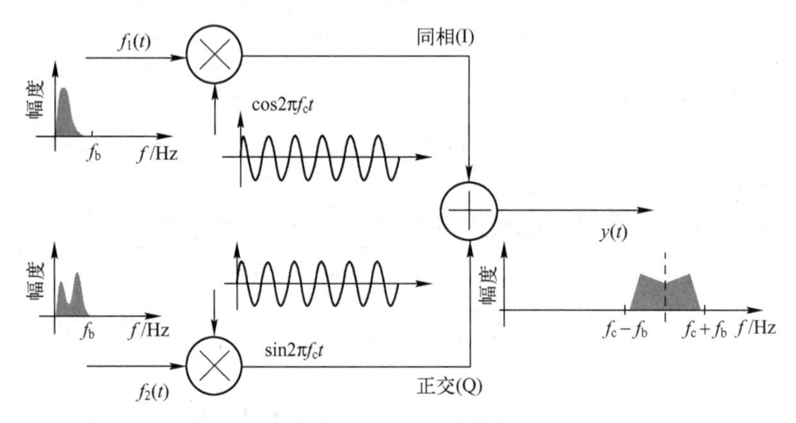

图16.30 正交幅度调制的过程

正交幅度调制的输入信号是两个正弦波，表示为

$$
\begin{aligned}
f_1(t)&=\cos 2\pi f_1t \\
f_2(t)&=\cos 2\pi f_2t
\end{aligned} \qquad (16.34)
$$

两个正交载波信号表示为

$$
\begin{aligned}
f_1(t)&=\cos 2\pi f_ct \\
f_2(t)&=\sin 2\pi f_ct
\end{aligned} \qquad (16.35)
$$

则正交调制信号 $y(t)$ 表示为

$$y(t)=\cos 2\pi f_1t\cos 2\pi f_ct+\cos 2\pi f_2t\sin 2\pi f_ct \qquad (16.36)$$

通常，将余弦波调制通道称为同相通道，将正弦波调制通道称为正交通道。

正交调制信号的解调是用两个正交本地振荡器（如正弦函数和余弦函数）完成，解调过程如图16.31所示。

正交是指相位相差90°。两个正交信号或序列相乘结果为0，如 $\sin A\times\cos A$ 的平均值是0。

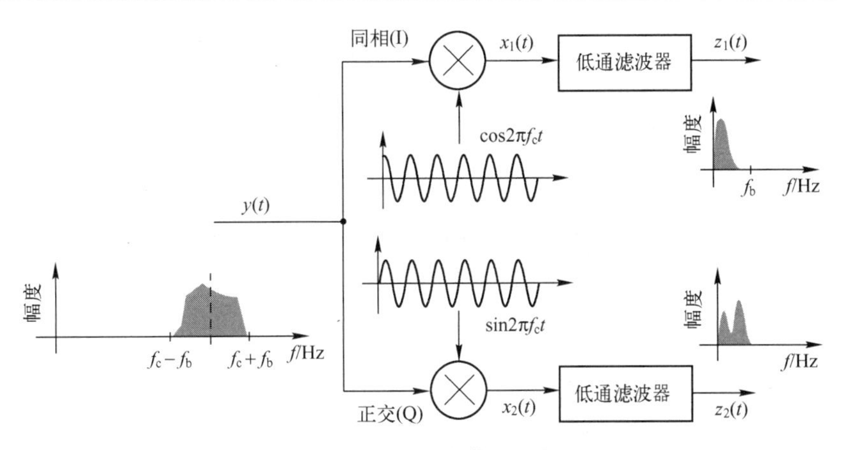

图 16.31　正交调制信号的解调

两个本地振荡器产生的相位误差将导致解调出错。如果振荡器产生 $\cos(2\pi f_c t+\theta)$ 和 $\sin(2\pi f_c t+\theta)$ 的本地正交载波信号，则输出的解调信号将由 θ 的正弦和余弦值标定。

下面对解调的过程进行分析（暂不考虑相差），并得到相关的结果。

$$y(t)=f_1(t)\cos 2\pi f_c t+f_2(t)\sin 2\pi f_c t \tag{16.37}$$

余弦函数和正弦函数的解调过程如下，令 $\phi=2\pi f_c t$：

$$\begin{aligned}x_1(t) &= [f_1(t)\cos\phi+f_2(t)\sin\phi]\cos\phi\\ &=f_1(t)\cos^2\phi+f_2(t)\sin\phi\cos\phi\\ &=\frac{1}{2}f_1(t)[1+\cos 2\phi]+\frac{1}{2}f_2(t)\sin 2\phi\\ &=\frac{1}{2}f_1(t)+\frac{1}{2}f_1(t)\cos 4\pi f_c t+\frac{1}{2}f_2(t)\sin 4\pi f_c t\end{aligned} \tag{16.38}$$

$$\begin{aligned}x_2(t) &= [f_1(t)\cos\phi+f_2(t)\sin\phi]\sin\phi\\ &=f_1(t)\sin\phi\cos\phi+f_2(t)\sin^2\phi\\ &=\frac{1}{2}f_1(t)\sin 2\phi+\frac{1}{2}f_2(t)[1-\cos 2\phi]\\ &=\frac{1}{2}f_2(t)+\frac{1}{2}f_1(t)\sin 4\pi f_c t-\frac{1}{2}f_2(t)\cos 4\pi f_c t\end{aligned} \tag{16.39}$$

再经过低通滤波和缩放处理，最后得到：

$$\begin{aligned}z_1(t)&=\mathrm{LPF}[x_1(t)]=f_1(t)\\ z_2(t)&=\mathrm{LPF}[x_2(t)]=f_2(t)\end{aligned} \tag{16.40}$$

如果本地振荡器有一个相移，则同相输出信号将混入正交部分。该结论用下式表示为

$$\begin{aligned}x_1(t)&=[f_1(t)\cos\phi+f_2(t)\sin\phi]\cos(\phi+\theta)\\ &=f_1(t)\cos\phi\cos(\phi+\theta)+f_2(t)\sin\phi\cos(\phi+\theta)\\ &=\frac{1}{2}f_1(t)[\cos\theta+\cos(2\phi+\theta)]+\frac{1}{2}f_2(t)\sin(2\phi+\theta)\\ &=\frac{1}{2}[f_1(t)\cos\theta+f_2(t)\sin\theta]+\frac{1}{2}f_1(t)\cos 4\pi f_c t+\frac{1}{2}f_2(t)\sin 4\pi f_c t\end{aligned} \tag{16.41}$$

$$
\begin{aligned}
x_2(t) &= [f_1(t)\cos\phi + f_2(t)\sin\phi]\sin(\phi+\theta) \\
&= f_1(t)\cos\phi\sin(\phi+\theta) + f_2(t)\sin\phi\sin(\phi+\theta) \\
&= \frac{1}{2}f_1(t)[-\sin\theta+\sin(2\phi+\theta)] + \frac{1}{2}f_2(t)(\cos\theta+\cos(2\phi+\theta)) \\
&= \frac{1}{2}[-f_1(t)\sin\theta + f_2(t)\cos\theta] + \frac{1}{2}f_1(t)\cos 4\pi f_c t + \frac{1}{2}f_2(t)\sin 4\pi f_c t
\end{aligned} \tag{16.42}
$$

再经过低通滤波和缩放处理，最后得到：

$$
\begin{aligned}
z_1(t) &= \mathrm{LPF}[x_1(t)] = f_1(t)\cos\theta + f_2(t)\sin\theta \\
z_2(t) &= \mathrm{LPF}[x_2(t)] = -f_1(t)\sin\theta + f_2(t)\cos\theta
\end{aligned} \tag{16.43}
$$

用矩阵描述为

$$
\begin{bmatrix} z_1(t) \\ z_2(t) \end{bmatrix} = \begin{bmatrix} \cos\theta & \sin\theta \\ -\sin\theta & \cos\theta \end{bmatrix} \begin{bmatrix} f_1(t) \\ f_2(t) \end{bmatrix} \tag{16.44}
$$

通用的正交幅度调制复用通信系统的结构如图 16.32 所示。如果角度不是 0°，正如前面讨论的那样，将输出混合信号。因此，这种技术用于传输两个独立的序列是有限的，除非接收设备的振荡器能够保证相同相位。

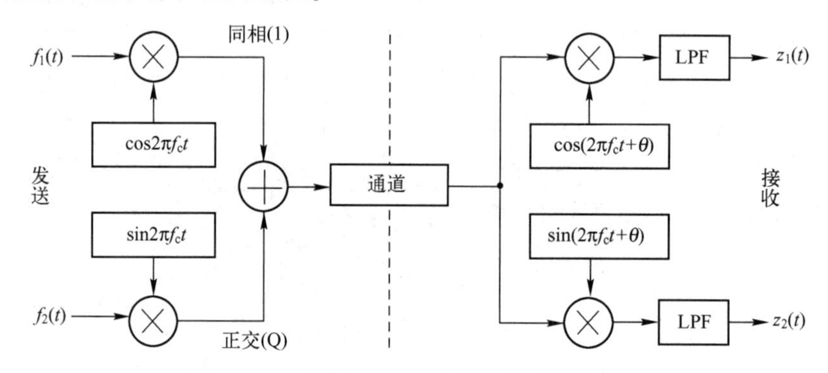

图 16.32　正交幅度调制复用通信系统的结构

4. 复正交调制和解调

复正交调制的过程如图 16.33 所示，表示为

$$
\begin{aligned}
v(t) &= f(t)\mathrm{e}^{\mathrm{j}2\pi f_c t} = [f_1(t) - \mathrm{j}f_2(t)]\mathrm{e}^{\mathrm{j}2\pi f_c t} = [A-\mathrm{j}B]\mathrm{e}^{\mathrm{j}\phi} \\
&= [A-\mathrm{j}B][\cos\phi + \mathrm{j}\sin\phi] \\
&= A\cos\phi - \mathrm{j}B\cos\phi + \mathrm{j}A\sin\phi + B\sin\phi \\
&= [A\cos\phi + B\sin\phi] + \mathrm{j}[A\sin\phi - B\cos\phi]
\end{aligned} \tag{16.45}
$$

$$
\begin{aligned}
y(t) &= \mathrm{Re}[v(t)] = A\cos\phi + B\sin\phi \\
&= f_1(t)\cos 2\pi f_c t + f_2(t)\sin 2\pi f_c t
\end{aligned} \tag{16.46}
$$

复正交解调的原理如图 16.34 所示，其过程表示为

图 16.33　复正交调制的过程　　　　图 16.34　复正交解调的原理

$$
\begin{aligned}
x(t) &= y(t)\mathrm{e}^{\mathrm{j}2\pi f_c t} = [f_1(t)\cos 2\pi f_c t + f_2(t)\sin 2\pi f_c t]\mathrm{e}^{\mathrm{j}2\pi f_c t} \\
&= [A\cos\phi + B\sin\phi]\mathrm{e}^{\mathrm{j}\phi} = [A\cos\phi + B\sin\phi][\cos\phi + \mathrm{j}\sin\phi] \\
&= A\cos^2\phi + \mathrm{j}B\sin^2\phi + \mathrm{j}A\cos\phi\sin\phi + B\sin\phi\cos\phi \\
&= \frac{A}{2}[1+\cos 2\phi] + \mathrm{j}\frac{B}{2}[1-\cos 2\phi] + \frac{A}{2}\sin 2\phi + \mathrm{j}\frac{B}{2}\sin 2\phi
\end{aligned} \tag{16.47}
$$

经过低通滤波器后，得到：

$$
z(t) = \frac{A}{2} + \mathrm{j}\frac{B}{2} \tag{16.48}
$$

所以接收信号为

$$
z(t) = \frac{1}{2}[f_1(t) + \mathrm{j}f_2(t)] \tag{16.49}
$$

这是一个用复正弦信号解调的实信号。经过低通滤波器，能够恢复原始信号。注意，尽管滤波器是实数滤波器，但输入的是复信号，因此输出也是复信号。低通滤波器的权值为实数，如滤波器的传输函数 $H(z)=1+z^{-1}$，很容易证明实部和虚部能完整独立地被滤波。如图 16.35 所示，给出了对复数进行滤波的原理描述。

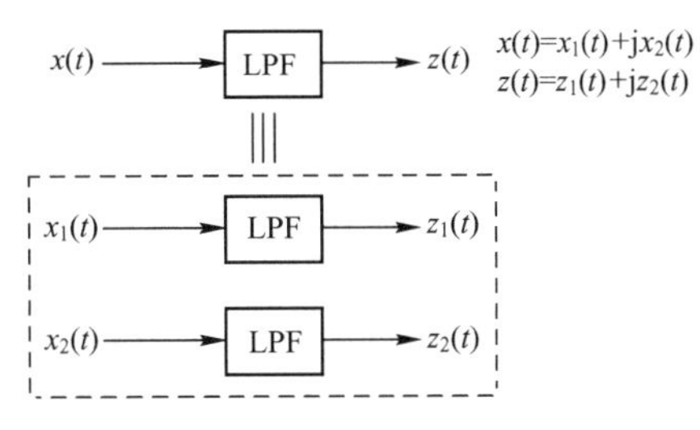

图 16.35　对复数进行滤波的原理

5. 复数的传输

采用正交调制技术，可以传送基带是复数的数据，如两个独立的数据流。复数的描述是构建星座图的基础。

使用复数的目的是为了方便，基带数据通常包含单个数据流。当转换为两个数据流时，将它们分别作为实部和虚部。正交调制/解调与复数数据调制/解调的等效原理如图 16.36 所示。

假设信道是多通道的，一个有恒定相差的本地振荡器，QAM 调制方案可以用一个复杂的 FIR 滤波器在基带进行设计，如复数输入、复数输出和复数权值。对于更多的高级通道，可以通过扩展的模型引入时间变化的滤波器，这样就能够为快速和慢速衰落信道设计模型。

6. 带通信道与基带信道模型

带通信道模型如图 16.37 所示，其中：

(1) $x(t)$为来自基带发射机的信号。

(2) $r(t)$表示到基带接收机的信号。

带通信道模型覆盖了从基带发射机到基带接收机所有的基本步骤。首先，原始信号被调制到载波频率，然后通过信道，则信号 $r(t)$表示为

$$
r(t) = \int_{-\infty}^{\infty} h(\tau)s(t-\tau)\mathrm{d}\tau + n(t) = \int_{-\infty}^{\infty} h(\tau)\mathrm{Re}\{x(t-\tau)\mathrm{e}^{\mathrm{j}\bar{\omega}_c(t-\tau)}\}\mathrm{d}\tau + n(t) \tag{16.50}
$$

因为 $h(t)$是实数，因此：

$$
r(t) = \mathrm{Re}\left\{\int_{-\infty}^{\infty} h(\tau)x(t-\tau)\mathrm{e}^{\mathrm{j}\bar{\omega}_c s(t-\tau)}\right\}\mathrm{d}\tau + n(t) = \mathrm{Re}\left\{\mathrm{e}^{\mathrm{j}\bar{\omega}_c t}\int_{-\infty}^{\infty} h(\tau)x(t-\tau)\mathrm{e}^{-\mathrm{j}\bar{\omega}_c\tau}\right\}\mathrm{d}\tau + n(t)
$$

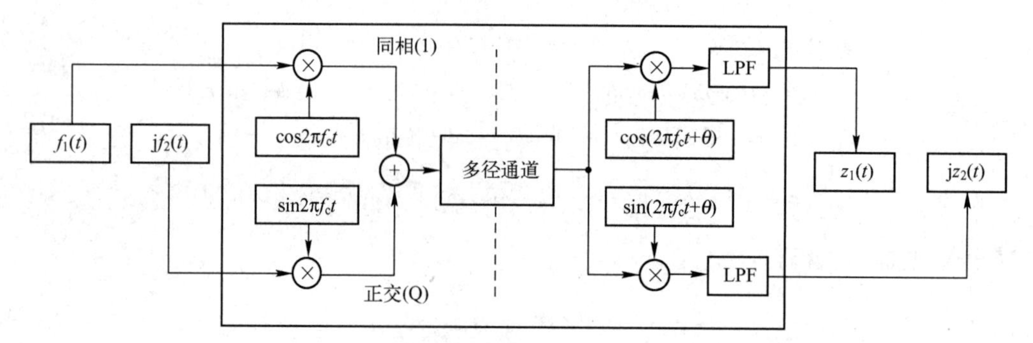

（a）正交调制/解调的原理

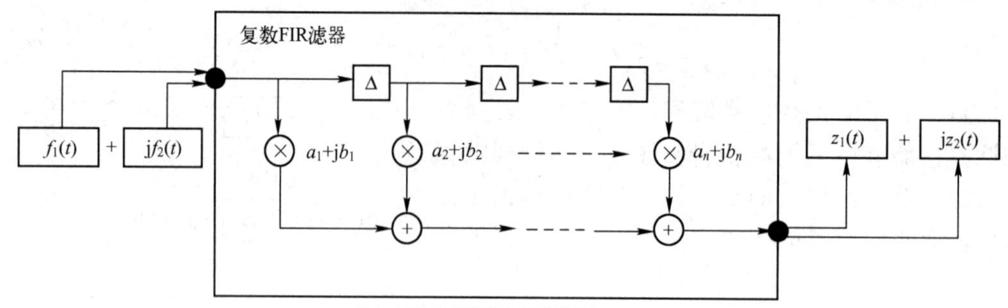

（b）复数数据调制/解调的原理

图 16.36　正交调制/解调和复数据调制/解调的等效原理

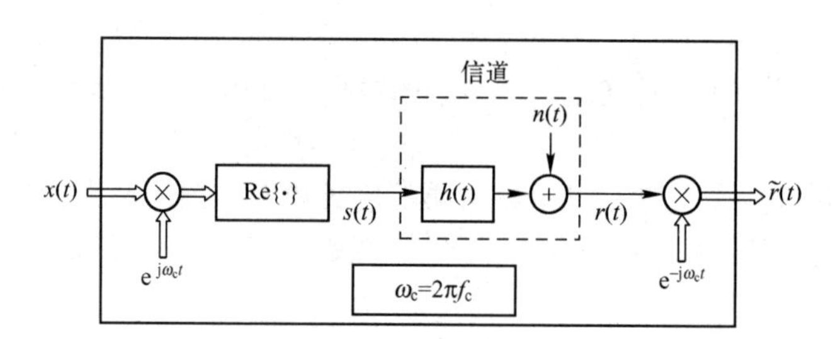

图 16.37　带通信道模型

其中，$h(\tau)e^{-j\bar{\omega}_c\tau}=c(\tau)$是基带的信道冲激响应特性，通常用来定义信道到信道的响应$y(t)$为

$$y(t)=\int_{-\infty}^{\infty}c(\tau)x(t-\tau)\mathrm{d}\tau \tag{16.51}$$

因而：

$$r(t)=\mathrm{Re}\{y(t)e^{j\omega_c t}\}+n(t)=y(t)e^{j\omega_c t}+y^*(t)e^{-j\omega_c t}+n(t) \tag{16.52}$$

经过解调得到：

$$\tilde{r}(t)=r(t)e^{-j\omega_c t}=y(t)+y^*(t)e^{-j2\omega_c t}+n(t) \tag{16.53}$$

式（16.53）中，$n(t)$为噪声。

式（16.53）表示接收到的信号，其中：

（1）第一部分$y(t)$是感兴趣的信号。

（2）第二部分$y^*(t)e^{-j2\omega_c t}$的中心频率是$2f_c$Hz，能通过低通滤波器过滤。

（3）最后一部分是噪声，如果$n(t)$的单边带功率谱密度是N_0，则双边带功率谱密度仍然是N_0，它能平均分成实数部分和复数部分。

等效的基带正交系统如图 16.38 所示，展示了在一个通信系统中复数均衡器的使用。图 16.38 中，信道的作用是改变发送信号，它有两个主要影响，包括：①引入了多径效应；②多径中的每条路径改变了发送信号的幅度和相位。

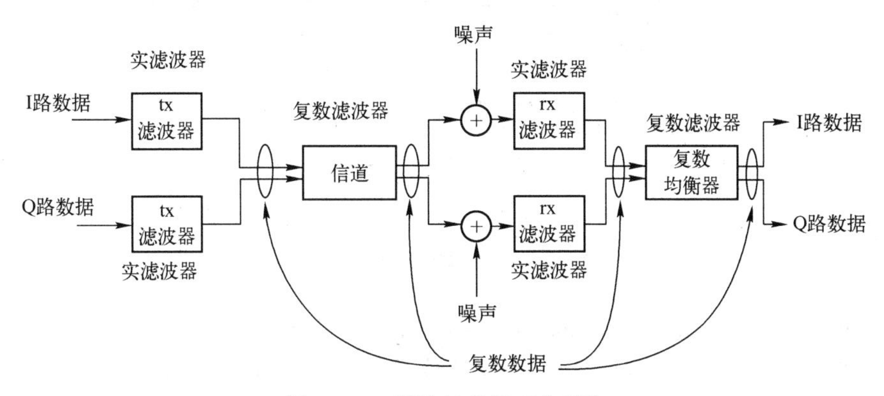

图 16.38　等效的基带正交系统

包含一个多径组件的信道，它能被表示为包含一个系数的复数 FIR 滤波器，如图 16.39 所示。

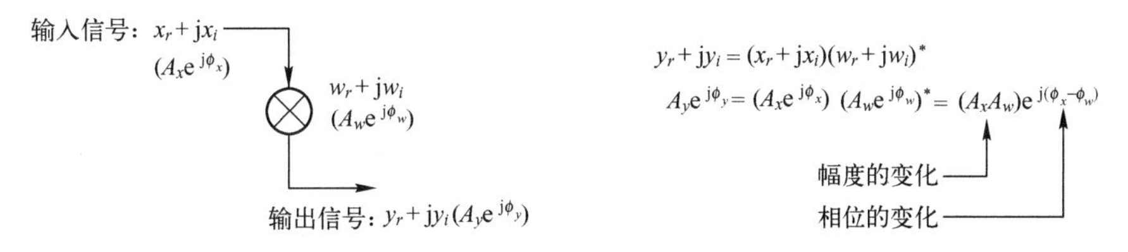

图 16.39　多径对信号相位和幅度的影响

从图 16.39 可知，使用的复数信号（输入、输出和系数）可以表示为两种形式，即直角坐标和极坐标。使用极坐标的好处是很容易看到信道对信号幅度和相位的改变。因此，需要使用一个复数均衡器补偿它。

真实系统中的复数均衡器如图 16.40 所示。

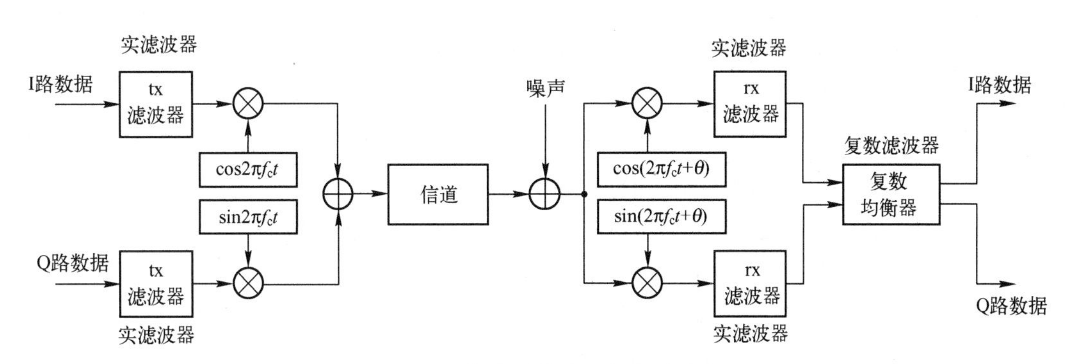

图 16.40　真实系统中的复数均衡器

7. QPSK 调制技术

从一个真正的数据流产生一个包含实部和虚部的复数数据流首先需要进行位符号映射，

如图 16.41 所示，数据流中的每两位表示一个符号。

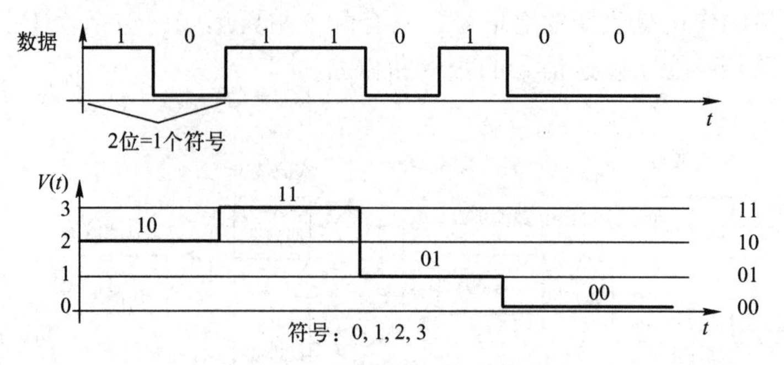

图 16.41　数据流映射到符号

前面通过 QAM（Quadrature Amplitude Modulation，正交振幅调制）传输复数信号，因此可以将符号映射到复平面中，每一个被传输的符号有一个实部位和虚部位（-1 或者 1），这种映射方法称为正交相移键控（Quadrature Phase Shift Keyin，QPSK）。如图 16.42 所示，相对于实数，复数是多种多样的，即同相或正交相位，符号映射到坐标中并不是唯一的。

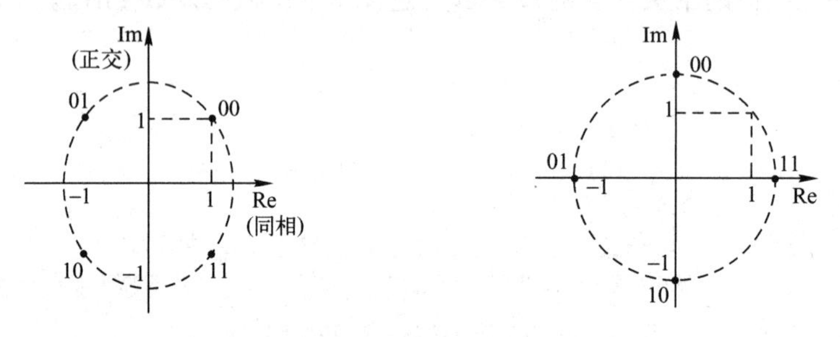

图 16.42　符号到复平面的映射

从图 16.42 可以看到，信号的幅度都是$\sqrt{2}$，但相位是不同的，因此需要通过相位编码。因此，它们的幅度是$\sqrt{2}$，相位分别是 45°、135°、225°和 315°。除 QPSK 外，OQPSK 和差分 QPSK 也有相关的映射图。

4 个符号的脉冲幅度调制（Pulse Amplitude Modulation，PAM）星座图如图 16.43 所示。在这种映射中，没有虚部，它发送 4 个电平的模拟信号。

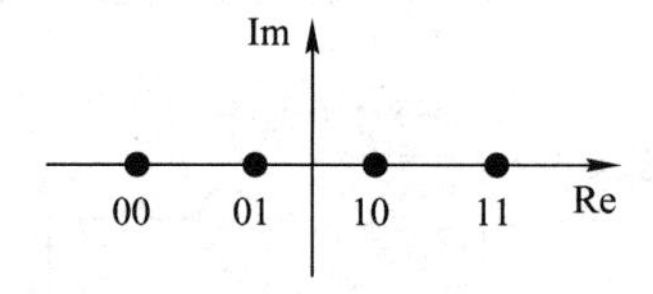

图 16.43　4 个符号 PAM 星座图

经过符号映射，需要星座映射产生两个（实部和虚部）信号用来调制，其映射原理如图 16.44 所示。

不同编码的 8-PSK 星座图如图 16.45 所示。每个传输的符号通过一个实部位和虚部位来表示。为了利于检测，其符号很可能采用格雷编码。

通过不同的星座图案，可以将若干离散信号映射到复平面。相移键控将 M 个不同值的信号 $u(k)$ 映射到一个圆上，如 $L=4$ 的时候，如图 16.46 所示。

上面例子的 QAM 信号为 $y(t)$（特别注意相位），如图 16.47 所示。

8. *M* 进制振幅键控及接收

幅移键控（ASK）所传输的信息是对调制信号 $y(t)$ 的幅度进行编码，如图 16.48 所示

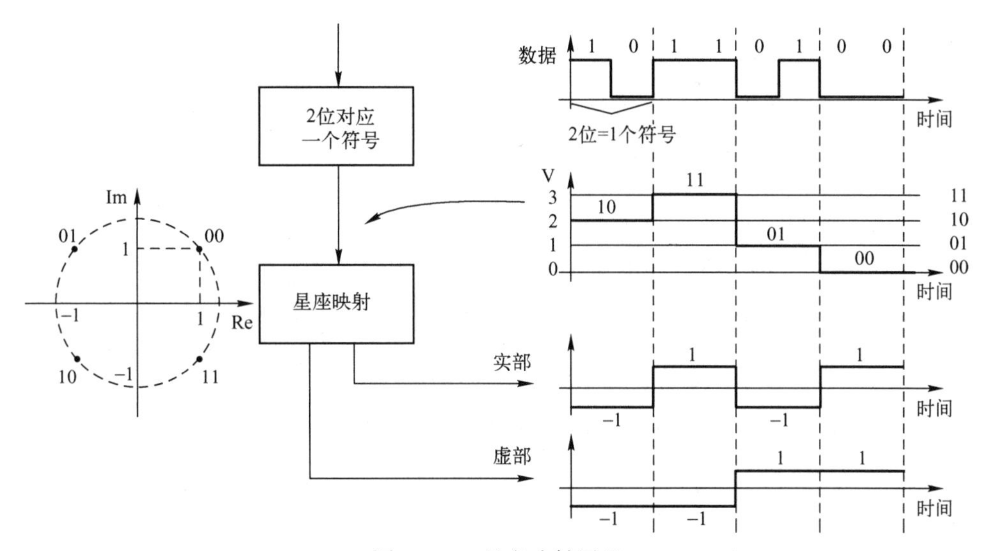

图 16.44　星座映射原理

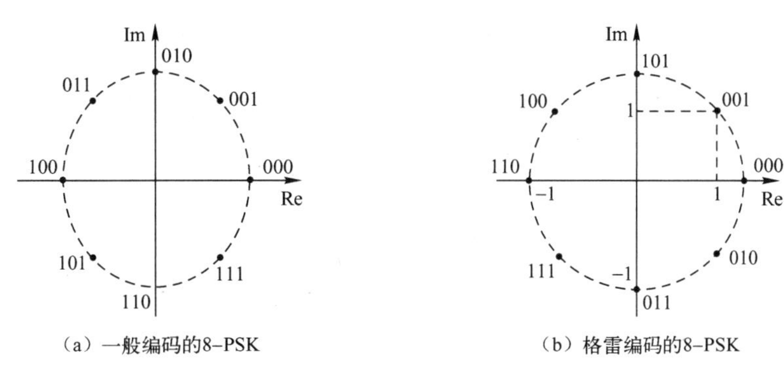

图 16.45　不同编码的 8-PSK 星座图

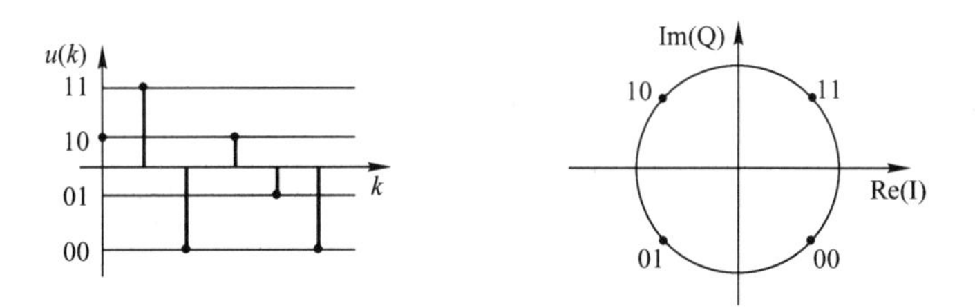

图 16.46　相移键控将 4 个不同值的信号 $u(k)$ 映射在一个圆上

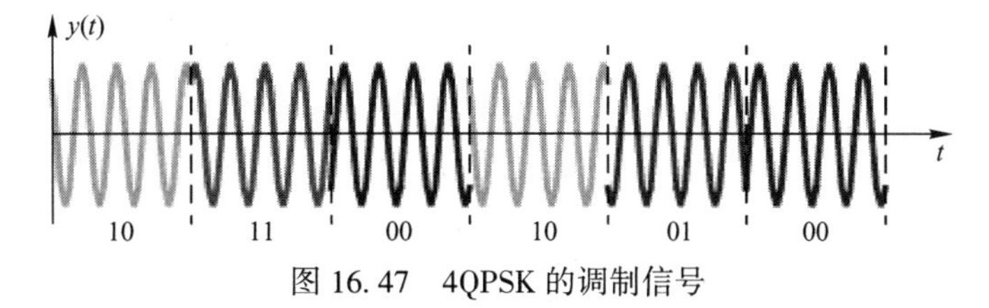

图 16.47　4QPSK 的调制信号

为 ASK 的星座映射。ASK 调制信号在时域中的表示如图 16.49 所示。

为了有效地利用复平面的实部和虚部，经常使用相移键控（PSK）和幅移键控（ASK）的混合调制方法。M 值 ASK 没有使用正交，因而性能不是很好。

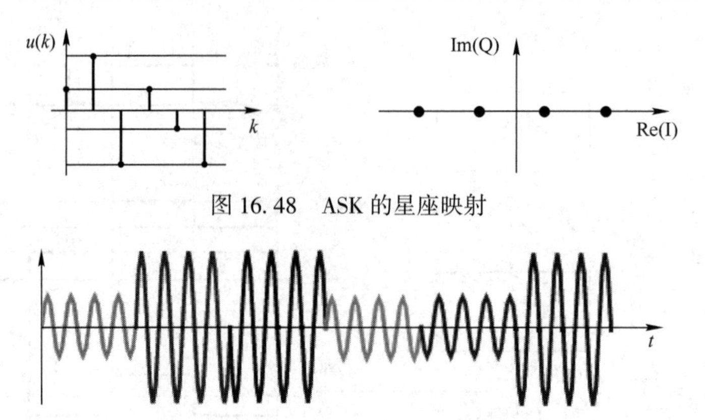

图 16.48　ASK 的星座映射

图 16.49　ASK 调制信号在时域中的表示

16QAM 的星座图如图 16.50（a）所示，它有 3 个离散的幅度和 12 个相位。16PSK/ASK 的星座图如图 16.50（b）所示，它采用 4 个离散的幅度和 8 个独立的相位来编码 16 个值。在接收端，经过 QAM 解调以后，组合 $x_1(k)$ 和 $x_2(k)$ 就能够恢复原始信号。除了这些经典的数字调制技术，还有很多其他的调制方法，如差分 PSK 或非线性调制 FSK。

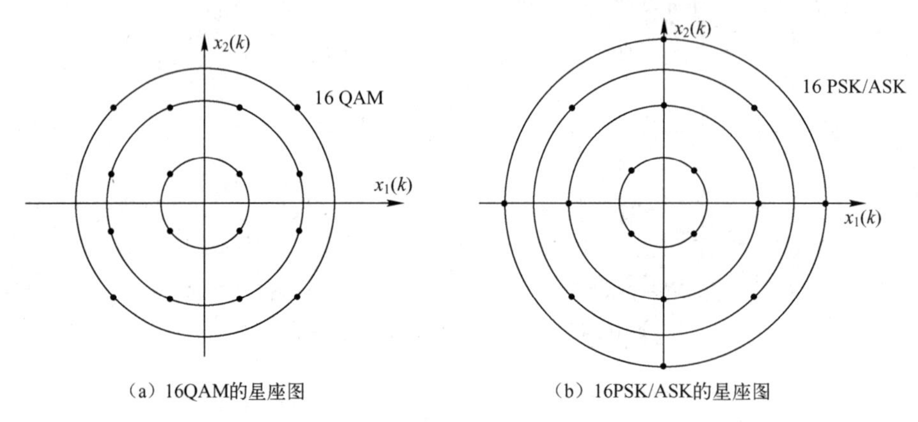

（a）16QAM的星座图　　（b）16PSK/ASK的星座图

图 16.50　PSK 和 ASK 的调制方式的结合

在实际系统中，由于信道噪声和幅度相位的畸变，所接收到的信号不一定严格地在星座点上，如图 16.51 所示。

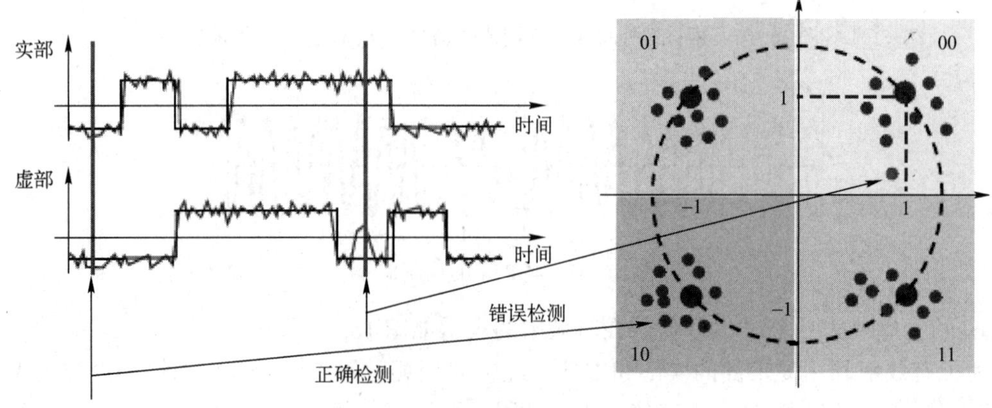

图 16.51　接收信号的星座映射

使用一个简单的检测方案，即在接收信号周期的中间进行抽样。很明显，该例子就有一个符号检测错误（2 位错误，即 11 被检测为 00）。

相对而言，检测 QPSK 信号比较直观。接收到的数据基本被分割为实部和虚部，因此通过检测符号所在的象限就可以进行判决。在上面的例子中，产生错误的原因是符号出现在错误的象限内。由于每一个符号使用两个比特位表示，当发送的符号为“11”，而检测到的是“00”时，这意味着发生了两比特错误。如果发生的错误是从第一象限到第二象限，即“00”到“01”，则只会出现一位错误。

由于噪声和畸变，所接收的信号在邻相位将产生 1 个或 2 个错误，因而选择格雷编码方式。

9. QPSK 调制包络

对于传输的数据，可以显示出它的“轨迹”或向量，如图 16.52 所示。显然，这个轨迹可以从一个点到另一个点，使调制包络会经过零点，这是在无线功率放大器中不希望出现的。设计具有线性响应下降到零功率输出的射频功率放大器是非常困难的。因此，在 QPSK 调制中，改为采用 π/4QPSK 调制。

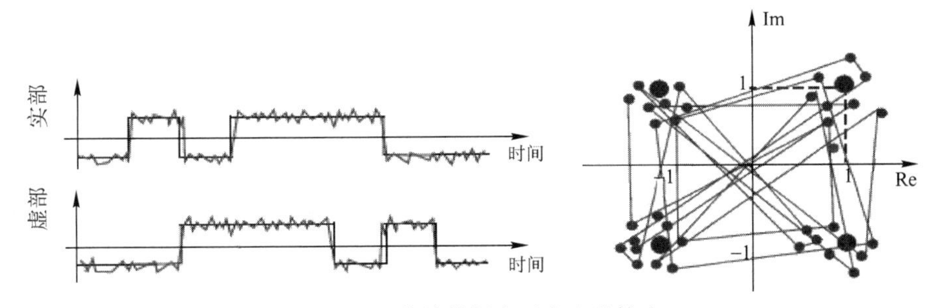

图 16.52　传输数据在星座上的轨迹

当发送一个新符号时，如图 16.53 所示，π/4QPSK 将该信号旋转 45°或 π/4 弧度。因此，第一个符号使用星座 1 发送，第二个使用星座 2 发送……使用这种方法，其调制包络不经过零点，如图 16.54 所示。

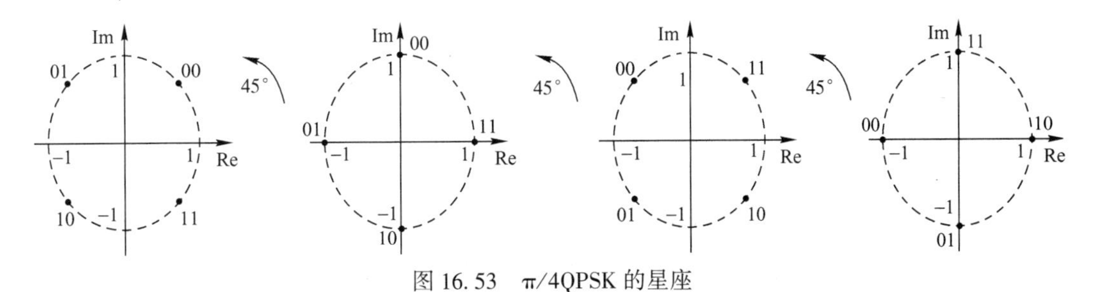

图 16.53　π/4QPSK 的星座

10. 差分 PSK 调制

差分 PSK 将数据符号的相位角累加，如图 16.55 所示。接收端不需要估计载波的相位，通过相对相位实现解调。

差分 PSK 有很强的抗快衰落能力，一般很难估计载波相位。通过检测相对相位，可以实现解调。只要在任何两个符号之间的载波相位改变不超过规定范围的相位，即使在没有准确的载波相位跟踪的情况下也可以正确解调信号。

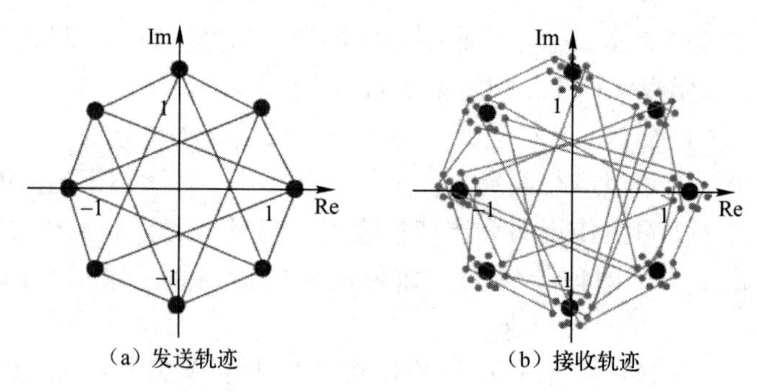

图 16.54　采用 π/4QPSK 调制的发送轨迹和接收轨迹

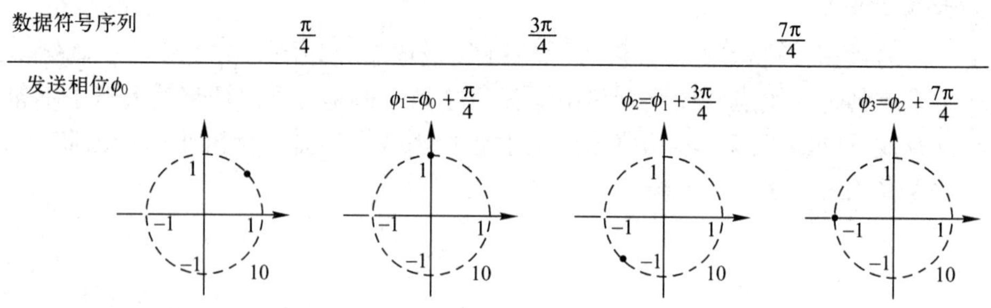

图 16.55　差分 PSK 调制

11. 偏移 QPSK 调制

偏移四相相移键控（Offset QPSK，OQPSK）调制技术如图 16.56 所示，使传输的同相载波信号与正交载波信号的相位差为符号周期的一半，OQPSK 是一种恒定包络的调制技术。这种调制方法提高了放大器的效率，同时降低了放大器的失真。

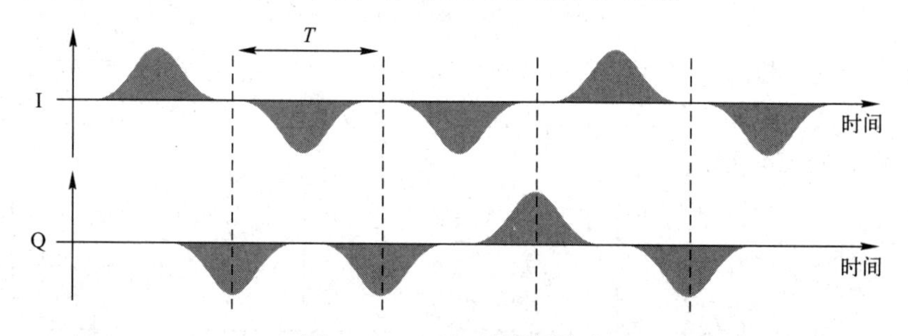

图 16.56　OQPSK 调制技术

正交相移键控是一种恒定包络的调制技术，这意味着它将基带调制信号的变化降到最低。使用恒定包络的调制技术与 RF 放大器的性能有关。首先，它使得放大器维持在一个最佳的输出功率水平，有助于提高放大器的效率；其次，在相同的程度下，与其他调制技术相比，它可以减少放大器非线性特性所造成的失真。

12. 幅移键控（ASK）

幅移键控（ASK）/开关键控（OOK）调制与调制信号在时域中的表示如图 16.57 所示。

在 ASK 中，用载波调制一个单极信号，存在多个幅度，且每个幅度表示发送比特流中的多个比特位，如图 16.58 表示。从图 16.58 中可知，每一个电平用一个二进制序列表示。

通过简单的 AM 包络解调器，就可以检测 ASK 或者 OOK 信号。当使用相干解调时，需要知道载波信息。如果知道了载波信息，就可以通过 PLL 从信号中提取载波信号。

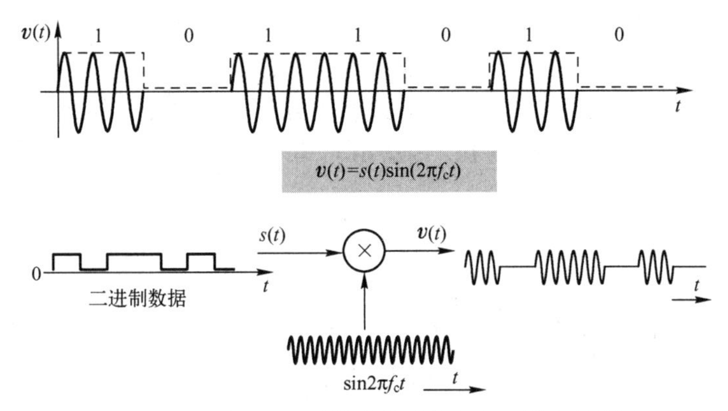

图 16.57　ASK/OOK 调制和调制信号在时域中的表示

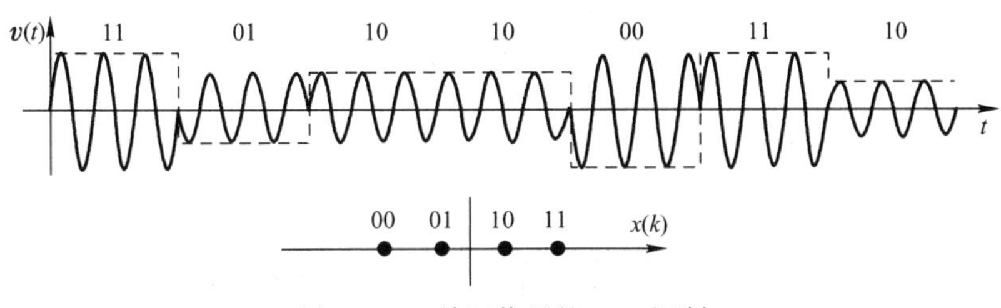

图 16.58　单极信号的 ASK 调制

13. 二进制相移键控（BPSK）

BPSK 调制和调制信号在时域中的表示如图 16.59 所示。从图 16.59 中可知，BPSK 使用的是双极性信号，其星座图如图 16.60 所示。其中：

（1）对于双极性的 1 而言，$r(t)=1, v(t)=\cos\left(2\pi f_c t-\dfrac{\pi}{2}\right)=\sin 2\pi f_c t$

（2）对于双极性的 0 而言，$r(t)=-1, v(t)=\cos\left(2\pi f_c t+\dfrac{\pi}{2}\right)=-\sin 2\pi f_c t$

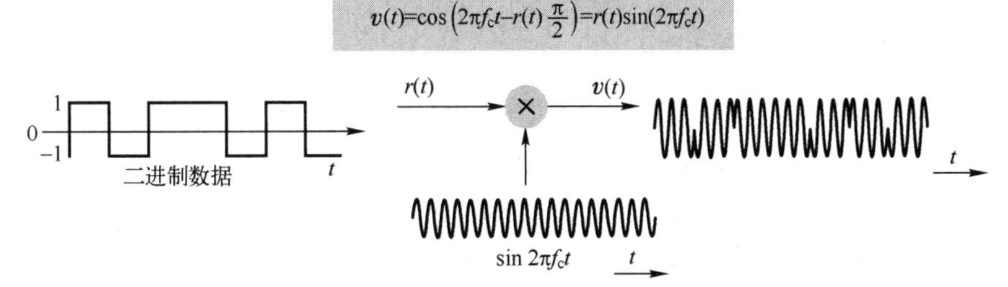

图 16.59　BPSK 调制和调制信号在时域中的表示

从上式可知，二进制 0 和二进制 1 的载波相位差为 180°，这种类型的调制也被称为 ASK 调制，这是因为其幅度信号为-1 和 1。为了检测 BPSK 信号，接收端需要同步技术。例如，需要载波频率和时序信息。由于 BPSK 信号并不是真正地传输一个载波，所以让发送器发送一个载波，或者通过科斯塔斯环或者平方环从双边带抑制载波调幅 DSB-SC 信号中同步一个载波。BPSK 的频谱如图 16.61 所示，其中 R 为速率，单位为比特/秒。

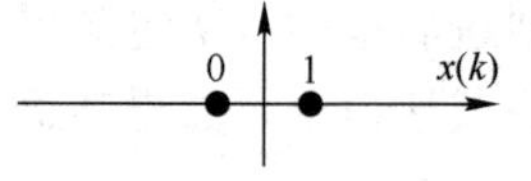

图 16.60 BPSK 的星座图

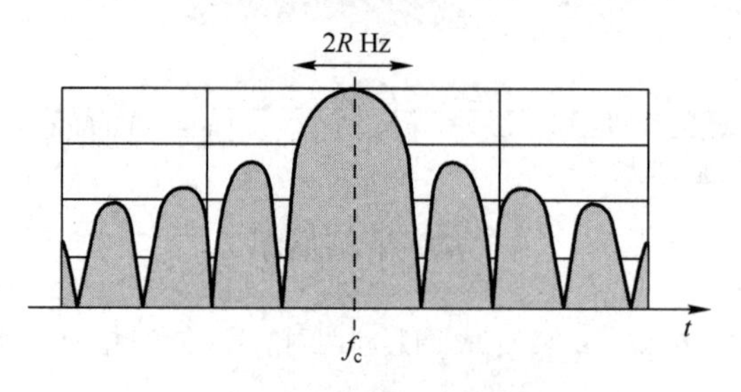

图 16.61 BPSK 的频谱

14. 频移键控（FSK）

FSK 的调制原理和其在时域中的表示如图 16.62 所示。

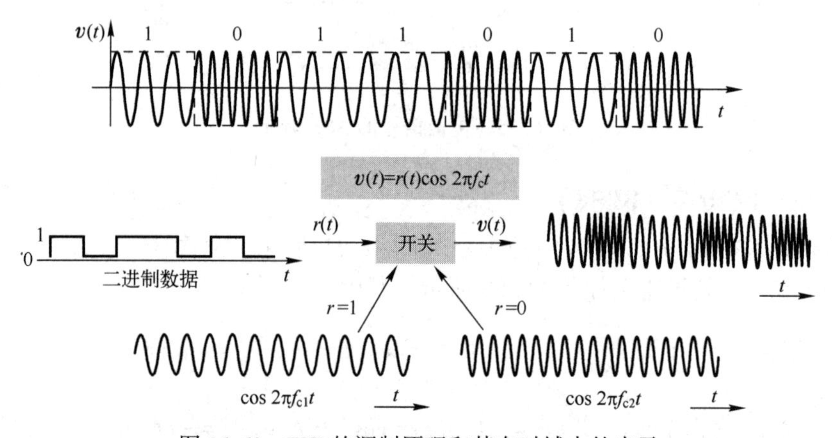

图 16.62 FSK 的调制原理和其在时域中的表示

在快速调制解调器和移动通信的二进制信号技术中，虽然 FSK 不是最优的技术，但 FSK 信号被广泛用于早期的调制解调中。贝尔 103 标准使用两个频率发送（约 1kHz），接收两个不同的频率（约 2kHz）。因此，全双工通信相对简单，成本低，但传输速度很低。

FSK 广泛用于非高速的低成本和低效率的调制解调器应用中，如信用卡交易调制解调器，在该应用中，每次仅需传输 100 个字符和接收同样数目的字符。因而，在这种应用中，延迟 5s 或 5ms 并不是问题。

从以上波形可知，传输是不连续的。采用改进的 CPFSK 技术，它能平滑地从一个符号过渡到另一个符号，这意味着没有相位的失真，如图 16.63 所示。

从单极 NRZ 脉冲信号和 BPSK 基带信号看来，旁瓣信号占很大的带宽。为了利于传输，可以对信号加单通滤波器，其过程如图 16.64 所示。

在载波频率附近的带通滤波显然不是很容易满足，下面介绍一个更好的方法。

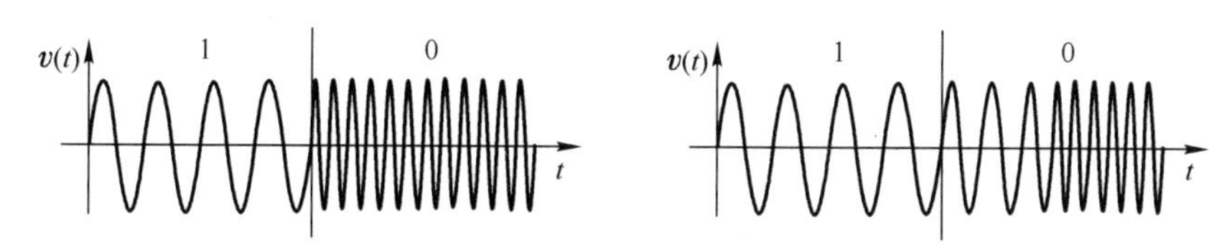

图 16.63　FSK 到 CPFSK 相位的变化

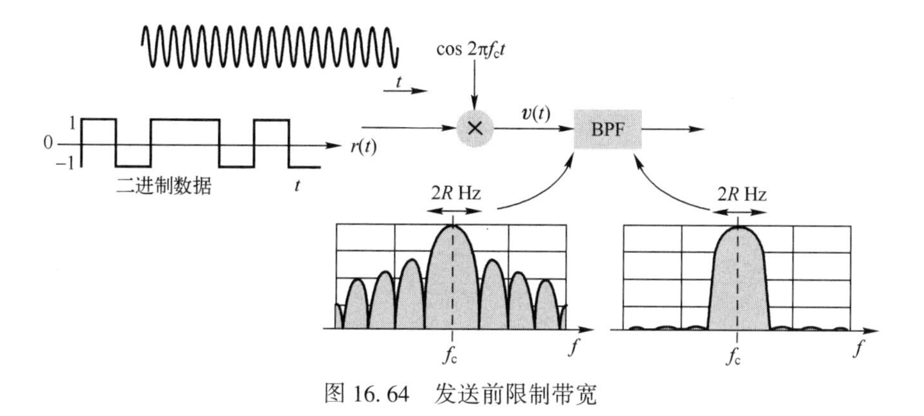

图 16.64　发送前限制带宽

为了最大限度地提高带宽的利用率，可以传送奈奎斯特或者正弦脉冲，如图 16.65 所示，用等式表示为

$$u(t)=\frac{\sin\left(\frac{\pi t}{T}\right)}{\pi t/T} \tag{16.54}$$

图 16.65 中，$W=1/(2T)$。

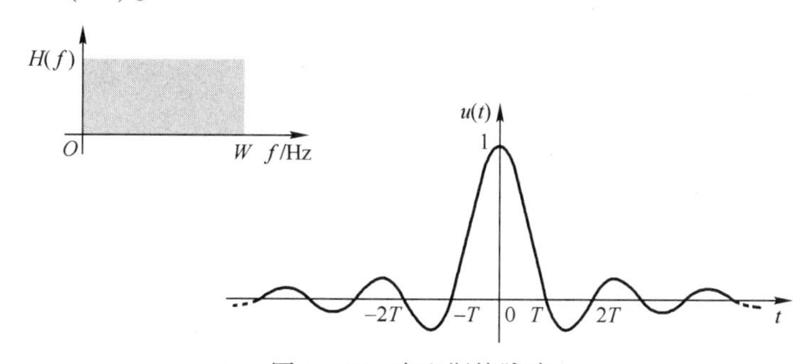

图 16.65　奈奎斯特脉冲

传输脉冲数据需要很大的带宽，虽然矩形脉冲减少了对带宽的要求，但一般而言，R(Hz) 的带宽是必需的（R 为符号率）。升余弦脉冲衰减的速度是 $1/t^3$，奈奎斯特脉冲衰减的速度是 $1/t$，因此这是可取的。因为它意味着在接收端的采样抖动不太可能产生错误，但付出的代价是需要较大的带宽。

一种更有效的脉冲是升余弦脉冲，如图 16.66 所示。升余弦脉冲表示为

$$p(t)=\frac{\sin\left(\frac{\pi t}{T}\right)}{\pi t/T}\cdot\frac{\cos\left(\frac{\alpha\pi t}{T}\right)}{1-\left(\frac{2\alpha t}{T}\right)^2} \tag{16.55}$$

其中，α 表示额外的带宽（相对于前面讲的理想情况而言）。

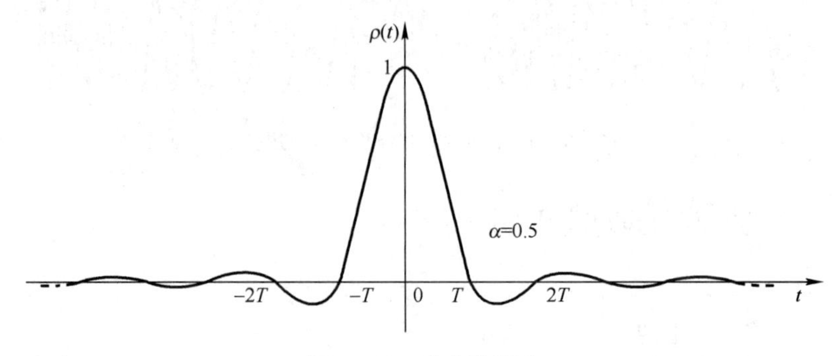

图 16.66 升余弦脉冲

当 $\alpha=0$ 时，信道是理想信道；当 $\alpha=1$ 时，额外带宽是奈奎斯特/sinc 脉冲整形的 100%，即使用升余弦发生数据所要求的最小带宽是奈奎斯特/sinc 脉冲整形所需带宽的两倍，如图 16.67 所示。

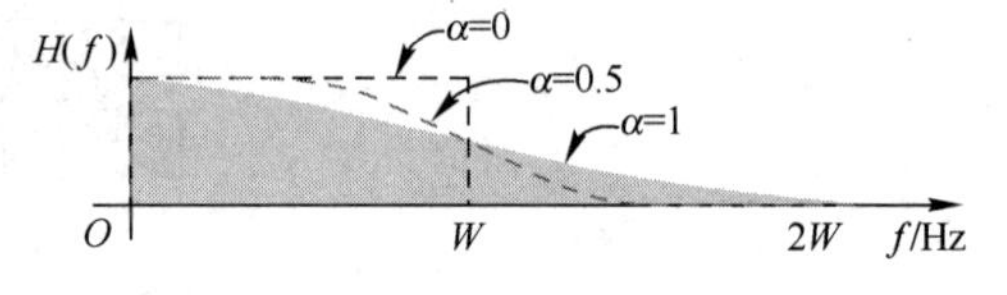

图 16.67 α 与占用频带之间的关系

在数字传输系统中，整体的发送滤波器、通信信道和接收（匹配）滤波器的目的都是升余弦，如图 16.68 所示。因此，实际的脉冲整形对升余弦做了平方根处理，接收滤波器也是平方根升余弦，信道有足够的带宽。根据升余弦滤波器的长度和信道能够提供的带宽需求，确定使用大的还是小的 α。

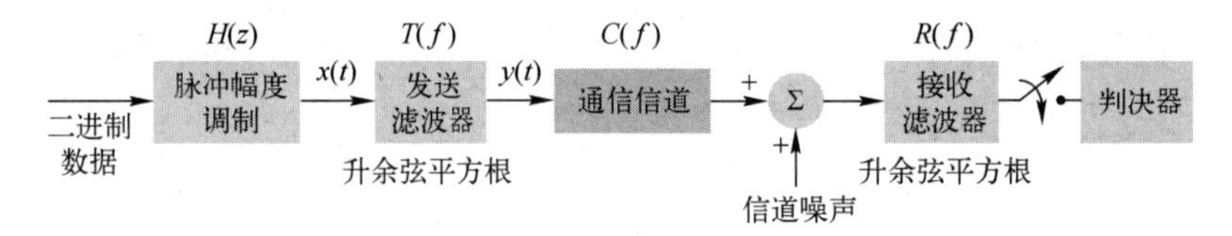

图 16.68 数字传输系统

16.3.3 数字信号的传输

如果样本信号是通过奈奎斯特或者升余弦波形进行传输的，当在 $T, 2T, 3T\cdots$ 的时刻时，脉冲与其他脉冲有零码间干扰，如图 16.69 所示。

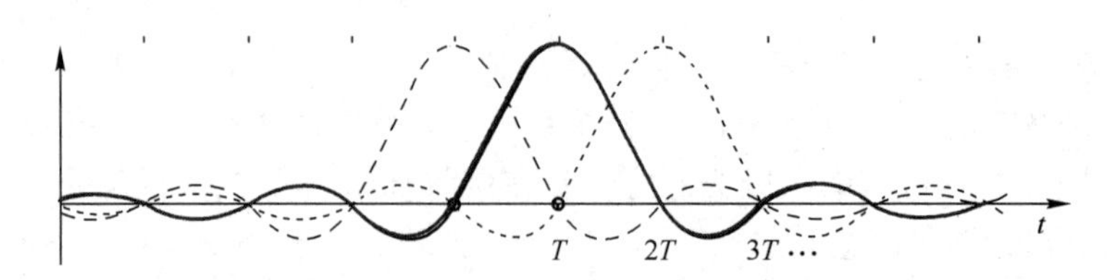

图 16.69 样本信号通过奈奎斯特或者升余弦波形进行传输

脉冲整形数据如图 16.70 所示。如果以间隔 T 采样接收的信号，则可以无干扰地恢复原信号。

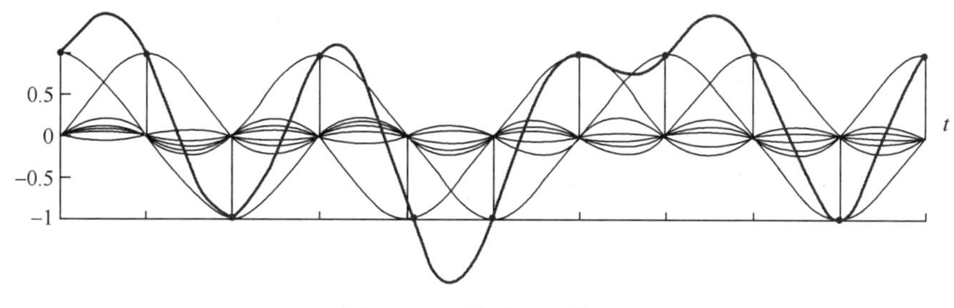

图 16.70　脉冲整形数据

当接收到数据时，从信号本身（零交叉）、导引或一个同步源提取时间信息。对 BPSK 而言，眼图在时间上将接收信号分成一个周期（QPSK 是两个），以便观察到检测点，如图 16.71 所示。

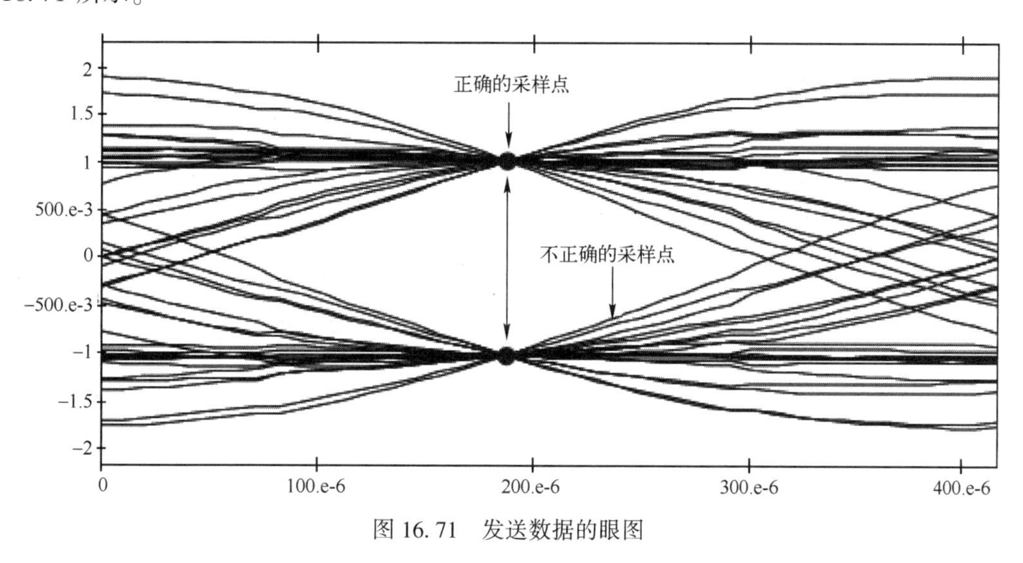

图 16.71　发送数据的眼图

从图 16.71 可知，眼睛是开放的（看起来像一个张开的人眼），这样可以清楚地确定采样点。如果没有在正确的时刻采样，显然不利于信号的检测。如果信道有噪声，明显会影响眼睛的张开程度。

16.4　脉冲整形滤波器的原理与实现

本节将介绍脉冲整形滤波器的原理与实现，内容主要包括脉冲整形滤波器的原理、升采样脉冲整形滤波器的实现、多相内插器脉冲整形滤波器的实现，以及量化和频谱屏蔽的实现。

16.4.1　脉冲整形滤波器的原理

本节将介绍脉冲整形滤波器的要求和实现原理。

1. 脉冲整形滤波器的要求

脉冲整形被用于确保发送只占用射频（RF）频谱的保留部分，也就是避免对相邻频率的其他信号产生干扰。通常，如果脉冲整形滤波器的输出频率不符合频带包络的要求，即泄漏到相邻频带的能量大于所允许的值，则滤波器就不符合设计要求。频谱的表示如图 16.72 所示。

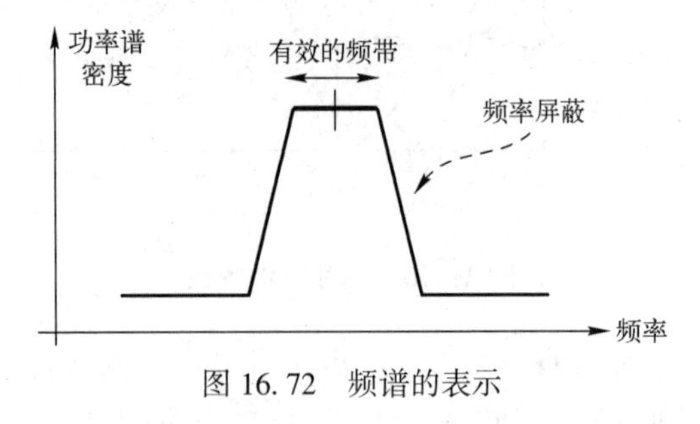

图 16.72 频谱的表示

脉冲整形滤波器能够改变发送信号的频谱，并且必须按照屏蔽频谱的要求进行设计，如图 16.73 所示。

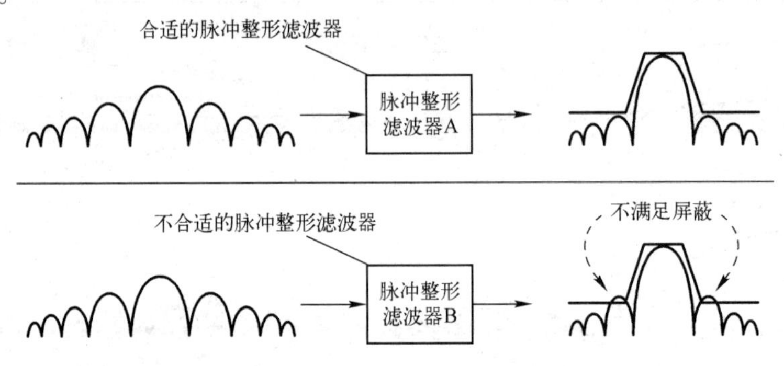

图 16.73 合适和不合适的脉冲整形滤波器

2. 脉冲整形滤波器的实现原理

在脉冲整形阶段，需要提高时钟速率，这样每个符号就由几个采样构成。当通过脉冲整形滤波器时，它们具有不同的幅度。这样，就将符号进行了重新整形。例如，通过提高采样率（因子为 R）对符号采样，并将这些符号通过脉冲整形滤波器，如图 16.74 所示。在每个符号周期内，该滤波器包括 R 权值，通常会扩展几个符号周期的时间，这就产生了 N 个权值。

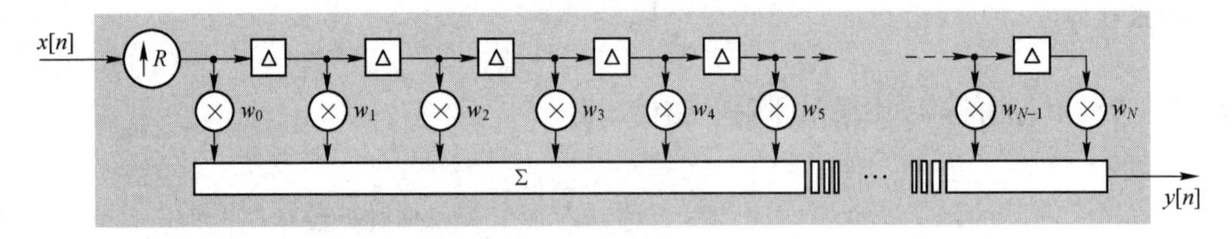

图 16.74 R 倍上采样，再通过脉冲整形滤波器

另一种方法是可以选择多相滤波器。当改变采样率时，多相滤波器是非常有用的。前面多次提到了抽取滤波器，在此处采用内插多相滤波器。

> **注**：多相滤波器分支的数量等于升采样因子 R。

一个升采样（因子 $R=4$）的内插多相滤波器的结构如图 16.75 所示，该滤波器的权值个数 N 为 20。

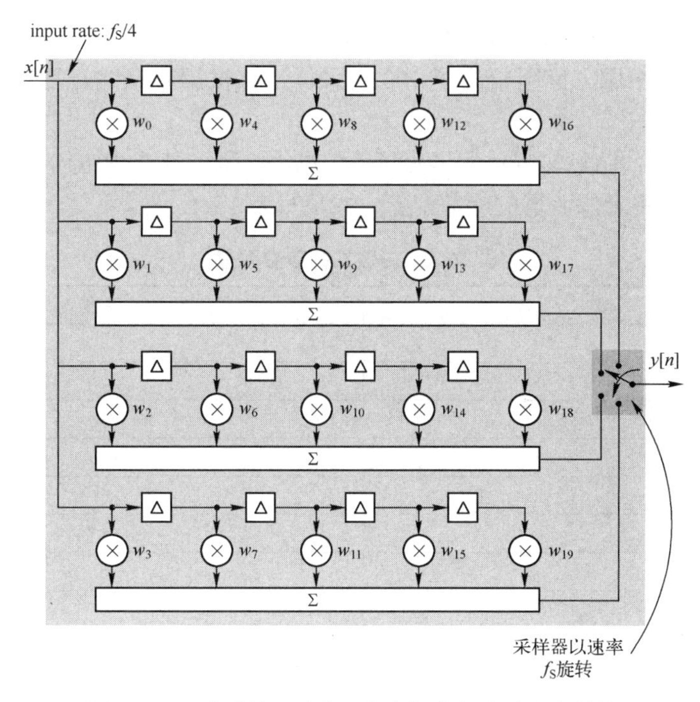

图 16.75　升采样因子为 4 的内插多相滤波器的结构

16.4.2　升采样脉冲整形滤波器的实现

在该设计中，实现一个升采样脉冲整形滤波器作为转置 FIR 滤波器。该滤波器的前端有升采样模块。实现升采样脉冲整形滤波器的步骤主要包括：

（1）在 Windows 7 主界面下，选择开始->所有程序->Xilinx Design Tools->Vivado 2017.2->System Generator->System Generator 2017.2，打开 MATLAB R2016b 开发环境。

（2）在 MATLAB 主界面的“Home”界面下，单击“Simulink Library”按钮，出现“Simulink Library Browser”对话框。

（3）在“Simulink Library Browser”对话框的主菜单下，选择 File->Open，出现“Open”对话框，定位到本书提供资料的\fpga_dsp_example\pluseshape\imp\路径下，打开 upsample_filter.slx 文件。

（4）实现升采样脉冲整形滤波器的结构如图 16.76 所示。

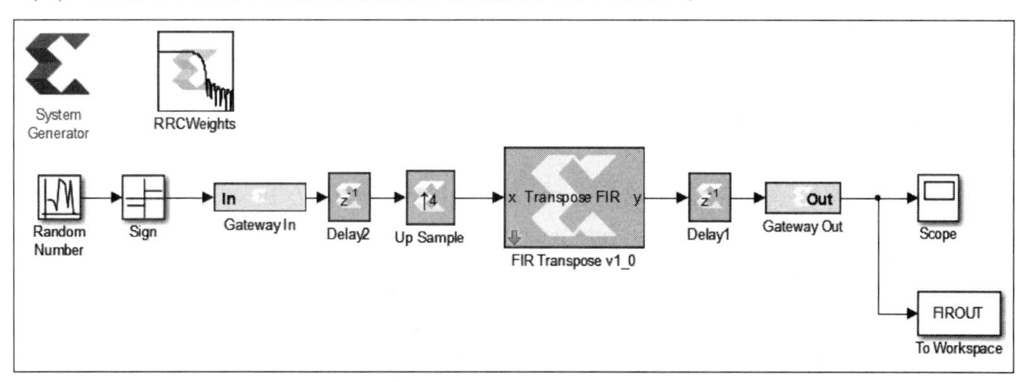

图 16.76　升采样脉冲整形滤波器的结构

（5）查看并运行设计，观察脉冲形成信号的 FFT 图。

（6）查看时域输出图，该图给出了 100 个采样，并根据时域输出图确认脉冲整形是否达到要求。

思考与练习 16-1：已经实现使用屏蔽子系统的滤波器。双击 RRCWeights 元件符号，打开其参数配置界面，查看滤波器的参数配置，并填写表 16.1。

表 16.1 滤波器的参数配置

参　数	值
Input Data Symbols	
Filter Type	
Filter Order	
Roll Off Rate	
Sampling Frequency	
Cut-Off Frequency	
Upsampling Radio	
Filter Taps	
Coefficient Resolution[whole:fractional]	
Input Resolution[whole:fractional]	

思考与练习 16-2：请说明通带和旁瓣的不同之处。打开 RRCWeights 元件的参数配置界面，比较说明是否符合设计要求。

思考与练习 16-3：将该设计生成 Vivado 内可执行的工程。在 Vivado 环境下，对设计进行综合，并查看该设计中的硬件资源消耗情况。

16.4.3 多相内插脉冲整形滤波器的实现

本节将设计多相内插脉冲整形滤波器，说明多相内插脉冲整形滤波器的性能和 16.4.3 小节所设计的升采样脉冲整形滤波器的结果是相同的。实现多相内插脉冲整形滤波器的步骤主要包括：

（1）在 Windows 7 主界面下，选择开始->所有程序->Xilinx Design Tools->Vivado 2017.2->System Generator->System Generator 2017.2，打开 MATLAB R2016b 开发环境。

（2）在 MATLAB 主界面的“Home”界面下，单击“Simulink Library”按钮，出现“Simulink Library Browser”对话框。

（3）在“Simulink Library Browser”对话框的主菜单下，选择 File->Open，出现“Open”对话框，定位到本书提供资料的\fpga_dsp_example\pluseshape\imp\路径下，打开 upsample_filter.slx 文件。

（4）实现多相内插脉冲整形滤波器的结构如图 16.77 所示。

（5）双击图 16.77 中的 Polyphase Interpolating RRC Filter 滤波器符号，打开该滤波器的内部结构，如图 16.78 所示。

（6）运行设计，观察脉冲形成信号的 FFT 图和输出结果。

（7）在设计界面内，单击鼠标右键，出现浮动菜单。在浮动菜单内，选择 Sample time Display->All，改变采样时钟的颜色，并观察结果。

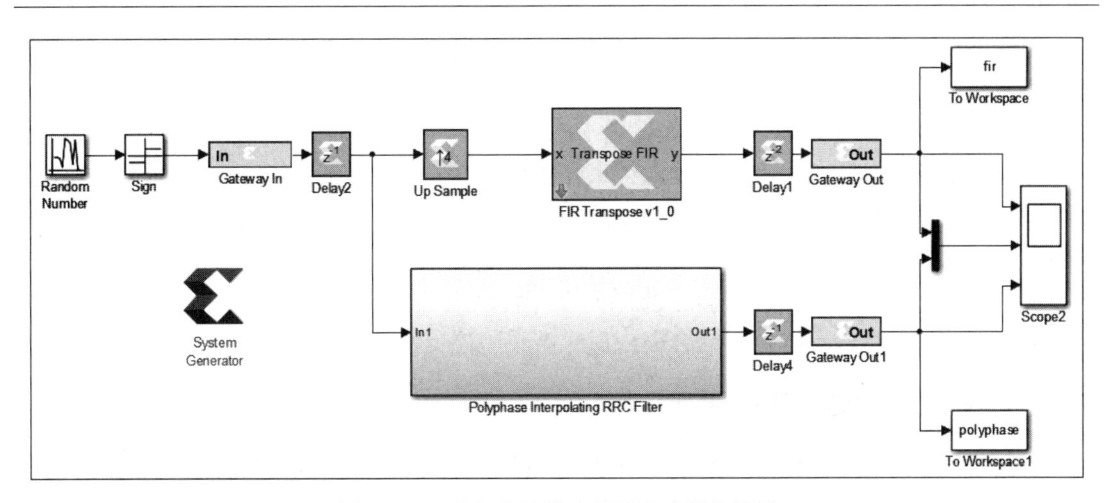

图 16.77　多相内插脉冲整形滤波器的结构

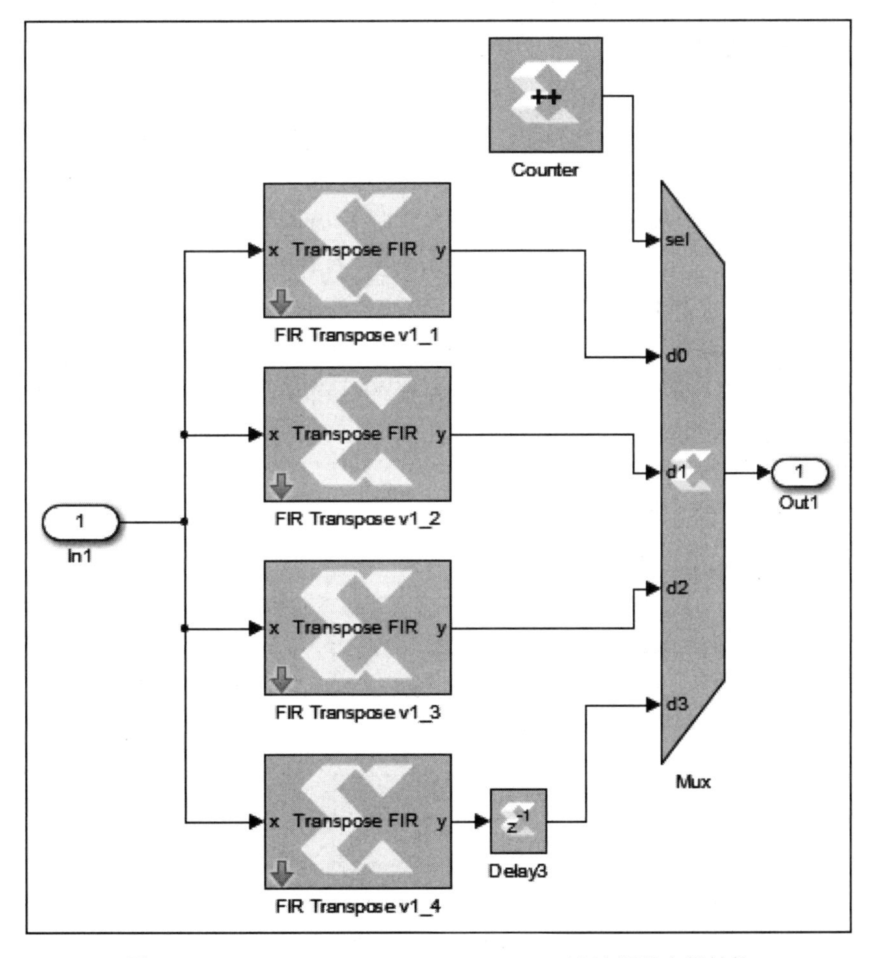

图 16.78　Polyphase Interpolating RRC Filter 滤波器的内部结构

注： 每条线的颜色根据运算采样率的不同而不同。

思考与练习 16-4：根据图 16. 78，说明滤波器的实现结构，并且说明每个分支滤波器系数的个数。

思考与练习 16-5：请说明为什么在图 16. 78 中的最后一个滤波器后添加了一个延迟。

思考与练习 16-6：为了单独观察多相滤波器的硬件资源消耗情况，去掉上路的分支，按照前面的步骤，定位到本书提供资料的\fpga_dsp_example\pluseshape\imp\路径下，打开 pphase. slx 文件。

在该设计中，只含有多相内插滤波器分支。将该设计生成 Vivado 可执行工程情况并在 Vivado 环境下对设计进行综合。综合完成后，查看硬件资源的消耗情况和系统的性能情况。

16. 4. 4 量化和频谱屏蔽的实现

与其他类型的数字滤波器一样，一个脉冲整形滤波器的幅频响应取决于定点数值的精度。因此，一个满足频谱屏蔽的浮点设计将在任意量化形式中失败。本节将研究量化对一个 RRC 脉冲整形滤波器的质量造成的影响。

1. 64QAM 序列的生成

本节设计给出了 64QAM 星座图上一系列符号的映射，这些符号的原始序列有 64 电平，并以 28M symbol/s 的速率产生这些符号。由于使用 6 比特表示这 64 个电平，所以总的比特速率为 28×6＝168Mb/s。

（1）在 Windows 7 主界面下，选择开始－>所有程序－>Xilinx Design Tools－>Vivado 2017. 2－>System Generator－>System Generator 2017. 2，打开 MATLAB R2016b 开发环境。

（2）在 MATLAB 主界面的“Home”界面下，单击“Simulink Library”按钮，出现“Simulink Library Browser”对话框。

（3）在“Simulink Library Browser”对话框的主菜单下，选择 File－>Open，出现“Open”对话框，定位到本书提供资料的\fpga_dsp_example\pluseshape\quant\路径下，打开 sequence_generation. slx 文件。

（4）64QAM 序列生成器的结构如图 16. 79 所示。

（5）运行设计，观察产生的星座图。

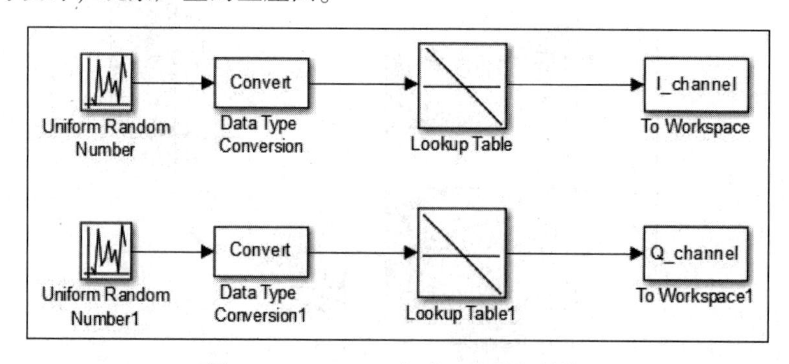

图 16. 79　64QAM 序列生成器的结构

2. 64QAM 星座的量化

该工程将上面的 64QAM 进行量化处理，设计中采用 8 位整数定点精度符号格式。研究 64QAM 星座量化的步骤主要包括：

（1）在 Windows 7 主界面下，选择开始->所有程序->Xilinx Design Tools->Vivado 2017.2->System Generator->System Generator 2017.2，打开 MATLAB R2016b 开发环境。

（2）在 MATLAB 主界面的“Home”界面下，单击“Simulink Library”按钮，出现“Simulink Library Browser”对话框。

（3）在“Simulink Library Browser”对话框的主菜单下，选择 File->Open，出现“Open”对话框，定位到本书提供资料的\fpga_dsp_example\pluseshape\quant\路径下，打开 constellation.slx 文件。

（4）64QAM 星座量化的结构如图 16.80 所示。

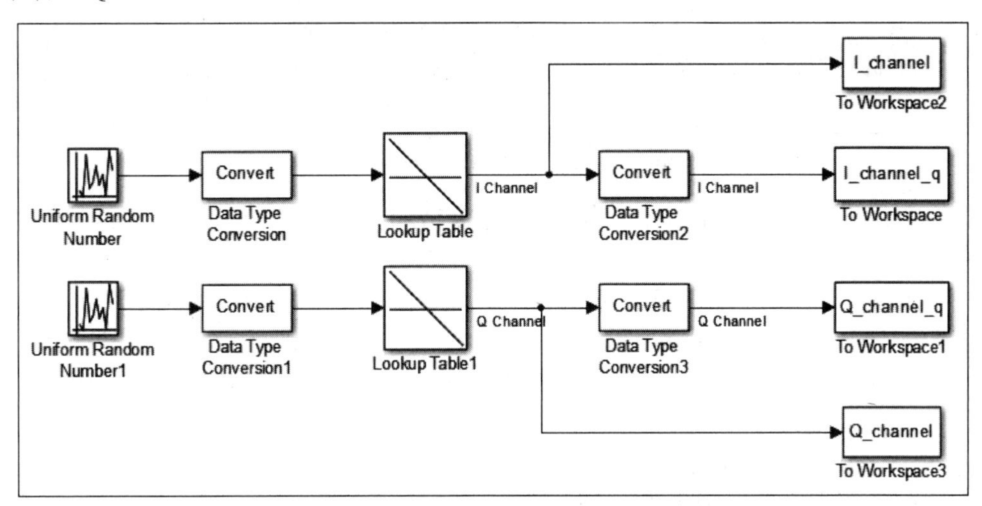

图 16.80　64QAM 星座量化的结构

（5）运行设计，观察产生的星座图。

3. 32 位权值 RRC 滤波器的实现

设计中，两个独立的 I（同相）路和 Q 路（正交）信号分别使用两个独立的真实的滤波器进行过滤。在这些滤波器中，使用 32 位系数格式。实现 32 位权值 RRC 滤波器的步骤主要包括：

（1）在 Windows 7 主界面下，选择开始->所有程序->Xilinx Design Tools->Vivado 2017.2->System Generator->System Generator 2017.2，打开 MATLAB R2016b 开发环境。

（2）在 MATLAB 主界面的“Home”界面下，单击“Simulink Library”按钮，出现“Simulink Library Browser”对话框。

（3）在“Simulink Library Browser”对话框的主菜单下，选择 File->Open，出现“Open”对话框，定位到本书提供资料的\fpga_dsp_example\pluseshape\quant\路径下，打开 weights32.slx 文件。

（4）32 位权值 RRC 滤波器的结构如图 16.81 所示。

（5）运行设计，观察产生的频谱图。

思考与练习 16-7：查看生成信号的频谱是否类似于所使用滤波器的频率响应特性。

4. 12 位权值 RRC 滤波器的实现

设计中，两个独立的 I（同相）路和 Q 路（正交）信号分别使用两个独立的真实的滤

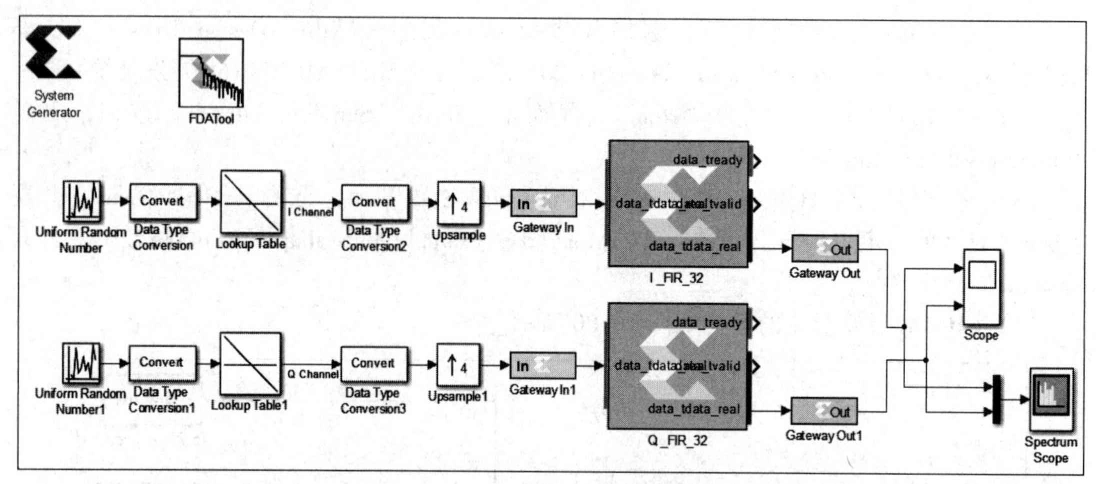

图 16.81 32 位权值 RRC 滤波器的结构

波器进行过滤。在这些滤波器中，使用 12 位系数格式。实现 12 位权值 RRC 滤波器的步骤主要包括：

（1）在 Windows 7 主界面下，选择开始->所有程序->Xilinx Design Tools->Vivado 2017.2->System Generator->System Generator 2017.2，打开 MATLAB R2016b 开发环境。

（2）在 MATLAB 主界面的“Home”界面下，单击“Simulink Library”按钮，出现“Simulink Library Browser”对话框。

（3）在“Simulink Library Browser”对话框的主菜单下，选择 File->Open，出现“Open”对话框，定位到本书提供资料的\fpga_dsp_example\pluseshape\quant\路径下，打开 weights12.slx 文件。

（4）查看新添加的滤波器，其使用 12 位表示滤波器的系数。

（5）运行设计，观察产生的频谱图。

思考与练习 16-8：比较 32 位权值 RRC 滤波器和 12 位权值 RRC 滤波器的频谱图有什么不同。

5. 8 位权值 RRC 滤波器的实现

设计中，两个独立的 I 路（同相）和 Q 路（正交）信号分别使用两个独立的真实的滤波器进行过滤。在这些滤波器中，使用 8 位系数格式。实现 8 位权值 RRC 滤波器的步骤主要包括：

（1）在 Windows 7 主界面下，选择开始->所有程序->Xilinx Design Tools->Vivado 2017.2->System Generator->System Generator 2017.2，打开 MATLAB R2016b 开发环境。

（2）在 MATLAB 主界面的“Home”界面下，单击“Simulink Library”按钮，出现“Simulink Library Browser”对话框。

（3）在“Simulink Library Browser”对话框的主菜单下，选择 File->Open，出现“Open”对话框，定位到本书提供资料的\fpga_dsp_example\pluseshape\quant\路径下，打开 weights8.slx 文件。

（4）查看新添加的滤波器，其使用 8 位表示滤波器的系数。

（5）运行设计，观察产生的频谱图。

思考与练习 16-9：对使用 8 位的系数，你会得出什么结论?

6. 5 位权值 RRC 滤波器的实现

实现 5 位权值 RRC 滤波器的步骤主要包括：

(1) 在 Windows 7 主界面下，选择开始->所有程序->Xilinx Design Tools->Vivado 2017.2->System Generator->System Generator 2017.2，打开 MATLAB R2016b 开发环境。

(2) 在 MATLAB 主界面的"Home"界面下，单击"Simulink Library"按钮，出现"Simulink Library Browser"对话框。

(3) 在"Simulink Library Browser"对话框的主菜单下，选择 File->Open，出现"Open"对话框，定位到本书提供资料的\fpga_dsp_example\pluseshape\quant\路径下，打开 weights5.slx 文件。

(4) 查看新添加的滤波器，其使用 5 位表示滤波器的系数。

(5) 运行设计，观察产生的频谱图。

思考与练习 16-10：权值的减少对频谱有什么影响。

16.5　发射机的原理与实现

本节将介绍发射机的原理，并通过 System Generator 实现。

16.5.1　发射机的原理

本设计选用 QPSK 调制方式作为通信系统的发送方式，这种调制方式将信号分为 I 路 (In Phase) 和 Q 路 (Quadrature Phase)。

I 路信号和 Q 路信号将 $+V$ 和 $-V$ 转换成 +1 和 -1 二进制码，将这两路信号分别看作实部（I 路）和虚部（Q 路），采用升余弦脉冲控制发射信号的带宽，如图 16.82 所示为 QPSK 的星座图。

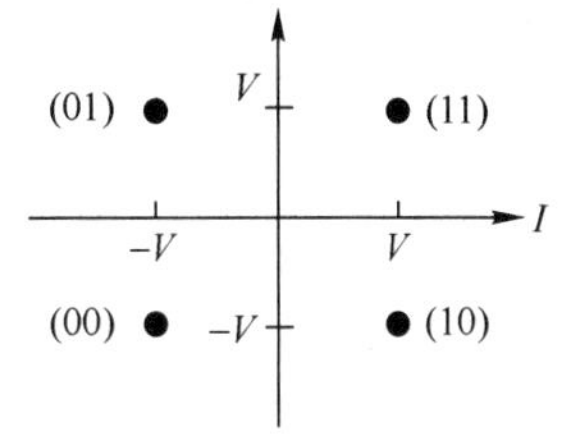

图 16.82　QPSK 的星座图

一般将升余弦分为两部分：一部分为发射器，一部分为接收器，最后通过滤波器获得最终的信号。尽管在整个频带内都存在升余弦响应，但是通过特定的采样点，可以得到正确的输出信号。升余弦信号合适的采样点位置如图 16.83 所示。

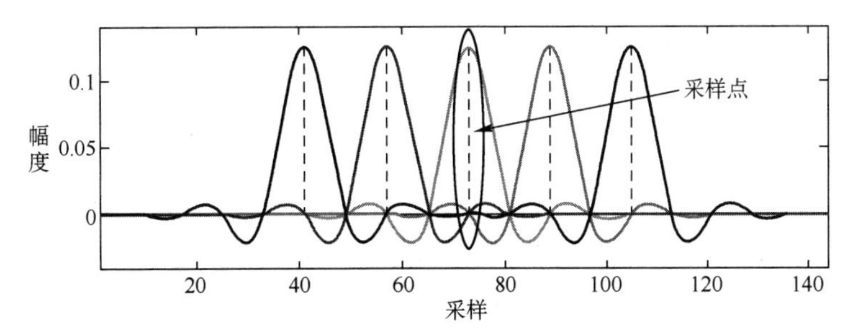

图 16.83　升余弦信号合适的采样点位置

将基带信号调制到中频信号的原理框架如图 16.84 所示。实质上，就是先通过乘法器将信号的频谱搬移到合适的中频，然后通过加法器将两路正交信号相加后输出。

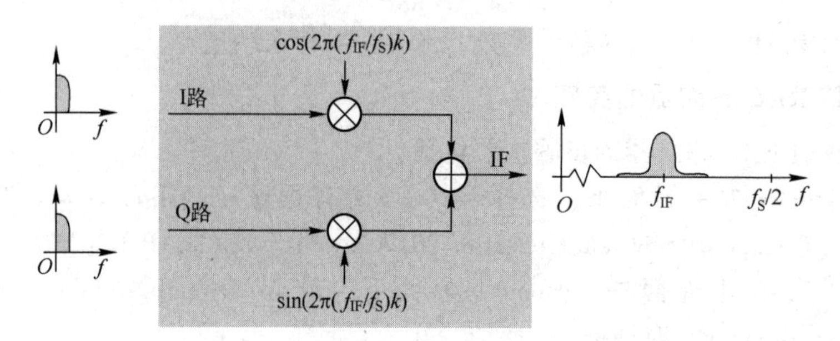

图 16.84　将基带信号调制到中频信号的原理框架

16.5.2　发射机的实现

本节将使用 System Generator 实现发射机，其中两路的输入信号均通过随机信号的判决器得到。实现发射机的步骤主要包括：

（1）在 Windows 7 主界面下，选择开始->所有程序->Xilinx Design Tools->Vivado 2017.2->System Generator->System Generator 2017.2，打开 MATLAB R2016b 开发环境。

（2）在 MATLAB 主界面的“Home”界面下，单击“Simulink Library”按钮，出现“Simulink Library Browser”对话框。

（3）在“Simulink Library Browser”对话框的主菜单下，选择 File->New->Model，出现一个空白的设计界面。

（4）在“Simulink Library Browser”对话框的“Libraries”窗口下，找到并展开“Simulink”选项。在展开项中，找到并单击“Sources”选项。在右侧窗口中，找到名字为“Random Number”的元件符号，将其拖入图 16.85 所示的设计界面中。

（5）在“Simulink Library Browser”对话框的“Libraries”窗口下，找到并展开“Simulink”选项。在展开项中，找到并单击“Math Operations”选项。在右侧窗口中，找到名字为“Sign”的元件符号，将其拖入图 16.85 所示的设计界面中。

（6）在“Simulink Library Browser”对话框的“Libraries”窗口下，找到并展开“DSP System Toolbox”选项。在展开项中，找到并单击“Signal Operations”选项。在右侧窗口中，找到名字为“Upsample”的元件符号，将其拖入图 16.85 所示的设计界面中。

（7）在“Simulink Library Browser”对话框的“Libraries”窗口下，找到并展开“Simulink”选项。在展开项中，找到并单击“Commonly Used Blocks”选项。在右侧窗口中，找到名字为“Gain”的元件符号，将其拖入图 16.85 所示的设计界面中。

（8）在“Simulink Library Browser”对话框的“Libraries”窗口下，找到并展开“DSP System Toolbox”选项。在展开项中，找到并单击“Filtering”选项。在展开项中，找到并单击“Filer Implementation”选项。在右侧窗口中，找到名字为“Digital Filter Design”的元件符号，并将其两次拖入图 16.85 所示的设计界面中，然后将符号的名字命名为“Tx Filter I”和“Tx Filter Q”。

（9）在“Simulink Library Browser”对话框的“Libraries”窗口下，找到并展开“Simulink”选项。在展开项中，找到并单击“Math Operations”选项。在右侧窗口中，分别找到名字为“Product”和“Add”的元件符号，将其分别拖入图 16.85 所示的设计界面中。

（10）在“Simulink Library Browser”对话框的“Libraries”窗口下，找到并展开“Simulink”选项。在展开项中，找到并单击“Sources”选项。在右侧窗口中，找到名字为“Sine

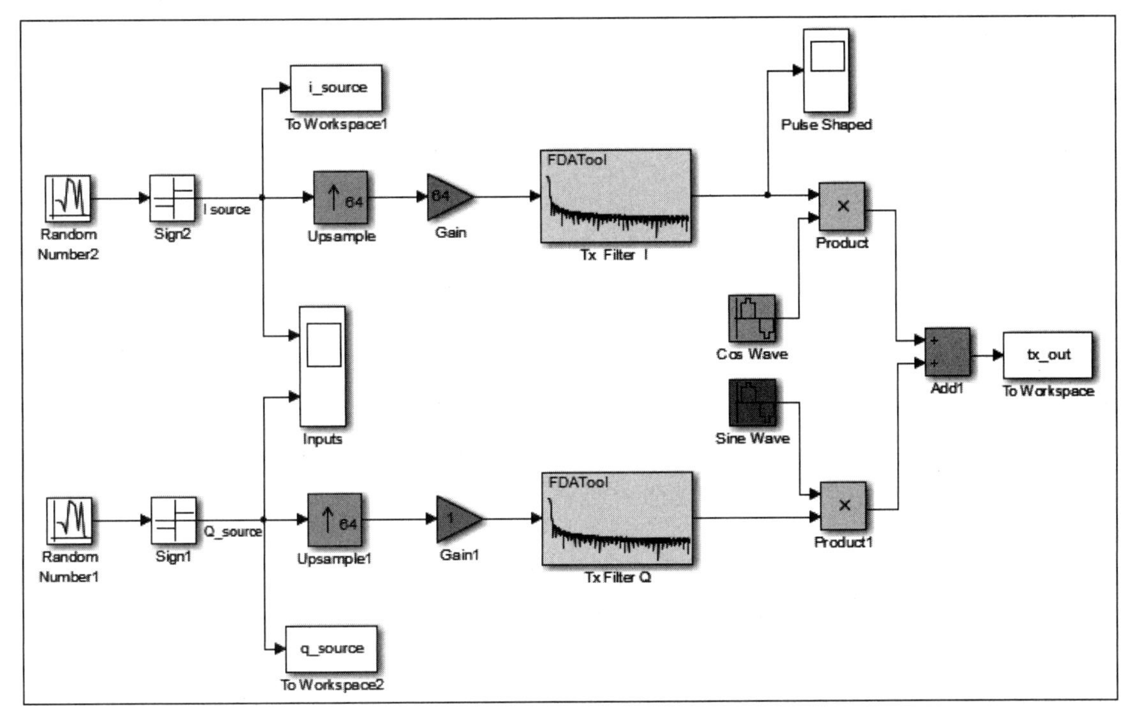

图 16.85　发射机的原理框图

Wave”的元件符号，将其分两次拖入图 16.85 所示的设计界面中，然后将符号的名字命名为“Cos Wave”和“Sine Wave”。

（11）在“Simulink Library Browser”对话框的“Libraries”窗口下，找到并展开“Simulink”选项。在展开项中，找到并单击“Sinks”选项。在右侧窗口中，找到名字为“Scope”的元件符号，将其分两次拖入图 16.85 所示的设计界面中，然后将符号的名字命名为“Inputs”和“Pulse Shaped”。

注：将 Inputs 改为 2 通道输入。

（12）在“Simulink Library Browser”对话框的“Libraries”窗口下，找到并展开“Simulink”选项。在展开项中，找到并单击“Sinks”选项。在右侧窗口中，找到名字为“To Workspace”的元件符号，将其拖入图 16.85 所示的设计界面中。

（13）将所有元件连接在一起，如图 16.85 所示。

（14）双击图 16.85 中名字为“Random Number2”的元件符号，打开其参数配置界面。按如下参数配置。

① Mean：0。

② Variance：1。

③ Seeds：777。

④ Sample time：1/2400。

（15）单击“OK”按钮，退出 Random Number2 元件的参数配置界面。

（16）双击图 16.85 中名字为“Random Number1”的元件符号，打开其参数配置界面。

按如下参数配置。

① Mean：0。

② Variance：1。

③ Seeds：99。

④ Sample time：1/2400。

（17）单击“OK”按钮，退出 Random Number1 元件的参数配置界面。

（18）双击图 16.85 中名字为“Upsample”的元件符号，打开其参数配置界面。按如下参数配置。

① Upsample factor，L：64。

② Sample offset（0 to L-1）：0。

③ Input processing：Inherited（this choice will be removed-see release notes）。

④ Rate options：Allow multirate processing。

⑤ Initial conditions：0。

（19）单击“OK”按钮，退出 Upsample 元件的参数配置界面。

（20）Upsample1 元件的参数配置和 Upsample 元件的参数配置一样，对 Upsample1 元件进行参数配置。

（21）双击图 16.85 中名字为“Gain”的元件符号，打开其参数配置界面。按如下参数配置。

① 在“Main”标签中，将“Gain”设置为 64。

② 其余按默认参数配置。

（22）单击“OK”按钮，退出 Gain 元件的参数配置界面。

（23）Gain1 元件的参数配置和 Gain 元件的参数配置一样，对 Gain1 元件进行参数配置。

（24）双击图 16.85 中名字为“Tx Filter I”和“Tx Filter Q”的元件符号，打开滤波器的参数设置界面，按图 16.86 所示设置滤波器的特性。

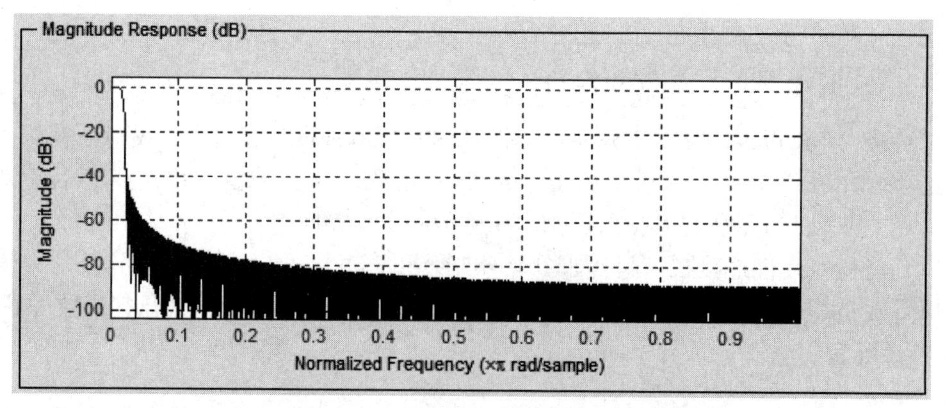

图 16.86 滤波器的幅频响应特性

注：读者可以从作者提供的设计资料中直接将参数导入当前的设计中。

（25）双击图 16.85 中名字为“Product”和“Product1”的元件符号，打开其配置界面。按如下参数配置。

① 在“Signal Attributes”标签页中，设置“Integer rounding mode：Zero”。

② 其余按默认参数配置。

（26）单击“OK”按钮，退出 Product 元件的参数配置界面。

（27）双击图 16.85 中名字为“To Workspace1”的元件符号，打开其参数配置界面。按如下参数配置。

① Variable name：i_source。

② Limit data points to last：inf。

③ Decimation：1。

④ Sample time：-1。

⑤ Save format：Array。

（28）单击“OK”按钮，退出 To Workspace1 元件的参数配置界面。

（29）双击图 16.85 中名字为“To Workspace2”的元件符号，打开其参数配置界面。按如下参数配置。

① Variable name：q_source。

② Limit data points to last：inf。

③ Decimation：1。

④ Sample time：-1。

⑤ Save format：Array。

（30）单击“OK”按钮，退出 To Workspace2 元件的参数配置界面。

（31）双击图 16.85 中名字为“To Workspace”的元件符号，打开其参数配置界面。按如下参数配置。

① Variable name：tx_out。

② Limit data points to last：inf。

③ Decimation：1。

④ Sample time：-1。

⑤ Save format：Array。

（32）单击“OK”按钮，退出 To Workspace 元件的参数配置界面。

（33）双击图 16.85 中名字为“Cos Wave”的元件符号，打开其参数配置界面。按如下参数配置。

① Sine type：Time based。

② Time(t)：Use simulation time。

③ Amplitude：1。

④ Bias：1。

⑤ Frequency(rad/sec)：(38.4e+3)*2*pi。

⑥ Phase(rad)：pi/2。

⑦ Sample time：1/153.6e+3。

⑧ 其余按默认参数配置。

（34）单击“OK”按钮，退出 Cos Wave 元件的参数配置界面。

（35）双击图 16.85 中名字为“Sine Wave”的元件符号，打开其参数配置界面。按如下参数配置。

① Sine type：Time based。

② Time(t)：Use simulation time。

③ Amplitude：1。

④ Bias：1。

⑤ Frequency(rad/sec)：(38.4e+3) * 2 * pi。

⑥ Phase(rad)：0。

⑦ Sample time：1/153.6e+3。

⑧ 其余按默认参数配置。

(36) 单击“OK”按钮，退出 Sine Wave 元件的参数配置界面。

(37) 在当前设计界面的主菜单下，选择 File->Model Properties->Model Properties，出现“Model Properties”对话框，如图 16.87 所示。

(38) 在“Model Properties”对话框下，单击“Callbacks”标签。在“Callbacks”标签页中，提供了用于编写仿真前和仿真后需要的 MATLAB 脚本语言。

① 单击“Callbacks”标签页左侧的“PreLoadFcn*”选项，在右侧窗口中输入“Num”，如图 16.88 所示。该设置表示在仿真开始前加载“Num”，该系数用于设计中的滤波器。

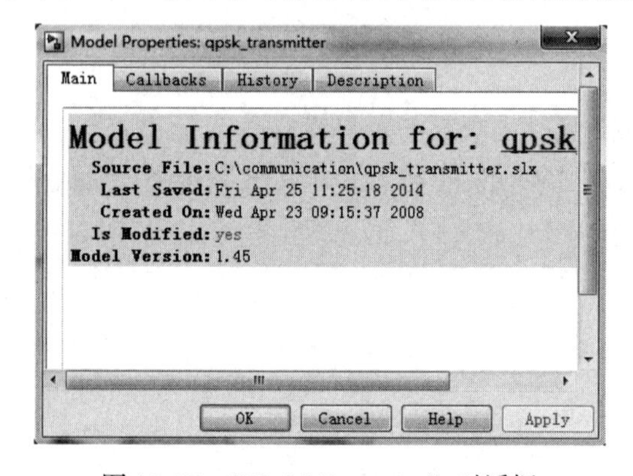

图 16.87 “Model Properties”对话框

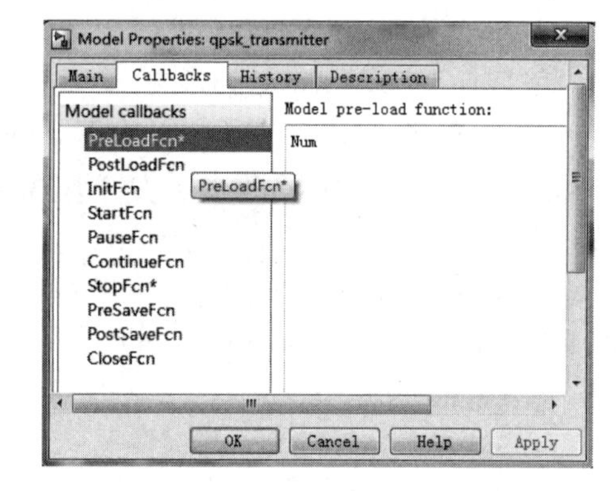

图 16.88 “Callbacks”标签页（1）

② 单击“Callbacks”标签页左侧的“StopFcn*”选项，在右侧输入图 16.89 中给出的 MATLAB 脚本，该脚本用于在仿真结束时画出星座图。

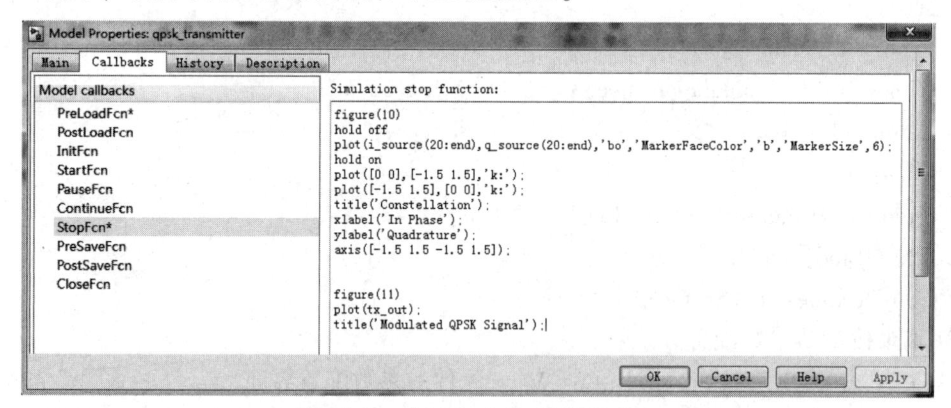

图 16.89 “Callbacks”标签页（2）

（39）单击“OK”按钮，退出“Model Properties”对话框。

（40）在仿真时间框中输入 0.5。

（41）运行工程，观察输出结果。如图 16.90 所示，给出了输入信号的星座图。

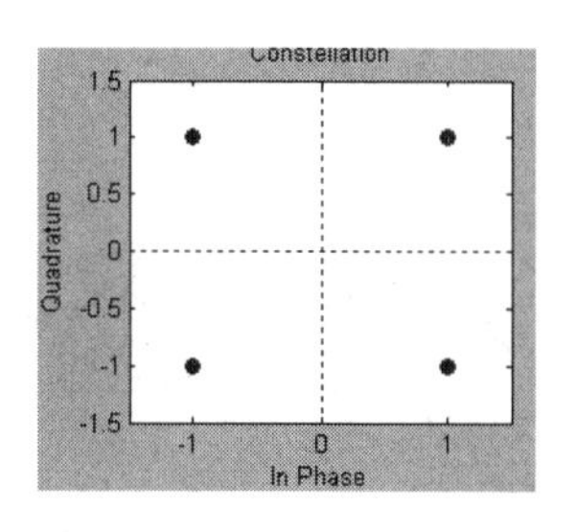

图 13.90　输入信号的星座图

> **注**：读者可定位到本书提供资料的\fpga_dsp_example\communication\路径中，打开名字为“qpsk_transmitter.slx”的设计文件。

思考与练习 16-11：在发射机的实验中，通过实验中的数据设置，工程中输出的中频信号是多少。

16.6　脉冲生成和匹配滤波器的实现

本节将更详细地讨论发射机一侧脉冲生成的过程和匹配滤波器的实现。

16.6.1　脉冲生成的原理与实现

对于脉冲生成而言，有两个关键要求：①限制发送的带宽；②在发送链路通道上提供信号的零码间干扰。

本节将设计脉冲生成系统的结构。构建脉冲生成系统的步骤主要包括：

（1）在 Windows 7 主界面下，选择开始->所有程序->Xilinx Design Tools->Vivado 2017.2->System Generator->System Generator 2017.2，打开 MATLAB R2016b 开发环境。

（2）在 MATLAB 主界面的“Home”界面下，单击“Simulink Library”按钮，出现“Simulink Library Browser”对话框。

（3）在“Simulink Library Browser”对话框的主菜单下，选择 File->New->Model，出现一个空白的设计界面。

（4）设计完成脉冲生成系统的结构如图 16.91 所示。

> **注**：（1）该设计采用的是对一路信号进行不同的调制方式，通过用两种不同的滤波器实现不同的调制方式。
>
> （2）矩形脉冲形成滤波器的频谱如图 16.92 所示。
>
> （3）升余弦根脉冲形成滤波器的频谱如图 16.93 所示。

（5）在仿真时间框中输入 0.5。

（6）进行仿真，观察时域和频域中信号的输出。

> **注**：读者可定位到本书提供资料的\fpga_dsp_example\communication\路径中，打开名字为“rrc_v_rect_bw.slx”的设计文件。

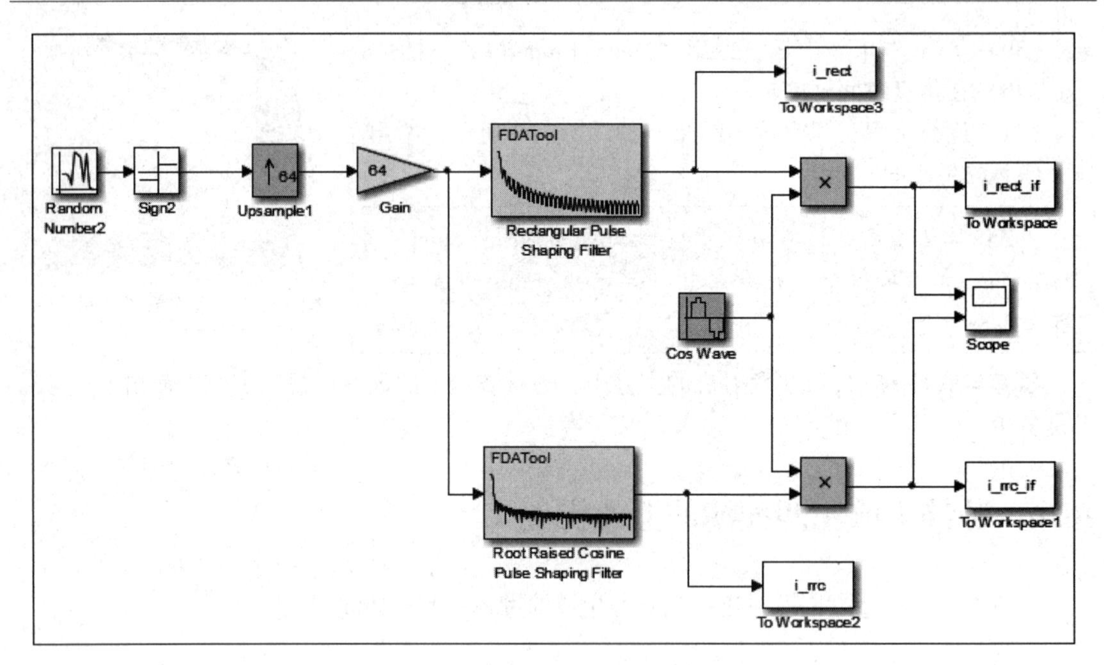

图 16.91 脉冲生成系统的结构

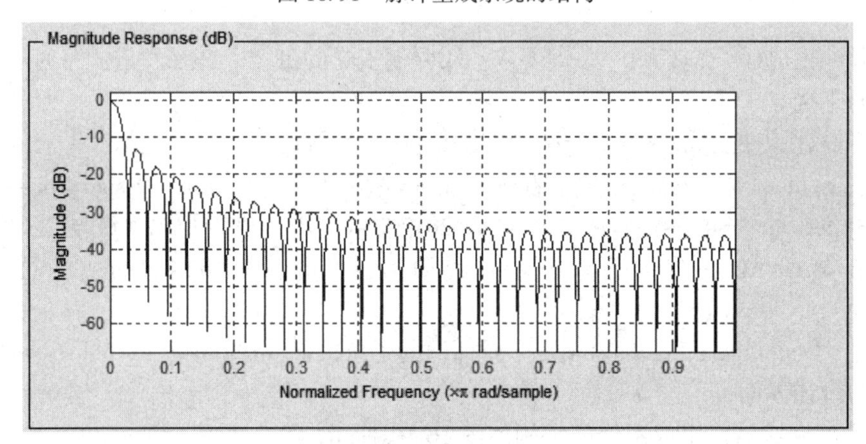

图 16.92 矩形脉冲形成滤波器的频谱

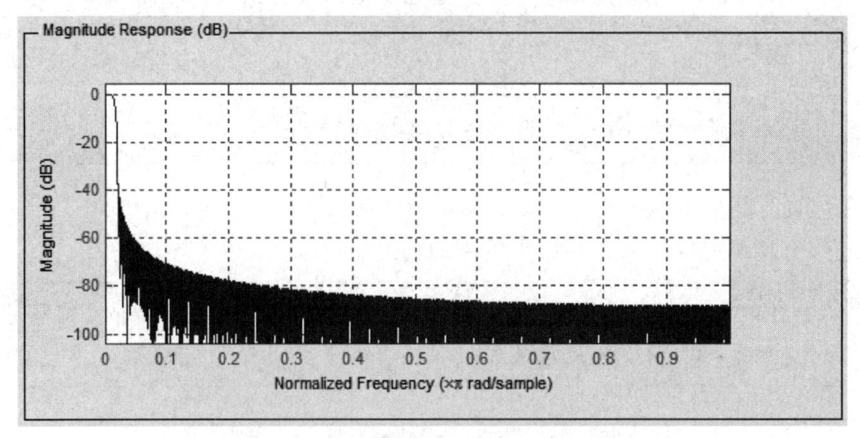

图 16.93 升余弦根脉冲形成滤波器的频谱

16.6.2　匹配滤波器的原理与实现

对于匹配滤波而言，如在接收机一侧，接收到的信号需要通过一个滤波器，这个滤波器匹配发送脉冲的波形。因此，在一个存在加性高斯噪声的信道中，这是一个最优的滤波器。由于该滤波器在接收到的脉冲和所期望的脉冲之间执行相关处理，因此可以达到降低噪声的作用。设计匹配滤波器的步骤主要包括：

（1）在 Windows 7 主界面下，选择开始->所有程序->Xilinx Design Tools->Vivado 2017.2->System Generator->System Generator 2017.2，打开 MATLAB R2016b 开发环境。

（2）在 MATLAB 主界面的“Home”界面下，单击“Simulink Library”按钮，出现“Simulink Library Browser”对话框。

（3）在“Simulink Library Browser”对话框的主菜单下，选择 File->New->Model，出现一个空白的设计界面。

（4）设计完成匹配滤波器的结构如图 16.94 所示。

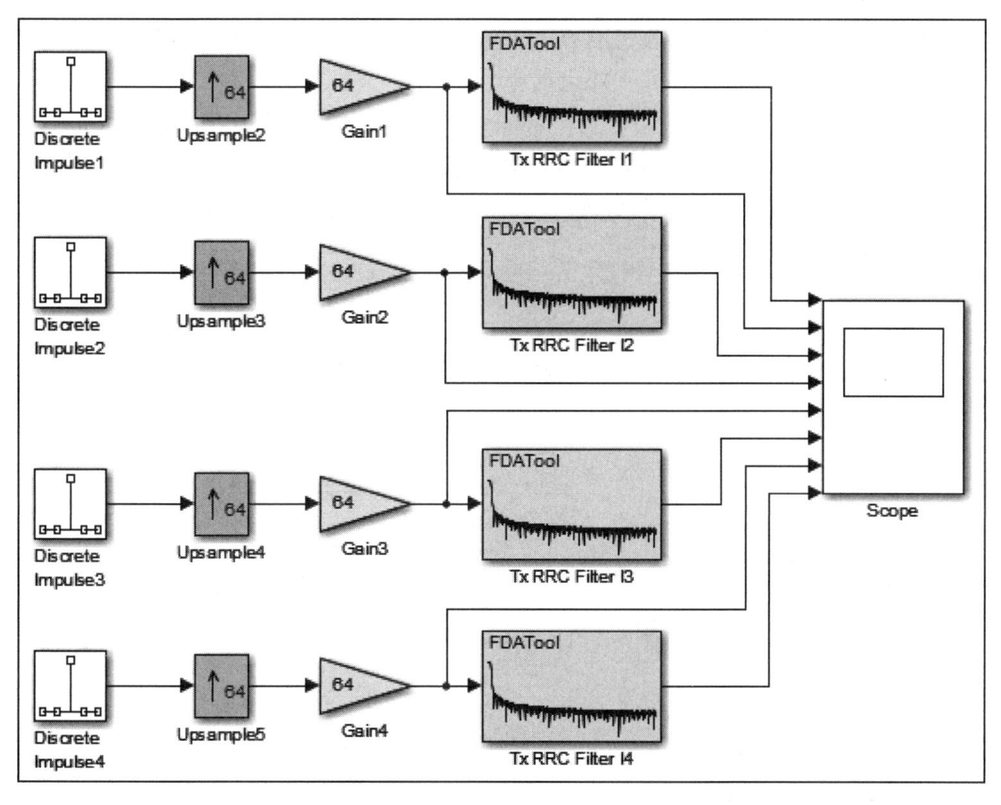

图 16.94　匹配滤波器的结构

（5）在仿真时间框中输入 14。

（6）进行仿真，观察信号的输出。

注： 读者可定位到本书提供资料的\fpga_dsp_example\communication\路径中，打开名字为“rrc_filter.slx”的设计文件。

思考与练习 16-12：在脉冲形成和匹配滤波器的实验中，如何产生不同的整形脉冲滤波器？

思考与练习 16-13：为什么最好采用根升余弦滤波器？

16.7　接收机的原理与实现

本将将介绍接收机的原理，并通过 Simulink 实现接收机。

16.7.1　接收机的原理

在不考虑接收机的简化模型中，接收机可以被看作镜像的发射机。将收到的信号在中间频率处乘以正弦波和余弦波，从而生成 I 路接收分支和 Q 路接收分支，然后通过匹配滤波器（该滤波器为根升余弦滤波器），最后在信号合适的采样点处恢复原始信号。

16.7.2　理想信道接收机的实现

本节将介绍实现理想信道接收机的方法。该设计将在前面的发射机设计后面加上成镜像的接收机部分，实现接收机的步骤主要包括：

（1）在 Windows 7 主界面下，选择开始->所有程序->Xilinx Design Tools->Vivado 2017.2->System Generator->System Generator 2017.2，打开 MATLAB R2016b 开发环境。

（2）在 MATLAB 主界面的“Home”界面下，单击“Simulink Library”按钮，出现“Simulink Library Browser”对话框。

（3）在“Simulink Library Browser”对话框的主菜单下，选择 File->New->Model，出现一个空白的设计界面。

（4）设计完成在理想信道下包含发射机和接收机的完整系统结构按图 16.95 所示。

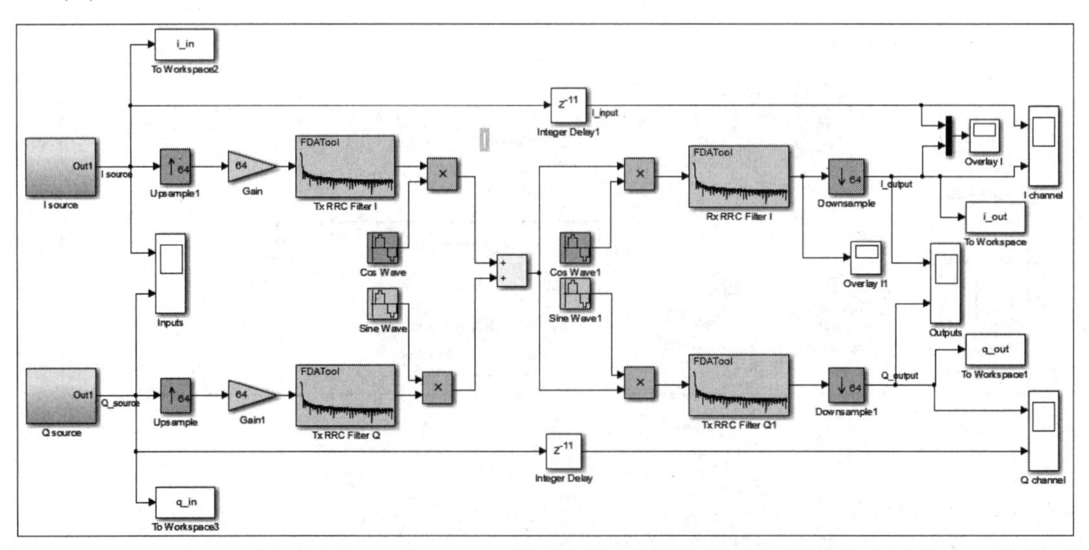

图 16.95　在理想信道中包含发射机和接收机的完整系统结构

（5）在该设计中需要设置 MATLAB 脚本，用于绘制仿真结果。设置脚本的步骤如下所示。

① 在当前设计界面的主菜单下，选择 File->Model Properties->Model Properties，出现“Model Properties”对话框。

② 在“Model Properties”对话框下，单击“Callbacks”标签。该标签页下，提供了用于编写仿真前和仿真后需要的 MATLAB 脚本语言。

③ 单击“Callbacks”标签页左侧的“PreLoadFcn*”选项，参数设置如图 16.96 所示。该设置表示在仿真开始前加载滤波器系数。

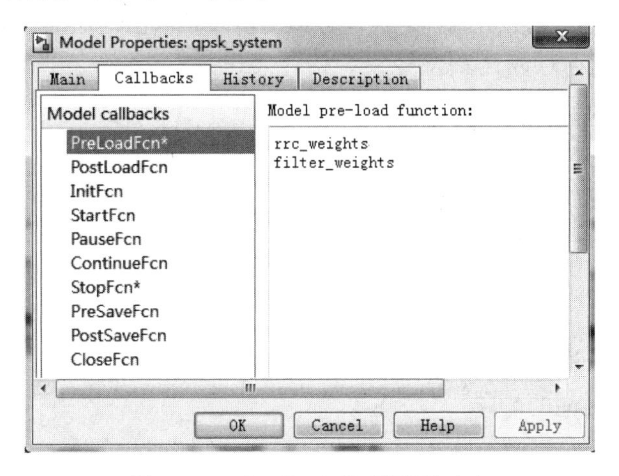

图 16.96　“Callbacks”标签页（1）

④ 单击“Callbacks”标签页左侧的“StopFcn*”选项，在右侧输入 MATLAB 脚本，如图 16.97 所示。该脚本用于在仿真结束时画出星座图。

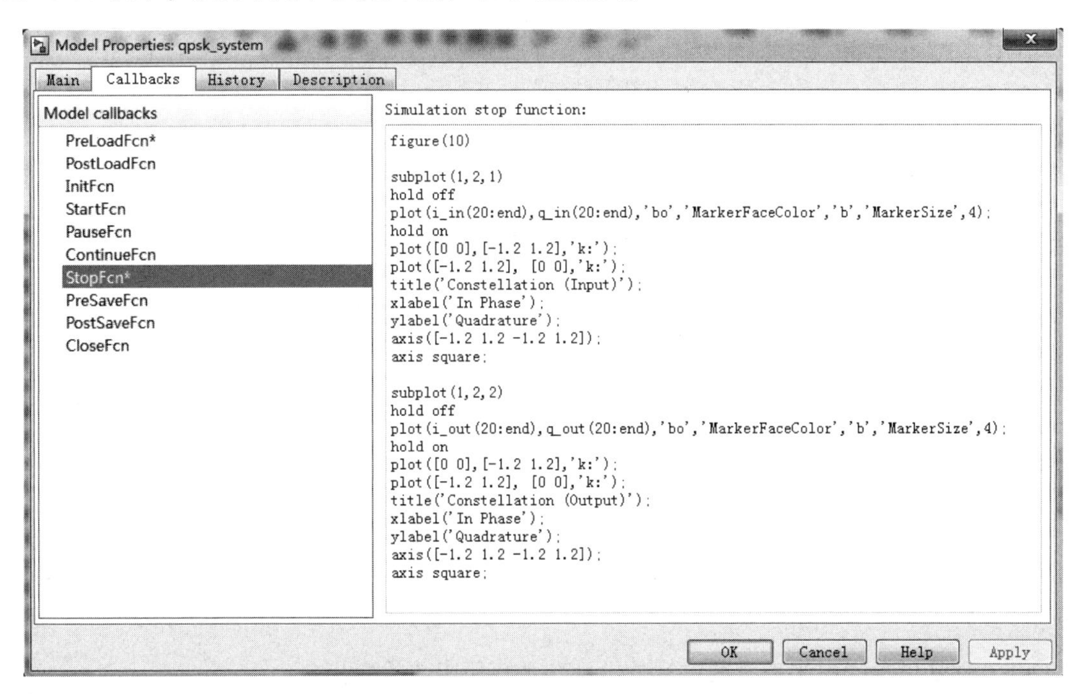

图 16.97　“Callbacks”标签页（2）

⑤ 单击“OK”按钮，退出“Model Properties”对话框。

⑥ 在仿真时间框中输入 0.1。

⑦ 进行仿真，观察时域和频域中信号的输出。

> **注**：读者可定位到本书提供资料的\fpga_dsp_example\communication\路径中，打开名字为“qpsk_system.slx”的设计文件。

思考与练习 16-14：在接收机的实验中，观察输入和输出的星座图是否相同。你认为接收机能否正确区分 I 路和 Q 路两路符号。

16.7.3　非理想信道接收机的实现

16.7.2 小节的设计中包含了发射机和接收机，但是该设计中的发射机和接收机是直接连接在一起的，并不考虑信道产生的噪声对接收机性能的影响。然而，在实际的信号传输过程中，信号将被扭曲（幅度和相位的失真），并且在信号传输的过程中引入加性噪声。在这些情况下，接收机应能解决对预期通道性能的影响。本设计将引入不完善的信道模型，然后考虑如何设计接收机，减少这些效应对接收机性能的影响。

1. 噪声对接收机性能的影响

研究噪声对接收机性能影响的步骤主要包括：

（1）打开名字为“qpsk_noise.slx”的动态噪声信道设计。

> **注**：该设计保存在本书所提供资料的 fpga_dsp_example\communication 路径下。

（2）在该设计中，通过加入 AWGN 模块，在 16.7.2 小节设计的发射机与接收机之间加入一个高斯噪声信号，如图 16.98 所示。

（3）运行设计，查看工程中输出模块输出的波形，并比较与成镜像关系的波形图像，最后观察并比较输入波形与输出波形。

（4）观察输入和输出的星座图，如图 16.99 所示。

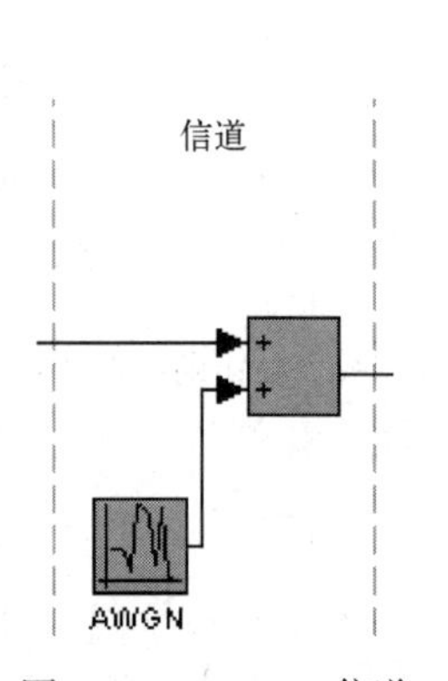

图 16.98　AWGN 信道

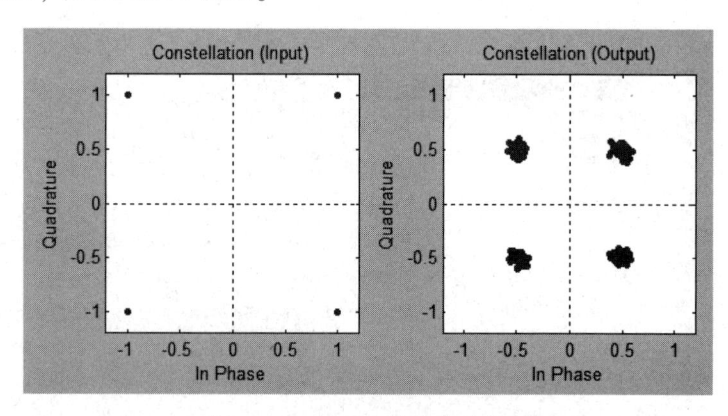

图 16.99　输入和输出的星座图

（5）逐渐增加噪声水平，再次运行设计，观察星座图的变化。

思考与练习 16-15：在通信连接装置的实验中加入噪声以后，成镜像对称的波形有什么样的变化。

2. 多径效应对接收机性能的影响

在该设计中，将引入一个简单的多径信道。这个信道是一个简单的多径模型，即第 1 个路径是直接的，没有延迟；而第 2 个路径有 400μs 的延迟，并且存在 6dB 的衰减。简单多径的信道模型如图 16.100 所示。

> **注：** 通常，通信信道是具有频率选择性质的，这个性质可以通过 FIR 滤波器进行建模。

对多径信道进行建模和分析的步骤主要包括：

（1）打开名字为“qpsk_freq. slx”的多径信道设计。

> **注：** 该设计保存在本书所提供资料的 fpga_dsp_example\communication 路径下。

（2）如图 16.101 所示，用于建模多径信道的滤波器叫作 Channel。该滤波器的系数保存在名字为“channel_model”的变量中，该变量保存在名字为“filter_weights. m”的文件中。

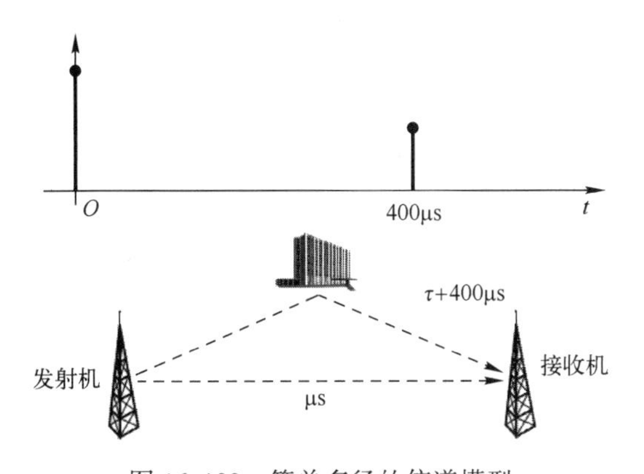

图 16.100　简单多径的信道模型

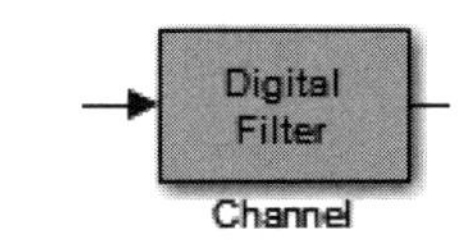

图 16.101　建模多径信道的滤波器

（3）进行仿真。

思考与练习 16-16： 请查看图 16.101 所示滤波器的系数，说明该滤波器的设计模型。

思考与练习 16-17： 输入和输出的星座图如图 16.102 所示，请说明其表示的意义。

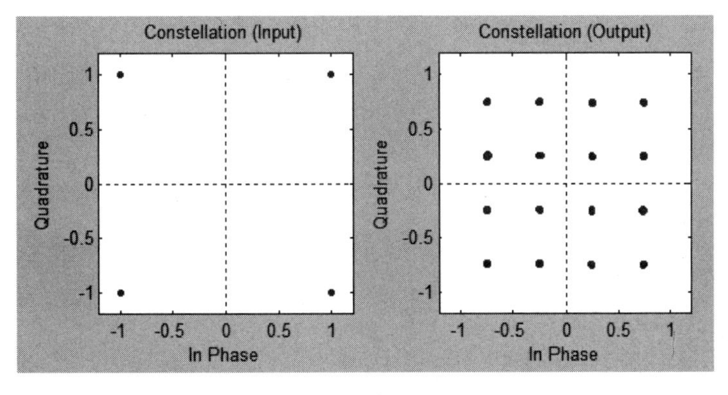

图 16.102　输入和输出的星座图（1）

3. 噪声和多径路径对接收机性能的共同影响

本节将研究噪声和多径路径对接收机性能的影响，分析步骤主要包括：

（1）打开名字为“qpsk_both. slx”的噪声和多径信道设计。

> **注：** 该设计保存在本书所提供资料的 fpga_dsp_example\communication 路径下。

（2）如图 16. 103 所示，Channel 用于建模多径信道的滤波器，AWGN 用于加入高斯噪声，名字为“Channel”的滤波器系数保存在名字为“channel_model”的变量中，该变量保存在名字为“filter_weights. m”的文件中。

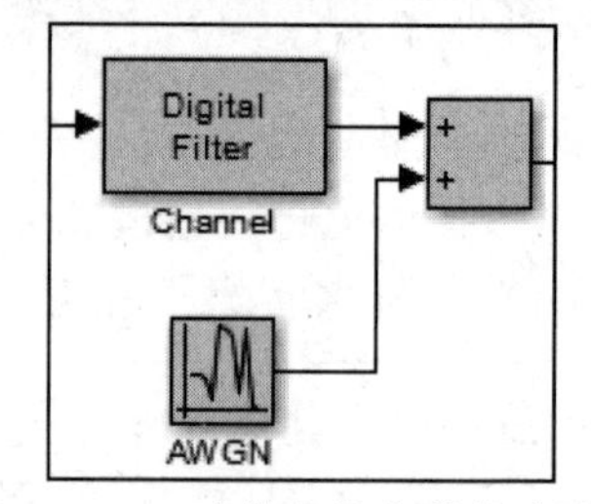

图 16. 103　建模多径信道的滤波器

（3）进行仿真。

思考与练习 16-18：输入和输出的星座图如图 16. 104 所示，请说明其表示的意义。

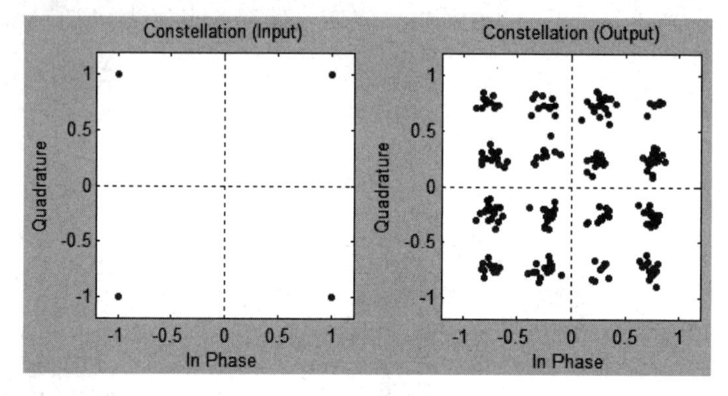

图 16. 104　输入和输出的星座图（2）

第 17 章　信号同步的原理与实现

本章将介绍信号同步的原理与实现，内容主要包括：信号的同步问题，符号定时与定时恢复，数字变频器的原理与实现，锁相环的原理与实现，载波同步的实现和定时同步的实现。

同步问题在信号的处理与实现中有非常重要的应用，直接影响系统的稳定性和可靠性，所以需要掌握处理信号同步的方法。

17.1　信号的同步问题

卫星和地球站之间的无线通信系统如图 17.1 所示，在该通信系统中，发射机与接收机之间的传输延时是未知的。从图 17.1 中可知，传输延迟影响符号定时和载波相位。因此，必须估计符号定时和载波相位。如果能够估计出传输延迟，则可以同步本地载波和对符号进行定时。

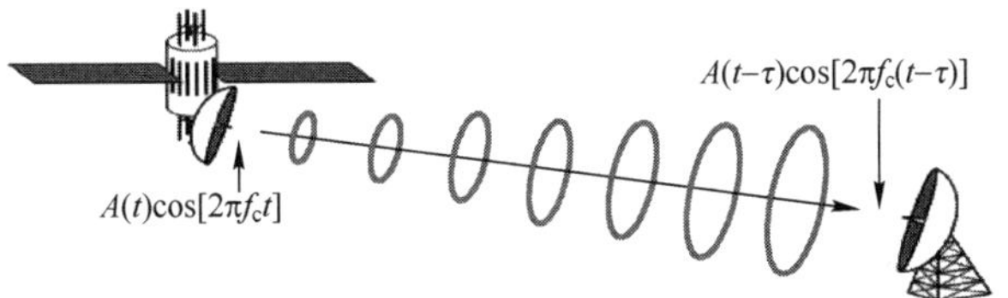

图 17.1　卫星和地球站之间的无线通信系统

要求估计和跟踪的原因是，载波的周期远远小于符号的周期，即载波频率远远高于符号频率。例如，载波频率为 100kHz，符号频率为 20k symbol/s。很明显，载波频率是符号频率的 50 倍，如图 17.2 所示。

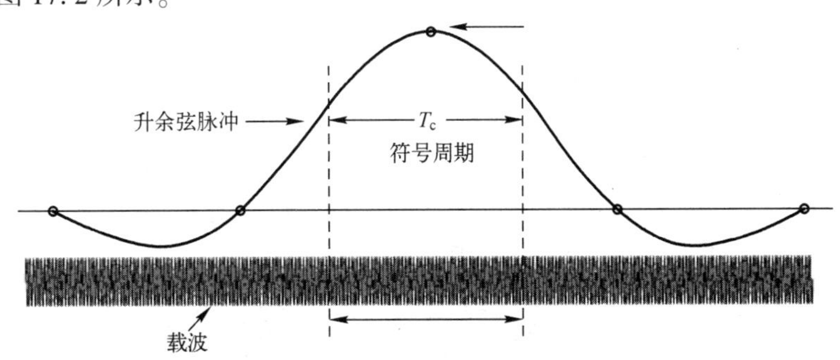

图 17.2　载波和符号的周期

与符号周期相比，发射机和接收机之间的延迟变化是很小的。显然，该延迟对载波相位误差的影响比符号周期的影响大得多。因此，估计最优的符号定时和载波相位非常重要。因此，存在两种有效的同步类型。

17.2　符号定时与定时恢复

本节将介绍符号定时与定时恢复，内容包括符号定时的原理、符号定时的恢复、载波相位的偏移及控制、帧同步的原理、数字下变频的原理、数控振荡器的原理和 BPSK 接收信号的同步原理。

17.2.1　符号定时的原理

为了优化输出的信噪比，接收机需要使用匹配滤波器，如图 17.3 所示。此外，必须在最合适的有效点上采样匹配滤波器的输出，以防止出现码间串扰。

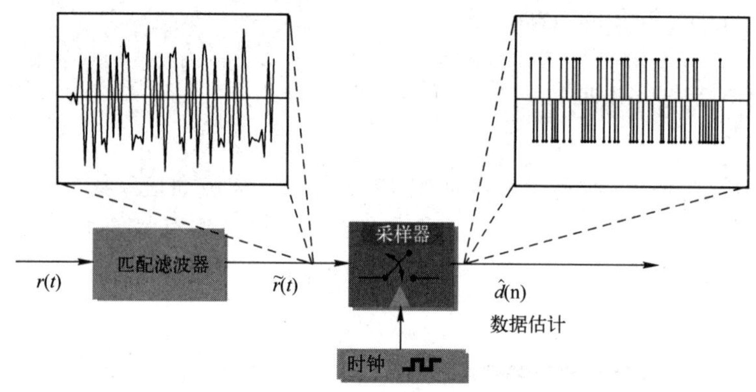

图 17.3　接收机的匹配滤波器

当接收机中的匹配滤波器需要匹配脉冲形状时，通常使用脉冲形状，如升余弦脉冲。这样，就可以尽可能避免码间干扰。然而，这主要取决于能否在正确的采样点上采样信号。在信号最优点上进行采样，就可以消除码间干扰。因此，这些点就称为最大有效点。

当出现符号定时误差时，一些额外的噪声将出现在采样器的输出中。即使在通道和热噪声不明显的情况下，不正确的符号定时也会引起位错误。

17.2.2　符号定时的恢复

恢复符号时序的原理如图 17.4 所示。恢复符号时序的方法有：

（1）使用接收信号的相关统计特性。

（2）定时误差检测器（Timing Error Detect，TED），用于估计定时误差。

（3）压控时钟（Voltage Control Clock，VCC），用于调整符号定时。

（4）环路滤波器（Loop Filter，LF），用于从 TED 的输出中去除噪声。

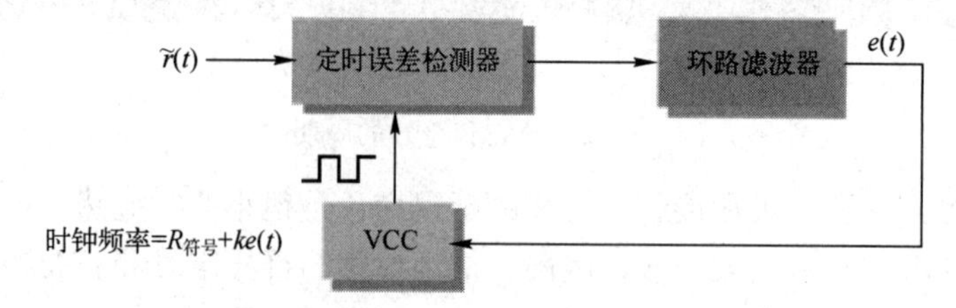

图 17.4　恢复符号时序的原理

1. 定时误差检测器

如图 17.5 所示为通过使用接收信号的相关统计特性的脉冲整形效果估计符号定时误差。将脉冲整形之前的信号与接收的信号进行相关，从而获取脉冲的形状。

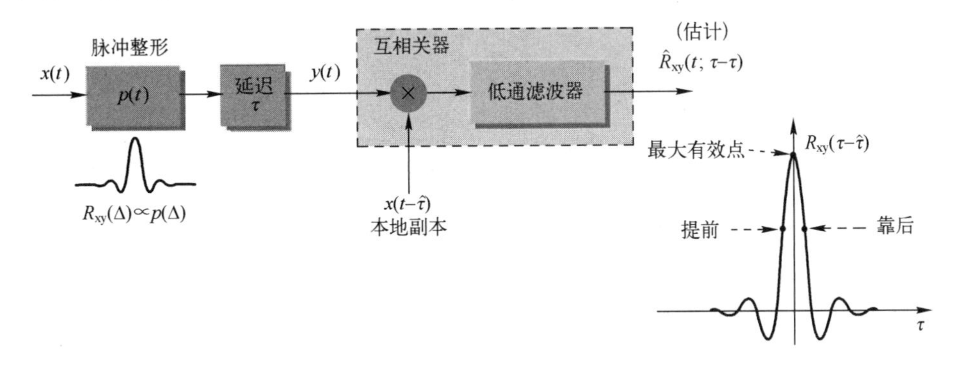

图 17.5　通过使用接收信号的相关统计特性的脉冲整形效果估计符号定时误差

图 17.5 中，$\hat{R}_{xy}(\tau)$为相关器的输出；$R_{xy}(\tau)$为真正的互相关函数；$x(t)$为信息信号。

定时误差检测器执行两个相关操作，一个为先（Early），另一个为后（Late）。理想的同步是先与后相关且相互平衡。定时误差检测器的实现原理如图 17.6 所示。TED 的输出可用于控制符号的时钟频率。

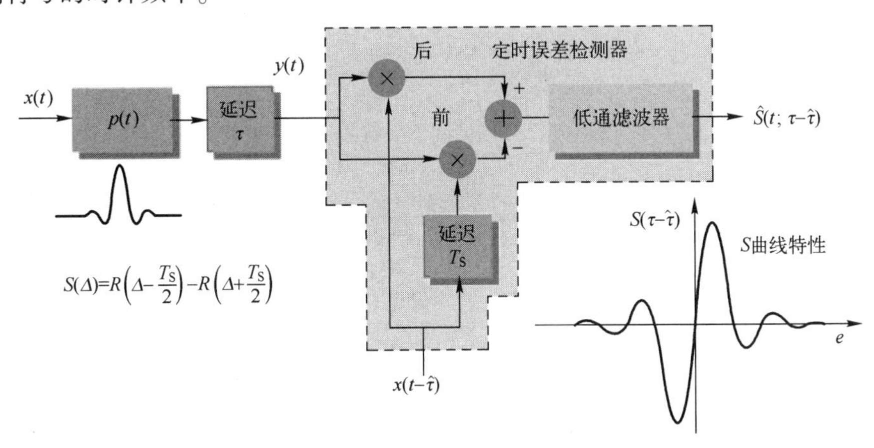

图 17.6　定时误差检测器的实现原理

通过检测前和检测后采样点的斜率确定定时误差的方法如图 17.7 所示。斜率的符号表明时序调整的方向，用于减少时序误差。

但是，很多情况下并不知道发送的序列。那么可以采用另一种方法，即超前采样 Δ 和滞后采样 Δ 秒，但需要满足 $\Delta<T_S$。在未知符号的情况下，符号定时恢复的方法如图 17.8 所示。

前/后符号同步器不假定任何发送符号的信息，它仅仅依靠已知的信号统计学特性。因为数据符号脉冲的整形序列有周期平稳的统计特性，所以这就意味着信号统计特性在 nT_S、$(n+1)T_S$、$(n+2)T_S$时刻是一样的。然而，在 nT_S和 $nT_S+\tau$时刻的统计特性不必是相同的。一个典型的系统，如图 17.9 所示，根据统计特性确定最大的有效点，不需要数据符号的知识。$\rho(\tau)$的波形如图 17.10 所示。

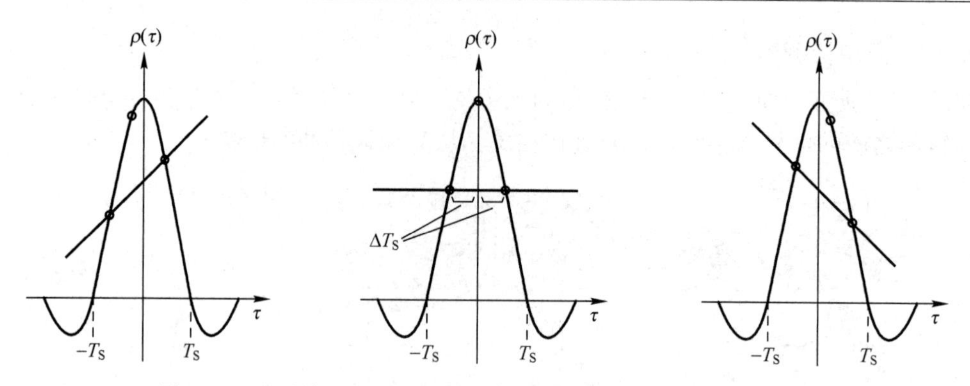

图 17.7　通过检测前和检测后采样点的斜率确定定时误差的方法

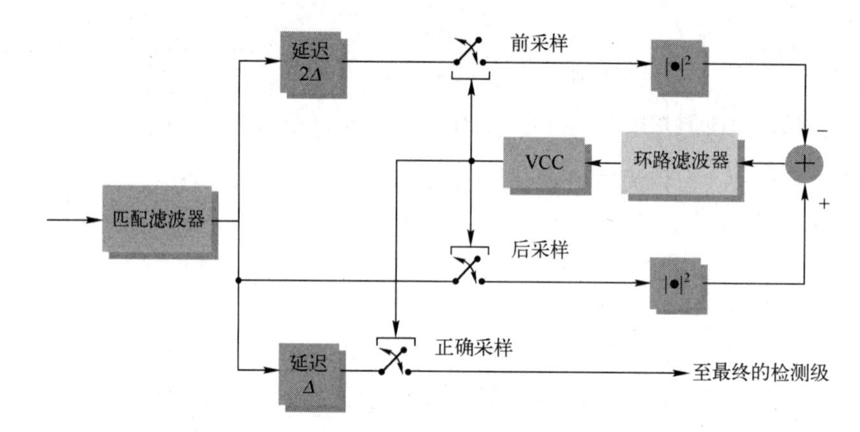

图 17.8　在未知符号的情况下，符号定时恢复的方法

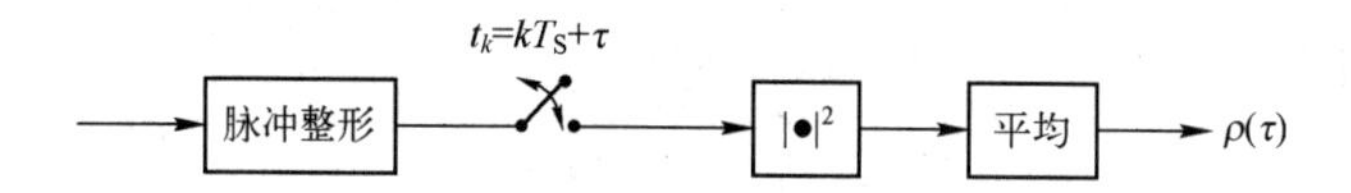

图 17.9　由统计特性确定最大的有效点

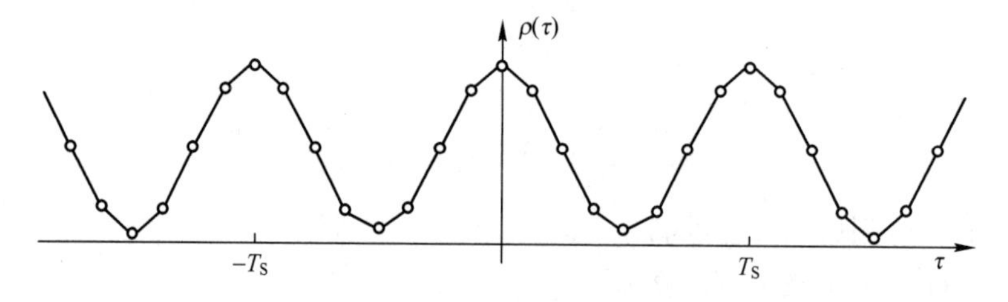

图 17.10　$\rho(\tau)$的波形

将 Gardner 算法看作对前、后符号同步的一个修改版本，它能用前采样和后采样点工作而 T_S 分离。这样，只要求一个符号上采样两次。而前面标准的前后采样检测器要求每个符号至少 3 个采样点。Gardner 算法的描述如图 17.11 所示。

与前面相比，Mueller 检测器只使用按时元件执行时序恢复，而不使用前采样和后采样技术，如图 17.12 所示，通过一致性技术（假设载波相位是正确的），使用数据判决得到时序误差。

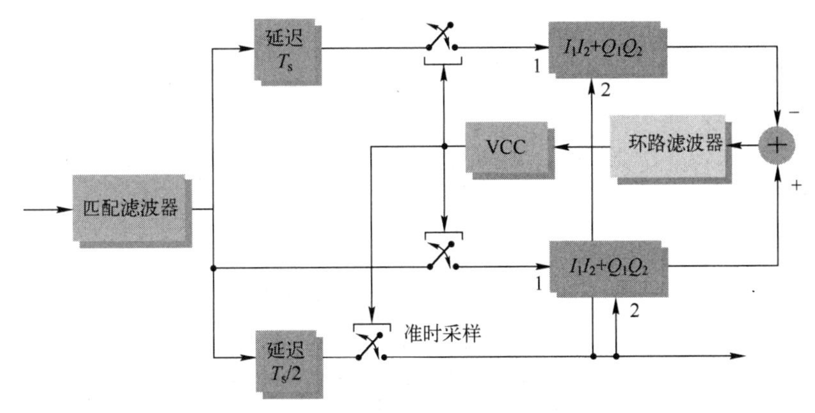

图 17.11　Gardner 算法的描述

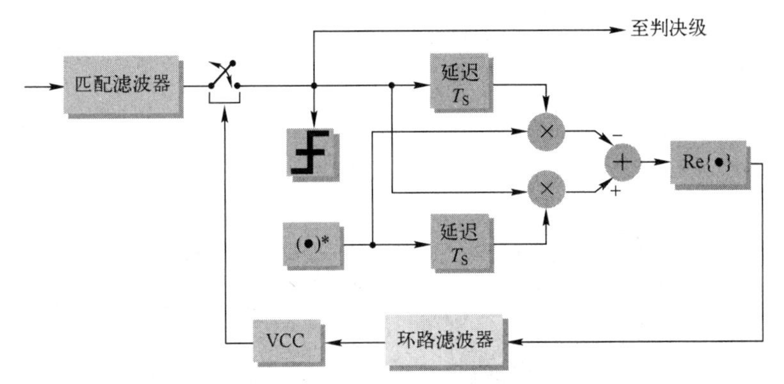

图 17.12　Mueller 检测器的原理

在 Mueller 检测器中，对一个符号只采样一次。然而，这个检测器要求载波相位恢复，才能使得该检测器正常工作，这是由于使用了符号值判决来得到时序误差。因此，这个符号值将作为一个一致判决定向技术。

直接序列扩频系统使用延迟锁相环（Delay Lock Loop，DLL）环路跟踪芯片的时序参数，如图 17.13 所示，在数字硬件中可以高效地实现延迟锁相环，并且：

（1）注意到扩频序列由若干个 1 和−1 构成，因此在解扩器中不需要明确地要求乘法运算，解扩器只要求加法运算。

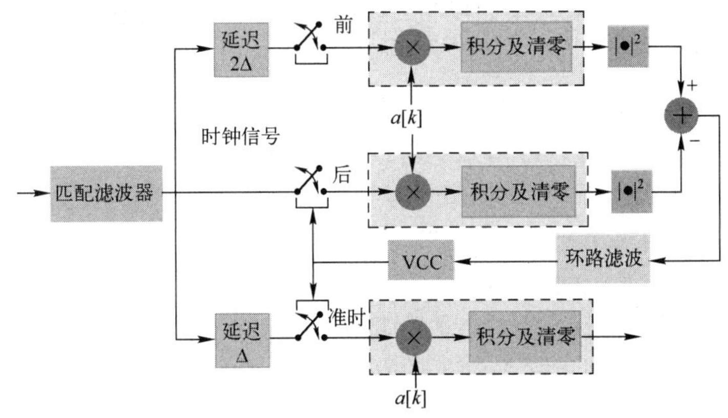

图 17.13　直接序列扩频系统

（2）相同的解扩器可以用在前、后和准时信号组件中。因此，减少了器件的规模。

（3）扩频接收机要求大量的解扩器对多通道或者多用户解码，以及在 PAKE 接收机内解码多个多通道分量。

取决于对应芯片速率的 FPGA，相同的解扩器硬件能够用来解码多个通道或者分布穿越多个 DLL。

2. 定时分辨率

一般情况下，数字接收机有有限的定时分辨率。用来调整定时的方法有：

（1）通过大的因子过采样，以及选择最好的采样序列。

（2）通过小的因子（如 2 倍的符号率），以及使用内插技术。

这些技术可能产生有限的定时分辨率。如果可能，应避免使用较高的采样率，这是由于较高的采样率将导致非常复杂的信号处理功能。

一个 BPSK 的升余弦眼图如图 17.14 所示。图 17.14 中的信号是 8 倍的过采样率，并且给出了可利用的采样点。

> **注：**由于没有任何一个采样点在最大有效点上，因此在一些符号之间总是存在干扰。

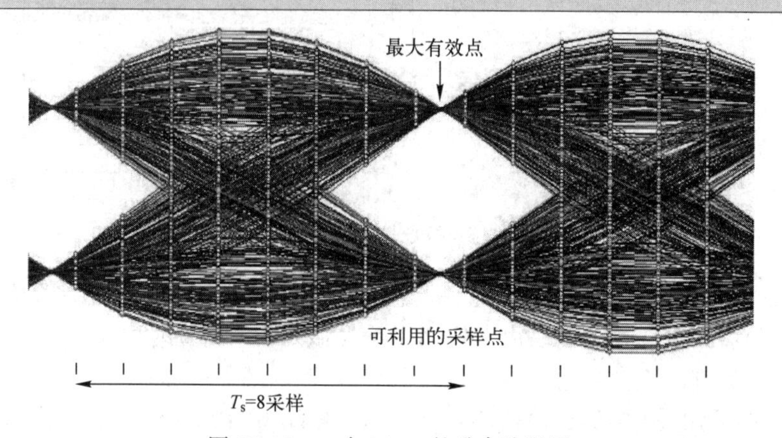

图 17.14　一个 BPSK 的升余弦眼图

17.2.3　载波相位的偏移及其控制

本节将介绍载波相位的偏移及其控制，内容主要包括载波相位偏移的影响、相位锁相环、科斯塔斯（Costas）环、平方环和频率锁定环。

1. 载波相位偏移的影响

接收到的调制信号如图 17.15 所示。与接收信号相比，本地载波存在相位误差。因此，接收信号的强度有所降低。同样，SNR 也会随之降低。

QAM 接收机内的同相和正交部分用来解调信号。当 QAM 信号中的载波相位与同相和正交分量存在误差时，则会产生更坏的结果。如果本地载波和接收到的信号完美同步，则同相载波与正交分量正交。同样，对于本地产生的正交载波，也当出现载波相位误差时，这种正交性就会被破坏，同相和正交部分就会互相干扰，从而降低系统的性能，如图 17.16 所示。

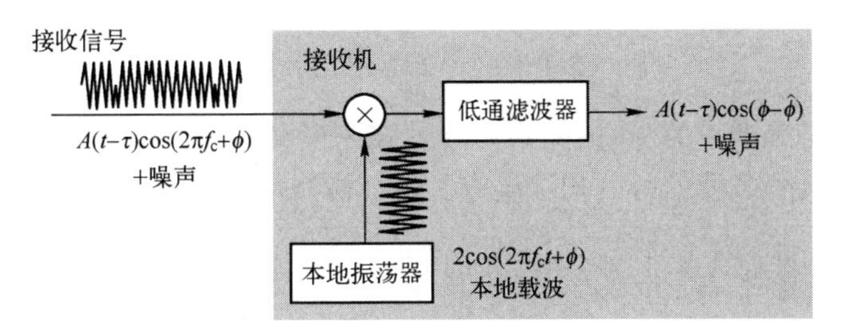

图 17.15　接收到的调制信号

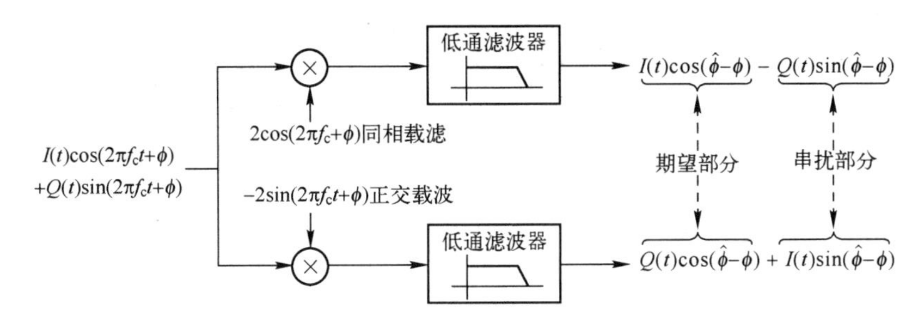

图 17.16　载波相位偏移产生的影响

图 17.16 中，$I(t)$为同相分量；$Q(t)$为正交分量。

如果从星座图分析，载波相位的偏移将导致 IQ 平面内点的旋转。一个存在 30°偏移的 16QAM 的星座如图 17.17 所示。

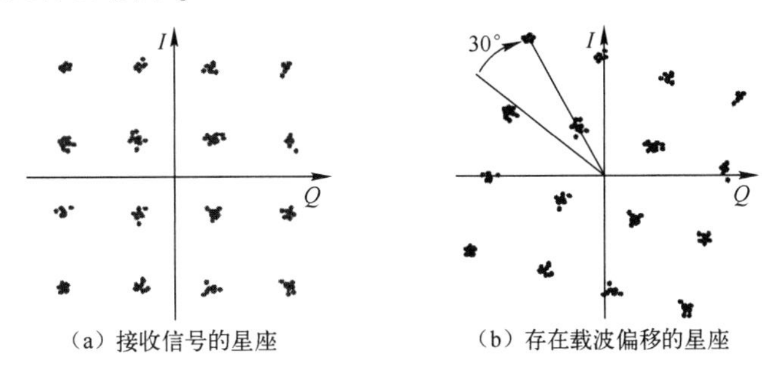

图 17.17　存在 30°偏移的 16QAM 的星座

2. 相位锁相环

相位调制系统使用 PLL 跟踪载波相位。实际上，在这样的系统中，PLL 执行解调操作。PLL 用于解调系统的原理如图 17.18 所示。

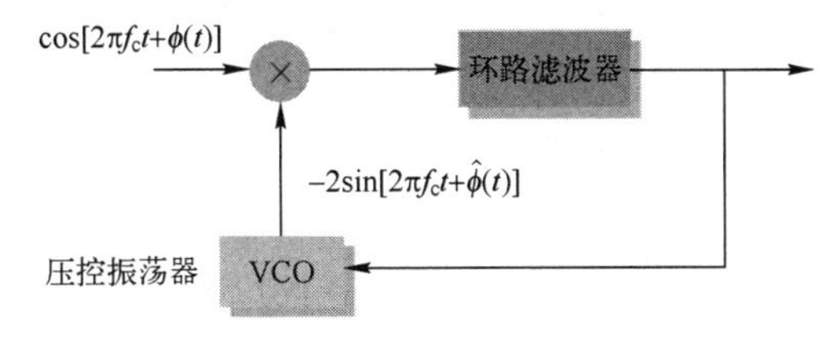

图 17.18　PLL 用于解调系统的原理

PLL 的工作基于这样一个事实：$\sin[\theta(t)]$和 $\cos[\theta(t)]$正交，这个关系可以表示为

$$\int_{-\infty}^{\infty} \sin[\theta(t)]\cos[\theta(t)]\mathrm{d}t = 0$$

如果两个信号不是严格的90°的关系，则将破坏正交关系。因此，可以用该特性设计一个单元，用于估计两个载波信号的相位误差。PLL 检测信号的原理如图 17.19 所示。

注：本地振荡器有因子 2，用于简化运算。

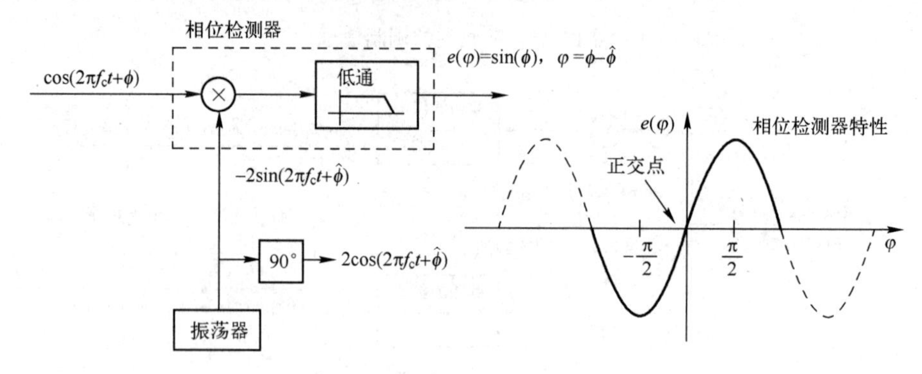

图 17.19 PLL 检测信号的原理

当相位误差很小时，存在下面的关系：

$$\sin[\theta(t)] \approx \theta(t)$$

3. 科斯塔斯环

科斯塔斯环（Costas 环）可用于跟踪抑制载波幅度调制信号，Costas 环的结构如图 17.20 所示。

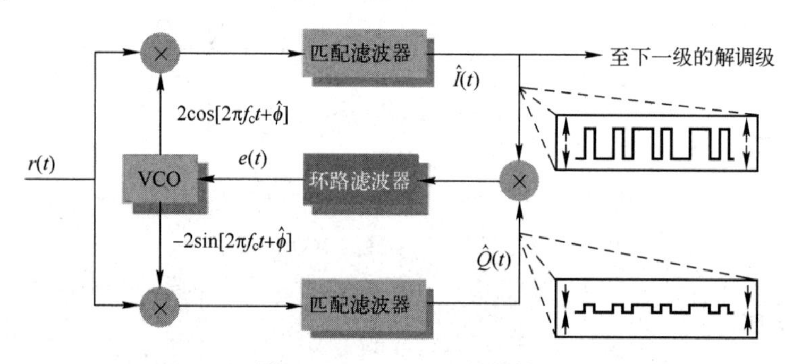

图 17.20 Costas 环的结构

Costas 环基于 $\sin[\theta(t)]$ 和 $\cos[\theta(t)]$ 正交这样一个关系。信号 $A(t)\cos[2\pi f_c t+\phi]$ 包含了同相元素。接收信号可以表示为

$$r(t)=I(t)\cos(2\pi f_c t+\phi)+Q(t)\sin(2\pi f_c t+\phi)$$

式中，$I(t)=A(t)$；$Q(t)=0$。

在实际应用中，VCO 并不与载波同步。因此，Costas 环两臂接收到的信号表示为

$$\hat{I}(t)=A(t)\cos(\phi-\hat{\phi})$$

$$\hat{Q}(t)=A(t)\sin(\phi-\hat{\phi})$$

Costas 环中，环路滤波器的输入为 $\hat{I}(t)$ 和 $\hat{Q}(t)$ 这两个信号的乘积，表示为

$$e(t)=A^2(t)\cos(\phi-\hat{\phi})\sin(\phi-\hat{\phi})$$
$$=\frac{1}{2}A^2(t)\sin(2(\phi-\hat{\phi}))$$

通过环路滤波器后去除噪声部分，所以：

$$e(t)\approx\frac{1}{2}A^2(t)\sin(2(\phi-\hat{\phi}))$$

可以以符号率（最大有效点）采样匹配滤波器的输出，使用前面描述的类似方法估计出相位误差的等式。

4. 平方环

平方环的结构如图 17.21 所示。平方环是一个载波恢复中可选择的方法，该方法用于恢复抑制载波的调幅信号。对信号本身相乘，生成一个 2 倍于载波频率的信号分量。

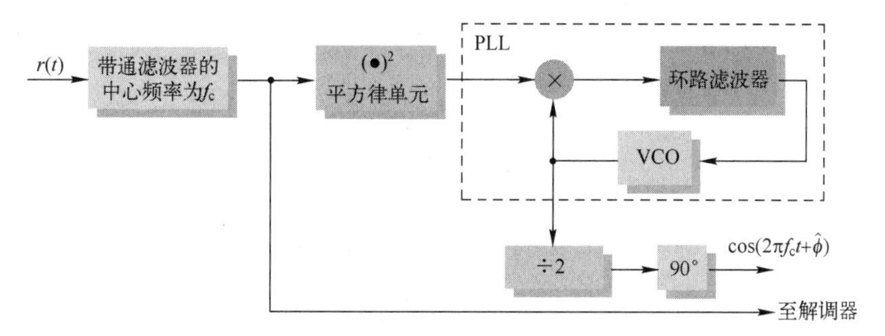

图 17.21 平方环的结构

该平方环能够跟踪和估计载波的相位。假设接收信号表示为

$$r(t)=A(t)\cos[2\pi f_c t+\phi]$$

则对该信号的平方运算表示为

$$r^2(t)=\frac{A^2(t)}{2}[1-\cos[4\pi f_c t+2\phi]$$

从上式中可知，平方后产生了 2 倍于载波频率的分量。在平方环中，平方律单元用于将接收到的信号平方。标准的 PLL 电路跟踪 $4\pi f_c t$ 分量。这样，就能够得到真实载波信号的频率。

5. 频率锁定环

从较大的频率偏移中恢复信号需要使用频率锁定环，它使用边带滤波器确定信号是否在频率的中心，如图 17.22 所示，然后比较-ve 和+ve 边带滤波器输出的信号功率。

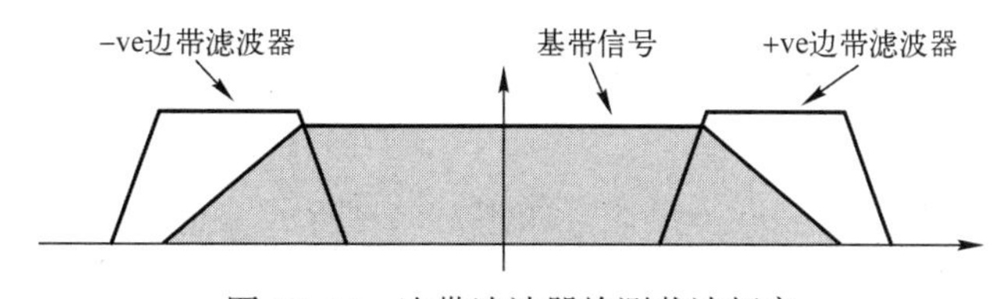

图 17.22 边带滤波器检测载波频率

信号的频率向右偏移如图 14.23（a）所示；信号的频率向左偏移如图 17.23（b）所示。

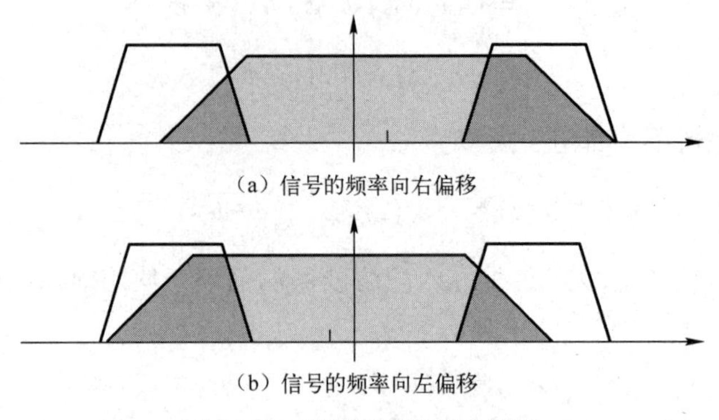

图 17.23　信号频率偏移的判断

频率锁定环的工作原理如图 17.24 所示。通过测量+ve 和−ve 边带的功率，这种功率上的差异反映了频率的偏移。误差的符号指出了调整频率的方法。

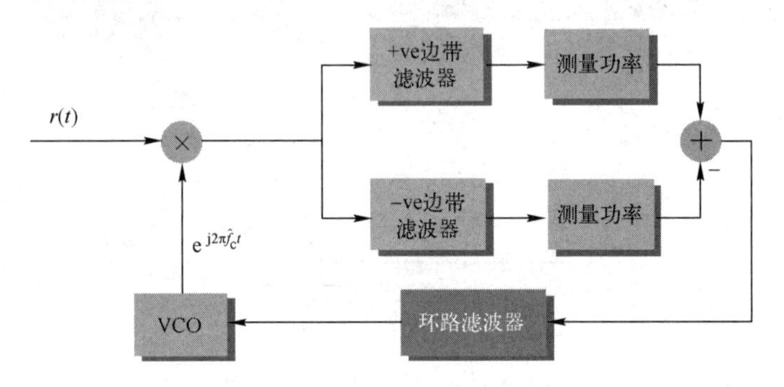

图 17.24　频率锁定环的工作原理

17.2.4　帧同步的原理

本节将介绍帧同步的原理，内容主要包括提供导频符号和实现帧同步。

1. 提供导频符号

在通信系统中，通常需要提供导频符号（Pilot Symbol）。这些导频符号用于估计载波相位、校正相位、增益控制、初始的帧同步和通道估计等。如图 17.25 所示，将一个导频符号周期性地插入帧结构中。

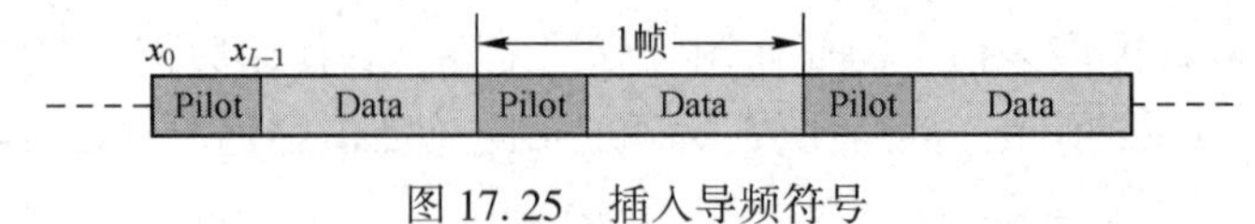

图 17.25　插入导频符号

2. 实现帧同步

特殊匹配滤波器能够实现帧同步操作，如图 17.26 所示。通过测量接收信号和导频序列之间的相关性，该滤波器可以实现帧的同步。

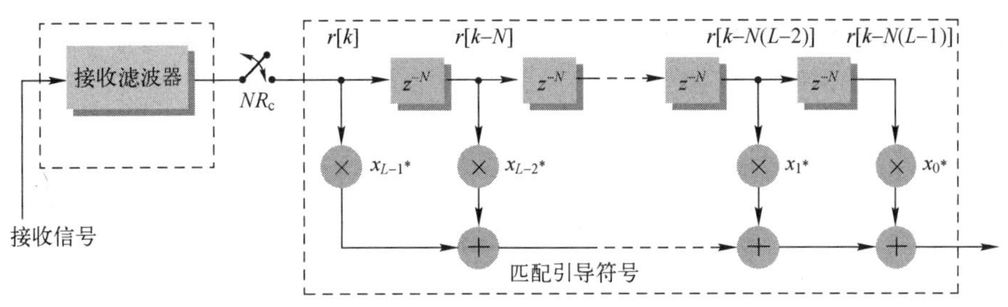

图 17.26　用于帧同步的特殊匹配滤波器

导频符号通过匹配滤波器后，滤波器输出将生成对通道的估计。当滤波器系数（导频符号）和接收信号有明显的相关性时，会产生尖峰信号，如图 17.27 所示。门限用于确定尖峰是否真正地与信号相对应。然后接收机能够同步这些路径，并且跟踪延迟的变化。当产生尖峰时，接收机知道这是帧的开始。

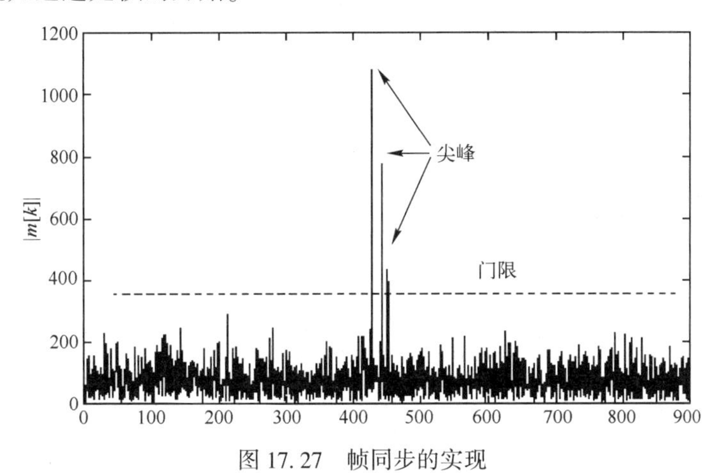

图 17.27　帧同步的实现

17.2.5　数字下变频的原理

通信系统通常使用较高的载波频率，尤其对于基于无线电的无线系统而言，它需要很高的载波频率。因此，需要可以将信号从高频搬移到低频的技术，一方面将采样率降低，另一方面降低接收机的运算成本。目前主要的下变频技术包括：①混频；②直接下变频。

混频指的是信号经过滤波之后与正弦波相乘，然后送到滤波器，如图 17.28 所示。混频就是将接收到的信号分别与同相信号和正交信号相乘，这样做是为了使得解调后的基带信号的频率中心在 0Hz 处。

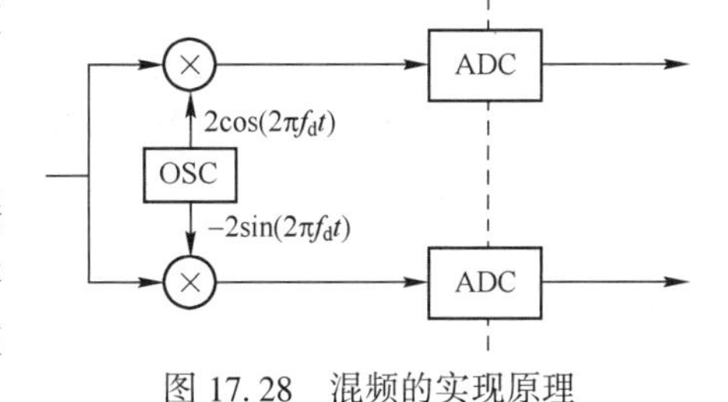

图 17.28　混频的实现原理

> **注：** 最终产生的数字信号称为基带信号。

直接下变频对带通信号直接采样，如图 17.29 所示。在该技术中，带通滤波器用于提取感兴趣的频率范围内的信号，然后对信号以和带宽相关的频率进行采样。对信号也需要其他限制，可能以小于带宽两倍的速度采样信号，并且信号没有损失。这样，就不满足奈奎斯特采样定律的要求。但是，由于已经去掉其他可能引起频率混叠的信号，所以虽然信号发生了混叠，但是允许这种情况的存在，如图 17.30 所示。

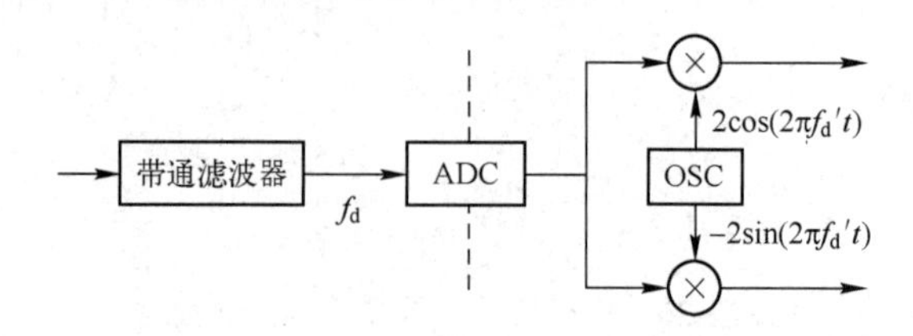

图 17.29 直接下变频的实现原理

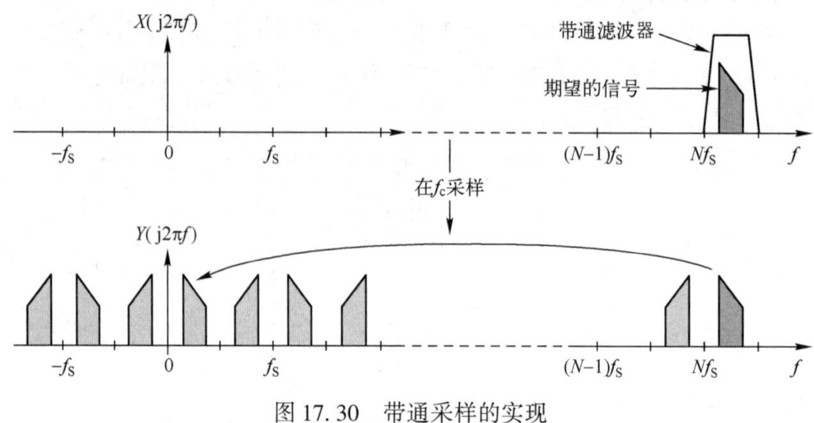

图 17.30 带通采样的实现

其他可能的下变频结构是将信号解调至中频。通过使用余弦函数、混频和滤除不需要的分量来实现这个目的。

> **注：** 这不要求使用正交分量。

直接下变频和中频技术的优势在于，可以以数字方式实现最终的下变频，这就意味着在接收机中，不需要从数字信号处理级到模拟电路的反馈。因此，可以用数字的方法实现所有的事情。

PLL 可以使用 ASIC、FPGA 和 DSP 实现，相位检测器可以使用乘法器和滤波器（乘法器、加法器、延迟）构建。但是，如何能够高效地产生一个可变频率的正弦信号和余弦信号？一个很好的方案是使用数控振荡器（Numerically Controlled Oscillator，NCO），本节将介绍使用 FPGA 实现 NCO 的方法。使用一个余弦 LUT 和用于产生地址的累加器构建一个 NCO，如图 17.31 所示。

> **注：** 步长决定振荡器的频率。

如图 17.32 所示，将一个锯齿波信号输入到 LUT，从而产生出余弦波。图 17.32 中，锯齿波由累加器产生，其实质是一个可变步长的计数器。由于计数器是 8 位的，因此当到达 255 的时候就会卷到 0，这样就能够产生一个周期性的余弦信号。

很明显，通过只保存余弦信号的 1/4 就可以减少 LUT 的规模。需要一些逻辑：①将 8 位地址转换为 6 位地址；②确定是否需要将输出取负，如图 17.33 所示。使用定点累加器可

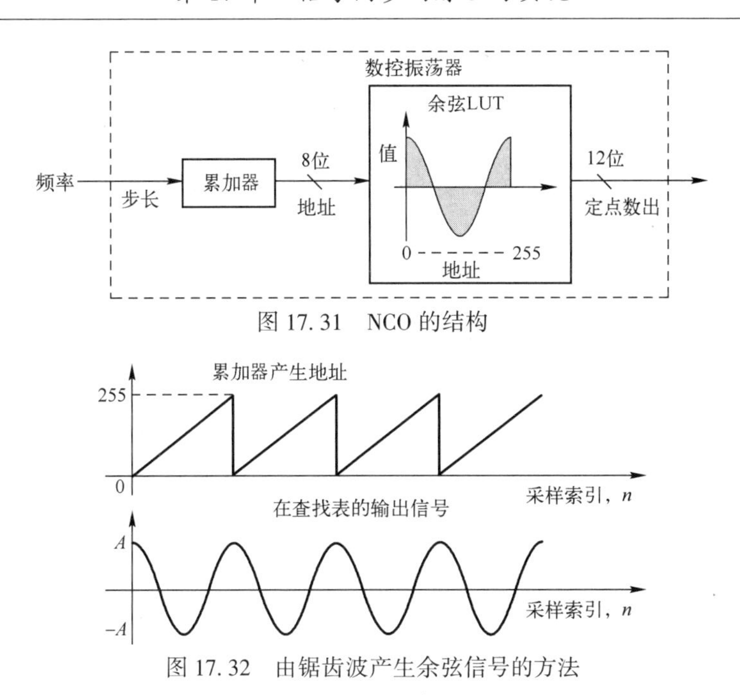

图 17.31　NCO 的结构

图 17.32　由锯齿波产生余弦信号的方法

以改善频率分辨率，因此步长包含小数部分。当访问 LUT 时，放弃小数部分，如图 17.34 所示。图 17.34 中，累加器输出的整数部分用于从查找表中选择值。由于余弦波的相位角分辨率有限，因此输出存在不期望的谐波。目前，有很多方法可以用来改善振荡器的性能。一种方法是将地址用于 LUT 之前使用 PN 序列为所有的相位角（地址）和函数输出的最低有效位加入抖动，如图 17.35 所示。可替代的方法是使用梳状滤波器滤除不期望的谐波。

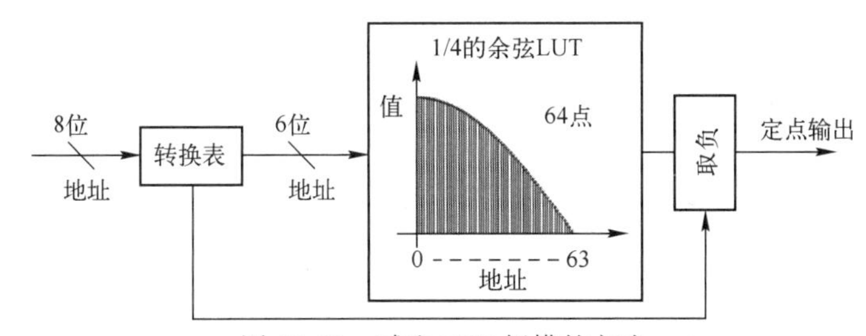

图 17.33　减少 LUT 规模的方法

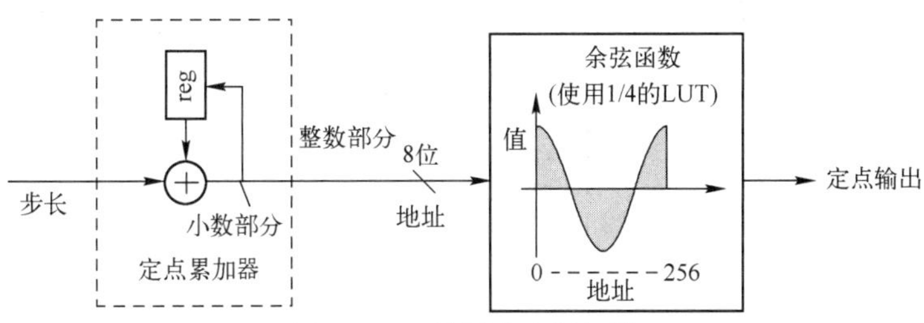

图 17.34　使用定点累加器

对于很多应用而言，平方律检测器可使用一个绝对值函数代替。在硬件平方律检测器中，要求乘法。对一个实数取绝对值时，如果设置了符号位，则涉及二进制补码。对于二进制补码而言，只要求一个全加器和按位取反，如图 17.36 所示。

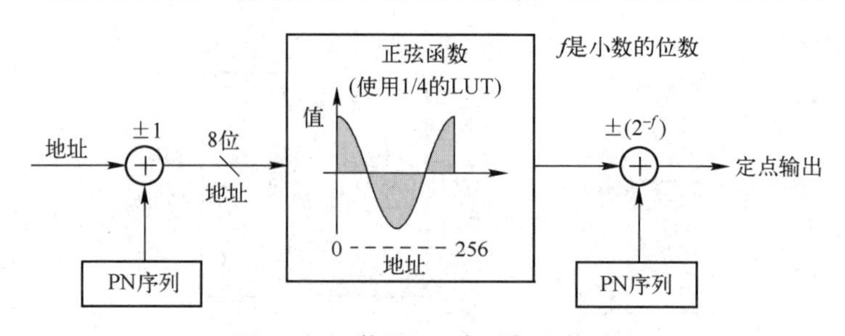

图 17.35 使用 PN 序列加入扰动

环路滤波器用在载波相位和符号定时恢复环路中，其决定了环路的阶数。一阶环路使用 $G_2=0$ 的滤波器，其 G_1 设置为一个非零值，如图 17.37 所示。对于一个二阶的环路而言，G_2 也应该设置为非零值。

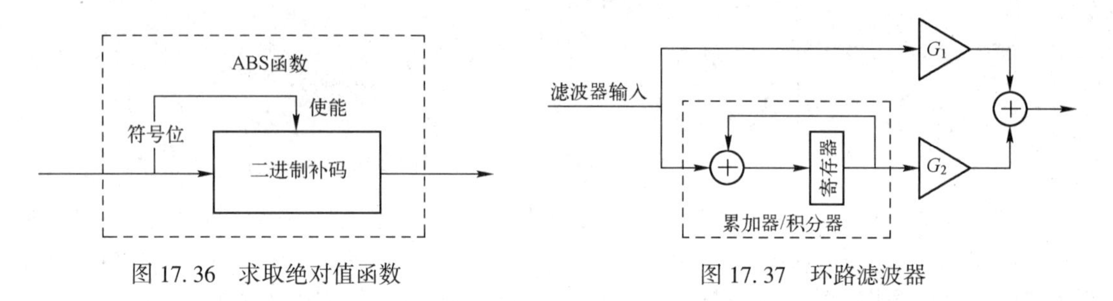

图 17.36 求取绝对值函数

图 17.37 环路滤波器

二阶环路滤波器通常用在跟踪设备中。一个二阶载波相位跟踪环可以跟踪相位的恒定变化（如频率偏移），不会产生误差（没有噪声的情况）。实际中，由于时钟的精度因素，发送机和接收机之间总是存在频率的偏移。此外，也会存在多普勒效应。例如，在一个移动通信系统中，在一个保持恒定速度运行的汽车内的手持设备。这将引起额外的频率偏移，它与运行的速度有关。使用单极点滤波器的另一个可能性是使用泄露滤波器，如图 17.38 所示。图 17.38 中，系数 β 设置为 0~1 之间的值，否则滤波器将变得不稳定，通常 β 接近 1。在这种情况下，通过将增益设置为 $1-2^{-n}$，可以高效率地实现乘法器。例如，$n=4$，结果 $\beta=0.9375$。这样，就能够简单使用定点移位和相加操作来实现它。

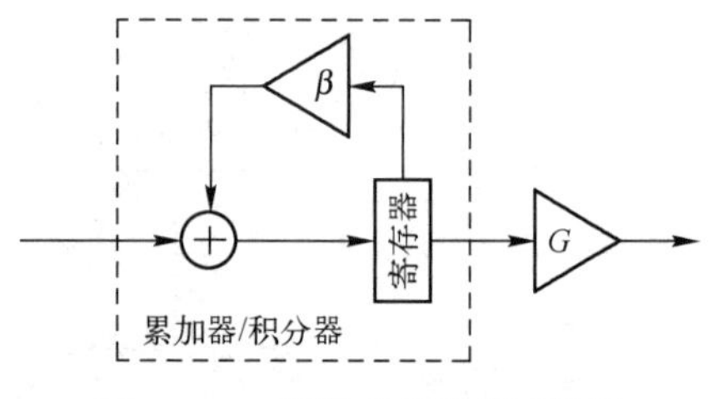

图 17.38 环路内的泄露滤波器

17.2.6 BPSK 接收信号的同步原理

考虑在 FPGA 内实现 BPSK 接收机，发送信号表示为

$$s(t)=A(t)\cos(2\pi f_c t)$$

$$A(t)=\sum_k I_k p(t-kT_c)$$

式中，I_k 表示第 k 个符号；$p(t)$ 为脉冲整形函数，假定使用根升余弦整形函数。

1. 下变频到中频和数字解调

将 RF 信号下变频到中频和数字解调的原理如图 17.39 所示。图 17.39 中：①R 表示寄存器；②OSC 表示振荡器；③ADC 表示模数转换器；④BPF 表示带通滤波器；⑤NCO 为数控振荡器；⑥MF 为匹配滤波器。

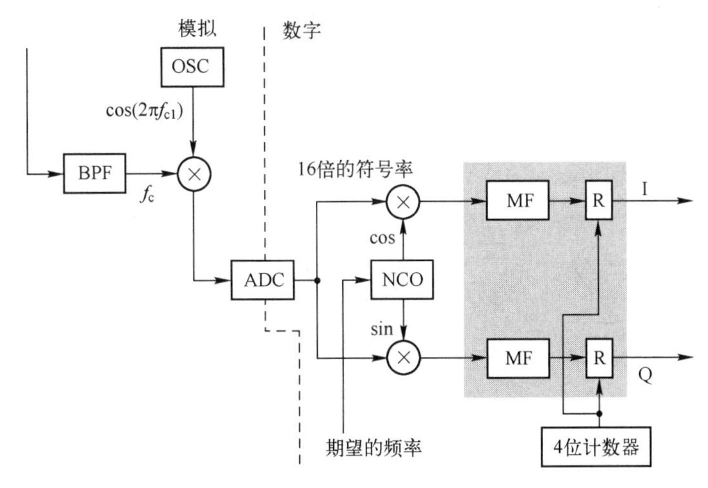

图 17.39　RF 信号下变频到中频和数字解调的原理

首先，图 17.39 所示的系统将射频（RF）信号下变频到中频（IF）信号，然后以 16 倍的符号率采样，最后使用 NCO 和匹配滤波器解调基带信号。在符号速率上，这些寄存器的输出才是有效的。然后降频采样每个匹配滤波器的输出，即每 16 个输出采样才有一个采样送到寄存器中。通过使用 4 位计数器来控制定时，即每次归 0 时，触发锁存器。

由于匹配滤波器后跟随一个抽取级，因此可以通过多相技术高效地实现这个过程。由于两个匹配器和抽取器结构是相同的，因此效率上有更进一步的提高。这也意味着可以共享硬件，硬件取决于与滤波器输入速率相对应的芯片速度。

2. Costas 环控制 NCO

使用 Costas 环控制 NCO 的结构如图 17.40 所示。

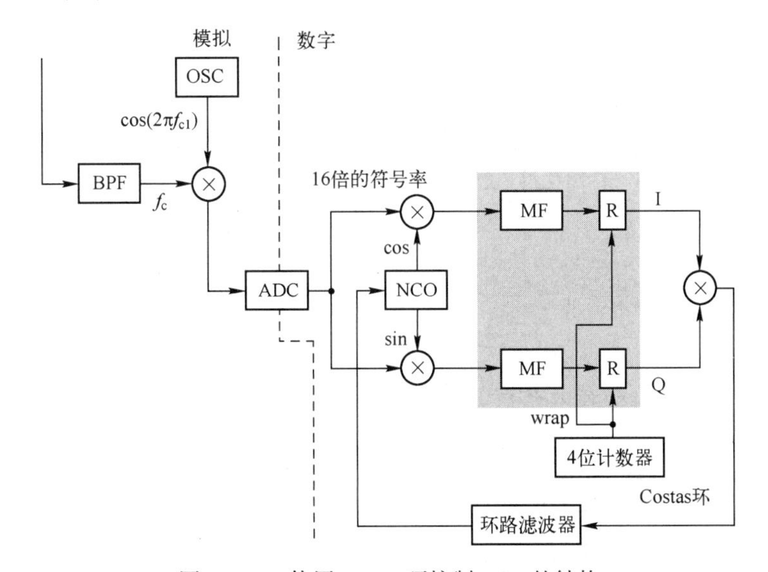

图 17.40　使用 Costas 环控制 NCO 的结构

图 17.40 中：①R 表示寄存器；②OSC 表示振荡器；③ADC 表示模数转换器；④BPF 表示带通滤波器；⑤NCO 为数控振荡器；⑥MF 为匹配滤波器。

Costas 环用于调整 NCO 的频率，以跟踪接收到的信号的载波相位，它需要一个乘法器来对采样进行相乘操作，将结果送到环路滤波器中。环路滤波器的输出用于控制 NCO 的频率。

另一个可选的策略是使用固定频率的数字振荡器，如图 17.41 所示，它是在匹配滤波器和抽取级的其他边上来修正相位的。

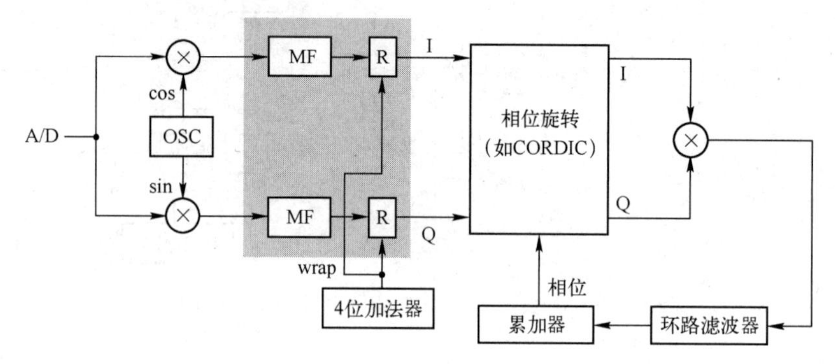

图 17.41　采用相位旋转修正相位

3. 符号定时控制

使用前/后定时误差检测来控制符号定时时钟的结构，如图 17.42 所示。

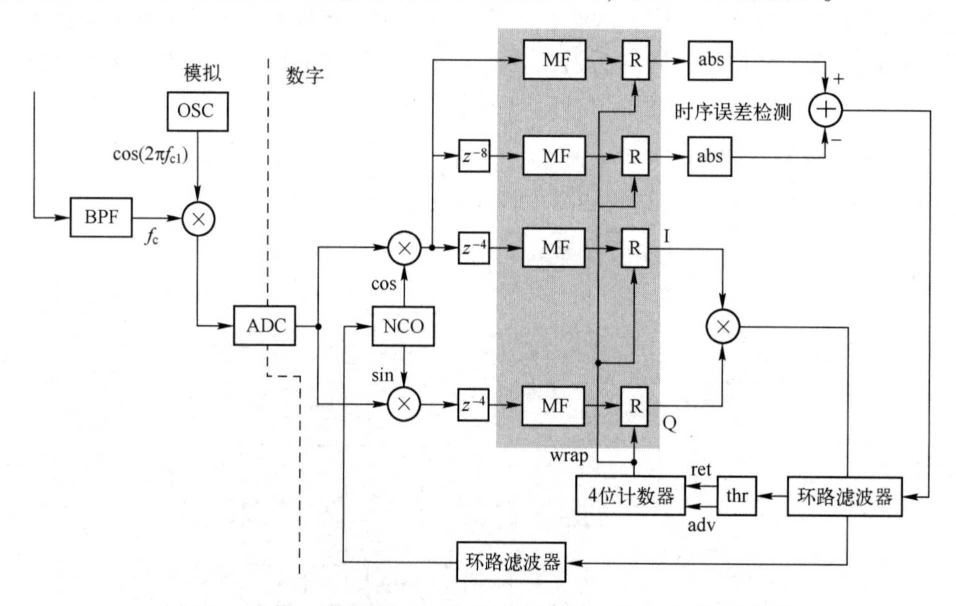

图 17.42　使用前/后定时误差检测来控制符号定时时钟的结构

图 17.42 中：①R 表示寄存器；②OSC 表示振荡器；③ADC 表示模数转换器；④BPF 表示带通滤波器；⑤NCO 为数控振荡器；⑥MF 为匹配滤波器；⑦thr 表示判决门限；⑧abs 表示绝对值；⑨ret/adv 表示滞后/超前采样。

在该结构中，超前/滞后采样在最大有效点的 1/4 附近处进行采样。通过比较超前/滞后采样来估计定时误差。门限用于环路滤波器的输出。如果超过门限，则 4 位计数器或者超前（递增一步），或者滞后（阻止计数）。这样，通过加速或降低计数来跟踪所接收信号的定时信息。

17.3　数字变频器的原理与实现

本节将介绍数字上变频和数字下变频的原理，并设计数字上变频器和数字下变频器。上变频和下变频的基本模型如图 17.43 所示。

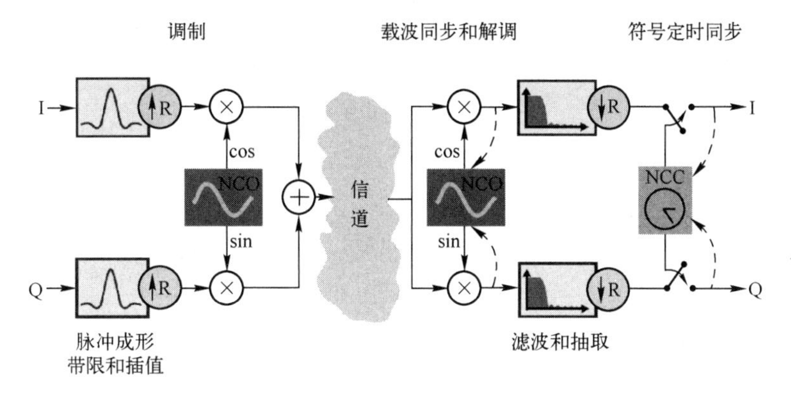

图 17.43　上变频和下变频的基本模型

上变频器主要负责提高采样率，将采样率从符号率变化到操作 DAC 的频率。在这种情况下，它也负责脉冲整形（或者发送滤波）和低通滤波（以滤除镜像频谱）。相反，下变频器将采样率从 ADC 速率降低到符号率。从某种意义上说，接收机更加复杂，这是因为它也涉及与载波同步，以及与所接收符号的时序参数同步。

17.3.1　数字上变频的原理与实现

本节将介绍数字上变频的原理与实现，内容主要包括数字上变频的原理，脉冲整形与插值的实现，正交调制的实现。

1. 数字上变频的原理

在超外差式接收机中，如果经过混频后得到的中频信号的频率比原始信号的高，则此混频方式称为上变频，如图 17.44 所示。从图 17.44 中可知，在调制前，需要按照比率f_S/f_R插值。如果变化率较大，则需要从成本和效率两方面谨慎考虑所选择的插值滤波器。本节将介绍 3 种类型的插值滤波器，包括脉冲整形滤波器、CIC 滤波器和半带滤波器。

1）脉冲整形滤波器

脉冲整形滤波器用于限制发送信号所占用的带宽（带限）。贯穿信道的一个升余弦响应是很常见的，这是由于它的零符号间干扰（Inter Symbol Interference，ISI）特性，如图 17.45 所示。将其分成两个根升余弦（Root Raised Cosine，RRC）滤波器，一个在发送机中，另一个在接收机中。发送 RRC 滤波器也负责符号率向上的速率改变（并不是全部到 IF，为什么）。

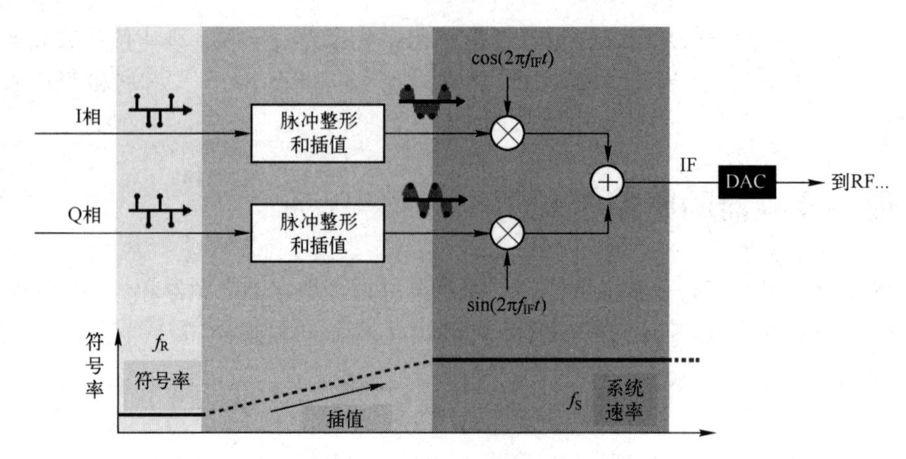

图 17.44　上变频的原理

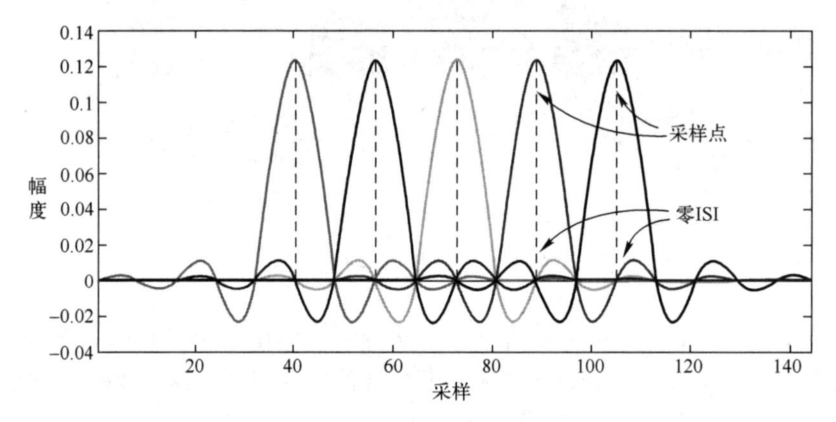

图 17.45　升余弦响应的波形

下面将考虑两个插值 RRC 滤波器，一个插值到 IF 采样率（f_S），另一个插值到该速率的 1/16，这些滤波器产生的频谱如图 17.46 所示。图 17.46 中，符号率为 100kHz，f_S = 12.8MHz。如图 17.47 所示，比较这两个插值 RRC 滤波器的冲激响应，上面的完全插值到 IF 采样率，而下面的插值到 IF 的 1/16。

假设一个升采样然后滤波（513 阶）的结构如图 17.47 所示，那么如果升采样因子为 128（采样率从 100kHz 提高到 12.8MHz），则运算量为

$$513\times12800000=6566400000=6.5664\times10^9\text{MAC/s}$$

如果升采样因子为 8（采样率从 100kHz 提高到 800kHz），则运算量为

$$33\times800000=26400000=2.64\times10^7\text{MAC/s}$$

可以使用多相结构来构建一个脉冲整形滤波器，大致需要相同的硬件开销。但是，允许以两个采样率中较低的速率执行 MAC 操作，对应的：

$$513\times100000=51300000=5.13\times10^7\text{MAC/s}$$

$$33\times100000=3300000=3.3\times10^6\text{MAC/s}$$

最后，冲激响应的对称特性意味着节省硬件成本，即在乘法器前包含预加法器，然后对对称采样进行求和。

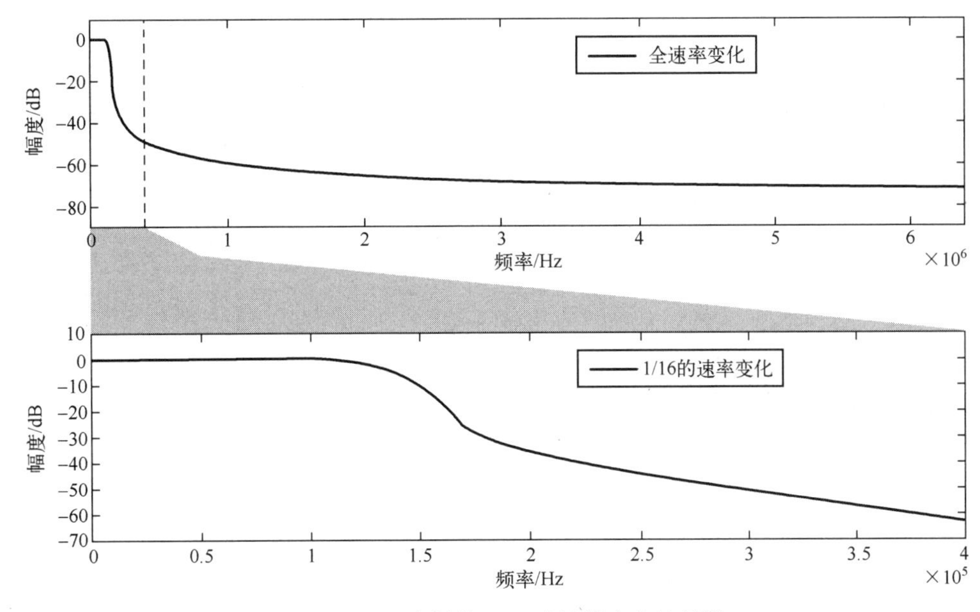

图 17.46　两个插值 RRC 滤波器产生的频谱

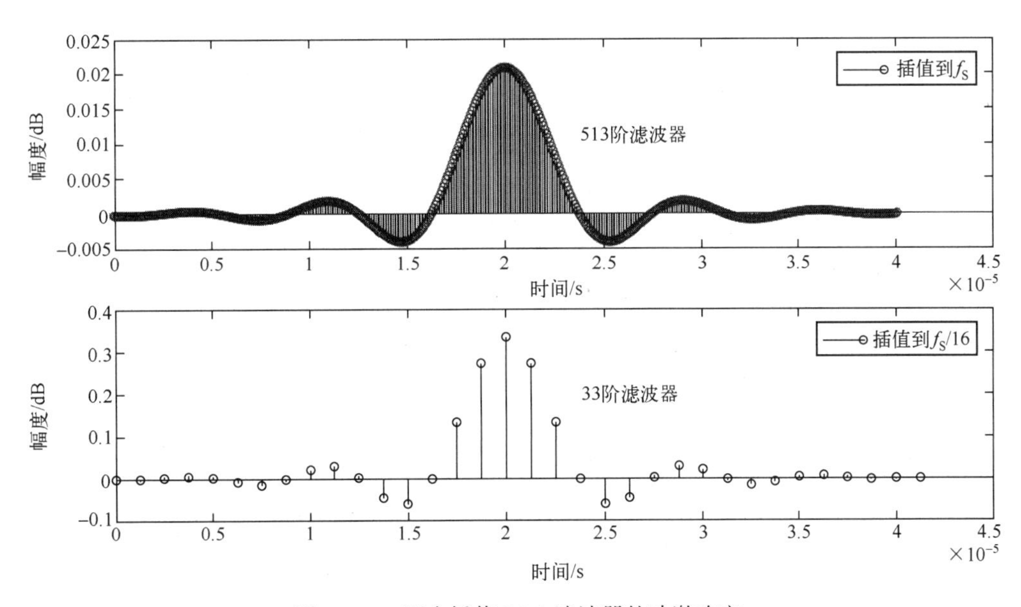

图 17.47　两个插值 RRC 滤波器的冲激响应

2）CIC 滤波器

CIC 滤波器能够以低成本提供较大的速率变化，如图 17.48 所示。从图 17.48 中可知，只有积分器（N 个延迟元件和 N 个加法器）运行在插值后的速率f_S上，而梳状滤波器运行在输入速率f_S/R 上。CIC 滤波器潜在的问题，包括：①在通带区域的衰落（N 增加时，情况更糟）；②次优化的抗镜像性能（N 增加时，情况将好转）。

当增加 CIC 滤波器的阶数 N 时，涉及一个代价。很自然，一个额外的积分器和梳妆滤波器，但是需要增加积分器的字长，如考虑插值因子 $R=16$ 的 CIC 插值，它是 16 位的输入，$N=3,4$。

根据下面的等式：

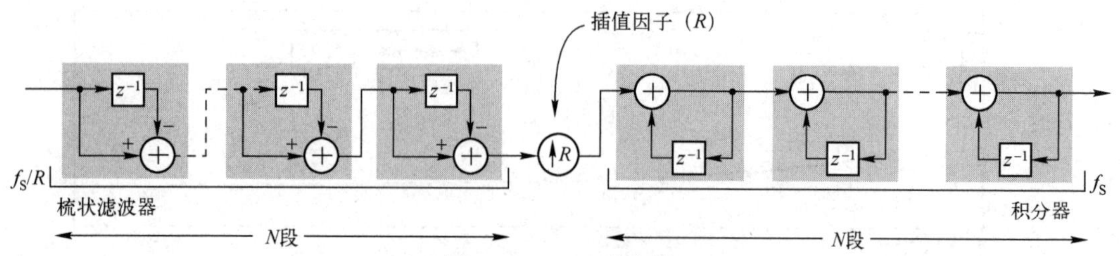

图 17.48　CIC 滤波器

$$B_i = B_{IN} + \lceil \log_2 G_i \rceil$$

其中，（1）i 表示级（梳状滤波器 $i=1,\cdots,N$，积分器为 $N+1\sim 2N$）。

（2）B_{IN}是输入字长。

（3）B_i是第 i 级的输出字长。

（4）G_i是每一级的增益，表示为

$$G_i = \begin{cases} 2^i & i=1,2,\cdots,N \\ \dfrac{2^{2N-i}R^{i-N}}{R} & i=N+1,\cdots,2N \end{cases}$$

$N=3$ 和 $N=4$ 的 CIC 滤波器所要求的输出字长如表 17.1 所示。

表 17.1　$N=3$ 和 $N=4$ 的 CIC 滤波器所要求的输出字长

	梳妆滤波器的字长	积分器的字长
$N=3$ 的 CIC 滤波器	[17,18,19]	[18,20,22]
$N=4$ 的 CIC 滤波器	[17,18,19,20]	[19,21,23,25]

通过下面的例子来评估衰落和镜像抑制。在该例子中，$R=1$，比较 3 阶和 4 阶 CIC（$N=3$ 和 $N=4$）滤波器，如图 17.49 所示。

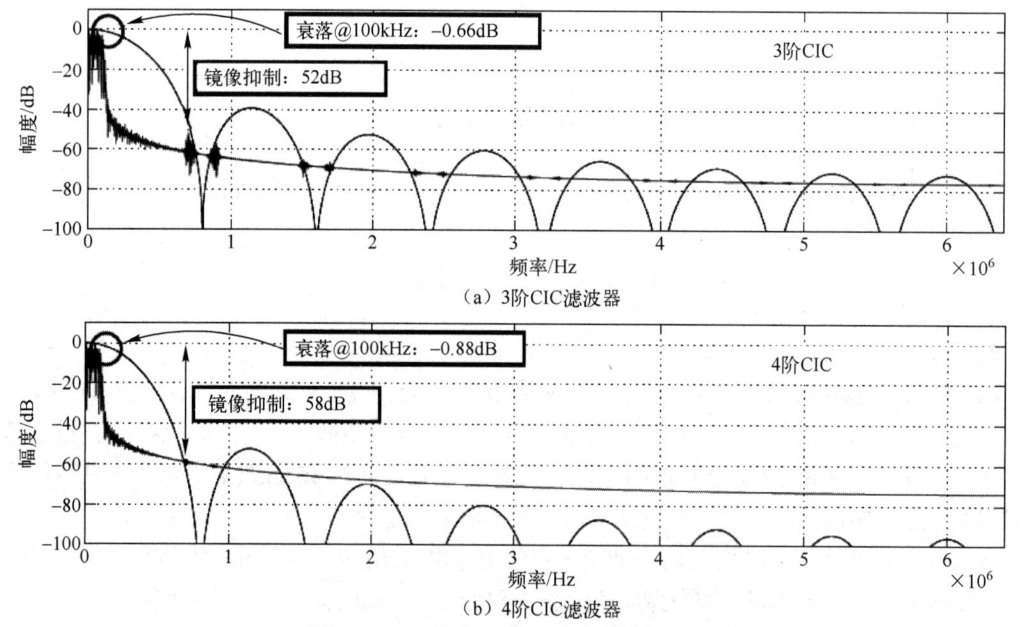

图 17.49　3 阶和 4 阶 CIC 滤波器的比较

对抗镜像性能的要求部分依赖于 D/A 转换级的分辨率。如果 DAC 的噪声基底大于镜像，则将隐藏镜像。

CIC 滤波器的衰落特性可能会显著造成通带信号的失真，因此要求通过一些方法进行校正。一个可选的方法是在 CIC 滤波器之前插入一个补偿滤波器，该滤波器用于在通带范围内对 CIC 的衰减进行预校正。补偿滤波器也执行速率转换，这样可以降低对 CIC 滤波器的要求。

3）半带滤波器

半带滤波器是更进一步的选项，正如它的名字所暗示的那样，它的通带是 $0\sim f_S$ 带宽的 1/2，所伴随的速率变化因子为 2。从实现的角度来看，半带滤波器非常具有吸引力，因为每隔一个权值就是零，如图 17.50 所示。

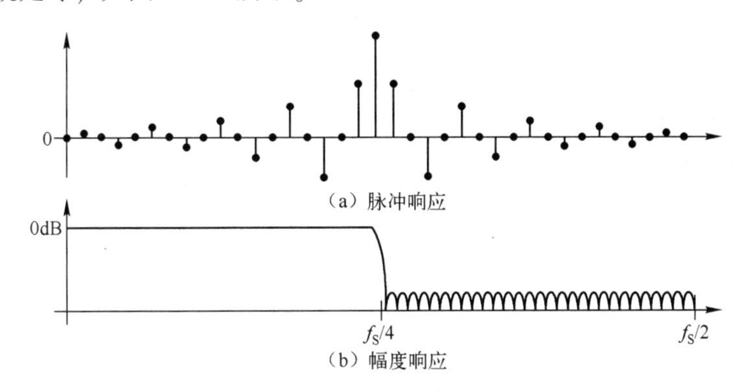

图 17.50　半带滤波器的脉冲响应和幅度响应

使用多相实现插值（和抽取）滤波器是非常高效的，这是因为它允许以较低的采样率完成计算。以多相的形式实现半带滤波器将会导致两个相位，对于其中一个相位而言，除中间的一个不是零以外，其他系数由完全的“零值系数”构成。很明显，可以将这些“零值系数”从设计中删除，以节省硬件和减少计算量。

考虑有 19 个滤波器权值的例子，即

$$W=\{0.02,0,-0.07,0,0.16,0,-0.21,0,0.35,0.5,0.35,0,-0.21,0,0.16,0,-0.07,0,0.02\}$$

将这个滤波器分割成两相，分别用 W_A 和 W_B 表示为

$$W_A=\{0.02,-0.07,0.16,-0.21,0.35,0.35,-0.21,0.16,-0.07,0.02\}$$

$$W_B=\{0,0,0,0,0.5,0,0,0,0\}$$

很明显，B 相只有一个非零的权值。因此，可以将值为零的权值去掉，这样就免除了额外的乘法和加法运算。A 相为 10 阶滤波器，B 相为 1 阶滤波器，如图 17.51 所示。从图 17.51 中可知，由于 A 相滤波器为对称系数，因此可以进一步简化结构，如图 17.52 所示。从图 17.52 中可知，它只有 6 个乘法器，并且其中的一个可以通过二进制移位运算实现。

前面介绍了 3 种插值滤波器，可以将这些滤波器组合在一起，实现所期望变化得到的采样率。根据插值比率和所要求的滤波特性，可以实现不同的组合。注意，实现成本是一个重要的考虑因素。例如，将这 3 个滤波器级联在一起将采样率变为 128，如图 17.53 所示。

信号的调制是指信号与本地生成的正弦信号（在正交调制中，正弦和余弦）进行相乘，如图 17.54 所示。在插值滤波器链中，如果使用 CIC 滤波器，被调制信号的频谱存在频谱镜像。

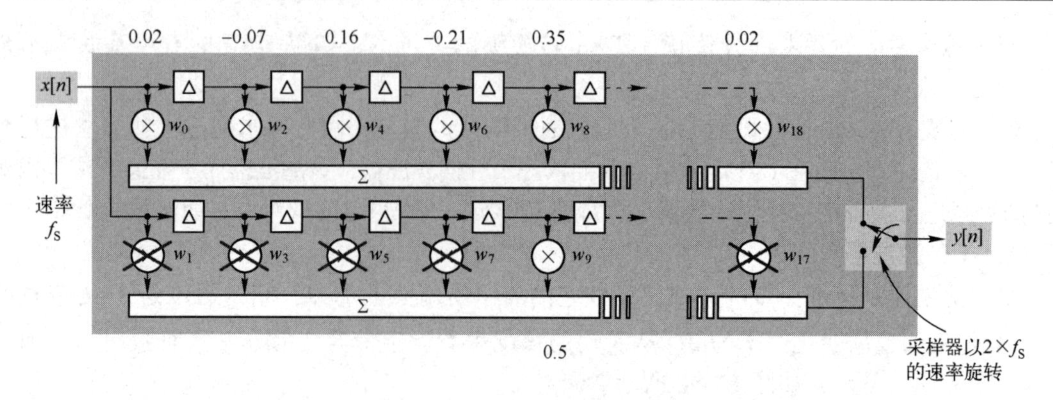

图 17.51 简化滤波器的结构

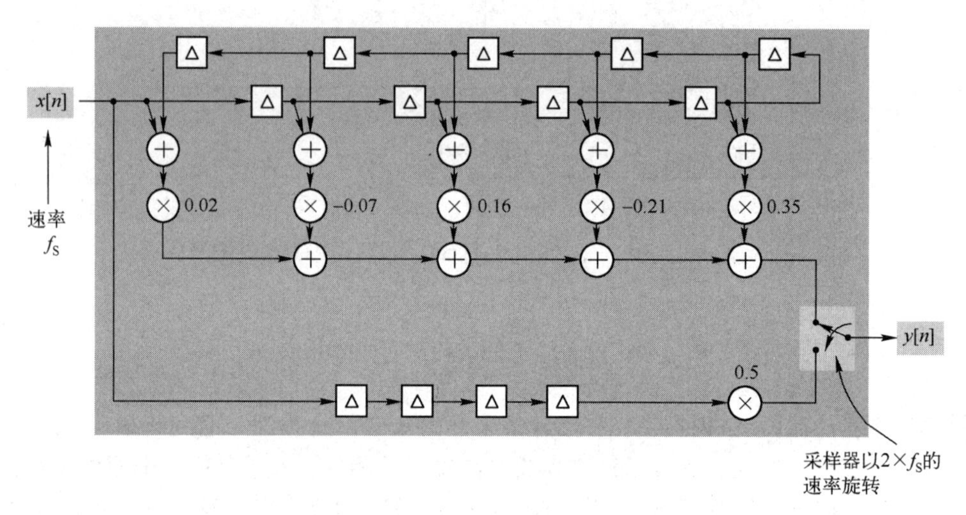

图 17.52 进一步简化滤波器的设计结构

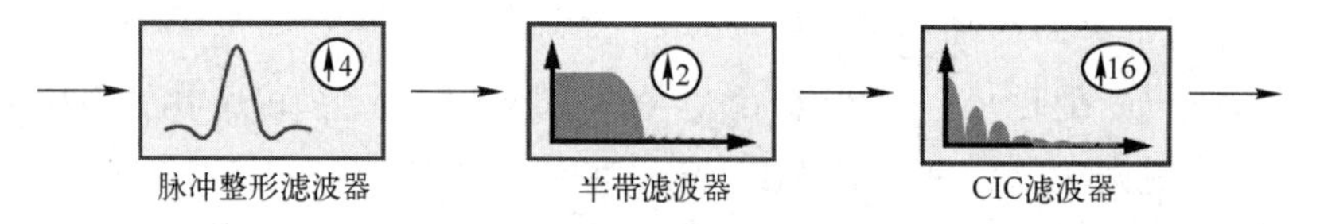

图 17.53 3 个滤波器级联

一般将中频指定为采样率的 1/4，为了避免在 NCO 中的相位截断效应，以及产生一个纯的正弦波，NCO 可以使用非常简单的且只保存 4 个元素的查找表，如图 17.55 所示。

进一步，这些入口保存成本很低。实际上，使用 2 位的二进制补码就足够了。当然，如果 NCO 能够合成不同的频率（用于不同的通道），则实现起来会变得复杂一些。

注：在通信信道中，一些“缺陷”会对所接收到的信号产生“破坏”。包括：①加性高斯白噪声（Additive White Gaussian Noise，AWGN）；②来自其他无线信道的干扰；③多径传输；④多普勒效应；⑤发送机和接收机射频段（RF）的“缺陷”。

2. 脉冲整形与插值实现

接下来将介绍脉冲生成和插值实现的方法。设计通过插值，将符号速率变化到系统速

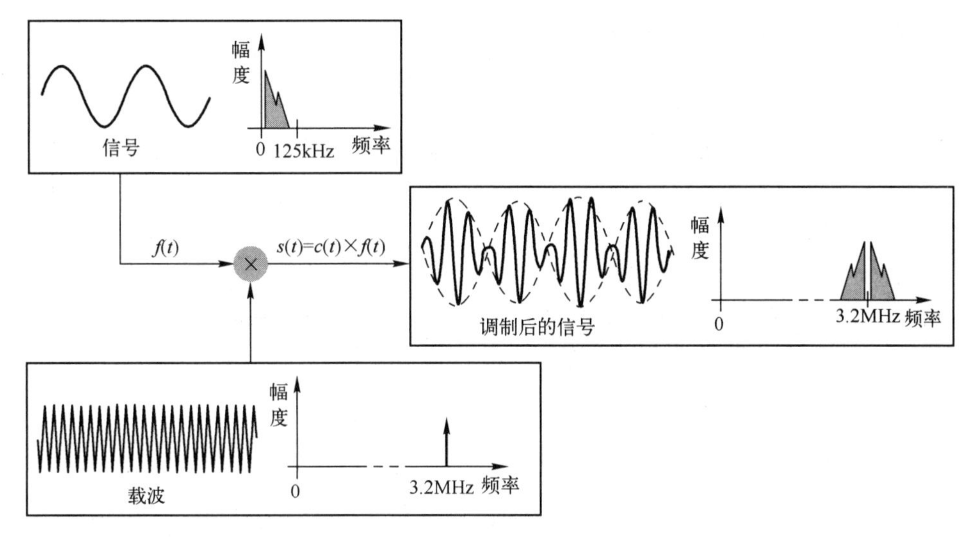

图 17.54　信号的调制结构

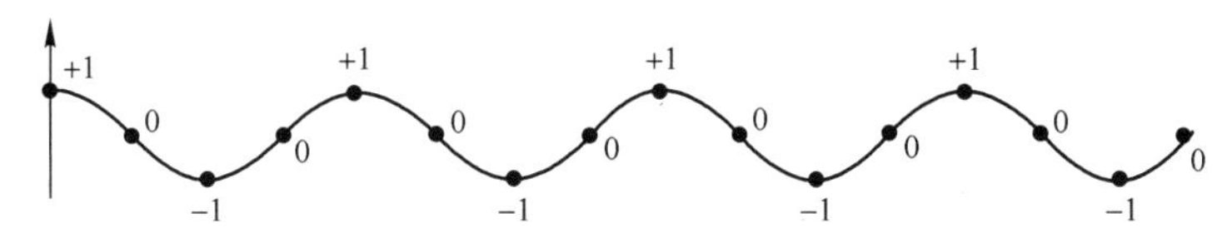

图 17.55　只保存 4 个元素的 LUT

率，这个过程包含脉冲形成。在该设计中，参数设置为：

① 符号率：0.5M symbol/s。

② RRC 滤波器：滚降 0.25。

③ 系统速率：40MHz。

因此，插值因子为 80。首先使用一个插值因子为 5 的 RRC 滤波器，然后使用一个插值因子为 16 的 CIC 滤波器，如图 17.56 所示。

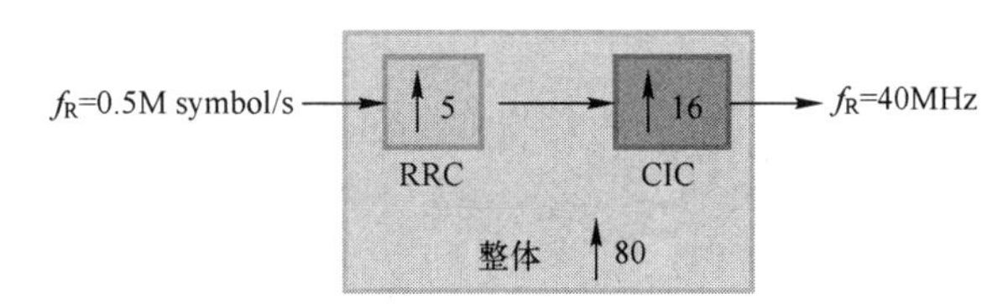

图 17.56　脉冲生成和插值

下面对设计进行分析，分析步骤主要包括：

（1）在 Windows 7 主界面下，选择开始->所有程序->Xilinx Design Tools->Vivado 2017.2->System Generator->System Generator 2017.2，打开 MATLAB R2016b 开发环境。

（2）在 MATLAB 主界面的“Home”界面下，单击“Simulink Library”按钮，出现“Simulink Library Browser”对话框。

（3）在“Simulink Library Browser”对话框的主菜单下，选择 File->Open，出现“Open”对话框，定位到本书提供资料的\fpga_dsp_example\sync 路径下，打开 rrc_cic_impulse.slx 文件。

（4）该设计的结构如图 17. 57 所示。

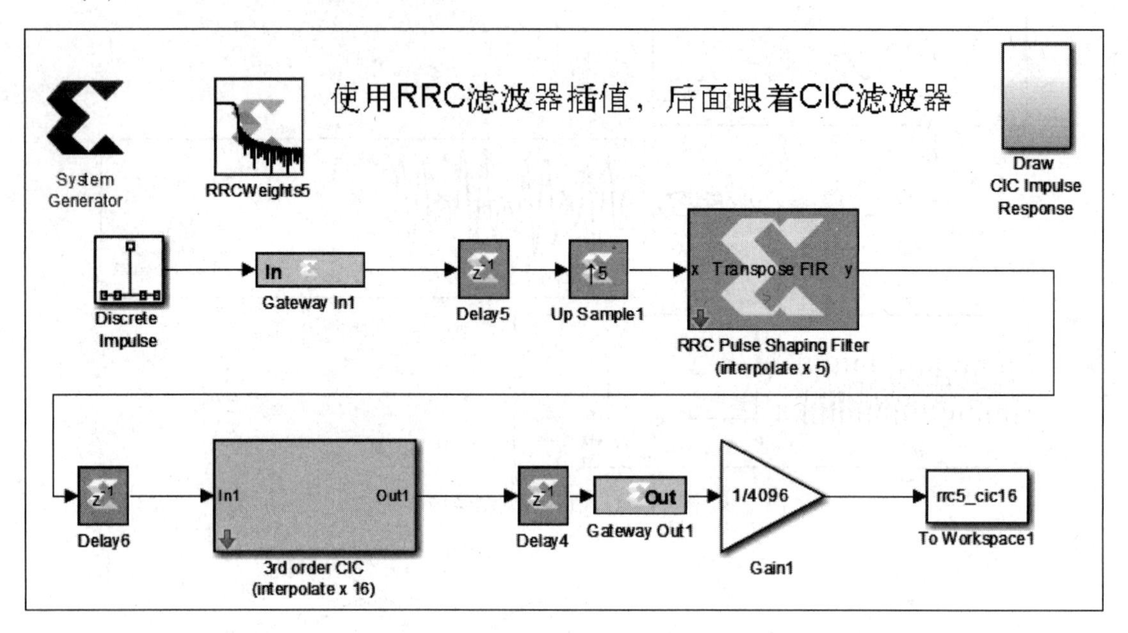

图 17. 57 脉冲生成和插值的结构（1）

注：① 为了运行并仿真该设计，在 MATLAB R2016b 的 Command Windows 中输入命令，定位到该设计所在的路径下，并且在该设计文件所包含的路径中存在 doFFTplot. m 文件，该文件用于绘制频谱图。

② 对于后面的设计而言，在命令行输入当前打开设计的路径。保证仿真时，不会发生错误。

（5）研究系统，注意设计的结构和参数。

（6）进行仿真并观察输出图形。

注：在该设计中，使用一个脉冲源仿真，用于提供一个幅度响应。

（7）在当前路径下打开名字为“rrc_cic_data. slx”的设计，该设计的结构如图 17. 58 所示。

注：该结构和前面的相似，只是该设计的源是数据，不是脉冲。

（8）仿真该设计，输出结果如图 17. 59 所示。图 17. 59 说明输出数据成功地从速率 f_R 插值到 f_S。

思考与练习 17-1：请解释所看到的频谱图。

3. 正交调制的实现

使用正弦和余弦中频载波调制正交的 I 相和 Q 相。分析正交调制的步骤主要包括：

（1）在 Windows 7 主界面下，选择开始->所有程序->Xilinx Design Tools->Vivado 2017. 2->System Generator->System Generator 2017. 2，打开 MATLAB R2016b 开发环境。

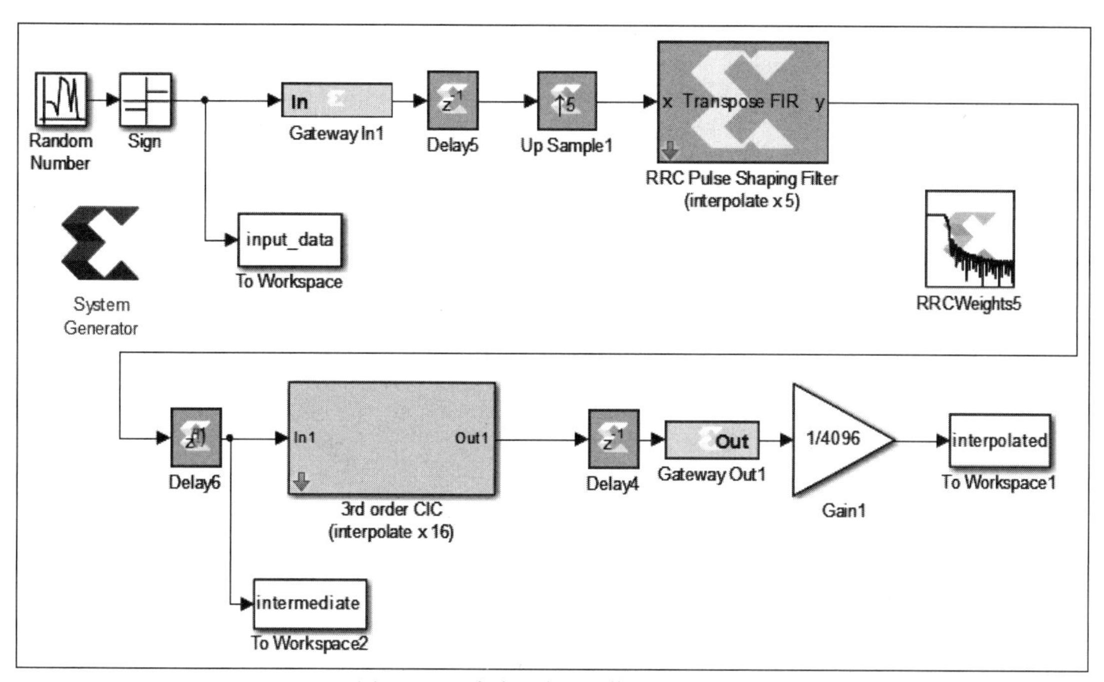

图 17.58　脉冲生成和插值的结构（2）

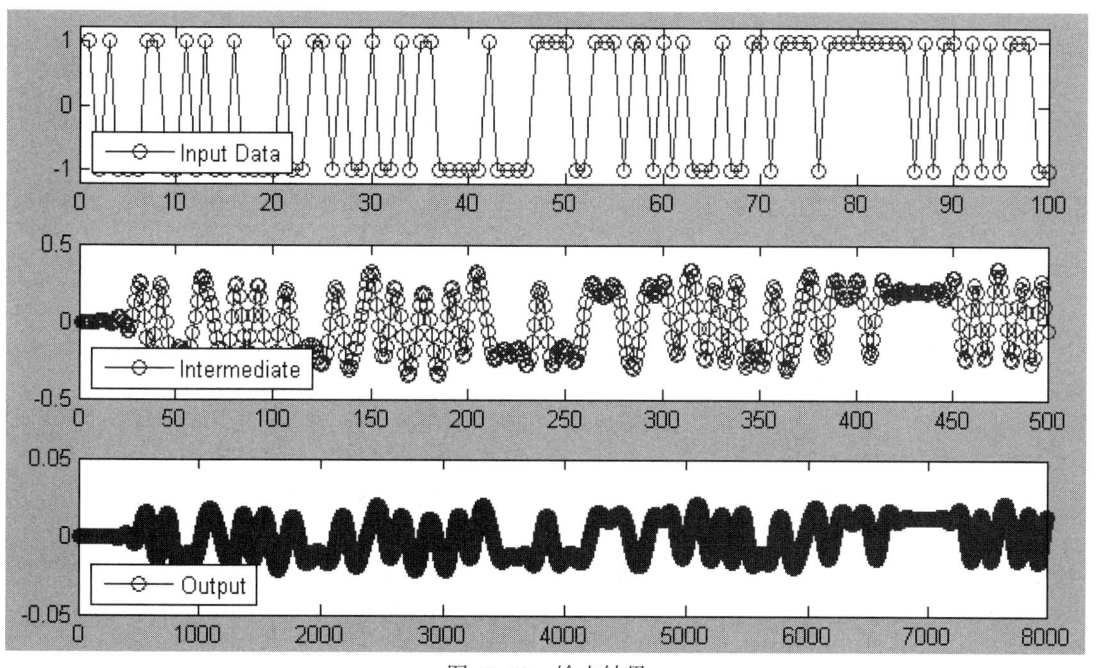

图 17.59　输出结果

（2）在 MATLAB 主界面的“Home”界面下，单击“Simulink Library”按钮，出现“Simulink Library Browser”对话框。

（3）在“Simulink Library Browser”对话框的主菜单下，选择 File->Open，出现“Open”对话框，定位到本书提供资料的\fpga_dsp_example\sync 路径下，打开 qpsk_modulate. slx 文件。

（4）该设计的结构如图 17.60 所示。

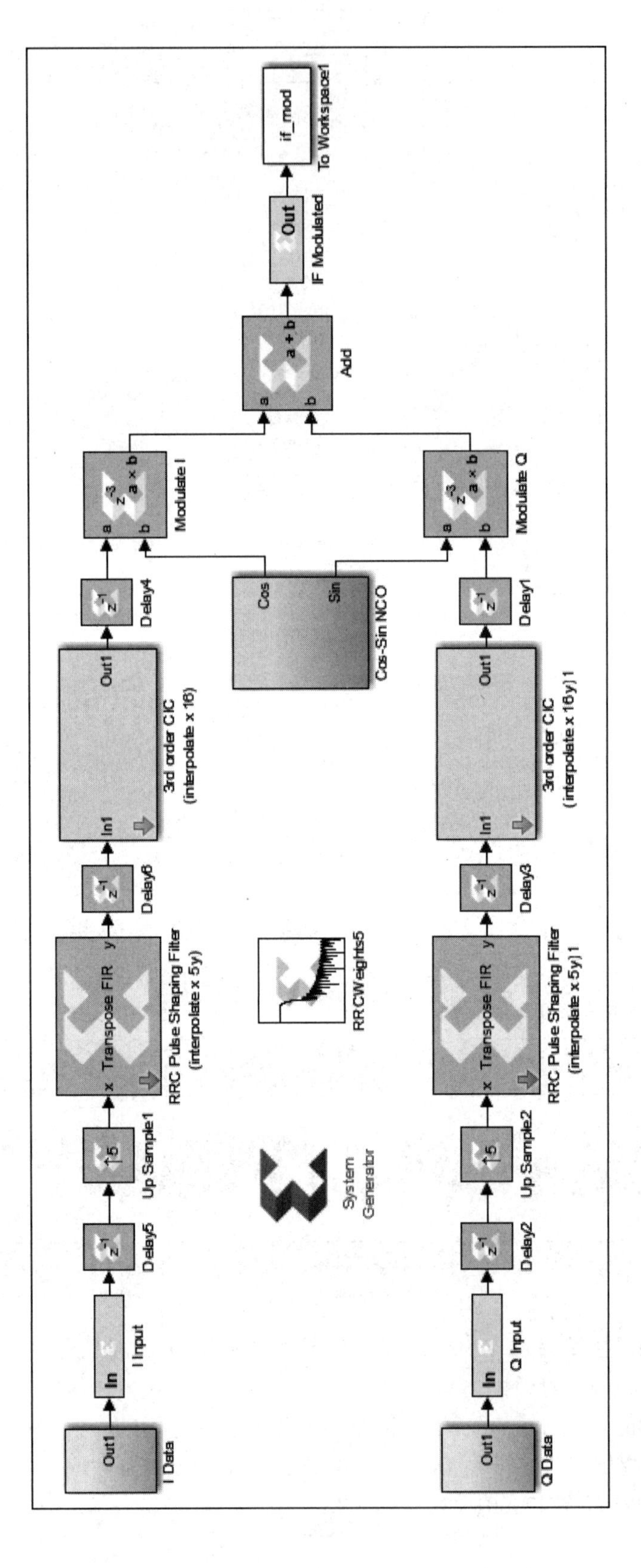

图17.60 正交调制的结构

（5）查看系统，可以看到系统包含相位和正交通道。

（6）进行仿真，并查看时域和频域的输出。

思考与练习 17-2：如何产生正弦和余弦中频载波。

思考与练习 17-3：调制信号的中心频率是多少。

17.3.2　数字下变频的原理与实现

本节将介绍数字下变频的原理与实现，内容主要包括数字下变频的原理、接收到的 IF 信号模型的实现、中频信号解调器的实现、CIC 滤波器的实现和半带滤波器的实现。

1. 数字下变频原理

下变频器将接收到的高频信号降为中频（IF）或基带信号，下变频器的原理框架如图 17.61 所示。

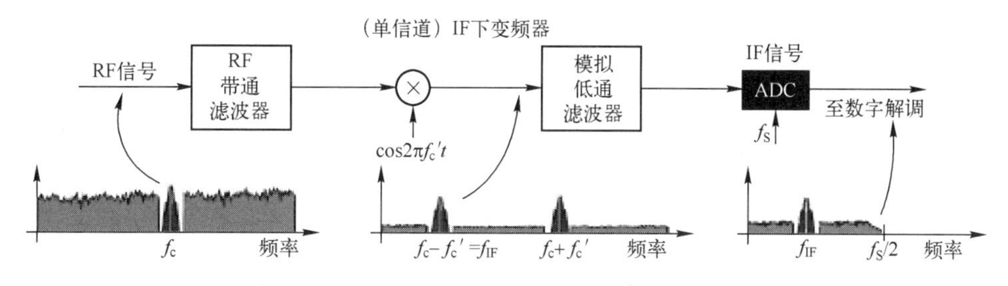

图 17.61　下变频器的原理框架

最终的下变频操作包括：①将希望的信号搬移到低频；②滤除不需要的信号分量；③对需要的信息以合理的采样率采样。

用于将 RF 变化到 IF 的两种方法包括：

（1）先将信号变换到中频（IF），并通过进一步的解调将中频信号降为基带信号。

（2）采用直接数字下变频的方法，直接将信号从 RF 解调到基带信号。正交直接数字下边频器的原理框架如图 17.62 所示。

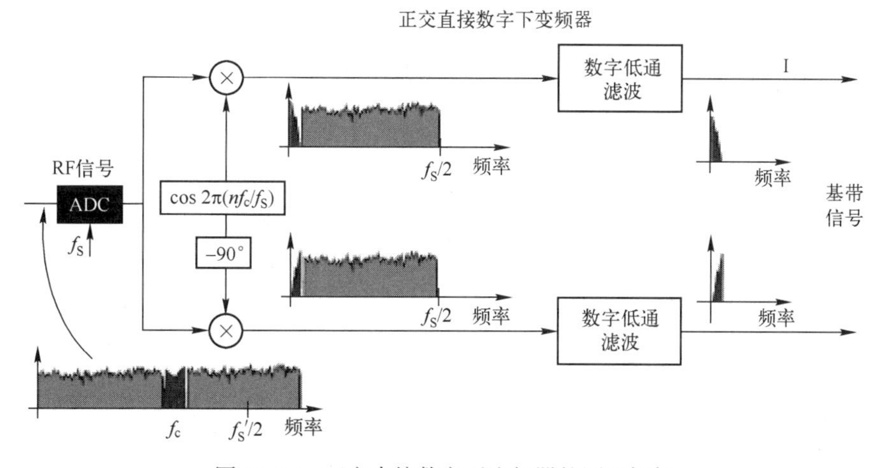

图 17.62　正交直接数字下边频器的原理框架

数字下变频器的功能主要包括：

（1）变频。将数字中频信号（IF）下变频至零中频（ZIF）或近似零中频（NZIF）。

（2）滤波。滤除带外信号，以便提取有用信号。

（3）抽取。降低采样速率，以减轻后续信号处理运算负荷。

设输入信号为

$$f(n)=A\cos[\omega_c n+\varphi(n)]$$

本地振荡器产生的信号为 $\cos\omega_c n$ 和 $\sin\omega_c n$，则：

$$y_I(n)=\frac{A}{2}\{\cos[2\omega_c n+\varphi(n)]+\cos[\varphi(n)]\}$$

$$y_Q(n)=\frac{A}{2}\{\sin[2\omega_c n+\varphi(n)]-\sin[\varphi(n)]\}$$

通过低通滤波器得到：

$$I'(n)=\frac{A}{2}\cos[\varphi(n)]$$

$$Q'(n)=-\frac{A}{2}\sin[\varphi(n)]$$

然后通过抽取器降低数据的速率，以降低后端处理要求。

考虑下面的一种情况，即①所感兴趣信号的中心频率 $f_c=3.2\text{MHz}$；②信号带宽为250kHz；③采样率 $f_S=12.8\text{MHz}$，如图 17.63 所示。要求为使用最少的运算量实现在基带频率恢复 IF 信号。

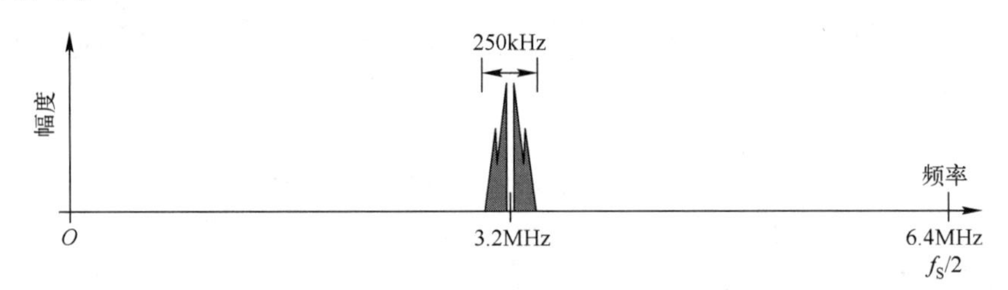

图 17.63　所感兴趣信号的频谱特性

很明显，当接收到信号时，在所感兴趣的 250kHz 带宽外有其他信号和噪声，如图 17.64 所示。

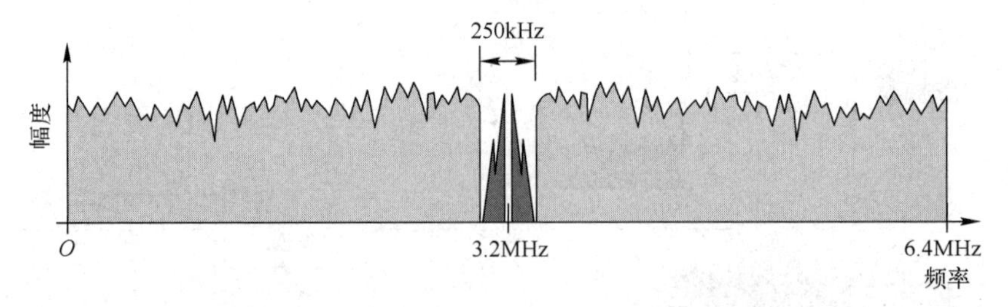

图 17.64　所感兴趣信号频带外存在其他信号和噪声

用于恢复信号最常用的方法是将信号解调到基带，然后再低通滤波到所希望的带宽。另一种方法是使用 3.2MHz 范围的带通滤波器，然后通过合适的降采样方法将频率向下移动到基带。

用一个高频的 ADC 采样就可以将解调的信号数字化，如图 17.65 所示。从图 17.65 中可知，每级需要不同频率的振荡器。而所感兴趣的信号要求一个 3.2MHz 的晶体振荡器，其他感兴趣的频率带宽要求振荡器工作在不同的频率。而且，发射机和接收机内振荡器合成的频率不必是相同的。因此，接收机 NCO 必须能够在所期望的频率值附近产生略微不同的频率。此外，发射机和接收机相对运动所产生的多普勒效应对此也有“贡献”。

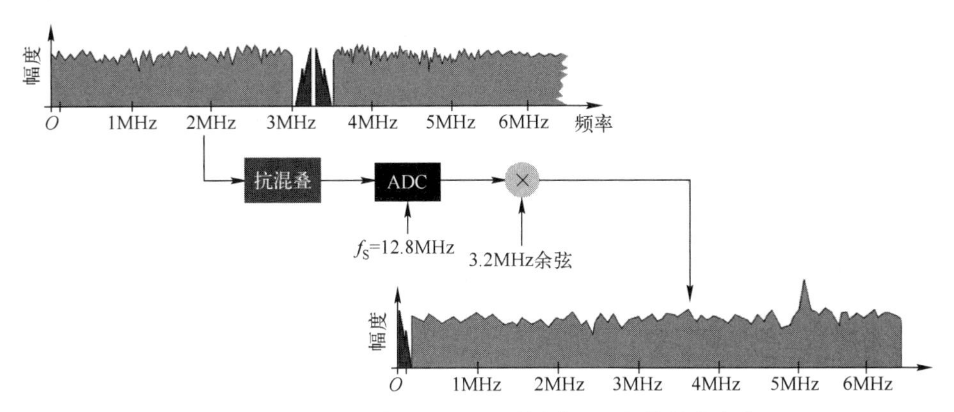

图 17.65　用一个高频的 ADC 采样将解调的信号数字化

使用低通滤波器解调信号，如图 17.66 所示。数字滤波器的成本为

$$12800000\times2701=34572800000=34.5\times10^{10}\text{MAC/s}$$

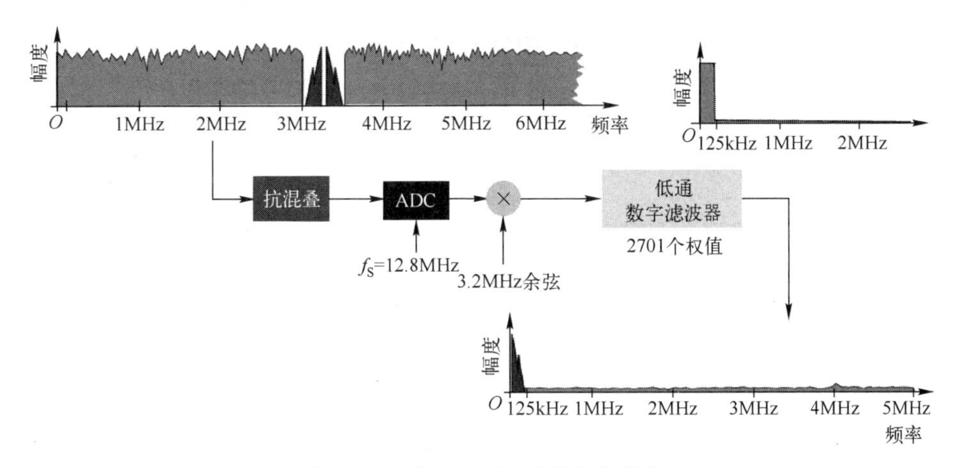

图 17.66　使用低通滤波器解调信号

记住，还有降采样，如图 17.67 所示。在该例子中，所要求的采样率为 320kHz。因此，降采样率因子为 40。实际上，使用多相实现，降采样器可以移动到滤波器之前，这样可以降低所要求的运算量，采用多相版本的计算成本为

$$\frac{12800000\times2701}{40}=8.64\times10^{8}\text{MAC/s}$$

很明显，2701 个权值滤波器的成本太高。渐进地降低采样率允许进一步降低整体实现成本。

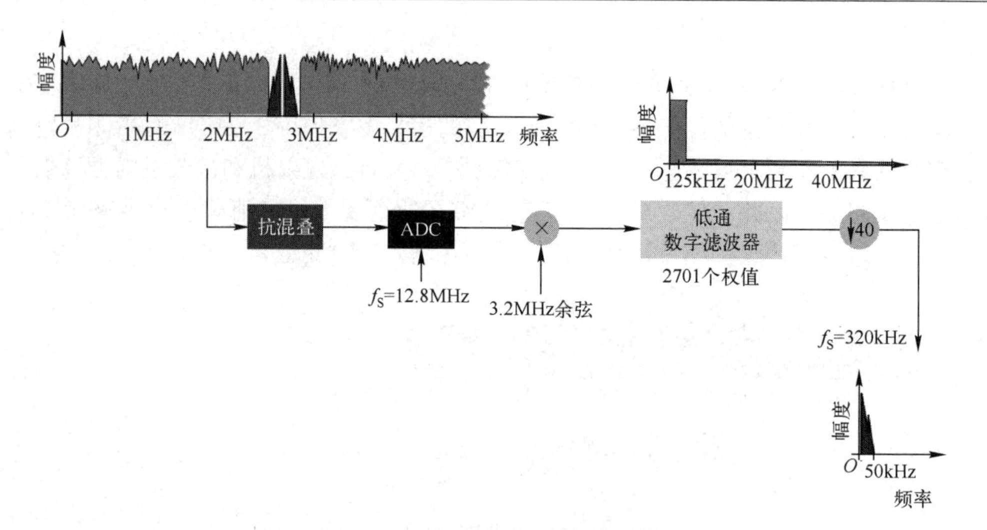

图 17.67　在滤波器后进行降采样

类似升采样器，抽取应包含 CIC 滤波器和半带滤波器，以及传统的 FIR 滤波器，这样可以减少计算和硬件成本。例如，滤波器链路的抽取率为 32，如图 17.68 所示。注意，这里有很多实现可能性，CIC 滤波器并不是必需的。一个不使用 CIC 滤波器的链路，即级联半带滤波器，每个半带滤波器抽取率为 2，如图 17.69 所示，可以实现在插值半带滤波器中相同的硬件开销，这是因为它的权值对称，它们的一半几乎都是零。

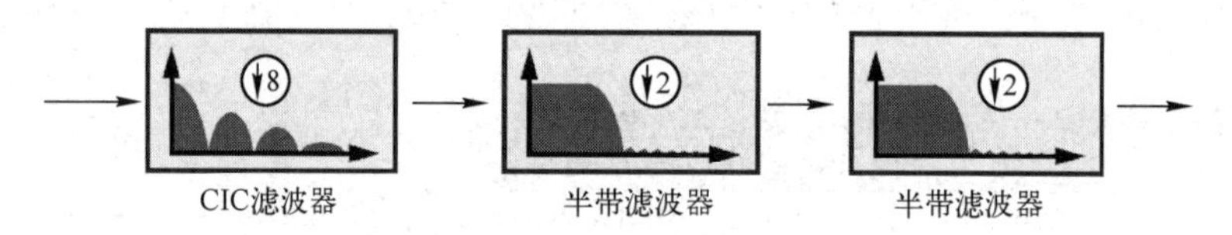

图 17.68　滤波器链路（抽取率为 32）

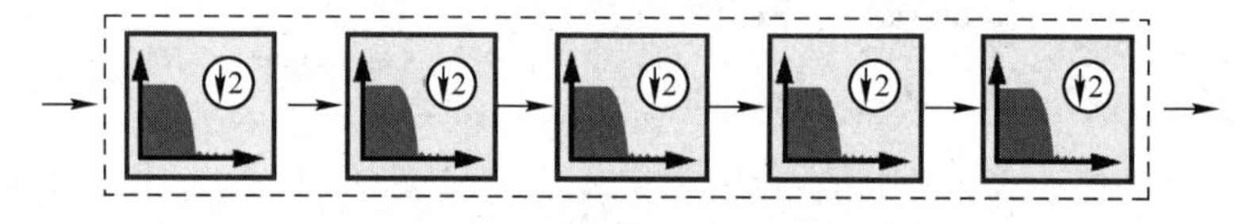

图 17.69　级联半带滤波器

假设和前面的 2701 个权值的例子相比，尝试减少计算量。评估一个由 CIC 滤波器和低通滤波器级联的结构，如图 17.70 所示，5 阶 CIC 滤波器和低通滤波器（$f_S = 1.6\text{MHz}$，171 个权值），抽取因子为 5，则计算成本为

$$\frac{171 \times 1600000}{5} = 5.472 \times 10^7 \text{MAC/s}$$

2. 接收到的 IF 信号模型的实现

数字下变频器的简化结构如图 17.71 所示，其中发送部分由前面的模型生成。输入到下变频器的采样率为 12.8Msps，而下变频器的输出降低到 200ksps，并且从信号中去除不需要的通道。

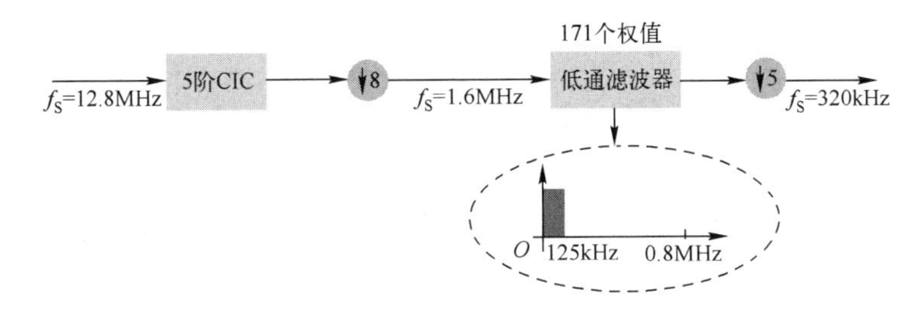

图 17.70　CIC 波波器和低通滤波器级联的结构

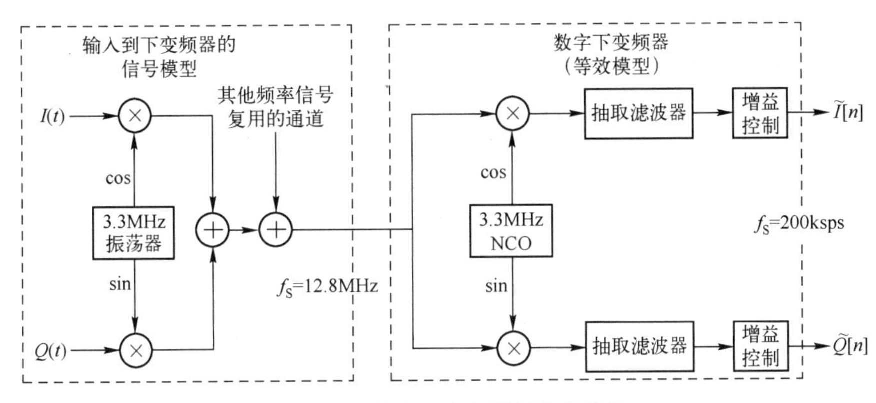

图 17.71　数字下变频器的简化结构

本节将给出生成 IF 信号的模型，该模型生成的信号将被送给下变频器，并且由下变频器对该接收到的信号进行解调，且该设计给出了相邻通道的模型。

分析接收到的 IF 信号模型的步骤主要包括：

（1）在 Windows 7 主界面下，选择开始->所有程序->Xilinx Design Tools->Vivado 2017.2->System Generator->System Generator 2017.2，打开 MALTAB R2016b 开发环境。

（2）在 MATLAB 主界面的“Home”界面下，单击“Simulink Library”按钮，出现“Simulink Library Browser”对话框。

（3）在“Simulink Library Browser”对话框的主菜单下，选择 File->Open，出现“Open”对话框，定位到本书提供资料的\fpga_dsp_example\sync 路径下，打开 received_if. slx 文件。

（4）接收到的 IF 信号的模型如图 17.72 所示。

（5）查看各个参数的设置和新模块的功能。

（6）运行前，加载相邻通道的模型参数，步骤如下所示。

① 双击图 17.72 内的相邻通道模型，打开如图 17.73 所示的通道噪声模块。

② 在打开的模块中，双击 Digital Filter 元件符号，打开“Function Block Parameters：Digital Filter”对话框。

③ 在“Function Block Parameters：Digital Filter”对话框中，双击“View Filter Response”按钮。如图 17.74 所示，出现滤波器的幅频响应特性图。

④ 关闭“幅频响应特性”对话框。

⑤ 单击“OK”按钮，退出 Digital Filter 元件的参数配置界面。

（7）进行仿真。

（8）打开“Ouput”窗口，观察输出的信号。

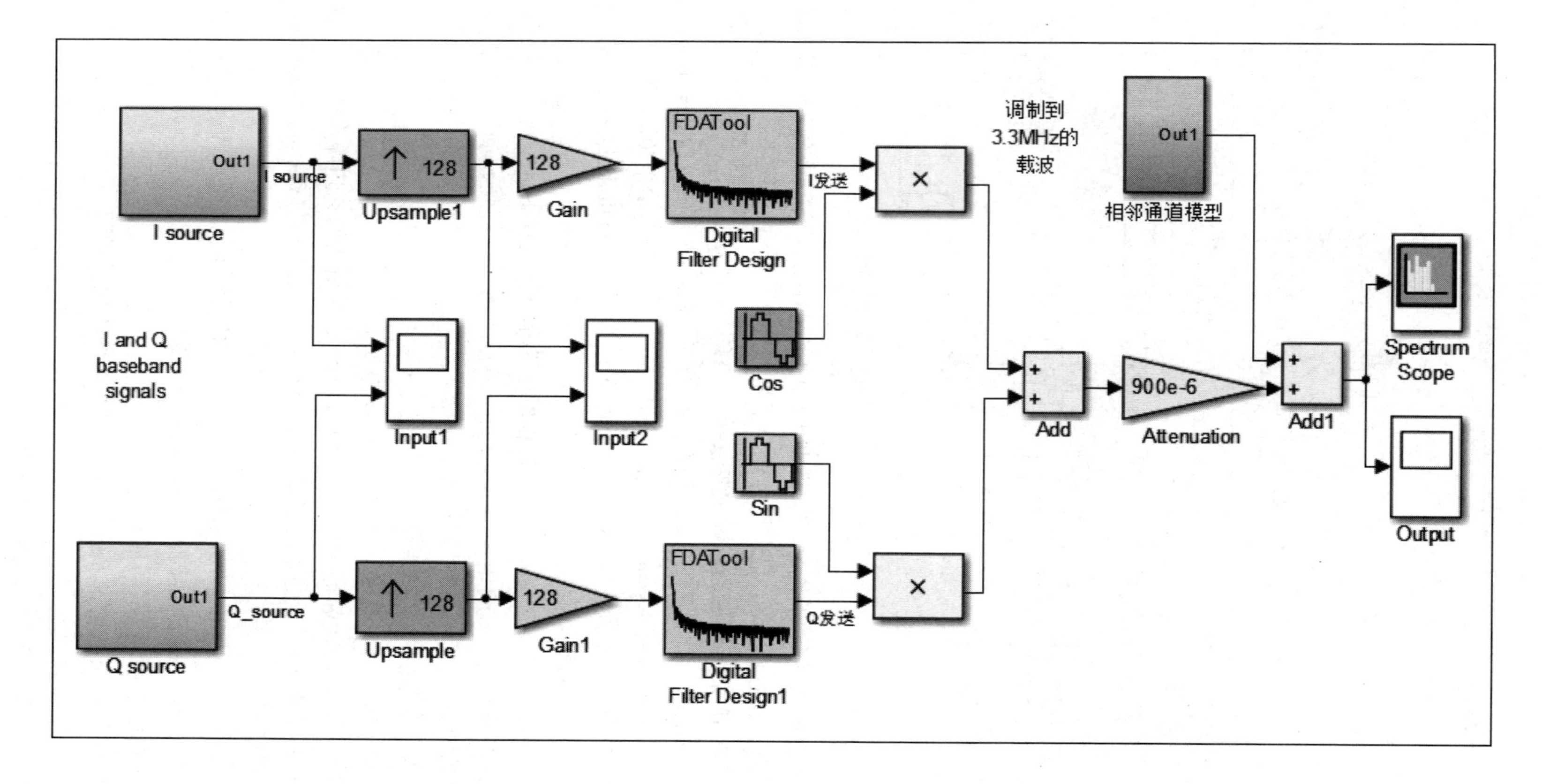

图17.72 接收到的IF信号的模型

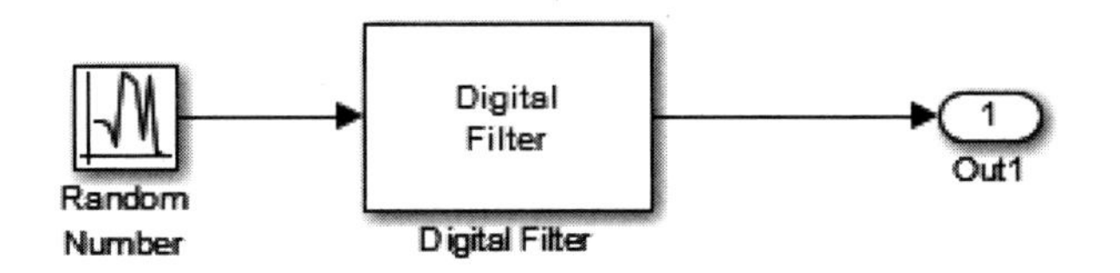

图 17.73　通道噪声模块

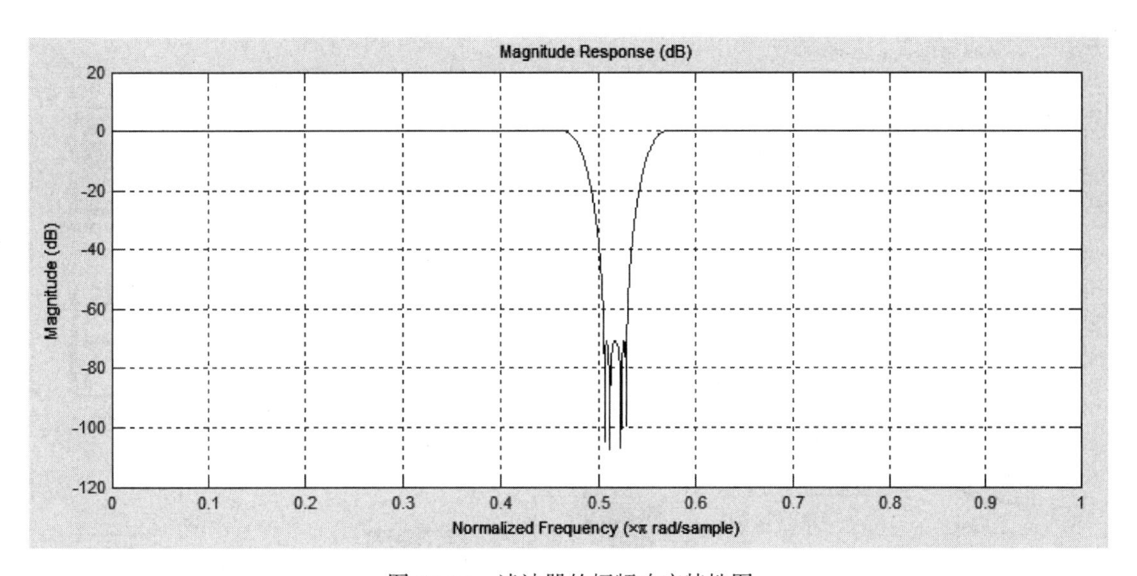

图 17.74　滤波器的幅频响应特性图

（9）打开“Specttrum Scope 频谱分析”窗口，可以看到中心载波信号的频率为 3.3MHz，周围有其他通道的噪声。

思考与练习 17-4：在产生中频信号的设计中，观察输出的带噪声信号的频率是否集中在载波频率为 3.3MHz 的附近。

3. 中频信号解调器的实现

本节将使用 NCO 和两个乘法器将接收到的混频信号降到基带信号。NCO 产生一个线性函数，用于寻址两个查找表（一个查找表用于正弦波，另一个用于余弦波）。包含正弦和余弦查找表的 NCO 如图 17.75 所示，给出了用于创建 I 路和 Q 路的载波信号。

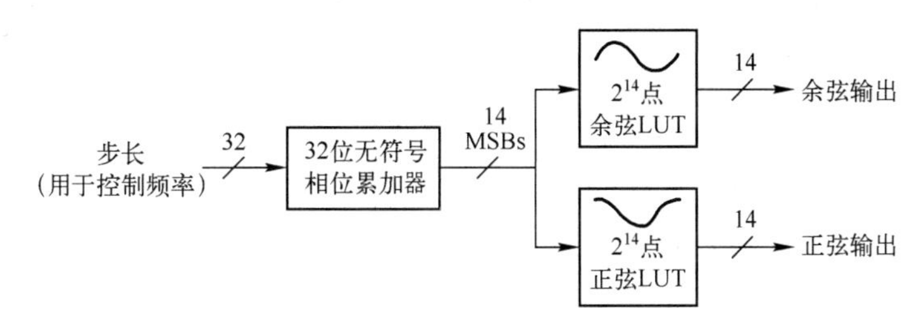

图 17.75　包含正弦和余弦查找表的 NCO

本节将给出解调 IF 信号的模型。分析解调 IF 信号模型的步骤主要包括：

（1）在 Windows 7 主界面下，选择开始->所有程序->Xilinx Design Tools->Vivado

2017.2->System Generator->System Generator 2017.2，打开 MATLAB R2016b 开发环境。

（2）在 MATLAB 主界面的“Home”界面下，单击“Simulink Library”按钮，出现“Simulink Library Browser”对话框。

（3）在“Simulink Library Browser”对话框的主菜单下，选择 File->Open，出现“Open”对话框，定位到本书提供资料的\fpga_dsp_example\sync 路径下，打开 dmod.slx 文件。

（4）下变频器的结构如图 17.76 所示。图 17.76 中，中频信号需要通过 ADC 转换成数字信号，然后经过下变频器。

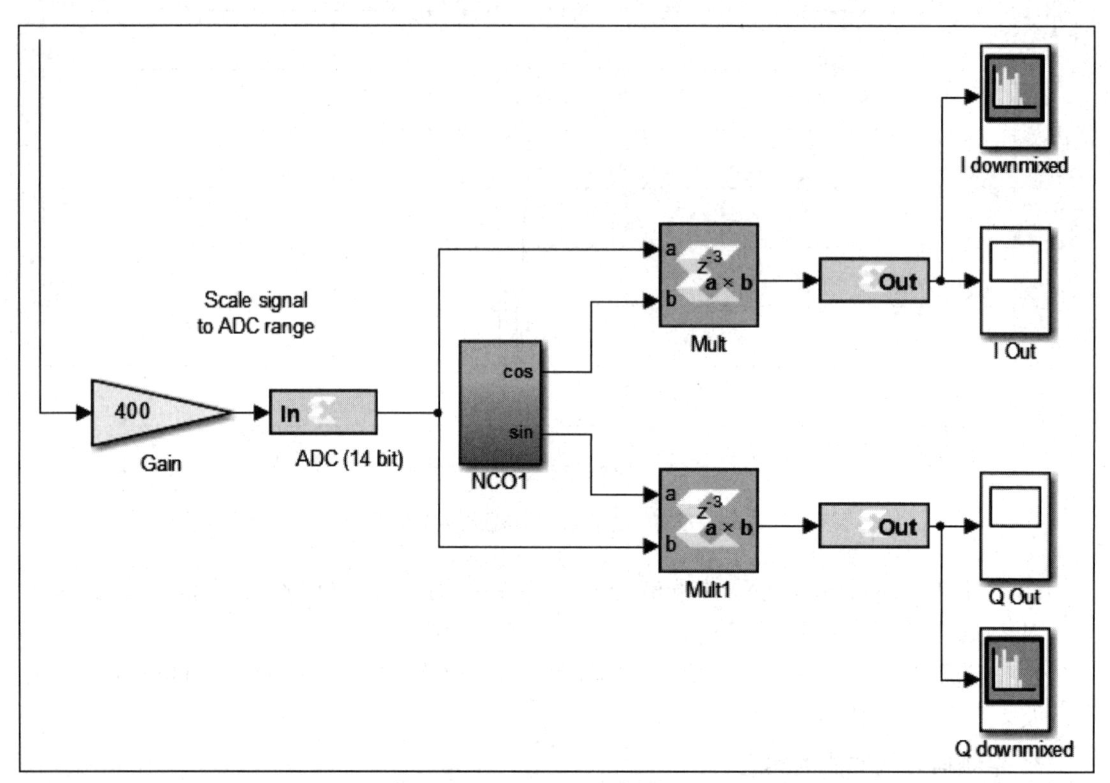

图 17.76　下变频器的结构

> **注**：① 这里的下变频器采用 NCO。
> ② 此处只给出解调部分的原理，该设计中也提供了前面生成 IF 信号的模型。
> ③ 类似前面，配置通道滤波器参数。

（5）观察新模块中参数的设置，尤其是 NCO 模块和乘法器中的参数设置，它决定了输出正弦波和余弦波的频率，它们的位数设置决定了解调器的性能。

（6）运行工程，观察示波器及频谱仪中信号的时域图和频域图，并比较其与输入信号的区别。

> **注**：这里并没有得到最初的信号，输出信号中还含有输入信号中的噪声成分。

思考与练习 17-5：在对中频信号进行解调的实验中，NCO 中通过频率控制字计算得到的正弦信号和余弦信号的频率为多少。是否符合解调器的要求。

4. CIC 滤波器的实现

设计中加入了 5 级 CIC 滤波器，用来降低系统的采样率，并且去除了包含在信号中的噪声成分。分析 CIC 滤波器的步骤主要包括：

（1）在 Windows 7 主界面下，选择开始->所有程序->Xilinx Design Tools->Vivado 2017.2->System Generator->System Generator 2017.2，打开 MATLAB R2016b 开发环境。

（2）在 MATLAB 主界面的“Home”界面下，单击“Simulink Library”按钮，出现“Simulink Library Browser”对话框。

（3）在“Simulink Library Browser”对话框的主菜单下，选择 File->Open，出现“Open”对话框，定位到本书提供资料的\fpga_dsp_example\sync 路径下，打开 cic.slx 文件。

（4）包含下变频器和 5 阶 CIC 滤波器的 IF 解调部分的结构如图 17.77 所示。

（5）查看新加入模块的参数设置。

（6）运行工程。

> **注**：① 此处只给出解调部分的原理，该设计中也提供了前面生成 IF 信号的模型。
> ② 类似前面，配置通道滤波器参数。

思考与练习 17-6：观察并比较输出信号与中间信号的波形，说明其实现原理。

思考与练习 17-7：观察 I 路和 Q 路，以及输出滤波器中 3 路信号的波形，并说明其实现原理。

5. 半带滤波器的实现

尽管前面在下变频器中通过使用 CIC 滤波器得到了抽取的有效方法，但是 CIC 滤波器的使用范围受到其衰减的限制。前面已经提到，CIC 衰减可以通过修改通带的频率范围来实现。但是，这样可能会导致符号间的干扰。

在本部分所设计的下变频系统中，CIC 滤波器使得采样率下降到 8 倍的符号速率。接下来，通过半带 FIR 滤波器和一个可编程滤波器实现降低采样率。

> **注**：对第二个滤波器编程，以满足不同的抽取要求。

分析半带滤波器的步骤主要包括：

（1）在 Windows 7 主界面下，选择开始->所有程序->Xilinx Design Tools->Vivado 2017.2->System Generator->System Generator 2017.2，打开 MATLAB R2016b 开发环境。

（2）在 MATLAB 主界面的“Home”界面下，单击“Simulink Library”按钮，出现“Simulink Library Browser”对话框。

（3）在“Simulink Library Browser”对话框的主菜单下，选择 File->Open，出现“Open”对话框，定位到本书提供资料的\fpga_dsp_example\sync 路径下，打开 halfband.slx 文件。

（4）包含下变频器、CIC 滤波器和半带滤波器的 IF 解调部分的结构如图 17.78 所示。

（5）查看新加入模块的参数设置。

（6）运行工程。

思考与练习 17-8：通过示波器观察输出波形，尤其比较滤波器级的输入和输出，确定正确地解调所接收到的信号。

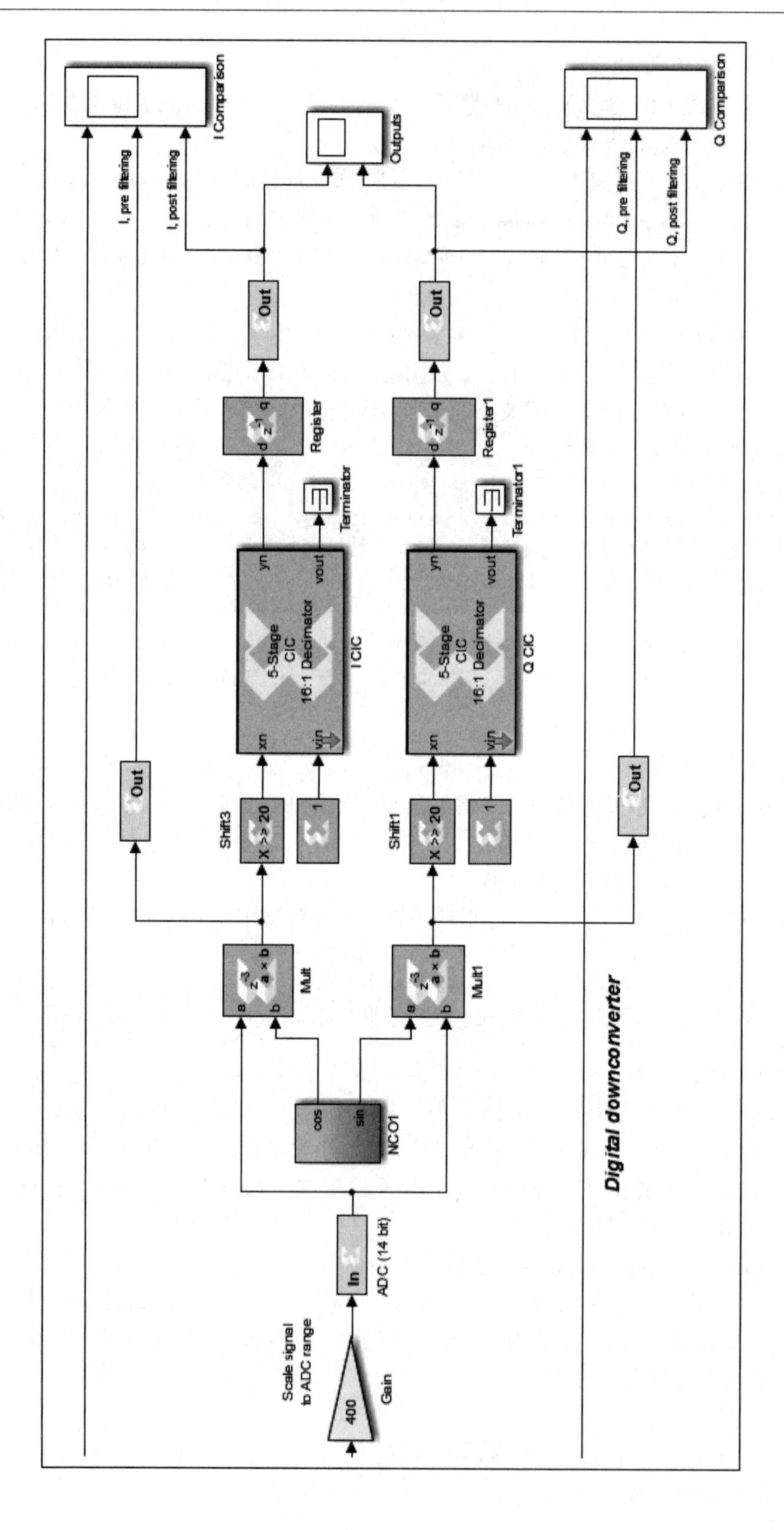

图17.77 包含下变频器和5阶CIC滤波器的IF解调部分的结构

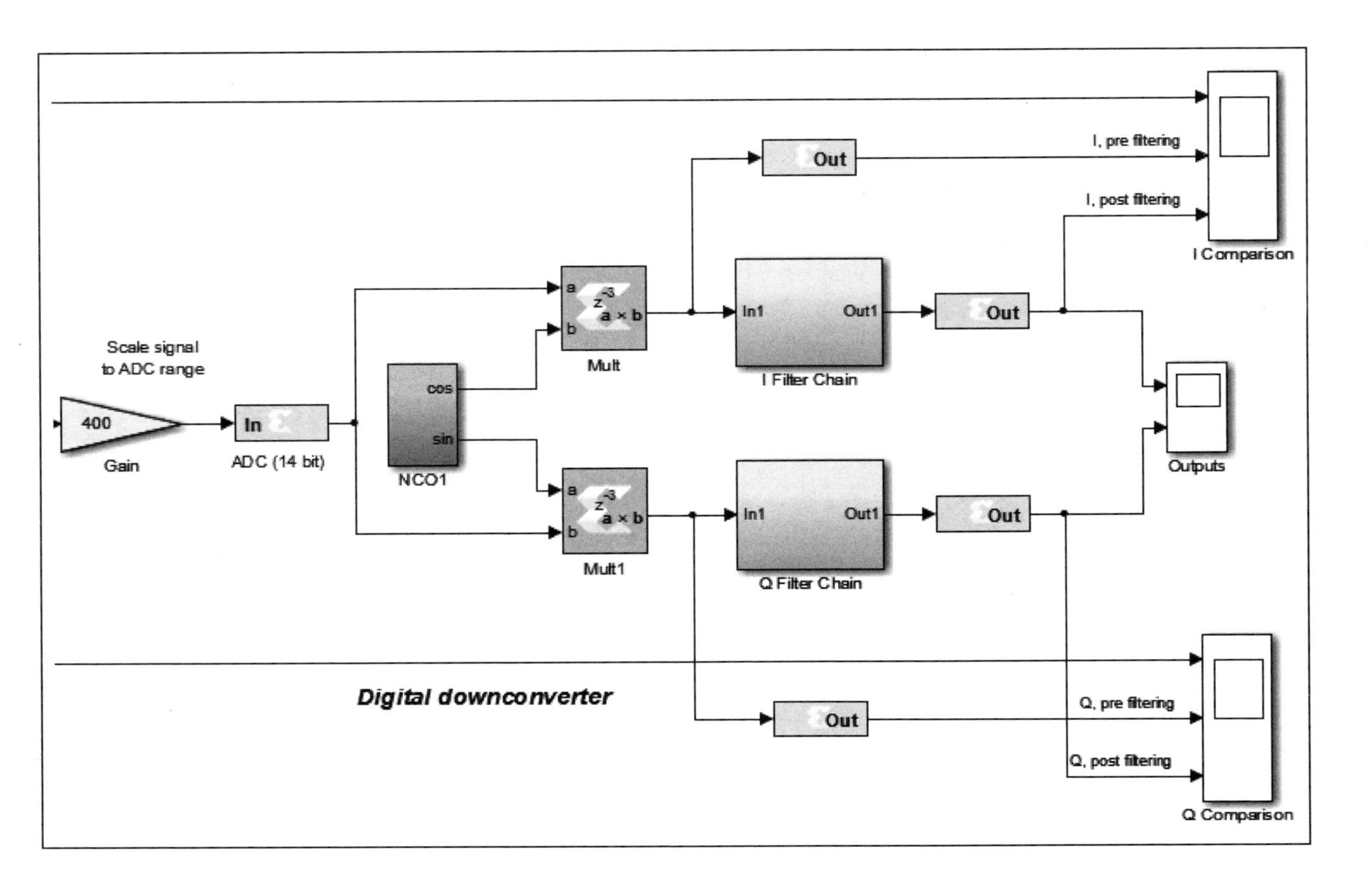

图17.78　包含下变频器、CIC滤波器和半带滤波器的IF解调部分的结构

思考与练习 17-9：双击图 17.78 内的 I Filter Chain 和 Q Filter Chain 模块符号，打开该模块的内部结构。按照图 17.79 所示，比较这 3 个滤波器，能够概括出什么结论？观察两个新增的滤波器的参数设置，说明哪个滤波器是额外增加的、哪个是单边带滤波器，以及如何减小滤波器资源的利用。

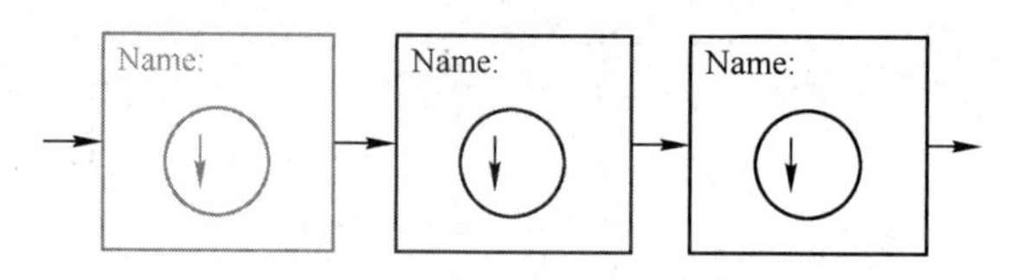

图 17.79　3 个滤波器的连接

17.4　锁相环的原理与实现

本节将介绍锁相环的原理与实现。

17.4.1　锁相环的原理

接收器必须与输入信号的载波频率和接收到的符号同步。此外，同步器应该能够跟踪可能在通信期间变化的载波频率和符号定时参数。这些变化可能是由于振荡器漂移或多普勒效应产生的。

PLL 是载波同步的基础，并且能够自动载入同步器中。因为 PLL 能够重新产生一个输入正弦曲线，同时跟踪其频率的偏离，并滤掉噪声，因此 PLL 是载波同步器不可或缺的模块。PLL 由简单的电路构成，主要包含：①相位检测器；②环路滤波器；③数控振荡器。

根据现有的条件，可以在模拟域、数字域或数模混合域构建 PLL。本节将构建适合 FPGA 实现的全数字 PLL 模型。

通常情况下，相位检测器是一个通过三角函数建立的乘法器，它提供两个输出的频率分量，如图 17.80 所示。

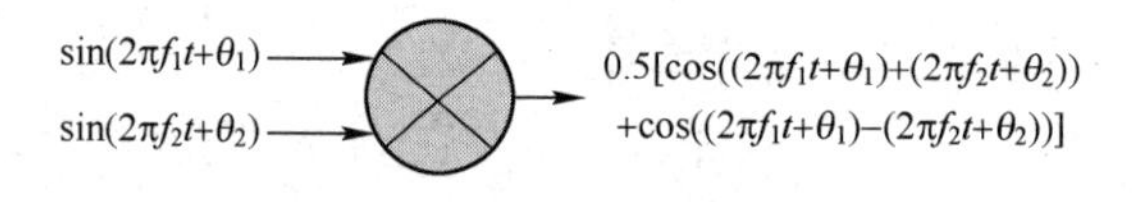

图 17.80　相位检测器

图 17.80 中，$f_1=f_2$，可根据下列公式得到输出值：

$$0.5[\cos(4\pi f_1 t+\theta_1+\theta_2)+\cos(\theta_1-\theta_2)]$$

在相位检测器输出的两个频率分量中，只有低频分量与相位直接关联。环路滤波器用于衰减高频分量和任何其他干扰分量。经过过滤的相位控制 NCO 的步长，一旦所合成正弦波的频率达到输入信号的频率，则反馈回路不会进一步调整 NCO 的步长。

通常，根据环路中积分器的数量对 PLL 进行分类。一般情况下，NCO 中只有一个积分器。因此，在 I 型 PLL 中，环路滤波器没有积分器；而在 Ⅱ 型 PLL 中，在 NCO 和环路滤波器中各有 1 个积分器等。

选择环路滤波器对于判定跟踪性能、稳定性和 PLL 的实现复杂性具有重要意义。本节介绍的是Ⅱ型 PLL。

17.4.2　相位检测器的实现

设计中，相位检测器有两个正弦信号 A 和 B 输入，下面对相位检测器的设计进行分析。分析相位检测器的步骤主要包括：

（1）在 Windows 7 主界面下，选择开始->所有程序->Xilinx Design Tools->Vivado 2017.2->System Generator->System Generator 2017.2，打开 MATLAB R2016b 开发环境。

（2）在 MATLAB 主界面的“Home”界面下，单击“Simulink Library”按钮，出现“Simulink Library Browser”对话框。

（3）在“Simulink Library Browser”对话框的主菜单下，选择 File->Open，出现“Open”对话框，定位到本书提供资料的\fpga_dsp_example\pll 路径下，打开 phase_detector.slx 文件。

（4）相位检测器的结构如图 17.81 所示。

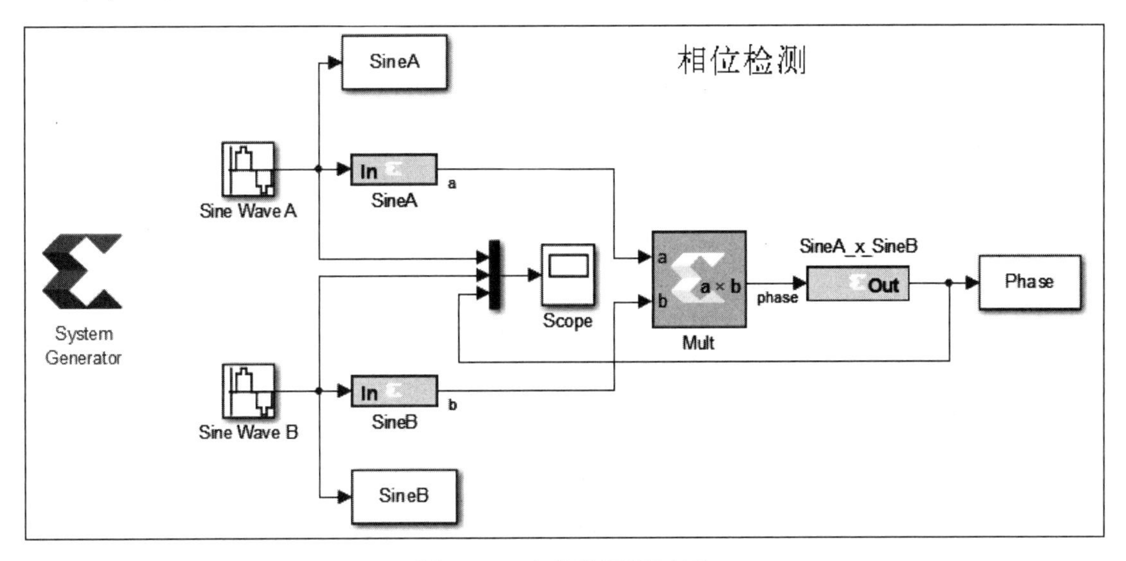

图 17.81　相位检测器的结构

（5）运行设计，查看示波器的输出。

（6）改变 Sine Wave B 元件的相位参数值，运行设计，查看输出的变化。

思考与练习 17-10：打开 Sine Wave A 和 Sine Wave B 两个元件，查看它们的频率和相位参数。

思考与练习 17-11：打开频谱图，看到有直流分量，请说明原因。

思考与练习 17-12：查看频谱输出，可以看到两个频率分量。根据公式计算它们之间的关系。

17.4.3　环路滤波器的实现

正如前面提到的那样，环路滤波器用于处理相位检测的输出信号。在该设计中，将研究

Ⅰ型和Ⅱ型环路滤波器的属性。通过一个脉冲，找到它的频率响应特性。分析环路滤波器的步骤主要包括：

（1）在 Windows 7 主界面下，选择开始->所有程序->Xilinx Design Tools->Vivado 2017.2->System Generator->System Generator 2017.2，打开 MATLAB R2016b 开发环境。

（2）在 MATLAB 主界面的 “Home” 界面下，单击 “Simulink Library” 按钮，出现 “Simulink Library Browser” 对话框。

（3）在 “Simulink Library Browser” 对话框的主菜单下，选择 File->Open，出现 “Open” 对话框，定位到本书提供资料的\fpga_dsp_example\pll 路径下，打开 phase_detector.slx 文件。

（4）查看环路滤波器的结构，如图 17.82 所示。

① 双击 Loop Filer 1 和 Loop Filter 2 元件符号，打开它们的参数配置界面，查看参数设置。

② 分别选中 Loop Filer 1 和 Loop Filter 2 元件符号，单击鼠标右键，出现浮动菜单。在浮动菜单内，选择 Open In New Window，打开元件的底层结构。

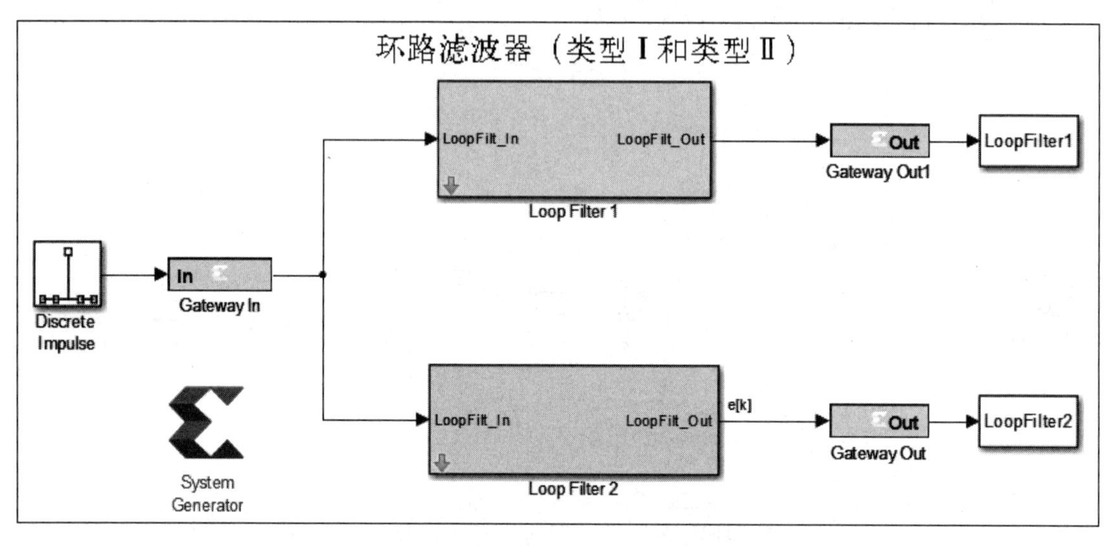

图 17.82　环路滤波器的结构

（5）运行设计，查看频谱图。

思考与练习 17-13：如何理解用移位寄存器实现环路滤波器的系数。通过查看结构，得到环路滤波器的系数值（记住：第二个环路滤波器的第二个系数是 α 和 β 的乘积）。

思考与练习 17-14：根据环路滤波器的结构画出信号流图。

思考与练习 17-15：放大频谱图，看到Ⅱ型滤波器的直流有一个较大的增益。根据计算公式，得到其增益值。

思考与练习 17-16：改变Ⅱ型滤波器的字节移位，设置 $\alpha=4$ 和 $\beta=8$，并重新运行上面的过程。

17.4.4　相位检测器和环路滤波器的实现

本节将把相位检测器和Ⅱ型环路滤波器连接在一起，构建Ⅱ型 PLL。分析Ⅱ型 PLL 的步骤主要包括：

（1）在Windows 7主界面下，选择开始->所有程序->Xilinx Design Tools->Vivado 2017.2->System Generator->System Generator 2017.2，打开MATLAB R2016b开发环境。

（2）在MATLAB主界面的“Home”界面下，单击“Simulink Library”按钮，出现“Simulink Library Browser”对话框。

（3）在“Simulink Library Browser”对话框的主菜单下，选择File->Open，出现“Open”对话框，定位到本书提供资料的\fpga_dsp_example\pll路径下，打开phase_and_filter.slx文件。

（4）Ⅱ型PLL的结构如图17.83所示。

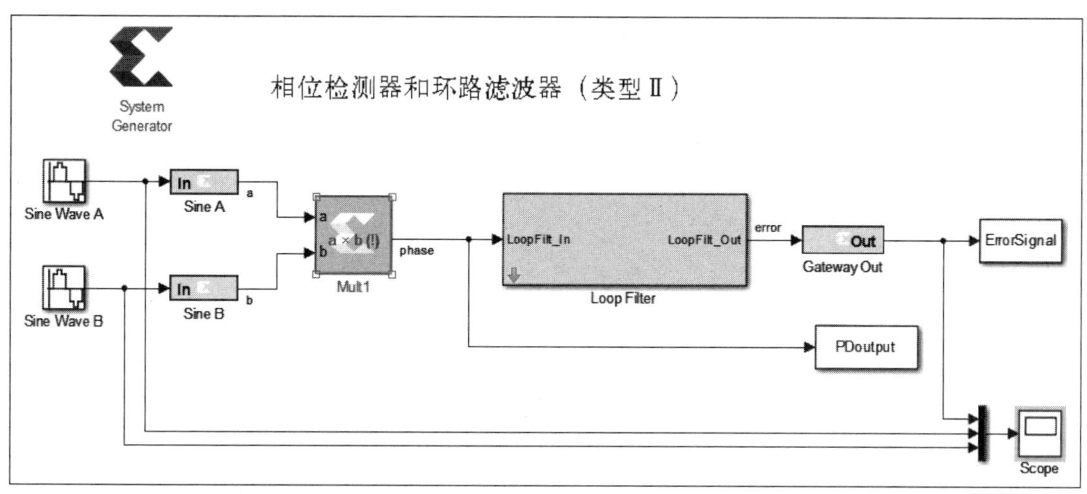

图17.83　Ⅱ型PLL的结构

思考与练习17-17：打开Sin Ware A和Sin Ware B元件的参数配置界面，查看它们的频率和相位的初始值。根据理论，计算相位检测器期望输出信号的频谱。

（5）运行设计，信号的频谱分布如图17.84所示。从图17.84中可以看出，Ⅱ型PLL对高频进行了衰减。

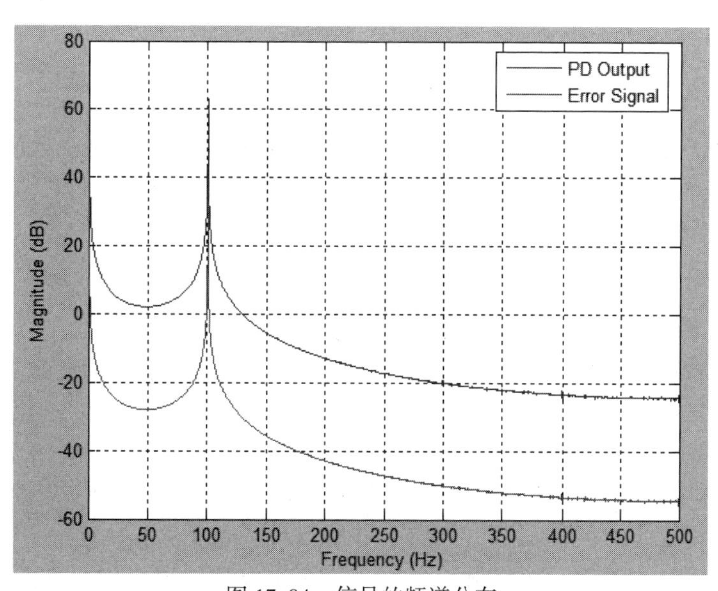

图17.84　信号的频谱分布

（6）在示波器界面中，观察相位的不同和“误差”信号的关系。

思考与练习 17-18：放大频谱图，在过滤的信号中出现直流分量，请说明原因。

17.4.5　Ⅱ型 PLL 的实现

本节将加入 NCO，构成一个完整的Ⅱ型 PLL。该实验中使用了一个Ⅱ型环路滤波器，所以一旦调整到零相位误差后，该锁相环电路能够跟踪相位的一个阶跃或斜坡变化，即在相位和频率上的偏差。实现完整Ⅱ型 PLL 的步骤主要包括：

（1）在 Windows 7 主界面下，选择开始->所有程序->Xilinx Design Tools->Vivado 2017.2->System Generator->System Generator 2017.2，打开 MATLAB R2016b 开发环境。

（2）在 MATLAB 主界面的“Home”界面下，单击“Simulink Library”按钮，出现“Simulink Library Browser”对话框。

（3）在“Simulink Library Browser”对话框的主菜单下，选择 File->Open，出现“Open”对话框，定位到本书提供资料的\fpga_dsp_example\pll 路径下，打开 pll_type2.slx 文件。

（4）Ⅱ型 PLL 的完整结构如图 17.85 所示。将Ⅱ型 PLL 与Ⅰ型 PLL 的性能进行比较，并且查看子系统，特别是查看作为屏蔽子系统的 NCO。

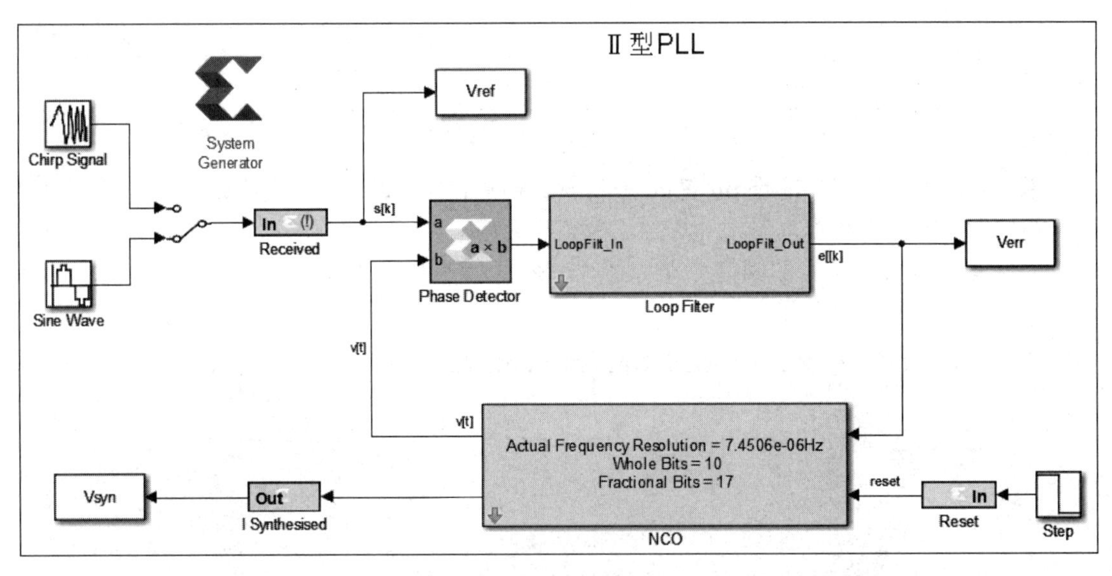

图 17.85　Ⅱ型 PLL 的完整结构

（5）运行该系统，并观察各个出现的窗口。

思考与练习 17-19：用 NCO 的知识计算频率的一般步长和最终调整的对应步长。

思考与练习 17-20：查看调整后输出的频谱，放大并找出所合成的正弦波与输入正弦波是否达到相同频率。

（6）如图 17.86 所示，在 PLL 放大调整阶段的时域图，观察输出的变化。

（7）将输入正弦波的频率改为 37.8Hz，并重新对系统进行仿真。

（8）切换到线性调频输入（频率通道），重新进行仿真，观察时域和频域的输出。

思考与练习 17-21：观察此时的 PLL 是否适应了输入，并且查看此时的相位误差。

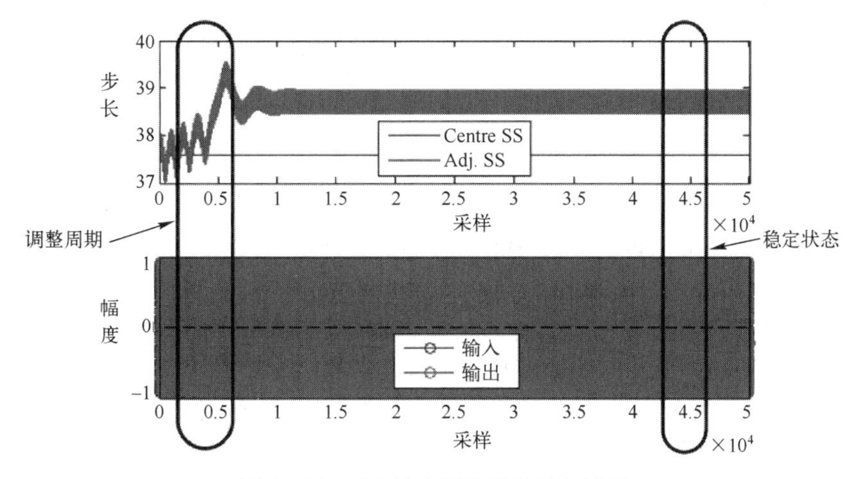

图 17.86　PLL 放大调整阶段的时域图

17.4.6　I 型和 II 型 PLL 性能的比较

本节将比较 I 型 PLL 和 II 型 PLL 的性能。从前面的设计可知，I 型 PLL 只包含一个系数，而 II 型 PLL 包含两个系数，即一个比例项和一个积分项。比较 I 型 PLL 和 II 型 PLL 性能的步骤主要包括：

（1）在 Windows 7 主界面下，选择开始->所有程序->Xilinx Design Tools->Vivado 2017.2->System Generator->System Generator 2017.2，打开 MATLAB R2016b 开发环境。

（2）在 MATLAB 主界面的"Home"界面下，单击"Simulink Library"按钮，出现"Simulink Library Browser"对话框。

（3）在"Simulink Library Browser"对话框的主菜单下，选择 File->Open，出现"Open"对话框，定位到本书提供资料的\fpga_dsp_example\pll 路径下，打开 pll_type_1_and_2.slx 文件。

（4）比较 I 型 PLL 和 II 型 PLL 性能的结构如图 17.87 所示。

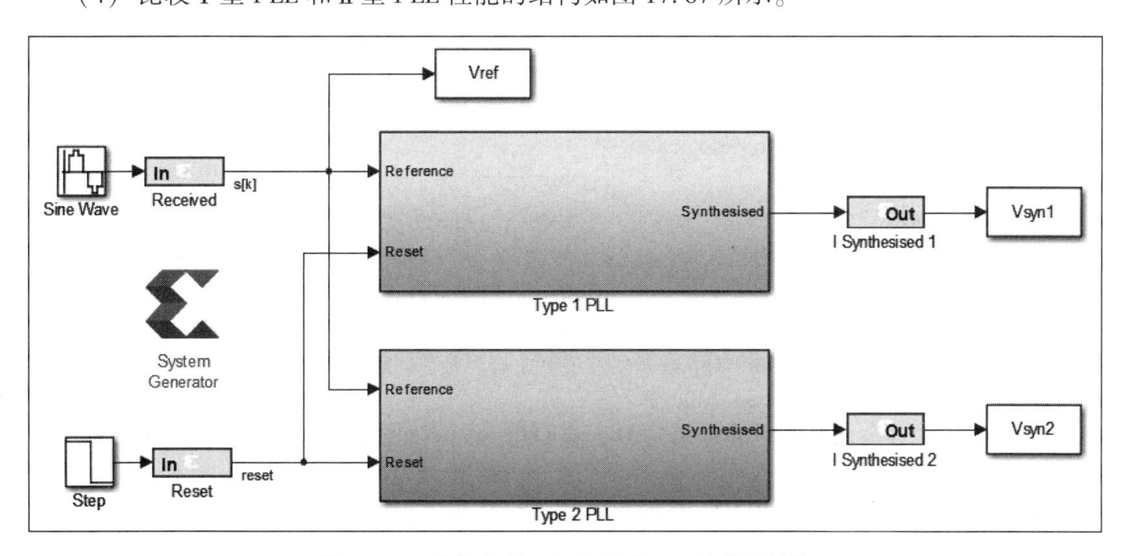

图 17.87　比较 I 型 PLL 和 II 型 PLL 性能的结构

（5）进行仿真，并观察仿真结果（Figure9～Figure12）。

（6）在 Figure9 中，给出了两个 PLL 的步长，查看它们可以发现，其最后都收敛到稳定状态。

思考与练习 17-22：观察两个 PLL 的稳态步长，估算它们的平均值，并由此计算 NCO 合成的频率值。

（7）观察 Figure10 和 Figure11，确认两个 PLL 都调整到了输入的频率。

（8）放大 Figure12，查看时域中每个Ⅰ型 PLL 和Ⅱ型 PLL 的信号。首先是在仿真开始时，然后是在仿真结束时。

思考与练习 17-23：请说明在稳态的时候两个 PLL 的行为有什么不同。

思考与练习 17-24：将输入正弦信号的频率改为 36.5Hz 和 37.5Hz，重新运行设计，观察Ⅰ型 PLL 的输出，并说明原因。

17.4.7　噪声对Ⅱ型 PLL 的影响

本节将研究噪声对Ⅱ型 PLL 环路性能的影响。分析噪声对Ⅱ型 PLL 环路性能影响的步骤主要包括：

（1）在 Windows 7 主界面下，选择开始->所有程序->Xilinx Design Tools->Vivado 2017.2->System Generator->System Generator 2017.2，打开 MATLAB R2016b 开发环境。

（2）在 MATLAB 主界面的“Home”界面下，单击“Simulink Library”按钮，出现“Simulink Library Browser”对话框。

（3）在“Simulink Library Browser”对话框的主菜单下，选择 File->Open，出现“Open”对话框，定位到本书提供资料的\fpga_dsp_example\pll 路径下，打开 pll_type2_noise.slx 文件。

（4）分析噪声对Ⅱ型 PLL 环路性能影响的结构如图 17.88 所示。

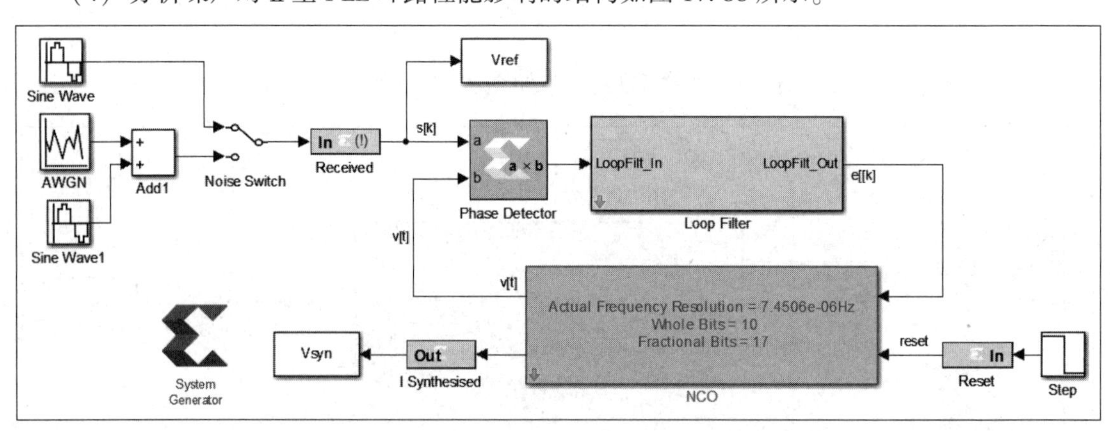

图 17.88　分析噪声对Ⅱ型 PLL 环路性能影响的结构

（5）将开关切换到零噪声的正弦信号，进行仿真，并证实 PLL 收敛到输入正弦信号的频率。

（6）将开关切换到带有噪声的正弦信号输出。这样，输入中带有噪声信号，重新进行仿真。

思考与练习 17-25：PLL 收敛到输入频率需要多长时间？

思考与练习 17-26：查看 PLL 的收敛发现也存在噪音，即使在有噪声的情况下，也能够从时域输出发现锁相环可以综合频率和相位正确的正弦波。

思考与练习 17-27：改变环路滤波器的参数来减少锁相环的带宽，如图 17.89 所示。双击环路滤波器并输入 $\alpha=4$ 和 $\beta=8$，重新进行仿真。

思考与练习 17-28：用 $\alpha=6$,$\beta=10$ 再试一次，观察这样做的结果是否符合期望。

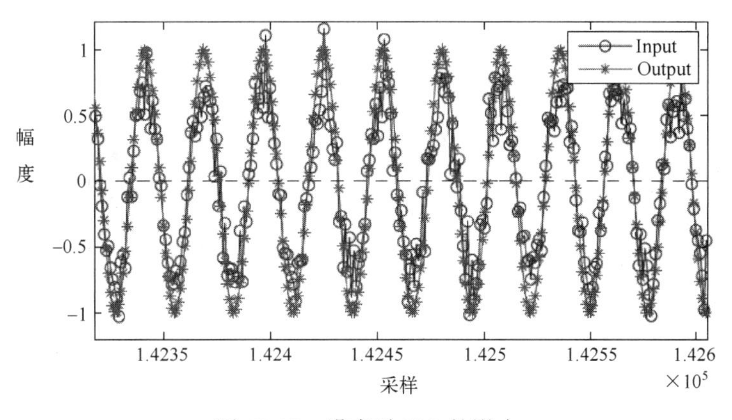

图 17.89　噪声对 PLL 的影响

17.5　载波同步的实现

本节将介绍载波同步的实现，内容主要包括科斯塔斯环的实现和平方环的实现。

虽然锁相环允许通过正弦波进行同步，但是需要接收机与调制正弦波同步。因此，需要一个可以重建所接收载波信号的频率和相位的设备，甚至在它的相位或幅度随着数据的变化而改变时也可以实现相同的目的。

实现上述目的的两个同步装置是科斯塔斯环和平方环，本节将说明其具体实现方法。

17.5.1　科斯塔斯环的实现

本小节将实现科斯塔斯环。实现科斯塔斯环的步骤主要包括：

（1）在 Windows 7 主界面下，选择开始->所有程序->Xilinx Design Tools->Vivado 2017.2->System Generator->System Generator 2017.2，打开 MATLAB R2016b 开发环境。

（2）在 MATLAB 主界面的“Home”界面下，单击“Simulink Library”按钮，出现“Simulink Library Browser”对话框。

（3）在“Simulink Library Browser”对话框的主菜单下，选择 File->Open，出现“Open”对话框，定位到本书提供资料的\fpga_dsp_example\carrier\路径下，打开 costas_loop.slx 文件。

（4）科斯塔斯环的结构如图 17.90 所示。

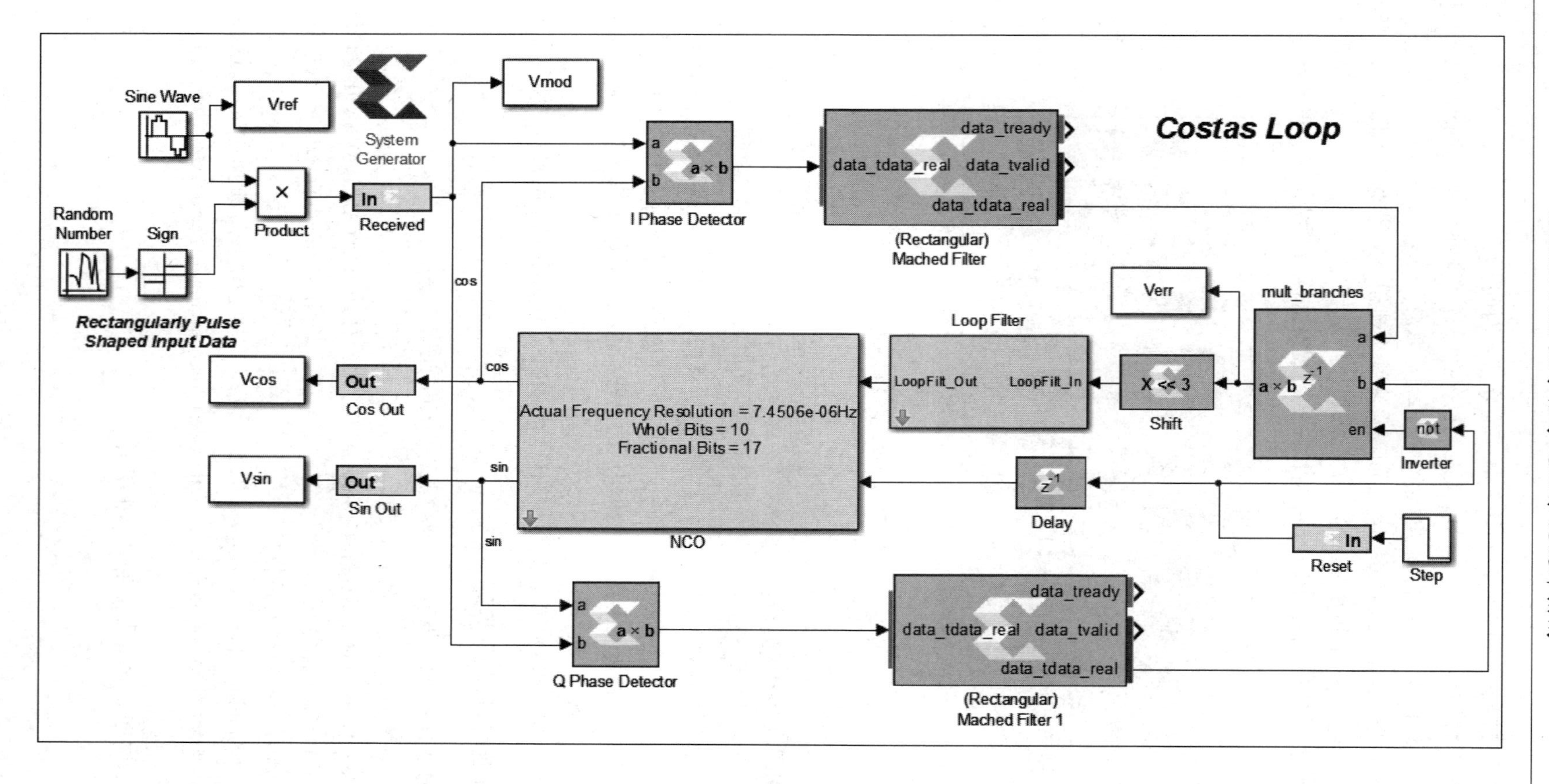

图17.90 科斯塔斯环的结构

（5）观察图 17.90 所示的科斯塔斯环的结构。

> **注：** 图 17.90 中，名字为“Matched Filter”和“Matched Filter1”的低通滤波器匹配输入数据的脉冲形状。

（6）运行设计并观察图表。确认步长已经收敛，以提供正弦载波的频率和合成的频率匹配载波频率。

（7）放大时域图（Figures 3 和 Figures 4），特别是仿真结束时已调整的频率。

> **注：** 尽管载波相位发生变化，但是科斯塔斯环尝试以同样的载波频率和相位合成一个正弦波。

思考与练习 17-29： 将载波频率从 99.73Hz 改为 99.23Hz，并重新进行仿真。查看步长和频域图，然后重复查看时域图，观察它们有何不同。

思考与练习 17-30： 180°的相位模糊如何影响接收信号的解码。

17.5.2　平方环的实现

本节将实现平方环。实现平方环的步骤主要包括：

（1）在 Windows 7 主界面下，选择开始->所有程序->Xilinx Design Tools->Vivado 2017.2->System Generator->System Generator 2017.2，打开 MATLAB R2016b 开发环境。

（2）在 MATLAB 主界面的“Home”界面下，单击“Simulink Library”按钮，出现“Simulink Library Browser”对话框。

（3）在“Simulink Library Browser”对话框的主菜单下，选择 File->Open，出现“Open”对话框，定位到本书提供资料的\fpga_dsp_example\carrier\路径下，打开 squaring.slx 文件。

（4）平方环的结构如图 17.91 所示。

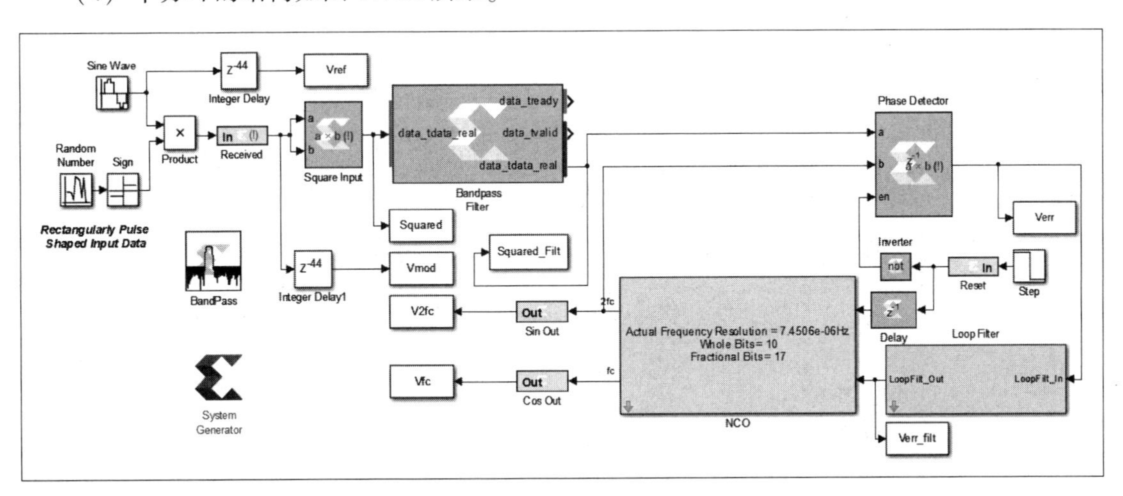

图 17.91　平方环的结构

（5）查看系统，将图 17.91 和平方环的原理进行比较。

（6）进行仿真，出现波形图。确认平方环已经同步到一个同频同相的正弦波，作为输入载波信号。

思考与练习 17-31：打开 FDA（FDA 是滤波器设计工具，在图 17.91 中的名字为“BandPass”）工具块，注意带通滤波器的系数，说明这样设计通带的原因。

17.6　定时同步的实现

来自独立源的数据符号与接收机本地生成的采样时钟相比，有不同的相位和频率。这由很多原因造成，如振荡器的容差和漂移，以及由于信号源和接收站的相对运动所产生的多普勒效应。如果接收机不能采样和保持与源信号的时序同步，将产生错误的判决。

为了恢复数据符号的可靠性，同步器必须确定输入数据符号的最大有效点，即信噪比最大的点（通过与符号脉冲形状进行匹配滤波来产生这些点）。操作时，同步器跟踪时序参数，以确保接收机在这些点处有效采样。

在后面的设计中，将给出匹配滤波，并找到输入数据流的最大有效点。在设计中，也将考虑一个超前滞后门同步器，使用一个反馈回路在其最大有效点处定位采样值。

17.6.1　匹配滤波器和最大有效点

接收机的首要任务就是执行匹配滤波，如使接收到的信号通过与输入数据脉冲形状匹配的滤波器。实际中有大量不同的脉冲形状，最常见的是基于升余弦，本节将给出最简单的脉冲形状。

本节将设计匹配滤波器，并寻找最大有效点。寻找最大有效点的步骤主要包括：

（1）在 Windows 7 主界面下，选择开始->所有程序->Xilinx Design Tools->Vivado 2017.2->System Generator->System Generator 2017.2，打开 MATLAB R2016b 开发环境。

（2）在 MATLAB 主界面的“Home”界面下，单击“Simulink Library”按钮，出现“Simulink Library Browser”对话框。

（3）在“Simulink Library Browser”对话框的主菜单下，选择 File->Open，出现“Open”对话框，定位到本书提供资料的\fpga_dsp_example\timing\路径下，打开 rectangular.slx 文件。

（4）实现匹配滤波和寻找最大有效点的结构如图 17.92 所示。

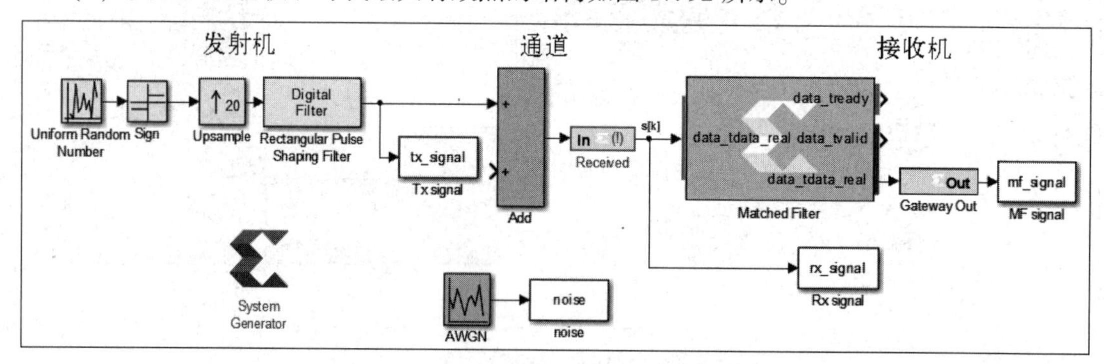

图 17.92　实现匹配滤波和寻找最大有效点的结构

（5）查看系统参数，特别是发射机脉冲形成滤波器的系数和接收机匹配滤波器的系数。

（6）运行设计，并查看输出。

思考与练习 17-32：观察匹配滤波脉冲的形状是否与期望匹配。

（7）注意，在第 3 个图中（运行设计时会出现），已经突出显示了最大有效点。在最大有效点处，匹配滤波器输出信号的振幅最高。因此，这些点是接收机用于定位采样最理想的位置，它用于产生符号判决（在这种情况下，判决在-1～1 之间）。

（8）将设计中的 Add 模块和 AWGN 模块连接在一起，将 AWGN 模块添加到通道中，重新进行仿真。

思考与练习 17-33：接收信号被噪声严重破坏，没有匹配滤波。此时，在该噪声级上是否还能做出正确的判决？匹配滤波器的输出是什么？

（9）尝试改变噪声的参数，重复仿真。

17.6.2　超前滞后门同步器

本节将研究超前滞后门同步器，该同步器包含下面的功能：

（1）用来产生误差信号的“超前”和“滞后”采样。

（2）用来产生符号决定值的“准时”样本。

在该设计中，超前、滞后和准时采样被 1/4 的一个符号周期 T_S隔开。超前滞后门同步器的原理如图 17.93 所示。

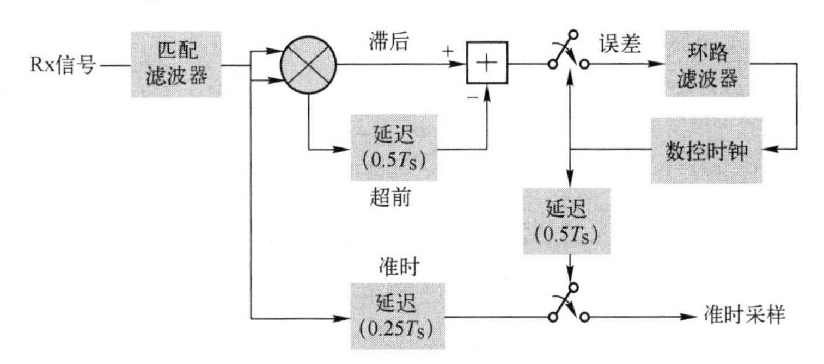

图 17.93　超前滞后门同步器的原理

同步器在超前和滞后分支部分产生误差信号，从而找到超前和滞后采样值之间的差异。这个误差信号调节数控时钟（Numerically Controlled Clock，NCC）的步长，从而控制采样率。当超前和滞后分支平衡时，准时样本处于最大有效点处。NCC 的控制信号为零，而且没有产生进一步的定时调整信号。

如图 17.94 所示，E、P、L 分别表示超前采样、准时采样、滞后采样。正的时序误差增加 NCO 的步长，负的时序误差减少 NCC 的步长。

本节将设计超前滞后门同步器。设计超前滞后门同步器的步骤主要包括：

（1）在 Windows 7 主界面下，选择开始->所有程序->Xilinx Design Tools->Vivado 2017.2->System Generator->System Generator 2017.2，打开 MATLAB R2016b 开发环境。

（2）在 MATLAB 主界面的“Home”界面下，单击“Simulink Library”按钮，出现“Simulink Library Browser”对话框。

（3）在“Simulink Library Browser”对话框的主菜单下，选择 File->Open，出现“Open”对话框，定位到本书提供资料的\fpga_dsp_example\timing\路径下，打开 early_late.slx 文件。

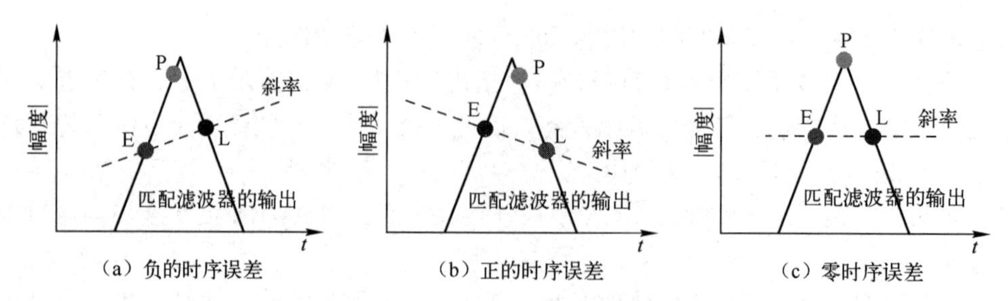

图 17.94 由超前滞后分支产生的误差信号的例子

(4) 超前滞后门同步器的结构如图 17.95 所示。

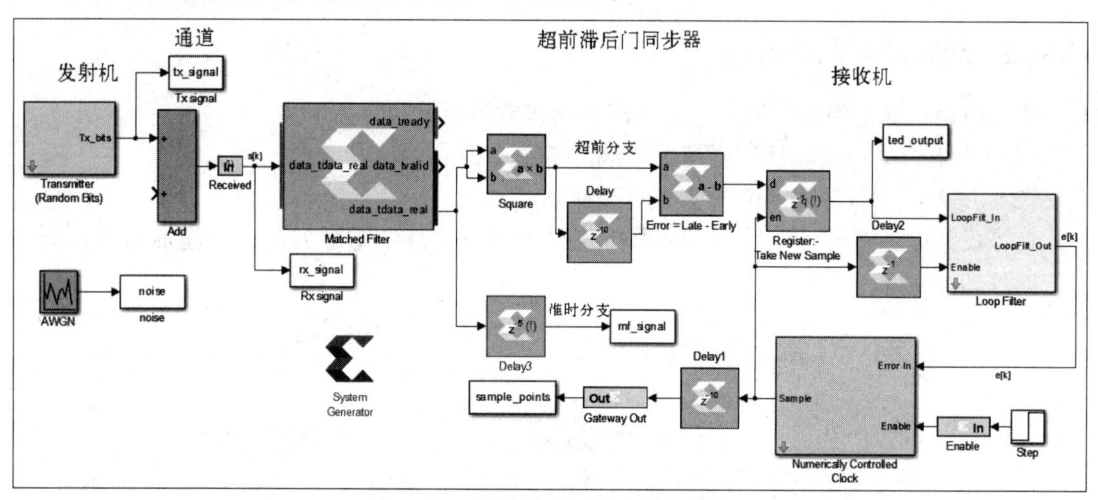

图 17.95 超前滞后门同步器的结构

(5) 查看设计。注意超前分支和滞后分支，并通过选择 Look Under Mask 来研究 NCC 的内部结构和特性，其结构类似于一个 NCO。

(6) 运行设计，并查看输出。

思考与练习 17-34：比较输入信号的频率和 NCC 标称的频率，请说明它们之间的关系。

思考与练习 17-35：注意到误差信号已迅速减少为零，而且 NCC 的步长已收敛以匹配信号源的频率，给出所需要的时间。

(7) 放大 Figure 3（运行设计后出现的图）的第一部分和最后一部分，可以看到超前滞后门同步器已经能够锁定输入符号的频率和相位。

(8) 将 AWGN 模块连接到系统中，将噪声添加到系统中。

(9) 重新运行设计，并查看输出。可以清楚地看到，即使在更为困难的条件下，该设备仍然负责在最大有效点的位置采样。

思考与练习 17-36：断开噪声模块，然后双击 Transmitter 元件符号，打开其参数配置界面，将 “Samples Per bit (integer)” 改为 21，并重新运行设计，观察是否可以实现同步。若可以，则观察需要多长时间。将 “Samples Per bit (integer)” 分别改为 19 个采样值和 22 个采样值，再次执行这个过程。

(10) 重新连接噪声，并确认在有较大频率偏差的情况下仍然可以实现同步。改变噪声级，观察结果的变化。

第四篇　自适应信号处理的理论和FPGA实现方法

本篇将主要介绍自适应信号处理的理论和FPGA实现方法，共包含2章内容，即递归结构信号流图的重定时和自适应信号处理的原理与实现。

（1）在第18章递归结构信号流图的重定时中，主要介绍IIR滤波器脉动阵列及重定时、自适应滤波器的SFG，以及LMS算法的硬件实现结构。

（2）在第19章自适应信号处理的原理与实现中，主要介绍自适应信号处理的发展、自适应信号处理系统、自适应信号处理的应用、自适应信号处理算法、自适应滤波器的设计、自适应信号算法的硬件实现方法，以及QR-RLS自适应滤波算法的实现。

第 18 章　递归结构信号流图的重定时

本章将介绍递归结构信号流图的重定时，包括 IIR 滤波器脉动阵列及重定时、自适应滤波器的 SFG 和 LMS 算法的硬件实现结构。

18.1　IIR 滤波器脉动阵列及重定时

本节将介绍 IIR 滤波器脉动阵列及重定时，内容主要包括 IIR 滤波器的结构变换和 IIR SFG 的脉动化。

18.1.1　IIR 滤波器的结构变换

一个简单的 5 个系数的 IIR 滤波器的结构如图 18.1 所示。通过观察图 18.1，可以看到从输入到输出的延迟时间为

$$\tau_{\text{mult}}+4\tau_{\text{add}}$$

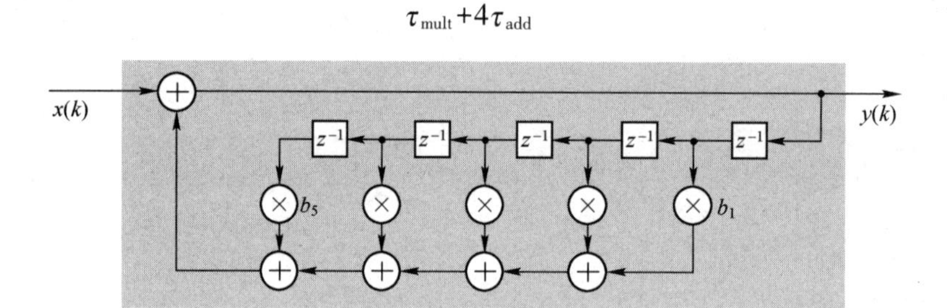

图 18.1　一个简单的 5 个系数的 IIR 滤波器的结构

如果尝试对上面的 IIR 滤波器执行割集操作。那么，由于两个数据传递路径的方向相反，所以将最终要求时间超前，而这当然是非因果的。

> **注**：使用一个全极点 IIR 滤波器，即无前馈系数，简化流程图。

对图 18.2（a）所示的 IIR SFG 进行割集重定时，产生如图 18.2（b）所示的 IIR SFG 割集重定时结构，将导致纹波加法器增加延时，但需要时间超前。因此，这是不可实现的，需要从不同的角度来考虑这个问题。

重画 IIR SFG 以改变加法器线的方向，即将输入 $x(k)$ 和输入加法器翻转到右侧，如图 18.3所示。

可以将整个 SFG 从左边翻转到右边（只需将输入放到 SFG 的左侧，这是由于传统的观点，没有其他原因），如图 18.4 所示。并且，通过延时传递应用割集重定时。

重定时 SFG 从输入到输出的延迟时间表示为

$$\tau_{\text{mult}}+2\tau_{\text{add}}$$

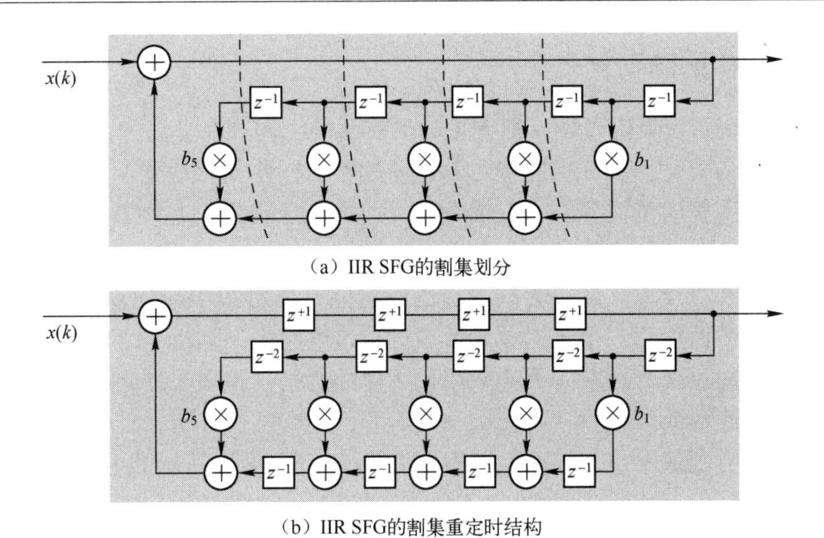

图 18.2　IIR SFG 的割集划分及重定时

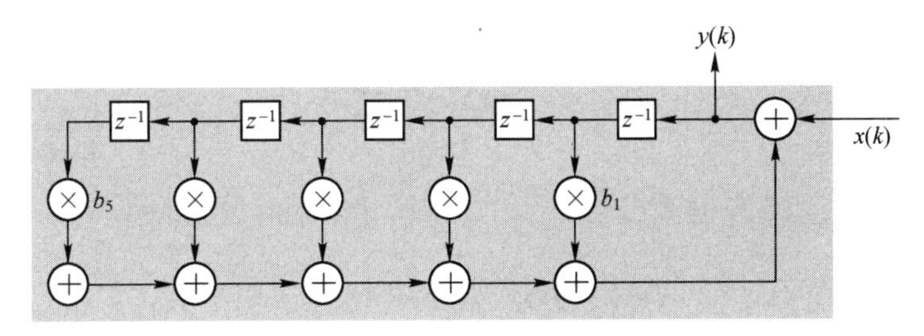

图 18.3　IIR SFG 的重绘制

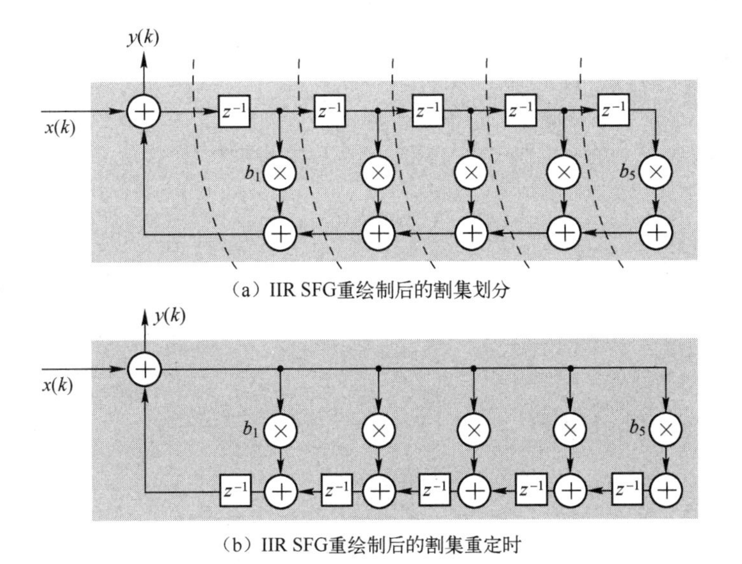

图 18.4　IIR SFG 重绘制后的割集重定时

18.1.2　IIR SFG 的脉动化

从任一个重定时 IIR 架构开始，都无法脉动前面的结构。在上面的 SFG 中尝试多种割集划分方法，无论如何尝试，都不可能像对 FIR 滤波器那样使其脉动化，这是因为不可能延迟反馈信息。如果在采样时刻需要一个反馈采样，通过某个割集延迟该采样，则将导致非因果的结构。

为了更清楚地认识反馈问题，尝试用割集或其他方法对图 18.5 所示的积分器电路进行处理，即在乘法器后面放置一个延迟单元。假设在该电路中，加法器之前的延时是不可移动的，即作为加法器的一部分存在。无论采用什么样的割集，在乘法器之后都不可能得到一个延迟。

这里用相反的方式提出这个问题，即假定有一个如图 18.6 所示的 IP 核结构（加法器或乘法器）的结果进入一个寄存器，则使用图 18.6 所示的 IP 核结构，不可能建立与上面一样准确的积分器信号流图。

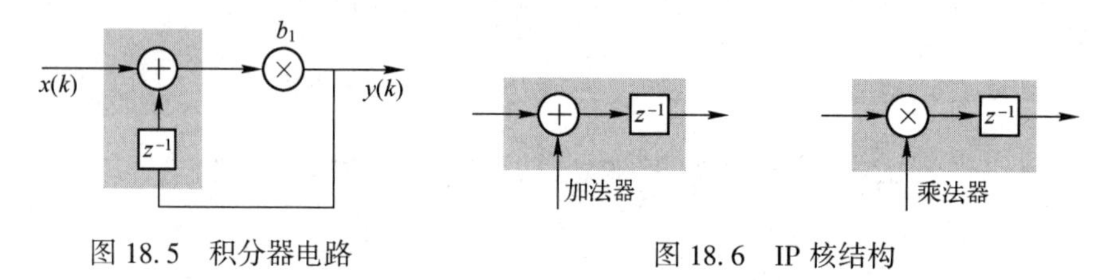

图 18.5　积分器电路　　　　图 18.6　IP 核结构

根据割集理论，应用因子 $\alpha=2$ 的标定延迟，并按图 18.7 应用割集。

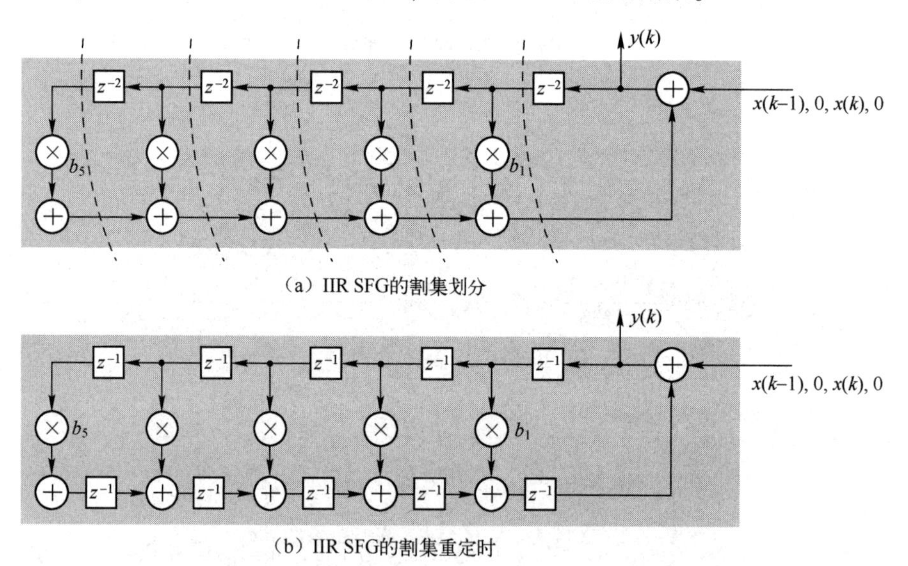

（a）IIR SFG的割集划分

（b）IIR SFG的割集重定时

图 18.7　IIR SFG 的割集划分及重定时

注意，在尝试脉动化 SFG 之前延迟了 2 个刻度。

事实上，不可能脉动化一个标准的 IIR 滤波器，真正意义上的 IIR 滤波器很少使用，如具有 10 个以上系数的滤波器。

然而，就像许多 SFG 架构一样，非常希望确认流水线操作可被应用到上述架构上，并可以最小化加法器线上的纹波。上面的 SFG 延迟了两个刻度，因此这个阵列能够处理两个信道或者两个独立的数据流。

在 IIR 滤波器中不能使用流水线乘法器，如图 18.8 所示。虽然可以按照 FIR 滤波器乘法器的割集划分方法来流水线乘法器（将这些设为进入边，右侧的出去边则要求时间超前）。但是，在割集之后，需要在反馈线的右边进行时间超前，这是不可能的。因此，不能流水线操作乘法器。

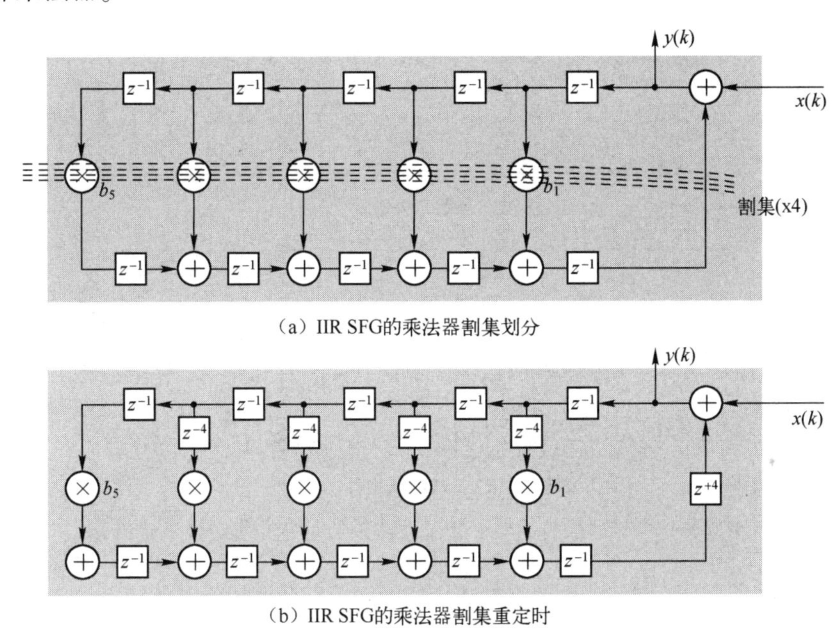

（a）IIR SFG的乘法器割集划分

（b）IIR SFG的乘法器割集重定时

图 18.8　IIR SFG 的乘法器割集划分及重定时

因此，与 FIR 滤波器的情况不同，不可能通过流水线排列 IIR 滤波器的乘法器来加快处理速率。

18.2　自适应滤波器的 SFG

普通自适应 FIR 滤波器的信号流图如图 18.9 所示。

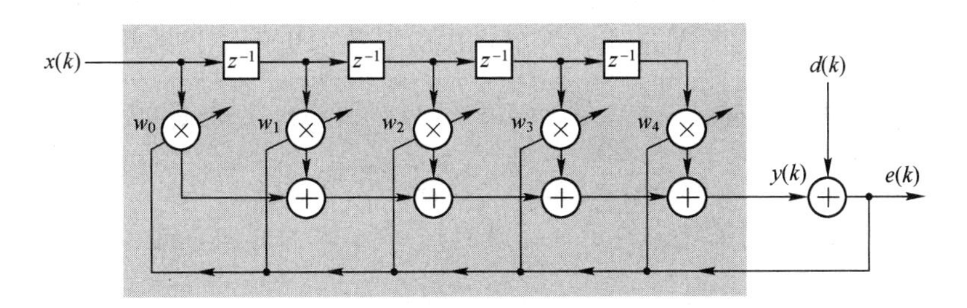

图 18.9　普通自适应 FIR 滤波器的信号流图

由于实现的原因，可能需要该滤波器采用转置形式的 FIR 滤波器的结构。然而，我们有两条线在相反的方向上没有延迟（一个是反馈误差，而另一个在相加器线上），无论怎样重画或执行割集，都不能将该滤波器转换为转置 FIR 的形式。

考虑普通的自适应 FIR 滤波器 SFG，重定时后的自适应 FIR 滤波器为非因果，并且无法通过硬件实现，如图 18.10 所示。如果在自适应误差反馈结构中建立一个转置 FIR 滤波器，则会得到的图 18.11 所示的 SFG 结构。

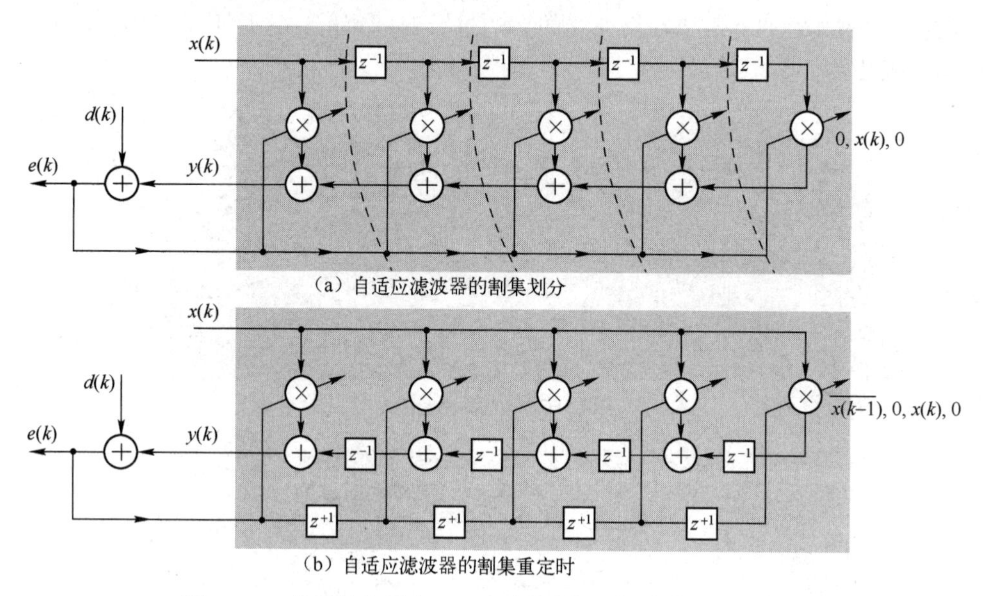

图 18.10　普通的自适应 FIR 滤波器 SFG 的割集划分及重定时

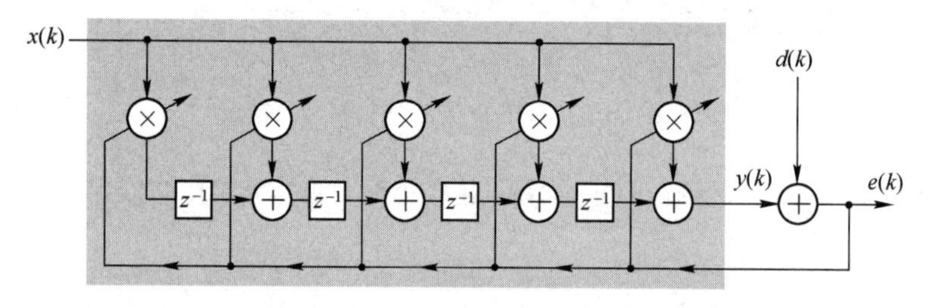

图 18.11　加入转置 FIR 滤波器的自适应 FIR 滤波器 SFG 的结构

尽管该滤波器看起来很好，并且可能适应某些情况，但是该滤波器不是一个标准的自适应系统。这是因为输出 $y(k)$ 不再是最近更新过的系数的函数，稍后将在后面章节详细介绍自适应滤波器的具体实现过程。为了自适应系数的更新，仍然需要 $x(k)$ 延迟线。

注意： 出于简化的目的，没有在图中画出延迟线，这将在自适应滤波一章中进行更详细的介绍。

转置 FIR 滤波器不能用来准确地实现标准自适应 LMS 的算法，这一点常常被芯片人员忽略。

18.3　LMS 算法的硬件实现结构

本节将详细介绍 LMS 算法的硬件实现结构，内容主要包括基本 LMS 结构、串行 LMS 结构、重定时 SLMS 结构、非规范 LMS 结构和流水线 LMS 结构。

18.3.1　基本 LMS 结构

基本 LMS 的实现结构如图 18.12 所示。考虑 LMS 的权值更新公式，则 LMS 的硬件实现表示为

$$\boldsymbol{w}(k)=\boldsymbol{w}(k-1)+2\mu e(k)\boldsymbol{x}(k)$$
$$e(k)=d(k)-\boldsymbol{w}^{\mathrm{T}}(k-1)\boldsymbol{x}(k)$$

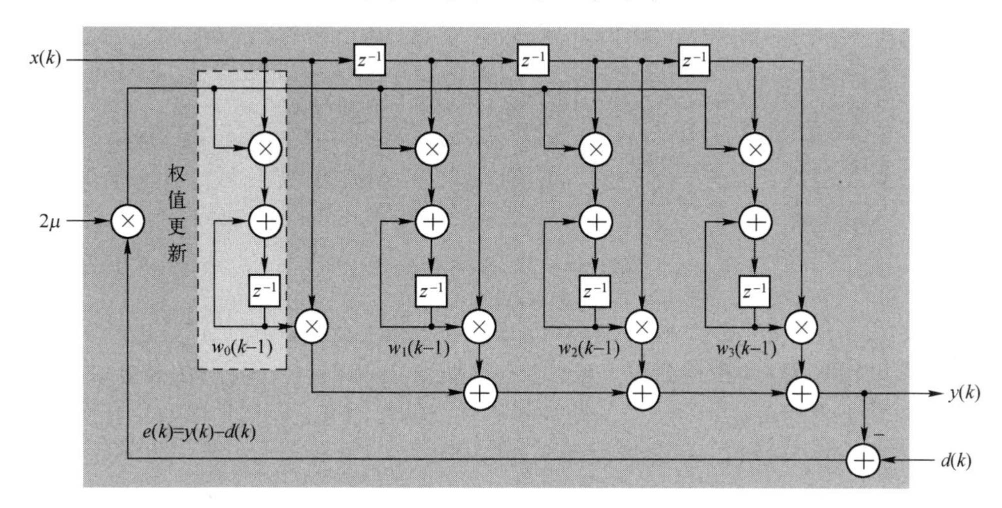

图 18.12　基本 LMS 的实现结构

根据上面给出的 LMS 的权值更新公式，实现 LMS 的基本硬件结构。当用不同的块表示 FIR 滤波器和权值更新操作时，这种结构通常被称为串行 LMS（Serial LMS，SLMS）结构。下面将详细介绍串行 LMS 结构。

进一步，标准的权值更新公式表示为

$$\begin{bmatrix} w_0 \\ w_1 \\ w_2 \\ w_3 \end{bmatrix}_k = \begin{bmatrix} w_0 \\ w_1 \\ w_2 \\ w_3 \end{bmatrix}_{k-1} + 2\mu e(k)\begin{bmatrix} x(k) \\ x(k-1) \\ x(k-2) \\ x(k-3) \end{bmatrix}_k$$
$$\boldsymbol{w}(k)=\boldsymbol{w}(k-1)+2\mu e(k)\boldsymbol{x}(k)$$

18.3.2　串行 LMS 结构

串行 LMS 的结构如图 18.13 所示，将滤波和权值更新模块分开。之所以将这种结构称为 SLMS，这是由于它通过串行方式处理采样。在这种结构中，不存在流水或并行处理。当一个新的输入到来之前，前一个输入采样已处理完毕。

由于在该结构中需要穿过加法链，所以这将影响结构运行的最大速度。下面将介绍为什么需要流水线的 SLMS 结构，以及实现这一目标的方法。

经常需要修改算法，以更好地适应硬件结构的特点。上面的 SLMS 结构包含一个 FIR 滤波器。前面已经说明，采用 FIR 滤波器转置结构利于在 FPGA 内实现。流水线式的 SLMS 结

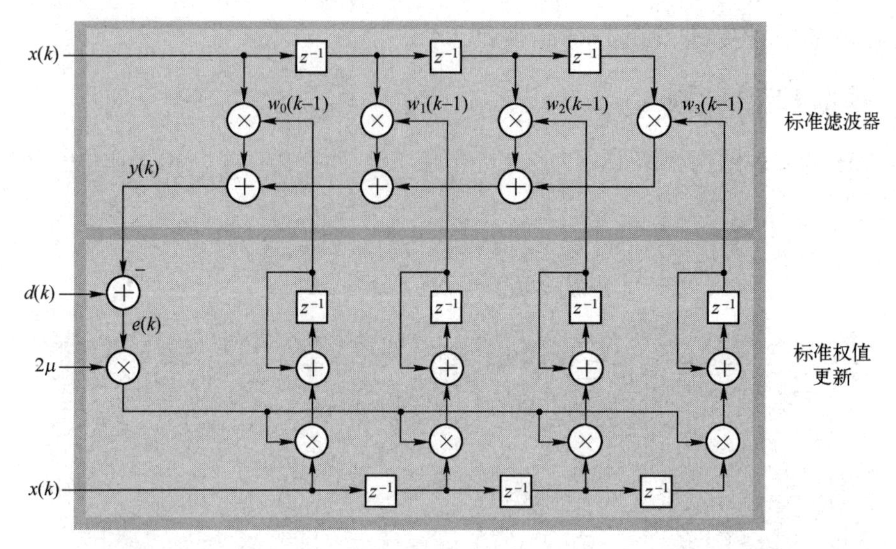

图 18.13　串行 LMS 的结构

构是为了达到更高的时钟频率。所有对算法的修改，可能会对性能造成严重的影响。

考虑转置结构的 FIR 滤波器结构，如图 18.14 所示，图 18.14（b）所示是对图 18.14（a）所示标准 FIR 滤波器的重定时版本，这两种结构实现的行为完全相同。然而，在设置自适应滤波器时，不能只重定时 FIR 滤波器而不考虑其他结构，否则就会产生一个不执行 LMS 算法的结构。不同的算法应该用在不同的地方，尽管它可能正常工作或满足设计人员的要求，但当考虑将它们应用于 SLMS 规则（稳定性和收敛速度等）时就要非常谨慎，这是由于这些规则不一定适用于新的算法。

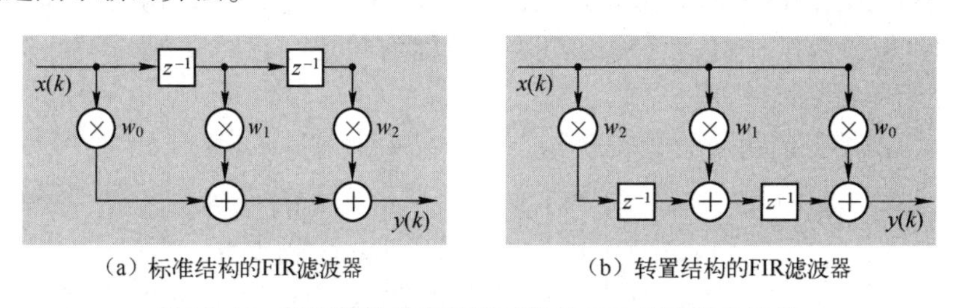

图 18.14　标准结构的和转置结构的 FIR 滤波器的比较

18.3.3　重定时 SLMS 结构

SLMS 的割集划分如图 18.15 所示，然而，由此产生的重定时结构却无法执行，如图 18.16 所示。

从图 18.16 中可以看到，它改变了正规滤波器的结构规范，将其变成了需要自适应滤波器结构超前单元的转置结构。

> **注意：** 这是由于存在反馈的原因。虽然这有一定的理论意义，但不能物理实现。

另一种选择是使用 SLMS 算法原来的权值更新结构，但带有转置设置。正如前面提到的那样，这将修改算法的行为，但很容易实现，随后将讨论其可能性。

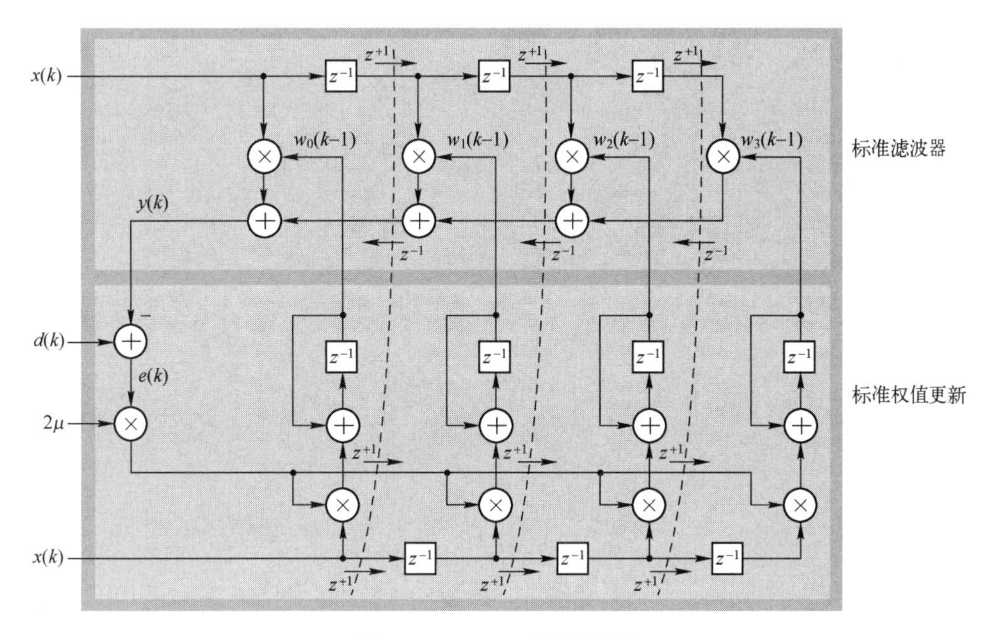

图 18.15　SLMS 的割集划分

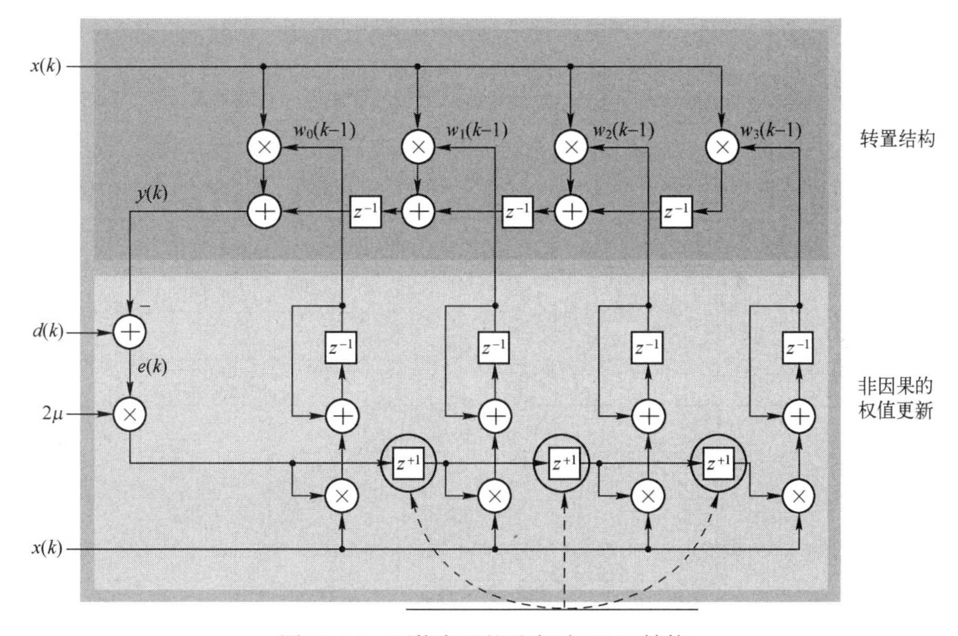

图 18.16　不能实现的重定时 SLMS 结构

18.3.4　非规范 LMS（NCLMS）结构

使用通过带权值更新的转置 FIR 结构的 SLMS 算法就是非规范的 LMS（Non-Canonical LMS，NCLMS）算法，这是一个有不同行为和性能的算法，其结构如图 18.17 所示。

非规范 LMS（NCLMS）不同于规范的 LMS（也称为 SLMS），后者的收敛性和稳定性特点不能适用于前者，需要对 NCLMS 进行不同的分析。

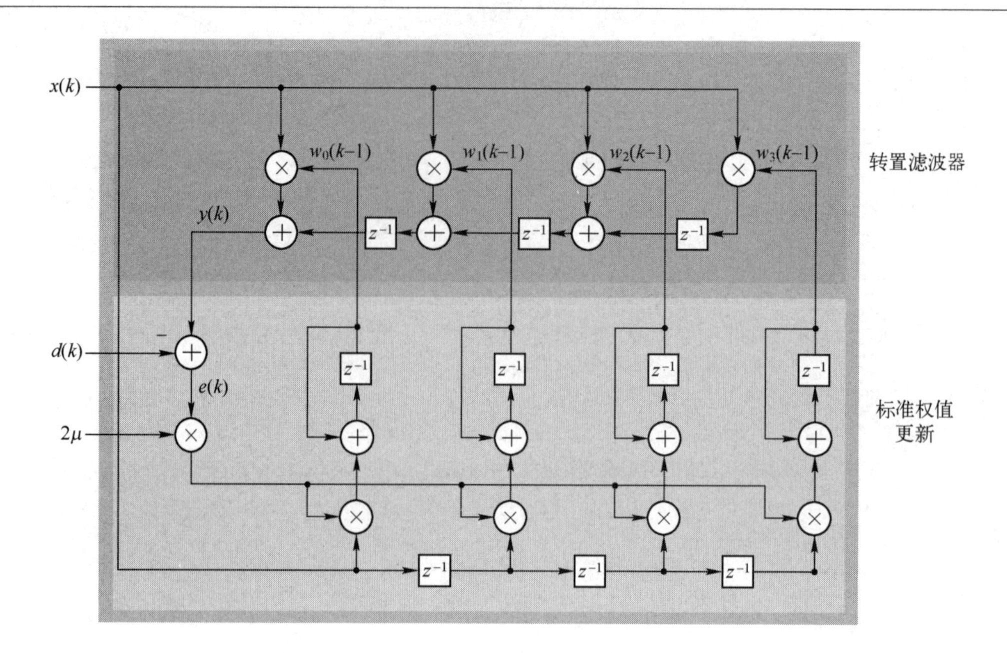

图 18.17　NCLMS 的结构

从前面的式子可知，准确的权重更新和标准 LMS 的权值是一样的。观察具有相同参数的两个自适应滤波器的不同适应速度，一个滤波器执行 SLMS，另一个滤波器执行 NCLMS，如图 18.18 所示。

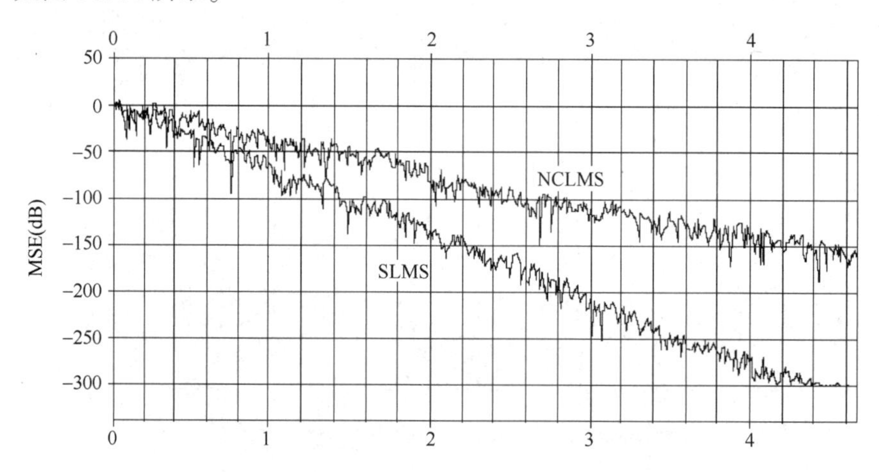

图 18.18　比较 LMS 和 NCLMS 的自适应速度

可以尝试把 NCLMS 转换为标准 FIR，然后注意用于权值的不同更新等式的结果。NCLMS 的一个割集划分结构，如图 18.19 所示，运用这些割集产生带有标准 FIR 的结构，但有非标准权值更新，如图 18.20 所示。

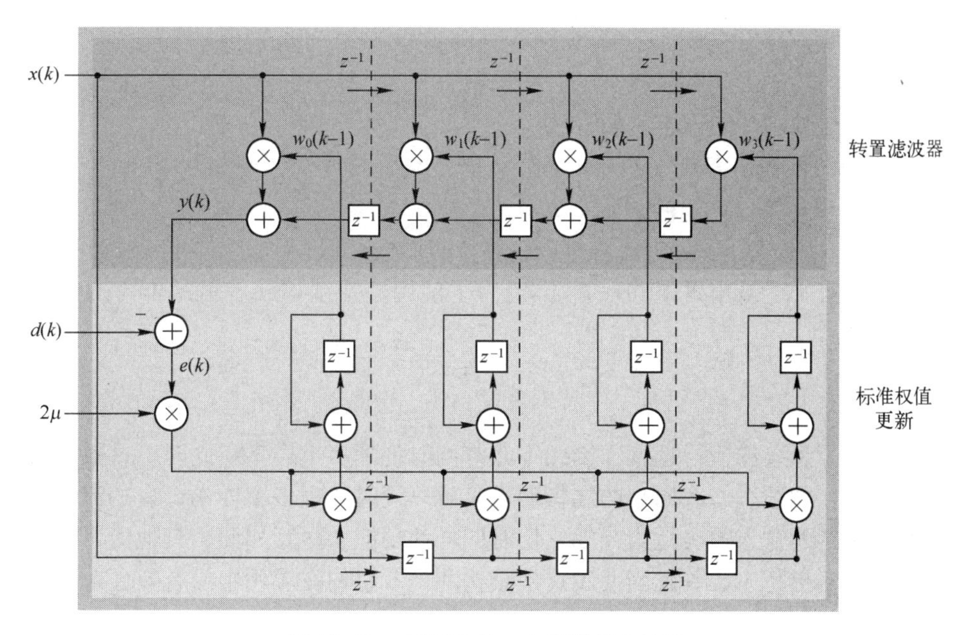

图 18.19　NCLMS 的一个割集划分结构

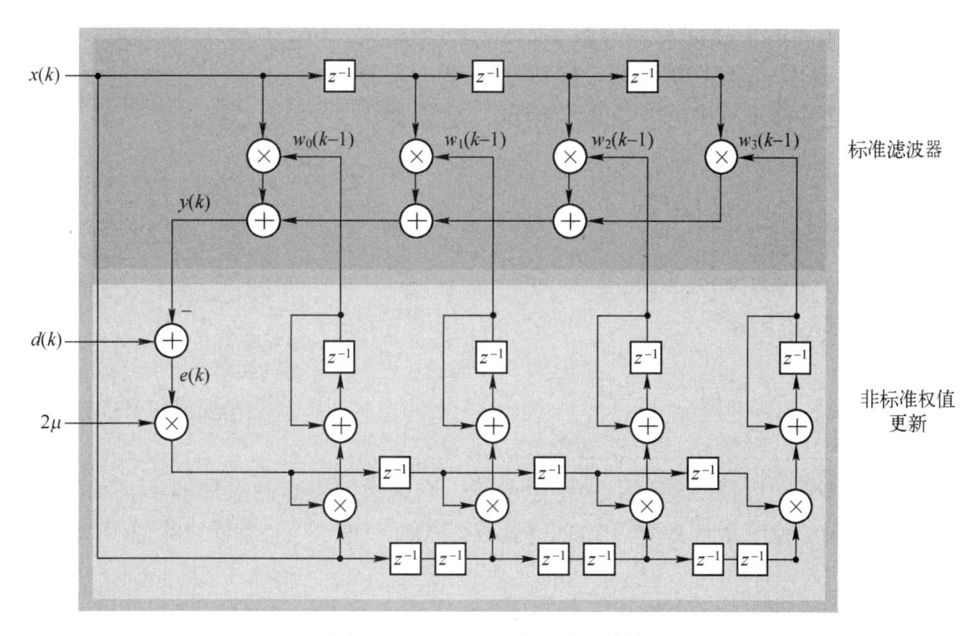

图 18.20　NCLMS 的重定时结构

18.3.5　流水线 LMS 结构

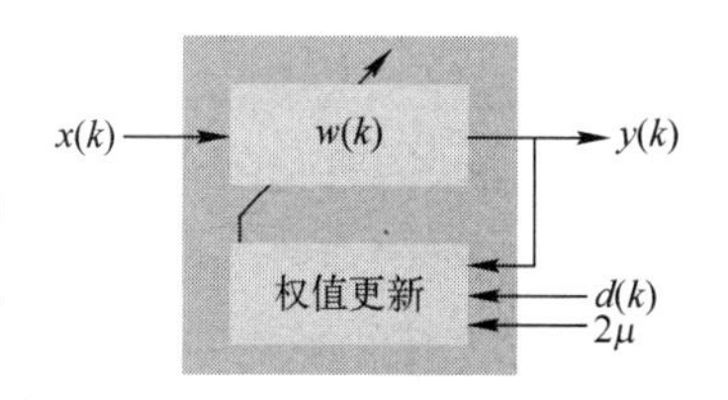

图 18.21　SLMS 结构中的权值更新

考虑 SLMS 结构中的权值更新，如图 18.21 所示。在每一次迭代和处理下一个样本之前，需要得到 $y(k)$，然后通过 $y(k)$ 计算 $e(k)$，并且更新权值 $w(k)$。

由于计算滤波器输出和权值更新的时间限制了 SLMS 时钟的频率。因此，如果在反馈路径中引入延迟，则能够提高处理速度。

由于计算滤波器输出和更新权重的时间限制了 SLMS 算法的运算速度。所以，在这些操作完成以前，无法处理新的样本。假设：

（1）计算滤波器输出需要（T_f）s 时间。

（2）更新权重需要（T_{wu}）s 时间。

因此，在接收到 $x(k)$ 后至少要等待 (T_f+T_{wu}) s 后才会处理下一个样本 $x(k+1)$。很明显，意味着采样周期有一个最小界限 (T_f+T_{wu}) s。为了使用这个结构或者就采样率而言，应该满足下面的关系：

$$f_S \leqslant \frac{1}{T_f+T_{wu}}$$

该结构限制了系统的执行速度，因此不允许同时处理多个样本。此时，这就需要通过流水线技术来解决，即通过修改原来的结构使得其可以同时处理多个样本。有的流水线技术不需要修改原始结构的输入输出行为，如它们有同样的功能。尽管如此，其他流水线技术需要修改开始的输入输出行为，并且当使用这些结构和修改它们在应用中的有效性时，系统设计者需要仔细考虑。

一个没有流水线的单权值 SLMS 结构如图 18.22 所示，假设该结构中乘法器的传播时延为 T_M，加法器的传播时延为 T_A。考虑反馈环的全部单元，一旦接收到新的采样 $x(k)$，则计算输出 $y(k)$，并更新权值。因此，所需要的最小时间表示为

$$3T_M+2T_A$$

最小采样周期 T_S 应满足：

$$T_S \geqslant 3T_M+2T_A$$

则最高的采样频率 f_S 应满足：

$$f_S \leqslant \frac{1}{3T_M+2T_A}$$

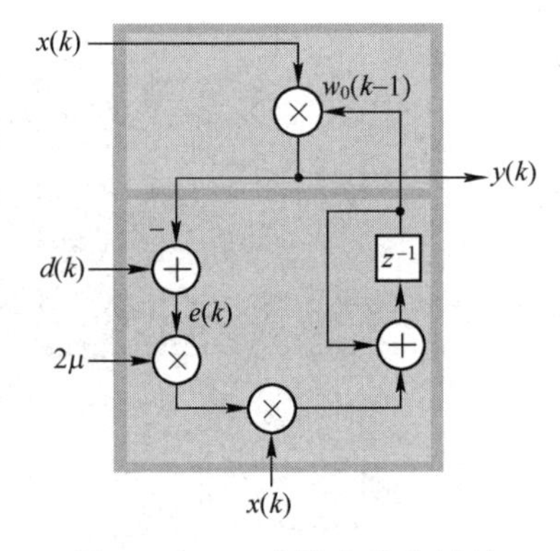

图 18.22　一个没有流水线的单权值 SLMS 结构

从上式可以看出，反馈路径的延迟单元决定最高的执行速度。因此，如果在反馈回路上引入延迟单元，则可达到更高的采样频率。

下面考虑 SLMS 的流水线版本 DLMS（Delay LMS，DLMS）。如图 18.23 所示，给出了 DLMS 的结构。

> **注：**在反馈中加入了延迟。

在图 18.23 所示的结构中，假设乘法器的传播时延为 T_M，加法器的传播时延为 T_A。当接收到新的样本 $x(k)$ 后，DLMS 将执行下面的操作：

（1）路径 1 上产生 $2\mu e(k)$，需要 $(2T_M+T_A)$ s。

（2）路径 2 产生 $w_0(k-1)+2\mu e(k)x(k-1)$，需要 (T_M+T_A) s。

> **注：**路径 2 不需要等待路径 1 的完成，取而代之的是，由于反馈回路放置了延迟，所以当接收到输入样本 $x(k)$ 后就可以开始操作。

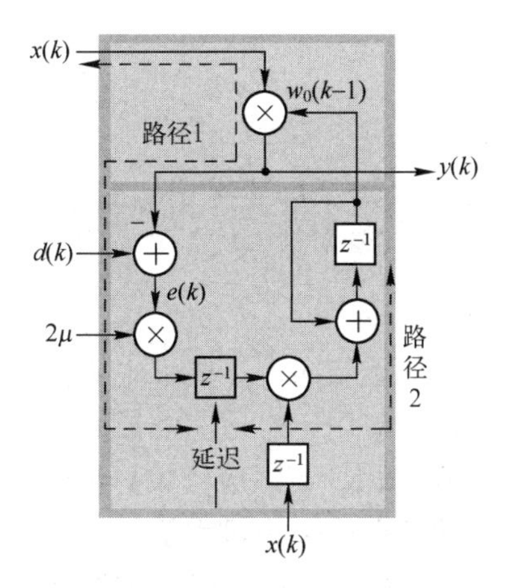

图 18.23　DLMS 的结构

因此，最小采样周期 T_S就由执行路径 1 和路径 2 的最大时间决定。在这种情况下，路径 1 限制了最小采样周期 $T_S \geqslant 2T_M+T_A$，采样频率的最大值表示为

$$f_S \leqslant \frac{1}{2T_M+T_A}$$

所以，DLMS 比 SLMS 结构的速度要快得多。

第 19 章　自适应信号处理的原理与实现

本章将介绍自适应信号处理的原理与实现，内容主要包括自适应信号处理的发展、自适应信号处理系统、自适应信号处理的应用、自适应信号处理算法、自适应滤波器的设计、自适应信号算法的硬件实现方法和 QR-RLS 自适应滤波算法的实现。

自适应信号处理是现代信号处理理论中非常重要的一部分，同时在复杂信号处理中也有着非常广泛的应用。因此，读者要掌握自适应信号处理的基本理论知识和基于 FPGA 实现自适应信号处理的方法。

19.1　自适应信号处理的发展

19 世纪，数学家高斯提出最小二乘法（Least Squares，LS）。到目前为止，该算法仍然广泛应用于科学、工程和商业的各个领域。20 世纪 60 年代，Widrow 提出最小均方（Least Mean Squares，LMS）算法，该算法可以用于解决复杂数字信号处理问题。

基于高斯的最小二乘理论，出现了离散自适应滤波算法。然而，如何将最小二乘理论中的最小化问题应用于实时数据处理面临巨大的挑战。这种挑战来自要求对传输速率较高的数据实现实时处理（频率范围为 1~100kHz），以及需要知道一些统计数据和它们的属性。

自适应滤波数字信号处理算法是 Hoff 和 Widrow 在他们有关自适应开关电路和最小均方算法的论文中提出的，它提供实际的和潜在的最小二乘解决方案。基于这个基础，Widrow 在 1970 年发表了经典的论文。

从 20 世纪 70 年代以来，涌现出大量的有关自适应信号处理算法和结构的相关研究。例如：

（1）20 世纪 80 年代出现的高性能 DSP 允许开发许多实时自适应数字信号处理系统。

（2）20 世纪 90 年代开始有大量的实时自适应数字信号处理算法用于解决实际问题。

（3）不断出现新的算法，如 QR 自适应滤波算法、最小二乘法，以及最新的神经元网络等，它们属于非线性自适应信号处理的范畴。

在学习自适应数字信号处理技术前，读者应具有下面的知识：

（1）数字信号处理基本原理，包括奈奎斯特速率采样、数字滤波器、傅里叶变换和模拟接口。

（2）统计信号处理，包括相关性、各态历经性、均值、方差、平稳、广义平稳和频率响应/功率谱。

（3）矩阵理论，包括加法、乘法和矩阵求逆，相关性/协方差矩阵、特征值和特征向量，以及 QR 矩阵分解。

19.2 自适应信号处理系统

本节将介绍自适应信号处理系统，内容主要包括通用信号处理系统结构、FIR 滤波器性能参数、自适应滤波器结构、通用自适应数字信号处理结构、自适应信号处理系统模拟接口和典型自适应数字信号处理结构。

19.2.1 通用信号处理系统结构

单输入和单输出的数字信号处理系统如图 19.1 所示，该系统包含下面的典型单元：①放大器；②抗混叠滤波器；③模数转换器（ADC）；④数字信号处理（DSP）；⑤数模转换器（DAC）；⑥重构滤波器。

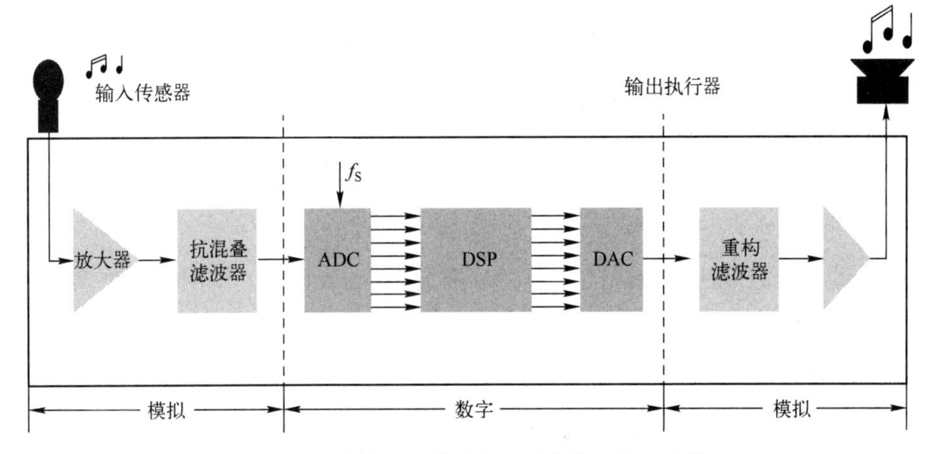

图 19.1　单输入和单输出的数字信号处理系统

一个最普通的输入输出数字信号处理系统是一个数字滤波器，用来对输入信号进行滤波处理。前面在介绍 FIR 滤波器时已经提到，可以使用各种方法设计定点数字滤波器，如窗函数法、麦克莱伦、希尔伯特法和差分设计方法。

许多数字滤波器设计软件可以借助图形化的参数来研究输入频率的响应，设计者通过输入期望的参数来指定满足当前要求的理想滤波器类型，如低通滤波器、高通滤波器、带通滤波器或带阻滤波器。设计滤波器时需要考虑的参数指标如图 19.2 所示。

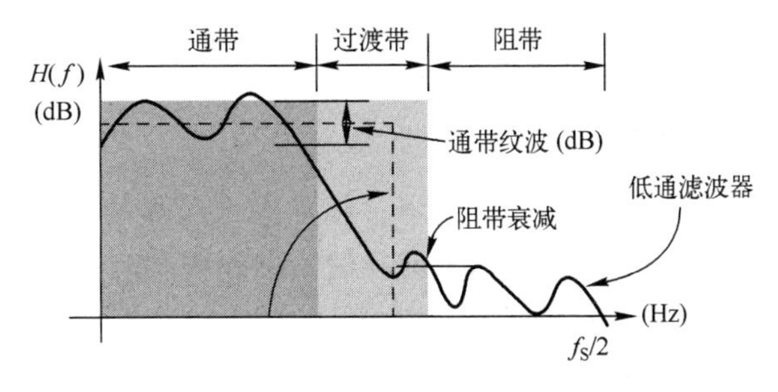

图 19.2　设计滤波器时需要考虑的参数指标

在设计滤波器时，需要指定图 19.2 中所示的参数和采样频率。一般滤波器的参数包括：①期望的数字滤波器类型；②阻带衰减（用 dB 表示）；③通带纹波（用 dB 表示）；④过渡带宽（用 Hz 表示）。

19.2.2 FIR 滤波器性能参数

有限脉冲响应 FIR 滤波器的输入输出关系表示为

$$y(k) = \sum_{n=0}^{N-1} w_n x(k-n) \tag{19.1}$$

一个 3 阶 FIR 滤波器的结构如图 19.3 所示，该结构可以表示为

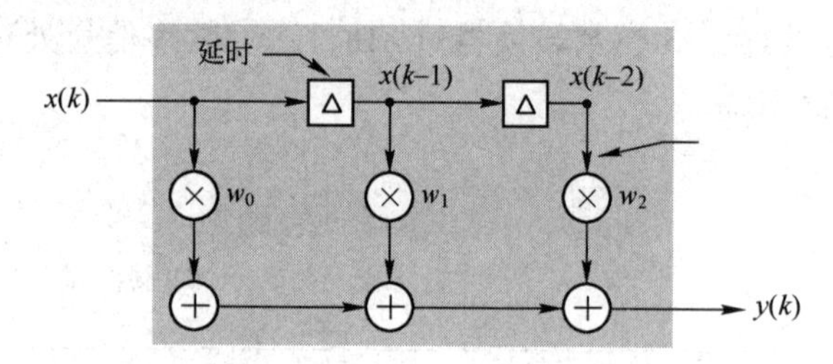

图 19.3 3 阶 FIR 滤波器的结构

$$y(k)=x(k)w_0+x(k-1)w_1+x(k-2)w_2 \tag{19.2}$$

数字滤波器的阶数取决于特殊的应用，范围为 10~1000 阶。使用时，许多滤波器都会给出说明。例如，给定参数用于：

（1）用低通滤波器去除话音的高频噪声。

（2）用带阻滤波器去除 ECG 信号中 50Hz 附近的噪声。

（3）用带通滤波器增强感兴趣的某一特定频段的信号，如音乐信号。

（4）在电话信道中使用均衡滤波器。

（5）用陷波滤波器消除声学房间的回声。

通过 DFT 脉冲响应得到的数字滤波器的时域和频域表示如图 19.4 所示。

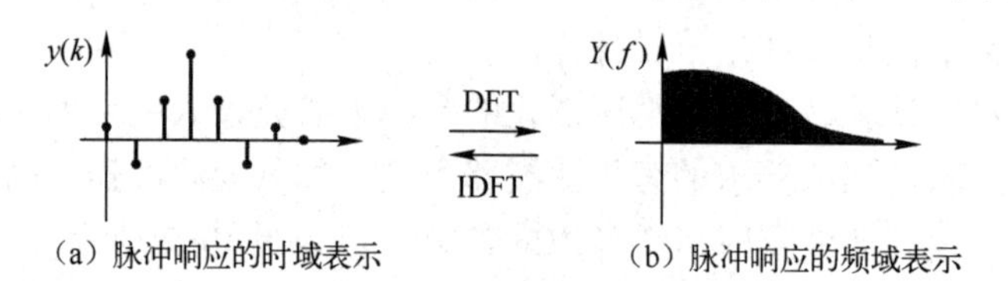

图 19.4 通过 DFT 脉冲响应得到的数字滤波器的时域和频域表示

19.2.3 自适应滤波器结构

自适应数字滤波器是自主学习型的滤波器，根据输入信号的特征设计 FIR（或 IIR）型滤波器。在自适应数字滤波器中，不使用其他任何信息和频率响应信息。自适应数字滤波器经常用一个带有自适应权值的 SFG 来表示，如图 19.5 所示。这种数字滤波器可以根据环境要求的不同自动调整其权值，可以通过输入信号 $x(k)$ 和 $d(k)$ 定义环境要求：

（1）$e(k)$ 为实际输出 $y(k)$ 和理想输出 $d(k)$ 之间的误差。

（2）可以根据环境的不同调整权值 $w_0 \sim w_2$。

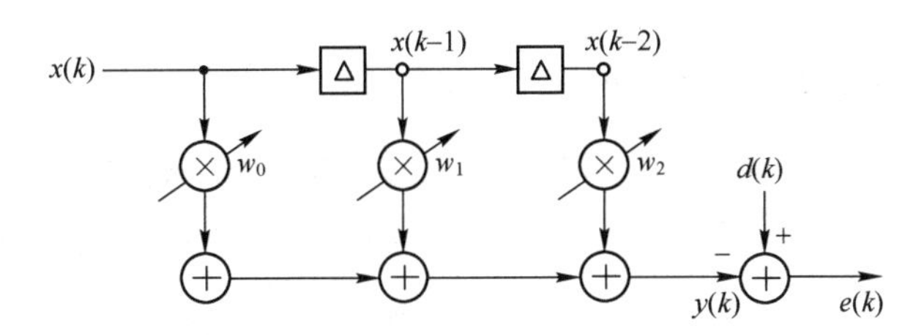

图 19.5　自适应滤波器的权值变换

19.2.4　通用自适应数字信号处理结构

通用闭环自适应数字信号处理系统的结构如图 19.6 所示。在该结构中，自适应数字滤波器对输入信号 $x(k)$进行滤波，这样就得到信号 $y(k)$。然后，期望输出 $d(k)$与实际输出 $y(k)$相减，得到误差信号 $e(k)$。通过不断地自主学习，调整滤波器的权值，将误差减少到最低。

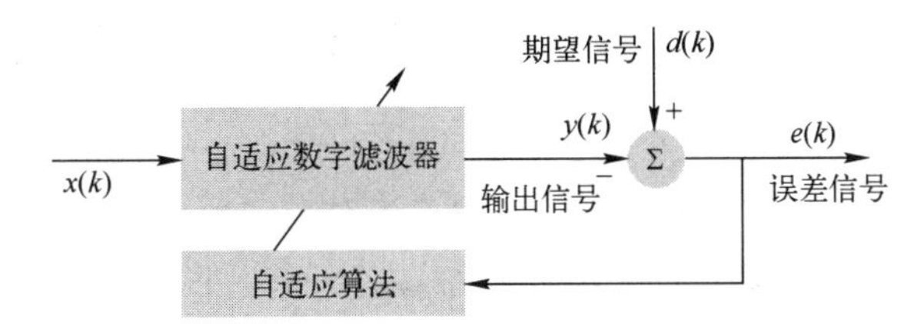

图 19.6　通用闭环自适应数字信号处理系统的结构

1. 自适应滤波器的命名规则

在一个自适应系统中，使用下面的符号①$x(k)$：输入信号；②$d(k)$：期望信号；③$y(k)$：输出信号；④$e(k)$：误差信号。

自适应滤波器结构内的箭头用于说明该滤波器是自适应滤波器，即可以更新数字滤波器的所有权值，这些权值是误差信号的函数。对于带有反馈的系统，自适应算法必须保证滤波器的稳定性。

在使用自适应滤波器的应用中，输入信号中没有信息，任何信号都可以作为它的输入信号，如语音、音乐、数字流、振动信号和预先定义的噪声等。

2. 滤波器类型

自适应滤波器的类型包括 IIR、FIR 或非线性。由于 FIR 具有算法稳定和易于实现的特点，因此大多数的自适应滤波器使用 FIR 类型的。在过去的几年里，自适应 IIR 滤波器也广泛用于稳定情况的现实世界中，特别是控制有源噪声和 ADPCM 中。基于目前取得的研究成果，出现了一些有用的非线性自适应滤波器。例如，Volterra 滤波器和人工神经网络。

3. 自适应滤波器性能指标

很明显，自适应滤波器的目标是将信号误差 $e(k)$降低到最小。能否减少信号误差将取决于下面的因素：①输入信号的性质；②自适应滤波器的长度；③所使用的自适应算法。

19.2.5　自适应信号处理系统模拟接口

一般情况下，自适应 DSP 系统可以使用标准的 DSP 实现实时应用，如图 19.7 所示。图 19.7 中：①ADC 完成模拟到数字的转换；②DAC 完成数字到模拟的转换；③f_S为采样频率。

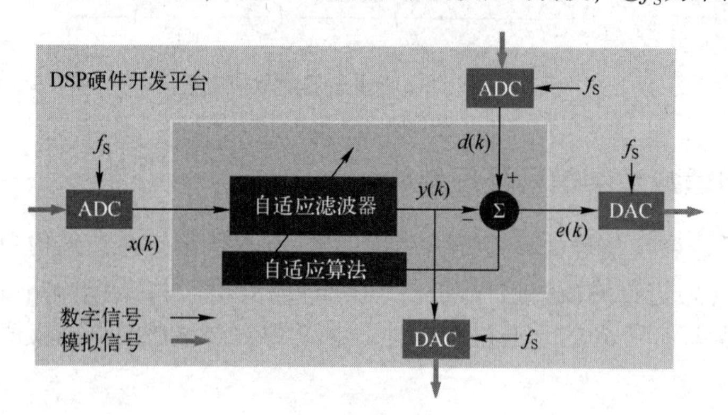

图 19.7　模拟接口

一般情况下，自适应信号处理器需要两个 ADC 和两个 DAC，但在一个应用中并不会都需要 ADC 和 DAC。例如，在系统辨识的应用中，当对未知系统建模时，$y(k)$和$e(k)$不需要 DAC。滤波过程的实质是某个确定性能的滤波器对未知系统的响应。

算法设计者必须提供足够精度的 DAC 和 ADC，并且最重要的是数字信号处理单元能够实现所需处理速度的滤波器。例如，对于一个采样率为 48kHz 的信号，使用 1000 阶的自适应滤波器是没有必要的，除非数字信号处理结构能够满足这样的性能要求。

19.2.6　典型自适应数字信号处理结构

用于不同领域的几种典型的自适应滤波器的结构如图 19.8 所示。在图 19.8 中的每一个结构中，都能够看到普通的自适应滤波器。

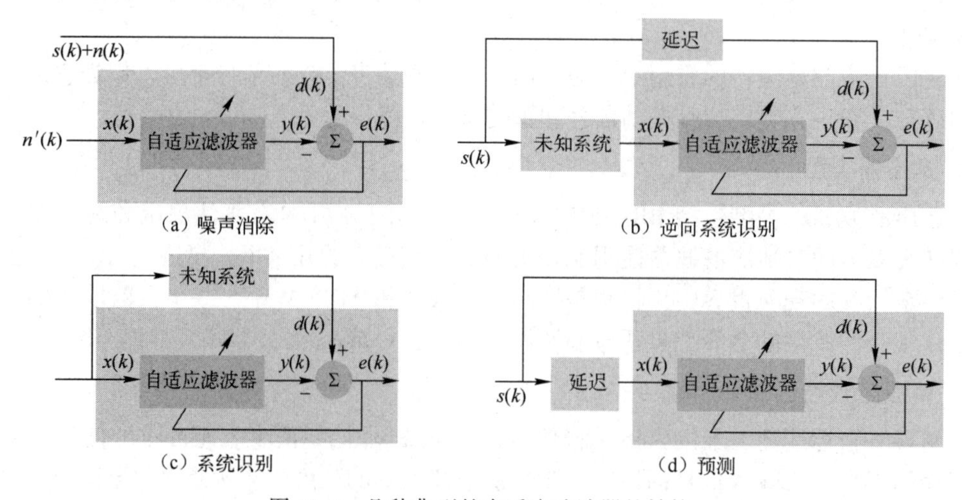

图 19.8　几种典型的自适应滤波器的结构

注： 为了简化，DAC 和 ADC 没有出现在图 19.8 中。

每一个自适应滤波器的目标都是相同的，即减小误差信号 $e(k)$。一个特殊的应用，其复杂度可能超过了一个简单的自适应滤波器结构。例如，构建这样的系统：系统识别、逆系统辨识和噪声对消。

如果图 19.9 给出的自适应滤波器成功实现对未知系统 1 和逆向未知系统 2 建模，假设 $s(k)$ 与 $r(k)$ 是不相关的，误差信号可能是 $e(k) \approx s(k)$。

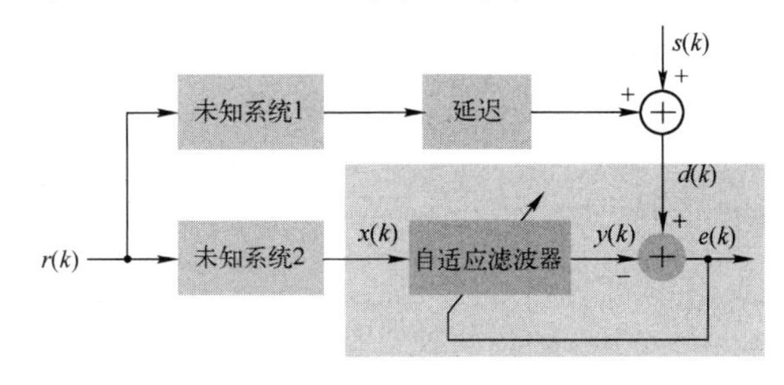

图 19.9　系统辨识的建模

19.3　自适应信号处理的应用

自适应信号处理主要有以下几个方面的应用：

（1）系统识别，主要应用为信道识别和回声消除。

（2）逆系统辨识，如数字通信均衡。

（3）消除噪声，如有源噪声抵消和 CDMA 的干扰抵消。

（4）预测，如抑制周期噪声、周期信号提取、语音编码和 CMDA 干扰抑制。

在不同的应用中，系统的采样频率取决于特殊应用和信号频率的带宽。例如，①高保真音频为 48kHz；②话音带宽的电信通信为 8kHz；③电话会议类应用为 16kHz；④生物医学信号处理为 500～2000Hz；⑤低频有源噪声控制为 1000Hz；⑥超声波应用为兆赫兹级别；⑦声呐为 50～100kHz；⑧雷达为兆赫兹级别。

自适应滤波具有广泛的应用，从日常的调制解调器的均衡到不明显的应用。例如，当受到移动激励后，用于预测人眼运动的自适应跟踪过滤器。

19.3.1　信道识别

宽带信号输入的应用中，使用自适应滤波器将会减少误差。一个数字滤波器的模型如图 19.10所示。

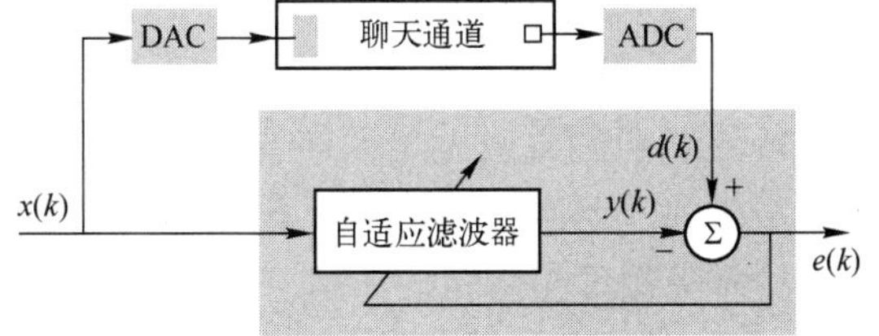

图 19.10　一个数字滤波器的模型

直观地理解上面的例子，认为信道是一个简单的声音信道（从扬声器到麦克风）。在一个房间里产生脉冲后，将直接通过一个路径传输到一个指定点，该路径可能有许多回波或反射的路径，然后这种情况持续下去。在这种应用中，房屋的面积和房间的墙壁将影响脉冲响应特性。

在一个房间中，获取脉冲响应的一个传统的方法是使用拍板或手枪，并用麦克风和录音机记录下来，如图 19.11 所示。通过取 20 个脉冲的平均值可以改善脉冲响应，为了找到房间的频率响应，采用脉冲响应的傅里叶变换。但是，在实际中，这种技术实现起来是困难并且耗时的。因此，更可能使用白噪声相关技术。

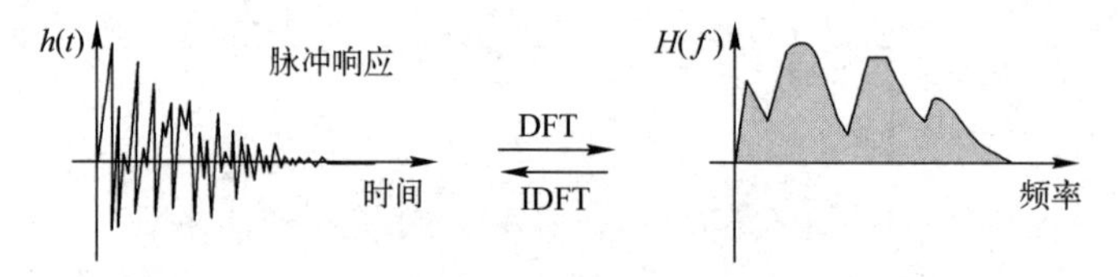

图 19.11 脉冲变化的 DFT 变换

在下列应用中，对于音频工程师来说，计算脉冲响应非常重要。例如，建筑的声学、车内音响、扬声器设计、回声控制系统和公共广播系统设计等。如果在室内声学中采用自适应信号处理方法，则将会将误差降低到最小。这是由于自适应滤波器和房间对同一信号感兴趣，当在频率范围内输入信号 $x(k)$ 时，自适应滤波器与房间有相同的脉冲响应。

19.3.2 回波对消

为了减少回音，本地线路回声的消除广泛应用于数据调制解调器和电话交换机，如图 19.12 所示。

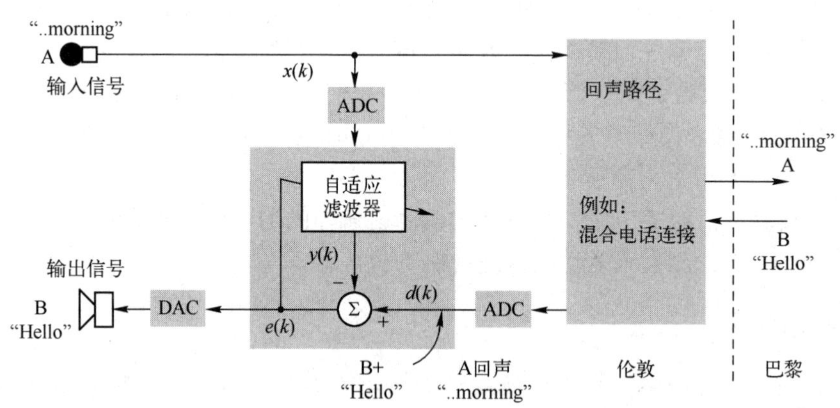

图 19.12 回波对消

当扬声器 A（或数据源甲）将信息发送到电话线上时，如果电话失谐，则可能会产生回声。在这种情况下，扬声器 A 将听到自己发出的声音。很明显，这种情况让人非常讨厌。虽然有些回声是电话交谈所期望的，但是会导致本地不匹配。但是，在数据传输中，需要尽量避免回声，这是因为它会显著降低信号传输的质量。因此，必须消除回声。

如果能对有回声路径的自适应滤波器进行建模，同时增加负的模拟回声，这样就可以消除扬声器 A 的回声。在电话线的另一端，电话用户 B 也可以有回波对消器。

一般情况下，回声对消只用于数据传输，而不是语音。读者可以在国际电联（原国际电报电话咨询委员会）蓝皮书中找到最小规格 V 系列调制解调器的说明。对于 V32 调制解调器（9600b/s 的网格编码调制）的回声减少需要 52dB。因此，需要一个强大的 DSP 单元来实现自适应回声对消滤波器。

长途电话的回声延迟超过 0.1s，减少不到 40dB（这是典型的通过卫星或海底电缆）。语音线路的回声是一个特别令人烦恼的问题。在自适应回声对消之前，通过设立通话检测器和允许半双工通话来解决这个问题。很明显，采用轮流通话非常不方便，可以通过自适应回声对消滤波器来解决这个问题。

取消近端和远端的回波往往包含两个部分，即近端回声和远端回声。

19.3.3　声学回音消除

扬声器声学回声消除非常适合采用自适应数字信号处理器的系统。在同一房间中使用扬声器和麦克风，直接的语音反馈路径会带来问题，如图 19.13 所示。

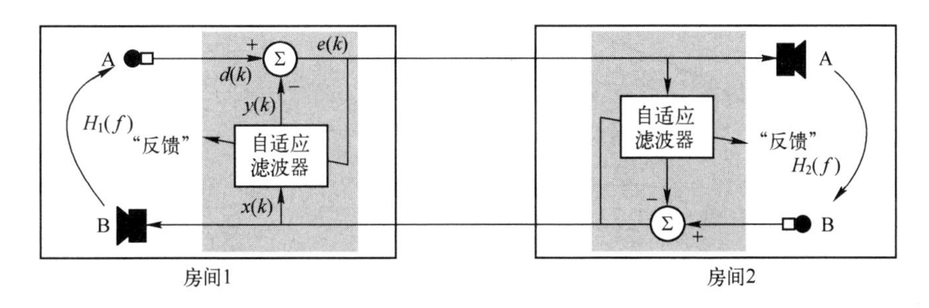

图 19.13　声学回音消除

> **注：** 图 19.13 中删除了放大器、ADC、DAC 和通信信道等，这是为了能够更清楚地说明问题。

当说话者 A 在房间 1 对着麦克风 1 说话时，语音就会传输到房间 2 的扬声器 2，同时麦克风 2 获取扬声器 2 的话音，然后传输到房间 1 的扬声器上。这样，就会反复出现这中情况。除非扬声器和麦克风在声学上是互相独立的，否则存在直接的反馈路径。因此，就可能引起稳定问题，造成全双工场合通话的失败。

电话会议或免提电话，对良好的自适应滤波器有很大的需求。对于某些商用电话系统建立一个连接的时候，自适应滤波器首先捕获的是白噪声序列，然后适应链路环境的变化。由于公司房间的反射时间多于 1s，因此在未来的 1000s 时间内，自适应滤波器是未知的。

19.3.4　电线交流噪声抑制

使用 50Hz 的噪声作为参考，从 ECG（心电图、心跳信号）中去除电源的噪声结构，如图 19.14 所示。

消除 ECG 交流噪声是自适应信号处理中一个典型的例子，这种方法由 Widrow 首先提出，然后被广泛应用。

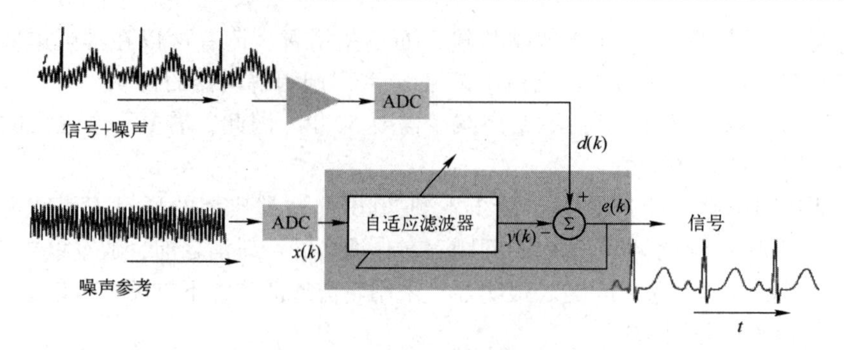

图 19.14 电线交流噪声抑制

Widrow 还实现从胎儿心脏监测信号中去除噪音的处理，如图 19.15 所示。在这种情况下，使用母亲的心跳输入信号作为参考，期望的输入信号是胎儿的心跳加上母亲的心跳，在母亲的肚子里可以明显感觉到心跳。因此，通过滤除占主导地位的母亲心跳，医生就能够观察婴儿的心跳。

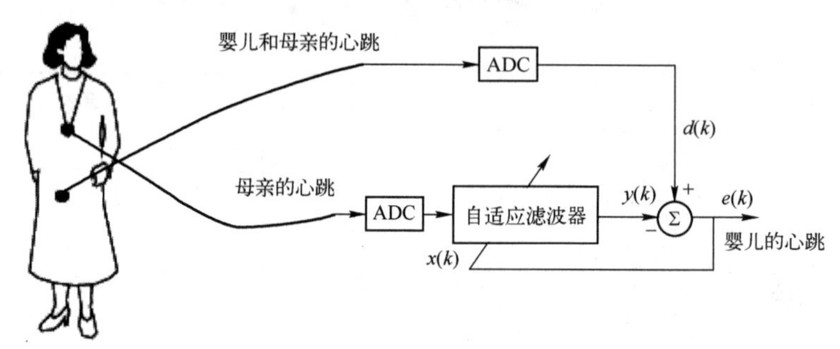

图 19.15 胎儿心跳的测量

19.3.5 背景噪声抑制

在汽车和直升飞机中，如果有一个非相关的信号做参考，就会从收音机或者耳机中消除引擎噪声。

为了降低麦克风获取的引擎噪声，需要有参考的噪声信号，这个信号应包含尽量少的语音，否则自适应噪声过滤器也将滤除语音信号，如图 19.16 所示。因此，理想的参考麦克风是声学独立的麦克风，这可以通过使用特定类型的麦克风来实现，或者使用一个明智的加速度计替代参考麦克风。

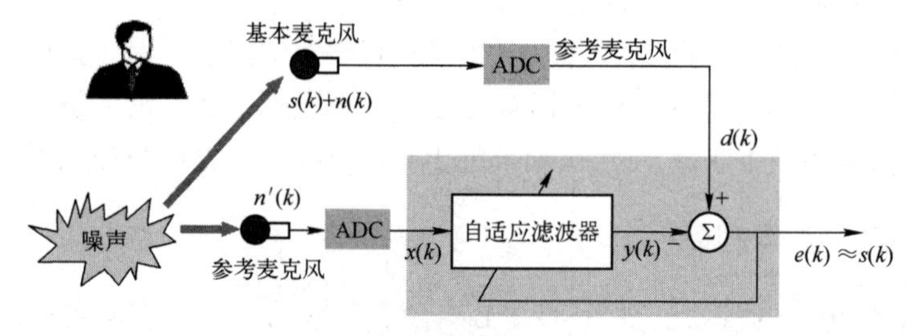

图 19.16 背景噪声抑制

一般而言，背景噪声是准周期的（考虑任何类型的往复式或旋转式发动机噪声）。在一个合理的水平上降噪可以使用噪声对消结构，这样可以改善语音的通信质量。

19.3.6　信道均衡

通过平衡通信信道可以改善信道带宽，如图 19.17 所示。训练序列要满足伪随机二进制序列（Pseudo Random Binary Sequence，PRBS）标准。

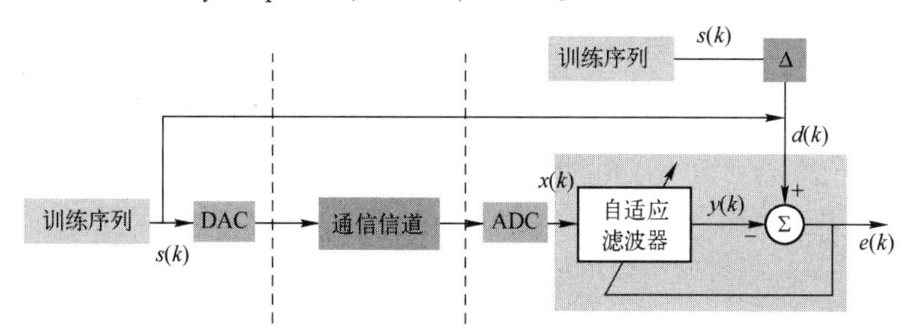

图 19.17　信道均衡

如果上述结构成功实现自适应，误差则会降低到最小，则自适应滤波将生成通信信道的反变换传输函数。

数据信道均衡是自适应信号处理最值得研究的领域。大多数数字通信（如 V32 调制解调器）使用某种形式的数据信道均衡。在过去的几年，在速率为 115.2kb/s（还使用数据压缩）的调制解调器上，快速自适应均衡使调制解调器能够超过 28800b/s 的速率。如果以上通信信道是一个连续时间冲激响应的通信信道，当传输符号时，将导致信号分散在许多时间间隔内，这样就会存在符号间干扰。数据均衡的目的是去除码间干扰，与简单信号均衡相比，数据均衡仅在符号采样时间点进行，而不是所有时间点。因此，所出现的问题与数据符号的输入相关，而不是原始的随机数据。

在一般情况下，信道的冲激响应变化缓慢，可以使用直接的自适应数据均衡器策略来改善。在该策略中，使用一个限幅器产生重复训练的信号。

19.3.7　自适应谱线增强

一个延迟 Δ，对于不相关的且宽带近似噪声的信号而言是足够长的。滤波器提取窄带周期信号，然后在滤波器中输出 $y(k)$。自适应谱线增强器（Adaptive Line Enhancer，ALE）的结构如图 19.18 所示。

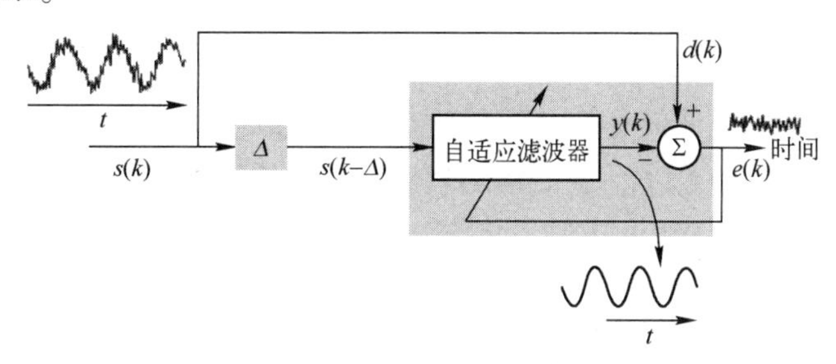

图 19.18　自适应谱线增强器的结构

假设一个 ALE 使用了如图 19.19 所示的信息，即感兴趣的信号是周期的，而加性噪声是随机的。如果延迟参数 Δ 足够长，则出现在 $d(k)$ 中的随机噪声和出现在 $x(k)$ 中的噪声是不相关的，然而周期噪声仍然相关。

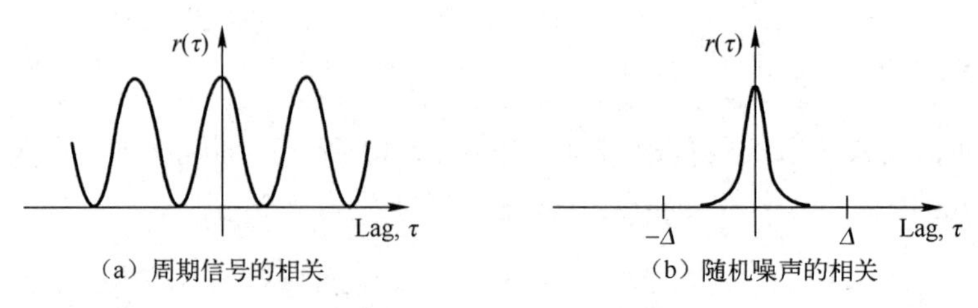

图 19.19 信号相关性分析

ALE 可用于通信信道或者雷达和声呐应用中。在这些应用中，微弱信号淹没在强噪声中。在通信系统中，ALE 可以用来从较强的背景随机噪声中提取双音多频（Dual Tone Multi-Frequency，DTMF）信号。通过观察输出信号 $e(k)$，ALE 能够从随机信号中提取周期噪声。

19.4 自适应信号处理算法

在以上的结构和应用中，自适应算法的目标是在一个周期中减少误差信号的能量。

19.4.1 自适应信号处理算法类型

自适应信号处理算法的类型如下所示。

（1）最小化均方误差：

$$E[e^2(k)] = \frac{1}{M_2 - M_1}\sum_{k=M_1}^{M_2-1} e^2(k)\,(M_2 - M_1 \text{ 足够大}) \tag{19.3}$$

（2）最小平方误差和：

$$v_{(k)} = \sum_{s=0}^{k} e^2(s) \tag{19.4}$$

对于遍历信号而言，时间平均统计的真值等于平均统计数据。对于使用自适应 DSP 的均方误差而言，并不知道将时间平均统计当作真正的统计来用。

最小化均方误差使得出现了 LMS 算法，而为了减少平方和误差出现了最小平方算法，如递归最小二次方（Recursive Least Squares，RLS）算法。

当信号 $x(k)$ 和 $d(k)$ 有某种属性时，LMS 算法和 RLS 算法在理论上是一样的。

19.4.2 自适应滤波器结构

如果 $x(k)$ 和 $d(k)$ 的统计值是广义平稳和遍历的，则可以尽量减少均方误差信号。自适应滤波器的结构如图 19.20 所示，该结构的目标是使得均方误差最小化。

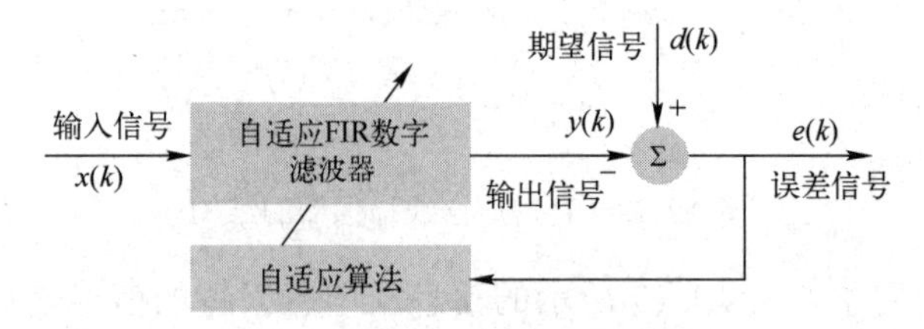

图 19.20 减少均方误差自适应滤波器的结构

对于一个真正的平稳信号而言，所有统计特性不随时间变化。对于广义上或二阶平稳信号而言，意味着其均值和方差为常数。

传统的自适应滤波不考虑二阶以上的统计信息。在自适应算法中，当使用高阶统计量时，需要考虑高阶矩。

对分析均方和推导适合自适应算法而言，假设 $x(k)$ 和 $d(k)$ 是宽平稳的，这是充分的。自适应 FIR 滤波器的结构如图 19.21 所示，该滤波器的结构表示为

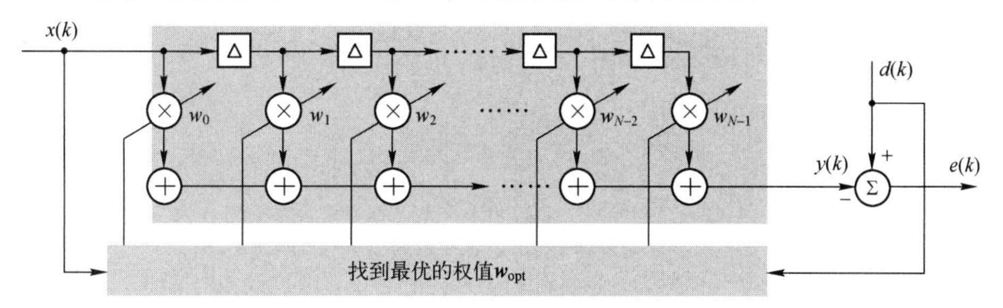

图 19.21　自适应 FIR 滤波器的结构

$$y(k)=\sum_{n=0}^{N-1}\boldsymbol{w}_n x(k-n)=\boldsymbol{w}^{\mathrm{T}}\boldsymbol{x}(k) \tag{19.5}$$

式（19.5）中，$\boldsymbol{w}=[w_0,w_1,w_2,\cdots,w_{N-2},w_{N-1}]^{\mathrm{T}}$；

$$\boldsymbol{x}(k)=[x(k),x(k-1),x(k-2),\cdots,x(k-N+2),x(k-N+1)]^{\mathrm{T}};$$

$\boldsymbol{w}_{\mathrm{opt}}$ 为满足最小化均方误差目标的最优权值。

注： 目前正在研究的算法是一个开环（没有反馈）技术。一旦收集大量的数据，就进行一个单独的计算。因此，这种类型的技术称为单步。

19.4.3　维纳-霍普算法

下面将推导维纳-霍普算法具体的实现过程：

$$\begin{aligned} e^2(k)&=[d(k)-\boldsymbol{w}^{\mathrm{T}}\boldsymbol{x}(k)]^2\\ &=d^2(k)+\boldsymbol{w}^{\mathrm{T}}[\boldsymbol{x}(k)\boldsymbol{x}^{\mathrm{T}}(k)]\boldsymbol{w}-2d(k)\boldsymbol{w}^{\mathrm{T}}\boldsymbol{x}(k) \end{aligned} \tag{19.6}$$

则均方误差的期望值 $E[e^2(k)]$ 为

$$E[e^2(k)]=E[d^2(k)]+\boldsymbol{w}^{\mathrm{T}}E[\boldsymbol{x}(k)\boldsymbol{x}(k)^{\mathrm{T}}]\boldsymbol{w}-2\boldsymbol{w}^{\mathrm{T}}E[d(k)\boldsymbol{x}(k)] \tag{19.7}$$

用相关矩阵表示为

$$E[e^2(k)]=E[d^2(k)]+\boldsymbol{w}^{\mathrm{T}}\boldsymbol{R}\boldsymbol{w}-2\boldsymbol{w}^{\mathrm{T}}\boldsymbol{p} \tag{19.8}$$

假设 $x(k)$ 和 $d(k)$ 是广义平稳各态历经过程（均值和方差为常数），对于有 3 个权值的 FIR 滤波器而言，则有：

$$\begin{aligned} \boldsymbol{R}&=E[\boldsymbol{x}(k)\boldsymbol{x}(k)^{\mathrm{T}}]=E\begin{bmatrix}x(k)\\x(k-1)\\x(k-2)\end{bmatrix}[x(k)\quad x(k-1)\quad x(k-2)]\\ &=E\begin{bmatrix}(x(k))^2 & (x(k)x(k-1)) & (x(k)x(k-2))\\ (x(k-1)x(k)) & (x^2(k-1)) & (x(k-1)x(k-2))\\ (x(k-2)x(k)) & (x(k-2)x(k-1)) & (x^2(k-2))\end{bmatrix} \end{aligned} \tag{19.9}$$

$$\boldsymbol{p}=E[d(k)\boldsymbol{x}(k)]=E\begin{bmatrix} d(k)x(k) \\ d(k)x(k-1) \\ d(k)x(k-2) \end{bmatrix}=\begin{bmatrix} p_0 \\ p_1 \\ p_2 \end{bmatrix} \tag{19.10}$$

推广之，对于 N 个权值的情况，则：

$$\boldsymbol{R}=\begin{bmatrix} r_0 & r_1 & \cdots & r_{N-1} \\ r_1 & r_0 & \cdots & r_{N-2} \\ \vdots & \vdots & & \vdots \\ r_{N-1} & r_{N-2} & \cdots & r_0 \end{bmatrix} \tag{19.11}$$

$$\boldsymbol{p}=\begin{bmatrix} p_0 \\ p_1 \\ \cdots \\ p_{N-1} \end{bmatrix} \tag{19.12}$$

考虑 MSE 等式定义了 MSE 性能，即

$$\xi=E[e^2(k)]$$

式（19.7）是 $\boldsymbol{w}$ 的二次式，因而 ξ 只有一个最小值，指出 MMSE 发生的地方，通过设置梯度向量找到$\boldsymbol{w}_{\text{opt}}$。则梯度表示为

$$\boldsymbol{\nabla}=\frac{\partial \xi}{\partial \boldsymbol{w}}=2\boldsymbol{R}\boldsymbol{w}-2\boldsymbol{p}=\boldsymbol{0} \tag{19.13}$$

得到最优的权值 $\boldsymbol{w}_{\text{opt}}$ 为

$$\boldsymbol{w}_{\text{opt}}=\boldsymbol{R}^{-1}\boldsymbol{p} \tag{19.14}$$

这个解决方案称为维纳-霍普夫算法，该算法是均方误差最小化的最佳解决方法。维纳-霍普滤波器的结构如图 19.22 所示。

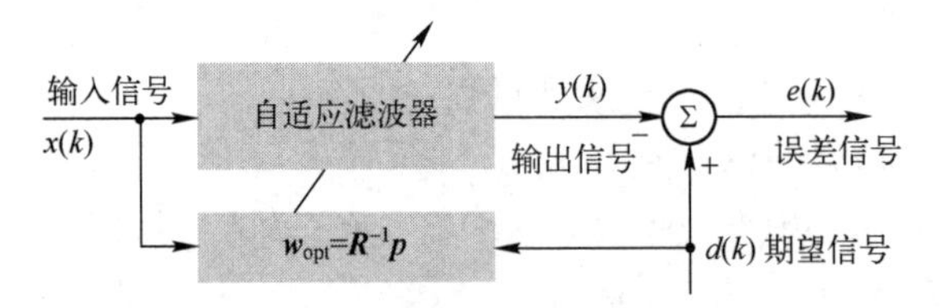

图 19.22 维纳-霍普滤波器的结构

维纳-霍普算法并不是实时算法，该结构需要大量的计算。当 $x(k)$ 和 $d(k)$ 的统计特性发生变化时，需要重新计算$\boldsymbol{w}_{\text{opt}}$。

维纳-霍普自适应是单步算法，不需要反馈，可用于解决以前的系统识别问题，包括逆系统辨识和噪声消除等。然而，由于一些实际原因，很少使用该滤波器结构。

如果假设统计平均等于时间平均，则可以计算出 $\boldsymbol{R}$ 和 $\boldsymbol{p}$ 的所有元素，其元素可表示为

$$r(n)=\frac{1}{M}\sum_{i=0}^{M-1}x(i)x(i+n) \tag{19.15}$$

$$p(n)=\frac{1}{M}\sum_{i=0}^{M-1}d(i)x(i+n) \tag{19.16}$$

计算 $\boldsymbol{R}$ 和 $\boldsymbol{p}$ 的所有元素需要大约 $2\times M\times N$ 次的乘和累加运算。

其中，M 为数字序列的采样数；N 为自适应滤波器的长度。

对 $\boldsymbol{R}$ 求逆需要大约 N^3次乘加运算，并且矩阵向量乘法需要 N^2次乘加运算。所以，总的计算需要 $2\times M\times N+N^3+N^2$次乘加运算。很明显，该算法的运算量很大。例如，对于 $N=100$ 而言，如果计算 $\boldsymbol{R}$ 和 $\boldsymbol{p}$ 时，使用 $M=1000$ 个采样值，则使用 MMSE 解决方案需要执行 3000000 次的乘加运算。

更明显的是，如果信号 $x(k)$或 $d(k)$的统计特性发生变化，就需要重新计算滤波器，此时算法将失去跟踪功能。因此，在实时数字信号处理中，直接使用维纳-霍普夫算法显然是不行的。

可采取的另一种方法是使用迭代方程搜索 MMSE，可以在内部表面的梯度方向执行“跳”的操作过程，如图 19.23 所示，该迭代过程可以表示为

$$\boldsymbol{w}(k+1)=\boldsymbol{w}(k)+\mu(-\boldsymbol{\nabla}(k)) \tag{19.17}$$

其中，步长 μ 用于控制自适应算法的速度。如果 μ 值太大，该算法将超过内部抛物线，算法将不稳定。步长 μ 对算法稳定性的影响如图 19.24 所示。

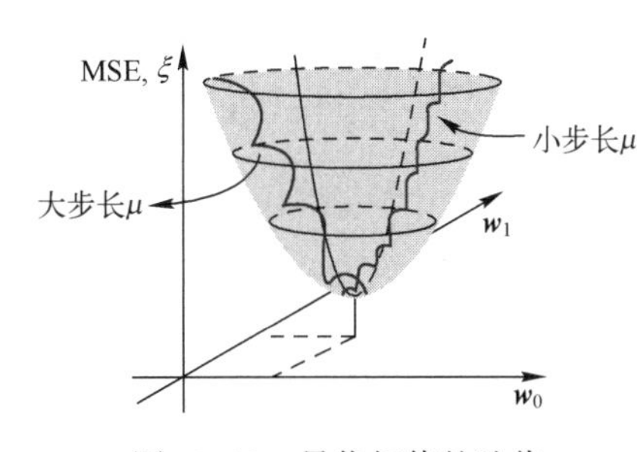

图 19.23　最优权值的迭代

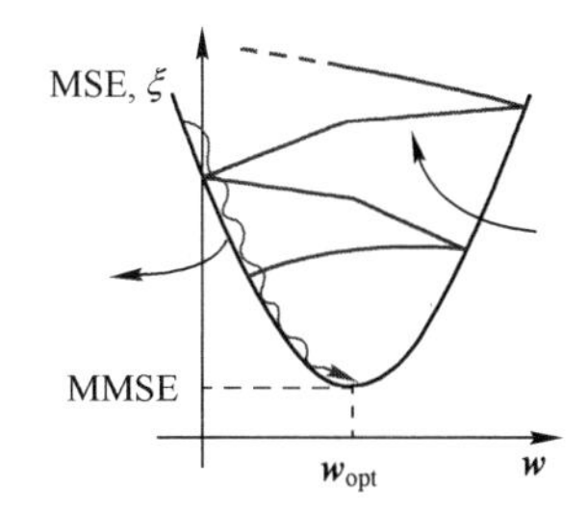

图 19.24　步长 μ 对算法稳定性的影响

在该迭代过程中，初始值 $\boldsymbol{w}_0$是最初的假定值，然后在每一个新的离散时间点 k 处就会计算一个新的值。对于一个 N 阶的 FIR 滤波器而言，采用急速下降方法，将从内表面迅速跳到 MMSE 点。

19.4.4　最小均方算法

本节将详细介绍最小均方算法，内容主要包括 LMS 算法原理、LMS 算法稳定性、LMS 收敛性、自适应 IIR 滤波器的 LMS 算法和非线性 LMS 算法。

1. LMS 算法原理

Widrow 建议，通过计算瞬时均方误差来代替计算均方误差，即

$$\boldsymbol{w}(k+1)=\boldsymbol{w}(k)+\mu\left(-\frac{\partial}{\partial \boldsymbol{w}(k)}(e^2(k))\right) \tag{19.18}$$

梯度$\hat{\boldsymbol{\nabla}}(k)$可以表示为

$$\hat{\boldsymbol{\nabla}}(k)=\frac{\partial}{\partial \boldsymbol{w}}e^2(k)=2e(k)\left(\frac{\partial}{\partial \boldsymbol{w}(k)}e(k)\right)=-2e(k)\boldsymbol{x}(k) \tag{19.19}$$

LMS 的迭代权值更新算法如下：

$$\boldsymbol{w}(k+1)=\boldsymbol{w}(k)+2\mu e(k)\boldsymbol{x}(k) \tag{19.20}$$

已经证明，梯度估计确实是一个无偏估计的真实梯度。有：

$$E[\hat{\boldsymbol{\nabla}}(k)]=E[-2e(k)\boldsymbol{x}(k)]=E\{-2[d(k)-\boldsymbol{w}^{\mathrm{T}}\boldsymbol{x}(k)]\boldsymbol{x}(k)\}$$
$$=2\boldsymbol{R}\boldsymbol{w}(k)-2\boldsymbol{p}=\boldsymbol{\nabla}(k) \tag{19.21}$$

假设 $\boldsymbol{w}(k)$ 和 $d(k)$ 是独立的。如果步长 μ 由最大特征值取反限制，则 LMS 将收敛到维纳-霍普方程。考虑 LMS 方程等式两端的期望：

$$E[\boldsymbol{w}(k+1)]=E[\boldsymbol{w}(k)]+2\mu E[e(k)\boldsymbol{x}(k)]$$
$$=E[\boldsymbol{w}(k)]+2\mu(E[d(k)\boldsymbol{x}(k)]-E[\boldsymbol{x}(k)\boldsymbol{x}^{\mathrm{T}}(k)\boldsymbol{w}(k)]) \tag{19.22}$$

假设 $\boldsymbol{w}(k)$ 和 $d(k)$ 是独立的，则：

$$E[\boldsymbol{w}(k+1)]=E[\boldsymbol{w}(k)]+2\mu E[e(k)\boldsymbol{x}(k)]$$
$$=E[\boldsymbol{w}(k)]+2\mu(\boldsymbol{p}-\boldsymbol{R}E[\boldsymbol{w}(k)])$$
$$=(\boldsymbol{I}-2\mu\boldsymbol{R})E[\boldsymbol{w}(k)]+2\mu\boldsymbol{R}\boldsymbol{w}_{\mathrm{opt}} \tag{19.23}$$

如果：

$$\boldsymbol{v}(k)=\boldsymbol{w}(k)-\boldsymbol{w}_{\mathrm{opt}}$$

则式（19.23）改写为

$$E[\boldsymbol{v}(k+1)]=(\boldsymbol{I}-2\mu\boldsymbol{R})E[\boldsymbol{v}(k)] \tag{19.24}$$

对于 LMS 算法收敛到维纳-霍普夫方程而言，需要满足当：$k\to\infty$ 时，$\boldsymbol{w}(k)\to\boldsymbol{w}_{\mathrm{opt}}$，因此，$\boldsymbol{k}\to\infty$，$\boldsymbol{v}(k)\to\boldsymbol{0}$。

如果 $\boldsymbol{R}$ 的特征值分解可以表示为

$$\boldsymbol{R}=\boldsymbol{Q}^{\mathrm{T}}\boldsymbol{\Lambda}\boldsymbol{Q}$$

其中，$\boldsymbol{Q}^{\mathrm{T}}\boldsymbol{Q}=\boldsymbol{I}$；$\boldsymbol{\Lambda}$ 是一个对角矩阵。

根据线性变换，重新将向量 $\boldsymbol{v}(k)$ 表示为

$$E[\boldsymbol{v}(k)]=\boldsymbol{Q}^{\mathrm{T}}E[\boldsymbol{v}(k)]$$

矩阵变换，则：

$$E[\boldsymbol{v}(k+1)]=(\boldsymbol{I}-2\mu\boldsymbol{\Lambda})E[\boldsymbol{v}(k)] \tag{19.25}$$

因此：

$$E[\boldsymbol{v}(k)]=(\boldsymbol{I}-2\mu\boldsymbol{\Lambda})^{k}E[\boldsymbol{v}(0)] \tag{19.26}$$

式（19.26）中的 $(\boldsymbol{I}-2\mu\boldsymbol{\Lambda})$ 是一个对角阵：

$$(\boldsymbol{I}-2\mu\boldsymbol{\Lambda})=\begin{bmatrix}(1-\mu\lambda_0) & 0 & 0 & \cdots & 0\\ 0 & (1-\mu\lambda_1) & 0 & \cdots & 0\\ 0 & 0 & (1-\mu\lambda_2) & \cdots & 0\\ \vdots & \vdots & \vdots & & \vdots\\ 0 & 0 & 0 & \cdots & (1-2\mu\lambda_{N-1})\end{bmatrix} \tag{19.27}$$

如收敛到 $\boldsymbol{0}$ 向量，则要求对所有的 $n=0,1,2,\cdots,N-1$，满足下面的条件：

$$(1-2\mu\lambda_n)^n\to 0$$

步长 μ 必须满足最大特征值 $\lambda_{\max}$，$\lambda_{\max}=\max(\lambda_0,\lambda_1,\lambda_2,\cdots,\lambda_{N-1})$，且 $|1-2\mu\lambda_{\max}|<1$。因此，需要下面的条件：

$$0<\mu<\frac{1}{\lambda_{\max}} \tag{19.28}$$

2. LMS 算法稳定性

LMS 的稳定性取决于步长参数 μ 的值，为了稳定，则需要满足下面的条件：

$$0<\mu<\frac{1}{NE[x^2(k)]} \tag{19.29}$$

其中，$E[x^2(k)]$是输入信号的能量。当超出这个范围时，可能导致不稳定，此时就不能得到最小误差。

前面得到的式（19.28）不便于计算，因此不能用于实际计算，使用线性代数得到：

$$\text{trace}[\boldsymbol{R}] = \sum_{n=0}^{N-1} \lambda_n \tag{19.30}$$

例如，相关矩阵 $\boldsymbol{R}$ 的对角元素的和与特征值的和相等，$E[x^2(k)]$是输入信号的能量，因此：

$$\text{trace}[\boldsymbol{R}] = NE[x^2(k)] = N\text{<信号能量>} \tag{19.31}$$

3. LMS 收敛性

采用小步长 μ 时，LMS 算法的收敛会很慢，并可能出现小失调误差，如图 19.25 所示。

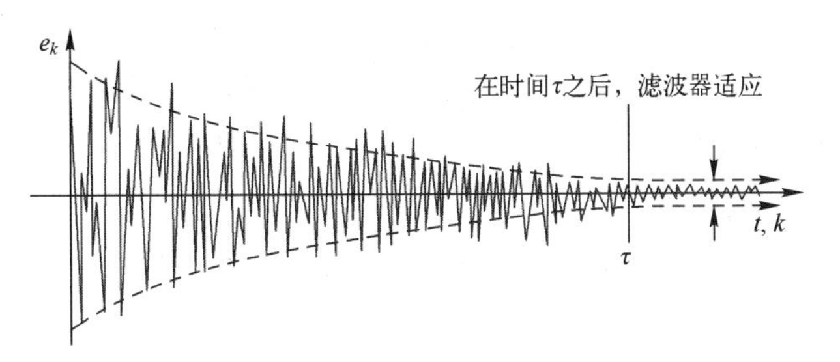

图 19.25　小步长 μ 的 LMS 的收敛

失调定义为超过 MSE 与 MMSE 的比值，该定义给出了衡量滤波器性能的方法，可定义为

$$\text{失调} = \frac{\text{超过 MSE}}{\text{MMSE}} \approx \mu \cdot \text{trace}[\boldsymbol{R}] \approx \mu N\text{<信号能量>} \tag{19.32}$$

因此，MMSE 解决方案的失调与步长、滤波器的长度和信号的输入能量成正比，滤波器的适应速度（表示指数时间常数）可以使用相关矩阵的特征值来定义，但是更实际的措施是：

$$\tau_{\text{mse}} \approx \frac{N}{4\mu(\text{trace}[\boldsymbol{R}])} \tag{19.33}$$

因此，适应的速度与信号能量的逆、步长的逆和滤波器的长度成正比。

对于大步长μ而言，LMS 算法的收敛很快，但是可能有大的失调误差，如图 19.26 所示。

显然，对于长度为 N 的滤波器而言，小步长将需要更长的适应时间，但能达到小的 MSE；大步长虽然适应快，但会有较大的 MSE。在设计中，需要权衡选择μ 值。普通的 LMS 算法改善了稳定性和收敛性。

下面给出其他的 LMS 算法及其应用：

（1）延迟 LMS。该算法仅延迟误差信号，用于脉动阵列定时应用专用电路的实现。

（2）泄漏 LMS。泄漏因子 c 用来改善标准 LMS 的数值行为。

（3）多通道 LMS。用来设置多个自适应的滤波器通道。

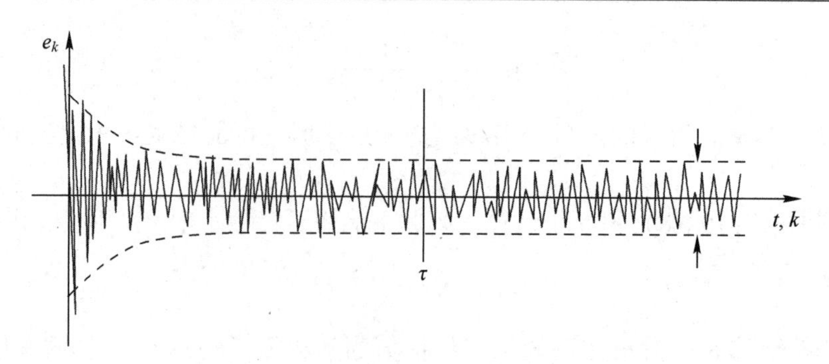

图 19.26　小步长 μ 的 LMS 的收敛

（4）牛顿 LMS。用来改善 LMS 算法的收敛属性，这将存在额外的开销用来计算在每次迭代时估计的相关矩阵 $\boldsymbol{R}^{-1}$。

（5）标准化步长 LMS。在每次迭代时，该算法计算输入信号功率的估计值，使用这个值以确保对于快速收敛而言步长是合适的。步长随时间变化，当输入信号的能量波动较快，以及输入信号是慢变的非平稳信号时，采用标准化步长是非常有用的。

（6）有符号数据/回归 LMS。该算法用来降低 LMS 算法中所要求的乘法规模。其中，步长 μ 是 2 的幂次方。因此，只使用按位移动乘法和误差符号。

（7）可变步长 LMS。当步长较大时，该算法的收敛速度较快。然而，当误差减少时，自动减小步长。

4. 自适应 IIR 滤波器 LMS 算法

LMS 自适应 IIR 滤波器的优势是滤波器具有极点和零点，因此有利于对递归系统进行建模。建模时，考虑步长的稳定性，以确保所有的极点都在单位圆内。因此，增加了系统的稳定性。自适应 IIR 滤波器的 LMS 算法结构如图 19.27 所示，该结构是最简单的无限冲激响应 LMS 结构。尽管自适应 IIR 滤波器更多地关注在稳定性方面，但是这些实现比普通所接触的结构更加稳定。

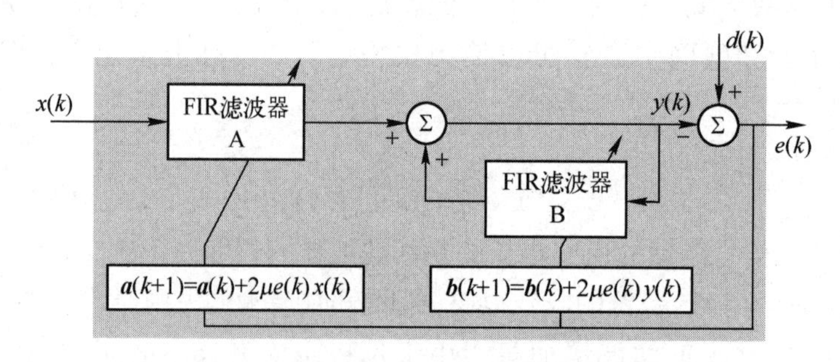

图 19.27　自适应 IIR 滤波器的 LMS 算法结构

当系统是递归模型（存在极点和零点）时，使用自适应 IIR 滤波器更适合。使用原 LMS 算法的自适应有源噪声控制应用是很失败的。与 FIR LMS 相比，IIR 使用更少的阶数。

5. 非线性 LMS 算法

对于非线性系统而言，大量使用非线性 LMS 自适应滤波器，如自适应 Volterra LMS 和

Adaptive LMS 神经元（神经网络）。

如图 19.28 所示，Volterra LMS 的原理是：将频率为 100Hz 的正弦信号输入扬声器，扬声器的输出是一个纯的 100Hz 的信号和 200Hz 的谐波分量。因此，扬声器具有非线性特性，如果使用 1 阶非线性 Volterra LMS 滤波器，就能实际模拟 2 阶非线性特性……N 阶 Volterra LMS 滤波器可以表示为

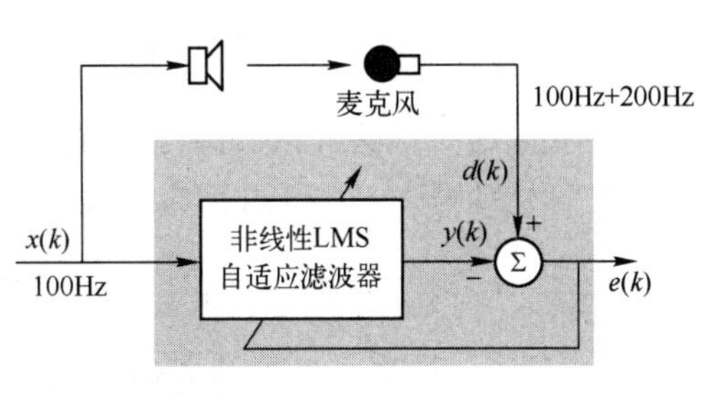

图 19.28　Volterra LMS 的原理

$$y(k) = \sum_{n=0}^{N-1} w_n x(k-n) + \sum_{n=0}^{N-1}\sum_{j=0}^{N-1} w_{ij} x(k-i)x(k-j) \tag{19.34}$$

非线性自适应数字信号处理技术在模拟非线性系统的时候相当有用，但随着 Volterra LMS 滤波器阶数的增加，计算量也会增加。

近些年来，关于神经网络方面的研究有很多，如在预测应用领域和分类领域，几乎所有的神经网络是基于最小二乘法的。事实上，一些简单形式的神经是带有非线性处理单元的自适应信号处理器。

6. 有源噪声控制

实时滤除噪声时，前面已经使用了一系列自适应 IIR 滤波器 LMS 算法。控制有源噪声的自适应处理结构如图 19.29 所示。

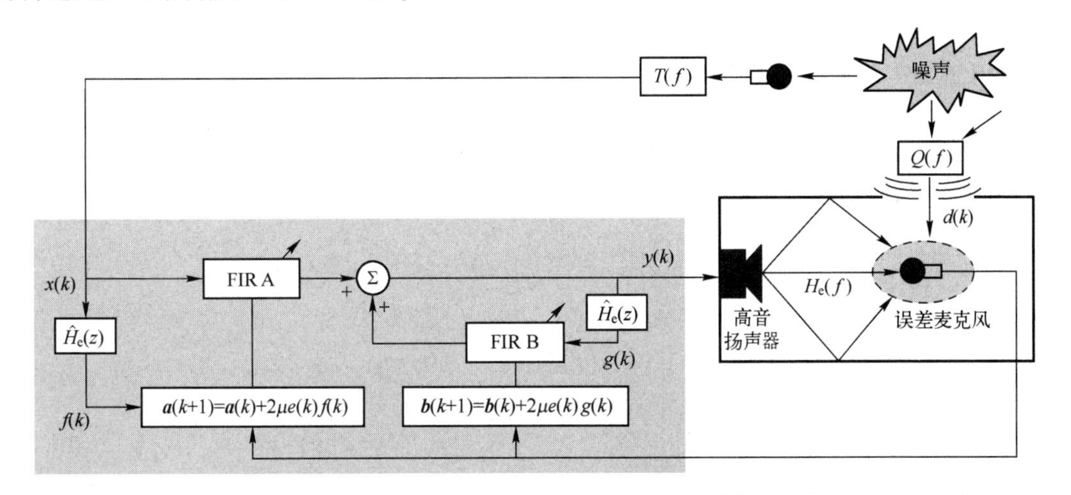

图 19.29　控制有源噪声的自适应处理结构

有源噪声控制基于简单的破坏性干涉物理原理，应用范围包括飞机、汽车和工厂等降噪，该结构的误差信号为

$$\boldsymbol{e}_k - \boldsymbol{d}_k - \boldsymbol{y}_k^* \boldsymbol{h}_e \tag{19.35}$$

IIR LMS 算法被修改从而实现 filtered-U LMS。对于扬声器的脉冲响应而言，必然考虑室内声学和麦克风。

19.4.5　递归最小二次方算法

本节将详细介绍递归最小二次方算法，内容包括 RLS 算法原理、RLS 和 QR 算法、卡尔

曼滤波器和 RLS 算法。

1. RLS 算法原理

最小二乘递归算法（Recursive Least Squares，RLS）也可用于减少总的误差平方的一般自适应信号处理器中。RLS 自适应滤波器的内部结构如图 19.30 所示。

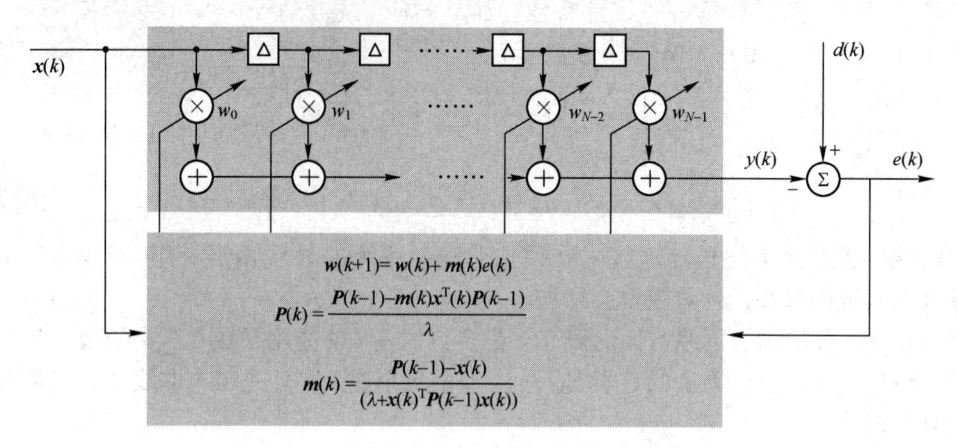

图 19.30　RLS 自适应滤波器的内部结构

RLS 算法由一般自适应信号处理器的最小二乘解推导得到。在一般的算法中，每一个数据样本的计算复杂度为 $O(N^2)$，相比之下，LMS 的计算复杂度只需要 $O(N)$。近年来，研究出具有计算复杂度的 $O(\mathrm{N})$ 的快速 RLS 算法，参数 λ 是遗忘因子，用于减少以前数据的影响，否则 RLS 需要无限的存储量。所以，要谨慎选择这个参数，其值是一个小于 1 的常数。在一些文献中，详细说明了 RLS 算法的原理、优点、缺点和各种表达形式。

为了建模最小二乘自适应滤波器，需要将所有输入信号的平方误差总和减少到最小，其中，包括时间 k 总的平方误差为 $v(k)$，表示为

$$v(k) = \sum_{s=0}^{k} [e(s)]^2 = e^2(0) + e^2(1) + \cdots + e^2(k) \tag{19.36}$$

使用矢量符号，误差信号可表示为矢量形式：

$$\boldsymbol{e}(k) = \begin{bmatrix} e(0) \\ e(1) \\ \cdots\cdot \\ e(k-1) \\ e(k) \end{bmatrix} = \begin{bmatrix} d(0) \\ d(1) \\ \cdots\cdot \\ d(k-1) \\ d(k) \end{bmatrix} - \begin{bmatrix} y(0) \\ y(1) \\ \cdots\cdot \\ y(k-1) \\ y(k) \end{bmatrix} = \boldsymbol{d}(k) - \boldsymbol{y}(k) \tag{19.37}$$

注意到 N 阶自适应 FIR 数字滤波器的输出表示为

$$y(k) = \sum_{n=0}^{N-1} w_n x(k-n) = \boldsymbol{w}^{\mathrm{T}} \boldsymbol{x}(k) = \boldsymbol{x}^{\mathrm{T}}(k) \boldsymbol{w} \tag{19.38}$$

2. RLS 和 QR 算法

在 RLS 算法中，权值更新的过程表示为

$$\boldsymbol{w}(k) = \boldsymbol{w}(k-1) + k(k) e(k-1) \tag{19.39}$$

$$k(k) = \frac{\boldsymbol{P}(k-1)\boldsymbol{x}(k)}{\boldsymbol{\lambda} + \boldsymbol{x}^{\mathrm{T}}(k-1)\boldsymbol{P}(k-1)\boldsymbol{x}(k)} \tag{19.40}$$

$$\boldsymbol{P}(k)=\frac{1}{\lambda}[\boldsymbol{P}(k-1)-k(k)\boldsymbol{x}^{\mathrm{T}}(k)\boldsymbol{P}(k-1)] \tag{19.41}$$

$$y(k)=\boldsymbol{w}^{\mathrm{T}}(k)\boldsymbol{x}(k) \tag{19.42}$$

在 QR 算法中：

$$y(k)=\boldsymbol{x}^{\mathrm{T}}(k)[\boldsymbol{R}^{-1}(k)\boldsymbol{P}(k)] \tag{19.43}$$

$$\begin{bmatrix}\boldsymbol{R}(k) & \boldsymbol{P}(k)\\ \boldsymbol{0}^{\mathrm{T}} & *\end{bmatrix}=Q\begin{bmatrix}\lambda\boldsymbol{R}(k-1) & \lambda\boldsymbol{P}(k-1)\\ \boldsymbol{x}^{\mathrm{T}}(k) & d(k)\end{bmatrix} \tag{19.44}$$

其中，$\boldsymbol{w}(k)=[w_0,w_1,w_2,\cdots,w_{N-1}]^{\mathrm{T}}$；$\boldsymbol{x}(k)=[x(k),x(k-1),x(k-2),\cdots,x(k-N+1)]^{\mathrm{T}}$。

误差$\boldsymbol{e}_k$表示为

$$\boldsymbol{e}_k=\begin{bmatrix}e(0)\\e(1)\\e(2)\\\vdots\\e(k-1)\\e(k)\end{bmatrix}=d_k-\begin{bmatrix}\boldsymbol{x}^{\mathrm{T}}(0)\boldsymbol{w}\\\boldsymbol{x}^{\mathrm{T}}(1)\boldsymbol{w}\\\boldsymbol{x}^{\mathrm{T}}(2)\boldsymbol{w}\\\vdots\\\boldsymbol{x}^{\mathrm{T}}(k-1)\boldsymbol{w}\\\boldsymbol{x}^{\mathrm{T}}(k)\boldsymbol{w}\end{bmatrix}=d_k-\begin{bmatrix}x(0) & 0 & \cdots & 0\\x(1) & x(0) & \cdots & 0\\x(2) & x(1) & \cdots & 0\\\vdots & \vdots & & \vdots\\x(k-1) & x(k-2) & \cdots & x(k-N)\\x(k) & x(k-1) & \cdots & x(k-N+1)\end{bmatrix}=d_k-\boldsymbol{X}_k\boldsymbol{w} \tag{19.45}$$

式（9.45）中，$\boldsymbol{X}_k$ 是一个$(K+1)\times N$的完整的输入信号矩阵。

因此，$\boldsymbol{v}(k)$可以表示为

$$v(k)=\boldsymbol{e}_k^{\mathrm{T}}\boldsymbol{e}_k=\|\boldsymbol{e}_k\|_2^2=[d_k-\boldsymbol{X}_k\boldsymbol{w}]^{\mathrm{T}}[d_k-\boldsymbol{X}_k\boldsymbol{w}]=d_k^{\mathrm{T}}d_k+\boldsymbol{w}^{\mathrm{T}}\boldsymbol{X}_k^{\mathrm{T}}\boldsymbol{X}_k\boldsymbol{w}-2d_k^{\mathrm{T}}\boldsymbol{X}_k\boldsymbol{w} \tag{15.46}$$

为了找到最优权值，要求误差向量$\boldsymbol{e}(k)$的二项式最小。由于$v(k)$等式是二次方程，函数$v(k)$画在$N+1$维空间中是超抛物体表面。因此，在超抛物体的底部存在最小值，该点的梯度为 0，即表示为

$$\frac{\partial}{\partial\boldsymbol{w}}\boldsymbol{v}(k)=0 \tag{19.47}$$

下面给出其推导过程：

$$\frac{\partial}{\partial\boldsymbol{w}}\boldsymbol{v}(k)=2\boldsymbol{X}_k^{\mathrm{T}}\boldsymbol{X}_k\boldsymbol{w}-2\boldsymbol{X}_k^{\mathrm{T}}d_k=-2\boldsymbol{X}_k^{\mathrm{T}}[d_k-\boldsymbol{X}_k\boldsymbol{w}] \tag{19.48}$$

最小二乘解记为$\boldsymbol{w}_{\mathrm{LS}}$

$$\boldsymbol{X}_k^{\mathrm{T}}\boldsymbol{X}_k\boldsymbol{w}=\boldsymbol{X}_k^{\mathrm{T}}d_k$$

$$\boldsymbol{w}_{\mathrm{LS}}=(\boldsymbol{X}_k^{\mathrm{T}}X_k)^{-1}\boldsymbol{X}_k^{\mathrm{T}}d_k \tag{19.49}$$

因为 $\boldsymbol{X}_k^{\mathrm{T}}\boldsymbol{X}_k$ 为一个对称矩阵，$(\boldsymbol{X}_k^{\mathrm{T}}\boldsymbol{X}_k)^{-1}$也是一个对称矩阵。如果在特殊情况下，它是一个非奇异矩阵，则上述式子简化为

$$\boldsymbol{w}_{\mathrm{LS}}=\boldsymbol{X}_k^{-1}d_k \tag{19.50}$$

从式（19.48）可以推导出递归最小二乘法。在求取的过程中，应避免求取$\boldsymbol{X}_k^{-1}$的逆。有许多形式的递推最小二乘算法，目前使用的有 QR 算法、快速横向滤波器（FTF）和最小二乘格递推。

由下面给出 RLS 算法的更新公式：

$$k(n)=\frac{\lambda^{-1}\boldsymbol{P}(n-1)\boldsymbol{x}(n)}{1+\lambda^{-1}x^{\mathrm{H}}(n)\boldsymbol{P}(n-1)x(n)} \tag{19.51}$$

$$\xi(n)=d(n)-\boldsymbol{w}^{\mathrm{H}}(n-1)\boldsymbol{x}(n) \tag{19.52}$$

$$\boldsymbol{w}(n)=\boldsymbol{w}(n-1)-k(n)\xi^{*}(n) \tag{19.53}$$

$$\boldsymbol{p}(n)=\lambda^{-1}[\boldsymbol{P}(n-1)-k(n)\boldsymbol{x}^{\mathrm{H}}(n)\boldsymbol{P}(n-1)] \tag{19.54}$$

为了数学上表达的方便，复杂滤波器的输出 $y(n)$ 表示为

$$y(n)=\boldsymbol{w}^{\mathrm{H}}(n)\boldsymbol{x}(n) \tag{19.55}$$

3. 卡尔曼滤波和 RLS 算法

如图 19.31 所示为卡尔曼滤波器的原理，给出了线性离散时间动态系统，它由两部分构成，包括：

（1）状态 $\boldsymbol{q}(n)$ 的过程；

（2）每个时间点上的测量。

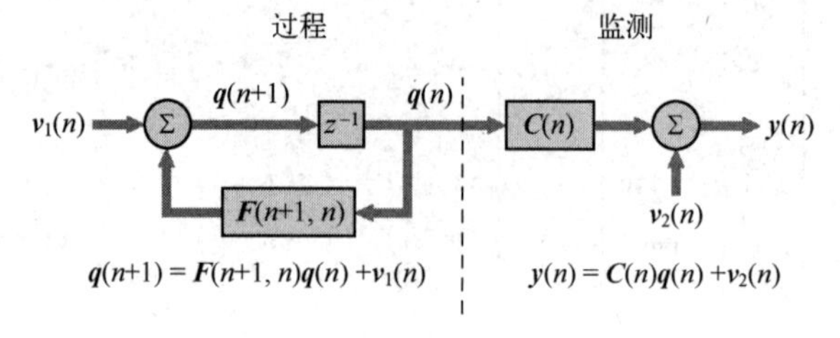

图 19.31　卡尔曼滤波器的原理

将系统的状态向量表示为 $\boldsymbol{q}(n)$，它是包含 M 个变量的向量，表示为从当前状态 $\boldsymbol{q}(n)$ 转换到下一状态 $\boldsymbol{q}(n+1)$，如图 19.32 所示。

图 19.32 中，$F(n+1,n)$ 称为状态转换矩阵；$v_1(n)$ 为测量噪声。

如图 19.33 所示，观测向量 $\boldsymbol{y}(n)$ 是 $N\times1$ 维列向量。

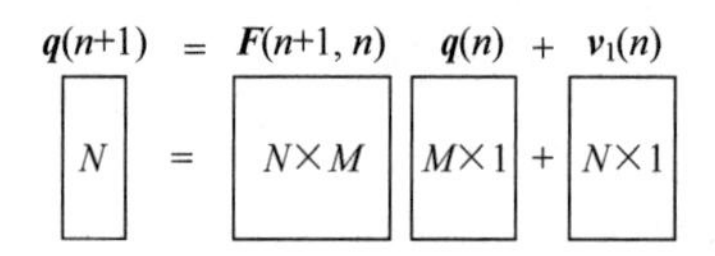

图 19.32　状态转移矩阵的表示

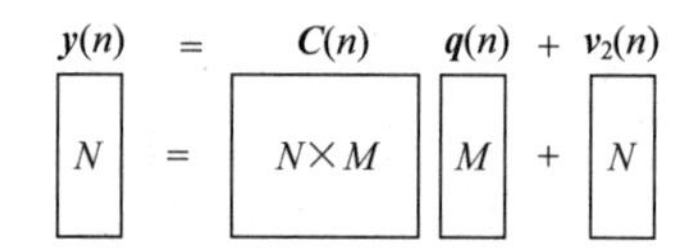

图 19.33　观察向量的表示

其中，$\boldsymbol{C}(n)$ 被称作测量矩阵；$\boldsymbol{v}_2(n)$ 是测量噪声。

假设下面条件是已知的：

（1）状态转换矩阵 $\boldsymbol{F}(n+1,n)$；

（2）测量矩阵 $\boldsymbol{C}(n)$；

（3）过程噪声相关矩阵 $\boldsymbol{Q}_1(n)=E\{\boldsymbol{v}_1(n)\boldsymbol{v}_1^{\mathrm{H}}(n)\}$；

（4）测量噪声相关矩阵 $\boldsymbol{Q}_2(n)=E\{\boldsymbol{v}_2(n)\boldsymbol{v}_2^{\mathrm{H}}(n)\}$。

这样，通过观测 $\boldsymbol{y}(1),\boldsymbol{y}(2),\cdots,\boldsymbol{y}(n)$，就可以得到状态向量 $\boldsymbol{q}(n)$ 的最小均方估计。由观测向量 $\boldsymbol{y}(1)$ 到 $\boldsymbol{y}(k)$ 所得到 $\boldsymbol{q}(n)$ 的最小均方估计表示为 $\hat{\boldsymbol{q}}(n\mid\gamma_k)$。

由卡尔曼滤波器的结构可知，其结构可以表示为

$$\boldsymbol{G}(n)=\boldsymbol{F}(n+1,n)\boldsymbol{K}(n,n-1)\boldsymbol{C}^{\mathrm{H}}(n)[\boldsymbol{C}(n)\boldsymbol{K}(n,n-1)\boldsymbol{C}^{\mathrm{H}}(n)+\boldsymbol{Q}_2(n)]^{-1} \tag{19.56}$$

$$\boldsymbol{\alpha}(n)=\boldsymbol{y}(n)-\boldsymbol{C}(n)\hat{\boldsymbol{q}}(n\mid\gamma_{n-1}) \tag{19.57}$$

$$\hat{\boldsymbol{q}}(n+1\mid\gamma_n)=\boldsymbol{F}(n+1,n)\hat{\boldsymbol{q}}(n\mid\gamma_{n-1})+\boldsymbol{G}(n)\boldsymbol{\alpha}(n) \tag{19.58}$$

$$K(n)=K(n,n-1)-F(n,n+1)G(n)C(n)K(n,n-1) \tag{19.59}$$

$$K(n+1,n)=F(n+1,n)K(n)F^{\mathrm{H}}(n+1,n)+Q_1(n) \tag{19.60}$$

$$\hat{q}(n\mid\gamma_n)=F(n,n+1)\hat{q}(n+1\mid\gamma_n) \tag{19.61}$$

因此，可以从卡尔曼滤波的角度描述 RLS。这里提供了一种方法，把 RLS 作为一个状态空间问题来描述，如图 19.34 所示。第一步是对测试的过程进行建模，即必须对一个未知的系统进行建模。

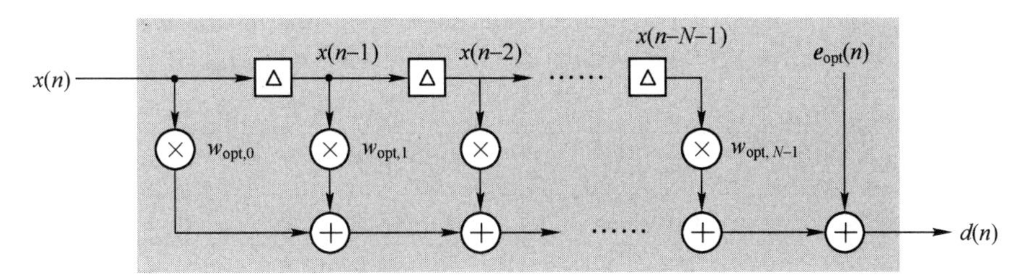

图 19.34　未知系统的模型

图 19.34 中，$\{w_{\mathrm{opt},k}\}$是最优滤波器的系数；$e_{\mathrm{opt}}(n)$为加性噪声。

这种模式适用于任何配置的自适应滤波器，该模型简单描述输入自适应滤波的信号和期望的最优滤波器信号之间的关系，任何延迟线模型与实际系统的差异用噪声 $e_{\mathrm{opt}}(n)$表示。

未知系统的辨识如图 19.35 所示，可以用带有加性噪声的线性延迟表示 $x(k)$ 和 $d(k)$之间的关系。

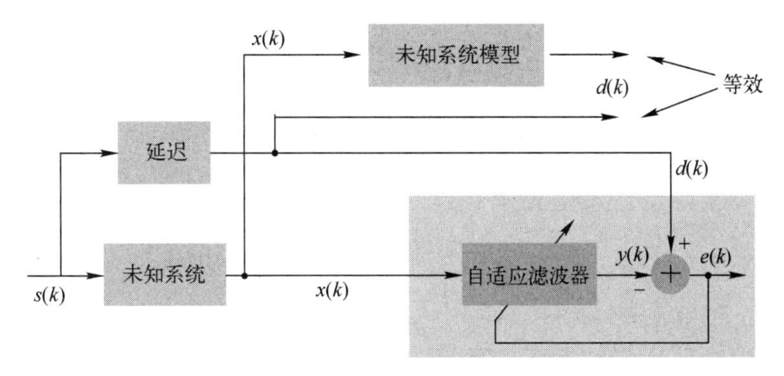

图 19.35　未知系统的辨识

下面给出了 Kalman 滤波算法和 RLS 算法的比较，线性模型和状态模型如图 19.36 所示。

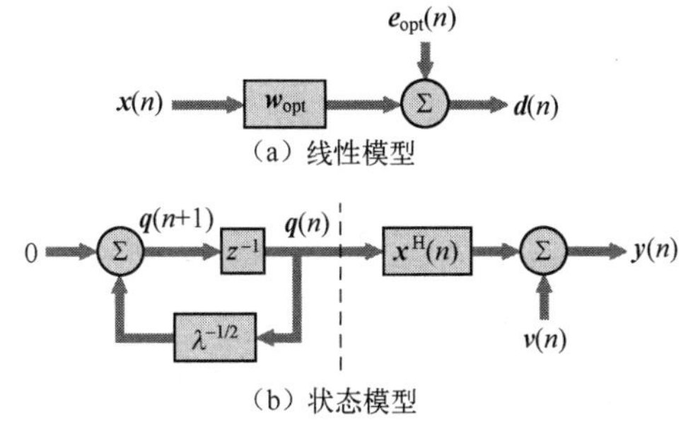

图 19.36　线性模型和状态模型

从图 19.36 可以得出一系列一对一的相似矩阵，这些矩阵用于 RLS 算法和卡尔曼滤波器中。RLS 算法和卡尔曼滤波器算法的比较如表 19.1 所示。

表 19.1 RLS 算法和卡尔曼滤波器算法的比较

参　数	Kalman 算法	参　数	RLS 算法
状态向量	$\boldsymbol{q}(n)$	对未知最优权向量加权	$\lambda^{-n/2}\boldsymbol{w}_{\text{opt}}$
未知过程的初始状态	$\boldsymbol{q}(0)$	未知的最优权向量	$\boldsymbol{w}_{\text{opt}}$
测量过程	$\boldsymbol{y}(n)$	加权的期望响应	$\lambda^{-n/2}d^*(n)$
测量噪声	$\boldsymbol{v}(n)$	最后权值的误差	$\lambda^{-n/2}e_{\text{opt}}(n)$
状态向量的一步预测	$\hat{\boldsymbol{q}}(n+1 \mid \gamma_n)$	抽头权向量的估计	$\lambda^{-(n+1)/2}\hat{\boldsymbol{w}}(n)$
状态预测误差的相关向量	$\boldsymbol{K}(n)$	输入相关矩阵的逆	$\lambda^{-1}\boldsymbol{P}(n)$
Kalman 增益	$\boldsymbol{G}(n)$	RLS 增益向量	$\lambda^{-1/2}\boldsymbol{k}(n)$
新息	$\boldsymbol{\alpha}(n)$	先验估计误差	$\lambda^{-n/2}\xi^*(n)$

19.5 自适应滤波器的设计

本节将设计自适应滤波器，内容主要包括标准并行自适应 LMS 滤波器的设计、非规范并行 LMS 滤波器的设计和使用可配置的 LMS 模块实现 LMS 音频。

19.5.1 标准并行自适应 LMS 滤波器的设计

标准并行自适应 LMS 滤波器的结构如图 19.37 所示，该结构可以表示为

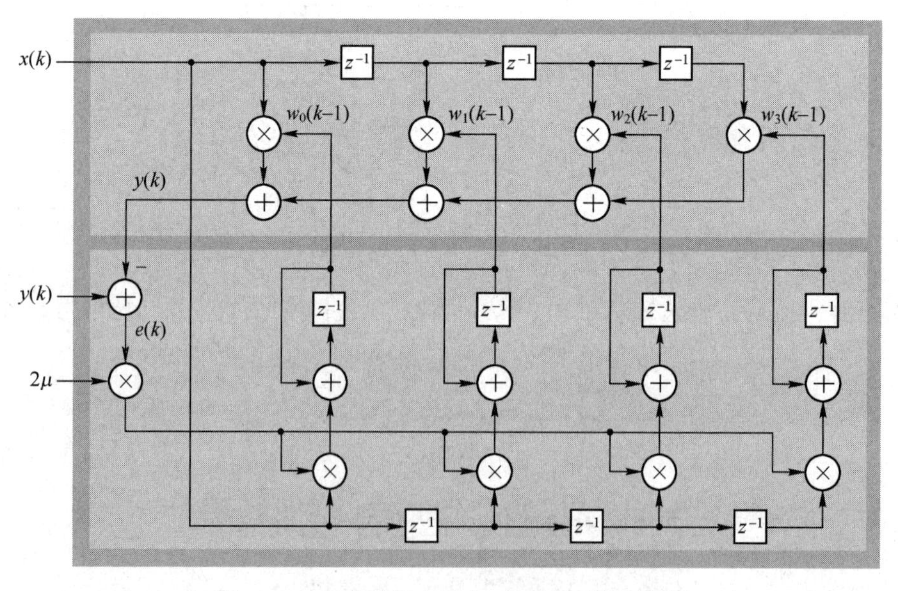

图 19.37 标准并行自适应 LMS 滤波器的结构

$$\begin{bmatrix} w_0(k) \\ w_1(k) \\ w_2(k) \\ w_3(k) \end{bmatrix} = \begin{bmatrix} w_0(k-1) \\ w_1(k-1) \\ w_2(k-1) \\ w_3(k-1) \end{bmatrix} + 2\mu e(k) \begin{bmatrix} x(k) \\ x(k-1) \\ x(k-2) \\ x(k-3) \end{bmatrix} \tag{19.62}$$

本节将设计该结构标准并行自适应 LMS 滤波器，设计标准并行自适应 LMS 滤波器的步骤主要包括：

（1）在 Windows 7 主界面下，选择开始->所有程序->Xilinx Design Tools->Vivado 2017.2->System Generator->System Generator 2017.2，打开 MATLAB R2016b 开发环境。

（2）在 MATLAB 主界面的“Home”界面下，单击“Simulink Library”按钮，出现“Simulink Library Browser”对话框。

（3）在“Simulink Library Browser”对话框的主菜单下，选择 File->Open，出现“Open”对话框，定位到本书提供资料的\fpga_dsp_example\adaptive\lms1 路径下，打开 lms1.slx 文件。

（4）标准并行自适应 LMS 滤波器的结构如图 19.38 所示。

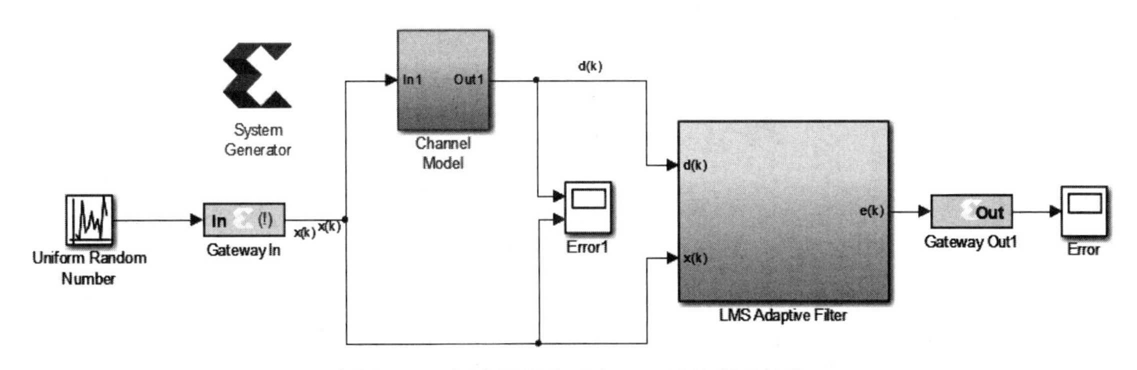

图 19.38　标准并行自适应 LMS 滤波器的结构

（5）双击图 19.38 中的 LMS Adaptive Filter 元件符号。如图 19.39 所示，给出了标准 LMS 自适应滤波器的内部结构。

（6）运行设计，打开并查看滤波器误差输出，确认滤波器系数收敛于预期的解。

思考与练习 19-1：将步长减小到其十分之一，再次运行工程，观察结果，并说明原因。

思考与练习 19-2：在图 19.37 中找到关键路径。

思考与练习 19-3：将工程生成 Vivado 环境中可执行的工程。在 Vivado 环境下，对该设计进行综合，并查看它的硬件资源消耗情况。

19.5.2　非规范并行自适应 LMS 滤波器的设计

本节将实现非规范并行自适应 LMS 滤波器结构的设计。使用转置 FIR 结构的原因是：在 FPGA 上实现时，关键路径上具有一些优点；最重要的是，稍微改变了算法的完整性，而且与标准的 LMS 有所不同。

> **注：** 事实上是达不到最理想情况的。

设计中非规范并行自适应 LMS 滤波器的结构如图 19.40 所示。

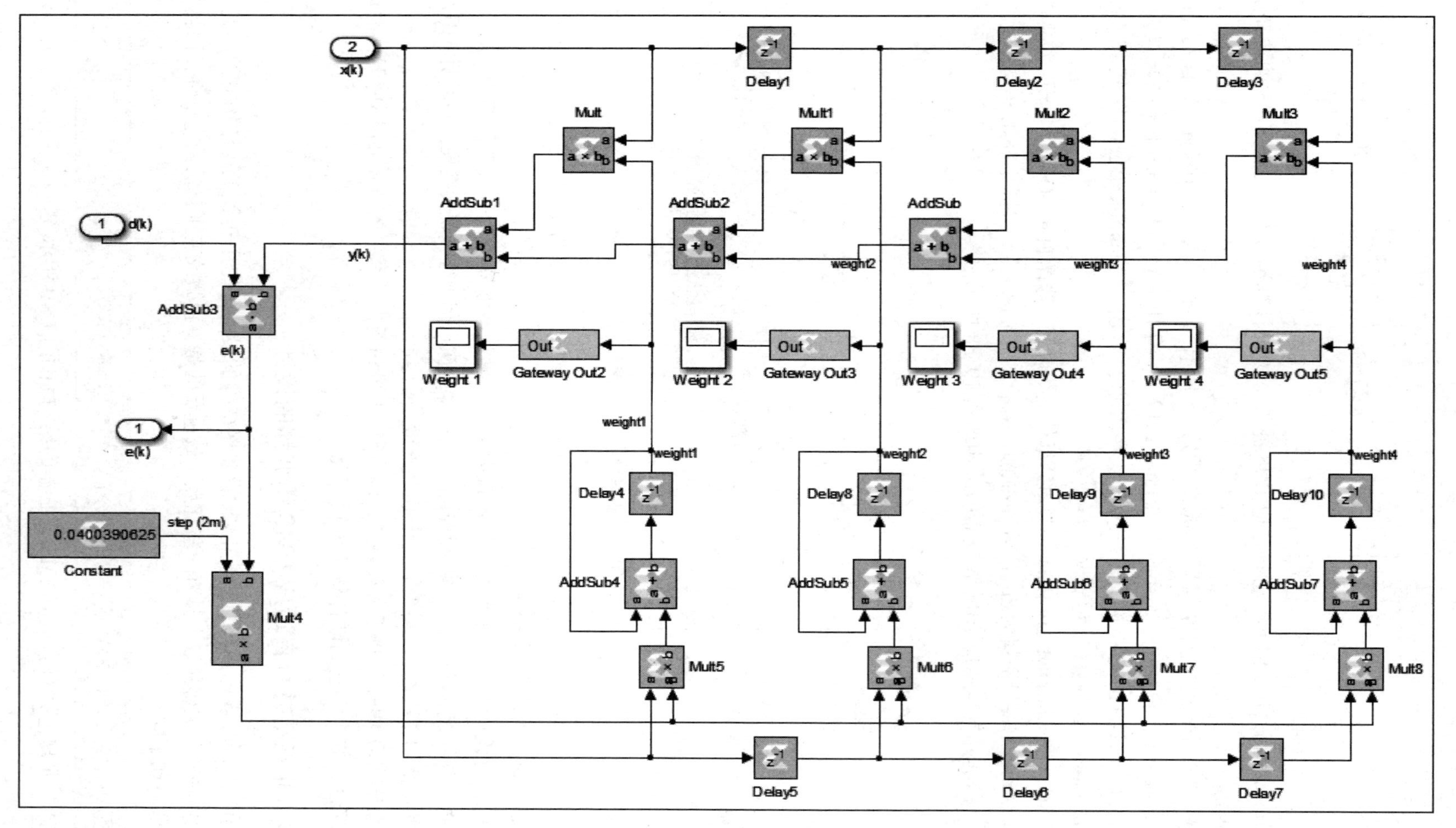

图19.39 标准LMS自适应滤波器的内部结构

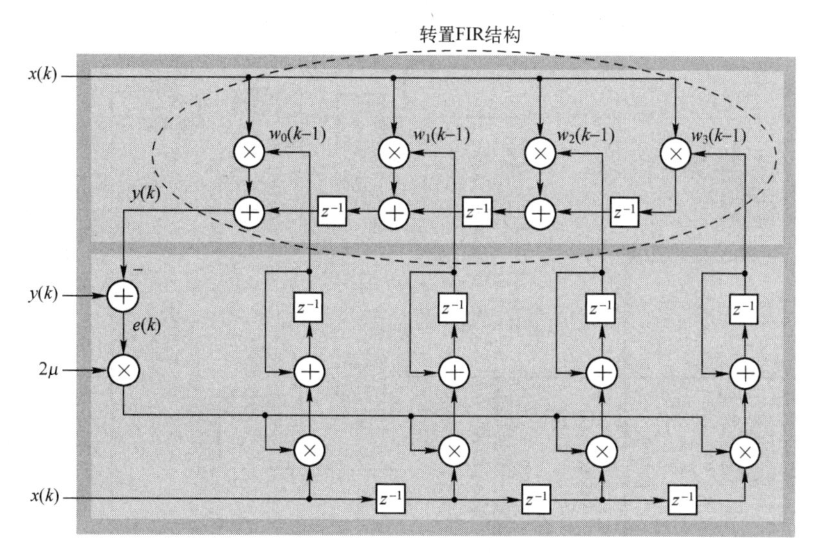

图 19.40　非规范并行自适应 LMS 滤波器的结构

本节将设计非规范并行自适应 LMS 滤波器。设计非规范并行 LMS 滤波器的步骤主要包括：

（1）在 Windows 7 主界面下，选择开始->所有程序->Xilinx Design Tools->Vivado 2017.2->System Generator->System Generator 2017.2，打开 MATLAB R2016b 开发环境。

（2）在 MATLAB 主界面的“Home”界面下，单击“Simulink Library”按钮，出现“Simulink Library Browser”对话框。

（3）在“Simulink Library Browser”对话框的主菜单下，选择 File->Open，出现“Open”对话框，定位到本书提供资料的 \fpga_dsp_example\adaptive\lms_transpose 路径下，打开 lms_transpose.slx 文件。

（4）非规范并行自适应 LMS 滤波器的结构，如图 19.41 所示。

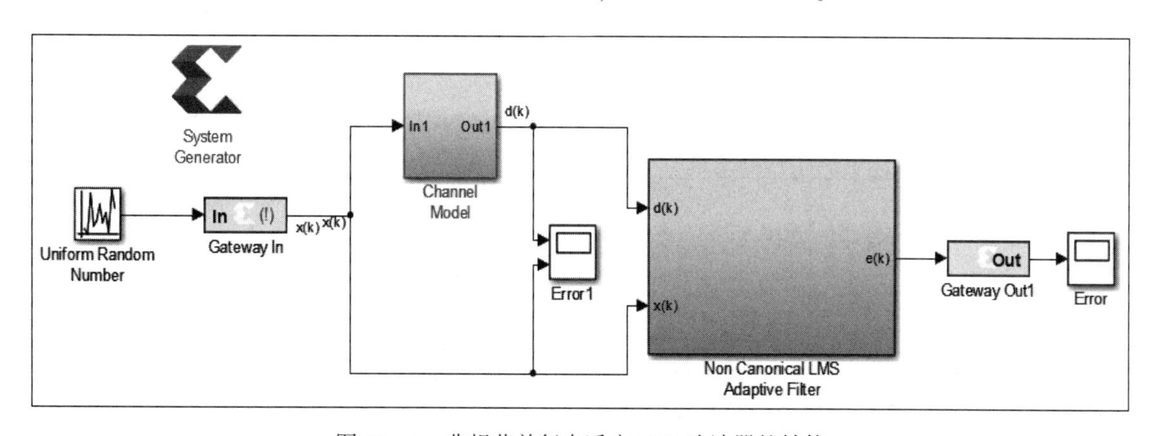

图 19.41　非规范并行自适应 LMS 滤波器的结构

（5）双击图 19.41 内的 Non Canonical LMS Adaptive Filter 元件符号。非规范并行自适应 LMS 滤波器的内部结构如图 19.42 所示。

（6）运行设计，并确认滤波器系数收敛到所期望的解。

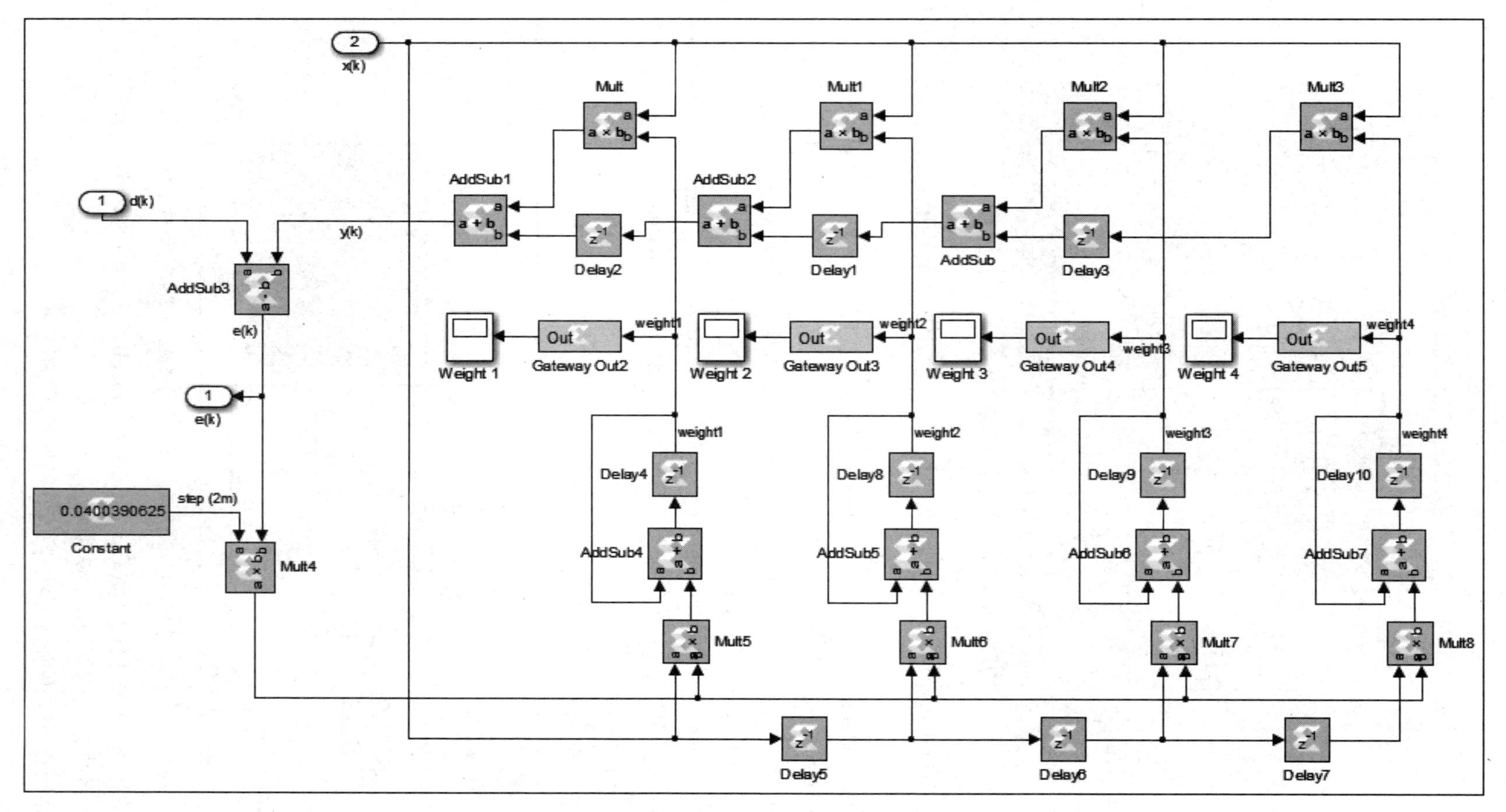

图19.42 非规范并行自适应LMS滤波器的内部结构

思考与练习 19-4： 将工程生成 Vivado 可执行的工程。在 Vivado 环境下，对设计进行综合，并分析该工程的硬件资源消耗情况。

19.5.3　使用可配置的 LMS 模块实现 LMS 音频

设计中提供了一种可配置的 LMS 模块，通过在音频示例中滤除正弦波来测试该模块。设计中不使用分立模块来构建 LMS 滤波器，而是创建了一个可配置的子系统。

> **注：** 可在“Simulink Library Browser”对话框左侧的窗口中找到并展开“DSP System Toolbox”选项。在展开项中，找到并展开“Filtering”选项。在展开项中，找到并展开“Adaptive Filters”选项。在展开项中，可以找到 LMS Filter 模块。

使用可配置的 LMS 模块实现 LMS 音频的步骤主要包括：

（1）在 Windows 7 主界面下，选择开始->所有程序->Xilinx Design Tools->Vivado 2017.2->System Generator->System Generator 2017.2，打开 MATLAB R2016b 开发环境。

（2）在 MATLAB 主界面的“Home”界面下，单击“Simulink Library”按钮，出现“Simulink Library Browser”对话框。

（3）在“Simulink Library Browser”对话框的主菜单下，选择 File->Open，出现“Open”对话框，定位到本书提供资料的\fpga_dsp_example\adaptive\lms_audio 路径下，打开 adaptive_lms2.slx 文件。

（4）使用可配置的 LMS 模块实现 LMS 音频的结构如图 19.43 所示。

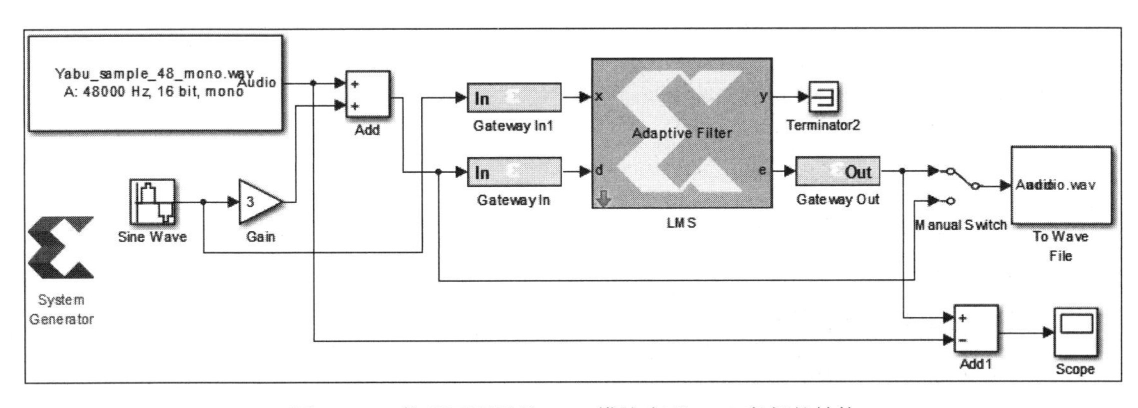

图 19.43　使用可配置的 LMS 模块实现 LMS 音频的结构

（5）运行设计。

> **注：** 运行 15s 的音频只需要很短的时间。在该时间内，可以任意切换手动转换开关，在过滤过的音频之间做出选择。

（6）一旦运行完成，重新播放\fpga_dsp_example\adaptive\lms_audio\audio.wav 地址中被捕捉到的音频文件。

注意：能够听到声音缓慢消失，该过程为滤波器的自适应过程。此外，查看滤波器自适应的结果。

（7）为了观察 LMS 模块的内部结构，选中图 19.43 内的 LMS 模块符号，单击鼠标右键，出现浮动菜单。在浮动菜单内，选择 Mask->Look Under Mask。

（8）可配置的 LMS 模块的内部结构如图 19.44 所示。

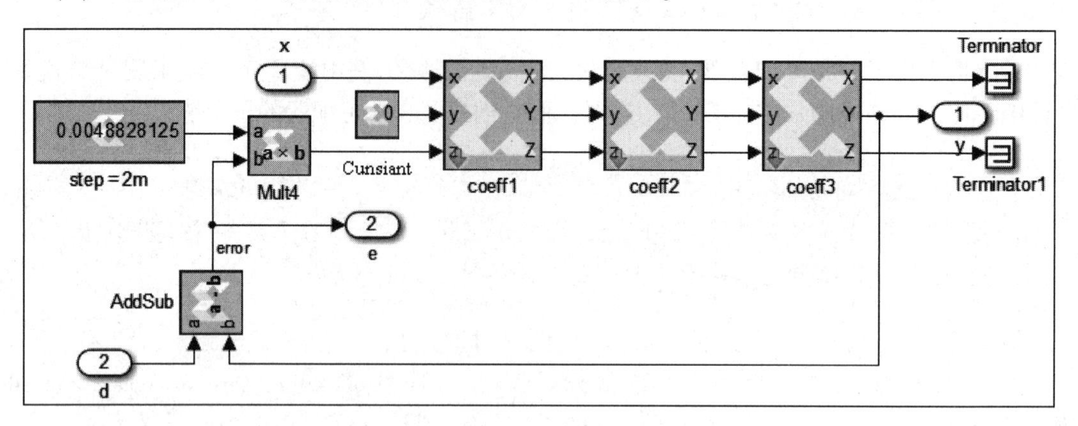

图 19.44 可配置的 LMS 模块的内部结构

（9）为了观察设计中的每个系数模块，需要重复操作上面的过程，这样可以确认该 LMS 模块的结构与通过第一个实验中的离散系数建立的结构相同。

（10）任意改变 LMS 模块的系数并观察系统是否已经能够自动做出改变。

19.6 自适应信号算法的硬件实现方法

本节将介绍自适应信号算法的硬件实现方法，内容主要包括最小二乘解的计算、指数 RLS 算法的实现和 QR-RLS 算法的原理与实现。

19.6.1 最小二乘解的计算

本节将介绍最小二乘解的计算，内容主要包括最小二乘的计算原理、最小二乘的计算和递推最小二乘解算法。

1. 最小二乘解的计算原理

考虑 $x(k)$ 和 $d(k)$ 的最小二乘解。自适应滤波器的结构如图 19.45 所示。

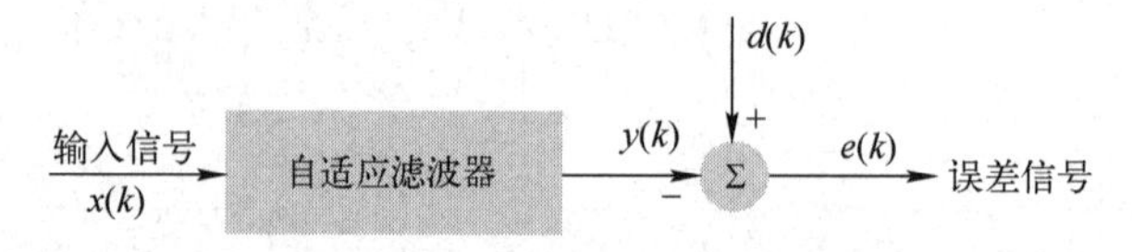

图 19.45 自适应滤波器的结构

减小所有输出信号求和的平方误差，总的误差 $v(k)$ 表示为

$$v(k) = \sum_{s=0}^{k} [e(s)]^2 = e^2(0) + e^2(1) + e^2(2) + \cdots e^2(k) = \boldsymbol{e}_k^{\mathrm{T}} \boldsymbol{e}_k \tag{19.63}$$

其中：

$$\boldsymbol{e}_k=\begin{bmatrix} e(0)\\ e(1)\\ e(2)\\ \cdots\\ e(k-1)\\ e(k)\end{bmatrix}=\begin{bmatrix} d(0)\\ d(1)\\ d(2)\\ \cdots\\ d(k-1)\\ d(k)\end{bmatrix}-\begin{bmatrix} y(0)\\ y(1)\\ y(2)\\ \cdots\\ y(k-1)\\ y(k)\end{bmatrix}=\boldsymbol{d}_k-\boldsymbol{y}_k \tag{19.64}$$

对于 N 个权值的自适应滤波器而言：

$$\boldsymbol{y}(k)=\sum_{n=0}^{N-1} w_n x(k-n)=\boldsymbol{w}^{\mathrm{T}}\boldsymbol{x}_k=\boldsymbol{x}_k^{\mathrm{T}}\boldsymbol{w}$$

$$\boldsymbol{y}_k=\begin{bmatrix} \boldsymbol{x}_0^{\mathrm{T}}\\ \boldsymbol{x}_1^{\mathrm{T}}\\ \cdots\\ \boldsymbol{x}_{k-1}^{\mathrm{T}}\\ \boldsymbol{x}_k^{\mathrm{T}}\end{bmatrix}\boldsymbol{w}=\boldsymbol{X}_k\boldsymbol{w} \tag{19.65}$$

式（19.65）中，$\boldsymbol{w}=[w_0,w_1,w_2,\cdots,w_{N-1}]^{\mathrm{T}}$；$\boldsymbol{X}_k=[\boldsymbol{x}_k,\boldsymbol{x}_{k-1},\boldsymbol{x}_{k-2},\cdots,\boldsymbol{x}_{k-N+1}]^{\mathrm{T}}$

因此，平方误差的总和 $v(k)$ 可以表示为

$$\begin{aligned} v(k)&=\boldsymbol{e}_k^{\mathrm{T}}\boldsymbol{e}_k=\|\boldsymbol{e}_k\|_2^2\\ &=[\boldsymbol{d}_k-\boldsymbol{X}_k\boldsymbol{w}]^{\mathrm{T}}[\boldsymbol{d}_k-\boldsymbol{X}_k\boldsymbol{w}]\\ &=\boldsymbol{d}_k^{\mathrm{T}}\boldsymbol{d}_k+\boldsymbol{w}^{\mathrm{T}}\boldsymbol{X}_k^{\mathrm{T}}\boldsymbol{X}_k\boldsymbol{w}-2\boldsymbol{d}_k^{\mathrm{T}}\boldsymbol{X}_k\boldsymbol{w} \end{aligned} \tag{19.66}$$

这个等式是关于 $\boldsymbol{w}$ 的二次式，当梯度为 0 的时候，$v(k)$ 取最小值，即

$$\frac{\partial}{\partial \boldsymbol{w}}v(k)=0 \tag{19.67}$$

为了找到好的解决办法，如误差向量的 2 范数 $\boldsymbol{e}_k$ 取最小。在 $N+1$ 维空间中画出 $v(k)$，是一个朝上的抛物面，在底部存在最小值点。

式（19.66）中：

$$\boldsymbol{e}_k=\begin{bmatrix} e(0)\\ e(1)\\ e(2)\\ \cdots\\ e(k-1)\\ e(k)\end{bmatrix}=\boldsymbol{d}_k-\begin{bmatrix} \boldsymbol{x}_0^{\mathrm{T}}\boldsymbol{w}\\ \boldsymbol{x}_1^{\mathrm{T}}\boldsymbol{w}\\ \boldsymbol{x}_2^{\mathrm{T}}\boldsymbol{w}\\ \cdots\\ \boldsymbol{x}_{k-1}^{\mathrm{T}}\boldsymbol{w}\\ \boldsymbol{x}_k^{\mathrm{T}}\boldsymbol{w}\end{bmatrix}=\boldsymbol{d}_k-\begin{bmatrix} \boldsymbol{x}_0^{\mathrm{T}}\\ \boldsymbol{x}_1^{\mathrm{T}}\\ \boldsymbol{x}_2^{\mathrm{T}}\\ \cdots\\ \boldsymbol{x}_{k-1}^{\mathrm{T}}\\ \boldsymbol{x}_k^{\mathrm{T}}\end{bmatrix}\boldsymbol{w}$$

$$=\boldsymbol{d}_k-\begin{bmatrix} x(0) & 0 & 0 & \cdots & 0\\ x(1) & x(0) & 0 & \cdots & 0\\ x(2) & x(1) & x(0) & \cdots & 0\\ \vdots & \vdots & \vdots & & \vdots\\ x(k-1) & x(k-2) & x(k-2) & \cdots & x(k-N+1)\end{bmatrix}\begin{bmatrix} w_0\\ w_1\\ w_2\\ \cdots\\ w_{N-1}\end{bmatrix} \tag{19.68}$$

梯度向量表示为

$$\frac{\partial}{\partial \boldsymbol{w}}v(k)=2\boldsymbol{X}_K^{\mathrm{T}}\boldsymbol{X}_K\boldsymbol{w}-2\boldsymbol{X}_K^{\mathrm{T}}\boldsymbol{d}_K=-2\boldsymbol{X}_K^{\mathrm{T}}[\boldsymbol{d}_k-\boldsymbol{X}_K\boldsymbol{w}]$$

$$-2\boldsymbol{X}_K^{\mathrm{T}}[\boldsymbol{d}_k-\boldsymbol{X}_K\boldsymbol{w}_{\mathrm{LS}}]=0 \tag{19.69}$$

最小平方根表示为

$$\boldsymbol{X}_K^{\mathrm{T}}\boldsymbol{X}_K\boldsymbol{w}_{\mathrm{LS}}=\boldsymbol{X}_K^{\mathrm{T}}\boldsymbol{d}_k \tag{19.70}$$

$$\boldsymbol{w}_{\mathrm{LS}}=[\boldsymbol{X}_K^{\mathrm{T}}\boldsymbol{X}_K]^{-1}\boldsymbol{X}_K^{\mathrm{T}}\boldsymbol{d}_k \tag{19.71}$$

其中，$\boldsymbol{X}_K^{\mathrm{T}}\boldsymbol{X}_K$ 是一个对称矩阵；$[\boldsymbol{X}_K^{\mathrm{T}}\boldsymbol{X}_K]^{-1}$也是一个对称矩阵。

任何线性代数处理需要确认矩阵是可进行运算的，即保证 $\boldsymbol{w}_{\mathrm{LS}}$是 $N\times1$ 阶矩阵。在特殊情况下，$\boldsymbol{X}_K$ 是一个方形的非奇异矩阵，则：

$$\boldsymbol{w}_{\mathrm{LS}}=\boldsymbol{X}_K^{-1}\boldsymbol{d}_k \tag{19.72}$$

对于矩阵求逆来说，这需要计算复杂度为 $O(N^4)$的乘加运算和计算复杂度为 $O(N)$的除法运算。对于矩阵乘法而言，需要计算复杂度为 $O((k+1)N^2)$的乘加运算。数据更多，则需要更多的运算。

2. 最小二乘法计算

最小二乘的计算结构如图 19.46 所示。为了计算，需要求矩阵的逆，这就用到了除法。在 $k+1$ 时刻时，当一个数据样本 $x(k+1)$到来时，期望的输入的 $d(k+1)$，这一新信息最好纳入最小二乘解，以获得改进的解决办法。新的最小二乘滤波器权值表示为

$$\boldsymbol{w}_{k+2}=[\boldsymbol{X}_{k+1}^{\mathrm{T}}\boldsymbol{X}_{k+1}]^{-1}\boldsymbol{X}_{k+1}^{\mathrm{T}}\boldsymbol{d}_{k+1} \tag{19.73}$$

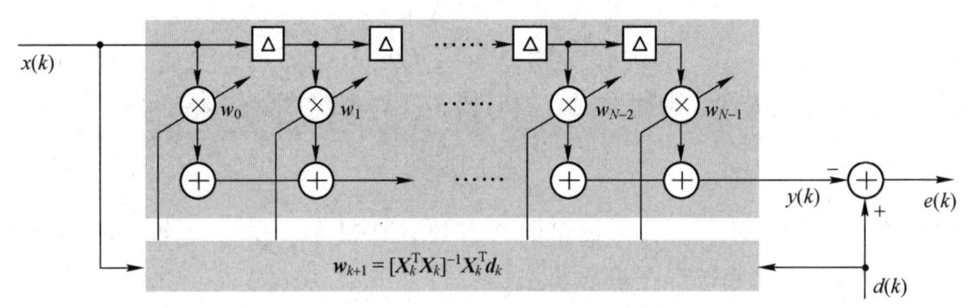

图 19.46　最小二乘的计算结构

这个等式需要矩阵求逆$[\boldsymbol{X}_{k+1}^{\mathrm{T}}\boldsymbol{X}_{k+1}]^{-1}$，然后是矩阵乘法，每一个新数据的高级计算推导出了 RLS 算法。RLS 低级算法使用先前计算的结果 $\boldsymbol{w}_k$来计算 $\boldsymbol{w}_{k+1}$。

考虑计算 $\boldsymbol{w}_k$的情况：

$$\boldsymbol{w}_k=[\boldsymbol{X}_{k-1}^{\mathrm{T}}\boldsymbol{X}_{k-1}]^{-1}\boldsymbol{X}_{k-1}^{\mathrm{T}}\boldsymbol{d}_{k-1}=\boldsymbol{P}_{k-1}\boldsymbol{X}_{k-1}^{\mathrm{T}}\boldsymbol{d}_{k-1} \tag{19.74}$$

式（19.74）中，$\boldsymbol{P}_{k-1}=[\boldsymbol{X}_{k-1}^{\mathrm{T}}\boldsymbol{X}_{k-1}]^{-1}$

当新数据到来的时候，不得不重新计算 $\boldsymbol{w}_{k+1}$：

$$\boldsymbol{w}_{k+1}=[\boldsymbol{X}_k^{\mathrm{T}}X_k]^{-1}\boldsymbol{X}_k^{\mathrm{T}}\boldsymbol{d}_k=\boldsymbol{P}_k\boldsymbol{X}_k^{\mathrm{T}}\boldsymbol{d}_k \tag{19.75}$$

3. 递推最小二乘算法

不能总是重新计算新值的，因而需要简化等式，观察式（19.74）可知，$\boldsymbol{P}_k$和 $\boldsymbol{X}_{k-1}$有关。

$$\begin{aligned}\boldsymbol{P}_k&=[\boldsymbol{X}_k^{\mathrm{T}}\boldsymbol{X}_k]^{-1}=[\boldsymbol{X}_k^{\mathrm{T}}\boldsymbol{X}_k]\begin{bmatrix}\boldsymbol{X}_{k-1}\\ \boldsymbol{X}_k^{\mathrm{T}}\end{bmatrix}=[\boldsymbol{X}_{k-1}^{\mathrm{T}}\boldsymbol{X}_{k-1}+\boldsymbol{X}_k\boldsymbol{X}_k^{\mathrm{T}}]^{-1}\\&=[\boldsymbol{P}_{k-1}^{-1}+\boldsymbol{X}_k\boldsymbol{X}_k^{\mathrm{T}}]^{-1}\end{aligned} \tag{19.76}$$

通过式（19.76）就能从 $X_{k-1}^{\mathrm{T}}X_{k-1}$ 计算 $X_k^{\mathrm{T}}X_k$。为了让等式更合适，由于：

$$[A+BCD]^{-1}=A-AB[C+DAB]^{-1}DA \tag{19.77}$$

当 A 为非奇异矩阵且 B、C 和 D 是一般矩阵时，矩阵求逆，并且约定：

$$P_{k-1}=A,X_k=B,x_k^{\mathrm{T}}=D,C=I$$

则

$$P_{k-1}=P_{k-1}-P_{k-1}X_k[I+X_k^{\mathrm{T}}P_{k-1}X_K]^{-1}X_K^{\mathrm{T}}P_{K-1} \tag{19.78}$$

等式说明，如果知道 $[X_{k-1}^{\mathrm{T}}X_{k-1}]^{-1}$，就不需要重新计算 $[X_k^{\mathrm{T}}X_k]^{-1}$，该等式是 RLS 算法的一种。通过额外的代数运算，可以进一步降低计算等式的复杂度。

$$\begin{aligned}
w_{k+1}&=[P_{k-1}-P_{k-1}X_k[I+X_k^{I}P_{k-1}X_k]^{-1}X_k^{\mathrm{T}}P_{k-1}]X_k^{\mathrm{T}}d_k\\
&=[P_{k-1}-P_{k-1}X_k[I+X_k^{\mathrm{T}}P_{k-1}X_k]^{-1}X_k^{\mathrm{T}}P_{k-1}][X_{k-1}^{\mathrm{T}}X_{k-1}]\begin{bmatrix}d_{k-1}\\ d(k)\end{bmatrix}\\
&=[P_{k-1}-P_{k-1}X_k[I+X_k^{\mathrm{T}}P_{k-1}X_k]^{-1}X_k^{\mathrm{T}}P_{k-1}][X_{k-1}^{\mathrm{T}}d_{k-1}+X_{k-1}d(k)]
\end{aligned} \tag{19.79}$$

在每次迭代中，RLS 需要执行 $O(N^2)$ 个乘加运算和除法运算。递推最小二乘的实现结构如图 19.47 所示。

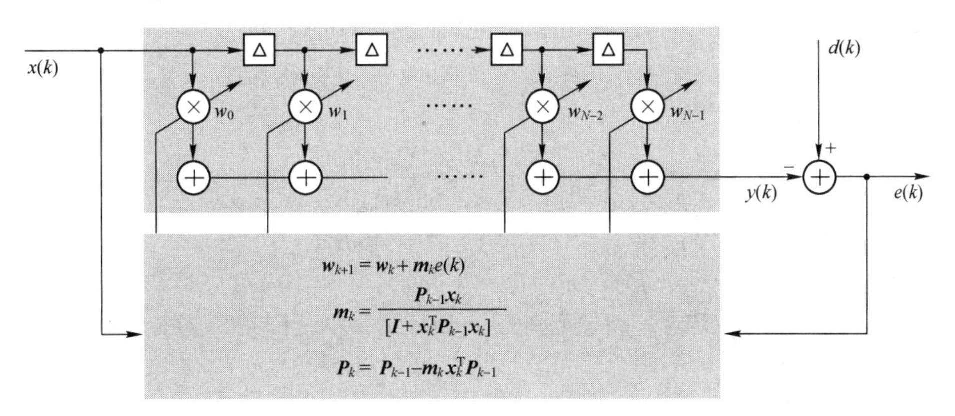

图 19.47　递推最小二乘的实现结构

进一步简化式（19.79），规定：

$$P=P_{k-1},X=X_k,d=d_{k-1},d=d(k) \tag{19.80}$$

则式（19.79）简化为

$$\begin{aligned}
w_{k+1}&=[P-PX[I+X^{\mathrm{T}}PX]^{-1}X^{\mathrm{T}}P][X^{\mathrm{T}}d+Xd]\\
&=PX^{\mathrm{T}}d+PXd-PX[I+X^{\mathrm{T}}PX]^{-1}X^{\mathrm{T}}PX^{\mathrm{T}}d-PX[I+X^{\mathrm{T}}PX]^{-1}X^{\mathrm{T}}PXd\\
&=w_k-PX[I+X^{\mathrm{T}}PX]^{-1}X^{\mathrm{T}}w_k+PXd-PX[I+X^{\mathrm{T}}PX]^{-1}X^{\mathrm{T}}PXd\\
&=w_k-PX[I+X^{\mathrm{T}}PX]^{-1}X^{\mathrm{T}}w_k+PX[I+X^{\mathrm{T}}PX]^{-1}[[I+X^{\mathrm{T}}PX]-X^{\mathrm{T}}PX]d\\
&=w_k-PX[I+X^{\mathrm{T}}PX]^{-1}X^{\mathrm{T}}w_k+PX[I+X^{\mathrm{T}}PX]^{-1}d\\
&=w_k+PX[I+X^{\mathrm{T}}PX]^{-1}(d-X^{\mathrm{T}}w_k)\\
&=w_k+P_{k-1}X_k[I+X_k^{\mathrm{T}}P_{k-1}X_k]^{-1}(d(k)-y(k))\\
&=w_k+m_k(d(k)-y(k))\\
&=w_k+m_ke(k)
\end{aligned} \tag{19.81}$$

式（19.81）中，$P_{k-1}X_k[I+X_k^{\mathrm{T}}P_{k-1}X_k]^{-1}$ 称为增益向量。

19.6.2 指数 RLS 算法的实现

本节将介绍指数 RLS 算法的实现，内容主要包括指数 RLS 算法的原理和指数递归最小二乘。

1. 指数 RLS 算法的原理

在知道了所有先前数据的情况下，在第 k 个时刻，RLS 算法将计算最小平方向量。因此，RLS 算法需要大量的存储空间，为了解决每个误差样本，λ 需要满足 $\lambda<1$。

$$v(k)=\sum_{s=0}^{k}\lambda^{k-s}[e(s)]^2=\lambda^k e^2(0)+\lambda^{k-1}e^2(1)+\cdots+e^2(k) \tag{19.82}$$

由于：

$$v(k)=\boldsymbol{e}_k^{\mathrm{T}}\boldsymbol{\Lambda}_k\boldsymbol{e}_k \tag{19.83}$$

式（19.83）中，$\boldsymbol{\Lambda}_k$ 为$(k+1)\times(k+1)$的对角阵，且满足：

$$\boldsymbol{\Lambda}_k=\mathrm{diag}[\lambda^k,\lambda^{k-1},\lambda^{k-2},\cdots,\lambda,1] \tag{19.84}$$

所以式（19.83）表示为

$$\begin{aligned}v(k)&=[\boldsymbol{d}_k-\boldsymbol{X}_k\boldsymbol{w}]^{\mathrm{T}}\boldsymbol{\Lambda}_k[\boldsymbol{d}_k-\boldsymbol{x}_k\boldsymbol{w}]\\&=\boldsymbol{d}_k^{\mathrm{T}}\boldsymbol{\Lambda}_k\boldsymbol{d}_k+\boldsymbol{w}^{\mathrm{T}}\boldsymbol{x}_k^{\mathrm{T}}\boldsymbol{\Lambda}_k\boldsymbol{x}_k\boldsymbol{w}-2\boldsymbol{d}_k^{\mathrm{T}}\boldsymbol{\Lambda}_k\boldsymbol{x}_k\boldsymbol{w}\end{aligned} \tag{19.85}$$

所以权值 $\boldsymbol{w}_{\mathrm{LS}}$表示为

$$\boldsymbol{w}_{\mathrm{LS}}=[\boldsymbol{X}_k^{\mathrm{T}}\boldsymbol{\Lambda}_k\boldsymbol{X}_k]^{-1}\boldsymbol{X}_k^{\mathrm{T}}\boldsymbol{\Lambda}_k\boldsymbol{d}_k \tag{19.86}$$

如果 $\lambda=0.9$，执行 100 次迭代，则$0.9^{100}=2.6561\times10^{-5}$，用 dB 表示为

（1）超过 100 次的迭代为 $10\log(2.6561\times10^{-5})=-46\mathrm{dB}$。

（2）超过 200 次的迭代大约为 92dB。

如果输入数据是 16 位定点，动态范围为 96dB，则 λ 的范围是 0.9~0.9999。

2. 指数递归最小二乘

指数 RLS 算法每一次迭代需要 $O(N^2)$次乘加运算和一次除法运算。如图 19.48 所示，给出了指数递归最小二乘的实现结构。

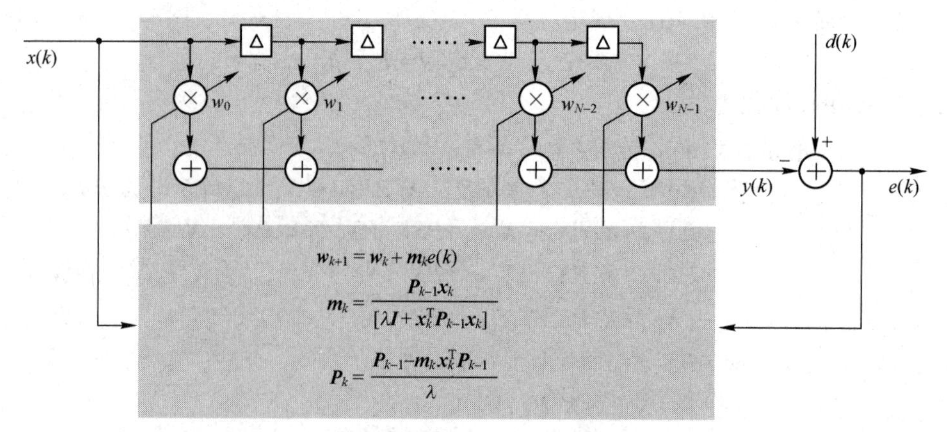

图 19.48 指数递归最小二乘的实现结构

RLS 算法存在数字完整性问题，需要浮点运算，存在快速算法（如 FFT），减少计算问题总是存在数据完整性和稳定问题。其与 LMS 相比，有两个关键的不同，首先是需要高速

计算，其次是需要除法。

19.6.3　QR-RLS 算法的原理与实现

本节将介绍 QR-RLS 算法的原理实现，内容主要包括 RLS 的 QR 分解、RLS QR 的解和 QR 分解的实现。

1. RLS 的 QR 分解

RLS 的任务是搜索能够减小平方误差总和的最优权值$\boldsymbol{w}_{\mathrm{opt}}$。对于 N 阶 FIR 滤波器而言，QR 是另外一种用于计算最小平方的解决方法。对于 RLS 而言，找到一组最小滤波器权值 $\boldsymbol{w}$，即

$$v(k)=\boldsymbol{e}_k^{\mathrm{T}}\boldsymbol{e}_k=\|\boldsymbol{e}_k\|_2^2=\|\boldsymbol{d}_k-\boldsymbol{X}_k^{\mathrm{T}}\boldsymbol{w}\|_2^2 \tag{19.87}$$

在使用最小二乘算法的信号处理系统中，QR 矩阵分解是一个非常有用的技术。将 $m\times n$ 的矩阵分解为上三角矩阵 $\boldsymbol{R}$ 和正交矩阵 $\boldsymbol{Q}$，如图 19.49 所示。

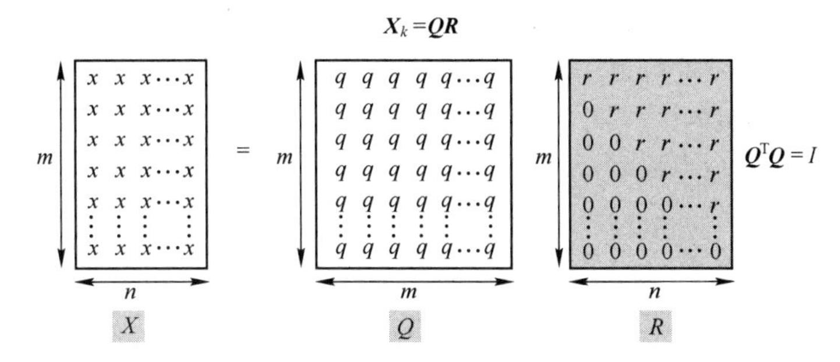

图 19.49　矩阵的 QR 分解

如果最小二乘法需要解超线性方程：

$$\boldsymbol{AX}=\boldsymbol{b} \tag{19.88}$$

其中，$\boldsymbol{A}$ 是一个 $M\times N$ 的矩阵；$\boldsymbol{b}$ 是 m 维向量；$\boldsymbol{X}$ 是未知的 n 个元素的向量。

最低标准的解决方案是必须的，如减少 ε：

$$\varepsilon=\|\boldsymbol{AX}-\boldsymbol{b}\|_2 \tag{19.89}$$

则最小二乘解 $\boldsymbol{x}_{\mathrm{LS}}$表示为

$$\boldsymbol{x}_{\mathrm{LS}}=(\boldsymbol{A}^{\mathrm{T}}\boldsymbol{A})^{-1}\boldsymbol{A}^{\mathrm{T}}\boldsymbol{b} \tag{19.90}$$

从一点而言，$\boldsymbol{R}$ 用来表示上三角矩阵不是很合适，因为在信号处理中，自适应维纳-霍普解中的相关系数用 $\boldsymbol{R}$ 表示。

2. RLS QR 的解

将式 $\boldsymbol{w}_{\mathrm{LS}}=[\boldsymbol{X}_k^{\mathrm{T}}\boldsymbol{X}_k]^{-1}\boldsymbol{X}_k^{\mathrm{T}}d_k$ 的最小二乘解用 QR 分解表示为

$$\begin{aligned}\boldsymbol{x}_{\mathrm{LS}}&=[(\boldsymbol{QR})^{\mathrm{T}}(\boldsymbol{QR})]^{-1}(\boldsymbol{QR})^{\mathrm{T}}\boldsymbol{d}_k\\&=[\boldsymbol{R}^{\mathrm{T}}\boldsymbol{Q}^{\mathrm{T}}\boldsymbol{QR}]^{-1}\boldsymbol{R}^{\mathrm{T}}\boldsymbol{Q}^{\mathrm{T}}\boldsymbol{d}_k\\&=[\boldsymbol{R}^{\mathrm{T}}\boldsymbol{R}]^{-1}\boldsymbol{R}^{\mathrm{T}}\boldsymbol{Q}^{\mathrm{T}}\boldsymbol{d}_k\\&=\boldsymbol{R}^{-1}\boldsymbol{R}^{-\mathrm{T}}[\boldsymbol{R}\quad 0]\boldsymbol{Q}^{\mathrm{T}}\boldsymbol{d}_k\\&=\boldsymbol{R}^{-1}\boldsymbol{R}^{-\mathrm{T}}[\boldsymbol{R}\quad 0]\boldsymbol{d}_k'\end{aligned} \tag{19.91}$$

可以通过逆运算求解最后一个方程，上三角系统的线性等式表示为

$$\boldsymbol{Rw}=\boldsymbol{d}\Rightarrow\begin{bmatrix} r_{11} & \cdots & r_{1,N-2} & r_{1,N-1} & r_{1,N} \\ \vdots & & \vdots & \vdots & \vdots \\ 0 & \cdots & r_{N-2,N-2} & r_{N-2,N-1} & r_{N-2,N} \\ 0 & \cdots & 0 & r_{N-1,N-1} & r_{N-1,N} \\ 0 & \cdots & 0 & 0 & r_{N,N} \end{bmatrix}\begin{bmatrix} w_1 \\ \vdots \\ w_{N-2} \\ w_{N-1} \\ w_N \end{bmatrix}=\begin{bmatrix} d_1 \\ \vdots \\ d_{N-2} \\ d_{N-1} \\ d_N \end{bmatrix} \tag{19.92}$$

$\boldsymbol{R}$ 是 $N\times N$ 的非线性上三角矩阵，通过乘法计算 N：

$$r_{N,N}w_N=d_N\Rightarrow w_N=\frac{d_N}{r_{N,N}} \tag{19.93}$$

计算倒数第 2 个元素：

$$\begin{aligned} & r_{N-1,N-1}w_{N-1}+r_{N-1,N}w_N=d_{N-1} \\ & \Rightarrow w_{N-1}=\frac{d_{N-1}-r_{N-1,N}\left(\dfrac{d_N}{r_{N,N}}\right)}{r_{N-1,N-1}} \end{aligned} \tag{19.94}$$

因此，可以计算出所有元素：

$$w_i=\frac{d_i-\sum\limits_{j=i+1}^{n}r_{i,j}w_j}{r_{i,i}} \tag{19.95}$$

3. QR 分解的实现

通过吉文斯（Givens）旋转，可以计算 QR 矩阵分解，考虑下面的例子：

$$\boldsymbol{X}=\boldsymbol{QR}\to\begin{bmatrix} 1 & 5 & 9 \\ 2 & 6 & 10 \\ 3 & -7 & 11 \end{bmatrix}=\begin{bmatrix} -0.27 & -0.51 & -0.82 \\ -0.53 & -0.63 & 0.56 \\ -0.80 & 0.57 & -0.10 \end{bmatrix}\begin{bmatrix} -3.74 & 1.07 & -16.57 \\ 0 & -10.43 & -4.38 \\ 0 & 0 & -2.87 \end{bmatrix} \tag{19.96}$$

其中，$\boldsymbol{Q}$ 是正交的，且 $\boldsymbol{Q}^{\mathrm{T}}\boldsymbol{X}=\boldsymbol{R}$。

吉文斯旋转技术是把矩阵的一些元素变为 0，其他方法如 Householder 或者 GramSchmidt 变换也是可行的。但是，吉文斯旋转的 0 元素在应用中具有吸引力。考虑如下 2×2 的例子，把矩阵 $\boldsymbol{B}$ 变成上三角，则 $\boldsymbol{B}_{10}$必须为 0。

$$\boldsymbol{B}=\begin{bmatrix} B_{00} & B_{01} \\ B_{10} & B_{11} \end{bmatrix} \tag{19.97}$$

旋转 θ 弧度的方法为

$$\boldsymbol{B}=\begin{bmatrix} \cos\theta & \sin\theta \\ -\sin\theta & \cos\theta \end{bmatrix}\begin{bmatrix} B_{00} & B_{01} \\ B_{10} & B_{11} \end{bmatrix}=\begin{bmatrix} B'_{00} & B'_{01} \\ 0 & B'_{11} \end{bmatrix} \tag{19.98}$$

如果满足下面条件：

$$-B_{00}\sin\theta+B_{10}\cos\theta=0$$

就能得到下面的关系：

$$\tan\theta=\frac{B_{10}}{B_{00}} \tag{19.99}$$

式（19.99）的解可以表示为

$$\cos\theta=\frac{1}{\sqrt{1+(B_{10}/B_{00})^{2}}} \tag{19.100}$$

$$\sin\theta=\frac{B_{10}/B_{00}}{\sqrt{1+(B_{10}/B_{00})^{2}}} \tag{19.101}$$

一系列旋转变换让一些需要的元素变为 0，这就导出了上三角矩阵 $\boldsymbol{R}$，这个过程如图 19.50 所示。

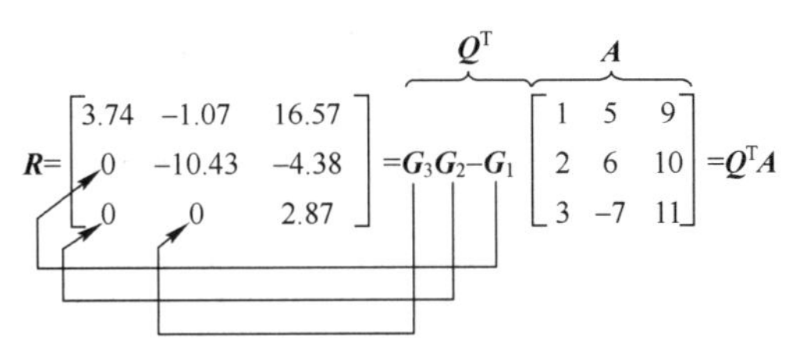

图 19.50　上三角矩阵的推导

$\boldsymbol{Q}^{\mathrm{T}}$ 由一系列旋转变换 $\boldsymbol{G}_3$、$\boldsymbol{G}_2$ 和 $\boldsymbol{G}_1$ 构成，把需要的元素变为 0，每一次旋转变换需要除法和开方运算。

前面看到的 2×2 的旋转变换，它能够应用在任何阶数的矩阵中：

$$\boldsymbol{G}_1=\begin{bmatrix}\cos\theta & \sin\theta & 0\\ -\sin\theta & \cos\theta & 0\\ 0 & 0 & 1\end{bmatrix}=\begin{bmatrix}0.45 & 0.89 & 0\\ -0.89 & 0.45 & 0\\ 0 & 0 & 1\end{bmatrix} \tag{19.102}$$

$$\boldsymbol{G}_2=\begin{bmatrix}\cos\theta & 0 & \sin\theta\\ 0 & 1 & 0\\ -\sin\theta & 0 & \cos\theta\end{bmatrix}=\begin{bmatrix}0.60 & 0 & 0.80\\ 0 & 1 & 0\\ -0.80 & 0 & 0.60\end{bmatrix} \tag{19.103}$$

$$\boldsymbol{G}_3=\begin{bmatrix}1 & 0 & 0\\ 0 & \cos\theta & \sin\theta\\ 0 & -\sin\theta & \cos\theta\end{bmatrix}=\begin{bmatrix}1 & 0 & 0\\ 0 & 0.17 & 0.98\\ 0 & -0.98 & 0.17\end{bmatrix} \tag{19.104}$$

19.7　QR-RLS 自适应滤波算法的实现

本节将介绍 QR-RLS 自适应滤波算法的实现，内容主要包括 QR 算法的硬件结构和 RQ-RLS 的三数组方法。

19.7.1　QR 算法的硬件结构

QR-RLS 算法能够用在搜索类数组中。QR 算法的硬件结构如图 19.51 所示。通过迭代推导可以得到 QR-RLS 算法，通过每一个新接收到的样本进行更新。在这种情况下，为了方便，将 QR 分解为

$$\boldsymbol{X}=\boldsymbol{Q}\begin{bmatrix}\boldsymbol{R}\\ 0\end{bmatrix} \tag{19.105}$$

其中，$\boldsymbol{Q}$ 为正交矩阵，且 $\boldsymbol{Q}^{\mathrm{T}}\boldsymbol{Q}=\boldsymbol{Q}\boldsymbol{Q}^{\mathrm{T}}=\boldsymbol{I}$。

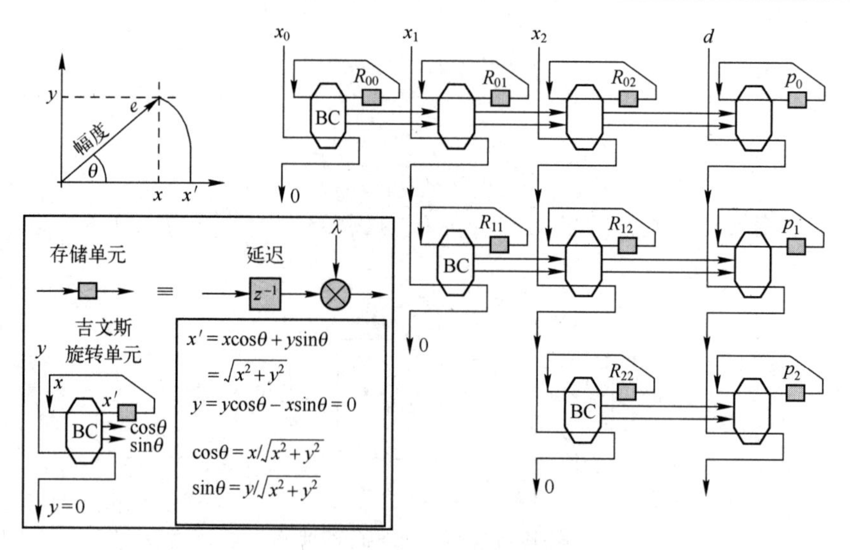

图 19.51 QR 算法的硬件结构

$$\|\boldsymbol{e}\|^2=\boldsymbol{e}^{\mathrm{T}}\boldsymbol{e}=\boldsymbol{e}^{\mathrm{T}}\boldsymbol{Q}\boldsymbol{Q}^{\mathrm{T}}\boldsymbol{e}=\|\boldsymbol{Q}^{\mathrm{T}}\boldsymbol{e}\|^2=\|\boldsymbol{Q}^{\mathrm{T}}\boldsymbol{d}-\boldsymbol{Q}^{\mathrm{T}}\boldsymbol{A}\boldsymbol{w}\|^2 \tag{19.106}$$

考虑如下等式：

$$\boldsymbol{Q}^{\mathrm{T}}\boldsymbol{d}=\begin{bmatrix}\boldsymbol{p}\\ \boldsymbol{v}\end{bmatrix},\boldsymbol{Q}^{\mathrm{T}}\boldsymbol{X}\boldsymbol{w}=\begin{bmatrix}\boldsymbol{R}\boldsymbol{w}\\ \boldsymbol{v}\end{bmatrix} \tag{19.107}$$

ξ 等于：

$$\xi=\left\|\begin{bmatrix}\boldsymbol{p}-\boldsymbol{R}\boldsymbol{w}\\ \boldsymbol{v}\end{bmatrix}\right\| \tag{19.108}$$

使用回代方法解等式 $\boldsymbol{p}=\boldsymbol{R}\boldsymbol{w}$，计算步骤如下。

步骤 1：

$$\begin{bmatrix}\boldsymbol{R}[k]\\ 0\end{bmatrix}=\boldsymbol{Q}\begin{bmatrix}\lambda\boldsymbol{R}[k-1]\\ \boldsymbol{x}^{\mathrm{T}}[k]\end{bmatrix} \tag{19.109}$$

步骤 2：

$$\begin{bmatrix}\boldsymbol{p}[k]\\ \gamma\end{bmatrix}=\boldsymbol{Q}\begin{bmatrix}\lambda\boldsymbol{p}[k-1]\\ \boldsymbol{d}[k]\end{bmatrix} \tag{19.110}$$

步骤 3：

$$\boldsymbol{p}[k]=\boldsymbol{R}[k]\boldsymbol{W}[k] \tag{19.111}$$

19.7.2 QR-RLS 的三数组方法

全并行的 QR 矩阵本质上是维数为 N 的三维矩阵，N 表示 FIR 滤波器权值的阶数，如图 19.52 所示。典型的操作为运行 QR 算法，使用大量的样本 $x(k)$ 和 $d(k)$，然后使用回代来计算 $\boldsymbol{w}$。

图 19.52 中的⊙表示边界单元，而◯表示内部单元。QR 中所要求的单元个数取决于自适应系统的复杂度。当 $n=5$ 时，要求 5 个权值，如图 19.52 所示。

McWhirter 的著名论文允许“直接残留提取”从对角元素中产生 $e(k)$，尽管没明确给出

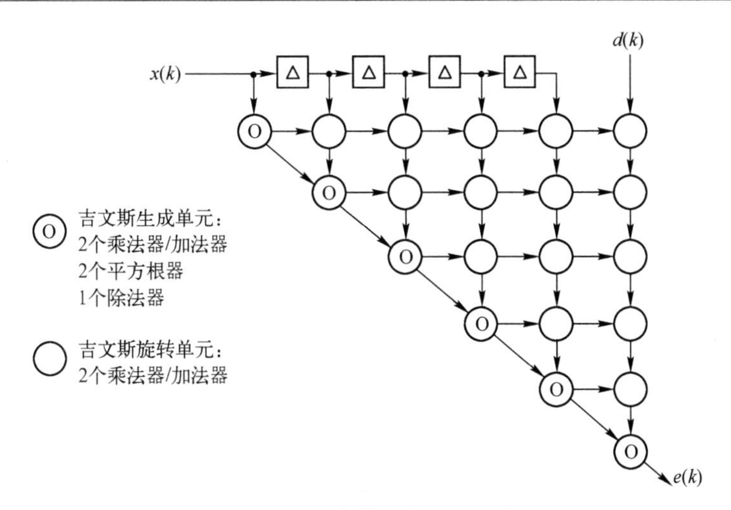

图 19.52　全并行的 QR 矩阵

$y(k)$，但可以通过下式计算：

$$y(k)=d(k)-e(k) \tag{19.112}$$

> **注：** 对角元的开销意味着吉文斯数组是不平衡计算，平方根和除法要消耗大量的乘法器和加法器。

接收到数据 $x(k)$ 和 $d(k)$ 后，分解 QR 矩阵，然后使用 $\boldsymbol{R}$ 矩阵执行回代。

> **注：** 对于无限的精确运算而言，QR 算法和 QR-RLS 算法能够给出相同的结果。

当使用定点运算时，QR-RLS 算法比 QR 算法有更好的数据完整性，简单的方法是考虑可用的 N 位处理器，当执行 RLS 或直接最小二乘时，使用 $x(k)$ 的平方，因而 $x(k)$ 的字长小于 $N/2$。然而，QR 直接使用数据和正交变换，因此接近 N 位分辨率。

19.7.3　QR 边界单元的实现

本节将查看一个 QR 边界单元的实现过程。用于计算边界单元的运算关系如图 19.53 所示。

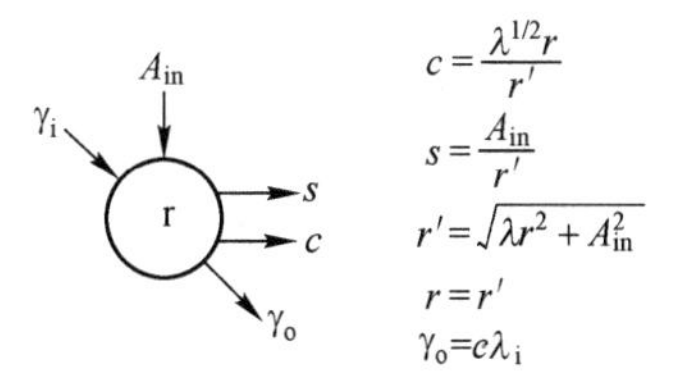

图 19.53　用于计算边界单元的运算关系

通过 CORDIC 单元，使用 16 位有效的小数位计算向量的幅度。实现 QR 边界单元的步骤主要包括：

（1）在 Windows 7 主界面下，选择开始->所有程序->Xilinx Design Tools->Vivado 2017.2->System Generator->System Generator 2017.2，打开 MATLAB R2016b 开发环境。

（2）在 MATLAB 主界面的“Home”界面下，单击“Simulink Library”按钮，出现“Simulink Library Browser”对话框。

（3）在“Simulink Library Browser”对话框的主菜单下，选择 File->Open，出现“Open”对话框，定位到本书提供资料的\fpga_dsp_example\qr 路径下，打开 boundary_cell.slx 文件。

（4）QR 边界单元的结构如图 19.54 所示。

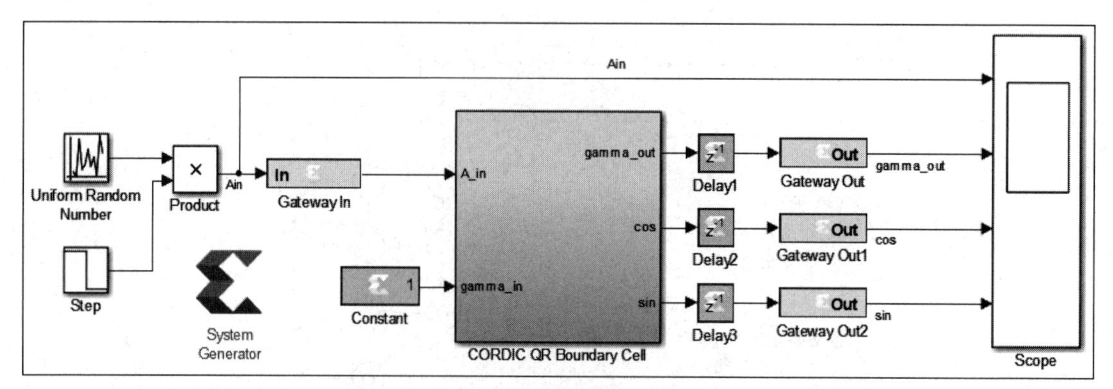

图 19.54　OR 边界单元的结构

（5）双击图 19.54 内的 CORDIC QR Boundary Cell 元件符号，打开其内部结构，如图 19.55 所示。

（6）运行设计。

思考与练习 19-5：查看图 19.55 给出的内部结构，说明实现计算过程的具体方法。

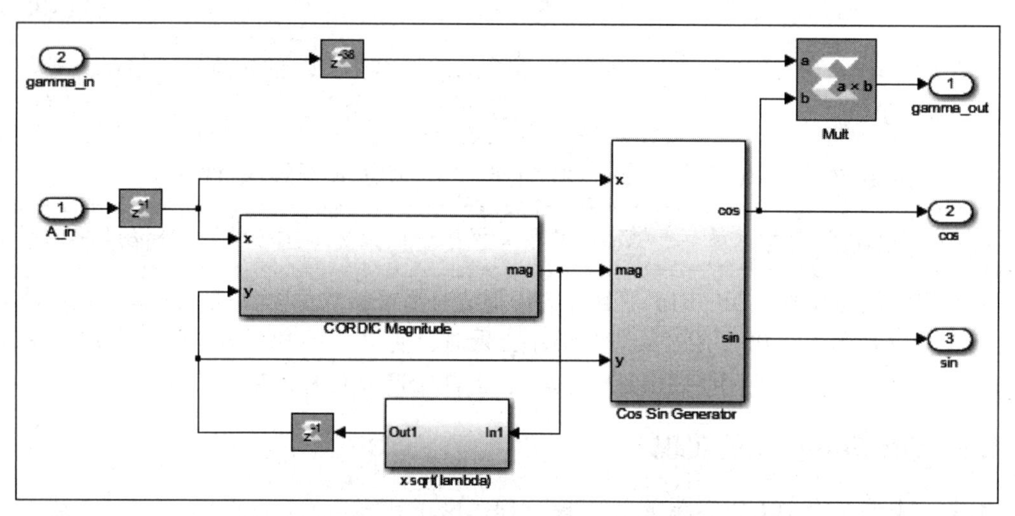

图 19.55　CORDIC OR Boundary Cell 元件的内部结构

思考与练习 19-6：说明硬件上如何实现乘以常数 $\lambda^{1/2}$，并且说明为什么进行这样的选择。

思考与练习 19-7：计算单元的延迟时间。

思考与练习 19-8：将工程生成 Vivado 可执行的工程。在 Vivado 环境下，对设计进行综合，并分析该工程的硬件资源消耗情况。

19.7.4　QR 内部单元的实现

本节将查看 QR 内部单元的结构。用于内部单元计算的等式关系如图 19.56 所示。

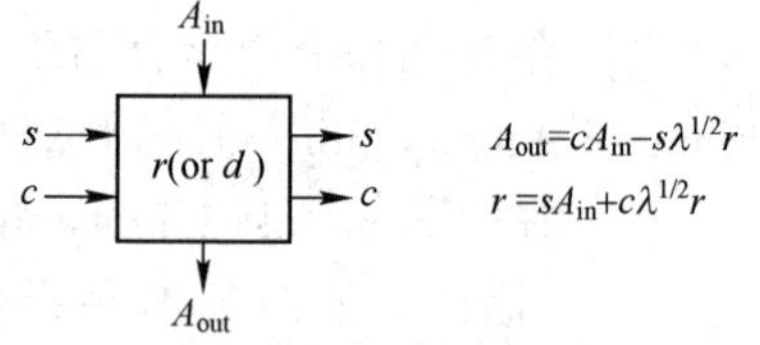

图 19.56　用于内部单元计算的等式关系

实现 QR 内部单元的步骤主要包括：

（1）在 Windows 7 主界面下，选择开始->所有程序

->Xilinx Design Tools->Vivado 2017.2->System Generator->System Generator 2017.2，打开 MATLAB R2016b 开发环境。

（2）在 MATLAB 主界面“Home”界面下，单击“Simulink Library”按钮，出现“Simulink Library Browser”对话框。

（3）在“Simulink Library Browser”对话框的主菜单下，选择 File->Open，出现“Open”对话框，定位到本书提供资料的\fpga_dsp_example\qr 路径下，打开 internal_cell.slx 文件。

（4）实现 QR 内部单元的系统结构如图 19.57 所示。

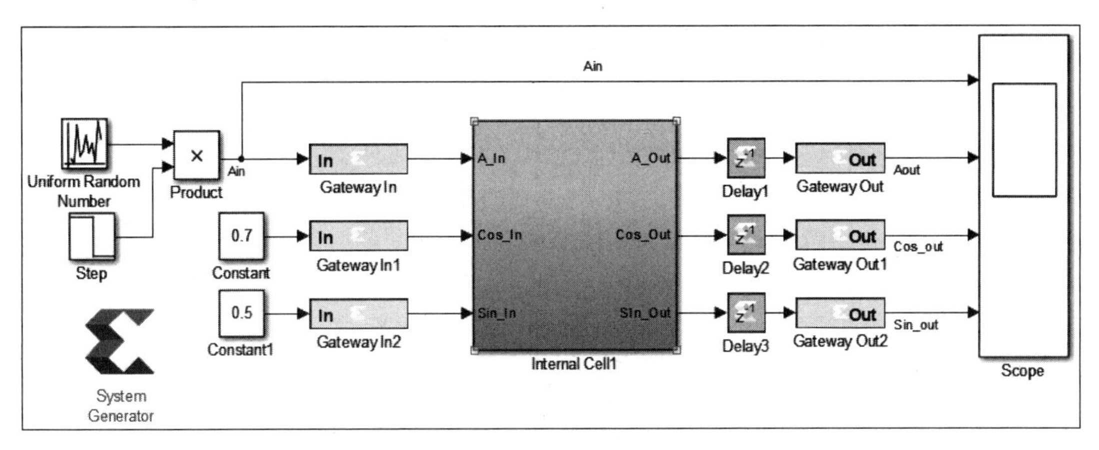

图 19.57　实现 QR 内部单元的系统结构

（5）双击图 19.57 中的 Internal Cell1 元件符号，打开其内部结构，如图 19.58 所示。

（6）运行设计，查看示波器界面的输出。

思考与练习 19-9：查看图 19.58，说明计算输出的方法。

思考与练习 19-10：在图 19.57 所示的单元中要求一个 CORDIC 处理器吗？为什么？请说明原因。

思考与练习 19-11：查看图 19.58 的输出是否与计算结果相吻合。

思考与练习 19-12：将工程生成 Vivado 可执行的工程。在 Vivado 环境下，对设计进行综合，并分析该工程的硬件资源消耗情况。

19.7.5　QR 数组的实现

在设计中，将前面的边界单元和内部单元组合在一起构成一个 QR 数组，如图 19.59 所示。在一个自适应识别配置中，仿真这个数组。通过仿真，查看误差输出适应到零。此外，在该设计中，添加 MATLAB 脚本，在仿真结束的时候，计算 QR 的权值。

实现 QR 数组的步骤主要包括：

（1）在 Windows 7 主界面下，选择开始->所有程序->Xilinx Design Tools->Vivado 2017.2->System Generator->System Generator 2017.2，打开 MATLAB R2016b 开发环境。

（2）在 MATLAB 主界面的“Home”界面下，单击“Simulink Library”按钮，出现“Simulink Library Browser”对话框。

（3）在“Simulink Library Browser”对话框的主菜单下，选择 File->Open，出现“Open”对话框，定位到本书提供资料的\fpga_dsp_example\qr 路径下，打开 qr_array_ 3x3.slx 文件。

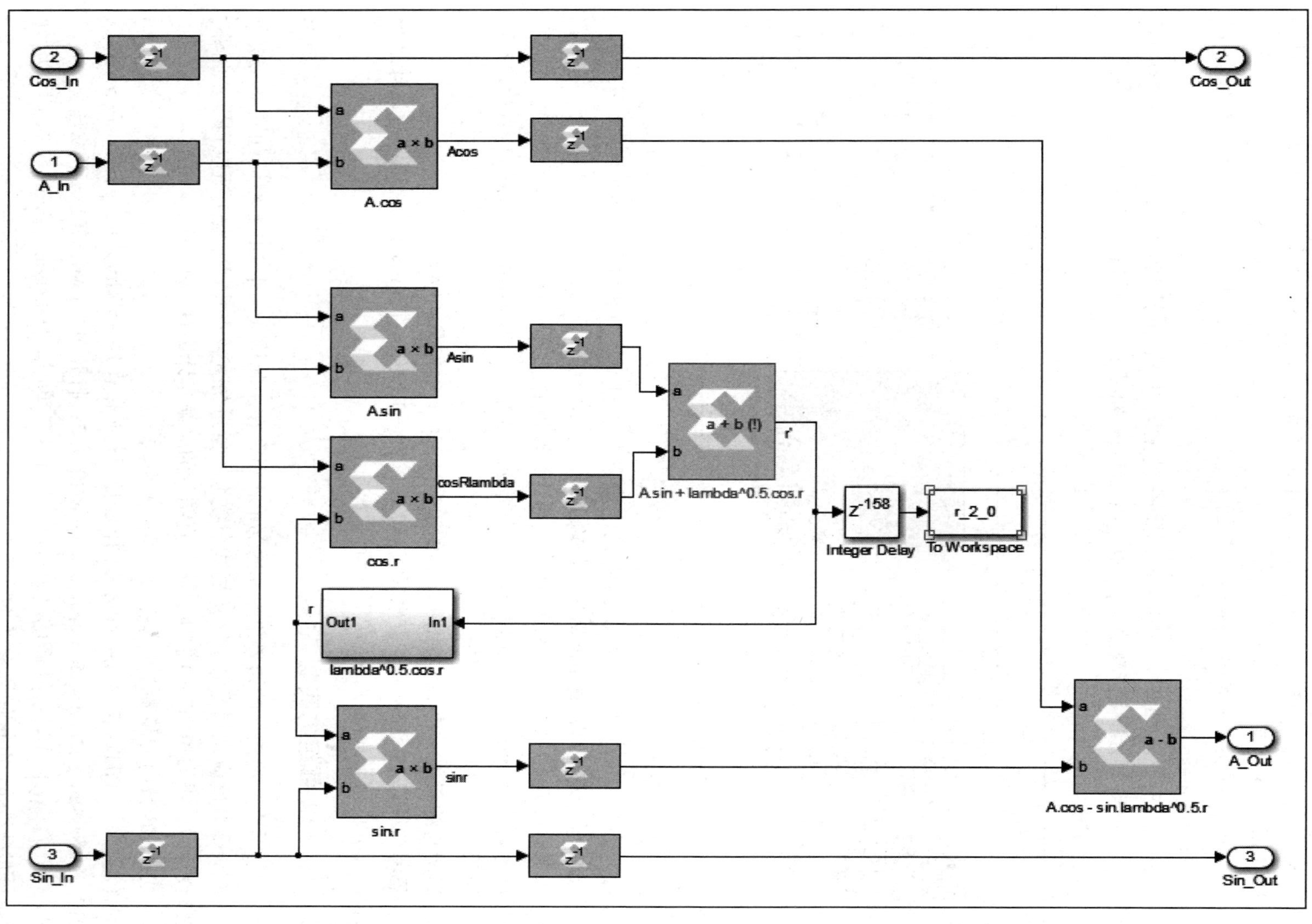

图19.58 Internal Cell1元件的内部结构

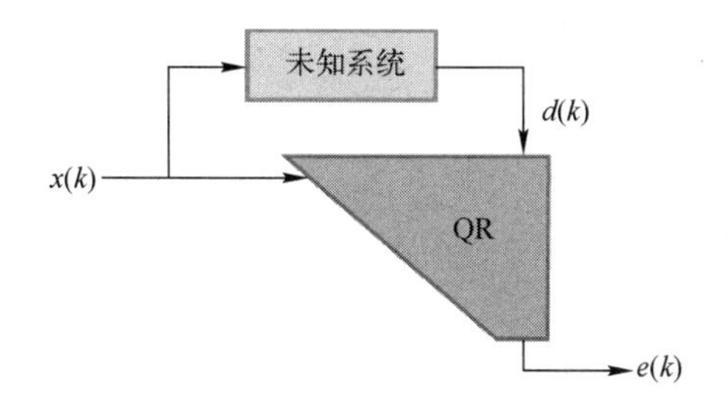

图 19.59　用于系统辨识的 QR 配置

（4）实现 QR 数组的系统结构如图 19.60 所示。

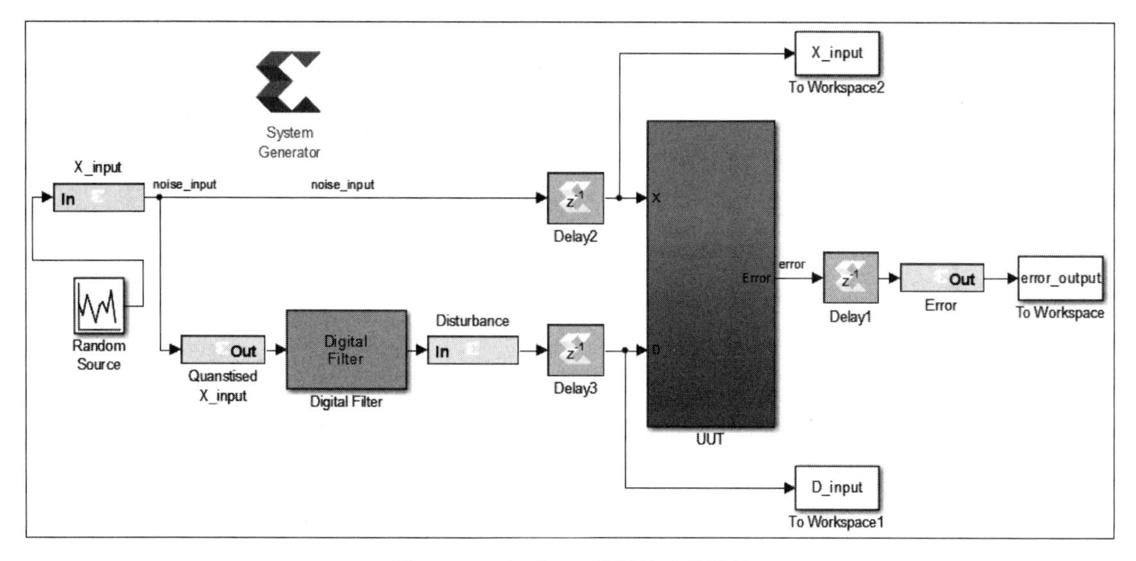

图 19.60　实现 QR 数组的系统结构

（5）双击图 19.60 中的 UUT 元件符号，打开其内部结构，如图 19.61 所示。

（6）查看图 19.61，找到对应的 ***R*** 数组和 ***D*** 列向量。

思考与练习 19-13： 在数组中的 cell 之间插入了延迟单元，请问其作用是什么？

（7）运行设计，查看给出的波形图。首先，查看误差信号趋向 0。放大看，误差信号趋向 0，但不等于 0。

（8）查看 MATLAB 脚本生成的第二个图。提取每个 cell 中保留的 ***R*** 和 ***D*** 的值，用于解等式，从而找到权值。计算公式表示为

$$\begin{bmatrix} r_{11} & r_{12} & r_{13} \\ 0 & r_{22} & r_{23} \\ 0 & 0 & r_{33} \end{bmatrix}\begin{bmatrix} w_1 \\ w_2 \\ w_3 \end{bmatrix}=\begin{bmatrix} d_1 \\ d_2 \\ d_3 \end{bmatrix} \tag{19.113}$$

则：

$$w_3=\frac{d_3}{r_{33}} \tag{19.114}$$

$$w_2=\frac{d_2-r_{23}w_3}{r_{22}} \tag{19.115}$$

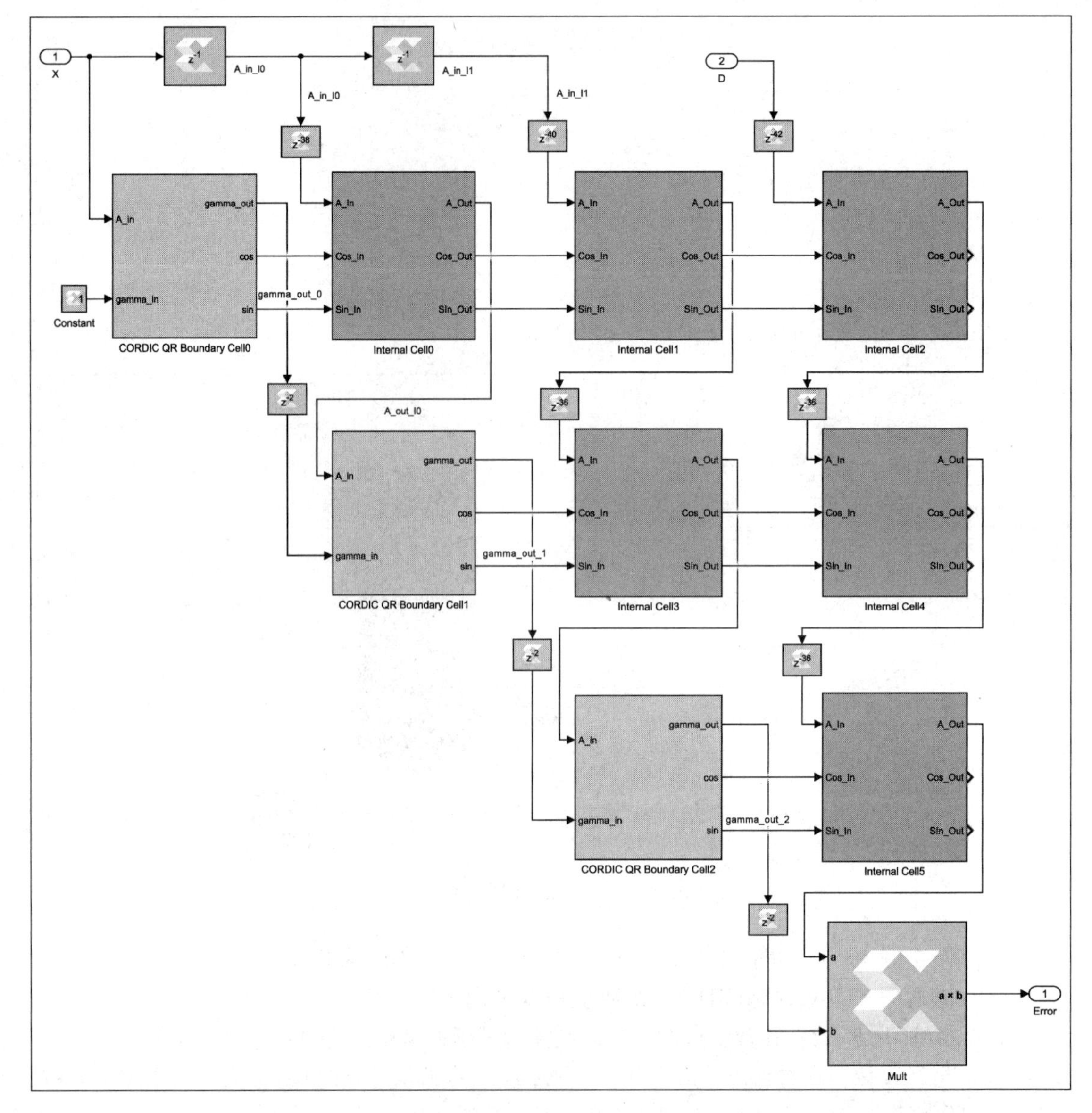

图 19.61　UUT 元件的内部结构

$$w_1=\frac{d_1-r_{12}w_2-r_{13}w_3}{r_{11}} \tag{19.116}$$

思考与练习 19-14：MATLAB 中绘制出了权值，这些值是否对应于未知系统。尝试修改权值，查看 QR 是否可以适应它们（选择-1～+1 之间的值）。

（9）将 3×3 的矩阵改成 5×5 的矩阵，这将允许识别更复杂的系统。定位到本书提供资料的\fpga_dsp_example\qr 路径下，打开 qr_array_5x5. slx 文件。

第五篇　数字图像处理的理论和 FPGA 实现方法

本篇将主要介绍数字图像处理的理论和 FPGA 实现方法。本篇共包括 2 章内容，即数字图像处理的原理与实现和动态视频拼接的原理与实现。

（1）在第 20 章数字图像处理的原理与实现中，主要介绍数字图像处理的基本方法、System Generator 中中值滤波器的实现和 HLS 图像边缘检测的实现。

（2）在第 21 章动态视频拼接的原理与实现中，主要介绍视频拼接技术的发展、图像拼接理论及关键方法、图像配准方法的原理与实现、图像配准方法的对比与评价、视频拼接系统的设计、视频拼接系统的实现、FPGA 视频拼接系统的硬件实现、系统硬件平台的测试、FPGA 视频拼接系统的软件设计，以及 Vivado HLS 图像拼接系统的原理与实现。

第 20 章　数字图像处理的原理与实现

随着多媒体技术和网络技术的迅速发展，数字图像处理被广泛地应用到各个领域中，人们对图像处理也提出了越来越高的要求。

传统上基于软件实现图像处理的方法已经无法满足实时性和高效性等需求，而 FPGA 在实现数字图像处理方面具有巨大的优势。

本章将首先介绍数字图像处理的基本方法，然后通过 System Generator 和 HLS 工具实现对数字图像的处理。

20.1　数字图像处理的基本方法

数字图像处理是通过计算机对图像进行去除噪声、增强、复原、分割、特征提取等处理的方法和技术。

一幅图像可定义为一个二维函数 $f(x,y)$，其中 x 和 y 是空间的坐标，而在任何一对空间坐标 (x,y) 处的 $f(x,y)$，称为图像在该点处的强度或灰度。当 x、y 和灰度值 f 是有限的离散数值时，称该图像为数字图像。

本节将主要介绍灰度变换、直方图处理和空间滤波等基本的图像处理方法。

20.1.1　灰度变换

灰度，即使用黑色调表示物体。每个灰度对象都具有从白色到黑色的亮度值。灰度变换处理是图像增强处理技术中一种非常基础且直接的空间域图像处理方法，也是图像数字化和图像显示的一个重要组成部分。灰度变换主要针对独立的像素点进行处理，通过改变原始图像数据所占有的灰度范围而使图像在视觉上得到改观。

在灰度变换中，最简单的应用是图像的反转。简单说，图像灰度翻转就是使黑变白、使白变黑，这样就将原始图像的灰度值进行翻转，使输出图像的灰度随输入图像的灰度增加而减少。假设对灰度级范围是 $(0,L-1)$ 的图像求反，则图像灰度 $t=L-1-s$。

例如，图像的灰度级为 256，在 (x,y) 点处的灰度值为 55，则图像灰度反转后 (x,y) 的灰度值为 255-55=200。图像反转后的图像变化情况如图 20.1 所示。

（a）原始图像

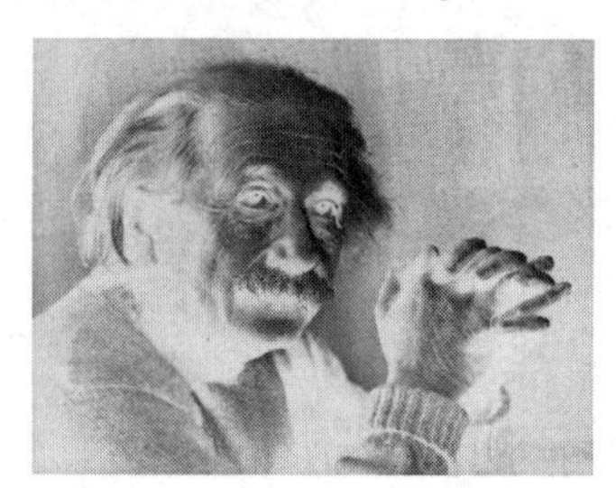
（b）反转后的图像

图 20.1　图像翻转后的变化情况

灰度变换还包括对数变换、幂律变换和分段线性变换等，它们都可以改变图像的灰度，实现不同的图像效果。我们可以根据不同的图像实现要求来选择不同的灰度变换方法。

20.1.2　直方图处理

灰度直方图是灰度级的函数，是对图像中灰度级分布的统计，反映的是一幅图像中各灰度级像素出现的频率，即横坐标表示灰度级；纵坐标表示图像中对应某灰度级所出现像素的个数，也可以是某一灰度值的像素数占全图像素数的百分比，即灰度级的频率。所绘制的频率同灰度级的关系就是灰度直方图，它是图像的一个重要特征，反映了图像灰度分布的情况。灰度直方图是最简单且最有用的工具。

一幅灰度级为 6 的图片的灰度分布如图 20.2 所示，这幅图片所对应的直方图分布如图 20.3所示。图 20.3 中：

1	2	3	4	5	6
6	4	3	2	2	1
1	6	6	4	6	6
3	4	5	6	6	6
1	4	6	6	2	3
1	3	6	4	6	6

图 20.2　灰度级为 6 的图片的灰度分布

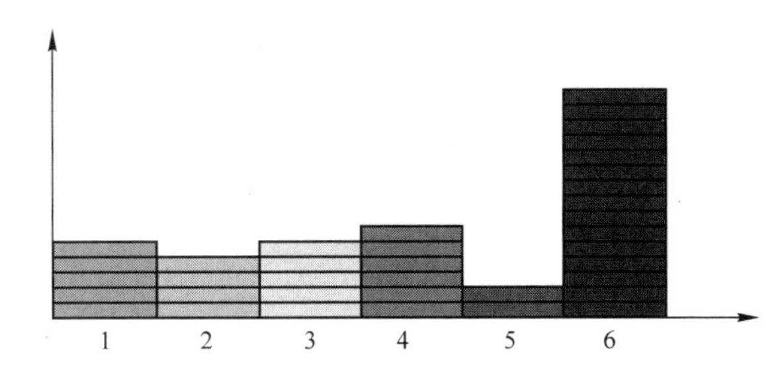

图 20.3　图 20.2 所对应的直方图分布

（1）横坐标代表灰度值(1,2,3,4,5,6)。

（2）纵坐标代表相应的灰度值对应的个数。

同一幅图像的不同效果所对应的直方图分布如图 20.4 所示：

（1）在第一幅子图中，灰度集中分布在灰度值较小的部分，所以图像看起来比较暗。

（2）第二幅图和第一幅图的效果相反，其灰度大都分布在灰度值较大的地方，所以图像看起来比较亮。

（3）第三幅图和第四幅图分别代表了低对比度图像和高对比度图像，因此也可以清晰地看到所对应的灰度直方图。

灰度直方图有很多应用，如直方图的均衡。

直方图均衡化的原理是将原图像通过某种变换得到一幅灰度直方图为均匀分布的新图像的方法。假设图像均衡化处理后，图像的直方图是平直的，即各灰度级具有相同的出现次数。由于灰度级具有均匀的概率密度分布，所以图像看起来更加清晰。

假设在灰度级为 $0\sim L-1$ 范围内的数字图像，其直方图是离散函数，表示为

$$h(r_k)=n_k$$

其中，r_k 是第 k 级灰度；n_k 是图像中灰度级为 r_k 的像素个数。

对上式进行归一化处理，则：

$$P(r_k)=n_k/n$$

其中，n 为图像中像素的总数；$P(r_k)$ 是灰度级为 r_k 发生概率的估计值。

灰度级 r_k 出现的概率为

图 20.4　同一幅图像的不同效果所对应的直方图分布

$$P_r(r_k)=n_k/n, k=0,1,2,\cdots,L-1$$

S_k 为对应的灰度值，则变换函数的离散形式为

$$S_k=T(r_k)=\sum_{j=0}^{k}p_r(r_j)=\sum_{j=0}^{k}\frac{n_j}{n}$$

直方图均衡化的步骤包括：

(1) 求原始图像的灰度直方图。

(2) 由原始图像直方图计算灰度分布概率。

(3) 计算图像各个灰度级的累计分布概率。

(4) 进行直方图均衡化计算，得到新图像的灰度值。

原始图像和其所对应的直方图分布如图 20.5 所示。直方图均衡后的图像和灰度直方图如图 20.6 所示，它们分别表示了经过直方图均衡后的图像变化和直方图变化。

(a) 原始图像

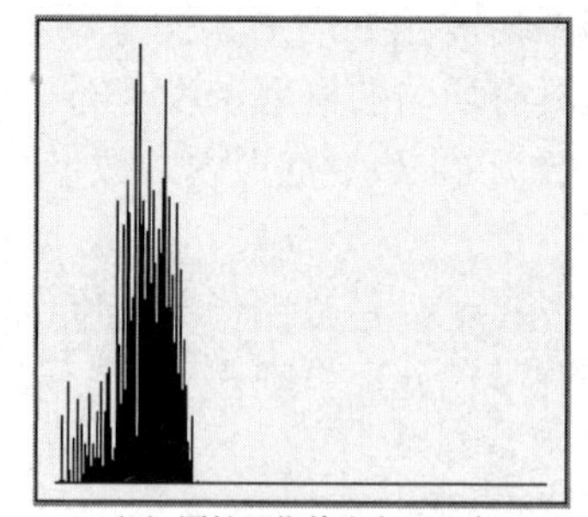
(b) 原始图像的直方图分布

图 20.5　原始图像和所对应的直方图分布

(a) 直方图均衡后的图像

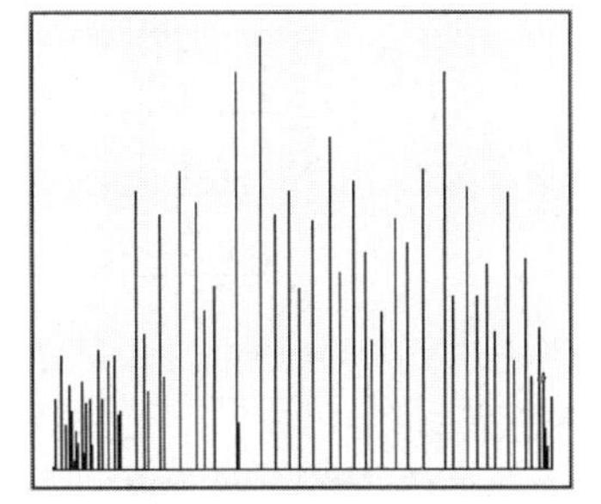
(b) 均衡后的图像对应的灰度直方图

图 20.6　直方图均衡后的图像和其对应的灰度直方图

20.1.3　空间滤波

在图像的生成、采集和处理过程中都会不同程度地引入各种噪声，因此会导致图像的质量变差，从而影响对图像的识别。所以，必须要对图像进行滤波。图像滤波的方法很多，如高通滤波、最大值滤波、均值滤波和中值滤波等。

在介绍空间滤波之前，先介绍模板或算子。在数字图像处理中，许多算法都是基于模板的，模板操作是图像卷积和滤波等运算的基础。模板使用一个窗口，这个窗口是一个点周围特定长度或形状的邻域，用于计算算法的输出。

正方形模板可大可小，一般选用尺寸为奇数大小的滑动窗口，如 3×3、5×5 等。3×3 的方形窗如图 20.7 所示。在硬件设计中，如果选用较大尺寸的滑动窗口，则会占用 FPGA 芯片内更多的逻辑资源，导致工作频率降低，并且图像处理后的效果也不一定有明显改善。

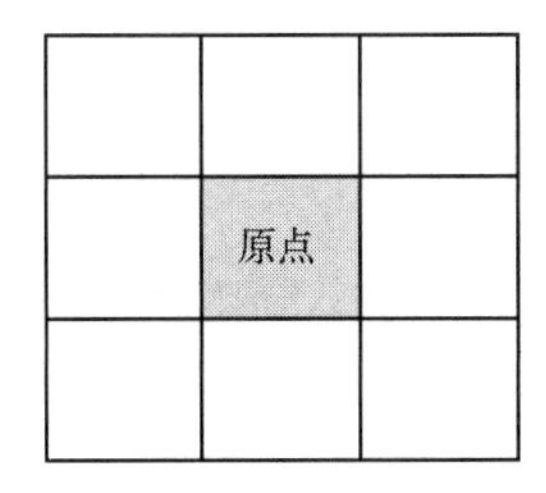

图 20.7　3×3 的方形窗

每个输出图像像素的灰度值由其在输入图像中对应的像素及邻近的像素（称之为邻域）的灰度值按不同的系数或权重综合计算而得。空间滤波器的计算公式可以表示为

$$y(j,i)=\sum_{m}\sum_{n}f(m,n)x(j-m,i-n)$$

其中，$y(j,i)$ 表示输出像素的灰度值；$x(j-m,i-n)$ 表示输入像素的灰度值；$f(m,n)$ 表示滤波模板。

1. 平滑滤波器

平滑滤波器使用滤波掩码确定邻域内像素的平均灰度值，代替图像中每个像素点的值。这种处理方法降低了图像灰度“尖锐地”变化。平滑滤波器用于模糊处理和降低噪声。例如，图像平滑一般选用均值滤波、中值滤波和高斯滤波。

1) 均值滤波

均值滤波是实现图像平滑最常见的方法。在像素的邻域内求局部均值，称为均值滤波。一个均值滤波的模板如图 20.8 所示，原始图像均值滤波后的图像如图 20.9 所示。

所对应点的像素值表示为

$$y(j,i)=\left[\sum_{m}\sum_{n}f(m,n)x(j-m,i-n)\right]/9$$

其中，$y(j,i)$ 表示输出像素的灰度值；$x(j-m,i-n)$ 表示输入像素的灰度值；$f(m,n)$ 表示均

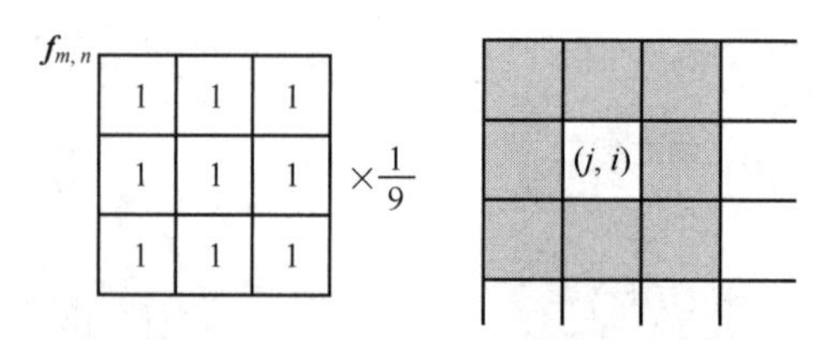

图 20.8 均值滤波的模板

（a）原始图像

（b）均值过滤后的图像

图 20.9 原始图像和均值滤波后的图像

值滤波模板。

2）中值滤波

与采用加权平均方式的平滑滤波不同，中值滤波是一种邻域运算，即

（1）首先把邻域中的像素按灰度级进行排序。

（2）然后选择该组的中间值作为输出像素值。

二维中值滤波的算法表示为

$$g(x,y)=\mathrm{med}\{f(x-k,y-l),(k,l\in W)\}$$

其中，$f(x,y)$表示原始图像；$g(x,y)$表示处理后的图像；W表示二维模板。

3×3 模板的中值滤波如图 20.10 所示。在中值滤波器中，将 9 个灰度值排序。排序后，像素 65 处在中间的位置，也就是在此点的灰度值。

与均值滤波和其他线性滤波相比，中值滤波能够在去除噪声的同时不会模糊图像的边缘，较好地保持图像的清晰度。

3）高斯滤波

高斯滤波是根据高斯函数的形状来选择权值的线性平滑滤波器。高斯平滑滤波器对过滤服从正态分布的噪声效果很好。对图像而言，常用二维零均值离散高斯函数做平滑滤波器，表示为

$$G(x,y)=A\mathrm{e}^{\frac{x^2+y^2}{2\sigma^2}}=A\mathrm{e}^{\frac{r^2}{2\sigma^2}}$$

高斯滤波器所对应的 3×3 模板如图 20.11 所示。

23	45	67
89	90	34
56	65	77

23 34 45 56 65 67 77 89 90

图 20.10 3×3 模板的中值滤波

$f_{m,n}$

1	2	1
2	4	2
1	2	1

$\times\frac{1}{16}$

图 20.11 高斯滤波器所对应的 3×3 模板

2. 锐化滤波器—边缘检测

边缘是指图像局部强度变化最明显的地方，主要存在于目标与目标、目标与背景、区域与区域（包括不同色彩）之间。

边缘检测的实质是采用某种算法来提取图像中对象与背景间的交界线。图像灰度的变化情况可以用图像灰度分布的梯度来反映，因此可以用局部图像微分技术来获得边缘检测算子。边缘检测是检测图像局部显著变化的基本运算。

在一维情况下，阶跃边缘同图像的一阶导数局部峰值有关。梯度是函数变化的一种度量，而一幅图像可以看作图像强度连续函数的取样点阵列。因此，同一维情况类似，图像灰度值的显著变化可用梯度的离散逼近函数来检测。梯度是一阶导数的二维等效式，表示为

$$\boldsymbol{G}(x,y)=\begin{vmatrix}G_x\\G_y\end{vmatrix}=\begin{vmatrix}\dfrac{\partial f}{\partial x}\\\dfrac{\partial f}{\partial y}\end{vmatrix}$$

这个向量的方向角和幅度分别为

$$\alpha(x,y)=\arctan\left(\frac{G_y}{G_x}\right)$$

$$|\boldsymbol{G}(x,y)|=\sqrt{G_x^2+G_y^2}$$

常用的梯度算子有基于一阶导数的 Roberts 算子、Prewitt 和 Sobel 算子，以及基于二阶导数的 Laplacian 算子。Sobel 算子所对应的模板如图 20.12 所示。用 Sobel 滤波器进行边缘检测后的效果如图 20.13所示。

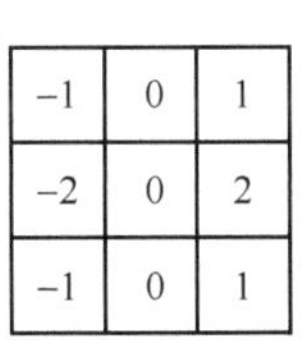
$C_{m,n}$

−1	0	1
−2	0	2
−1	0	1

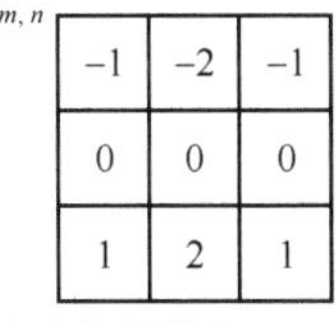
$C_{m,n}$

−1	−2	−1
0	0	0
1	2	1

图 20.12　Sobel 算子对应的模板

(a) 原始图像

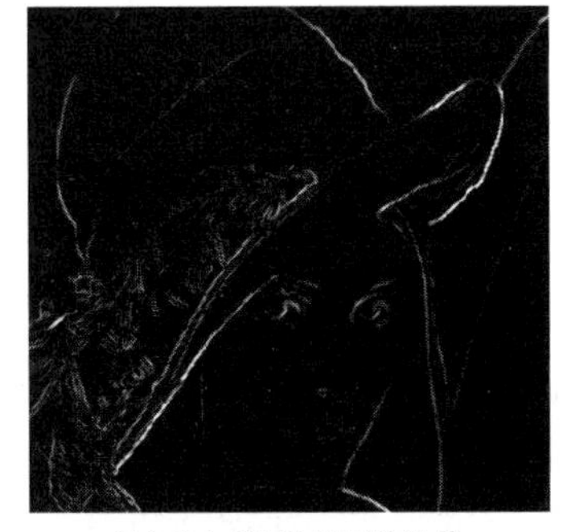
(b) Sobel边缘检测的效果

图 20.13　原始图像和 Sobel 边缘检测的效果

对数字图像处理而言，灰度变换、直方图处理和空间滤波只是最基本的处理方法。根据图像处理的要求，还有频域滤波、图像压缩和形态学处理等其他方法。

20.2　System Generator 中中值滤波器的实现

本节将在 Vivado HLS 中构建一个中值滤波器，然后在 System Generator 中通过调用该模

块实现对数字图像的处理。

20.2.1　在 Vivado HLS 内构建中值滤波器

本节将介绍如何在 Vivado HLS 内构建中值滤波器，主要步骤包括：

（1）在 Windows 7 操作系统下，选择开始->所有程序->Xilinx Design Tools->Vivado 2017.2->Vivado HLS->Vivado HLS 2017.2，启动 Vivado HLS 工具。

> **注：**也可以双击桌面上的 Vivado HLS 2017.2，启动 Vivado HLS 工具。

（2）在 Vivado HLS 主界面的主菜单下，选择 File->New Project，出现“New Vivado HLS Project”对话框，在该对话框中按如下参数设置。

① 单击“Browse...”按钮，将路径指向“E:\fpga_dsp_example\image_processing\system_generator”。

② Project name：mean。

（3）单击“Next”按钮，出现“Add/Remove Files-Add/remove C-based source files”对话框，在该对话框中按如下参数设置。

① Top Function：MedianFilter。

② 单击“Add Files...”按钮，出现打开对话框。在该对话框中，定位到“E:\fpga_dsp_example\image_processing\system_generator”路径中，找到并打开 medianFilter.cpp 文件。

（4）单击“Next”按钮，出现“Add/Remove C-based testbench files”对话框。在该对话框中，单击“Add Files...”按钮，出现打开对话框。在打开对话框中，定位到“E:\fpga_dsp_example\image_processing\system_generator”路径中，找到并打开 TestmedianFilter.cpp 文件。

（5）单击“Next”按钮，出现“Solution Configuration”对话框。

（6）在“Solution Configuration”对话框中，按如下参数设置。

① Solution Name：solution1。

② Period：10。

③ Uncertainty：为空。

④ Part：xc7a75tfgg484-1。

（7）单击“Finish”按钮，完成工程的创建。

（8）双击 medianFilter.cpp 文件，打开该设计文件，设计代码如代码清单 20-1 所示。

代码清单 20-1　medianFilter.cpp

```
#include "MedianFilter.h"
#define WINDOW_SIZE  3
typedef unsigned char PixelType;

#define PIX_SWAP(a,b) { PixelType temp=(a);(a)=(b);(b)=temp; }
#define PIX_SORT(a,b) { if ((a)>(b)) PIX_SWAP((a),(b)); }

PixelType OptMedian9(PixelType * p)
{
    PIX_SORT(p[1], p[2]) ; PIX_SORT(p[4], p[5]) ; PIX_SORT(p[7], p[8]) ;
```

```
PIX_SORT(p[0], p[1]) ; PIX_SORT(p[3], p[4]) ; PIX_SORT(p[6], p[7]) ;
PIX_SORT(p[1], p[2]) ; PIX_SORT(p[4], p[5]) ; PIX_SORT(p[7], p[8]) ;
PIX_SORT(p[0], p[3]) ; PIX_SORT(p[5], p[8]) ; PIX_SORT(p[4], p[7]) ;
PIX_SORT(p[3], p[6]) ; PIX_SORT(p[1], p[4]) ; PIX_SORT(p[2], p[5]) ;
PIX_SORT(p[4], p[7]) ; PIX_SORT(p[4], p[2]) ; PIX_SORT(p[6], p[4]) ;
PIX_SORT(p[4], p[2]) ;
return(p[4]) ;
}

PixelType Mean(PixelType * buffer)
{
    PixelType i, j, min;
    unsigned int sum;
    for (i = 0;i<9; i++) {
        sum+=buffer[i];
    }
    sum/=(WINDOW_SIZE * WINDOW_SIZE);
    return sum;
}

PixelType Min(PixelType * buffer)
{
    PixelType i, j, min;
    min = buffer[0];
    for (i = 1;i<9; i++) {
        if (min>buffer[i]) min = buffer[i];
    }
    return min;
}
void MedianFilter(PixelType row1, PixelType row2, PixelType row3, PixelType * V)
{
#pragma AP PIPELINE  II=1
    /*
     * Create a local Pixel Buffer based onWindowSize
     */
    static PixelType pixelWindowBuffer[WINDOW_SIZE * WINDOW_SIZE];

    PixelType sortBuffer[WINDOW_SIZE * WINDOW_SIZE];

    /*
     * Each Iteration Interval Update the Pixel Buffers
     */
    for(int i = 0;i<WINDOW_SIZE;++i) {
        for(int j=0;j<(WINDOW_SIZE-1);++j) {
            pixelWindowBuffer[WINDOW_SIZE * i + (WINDOW_SIZE-j-1)] = pixelWin-
dowBuffer[WINDOW_SIZE * i + (WINDOW_SIZE-j-1)-1];
        }
```

```
        }

        /*
         * Update the first Pixel of each row
         */
        pixelWindowBuffer[0] = row1;
        pixelWindowBuffer[3] = row2;
        pixelWindowBuffer[6] = row3;

        for(int k = 0;k<9;++k) {
            sortBuffer[k] = pixelWindowBuffer[k];
        }

        * V = OptMedian9(sortBuffer);
    }
```

（9）双击 TestMedianFilter. cpp 文件，打开该设计文件，设计代码如代码清单 20－2 所示。

代码清单 20-2 TestMedianFilter. cpp

```
#include "MedianFilter. h"
#include "stdio. h"
int main()
{
    unsigned char R = 1;
    unsigned char G = 1;
    unsigned char B = 1;
    int i = 0;
    unsigned char v = 0;
    for (i=0;i<(9);++i){
      MedianFilter(R,G,B,&v);
      printf("v:%d\n",v);
    }
    return 0;
    }
```

（10）在 Vivado HLS 主界面的主菜单下，选择 Solution－>Run C Synthesis－>Active Soultion，或者在工具栏中单击▶图标，对设计进行综合。

（11）在 Vivado HLS 主界面的主菜单下，选择 Soultion->Run C/RTL Cosimulation，或者单击工具栏中的☑图标，出现“C/RTL Co-simulation”对话框。在该对话框中，不修改任何参数。

（12）单击“OK”按钮，HLS 工具开始对所设计的滤波器进行验证，并给出验证结果信息，如图 20. 14 和图 20. 15 所示。

（13）在 Vivado HLS 左侧的“Explorer”窗口中，找到并选中 Solution1 文件夹，单击鼠标右键，出现浮动菜单。在浮动菜单中，选择 Export RTL，出现“Export RTL”对话框，如图 20. 16 所示。

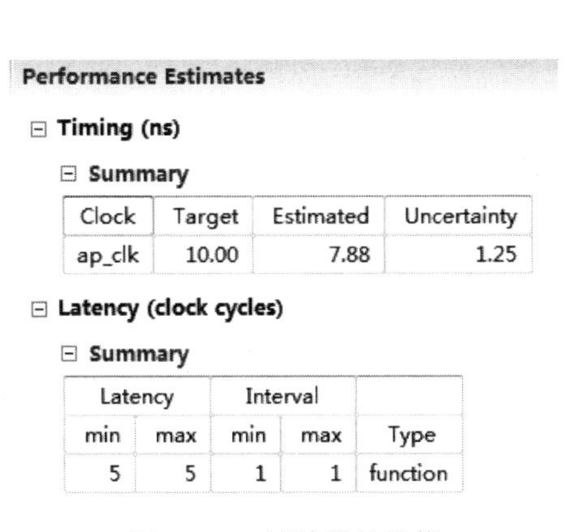

Performance Estimates

⊟ Timing (ns)

⊟ Summary

Clock	Target	Estimated	Uncertainty
ap_clk	10.00	7.88	1.25

⊟ Latency (clock cycles)

⊟ Summary

Latency		Interval		
min	max	min	max	Type
5	5	1	1	function

图 20.14　滤波器的性能

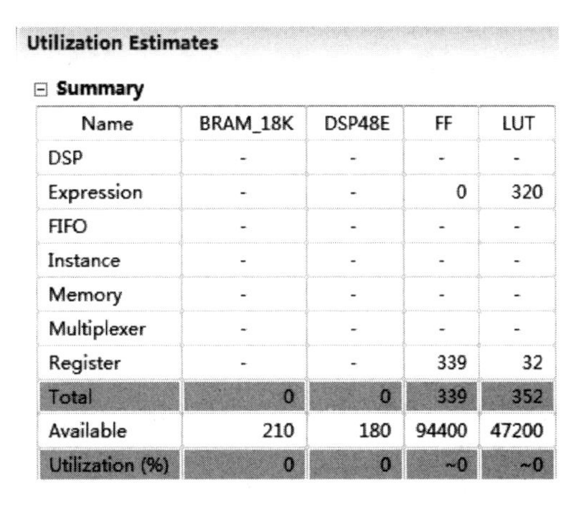

Utilization Estimates

⊟ Summary

Name	BRAM_18K	DSP48E	FF	LUT
DSP	-	-	-	-
Expression	-	-	0	320
FIFO	-	-	-	-
Instance	-	-	-	-
Memory	-	-	-	-
Multiplexer	-	-	-	-
Register	-	-	339	32
Total	0	0	339	352
Available	210	180	94400	47200
Utilization (%)	0	0	~0	~0

图 20. 15　滤波器所消耗的逻辑设计资源

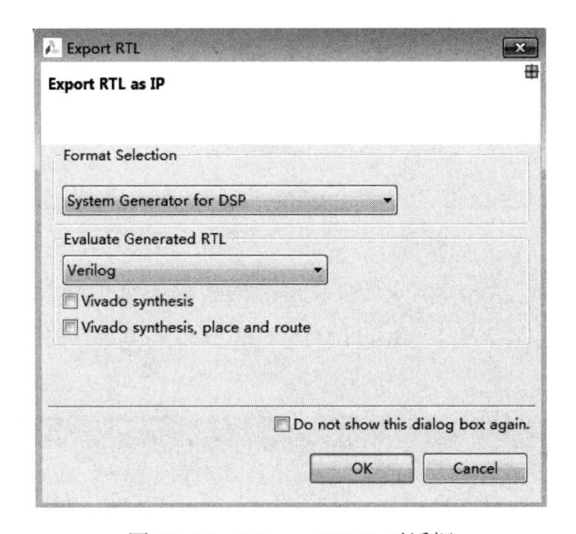

图 20. 16　“Export RTL”对话框

（14）在“Export RTL”对话框中，按如下参数设置。

① Format Selection：System Generator for DSP。

② Evalute Generated RTL：Verilog。

（15）单击“OK”按钮，将 HLS 生成的中值滤波器模块导入 System Generator 设计环境中。

20. 2. 2　在 System Generator 中构建图像处理系统

本节将在 System Generator 中调用由 Vivado HLS 工具生成的中值滤波器模块，在该模块的基础上构建数字图像处理系统，主要步骤包括：

（1）在 Windows 7 操作系统下，选择开始->所有程序->Xilinx Design Tools->Vivado 2017. 2->System Generator->System Generator 2017. 2，打开 MATLAB R2016. b 软件。

（2）在 MATLAB 主界面中，单击“Simulink”按钮，出现“Simulink Start Page”界面。

（3）在“Simulink Start Page”界面中，单击“Open”按钮，定位到本书提供资料的\fpga_dsp_example\image_processing\system_generator路径下，打开“Lab2_3. slx”文件。

注：需要预先安装 MathWorks 提供的 Computer Vision System Toolbox 工具包。

（4）尚未完成的设计结构如图 20. 17 所示。

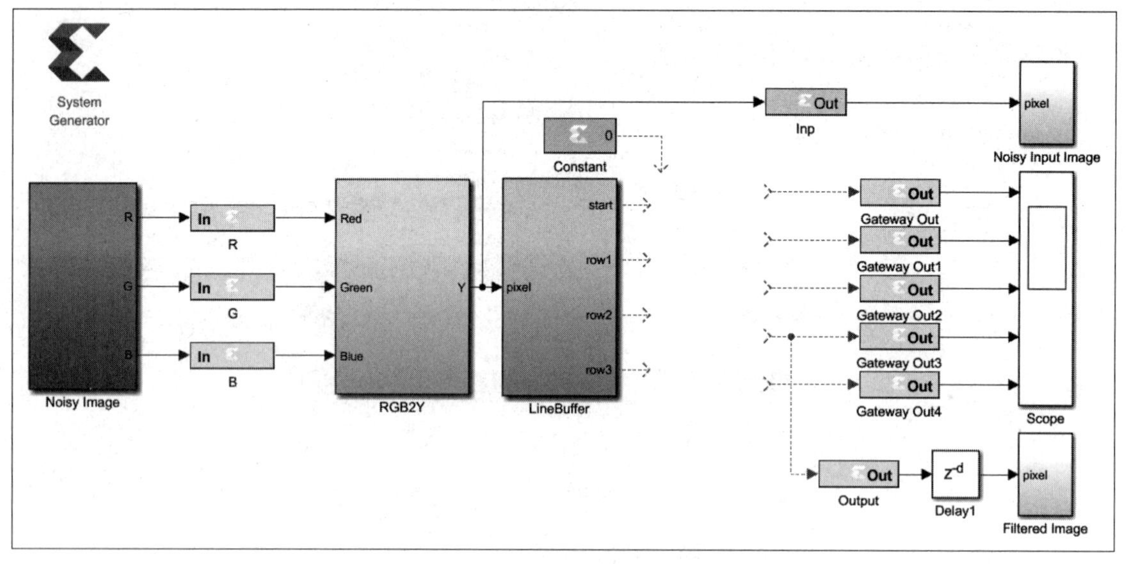

图 20. 17　尚未完成的设计结构

（5）在“Simulink Library Browser”对话框的搜索栏中输入“vivado hls”，如图 20. 18 所示。在右侧窗口中，找到名字为“Vivado HLS”的元件符号，将其拖曳到原理图设计界面中，如图 20. 19 所示。

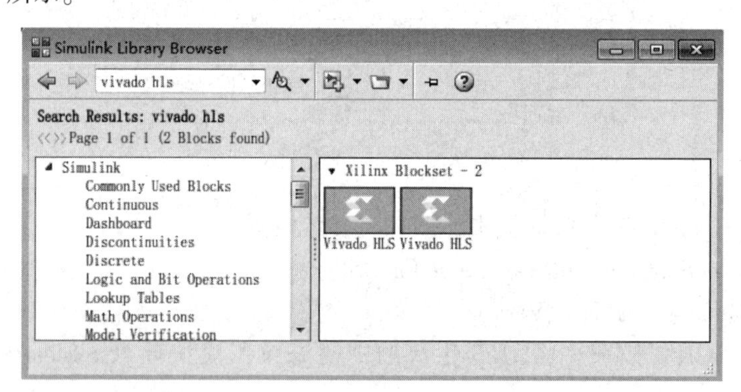

图 20. 18　“Simulink Library Browser”对话框

（6）双击图 20. 19 中名字为“Vivado HLS”的元件符号，弹出 Vivado HLS 元件的参数配置对话框，如图 20. 20 所示。单击“Solution”右侧的“Browse…”按钮。将路径定位到“E:/fpga_dsp_example/image_processing/system_generator/mean/solution1”路径中。

（7）单击“OK”按钮，退出 Vivado HLS 元件的参数配置对话框。

（8）调整 Vivado HLS 元件的大小，并和图 20. 19 给出的系统进行连接。

（9）连接完成后的系统结构如图 20. 21 所示。

（10）双击图 20. 21 中名字为“Noisy Image”的元件符号，打开其内部结构，如图 20. 22 所示。

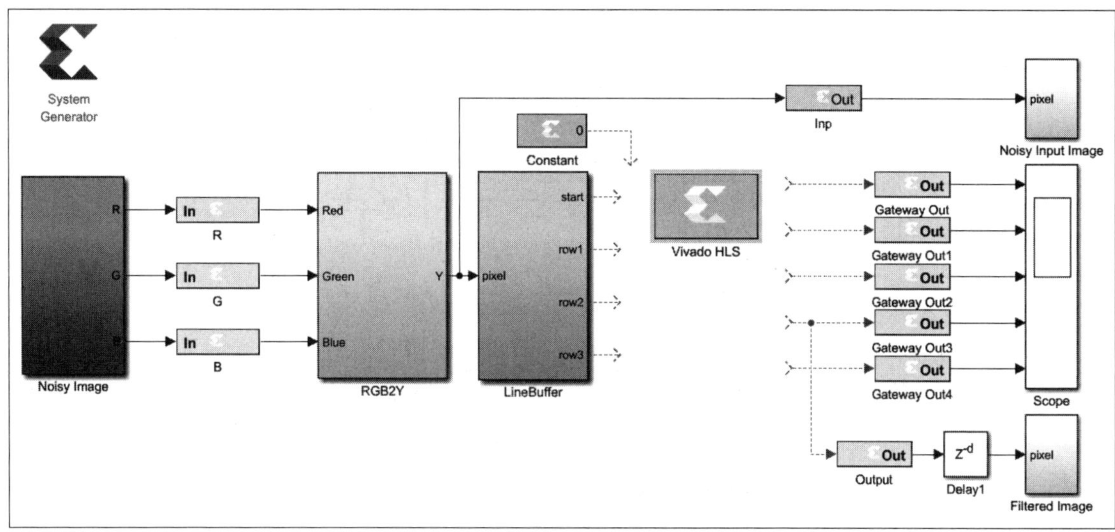

图 20.19　放置 Vivado HLS 元件符号

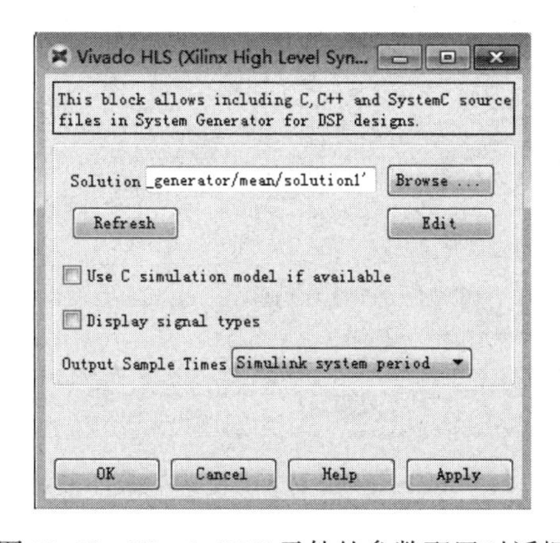

图 20.20　Vivado HLS 元件的参数配置对话框

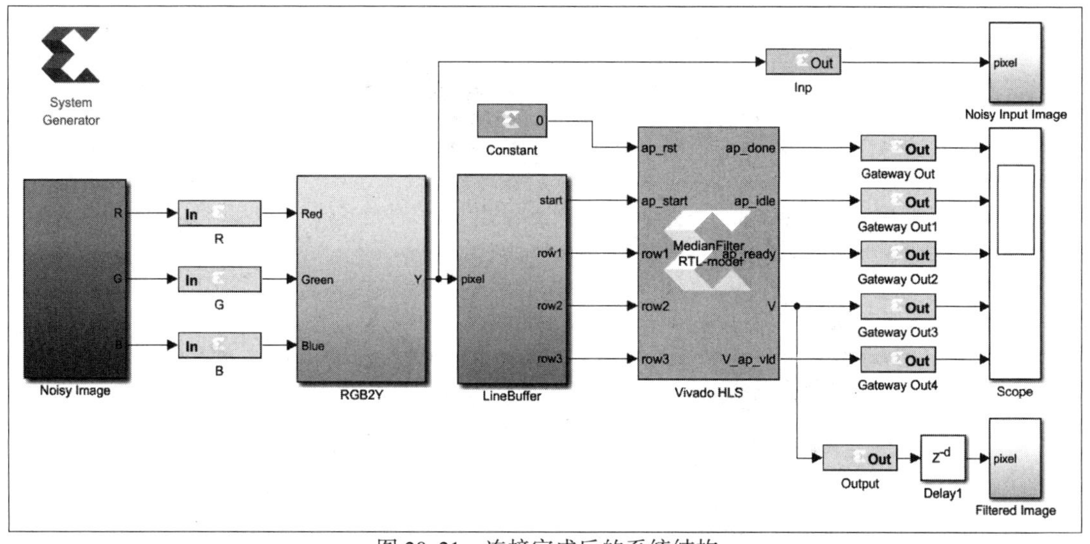

图 20.21　连接完成后的系统结构

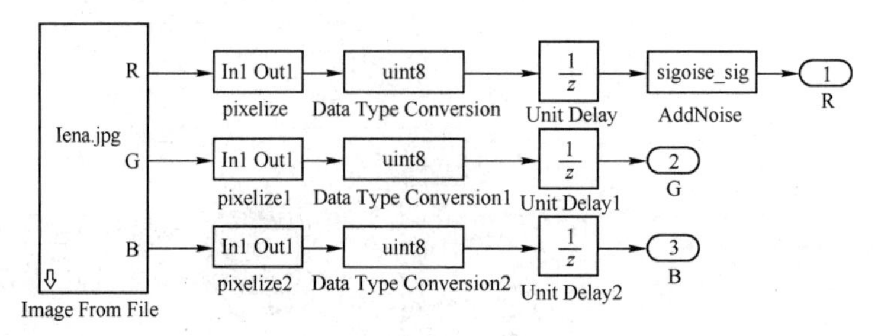

图 20.22　Noisy Image 元件的内部结构

（11）双击图 20.22 中名字为"Image From File"的元件符号，打开其参数配置对话框，如图 20.23 所示。在该对话框中，单击"File name"右侧的"Browse..."按钮，定位到本书提供资料的\fpga_dsp_example\image_processing\system_generator 路径下，找到并定位到 pic. jpg 文件。

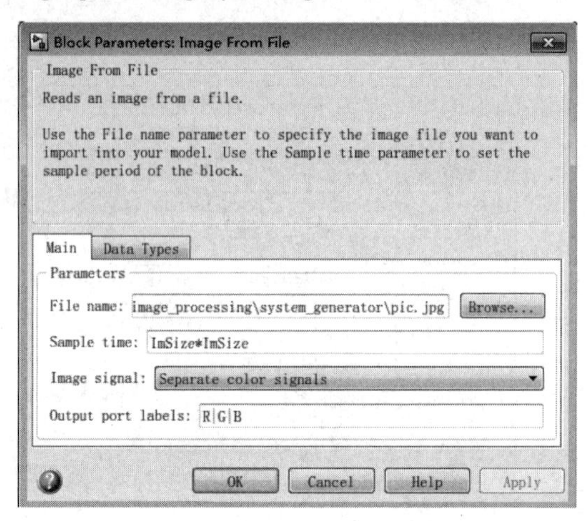

图 20.23　Image From File 元件的参数配置对话框

（12）单击"OK"按钮。

（13）单击图标，开始进行仿真。

（14）过滤前后的图像如图 20.24 所示。

（a）带有输入噪声的图片　　　　（b）滤波后的图片

图 20.24　带有输入噪声的图片与滤波后的图片

20.3　HLS 图像边缘检测的实现

众所周知，图像处理的数据量比较大。如果采用软件的方式来实现，在处理速度方面肯定有很大的劣势，而采用 FPGA 硬件实现图像处理则会显著提高图像的处理速度。本节将介绍采用 Xilinx 的 HLS 工具实现图像的边缘检测。内容主要包括创建新的设计工程、创建源文件、设计综合、创建仿真测试文件、进行协同仿真、添加循环控制命令、添加 DATAFLOW 命令和添加 INLINE 命令。

20.3.1　创建新的设计工程

本节将创建新的图像边缘检测设计工程。创建新的设计工程的步骤主要包括：

（1）在 Windows 7 操作系统下，选择开始->所有程序->Xilinx Design Tools->Vivado 2017.2->Vivado HLS->Vivado HLS 2017.2。启动 Vivado HLS 工具。

> 注：也可以双击桌面上的 Vivado HLS 2017.2，启动 Vivado HLS 工具。

（2）在 Vivado HLS 主界面的主菜单下，选择 File->New Project，出现“New Vivado HLS Project”对话框。

（3）在“New Vivado HLS Project”对话框中，按如下参数设置。

① 单击“Browse...”按钮，将路径指向“E:\fpga_dsp_example\hls_dsp\edge。”

② Project name：edge_ prj。

（4）单击“Next”按钮，出现“Add/Remove Files-Add/remove C-based source files”对话框，将“Top Function”设置为 edge。

（5）单击“Next”按钮，出现“Add/Remove C-based testbench files”对话框。

（6）单击“Next”按钮，出现“Solution Configuration”对话框。

（7）在“Solution Configuration”对话框中，按如下参数设置。

① Solution Name：solution1。

② Period：10。

③ Uncertainty：0.125。

④ Part：xc7a100tcsg324-1。

（8）单击“Finish”按钮。

20.3.2　创建源文件

本节将创建 C 源文件和 H 头文件。

1. 创建 C 源文件

本节将创建 dct.c 文件，并添加 C 设计代码。创建 C 源文件的步骤主要包括：

（1）在 Vivado HLS 左侧的“Explorer”窗口下找到并选中“Source”选项，单击鼠标右键，出现浮动菜单。在浮动菜单内，选择 New File...，出现另存为对话框，输入“dct.c”作为源文件的名字。

（2）单击“保存”按钮，可以看到在“Source”下添加了 main.c 文件。

（3）双击 main. c 文件，打开该文件。

（4）在 main. c 文件内输入设计代码，如代码清单 20-3 所示。

代码清单 20-3　main. c 源代码

```
#include "sobel.h"
#include<ap_cint.h>

void edge_det(int video[N],int sob_x1[N],int sob_y1[N]) //sob_x1 和 sob_y1 分别代表横向边
                                                        //缘检测和纵向边缘检测后的图像
{
  //Sobel 滤波器模板
    int  sob_x[9];
         sob_x[0]=-1;
         sob_x[1]=0;
         sob_x[2]=1;
         sob_x[3]=-2;
         sob_x[4]=0;
         sob_x[5]=2;
         sob_x[6]=-1;
         sob_x[7]=0;
         sob_x[8]=1;

    int  sob_y[9];
         sob_y[0]=-1;
         sob_y[1]=-2;
         sob_y[2]=1;
         sob_y[3]=0;
         sob_y[4]=0;
         sob_y[5]=0;
         sob_y[6]=1;
         sob_y[7]=2;
         sob_y[8]=1;
    int i,j,m,n;
    int block[9];

     int value;
  //遍历整个图像的像素值
  for(i=0;i<hei;i++)
    for(j=0;j<wid;j++)
           {
              if(i>wid-3 || j>hei-3)
               {
               sob_x1[i*wid+j]=0;
                 sob_y1[i*wid+j]=0;
              }
              else
              {
```

```
      for(m=0;m<3;m++)
          for(n=0;n<3;n ++)
                              block[m * 3+n]=video[(i+m) * wid+j+n]; //将此像素点周围的像素
                                                                     //赋值到 block 数组中
                               value=convolution(sob_x,block);
                               sob_x1[i * wid+j]=value;
                               value=convolution(sob_y,block);
                               sob_y1[i * wid+j]=value;
             }
           }
     }
//实现图像像素点和模板的相乘和累加运算
int convolution(int operatr[9],int block[9])
{
        int value=0;
         int i,j;
           for(i=0;i<3;i++)
              for(j=0;j<3;j++)
                value =value+operatr[i * 3+1] * block[i * 3+1];
        return value;
}
```

（5）保存文件。

2. 创建 H 头文件

本节将创建 sobel. h 头文件，并且添加设计代码。添加 sobel. h 头文件的步骤主要包括：

（1）在 Vivado HLS 主界面的主菜单下，选择 File->New File…，出现“另存为”对话框，将路径定位到当前工程的路径下，且在对话框中输入文件名“sobel. h”。

（2）单击“保存”按钮，HLS 工具将自动打开 sobel. h 文件。

（3）输入设计代码，如代码清单 20-4 所示。

代码清单 20-4　sobel. h 头文件

```
#definewid 100
#definehei 100
#define Nhei * wid      //100 * 100 的灰度图像

voidedge_det(int video[N],int sob_x1[N],int sob_y1[N]);

int convolution(int operatr[9],int block[9]);
```

（4）保存文件。

20. 3. 3　设计综合

本节将使用 Vivado HLS 工具对 C 语言模型进行综合，并将其转换成 RTL 描述。对 C 模型进行设计综合的步骤主要包括：

（1）在 Vivado HLS 主界面的主菜单下，选择 Solution->Synthesis->Active Solution，启动综合过程。

注：读者也可以在工具栏内单击▶按钮。

（2）综合完成后，给出了延迟和资源占用率报告，如图 20.25 和图 20.26 所示。

Performance Estimates

⊟ Timing (ns)

⊟ Summary

Clock	Target	Estimated	Uncertainty
ap_clk	10.00	8.70	1.25

⊟ Latency (clock cycles)

⊟ Summary

Latency		Interval		
min	max	min	max	Type
20201	610201	20202	610202	none

图 20.25　综合后的延迟报告

Utilization Estimates

⊟ Summary

Name	BRAM_18K	DSP48E	FF	LUT
DSP	-	-	-	-
Expression	-	0	307	218
FIFO	-	-	-	-
Instance	-	4	548	214
Memory	0	-	192	15
Multiplexer	-	-	-	230
Register	-	-	133	-
Total	0	4	1180	677
Available	270	240	126800	63400
Utilization (%)	0	1	~0	1

图 20.26　综合后的资源占用率报告

思考与练习 20-1：根据图 20.25 和图 20.26 回答下面的问题。

（1）Latency：________。

（2）BRAM_18K 的数量（使用的）：________，资源使用率：________。

（3）DSP48E 的数量（使用的）：________，资源使用率：________。

（4）FF 的数量（使用的）：________，资源使用率：________。

（5）LUT 的数量（使用的）：________，资源使用率：________。

（6）综合后生成的端口信息如图 20.27 所示，可以看到自动添加了 ap_clk 和 ap_rst 信号。ap_start、ap_done、ap_idle 信号是顶层信号，用于“握手”。当启动下一个计算 ap_start 和计算完成 ap_done 时，表示该设计可以接受下一个计算命令。顶层函数有输入和输出数组，因此为输入和输出生成 ap_memory 接口。

Interface

⊟ Summary

RTL Ports	Dir	Bits	Protocol	Source Object	C Type
ap_clk	in	1	ap_ctrl_hs	edge_det	return value
ap_rst	in	1	ap_ctrl_hs	edge_det	return value
ap_start	in	1	ap_ctrl_hs	edge_det	return value
ap_done	out	1	ap_ctrl_hs	edge_det	return value
ap_idle	out	1	ap_ctrl_hs	edge_det	return value
ap_ready	out	1	ap_ctrl_hs	edge_det	return value
video_address0	out	14	ap_memory	video	array
video_ce0	out	1	ap_memory	video	array
video_q0	in	32	ap_memory	video	array
sob_x1_address0	out	14	ap_memory	sob_x1	array
sob_x1_ce0	out	1	ap_memory	sob_x1	array
sob_x1_we0	out	1	ap_memory	sob_x1	array
sob_x1_d0	out	32	ap_memory	sob_x1	array
sob_y1_address0	out	14	ap_memory	sob_y1	array
sob_y1_ce0	out	1	ap_memory	sob_y1	array
sob_y1_we0	out	1	ap_memory	sob_y1	array
sob_y1_d0	out	32	ap_memory	sob_y1	array

图 20.27　综合后生成的端口信息

20.3.4　创建仿真测试文件

本节将创建用于 C 仿真的测试文件。创建用于 C 仿真的测试文件的步骤主要包括：

（1）在 Vivado HLS 左侧的“Explorer”窗口下，找到并选中“Test Bench”选项。单击鼠标右键，出现浮动菜单。在浮动菜单内，选择 New File...，出现“另存为”对话框，输入“test. c”作为源文件的名字。

（2）单击“保存”按钮。

（3）可以看到在 Test Bench 下添加了 test. c 文件。

（4）双击 test. c 文件，打开该文件。

（5）在该文件内输入设计代码，如代码清单 20-5 所示。

代码清单 20-5　test. c 文件

```
#include <stdio. h>
#include <stdlib. h>
#include <math. h>
#include "sobel. h"

void  main()
{
  int i;
  FILE *fp;
  int a[N];              //输入的图像向量数组
  int sob_x1out[N];
  int sob_y1out[N];    //输出的图像向量数组

    fp=fopen("in. txt","r");//将图像文件 in. txt 指向 fp
      for(i=0;i<N;i++){
      int tmp;
      fscanf(fp,"%x,",&tmp);
      a[i]=tmp;
      }                          //将 in. txt 中的测试向量读入 a[N]
    fclose(fp);

      edge(a[N],sob_x1out[N],sob_y1out[N]);

      //将 sob_x1out[N]和 sob_y1out[N]读入 sobel_x1out. txt 和 sobel_y1out. txt
      fp=fopen("sobel_x1out. txt","w");
        for(i=0;i<N;i++)
        {
            fprintf(fp,"%d,",sob_x1out[i]);
            }
        fclose(fp);

        fp=fopen("sobel_y1out. txt","w");
```

```
            for(i=0;i<N;i++)
            {
                fprintf(fp,"%d,",sob_y1out[i]);
            }
        fclose(fp);
}
```

（6）保存文件。

（7）按照 1～5 的步骤添加 in. txt 文件。

> **注**：读者在学习时，可以指向作者所提供的工程设计路径，找到这两个文件，直接添加到读者当前所建立的工程路径中。

20.3.5　进行协同仿真

本节将进行协同仿真，进行协同仿真的步骤主要包括：

（1）在 Vivado HLS 主界面的主菜单下，选择 Solution->Run C/RTL Cosimulation，或者在主界面工具栏内单击☑图标，出现“C/RTL Co-simulation”对话框。

（2）在“C/RTL Co-simulation”对话框中，不修改任何参数。

（3）单击“OK”按钮，开始进行 RTL 协同仿真，生成和编译一些文件，然后对设计进行仿真。

20.3.6　添加循环控制命令

对循环结构施加各种用户策略，用于对 Vivado HLS 的综合过程进行干预。

1. 控制循环的命令

下面对用于控制循环的命令进行说明：

（1）Unrolling。展开循环，用于创建多个独立的操作，而不是单个操作的集合。

（2）Merging。合并连续的循环，以减少总体的延迟，提高共享和优化。

（3）Flattening。允许将带有改善延迟和逻辑优化的嵌套循环整理为单个的循环。

（4）Dataflow。允许顺序循环和并发的操作。

（5）Pipelining。通过执行并发的操作提高吞吐量。

（6）Dependence。用于提供额外的信息，这些信息用于克服循环-进位的依赖性。

（7）Tripcount。提供用户迭代分析的覆盖。

（8）Latency。制定用于循环操作的延迟。

2. 添加 PIPELINE 命令

本节将创建新的 Solution，将 PIPELINE 命令应用到各个循环结构中，最后对生成结果进行分析。添加 PIPELINE 命令的步骤主要包括：

（1）在 Vivado HLS 主界面的主菜单下，选择 Project->New Solution，出现“Solution Configuration”对话框。

> **注**：读者也可以在 Vivado HLS 主界面的工具栏内单击图标。

（2）在“Solution Configuration”对话框中，勾选“Copy existing directives from solution”前面的复选框，并且在其右侧的下拉框中选择 Solution1，然后单击“Finish”按钮。

（3）打开 main.c 文件，在其右侧窗口中单击“Directive”标签。

（4）在“Directive”标签页下，找到并展开“edge_det”选项，在展开项中找到并选择“edg_det_label1”，单击鼠标右键，出现浮动菜单。在浮动菜单内，选择 Insert Directive…，出现“Vivado HLS Directive Editor”对话框。

（5）在“Vivado HLS Directive Editor”对话框中，按如下参数设置。

① Directive：PIPELINE。

② II（optional）为空，表示 Vivado HLS 将尝试 II = 1，即每个时钟周期有一个新的输入。

（6）单击“OK”按钮，退出“Vivado HLS Directive Editor”对话框。

（7）与 edg_det_label1 一样，给 edg_det_label2、edg_det_label3、convolution_label5、convolution_label6 添加 PIPELINE 命令，如图 20.28 所示。

（8）单击▶图标，开始综合过程。

（9）当综合完成后，在 Vivado HLS 主界面主菜单下，选择 Project->Compare Reports，或者在 Vivado HLS 主界面的工具栏内单击图标，出现“Solution Selection Dialog”对话框。

（10）在“Available solutions”下选择“Solution1”和“Solution2”，然后单击 Add>> 按钮。

（11）与 Solution1 的延迟相比，Solution2 的延迟减小到 9855，如图 20.29 所示。

（12）与 Solution1 所占用的 DSP48E、FF 和 LUT 资源相比，Soulution2 所占用的资源数量显著增加，如图 20.30 所示。

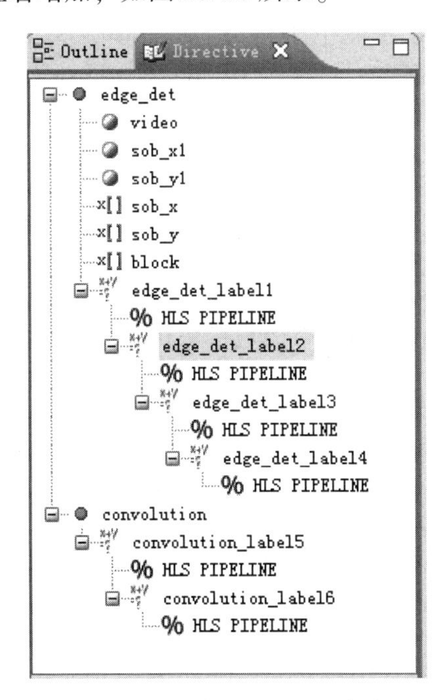

图 20.28　添加 PIPELINE 命令

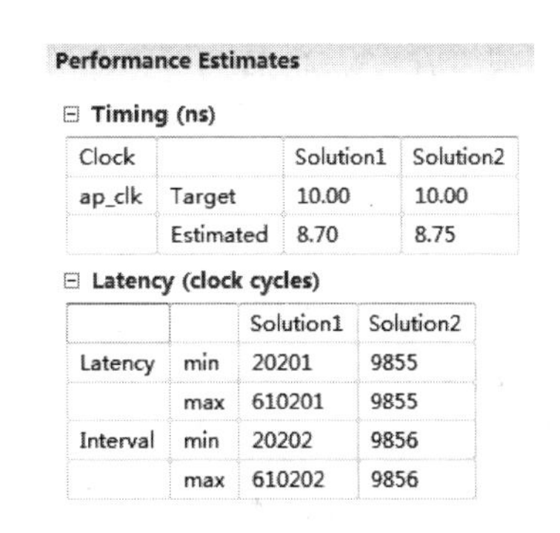

Performance Estimates

⊟ Timing (ns)

Clock		Solution1	Solution2
ap_clk	Target	10.00	10.00
	Estimated	8.70	8.75

⊟ Latency (clock cycles)

		Solution1	Solution2
Latency	min	20201	9855
	max	610201	9855
Interval	min	20202	9856
	max	610202	9856

图 20.29　Solution1 和 Solution2 的性能比较

Utilization Estimates

	Solution1	Solution2
BRAM_18K	0	0
DSP48E	4	16
FF	1180	12091
LUT	677	7997

图 20.30　Solution1 和 Solution2 的占用资源比较

20.3.7　添加 DATAFLOW 命令

本节将创建新的 Solution，并且添加 DATAFLOW 命令。然后对设计进行综合，并对综合结果进行分析。添加 DATAFLOW 命令的步骤主要包括：

（1）在 Vivado HLS 主界面的主菜单下，选择 Project->New Solution，出现“Solution Configuration”对话框。

> **注**：读者也可以在 Vivado HLS 主界面的工具栏内单击图标。

（2）在“Solution Configuration”对话框中，勾选“Copy existing directives from solution”前面的复选框，并且在其右侧的下拉框中选择“Solution3”。

（3）单击“Finish”按钮。

（4）在 HLS Vivado 主界面的主菜单下，选择 Project->Close Inactive Solution Tabs，关闭前面打开的 Solution 窗口。

（5）打开 main.c 文件，在其右侧的窗口中单击“Directive”标签。

（6）在“Directive”标签页下，找到并选中“edge_det”选项。单击鼠标右键，出现浮动菜单。在浮动菜单内，选择 Insert Directive…，出现“Vivado HLS Directive Editor”对话框。

（7）在“Vivado HLS Directive Editor”对话框中，按如下参数设置。

① Directive：DATAFLOW；

② 其余按默认参数设置。

（8）单击“OK”按钮，退出“Vivado HLS Directive Editor”对话框。

（9）单击图标，开始综合过程。

（10）当综合完成后，在 Vivado HLS 主界面的主菜单下，选择 Project->Compare Reports，或者在 Vivado HLS 主界面的工具栏内单击图标，出现“Solution Selection Dialog”对话框。

（11）在“Available solutions”下选择“Solution3”和“Solution2”，然后单击 Add>> 按钮。

（12）与 Solution2 的延迟相比，Solution3 的延迟明显增加，如图 20.31 所示。从原来的 9855 变为 610201。

（13）与 Solution2 占用的 DSP48E、FF 和 LUT 等逻辑设计资源数量相比，Solution3 所占用的逻辑资源数量明显减少，如图 20.32 所示。

Timing (ns)

Clock		Solution2	Solution3
ap_clk	Target	10.00	10.00
	Estimated	8.75	8.70

Latency (clock cycles)

		Solution2	Solution3
Latency	min	9855	20201
	max	9855	610201
Interval	min	9856	20202
	max	9856	610202

图 20.31　Solution2 和 Solution3 的性能比较

Utilization Estimates

	Solution2	Solution3
BRAM_18K	0	0
DSP48E	16	4
FF	12091	1181
LUT	7997	688

图 20.32　Solution2 和 Solution3 的占用资源比较

20.3.8　添加 INLINE 命令

本节将创建新的 Solution，为 edge_det 添加 INLINE 指令。然后对设计进行综合，并对综合结果进行分析。添加 INLINE 命令的步骤主要包括：

(1) 在 Vivado HLS 主界面的主菜单下，选择 Project->New Solution，出现“Solution Configuration”对话框。

> 注：读者也可以在 Vivado HLS 主界面工具栏内，单击按钮。

(2) 在“Solution Configuration”对话框中，勾选“Copy existing directives from solution”前面的复选框，并且在其右侧的下拉框中选择“Solution4”。

(3) 单击“Finish”按钮。

(4) 在 HLS Vivado 主界面的主菜单下，选择 Project->Close Inactive Solution Tabs，关闭前面打开的 Solution 窗口。

(5) 打开 main. c 文件，在其右侧的窗口中单击“Directive”标签。

(6) 在“Directive”标签页下，找到并选中“main. c”选项。单击鼠标右键，出现浮动菜单。在浮动菜单内，选择 Insert Directive...，出现“Vivado HLS Directive Editor”对话框。

(7) 在“Vivado HLS Directive Editor”对话框中，按如下参数设置。

① Directive：INLINE；

② 其余按默认参数设置。

(8) 单击“OK”按钮，退出“Vivado HLS Directive Editor”对话框。

(9) 单击▶图标，开始综合过程。

(10) 当综合完成后，在 Vivado HLS 主界面的主菜单下，选择 Project->Compare Reports。或者在 Vivado HLS 主界面的工具栏内单击图标，出现“Solution Selection Dialog”对话框。

(11) 在“Available solutions”下选择“Solution3”和“Solution4”，然后单击 Add>> 按钮。

(12) 与 Solution3 的延迟相比，Solution4 的最大延迟减小为 580201。

(13) 与 Solution3 使用的 DSP48E、FF 和 LUT 逻辑资源数量相比，Solution4 使用的逻辑资源数量有所增加。

Performance Estimates

⊟ **Timing (ns)**

Clock		Solution3	Solution4
ap_clk	Target	10.00	10.00
	Estimated	8.70	8.70

⊟ **Latency (clock cycles)**

		Solution3	Solution4
Latency	min	20201	20201
	max	610201	580201
Interval	min	20202	20202
	max	610202	580202

图 20.33　Solution3 和 Solution4 的性能比较

Utilization Estimates

	Solution3	Solution4
BRAM_18K	0	0
DSP48E	4	8
FF	1181	1274
LUT	688	725

图 20.34　Solution3 和 Solution4 的资源使用量比较

第 21 章　动态视频拼接的原理与实现

视频拼接技术，即对有重叠区域的多路源视频数据利用拼接算法进行拼接，消除重叠区域，形成宽角度、大视场视频图像的技术。本章内容主要包括：

（1）介绍基于 MATLAB 的图像配准系统，对目前存在的图像配准方法进行研究和分析，并完成 5 种图像配准方法的研究和仿真实现。

（2）设计了基于 C 语言的视频拼接系统，并对目前的图像配准方法进行对比，给出一种具有较高精确度和较快处理速度的图像拼接算法，即 F-SIFT 算法。并以 F-SIFT 算法为核心，改进现有图像拼接流程，设计完成对位置、角度、尺度变换具有普遍适用性的 C 语言实时视频拼接系统。

（3）在 Xilinx 提供的开发平台上，结合 FPGA 在实时信号处理和运算等方面的优势，实现嵌入式视频图像拼接系统。

（4）通过 Xilinx 提供的 Vivado HLS 工具，将 OpenCV 转换成 HLS 的 C 描述，实现高性能的图像拼接处理。

21.1　视频拼接技术的发展

随着数字视频技术的发展，视频拼接技术在各工业领域均有广泛的应用需求，如天文探测中需要提供大面积和高分辨率的全景图像；汽车环视系统需要为汽车驾驶提供车身四周更全面的辅助驾驶图像信息；道路监控系统需要提供更宽角度的道路视频信息；海洋勘探中也需要提供全景观测图像。图像和视频拼接技术可以广泛满足以上领域的需求，提供高质量与大角度的图像和视频信息。

自 1965 年计算机图形学创始人 Ivan Sutherland 在 IFIP 会议上做了题为“The Uelimate Display”的报告，提出计算机图像配准技术这一课题以来，图像配准技术已经历近半个世纪。总结其发展历程，图像配准方法归结起来可大体分为两类，即基于区域的图像配准方法和基于特征的图像配准方法。

基于区域的图像配准方法出现较早，查阅相关文献发现，目前基于区域的图像配准方法主要有相位相关法、灰度信息法和极坐标法。

基于区域的配准方法以相位相关法为代表，相位相关法由 Kuslin 和 Hines 于 1975 年提出，并先后由 De Castro 和 Morandi 等人，以及 Reddy 和 Chatterji 等人进行改进，使得其对于具有旋转和缩放的图像变换具有较强的适应性。基于区域的图像配准方法如表 21.1 所示。

表 21.1　基于区域的图像配准方法

方　法	说　明	优　点	缺　点
相关法	利用相关的方法对相应的图像进行相似性检测，其中相关度最高的点即为配准点	配准精度高，适用范围广	计算量大，算法较复杂

续表

方 法	说 明	优 点	缺 点
对数极坐标法	利用对数极坐标，将存在仿射变换的图像转换为平移关系，然后进行配准	配准精度高，对具有平移、旋转和尺度变换的图像配准均适用	算法复杂，要求待配准的图像有较高的重合度
灰度信息法	对图像进行灰度检测，利用图像的灰度信息配准	较为简单，便于理解	计算量大，实时性较差

基于特征的图像配准方法起步较晚，最早是 Burt P. J. 于 20 世纪 80 年代提出的基于拉普拉斯金字塔变换算法，基于特征的图像配准方法在近些年得到了广泛的关注和研究。与基于区域的图像配准方法相比，基于特征的图像配准方法起步较晚，但由于其拼接效果好，以及具有通用性好的优势，所以在近些年取得了快速发展。但是，该方法的缺陷是算法较复杂，耗时较长。

比较有代表性的基于特征的图像配准方法如表 21.2 所示；基于特征的图像配准方法的大致发展历程如表 21.3 所示。

表 21.2 比较有代表性的基于特征的图像配准方法

方 法	说 明	优 点	缺 点
配准点法	在待配准图像中选取一些配准点，以此为基准对两幅图像进行配准	计算量小 配准精度高	需要人工干预
角点检测法	检测图像角点，然后对图像角点进行配准		适用面窄，不能用于旋转、尺度缩放较大的图像配准
轮廓特征法	利用提取的图像轮廓进行配准		适用面窄，对轮廓特征明显的图像的效果较好
SIFT 特征法	尺度不变特征转换（Scale invarian feature transform，SIFT）方法，利用图像关键点的 SIFT 特征向量进行配准		目前是一种较好的方法，无明显缺点

表 21.3 基于特征的图像配准方法的大致发展历程

年 份	代表人物	主要贡献
1984	Burt P. J.	提出利用拉普拉斯金字塔变换进行配准的算法
1988	Harris	提出利用 Harris 兴趣点检测器进行配准的算法
1997	Fonseca、Jun-wei Hsieh 等人	利用小波变换进行特征点的提取
1999	David. G. lowe	提出了基于尺度不变特征（SIFT）的图像拼接技术
2000	Shmuel Peleg、Benny Rousso 等人	提出了运动的基于自适应模型的图像拼接算法
2004	David. G. lowe	对基于 SIFT 的图像拼接技术进行改进
2008	Addison	利用基于 SIFT 的图像序列实现了全自动图像拼接
2010	Jungpil Shin	运用能量谱技术处理拼接后图像的重影问题

在国内，图像配准技术也日益得到广泛关注，衍生出许多比较优秀的算法。早在 1997 年，王小睿等人提出了基于序列相似度检测的图像配准方法实现了图像的自动配准，是国内较早研究图像配准技术并取得显著成果的案例。对于图像配准中存在的两大关键问题，即配准速度和拼接质量，也提出了相应的改进，比较有代表性的包括：

（1）2005 年，针对图像金字塔搜索数据量大和运算速度慢等问题，侯舒维和郭宝龙等人提出了边缘信息闭值法。

（2）2010 年，李庆和李芬等人以提高图像配准质量为目标，提出基于 SURF 的 PCB 图像拼接算法。

总体来说，近年来，图像配准技术在国内外发展迅速且成果显著，但也在配准速度、精确度和实时性，以及自动化等方面存在较大的发展空间。

21.2 图像拼接理论及关键方法

图像拼接技术，即把多幅有重叠区域的图像进行拼接，生成大视场、宽角度、大信息量图像的技术。本节将从图像拼接理论及其关键技术的研究入手，以两幅待拼接图像的拼接过程为主线，详细介绍图像拼接中用到的关键技术及方法。

21.2.1 图像拼接系统概述

图像拼接技术包括图像配准、图像变换和图像融合等相关技术，是图像处理领域研究的热门技术。图像拼接是视频拼接技术中最关键的技术之一，图像拼接质量的好坏直接影响视频拼接的质量。

本节基于 C 语言完成图像拼接系统的设计如图 21.1 所示，内容涵盖图像拼接所用的关键技术，包括图像采集、图像预处理、图像配准和图像融合等多个方面，主要功能包括：

（1）实现以本地载入和通过摄像头这两种方式的图像采集。

（2）完成图像降噪、灰度变换、傅里叶变换等图像预处理操作。

（3）基于频域相位相关法、SIFT 法和 F-SIFT 法 3 种方法实现图像配准。

（4）完成图像融合操作，以及校准和亮度调整等融合后的图像处理操作。

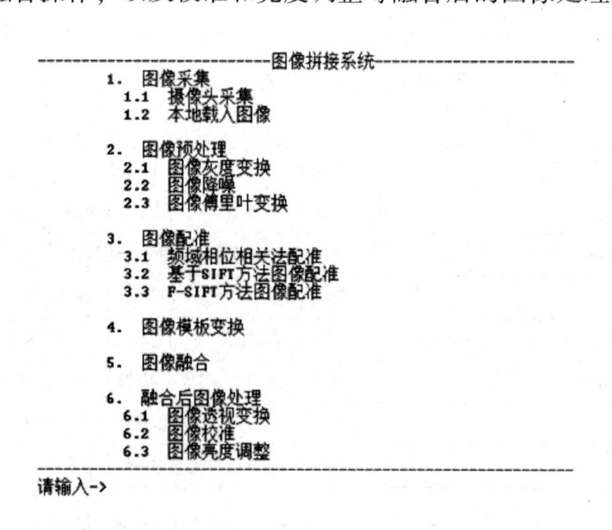

图 21.1 基于 C 语言完成图像拼接系统的设计

21.2.2 图像拼接流程

图像拼接的流程如图 21.2 所示，主要包括以下几个方面：

（1）需要进行图像采集，并不是所有图像均可用于拼接，采集图像需要符合一定的规范要求。

（2）需要对采集的图像进行预处理，对图像进行滤波和降噪等处理，有效提高图像的可辨识度。

（3）对相关多路图像采用图像配准方法进行配准，以找到最佳匹配区域和最佳配准点。

（4）对待拼接图像执行统一坐标和图像融合操作，以生成宽角度和大视场的图像，并对图像进行校正和亮度调整等操作，以得到最佳的图像拼接效果。

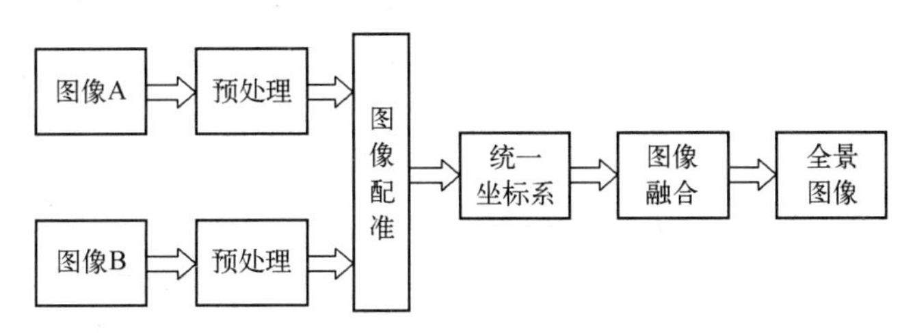

图 21.2　图像拼接的流程

21.2.3　图像的采集和表示

本节将介绍图像的采集要求、图像的数字表示和图像坐标系。

1. 图像的采集要求

视频拼接技术对拼接图像有严格的要求，只有按照一定标准采集的图像才能够获得较高质量的拼接视频。对源图像的要求包括：

（1）采集图像时，要尽可能选择性能一致或者相近的图像采集设备。

（2）采集图像时，图像采集设备的参数设置（如焦距）必须保持一致，否则会影响图像拼接的质量。

（3）对拼接图像而言，最好具有合适的重叠度，以 20%～50% 为宜，重叠度过小会导致图像无法配准，而重叠度过大则导致配准后的图像信息量较少。

（4）尽量使用性能较好的图像采集设备，并保持采集环境的一致性。

2. 图像的数字表示

在计算机等数字设备中，图像是以多个像素点的形式离散存在的，可以用一个二维函数 $f(x,y)$ 来表示，即

$$\boldsymbol{f}(x,y)=\begin{bmatrix} f(0,0) & f(0,1) & \cdots & f(0,N-1) \\ f(1,0) & f(1,1) & \cdots & f(1,N-1) \\ \vdots & \vdots & & \vdots \\ f(M,0) & f(M,1) & \cdots & f(M,N-1) \end{bmatrix} \tag{21.1}$$

其中，x 和 y 分别为横坐标和纵坐标，而它在某点的函数值则表示该点的亮度信息；该数组的每一个元素都称为像源、图元或者像素。

> **注：** 彩色图像由多幅分量图像构成，如每一张 RGB 图像由红、绿、蓝三幅分量图像构成。

图像在笛卡尔坐标系下的表示如图 21.3 所示，它以左上角为坐标原点，每个像素的值对应式（21.1）中相应位置的函数值，表示它在该点的亮度和色彩信息。

3. 图像坐标系

1）坐标约定

一般在笛卡尔坐标系下表示图像。在该坐标系中，第一列第一个像素点的坐标为图像原点，向右为横坐标轴的正方向、向下为纵坐标轴的正方向。特殊情况下，需要对图像进行坐标系转换，以方便对图像进行处理。

图 21.3　图像在笛卡尔坐标系下的数表示

2）图像坐标变换

在进行图像处理的时候，常常需要对图像进行坐标系转换，以方便运算或者简化处理过程。例如，在对具有旋转变换的图像进行配准时，需要先将其转换到对数坐标系，这样计算具有旋转变换图像的旋转角度问题就转换成了计算具有平移变换图像的平移因子的问题。

极坐标变换，即把原图以中心点为圆心的一系列像素环映射到目标图片的每一行。假设原图中某个像素点的坐标表示为(x,y)，令：

$$\rho=\sqrt{x^2+y^2}$$
$$\theta=\arctan(y/x) \tag{21.2}$$

其中，(ρ,θ)为变换后的极坐标值；ρ 表示(x,y)到中心点的距离的绝对值；θ 表示 ρ 与 x 轴的向量夹角。

对于极坐标系内的每一个点，都能在笛卡尔坐标系内找到与之对应的点，如图 21.4 所示。当有些点不能完全匹配时，需要在要求精确转换的时候使用插值等处理方式来对图像进行转换。而在通常情况下，只需要取相邻点的平均值，便可得到符合要求的结果。

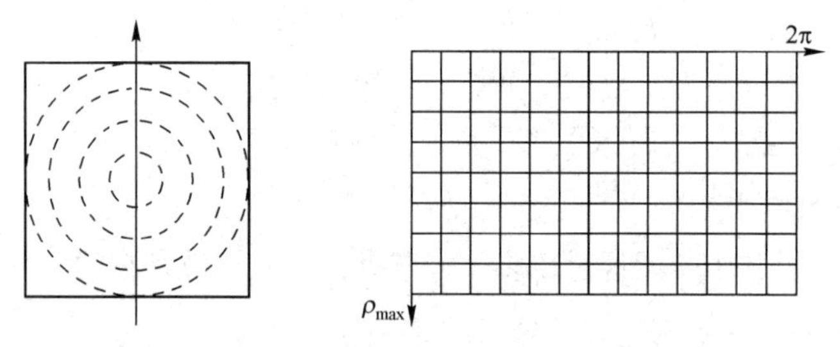

图 21.4　笛卡尔坐标系到极坐标系平面的映射图

笛卡尔坐标系到极坐标系变换的效果图如图 21.5 所示。其中，图 21.5（a）为笛卡尔坐标系下的源图像；图 21.5（b）为确定变换范围和进行处理后的图片；图 21.5（c）为极坐标变换后的效果。

图像坐标系转换的 MATLAB 代码如代码清单 21-1 所示。

代码清单 21-1　图像坐标系转换的 MATLAB 代码片段

```
xx=rho * cos(theta)+31;
yy=rho * sin(theta)+31;
```

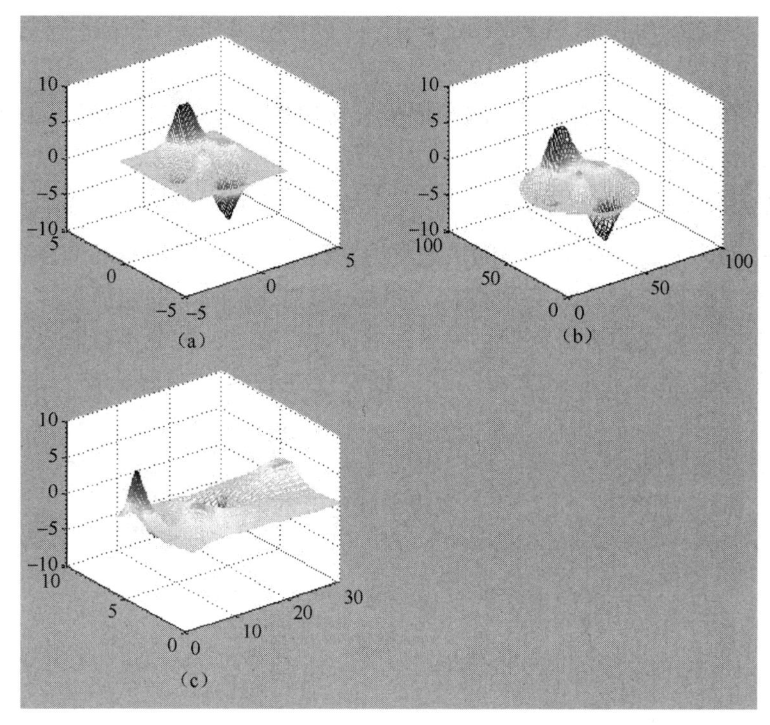

图 21.5　笛卡尔坐标系到极坐标系变换的效果图

```
r=interp2(zi,xx,yy,'nearest');
figure,mesh(xx,yy,r)
figure,mesh(rho,theta,r)
```

其中，参数 theta 为 0~2π 范围的角度；rho 为极坐标系变换的半径。

21.2.4　图像的配准和融合

本节将介绍图像配准和线性融合技术。

1. 图像配准

图像配准是图像拼接技术中最重要的技术之一，图像配准质量的好坏直接影响图像拼接的精确度。目前，图像配准算法主要分为基于特征的图像配准算法和基于区域的图像配准算法。

基于特征的图像配准算法主要通过提取图像的关键点进行图像匹配，而其重点则是对图像特征点的提取。本节给出了两种基于特征的图像配准算法，即关键点法和 SIFT 图像配准法。其中：

（1）关键点法需要手动选取图像配准点，较简单，侧重于对配准流程的掌握。

（2）SIFT 图像配准法则侧重于对关键点的提取和描述，具有较好的配准效果，是目前比较热门的一种算法。但是，算法较复杂，实时性较差。

基于区域的图像配准算法主要利用图像的整体区域信息进行图像匹配，其关键在于算法的运算复杂度。本章主要介绍了 3 种基于区域的方法，即模板匹配法、灰度信息法和频域相位相关法。其中：

（1）模板匹配法利用匹配模板对待配准图像进行移动匹配，取其最大匹配度的区域，计算量较大。

（2）灰度信息法则对图像进行区域分割，并以此为基准对图像进行描述，减少了运算量。

（3）频域相位相关法则利用图像的频域信息对图像进行配准，无论是从配准精度，还是配准速度而言，无疑是最优的一种算法。

2. 线性融合

对于待拼接的图像，计算出它们的重叠度后，需要选取一条理想的融合线，对两幅待拼接图像进行拼接，使得拼接后的差异最小，即两幅图像在颜色上的差值最小，且在几何结构上最相似。同时，针对视频拼接数据量和运算量较大的特点，综合考虑嵌入式系统的处理能力，采用简单的线性融合。通过大量实验验证，线性融合可满足需要，并有较好的拼接效果。

线性融合方法是将图像分别乘以相应的权重函数，使得在两图像重合区域内靠左侧的图像“淡出”，而靠右侧的图像“淡入”，实现平缓过渡的融合方式。

融合公式为

$$g(x,y)=w(x)f_1(x,y)+v(x)f_2(x,y) \tag{21.3}$$

其中，$g(x,y)$为拼接后的图像；$f_1(x,y)$为待拼接源图像 A（左侧图像）；$f_2(x,y)$为待拼接源图像 B（右侧图像）。

权重函数 $w(x)$和 $v(x)$表示为

$$w(x)=\begin{cases}1 & x<a \\ \dfrac{b-x}{b-a} & a\leqslant x\leqslant b \\ 0 & x>b\end{cases} \tag{21.4}$$

$$v(x)=\begin{cases}0 & x<a \\ \dfrac{x-a}{b-a} & a\leqslant x\leqslant b \\ 1 & x>b\end{cases} \tag{21.5}$$

对于有旋转和尺度变换的图像融合，首先需要以一幅图像为基准，计算出图像间的变换模板，然后利用图像融合函数Image_Sutures_Func2( )对图像进行融合。融合部分的 MATLAB 仿真代码片段如代码清单 21-2 所示。

代码清单 21-2　融合部分的 MATLAB 仿真代码片段

```
T=[128,256,315,0,0,Image_row,Image_col];
[Image_s,Center_x,Center_y]=Image_Sutures_Func2(Image_a,Image_b2,T,row,col);

for i=1:P_row
   for j=1:p_col
      if j>a_y-sline
         Image_s(i,j,1)=Image_b(i,j+sline-a_y,1);
         Image_s(i,j,2)=Image_b(i,j+sline-a_y,2);
         Image_s(i,j,3)=Image_b(i,j+sline-a_y,3);
      end
      if i-offset_a(2)>=1 && i-offset_a(a)<=a_x && j-offset_a(1)>=1 && j-offset_a(1)<=a_y
```

```
            Image_s(i,j,1)= Image_a(i-offset_a(2),j-offset_a(1),1);
            Image_s(i,j,2)= Image_a(i-offset_a(2),j-offset_a(1),2);
            Image_s(i,j,3)= Image_a(i-offset_a(2),j-offset_a(1),3);
        end
    end
end
```

21.2.5　图像拼接演示

下面以图像拼接流程为主线，给出图像拼接效果图。采集的图像示例如图 21.6 所示，图像内容为某大学逸夫图书馆的正面局部照片。

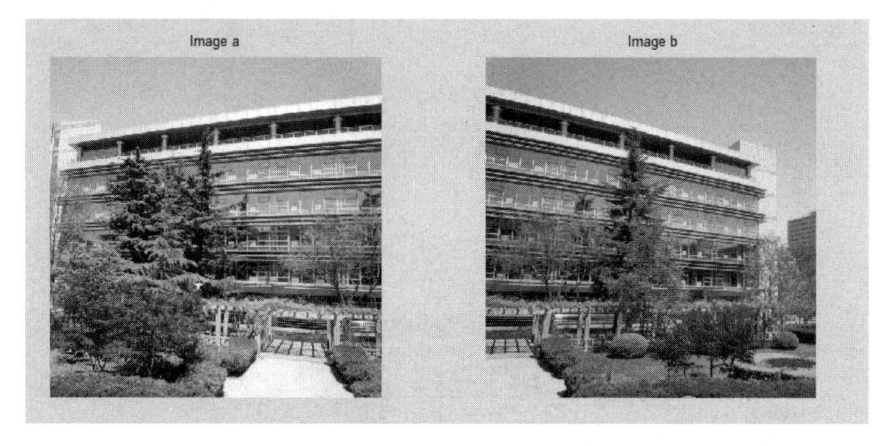

图 21.6　采集的图像示例

对图 21.6 中的源图像预处理、配准和初步拼接后的结果如图 21.7 所示。从图 21.7 中可以明显看到两幅图像的拼接线，并且图像有明显形变。

图 21.7　图像配准示意图

对于图像的校准，必须指定一幅参照图像，根据参照图像对待校准图像要进行校准操作。在本章给出的示例中，两幅源图像均需要进行校准。所以，需要另外添加参照图像分别对其进行校准。首先将待配准图像与参照图像的关键点进行匹配，然后计算变换模板的参数，以便对图像进行透视变换。透视变换后的图像如图 21. 8 所示。

（a）　　　　　　　　　　（b）

图 21. 8　透视变换后的图像

图像进行线性融合后的结果如图 21. 9 所示，图像调整亮度后的结果如图 21. 10 所示。

图 21. 9　图像进行线融合后的结果

图 21. 10　图像调整亮度后的结果

初步拼接后的图书馆的全景效果如图 21. 11 所示，对图 21. 11 处理后的效果如图 21. 12 所示。

图 21. 11　初步拼接后的图书馆的全景效果

图 21. 12　对图 21. 11 处理后的效果

21. 3　图像配准算法的原理与实现

图像配准算法就是对多幅图像按照既定算法进行相似度检测，以配准图像中相同或相似区域的算法。在这些算法中，有的使用图像的整体信息进行配准，有些则使用图像的细节信息进行配准。由于采用的配准策略不同，因此它们在复杂度、配准速度和精确度等方面存在较大差异。

本节将介绍基于 MATLAB 的图像配准系统的设计，主要对基于特征点和基于区域的五种算法进行研究和仿真实现。

21. 3. 1　基于 MATLAB 的图像配准系统

基于 MATLAB 的图像配准系统如图 21. 13 所示。图 21. 13 中，左侧为图像处理显示区域，右侧为图像处理操作部分。图像显示区域包括 4 个图像显示窗口，分别用于显示源图像-A、源图像-B，以及处理后图像-A 和处理后图像-B；图像操作部分包括图像读取、图像处理和处理方法。

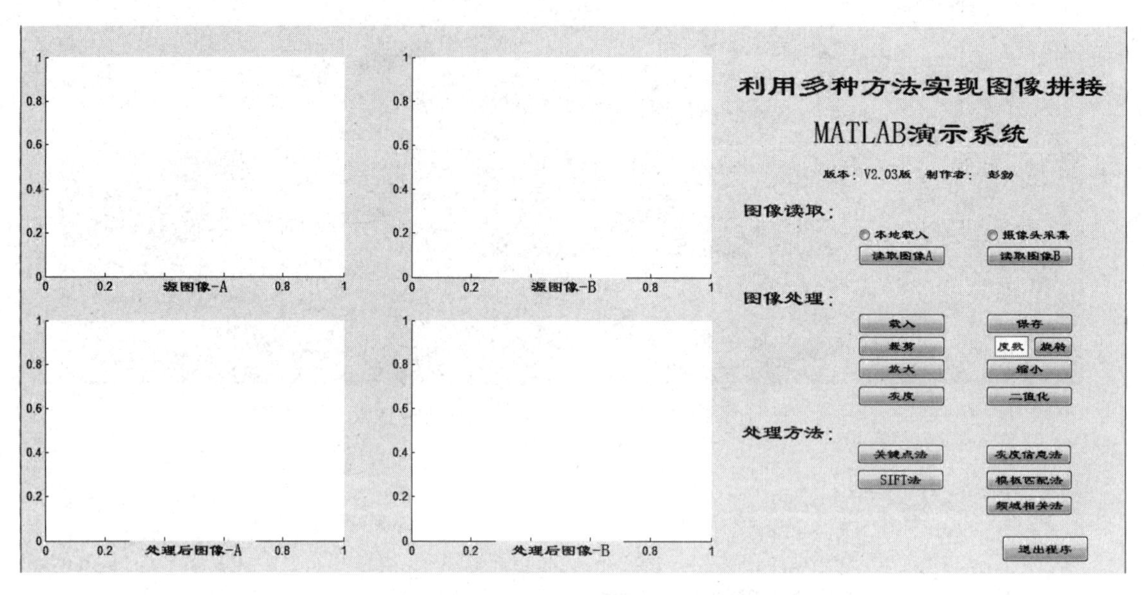

图 21.13 基于 MATLAB 的图像配准系统

1. 图像读取

对于图像读取来说，可以通过下面两种方式实现，即本地载入和摄像头采集。载入源图像-A 和源图像-B，并显示在图 21.13 左侧的显示区域。

以本地载入的形式读取源图像-A 和源图像-B，并将其显示在左边的图像处理显示区域，如图 21.14 所示。

图 21.14 系统读取图像

2. 图像处理

图像处理，包括裁剪、放大、灰度、缩小、旋转、二值化等。对源图像-A 进行读取和旋转变换，并将其显示在左边图像处理显示区域，如图 21.15 所示。

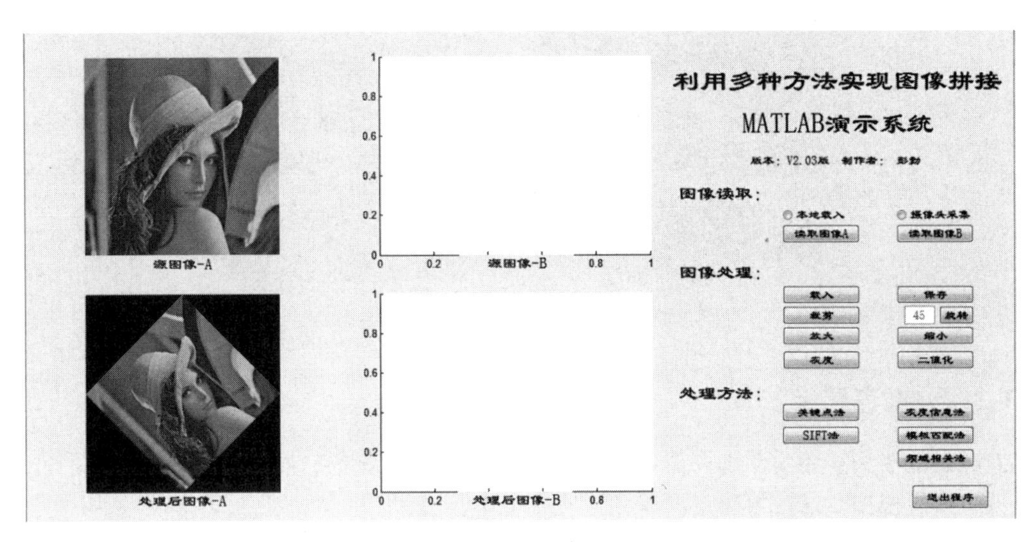

图 21.15　系统图像处理

3. 处理方法

主要是选择不同的配准方法对图像进行配准，包括：①基于特征，即关键点法和 SIFT 法；②基于区域，即灰度信息法、模板匹配法和频域相关法。

对源图像-A 和源图像-B 使用频域相位相关法进行图像配准，对源图像-A 和源图像-B 进行傅里叶变换后的结果如图 21.16 所示，拼接后的结果如图 21.17 所示。

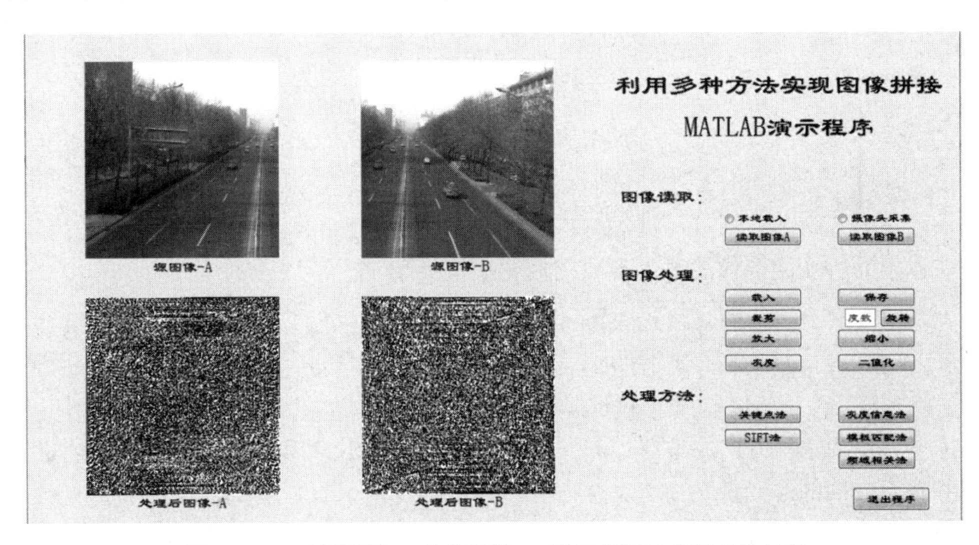

图 21.16　对源图像-A 和源图像-B 进行傅里叶变换后的结果

图 21.17　拼接后的图像结果

21.3.2　关键点配准法

关键点配准法需要手动选取图像关键点，并以选取的关键点为基准，确定图像之间的变换模板，然后根据变换模板确定两幅图像之间的配准关系。

1. 关键点配准法配准原理

关键点配准法主要是寻找图像的配准关键点，然后计算图像之间的变换模板，以其中一幅图像为基准，对另一幅图像进行相应变换后再进行匹配的方法。所以，其关键在于图像变换模板的计算。

在向量空间内，通过矩阵描述图像的平移变换、尺度变换和旋转变换，如式（21.6）、式（21.7）和式（21.8）所示：

$$\begin{bmatrix} u_k \\ v_j \end{bmatrix} = \begin{bmatrix} x_q \\ y_p \end{bmatrix} + \begin{bmatrix} t_x \\ t_y \end{bmatrix} \tag{21.6}$$

$$\begin{bmatrix} u_k \\ v_j \end{bmatrix} = \begin{bmatrix} S_x & 0 \\ 0 & S_y \end{bmatrix} \begin{bmatrix} x_q \\ y_p \end{bmatrix} \tag{21.7}$$

$$\begin{bmatrix} u_k \\ v_j \end{bmatrix} = \begin{bmatrix} \cos\theta & -\sin\theta \\ \sin\theta & \cos\theta \end{bmatrix} \begin{bmatrix} x_q \\ y_p \end{bmatrix} \tag{21.8}$$

同时具有以上几种变换图像的 8 个参数图像变换模板 $\boldsymbol{M}$ 表示为

$$\begin{bmatrix} u_k \\ v_j \\ 1 \end{bmatrix} = \begin{bmatrix} m_0 & m_1 & m_2 \\ m_3 & m_4 & m_5 \\ m_6 & m_7 & 1 \end{bmatrix} \begin{bmatrix} x_q \\ y_p \\ 1 \end{bmatrix} = \boldsymbol{M} \begin{bmatrix} x_q \\ y_p \\ 1 \end{bmatrix} \tag{21.9}$$

其中，m_2 和 m_5 为水平方向的位移；m_0、m_1、m_3 和 m_4 为尺度和旋转方向的位移；m_6 和 m_7 为水平和垂直方向的形变量。

在数字图像中，通过模板 $\boldsymbol{M}$ 与源图像相乘，便可以得到变换后的图像。操作时，只需计算图像变换模板中 8 个参数（$m_0, m_1, \ldots, m_7$）的值，按顺序填入变换模板，便可以确定两幅图像之间的变换模板。以其中一幅图像为基准，对另一幅图像乘以变换模板，将其进行相应变换，然后对处理后的图像进行拼接操作。

2. 关键点配准法的 MATLAB 仿真

首先对图像进行关键点的选取，其中标记为 1 和 2 的点为选取的关键点。选取关键点后，计算出图像的重叠区域和变换模板，最后对图像进行拼接，如图 21.18 所示。拼接完成后的图像如图 21.19 所示。

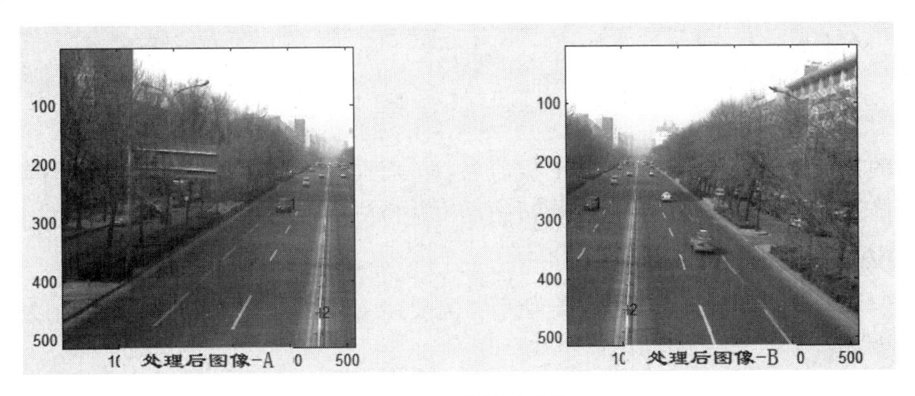

图 21.18　关键点选取

图 21.19　拼接完成后的图像

21.3.3　SIFT 图像配准算法的流程

尺度不变特征变换（Scale Invariant Feature Transform，SIFT）配准算法是由 David G. Lowe 教授于 1999 年提出并拥有专利的图像配准方法，由于该算法在角度变换、尺度变换和仿射变换等特性的图像配准方面有着优异的表现，使得其迅速成为图像配准领域广受关注的算法。

本节将从 SIFT 算法的配准流程、配准原理、MATLAB 仿真实现，以及对其的评价和改进等方面进行探讨，并对该算法进行改进，以解决其算法复杂和运算量大的缺点，最后将其应用于实时视频拼接的应用中。

基于 SIFT 特征的图像配准算法如图 21.20 所示，该配准流程分为以下 3 个步骤。

1. 检测图像中的关键点

对于图像中关键点的检测问题，SIFT 算法利用构建高斯差分金字塔，然后检测塔中像

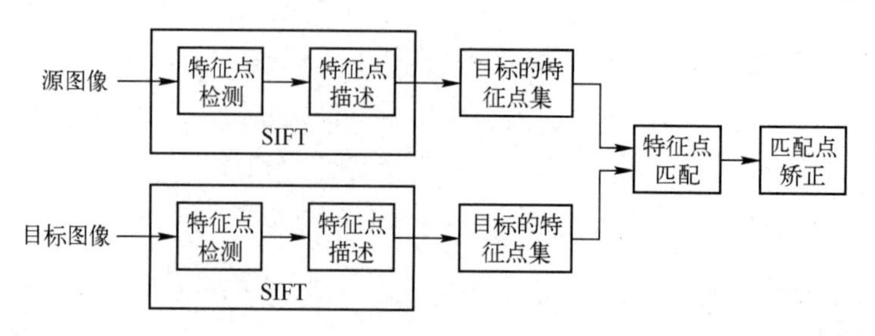

图 21.20　基于 SIFT 特征的图像配准算法

素极值点的方法来确定。确定完像素的极值点后，需要对其进行曲线拟合，以对待配准点进行进一步筛选，最后对关键特征点进行精确定位并检测出其主方向。

2. 描述检测得到的关键点

在确定完关键点并对其进行精确定位后，需要用 128 维向量对其进行描述，以便对其进行唯一的表示。

> **注**：向量是描述数字图像最好的方式。

3. 关键点匹配

根据关键点描述向量，对关键点进行匹配，在完成关键特征点的描述后，需要根据其描述向量匹配结果对对应图像进行配准。在进行关键点匹配时，需要利用关键点描述所生成的 128 维的关键点描述矩阵进行穷举匹配，从而对每一对关键点进行匹配。

21.3.4　构建 SIFT 图像尺度空间

图像配准中所说的关键点，即图像中的局部信息点，指的是图像中具有明显特征而且不会因光照等外部条件的改变而消失的点，如图像中物体的角点、边缘点，以及区域中具有较大亮度反差的点。在 SIFT 图像配准算法中，通过构建高斯差分金字塔来检测极值点。

1. 高斯模糊

函数 $L(x,y,\sigma)$ 可以用于表示一幅图像的尺度空间，它是输入图像 $I(x,y)$ 与可变参数的高斯函数 $G(x,y,\sigma)$ 的卷积，表示为

$$L(x,y,\sigma)=G(x,y,\sigma)*I(x,y) \tag{21.10}$$

$$G(x,y,\sigma)=\frac{1}{2\pi\sigma^2}\mathrm{e}^{-(x^2+y^2)/2\sigma^2} \tag{21.11}$$

二维高斯变换的 MATLAB 仿真结果如图 21.21 所示。

2. 高斯金字塔

高斯金字塔共有 O 组图像，每组由 S 层图像构成，如图 21.22（a）所示。其中塔数 O 和层数 S 的选取由图片的大小决定。

（1）对于同一个组内不同层的图片而言，它们的尺度是相同的，而上一层图像（如 S_2）是由下一层图像（如 S_1）经过高斯卷积后的结果。

（2）对于组间图片而言，如图 21.22（b）所示，上面一组图像（如 O_3）的底层图像是由下面一组图像（如 O_2）的从上面数第二层的图像隔行采样生成的，所以上面塔的大

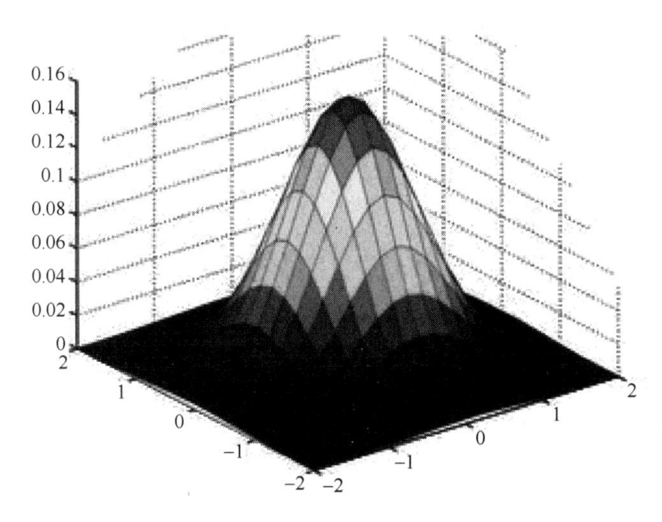

图 21.21　二维高斯变换的 MATLAB 仿真结果

小是下面塔的 1/4，即长和宽各为原来 1/2 后的结果。各层图像的尺度大小由式（21.12）决定：

$$\sigma(s)=\sigma_0 * 2^{\frac{s}{S}} \tag{21.12}$$

其中，σ 为尺度空间坐标；s 为层坐标；σ_0 为初始尺度；S 为每组层数。

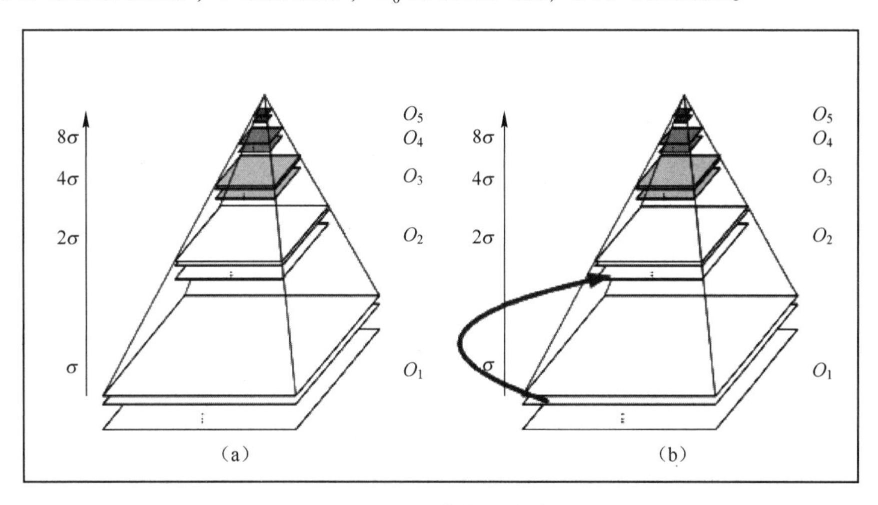

图 21.22　高斯金字塔

高斯金字塔的构建符合人们看景物的日常习惯，即近处的景物总是大而清楚，远处的景物则小而模糊，只有大致轮廓。

3. 高斯差分金字塔

高斯金字塔很好地描述了图像特征，但其并不能够有效地检测关键点的信息。针对这一问题，David G. Lowe 教授提出构建高斯差分金字塔的方法对图像进行进一步处理，高斯差分算子（Difference of Gaussians，DoG）表示为

$$D(x,y,\sigma)=[G(x,y,k\sigma)]*I(x,y)=L(x,y,k\sigma)-L(x,y,\sigma) \tag{21.13}$$

DoG 算子不仅具有尺度不变性，更具有实际操作性，仅需要将高斯金字塔中的相邻图像相减即可得到。所以，DoG 算子是在尺度空间内搜索极值的最优算子之一。以 DoG 算子为基础构建的高斯差分金字塔如图 21.23 所示。用 C 语言实现高斯差分金字塔的关键代码如代码清单 21-3 所示。

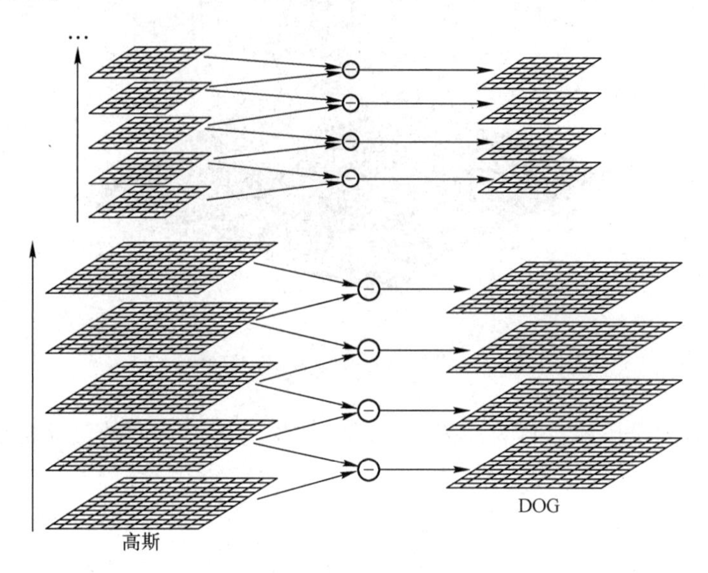

图 21.23　高斯差分金字塔

代码清单 21-3　用 C 语言实现高斯差分金字塔的关键代码

```
void SIFT::buildDoGPyramid(const vector<Mat>& gpyr, vector<Mat>& dogpyr) const
{
  int nOctaves=(int)gpyr.size()/(nOctaveLayers+3);
  dogpyr.resize(nOctaves * (nOctaveLayers+2));

  for(int o=0;o<nOctaves;o++)
  {
    for(int i=0;i<nOctaveLayers+2;i++)
    {
      const Mat& src1=gpyr[o * (nOctaveLayers+3)+i];
      const Mat& src2=gpyr[o * (nOctaveLayers+3)+i+1];
      Mat& dst=dogpyr[o * (nOctaveLayers+2)+i];
      subtract(src2,src1,dst,noArray(),CV_16S);
    }
  }
}
```

21.3.5　SIFT 关键点检测

本节将介绍 SIFT 关键点检测，内容主要包括 DoG 极值点检测、选取稳定关键点和关键点检测。

1. DoG 极值点检测

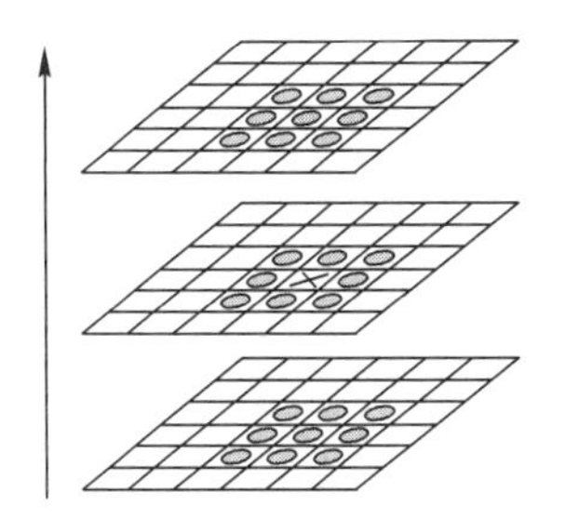

图 21.24　检测极值点示意图

高斯差分图像描绘的是图像中物体的轮廓。高斯金字塔图像中像素值的变化情况，其局部极值点即为所要寻找的关键点。要保证找到正确的关键点，即找到的极值点应同时满足在尺度空间和图像空间中都是极值点的条件。所以，需要和该点 8 个相邻的像素点与上下尺度空间对应的 18 个相邻点进行比较才能得到，如图 21.24 所示。

在比较极值的过程中，需要对高斯金字塔进行修改。在每一组图像的顶层依次加入 3 幅图像，使得其每层有 $S+3$ 层图像，而高斯差分金字塔每层有 $S+2$ 层图像，如图 21.25 所示。这样做是为了满足尺度变化的连续性，以 $S=3$ 为例，如果不加入 3 层图像，则高斯金字塔第一组有 σ、$k\sigma$、$k^2\sigma$ 三层，第二组有 $k^3\sigma$、$k^4\sigma$、$k^5\sigma$ 三层；对应的，高斯差分金字塔第一组有 σ 和 $k\sigma$ 两层，第二组有 $k^3\sigma$ 和 $k^4\sigma$ 两层，造成尺度空间的不连续，无法比较极值，而如果添加三层，则会很好地解决这一问题。

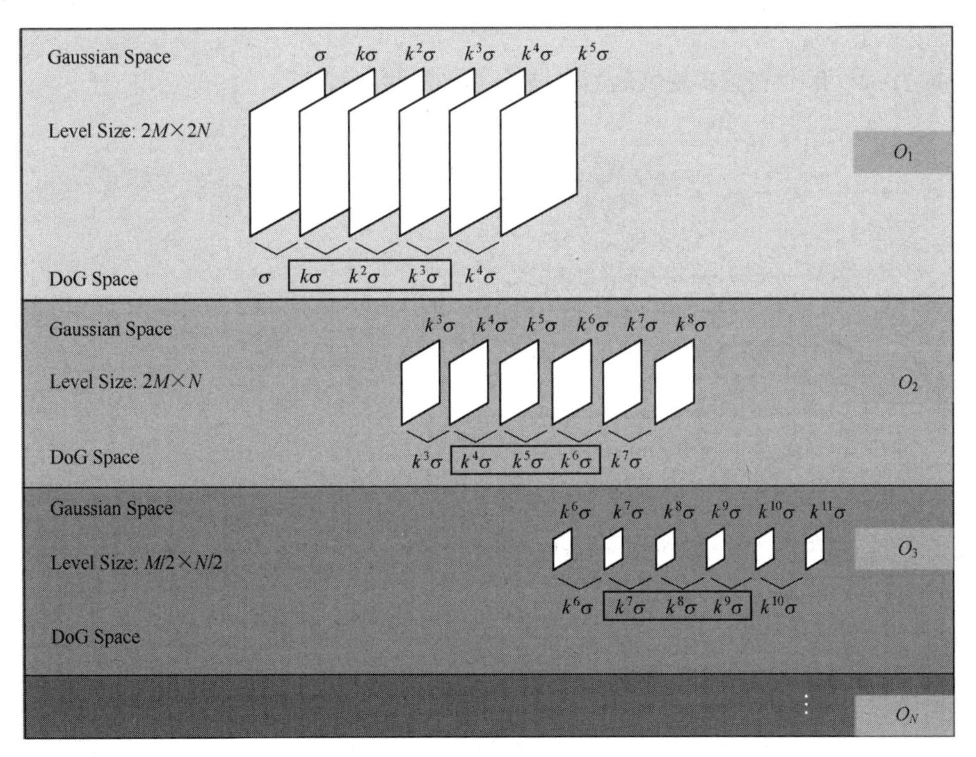

图 21.25　DoG 极值检测示意图

2. 选取稳定关键点

DoG 算子对噪声和边缘比较敏感，需要对检测到的极值点进行曲线拟合，以进一步精确关键点的特征信息（尺度和位置等），从而增强匹配性，同时去除不稳定的点，提高抗噪能力。DoG 函数的 Taylor 展开表示为

$$D(X)=D+\frac{\partial D^{\mathrm{T}}}{\partial X}X+\frac{1}{2}X^{\mathrm{T}}\frac{\partial^2 D}{\partial X^2}X \tag{21.14}$$

对式（21.14）求导，令其导数$D'(X)=0$，其结果如式（21.15）所示：

$$\hat{X}=-\frac{\partial^2 D^{-1}}{\partial X^2}\frac{\partial D}{\partial X} \tag{21.15}$$

将式 21.16 中$\hat{X}$的值代入式（21.14），其结果表示为

$$D(\hat{X})=D+\frac{1}{2}\frac{\partial D^{\mathrm{T}}}{\partial x}\hat{x} \tag{21.16}$$

接着，判断$|D(\hat{X})|$与Q值的大小关系，如果$|D(\hat{X})|<Q$，则丢弃。

3. 关键点检测

基于 MATLAB 的 SIFT 关键点检测的示意图如图 21.26 所示。图 21.26 中，对图像区域内的 DoG 极值点进行检测，并进行区域标定。用 C 语言实现检测 DoG 最大值点的关键代码如代码清单 21-4 所示。

图 21.26　基于 MATLAB 的 SIFT 法关键点检测的示意图

代码清单 21-4　用 C 语言实现检测 DoG 最大值点的关键代码

```
for(int o=0;o<nOctaves;o++)
    for(int i=1;i<=nOctaveLayers;i++)
    {
      int idx=o*(nOctaveLayers+2)+i;
      const Mat& img=dog_pyr[idx];
      const Mat& prev=dog_pyr[idx-1];
      const Mat& next=dog_pyr[idx+1];
      int step=(int)img.step1();
      int rows=img.rows,cols=img.cols;

      for(int r=SIFT_IMG_BORDER;r<rows-SIFT_IMG_BORDER;r++)
      {
        const short * currptr=img.ptr<short>(r);
        const short * prevptr=prev.ptr<short>(r);
        const short * nextptr=next.ptr<short>(r);

        for(int c=SIFT_IMG_BORDER;c<cols-SIFT_IMG_BORDER;c++)
        {
          int val=currptr[c];
          … … …
```

21.3.6　SIFT 关键点描述

本节将介绍 SIFT 关键点描述，内容主要包括确定关键点的方向和关键点的描述。

1. 确定关键点的方向

在对极值点精确定位并去掉不稳定的极值点后，需要确定这些极值点的方向，一般采用

梯度直方图统计法确定其方向，如图 21.27 所示。

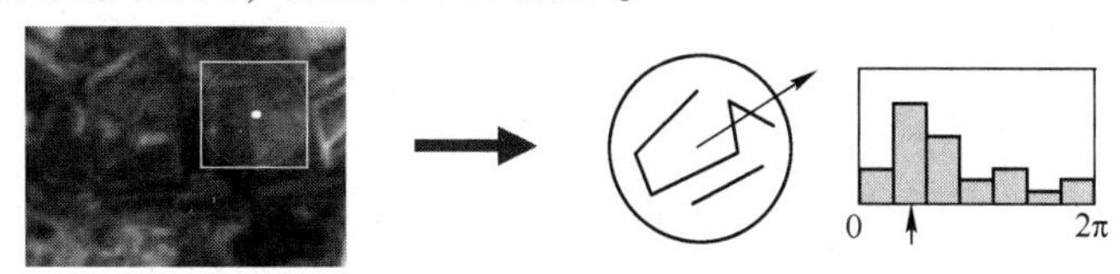

图 21.27　直方图的统计示意图

像素点的梯度表示为

$$\mathrm{grad}I(x,y)=\left(\frac{\partial I}{\partial x},\frac{\partial I}{\partial y}\right) \tag{21.17}$$

其幅值表示为

$$m(x,y)=\sqrt{(L(x+1,y)-L(x-1,y))^2+(L(x,y+1)-L(x,y-1))^2} \tag{21.18}$$

其方向表示为

$$\theta(x,y)=\arctan\left[\frac{L(x,y+1)-L(x,y-1)}{L(x+1,y)-L(x-1,y)}\right] \tag{21.19}$$

确定其主方向包含以下几个步骤：

(1) 确定高斯参数，为其相邻像素点进行权重计算。

(2) 生成方向直方图，可以是 36 柱（每 10°为一柱），也可以是 8 柱（每 45°为一柱）。

(3) 统计求取关键点的方向，并利用泰勒展开式精确求取其方向。

2. 关键点的描述

关键点的描述，需要先对关键点的相邻像素进行区域分块操作，计算每一块区域的梯度直方图，并生成具有区域图像信息的关键点向量。关键点相邻区域块的图像梯度图包含了像素的幅值和方向等信息，如图 21.28（a）所示；图 21.28（b）则是经过计算梯度方向直方图后的关键点描述子，由 4 个种子信息点组成。

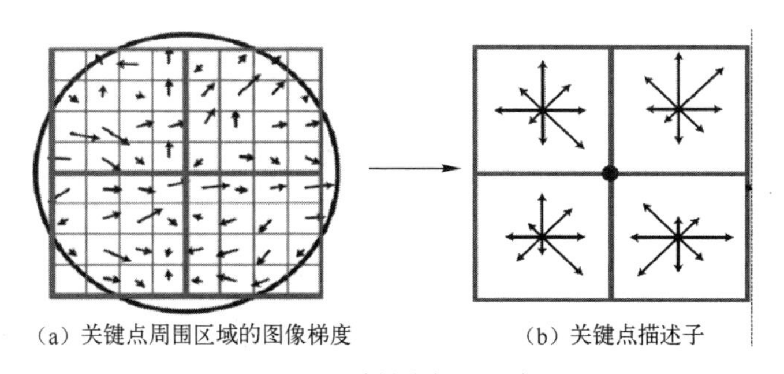

（a）关键点周围区域的图像梯度　　（b）关键点描述子

图 21.28　关键点描述示意图

21.3.7　SIFT 关键点匹配

对关键点进行描述后，需要进行关键点的匹配。关键点的匹配过程，就是关键点描述向量的检测和配对过程。关键点的匹配示意图如图 21.29 所示，给出了对图片 Lena 的关键点检测和匹配，并对匹配的关键点用彩色的线条相连。

图 21.29 关键点匹配示意图

21.3.8 模板匹配法

模板匹配法采用与待检测区域图像信息一致的模板。通过对源图像进行遍历，对其进行时域相关度检测，如果某点处的相关度大于给定阈值，则可确定待检测区域中存在与模板相似或一致的区域，并对其进行标定；反之，如果没有找到匹配区域，则可修改阈值再次寻找或者更改匹配区域范围后重新进行寻找。

1. 模板匹配法配准原理

假定待检测区域为大小是(m,n)的图像$I(x,y)$，模板区域为大小是(s,t)的图像$T(x,y)$，以图像的左上角为坐标原点，将模板区域$T(x,y)$在待检测区域$I(x,y)$上进行完全搜索，$D(x,y)$为模板与待检测图像相关区域的均方误差，表示为

$$D(x,y)=\sum_{j}\sum_{k}[I(j,k)-T(j-x,k-y)]^2 \tag{21.20}$$

将其展开后的结果表示为

$$D(x,y)=D_1(x,y)-2D_2(x,y)+D_3(x,y) \tag{21.21}$$

其中，$D_1(x,y)$的值表示为

$$D_1(x,y)=\sum_{j}\sum_{k}[I(j,k)]^2 \tag{21.22}$$

$D_2(x,y)$的值表示为

$$D_2(x,y)=\sum_{j}\sum_{k}[I(j,k)T(j-x,k-y)]^2 \tag{21.23}$$

$D_3(x,y)$的值表示为

$$D_3(x,y)=\sum_{j}\sum_{k}[T(j-x,k-y)]^2 \tag{21.24}$$

然后对$D(x,y)$进行判决，如果$D(x,y)$的值大于阈值$L_{\mathrm{D}}(m,n)$，则认为它与模板相匹配。由于$D_3(x,y)$项为常数，所以在实际应用中通常采用计算图像互相关性的方法对其进行判定，即

$$R(x,y)=\frac{D_2(x,y)}{D_1(x,y)}=\frac{\sum_{j}\sum_{k}[F(j,k)T(j-x,k-y)]}{\sum_{j}\sum_{k}[F(x,y)]^2}>L_{\mathrm{R}}(x,y) \tag{21.25}$$

如果式（21.25）成立，则认为两幅图像相匹配。

2. 模板匹配法配准步骤

模板匹配法是利用模板相关度进行匹配的方法，如图 21.30 所示，其步骤如下：

(1) 准备用于匹配的模板，该区域中有和待检测区域同样大小和方向相同的模板。

(2) 以待检测图像的左上角点为坐标原点，将模板在待检测图像中按照检测算法进行完全检测。

(3) 对检测结果进行比较，判定其相关度。

(4) 确定模板匹配区域，完成检测过程。

3. 模板匹配法的 MATLAB 仿真

在本例中，采用手动选取模板区域的方法，采用时域相位相关的方法对图 21.31 (a) 进行遍历，以查找最大相关度区域，模板的匹配区域为如图 21.31 (b) 中所标定的区域。

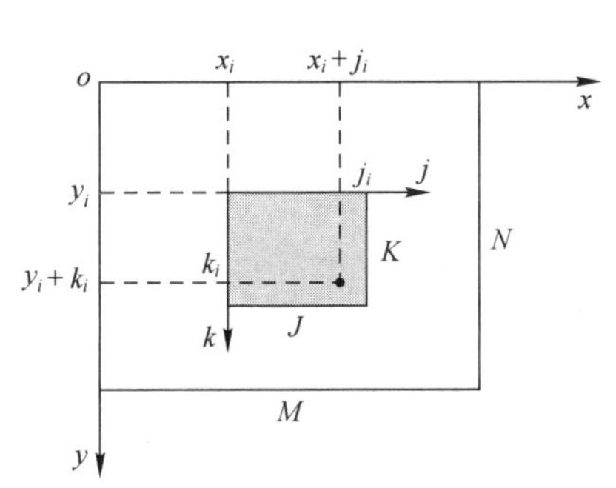

图 21.30　模板示意图

(a)

(b)

图 21.31　模板匹配法结果示意图

21.3.9　灰度信息法

灰度信息法是一种基于灰度图像的方法。所谓灰度图像，即图像只包含亮度信息而不包含色彩信息。在很多情况下，需要将彩色图像转化为灰度图像进行处理，这样可以简化操作并降低运算量。

灰度信息法是对模板匹配法的改进，它首先将整幅图像分为不同的块，并对块内的灰度信息进行统计排序，以排序结果作为匹配特征，对图像进行匹配。

1. 灰度信息法配准原理

灰度信息法基于对图像块的操作，将整幅图像分成 $K \times K$ 大小的图像块（注：需要根据实际问题，灵活选择 K 值大小），称为图像的 R-块。对于长和宽均为 H 的源图像，共可以得到 H^2/K^2 个图像块。将一个 8 邻域的 R-块（每相邻的 9 个 R-块）记为一个 L 块。将每个 L 块中每 4 个相邻的 R-块记为图像的 D-邻域，如图 21.32 所示，并以逆时针的方向对图像的 D-邻域进行排序，记为 D_i。

计算每个 R-块的像素灰度值之和，记为 $S(R_i)$，并对每个 D-邻域中的 4 个 R-块的灰度值之和进行排序，共有 $4! = 24$ 种可能，即可用 5 位二进制码表示，记为 $P(D_i)$。对每个 R-块的

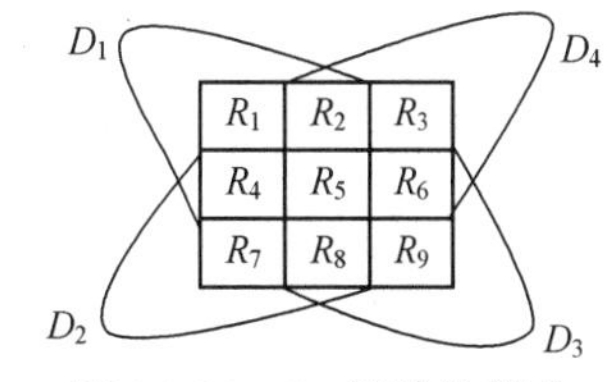

图 21.32　D-领域的划分

8 邻域 L 块而言，将 4 个 D-邻域的 $P(D_i)$ 依次相连，即可得到 20 位的二进制代码所表示的 R-块灰度特征信息 $H(R_i)$，表示为

$$H(R_i)=P(D_1)<<15+P(D_2)<<10+P(D_3)<<5+P(D_4) \tag{21.26}$$

其中，“<<”为左移符号。

当得到图像每个 L 块的灰度特征信息 $H(R_i)$ 后，即可对待配准图像进行遍历寻找，以检测两幅图像的配准区域。

2. 灰度信息法的实现

基于灰度信息的图像配准方法的实现包含以下几个步骤：

（1）需要对图像进行块划分。根据图像的大小和图像的细节信息，以及匹配精度等因素确定块的大小 K。图像块划分使用的函数片段如代码清单 21-5 所示。

代码清单 21-5　图像块划分使用的函数片段

```
I=RGB2GRAY(RGB)             %灰度值转换函数。把全真色彩的图像 RGB 转化为灰度图像 I;
[M,N]=SIZE(X)               %图像大小获取函数。获取图像 X 的大小 M、N;
Bsize=Block_size(M,N);      %图像块大小决定函数。输入 M 和 N,并计算图像块的大小 Bsize。
```

（2）需要以图像的 R-块 8 邻域块为基准，做出基于图像灰度信息的唯一性描述。

（3）根据图像 R-块的 20 位二进制值的描述信息对图像 R-块进行匹配。

（4）确定图像匹配对，完成图像的配准定位点。

其配准过程的 MATLAB 仿真实现如图 21.33 所示，图 21.33 中标记了配准后的区域。

图 21.33　灰度信息法配准结果示意图

21.3.10　频域相位相关算法

频域相位相关法是一种基于区域的图像配准方法，通过在频域中对图像进行分析，利用图像的频域信息，计算两幅源图像的互功率谱，并对其进行相应变换处理，寻找图像的配准点。

1. 频域相位相关法

频域相位相关算法利用傅里叶的频移和位移性质计算两幅图像的重叠部分与旋转角度。如果两幅图像只具有水平的位移，即两幅图像的关系表示为

$$f_2(x,y)=f_1(x-x_0,y-y_0) \tag{21.27}$$

对其进行傅里叶变换后的结果表示为

$$F_2(\xi,\eta)=\mathrm{e}^{-\mathrm{j}2\pi(\xi x_0+\eta y_0)} * F_1(\xi,\eta) \tag{21.28}$$

计算两幅图像的规格化互功率谱，其结果表示为

$$\frac{F_1(\xi,\eta)F_2^*(\xi,\eta)}{|F_1(\xi,\eta)F_2^*(\xi,\eta)|}=\mathrm{e}^{\mathrm{j}2\pi(\xi x_0+\eta y_0)} \tag{21.29}$$

其中，F^* 为 F 的共轭。

根据离散傅里叶位移变换的性质，通过对式（21.29）的观察后发现，两幅图像位置上的差异表现在相位的互功率谱上，对式（21.29）计算得到的结果进行傅里叶反变换，然后对结果进行最大值搜索，这个最大值点便是待求的最佳配准点。频域相位相关法的部分 MATLAB 代码如代码清单 21-6 所示。

代码清单 21-6　频域相位相关法的部分 MATLAB 代码

```
[Imag_a,Imag_b]=Image_Pretreat_Func(Image_a,Image_b);
[F_a,F_b]=Image_RegionSel_Fun(Imag_a,Imag_b);
FFT_a=fft2(x);
FFT_b=fft2(y);
S=FFT_b. * conj(FFT_a)./abs(FFT_b. * conj(FFT_a));
  s=abs(ifft2(s));
  M=max(max(s));
  [ij]=find(s==M);
```

其中，函数 Image_Pretreat_Func 用于对原始视频图像进行预处理；函数 Image_RegionSel_Fun 用于对视频图像选取 2 幂子图像块操作；S 表示其规格化的互功率谱；s 为其进行傅里叶反变换后的结果；M 为最大值。

2. 具有平移变换的图像配准

接下来将会介绍具有平移变换的图像配准，内容主要包括具有平移变换的图像配准步骤和具有平移变换图像拼接的仿真与实现。

1）具有平移变换的图像配准步骤

只具有平移变换的图像可以直接通过傅里叶变换，用频域相位相关法进行配准，如图 21.34 所示。

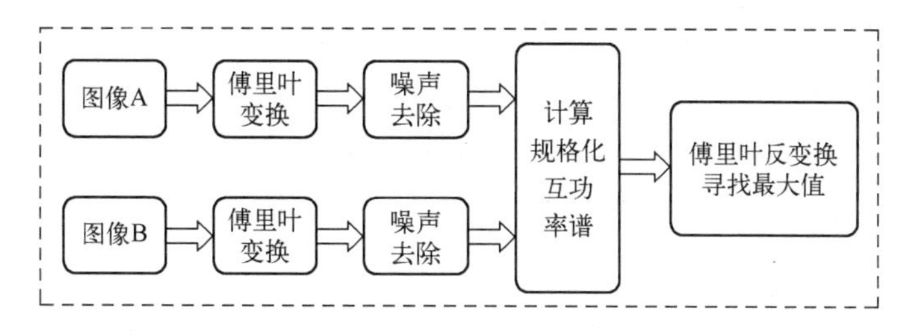

图 21.34　具有平移变换的图像拼接流程图

2）具有平移变换图像拼接的仿真与实现

通过对算法的仿真，可以看到算法结果符合预期的效果，如图 21.35 所示。该图描述了具有平移变换的两幅图像的配准过程。

图 21.35 具有平移变换图像拼接的仿真与实现（1）

图 21.35 中，第一行的两幅图像为待拼接的源图像；第二行的两幅图像分别为第一行进行二维傅里叶变换后的结果。

根据相位相关法的原理，计算完两幅图像的二维傅里叶函数之后，通过式（21.29）计算其傅里叶规格化互功率谱，并对计算结果进行傅里叶反变换，反变换后的结果是一个尖峰脉冲，如图 21.36（a）所示，拼接后的图像如图 21.36（b）所示。

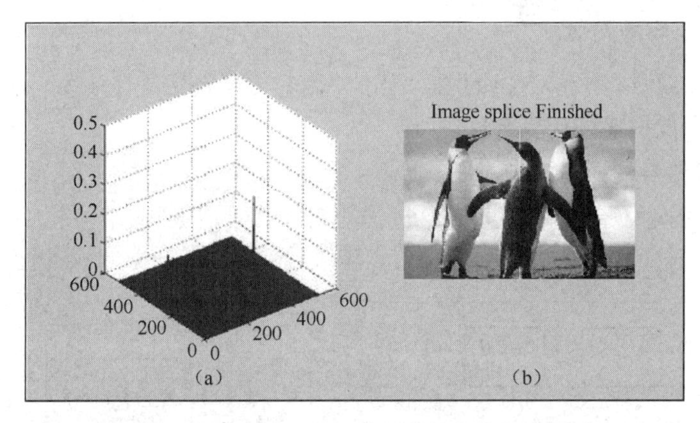

图 21.36 具有平移变换图像拼接的仿真与实现（2）

21.3.11 具有旋转变换的图像配准

本节将介绍具有旋转变换的图像配准，内容主要包括具有旋转变换的图像配准方法和具有旋转变换图像拼接的仿真与实现，以及具有尺度变换的图像配准。

1. 具有旋转变换的图像配准方法

具有旋转变换的图像配准不能直接用频域相位相关法对其旋转角度进行求解，需要进行坐标系变换。通常需要将图像从笛卡尔坐标系转换到极坐标系或者对数极坐标系，然后对转换后的图像信息按照具有平移变换的图像拼接方法进行计算，求出其旋转角度信息后对其进行校正，最后进行拼接。

对于有旋转变换的待拼接的两幅图像而言，首先需要计算它们之间的旋转角度，然后以其中一幅图像为基准，对另外一幅图像进行角度变换。当两幅图像之间只具有平移关系后，即可按照前面介绍的方法拼接图像。

如果图像$f_2(x,y)$对图像$f_1(x,y)$具有θ_0的角度旋转，表示为

$$f_2(x,y)=f_1(x\cos\theta_0+y\sin\theta_0,-x\sin\theta_0+y\cos\theta_0) \tag{21.30}$$

对其进行傅里叶变换后的结果表示为

$$F_2(\xi,\eta)=\mathrm{e}^{-\mathrm{j}2\pi(\xi x_0+\eta y_0)} * F_1(\xi\cos\theta_0+\eta\sin\theta_0,-\xi\sin\theta_0+\eta\cos\theta_0) \tag{21.31}$$

对 F_1 和 F_2 分别取其幅度谱 M_1 和 M_2，表示为

$$M_2(\xi,\eta)=M_1(\xi\cos\theta_0+\eta\sin\theta_0,-\xi\sin\theta_0+\eta\cos\theta_0) \tag{21.32}$$

通过观察它们的频谱可知，它们的幅度谱是相同的，只是 M_2 相对于 M_1 有一个位移量。利用上面介绍的图像坐标系变换算法，可将其转换到极坐标平面内，表示为

$$G_1(\rho,\theta)=G_2(\rho,\theta-\theta_0) \tag{21.33}$$

这样，就可以通过相位相关法求出旋转角度 θ_0。

2. 具有旋转变换图像拼接的仿真与实现

具有旋转变换的图像的配准过程如图 21.37 所示。

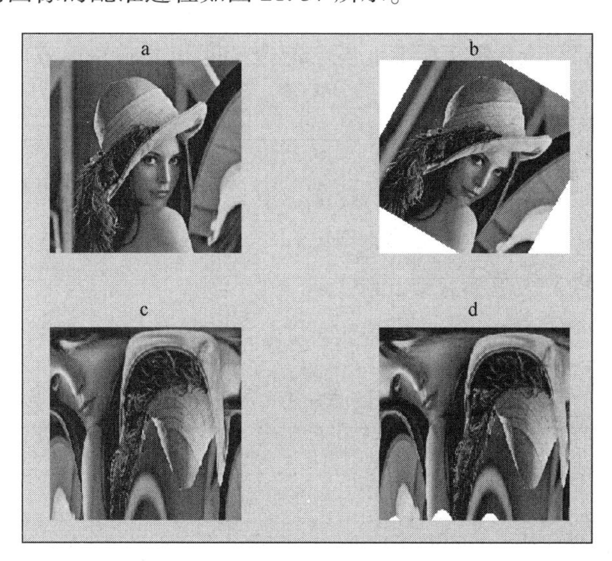

图 21.37　具有旋转变换的图像的配准过程

其中，图 21.37（a）为原始图像；图 21.37（b）为顺时针旋转 30°后得到的图像；图 21.37（c）和图 21.37（d）分别为对图 21.37（a）和图 21.37（b）进行极坐标变换后得到的图像。

通过观察图 21.37（c）和图 21.37（d）可知，两幅图除了有位移上的差别外，几乎没有别的差别。因此，通过计算两幅图像的平移量，可以进一步得到两幅图像的旋转角度。

3. 具有尺度变换的图像配准

对待配准图像$f_1(x,y)$相对于$f_2(x,y)$同时具有尺度变换的情况，当尺度变换因子为(a,b)时，其中，a和b分别表示水平方向和竖直方向的变换因子，即

$$f_2(x,y)=f_1(ax,by)$$

根据傅里叶变换的性质，表示为

$$F_2(\xi,\eta)=\frac{1}{|ab|}F_1(\xi/a,\eta/b) \tag{21.34}$$

将傅里叶变换后的图像转换为对数形式，表示为

$$F_2(\log\xi,\log\eta)=F_1(\log\xi-\log a,\log\eta-\log b) \tag{21.35}$$

在转化为对数形式后，两幅图像只存在位移上的变换，而没有其他变换，即

$$F_2(x,y)=F_1(x-c,y-d) \tag{21.36}$$

其中，$x=\log\xi$；$y=\log\eta$；$c=\log a$；$d=\log b$。

对于平移因子(c,d)而言，可以根据只具有平移变换的图片拼接进行计算。于是，便可根据c和d的值计算出尺度变换因子(a,b)的值：

$$a=e^c,b=e^d \tag{21.37}$$

21.4 图像配准方法的对比与评价

对于各图像配准方法，主要从配准速度、配准精度和可靠性等方面进行评价。

21.4.1 图像配准方法的对比

对于各图像配准方法，本节将主要从配准速度、配准精度和可靠性方面进行对比，其中参数取自 MATLAB 仿真程序的运行参数。

1. 图像配准方法的人工干预程度比较

各图像配准方法人工干预程度的比较如表 21.4 所示图像。

表 21.4　各图像配准方法人工干预程度的比较

方　法	人工干预程度
关键点法	需要人工干预，选取配准点
SIFT 特征法	不需要人工干预
灰度信息法	不需要人工干预
模板匹配法	需要人工干预，选取配准模板
频域相位相关法	不需要人工干预

2. 图像配准方法的速度比较

各图像配准方法速度的比较如表 21.5 所示，其速度的计算采用 MATLAB 中速度计算的经典方法，如 tic 和 toc 函数法。

表 21.5　各图像配准方法的速度对比

方　法	速度（s）
关键点法	0.346998
SIFT 特征法	1.915479
灰度信息法	59.631692
模板匹配法	18.866930
频域相位相关法	0.504252

关键点法的配准速度受手动选取关键点的时间影响较大，所以表 21.5 中列举的速度为不含选取关键点的时间。同样，模板匹配法的速度也为不含选取模板的时间。

3. 图像配准方法的 MATLAB 代码比较

各图像配准方法的 MATLAB 代码的比较如表 21.6 所示。表 21.6 中，从侧面分析代码的复杂度，其参数为代码行数。

表 21.6　各图像配准方法的 MATLAB 代码的比较

方　法	复杂度（代码行数：行）
关键点法	56
SIFT 特征法	2892
灰度信息法	636
模板匹配法	421
频域相位相关法	827

4. 图像配准方法的精确度和适用范围比较

各图像配准方法的精确度和适用范围的比较如表 21.7 所示。

表 21.7　各图像配准方法的精确度和适用范围的比较

方　法	精确度、适用范围
关键点法	精确度取决于手动选取的配准点，适用于无须自动进行图像配准的领域
SIFT 特征法	对具有线性变换的图像均有较高的精确度，能够适用于具有明显细节特征的图像配准
灰度信息法	精确度适中，适用于具有平移变换的图像配准
模板匹配法	精确度适中，适用于具有平移变换的图像配准
频域相位相关法	精确度高，适用于具有平移、旋转和尺度变换的图像配准

21.4.2　图像配准方法的评价

从各图像配准方法的复杂度、配准精确度、可靠性和自动化程度等方面对各方法进行评价，如表 21.8 所示。

表 21.8 各配准方法的评价

方　　法	人工干预性	配准速度	算法复杂度	适　用　性
关键点法	需要	快	简单	低
SIFT 特征法	不需要	中	较复杂	较高
灰度信息法	不需要	慢	简单	中
模板匹配法	需要	较慢	简单	中
频域相位相关法	不需要	快	较简单	高

21.4.3 F-SIFT 图像配准方法

经过前面的比较可知，SIFT 法和频域相位相关法具有较高的图像配准精度和广泛的适用性，但 SIFT 法的配准速度较慢、算法复杂，而频域相位相关法的适用范围较小。针对以上缺点，提出 F-SIFT 图像配准方法。

F-SIFT 法是基于图像区域块特征提取的算法，是基于区域的图像配准方法和基于特征的 SIFT 法的有机结合。不但解决了 SIFT 方法计算量大、无法用于实时拼接系统的问题，更提高了配准精度，是一种具有较强实用性的图像拼接方法。

21.5 视频拼接系统的设计

视频拼接系统，即把有重叠区域的多路源视频数据进行拼接，形成大视场和宽角度的视频图像系统。根据前面所介绍的图像配准方法，本节将给出一种实时视频拼接系统，利用改进后的 F-SIFT 图像拼接方法，实现对视频图像的高效实时拼接。

21.5.1 视频拼接技术

本节将介绍视频拼接技术，内容主要包括视频拼接系统和视频拼接流程。

1. 视频拼接系统

视频拼接系统的实现，主要涉及视频采集、视频源文件处理、图像拼接处理、图像-视频序列转换等多个过程，一个正常工作的视频拼接系统依赖于以上各阶段独立而有效的运行。

基于 C 语言的视频拼接系统如图 21.38 所示，它能够完成包括视频采集、视频处理和视频存储等视频拼接各阶段的操作。

2. 视频拼接流程

视频拼接的流程如图 21.39 所示，主要包括：

（1）采集源视频图像。

（2）对视频文件进行处理，将其转换为对单帧图像的处理。

（3）在对图像序列进行预处理和去除噪声后，按照先后顺序，对对应的帧图像进行拼接。

（4）完成拼接后，需要按照先后顺序将处理完成的帧图像依次重新转换成视频文件。

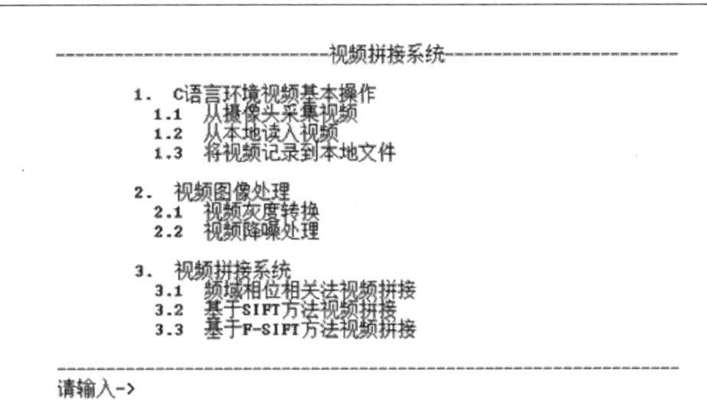

图 21.38　基于 C 语言的视频拼接系统

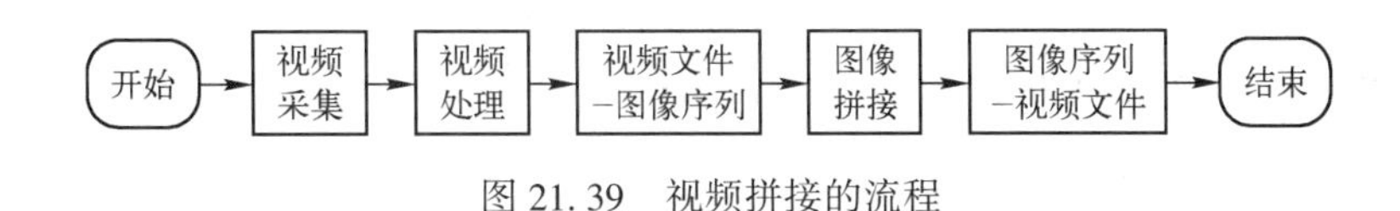

图 21.39　视频拼接的流程

对于两个以上摄像头的视频拼接问题，应该遵从两个摄像头的图像拼接要求。在具体处理方面，先要完成其中相邻两幅图像的拼接问题，然后把拼接完成的图像与第三幅待拼接图像进行拼接，按此法依次进行，直到完成多幅图像的拼接。

21.5.2　视频拼接方法

本节将主要讨论适用于实时视频拼接的图像拼接方法。根据前面一节内容，图像拼接方法主要有两大类，即基于特征的拼接方法和基于区域的拼接方法。

但具体到实时视频拼接，图像的拼接方法均不同程度地存在问题。例如，SIFT 算法运算量大，不能满足实时性视频拼接的需要；而特征点法则需要人工干预，不能满足自动配准的要求。针对这些问题，本节将给出一种新的方法，即 F-SIFT 方法。该方法的特点是拼接速度快，能够满足实时性视频拼接的需要，并具有较强的鲁棒性，可广泛适用于各工业领域。

1. F-SIFT 方法的概述

F-SIFT 方法是基于图像区域块特征提取的算法，不仅解决了 SIFT 配准法计算量大、无法用于实时拼接的问题，而且具有较高的配准精度，是一种具有较强通用性的图像拼接方法。

2. F-SIFT 方法的拼接流程

如图 21.40 所示为 F-SIFT 图像配准方法的拼接流程，包括以下几个阶段：

（1）对图像进行时频转换，在频域对图像利用频域互相关技术进行配准点的初步查找。

（2）以配准点为中心，划定匹配区域图像块 F-（此区域不易过大或者过小，过大则会增大算法的计算量，过小则会影响配准精确度，一般取 128×128 的图像块为宜）。

（3）通过 SIFT 算法，在图像块 F-中寻找最佳匹配点，以提高配准精度。

（4）利用融合算法，对配准后的图像进行拼接融合。

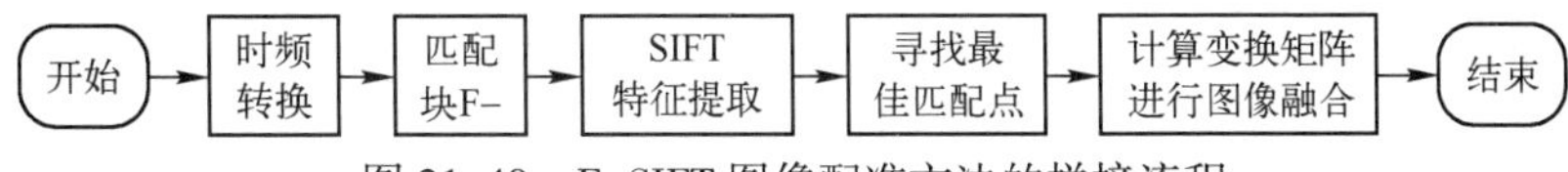

图 21.40　F-SIFT 图像配准方法的拼接流程

21.6 视频拼接系统的实现

本节将介绍视频拼接系统的实现，内容主要包括 F-SIFT 方法的实现和视频拼接系统的实现。

21.6.1 F-SIFT 方法的实现

F-SIFT 图像拼接方法的实现可分为 3 个阶段，包括：

（1）相关度检测。在频域对两幅源图像进行相关度检测，以初步匹配点为中心构建匹配块 F-。

（2）图像配准。利用 SIFT 算法进行匹配块 F-的特征提取与配准，进一步对图像配准，提高配准精确度。

（3）图像的融合。利用前两步计算得到的图像配准模板对源图像进行变换，并完成图像拼接。

1. 构建图像匹配块 F-

在对两幅图像进行预处理之后，需要对图像进行初步匹配，并构建图像的匹配块 F-。此过程包括图像的傅里叶变换和反变换，以及计算互相关信息、最佳点查找和图像匹配块 F-的构建等。

基于频域的处理方法，需要对图像进行傅里叶变换和反变换。本章前面已经说明，在离散世界中，以二维像素点矩阵的形式表示图像，因此通过离散傅里叶变换对其进行操作：

$$f_{k_x k_y} = \sum_{n_x=0}^{N_x-1}\sum_{n_y=0}^{N_y-1} x_{n_x} x_{n_y} \exp\left(-\frac{2\pi i}{N_x}k_x n_x\right)\exp\left(-\frac{2\pi i}{N_y}k_y n_y\right) \tag{21.38}$$

图像 FFT 变换和 IDFT 变换的效果图如图 21.41 所示。

(a)

(b)

(c)

图 21.41 图像 FFT 变换和 IDFT 变换的效果图

其中，图 21.41（a）为源图像；图 21.42（b）为 2D-FFT 的结果；图 21.42（c）为 2D-IDFT 后的结果。

2D-FFT 的计算方法很多，可以直接利用式（21.38）进行计算，也可以通过多次计算 1D-FFT 的方式计算，后者可以通过对每一行、每一列进行 1D-FFT 变换得到。实现 2D-FFT 的部分代码如代码清单 21-6 所示。

代码清单 21-6　实现 2D-FFT 的部分代码

```
for(k=0;k<power;k++)
{           for(j=0;j<1<<k;j++)
            {         bfsize=1<<(power-k);
                          for(i=0;i<bfsize/2;i++)
                          {           p=j * bfsize;
                                      X2[i+p]=Add(X1[i+p],X1[i+p+bfsize/2]);
             X2[i+p+bfsize/2]=Mul(Sub(X1[i+p],X1[i+p+bfsize/2]),W[i * (1<<
             k)]);}}
             X=X1;   X1=X2;   X2=X;}
```

在对图像进行 2D-FFT 变换时，需要对两幅源图像的 FFT 结果计算互相关度。通过对矩阵对应像素的共轭相乘，结果再除以其模来进行归一化的方法实现两个矩阵互相关的计算。在 MATLAB 中，可以简便地表示为

$$S=FFT\_b.*conj(FFT\_a)./abs(FFT\_b.*conj(FFT\_a)); \tag{21.39}$$

相关性计算的结果如图 21.42 所示。

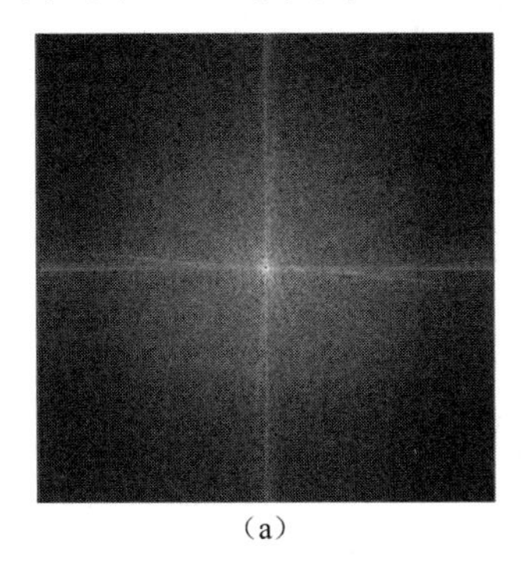
（a）

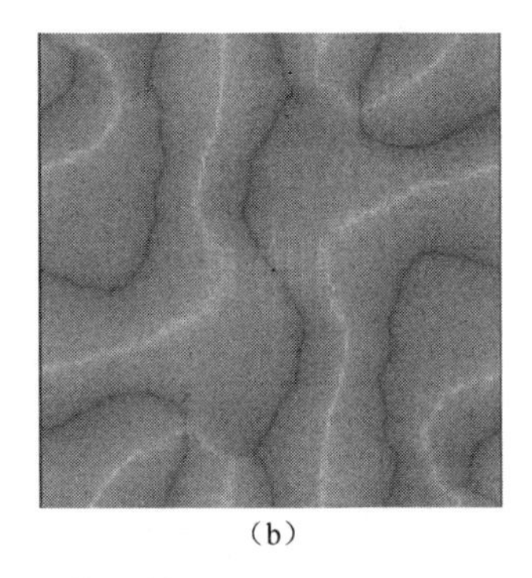
（b）

图 21.42　相关性计算的结果

其中，图 21.42（a）为其相关性计算的结果；图 21.42（b）为其归一化后的结果。

接着，对其归一化后的结果进行 IDFT，其结果是一个尖峰脉冲，此脉冲点的位置则是求取的初步配准点。以该点为中心，确定图像匹配块 F-，如图 21.43 所示。

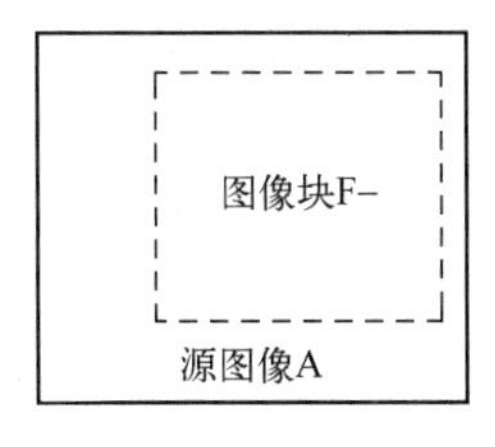

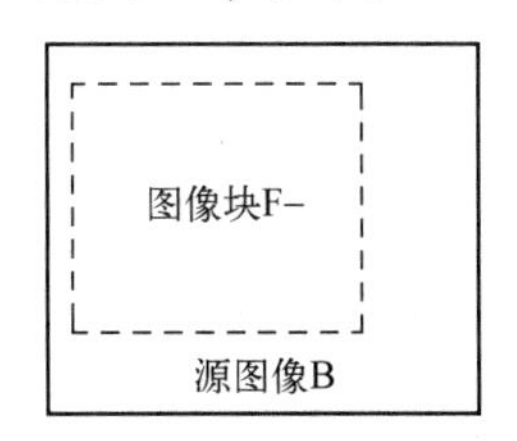

图 21.43　图像匹配块 F-的确定

2. SIFT 特征提取与配准

基于 SIFT 的配准算法是由 David G. Lowe 教授于 1999 年提出的图像配准方法，由于该算法在具有角度变换、尺度变换和仿射变换等特性的图像配准方面有着优异的表现，所以选取本算法来对匹配块 F-进行图像的精确配准，可以提高算法的适用范围并有效提高图像的匹配精度。

如图 21.44 所示，给出了图像匹配块 F-的 SIFT 配准过程，其中：

(1) 图 21.44 (a) 为图像 A 的图像匹配块。

(2) 图 21.44 (b) 为图像 B 的图像匹配块。

分别对图像 A 和图像 B 寻找特征点。如图 21.44 (c) 所示，对图像 A 和图像 B 的特征点进行匹配，精确图像的配准坐标。

图 21.44　匹配块 F-的 SIFT 配准过程

3. 图像融合

对于以矩阵形式存储的图像而言，在确定图像的配准点后，先确定融合后图像的大小，然后分别从图像 A 和图像 B 中提取相关的像素点来对其进行填充，以合成融合后的全景图像。融合过程即像素点值的提取和坐标填充，左半部分图像的填充代码片段如代码清单 21-7 所示。

代码清单 21-7　左半部分图像的填充代码片段

```
for(i=0;i<image_a->height;i++)
        for(j=0;j<image_a->width;j++)
                for(k=0;k<image_a->nChannels;k++)
                {
                        RGB[(i+128) * image_result->width * image_a->nChannels
                        +(j+128) * image_a->nChannels+k]
                =rgbl[i * image_a->width * image_a->nChannels+j * image_a->nChannels+k];
                }
```

融合操作后的图片如图 21.45 (a) 所示；完成融合后，可以根据对图像区域灰度值的检测，去除图像的灰边，得到完成拼接的图片，如图 21.45 (b) 所示。

（a）

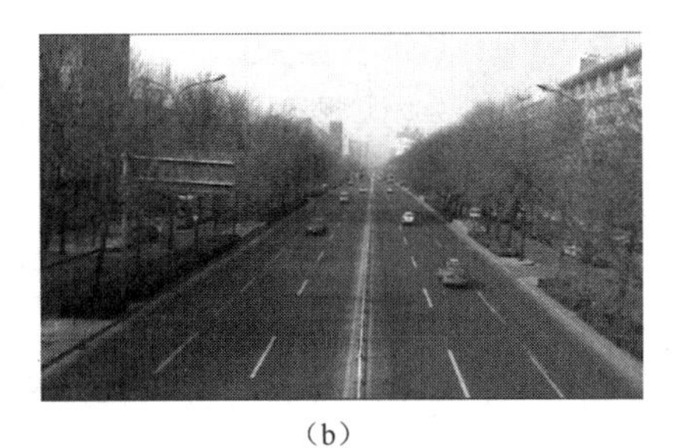
（b）

图 21.45　F-SIFT 法图像融合

21.6.2　视频拼接系统的实现

完成图像拼接之后，需要在此基础上实现视频拼接系统。对于视频拼接而言，其本质是对应帧图像的图像拼接，因此在构建拼接系统的时候，只要处理好视频之间的同步问题，以及帧之间的对应关系，即可保证系统顺利运行。

1. 视频的读写操作

视频的读写，无论 30 帧/秒的 NTSC 制式，还是 25 帧/秒的 PAL 制式，其本质都是对相应帧图片的操作，不同的只是在对其解码和编码时所采用的解码器和编码器的不同。在对视频进行读写操作时，要对视频的存储路径、文件名称、读取方式、视频帧率和大小，以及是否是彩色视频等信息进行声明，以便用合适的参数对其进行操作。存储视频数据的结构体 C 代码片段如代码清单 21-8 所示。

代码清单 21-8　存储视频数据的结构体 C 代码片段

```
typedef struct video_2d_buffer
{
        void * Data;
        u32 ElementWidth;
        u32 Xcount;
        u32 Ycount;
        void * Callback_Parameter;
        u32 Pro_Ele_Count;
        struct video_2d_buffer * pNext;
}
```

2. 关键帧提取

视频拼接的流程如图 21.46 所示。在拼接的过程中，首先需要提取视频的帧图像，在依次完成对帧图像的拼接后，再将其按顺序存储到相应的视频文件中。本设计中，由于受嵌入式系统速度等方面的影响，如果对每一帧图像进行拼接，其实时性必然受到影响。所以，在充分保证视频拼接质量的前提下，对图像进行关键帧提取，即不对每一帧图像进行拼接，而是每隔数帧后才对图像进行一次拼接，这样即可满足实时性要求，又可以实现较高的拼接质量。

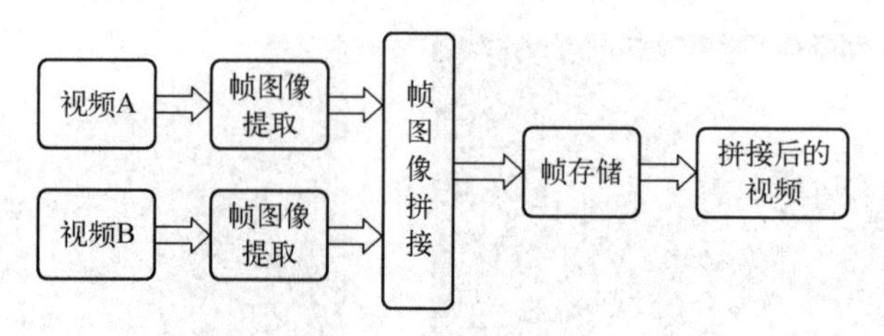

图 21.46 视频拼接的流程

21.7 FPGA 视频拼接系统的硬件实现

本节将以 Xilinx 公司大学计划提供的开发板为开发平台，整体设计采用片上可编程系统技术，利用图像和视频拼接技术进行视频拼接，提供基于嵌入式系统的集多摄像头视频采集、存储、拼接、编码输出等功能的视频拼接解决方案。

21.7.1 系统结构

基于 Xilinx FPGA 的嵌入式视频拼接系统的硬件平台由开发板、视频采集板卡、HDMI 显示设备等硬件设备构成，如图 21.47 所示。

图 21.47 系统硬件实物

嵌入式视频拼接系统的设计包括系统软件平台的设计和系统硬件平台的实现。系统的硬件平台基于 FPGA 的嵌入式系统，主要实现视频采集、存储、编码输出和显示等功能，本部分的实现基于 Xilinx 公司提供的硬件；系统的软件平台则完成系统的调度、初始化和视频拼接等工作。

21.7.2 系统硬件平台总体设计

系统硬件平台的设计结构如图 21.48 所示，其中：

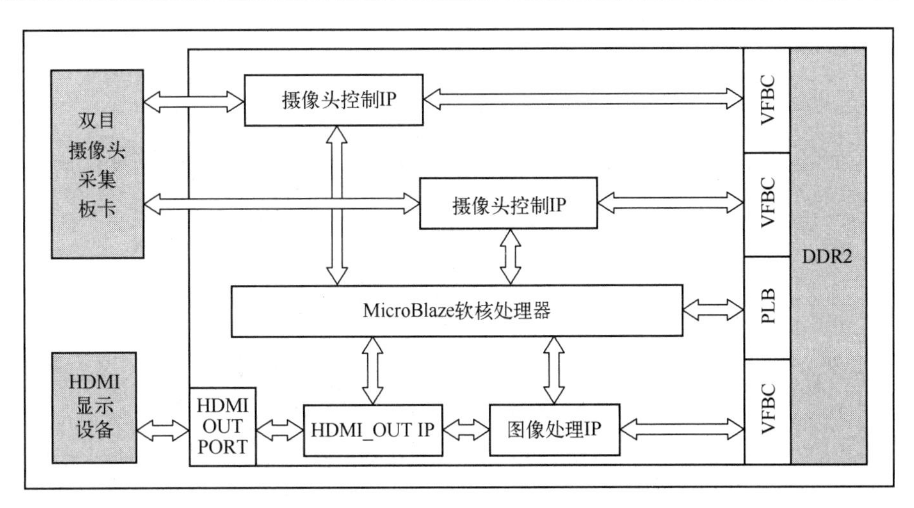

图 21.48　系统硬件平台的设计结构

（1）系统通过 FPGA 的 MicroBlaze 软核处理器实现对系统各个模块的管理和任务调度。

（2）双目摄像头采集板卡、DDR2 存储芯片和 HDMI 显示设备等均采用 IP 核设计，这些 IP 核用于直接实现相应功能和对其进行控制。

通过微处理器硬件规范文件（Micropr ocessor Hardware Specification，MHS）实现关联。

> **注：** 该设计是在 Xilinx 早期的 ISE 设计套件中完成的，目前尚未移植到 Xilinx 新的 Vivado 集成开发套件中。

1. 创建系统的硬件平台

系统硬件平台的创建基于 MicroBlaze 软核处理器，利用 Xilinx 嵌入式系统 XPS 工具进行硬件基础平台的搭建，随后针对设计的具体情况对 Xilinx 自带的 IP 核进行增减，为后续设计提供基础平台。

MicroBlaze 是一个 RISC 精简指令集软核处理器，如图 21.49 所示，其内部采用 32 位哈佛存储器架构，可以独立访问指令和数据。MicroBlaze 内部共有 32 个通用寄存器和 2 个特殊寄存器，其指令字长为 32 位，能够完成算术和逻辑运算，以及存储器操作等功能。总体而言，MicroBlaze 软核占用较少的资源，具有较快的运行速度，易于修改和定制，是一款能够普遍应用于网络和数据通信等复杂环境的嵌入式软核。

2. MicroBlaze 中断控制

与其他处理器一样，MicroBlaze 软核处理器支持中断机制。所谓中断，是指 MicroBlaze 可接收外部请求而暂停执行当前的程序，转而对请求处理的新情况进行处理的过程。Xilinx 提供专门的中断控制器 IP 核 XPS_INTC，主要用于集中管理外设输入的多个中断，通过单一的中断输出接口直接连接到软核处理器的专用中断引脚上。

中断控制器 IP 核包括总线接口和中断控制核等部分，它通过相应的参数配置，接到总线上，如图 21.50 所示。当中断允许寄存器（IE）置 1 的时候，MicroBlaze 软核处理器对中断事件做出响应；当执行完中断程序后，通过重新使能寄存器 MSR 中的 IE 位重新使能中断。

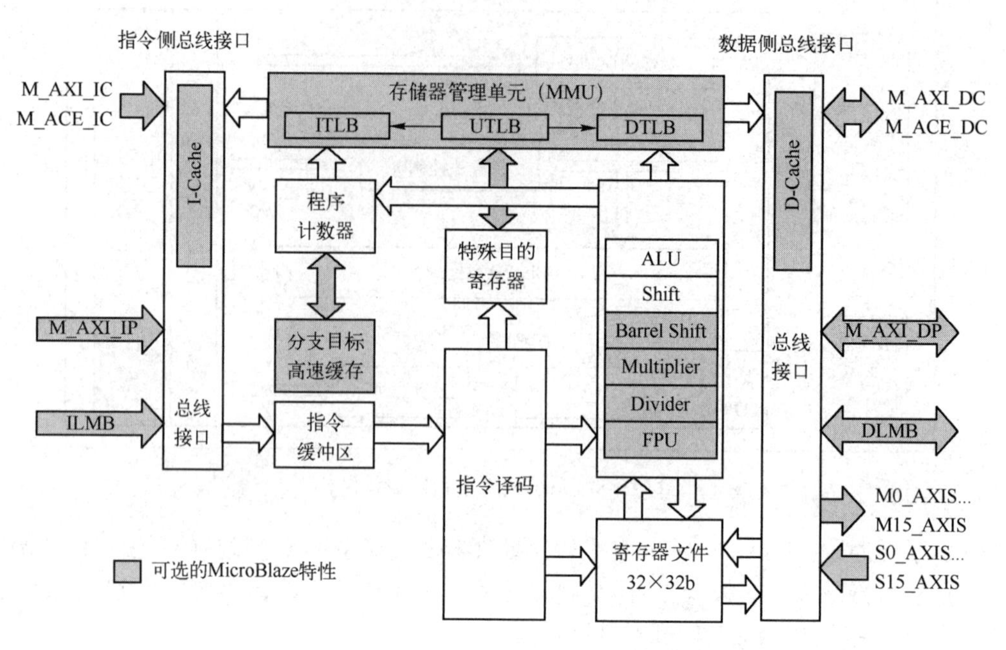

图 21.49 MicroBlaze 软核处理器的内部结构

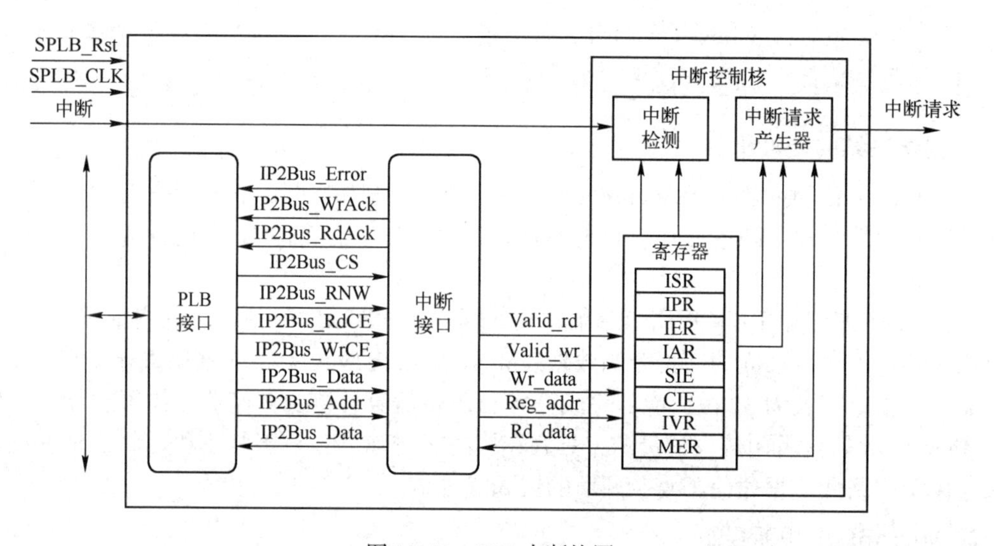

图 21.50 XPS 中断块图

3. 添加 IP 核控制器

本设计的各个外围模块都是以 IP 核的形式加入设计中的，如图 21.51 所示。在该设计中，主要用到 3 类 IP 核，XPS 开发套件自带的 IP 核、第三方开发的 IP 核和用户自定义的 IP 核。

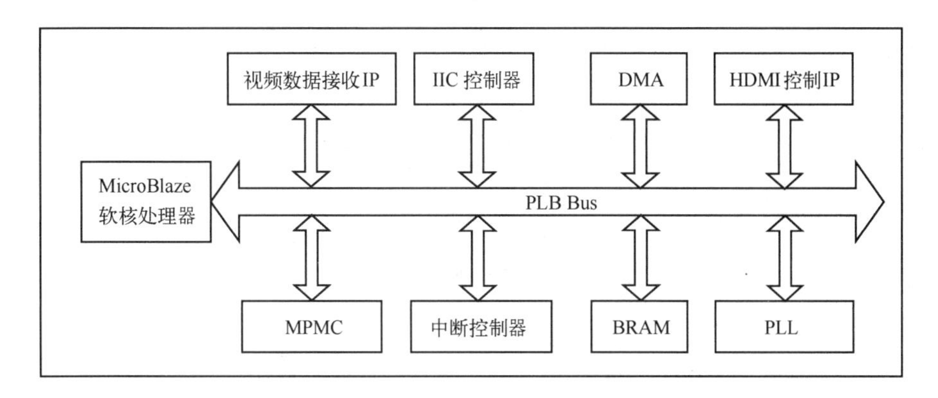

图 21.51　系统 IP 核控制器

21.7.3　视频数据采集模块

视频数据的采集采用双目摄像头采集板卡，如图 21.52 所示，它带有两个 Aptina MT9D112x CMOS 数字图像传感器（像素为 200 万），通过 VHDCI 端口与开发平台连接。板卡采用集成图像流处理器的单芯片系统设计，通过 IIC 总线对其进行控制，能够选择不同的输出格式进行缩放及其他一些特殊效果。集成锁相环和微处理器提供了一个灵活的串行控制接口，使得视频数据能够通过串行总线以 YCrCb、RGB 或者原始 Bayer 格式输出。

图 21.52　双目摄像头视频采集板卡的实物图

视频数据的采集主要由 VmodCam_IN、IIC 和 xps_pll 三个 IP 核协同完成。其中，①xps_pll 主要为视频采集板卡提供主时钟和复位信号；②IIC 控制器则用于对视频采集板卡视频输出模式进行配置；③VmodCam_IN 是作者开发完成的 IP 核，主要完成对摄像头采集的视频数据进行接收和初步缓存，并通过 VFBC 接口写入 DDR2 内存。

FPGA 与视频采集模块中单个摄像头的端口映射如图 21.53 所示。通过端口映射，FPGA 可以对每个摄像头进行独立控制和采集视频数据。通过 10 个端口，FPGA 与每个摄像头进行连接，其中包括 4 个输入端口、4 个输出端口和 2 个双向端口。通过这些端口，FPGA 完成对摄像头的控制、视频数据的接收和参数配置等操作。

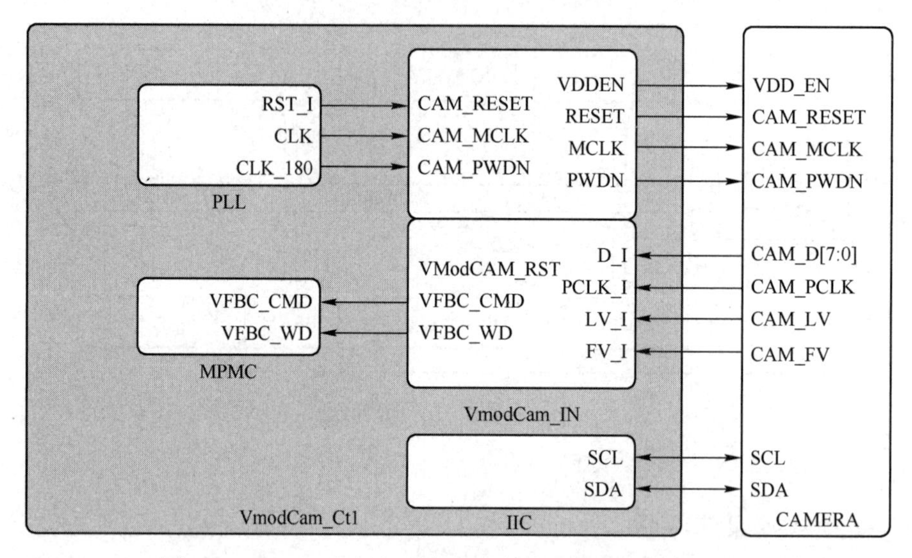

图 21.53　FPGA 与视频采集模块中单个摄像头的端口映射

FPGA 对摄像头的控制操作主要通过 4 个输出端口进行，其中包括：①使能信号 VEN；②复位信号 RST；③准备信号 PDN；④为其提供的主时钟信号 MCLK。这些信号由 PLL 核来提供。此外，通过两个双向端口和 IIC 总线（SDA、SCL 信号），FPGA 对摄像头进行参数配置。

FPGA 对摄像头视频数据的接收，则是通过 4 个输入端口完成的，其中包括：①数据信号 DATA；②像素时钟 PCLK；③行同步 LV；④场同步 FV。

根据摄像头配置方案的不同，输出参数产生相应的变化。在接收视频数据并缓存后，通过 VFBC 送入 DDR2 存储空间进行保存。

1. 视频数据采集 VmodCam_IN 控制器 IP

视频采集板卡的数据输入主要通过视频数据采集 VmodCam_IN 控制器 IP 核实现，如图 21.54 所示。其中，VmodCam_IN 控制器 IP 核一端与视频采集板卡的视频数据输出端口相连；另一端通过 VFBC 接口与 MPMC 相连。

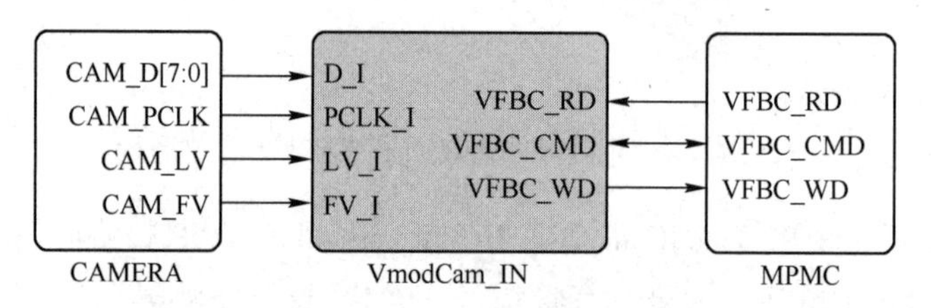

图 21.54　VmodCam_IN 控制器 IP 核的端口映射图

视频输入数据主要包括：①视频数据 CAM_D[7:0]；②视频像素时钟 CAM_PCLK；③视频行同步 CAM_LV；④场同步 CAM_FV。

视频数据输入 VmodCam_IN 控制器 IP 核内部后，首先通过 FIFO 进行缓冲，并按照像素时钟 PCLK、行同步 LV 和场同步 FV 等信号进行输出。通过 VFBC 写端口写入 MPMC 内部，而 VFBC 命令端口则根据视频模式的不同进行相应配置。

2. 视频采集板卡模式配置

通过 IIC 总线和对寄存器的读与写操作配置视频采集板卡的工作模式。IIC 总线的时序如图 21. 55 所示。IIC 总线设备使用 7 位地址码，每个设备有唯一的地址与之对应。在对寄存器进行读写操作时，主机通过发送 7 位地址码和 1 位读写信号以查找从设备并确认数据的传输方向（读写操作）。对于该设计来说，视频采集模块的寄存器地址和数据宽度均为 16 位，所以对其地址和数据的传输需要分为两次进行。

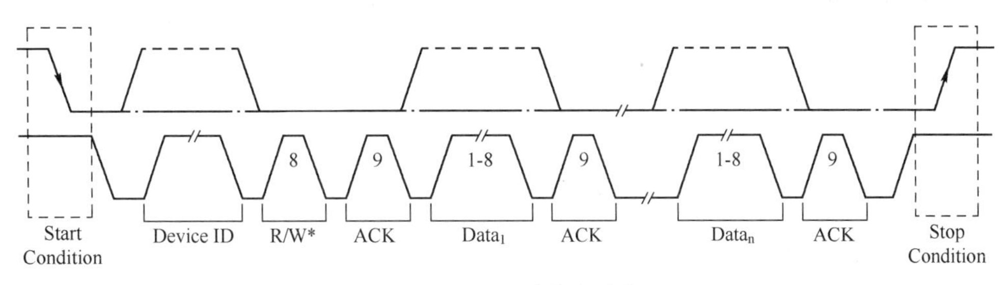

图 21. 55　IIC 总线的时序

1）写寄存器

写寄存器的过程如图 21. 56 所示，其格式依次是开始、设备地址、寄存器地址（高、低八位分两次写入）、数据（高、低八位分两次写入）和结束。每次写入过程都会返回一个应答位，以确保正确写入信息。

图 21. 56　写寄存器的过程

2）读寄存器

读寄存器的过程与写寄存器的过程基本一致，如图 21. 57 所示，所不同的是读操作的时候在写完寄存器地址以后要多一次写入设备地址的操作。

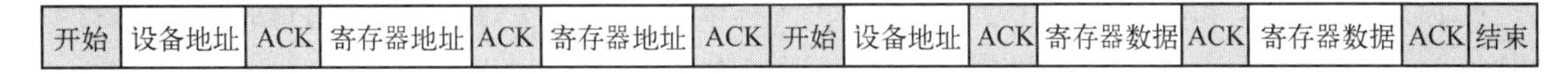

图 21. 57　读寄存器的过程

启动摄像头时，按默认值配置所有寄存器。如果想从摄像头正确地获取视频数据，则需要对其进行正确配置。

21. 7. 4　视频数据存储模块

数据存储模块主要为多路源视频数据提供存储空间。开发平台提供容量为 1GB 的 DDR2 存储空间。通过多端口存储控制器（Multi-Port Memory Controller，MPMC）对其进行控制。在该设计中，DDR2 芯片提供 16 位的总线宽度，其最高数据传输速率达到 800MHz。

通过 Xilinx 自带的多端口存储器控制器 IP 核 MPMC 实现数据的存储控制，通过 PLB 总线与 MicroBlaze 处理器软核连接，并配置 3 个视频帧缓冲控制器（VFBC）接口，其中：两个用于从视频采集模块接收视频数据，并将其传输至 DDR2 进行存储；另一个用于将视频数据传送至 HDMI 显示接口进行显示。

1. MCB 整体配置

MCB 的配置如图 21.58 所示。

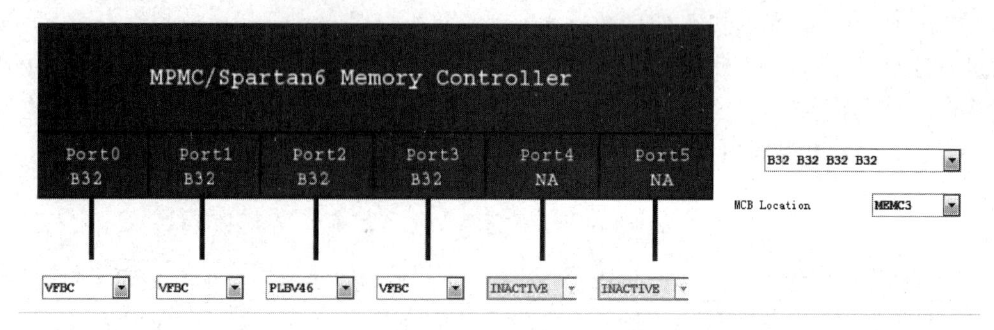

图 21.58 MCB 的配置

在 MCB 的配置中：

（1）C_PORT_CONFIG 参数值设置为 1，4 个有效端口均为 32 位双向数据读写端口。

（2）C_MCB_LOC 选择 MEMC3。

（3）端口 0 配置为 XCL 接口，主要用于处理器的高速缓存从内存中读取数据。

（4）端口 1 和端口 2 配置为 VFBC PIM，前者用于从视频采集模块接收视频源数据，后者将处理后的视频数据传输至 HDMI 输出 IP 进行编码输出。

2. MPMC 读写操作

MPMC 具有视频帧缓冲控制器（Video Frame Buffer Controller，VFBC）接口，VFBC 接口用于对 2D 数据的读和写操作，常用于实时视频传输、视频监控和视频显示等领域。在操作时，只需要对 VFBC 接口进行配置，不用考虑外部数据的存储及组织形式。实际上，VFBC 接口是视频采集端口和 MPMC 之间的连接层。由于视频系统需要提供多种多样的视频格式和传输选择，因此可以根据需要灵活配置 VFBC，其配置过程包括独立的异步 FIFO 接口进行命令输入、数据写入和数据读出等操作。

VFBC 接口的结构如图 21.59 所示。命令接口主要控制从 VFBC 数据 FIFO 读入或者读出数据操作，写入命令接口 FIFO 的命令为 4 字节的包，这个命令包用于控制读入或者读出操作和二维数据传输控制信息，以及二维传输的起始地址、行字符数、行数和帧宽度等信息。

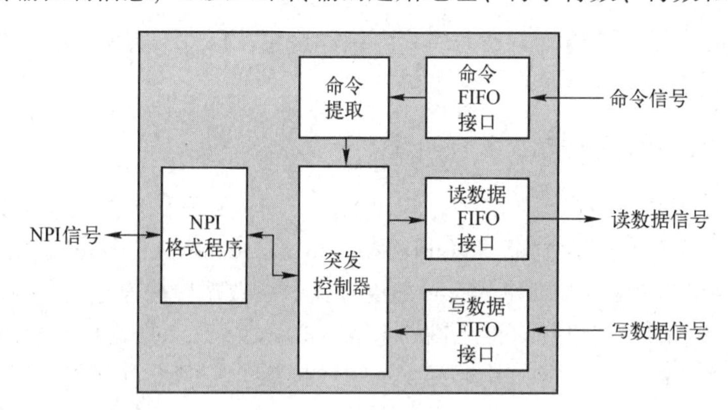

图 21.59 VFBC 接口的结构

VFBC 的命令接口配置成一个异步 FIFO，命令以命令包的形式写入命令接口 FIFO，每个命令包包括 4 个命令字。当使能 VFBC<Port_Num>_Cmd_Write 信号时，将命令包中的一个命令字送到命令 FIFO 中。在传输过程中，不需要连续对命令字进行写入操作。在写入下一条命令前，VFBC 遵循执行上一条命令。在将数据传送到数据接口 FIFO 的同时，可以写入命令包。命令包的数据结构如表 21.9 所示。

表 21.9　命令包的数据结构

命　令　包							
命令字 0		命令字 1		命令字 2		命令字 3	
31 :15 保留	14 :0 行字符数	31 读/写信号	30 :0 起始地址	31 :24 保留	23 :0 行数	31 :24 保留	23 :0 行跨度值

表 21.9 中：

（1）命令字 0 确定传输的行字符数，即每行传输的连续的字符数。

（2）命令字 1 确定传输的起始地址，最高位为读/写信号，即确定读操作或者写操作。当 Write_NotRead 信号为高时，表示写操作；当 Write_NotRead 信号为低时，表示读操作。其中，30:0 位为传输的物理起始地址。

（3）命令字 2 确定传输的行数，即二维数据的行数。

（4）命令字 3 包括传输的行跨度值，即相邻两行数据之间存储地址的跨度。

21.7.5　视频显示接口介绍

HDMI 接口是一种广泛使用的数字化音视频接口技术，可同时传输音频和视频信号，传输速度可达 5Gbps。与传统 VGA 接口相比，它无须经过 A/D 转换和 D/A 转换，具有速度快、信号强和色彩逼真等特点。本设计使用 A 型 HDMI 接口进行视频输出，其接口的定义如图 21.60 所示。

HDMI 脚号	DVI 脚号	信号名称
H1	D2	TMDS DATA2+
H2	D3	TMDS DATA2 屏蔽
H3	D1	T1+S　DATA2–
H4	D10	TMDS DATA1+
H5	D11	TMDS DATA1 屏蔽
H6	D9	TMDS DATA1–
H7	D18	TMDS DATA0+
H8	D19	TMDS DATA0 屏蔽
H9	D17	TMDS DATA0–
H10	D23	TMDS DATA CLOCK+
H11	D22	TMDS DATA CLOCK 屏蔽
H12	D24	TMDS DATA CLOCK–
H13		CEC
H14		Reserved (保留N.C)
H15	D6	SCL(DDC时钟线)
H16	D7	SDA(DDC数据线)
H17	D15	DDC/CEC GND
H18	D14	+5V电源线
H19	D16	热插拔检测

A型HDMI接口的定义

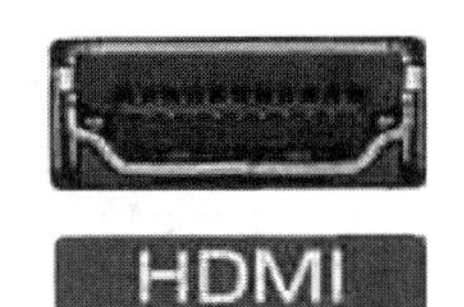

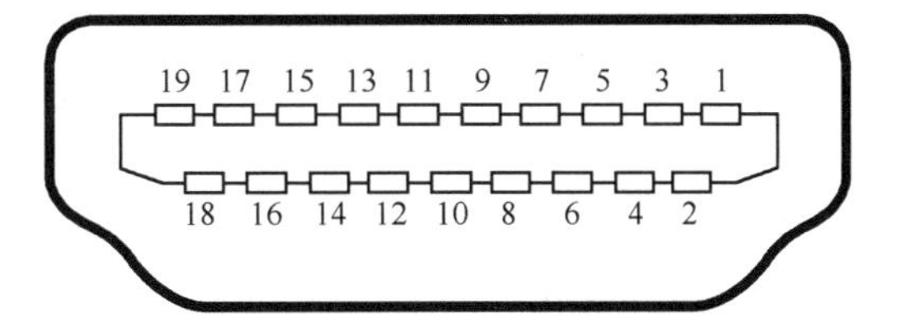

图 21.60　HDMI 接口的定义

21.7.6　视频显示模块整体设计

视频显示模块 IP 核的设计主要包括：①利用 VFBC 接口从 DDR2 读取视频数据；②对 24 位的 RGB 视频数据按照 TMDS 协议进行编码；③将编码后的帧数据传输到 HDMI 端口进行输出。从而把视频显示到显示设备。

视频显示模块的框架如图 21.61 所示。其中：①PLL 为显示模块提供时钟信号、LOCK 信号和复位信号等；②VmodCam_IN 通过 VFBC 接口从 MPMC 读取需要显示的视频数据，进行 TMDS 编码，并通过 HDMI_ OUT 接口输出至显示设备进行视频显示。

> **注：**根据不同的数据输入格式，该模块可以选择不同的视频输出模式。

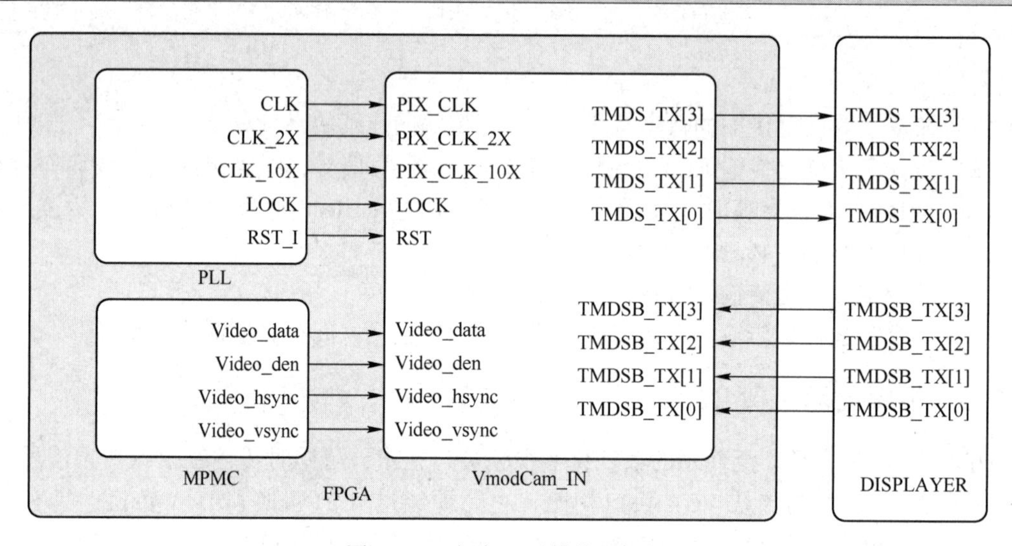

图 21.61　视频显示模块的框架

1. 时钟模块的设计

时钟模块为模块提供时钟信号。只有准确地提供像素时钟信号，才能够按照特定时序对视频数据进行编码。模块的时钟由 PLL 模块产生并进行控制，如图 21.62 所示。

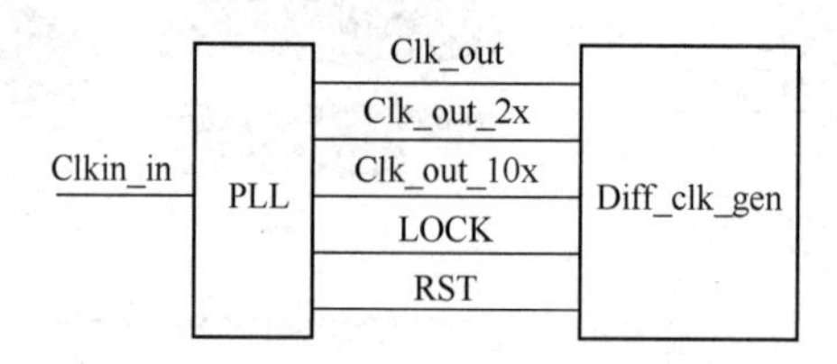

图 21.62　时钟模块

2. TMDS 链路结构

DVI 接口遵循 TMDS（Transition Minimized Differential Signaling，TMDS）规范，TMDS 是一种差分信号传输机制，它通过串行方式在信道中传递数据。TMDS 的单链路结构如图 21.63 所示。从图 21.63 中可知信号从输入设备到输出设备的传输过程。数据流的传输内容包括像素数据和控制信号。

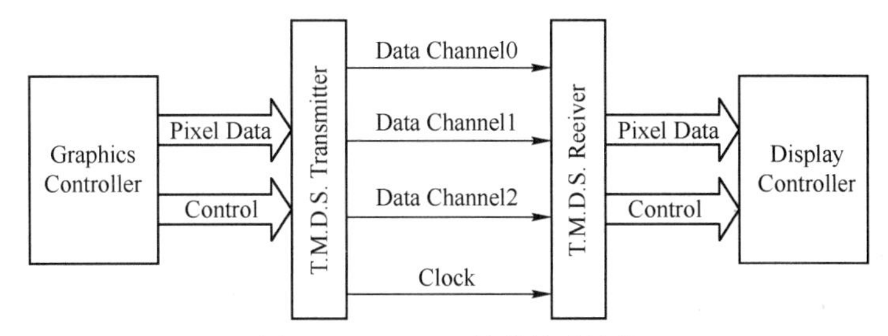

图 21.63　TMDS 的单链路结构

注：(1) 在任何给定的时钟周期内，只能传送像素数据或控制信号，如在传输数据信号的过程中忽略控制信号。

(2) 取决于使能信号 DE，判断传送信号的类型。

3. TMDS 编码通道映射

TMDS 的单链路通道如图 21.64 所示。图 21.64 中：

(1) 发送部分由 3 个相同的编码器构成，分别传输像素的红、绿、蓝三色信号编码。

(2) 共享控制信号和时钟信号。

(3) 接收器根据 3 个通道传送的 TMDS 编码信号和相应的控制信号进行解码操作，并按照指定的视频模式生成像素信号、扫描信号、时钟信号和使能信号等。

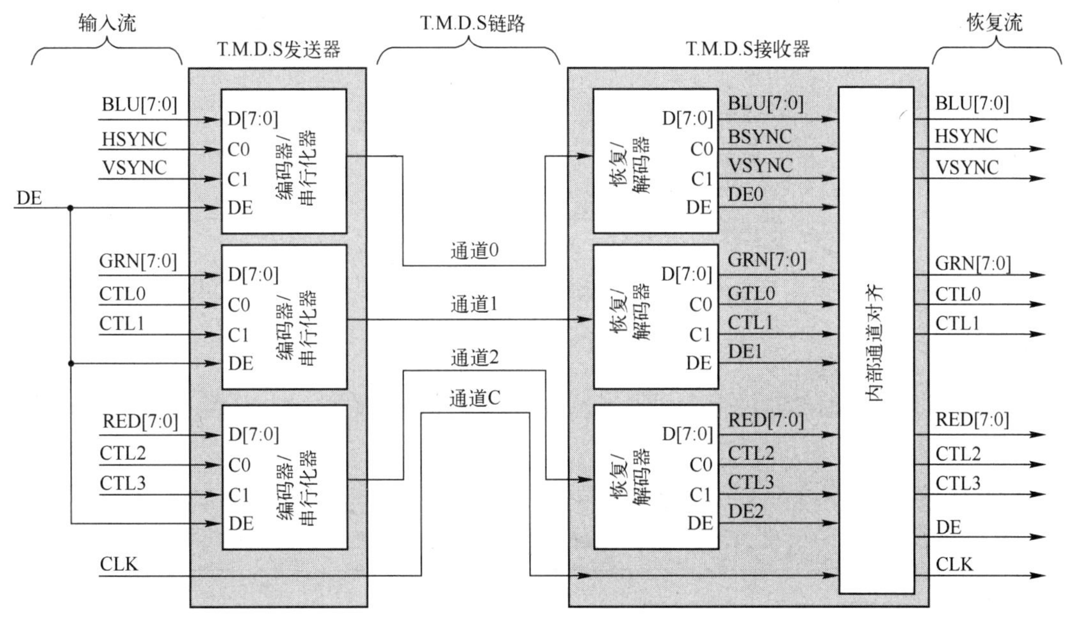

图 21.64　TMDS 的单链路通道

4. TMDS 编码过程

TMDS 编码算法大致分为下面两个阶段：

(1) 将输入数据转换为最小变换码。在该阶段，需要将输入的 8 位数据 D[0:7]变换成最小变换码 Q_min[0:8]，如果采用异或运算，则第 9 位为 1；如果采用同或运算，则第 9 位为 0。

（2）将最小变换码转换为直流平衡码。在该阶段，需要将上一阶段变换得到的 9 位最小变换码(Q_min[0:8])变换成直流平衡码(Q_out[0:9])，其变换过程如下。

① 在任何情况下，第 9 位满足 Q_out[8]=Q_min[8]。

② 1~8 位的取值情况由编码中 0 和 1 的数量决定。

- 若逻辑 0 和逻辑 1 的个数相等，则第 10 位满足 Q_out[9]=-Q_min[8]。当第 9 位为 1 时，则 1~8 位按原样输出，即 Q_out[0:7]=Q_min[0:7]；当第 9 位为 0 时，第 1~8 位按位取反输出，即 Q_out[0:7]=^Q_min[0:7]。
- 若逻辑 0 和逻辑 1 的个数不等，则当本次编码和上次编码中均有过多的 0 或者 1 时，1~8 位按位取反输出，且 Q_out[9]=1；否则，1~8 位按原样输出，且 Q_out[9]=0。

5. 行、场同步信号产生模块

该 IP 核提供行、场同步信号，用以辅助显示设备进行显示扫描，以完成对屏幕的刷新扫描操作，如图 21.65 所示。行、场同步信号均由 4 部分构成，包括①脉冲；②显示前沿；③显示时间；④显示后沿。

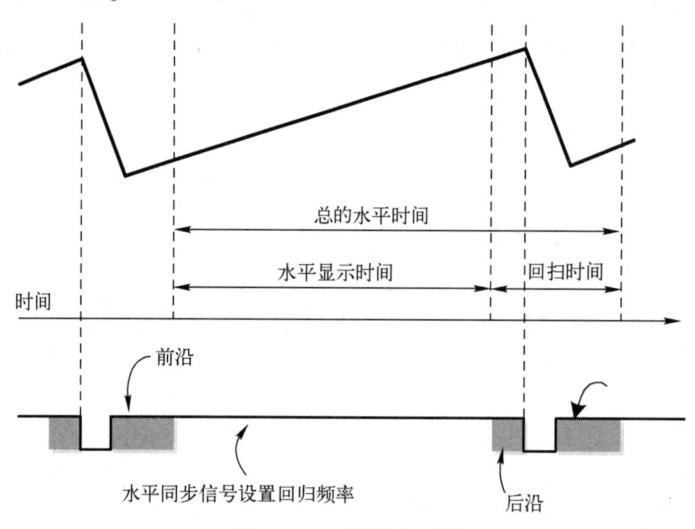

图 21.65 行同步时序

每一部分均有严格的时钟个数的限制。对于不同的显示模式，则会对各部分的时钟数进行相应的调整。

1600×1200 显示模式系统时序参数如表 21.10 所示。

表 21.10 1600×1200 显示模式系统时序表参数

符号	参数	垂直同步			行同步	
		时间/ms	时钟	行	时间/μs	时钟
Ts	同步脉冲	16.667	2 700 000	1250	13.333	2160
Tdisp	显示时间	16.000	2 592 000	1200	9.877	1600
Tpw	脉冲宽度	0.040	6 480	3	1.185	192
Tfp	前沿	0.013	2 160	1	0.395	64
Tbp	后沿	0.613	99 360	46	1.877	304

产生同步信号的关键代码如代码清单 21-9 所示。

代码清单 21-9　产生同步信号的关键代码

```
Process(clock,reset)
Begin
if(clock'event and clock='1')then
        if(hcnt>=(H_PIXELS+H_FRONT)and
Hcnt<(H_PIXELS+H_SYNCTIME+H_FRONT))then
hsyncb <='1';
        else
                hsyncb <='0';
        end if;
end if;
End Process;
```

21.8　系统硬件平台的测试

对系统硬件平台的测试主要是对各控制器 IP 核的测试。利用 ISim 仿真软件对 IP 核的各功能模块进行仿真，以查看时序是否正确，然后下载验证，查看结果是否正确。测试使用的硬件设备包括视频采集板卡、开发平台、PC、HDMI 显示器、USB-串口线和 HDMI 接口线等。

21.8.1　视频数据采集模块的测试

视频数据的采集采用双目摄像头采集板卡，主要负责对视频采集板卡进行配置，以及进行视频采集数据的接收等工作。对视频采集模块的测试，主要是对 IIC 控制器 IP 核和 VFBC 写数据接口进行测试。

1. IIC 模块的测试

IIC 模块的输入信号为时钟信号（clk）、复位信号（reset_n）和数据信号；输出信号为时钟线（scl）和数据线（sda）。

对于 IIC 总线的测试，主要通过 IIC 总线正确地控制数据和时钟信号的传输。产生时钟信号的代码与场同步和行同步信号产生模块的时钟产生代码类似，即生成一个周期性的时钟代码，该模块的仿真结果如图 21.66 所示。

2. VFBC 写数据接口测试

VFBC 写数据接口是一个异步 FIFO。可以根据实际情况，灵活配置 FIFO 的深度、数据宽度和接近满标志等参数。需要注意的是，在写操作进行时，命令字 1 中的最高位必须设置为 1。

VFBC 写命令的仿真时序如图 21.67 所示。从图 21.67 中可以看出：

（1）当使能 vfbc<port_num>_wd_write 信号时，将数据送入 FIFO。

（2）vfbc<port_num>_wd_flush 信号用于清除命令 FIFO 中当前写命令以外的 FIFO 中的所有数据，并且设置内部读和写数据 FIFO 指针为 0。

（3）vfbc<port_num>_wd_reset 信号用于清除包括命令 FIFO 中当前写命令在内的所有数据。

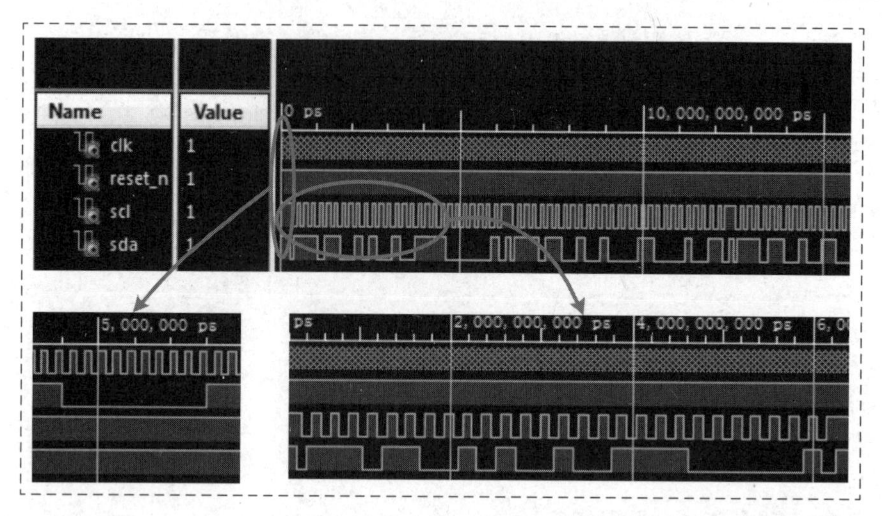

图 21.66 IIC 模块的仿真波形

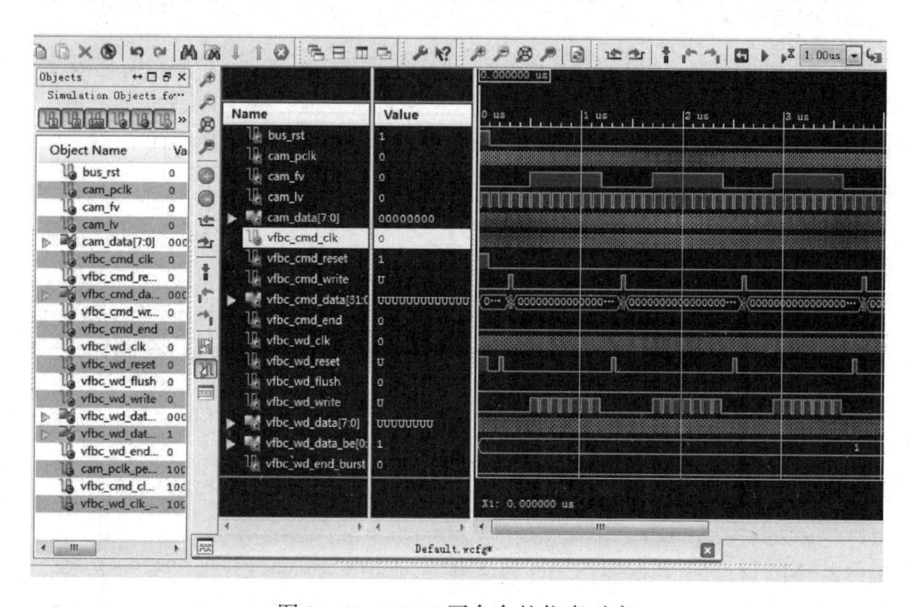

图 21.67 VFBC 写命令的仿真时序

21.8.2 视频显示模块的测试

视频显示模块的功能主要包括两个部分：①从 DDR2 内存中读取数据；②对数据进行 DVI 编码并通过 HDMI 接口进行输出。

对该模块的测试，主要是对上述两项功能的功能性测试。通过仿真，对时序和输入输出数据进行测试，验证是否达到设计目标。

1. 场、行同步信号产生模块测试

视频显示模块的测试，主要针对场同步和行同步信号的产生模块进行测试，查看其输出信号是否满足要求。其中：

（1）对于场同步和行同步信号产生模块而言，输入信号为时钟信号（clock）和复位信

号（reset）。

（2）输出信号为行同步信号（hsyncb）和场同步信号（vsyncb）。

对该模块进行测试，首先定义的是测试实体元件；然后通过使用两个进程产生输入信号，即时钟信号和复位信号。仿真波形如图 21.68 所示。

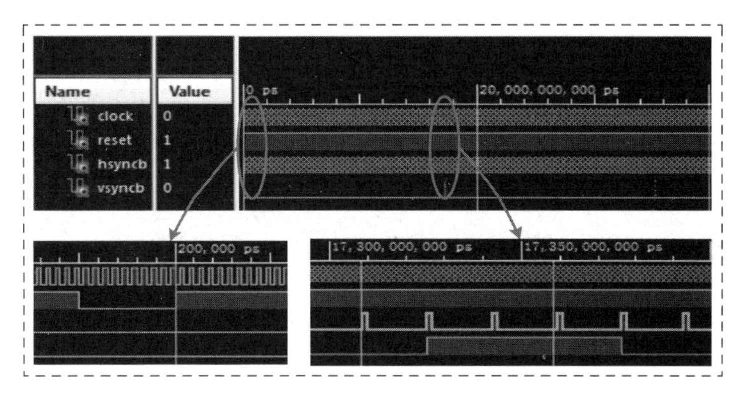

图 21.68　行同步和场同步信号模块的仿真波形

2. VFBC 读数据接口测试

VFBC 读数据接口是一个异步 FIFO。可以根据不同的设计要求，灵活配置 FIFO 的深度、数据宽度和接近满标志。数据宽度可以配置为 8、16、32 或者 64 位。特别注意的是，在执行读操作时，命令字 1 中的最高位（第 31 位）必须设置为 0，而且必须在从 FIFO 读数据之前写入命令包，但在进行读操作时，可以同时写入下一个读操作的命令包。

VFBC 读接口的时序如图 21.69 所示。

（1）当使能 vfbc<port_num>_rd_read 信号时，从 FIFO 中弹出数据。

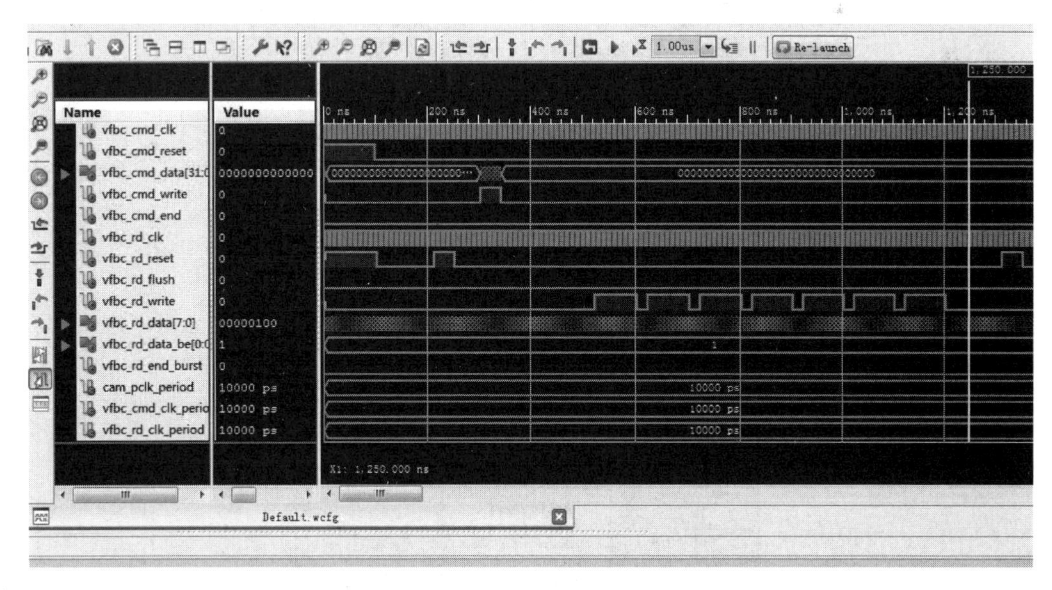

图 21.69　VFBC 读接口的时序

(2) vfbc<port_num>_rd_flush 信号用于清除目前 FIFO 中的所有数据，但保持命令 FIFO 中当前读命令为使能，而且刷新会导致内部读/写数据 FIFO 指针为 0。

(3) vfbc<port_num>_rd_reset 信号清除包括命令 FIFO 中当前写命令在内的目前 FIFO 中的所有数据。

21.9 FPGA 视频拼接系统的软件设计

本节将主要描述系统软件平台的设计，并合理配置各控制器的 IP 核，使系统处于正常的工作状态。

21.9.1 系统软件设计概述

系统软件的设计是在 Xilinx SDK 软件集成开发环境下完成的。系统软件设计的框架如图 21.70 所示。

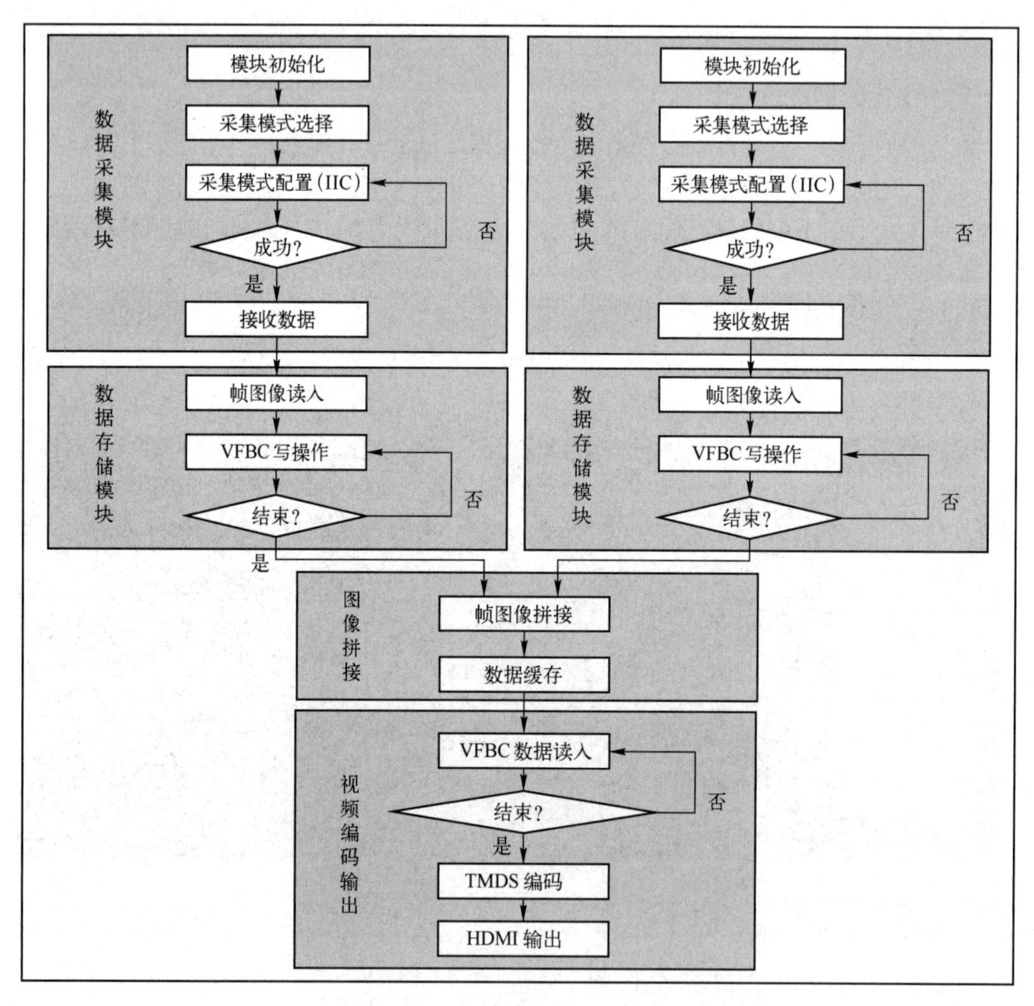

图 21.70 系统软件设计的框架

系统软件部分的设计主要包括视频数据采集模块、视频数据存储模块、视频帧数据拼接模块、视频编码输出模块等部分的设计与配置，对硬件控制器 IP 核的合理配置，以及软件和硬件的协同处理，以保证系统的正常运行。

（1）对视频数据采集模块初始化，并设置视频采集模式，设计使用的硬件平台支持最高 1600×1200 的视频输出模式。在本设计中，视频输出模式采用 800×600 模式，需要通过 IIC总线对视频采集板卡进行配置。与此同时，需要对视频数据接收控制器 IP 核进行相应配置，确保数据的顺利接收。

（2）在数据接收控制器 IP 核完成对视频数据的接收后，需要把视频数据通过 VFBC 接口写入 DDR2 存储器进行保存，这个过程需要对 VFBC 接口进行正确配置，以确保数据的正确存储。由于同时采集多路视频，所以要对每路视频分别进行存储，确保有足够的存储空间以供数据存储。

（3）在完成多路源视频数据一帧图像的存储后，要对对应帧图像进行拼接处理，这个过程需要调用视频拼接函数。

（4）在对视频数据进行视频拼接后，需要通过 VFBC 接口将其读入视频编码输出控制部分，并对视频进行编码和输出。在这个过程中，仍然需要对视频模式和 VFBC 接口进行正确配置，以顺利完成编码输出。

21.9.2　系统中断部分设计

通过中断机制，软件代码实现对系统的控制，其操作流程包括：

（1）对系统初始化，包括对系统平台的初始化和 GPIO 初始化操作等。

（2）对中断进行初始化，并使能中断。

（3）判断中断类型，执行相应操作，包括串口调试操作等。

（4）根据中断输入，配置视频模式，并执行视频拼接操作，以及对拼接后的结果进行编码输出。

在系统执行相关应用程序前，首先要对系统进行初始化；在对系统初始化完成后，需要开中断。通过中断对系统进行控制，执行包括视频拼接等在内的操作。

通过中断控制器 IP 核，实现对系统中各种中断的管理。中断的处理流程如图 21.71 所示。

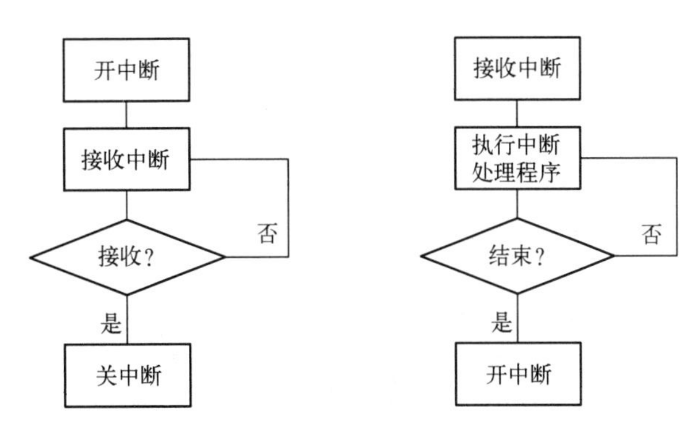

图 21.71　中断的处理流程

对中断控制器 IP 核而言，中断的初始化和参数的配置都是在 SDK 工具中通过 API 函数设置完成的，基本的中断 API 函数定义在 xintc. h 库中，其 API 函数如下所示。

1）中断初始化函数

```
Int  Xintc_Initialize ( Xintc * InstancePtr, u16  DeviceId)
```

该函数用于初始化一个具体的中断控制器实例，其中 InstancePtr 是中断实例指针，DeviceId 是这个中断实例控制设备的唯一 ID。

2）中断连接函数

```
Int  Xintc_Connect ( Xintc * InstancePtr,u8 Id, XInterruptHandler  Handler, Void * CallBack-
Ref)
```

该函数用于建立中断源与相关处理程序之间的关联，使得在中断源发出相应的中断信号时，能够顺利跳转到相应的处理程序进行处理。

3）中断使能函数

```
Void Xintc_Enable( Xintc * InstancePtr, u8  Id)
```

该函数用于使能相关中断函数。

将拨码开关信号作为中断源，触发相应中断处理程序的实例如代码清单 21-10 所示。

代码清单 21-10　触发相应中断处理程序的实例

```
XIntc_Initialize(&intCtrl,INTC_DEVICE_ID);
XIntc_Connect(&intCtrl,BTNS_IRPT_ID,PushBtnHandler,&pshBtns);
XIntc_Enable(&intCtrl,BTNS_IRPT_ID);
```

21.9.3　视频采集模块软件设计

对于视频采集模块的软件设计，需要通过 IIC 总线对视频采集模式进行配置，以及对视频接收 IP 核视频接收格式进行配置。视频采集流程如图 21.72 所示。在对模块进行初始化，以及选择采集模式后，需要通过 IIC 总线对视频采集模式进行配置；同时，需要通过 IP 核内部寄存器对 VFBC 接口的视频数据的接收进行配置。

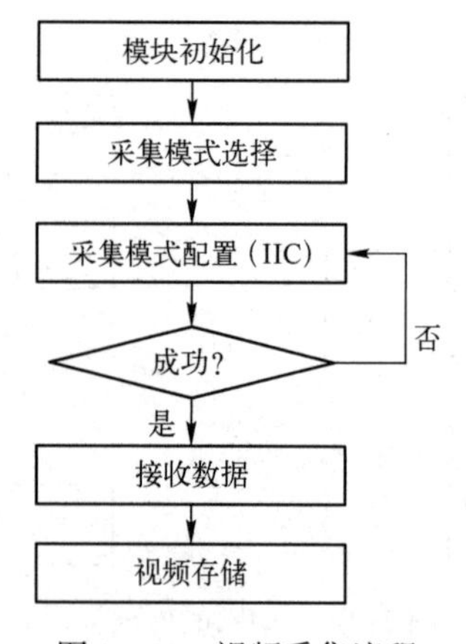

图 21.72　视频采集流程

1. 视频采集模式配置

对于视频采集板卡的模式配置，包括对驱动变量的控制和对硬件寄存器的配置。驱动变量控制片上微处理器，硬件寄存器控制传感器和其他外部设备。

通过硬件寄存器 R[0x338C] 和 R[0x3390]实现对驱动变量的控制。例如，在写一个驱动变量时，首先需要把它的地址写到寄存器 R[0x338C]中，然后就可以向寄存器 R[0x3390]写入一个值。在读一个驱动变量时，首先需要把它的地址写到寄存器 R[0x338C]中，然后就可以从寄存器 R[0x3390]中读出其值。

一个具体的驱动变量的配置实例如表 21.11 所示，它用来配置传感器的视频参数信息。

表 21.11　驱动变量的配置实例

序号	读/写	地址	数据	序号	读/写	地址	数据
1	写	2797	0030	9	写	2763	0000
2	写	272F	0004	10	写	2761	0640
3	写	2733	04BB	11	写	2765	04B0
4	写	2731	0004	12	写	2741	0169
5	写	2735	064B	13	写	A120	00F2
6	写	2707	0640	14	读	A103	0002
7	写	2709	04B0	15	写	A103	0000
8	写	275F	0000	16	写	301A	02CC

通过 IIC 总线和对地址的读与写操作配置硬件寄存器。在启动摄像头时，所有的寄存器均处于初始状态。要想从摄像头获取视频数据，就要对其进行正确配置，如表 21.12 所示。

表 21.12　微处理器和 PLL 配置

	读/写	寄存器	数值	说　明
1	读	0x3000	0x1580	检测摄像头是否正常工作。如果寄存器的返回值为 0x1580，则为正常模式
2	写	0x3386	0x0501	对微处理器进行复位
	写	0x3386	0x0500	
3	写	0x3214	0x0D85	对 PLL 进行配置
	写	0x341E	0x8F0B	
	写	0x341C	0x0250g	
	写	0x341E	0x8F09	
	写	0x341E	0x8F08	
4	写	0X3202	0x0008	从待机状态唤醒

2. 视频数据接收

通过 VmodCam_IN 核从视频采集板卡接收数据，然后通过 VFBC 接口写到 DDR2 存储器，如图 21.73 所示。在开始写入操作前，需要配置 VFBC 命令字。

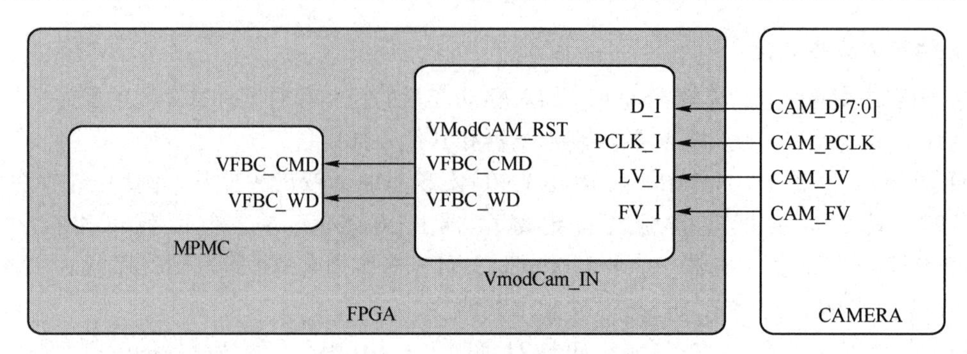

图 21.73　视频数据接收框架

在设计中，不仅要设置专门的帧寄存器（用于查看视频数据的接收是否正常），而且需要对 VFBC 接口进行相应的写操作配置。

在设计中，特别是在调试阶段，需要查看摄像头接收视频数据的操作是否正常。对于此功能的实现，本设计采用设置专门内部存储器的方式来记录视频数据的各个参数。视频参数的记录，需要设置帧宽度寄存器和帧高度寄存器，其中帧宽度寄存器用于记录帧视频每一行的总像素时钟数，其采用计数器设计。在每个像素时钟 PIX_CLK 的周期到来时，对计数器执行加 1 操作。这样，在周期结束时，计数器的值便是帧图像行周期的最大像素时钟数。根据采集模块提供的 LV 和 FV 信号，判定周期的开始和结束。帧高度寄存器用于记录帧视频的总行数，其实现方式和帧宽度寄存器类似。不同的是，每经过一个完整的行扫描周期，高度计数器执行加 1 操作。

对 VFBC 写接口的配置需要配置 4 个寄存器，如图 21.74 所示，包括：

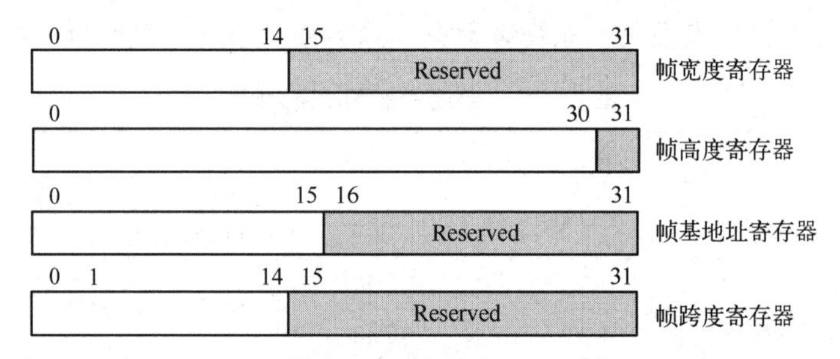

图 21.74　帧寄存器

（1）帧宽度寄存器。该寄存器用于记录每帧图像的宽度。

（2）帧高度寄存器。该寄存器用于记录帧中每帧图像的高度。

（3）帧基地址寄存器。该寄存器用于记录每帧图像的基地址，即帧图像存储的开始地址。

（4）帧跨度寄存器。该寄存器用于记录每行像素存储之间的跨度。

VFBC 接口的配置过程中的关键代码如代码清单 21-11 所示。

代码清单 21-11　VFBC 接口配置过程中的关键代码

```
vfbc_cmd0 <=x"0000" & frame_width(14 downto 0)& '0';
vfbc_cmd1 <='1' & frame_base_addr(30 downto 0);
vfbc_cmd2 <=x"0000" & frame_height;
vfbc_cmd3 <=x"0000" & line_stride(14 downto 0)& '0';
```

21.9.4　视频存储模块软件设计

本节将介绍视频存储模块的设计，内容主要包括模块功能设计、VFBC 接口的配置、视频单帧图像的拼接和存储器读写操作。

1. 模块功能设计

系统的存储部分是系统的重要组成部分，用于完成对两路视频数据帧图像的存储，并输出拼接后的视频图像，主要功能包括：完成两路源视频帧图像的接收与存储；完成对应帧图像的拼接；通过 VFBC 接口读出拼接后的帧图像，进行编码显示。

系统的存储模块通过 MPMC 进行控制，并将 MPMC 的接口配置为 4 个可执行读和写操作的双向接口，其中一个用于控制 PLB 总线，其余 3 个为 VFBC 接口，用于数据传输，如图 21.75 所示。

（1）通过两个 VFBC 接口从视频采集模块接收视频数据，并将采集的视频进行存储。

（2）调用视频拼接程序，完成视频拼接。

（3）通过 VFBC 接口读出拼接完成的视频图像，并且送到视频编码模块进行编码输出。

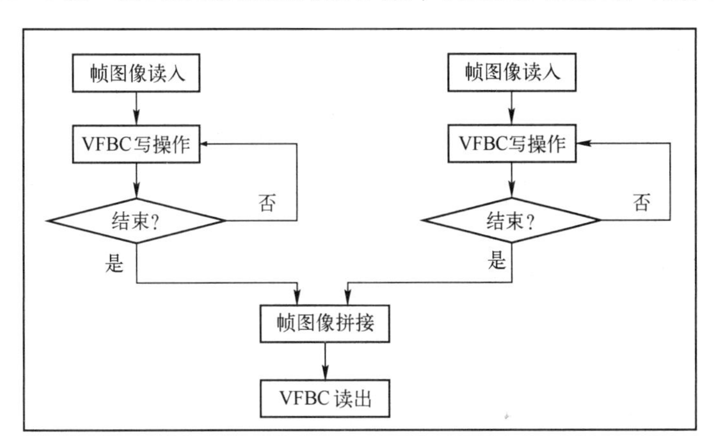

图 21.75　视频拼接和存储流程

2. VFBC 接口的配置

视频存储模块的配置过程主要是对 VFBC 接口进行配置。单个 VmodCam_IN 核、MPMC 核和 HDMI_OUT 核通过 VFBC 进行数据传输的结构如图 21.76 所示。图 21.76 中：

（1）VmodCam_IN 核通过 VFBC 接口向 MPMC 写入数据；

（2）HDMI_OUT 核通过 VFBC 接口从 MPMC 端口读出数据。

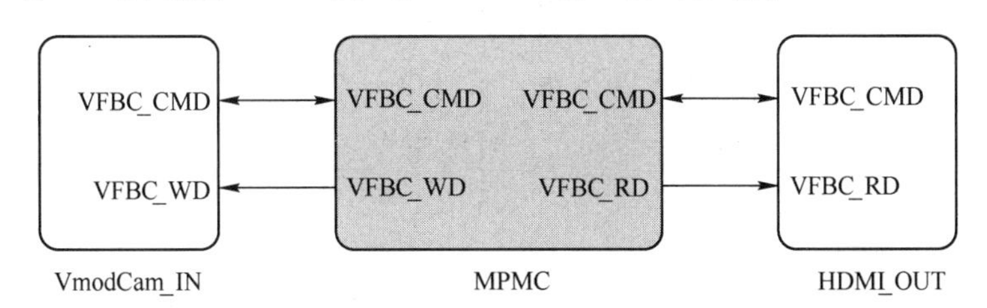

图 21.76　通过 VFBC 接口进行数据传输的结构

3. 视频单帧图像的拼接

视频拼接中所用到的关键函数如表 21.13 所示。

表 21.13 视频拼接中所用到的关键函数

函数名称	函数功能
Image_Pretreat_Func();	对图像进行预处理
Image_RegionSel_Func();	对图像进行 2 幂子区域选定，用以减少运算量
Image_fft2_Func();	对图像进行二维傅里叶变换
Image_Corre_Cal();	对图像进行互相关计算等操作
Image_Feature_detect_Func();	对图像进行特征检测
Image_Sutures_Func();	计算图像变换模板，对图像进行拼接

4. 存储器读写操作

基于 MPMC 的设计使得读者设计接口时不必关心 DDR2 接口的具体细节，而且在使用的时候也不用对其进行初始化操作，可以直接调用 I/O 函数执行读和写操作。在 SDK 中，基本的读写操作保存在 xio.h 库函数中，32 位读写函数的代码如下所示：

```
#define XIo_In32(InputPtr)(*(volatile Xuint32 *)(InputPtr))
#define XIo_Out32(OutputPtr,Value)\(*(volatile Xuint32 *)((OutputPtr))=(Value))
```

21.9.5 视频显示模块软件设计

通过 VFBC 接口，DMA 从 DDR2 存储部分读取数据，并对其进行编码和输出。视频显示模块的流程如图 21.77 所示。

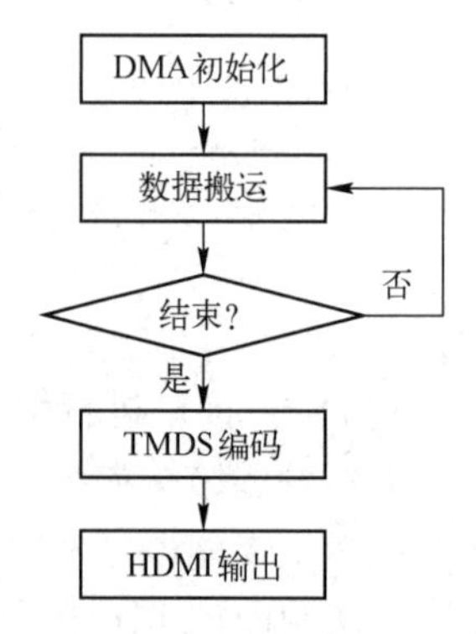

图 21.77 视频显示模块的流程

在本设计中，采用 13 个 32 位寄存器进行控制，包括 1 个控制寄存器、4 个帧时序控制器、4 个水平同步时序控制器和 4 个垂直同步时序寄存器。其中：①控制寄存器主要对视频显示模块进行控制；②帧时序寄存器主要用于 VFBC 接口的配置；③水平同步和垂直同步时序寄存器用于视频编码。

控制寄存器如图 21.78 所示，其中：①低 31 位为保留位；②最高位用于进行复位操作。

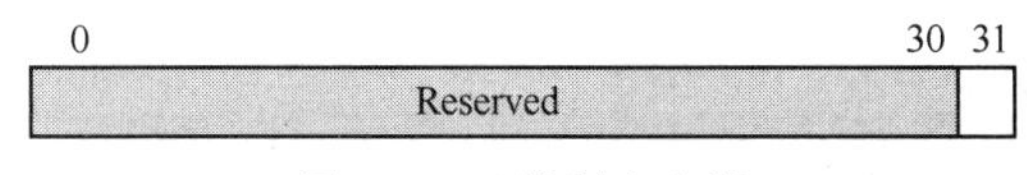

图 21.78　控制寄存器

> **注：** 如果最高位置 0，则进行复位操作。

通过 VFBC 接口从 DDR2 存储器读取视频数据。在读取数据前，需要配置 VFBC 命令字。在该设计中，设置专门的帧寄存器，用于配置视频数据读取 VFBC 接口。

帧寄存器如图 21.79 所示，它由 4 个寄存器构成，分别是：

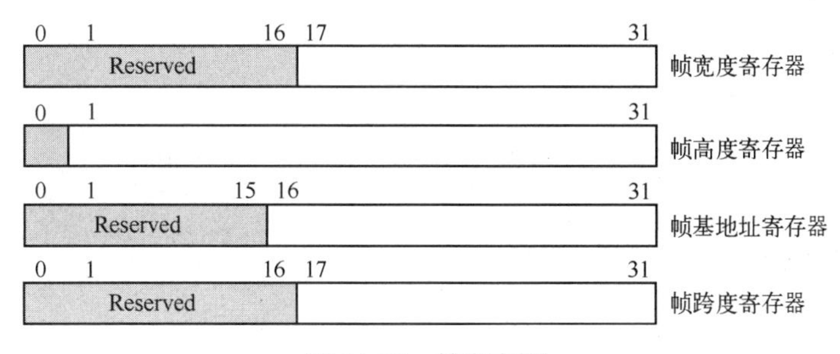

图 21.79　帧寄存器

（1）帧宽度寄存器。用于记录每帧图像的宽度，设计中输出的高清视频模式为 1920×1080，用寄存器高 16 位存储。

（2）帧高度寄存器。用于记录帧中每帧图像的高度。

（3）帧基地址寄存器。用于记录每帧图像的基地址，即帧图像存储的开始地址。

（4）帧跨度寄存器。用于记录每行像素存储之间的跨度。

在存储中，每个像素为 16 比特，需要占用 2 字节空间，因此需要对帧宽度寄存器和帧跨度寄存器的值乘以 2，用以准确记录每帧数据存储的空间。在开始传输帧图像数据前，需要配置 VFBC 命令字，用帧寄存器配置命令字。配置 VFBC 命令字的代码片段如代码清单 21-12 所示。

代码清单 21-12　配置 VFBC 命令字的代码片段

```
vfbc_cmd0 <=x"0000" & dvma_fwr(16 to 31)& '0';
vfbc_cmd1 <='0' & dvma_fbar(1 to 31);
vfbc_cmd2 <=x"0000" & dvma_fhr(16 to 31);
vfbc_cmd3 <=x"0000" & dvma_flsr(16 to 31)& '0';
```

21.9.6　系统整体测试

对视频拼接系统进行整体测试，即系统软件和硬件的联合调试，查看视频输出结果能否满足实际应用的需要。通过设备在具体场景中的工作实例，对系统整体进行测试。对系统整体的测试，包括单摄像头视频采集、双摄像头视频采集和视频拼接模式等。

单摄像头视频采集通过单个摄像头来对视频进行采集并输出到显示屏幕进行显示。视频采集模式为 640×480 模式，帧速率是 24 帧/秒，显示器的刷新模式是 60Hz，视频的输出模式是 1280×720 模式。显示效果如图 21.80 所示。

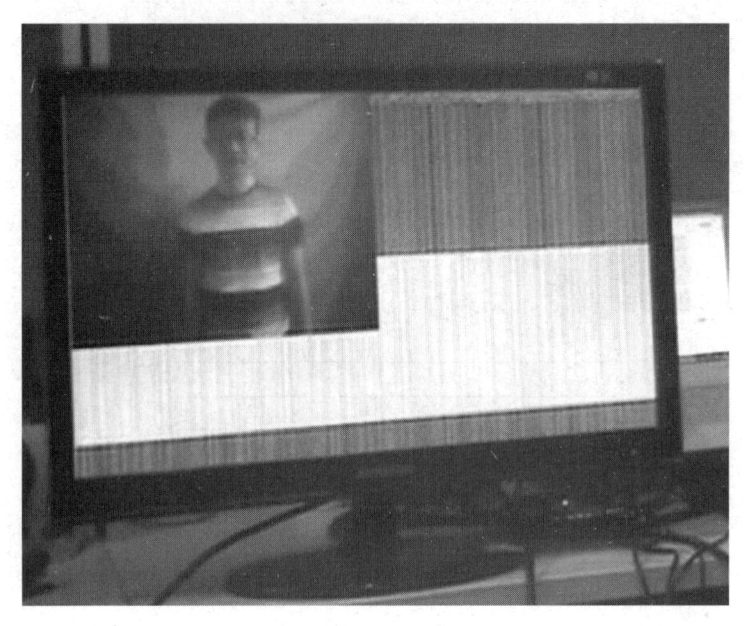

图 21.80　单摄像头视频采集效果

双摄像头采集是在 1280×720 的显示模式下进行双目摄像头视频采集及输出的，效果如图 21.81 所示。

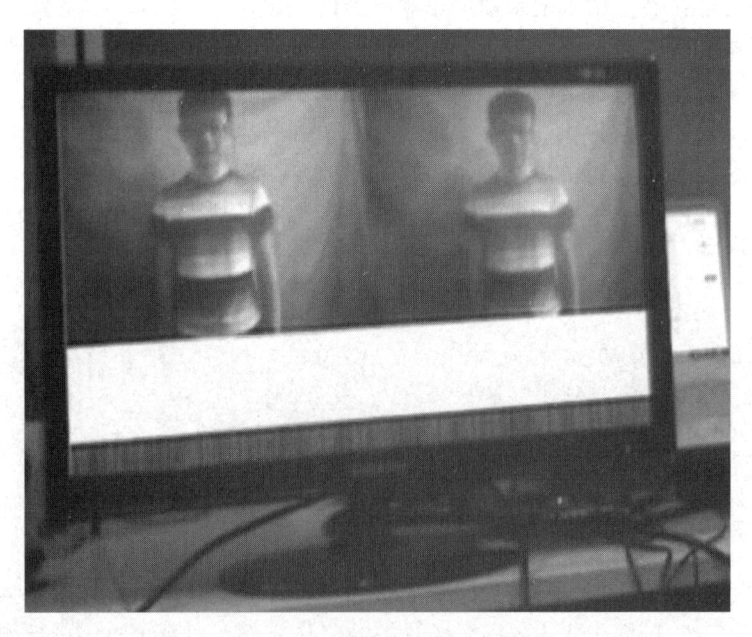

图 21.81　双摄像头视频采集效果

视频拼接是在 640×480 模式下对采集的双路视频数据进行拼接的案例，在 1280×720 的显示模式下进行显示，效果如图 21.82 所示。

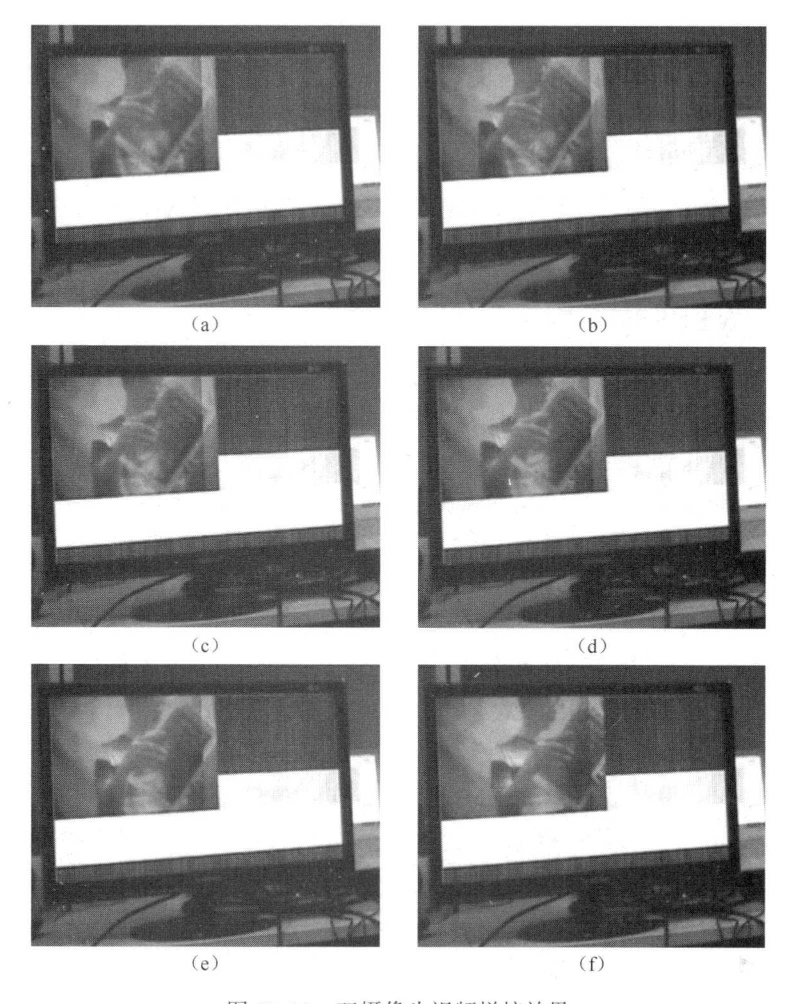

(a)　(b)　(c)　(d)　(e)　(f)

图 21.82　双摄像头视频拼接效果

21.10　Vivado HLS 图像拼接系统的原理与实现

从工业检测系统到自动驾驶系统，计算机视觉是一个包括许多有趣应用的广泛领域。许多这样的系统在原型和实现阶段都要用到开源计算机视觉（Open Source Computer Vision Library，OpenCV）。OpenCV 优化了许多功能函数，并在实时的计算机视觉程序中得到应用。但是，由于嵌入式优化策略得天独厚的优势，仍然值得读者尝试使用逻辑硬件来加速 OpenCV 的性能。

目前，OpenCV 被广泛用于开发计算机视觉应用中。OpenCV 包含 2500 多个优化的视频函数的函数库，并且专门针对台式机处理器和图形处理器（Graphic Processing Unit，GPU）进行优化。

Xilinx 提供的 Vivado HLS 高层次综合工具能够通过 C/C++ 编写的代码直接创建 RTL 硬件，显著提高设计效率；同时，Xilinx Zynq 全可编程 SOC 系列器件嵌入双核 ARM Cortex-A9 处理器将软件可编程能力与 FPGA 的硬件可编程能力实现完美结合，以低功耗和低成本等系统优势实现单芯片的系统性、灵活性和可扩展性，加速图形处理产品设计上市时间。OpenCV 拥有成千上万的用户，而且 OpenCV 的设计无须修改即可在 Zynq 器件的 ARM 处理器上运行。但是，利用 OpenCV 实现的高清处理经常受外部存储器的限制，尤其是存储带宽会成为性能瓶颈，存储访问也限制了功耗效率。通过 Xilinx 公司提供的 Vivado HLS 高级语言综合工具，设计者可以轻松实现 OpenCV C++视频处理设计到 RTL 代码的转换，将其转换为可以在 Zynq 实现的硬件加速器或者在 FPGA 上实现的实时硬件视频处理单元。

21.10.1 OpenCV 和 HLS 视频库

OpenCV 在视频处理系统中可以有不同的应用方式，如图 21.83 所示。在图 21.83（a）中，算法的设计和实现完全依赖于 OpenCV 的函数调用，利用文件的访问功能进行图片的输入、输出和处理；在图 21.83（b）中，可以在嵌入式系统（如 Zynq Base TRD）中实现算法，利用特定平台的函数调用访问输入输出图像，但是视频处理的实现依赖于嵌入式系统中处理器（如 Cortex-A9）对 OpenCV 功能函数的调用；在图 21.83（c）中，处理算法的 OpenCV 功能函数由 Xilinx Vivado HLS 视频库函数替换，而 OpenCV 函数则用于访问输入和输出图像，提供视频处理算法实现的设计原型。可以综合 Vivado HLS 提供的视频库函数，在对这些函数综合后，可以将处理程序模块集成到 Zynq 的可编程逻辑中。这样，这些程序逻辑块就可以处理由处理器产生的视频流、从文件中读取的数据、外部输入的实时视频流。

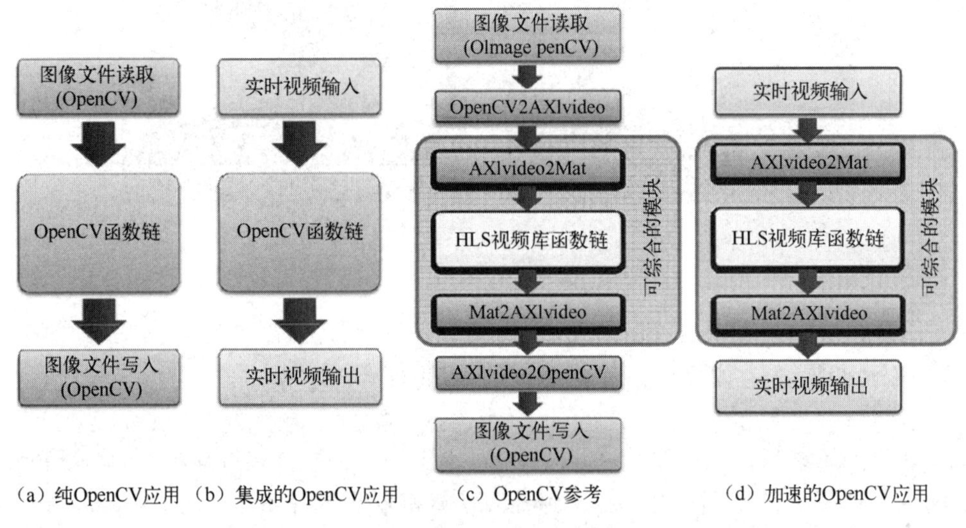

图 21.83 OpenCV 应用的不同方式

Vivado HLS 包含大量的视频库函数，方便构建各种各样的视频处理程序。通过可综合的 C++代码，实现视频库函数。在视频处理功能和数据结构方面，这些综合后的代码与 OpenCV 基本对应。许多视频概念与抽象和 OpenCV 非常相似，很多图像处理模块函数和 OpenCV 库函数一致。

例如，OpenCV 中用于表示图片的很重要的一个类便是 cv::Mat 类，cv::Mat 对象的定义如下：

```
cv::Mat image(1080, 1920, CV_8UC3);
```

该行代码声明了一个 1080×1920 像素，每一个像素由 3 个 8 位无符号数所表示的变量 image 构成。对应的 HLS 视频库模板类 hls::Mat<>声明如下：

```
hls::Mat<2047, 2047, HLS_8UC3>image(1080, 1920);
```

这两行代码的参数形式、图像尺寸最大值、语法规则不同，但生成的对象是相似的。如果图像规定的最大尺寸和图像的实际尺寸相同，也可以用下面的代码替代：

```
hls::Mat<1080, 1920, HLS_8UC3>image();
```

一个简单的图像转换函数应用对比（功能实现 dst=src＊2.0+0.0）如表 21.14 所示。

表 21.14　一个简单的图像转换函数应用对比

cv::Mat src(1080, 1920, CV_8UC3);
cv::Mat dst(1080, 1920, CV_8UC3);
cvScale(src, dst, 2.0, 0.0);
	hls::Mat<1080, 1920, HLS_8UC3> src;
	hls::Mat<1080, 1920, HLS_8UC3> dst;
	hls::Scale(src, dst, 2.0, 0.0);

OpenCV 和 HLS 视频库的核心结构，以及 HLS 视频库如表 21.15 和表 21.16 所示。

表 21.15　OpenCV 和 HLS 视频库的核心结构

OpenCV	HLS 视频库
cv::Point_<T>,CvPoint	hls::Point_<T>,hls::Point
cv::Size_<T>,CvSize	hls::Size_<T>,hls::Size
cv::Rect_<T>,CvRect	hls::Rect_<T>,hls::Rect
cv::Scalar_<T>,CvScalar	hls::Scalar<N,T>
cv::Mat,IplImage,CvMat	hls::Mat<ROWS,COLS,T>
cv::Mat mat(rows,cols,CV_8UC3);	hls::Mat<ROWS,COLS,HLS_8UC3>mat(rows,cols);
IplImage ＊ img=cvCreateImage(cvSize(cols,rows), IPL_DEPTH_8U,3);	hls::Mat<ROWS,COLS,HLS_8UC3> img,(rows,cols);
	hls::Mat<ROWS,COLS,HLS_8UC3> img;
	hls::Window<ROWS,COLS,T>
	hls::LineBuffer<ROWS,COLS,T>

表 21.16　HLS 视频库

视频数据建模		AXI4-Stream IO 函数	
Linebuffer Class	Window Class	AXIvideo2Mat	Mat2AXIvideo
OpenCV 接口函数			
cvMat2AXIvideo	AXIvideo2cvMat	cvMat2hlsMat	hlsMat2cvMat
IplImage2AXIvideo	AXIvideo2IplImage	IplImage2hlsMat	hlsMat2IplImage
CvMat2AXIvideo	AXIvideo2CvMat	CvMat2hlsMat	hlsMat2CvMat
视频函数			
AbsDiff	Duplicate	MaxS	Remap
AddS	EqualizeHist	Mean	Resize
AddWeighted	Erode	Merge	Scale
And	FASTX	Min	Set
Avg	Filter2D	MinMaxLoc	Sobel
AvgSdv	GaussianBlur	MinS	Split
Cmp	Harris	Mul	SubRS
CmpS	HoughLines2	Not	SubS
CornerHarris	Integral	PaintMask	Sum
CvtColor	InitUndistortRectifyMap	Range	Threshold
Dilate	Max	Reduce	Zero

21.10.2 AXI4 流和视频接口

通过 AXI4 流协议，Xilinx 提供的视频处理模块实现像素数据通信。尽管底层的 AXI4 流媒体协议不需要限制图片尺寸，但是如果图片尺寸相同，则将会显著简化大部分的复杂视频处理计算。对于遵循 AXI4 流协议的输入接口，可以保证每一帧都包含 ROWS×COLS 的像素。在保证前面视频帧保持完整性和矩形性的情况下，后续模块实现对视频帧的有效处理。Vivado HLS 包含 2 个可综合的视频接口转换函数，如表 21.17 所示。

表 21.17 接口转换函数

视频库函数	描 述
hls::AXIvideo2Mat	AXI4 流向 hls::Mat 格式转换
hls::Mat2AXIvideo	hls::Mat 格式向 AXI4 流转换

视频库还提供了其他不可综合的视频接口函数，这些函数用于在基于 OpenCV 测试平台与综合后的函数结合。不可综合的接口函数如表 21.18 所示。

表 21.18 不可综合的接口函数

视频库函数	
hls::cvMat2AXIvideo	hls::AXIvideo2cvMat
hls::IplImage2AXIvideo	hls::AXIvideo2IplImage
hls::CvMat2AXIvideo	hls::AXIvideo2CvMat

Vivado HLS 视频处理函数库使用 hls::Mat<>数据类型，这种类型用于模型化视频像素流处理，实质等同于 hls::steam<>流的类型，而不是 OpenCV 中在外部 memory 中存储的 matrix 矩阵类型。因此，在使用 Vivado HLS 实现 OpenCV 的设计中，需要将输入和输出 HLS 可综合的视频设计接口修改为 Video stream 接口，也就是采用 HLS 提供的 video 接口可综合函数，实现 AXI4 video stream 到 VivadoHLS 中 hls::Mat<>类型的转换。

21.10.3 OpenCV 到 RTL 代码转换的流程

OpenCV 图像处理是基于存储器帧缓存而构建的，它总是假设视频帧数据保存在外部 DDR 存储器中。由于处理器小容量和高速缓存性能的限制，因此 OpenCV 访问局部图像的性能较差。并且，从性能的角度来说，基于 OpenCV 设计的架构比较复杂，功耗更高。在对分辨率或帧速率要求低，或者在更大的图像中对需要的特征或区域进行处理时，OpenCV 似乎足以满足很多应用的要求。但是，对于高分辨率和高帧率实时处理的应用中，OpenCV 很难满足高性能和低功耗的需求。

基于视频流的架构能够提供高性能和低功耗，链条化的图像处理函数减少了外部存储器访问。针对视频优化的行缓存和窗口缓存，比处理器高速缓存更简单高效，更易于使用 Xilinx 提供的 Vivado HLS 在 FPGA 器件中采用数据流优化来实现。

Vivado HLS 对 OpenCV 的支持，不是指可以将 OpenCV 的函数库直接综合成 RTL 代码，而是需要将代码转换为可综合的代码。这些可综合的视频库称为 Vivado HLS 视频库，它们由 Vivado HLS 工具提供。

由于 OpenCV 函数一般都包含动态的内存分配、浮点和假设图像在外部存储器中存放或者修改，所以不能直接通过 Vivado HLS 对 OpenCV 函数进行综合。

Vivado HLS 视频库用于替换很多基本的 OpenCV 函数，它与 OpenCV 具有相似的接口和算法，主要针对在 FPGA 架构中实现的图像处理函数，其中包含了专门面向 FPGA 的优化，如定点运算而非浮点运算（不必精确到比特位），片上的行缓冲和窗口缓冲。在 Xilinx 的 FPGA/Zynq 开发中使用 Vivado HLS 实现 OpenCV 的设计流程如图 21.84 所示。

（1）在计算机上开发 OpenCV 的应用时，由于是开源的设计，采用 C++的编译器对其进行编译、仿真和调试，最后产生可执行文件。无须修改这些设计就可以在 ARM 内核上运行 OpenCV 应用。

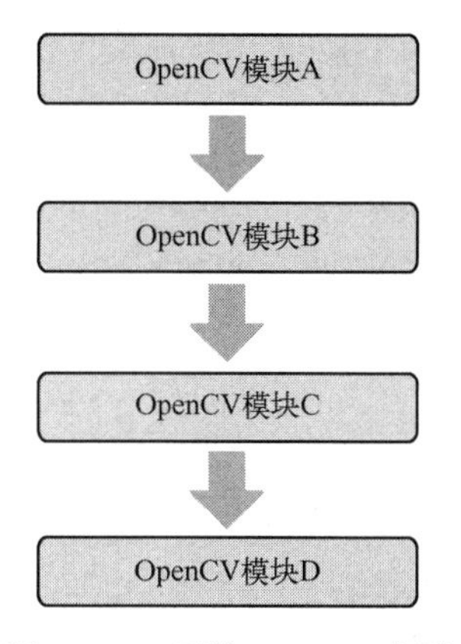

图 21.84　开发 OpenCV 应用

（2）使用 I/O 函数抽取 FPGA 实现的部分，并且使用可综合的 Vivado HLS 视频库函数代码代替 OpenCV 函数的调用，如图 21.85 所示。

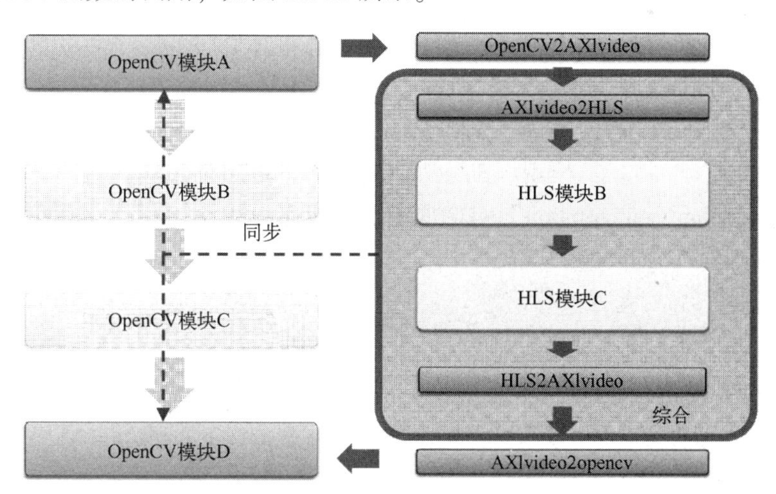

图 21.85　OpenCV 应用的软硬划分

（3）运行 Vivado HLS 生成 RTL 代码，并且在 Vivado HLS 工程中启动 co-sim，HLS 工具自动重用 OpenCV 的测试激励，验证所生成的 RTL 代码。在 Xilinx 的 Vivado 开发环境中，对 RTL 进行集成，并且在 SoC/FPGA 中实现它们。

21.10.4　Vivado HLS 实现 OpenCV 的方法

本节将通过快速角点检测的例子说明通常用 Vivado HLS 实现 OpenCV 的流程。其开发流程如下：

（1）开发基于 OpenCV 的快速角点算法设计，并使用基于 OpenCV 的测试激励仿真验证这个算法；

（2）建立基于视频数据流链的 OpenCV 处理算法，修改前面的 OpenCV 的通常设计，这样的修改是为了与 HLS 视频库处理机制相同，以方便在后面步骤中实现函数的替换。

（3）将改写的 OpenCV 设计中的函数替换为 HLS 提供相应功能的视频函数，并且使用 Vivado HLS 进行综合，最后在 Xilinx Vivado 开发环境下实现最终的设计。当然，这些可综合代码也可在处理器或 ARM 上运行。

1. 创建新的设计工程

本节将创建新的 Vivado HLS 设计工程。创建 Vivado HLS 新设计工程的步骤主要包括：

（1）在 Windows 7 操作系统下，选择开始->所有程序->Xilinx Design Tools->Vivado 2017.2->Vivado HLS->Vivado HLS 2017.2，启动 Vivado HLS 工具。

> **注：** 也可以双击桌面上的 Vivado HLS 2017.2，启动 Vivado HLS 工具。

（2）在 Vivado HLS 主界面的主菜单下，选择 File->New Project，出现“New Vivado HLS Project”对话框，按如下参数设置。

① 在“New Vivado HLS Project”对话框中，单击“Browse...”按钮，将路径指向“E:\hls_OpenCV”（读者可以修改路径）。

② Project name:image_filter_prj。

（3）单击“Next”按钮，出现“Add/Remove Files-Add/remove C-based source files”对话框界，将“Top Function”设置为“image_filter”。

（4）单击“Next”按钮，出现“Add/Remove C-based testbench files”对话框。

（5）单击“Next”按钮，出现“Solution Configuration”对话框。

（6）在“Solution Configuration”对话框中，按如下参数设置。

① Solution Name：solution1；

② Period：10。

③ Uncertainty：0.125；

④ Part：xc7a75tfgg484-1。

（7）单击“Finish”按钮。

2. 创建源文件

本节将创建新的源文件。创建新源文件的步骤主要包括：

（1）如图 21.86 所示，在 Vivado HLS 主界面左侧的“Explorer”窗口下找到并选择“Source”选项，单击鼠标右键，出现浮动菜单。在浮动菜单内，选择 New File...，出现“另存为”对话框，输入“image_filter.cpp”，将其作为源文件的名字。

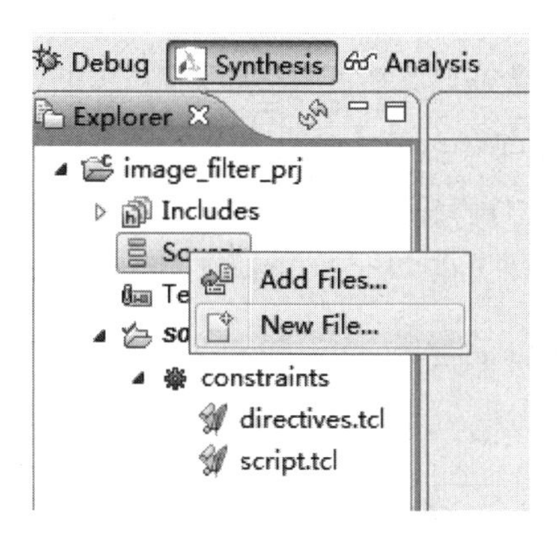

图 21.86　添加源文件入口

（2）单击“保存”按钮，可以看到在 Source 目录下新添加了 image_filter. cpp 文件。

（3）双击 image_filter. cpp，打开该文件。在该文件内，输入设计代码，如代码清单 21-13 所示。

代码清单 20-13　image_filter. cpp 文件

```
#include "image_filter.h"
void image_filter (AXI_STREAM& INPUT_STREAM, AXI_STREAM& OUTPUT_STREAM, int
rows, int cols) {
#pragma HLS INTERFACE axis port=INPUT_STREAM
#pragma HLS INTERFACE axis port=OUTPUT_STREAM
#pragma HLS RESOURCE core=AXI_SLAVE variable=rows metadata="-bus_bundle CONTROL_
BUS"
#pragma HLS RESOURCE core=AXI_SLAVE variable=cols metadata="-bus_bundle CONTROL_
BUS"
#pragma HLS RESOURCE core=AXI_SLAVE variable=return metadata="-bus_bundle CONTROL_
BUS"
#pragma HLS INTERFACE ap_stable port=rows
#pragma HLS INTERFACE ap_stable port=cols
    RGB_IMAGE img_0(rows, cols);
    RGB_IMAGE img_1(rows, cols);
    RGB_IMAGE img_2(rows, cols);
    RGB_IMAGE img_3(rows, cols);
    RGB_IMAGE img_4(rows, cols);
    RGB_IMAGE img_5(rows, cols);
    RGB_PIXEL pix(50, 50, 50);
#pragma HLS dataflow
    hls::AXIvideo2Mat(INPUT_STREAM, img_0);
    hls::Sobel<1,0,3>(img_0, img_1);
    hls::SubS(img_1, pix, img_2);
    hls::Scale(img_2, img_3, 2, 0);
    hls::Erode(img_3, img_4);
    hls::Dilate(img_4, img_5);
    hls::Mat2AXIvideo(img_5, OUTPUT_STREAM);
}
```

注：在该设计代码中已经添加优化策略。

（4）按照上面步骤，添加头文件 image_filter. h。

（5）打开 image_filter. h 文件，输入设计代码，如代码清单 21-14 所示。

代码清单 21-14　image_filter. h 文件

```
#ifndef _IMAGE_FILTER_H_
#define _IMAGE_FILTER_H_

#include "hls_video. h"

#define MAX_WIDTH    1920
#define MAX_HEIGHT 1080
#define INPUT_IMAGE                                    "test_1080p. bmp"
#define OUTPUT_IMAGE                                   "result_1080p. bmp"
#define OUTPUT_IMAGE_GOLDEN                            "result_1080p_golden. bmp"

typedef hls::stream<ap_axiu<32,1,1,1>>                 AXI_STREAM;
typedef hls::Scalar<3, unsigned char >                 RGB_PIXEL;
typedef hls::Mat<MAX_HEIGHT, MAX_WIDTH, HLS_8UC3>      RGB_IMAGE;

void image_filter ( AXI_STREAM& src_axi, AXI_STREAM& dst_axi, int rows, int cols);

#endif
```

3. 设计综合

本节将对设计进行综合。对设计进行综合的步骤主要包括：

（1）在 HLS Vivado 主界面的主菜单下，选择 Solution->Synthesis->Active Solution，或者在 Vivado HLS 主界面内的工具栏内，单击▶图标开始综合过程。

（2）综合的结果如图 21. 87 所示。

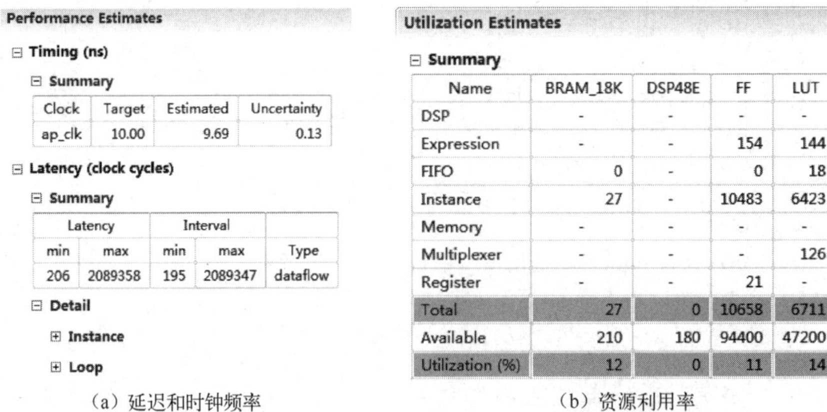

Performance Estimates

Timing (ns)

Summary

Clock	Target	Estimated	Uncertainty
ap_clk	10.00	9.69	0.13

Latency (clock cycles)

Summary

Latency		Interval		
min	max	min	max	Type
206	2089358	195	2089347	dataflow

Detail

Instance

Loop

（a）延迟和时钟频率

Utilization Estimates

Summary

Name	BRAM_18K	DSP48E	FF	LUT
DSP	-	-	-	-
Expression	-	-	154	144
FIFO	0	-	0	18
Instance	27	-	10483	6423
Memory	-	-	-	-
Multiplexer	-	-	-	126
Register	-	-	21	-
Total	27	0	10658	6711
Available	210	180	94400	47200
Utilization (%)	12	0	11	14

（b）资源利用率

图 21. 87　综合的结果

4. 创建仿真测试文件

本节将创建用于对 C++设计代码进行仿真的测试文件。创建用于 C++仿真测试文件的步骤主要包括：

（1）在 Vivado HLS 主界面，左侧的“Explorer”窗口下找到并选中“Test Bench”。单击鼠标右键，出现浮动菜单，如图 21.88 所示。在浮动菜单内，选择 New File...，出现“另存为”对话框，输入“test. cpp”，将其作为源文件的名字。

（2）单击“保存”按钮，可以看到在 Test Bench 目录下新添加了 test. cpp 文件。

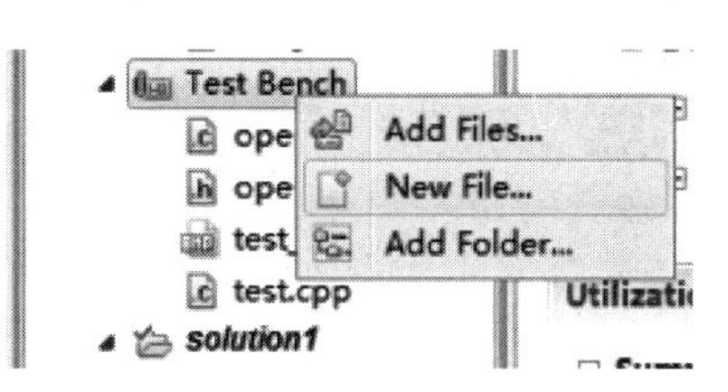

图 21.88　生成 C++测试文件的入口

（3）双击 test. cpp，打开该文件。在该文件内，输入设计代码，如代码清单 21-15 所示。

代码清单 21-15　test. cpp 文件

```
#include "image_filter.h"
#include "opencv_top.h"

int main (int argc, char * * argv) {
    IplImage * src = cvLoadImage (INPUT_IMAGE);
    IplImage * dst = cvCreateImage(cvGetSize (src), src->depth, src->nChannels);
    AXI_STREAM   src_axi, dst_axi;
    IplImage2AXIvideo(src, src_axi);
    image_filter(src_axi, dst_axi, src->height, src->width);
    AXIvideo2IplImage(dst_axi, dst);
    cvSaveImage (OUTPUT_IMAGE, dst);
    opencv_image_filter(src, dst);
    cvSaveImage (OUTPUT_IMAGE_GOLDEN, dst);
    cvReleaseImage (&src);
    cvReleaseImage (&dst);
    char tempbuf[2000];
    sprintf (tempbuf, "diff --brief -w %s %s", OUTPUT_IMAGE, OUTPUT_IMAGE_GOLDEN);
    int ret = system (tempbuf);
    if (ret != 0) {
        printf ("Test Failed! \n");
    ret = 1;
    } else {
    printf ("Test Passed! \n");
    }
    return ret;
}
```

（4）同上述步骤相同添加 opencv_top. h 和 opencv_top. cpp 文件，如代码清单 20-16 和 20-17 所示，这两个文件为原始的 opencv 设计文件，用于和可综合的 hls_opencv 结果进行比较。

代码清单 20-16 opencv_top. h 文件

```
#ifndef ___OPENCV_TOP_H___
#define ___OPENCV_TOP_H___

#include "hls_opencv. h"

void opencv_image_filter (IplImage * src, IplImage * dst);
void sw_image_filter (IplImage * src, IplImage * dst);

#endif
```

代码清单 20-17 opencv_top. cpp 文件

```
#include "opencv_top. h"
#include "image_filter. h"

void opencv_image_filter (IplImage * src, IplImage * dst) {
    IplImage * tmp = cvCreateImage(cvGetSize (src), src->depth, src->nChannels);
    cvCopy (src, tmp);
    cv::Sobel ((cv::Mat)tmp, (cv::Mat)dst, -1, 1, 0);
    cvSubS(dst, cvScalar(50,50,50), tmp);
    cvScale(tmp, dst, 2, 0);
    cvErode (dst, tmp);
    cvDilate (tmp, dst);
    cvReleaseImage (&tmp);
}

void sw_image_filter (IplImage * src, IplImage * dst) {
    AXI_STREAM src_axi, dst_axi;
    IplImage2AXIvideo(src, src_axi);
    image_filter(src_axi, dst_axi, src->height, src->width);
    AXIvideo2IplImage(dst_axi, dst);
}
```

（5）选取一幅图片，将其命名为“test_1080p. bmp”，并将其添加到工程 Test Bench 中。

（6）工程最终的文件结构如图 21. 89 所示。

5. 运行协同仿真

本节将运行协同仿真，选择 SystemC，跳过 VHDL 和 Verilog HDL，然后验证通过仿真。运行协同仿真的步骤主要包括：

（1）在 Vivado HLS 主界面的主菜单下，选择 Solution->Run C/RTL Cosimulation，或者在主界面的工具栏内，单击☑图标，出现“Waring”对话框，单击“OK”按钮，出现“C/RTL Co-simulation”对话框。

（2）单击“OK”按钮，开始进行 RTL 协同仿真，生成和编译一些文件，然后对设计进行仿真。

（3）如图 21.90 所示，当协同仿真结束时，打印出测试通过的消息。

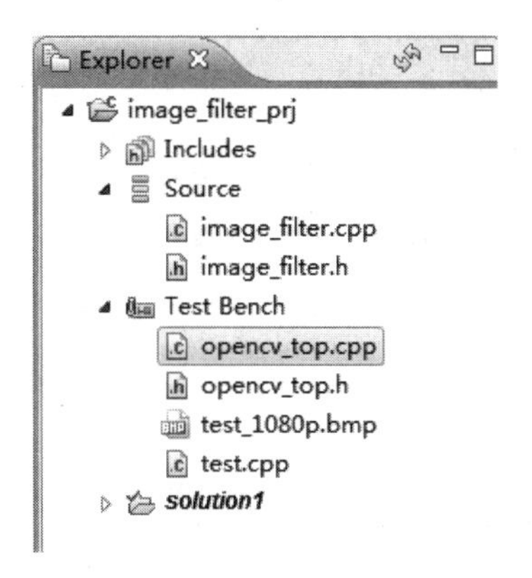

图 21.89　工程文件结构

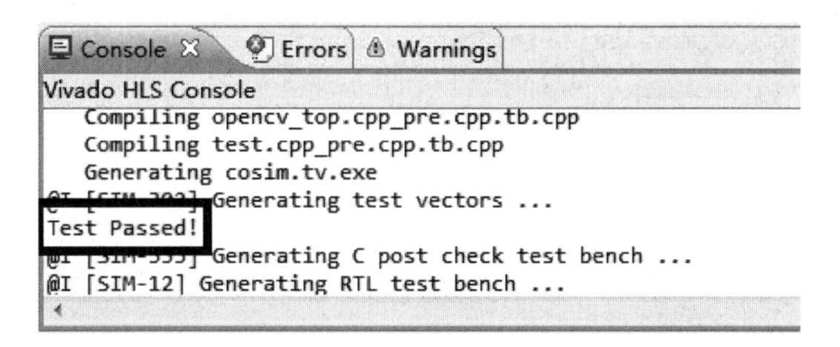

图 21.90　测试通过的信息

注：这些打印信息来自 test.cpp 文件。

6. 代码说明

本节将对设计代码进行说明。

（1）对原始的 OpenCV 设计按函数链顺序处理，如图 21.91 所示。

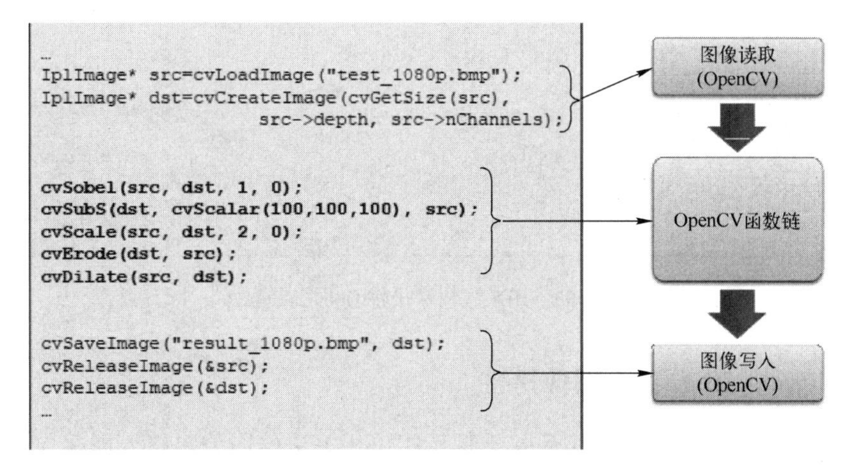

图 21.91　按函数链顺序处理

（2）对改进后的设计抽取函数进行硬件加速，如图 21.92 所示。

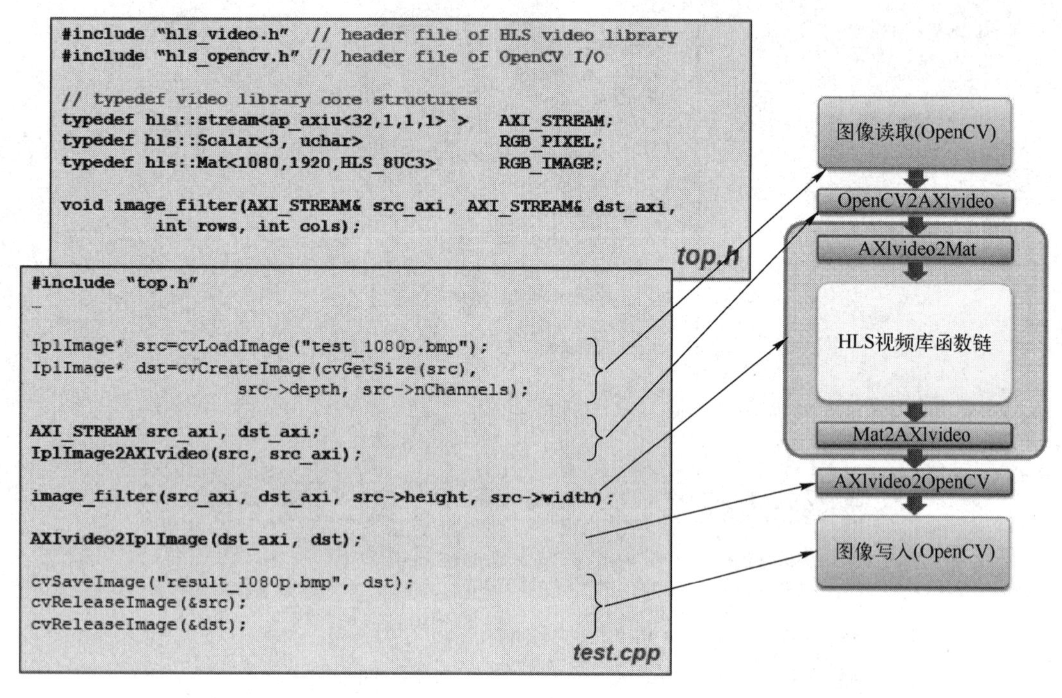

图 21.92 进行硬件加速

（3）用 HLS 命名空间的相似函数库 HLS 视频库代替 OpenCV 函数，如图 21.93 所示。

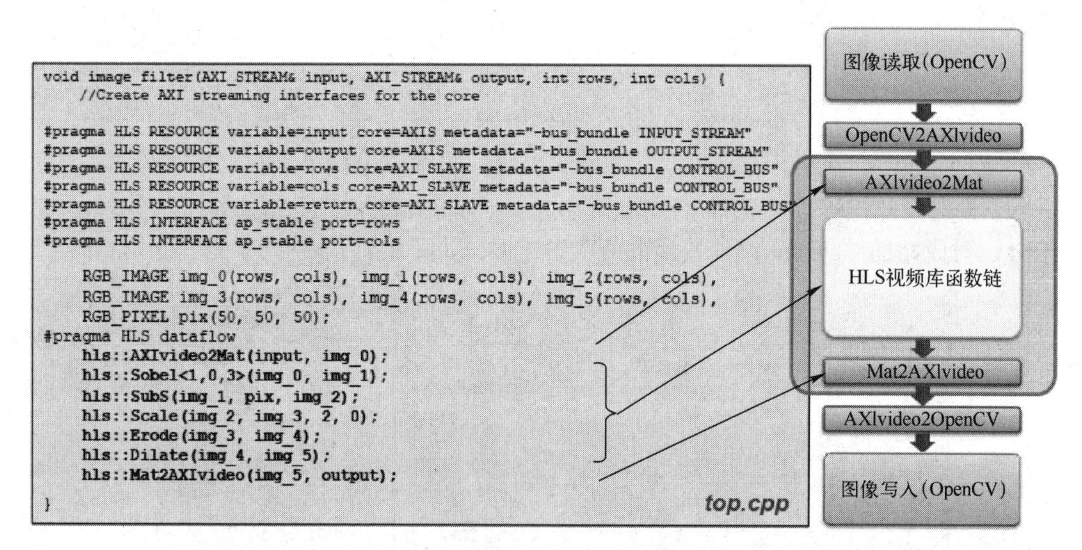

图 21.93 HLS 视频库代替 OpenCV 函数

21.10.5 Vivado HLS 实现图像拼接

本节将使用 Vivado HLS 工具实现基于频域相位相关法的图像拼接，内容包括创建新的设计工程、创建源文件、设计综合、创建仿真测试文件和进行协同仿真。

1. 创建新的设计工程

本节将创建新的设计工程。创建新设计工程的步骤主要包括：

（1）在 Windows 7 操作系统下，选择开始->所有程序->Xilinx Design Tools->Vivado 2017.2>Vivado HLS->Vivado HLS 2017.2，启动 Vivado HLS 工具。

> **注：**也可以双击桌面上的 Vivado HLS 2017.2，启动 Vivado HLS 工具。

（2）在 Vivado HLS 主界面的主菜单下，选择 File->New Project，出现“New Vivado HLS Project”对话框。

（3）在“New Vivado HLS Project”对话框中，按如下参数设置。

①“设置为”单击“Browse...”按钮，将路径指向“E:\hls_OpenCV”（读者可以修改路径）。

② Project name：opencv_prj。

（4）单击“Next”按钮，出现“Add/Remove Files-Add/remove C-based source files”对话框。

（5）在“Add/Remove Files-Add/remove C-based source files”对话框中，将“Top Function”设置为“array_mul”。

（6）单击 Next 按钮，出现“Add/Remove C-based testbench files”对话框。

（7）单击“Next”按钮，出现“Solution Configuration”对话框。

（8）在“Solution Configuration”对话框中，按如下参数设置。

① Solution Name：solution1；

② Period：10；

③ Uncertainty：0.125；

④ Part：xc7z045fgg900-3。

（9）单击“Finish”按钮。

2. 创建源文件

本节将创建新的源文件。创建新源文件的步骤主要包括：

（1）在 Vivado HLS 主界面左侧的“Explorer”窗口下找到并选择“Source”选项。单击鼠标右键，出现浮动菜单。在浮动菜单内，选择 New File...，出现“另存为”对话框，输入“array_mul.cpp”作为源文件的名字。

（2）单击“保存”按钮。可以看到在 Source 目录下新添加了 array_mul.cpp 文件。

（3）打开 array_mul.cpp 文件。在该文件内，输入设计代码，如代码清单 21-18 所示。

代码清单 21-18　array_mul.cpp 文件

```
#include "array_mul.h"

void array_mul(AXI_STREAM& img_src1_axi,AXI_STREAM& img_src2_axi,AXI_STREAM& img_
result_axi,int rows,int cols){
    hls::Mat<MAX_HEIGHT, MAX_WIDTH, HLS_8UC2> img1(rows, cols);
    hls::Mat<MAX_HEIGHT, MAX_WIDTH, HLS_8UC2> img2(rows, cols);
    hls::Mat<MAX_HEIGHT, MAX_WIDTH, HLS_8UC1> img1_Re(rows, cols);
```

```
    hls::Mat<MAX_HEIGHT, MAX_WIDTH, HLS_8UC1> img1_Im(rows, cols);
    hls::Mat<MAX_HEIGHT, MAX_WIDTH, HLS_8UC1> img2_Re(rows, cols);
    hls::Mat<MAX_HEIGHT, MAX_WIDTH, HLS_8UC1> img2_Im(rows, cols);
    hls::Mat<MAX_HEIGHT, MAX_WIDTH, HLS_8UC2> img_result(rows, cols);
    hls::Mat<MAX_HEIGHT, MAX_WIDTH, HLS_8UC1> img_result1(rows, cols);
    hls::Mat<MAX_HEIGHT, MAX_WIDTH, HLS_8UC1> img_result2(rows, cols);
    hls::Mat<MAX_HEIGHT, MAX_WIDTH, HLS_8UC1> img_result3(rows, cols);
    hls::Mat<MAX_HEIGHT, MAX_WIDTH, HLS_8UC1> img_result4(rows, cols);
    hls::Mat<MAX_HEIGHT, MAX_WIDTH, HLS_8UC1> img_result5(rows, cols);
    hls::Mat<MAX_HEIGHT, MAX_WIDTH, HLS_8UC1> img_result6(rows, cols);

    hls::AXIvideo2Mat(img_src1_axi,img1);
    hls::AXIvideo2Mat(img_src2_axi,img2);

    hls::Split(img1,img1_Re,img1_Im);
    hls::Split(img2,img2_Re,img2_Im);

    hls::Mul(img1_Re,img2_Re,img_result1,1);
    hls::Mul(img1_Im,img2_Im,img_result2,1);
    hls::Mul(img1_Re,img2_Im,img_result3,1);
    hls::Mul(img1_Im,img2_Re,img_result4,1);

    hls::AddWeighted(img_result1,1,img_result2,1,0,img_result5);
    hls::AddWeighted(img_result4,1,img_result3,1,0,img_result6);

    hls::Merge(img_result5,img_result6,img_result);

    hls::Mat2AXIvideo(img_result,img_result_axi);
}
```

（4）按照上面步骤，添加头文件 image_filter. h。

（5）打开 image_filter. h 文件，输入设计代码，如代码清单 21-19 所示。

代码清单 21-19　image_filter. h 文件

```
#ifndef _ARRAY_MUL_H_
#define _ARRAY_MUL_H_

#include "hls_video.h"

#define MAX_WIDTH   1024
#define MAX_HEIGHT 1024

typedef hls::stream<ap_axiu<64,1,1,1>> AXI_STREAM;

void array_mul (AXI_STREAM& img_src1_axi,AXI_STREAM& img_src2_axi,AXI_STREAM& img_
result_axi,int rows,int cols);

#endif
```

（6）在当前的工程中新建 array_div. h 文件。

（7）在 array_div. h 该文件中，输入设计代码，如代码清单 21-20 所示。

代码清单 21-20　array_div. h 文件

```
#ifndef _ARRAY_DIY_H_
#define _ARRAY_DIY_H_

#include "hls_video. h"

#define MAX_WIDTH   1024
#define MAX_HEIGHT 1024

typedef hls::stream<ap_axiu<32,1,1,1>> AXI_STREAM;

void array_div(AXI_STREAM& img_src1_axi,AXI_STREAM& img_src2_axi,AXI_STREAM& img_
result_axi);

#endif
```

（8）在当前的工程中新建 array_div. cpp 文件。

（9）在 array_div. cpp 文件中，输入设计代码，如代码清单 21-21 所示。

代码清单 20-21　array_div. cpp 文件

```
#include "array_div. h"

void array_div(AXI_STREAM& img1_axi,AXI_STREAM& img2_axi,AXI_STREAM& img_result_
axi){
    hls::Mat<MAX_HEIGHT, MAX_WIDTH, HLS_8UC1>img1(MAX_HEIGHT, MAX_WIDTH);
    hls::Mat<MAX_HEIGHT, MAX_WIDTH, HLS_8UC1>img2(MAX_HEIGHT, MAX_WIDTH);
    hls::Mat<MAX_HEIGHT, MAX_WIDTH, HLS_8UC1> img_result(MAX_HEIGHT, MAX_
WIDTH);

    hls::AXIvideo2Mat(img1_axi, img1);
    hls::AXIvideo2Mat(img2_axi, img2);

    hls::Scalar<1,unsigned char> a;
    hls::Scalar<1,unsigned char> b;
    hls::Scalar<1,unsigned char> c;
    for(int i=0;i<img1. cols;i++){
        for(int j=0;j<img1. rows;j++){
            a=img1. read();
            b=img2. read();
            c=a. val[0]/b. val[0];
            hls::Scalar<1,unsigned char> pix(c);
            img_result. write(pix);
        }
    }
```

```
    hls::Mat2AXIvideo(img_result,img_result_axi);
}
```

（10）在当前的工程中新建 array_abs. h 文件。

（11）在 array_abs. h 文件中，输入设计代码，如代码清单 21-22 所示。

代码清单 21-22　array_abs. h 文件

```
#ifndef _ARRAY_ABS_H_
#define _ARRAY_ABS_H_

#include "hls_video.h"

#define MAX_WIDTH   1024
#define MAX_HEIGHT 1024

typedef hls::stream<ap_axiu<32,1,1,1>>         AXI_STREAM;

void array_abs(AXI_STREAM& img_src_axi,AXI_STREAM& img_result_axi);

#endif
```

（12）在当前的工程中新建 array_abs. cpp 文件。

（13）在 array_abs. cpp 文件中，输入设计代码，如代码清单 21-23 所示。

代码清单 21-23　array_abs. cpp 文件

```
#include "array_abs.h"

void array_abs(AXI_STREAM& img_src_axi,AXI_STREAM& img_result_axi){
    hls::Mat<MAX_HEIGHT, MAX_WIDTH, HLS_8UC2>img(MAX_HEIGHT, MAX_WIDTH);
    hls::Mat<MAX_HEIGHT, MAX_WIDTH, HLS_8UC1> img_Re(MAX_HEIGHT, MAX_
WIDTH);
    hls::Mat<MAX_HEIGHT, MAX_WIDTH, HLS_8UC1> img_Im(MAX_HEIGHT, MAX_
WIDTH);
    hls::Mat<MAX_HEIGHT, MAX_WIDTH, HLS_8UC1> img_result(MAX_HEIGHT, MAX_
WIDTH);

    hls::AXIvideo2Mat(img_src_axi,img);
    hls::Split(img,img_Re,img_Im);

    hls::Scalar<1,unsigned char> a;
    hls::Scalar<1,unsigned char> b;
    hls::Scalar<1,unsigned char> c;
    for(int i=0;i<img.cols;i++){
        for(int j=0;j<img.rows;j++){
            a=img_Re.read();
            b=img_Im.read();
            c=sqrt(a.val[0]*a.val[0]+b.val[0]*b.val[0]);
```

```
            hls::Scalar<1,unsigned char> pix(c);
            img_result.write(pix);
        }
    }

    hls::Mat2AXIvideo(img_result,img_result_axi);
}
```

3. 设计综合

本节将对设计进行综合，并给出综合结果。设计综合和结果分析的步骤主要包括：

（1）在 Vivado HLS 主界面的主菜单下，选择 Solution->Synthesis->Active Solution，或者在工具栏内单击▶图标，开始综合过程。

（2）HLS 综合后的结果如图 21.94 所示。

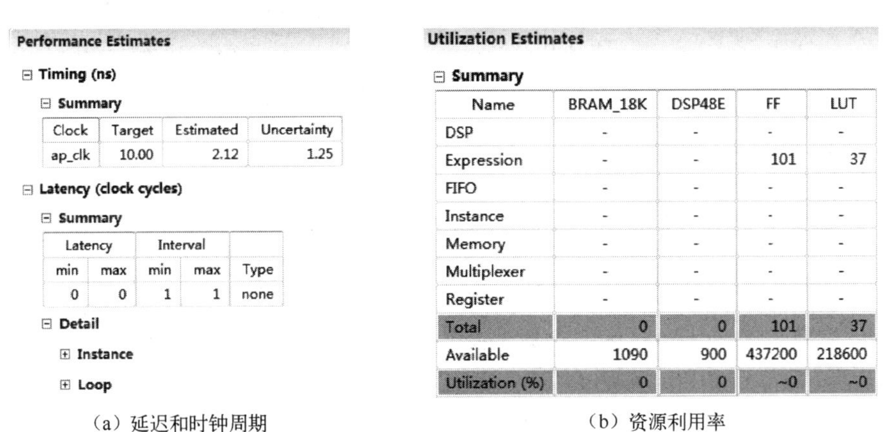

（a）延迟和时钟周期　　（b）资源利用率

图 21.94　HLS 综合后的结果

4. 创建仿真测试文件

本节将创建用于对 C++设计代码进行仿真的测试文件。创建用于 C++仿真测试文件的步骤主要包括：

（1）在 Vivado HLS 主界面左侧的“Explorer”窗口下找到并选中“Test Bench”。单击鼠标右键，出现浮动菜单。在浮动菜单内，选择 New File…，出现另存为对话框，输入“test. cpp”，将其作为源文件的名字。

（2）单击“保存”按钮。可以看到在 Test Bench 目录下新添加了 cpu_test. cpp 文件。

（3）双击 test. cpp，打开该文件。在该文件内，输入设计代码，如代码清单 21-24 所示。

代码清单 21-24　test. cpp 文件

```
#include <stdio.h>
#include <iostream>
#include <tchar.h>
#include "hls_opencv.h"
#include "array_mul.h"
```

```
#include "array_div.h"
#include "array_abs.h"

using namespace cv;
using namespace std;

void array_fft (IplImage *src, IplImage *dst)
{
    IplImage *image_Re = 0, *image_Im = 0, *Fourier = 0;
    image_Re =cvCreateImage (cvGetSize (src), IPL_DEPTH_64F, 1);
    image_Im =cvCreateImage (cvGetSize (src), IPL_DEPTH_64F, 1);
    Fourier =cvCreateImage (cvGetSize (src), IPL_DEPTH_64F, 2);
    cvConvertScale (src, image_Re, 1, 0);
    cvZero(image_Im);
    cvMerge (image_Re, image_Im, 0, 0, Fourier);
    cvDFT (Fourier, dst, CV_DXT_FORWARD);
    cvReleaseImage (&image_Re);
    cvReleaseImage (&image_Im);
    cvReleaseImage (&Fourier);
}
void fft2shift (IplImage *src, IplImage *dst)
{
    IplImage *image_Re = 0, *image_Im = 0;
    int        nRow, nCol, i, j, cy, cx;
    double     scale, shift, tmp13, tmp24;

    image_Re =cvCreateImage (cvGetSize (src), IPL_DEPTH_64F, 1);
    image_Im =cvCreateImage (cvGetSize (src), IPL_DEPTH_64F, 1);
    cvSplit ( src, image_Re, image_Im, 0, 0 );
    cvPow ( image_Re, image_Re, 2.0);
    cvPow ( image_Im, image_Im, 2.0);
    cvAdd ( image_Re, image_Im, image_Re);
    cvPow ( image_Re, image_Re, 0.5 );
    cvAddS ( image_Re, cvScalar(1.0), image_Re );
    cvLog ( image_Re, image_Re );
    nRow = src->height;
    nCol = src->width;
    cy = nRow/2;
    cx = nCol/2;
     for ( j = 0; j < cy; j++ ){
      for ( i = 0; i < cx; i++ ){
       tmp13 = CV_IMAGE_ELEM( image_Re, double , j, i);
       CV_IMAGE_ELEM( image_Re, double , j, i) = CV_IMAGE_ELEM(
        image_Re, double , j+cy, i+cx);
       CV_IMAGE_ELEM( image_Re, double , j+cy, i+cx) = tmp13;
       tmp24 = CV_IMAGE_ELEM( image_Re, double , j, i+cx);
       CV_IMAGE_ELEM( image_Re, double , j, i+cx) =
```

```
            CV_IMAGE_ELEM( image_Re, double , j+cy, i);
            CV_IMAGE_ELEM( image_Re, double , j+cy, i) = tmp24;
          }
        }
        double minVal = 0, maxVal = 0;
        cvMinMaxLoc ( image_Re, &minVal, &maxVal );
        scale = 255/( maxVal - minVal);
        shift = -minVal * scale;
        cvConvertScale (image_Re, dst, scale, shift);
        cvReleaseImage (&image_Re);
        cvReleaseImage (&image_Im);

}

void array_mul (IplImage * image_1,IplImage * image_2,IplImage * image_result){
    AXI_STREAM   src1_axi,src2_axi,dst_axi;
    IplImage2AXIvideo( image_1, src1_axi);
    IplImage2AXIvideo( image_2, src2_axi);
    array_mul( src1_axi,src2_axi,dst_axi,image_1->height,image_1->width);
    AXIvideo2IplImage( dst_axi, image_result);
}
void array_div (IplImage * image_1,IplImage * image_2,IplImage * image_result)
{
    AXI_STREAM   src1_axi,src2_axi,dst_axi;
    IplImage2AXIvideo( image_1, src1_axi);
    IplImage2AXIvideo( image_2, src2_axi);
    array_div( src1_axi,src2_axi,dst_axi,image_1->height,image_1->width);
    AXIvideo2IplImage( dst_axi, image_result);
}
void array_abs (IplImage * image_source,IplImage * image_result)
{
    AXI_STREAM   src_axi,dst_axi;
    IplImage2AXIvideo( image_source, src_axi);
    array_abs( src_axi,dst_axi);
    AXIvideo2IplImage( dst_axi, image_result);
}
int image_mosaic (IplImage * image_1,IplImage * image_2)
{
    IplImage * image_Fourier_1;
    IplImage * image_Fourier_2;

    IplImage * image_Mul;
    IplImage * image_Abs;
    IplImage * image_Corre;
    IplImage * image_Corre_iFFT;
    IplImage * image_Corre_iFFT_Abs;
```

```
    double          m,M;
    CvPoint         * max_loc;
    int             dootbi;
    image_Fourier_1           = cvCreateImage (cvGetSize (image_1),IPL_DEPTH_64F,2);
    array_fft(image_1,image_Fourier_1);

    image_Fourier_2           = cvCreateImage (cvGetSize (image_1),IPL_DEPTH_64F,2);
    array_fft(image_2,image_Fourier_2);
    image_Mul                 = cvCreateImage (cvGetSize (image_1),IPL_DEPTH_64F,2);
    image_Abs                 = cvCreateImage (cvGetSize (image_1),IPL_DEPTH_64F,1);
    image_Corre               = cvCreateImage (cvGetSize (image_1),IPL_DEPTH_64F,2);
    image_Corre_iFFT          = cvCreateImage (cvGetSize (image_1),IPL_DEPTH_64F,2);
    image_Corre_iFFT_Abs      = cvCreateImage (cvGetSize (image_1),IPL_DEPTH_64F,1);

    array_mul(image_Fourier_2,image_Fourier_1,image_Mul);
    array_abs(image_Mul,image_Abs);
    array_div(image_Mul,image_Abs,image_Corre);
    cvDFT (image_Corre,image_Corre_iFFT,CV_DXT_INV_SCALE);
    array_abs(image_Corre_iFFT,image_Corre_iFFT_Abs);
    cvMinMaxLoc (image_Corre_iFFT_Abs,&m,&M,NULL,max_loc);
    dootbi = cvGetSize (image_1).width - max_loc->x;

    cvReleaseImage (&image_Fourier_1);
    cvReleaseImage (&image_Fourier_2);
    cvReleaseImage (&image_Mul);
    cvReleaseImage (&image_Abs);
    cvReleaseImage (&image_Corre);
    cvReleaseImage (&image_Corre_iFFT);
    cvReleaseImage (&image_Corre_iFFT_Abs);
    return dootbi;

}
void Image_fusion (IplImage * image_a,IplImage * image_b,IplImage * image_result,int Dootbi)
{
    int i,j,k;
    typedef unsigned char BYTE;
    BYTE * rgb1=new BYTE[image_a->width * image_a->height * image_a->nChannels];
    memcpy (rgb1,image_a->imageData,image_a->width * image_a->height * image_a->nChan-
nels);
    BYTE * rgb2=new BYTE[image_b->width * image_b->height * image_b->nChannels];
    memcpy (rgb2,image_b->imageData,image_b->width * image_b->height * image_b->nChan-
nels);
    BYTE * RGB=new BYTE[image_result->width * image_result->height * image_result->nChan-
nels];
    for (i=0;i<image_a->height;i++)
        for (j=0;j<image_a->width;j++)
            for (k=0;k<image_a->nChannels;k++)
```

```
            {
    RGB[(i+128) * image_result->width * image_a->nChannels+(j+128) * image_a->nChannels+
k]=rgb1[i * image_a->width * image_a->nChannels+j * image_a->nChannels+k];
            }
    for (i=0;i<image_b->height;i++)
        for (j=Dootbi;j<image_b->width;j++)
            for (k=0;k<image_a->nChannels;k++)
            {
                RGB[(i+128) * image_result->width * image_a->nChannels+(j+128+ image_a-
>width - Dootbi) * image_a->nChannels+k]=rgb2[i * image_b->width * image_a->nChannels+j *
image_a->nChannels+k];
            }

    cvSetData (image_result,RGB,image_result->width * image_result->nChannels);
}
int main (int argc,char *  argv[])
{
    int a;
    int b;
    cpu(a,b);
    int      dootbi;
    IplImage * image_1= cvLoadImage ("a.jpg",CV_LOAD_IMAGE_ANYCOLOR);
    IplImage * image_2= cvLoadImage ("b.jpg",CV_LOAD_IMAGE_ANYCOLOR);

    CvSize size=cvSize(1280,720);
    IplImage  * IMG=cvCreateImage (size,8,3);

    IplImage  * img1 = cvCreateImage (cvGetSize (image_1),IPL_DEPTH_8U,1);
    cvCvtColor (image_1,img1,CV_BGR2GRAY);
    IplImage  * img2 = cvCreateImage (cvGetSize (image_2),IPL_DEPTH_8U,1);
    cvCvtColor (image_2,img2,CV_BGR2GRAY);

    dootbi = image_mosaic(img1,img2);
    Image_fusion(image_1,image_2,IMG,dootbi);

    cvNamedWindow ("1",0);
    cvShowImage ("1",image_1);
    cvNamedWindow ("2",0);
    cvShowImage ("2",image_2);
    cvNamedWindow ("3",0);
    cvShowImage ("3",IMG);
    waitKey ();
   return 0;
}
```

（4）将两幅待拼接的图片添加到 Test Bench 目录下，如图 21.95 所示。

（5）添加完待拼接图像后的工程文件结构如图 21.96 所示。

图 21.95　用于拼接测试的两幅图片　　　　图 21.96　Test Bench 结构图

5. 运行协同仿真

本节将运行协同仿真，选择 SystemC，跳过 VHDL 和 Verilog HDL，然后验证通过仿真。运行协同仿真的步骤主要包括：

（1）在 Vivado HLS 主界面下，选择 Solution->Run C/RTL Cosimulation，或者在主界面工具栏内单击☑按钮，出现“Waring”对话框，单击“OK”按钮，出现“C/RTL Co-simulation”对话框。在该对话框中，不修改任何参数。

（2）单击“OK”按钮。

（3）开始进行 RTL 协同仿真，生成和编译一些文件，然后对设计进行仿真。图 21.97 给出了仿真结果。

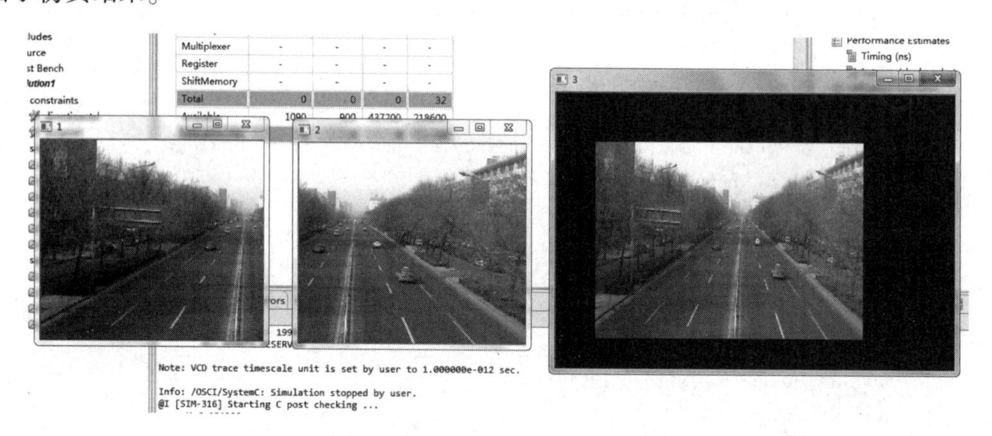

图 21.97　仿真结果